1985
PETRUS
POMEROL
Grand Vin
MIS EN BOUTEILLES AU CHATEAU
Grand Cru Classé
2000
Mis en bouteille au Château

拉鲁斯世界葡萄酒百科全书

LAROUSSE DU

图书在版编目（CIP）数据

拉鲁斯世界葡萄酒百科全书 / 邓欣雨译. —北京：中国轻工业出版社，2017.8
ISBN 978-7-5019-9837-1

Ⅰ. ①拉… Ⅱ. ①科… ②邓… Ⅲ. ①葡萄酒－基本知识－法国 Ⅳ. ①TS262.6

中国版本图书馆CIP数据核字（2014）第154719号

责任编辑：伊双双　　责任终审：张乃柬　　封面设计：三度设计
版式设计：锋尚制版　　责任校对：燕　杰　　责任监印：张　可

出版发行：中国轻工业出版社（北京东长安街6号，邮编：100740）
印　　刷：北京雅昌艺术印刷有限公司
经　　销：各地新华书店
版　　次：2017年8月第1版第1次印刷
开　　本：889×1194　1/12　　印张：34
字　　数：1250千字
书　　号：ISBN 978-7-5019-9837-1　定价：680.00元
邮购电话：010-65241695　传真：65128352
发行电话：010-85119835　85119793　传真：85113293
网　　址：http：//www.chlip.com.cn
Email：club@chlip.com.cn
如发现图书残缺请直接与我社邮购联系调换
131221S1X101HYW

由"世界最佳侍酒师" Oliver Poussier先生

及"波尔多白葡萄酒之父" Denis Dubourdieu先生作序

LE

拉鲁斯世界葡萄酒百科全书

LAROUSSE

DU

邓欣雨 译

中国轻工业出版社

序 言

葡萄酒是一个令人心驰神往的旅行邀约……这本书用优美的文字和精美的图片真实地记述和展示了这一美妙的旅程。它首先带您认识这个星球上种类繁多的葡萄品种和不同产区的风土，然后带领您与酿酒师交流，了解他们在葡萄园和酿酒库中的工作。最后，它带您进入葡萄酒品鉴的世界中，向您介绍不计其数的来自世界各大洲和地区的葡萄美酒。

我一直沉迷于发现和了解世界各地的葡萄酒，已经倾注了我一生中很多时间来了解葡萄酒，时至今日我还一直带着很大的好奇心研究整个葡萄酒领域不断发展演变的各个层面。在了解新产区风土条件和新葡萄品种的过程中，我曾经到过很多不同的国家和地区，每个地方都让我受益良多，既接触到了很多同道中人，也见识了不同的文化。今天，我深刻地感受到，每个大陆的人们都很有愿望，甚至是执着地追求酿制出优质葡萄酒。当然，欧洲作为葡萄酒的发源地，以意大利和西班牙，尤其以法国为代表，得益于历史、文化和传统而一直处于领先地位。但是，对于我们来说，还有许多中欧和东欧国家的各色葡萄园有待发现和了解。一些中东国家也具有很大的潜力，并出现了一批雄心勃勃的小葡萄园……

新世界的葡萄酒呢？二十多年前就进入我们的超市和葡萄酒专卖店，改变着葡萄酒世界经济的传统格局。这些都是值得探索的出色产地，无论是在智利和阿根廷，它们在近十几年的时间一直在寻求新的优质土地来生产和酿造浓郁和口感美好的葡萄酒。最后，我们要关注印度和中国，尤其是中国，他们正在发展葡萄酒市场，并拥有一批重大的项目。而且，我们感受到葡萄酒正在激起人们前所未有的热情和动力。当亚洲人以关注茶文化的同等热情来关注葡萄酒文化时，确实是一个很大的改变……

葡萄酒的世界不断演变，许多新的国家开始葡萄树的种植，品种多样的葡萄酒纷纷出现来满足您我的兴趣……通过《拉鲁斯世界葡萄酒百科全书》，您会发现和了解世界各地出产的丰富的葡萄酒产品。希望这本书不但会让您渴望品尝享有盛名的好酒，还会让您开始探索不熟悉的新酒，滋味可能出乎您的意料……

奥利维·普西埃（Olivier Poussier）

世界最佳侍酒师

中文版序

翻译《拉鲁斯世界葡萄酒百科全书》中文版是一个极富意义而适时的创举。此次翻译的总负责人邓欣雨女士，是我在波尔多葡萄与葡萄酒研究学院的优秀学生，她凭借着对葡萄酒的深深热爱、出色的品酒才能和精益求精的严谨态度保证了这项翻译工作的顺利完成。

这本书在法国十分畅销，它寓教于乐，带领读者畅游世界各地的葡萄酒产区，探索发现葡萄产区的自然风光、风土人情，详细描述、阐释了葡萄园中精耕细作的传承、葡萄种植方法及酿酒的技术，并且没有过多难以理解的技术词汇。没有葡萄酒技术背景的爱好者也能在此书中了解酿酒师的秘密，分享他们对美酒的热情。

《拉鲁斯世界葡萄酒百科全书》同时也解答了各类爱好者的疑惑，例如：怎样识别、购买一款酒？如何保存？怎样搭配美食？如何侍酒？怎样品酒？以及如何与他人分享讨论。

中国人对葡萄酒文化的需求与消费持续增长，越来越多的葡萄酒爱好者开始深入学习葡萄酒，探索高品质葡萄酒，追求高品质的生活。这样一本好书是时候在中国出版了！

一瓶出色的葡萄酒并不只是单单靠技术来完成，而是靠人类与自然的默契配合。它源自于一个构思和两次诞生。酒的构思源于种植者的想法，酿酒是一个将葡萄转化成天然葡萄酒的过程，这个过程使葡萄酒达到我们所期待的味道：也许是淡雅的，或果味丰富的、清爽的，或令人欣喜的；抑或是美味的、动人的、复杂的、现代的、独特的，或是经岁月沉淀的、产自著名产区的。葡萄种植的终极目标是年复一年出产理想的葡萄，酿造出让人渴求的风格葡萄酒。经过酿酒师的精心培育，葡萄酒诞生于酿酒桶，随后，葡萄酒再次被消费者赋予新的生命，在市场上体现价值。葡萄酒的消费者与种植者、酿造者一起，赋予了葡萄酒第二次生命，他们也是葡萄酒最忠实的支持者。

18世纪英国爱好者的热爱与支持，使得法国波尔多葡萄酒和香槟酒在世界各地大放异彩。在未来，中国的葡萄酒爱好者也将会懂得挑选心仪的葡萄酒来搭配他们的佳肴——世界上最古老、最多样、最精致的美食。

葡萄酒是美的化身，它向我们演绎了酒标背后的历史传承与地理文化，又如同音乐一般，无需言语，却能深深地打动我们，让我们成为更好的自己。

浅尝细品，体会葡萄酒的魅力！尊敬的中国读者，诚挚地希望您如品酒般阅读此书并享受其中的乐趣。让我们干杯！

丹尼斯·杜博迪（Denis Dubourdieu）教授

波尔多葡萄与葡萄酒研究学院院长

国际酿酒顾问

译者序

经过六年多的努力，《拉鲁斯世界葡萄酒百科全书》终于要出版了，我如释重负。我相信，这项宏大工程的完成，对葡萄酒文化在中国的传播意义深远。

拉鲁斯百科全书系列，是法国人眼中《圣经》之外的“圣经”。作为一名葡萄酒爱好者，能够担当此任务，是我的殊荣。感谢拉鲁斯出版社对我的信任，把如此重要的翻译任务交给我，这是对我在葡萄酒界努力的肯定；同时，感谢我的导师、法国波尔多葡萄与葡萄酒研究学院院长丹尼斯・杜博迪（Denis Dubourdieu）教授对我的鼓励和支持。

2003年，我留学法国，并机缘巧合爱上了葡萄酒。《拉鲁斯世界葡萄酒小百科全书》就是我学习葡萄酒专业最重要的启蒙书。多年来，我一直想把它介绍给国内的读者。2010年，内容更详实、丰富，涵盖世界各地葡萄酒产区的《拉鲁斯世界葡萄酒百科全书》在法国出版。一年后，我如愿以偿，成为了这本巨作的翻译。

要翻译好这本百科全书，需要具备非常专业和系统的葡萄酒知识。为了胜任此项翻译工作，2011年，我报读了法国波尔多葡萄与葡萄酒研究学院（I.S.V.V.），主攻品酒学专业（D.U.A.D.）。这个学院是世界上最顶尖的葡萄酒研究学院，专业、系统的学习为我的翻译工作奠定了良好的基础。

此后，为了更好地了解世界各地的葡萄酒产区，探索各个葡萄产区的自然风光、风土人情，了解学习各个产酒国家葡萄的种植方法及酿酒技术，我还报读了世界葡萄与葡萄酒组织（OIV）举办的研究生课程（O.I.V. Msc），背着法语版的《拉鲁斯世界葡萄酒百科全书》，我开启了探究世界葡萄酒的文化之旅。走读，是了解世界最好的方式。2012年至2014年，我花了两年多的时间，遨游在世界各地的葡萄园里，感受当地的风土，研究各酒庄的酿酒工艺，品尝各家的美酒。我边走边译，脚步遍布欧洲、美洲、亚洲和大洋洲的10多个国家几十个产酒地区。

翻译这样一本“大部头”实属不易，一开始总是磕磕碰碰，到后来，通过不断的专业学习和游历世界各地酒庄，我的专业水平得到提高，阅历得以增加，翻译工作渐入佳境。但是，葡萄酒是门专业性和技术性很强的艺术。酒的专业术语很多，有些甚至是需要将诸多只可意会难以言传的法文意韵用准确的中文来表达，真的是件让人绞尽脑汁的事情。翻译为“混酿”，还是“勾兑调配”；翻译为“特定园地”，还是“优质产区”……为了几个用词，有时候彻夜难眠，一遍又一遍思考着原文，总是想着能找到最恰当的词汇。

波尔多街头，华灯初上。书桌上，出版社送来了样书。它沉甸甸的模样，让我不饮自醉。这是我六年心血的结晶，也是我送给国内葡萄酒爱好者的一份厚礼。希望广大读者能从本书详尽的内容中吸取养分，像我当年一样爱上葡萄酒。

最后，感谢我的法国酿酒师朋友马修（Mathieu）、大愚、揭晓波、加龙小伙伴以及其他好朋友对本书翻译工作的支持和帮助。此外，特别感谢我万分尊敬的恩师丹尼斯·杜博迪先生。感谢他在我追求葡萄酒道路上的引导和鼓励，感谢他在我翻译本书过程中给予的指导和帮助，并为本书的中文版作序。恩师已于2016年过世，非常遗憾他没能亲眼见证本书的出版。愿恩师在天堂安好！

因时间仓促，翻译中难免错漏之处，希望读者给予谅解和指正！

邓欣雨
2017年4月15日于法国波尔多

拉鲁斯世界葡萄酒百科全书

十分感谢以下作者对本书所作的贡献：
本书由著名的侍酒师大师Georges LEPRÉ指导完成

以及：

Guy BONNEFOIT　葡萄酒专家及葡萄酒书刊作家
Pierrick BOURGAULT　农业工程师、葡萄酒记者及摄影师
Jean-Moïse BRAITBERG　葡萄酒记者及葡萄酒书刊作家
David COBBOLD　葡萄酒记者、品酒专家及葡萄酒书刊、专栏作家
Jean-Michel DELUC　侍酒大师、国际葡萄酒顾问及葡萄酒讲师
Michel DOVAZ，œnologue　酿酒师、巴黎葡萄酒学院教授
Sébastien DURAND-VIEL　葡萄酒记者、品酒专家及葡萄酒书刊、专栏作家
Benoît GRANDIN　葡萄酒记者
Mathilde HULOT　葡萄酒记者及葡萄酒书刊、专栏作家
Egmont LABADIE　葡萄酒及美食专业记者
Valérie de LESCURE　葡萄酒记者、品酒专家及葡萄酒书刊、专栏作家
Evelyne MALNIC　葡萄酒记者及葡萄酒书刊作家
Antoine PETRUS　2007年法国最佳年轻侍酒师

同样，我们也感谢Myriam Huet［《迈向绿色农业》（*Vers une agriculture plus écologique*）、《具有争议的技术》（*Des techniques qui font polémique*）、《对葡萄酒的误解》（*Les idées fausses autour du vin*）］、Hélène Piot［《侍酒师，葡萄酒大使》（*Sommelier, l'ambassadeur des vins*）］以及Véronique Raisin［《全球葡萄酒市场》（*Le marché mondial du vin*）］的参与。

目 录

contents

葡萄酒和葡萄园概览

选择、储存和品鉴葡萄酒

世界著名葡萄酒产地

参考资料

葡萄酒和葡萄园概览

葡萄酒的
起源

葡萄酒的历史

谁最先酿制出葡萄酒？世界上最早的葡萄园位于什么地方？许多类似的问题都找不到答案。然而，葡萄美酒与我们的文化在七千多年的历史长河中紧密相连，并在今天继续带给我们灵感。

第一个葡萄园

最初的葡萄发酵是自发的、偶然的，通常发生在野生葡萄树和人类群体共同存在的区域。而人工种植葡萄树则是葡萄发酵关键的一步。考古学家能够辨认出在以往人类居住的地区发现的葡萄籽是来自野生葡萄还是人工种植的葡萄。最早的人工种植的葡萄籽在黑海旁边的科卡斯镇（Caucase）被发现，距今已有七千年的历史。因此，最早的人工种植的葡萄园应该位于今天的土耳其、格鲁吉亚和亚美尼亚附近。在这些国家和地区，地理环境和气候很适合葡萄树的生长，很早以前就存在野生的葡萄树。

在《吉尔伽美什史诗》（Gilgamesh）（公元前十八世纪）中，古巴比伦人用诗的语言提到了一片由宝石砌成的神奇的葡萄园。这是最早书写出来的想象作品。

葡萄酒，人类文明的重要因素。在葡萄酒发展的最初阶段，很重要的一点是它在古希腊和后来的古罗马帝国人们的生活中扮演着非常重要的角色。由于它历史悠久，再加上其在宗教和习俗中的应用，使它成为西方文明的重要因素。在古希腊时期，中国也出现了葡萄酒，但没有得到真正的发展。葡萄树的种植也出现在波斯和印度的一些城市，但都没有留下很深的踪迹。至于哥伦布登陆之前的美洲大陆，虽然长有野生的葡萄树并有着灿烂的文明，却从来没有出现过葡萄种植。

> 古希腊狄奥尼索斯的陶像。

狄奥尼索斯（Dionysos）、巴克斯（Bacchus）和最初的基督徒

希腊。基督教中葡萄酒的应用与古希腊、古罗马的习俗息息相关。在圣职授任礼中使用葡萄酒，这直接来源于犹太教，但与之最相似的是古希腊对酒神狄奥尼索斯的崇拜和古罗马对巴克斯（相当于古希腊的狄奥尼索斯）的崇拜。传说中狄奥尼索斯从小亚细亚地区（也就是今天的土耳其）把葡萄酒带到了古希腊。他是宙斯的儿子，分别作为人和神出生过两次（神话是相当模糊的，至少对我们来说是这样），第一次给他生命的是一个凡人母亲——希姆莱（Sémélé）。他是葡萄树，而葡萄酒则是他的血液。

罗马帝国。罗马人接纳了古希腊神话中的神，将其变成他们自己的神，因而狄奥尼索斯就变成了巴克斯——小亚细亚古希腊城市黎迪亚（Lydie）里的人们给了他这个名字。巴克斯从酒神转化成救护者。他的追随者有妇女、奴隶和穷人等——皇帝试图禁止他们，但没有成功。基督教的发展和罗马帝国休戚相关，通过采用很多酒神巴克斯的符号和习俗，最初吸引的是同一批信徒。圣餐是一个非常复杂的宗教概念，很难用几行字诠释清楚。只需记住一点，在基督徒聚会时，葡萄酒的存在至少和牧师的存在一样不可或缺。由于葡萄酒在宗教中的重要地位，即使在异族入侵罗马帝国直到其衰落之后，葡萄酒依然继续存在。

您未必了解的小知识

对于中世纪的人们而言，葡萄酒或啤酒并不是一种奢侈品，而是一种必需品。

那个时期城市中的水是不纯净的，经常威胁到人们的健康。作为一种杀菌剂，葡萄酒在当时是作为一种基础药物而存在的。人们将葡萄酒与水混合，使水变得至少可以饮用。在那个时期，至少在城市里，人们从来不喝纯水。“对英国人来讲纯水是不卫生的”，英国学者安德鲁·博德（Andrew Boorde）在1542年如是说。

> 中世纪巴黎版《日课经》（祈祷书）的插图，表现了葡萄采摘、破皮和装桶的场面。

英国人喜欢波尔多（Bordeaux）葡萄酒

大量的葡萄酒在市场上流通。14世纪，波尔多葡萄酒大量出口到英国，年平均出口量一直高居首位，直到1979年才首次被超越。英国国王爱德华二世在1308年为他和法兰西的伊莎贝尔（Isabelle de France）的婚礼购买了等同于今天约一百万瓶的葡萄酒。3个世纪过后，在英国女王伊丽莎白一世统治期间，人口仅610万的英国每年能喝掉超过4000万瓶葡萄酒。

来自北欧的征战

葡萄酒曾经与地中海沿岸地区人们的生活紧密联系在一起。在阿尔卑斯山北部地区，由于遭受了一波又一波残酷侵略，一些次要的社会经济活动——如葡萄园的种植——已然衰落并濒临消失。只有在需要葡萄酒、其连续性活动能够得到保证的教堂，葡萄种植才得以延续。当整个欧洲走出困境的时候，人们只能在修道院和教堂周围发现葡萄园。

修道士和葡萄酒。修道士们并不仅仅满足于简单的葡萄酒酿制：他们还不断改善酿酒工艺。在中世纪，勃艮第（Bourgogne）地区西多修道会的修士就最早仔细研究了金丘（Côte d'Or）地区的土质，并通过多种方法改造了葡萄园：选择最好的葡萄植株，试验如何修剪葡萄树，选择不受霜冻困扰并最能使葡萄成熟的田块。他们将最好的葡萄园用矮墙围起来，那些保存下来的葡萄园，通过他们的名字［伏旧园（Clos Vougeot），普赛尔园（Clos des Pucelles）……］见证着当年种植葡萄的修士们的洞察力。在德国的莱茵高（Rheingau）地区，克洛斯·埃博巴赫（Kloster Eberbach）修道院西多修道会的修士也是如此，莱茵高地区如今已是德国最有名的酿酒地区（详见410页）。所有这些努力的目的是生产的葡萄酒并不仅仅用于弥撒，还能够销售出去。因此，在中世纪，修道士在葡萄酒贸易中扮演着重要的角色。

葡萄酒贸易

当战乱后的生活安定下来后，葡萄园便重新发展起来，而葡萄酒的贸易也再度开始。其实葡萄酒从来就没有失去它作为交换物的角色：中世纪前期（大约公元5世纪至公元10世纪），在海盗纵横的西部海域，许多商船悄悄地离开波尔多或莱茵河口，驶向英国、爱尔兰或者更远的北部。最微不足道的首领也需要用葡萄酒来庆贺节日，最偏僻的教堂也总是需要葡萄酒来组织宗教聚会。

随着贸易的复苏，出现了大量的葡萄酒：上百艘船只开往伦敦或汉斯（Hanse）的港口。河流成为贸易的重要运输途径：装满葡萄酒的木桶非常笨重，用船来运输是最合适不过的。

古代书籍插图中的葡萄酒元素

通过小彩画，许多中世纪的书籍都展现了葡萄树种植的场面，也证实了葡萄酒在中世纪的存在。

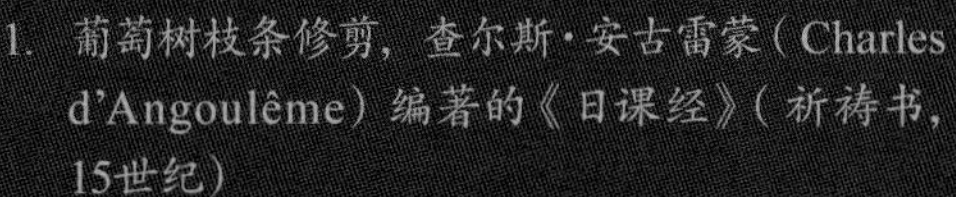

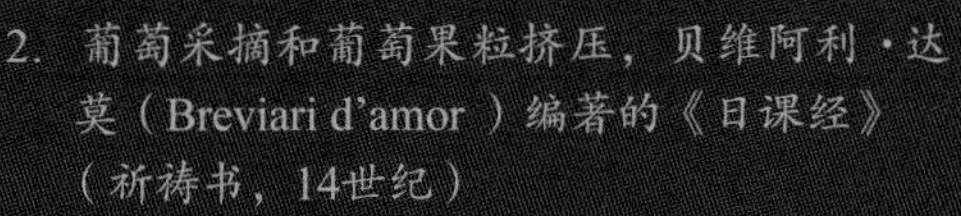

1. 葡萄树枝条修剪，查尔斯·安古雷蒙（Charles d’Angoulême）编著的《日课经》（祈祷书，15世纪）
2. 葡萄采摘和葡萄果粒挤压，贝维阿利·达莫（Breviari d’amor）编著的《日课经》（祈祷书，14世纪）
3. 9月份的葡萄采摘，贝利（Berry）公爵编著的《日课经》（祈祷书）全集（15世纪）
4. 3月份的葡萄树修剪，图尔市（Tours）版《罗马经本》（16世纪初）
5. 商人的生活场景（14世纪）
6. 卫生检验和处理（15世纪）
7. 修道士品酒的情景，《健康经》（13世纪）
8. 加纳（Cana）的结婚典礼场面，圣母院精装版《日课经》（祈祷书，15世纪）

葡萄酒的变革

几个世纪以来，葡萄果农和酒商一直致力于满足顾客对于普通葡萄酒，也就是日常喝的葡萄酒的需求。但是到了17世纪末，新的需求出现了：一些生活富裕的民众希望能喝到让味觉获得更大享受的美酒。

优质葡萄酒的爱好者

其实，古罗马人就曾经寻找过帝国内最好年份的葡萄酒。中世纪的国王和修道院院长们也希望拥有最佳品质的葡萄酒。在法国，当然还有英国，一个新的社会阶层出现，他们拥有金钱和品味，愿意付高价来获得优质美酒。

在法国，在奥尔良公爵摄政（1715—1723年）时期，朝臣们要求得到，也总是能如愿得到大量的最优质的和起泡最丰富的香槟酒。而在同一时期，在英国的重要人物中，以首相罗伯特·沃波尔（Robert Walpole）为首，也都在追求得到最优质的波尔多红葡萄酒。

也是在这一时期，人们建立了品质名酒的概念，并一直持续到今天。在这之前，人们都在葡萄酒酿造的当年把酒喝掉，每年葡萄采摘季节前夕，往年的“老酒”价格迅速下跌。但在1714年，一位巴黎商人开始向他在波尔多的供应商要求提供“优质的、精致的、老年份的、褐红色的、柔顺的葡萄酒”。确实，从那时开始，人们开始懂得如何培育葡萄酒以及提高葡萄酒的品质。优质葡萄酒的时代就此开启。

1865年左右，
法国葡萄园的规模
达到了它的顶峰时代：
250万公顷。
虽然这期间经过了几个世纪不同当权者为限制葡萄酒生产而实施的各种措施（拔除葡萄树、限制葡萄树种植）。

波尔多地区的佳酿

人们经常把1660年担任波尔多地区议会主席的亚诺·邦达克（Arnaud de Pontac）先生称为寻求品质美酒时代的开山鼻祖。作为奥比昂酒庄（Château Haut-Brion）的庄园主，他致力于出产一种新型葡萄酒。他采用的技术和方法后来成为葡萄酒酿造通用的方法：低产量、精心挑拣、酿造和培育过程精确细致——目的当然是创立好的声誉，让葡萄酒可以卖一个好价格。在伦敦，奥比昂酒庄葡萄酒的价格是其它优质葡萄酒的三倍。隔了一代人之后，以玛歌（Margaux）、拉图（Latour）和拉菲（Lafite）酒庄为首的其它波尔多酒庄掀起了一股寻求葡萄酒品质提高的风潮。工作越来越精细：选择最好的葡萄品种，建设葡萄园的排水工程，更加精确地进行培育，以及在酒窖里细心照料。人们开始大量生产品质优良的葡萄酒。

工业革命后，法国的普通葡萄酒发展迅速，葡萄酒的产量和质量一起提升。城市的快速发展，工人阶层人口的不

> 18世纪，葡萄酒成为豪华宴会上不可缺少的要素。

巴斯德（Pasteur），酿酒师的鼻祖

历史上葡萄酒的生产长期建立在经验主义的基础上，酿造工艺和方法并没有经过先进的科学研究。巴斯德迈出了关键的一步。从1854年起，这位博学多才的科学家对三种发酵方式进行了研究：醋发酵、啤酒发酵和葡萄酒发酵。但是，他的研究成果直到20世纪才得到应用，一些方法和工艺直到1945年或者更晚才被应用到酿酒库和酒窖中。此后，一些大学和实验室开始培养酿酒师。人们让酿酒师管理自己家族的或是合作社的葡萄酒生产。葡萄酒生产此后从经验主义转为科学管理。

> 在波尔多的港口装载桶装葡萄酒的情景（1890年左右）。

断增长，使得对廉价葡萄酒的需求成倍增长。铁路的修建，使得葡萄酒得以从法国南部广阔的葡萄园运送到各个城市。

新式葡萄酒的出现

从17世纪到18世纪。从17世纪开始一直到整个18世纪，葡萄种植地区的发展和巴黎这个城市的发展息息相关。为了满足巴黎与日俱增的葡萄酒需求，人们运来了奥尔良地区的葡萄酒。也同样是为了巴黎，博若莱（Beaujolais）于18世纪末开始发展葡萄种植，从而成为法国新兴的葡萄酒产区。18世纪期间，英国和巴黎对葡萄酒的需求加在一起已经超出了葡萄酒批发商的总供应能力。酒商们选择直接购买葡萄而不是酒庄里生产的葡萄酒，于是出现了一种没有庄园的葡萄酒生产商。酒商们把这些葡萄酒汇集起来，装瓶、封瓶，并开始销售这些属于他们自己的“品牌”葡萄酒。

您未必了解的小知识

香槟酒得以存在至今，多亏了葡萄酒瓶和软木的结合。

香槟酒的销售在14世纪时还不景气。它的气泡给长途运输带来许多问题。酒桶在运输的过程中可能会爆炸，而这却又是君主制度下唯一被允许使用的酒的容器。葡萄酒瓶（英国最先用来进行葡萄酒运输）和葡萄牙的软木在这一时期的及时出现，解决了这一难题。香槟酒的另一个贵人要数唐·培里侬（Dom Pérignon），这个在奥特维莱尔（Hautvilliers）本笃会修道院管理食品贮藏室的修士，重新发现了软木的特性，用它来封闭酒瓶，并不断精进组装的技术。软瓶塞自此诞生，并一直延用至今（详见90~91页）。

19世纪。一些议员和法官等社会上流人物开始喝一种“中产阶级”的酒。尤其是在波尔多，这种酒开始公开地出现在最高级的餐桌上。酒商们也改善了销售方法，将葡萄酒装瓶销售，而在此之前，葡萄酒一直是装在大桶内销售的。也是在这一时期，葡萄酒成为法国主要的产业之一，工业化和铁路的开通对此起了很大作用。光照充足的朗格多克–鲁西荣（Languedoc-Roussillon）地区开始大量生产日常消费的葡萄酒。

正确还是错误？

在伊斯兰教中禁止喝酒的规定是从他们的先祖穆罕默德（Mahomet）开始的

错误。这种禁令最多只有两到三个世纪的历史。它来源于饥荒的威胁。经过一个世纪的征战，伊斯兰国家享受着他们胜利的果实。随着时间的推移，这些资源渐渐耗尽。小麦和水稻的种植代替了许多地区葡萄树的种植。这是伊斯兰国家人民为了填饱肚子所做的改变。但是《古兰经》里并不禁止葡萄酒，只是对它有可能带来的危害给予警示。

葡萄园的灾难

这场毁灭性的灾难是1863年从法国南部［确切地讲是加尔省（Gard）的普捷村（Pujaut）］开始的。根瘤蚜是一种像大头针的头一样大的蚜虫，它以吸食葡萄树的汁和根为生，让葡萄树慢慢死去。一个偶然的机会，他们从北美来到了欧洲。当时，穿越大西洋的船只速度已经足够快，使得这种生存在进口植物上的寄生虫得以完成旅途并存活下来。整个欧洲都被波及：几乎没有一株葡萄树逃过这一厄运。40年之后，人们终于找到了对抗的方法，即将法国葡萄品种的枝条嫁接在对蚜虫不敏感的美国葡萄枝蔓上。

但是根瘤蚜并不是唯一的灾难——两种真菌病：白粉病和霜霉病同一时期袭击了欧洲的葡萄园。在法国和欧洲其它地区，许多葡萄园被根瘤蚜摧毁之后就再也没有机会重建起来。

新世界的葡萄酒

从某种意义上讲，葡萄酒产业在20世纪经过很长一段时间的努力才从根瘤蚜灾害中走出来。而到了20世纪80年代，欧洲的葡萄酒产业出现了其他生产商。葡萄酒业经历了这段历史的最后一个拐点。

法国的法定产区

19世纪末，法国葡萄酒产区的声誉面临崩溃。教皇新堡（Chateauneuf-du-Pape）的庄园主乐华·波士玛利（Leroy de Boiseaumarié）及时出现并挽回了这一切。为了挽救法国葡萄种植业，他选择放弃上一个世纪的简单的种植方法：品质平庸的高产葡萄品种，不充足的园地，过度或不适当的施肥，任意浇水……他主张采用一些优质品种，禁止种植一些劣质品种，并规定葡萄酒的酒精度和限制每公顷的最大产量。他的这项工作坚持了将近10年。终于，在1930年，关于法定产区的法律才在教皇新堡产区最先确定下来。香槟地区在1935年采纳了这种法令。阿尔布瓦（Arbois）产区、卢瓦河谷（Val de Loire）产区、波尔多产区和勃艮第产区在1936年，博若莱产区在1937年也相继实施了这一法令。所有其它产区也纷纷效仿。法定产区的系统就这样逐步地建立起来。现在，虽然这个系统经过了多次调整（最后一次调整是在2009年），它仍然是欧洲所有葡萄酒产业法规的基础（详见97页）。

从20世纪80年代起，
在新世界国家出现了
许多葡萄酒产区。
全球葡萄酒产业的角逐瞬息万变。
这些新产区的葡萄酒和欧洲产的葡萄酒
同时出现在葡萄酒爱好者的餐桌上。

世界葡萄酒生产：更加严格的生产监管

1945年过后，科学技术开始扮演重要的角色，出现了许多关于葡萄种植、发酵、酿造的研究。这些知识使检查监控成为可能：产量得到提高并可以预计。与此同时，葡萄酒的消费成为全世界的潮流。多亏有了大量的优质葡萄，著名的葡萄酒庄才有能力满足市场需求，20世纪的80年代和90年代葡萄收获尤其丰盛。此外，新世界的顶级美酒，其品质与欧洲顶级美酒形成竞争。对于酿酒产业来说，20世纪末是一个充满市场潜力和机遇的时代，而对于葡萄酒爱好者来说，这是一个黄金时期，人们可以以相对合理的价格享受到优质美酒。这次变迁的受害者是生产低价葡萄酒的生产商。

大规模的葡萄园种植

在法国，一半以上的省份都有葡萄种植。89万公顷的葡萄园地平均每年可以酿造42.6亿升葡萄酒（2008年的数字），接近60亿瓶葡萄酒。法国在葡萄酒生产国中排名第二（根据出产葡萄酒的产量），仅次于意大利。比起30年前，人们喝葡萄酒的量减少了许多。1965年的时候，平均每人年消费葡萄酒在160升左右，今天已经减少为54升，但是所消费的葡萄酒的品质比以前提高了很多。

美国的葡萄酒生产

如今许多北美的葡萄酒生产商是从1966年以后才开始出现的。在加利福尼亚州，至少有70%的生产商是在这之后出现的。而在纽约州，有80%是在1976年之后出现的。20世纪70–80年代，许多新出现的葡萄酒生产商退出了市场。

地方征收的法定费用和禁酒令后的税收一样高昂。直到20世纪80年代中期，美国出产的葡萄酒都不用来出口。但到了1991年，美国成为继意大利、法国和西班牙之后第

> 20世纪40年代，美国加利福尼亚葡萄园的分布图。

新西兰的葡萄品种

在新西兰，杂交品种一直是主导品种，直到20世纪60年代才被欧洲的葡萄品种所代替。最初种植的是德国的葡萄品种，后来随着时间推移，渐渐被法国中部的葡萄品种［20世纪70年代的长相思（sauvignon blanc）、80年代的霞多丽（chardonnay）］所代替，这些品种更适合当地的气候。在红葡萄品种中，只有赤霞珠（cabernet sauvignon）才在这个国家拥有很长的历史，但此后已经被梅洛（merlot）和黑皮诺（pinot noir）领先一大截。

> 在美国禁酒期间（1919—1933年），葡萄酒受到查封，被倒入下水道中。

四大葡萄酒生产国，排在阿根廷之前，这个排名一直保持到今天。

南美地区

20世纪80年代，当经济和政治形势逐渐稳定之后，外国的投资者开始把目光投到南美国家和地区，那里的大片土地很适合葡萄树生长。大部分出口商入驻后引进了现代化设备，采用新的酿酒技术开发出新风格的葡萄酒。20世纪90年代初期，智利的葡萄酒成为市场上不可缺少的产品，尤其能够满足人们对物美价廉的葡萄酒的需求。阿根廷相对于它的邻居智利来讲起步较晚，但据观察它可能拥有更大的潜力。除了墨西哥，其它拉美国家都不是一个水平的竞争者。尽管如此，乌拉圭生产的葡萄酒品质也不错，而巴西受到国内不断扩大的市场需求的刺激，也开始发展葡萄酒的生产。

南非的葡萄酒生产

在1991年南非废除种族隔离制度后，以前一直是自给自足经营模式的葡萄酒产业开始调整生产，在这之前，他们主要是用葡萄浓汁酿造白兰地。葡萄果农以前只注重数量的生产，在这个时期也逐渐改变观念，开始致力于提高葡萄酒的品质。为了实现这个目标，需要把用来酿造散酒和用来蒸馏白兰地的葡萄园里的葡萄品种换成人们称之为“高贵”的葡萄品种［霞多丽、长相思、赤霞珠、梅洛、西拉（syrah）、黑皮诺……］，它们更适合国际葡萄酒消费者的口味。这些葡萄品种在2003年占据了43%的种植面积，其中白诗南（chenin blanc）品种的种植面积不断增长，成为南非的代表性品种。以前红葡萄品种只是少量种植，后来不断扩大，在2005年已经达到了50%（1996年只占18%）。这种快速的转变让南非开始出产高品质的葡萄酒。这个行业的进展是令人瞩目的：南非的葡萄酒出口量在1998年到2003年期间翻了一番。政治形势的稳定也开始吸引瑞士、德国、比利时、意大利、美国和法国人对南非葡萄酒产业进行投资。

澳大利亚的葡萄品种

20世纪70年代，雷司令（Riesling）和赛美蓉（Sémillon）曾经是当地仅有的优质白葡萄品种，在澳大利亚有很高的产量，直到2003年才被霞多丽超过。西拉［在澳大利亚被称为“shiraz”（西拉子）］在以前主要用来酿造加强酒，现在它已经是澳大利亚最主要的葡萄品种。它或者单一品种酿制，或者与卡本内（cabernet）、歌海娜（grenache）、慕合怀特（mourvèdre，也称为“mataro”）一起混酿。排在西拉之后的是发展极为迅速的卡本内。梅洛是一种补充，而黑皮诺主要用来酿造起泡葡萄酒。

围绕葡萄酒领域的认识误区

葡萄酒这个领域在很长一段时间内是专属于一些行家的。他们并不愿意将拥有的知识与他人分享。新入门的爱好者试图搜集有关信息，但由于缺乏坦率而准确到位的解释，有时会出现一些误解。

葡萄酒年份越久远，品质越高。

适宜陈年的葡萄酒只是一种随着时间的变化品质更加出色的葡萄美酒……因此需要装瓶后等待数年再品尝。丹宁浓重的红葡萄酒经常这样，年轻时酒液一般"涩滞"口腔，随着时间的推移，丹宁会变得圆润，且浓郁丰富的香气增加。但如果等待的时间太久，葡萄酒就会失去它的质感，变得干枯乏味。因此，需要跟随着它的演化趋势，在最佳状态时品尝。再没有比开启一瓶葡萄酒时才发现已经错过了最佳饮用期更让人沮丧的事情了！宁肯趁早打开一瓶葡萄酒，也不愿意过晚开启一打葡萄酒！

桃红葡萄酒：红葡萄酒与白葡萄酒的混合体？

是的，但是它失败了！欧洲的一些国家曾经希望允许通过将红葡萄酒和白葡萄酒混合来酿制粉红日常餐酒（这是在某些新世界国家已经采用的方式）。幸运的是，传统酿酒国度法国和意大利早就成功创立了桃红葡萄酒的酿造方法（详见68页）。不要忘记酿造桃红葡萄酒首先需要红葡萄，其颜色存在于葡萄皮中，可以根据需要来提取不同的颜色浓度：直接采取红葡萄酒的酿造方法（只是将葡萄皮和葡萄汁混合浸泡几个小时——这是自流色汁的方法）；或者先用酿造白葡萄酒的方法（将红葡萄的皮轻微挤压一下，得到颜色浅淡的色汁，先单独酿制有些微颜色的果浆——这是直接压榨取色的方法）……在法国，只有粉红香槟酒才允许将红葡萄酒浆和白葡萄酒浆混合起来酿造。

葡萄酒中出现结晶体！难道酿酒师加入了糖？

这些结晶体在白葡萄酒中无色透明，在红葡萄酒中有时带一点颜色，它们其实是酒石酸氢钾，或者酒石。它们的出现主要是因为葡萄酒中存在的酒石酸，它遇冷会沉淀。为了避免葡萄酒瓶中出现这种现象，人们有时会在装瓶前将葡萄酒浆在酒罐内进行低温处理，去除这类沉淀。酒石完全不会改变酒的品质。如果您在杯中发现这样的结晶体，请不要担心：这不是糖，既不会影响葡萄酒的风味，也不会损害您的健康！

葡萄树必须饱经“磨练”才能酿出好酒。

好的葡萄园从来就不是很肥沃的。如果园地非常肥沃，葡萄树就会生长旺盛，葡萄产量也会上升。葡萄因此被“稀释”，酿出的葡萄酒也太淡。但是为了让葡萄达到理想的成熟度，葡萄树也不能缺乏营养或者营养供给不平衡。比如缺乏铁质的土地，会妨碍植株的光合作用而放缓果粒成熟过程。对于水分也是同样的道理：如果水分过于充足，它的果粒就会被稀释，糖分浓度降低；而在过度干旱的条件下，植物生长进入休眠状态，很难成熟。因此，葡萄树需要有规律地吸取营养，不能营养不良，也不能“一次吸收大量的营养”，更不能营养过剩。

酒泪，其实是葡萄酒中的甘油。

在酒杯内壁缓缓下滑的透明液滴是“酒泪”（也称“酒腿”或者“酒露”）。它们的出现是由于水分和酒精的毛细张力和挥发状态不同导致的，在酒精浓度高的葡萄酒中，酒泪的现象尤其明显。当然，甘油也是葡萄酒的一种成分，但含量比起酒精来要低得多，因此把酒泪称为甘油的表现是不准确的。更有人说，酒泪的出现是葡萄酒高品质和陈酿潜力的体现。所有这些说法都是完全错误的：酒泪只是葡萄酒酒精含量高低的一个指标（详见211页）。

红葡萄酒应该在室温下品尝！

对，应该把酒放置于室温条件下，可当阴凉处的温度都达到30℃时，可就不是这么一回事了！“室温”这一术语可以追溯到19世纪，当时一座公寓的室内温度很少会超过20℃。当我们将一款酒放置于室温条件下，注意不要让葡萄酒的温度超过18℃，否则的话，酒精的味道会凸显出来。应该将过热的葡萄酒放入盛满冰水的酒桶里，让酒液温度降低2~3℃。同时也要防止另一个极端：如果侍酒的温度过低，酒体紧致的红葡萄酒会变得生硬，丹宁也会失去圆润的质感，变得涩口。（详见188~189页）

很久以前，人们曾在葡萄酒中加入牛血来调色……

葡萄酒中含有很多蛋白质。为了去除它们，人们在酒罐或者橡木桶中加入一种外来的蛋白质来黏合固定它们，并由此沉淀到容器底部。然后只要将澄清后的酒液倒入到另外的酒罐中即可。这一步骤可以去除所有在酿酒过程中加入的物质残渣或沉淀。没有比这个更自然的了！最常使用的是白蛋白，用的是新鲜鸡蛋的蛋清，或者冻干粉，或者膨润土——一种不含有蛋白质但是有蛋白质属性的黏土状物质。以前人们还使用过牛血蛋白，不过从疯牛病危机发生后就被禁止使用了。但无论如何，这些蛋白质从未被用作着色剂！

葡萄园的风土

葡萄园的风土指的是一处葡萄酒产地影响葡萄酒品质的多种因素。人们虽然可以在某种程度上改变自然条件，但园地的选择仍然是葡萄酒生产中最重要的环节。

葡萄园风土的概念

葡萄园风土这个概念诞生在法国，与法国葡萄园密不可分，今天已经成为世界通用的概念。它涵括了一处葡萄园所有的自然条件和气候条件。虽然葡萄品种和种植方法对葡萄酒品质的影响也不可忽视，但是园地的风土一直是公认的决定葡萄酒品质的首要因素。

多种因素的集成。园地风土与许多人们先入为主的概念相反，除了土质和深层地质结构（花岗岩、石灰岩等），它还包括许多其它因素，如地貌状况（山丘、平原等）、海拔、朝向、周围环境（靠近一处树林，或者一段水面等），当然还有气候这一重要因素。这些因素一起构成了一处园地的风土，也是葡萄酒产地独有的特征标志。

其它地方风土。今天，新世界的许多葡萄酒产区的风土实行了很明确的定义和范围划分。许多地区能够生产出品质出众的葡萄酒产品，可以和法国波尔多、西班牙及意大利著名葡萄酒产地的葡萄酒相媲美。拉图酒庄、西施佳雅（Sassicaia）、维加–西西利亚（Vega-Sicilia）和伊慕酒庄（Scharzhofberger）等著名品牌葡萄酒不再变得神秘而遥不可及。如美国加州纳帕谷（Napa Valley）的作品一号（Opus One）葡萄酒、智利迈坡（Maipo）谷的活灵魂（Almaviva）葡萄酒，以及澳大利亚的奔富·葛兰许（Penfolds Grange）葡萄酒（详见446~447页、456页和481页）。

葡萄酒是风土凝练的精华

光照、温度、水分，以及土质条件的相互作用决定了葡萄酒的品质和个性

法国特色的结束？

欧洲国家，尤其是法国，非常崇尚风土这一概念，所有关于法定产区的法令都以此为基础（详见96~97页）。直到20世纪中叶，世界各地的生产商谁也不敢想象高品质的葡萄酒可以在“传统”葡萄酒生产国以外的地方生产出来。随着各国之间贸易的加速发展，以及20世纪80年代葡萄酒业丰厚的经济收入的刺激，葡萄酒生产商努力开发“圣地”之外的葡萄园，以酿出高品质的葡萄酒。

有利于葡萄成熟的土地

葡萄树并不是在什么地方都能结出丰富的果实，并酿造出美酒。潮湿或多风的地区不适合它的生长，在寒冷地区，其果实甚至都不能够成熟。通常情况下，它在贫瘠的土地中，它可以酿出高品质的葡萄酒；而在肥沃的河流冲积平原上，它会出产粒大多汁的果实，但酿出的葡萄酒则会淡而无味。事实证明，最好的葡萄园大都在贫瘠的土地上，或位于山丘的斜坡上，这些土地的透水性很好且可以防止吸水过量，朝向很好，光照充足，有利于葡萄成熟。这就是为什么许多优质的葡萄酒都出产在砾石遍布、混有砂石的山坡而不是平原上。如果是北方的葡萄园，则是朝南或者朝东南的土地可以获得长时间和连续的光照。上述所有条件都是优质产地的构成因素，有利于葡萄植株的生长，并收获到成熟及浓郁的葡萄。

适宜葡萄树生长的气候条件

葡萄主要种植在南纬和北纬35°~50°的区域，欧洲温和的气候尤其适宜葡萄树的生长。它有着四季分明的气候，夏季长而干燥，有利于葡萄慢慢成熟；冬季漫长而寒冷，可以让植株得到必不可少的休息。这是葡萄树生长良好的基本条件。在有些自然条件不利的产区，人们可以通过一些措施来改进葡萄植株生长的条件，比如在天气过热时对葡萄园进行浇水（特别是在澳大利亚）。

正确还是错误？

葡萄树在高海拔地区长势比较好

正确。在澳大利亚、意大利南部和其它许多夏天炎热的地区，高原地区都是非常好的葡萄园风土。这些地方夜晚凉爽，白天光照充足，这种温差让葡萄果粒凝聚了尽可能多的复杂香气。与此相反，在山区，过低的温度和过强的风力都会使葡萄植株干枯。

基础条件。葡萄树的生长需要充足的光照、适量的降雨（降雨量500~700毫米/年）和适中的气温（10~25℃）。过高或过低的气温会让葡萄树的生长停滞；过多的降雨会生成庞大的葡萄果粒，果粒大会使葡萄水分太多而糖分不足（详见50页）。

微气候的影响。除了地区性气候，自然环境也可以以微妙的方式形成有利于葡萄生长的微气候。比如，邻近的

> 在教皇新堡法定产区，土地富含卵石，有利于葡萄园地的排水。这些卵石在白天吸收的太阳光在晚上转化成热量，促进了葡萄植株的生长。

树林可以帮助防风，而一段河流或湖泊水面会减弱气温的骤变和增加阳光的照射量；有穿堂风吹过，让周围环境变得干爽，有利于葡萄的成熟等。在对于葡萄树生长而言气候偏冷的国家，如瑞士，葡萄果农比较乐意在其局部小气候利于葡萄成熟的区域开辟葡萄园。

年份的差异。在气候相对稳定的地区，如智利和澳大利亚，每个年份的葡萄酒品质都是差不多的。但是在法国和其它欧洲国家，会出现一些极端的天气变化（霜冻、干旱、暴雨等）影响葡萄酒的品质。因此，适当地关注葡萄酒的酿造年份，对于价格较高的酒还是很有意义的。

气候变暖带来的影响

对全球变暖初步研究的结论是，它给葡萄酒品质带来的影响是正面的。一个高温的年份往往意味着一个出色的年份，但是如果气候过快地变暖，带来干旱，会引起疾病的蔓延，甚至水土流失。到21世纪末，全球变暖将会给南方一些葡萄酒产区带来灾难性的影响。

新出现的葡萄种植区域和受到威胁的葡萄酒产区。最受威胁的地区当数气候比较炎热的地区，如欧洲南部和美国加利福尼亚产区。在美国西部，如果按目前的形势发展下去，到2100年，只有靠近海岸受到海洋温润气候影响的小片区域还能够继续种植葡萄树。目前已经有许多纬度高于50°的种植区逐步发展起来（瑞典、丹麦）。

解决方案。为了避免气候变暖带来的负面效应，人们种植贴近地面的低矮的葡萄植株，用来保持湿度和避免强光。此外还要适度浇水。在南半球的国家如澳大利亚，人们在相对凉爽的区域种植葡萄树（详见473页框内文字）。科学家已经开始尝试使一个葡萄品种中的一部分植株适应高温，同时注意防止炎热高温的气候影响葡萄酒的味道（比如糖分含量过高或酒精度数过高）。人们也在考虑将原来在南方种植的葡萄品种种植到北方地区。

水分的供给：不能多也不能少

一片出色园地的水分条件往往是不足或者刚到葡萄树生长需要的量，因为葡萄植株在过度潮湿的土壤中不能生长。通气且透水性良好的土质适合葡萄树的生长，而板结或土质颗粒过于细微的土质不能够将积水排出田地，不适合种植葡萄树。如果天然的透水性不能满足需求，可以修建排水工程来改善，波尔多最好的葡萄产区就是采取这种办法。但是葡萄树也不能缺少水分，那会让葡萄树停止生长。理想的水分供给应该是稳定而不是间歇性的。

您未必了解的小知识

相同的葡萄品种会因长在不同土壤而酿出不同风味的葡萄酒。以勃艮第北部（Haute Bourgogne）的黑皮诺品种为例，两块以石灰岩为基岩的土地，海拔和朝向的情况都相似：第一块遍布砾石，另一块富含细腻的黏土质。第一块园地出产的葡萄酒果味浓郁，酒体轻盈而柔和；而第二块园地出产的葡萄酒则含有丰富的丹宁，但缺少圆润度。

葡萄树的生长喜好怎样的土质

砾石遍布的贫瘠土地，页岩、花岗岩、砂岩、不含盐的沙土和多样性的土质适合种植葡萄。最重要的是，园地土质要满足四个条件：支撑葡萄树的根系、保持湿度、获取热度（土壤升温或降温都比较快）和提供葡萄树生长的营养。

为什么需要贫瘠的土地。葡萄树是最不苛求营养的植物之一。以前，葡萄树的种植是为了有效利用其它植物很难生存的贫瘠土壤。确实，肥沃的土壤会让葡萄产量过剩。葡萄的产量和品质是相逆向的因素：产量过高、葡萄果粒巨大造成葡萄汁被稀释，果香不够凝集，只能出产品质极其一般的葡萄酒……从某种意义上讲，葡萄树要在贫瘠的土地上受点“苦难”才会出产品质出众的葡萄酒。在艰苦的生长环境下，它的根系会往土层深处发展来吸取营养。这样，出产的葡萄酒会更能体现这片土地的矿物质风味。

透水性良好的土质还是密实的土质。土壤的肥沃程度并不是土壤好坏的唯一决定因素。每一种土壤都有它自身独特的土质结构。透水透气性良好的土质升温较快，有利于葡萄果粒的成熟，就像波尔多圣安美隆（Saint-émilion）地区的砂石土质、香槟地区石灰质的土壤和梅多克（Médoc）地区富含砂砾的土壤。另一种是密实、潮湿和凉爽的土质，如法国阿尔萨斯（Alsace）平原和勃艮第坡底的黏土质土壤。著名的葡萄酒往往是产于石灰基岩、砾石遍布以及透气性良好的土质上，如奥比昂酒庄。密实潮湿的土壤，如法国多尔多涅（Dordogne）河谷的冲击地（肥沃的冲积平原），对于种植葡萄树来说会有两个缺点：容易腐烂、升温较慢。影响葡萄树生长的因素还有很多。尽管如此，凡事都有例外。我们不能用单一的标准去衡量所有的土质。像位于波尔多玛歌法定产区的著名的帕菲露丝酒庄（Chateau Paveil de Luze）的葡萄树生长在一片淤泥地上（肥沃而营养丰富），但出产的葡萄酒却口感清爽且果味浓郁。

不同的土质可以给葡萄酒增添“味道”吗？

人们把土壤看作是决定葡萄酒品质、香气和风味的第一要素，尤其是在法国。这种观点促使法定产区制度和产区划分的诞生，今天已被整个欧盟采用。

几个实例。根据一些专家的研究，土层深处的矿物质对葡萄酒的品质和风味有着重要的影响。位于波尔多波美侯（Pomerol）产区的柏图斯酒庄（Château Petrus），其葡萄酒浓郁丰富的味道就是由于土层深处富含的铁质。勃艮第著名的骑士–蒙哈榭（Chevalier-Montrachet）产区出产的葡萄酒比它的邻居蒙哈榭（Montrachet）产区的葡萄酒要轻盈一些，因为其土质更富含砾石。丰富饱满的白马酒庄（Château Cheval Blanc）葡萄酒主要得益于砂石的土质和深层黏土与砾石混合的土质结构［当然还有一个很重要的原因：比起其它圣安美隆（Saint-Émilion）产区的葡萄酒庄，白马酒庄的混酿比例中品丽珠（cabernet franc）的含量比较高］。棕壤土加上石灰岩、大而薄的黏土层，从而酿造出酒体柔顺、口感强劲的拉塔希（La Tâche）。相比之下，罗曼尼·康帝（Romanée-Conti）的葡萄酒口感更为轻盈、精致，酒香具有多种层次的变化。法国和意大利所有关于葡萄酒的著作中都提到了含量丰富的矿物质、黏土和石灰岩的存在让园地出产的葡萄酒含有丰富的香气，也就是说给葡萄酒增添了“味道”。

在酿造一款优质葡萄酒时，
风土的重要作用
表现在什么地方？

获得2000年“世界最佳侍酒师”称号的奥利维·普西埃**先生**的观点：

“一款优质的美酒是复杂、优雅、平衡和余味绵长的集合体，它给品尝者带来无穷的愉悦。随着时间的演变，它会生成更醇美的香气和味道。除了葡萄品种的特性和年份特征，葡萄酒所具有的品质大部分要归功于园地出色的风土。一片田地，如果没有一个了解它的风土的人来取其精华，去其糟粕，是不可能酿出好酒的。”

在世界各地担任酿酒顾问的波尔多著名葡萄酒专家米歇尔·罗兰（**Michel Rolland**）**先生**的观点：

“一款优质的美酒是许多因素相互作用的结果，而葡萄园的风土决定着酒款的特征，是最重要的因素之一。在更好地突出酒的品质的过程中，人类的努力也是不可缺少的环节。他们在田间和酿酒库长年辛勤的劳动，针对不同因素要随机应变。此外，葡萄树的年龄、均衡性及其产量也决定着酒的好坏。”

1

2

3

出色的酒农和酿酒师

19世纪和20世纪初出现了一大批新一代的酿酒师，完全改变了葡萄酒领域的面貌。著名的酿酒师——埃米尔·比诺（émile Peynaud）、帕斯卡·里贝罗–加荣（Pascal Ribéreau- Gayon）等，只是固守着巴斯德式的传统，避免葡萄酒产生缺陷，而新一代的酿酒师则追求创造新风格的葡萄酒产品。比如波尔多著名的酿酒师米歇尔·罗兰先生以酿造具有浓郁的质感和清新果味的葡萄酒而闻名，成为葡萄酒界的典范；另外一些酿酒师则比较谨慎，只是注重提取他们自家园地的精华。他们所有的努力都让葡萄酒的酿制成为一项艺术，表达出自然园地的精髓。

丹尼斯·杜博迪先生，葡萄园间的魔术师

丹尼斯·杜博迪先生集酿酒师、酒庄庄主和学院教授三种角色于一身，是波尔多非常著名的酿酒师。作为波尔多苏玳（Sauternes）地区多处庄园的主人，这位出生在巴萨克（Barsac）地区的酿酒师既尊重公众的口味和需求，又注重表达园地的真实特性，在葡萄酒界享有盛誉。杜博迪先生是酿造白葡萄酒的专家，又是法国和海外多个酒庄的顾问，他让许多葡萄品种在北部的生长极限地带生长出丰硕的果实。他的酿酒特点主要体现在萃取葡萄果粒的香气精华，酿出果味浓郁、清新而风格优雅的葡萄酒。杜博迪风格，套用他自己的话来讲，就是酿造出高品质的葡萄酒，并且是非常好喝的。

安妮–克劳德·勒弗莱（ANNE–CLAUDE LEFLAIVE）女士，生物动力学的先驱

充满活力、创新和务实精神的勃艮第女酿酒师安妮–克劳德·勒弗莱女士在20世纪90年代初接手了家族位于普利尼–蒙哈榭（Puligny-Montrachet）产区的葡萄酒产业，她希望在这里实施绿色生态农业，创造出自己的风格。这种农业方式很快就带来了具有说服力的初期成果，因此勒弗莱女士决定将全部23公顷的葡萄园地全部纳入生物动力学种植中，酿造出符合她哲学和风格要求的葡萄酒。如今，她让整个葡萄园充满了活力，使得出产的葡萄酒充分地表达出风土的特性。而那些最初持有怀疑态度的人，也被“Leflaive”风格所折服，她所酿的葡萄酒有着丰满的酒体和丰富的矿物质，具有很好的陈年和醇化潜力。

1. 安妮–克劳德·勒弗莱
2. 丹尼斯·杜博迪
3. 保尔–文森·艾弗瑞
4. 保罗·德雷帕
5. 伊贡·米勒
6. 米歇尔·罗兰

保尔–文森·艾弗瑞（PAUL–VINCENT AVRIL）先生，简朴风格中的精华和魅力

2007年美国著名的葡萄酒杂志《葡萄酒观察家》（*Wine Spectator*）将教皇新堡产区帕普酒庄（Clos des Papes）出产的红葡萄酒称为“世界上最好的葡萄酒”。这一说法可能会让新入门的葡萄酒爱好者感到惊讶，但对于了解艾弗瑞先生、知道他在这片35公顷园地上投入不少精力的人们来说，这也不足为奇。他在整片园地上实施了绿色有机农业种植的管理方式，葡萄产量非常小，控制在每株不超过5串葡萄果实。严格挑选以求得到最佳成熟状态的歌海娜葡萄，这就是他成功的法宝。当然艾弗瑞先生的专长主要体现在酿造过程中，他避免经常进行倒灌的操作，这样使酿制的葡萄酒酒精度虽然偏高，但口感柔顺、丝滑，并且在陈酿过程中会变得更加细腻、优雅。

伊贡·米勒（EGON MÜLLER）先生，充满个性的葡萄产业传承人

伊贡·米勒先生是卢汶（Ruwer）河谷伊慕（Scharzhof）酒庄的庄主和酿酒师，酒庄自1887年创建，他是家族的第四代传人。他的父亲（2001年去世），伊贡·米勒三世，将这座种植着雷司令的葡萄园推向了德国顶尖葡萄园的宝座。如果以他们出产的贵腐精选（Trockenbeerenauslese）葡萄酒在拍卖会上的价格来看，可以把其归入德国最高等级葡萄酒的行列中。“我们出产的葡萄酒的品质100%来自葡萄树，而在酿酒库中的工作可以让我们达到101%”，如今的伊贡·米勒四世用幽默的口吻跟我们说。出产佳酿没有什么秘方，如果非要说有的话，可以说是幸运地拥有一处出色的葡萄园，以及在最佳成熟状态时采摘经过严格筛选的葡萄果粒。剩下的毫无疑问就是家族的传统哲学——最秘密的，也是最有决定性的。

保罗·德雷帕（PAUL DRAPER）先生，有远见的加州酿酒师

保罗·德雷珀先生在智利居留一段时间后，于1967年在美国旧金山西南海滨的圣克鲁斯（Santa Cruz）山脉地带创建了一处名为“山脊”（Ridge）的葡萄园。这位哲学博士，一位不同寻常的种植者，在后来成为加州葡萄酒业最有远见的酿酒师。他所酿制的葡萄酒经常在盲品比赛中超出波尔多的顶级名酒。他的诀窍一是挑选出最适合赤霞珠生长的地块，二是与仙粉黛（Zinfandel）老树葡萄酒混酿。他选取适当比例的法国橡木桶和美国橡木桶进行陈酿熟成，从而酿造出了品质出众的葡萄酒，尤其是山脊·蒙特·贝罗（Ridge Monte Bello）款。详见449页文框中内容。

数千个葡萄品种

在全世界存在着5000多个不同的葡萄品种，但是只有几十个品种被大规模种植。每一个葡萄品种都有它自己的特性和品质，而这也影响到酿成的葡萄酒的特性。

什么是葡萄品种

一个葡萄品种简单地讲就是一个种类的葡萄树，虽然从植物学角度来讲，这一说法并不完全正确（一个品种是由种子繁殖的，而葡萄树并非如此）。欧洲品种（*Vitis vinifera*）是一种起源于小亚细亚的葡萄品种，是今天所有酿酒葡萄品种的起源。在自然演化、杂交及人工选择后，这一最初的品种演变为成千上万个不同的品种，人们给予其不同的命名：卡本内、霞多丽、黑皮诺、雷司令等。其中只有几十个品种是今天酿造葡萄酒使用的主要品种。个别葡萄品种如赤霞珠和霞多丽已经成为世界知名的葡萄品种。

今天种植的葡萄树来源于很早以前的“野葡萄”(lambrusque)，是一种森林里围绕树木生长的野生藤本植物。直到今天，我们还可以在欧洲和亚洲的一些地区找到这种野生葡萄，如奥地利、巴尔干地区、高加索地区、阿富汗……

> 葡萄叶子的形状是定义一个葡萄品种的外形特征之一。

每一个葡萄品种都拥有独特的个性

葡萄品种种类繁多：有用于日常食用的外表鲜嫩的葡萄品种；有用于晒制葡萄干的葡萄品种；有用于酿酒的葡萄品种。某些葡萄品种可以同时拥有多样的用途。比如亚历山大麝香（muscat d'Alexandrie）葡萄品种，它既可以食用，又可以晒制葡萄干，还可以用来酿造美味的麝香葡萄酒。

从植物学的观点来看。不同的葡萄品种之间以外形特征（颜色、葡萄串和葡萄颗粒的形状及数量、叶子边缘的齿形）和植物性征（花期、早熟或晚熟、对疾病的易感程度、产量等）来区别。酒农根据所需酿制的葡萄酒的质量来选择合适的葡萄品种。在通常情况下，至少在欧洲，酿酒师会根据风土条件来选择栽种的葡萄品种（一个葡萄品种在特定的土质和气候条件下有可能会有更佳的表现）。

从味觉的观点来看。每一个葡萄品种都有它独特的个性，从而影响葡萄酒的品质。比如一个葡萄品种糖分和丹宁含量的高低、香气的集中度都会在葡萄酒中表现出来。如用长相思酿制出来的葡萄酒有许多特性：果味、花香和植物气息——这是世界上所有长相思酿出的葡萄酒的共同特征。但是，由于风土条件、海拔高度、采摘时间、气候以及酿造工艺的不同，它们会表现出不同的香气。比如在法国都兰（Touraine）地区的桑塞尔（Sancerre），用长相思酿制的干白葡萄酒口感较干、直爽、果味浓郁，带有典型的葡萄香气；而在新西兰马尔堡（Marlborough）地区用长相思酿制的干白葡萄酒则矿物质味显著，带有更多香料的气息和异国水果的香气。

您未必了解的小知识

世界上至少存在着4万个不同的葡萄品种。同一个葡萄品种可能有不同的名称，不同国家，甚至不同地区，同一个葡萄品种的叫法都可能不一样。如果同时算上各种同义词和译名，地球上种植的5000多个葡萄品种就拥有大概4万多个名字。更有甚者，有时候世界不同地区的人们用一个同样的名称来称谓几个不同的葡萄品种。这种情况让人们很难弄清楚世界上到底有多少个葡萄品种，即使专家也难以给出确切的数字。

从葡萄种植学一直到生物基因组研究

葡萄种植学是19世纪发展起来的学科，主要出于几个目的：一方面是描述葡萄品种的植物生长周期以及它的优势和缺点；另一方面是定义和统计不同葡萄品种的植物学特性。由法国国家农业科学研究院管理的瓦塞尔（Vassal）实验基地收集了3500多个来自47个国家的葡萄品种（欧洲品种、野生葡萄、杂交葡萄等）。

研究人员试图建立一个葡萄品种的遗传谱系。从长远看，它可以让人们更好地了解葡萄树生理性征的演化过程，从而更好地掌控它的产出。还可以根据这样的遗传谱系来更快更精确地选择具有某种特性的葡萄品种，比如长期抗病性强或具有高品质潜力的葡萄品种。对葡萄遗传基因的研究已经可以让人们了解葡萄品种的遗传踪迹，更好地定义和区分各个葡萄品种。这一研究也可以让人们推翻或者确定传统葡萄品种之间的亲缘关系。

多少个葡萄品种才能酿制一款葡萄酒

在法国，历史悠久的葡萄酒产业曾经有这样一个传统：用两到三个葡萄品种来混酿一款葡萄酒，每个葡萄品种都有其不同的作用：一种给酒液带来颜色和丹宁；另一种带来细腻的口感和丰富的香气；第三种往往是产量高的葡萄品种，用来保证酒产量的稳定。直到今天，一款法国葡萄酒往往由两到三个葡萄品种混酿而成，这几个葡萄品种在品质和产量上经常是互补的。但也有酿自单一葡萄品种的葡萄酒（人们称之为“单品种葡萄酒”）。

几个实例。勃艮第地区夏布利（Chablis）产区的白葡萄酒只用霞多丽来进行酿造；同样的，博若莱产区的红葡萄酒只用佳美（gamay）酿造，乌乌黑（Vouvray）产区的白葡萄酒只由白诗南酿造，桑塞尔产区的白葡萄酒只用长相思酿造。相反地，波尔多红葡萄酒则用赤霞珠、品丽珠和梅洛三个主要品种以及个别次要的品种混酿，以便酿制出的酒更富层次感。此外，还有更复杂的组合，如教皇新堡出产的葡萄酒可以用到13个葡萄品种。

自由选择的葡萄品种还是法律规定的葡萄品种

随着时间的演变，在每个地区，葡萄品种都是既定的。这有可能是当地的葡萄品种演化和选择之后成为固定的本土品种，也有可能是外来品种在当地找到了合适的生长环境。在欧洲大部分国家，这种情况在法规制定过程中得到了确认，特定的风土和葡萄品种成为葡萄酒法定产区划分的依据。

在欧洲，葡萄品种的选择由法律规定。直到2009年，整个欧洲都不能随心所欲地选择种植葡萄的土地和品种，每个地区和省份都有一个“建议”和“允许”种植的葡萄品种名单。今天，每个欧盟成员国都有一个规定可以被种植的水果葡萄品种和酿酒葡萄品种的官方目录。在法国，酿酒葡萄品种目录中有超过200个葡萄品种。一款产自法定产区的葡萄酒所使用的葡萄品种必须是预先规定的三种葡萄：主要品种、补充品种和附属品种（详见45页）。而对地区餐酒（有IG酒标志的葡萄酒）和日常餐酒（没有IG标志的葡萄酒）的法令和法规就没有如此严格。

世界其它地方的规定。对于美洲大陆、澳大利亚或者新西兰来说，葡萄酒生产商不必保证使用特定的葡萄品种。他们有权利在酒标上标注所使用的葡萄品种，而在法国，只在少数情况下允许标注葡萄品种（详见下文）。新世界种植的葡萄几乎全是从欧洲移栽的，因此不必保持葡萄酒原产区的特性。

酒标上有关葡萄品种的信息

欧洲的葡萄酒标上很少标注酿制葡萄酒的葡萄品种。比如勃艮第产区出产的红葡萄酒就没有标明它是由单一品种黑皮诺酿造。最初，是美国加州的酒农和酿酒师用葡萄品种的名字来销售他们出产的葡萄酒，因此美国的消费者习惯上用葡萄品种的名字来辨认葡萄酒，比如称“一款霞多丽”白葡萄酒。

在法国，法律禁止用这样的方式标注法定产区的葡萄酒，除了阿尔萨斯地区出产的葡萄酒，像雷司令——既是一个葡萄品种的名称，也是一款葡萄酒的名称。但法律允许地区餐酒用葡萄品种来命名。这就是为什么许多酒农和酿酒师宁愿将自己出产的葡萄酒归入地区餐酒而不归入法定产区酒，这样他们就可以在酒标上标注所使用的葡萄品种。他们认为这样消费者会更容易辨识和喜欢上他们的葡萄酒。法定产区机构对这种做法很不以为然，也不接受这种用葡萄品种划分葡萄酒的做法。

您未必了解的小知识

其实只有很少的葡萄品种被用于酿造所谓“以葡萄品种划分的”葡萄酒。主要的品种基本上是赤霞珠、梅洛、西拉、佳美（酿制红葡萄酒的葡萄品种），以及霞多丽、长相思和维奥涅（viognier）（酿制白葡萄酒的葡萄品种）。在法国，只有100%酿自同一葡萄品种的葡萄酒才可以在酒标上标注这一葡萄品种的名称（单品种葡萄酒）。与之相反，在其它国家和地区，标注某种葡萄品种的葡萄酒有可能是两种葡萄品种以不同的比例混酿的葡萄酒（双葡萄品种葡萄酒）。比如在奥地利、智利和澳大利亚，只要该葡萄品种的比例超过85%，就可以在酒标上标注此葡萄品种。

世界普遍种植的葡萄品种和地域性品种

加州的霞多丽和赤霞珠、智利的梅洛、澳大利亚的西拉……一些用于酿造法国经典葡萄酒的葡萄品种已经跨越国界，遍布世界各地。事实上，当葡萄种植在新世界发展的时候，当地的葡萄酒生产商很自然地选用了欧洲最知名的葡萄品种。虽然有一些品种移植结果不尽人意，但有些品种适应性很强。这些葡萄品种种在广阔的土地上，由其酿出的葡萄酒取得了令人瞩目的成功，并且需求不断增长。与之相反的是，其它葡萄品种（通常是本地品种）在不断地减少。

全世界大部分葡萄酒都是由非传统的葡萄品种所酿制。种植这些葡萄品种可能是因为对本地传统的尊重，或是为了获得好的产量，又或者是因为这些葡萄品种更适应当地的土质和气候。不要觉得只有经典的葡萄品种才能酿出好酒。目前世界上将酿酒葡萄品种局限在一小部分葡萄品种的趋势损害了许多本地品种的发展，而本地品种拥有自己独特的个性和宝贵的遗传基因，可以给葡萄酒带来自己的特点。许多葡萄品种在种植地区以外鲜为人知，但是出产的葡萄酒无比出色，如白葡萄品种贝丽（bellet）。

> 嫁接后，未来地上部分植物涂有一层石蜡和蜡混合的物质。

根瘤蚜虫灾害对葡萄品种的影响

1860年至1880年，一种叫根瘤蚜的蚜虫在不经意间从美国传到欧洲，给欧洲葡萄园带来了毁灭性的灾害（详见23页）。这种蚜虫的幼虫寄生在年轻的葡萄根上，并对细嫩的根进行嚼咬。美国葡萄品种的根瘤蚜并发症发展比较缓慢，但是由于欧洲品种对蚜虫的抵抗力较低，种植密度又比较高，造成疾病迅速蔓延。这种蚜虫会造成根系细胞结构的紊乱，最终阻碍葡萄树汁液的正常循环，导致植物的根部逐渐衰弱，并在3至10年后死亡。

正确还是错误？

没采用嫁接方式种植的葡萄树在世界上已经不存在了。

错误。 虽然世界上大部分葡萄树的种植都采用了嫁接方式，但仍然有一些例外。位于法国都兰产区的马隆纳特（Marionnet）葡萄园就保留了一片园地，种植了有120~150年树龄的葡萄树。这些葡萄树是在根瘤蚜侵袭前就存在了。另外，1991年在别处的一些葡萄园地种植了“自留根系”的葡萄树，即没有经过嫁接种植的葡萄园。这些葡萄树能经得起根瘤蚜的侵害。目前，智利是采用最多非嫁接方式种植葡萄树的国家。

利用嫁接挽救葡萄品种。 为了挽救欧洲的葡萄品种，欧洲的酒农只得将欧洲葡萄品种枝条嫁接在对根瘤蚜抵抗能力很强的美国葡萄品种的根上。从这时起，欧洲的葡萄植株就由两部分组成：砧木（葡萄根）和嫁接枝条（植株露在地上的部分）。嫁接的枝条一直都用欧洲的酿酒葡萄品种，而用来作为根部的砧木总是其它的葡萄品种。

种类繁多的砧木。 用来作为砧木的葡萄根部必须满足几个条件：能够抵抗根瘤蚜的侵袭，能够适应种植地区的风土条件，与嫁接枝条具有兼容性，并且能够达到酒农需要的植物生长的特性。在今天，欧盟的每个国家都有一个砧木的葡萄品种推荐名单（名单之外的品种被禁止使用）。在法国，这份名单中有十几种是因为具有抵御干旱和石灰岩碱性（会引发缺绿病，使叶子变黄），或是能加快植株生长速度的功能而被选上的。但不幸的是，后者在加快植物生长速度的同时，会造成产量过剩及降低果实品质。总之，用来作为嫁接砧木的各个品种都来源于美国［主要是河岸葡萄（*vitis riparia*）、沙地葡萄（*rupestris*）或者冬葡萄（*berlandieri*）］。

葡萄品种的不断改良

改良葡萄品种，主要目的是为了获得高品质的葡萄果粒和让葡萄植株更能抵御各种疾病的侵袭。改良的方式主要有两种：横向的种群选择和纵向的无性繁殖选择。许多列级酒庄（cru classé）的庄园主，尤其是波尔多地区，倾向

细微的差异胜于相似

葡萄园的持续发展要求消除一切疾患，而无性繁殖的选择方式可以达到这一目标。但是无性繁殖技术存在着一些缺陷。这样繁殖出来的葡萄品种酿制出的葡萄酒，虽然葡萄树完全相同，品质上却总有一些细微的差异。而照理说无性繁殖选择意味着植株的遗传特性是完全一致的。

为了修正这一点，苗木培养学家开始建议对同一葡萄品种进行多种无性繁殖。比如品丽珠就存在26种无性繁殖方式产生的植株，每一种植株之间都存在细微的差异。

于对多基因特征的葡萄植株进行横向群选的方式。有的时候两种选择方式会同时存在，其中也包括在同一葡萄园进行不同的种植方式。

横向群选 这是几个世纪以来农业上常用的方法。它主要是通过肉眼观察，有时还要加上品尝来选择需要的植物性征。在葡萄种植行业，人们希望得到产果能力最强、枝叶茂盛的植株，这些植株往往有强壮的枝丫，而根据葡萄园需求的不同，果粒或大或小。横向群选有利于保留遗传多样性，但不能给植株提供健康生长的保障。

无性繁殖选择 这是自1960年起由苗圃培养学家开始采用的一种品种选择方法。无性繁殖选择的方法可以弥补群选方式健康生长保障方面的不足。这种方法首先选择植物生长特性良好的植株，确定它的健康状况（通过病毒学检查），然后进行改良（温热调温法），并通过相关管理部门认证。苗圃培养学家由此发明了利用无性繁殖（扦插或嫁接）的种植方法培养完全相同的植株，并得到相关认证。

葡萄新品种的培育

在所有国家，农业研究中心都将欧洲葡萄品种进行交叉培育，以期得到混合品种（不只是杂交，杂交品种只来自于两个葡萄品种的交叉培育）。这样的葡萄新品种随后将进行多年的试验后再进行推广。在法国，这样的葡萄品种不能用到法定产区葡萄酒的酿制。

纯杂交方法。这种植株由杂交培育而来，人类的干预只是选择它的亲本。我们可以用雷司令和琼瑶浆（gewurztraminer）进行十次交叉培育，获得十种不同特性的杂交后代，就像一个男人和一个女人组成夫妇，生下的孩子各有不同。在未来，一旦了解了葡萄品种的基因组成，我们就不会随意地进行交叉培育，而是会对杂交后代的基因进行选择。

德国的实例。德国最活跃的葡萄品种研究中心位于莱纳尼（Rhénanie）地区的格森海市（Geisenheim）。研究中心历史悠久并享有盛誉，因为他们在1883年培育了米勒-图高（müller-thurgau）品种［由雷司令和玛德琳·安吉文（madeleine angevine）杂交培育而来］，这是在德国种植最广泛的白葡萄品种。另外一些在20世纪50年代杂交培育而来的香气馥郁的白葡萄品种，也获得了令人瞩目的成功，如施埃博［scheurebe，由西万尼（sylvaner）和雷司令杂交培育而来］、秀克雷比［huxelrebe，由莎斯拉（chasselas）和麝香葡萄杂交培育而来］和肯纳［kerner，由托林格（trollinger）和雷司令杂交培育而来］。

是否采用转基因方法?

微生物学家当然想对葡萄品种的基因进行整合，以提高葡萄植株的抗病性，但其更宏伟的目标是得到口感更佳的葡萄品种。比如法国的研究员就已经成功地将美国葡萄品种抵抗扇叶病的基因分离出来，这种扇叶病是一种由病毒导致的严重疾病，它会使葡萄植株严重退化。目前，对于感染了这种疾病的田块，必须对其土地进行相关的处理，并且需要等待7年才可以用美国砧木重新嫁接种植葡萄树。在采用转基因方法后，砧木嫁接已没有必要，即使在病毒侵袭的田块上也可以马上种植新的葡萄树。

但是，在决定采用生物转基因方法之前，研究员和生产商需要确定这种方法是否会对环境和健康带来不利影响，并能够保证该品系的葡萄品种具有持续长久的抗病特性。如今，还没有任何对转基因葡萄的全面研究，更谈不上对其酿出的葡萄酒的品质和口感的探讨。

“欧美杂交葡萄品种”的失败

在根瘤蚜虫灾害摧毁欧洲葡萄园以后，许多酒农和酿酒师试图改种“欧美杂交葡萄品种”。这种葡萄植株来自欧洲品种和美国品种的杂交，最初的意愿是想得到既能够抵御根瘤蚜虫的侵袭又能够保留法国葡萄优秀品质的葡萄品种。结果是这种杂交品种虽然具有很好的抵御根瘤蚜侵袭的品性，但葡萄果实非常粗糙，并带有“腥臊味”（狐臭味），酿出的酒并不诱人，甚至有毒。这样的杂交品种在今天是被严格禁止的，欧洲葡萄品种和美国葡萄品种杂交的植株目前只允许用作嫁接用的砧木。

> 保留在马隆纳特兄弟共同拥有的夏木兹葡萄园（Domaine la Charmoise）的一株遭受过根瘤蚜虫侵袭并生存下来的葡萄植株。

主要的红葡萄品种

在各种各样的葡萄品种中，有几个葡萄品种由于它们独特的个性而被选来酿制葡萄酒。某些品种，如赤霞珠、梅洛和西拉等已经成为享誉全世界的酿酒明星品种。但是一款品质出众的葡萄酒完全有可能酿自一些不是很出名的葡萄品种。

赤霞珠

根据对品种基因来源的分析，这一著名的红葡萄品种是由长相思和品丽珠杂交而来。大约在300年前，最先在法国吉隆德省（Gironde）的某个地方授粉成功。

主要生长地区 赤霞珠一直是法国波尔多梅多克地区传统的葡萄品种（详见46页）。这里砾石遍布的贫瘠土地似乎非常适合它的生长。它的适应能力很强，能够在多种土质上生长，在全世界日照超过1500小时/年的葡萄园里都有种植。在地中海北岸的大部分国家，从西班牙到土耳其，都有种植这一品种，尤其是在保加利亚，这个国家种植了几万公顷的赤霞珠葡萄树。

葡萄酒的特点 用赤霞珠酿出的葡萄酒酒液呈深红色，在早期散发着黑加仑的果香，随着时间的演化，酒液渐渐呈现砖红色，透出雪松的香气。通过控制产量，酿酒师可以用这一葡萄品种酿出精美、丹宁厚重、富含香料气息的优质葡萄酒，经过陈酿它会表现出更出色的状态。赤霞珠经常用来与别的葡萄品种进行混酿。它和地中海地区的其它葡萄品种相互补充，是波尔多地区（左岸地区）葡萄酒的主要品种。

由赤霞珠酿造的葡萄酒拥有陈年的优势：一款产自出色年份的优质波尔多葡萄酒可以在几十年的陈酿中不断醇化和发展。

红葡萄品种可以酿出白葡萄酒。只要压榨出无色的纯葡萄汁并避免它与葡萄皮发生浸渍。其实酒液的颜色来源于葡萄皮。

品丽珠

这一品种很接近赤霞珠，但没有赤霞珠那么出彩。品丽珠可能在4世纪拉丁诗人奥松（Ausone）时期就已经在波尔多葡萄园中出现，当时可能被称为“维度尔”（vidure）。

主要生长地区。品丽珠主要是在法国波尔多地区附近种植的红葡萄品种，在卢瓦河谷地区也有少量种植。它相对早熟的特点能够使其种植到比赤霞珠生长地区更北方的地区。除了意大利北部或者美国加州的极小部分地区，品丽珠几乎没有在法国以外的地区种植。

葡萄酒的特点。用品丽珠酿出的葡萄酒新鲜而且果味浓郁，有着成熟水果的味道。在波尔多地区，这一品种经常与梅洛和赤霞珠混酿，但总是占比例较小的那一种。与此相反，在卢瓦河谷地区，如索米尔（Saumur）、布尔戈伊（Bourgueil）和希侬（Chinon）产区，品丽珠在葡萄酒中的比例占主导地位。由百分之百品丽珠酿成的葡萄酒口感往往比较轻盈，需要尽快饮用。

佳美

对这一葡萄品种的起源，人们不是很清楚，但它肯定是一个很古老的葡萄品种。它的历史可以追溯到公元8世纪以

>赤霞珠

>品丽珠

>佳美

前，或在博若莱地区种植以前。虽然它不能出产名贵的葡萄酒，但是它能够产出口感轻盈的红葡萄酒，这种口感得到全世界的竞相模仿，这也是它出名的原因。

主要生长地区。佳美喜好花岗岩的土质。它是酿造博若莱红葡萄酒唯一采用的葡萄品种。此外，在法国卢瓦河谷地区（尤其是图尔产区）、法国中部的一些葡萄园以及瑞士都有种植。

葡萄酒的特点。用佳美酿出的葡萄酒口感轻盈、果香丰富，透着成熟水果的味道。它出产的葡萄酒丹宁较弱且酸度通常较高。佳美的知名度主要是由博若莱新酒的名气带来的。但是博若莱地区的名庄酒是由传统方法酿造的，提取了果实的所有精华，尤其是酒香中的果味和花香。博若莱地区的普通葡萄酒和名庄酒之间的质量差异非常大。

歌海娜

该葡萄品种源于西班牙，并于14世纪移植到法国，但是在3个世纪过后才出现在罗纳河谷（vallée du Rhône）的教皇新堡产区。

主要生长地区。这一葡萄品种在法国南方的省份普遍种植，无论是普罗旺斯（Provence）地区还是朗格多克（Languedoc）地区。它在干燥和砾石遍布的坡地上表现最好，比如里韦萨特（Rivesaltes）产区或教皇新堡产区。歌海娜是西班牙最主要的葡萄品种，在澳大利亚经常作为西拉的补充品种。

葡萄酒的特点。用歌海娜酿出的葡萄酒酒精度数较高，容易上头，带有少量的酸度。它拥有强烈的氧化能力，经常用来酿造自然甜酒［如班努斯（Banyuls）、莫利（Maury）和里韦萨特］。在法国，为了产出可以长年储存的红葡萄酒，歌海娜经常需要和慕合怀特或西拉进行混酿。长在西班牙里奥哈（Rioja）产区的歌海娜酿出的葡萄酒比较轻柔，而在瓦雅多丽（Valladolid）地区酿出的葡萄酒则比较紧致内敛。

梅洛

梅洛可能起源于法国波尔多地区，但是最早的书面记载从19世纪才开始。

主要生长地区。这一葡萄品种主要种植在波尔多加龙河的右岸，在清爽的黏土及石灰石土质的葡萄园区，如圣安美隆产区和波美侯产区。但这一葡萄品种在法国南部、意大利北部也有种植，近年来也开始在美国加州地区种植。

葡萄酒的特点。用梅洛酿出的葡萄酒口感柔和，果味浓郁，透着黑加仑和李子的香气。用梅洛酿造的葡萄酒通常适宜在年轻时饮用。但与其它葡萄品种混酿之后，如波美侯产区的个别名庄，其葡萄酒经过长时间陈酿后，逐渐展现出复杂的个性。梅洛在许多名庄酒中充当最主要的角色，如柏图斯酒庄。

内比奥罗（Nebbiolo）

内比奥罗或许在罗马时期就已经在意大利皮埃蒙（Piémont）地区种植。它是意大利对世界传统葡萄品种最重要的贡献之一。

主要生长地区。这一品种很少种植在意大利以外的地区，确切地说很少在皮埃蒙地区以外发现它的踪迹。它在南美地区有少量种植。

葡萄酒的特点。用这种传统的意大利葡萄酿出的酒丹宁强劲而且酸度较高，如著名的巴罗洛（Barolo）产区葡萄酒和巴巴莱斯高（Barbaresco）产区葡萄酒。它有着众所周知的陈年潜力，适宜在酒瓶内陈放一段时间，经演化后，慢慢展现出它的复杂个性。

皮诺（Pinots）

这一古老的葡萄品种可能起源于法国勃艮第地区，在1世纪初就被当时著名的农艺学家克罗美洛（Columelle）

> 歌海娜

> 梅洛

> 内比奥罗

提及和描述。因为这一品种遗传特征不稳定，所以构成了一个品种众多的种属，既包含红葡萄品种，也包含白葡萄品种，如红葡萄品种：黑皮诺、莫涅皮诺（pinot meunier）；粉灰色果实的葡萄品种：灰皮诺（pinot gris）和博洛皮诺（pinot beurot），以及白皮诺（pinot blanc）等。

黑皮诺。这是一个娇嫩的品种，是在所有的葡萄品种中最精致并且对土质最为敏感的品种。所以，在勃艮第地区每隔500米都可能产出风格不同的葡萄酒，而且都是品质出众的佳酿。勃艮第地区以外，黑皮诺在香槟区通常与莫涅皮诺和霞多丽混酿，也能酿出优质美酒。但是在美国俄勒冈（Oregon）地区、澳大利亚和新西兰，黑皮诺出产的葡萄酒品质则参差不齐。

莫涅皮诺。这一葡萄品种主要在法国香槟地区种植，酿出的葡萄酒口感柔顺、果香浓郁。

> 黑皮诺

> 西拉

西拉

很长时间以来人们一直以为西拉起源于波斯，但是这个说法在通过基因研究后不攻自破。分析表明，其来源于法国萨瓦（Savoie）地区的蒙杜斯（mondeuse）葡萄品种。在适当地选择合适的优良土质及控制产量后，西拉会酿制出非常经典而优雅的佳酿。

主要生长地区。西拉是法国罗纳河谷地区主要的红葡萄品种，著名的埃米塔日（Hermitage）产区和罗第丘（Côte-Rôtie）产区的红葡萄酒就酿自这一品种。西拉还在世界各地种植，尤其是在澳大利亚，那里的人们称它为“shiraz”，酿出的葡萄酒十分出色。

葡萄酒的特点。西拉酿出的葡萄酒颜色深沉，呈黑红色，结构层次分明，带有胡椒味，并透着紫罗兰的花香。这一品种经常单独用来酿制北罗纳河谷产区的一些品质出众的葡萄酒，也用于法国地中海地区餐酒的混酿中，主要为葡萄酒带来香料味，以改善葡萄酒的品质。

丹魄（Tempranillo）

丹魄被认为是西班牙最知名的酿酒葡萄品种。其名字来源于该品种早熟的特性（Tempranillo的意思是“早”）。

主要生长地区。丹魄主要生长在西班牙，是西班牙最主要的红葡萄品种。这一品种在世界上其它地方很少种植，只在葡萄牙和阿根廷这两个国家种植面积较大。

葡萄酒的特点。这一品种是酿造西班牙两大著名产区里奥哈和杜埃罗河岸（Ribera del Duero）名酒的主要红葡萄品种，出产的葡萄酒酒体强劲且平衡感强，酒香有点类似勃艮第地区的黑皮诺葡萄酒。在葡萄牙，这一品种的名称为罗丽红（tinta roriz）或阿拉贡内斯（aragonês），是被推荐用来酿造红波特酒的五个葡萄品种之一。

仙粉黛

仙粉黛是唯一被人们认为能代表美国的葡萄品种，在当地被昵称为“金”（zin）。这一葡萄品种从18世纪末起一直生长在意大利普利亚（Pouilles）地区的普里米蒂沃（Primitivo）产区，在1850年左右被引种到美国。

主要生长地区。这一品种主要生长在美国多个地区，但以加州居多。也可以在墨西哥北部和澳大利亚发现它的踪迹。

葡萄酒的特点。对这一品种人们通常愿意提高它的产量，因为其糖分含量丰富，果味浓郁。这是一个多用途的葡萄品种：人们可以用它来酿造白葡萄酒、桃红葡萄酒（又称Blush）、地区餐酒或者适宜陈酿的红葡萄酒。通常情况下，它用于单独酿制，但也可以与赤霞珠和梅洛一起进行混酿。

其它主要的红葡萄品种

下面列出的红葡萄品种的重要性各不相同，其中有些品种仅仅产自某个产区。

芭芭拉（barbera）。在意大利皮埃蒙产区和美国加州产区广泛种植的葡萄品种。酿出的葡萄酒丰富浓郁，并带有非常好的酸度。

布萝佛朗克诗（blaufränkisch）。在德国被称为莱姆贝格（lemberger）的葡萄品种。这一起源于奥地利的葡萄品种酿出的葡萄酒果香浓郁，口感非常清爽，有点像法国博若莱酒的风格。

佳利酿（carignan）。这个品种主要种植在法国南部地区及地中海沿岸国家。它酿出的葡萄酒粗犷、浓烈、丹宁强劲、酸度高。

佳美娜（carmenère）。主要种植在法国吉隆德省，主要出现在波尔多、梅多克和圣安美隆等法定产区的葡萄酒中。智利也有种植这一品种，酿出的葡萄酒浓郁厚重。

神索（cinsaut 或 cinsault）。这是一个中等品质的葡萄酒品种，喜欢炎热的气候。它经常用于葡萄酒的混酿（法国南部、黎巴嫩、北非等国家和地区），给葡萄酒带来柔顺和轻盈的口感。

马尔贝克［malbec，或称寇（côt）或奥塞尔（auxerrois）］。法国卡奥（Cahors）法定产区的主要葡萄品种，它酿造出来的酒果味丰富，口感柔和。在阿根廷，它被用来酿制结构密实的适宜陈年的葡萄酒。

高卢（grolleau）。主要种植在法国卢瓦河谷产区。酿出的葡萄酒口感轻盈、酒精度低，经常用来酿制桃红葡萄酒。高卢主要用来酿制安茹（Anjou）和图尔法定产区葡萄酒，以及卢瓦河谷产区的桃红葡萄酒。

卡达卡（kadarka）。这一葡萄品种起源于匈牙利，由土耳其人带到法国，曾经一度被看好。但是它酿出的葡萄酒有一丝明显的苦味，口感让人联想到半干型葡萄酒的味道。

兰布鲁斯科（lambrusco）。艾米利亚–罗马涅（Émilie-Romagne）地区（位于意大利）的葡萄品种。它主要参与酿制一些起泡酒和甘甜爽口的葡萄酒，需要尽快饮用。

蒙杜斯。这一品种与西拉有亲缘关系，是法国萨瓦地区最具个性的葡萄品种，酿出的葡萄酒结构明显且丹宁强劲。

蒙特比卡诺（montepulciano）。意大利的主要酿酒葡萄品种，在意大利中部由其酿出的葡萄酒酒体浑厚，并经常与桑娇维斯（sangiovese）一起混酿。

慕合怀特。在法国罗纳河谷地区、普罗旺斯地区和法国南部地区［邦多勒（Bandol）法定产区］葡萄酒的酿制和混酿中使用。酿出的葡萄酒丹宁强劲，酒体醇厚，带有香料的味道，适宜长期陈酿。

尼格瑞特（négrette）。由于这一品种生长习性脆弱，故比较稀有。它主要生长在法国上加龙河（Haute-Garonne）地区的枫桐（Fronton）村，酿出的葡萄酒带有紫罗兰和甘草的香气，陈年能力中等。

涅露休（nielluccio）。与意大利托斯卡纳（Toscane）产区桑娇维斯有亲缘关系。它在法国科西嘉岛北部有种植，参与波翠蒙诺（Patrimonio）法定产区葡萄酒的酿制。

小味而多（petit verdot）。主要种植在法国吉隆德省，出现在波尔多、梅多克和格拉芙（Graves）法定产区的葡萄酒中。它酿出的葡萄酒丹宁强劲，给葡萄酒带来强劲的单宁，以增加葡萄酒的陈年潜力。

普萨（poulsard）。这一品种主要种植在法国汝拉（Jura）地区，酿出的葡萄酒颜色轻淡、香气细腻精致。在阿尔布瓦产区经常用来酿造单一品种葡萄酒。

桑娇维斯（sangiovese）。意大利托斯卡纳产区重要的葡萄品种，酿出的酒酒体平衡，果味浓郁。最著名的是基安蒂（Chianti）葡萄酒，含有75%~100%的桑娇维斯。

塔娜（tannat）。这一品种的丹宁含量异常丰富，是比利牛斯山地区许多葡萄酒的重要混酿组成品种，尤其是在贝阿恩（Béarn）地区。它也非常适应乌拉圭的土质和气候。

再度被发现的葡萄品种

葡萄品种的种植自然也受潮流的影响，当然这些潮流往往是生产遇到困难或为了改善生产条件的结果。比如慕合怀特品种，在第二次世界大战结束后前途不明，因为嫁接后长势不太好，但现在一直稳定发展。维奥涅也是一个奇迹般复活的品种。它在20世纪50年代减少到只有十几公顷的种植面积，并且健康状况不良，出产量也很不稳定。

今天，在法国罗纳河谷地区和地中海地区，人们酿制大量的维奥涅葡萄酒。随着时间的推移，这种被人遗忘的葡萄品种渐渐地重新回到人们的视野。人们甚至在由经历过根瘤蚜虫灾害并存活下来的葡萄品种酿出的葡萄酒的酒标上注明“被遗忘的葡萄”来以示区别。

>丹魄

>仙粉黛

>小味而多

主要的白葡萄品种

白葡萄品种单独酿制或与其它白葡萄品种混酿，可以酿出种类繁多的白葡萄酒：干白、半干、清香型或甜白葡萄酒。其中最著名的白葡萄品种有霞多丽、雷司令、白诗南和长相思等，这些品种已经遍布全世界。

霞多丽

白葡萄品种霞多丽在世界上的地位就像赤霞珠在红葡萄品种中的地位：足迹遍布世界各地并享有盛誉。它的诞生时代虽然不是很清楚，但它的物种起源已经被证实：在中世纪它是法国汝拉地区和弗朗什–贡德（Franche-Comté）地区很平凡的葡萄品种——白古埃（gouais blanc）和黑皮诺。这两个品种的杂交在法国勃艮第地区马孔市（Mâcon）一个名为霞多丽的村庄里完成，杂交生成的新的葡萄品种就被命名为霞多丽。

白葡萄的果皮中
不含花青素——花青素只存在于红葡萄的果皮中。
它结出的果串是半透明的，
果粒颜色从淡绿色到金黄色，
有的时候带一点非常
浅淡的桃红色。

主要生长地区。这一品种主要种植在法国勃艮第地区和香槟地区。它是出产著名的蒙哈榭和其它勃艮第著名白葡萄酒以及香槟产区的白中白香槟（blanc de blancs）的品种。它的可塑性很强，能够适应不同的土质和气候条件，因而在世界各地都获得了巨大的成功。

葡萄酒的特点。霞多丽可以给葡萄酒带来浓郁丰富的酒香。在气候炎热的国家，它带给葡萄酒柑橘、菠萝和异域水果的浓香，而在勃艮第产区则赋予葡萄酒烤面包、新鲜黄油、烤榛子和烘焙的香气。用霞多丽葡萄酒酿成的名贵的勃艮第白葡萄酒陈年潜力非常好。另外，如果霞多丽葡萄酒没有经过橡木桶培育，则适合尽快饮用。总之，它的风味完全取决于酿酒师采用的酿酒方法和工艺。

诗南（Chenin）

诗南是从中世纪起就在安茹地区格兰叶（Glanfeuil）修道院里开始种植的白葡萄品种，通常情况下它的品质中等，但比较稳定。

主要生长地区。这一品种仍然大量种植在它起源的地区——法国卢瓦河谷。它也出现在乌乌黑、萨韦涅尔（Savennières）、邦尼舒（Bonnezeaux）和安茹某些法定产区的白葡萄酒中。但诗南也在世界各地被大量种植，尤其是在南非，在那里它的名字为“Steen”。这个品种适应所有的土质和气候条件。

葡萄酒的特点。根据各个地区风土条件的不同，诗南可以酿出不同风味的葡萄酒，从起泡到天然甜酒，从干白到甜白，从酸度偏高的到柔和的，从品质一般的到品质出色的，各种各样。酿制干白葡萄酒的时候，它赋予酒液活跃的酒香，透着榛子、苹果和花朵的混合清香；酿制天然甜型葡萄酒的时候，它给酒液带来丰富浓郁的另类酒香，散发着蜂蜜、木瓜蜜饯、杏子蜜饯和橙子花的混合香气。在雷永河谷（vallée du Layon）和乌乌黑产区，它可以酿制长年窖藏的白葡萄酒，早期的酸度在陈酿过程中会演化成丰润的独特质感。在南非、美国加州和其它国家与地区，它出产半干白葡萄酒，通常没有明显的品质缺陷或优点。

琼瑶浆

带有香气的塔明内（traminer）品种（gewürz在德语中的意思是“香料”）是从帕拉缇娜（Palatinat）地区引进的，从1870年起种植在法国阿尔萨斯地区。塔明内在法国汝拉地区是原名为白萨沃涅（savagnin blanc）的古老品种，有两个粉红品种分支：一种没有香气［名为克莱维内·海利根施泰克（klevener de Heiligenstein）］，另一种是琼瑶浆。

主要生长地区。这一品种主要生长在莱茵河（Rhin）两岸、法国的阿尔萨斯地区和德国南部，还有一部分分布在意大利北部和奥地利。在欧洲中部以外的地区，因为它忍受不了炎热的气候，所以其生长受到限制，酿出的葡萄酒酒体松软，没有质感。然而在美国加州地区仍然种植了琼瑶浆。

葡萄酒的特点。用琼瑶浆酿出的葡萄酒果味浓郁，散

>霞多丽

>诗南

您未必了解的小知识

霞多丽根据地区的不同有不同的名称。它在法国阿尔布瓦产区名字为白香瓜（melon blanc），在萨瓦地区被称为小圣玛丽（petite sainte-marie），在荣纳省（Yonne）地区被称为卢梭（rousseau）或卢索特（roussot），在勃艮第金丘产区的托纳尔（Tonnerre）地区被称为布诺瓦（beaunois），在贝桑松（Besançon）地区被称为路易圣特（luisant），在卢瓦雷（Loiret）地区被称为白欧维娜（auvergnat blanc），在图尔产区被称为安诺森（arnoison）……这只是它各种名称的一小部分。不仅仅只有霞多丽是这样，许多葡萄品种都有一大堆各种各样的名称，其实指的是同一个葡萄品种。每个葡萄品种都可能因为地区的传统习惯不同而拥有不同的名字。

发着香料的气息，还伴随有玫瑰花的清香。阿尔萨斯地区或德国巴登（Bade）产区出产的优质琼瑶浆，尽管其酸度较弱，但口感还是很饱满浓郁的。晚摘葡萄酿出的琼瑶浆口感丰满圆润、浓郁，甚至浓重。

麝香葡萄（Muscat）

这一葡萄品种很可能起源于小亚细亚地区，在古希腊就有种植，是世界上最古老的葡萄品种之一。它组成了一个庞大的种属：至少有200个成员。有的品种是黑色的，有的品种是淡红色或白色的。

最著名的麝香葡萄和主要生长地区。亚历山大麝香葡萄是种植最广泛的一个品种。通常情况下，人们认为小粒麝香葡萄品质最好。奥托奈麝香葡萄（muscat ottonel）是由玛罗·罗伯特（Moreau-Robert）先生于19世纪在法国卢瓦河谷地区培育的麝香葡萄和莎斯拉的杂交品种，在法国阿尔萨斯地区、奥地利和东欧国家都有种植。在意大利多处地区种植的黑麝香葡萄——阿利蒂科（Aleatico）无疑是麝香葡萄家族的祖先。不同的麝香葡萄品种酿出不同风格的葡萄酒，其酒体集中度和香气的浓郁也各有差异。

葡萄酒的特点。只要品尝过麝香葡萄，就不难分辨出用麝香葡萄酿制的葡萄酒。所有麝香葡萄酒和麝香葡萄都有香气馥郁的共性。麝香葡萄酿出的葡萄酒种类丰富，在澳大利亚从起泡酒到丰富而浓郁的加强酒都有。在法国，人们用麝香葡萄在阿尔萨斯地区酿造干白葡萄酒，在地中海沿岸的芳蒂娜（Frontignan）地区酿造芳香馥郁且质感浓郁的天然甜型葡萄酒，在德国的迪城（Die）酿造起泡酒……

雷司令

这一古老的白葡萄品种被认为起源于德国，但根据某些专家的考证，它极有可能是在罗马时期由罗马军团带来的。

主要生长地区。对于许多酿酒师来说，雷司令的酿酒能力和品质可以和著名的霞多丽一争高低，但是它没有霞多丽那样强的适应性。通常情况下，它适合生长在北方页岩和石灰岩-黏土混合的地区。雷司令主要生长在德国，那里的风土条件非常适合其生长，在奥地利和意大利北部也有种植这一品种，但在法国只有阿尔萨斯地区种植这一品种。在新世界国家和地区，它在美国加州、新西兰和澳大利亚的长势很好。雷司令自带的天然酸度，在德国等欧洲北部国家表现出色，备受推崇，而在气候炎热的新世界国家和地区，其酸度表现一般，很有可能成为一种缺陷。

葡萄酒的特点。雷司令酿造出的葡萄酒具有酸甜平衡的特点。它酿造出的干白葡萄酒干爽、优雅且透着柠檬的清香，适合在早期饮用。但这一品种也可以酿制口感清爽、复杂、可以窖藏几十年的名贵甜白葡萄酒。通常情况下，在法国用雷司令酿制的葡萄酒比在德国酿制的更干爽，酒精度更高一些。

长相思

这一品种在法国卢瓦河谷地区和波尔多地区栽种了几个世纪，在历史的长河中不断发展，今天已经遍布世界各地。

主要生长地区。长相思偏好法国卢瓦河谷地区和波尔多地区的石灰岩土质和凉爽的气候；在炎热地区它会失去一些个性。即便如此，它还是被种植到世界各地，受到大家的喜爱，尤其是在新西兰。

葡萄酒的特点。这一品种可以酿制干白葡萄酒，适宜

> 琼瑶浆

> 伯姆·维尼斯麝香（muscat de Beaumes-de-Venise）

> 芳蒂娜麝香

> 雷司令

在年轻时饮用，表达直接、简单，具有个性，酒液散发着醋栗和黄杨的香气，有时甚至会有一点“猫尿”的腥味。用它来酿制单品种白葡萄酒，不和其它品种混酿，像许多著名的白葡萄酒产区如桑塞尔产区、布伊（Pouilly）产区、昆西（Quincys）产区和所有卢瓦河谷地区的干白葡萄酒。在波尔多地区这一品种经常和赛美蓉一起混酿，酿成干白葡萄酒或甜白葡萄酒，是格拉芙产区和苏玳产区白葡萄酒的组成部分。

> 长相思

赛美蓉

起源于法国西南部的赛美蓉不太流行，因为它相对内敛，葡萄酒的品质和魅力只有随着时间的演化才会渐渐展现出来。

主要生长地区。除了法国吉隆德省，赛美蓉只有在澳大利亚的猎人谷（Hunter Valley）声名远扬。但其在智利、阿根廷和南非也有种植。

葡萄酒的品质特点。赛美蓉和长相思一起混酿的葡萄酒，能够更好地突出贵腐菌的香气，赋予甜白葡萄酒稠腻的口感和丰富的酒体，最负盛名的是苏玳产区。赛美蓉也参与干白葡萄酒的混酿，主要出现在格拉芙法定产区的干白葡萄酒中。澳大利亚用这一品种酿制的干白葡萄酒，品质非常出色，适宜陈年。

> 赛美蓉

其它重要的白葡萄品种

下面列出的白葡萄品种重要性各不相同，其中有些品种仅仅产自某个产区。

阿尔巴利诺（albariño）。西班牙的葡萄品种，主要生长在加里西亚（Galice）地区。可以酿出品质不错的干白葡萄酒，例如西班牙下海湾（Rias Baixas）法定产区餐酒。

阿里高特（aligoté）。主要用来酿制干白葡萄酒，酸度明显［分布在勃艮第布哲宏（Bouzeron）法定产区］。

布尔朗克（bourboulenc）。主要种植在法国普罗旺斯和朗格多克葡萄酒产区，出现在许多法定产区［邦多勒、卡西斯（Cassis）、米内瓦（Minervois）、罗纳丘（Côtes-du-Rhône）等］的白葡萄酒中。

卡特瑞多（catarratto）。意大利西西里岛主要的酿酒葡萄品种。出现在马沙拉（Marsala）产区的葡萄酒中，也出现在一些日常餐酒中。

莎斯拉。既是一种可食用葡萄，也是一种酿酒葡萄，被广泛种植到法国的布伊–卢瓦尔（Pouilly-sur-Loire）、阿尔萨斯和萨瓦地区，还有德国［古特德（Gutedel）产区］和瑞士等国家。酿出的葡萄酒果味浓郁。

克莱雷（clairette）。法国南部非常古老的葡萄品种。用来酿制干白葡萄酒，其花香馥郁、口感轻柔，但酒体结构有点松软。

鸽笼白（colombard）。法国西南部的原生品种。也被种植到美国加州地区和南非。酿出的干白葡萄酒口感清爽，酸度明显，有时也用来蒸馏“生命之水”（白兰地）。

白福尔（folle blanche）。用来酿制南特（Nantais）地区的哥罗–普朗（Gros-Plant）特色白葡萄酒和最细腻的雅文邑（Armagnac）白兰地。

弗里拉诺（friulano）。意大利西北部的主要白葡萄品种。酿出的葡萄酒有着泛绿色的稻草黄酒裙，透着杏仁的香气。

福民特（furmint）。匈牙利的葡萄品种，用来酿制托卡伊（Tokaji）甜白葡萄酒，香气馥郁。

雅克尔（jacquere）。这一品种主要种植在法国的萨瓦地区。酿出的葡萄酒酒精含量低，酸度显著，并伴有利尿功效。可以在萨瓦和布杰（Bugey）特定产区的白葡萄酒中找到它的身影。

马格布（maccabeu）。用来酿造天然甜型葡萄酒（里韦萨特产区、班努斯产区、莫利产区）的主要葡萄品种。

马尔瓦齐［malvoisie，也称维蒙提诺（vermentino）］。法国地中海沿岸的古老葡萄品种，名字与马德拉群岛有密切的联系。用该品种酿制的葡萄酒圆润丰满。

玛珊（marsanne）。这一来自法国罗纳河谷地区的葡萄品种类似于胡珊（Roussane），但酿出的葡萄酒口感更柔和，酒体缺乏细腻感。

莫亚克（mauzac）。我们只能在法国奥德（Aude）地区利穆（Limoux）产区出产的起泡酒）［（利穆·白朗克（Blanquette de Limoux）］和西南部的加亚克（Gaillac）地区找到它。其酒体有时松软，以显著的苹果味道而闻名。

“勃艮第香瓜”（melon de bourgogne）。在法国南特地区称之为“密斯卡德”（muscadet）。出产干爽的干白葡萄酒，容易入口。

米勒–图高。雷司令和玛德琳·安吉文的杂交品种，在德国种植，酿出的葡萄酒粗犷浓烈，略带一点麝香的香气。

密斯卡岱勒（muscadelle）。这一品种比较脆弱。它生长在法国西南部，酿出的甜白葡萄酒有着一丝芬芳。

帕罗米诺（palomino）。这个葡萄品种酸度不高并且带有一丝甜味，主要用来酿制西班牙雪利酒［费诺（Fino）、曼萨尼拉（Manzanilla）和阿蒙蒂亚多（Amontillado）］。除了西班牙，它在美国加州、澳大利亚和南非也都有种植。

法定产区规定的葡萄品种

在法国，法定产区规定了选择葡萄品种的原则，以便保护出产的葡萄酒的地区特性。对葡萄品种的规定分几种级别，分别为主要品种、补充品种和附属品种。“主要品种”，是指酿造葡萄酒的主要混酿品种，在酒体中占的比例比较大，“补充品种”在酒液混酿中所占比例较低，而“附属品种”在葡萄酒中的混酿比例不得高于10%。在法定产区内，任何葡萄品种的调整都必须通过预先实验，被接受的新品种在法定产区将会获得“附属品种”的身份。譬如，维奥涅曾经被用来酿制地区餐酒，经过人们认可后，现在可参与法国朗格多克地区和科斯蒂耶–尼姆（Costières-de-Nîmes）地区法定产区葡萄酒的酿制。

百多·西门耐（pedro ximenez）。这一白葡萄品种糖分含量很高，用来酿制西班牙的雪利酒（Xérès），特别是蒙蒂亚–莫利雷斯（Montilla-Moriles）酒。

小满珊（petit manseng）。这一法国加斯贡（Gascon）地区的葡萄品种，用来酿制瑞朗松（Jurançon）半甜白葡萄酒。

皮诺。灰皮诺（果串呈桃红色，泛着一点灰蓝色）是黑皮诺最特别的杂交后代（见第39页）。它在法国阿尔萨斯地区和德国用来酿制丰富浓郁的干白葡萄酒。白皮诺在意大利和美国加州非常受欢迎，酿出的葡萄酒清爽，但有时过于简单。

胡珊。这一品种来自法国罗纳河谷北部地区和萨瓦地区，果香浓郁，可酿出精美、平衡并且适宜长期陈年的美酒。

萨瓦涅（savagnin）。法国汝拉地区的葡萄品种，原先被用来酿制黄葡萄酒，有时也可酿制出有代表性的白葡萄酒。与其它品种混酿，能带给葡萄酒出色的品质及陈年能力。

谢瓦尔（seyval）。这一杂交品种酸度较高，在美国纽约州和加拿大用来酿造中性的干白葡萄酒。

西万尼。法国阿尔萨斯地区和德国的传统葡萄品种。这一品种产量很高，酿出的葡萄酒简单、花香浓郁，但酸度偏高。

托隆特斯（torrontès）。主要种植在西班牙，但在拉丁美洲也值得引起注意。酿出的葡萄酒活跃而酒香浓郁，有的时候带有舒适的辛辣味道。

白玉霓［ugni blanc，也称特雷比奥罗（trebbiano）］。主要用于酿造干邑，也是法国南部普罗旺斯地区和朗格多克地区主要的白葡萄品种。酿出的葡萄酒酸度明显，但比较平淡。在意大利，它的名字为特雷比奥罗。

青葡萄（verdejo）。被认为是西班牙卡斯蒂利亚–莱昂（Castille-León）地区最出色的白葡萄品种之一，主要出现在西班牙法定产区卢埃达（Rueda）的一些白葡萄酒中。

华帝露（verdelho）。被认为是起源于马德拉群岛的重要白葡萄品种之一，在澳大利亚也经常用于混酿一些白葡萄酒。

维奥涅。种植在法国南部的白葡萄品种，主要从比利牛斯山东部地区到沃克吕兹省（Vaucluse）。酿出的葡萄酒香气非常芬芳，品质出色［孔得里约（Condrieu）法定产区和格里耶堡（Château-Grillet）］。

威尔士雷司令（welschriesling）。不要把这一葡萄品种和雷司令混淆，它酿出的葡萄酒口感轻盈、果香浓郁，主要种植在奥地利、意大利北部和欧洲东南部的国家和地区。

> 位于阿尔萨斯产区斯恩伯格（Schoenenbourg）列级名园中的雷司令葡萄树［雨果父子酒庄（Domaine Hugel & Fils）］。

葡萄品种+风土条件：酿酒元素的理想组合

葡萄品种和风土条件的这对组合深刻地影响着葡萄酒的个性。在有些地方，气候、朝向和土质等风土因素能够使一个葡萄品种充分地表现其潜在优势，酿造出独一无二的优质美酒。

赤霞珠与波尔多产区的葡萄酒

这是一个名贵的红葡萄品种，它的成熟期比较晚，抵御霉菌的能力比较强，喜欢生长在贫瘠、干爽和透水性良好的土质中。在全世界都有种植，但只有法国波尔多地区才拥有适合它生长的最理想的风土，尤其是吉隆德河的左岸地区，在那里大部分园地都拥有砾石和混有砾石的土质，温暖湿润的海洋性气候占主导地位，当然偶尔也反复无常。

这片地区以上梅多克（Haut-Médoc）产区和格拉芙产区为代表。赤霞珠是几乎所有左岸列级酒庄的主要成分，与品丽珠和梅洛一起混酿。酿出的葡萄酒在年份较浅的时候丹宁紧致、酒体强劲，而这也往往是出色陈年潜力的表现。在经过长年的陈酿后，这些葡萄酒会变得酒体丰满、精致优雅，成为波尔多名贵佳酿的典范。

人类可以通过选择合适的葡萄品种和加强田间管理来提高葡萄园地的效率。确实，葡萄果粒应该达到理想的成熟度，表达出原生的感官特性。

> 波尔多地区的赤霞珠和砾石遍布的园地。

西拉与科尔纳斯（Cornas）产区的葡萄酒

西拉是丹宁含量非常丰富的红葡萄品种，可以酿制适宜长期陈年的美酒。它比较喜好花岗岩土质，最喜欢在法国的罗纳河谷地区生长，如法定产区罗第丘、埃米塔日、克罗兹–埃米塔日（Crozes-Hermitage）或者圣约瑟夫（Saint-Joseph）等。但是最适合其生长的自然条件位于科尔纳斯产区。

科尔纳斯产区属于半大陆性气候，葡萄树生长在朝南或朝东南的坡地上，有着出色的光照条件，泥泞的葡萄园位于用矮墙加固的陡峭的梯田上。这个位于罗纳河谷地区北部的产区，是每年最先开始采摘的地区。西拉是这里唯一的葡萄品种，酿出的葡萄酒口感丰富，有着深红色的酒裙、浓郁的果香和胡椒及紫罗兰的气息，经过陈酿后会显现出松露、琥珀、甘草及熟浆果的香气。

维奥涅与孔得里约产区的葡萄酒

维奥涅是一个产量很小的白葡萄品种，对生长环境十分挑剔而且相对脆弱。它是法国罗纳河谷两个法定产区格里耶堡和孔得里约特有的葡萄品种。孔得里约产区属于温和性大陆气候，葡萄园地呈梯田状，位于陡立的山坡上，为砂石混合的土质或花岗岩土质。这里十分适合维奥涅的生长：酿出的白葡萄酒呈淡黄色，有着金色的反光，散发着浓郁的花香（紫罗兰、鸢尾、野花草）和果香（白色蜜桃、杏）。口感柔顺、滑腻，并带有非常好的清爽感，回味悠长。这是一款品质出色、产量稀少、价格不菲、众人追捧的佳酿，适宜早期饮用。

最近有两种酿造方法备受葡萄酒爱好者的关注和讨论，并相继被采用：增加新橡木桶的交叉使用和延迟采摘时间。

霞多丽与普利尼–蒙哈榭产区的葡萄酒

这是品质出众的白葡萄品种，产量不高，但酿出的葡萄酒十分精美并可以长年陈酿。它在全世界都有种植，而且大多数情况下表现都不错。在勃艮第，霞多丽能够酿制出法国最好的干白葡萄酒。

霞多丽适合生长在石灰岩黏土和砾石遍布的土壤中，产出的葡萄酒十分精美细致。位于伯恩丘地带的普利尼-蒙哈榭村就属于这种情况。这里气候温和，带一点大陆性气候的特点。土壤是石灰岩黏土附在泥灰质层上，东或东南朝向，阳光非常充足。在这片土地上，霞多丽的果粒较小。果实中糖分含量高且酸度很好，这使得酿出的葡萄酒非常平衡、强劲而丰满，黏稠而圆润，尤其是普利尼村里的四大特级园：蒙哈榭、骑士-蒙哈榭、本巴特-蒙哈榭（Bienvenues-Bâtard-Montrachet）和巴特-蒙哈榭（Bâtard-Montrachet）。

> 法国罗纳河谷地区孔得里约产区的维奥涅葡萄品种果串。

丹魄与西班牙里奥哈产区的葡萄酒

丹魄被誉为西班牙的赤霞珠。它的名字“Tempranillo”在西班牙语中的意思是“早”。其早熟和易熟的特点特别适合在北部相对寒冷的地区种植。丹魄在西班牙北部里奥哈地区的表现最好，尤其是在上里奥哈（Rioja Alta）产区，是地区内海拔最高的产区（400~500米），在罗格奴市（Logroño）的西面，朝向大西洋。这里的土地贫瘠、干旱，岩石因为百年的侵蚀而裸露在世人面前。用丹魄酿制的葡萄酒以精致、富有骨架感和长久的陈年潜力而闻名。

桑娇维斯与基安蒂产区的葡萄酒

这是意大利托斯卡纳酿酒地区基安蒂产区的一个传统红葡萄品种，在混酿配比中占70%~80%甚至更高。它对外部环境（土质和气候）的敏感度非常高，因此每个田块的成熟时间不一致。阿莱蒂尼丘（Colli aretinit）黏土和砂石混合的土质上出产的葡萄酒十分轻柔，鲁菲纳（Rufina）石灰岩黏土质上出产的葡萄酒丰满，锡耶纳山丘（Colli senesi）出产的葡萄酒则十分强劲而且结实。虽然阳光充足，但葡萄的成熟往往会因为靠近海洋的凉爽气候而变得缓慢或受影响。为了达到葡萄酒的平衡和和谐性，当地酒农采用延迟到10月底采摘的方式。这在地中海沿岸的葡萄酒产区很少见。桑娇维斯给基安蒂产区出产的葡萄酒带来口感柔和、香气浓郁、果味出色的品质，使之闻名全世界。

> 西班牙里奥哈产区的丹魄品种葡萄树。

研究风土的农学专家

在超过20年的时间里，勃艮第农学专家克劳德（Claude）和利底亚（Lydia）夫妇不仅从物理和化学的角度，也从微生物学的角度出发对葡萄园的土质进行了分析和研究。他们强调了动物群（从小昆虫到微生物）的作用，它们能促进葡萄植株对矿物质的吸收，从而使酿出来的酒能更好地表达风土。他们还强调了黏土对这些物质至关重要的贮存作用。这对勃艮第夫妇通过对土壤的研究，建立了一个关于土地生产优良葡萄酒的能力的分级索引。

从葡萄树
到葡萄酒

葡萄树的生长周期

葡萄树是一种多年生的果树，它的收获周期为1年，每年结一次果实：它的生命周期从扦插枝条开始，继而成长为年轻的葡萄树，待其达到成熟期后，开始开花结果，进行全面的生产。

葡萄树生长所需要的条件

葡萄植株的生长首先需要光照。但并不一定需要直射的阳光，一般的日光足够满足它的需求。但它需要的温度范围却是非常精确的：在10℃至25℃之间。超过28℃，水分蒸发，叶子会凋谢；温度过低则会让葡萄植株停止生长。至于水分，也不能过多，葡萄树喜欢间歇性地获得水分（500~700毫米/年）。如果气候过于潮湿，葡萄树则成为疾病侵袭的目标。如果葡萄吸收了过多的水分，结出的葡萄果粒会变得巨大，葡萄皮可能会因此爆裂。经常降雨会对葡萄树起负面作用，尤其是在开花季节。

在全世界所有的葡萄酒产区内，葡萄植株的植物生长周期都是同一种模式。
经过冬季的休眠，葡萄藤在春天开始萌芽生长，在秋天结出达到理想成熟度的果粒。这一切的前提是气候温和宜人、酒农精心管理……

枝蔓和叶子

葡萄树的枝蔓。它由几个植物器官组成。其中最重要的是果枝，它从修剪的基座枝条上长出来。果枝是在基条的“芽节”上生成，然后生长分化，被枝节点分开，之后在枝节点上发芽、出叶，长出卷须和花序。在夏季，这些主干条会慢慢成熟，颜色从绿色转变成棕色。这一现象称为“木质化”，经过这一阶段，果枝变成木质果干。

葡萄树的叶子。葡萄树的叶子通常是在果枝芽点的位置上交替互生的，每片叶子有五个主叶脉。叶子的特征——叶形、齿状绒毛（叶片表面是否存在绒毛）和颜色是区别不同葡萄品种的关键因素之一。

从发芽到开花

发芽。这一阶段是葡萄树每年生长的开始，指的是每年春天葡萄枝芽从芽点发芽的过程（北半球在3—4月，南半球则在9—10月）。经过寒冬漫长的休眠状态后，枝条和叶子开始生长，汁液开始在整个植株内循环。

早芽和潜伏芽。早芽在形成的当年就开始生长，潜伏芽则不然，它附着在和早芽一样的芽点上，只在来年才形成和萌发成枝条。早芽只长成一些短小的枝条，节间很短，有时候会结一些小葡萄串（这些小葡萄串很少能够达到成熟，也几乎不会被采摘）。相反，潜伏芽或潜伏芽点在来年才生长演变形成枝条，进行产果。需要注意的是，每一年葡萄的产量部分取决于前一年葡萄树生长的状况。

花季。葡萄果串从花序长出，位于葡萄枝条的下部，与葡萄叶的位置相对。每个枝条可以结0~4个果串。花序的

> 发芽

> 花蕾

> 开花

葡萄园的“天敌”

真菌 粉孢菌从发芽时就可以在植株上滋生，然后侵袭葡萄浆果的果皮，让葡萄籽裸露在外面，失去保护。霜霉菌可在绿色的器官上生长，使种子变成褐色而干枯。至于贵腐菌（*Botrytis cinerea*，详见56页框内内容），它对植株的作用时好时坏。

寄生虫 除了著名的根瘤蚜虫（详见23页和36页），还有寄生在葡萄串上的蠕虫、螨虫（导致植株的萎黄和螨病）以及红色或黄色的寄生蜘蛛。

病毒的侵袭 在一定条件下，病毒可通过嫁接传染。通过嫁接带来的病毒，如葡萄扇叶病和卷叶病，会影响果实产量、植株根部的寿命和果粒的含糖量。

> 当植株达到最大高度后，葡萄树会尽情吸收阳光，逐渐成熟。

毛胚位于较高节间的卷须上。根据葡萄品种的不同和产地自然环境的差异，花序所含有的花苞个数可成百上千。开花的早晚取决于葡萄品种和至关重要的气候状况。通常情况下，在发芽5~6周后会开花（北半球在5—6月，南半球在11—12月）。

从开花到结果

结果。这一阶段指的是葡萄花的子房在授粉后变成很小的果粒：花序变成果串。结果期通常是在夏初（7月）。这是葡萄树植物生长周期中至关重要的阶段，因为它在很大程度上决定了葡萄的产量。

果粒的生长。这个时期通常分4个阶段。首先是果粒二十天左右的缓慢的生长期，然后是时间差不多一样的加速生长期和放缓的生长期，最后是极其快速的生长期，直到转色期。

转色期。这一时期指的是糖分逐渐在葡萄果粒中沉积的过程。红色的葡萄果粒开始转变颜色，这是葡萄成熟期真正开始的标志（8月）。我们需要根据预期酿造的葡萄酒的特性来决定所需要的葡萄成熟度，以决定采摘的时间。

休眠期。秋天，落叶正式标志着葡萄树一年植物生长周期的结束，植株开始冬季休息，进入休眠期。

> 结果

> 果粒生长期

> 转色期

葡萄园每年的田间管理工作

法国有句谚语："能干的酒农每年在葡萄园里干36趟活"。今天，葡萄园的田间管理工作融合了几个世纪相承的传统工艺和先进的科学技术。

人为干预

土壤的培养。在大多数大型葡萄园里，人们都采用传统的方式耕作土壤：秋天培土（保护葡萄树根不受严寒和潮湿的侵害），春天翻耕（让树根摆脱束缚），行间耕犁（葡萄植株间松土），除草。而那些崇尚不耕种主义的果农只进行除草，而不用进行以上的劳作。甚至还有人进行植草（防止水土流失；详见60页）。

施肥。指的是加入肥料和其它使土壤肥沃的物质及各式土壤改良剂（加入有机物质和矿物质让土地更肥沃）。

虽然科学技术不断发展，但葡萄果农的工作并没有改变：
掌控葡萄植株生长过程，消除田间杂草、寄生虫和疾病，在合适的时间采摘。葡萄园田间管理的时间安排总是相同的。

治疗措施。人们在葡萄树的嫁接枝条、葡萄梗和枝条上多次喷洒"波尔多液"（详见下一页框内内容）和其它杀菌液，以便起到预防病虫害的作用。

修剪。在12月到次年3月，当葡萄植株的汁液下降，人们开始对葡萄枝条进行冬季修剪（详见54页）。每个地区都有他们自己的修剪方式，其目的都是为了限制葡萄枝藤的四处蔓延。夏季对葡萄枝条的修剪包括剪枝条、摘心、除叶等工作（详见54页）。这项工作是为了让葡萄汁液将营养成分集中运输到浆果中，以及让葡萄树通风透气。

> 冬季剪枝（从12月到次年2月）

> 剪枝后焚烧枝条

> 绑缚修剪后的枝条

> 机耕（3月）

> 修剪枝叶（7月）

> 葡萄采摘（9—10月）

波尔多液

霜霉病是由真菌侵袭葡萄叶和葡萄果串而引起的。治疗的办法是使用波尔多液。这种蓝色的杀菌剂是用生石灰水和硫酸铜溶液混合制成的，人们把它喷洒在葡萄藤蔓上。如今的波尔多液毒性小而见效快。但是，由于溶液里的铜元素会在土壤中累积，使其颇受非议。因此在2002年欧盟出台了一项法令，规定波尔多液的使用量要逐年递减并最后限制它的使用。许多实验室正在研制新的替代产品。

> 波尔多产区喜龙酒庄（Château Reynon）的葡萄收割场景。

葡萄园每个月的田间管理工作

1月。手工修剪葡萄树。这项精细的工作很少用机械完成。在新世界的一些葡萄园只实施最基本的修剪。剪下的葡萄枝会被烧掉。

2月。修剪葡萄树。

3月。葡萄树从冬天的休眠中苏醒过来。和新世界的许多葡萄园一样，法国香槟地区的果农几乎不耕地：杂草在这里不是被掩埋，而是被除草剂消除。如今，耕地这一劳作受到有机耕作和理性栽培的影响而重新流行起来。

4月。这是葡萄的萌发期（发芽）。果农在同一时期种下葡萄树苗，并且整理绑缚的枝条（砧木和绑缚线一起支撑着葡萄植株）。

5月。这个月令人担心的是发生春季霜冻。人们在这个月会针对寄生霉菌（霜霉菌、粉孢菌、灰霉菌）和寄生虫（吃葡萄串的蠕虫、蜘蛛……）进行防治处理；这些防治处理一直要坚持到9月中旬，但是要在收割葡萄前15天到3周停止。之后，进行第二次翻耕。有机耕作者不进行除草。

6月。葡萄树的开花季节。人们重新绑缚一些新的枝条，并继续做前面所讲的防治处理。

7月。进行新的翻耕，如果需要，进行新的防治处理。人们截短葡萄枝条，摘去（或修剪）过长的茎：这就是所谓的夏季修剪。如果葡萄树结果过多，人们还要进行“绿色采摘”，或者梳枝，通过去掉一部分果实来限制最终的产量。

8月。二次修剪。如果需要，进行一些相关治疗。

9月。葡萄收获季节开始。除了列级名庄，大部分果农都利用机械进行采摘，而不是进行人工采摘。在气温相对炎热的葡萄园，人们经常在凉爽的夜里进行采摘。

10月。收获季节结束。人们开始改良土地，加入肥料、粪便或者腐料。

11月。如果当年的气候条件利好，人们采摘最后的葡萄，即所谓的“晚摘”。人们剪去长的枝条，进行霜霉病的防治处理，再进行翻耕。如果需要，可在这个时候拔除一些老藤。

12月。人们清理排水沟，整理田间的路基、梯田和矮墙，准备冬季修剪工作。

您未必了解的小知识

用马匹耕地曾经是被遗弃的翻耕方式，现在又重新被人们采用。注重生物动力学、采用有机耕种方式的酒庄用马匹耕地，重新使其产生原有价值。由于拖拉机通常很沉重，机械翻耕会压实土壤，使之硬结。马匹翻耕相比之下就比较轻巧。此外，葡萄园经常位于较陡的山坡上，用马匹翻耕比用机械更容易操作。

葡萄树的修剪和葡萄的产量

在葡萄种植初期人们就已经发现，当通过修剪葡萄树阻止其自然生长、减缓其生长节奏的时候，便会产出品质更出色的葡萄果实，也就是说，会出产品质更出色的葡萄酒。

葡萄树的修剪原理

虽然修剪的目的相同，但是欧洲的酒农和新世界的酒农修剪方式各有不同。这种不同反映了风土的不同，不但会影响葡萄品种的选择，也会影响栽培方式。

欧洲的修剪方式。欧洲的酒农在冬季修剪葡萄树，以便控制来年葡萄树的生长和最终的产量：葡萄留枝越短，葡萄果实产量越低。在夏季，叶子过多或生长过慢会损害果实的发育，为了优先保证葡萄果串的发育，葡萄侧枝和高处的枝条将会被剪去。只有遵守这一传统的修剪方式，才能调整葡萄叶子和果实之间的生长平衡，使得葡萄得以在最好的条件下生长成熟。其实葡萄叶子是葡萄树的“肺”，它的主要功能是进行光合作用，叶子充分见光，进行光合作用来给葡萄果粒输送营养物质，促进葡萄果实的成熟。

新世界的修剪方式。在新世界的葡萄园里，因为土地相对肥沃，气候也比较炎热，修剪方式需做相应的调整。如果采用欧洲的修剪方式，会出产大量的酒，但是质量平庸。美国加州和澳大利亚的酒农在田间实施“树冠管理”工程，即通过保证大量的葡萄叶来减少葡萄果实产量，以提高葡萄汁液的浓度。除此之外，从20世纪80年代末起，在美国加州和澳大利亚，人们开始把新葡萄苗种植在海拔高而贫瘠的土地上。

修剪可以让葡萄树拥有人们期望的形状。
直到今天，修剪工作一直是世界各地葡萄酒产地最不机械化的工作。

一个季节，一种方法

冬季修剪。冬季修剪决定了植株的形状（换句话说是决定了整个葡萄树的生长方向），能让植株常年保持这一形状并稳定果实产量。在植株最初的两到三年，修剪是为了形成葡萄树的基本生长结构。随后的修剪是为了限制果实的数量，只留下与来年的预计产量或强制性产量相符合的芽点数目。这种修剪只针对新枝（当年新生的干条）。如果把枝条从底部剪断，只留下非常有限的几个芽点，这种修剪称为短剪，短剪后的枝条称为短木、底木或节点等。如果对结果的枝条进行修剪并留下一定的长度，称为长剪。留下的相对较长的枝条称为长木、节筷或主支。

春季修剪。在春天，人们主要剪除“贪吃的”不会结果的枝条，它们常常长在树桩的底部或者沿着树干生长。

夏季修剪和绿色采摘。在夏季，修剪工作主要是剪叶（剪除靠近果串的叶子，让果串享受充足的光照）、摘心（去除枝条顶部的生长点）和切边（剪短夏日滋生的枝条）。人们将枝条提升并固定在葡萄架上。夏季疏枝剪叶是否适度，会对葡萄树最终的收成造成有利或者不利的影响。

> 罗德勒（Roederer）香槟酒庄的葡萄园冬季修剪的场景。

葡萄的产量

> 位于勃艮第夏隆内丘（Côte chalonnaise）产区的米歇尔·居约庄园（Domaine Michel Juillot），夏日修剪。

要出产高品质的葡萄酒，最重要的是要限制葡萄果实的产量。

曾经。古老传统的葡萄种植栽培技术非常辛苦并且经常失败：腐烂、霜霉病、虫害、降雨、风、冰雹和霜冻影响了葡萄的生长，而人们并不知道应如何有效地干预葡萄的生长。有条件的酒农让工人到地里去剔除害虫，其他酒农就只能任凭其产量减少。由于当时不存在抵御霉菌的措施，多雨的夏天经常导致葡萄发霉。但是，传统的栽培技术和管理方法使得每亩地收获的葡萄很少，葡萄汁因而非常浓郁，并拥有丰富的酒香潜力。

现在。一公顷葡萄园可栽种1500~12000株葡萄树，甚至更多。每一株葡萄树可以只产一串葡萄，也可以产一箩筐的葡萄。这是由酒农自由选择的，但前提条件是一定要遵循该产地相应的法规。法国和意大利的法规规定了葡萄园每公顷葡萄酒产量的上限。德国对葡萄酒产量没有上限，但是将葡萄酒等级的划分与葡萄汁的糖分含量联系起来。至于新世界国家，他们没有任何相关的法规，对葡萄酒的产量也没有任何限制。只有最好的葡萄园才会像欧洲一样限制葡萄酒的产量。

需要做哪些工作。无论如何，葡萄园都要进行最基本的修剪整理，但是其它的田间管理工作也是必不可少的。冬季的修剪可以让酒农控制葡萄树的生长，夏季的修剪有利于葡萄果实的浓缩和达到理想的成熟度。相同的道理，在春末进行的除芽和疏枝（将不理想的葡萄嫩枝修剪掉），以及在夏天进行的“绿色采摘”（剔除一部分葡萄），都是为了控制葡萄酒的最终产量。

葡萄种植的3种整枝系统

杯型式。杯型式葡萄树干通常较短（有些也相对长一些），每个分枝只保留两个芽苞。

线型式。科尔顿式（Cordon）绑枝让藤干重新弯曲，并成水平倾斜，藤的高度取决于铁丝网的高度。

海底火山型。居由型（Guyot）绑枝包括一个垂直树干、一个或两个较短的分枝。后者在修剪时仅保留所需的芽苞，其它的全部剪掉，并在另一侧保留所需的结果母枝，用于下一年。

两个世界，两个派别

欧洲葡萄酒界的权威人士认为葡萄的单位面积产量低是一件好事情。葡萄树在贫瘠的土地上遭受一些磨难：高密度种植、将枝条剪短、尽量少施肥，都能使它产出高品质的葡萄酒。即使在新世界，单位面积高产量的葡萄酒入口也不错，但是专家们一致认为低产量是出产高品质葡萄酒的必要条件。通常来说，5000升/公顷的葡萄酒产量（即6600瓶/公顷）是葡萄园出产优质葡萄酒的合理产量，超过这一产量，就有可能影响葡萄酒的品质。

正确或错误？

每公顷种植的数量越多（种植密度越高），其产量就越大。

错误。正常来讲，一片种植密度为6000~8000棵/公顷（法国葡萄园的平均种植密度）的葡萄园的葡萄产量要低于一片种植密度为4000~6000棵/公顷（新世界葡萄园的平均种植密度）的葡萄园的葡萄产量。

最后，还要考虑气候状况的影响。在天气条件理想的年份，6000升/公顷的葡萄酒产量可以保证葡萄酒的高品质；而在天气糟糕的年份，即使葡萄酒的产量是3500升/公顷，其品质也不敢恭维。

葡萄的采摘

葡萄的采摘是将田间种植和酿酒连接起来的一个过程。这也是酒农经过一年辛勤劳动后看到成果的时期。他们最好的回报是出产的优质葡萄果粒，因为每一个饱满紧致的葡萄果粒都包含了一整年的记忆。

完美的葡萄

怎样选择合适的采摘时间，使得采摘时葡萄处于最佳成熟状态，这一直是一个难题。不同的葡萄品种达到成熟度的时间各不相同，而种植在不同田块的同一葡萄品种也不一定同时达到理想的成熟度。

生理成熟。葡萄开始成熟的时候，糖分在果粒中慢慢集中。在整个成熟过程中，果粒的糖分含量持续增长，直到稳定下来。同时，果粒的酸度慢慢下降，然后也稳定下来。这个时候，葡萄就成熟了，人们称之为“酒精成熟”。一个地区某个葡萄品种的成熟度是根据糖度/酸度的平衡比来计算的，通过实验室或行业工会的实验分析确定。葡萄果农也可以进行个人分析。采集几个葡萄粒进行压榨，用糖度仪测量得到的浆液（用来测定糖分的含量）或者进行糖度光学折射仪分析（用来测定糖分转化成酒精的潜力）。

酚类物质成熟。这是红葡萄品种成熟度的另一个重要指标。它主要与葡萄核的颜色和味道有关。酚类物质的理想成熟度可以让酿出的红葡萄酒具有成熟而口感舒适的丹宁，相反，如果酚类物质没有达到成熟度，酿出的酒则带有青草味，丹宁口感粗糙，人们通常借口说“酒喝得太早了”来掩饰这些缺陷。

机械采摘8天的工作量等同于50个工人3周的工作量。
机械化采摘葡萄降低了许多葡萄园的经营成本。

> 过于成熟的葡萄需要一粒一粒进行采摘，并需经过多次采摘和筛拣。

葡萄收获不可预计的因素

“小年”。有时候葡萄果农必须提前采摘葡萄，或许是自愿的，或许是被迫的。如果葡萄果粒的健康状况有问题，或者天气预报说恶劣天气即将来临，与其失去收成，不如在果粒还未达到最佳成熟状态之前将其采摘完毕。这就是人们所说的“小年”。同样的道理，有的年份天气炎热，果粒成熟很快，酸度急剧下降，而白葡萄果粒的酸度对保持白葡萄酒的平衡结构起着关键的作用，这种情况下也需要尽早采摘。

“筛拣式”采摘。正相反，如果人们想要酿造甜白葡萄酒，则需要过度成熟或受到贵腐菌侵袭的葡萄，遭受贵腐菌侵袭的葡萄会达到“名贵腐烂度”。出于这样的目的，熟练的采摘工人只摘取达到要求的果串，甚至是单个果粒，这使得他们要进行多次采摘——这就是人们所说的“筛拣式采摘”。

灰霉病和“贵腐菌”

“贵腐菌”是一种在成熟饱满的葡萄果粒上附着滋生的真菌。这种真菌导致灰霉病，会改变葡萄酒的颜色，并带来霉烂的味道。受这种霉菌中一个特别种类（称为“贵腐菌”）的侵袭，葡萄皮会出现褐色的霉烂，其原因是真菌侵袭葡萄但并不损坏果皮，而是使其水分挥发，形成“烤干”的葡萄，葡萄果粒渐渐干燥并凝集糖分和酸度。许多葡萄酒产区追求让葡萄达到贵腐霉烂度，以酿造风味独特的甜白葡萄酒，如波尔多地区和法国西南地区［苏玳产区、蒙巴兹亚克（Monbazillac］产区）的甜白葡萄酒、卢瓦河谷（如乌乌黑产区）和阿尔萨斯产区的半甜白葡萄酒，还有一些德国和匈牙利托卡伊的甜白葡萄酒。

> 波尔多梅多克地区人工采摘葡萄的场景。

人工采摘

采摘葡萄。葡萄采摘工，或称剪串工，经常是两个人从一行葡萄树的两端分别剪摘果串。剪果串最初用的是修剪葡萄枝条用的剪枝刀，后来改成直剪刀（剪刀片是笔直的）和弯剪刀（剪刀片呈弯月状），现在有的时候用刀尖呈圆状的剪刀采剪果串。

放置葡萄果串。摘下来的葡萄果串通常放在传统的柳条筐中（法语称vendangerots或vendangeois），或者用木筐（法语称baillots或bastiots）。如今，人们也用木桶、金属桶或者塑料桶来盛放葡萄果串，这些容器的容量都是差不多一样的（6~10公斤）。

您未必了解的小知识

葡萄收获季节是各种节日聚会的好时机。通常会通过"采摘开始"的布告，非常隆重地宣布葡萄采摘开始。葡萄收获季节的开始和结束人们都充满喜悦，或是举行宴会，或是隆重地庆祝传统的节日。宴会的习俗曾经非常流行。在法国勃艮第的普雷村（Paulée）和法国西南地区的热尔博日村（Gerbaude）仍然保留着这一习俗。有些庆祝活动，像在波尔多苏玳产区的阿卡贝尔斯村（Acabailles）举行的庆祝活动就包括了花车游行。最后的传统是在葡萄收获季节的最后一天，人们跟随着最后一车采摘的葡萄，直到它进入酿酒库。

送出地垄。筐或桶中的葡萄被倾倒入更大的背筐中，由背葡萄的工人背到地头，再将葡萄倾倒入运输的容器中。通常的比例是3~5个剪串的工人配备一个背葡萄的工人，根据产量的不同会稍加调整。

保护葡萄果粒。一些庄主喜欢在采摘和运输过程中将葡萄果串保留在木箱或塑料箱中，这样可以避免搬动葡萄，使葡萄果粒在进入酿酒库之前保持完整的状态。

正确还是错误？

机械采摘会改变葡萄酒的味道

错误。从20世纪70年代开始，机械化采摘就不断发展。葡萄果粒通过机械摇晃震动而被采摘，葡萄叶子则被鼓风机吹走。由于机械工艺的不断进步，在气候宜人的年份，我们已经很难分辨出机械采摘和人工采摘的葡萄酒之间的品质差别。但是享有盛誉的名庄仍然坚持用人工采摘葡萄。

机械采摘

如今，所有的葡萄园都可以实施机械采摘。不论什么样的天气条件，葡萄树行间距允许机械进入，可进行机械喷洒除草剂或机械割草。为了保证出产葡萄酒的高品质，收割的时候必须保持葡萄园良好的卫生状况。比如灰霉菌的产生会明显降低产量，在运输过程中的震动会导致果粒破裂，从而流失大量的汁液。

目前有两种葡萄采摘的机器：自动式和牵引式。在大多数情况下，将葡萄果串从葡萄果梗上分离出来是通过采摘机械一系列横向交替的振动完成的。

更加环保的葡萄种植方法

从20世纪60年代开始，人们普遍在农业中使用除草剂和其它化学合成制剂来简化农业劳动并降低成本。直到21世纪初，人类才开始担心环境问题。

理性农业

通常来讲，农业部门允许使用所有产品来对农作物进行防病或除虫。它的理性操作在于用量合理，并且只在需要的时候进行治疗。为了得到理性农业认证，经营者必须遵循100多种农产品生产质量标准法规，实施“有效的、尊重环境”的措施。在这些法规中，有50多条专门针对葡萄种植。有的机构在生产法规中硬性规定需在葡萄树行距间保留杂草来防止水土流失，保留篱笆和水渠来保护生物环境的多样性。

绿色农业（有机耕种）

根据法国生态农业促进发展署（BIO）的统计，1998年有机葡萄种植产业只有不到500个，其面积约为4765公顷，2007年达到1900个，种植面积达到22507公顷（其中7877公顷处于向有机生态化转变的过渡期）。这部分产业虽然只占法国葡萄种植业面积的2.8%，但在10年间就翻了4倍之多！

推崇“有机生态农业”的人们拒绝使用一切惯用的化学制剂，讲求使用自然方法防治害虫或通过加强田间管理的方式来抵御病害的侵袭。从1991年起，欧洲对于有机生态农业的规定只针对栽培技术，禁止使用合成化学制剂、杀菌剂、杀虫剂和化学肥料。在这个法规中很快会加入有关有机葡萄酿造的规定，只允许使用十几种添加剂（传统葡萄酒酿造工艺使用40多种），并且用量大受限制，其最大用量要比以往低很多，任何转基因物质和矫正剂都是禁止使用的。

今天，法国是世界上农药第三大使用国；它的葡萄园只占农业用地的3%，但是所使用的农药占全国总用量的20%。

不使用任何杀虫剂。在土地上生活的动植物促使土壤自我演化、自我改善和自我再生。任何化学杀虫剂都会损害生物的多样性。人们用铜和硫磺来杀灭害虫，用海藻促进葡萄腐烂伤口的愈合。还有很多现代的有机生态方法，比如在繁殖季节使用雌雄干扰剂来抵抗葡萄果粒上滋生的害虫。但是有机生态农业并不能解决一切问题，人们一直没有找到可抵抗导致葡萄植株死亡的严重疾病埃斯卡（esca）真菌的方法。

不使用任何合成化学肥料。生态有机种植并不直接给植物生长提供养料，而是通过施用堆肥、绿肥（三叶草或黑麦）或者天然矿物肥料（如用骨粉来补充磷肥，通过施

“纯天然”葡萄酒？

有一些酒庄在有机耕种或生物动力学的基础上更进一步：禁止使用任何添加剂，如冻干酵母、糖分（酿酒时在葡萄汁里加糖），甚至禁止二氧化硫的使用，而二氧化硫往往是抗氧化剂和防止葡萄酒由于过分发酵而变成醋的抗菌剂。有些酒庄如加门龙（Gramenon）酒庄（法国罗纳河谷）或马隆纳特酒庄（法国卢瓦河谷的图尔产区）出产的葡萄酒因此而带有无以伦比的纯果香。但是在葡萄酒酿造及保存过程中完全不添加二氧化硫是很难掌控的。一款“纯天然”的葡萄酒很可能会存在一些异味（比如臭鸡蛋味），而忽略了我们酿制葡萄酒寻求的初衷：更好地表达风土的特征。

> 位于卢瓦河谷地区的束朗小径庄园（Domaine de la Coulée de Serrant），果农正在用马耕地。

您未必了解的小知识

很多知名的酒庄都采用了生物动力学方法。比如有很多享有盛誉的葡萄酒产业都采用了绿色生态有机农业系统，如法国勃艮第地区的罗曼尼·康帝酒庄、波尔多圣安美隆产区的枫落客（Fonroque）酒庄、生产萨韦涅尔葡萄酒的塞朗古勒（la Coulée de Serrant）酒庄、阿尔萨斯产区的辛-温贝希特（Zind-Humbrecht）酒庄……在全世界有200多家，其中法国可能占了100多家。当我们品尝这些有机葡萄酒时，会惊异于它丰富的矿物质味道。

厩肥来补充钾肥等）。

不使用除草剂。人们通过翻耕土地来清除杂草。

生物动力学

这一概念是在1924年由奥地利的科学家和哲学家鲁道夫·斯坦纳（Rudolf Steiner）先生提出的。它将人类、植物、地球和整个宇宙作为一个整体进行系统研究。作为有机农业的一个分支，生物动力学不仅仅是停止使用化学合成产品，它使用以硅质和牛粪为主的基础材料（详见本页框中内容）。

顺势原则。根据顺势原则，所有准备好的物质都溶于水之后，在规定时间内先顺时针再逆时针精确地搅拌。然后将搅拌好的溶液一滴一滴地滴在土里（如果是以动物粪便或堆肥为基础）或是撒在叶子上（如果是以硅石为基础）。人们有时也用一些植物——荨麻、缬草、木贼或侧柏等以植物泡液、煎剂或顺势稀释液的形式防止一些病害。

日历。生物动力学的运用还要求了解每一天星辰和星座的位置。它的追随者们认为植物生长受到整个宇宙的影响，拥有一定的节奏，与太阳、月亮与黄道十二星座相对的位置息息相关。不同的时间，宇宙环境的因素也不同，因此适合植物根、叶、花、果等不同部分的生长时间也不同。对葡萄的防护治疗也根据这样的日程表来实施。因此，应该在“生根日”或“长果日”来种植植株。为了提高葡萄果粒的品质，需要在“长果日”来进行栽培管理。

这是一个不合理的方法？对于传统理智的思想而言，这套说法可能显得很奇特。而鲁道夫·斯坦纳先生一直强调不要盲目轻信，要相信实验验证过的理论。今天，这种方法在实践中并不缺乏功效。这到底是因为酒农的精心劳动，还是要归功于前期的大量准备工作？实施生物动力学方法的酒农全都确信这一方法。即使有一些人将信将疑，但最终的成果都能说服他们。

> 尊重自然环境的农业操作方式有利于葡萄园保持多样的生物种类。

获取能量的准备工作

生物动力学中的准备工作是为了激发植物内在的生命力。

盛满牛粪的牛角。用母牛角盛满牛粪，在秋分时埋入土壤直到来年的春天，牛角及其内部的物质在此时几乎都成了腐质。这一工作的主要作用是引导葡萄根深扎到土壤内，使葡萄树具备抵御干旱的能力。

盛满硅化物的牛角。由石英（水晶石）磨细后加入一点点水，放到牛角中，在初夏时埋入土中直到圣诞节，随后园地会受到充足的光照。这一操作具有促进葡萄树结果的作用。

粪堆肥。主要包括牛粪、硅石、石灰石和不同的植物制剂（多叶蓍、洋甘菊、荨麻、橡木树皮、蒲公英……）。这种有机肥料富含细菌，可加速有机物质的分解，修复被损坏的土壤。

葡萄酒的发酵过程

葡萄汁经过酒精发酵才会变成葡萄酒。这一发酵过程将葡萄中含有的糖分（葡萄糖和果糖）通过酵母（一种小真菌）的作用转化成酒精，同时会产生二氧化碳。随后的第二次发酵（乳酸发酵）是为了让葡萄酒的口感变得更柔和。

酒精发酵

葡萄汁的发酵过程既是一个复杂的化学反应过程，同时也是一个完全天然的过程。当葡萄果皮破裂，发酵过程便开始了：成熟果粒中含有的糖分与果皮中的酵母发生反应，诱发发酵过程的开始。酿酒师要做的只是提供容纳葡萄汁液的容器（酒罐）和对葡萄进行挤压。

发酵的过程。在酵母这种微小真菌的作用下，发酵过程首先产生二氧化碳和乙醇，即酒精。这个过程中也会产生其它物质：甘油，它会令葡萄酒口感变得柔顺；酯类或是芳香物质；高级醇，用于支撑香气分子、醛类和酸类物质。酒精发酵过程中产生的副产物对葡萄酒的味道有很大的作用，特别是参与组成“中期香气”，或称“发酵香气”（详见213页）。

葡萄汁发酵是一个完全自然的过程。
人类利用这一天然过程已有很长的历史。葡萄酒不仅可以用来解渴，还可以给人们带来很大的愉悦。

> 在整个发酵过程中，酿酒师需要不断监控和调节葡萄浆液的温度。

新酿出的葡萄酒

当酵母将所有糖分转化成酒精，发酵过程就结束了。有时糖分含量过高，使得产生的酒精达到一定的浓度而抑制酵母的作用：这样导致酿出的葡萄酒浓烈强劲，但味道甜润，并含有残糖（未发酵的）。如果环境温度不够高，酵母也有可能在糖分转化过程完成之前就停止工作，这样酿出的葡萄酒的酒精度比葡萄完全发酵酿出的葡萄酒的酒精度要低。整个发酵过程一般持续2~3周。新酿出的葡萄酒非常浑浊，其原因是发酵过程中产生的二氧化碳气体会让酒泥悬浮于酒液中。

酵母

酒精发酵靠的是酵母的作用，它存在于葡萄果皮和空气中。葡萄果皮中只有最常见的酿酒酵母（*Saccharomyce cerevisiae*）才能激发糖分的发酵作用，最终产生酒精。每一种酵母菌都有不同的耐酒精性和耐温性，它们对酒精的产生、香气的形成和发酵的速度都有不同的影响。

天然酵母和精选酵母 为了更好地掌控发酵过程，有些酿酒师，尤其是在新世界葡萄酒产区，喜欢使用精选酵母（或称人工酵母）。这一方法虽然是被许可的，但违背了对自然风土的尊重。优质葡萄酒的生产者很明白这一点：没

您未必了解的小知识

红葡萄酒的发酵方式和白葡萄酒的发酵方式并不相同。对于红葡萄酒（详见70~71页），人们将挤压破裂的葡萄果粒和汁液放置到酒罐中，等待发酵过程开始，其持续时间长短不一；而对于白葡萄酒（详见66~68页），人们先进行压榨获得纯的葡萄汁，然后在酒罐或木桶内进行发酵。红葡萄酒和白葡萄酒风味和结构的差异由此形成。只有红葡萄酒会与葡萄皮和葡萄籽混合在一起发酵，这不单赋予葡萄酒颜色，还带来丹宁和许多香气组成成分。发酵过程结束后进入培育过程（详见78~81页）。

葡萄酒的加糖强化和逆向渗透方法

1801年，让·安托万·沙普塔（Jean-Antoine Chaptal）先生在描写酿酒艺术的著作中提到了葡萄酒加糖强化方法。这一方法从18世纪末便为葡萄酒界熟知，指的是在葡萄浆液中加入糖分以提高葡萄酒的酒精度（每升加入17克糖，可以让葡萄酒的酒精度提高1度）。法国对葡萄酒加糖强化这一方法监控很严：在南部是被禁止的；在北部地区加糖量是有限制的，加入的糖分最多只允许使葡萄酒的酒精度提高2度。这一操作过程对葡萄酒的风味没有任何影响。新技术能够测定加糖强化法所需糖的分量（详见65页）。加糖强化法有的时候被浓缩法所取代，最常见的是逆向渗透方法。它主要是通过去除葡萄汁液的一部分水分（详见64页），使得葡萄浆液的成分物质得到浓缩（包括糖分）。另外，加入糖分含量高的浓缩葡萄汁也是被允许的。

> 我们称集中放置酒罐的地方为“酿酒库”。这是拉图酒庄的酿酒库。

有任何人工合成的酵母能够超越天然酵母或原生酵母，只有天然原生的酵母才会给葡萄酒带来更加复杂的香气和口感。

温度调控

当葡萄浆液的温度超过12℃的时候，整个发酵过程便开始了。在发酵过程中会产生热量，且发酵过程会自动维持。浆液受热，在二氧化碳气体的作用下变得“沸腾”。当温度达到35~37℃时，高温会杀死酵母，发酵过程随即停止。今天的酒罐配有一套系统，可以随时冷却浆液，或者在需要时加热浆液。在发酵过程中对温度进行控制是酿酒史上巨大的技术进步。它对质量的提升作用是非常巨大的，而且使得整个酿酒过程变得稳定，不会再发生发酵停止导致酒液变质的现象。

乳酸发酵

葡萄果粒，特别是青色葡萄果粒中含有大量的苹果酸，我们可以根据其青苹果的味道辨认出来。经过酒精发酵之后，残留的苹果酸在乳酸菌的作用下转化成乳酸和二氧化碳（称为乳酸发酵或二次发酵）。乳酸（有酸乳的味道）没有苹果酸那么涩口，葡萄酒的口感因此变得更加柔和。酿酒师为了酿出更优质的红葡萄酒（和某些白葡萄酒），力求使苹果酸转化成乳酸。为了能进行这一转化，需要一定的温度（20℃）。必要情况下，酿酒师会对酒罐加热，或者利用用于冷却酒罐的管道进行热水循环。有时人们甚至会加入乳酸菌。

正确还是错误？

我们不可以软化葡萄酒

错误。在德国，针对葡萄酒类别中等级最高的葡萄酒QmP（详见100页），以及在意大利，都可以在葡萄酒中加入未发酵的葡萄汁。当然加入的葡萄汁必须产自同一葡萄园，拥有同样的品质。这样做是为了获得口感更柔和的葡萄酒。这个过程需要在发酵之后、装瓶之前完成。

具有争议的技术方法

科学研究带来的技术方法有助于改善和提高葡萄酒的品质。但是某些酿酒的技术方法可能会让消费者担忧，因为不知道它到底会带来什么样的影响。

冷冻提取法（或称低温筛选法）

甜型葡萄酒通常是用被贵腐菌侵蚀、糖分高度集中或者过熟的葡萄酿制的，要经过多次分拣采摘。使用低温提取法可以通过冷冻去除含糖量低的葡萄果粒。葡萄果粒被放入冷库中，温度控制在-8℃～-5℃，放置20个小时。在随后进行的压榨过程中，只有糖分含量高的葡萄果粒没有结冰，可以挤出果汁。这样便可以去除含糖浓度不够高的葡萄。

- **支持**。冷冻提取的方式可以看作是一种挑选分拣方式，因为它去除了糖分不足、不够浓缩的葡萄果粒。而且它还可以去除葡萄采摘前淋到的雨水。
- **反对**。这是一种“偷懒”的方式，许多酒农都这样认为。要酿制优质的甜型葡萄酒，某种意义上就是要接受自然条件带来的缺陷。

逆向渗透或精细过滤

这也是一种浓缩葡萄浆液的方法，通过高压非常精细地过滤掉一部分水分。由于只有水可以通过过滤装置，其它大分子物质不能，这样葡萄浆液就会变得比较稠密。

- **支持**。在天气状况糟糕的年份，这是一种浓缩葡萄浆液的解决方案……
- **反对**。对葡萄浆液的浓缩处理永远也不能代替成熟度良好的葡萄果粒。让人更吃惊的是，这些昂贵的设备居然连一些名庄都在使用。

用橡木片代替橡木桶

橡木片形如木片，经过切割、晒干和烘烤等过程后，根据其烘烤的程度可以给葡萄酒带来“可可”“烘焙”“烟熏”等气味……人们把橡木片放入酒罐中，进行浸泡。在南美葡萄酒产区，人们从20世纪80年代起开始采用这种方式；欧盟则是从2006年开始允许这种做法。

- **支持**。木香很容易实现，而且没有副作用：它很便宜，操作也很简单！一个容量为225升的波尔多酿酒木桶，使用期为3年，每百升葡萄酒的木桶成本为74欧元；而用橡木片浸泡的用量是5克/升，每百升葡萄酒的橡木片成本只有5欧元。
- **反对**。这样获得的橡木香气完全没有在橡木桶中培育葡萄酒时获得的香气丰富。

硫黄的使用

二氧化硫（SO_2）的作用是防止葡萄浆液和葡萄酒被氧化。它还有抵御微生物侵袭的防腐作用。人们先在发酵前使用微剂量的二氧化硫，因为它可以暂时阻碍乳酸菌的产生而不会影响酵母的繁殖；在发酵过程结束后，再加入高一点的剂量以稳定葡萄酒（详见67页和80页）。

• **支持**。氧化的葡萄酒不好，过酸的葡萄酒也不好。今天在葡萄酒中加入的二氧化硫剂量已经很低，不会再引起头痛而极受恶评!

• **反对**。有些酿酒师敢在酿造葡萄酒时不加二氧化硫。只有极少数的酿酒师可以避免缺陷（氧化、发酵过程中的问题、细菌的转化）而酿出惊人的纯果味的葡萄酒。大多数酿酒师都不能避免酿出的葡萄酒带有缺陷。这种方式是否得不偿失?

加糖强化法或加入糖浆

当葡萄的成熟度不够时，人们可以在发酵开始时在浆液里加入糖分以获得足够高的酒精度。这就是加糖强化法。每升葡萄汁液中加入17克糖就可以让葡萄酒的酒精度提高1度。法定剂量规定最多可使葡萄酒的酒精度提高2度（即最多34克/升）。在法国南部地区这样的做法是被禁止的，但是人们可以在葡萄浆液中加入从葡萄里提炼出来的纯度高的糖浆（详见63页）。

• **支持**。适度的使用可以在天气状况不好的年份弥补葡萄成熟度的不足，加糖强化法可以改善葡萄酒的平衡性。而且如今核磁共振技术可以准确测量出葡萄浆液中所需加入的糖分数量，避免滥用。

• **反对**。如果超量使用的话会造成葡萄酒过于浓烈，过高的酒精含量会造成葡萄酒的平衡度变差。另外，对于那些有着合理产量和精耕细作的葡萄树，加糖强化这个方法并没有使用的必要，除非在气温很低且多雨的年份。

在发酵过程中添加酵母

即使葡萄浆液发酵完全是一个自发过程，但有时候还是会存在启动困难的问题，或者在糖分含量高的汁液中不容易完成发酵的问题。这个时候我们可以在发酵过程中加入一些在市场上购买的冻干酵母（详见63页）。

• **支持**。有些经过挑选的酵母能够忍受高酒精度的环境条件，这对于在天然发酵过程中由于糖分含量高而难以结束发酵的情况非常有用。加入经过挑选的酵母还有利于抑制一些原生酵母（在葡萄果皮和酿酒库中天然存在的），这些原生酵母有时会给葡萄酒带来不好的味道［如异酒香酵母（*Brettanomyces*）有时会给葡萄酒带来粗野的味道，让人联想到马汗］。

• **反对**。越来越多的酒农，尤其是从事有机耕种的果农拒绝使用这样的酵母，因为害怕产品标准化。他们比较认同原生酵母，认为它能够更好地表达和凸显葡萄园风土的特性。不要忘记在20世纪80年代人们滥用带有香气的酵母，导致葡萄酒带有香蕉和英国糖果的味道，使得人们对新鲜的葡萄酒产生厌恶感!

白葡萄酒和桃红葡萄酒的酿造工艺

白葡萄酒的酿造虽然有很多改变，但都是基于葡萄汁的发酵。桃红葡萄酒的酿制总体上也遵循同样的原理，但需要与葡萄果皮接触的浸泡过程来获取它的颜色。

什么样的葡萄酿什么样的葡萄酒

采取什么样的酿酒方式（白葡萄酒、桃红葡萄酒或红葡萄酒）主要由两大因素决定：葡萄果粒的组成（有无带颜色物质）和浸皮的持续时间（葡萄汁和葡萄果皮等固体物质之间的接触）

白葡萄品种。如果果肉和果皮都不带颜色，人们总是用它来酿造白葡萄酒。在这种情况下，葡萄汁液一定要和固体物质（果皮、果核）分离，然后对葡萄汁进行发酵，不进行任何浸皮过程（详见随后内容。）

果肉不带颜色的红葡萄品种。如果红葡萄品种的果皮带颜色而果肉不带颜色，则这种葡萄可以酿出白葡萄酒、桃红葡萄酒和红葡萄酒。如果汁液不和果皮接触，可酿造出白葡萄酒；如果汁液和果皮接触，但浸渍时间很短，可酿造出桃红葡萄酒（详见68页）；浸渍时间长则可酿造出红葡萄酒（详见70~71页）。

果肉带颜色的红葡萄品种。如果红葡萄品种的果肉和果皮都带有颜色，不管有没有浸渍过程，我们只能用它来酿造红葡萄酒。这样的葡萄被称为"染色品种"，很少单独用来酿酒，一般用于加深葡萄酒的颜色。它只用来酿造日常餐酒，目前正应欧盟的法令要求被逐步取缔。

葡萄酒的酿造过程指的是从采摘的葡萄果粒进入酿酒库开始到酒精发酵结束的阶段。

它包括几个步骤，根据酿造的葡萄酒的不同而各有不同。

从葡萄园到压榨装置

白葡萄酒的酿造要求果皮完好的葡萄果粒进入酿酒库，不能破损，要尽量避免果肉与果皮表面酵母的接触。果串经常是成串采摘，如果要达到最理想效果的话，最好手工采摘。出于同样的考虑，为了避免葡萄果粒被挤压破碎，人们经常用箱子运输采摘的葡萄果串，而不是放入大容器中。

挤压或去除果梗。有时候葡萄果串被整体压榨，这通常是酿制香槟酒或起泡酒的做法。但是人们也采用挤压和去除果梗的方法——主要是为了让葡萄汁的提取更容易。挤压的方法主要是为了挤破葡萄浆果，而不会损坏葡萄果皮和果核。去除果梗的做法是让果粒和果梗（葡萄果串的骨架）分离。在这两种做法结束后，葡萄都将随即通过泵进入压榨装置。另外，为了避免果梗给葡萄酒带来不愉快的苦味，要避免果梗进入浸渍的过程。

压榨过程。压榨的目的是为了提取葡萄中的全部汁液。这一过程的持续时间相对较短。但这是白葡萄酒酿造过程中最难处理的一步，因为它直接关系到酿出的葡萄酒

> 进入酿酒库后，葡萄被倒入一个配有无头螺丝的容器中。

低温带皮浸渍

在大多数情况下，白葡萄酒的酿造不进行任何浸皮过程。但是有些酿酒师希望保留白葡萄果皮中含有的香气，尤其是赛美蓉、长相思、麝香葡萄和雷司令等，有时还会有霞多丽。为了达到这个目的，在压榨之前要进行一个短暂的带皮低温浸渍过程：经过去梗和挤压的葡萄果粒在酒罐中待上几个小时。这种技术方法也被称作"发酵前浸皮"，但这种方法有时会使葡萄酒在装瓶几年后颜色变得暗淡。

不同的压榨设备

葡萄的压榨设备各式各样，压榨能力从几百千克到几吨。现代化的压榨设备是全自动化的，最常用的是水平压榨方式。其中气压式压榨是最柔和的方式，它内含气囊，通过气囊的充气增大体积而对葡萄果粒进行挤压。但有一些酿酒师仍然喜欢传统的垂直式压榨设备：适中的压力着力在宽阔的表面积上，压榨出来的葡萄汁更清澈，更容易进行澄清。

> 在去除果梗的过程中，果梗会和浆果分离。

的品质。半浆液状的果粒堆应该保存在低温条件下，以避免过早自行发酵（发酵一般发生在12~24℃的温度下）。适宜条件下压榨出来的浆液应该是清澈的，不应压碎果核（压碎的果核会给葡萄浆液带来草味）。压榨过程应该迅速，避免被氧化。

葡萄汁液的澄清

澄清过程。压榨出来的葡萄汁液总是或多或少会有一点浑浊。它会含有一些固体物质、一些酒泥，会带给葡萄酒不好的味道，应该去除掉。为了做到这一点，我们可以将葡萄汁液注入到离心设备中，它快速高效，但有酿酒师指责这种方法会使酿出的葡萄酒变得寡味。人们主要用这种方法酿造大批量的普通餐酒。另一种方法是低温稳定法：在低温条件下（接近0℃）等待葡萄汁液里的杂质沉淀。这种方法有很多优势：葡萄汁液受到保护，不会进入发酵过程，而杂质自然地沉淀到酒罐底部。

加硫过程。不管用什么样的方法澄清葡萄汁液，都需要经过加硫的步骤。就是说，人们要在浆液中加入二氧化硫（SO_2）来防止氧化和微生物的衍生。加入的剂量取决于葡萄汁液的卫生状况和环境温度。若过度使用，二氧化硫会完全遮盖所有的葡萄酒香气。对它的用量在每个年份都有严格的规定（详见80页）。

酒精发酵

葡萄汁液随后便被倾倒入酒罐之中，在那里它将进行缓慢的发酵过程，持续2~4周。发酵过程可以通过加入人工酵母来引发进行，也可以通过加入正在发酵的其它酒罐中的汁液来进行引种酵母。温度是决定发酵进程和葡萄酒风格的重要因素。温度越低，发酵时间越长，可以更充分地萃取葡萄果粒中的物质，最终酿出的葡萄酒的品质也越高。温度越高，则发酵过程持续时间越短，酿出的葡萄酒的品质越低，并且有可能会使葡萄酒带有还原的味道，即比较重的煮熟的味道。

发酵过程中使用的酒罐。酿酒师可以选择木制酒罐、搪瓷金属酒罐、不锈钢酒罐、水泥酒罐甚至是塑料酒罐用于发酵。每一种酒罐都有它的优点和缺点。使用最广泛的是不锈钢酒罐，其优点是容易清洁和冷却。但是木酒罐的温度更稳定，因为木头比金属更具对温度的惰性。为了酿造具有长年陈酿潜力的名贵白葡萄酒，法国勃艮第地区的酿酒师采用橡木桶酿制的方法（详见下页框中内容）。通常，许多著名酒庄尝试过使用不锈钢酒罐后，都慢慢重新回到使用橡木桶酿造葡萄酒的传统方法。

正确还是错误？

酿造过程中添加剂的使用总是在酒标上注明

错误。在法国，许多消费者协会和酒农都提倡在酒标上注明除葡萄天然果粒外的添加物质。但是只有二氧化硫的添加是法定必须在酒标上注明的。二氧化硫用量过多会给某些消费者造成头痛的副作用。

> ### 在橡木桶内酿造的过程
>
> 法国勃艮第地区的酿酒师一直“分桶”酿制优质的白葡萄酒，尤其是用霞多丽酿制准备长期陈年的白葡萄酒。分桶的量（约228升）是酿制白葡萄酒的理想体积，不需刻意地进行温度调控：温度可以升至25 ℃，并且一直保持这个温度。由于发酵过程中与橡木的直接接触，会给葡萄酒带来特殊的风味。这种酿造方式让酒泥（发酵过程中产生的细微沉淀物）漂浮在葡萄酒中，可以防止酒液氧化，形成丰富的口味，一举两得。酿酒师定期用“木棒”翻搅以保证酒液和酒泥的充分接触，给葡萄酒带来丰富的结构和浓稠的质感。这就是人们常说的“木棒搅拌”（bâtonnage）（详见79页）。

最后几个步骤

不进行乳酸发酵 正常情况下，在酒精发酵结束后，会自发进行乳酸发酵。乳酸发酵可以使酒的酸度更柔和，但是在气候炎热的地区，它会影响葡萄酒的果味。通常来讲，白葡萄酒的酿造应避免进行乳酸发酵，而是对酒液进行处理，去除可引起二次发酵的细菌。为此，可再次加入少量二氧化硫，将酒液放进离心装置，或者进行一次微过滤，然后进行无菌装瓶。

滗清。发酵和酿制过程现在可以说全部完成了。但是酿出的葡萄酒还需要继续澄清，它还含有完成任务的酵母等杂质沉淀而成的酒脚。发酵过程结束后，酒脚沉淀在酒罐底部，人们将葡萄酒倒出来而将酒脚留在酒罐底部，这一操作过程被称为滗清。这种操作在培育过程中要反复进行好多次（详见78页）。针对某些葡萄酒，如法国南特地区的麝香葡萄酒，则要带酒泥培育直到装瓶。这种方法会带给葡萄酒独特的风味，例如微小气泡的存在，令葡萄酒更加新鲜清爽。

酿造甜白葡萄酒的情形

酿造甜白葡萄酒的葡萄果粒糖分含量非常高，以至于发酵过程并不能将所有的糖分转化成酒精。为了得到这种甜润的特性，酿酒师将成熟的葡萄果粒留在枝头上直到过于成熟，希望其受到贵腐菌的侵袭，感染“贵腐”——这种真菌让葡萄果粒的水分挥发，使得果汁会更加凝集浓郁。随后的酿造过程和酿造干白葡萄酒的过程一样。但是由于糖分含量很高，酵母的反应会变得很慢，并且几天后便会消耗完。发酵过程会随即停止，导致部分糖分不会被完全转化成酒精，因此会带有甜味。这是许多著名甜葡萄酒的来源，如波尔多苏玳酒、德国的贵腐精选酒、托卡伊·阿苏酒（Tokaj aszú）和一些新世界的甜葡萄酒。人们也可以用晾晒过的葡萄果粒来酿造甜白葡萄酒，比如在柳条筛上晾晒的葡萄果粒。麦秸晾干型葡萄酒（详见下面框中内容）和意大利圣徒甜酒（Vino Santo）就是用这种葡萄酿造的。

桃红葡萄酒的酿造

酿造桃红葡萄酒有三种方法：压榨法、放血法和勾兑法（这种方法只应用到桃红香槟的酿造）。直接压榨的桃红葡萄酒精致而美妙，放血法酿出的桃红葡萄酒结构丰富而口味浓郁。除了个别情况，桃红葡萄酒通常在当年或者装瓶后两年之内饮用。它的气味和口感都接近白葡萄酒。

> **正确还是错误？**
>
> **我们可以混合红葡萄酒和白葡萄酒来酿造桃红葡萄酒**
>
> **正确**。但是在法国，只有桃红香槟可以掺和白葡萄酒和红葡萄酒（详见以下文字）。在其它国家，可以混合白葡萄酒和红葡萄酒来酿造日常桃红餐酒。

压榨法。某些桃红葡萄酒酿自果色物质充足及足够成熟的红葡萄果粒，采摘后可以用压榨的方式直接提取果汁酿造。法国卢瓦河谷的安茹产区和图尔产区就采用这样的方法。压榨出来的葡萄浆液随即采用白葡萄酒的酿造方式。如果要得到颜色比较浓郁的桃红葡萄酒，需在压榨前经过轻微的浸渍过程。浅色桃红葡萄酒的酿造采用同样的方式，只是它的葡萄果粒颜色很淡，如灰歌海娜（grenache gris）；在这种情况下，即使我们将果皮浸泡在葡萄浆液里，出来的浆液染色也不会很深。

自流法。这种方法是从酿造红葡萄酒的酒罐中提取一部分只经过了几个小时浸渍过程的果汁（在填充新葡萄汁液之前）来获取桃红颜色的葡萄汁液。法国普罗旺斯地区和塔维勒（Tavel）地区的桃红葡萄酒都是采用这种方式。自流出来的桃红葡萄汁还没有经过发酵过程，随后进入和白葡萄酒一样的酿造程序中。

勾兑法。这种方法只在香槟产区应用，指的是在白葡萄酒二次发酵之前加入一定比例的红葡萄酒浆。95%以上的桃红香槟都是采用这种方法酿制。

> **您未必了解的小知识**
>
> 麦秸晾干型葡萄酒的整个酿造过程可以长达4年。这种葡萄酒产自法国汝拉地区，用的是在稻草上（今天更多是在柳条架上）从10月到次年1月风干的葡萄果粒，这样的晾晒过程可以干燥葡萄果粒，让葡萄汁液更丰富和浓郁。正常情况下100千克葡萄果粒可以榨出70~75升葡萄汁液，但这种晾晒后的葡萄果粒，每100千克只能榨出20~25升浆液。在小木桶内的发酵过程非常漫长，可长达4年之久。这种麦秸晾干型葡萄酒的产量很小。它拥有琥珀色的酒裙，口感丰富甜润，带有一丝核桃香气。

41

红葡萄酒的酿造工艺

红葡萄酒的酿造比白葡萄酒要容易许多：酿酒师的工作只是引导发酵自然发生，原理很简单。不过，优质红葡萄酒的酿造需要极其细致的操作和很多天分。

基本原理

和白葡萄酒的酿造原理一样，红葡萄酒的酿造过程也是将汁液内的糖分转化成酒精的过程。它们之间的区别是浸渍过程。在这一过程中，在浸渍的作用下，位于葡萄固体部分（果皮、果核）的染色成分、丹宁及香气分子会溶解在果汁中，带给葡萄酒颜色和特性。接下来的技术都是同一原理，即使葡萄品种、气候状况与当地传统不同。

传统浸皮过程

这里描述的浸皮过程在法国和其它国家普遍被采用。红葡萄果串首先经过挤压破皮和去梗的过程：它受挤压破裂，果汁流出，果粒与果梗分离。人们将随之得到的葡萄浆液倒入木酒罐或者装有调温装置的不锈钢酒罐中。浆液在酒罐内完成浸渍过程和发酵过程，根据要酿制的葡萄酒的风格不同，这一过程要持续几天到3周不等。

“酒帽”的形成。浆液进入酒罐以后，果粒中的固体物质会上升，集中悬浮在酒罐的表层形成“酒帽”（或“酒饼”）。渐渐地，“酒帽”中的染色成分及其它物质会溶解于葡萄汁中。由于发酵过程中会产生强大的热量，酿酒师通常会将温度控制在30 ℃左右。

压帽、倒罐和内装螺旋管的酒罐。在需要的时候，一些技术方法可以促进萃取过程。压帽法是通过用木棍、木托盘、液压起重器或者是用脚将“酒帽”浸压到汁液之中。倒罐法，是将底部酒液泵到酒罐顶部，对“酒帽”进行浇灌和浸压。还有的酒罐内带有螺旋推进器，可以将“酒帽”提升和降低。不管用哪种办法，这个过程是十分精细的，因为要提取颜色和香气，但也不能过多。

长时间的浸渍给葡萄酒带来颜色和丹宁结构。
但是过多固体物质的提取有时会给酿出的葡萄酒带来不愉悦的植物气味。

浸皮时间。对于年轻红葡萄酒的酿造，只需要提取一小部分固体物质，人们主要希望萃取初期香气（详见213页），因此在酒罐中的浸皮时间很短暂。与此相反，对于一些葡萄酒，如诗南的酿制，浸皮过程可以持续一个月，甚至更长。这是为了尽可能多地萃取果粒中的固体物质。酿出的葡萄酒因此丹宁含量丰富，要经过长时间的培育及陈年后才适宜饮用。

> 法国波尔多玛歌法定产区力士金酒庄（Château Lascombes）的葡萄果粒挤压破皮过程。

正确还是错误？

酿酒师需经常查看温度计

正确。发酵过程中对温度的监控至关重要。它可以让葡萄汁液保持在要求的温度范围之内，如果需要，可以启动冷却系统。在相对偏低的温度下进行发酵（约24 ℃左右），可以提取果味和细腻的口感；在偏高的发酵温度下（30~36℃，即使持续时间非常短），可以获得更多的颜色、浓郁的口感及香气。

二氧化碳浸泡法

二氧化碳浸泡法和上述方法不同的是，这一方法采用未曾挤压破皮的葡萄果粒。这种方法在法国博若莱地区应用很普遍，即将整串的葡萄放入封闭的酒罐，充满二氧化碳。在二氧化碳气体的作用下，会发生“细胞内发酵”的特殊现象。二氧化碳浸泡法使完整的未受破损的葡萄果粒内部产生少量的酒精和弱化一部分苹果酸。这一发酵过程伴随着非常典型的芳香物质生成。持续4~6天的浸泡过程可以使酿出的葡萄酒花香浓郁且口感轻柔。随后二氧化碳被排出，酒精发酵正常进行。

二氧化碳浸泡法适用于用佳美葡萄酿制的年轻的、供

> 酿造过程中的倒桶工序。

> 在培育过程中，葡萄酒也要经过除渣倒桶的工序。

及时饮用的葡萄酒，效果很不错，比如博若莱新酒。现在这种方法被应用于某些葡萄品种的酿制过程中，酿出的葡萄酒液和其它传统方法酿造的葡萄酒液进行混酿，可以给葡萄酒带来柔和的口感，尤其是在地中海沿岸的葡萄酒产区。

自流和压榨

不论是用什么浸皮方法，到了一定时候总要收集酒罐内的液体。当酿酒师认为浸皮过程达到最佳状态，不论发酵过程完成与否，都要进行酒液导流。人们拧开酒罐底部的水龙头开关，让酒罐内已与固体物质彻底分离的酒液流出来。这一操作宣布了浸皮过程的结束。

自流酒和压榨酒。自然流出的酒液是酒罐内最精致最出色的液体，人们称为“自流酒”。然后，人们对“酒帽”和皮渣进行压榨，得到“压榨酒”，它通常占酒罐体积的8%~15%。随后，人们针对所想酿造的葡萄酒的个性和口味，把自流酒和压榨酒按照一定的比例进行混酿。

最后的发酵过程。自流酒和压榨酒随后在不同的酒罐内分别放置。在这一阶段，酿酒师会检验分析酒液，尤其是要了解它的酒精含量和酸度。如果还没有完成发酵过程，酒液此时也会停止发酵。一般来说，酒精发酵结束后都会进行乳酸发酵（详见63页）。葡萄酒浆在随后的培育过程中会被澄清（详见78页）。

“车库酒”

“车库酒”是民间叫法，没有任何官方的认证。它主要指的是放置在车库中的小型酒罐酿制出的美酒。这些葡萄酒通常来自小块葡萄园，葡萄果粒达到理想的成熟度，并且经过精心挑拣。在潮流的影响下，车库酒的价格飙升，被认为是品质出色的葡萄酒。车库酒几乎全部产于圣安美隆产区，现在也开始出现在梅多克地区。整个酿造过程需要格外精心，手工去梗，经过3周在不锈钢酒罐的发酵过程后，对酒液进行压帽，再在全新橡木桶中进行乳酸发酵，之后进行2年的培育过程。

起泡酒的酿造工艺

所有的酒精发酵过程都会产生二氧化碳气体，正常情况下二氧化碳气体会上升进入到空气中。如果将酒液盛放到厚实的酒瓶中，防止二氧化碳散逸，就会让酒液起泡。香槟和其它起泡酒的酿制都遵循这样的基本原理。

基本原理

古传制法。历史上，第一款起泡酒是通过“古传”的方法酿制的，古传法又称作“粗制法”、“迪城法”（dioise）或“加亚克法”（gaillacoise）。目前仍然有一些酿酒商在迪城、利穆地区和加亚克地区使用这种古传制法。这种方法主要是在发酵过程中糖分还没有完全转化成酒精之前将酒液装入瓶中。这非常难掌握，如果酒液在封瓶后继续发酵，可能会使产生的二氧化碳过多而压迫瓶壁，从而使酒瓶爆炸。在酒窖中陈酿熟成一年后，沉淀物被去除或留在瓶内。这种方法酿造的起泡酒全是法定产区起泡酒。例如，迪城的传统式克莱雷特起泡酒（酿自麝香葡萄）、利穆地区古法酿造的白起泡酒和加亚克地区用加亚克方法酿造的起泡酒［上述两个地区用的葡萄是莫亚克品种］。

起泡酒的酿造方法总是遵循同样的原理，将葡萄酒放在密封的瓶子内（有时是密封的酒罐）进行发酵，产生的二氧化碳不会逃逸，留在酒液内。

香槟酿造法。后来，法国香槟地区的酿酒师总结先人经验，创造了“香槟区方法”，它被称为“传统方法”。为了比以前的方法更安全，它先将酒液在酒罐内发酵以便稳步得到最初的葡萄酒，酒精度数在9~9.5度。然后在密封的酒瓶内开始第二次发酵，在酒液内加入糖分和酵母（发酵酒浆的提取物）。这种技术今天已被广泛地应用到法国许多地区，如卢瓦河谷地区［乌乌黑、索米尔产区的起泡酒以及卢瓦河产区的克雷芒（Crémant）起泡酒）、勃艮第地区（勃艮第克雷芒起泡酒）、波尔多地区（波尔多克雷芒起泡酒）、阿尔萨斯地区（阿尔萨斯克雷芒起泡酒）和罗纳河谷地区［迪城克雷芒起泡酒，圣佩雷（Saint-Péray）起泡酒］、南部地区［白朗克（Blanquette）起泡酒和利穆克雷芒起泡酒］等。全世界最有名的起泡酒中，还有西班牙卡瓦（cava）起泡酒、德国的塞克特（sekt）起泡酒、意大利的普西哥（Prosecco）起泡酒，以及美国加州和澳大利亚的一些起泡酒，都是采用这样的方法酿造而成。

> 位于艾依镇（Ay）的路易王妃香槟（Louis Roederer）的传统压榨设备。

您未必了解的小知识

是奥维耶（Hautvillers）修道院的一位名叫唐·培里侬的教士在17世纪初改进了起泡酒的勾兑调配方法，进而使香槟酒得到大规模的发展。也是他建议采用更坚固的软橡木塞来取代当时应用的用油脂浸过的纱布缠裹的木楔。香槟酒的两个天敌其实是空气和阳光。今天采用的优质瓶塞可以很好地密封酒瓶，消费者要做的就是避免酒瓶接受光线的照射，并把它保存在12~13℃的温度。

> 法国卢瓦河谷蒙贡杜尔（Moncontour）酒庄的陀螺转瓶机。

从葡萄采摘到不同葡萄品种酒液间的混酿

香槟的酿造过程是很复杂的——每个酒庄都有它自己的“秘诀”，以酿造出无与伦比且品质稳定的香槟酒。对葡萄果粒的精心挑选是成功的基础。酿造香槟酒的葡萄通常是红葡萄品种（黑皮诺和莫涅皮诺）和白葡萄品种［霞多丽，也有阿班纳（arbane）、小麦斯利（petit meslier）和白皮诺］，这些葡萄品种种植在规定的产区内，并且要控制其最高产量。

压榨和发酵。葡萄果粒被采摘后，马上要按照一定数量分开压榨。为了获得纯净的葡萄汁液，操作非常严格。葡萄汁与葡萄果皮的接触时间短，只会提取极少的丹宁而不摄取颜色。初次发酵在木酒罐或不锈钢酒罐内进行。

酒液调配。随后人们进行酒液调配工作：在每个酒庄内，酿酒师对不同酒罐、不同风土、不同品种和不同地块出产的葡萄酒液进行品尝，其目的是调配出代表酒庄风格的香槟酒，并且保证每年出产的香槟酒保持同样的质量水平。之前几年出产的酒称为“储备酒”，也可以参与到新一年香槟酒的调配中。最后新酿出的香槟酒称为“特酿”。

二次发酵

气泡的出现。酒液调配过程结束后，人们会加入“再发酵液”，通常是酵母和糖浆的混合物，然后灌入瓶壁厚的酒瓶之中，并用金属封套封住瓶口。酒瓶被平躺放置在酒窖最阴凉的地方。自此二次发酵开始，会产生二氧化碳，这就是所谓气泡产生的过程。这个阶段要持续大约1个月。

转瓶。随后酒瓶被保存在香槟地区典型的白垩石酒窖内。陈酿熟成过程在加入“再发酵液”之后持续至少15个月（年份香槟酒要持续3年之久），会形成一层死酵母。为了除去这一层杂质，香槟酒瓶瓶口向下，放置在倾斜架上。转瓶要么由有经验的“转瓶工”左右手同时进行，要么由陀螺转瓶机进行批量转瓶。整个转瓶过程需要持续2~3个月才能使酒瓶达到一定的倾斜度。

从除渣过程到密封装瓶

随后进行的是除渣，主要是除去聚集在瓶颈的沉淀物。将酒瓶在冰凉的液体内晃动，沉淀物会附着在冰块中，当酒瓶打开的时候，瓶内压力会将冰块带着沉淀物喷出瓶外。同时加入“调味液”——由香槟酒和蔗糖混合的液体，这一步称为“加糖”，是决定酿出的香槟基酒风格的关键一步。根据不同的含糖量，香槟可分为：极干型（brut）、绝干型（extra-dry）、干型（sec）、半干型（demi-sec）和甜型（doux）。密封装瓶的过程中，香槟酒瓶采用的是传统瓶塞，上面用铁丝套住，防止木塞弹出。通常情况下，刚密封装瓶的香槟酒不会马上面市，会由生产商保存几周，以便后加的糖浆和葡萄酒液充分融合。

夏马（Charmat）罐式香槟发酵法和打气法

我们可以通过不同的酿造方式酿造不同的起泡酒。比如夏马制法，指的是加入再发酵液（酵母和糖分）之后的二次发酵不在酒瓶内进行，而是在“密封的酒罐”内进行。酒被冷却、过滤，在压力下转入第二个酒罐，用酿造浆液软化，最后装瓶。这种方法酿出的起泡酒缺少细腻和丰富的口感。至于打气法，是在装瓶之前在葡萄酒中加入二氧化碳气体。这样酿出的起泡酒没有资格得到法定产区命名。

209

207
72
212

加强型葡萄酒的酿造工艺

加强型葡萄酒同时含有丰富的糖分、香气和酒精。它的主要酿造特点是在发酵过程中加入酒精，或中途抑制发酵，或中途加入加强剂来停止酵母的作用以终止发酵，并保留葡萄果粒中一部分的糖分。

基本原理

人们像酿造别的葡萄酒一样来酿造加强型葡萄酒，只是在发酵过程中要加入蒸馏酒精（eau-de-vie）。雪利酒、波特酒（porto）、伊比利亚半岛地区的马德拉酒（madère）、法国的自然甜酒和利口酒、意大利西西里岛的马沙拉酒都是加强型葡萄酒。它们之间的区别不仅仅在于酿酒的葡萄品种不同，也在于加入酒精的时间和加入酒精的剂量不同。有两种主要的酒精强化方法，即在发酵过程中（波特酒）或者在发酵过程结束之后（雪利酒）加酒精。最初，酒精强化是为了让葡萄酒经得起长途运输而不会改变——由于当时人们还没有完全掌握酒的发酵过程，因此酒在运输过程中很容易在木桶内重新发酵而导致变质。目前酒精强化这种做法已经常规化，并且在葡萄酒家族中占有一席之地。

中途抑制发酵过程可以突出葡萄品种本身的香气。
根据使用的酒精、培育方式和陈酿时间的不同，加强型葡萄酒的风格也各不相同。

波特酒

在如今这个时代，大部分波特酒的生产者都使用现代的酿造技术。葡萄果粒经过去梗和破皮之后进入酒罐开始发酵过程。在这里，巨大的圆鼓面或其它设备翻搅滚动，将葡萄汁和葡萄皮混合在一起。其目的是在最短的时间内提取葡萄皮内的色素，而不萃取固体物质的香气，只要给酒浆带来颜色即可。像传统方法，包括酿酒工人用脚踩葡萄皮进行压榨，酿酒师在酒液中加入酒精来终止发酵过程，都是为了达到这一目的。

用蒸馏酒精强化。当发酵的葡萄浆液达到期望的酒精度（约9度），人们便将酒浆倾入木桶（或酒罐）内，然后再加入经过蒸馏的葡萄酒（“生命之水”）。加入的“生命之水”约占葡萄酒的25%，从而使波特酒的酒精含量达到18%~25%。在这个酒精含量下，酵母不再发生反应。没有转化成酒精的糖分留在酒液内，这就是我们所称的波特酒。这种方法的结果是，酿出的酒颜色较深，呈深红色，具有愉悦的甜润度和强劲的酒味（也存在白波特酒）。波特酒需要经过一段时间使酒精和葡萄酒充分融合，在酿酒结束后的第一个春天，酿酒师会对波特酒进行品尝，并根据品质评级分类。

> 在波特酒的酒窖中，酿酒师正在用吸管吸取酒样。

雪利酒

这种加强型白葡萄酒比波特酒更容易酿造。它先是采用和其它白葡萄酒一样的酿造方式，将新酿出的白葡萄酒倾入木桶中，但是不要装满。几个月后，有的橡木桶中会出现一种特殊的发霉现象，称为“弗洛尔霉絮”（fino）。此时，雪利酒便由加入同样来自葡萄的“生命之水”强化而成。加入“生命之水”的量根据雪利酒的风格不同而各异：出现霉絮的费诺雪利酒加入量较少（占酒液的15.5%），而没有出现霉絮的欧罗索（Olorosos）雪利酒加入量多（占酒液的18%）。然后雪利酒用索莱拉（solera）方式陈酿。索莱拉方式有一系列堆叠的酒桶，堆成3至4层，最底下一层装的是最老的酒（详见79页）。雪利酒的丰富特性来自于混酿和陈酿过程，每一瓶雪利酒都是由来自不同的橡木桶及不同年份的酒液混酿的产物。

> 西班牙宫泽栢斯（Bodega González Byass）酒窖中盛满雪利酒的橡木桶。

您未必了解的小知识

在波特酒产区，某些酒农仍然采用脚踩压榨法。葡萄果串经过挤压后脱离果梗，果粒被倾入石头做成的大容器中，当地人称为“酿酒石槽”，在那里人们用脚踩的方式对葡萄果粒进行破皮和压榨。虽然很费劲，但这种方法被认为是最有效的提取果皮颜色而不挤碎葡萄籽的方法。葡萄浆液随后在酿酒石槽中进行24~36小时的发酵过程，然后加入葡萄酒蒸馏的“生命之水”进行强化。这种酿造方法的人工费用很昂贵，因此只有品质最出色的波特酒才会用这个方法进行酿造。

法国天然甜型葡萄酒

每种天然甜型葡萄酒在颜色和香气上都有细微的差别（详见162~163页）。法国出产的天然甜型葡萄酒的产区主要位于鲁西荣地区［班努斯、里韦萨特、莫利、鲁西荣、米雷瓦勒麝香葡萄酒（muscats de Mireval）、里韦萨特麝香葡萄酒（muscats de Rivesaltes）、圣简麝香葡萄酒（muscats de Saint-Jean-de-Minervois）、卢乃尔麝香葡萄酒（muscats de Lunel）、芳蒂娜麝香甜型葡萄酒］、罗纳河谷地区［伯姆·维尼斯麝香葡萄酒，拉斯多（Rasteau）产区的甜型葡萄酒］和科西嘉岛产区［科西嘉角（Cap-Corse）的麝香葡萄酒］，它们在发酵过程中被加入纯度为96%的葡萄蒸馏酒精进行强化，约占发酵果浆体积的5%~10%。

对于天然甜红葡萄酒来讲，在对发酵中的酒液进行酒精强化之前，会进行一个短暂的浸渍过程（2~3天）。但在某些甜红葡萄酒中，如班努斯酒和莫利酒，人们会对皮渣进行酒精强化，也就是说对固体物质（葡萄皮、葡萄籽等）进行酒精强化。强化后的葡萄固体物质和酒精的混合物在酒罐内浸泡10~15天，可以提取尽可能丰富的颜色物质、丹宁和香气。白葡萄或麝香葡萄的汁液则采用传统的白葡萄酒酿造方法，在发酵过程中加入酒精进行强化。

费诺酒和欧罗索酒：雪利酒的两大种类

雪利酒种类繁多，从糖分含量最少的干雪利（曼萨尼拉酒）到最甜润的雪利（Cream酒）。它们主要分为两大种类：费诺酒，干爽而轻柔；欧罗索酒，颜色较深且口感强劲。费诺酒需要在早期饮用，通常不在酒瓶内陈酿。其中备受人们喜欢的是曼萨尼拉，它是雪利酒中糖分含量最少且口味最为清淡的一种，带一点碘的味道；还有阿蒙蒂亚多，它需要在橡木桶中陈酿至少8个年头。欧罗索酒可以保存几年，这类酒是半甜酒，味道丰富而浓郁。

利口酒

利口酒的生产量远远少于天然甜型葡萄酒。它的酒精度可以达到16%~22%。这种酒是通过在发酵开始前将葡萄汁、纯酒精、葡萄酒蒸馏出来的“生命之水”和浓缩的果浆混合在一起酿造而成的。如法国夏朗德省（Charentes）的皮诺酒（Pineau）是用干邑和同地区产的葡萄汁混合酿造而成的，加斯贡涅（Gascogne）地区的弗洛克酒（Floc）是用雅文邑酒来强化的，而汝拉地区的马克凡酒（Macvin）则是通过加入皮渣来终止发酵而酿制成的。

> 某些葡萄酒，如莫利酒，会装入大瓮中，在户外陈酿熟成。

培育的艺术

酿酒的过程，严格从字面意义上讲，在葡萄果浆经过发酵转化成葡萄酒之后就结束了。接着进行的是培育过程，这个过程一直持续到葡萄酒装瓶。

培育的目的和持续时间

“培育”这个词很好地表述出了为了使葡萄酒获得理想的品质所必需的酿酒工艺。酿酒师在培育过程中要实现两个目标：第一个是技术层面的目标，即澄清酒液；第二个是感官层面的目标，即要达到葡萄酒的最佳成熟度，并获得尽可能多的香气。

对“新酒”（新鲜饮用的酒）来说，培育时间可能非常短，有可能是几周，甚至几天。对于大部分新酒来说，这个过程不会超过几个月。相反，对于某些香槟酒、某些适合长年陈放的高品质的白葡萄酒或红葡萄酒［波尔多或勃艮第地区的特级酒庄（grand cru）］，培育过程则可能要持续大约两年，甚至更长的时间。而对于一些波特酒和雪利酒，则需要至少7年的陈酿培育时间。根据葡萄酒种类的不同和酿酒师需要的风格差异，葡萄酒的培育可以在大容量的酒罐内进行，也可以在小容量的橡木桶内进行。近几十年来，越来越多的人回归到用橡木桶培育的传统方法，并且更倾向于用新橡木桶培育，尤其是对于顶级佳酿（详见82~83页）。

根据酿制葡萄酒的风格，培育时间可长可短。
新酒几乎酿制完就马上装瓶；而长年陈酿的红葡萄酒通常要培育6~18个月，甚至24个月。

>波尔多金石湾酒庄（Chateau le Roque de By）中的全新橡木桶。

葡萄酒的澄清

葡萄酒酿制过程结束后，因为有葡萄果粒的残渣、酵母颗粒和细菌等悬浮在其中，酒液是浑浊的。这种微粒很可能会与剩余的糖分接触，重新引发发酵，因此通常要去除掉。倒桶/罐、下胶和过滤是最常采用的方法。当然还有其它方法，如离心除渣法（葡萄酒被倒入桶内，进行高速旋转，固体杂质被甩到边缘）和巴斯德灭菌法（将葡萄酒瞬间加热到很高的温度）。

倒桶/罐。这是葡萄酒培育最常用的方法。它通常应用于高品质葡萄酒的酿造，且作为装瓶前过滤过程的补充。倒桶/罐过程是通过将葡萄酒转换到另一个容器中而对酒液进行残渣去除。这一操作可以去除酒液中通常沉淀在酒罐或橡木桶底部的酒脚（残渣）。这个过程还可以对葡萄酒起到氧化和软化作用（详见71页），也可以去除发酵过程中产生的二氧化碳。当葡萄酒在酒罐或橡木桶内进行长期培育和储存的时候，倒桶/罐的频率保持在每年2~4次。但是如果培育过程很短或者在酒液澄清后，倒桶/罐的频率会提高很多。

下胶。不管之前有没有进行倒桶/罐，这种方法经常在装瓶前被使用。该方法主要是利用胶体絮凝现象：用澄清剂，也可以说是黏胶与酒液接触，将细微杂质黏合到一起，杂质在十多天之后沉淀在容器底部，之后通过反复换桶把它们从酒液中去除。对于红葡萄酒来说，最好的澄清剂是打散的鸡蛋清（每个橡木桶用6个鸡蛋）；而对于白葡萄酒来说，最好的澄清剂是酪蛋白（10~20克/百升）。黏合澄清后，红葡萄酒中丹宁的粗涩度会减轻，从而增添细腻和柔和度。

过滤。这一操作方法在培育过程中是工序的补充，通常在装瓶之前进行。采用的板式过滤器或膜式过滤器都有或大或小的过滤孔。当过滤孔很小（小于1微米）的时候，微小的酒脚可以被过滤掉，同时还可以对葡萄酒进行消毒，因为细菌不能通过如此细小的孔。

带酒脚培育葡萄酒

如果酒脚在培育过程中不被去除掉，则是带酒脚培育葡萄酒的方式。法国南特地区的麝香葡萄酒就是采用这种培育方式，目的是使葡萄酒保留一些二氧化碳气体，在品尝的时候舌尖会有一点刺感。

同样，一些波尔多葡萄酒［车库干红葡萄酒，详见71页；帕萨克–雷奥良（Pessac-Léognan）产区白葡萄酒］和

> 博恩酒堡（Château de Beaune）的存酒窖。里面储藏着宝尚父子酒庄（Bouchard Père & Fils）精心酿制的名贵葡萄酒。

勃艮第地区著名的白葡萄酒也是采用带酒脚培育的方法。勃艮第地区的人们还会采用木棒搅拌的方法，目的是让沉淀到酒罐或橡木桶底部的酒脚颗粒重新悬浮。在有大量酒液的情况下，这些沉淀颗粒被木棒或机械搅拌，目的是让酒脚与酒液充分接触，使葡萄酒液结构更加丰富，口感更加柔和丰腴。在装瓶前通常会进行澄清和过滤。

混酿——可选做的一个步骤

这是一项高难度的艺术，目的是将同一酒庄不同特点的酒液进行混酿。在波尔多地区，主要指产自不同田块、不同葡萄品种、不同年龄葡萄树或者不同采摘时间的不同酒罐中的酒液之间的混酿。在用橡木桶进行培育的地区，人们经常根据产区的规定（葡萄品种、地理位置）来挑选决定最终参与混酿的酒桶。

在哪个阶段进行混酿？对于大多数红葡萄酒和白葡萄酒，以及某些加强型葡萄酒来说，混酿可以在装瓶前整个培育过程中的任何时候进行。对于香槟酒来说，混酿需在发酵过程刚结束后以及培育过程开始前进行，有时候会用50~60个酒罐内的酒进行混酿。在波尔多地区，酒液的混酿通常是在每年11月到次年的3月之间进行，也就是在4月期酒品尝之前。但是在装瓶之前可能还会再进行最后一次调整。

雪利酒的混酿。雪利酒在垒成金字塔形的橡木桶中陈酿。橡木桶塔呈3~4层堆放，最底层的橡木桶内的索莱拉是陈酿时间最长的雪利酒，上一层的橡木桶内的起亚得拉（criadera）盛放着陈酿时间较短一些的年轻雪利酒。在装瓶的时候，酿酒师取出一部分最底层的陈年雪利酒，然后用其上一层年轻一些的雪利酒来填补缺失的空间，依次往上，直到顶层。这种做法不仅让每种雪利酒都含有不同酒桶的酒液，而且让每桶酒液又含有不同陈酿年龄的雪利酒。

正确还是错误？

培育过程一直持续到葡萄酒开瓶饮用的时候

错误。培育过程也称“培养过程”，指的是发酵结束后到装瓶前对葡萄酒的培养过程。这一过程可以在不锈钢酒罐或木质容器（或橡木桶）内进行。葡萄酒装瓶后则进入陈酿的阶段。

卫生问题

以前，由于人们不懂得氧化机制和细菌的感染原理，大量葡萄酒因为不良的卫生条件而导致变质。今天，酿酒师非常注重酿酒库和机器设备的卫生清洁。为了防止细菌滋生，酒罐需要定期清洗和去除垢石。对于橡木桶，最好的保持卫生的方法是让酒桶时刻装满葡萄酒液；否则通常采用的方法是在空桶内点燃浸泡过硫的布条进行烟熏消毒，然后再密封。

让葡萄酒透气，同时要避免氧化

通常，对于红葡萄酒以及一些白葡萄酒来说，在培育初期需要一定的呼吸透气过程。这个过程可以通过倒桶进

> 填桶

> 倒桶

> 木棒搅桶

行，也可以通过往酒桶缝隙缓慢透入氧气或者微氧气泡的方法（详见以下框内内容）来实施，但是氧气的介入要保持在很低的限度。罕见的几种酒，通常是加强型葡萄酒除外（详见后文内容）。酿酒师往往要避免葡萄酒液与氧气长时间的直接接触。氧气会促进细菌的滋生，尤其是醋酸菌，有可能将酒精转化成醋。氧化作用会改变葡萄酒的颜色和风味。为了避免这样的缺陷，酿酒师通常会在酒液中加入二氧化硫（加硫工程）和（或）进行填桶。

填桶。为了避免氧化作用，盛放葡萄酒的容器应该是时刻装满的、不能留有空气的空间。但是在酒罐或橡木桶的培育过程中，酒液会自动挥发掉一部分，挥发过程的快慢和挥发数量的多少取决于酒窖的温度和湿度。为了填补这种损失，需要进行填桶，即有规律地填满酒容器，所使用的工具是大吸管状的“填充器”。如果是法定产区的葡萄酒，用来填充的酒液应该来自同一葡萄园同一品质的酒液。在法国，只有汝拉地区的黄葡萄酒（详见308页）和某些天然甜型葡萄酒是不进行填桶的。葡萄酒的酒液会在挥发过程中逐渐减少，酒液的表面会被一层细密的酵母颗粒“膜”覆盖，随后非常缓慢的氧化过程会给葡萄酒带来特殊的香气。

微氧气泡法

氧化作用需要很精细的操作和自然的微氧化方法。自然的微氧化是在橡木桶内葡萄酒的培育过程中进行，随机性很大。为了达到理想程度的微氧化，而不是随机氧化，马帝朗（Madiran）的酿酒师帕特里克·迪古尔诺（Patrick Ducournau）使用了一套新办法：在中性酒罐的底部安装了一个细微气泡发生器，这是一种实验室常见的小机器，可以精确调节产生气泡的多少。这种系统运行良好，并得到了国家的认可。

二氧化硫处理。硫通常以二氧化硫的形式在酿造和培育过程中被加入到葡萄酒液中。作为抗氧化和杀菌的介质，在使用量适中的情况下，它的作用是非常神奇的，可用来保护葡萄酒和抵抗病菌。遗憾的是，这一方法存在许多缺陷：它会破坏葡萄酒中的铁离子和铜离子，使酒液浑浊，同时它也是几项葡萄酒缺陷（硫醇、还原味；详见60页框中内容）的来源；更重要的是，它可能导致一些消费者身体不适和头痛。硫的使用受到法国和欧盟法规的限制，许多化学家正在寻求它的替代物质。但是直到今天，尽管人们采取了多项卫生措施（严格的卫生消毒、过滤等）来减少它的使用，目前还是没有更好的替代品。有些酿酒师试图酿造不使用硫的葡萄酒，但是极少有人可以酿出没有缺陷的葡萄酒（详见60页）。

葡萄酒的缺陷

如今酿酒师们已经不再是靠经验来酿造葡萄酒，而是

> 填桶

> 从酒桶中取酒样

> 酒窖中的橡木桶

带着专业、严谨的理论知识进行酿酒，因此，带有缺陷的葡萄酒已经很少见了。

小瑕疵。这些小瑕疵可能是轻微的还原硫的味道，也可能是发酵过程中产生的气泡。这些缺陷通常情况下会随时间减弱。如果发现有这些缺陷，可以通过品酒之前用醒酒器氧化葡萄酒来解决（详见195页）。硫气味的原因主要是与氧气长期隔绝和缺少倒桶操作。而发酵过程中产生的气体，如果在装瓶前通风透气适当，通常会自动消失。至于硫的气味，根源在于用量不恰当，经常残留在白葡萄酒中。因为白葡萄酒对氧化作用非常敏感，因而要使用更多的二氧化硫来保护。

您未必了解的小知识

即使是“有机葡萄酒”也有可能含有硫。但是“有机葡萄酒”的生产标准所规定的二氧化硫的含量远低于一般的葡萄酒。某些葡萄酒生产商完全禁止硫的使用，但这样的做法是有风险的，因为未经硫处理的葡萄酒主要会有两大危险：其一是提前老化，甚至是过于氧化[尤其是对于白葡萄酒，颜色会发黄并且出现马德尔甜白葡萄酒的味道]；其二是酒液不稳定，并因此害怕运输、光线或热度，也有可能导致重新开始发酵或者染上病菌，形成“酸”酒。

严重缺陷。严重的缺陷是不可接受并且不可修复的。它们通常指的是酒液含有硫醇、氧化过渡和变酸。硫醇是酵母和硫的残留物进行反应的结果，它给葡萄酒带来不愉悦的臭鸡蛋气味。氧化作用导致酒香异化，主要是由于跟空气接触时间过长或培育过程中使用二氧化硫的剂量不足导致。酒液变酸，或酒液在口腔中带有酸涩的刺感，主要是由于醋酸菌的作用，导致酒液“刺口”（带有醋酸的气味）；酸含量超过一定阈值的葡萄酒是被禁止销售的。

天然甜型葡萄酒的培育方法

培育过程使得天然甜型葡萄酒的个性更加突出。通常我们将它分成两个类别。

麝香葡萄酒。它需要靠氧化作用来保护，以便可以保存葡萄酒富含的果味。

其它种类葡萄酒。里韦萨特、莫利、班努斯和拉斯多等葡萄酒经过培育过程后达到丰满均衡的酒液品质，其中氧化作用起到了关键作用。它们通常被放在排空的大瓮或橡木桶中不断演化。缓慢的氧化过程会使天然甜型葡萄酒焕发新生，生成可可、李子干和咖啡的香气。对于这些酒，当他们达到一定年龄时，我们可以用“rancio”（陈年氧化）来形容它的特征，即西班牙语的“rance”。这些天然甜型葡萄酒经过一段时间的陈酿熟成后，酒液呈琥珀色，酒的边缘泛绿色光晕，透出胡桃壳、葡萄干和李子干的浓香。

在橡木桶中培育葡萄酒的作用

在法国的波尔多和勃艮第地区，酿酒业采用全新橡木桶来培育葡萄酒，通常是培育红葡萄酒，有时也用来培育霞多丽品种的白葡萄酒。葡萄酒经过这个过程会变得香味浓郁，并增添了香料和烘烤的味道（烘焙面包、烧烤的香气……）。但是，人们用橡木桶培育的目的不仅仅只有这些……

近代的热潮

在橡木桶内培育的方法一直是针对长年保存的葡萄酒。波尔多的名庄（拉图酒庄、奥比昂酒庄等）曾经都是将酿好的葡萄酒卖给酒商，由他们来进行培育。“在酒庄装瓶”是在20世纪才发展起来的。从1970年起，全新的橡木酒桶的使用得到了普及，带着橡木香气的葡萄酒成为时尚。这种木质香气受到美国著名品酒师罗伯特·帕克（Robert Parker）的特别喜爱，从而被广泛推行，当然酿酒师选用橡木桶培育葡萄酒还有其它别的原因（详见后文内容）。

今天，几乎所有的产区都在使用新橡木桶。
包括澳大利亚、新西兰以及美国的加州。

橡木桶的体积和年龄

木桶指的是所有木制的葡萄酒容器。最著名的是波尔多地区的橡木桶（225升）和勃艮第地区的橡木桶（228升），当它们装满葡萄酒的时候被称为“一桶”。

标准尺寸。酿酒师在长期的生产实践中得出了橡木桶的理想容量。不约而同的，橡木桶的平均容量都介于200至230升之间。波尔多的橡木桶尺寸被认为是标准尺寸，人们认为它提供了与酒液接触的理想表面积，能够带来最丰富的木质香气。从比例上来说，小橡木桶中酒液与橡木表面接触面积的比例最高，但却不够经济实惠。较大的橡木桶，如披帕（pipa）桶（容量为630升），用来培育波特酒，但酒液与橡木接触面积的比例相对较少。

新橡木桶的益处。新橡木桶带给葡萄酒最丰富的木质香气。当它第一次被用来培育葡萄酒（此时它被称为初次酒橡木桶），丹宁和葡萄酒含有的其它物质，包括酒石结晶，都是渐渐留在木头上。年复一年，橡木板上的晶体垢层越来越厚，橡木带给葡萄酒的物质越来越少，橡木对葡萄酒的作用越来越弱。

旧橡木桶的使用。旧的橡木桶（多次使用过的橡木桶）不再给葡萄酒带来橡木中的丹宁，但可以给葡萄酒带来缓慢的氧化过程。空气从桶孔或橡木板的拼缝（而不是从木头的毛细孔）中进入。这种缓慢的氧化过程非常有利于葡萄酒的演化，有助于香气的形成和柔化丹宁的质感。对于加强型葡萄酒，如班努斯酒、波特酒、莫利酒等，这样的培育过程给葡萄酒带来被称为“陈年氧化”的香气。

您未必了解的小知识

含有木香的葡萄酒不一定都经过在橡木桶中的培育过程。这种香味也可以通过在不锈钢酒罐内浸泡橡木碎片来获得。为了降低葡萄酒的生产成本，与国外的葡萄酒进行竞争，法国政府从2006年起允许使用橡木碎片。其实，在新世界国家如新西兰、智利等早已开始使用这种方法。同样的，希腊的松香酒（Retsina）含有松脂的清香，原因就在于在酒醪中加入了阿勒颇（Alep）山的松脂片（详见429页）。

> 阿尔萨斯精工雕刻的橡木酒桶开关。

在橡木桶中培育多长时间？

在橡木桶中的培育时间各不相同。波尔多和勃艮第地区的葡萄酒通常经过12~18个月的培育，而西班牙的特酿（Gran Reservas）要经过至少两年时间的培育。这主要取决于葡萄酒的结构组成、吸取木香的性能以及防干涸的能力。因为葡萄酒在木质容器中放置得太久，都会慢慢干燥挥发，失去它的浓稠质感。许多酒窖主管建议在酒液导入橡木桶前先进行过滤，以避免细腻的酒脚沉淀在橡木桶内壁上，妨碍酒液和橡木桶的接触。

> 勃艮第梅谷黑（Mercurey）产区米歇尔·居约（Michel Juillot）酒庄的巴侯园（Clos des Barraults）葡萄酒要在橡木桶内培育18个月。

橡木带来的香气

虽然也存在一小部分栗木制成的酒桶，但橡木由于它的物理特性和给葡萄酒带来的特殊香气而普遍受到酿酒师的喜爱。它的木质富含酯类和芳香物质，可以增添葡萄酒的香气。目前，人们在橡木的细胞内辨认出了60多种多元酚，分属18个酚类，其中最重要的是香草醛。专业的品酒师能够辨别出经过橡木桶培育的葡萄酒中除了香草香气外含有的其它香气，如椰子、胡椒、石竹和烟熏等香气。橡木还给葡萄酒带来了有别于来自葡萄果皮和果梗（称为“植物性丹宁”）的丹宁的另一种丹宁（称为“名贵丹宁”），它增加了葡萄酒的涩味，并强化了葡萄酒的结构。

橡木的来源

用来制作橡木桶的橡树需要经过180年的生长才能够达到成熟状态并进行销售。随着全世界对橡木桶需求的不断增长，使得法国橡木已经不能满足市场需求，因此人们开始多方寻求橡木的来源。波兰、斯洛文尼亚和俄罗斯的橡木品质很高，可被人们用来制作橡木酒桶。美国橡木的香味很讨人喜欢，富含香草的香气，但不适合用来培育长期陈年的名贵葡萄酒。

选择合适的橡树。在选择橡木桶的时候，酿酒师都会考虑橡木的来源。法国利木赞（Limousin）地区的橡树，其木质是“大颗粒”的，通常往横向生长，树木粗壮，木质坚硬而致密，丹宁强劲，非常适合烈酒的培育和陈酿，如干邑酒。鲁夫禾（rouvre）橡树，被称为“中央地区”的橡树，生长在森林，木质为“细密小颗粒”，丹宁更柔和细腻，释放的速度较慢，被认为是波尔多和勃艮第地区酿造陈年美酒的理想橡木。

正确还是错误？

品质一般的葡萄酒通过在橡木桶中的培育会增添品质和个性

错误。在橡木桶中培育葡萄酒虽然非常诱人，但绝对不是万能的。认为能够用橡木桶带来的木香来“改善”或拯救一款瘦弱的葡萄酒是一种幻想，甚至是一个错误。经验证明，要达到葡萄酒和橡木的理想融合，葡萄酒必须能够抵抗橡木的作用，需要有强壮的体格。用橡木桶培育绝不是遮盖葡萄酒的特性，橡木的作用应该是低调的，只是用来增强葡萄酒的香气结构。

橡木桶的制作

人类在古时候就精通橡木桶的制作技术，其精确的制作方法在漫长的岁月中几乎没有任何改变。虽然有一些制作步骤如今可以在机械的帮助下完成，但橡木桶的制作仍然是一项手工艺活。

主要步骤

用来制作橡木桶的橡木板通常称为“桶板”（法语为“duelles”），被铁箍或者栗树枝条箍紧以及将桶底固定住。它的制作需要几项操作：测量、裁制橡木桶板、组装橡木板、用火烘烤成拱形、砍削修边、准备桶底板、做桶底、压入桶圈、收紧、完成并检验受压耐力——这就是橡木桶制作步骤的简略概述。

裁制橡木板。箍制橡木桶的第一步操作是裁切橡木板，包括桶板（28~32块）和桶底（12~16块）。传统上该过程由手工操作，但如今通常用机器裁切。

排列橡木板呈圆柱状桶圈。箍桶匠随后将橡木板首次排列成桶形，这一过程是通过将木板沿着一个临时铁圈一块连接一块排列而成，这一铁圈称为“模圈”。模圈慢慢箍紧木板并保持它的平衡。

用火烘烤。这一步操作通常是将燃烧的火焰移到桶圈中央——这一过程决定了橡木桶的耐用程度。如果火烤加热过程没有遵循一定的工艺要求来操作，那么经过几年的使用后，橡木桶很有可能在最粗的地方断裂（橡木桶弯曲膨胀最厉害的部分），因为木头不断地进行着热胀冷缩。

从砍削修桶边到圈桶。砍削修桶边主要是休整橡木桶的两头，以便两个桶底能够压入桶壁凹槽处。一旦两个桶底进入到固定位置，那么就只剩下将橡木桶用铁圈箍紧的工作了。

收尾工作。橡木桶现在已经成型。最后的结束工作包括对桶底和桶身进行刨光，钻桶孔，注明橡木的来源、火烤的温度以及橡木桶作坊的标识。最后，要检查橡木桶整体及外部是否美观，然后即可投入销售使用。

一个橡木桶匠可以给旧橡木桶带来第二次生命。
怎样实现呢？
他需要将旧橡木桶拆散，对每块橡木板重新刨光，然后重新箍制橡木桶。经过刨光的新橡木版面可以具有与全新橡木桶非常接近的品质。

> 裁切和准备橡木桶板

> 在临时的铁圈中排列橡木桶板

> 火烤箍桶

> 达拿朱（Darnajou）橡木桶厂制作的波尔多橡木桶。

标识。所有橡木桶在制作完成后都会在两边桶底刻注橡木桶匠或橡木桶厂的标识。这一标识是手工传统技能的保证，让人们了解橡木桶的来源。

烘烤对葡萄酒香气的影响

火烤箍桶的操作是橡木桶制作中非常关键的一步，具有烘烤橡木桶内壁的效果。而且，许多经验都已经证明，烘烤的强度不同，会给葡萄酒的培育带来不同的影响。深度的烘烤会炭化橡木桶内壁，给葡萄酒带来一种过滤作用：这个过程会产生丰富浓郁的由多种酚类化合物构成的香气（如烘焙、烟熏味等）。如果香气过于浓郁，人们会说该酒带有“烤面包”的香气。轻微的烘烤会更有利于橡木物质的释放，并带有更多的涩味。

正确还是错误？

橡木桶是高卢人的发明

错误。即使高卢人确实制作了我们今天所认识的橡木桶，但是历史学家认为这一容器早在此之前就已经存在了。最早的木质容器出现在公元前2000年，当时可能是用绳索捆绑起来的木板，并且表面有一种树脂之类的涂料。一开始是用来盛放固体物质，很久以后，随着技术的完善，也被用来盛装液体物质。

您未必了解的小知识

最好的橡木来自法国中部的通塞（Tronçais）森林。路易十四国王的得力大臣让·巴普提斯·药乐贝儿（Jean-Baptiste Colbert）下令在这片地区种植了大片橡树林，当时他可能没有料想到这一举动会对法国出产极优品质的葡萄酒做出贡献。他最初的想法只是想建立一片橡木基地，为建造皇家帆桨战船提供原料……

> 在压力机的压力下给桶加箍

> 用刨子刨平表面

> 用钢印来刻注标识

几种美观的木质酒桶

木桶、大木桶、超大型木桶……这些用橡木或栗木制作的木质酒桶用于葡萄酒的培育或存放。有时，它们也是艺术品。

1. 刻注着酒庄标识的橡木桶（宝尚父子酒庄，伯恩）
2. 精工雕刻的超大型橡木桶开关［苔丝美人酒庄（Domaine Marcel Deiss），贝干镇（Bergheim）］
3，4. 精工雕刻的超大型橡木桶开关［雨果酒庄，利克威尔村（Riquewihr）］
5. 精工雕刻的橡木桶开关［波玛堡（Château de Pommard）］
6. 拉图酒庄［波尔多波亚克（Pauillac）产区］在橡木桶上刻注的酒庄标识
7. 香槟著名品牌库克（Krug）在橡木桶上刻注的品牌标识
8，12. 表面刻有浮雕图案的超大型橡木桶（路易王妃香槟，兰斯）
9，10. 涂有彩绘图案的超大型橡木桶（波玛堡）
11. 表面刻有浮雕图案的超大型橡木桶（雨果酒庄，利克威尔村）

葡萄酒装瓶

谈及葡萄酒，我们不能不提及与它密不可分的“伴侣”——葡萄酒瓶。当葡萄酒的培育过程完成后，便开始装瓶，这是一项技术含量高且十分精细的工程。葡萄酒将在被分装到玻璃瓶后离开酒庄或者酒商的酒窖，再被送到消费者面前。

葡萄酒装瓶前的准备

最后的工序。许多葡萄酒爱好者不能接受葡萄酒中的任何悬浮颗粒或沉淀颗粒。在装瓶之前，大部分生产商（酒商或专业的装瓶企业）会对葡萄酒液进行细致的澄清。这个过程分成两个操作：下胶和过滤（详见78页）。这两种方式可以叠加使用，但会影响葡萄酒的味道。

环境监控。在这里，清澈稳定的葡萄酒会被装瓶。同样，精心细致的操作和周围环境的卫生条件非常重要，因为在有问题的卫生环境下进行的装瓶可能会影响葡萄酒的熟成和演化。而装瓶设备和葡萄酒瓶带来的污染风险很大，需要特别注意。另外，过长的通风透气时间对葡萄酒的影响也很不利。总之，应该采取各种预防措施，以保证装瓶快速有效地完成。

酒瓶的选择

玻璃是有利于葡萄酒保存及演变（成熟）的不可替代的材质。容积750毫升的酒瓶是国际标准酒瓶。世界上几乎所有著名的葡萄酒都是灌装在这种标准容积的玻璃瓶或是成倍的标准容积的玻璃瓶内出售。

酒瓶的色调。葡萄酒瓶的玻璃颜色是丰富多彩的，根据产区和葡萄酒种类的不同而各有差异，但是颜色要足够深，以避免葡萄酒受到光线的照射。人们发现葡萄酒在浅色的酒瓶中演化速度会加快，即使是在阴暗的酒窖中。

酒瓶的准备。酒瓶干净卫生是极其重要的。对于新酒瓶的清洁最常用的方法是注入热水。旧酒瓶的使用是有风险的，即使它们已经经过了完全彻底的清洁过程：在加入除垢剂的热水中浸泡，并在热水冲压下进行刷洗和冲洗。

从法律规定上来讲，
装瓶者就是葡萄酒的责任人。
他可能是酒庄主、酒商、合作酿酒社
或者装瓶公司。

装瓶

倾倒葡萄酒。灌装的难度在于每次都往酒瓶中倾入相同的精确容量的葡萄酒液，并适当地留出瓶塞的位置以考虑到随温度变化葡萄酒液可能产生的体积变化。在一些小的酒庄或酿酒产业，人们仍然采用直接拧开橡木桶的开关灌装的办法，但装瓶速度和质量实在不尽人意。因此，流水线装瓶机器被越来越广泛地采用。

封瓶。用压瓶塞的机器来封装葡萄酒瓶的原理是比较简单的。全新而高质量的瓶塞（详见90~91页）经提前软化后，受到钳口的挤压，其压缩后的直径要小于葡萄酒瓶的瓶颈，可由活塞垂直、快速地推入瓶颈。

葡萄酒瓶的容积

大型的葡萄酒产区除了使用标准的750毫升酒瓶外，传统上还使用多种容积的葡萄酒瓶来装葡萄酒。双倍装（法语“magnum”）酒瓶容量为1.5升；4倍装（法语“jéroboam”）酒瓶为3升；6倍装（法语réhoboam）酒瓶是4.5升；8倍装（法语“mathusalem”或“impérial”）酒瓶是6升；12倍装（法语“salmanazar”）酒瓶是9升；16倍装（法语“balthazar”）酒瓶是12升；20倍装（法语“nabuchodonosor”）酒瓶是15升。甜葡萄酒如由“延迟采摘”葡萄酿制的葡萄酒或晾干型葡萄酒［麦秸晾干型葡萄酒、意大利的索阿维–雷乔托（Recioto di Soave）葡萄酒］由于名贵而且产量稀少，经常以500毫升容量的小型酒瓶亮相。

波尔多瓶型

勃艮第瓶型

> 今天，葡萄酒装瓶过程通常是全程自动化。

酒瓶和酒瓶的形状

在外观上，不同的葡萄酒产区用不同形状的葡萄酒瓶来区别他们出产的葡萄酒。

最常见的三种酒瓶。指的是波尔多瓶型、勃艮第瓶型和球棒型瓶型。波尔多酒瓶呈直身形状，双肩很高；装红葡萄酒和干白葡萄酒的酒瓶是绿色的，而装甜白葡萄酒的酒瓶是近乎透明的。这种酒瓶也经常被波尔多以外的产区所采用，如新世界由赤霞珠酿制的葡萄酒。勃艮第瓶型被广泛应用于从夏布利到里昂附近产区的葡萄酒产业，几乎所有的勃艮第红葡萄酒和白葡萄酒都采用这种形状的酒瓶，也有新世界由霞多丽和灰皮诺酿制的葡萄酒采用这种瓶型。勃艮第酒瓶的颜色通常是人们称为“落叶”的半透明棕黄色。第三种常见的酒瓶是莱茵（Rhin）河谷产区和摩泽尔（Moselle）河谷产区使用的球棒型酒瓶。莱茵河谷产区的酒瓶颜色为栗色，而阿尔萨斯产区和摩泽尔河谷产区的酒瓶通常是绿色。

传统的酒瓶形状。这些酒瓶很不“大众化”，它们主要应用在法国和其它国家的某些产区。法国汝拉地区拥有一种形状和颜色非常特别的凯文林（clavelin）酒瓶，容量是620毫升，用来盛装黄葡萄酒，目的是为了表明1升酒液经过6年在橡木桶内的陈酿熟成后所剩余的葡萄酒量。香槟酒和克雷芒起泡酒则被盛装在瓶壁厚实、能够承受二氧化碳气体压力的酒瓶中。另外还有一些形状新奇的酒 瓶，如普罗旺斯地区有“盖伊”（quille）酒瓶，与意大利维蒂奇诺（verdicchio）品种葡萄酒酒瓶有些类似。在德国，弗兰科尼亚（Franconie）地区使用扁圆形酒瓶（Bocksbeutel），酒身呈扁平状且中间凸起。年份波特酒（Porto Vintage）的酒瓶瓶身平直，双肩高，颈部微微鼓起。

“新式酒瓶”。今天，酒瓶的大小和形状被越来越多地看作一种市场营销手段。例如，在意大利，新出产的葡萄酒通常被盛放在壁厚且造价昂贵的酒瓶内，且形状和颜色都十分讲究。

正确还是错误？

散装酒与在酒庄装瓶的葡萄酒质量相同

错误。葡萄酒酒标用语“在酒庄装瓶”指的是使用同一处产地的葡萄酿造、混酿和装瓶的葡萄酒。在酒庄中装瓶的葡萄酒和散装酒的区分对庄园主来说是极其重要的：在酒庄装瓶的葡萄酒是成品，而散装酒只是一种“原材料”。

阿尔萨斯的球棒瓶型（Flûte）

普罗旺斯“盖伊”瓶型

凯文林瓶型

香槟酒瓶型

瓶塞

挑选瓶塞是一项技术活，它对葡萄酒的储藏寿命起到关键作用。虽然近年来出现许多新材料，但软橡木一直主导着瓶塞的市场，是制作瓶塞的首选材料。

橡树的树皮组织

独一无二的材质。软橡木拥有独特的物理特性，是封装玻璃葡萄酒瓶的最佳材质。它微型的细胞组织像“吸盘”一样，紧紧地吸在葡萄酒瓶的瓶颈内。它是一种惰性物质，不透水，不会与葡萄酒液相互作用，且不会腐烂。只有象鼻虫或几种真菌有可能侵袭它，但这可以避免。不过，虽然经过多方面的努力，我们依然不能100%地保证它不出问题，偶尔还是会出现“木塞味”。

原始的橡树。出产软橡木塞的橡树只生长在地中海西海岸和葡萄牙。这种橡树每12年进行一次剥皮，但只有第4次、第5次和第6次剥皮能够得到高质量的软木组织。也就是说，在这种树木的整个生命过程中（150~200年）能够进行12次剥皮，而只有3次剥皮能够带给人们所寻求的高质量的软橡木塞。

好的软木塞
可以保证葡萄酒在理想条件下
储藏几十年。
但是为保险起见，著名酒庄
每隔25年就会将酒窖内储藏的
陈年老酒重新换塞。

软木的准备工序

晒干工序。从橡树上剥离的软橡木皮被堆在通风处风干。它们经受两个冬季和一个夏天的阳光、风雨和严寒的考验，然后才可以使用。在晒干过程中，它们会失去原有的植物津液，使其组织收紧。

煮泡工序。晒干工序结束后，软橡木板会在100℃左右的开水中“煮泡”30~60分钟。软橡木会膨胀，体积增大约20%，达到它最舒展的状态。经过煮泡，软橡木板被消毒，可以进行后来的刨光工序。它随后被搁置2~3周以达到适中的湿度，以便进行切割。在这一过程中，要经过初次挑选，主要根据两个标准：厚度和质量。软橡木板的四边会进行磨削，从而使得挑选的工作更加简单。

软橡木塞的制作工艺

切割工序。达到适中湿度的软橡木板被切割成橡木条，其宽度相当于未来使用的橡木塞的长度。为了得到最常见的直径24毫米的橡木塞，软橡木板的厚度需要达到28~30毫米。然后软橡木条要经过切割装备做出成品。为了避免软橡木条上可能存在的较多瑕疵，这一步需要手工操作，以得到高质量的橡木塞。通常100千克的原木板只能产出15~25千克的成品橡木塞。

表面抛光工序。切割出来的橡木塞要经过金刚砂轮打磨，使其表面平整和光滑。然后再进行清洗，去除皮孔（软橡木塞表面的细孔）内沾有的灰尘和杂质。最后，通常会将软橡木塞浸泡在有色液体中来改善其整体外观。

最后一次筛选。接下来对成品橡木塞进行二次筛选。这一筛选过程可以高度自动化，即通过可以清点软橡木塞皮孔数目的机器来进行。但现实中，大部分还是要经过人工筛选，因为机器经常辨认不出带绿色斑点、过于干燥或带有裂纹的软橡木塞。

完工工序。有时软橡木塞表面的皮孔会用软橡木粉做的糊堵塞或抹平，这样的操作可以改善软橡木塞的机械性能。

其它材质的瓶塞

有一些生产商考虑放弃使用了2000多年的软橡木，而改为使用新型的塑胶材料。瓶塞制造商推荐使用螺旋瓶盖，或是仿传统软橡木瓶塞形状及性能的瓶塞。后一种瓶塞使用泡沫塑料，与玻璃瓶颈之间有良好的摩擦系数，便于使用普通开瓶器开启。但是合成瓶塞的优点目前只在新鲜饮用的葡萄酒（新鲜的白葡萄酒和采摘后3年之内饮用的红葡萄酒）中得以验证。到目前为止，它使用的时间还太短，还不能判断合成瓶塞对葡萄酒长期陈酿过程的影响。因此，还需要再等几年来确定这种瓶塞是否适用于长年储藏的葡萄酒……

您未必了解的小知识

软橡木塞在17世纪被重新发现。软橡木塞曾经被古希腊和古罗马人用来堵塞双耳尖底瓮。随着罗马帝国的衰亡，橡木塞在中世纪遭弃用后被遗忘。1680年的时候，奥维耶修道院的修士唐·培里侬在西班牙朝圣者的水壶上发现了它。当时使用的酒瓶塞是在木楔周围绑上废麻或抹布和亚麻的纱团，然后整体浸在油脂里制作而成。与之相比，软橡木塞显然具有不可比拟的优越性。

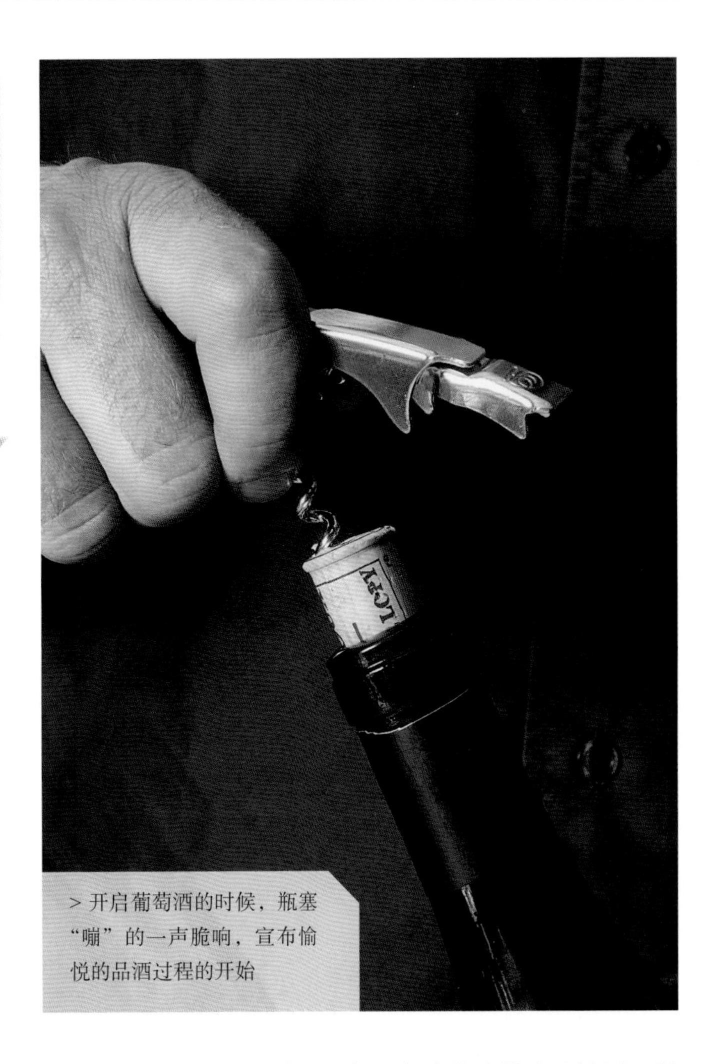

> 开启葡萄酒的时候，瓶塞“嘣”的一声脆响，宣布愉悦的品酒过程的开始

每款葡萄酒都有特定的瓶塞

市场上存在着多种类型的瓶塞，适用于各种葡萄酒。通用的标准型号是直径24毫米的瓶塞，它经过机械装置压缩，进入直径为18.5毫米的瓶颈内。香槟酒的软橡木塞比较粗（直径31毫米左右），压缩得更为厉害，因为它必须能够承受酒液内二氧化碳气体的压力。除了香槟酒的瓶塞，在瓶塞上刻注标识不是法定必须的。但有标注的时候，通常会标注年份、装瓶地点、酒庄名称或酒名等。

长瓶塞。著名酒庄为了便于将葡萄酒保存几十年，通常采用高品质的软橡木塞；在陈酿储藏过程中的葡萄酒每25年更换一次瓶塞。

短瓶塞。短的软橡木塞通常用于保存时间不长的葡萄酒。

橡木压缩塞。将橡木碎末压合之后制成的瓶塞，常用于日常餐酒和一部分香槟酒。

一般合成塞。由紧密的塑料泡沫材质制成。这种瓶塞或是仿橡木或是染成其它颜色，如今越来越多地被用于保存时间适中的葡萄酒。

香槟瓶塞。由软橡木碎颗粒压制并与一至三个纯橡木圆环胶合而成，纯橡木圆环与香槟酒液直接接触。只有一半瓶塞被压入瓶颈也只有被压入瓶颈的一半瓶塞被压缩（也是香槟酒塞“蘑菇”形状的由来）。法定必须在瓶塞上刻注“champagne”（香槟）字样；如果是年份香槟酒，还要标注年份。

螺旋瓶盖。这种方法已被一些专业人士采纳，并在消费者中得到了更多的认可。螺旋瓶盖的支持者认为它的使用避免了软木瓶塞可能给葡萄酒带来的橡木味的影响，也消除了葡萄酒提前氧化的风险。在一些国家（如瑞士、新西兰），使用螺旋瓶盖是很普遍的。

生产区域十分有限

出产软橡木的橡树生长在非常有限的地理区域：伊比利亚半岛、法国南部、意大利南部、科西嘉岛、撒丁岛和北非。得益于厚厚的树皮层，它比别的橡树品种更能够忍受严寒和酷暑。在南半球，美洲和亚洲进行过引种尝试，但是结果不尽人意，相关国家因此遭受了不小的经济损失。

选择、储存和品鉴葡萄酒

579

PRODUCE OF FRANCE
EN BOUTEILLE AU
GRAND VIN
DE
CHATEAU LATOUR
PREMIER GRAND CRU CLASSE
PAUILLAC
1990
APPELLATION PAUILLAC CONTRÔLÉE

怎样识别一款葡萄酒？

欧洲葡萄酒法定产区命名系统

法定产区系统在法国由法国国家原产地和品质监控命名委员会（INAO）监管，在欧洲其它国家也由类似机构监控，是一项保证葡萄酒的种类和体现葡萄酒原产地的法规，葡萄酒的原产地被看作是一种品质保证。

欧洲法定产地命名系统

在欧洲，每一瓶葡萄酒都要在酒标上标注它的地理产地，以便表明葡萄酒的来源和特性。这一系统于20世纪上半叶在法国得到充分发展，然后逐步被欧洲其它国家所采用。从2009年8月起，欧盟建立了一个体系，致力于统一所有不同的政策法规。虽然各个国家仍然保留他们自己的特性，但大体上的分级是相同的：从不标明产地的普通餐酒，到地区餐酒，再到法定产区葡萄酒。

明确标注葡萄酒的原产地，以便与新世界的竞争产品区分开来：这也是欧盟新的法定产区制度的目的之一。

法国的法定产区

在法国，有超过470个法定产区。在新的欧盟原产地法定命名系统中（详见下页框中内容），它们等同于原产地保护命名（AOP）级别，也可以归入产地地理区域保护命名（IGP）级别。虽然审批程序此后有所调整，生产质量标准变得更严格，法国法定产区（AOC）的核心主旨并不会有什么变化，主要是根据一个地区的“地方性、合法性和一致性”。一个法定产区首先是地理区域的划分，但也有其它方面的规定……

地理区域。它们可以是地区——如勃艮第、阿尔萨斯、波尔多等；也可以是村庄——如波尔多地区的圣爱斯泰夫（Saint-Estèphe）、罗纳河谷地区的吉恭达斯村（Gigondas）、博若莱地区的墨贡等。它也可以只是一个非常小的限定范围的地块或一个特级葡萄园，如阿尔萨斯的金科菲（Zinnkoepflé）葡萄园。在勃艮第地区，经常会看到一款酒标注着三个从大到小的产区名称，如勃艮第佳酿（Grand Vin de Bourgogne，大产区命名），夏布利特级园（Chablis Grand Cru，地方命名），布格罗（Bougros，地块名）。

在波尔多地区，一个以村庄名字命名的产区——如玛歌产区——可以包含5个村镇。但是所有产区的葡萄酒都可

法定产区（AOC）如何成倍增加？

在刚过去的40多年时间里，法国葡萄酒的法定产区成倍增加。有几个原因导致了这个数目的增加。比如在罗纳河谷地区，一些村镇可以在区域性法定产区“罗纳河谷”之外加入村镇的名字。后来，这些村庄慢慢拥有了独立的产区命名，如吉恭达斯、卡拉讷（Cairanne）、瓦吉哈斯（Vacqueyras）等村庄，最后成为独立的法定产区。马孔地区的维尔–科莱赛村（Viré-Clessé）也是同样的情况。另外，人们一直都在地区性法定产区名字之外加上酒庄的名字，如阿尔萨斯特级葡萄园（Alsace Grand Cru）就包含着51个不同葡萄酒产业的名称；人们在阿尔萨斯地区还可以看到大量将地名和阿尔萨斯法定产区命名相结合的名称。在朗格多克地区，人们经常在地区法定产区朗格多克山坡（Coteaux-du-Languedoc）之外加入当地地名，如圣罗普·朗格多克山坡（Coteaux-du-Languedoc Pic-Saint-Loup）、特雷斯·贝泽（Terrasses de Béziers）、圣萨图尼（Saint-Saturnin）等。

> 勃艮第占地面积约50公顷的伏旧园分属于70个葡萄园主。

欧洲新出的葡萄酒法规

自2009年8月1日起，法定产区针对两种类型的葡萄酒进行了改革。

没有地理区域标注的葡萄酒 这种级别的葡萄酒相当于法国的日常餐酒，从此之后，这种葡萄酒可以注明酿酒的葡萄品种和年份，这在以前是不允许的。这样的葡萄酒最多可以含有15%其它年份的葡萄酒，且必须注明生产国；如果葡萄酒的酒液是经过混酿的，则要注明是欧盟出产的葡萄酒。葡萄酒产量不受限制，并且允许使用一些酿酒的手法，如用橡木片给葡萄酒增添香气，或进行部分降低酒精的做法。

带有地理区域标注的葡萄酒 主要指原产地保护命名（AOP）和产地地理区域保护命名（IGP）。由代表整个行业的保护管理组织（ODG）制定法定产区内应该实施的生产质量标准。ODG也对葡萄酒的生产和经营进行监管，具体的操作由独立的审查机构（OI）进行。产地地理区域保护命名（IGP）的葡萄酒也有由独立机构制定生产质量标准。允许加入15%其它年份葡萄酒或者其它品种葡萄（个别情况除外）。

> 盖布维莱尔城（Guebwiller）的舒伯格酒庄（Domaine Schlumberger），出产阿尔萨斯法定产区葡萄酒和阿尔萨斯特级园葡萄酒。

以标注波尔多地区出产。一些特定名称，如“中级酒庄”（cru bourgeois），与法定产区命名系统并无关联［它们的命名有另外的独立机构，即由必维国际检验集团（Bureau Veritas）来监管。他们根据酒庄的申请审批颁发命名］。相反，列级酒庄、一级酒庄（premier cru）和特级酒庄的名称标注就和法定产区命名系统息息相关。还存在着几个只含单个酒庄的法定产区，如罗纳河谷的格里耶堡和勃艮第的罗曼尼·康帝（详见290~291页）。

葡萄品种。一个法定产区允许种植和使用的葡萄品种是明确规定的。可以是单葡萄品种的葡萄酒，如博若莱地区的佳美；也可以是由几个葡萄品种混酿的葡萄酒，如波尔多地区的红葡萄酒，规定的混酿品种是赤霞珠、品丽珠和梅洛（详见34~37页）。

产量。每个法定产区都规定了葡萄园地的最高产量，用每公顷出产百升葡萄酒的量（百升/公顷）来表示，在香槟地区则用每公顷出产的葡萄千克数来表示。这一数字根据产地不同而各有差异：阿尔萨斯地区是66百升/公顷，班努斯产区是30百升/公顷。

生产技术。法定产区的生产质量标准规定每公顷允许种植的葡萄树棵数、采摘方式（如对酿造甜白葡萄酒的葡萄多次人工分拣）、修剪方法、加糖强化酒精法、葡萄酒的酿制方法、上市时间和数量等。最后一点最不容易监控，虽然每次的生产数量都记录在案，而且确保这个产量和葡萄的收成保持一致，但是仍然不能完全控制生产商投放市场的数量。在某些地区，生产方法包含在法定产区的生产质量标准之中。例如在香槟地区，法定产区的生产质量标准就规定了采摘的方法（人工采摘）、压榨方式和酿制方法等各种操作细则。

> Tío Pepe的广告。这是西班牙冈萨雷-比亚斯（Gonzalez Byass）集团出产的一款雪利酒。

法国法定产区之外的葡萄酒命名

2009年以前，法国葡萄酒的等级划分为以下三类：法定产区（AOC）、优良地区餐酒限定保护区域（AOVDQS）和地区餐酒。现在，优良地区餐酒限定保护区域（AOVDQS）这一等级在2011年年底已经被取消。这一等级的生产商或选择进入欧盟的原产地保护命名（AOP），这意味着受到更多的限制；或者进入产地地理区域保护命名（IGP）葡萄酒标准，该标准相对宽松一些。地区餐酒也要提升到产地地理区域保护命名葡萄酒标准中去。新的标准对酿酒方法和工艺要求更严格，但是允许在一定比例范围内进行不同品种和不同年份的混酿。以前的名称（约150多个）被保留，但是新的涵盖更广的命名体制正在研究中。

正确还是错误？

葡萄牙、希腊和瑞士等国家的法规也受到法国葡萄酒原产地命名系统的影响

正确。除了意大利，多个欧洲产酒国家都采取了类似法国的等级划分方式。最高等级的法定产区（AOC），在葡萄牙称为DOC（Denominação de Origem Controlada），在希腊称为OPAP（Onomasia Proeléfseos Anotréras Piotitos），在瑞士仍然称为法定产区（AOC）。在瑞士，法定产区的定义根据村镇区域不同而各有差异，外行人有时会迷失在种类繁多的以村庄名字命名的法定产区里［比如在纳沙泰尔州（Neuchâtel）有19个法定产区称号，而这个州只有18个村庄］。

意大利的相关法规

新的欧盟法规在意大利实施时稍微做了一些调整，因为意大利的酿酒产业长久以来一直实施相对宽松的法规。

分级制度。意大利语中法定产区命名的简写是DOC。为了显示品质差异，一些意大利的葡萄酒生产商寻求“高等级命名”：DOGG（保证法定产区），是比DOC更为严格的生产质量标准。在DOC之下的等级是地区餐酒（IGT），相当于法国的地区餐酒（vin de pays）。最低的等级是vino da tavola，相当于法国的日常餐酒（vin de table）。有的时候，一些品质出众的意大利葡萄酒的生产商为了与某些地理范围太广阔或质量标准控制不严的法定产区名称区别开来，又或者为了使用法定产区规定之外的葡萄品种混酿，往往在酒标上标注地区餐酒等级IGT，甚至是日常餐酒。

西班牙的相关法规

实施新的葡萄酒生产法规之后，西班牙保留了它传统的等级划分命名系统，这一命名系统考虑了葡萄酒的培育方法和年龄（详见以下框中内容）。

分级制度。没有原产地地理区域标注的葡萄酒为vinos de mesa（相当于法国的日常餐酒）。vinos de la tierra相当于法国的地区餐酒，以地区的名字命名，这种酒大部分变成了产地地理区域保护命名葡萄酒（IGP）。有原产地名字标注的优质葡萄酒，或者法定产区高级葡萄酒（西班牙语缩写为VCPRD），从2003年起被划分为4个水平等级，都属于

西班牙葡萄酒酒标上标注的酒龄

Vino joven（年轻葡萄酒）：澄清后很快装瓶；人们也称之为vino del año（当年的新酒）。

Vino de crianza（陈年葡萄酒）：至少培育熟成2年的葡萄酒，其中6个月在橡木桶内培育。

Reserva（珍酿）：在酒窖内至少培育熟成3年的红葡萄酒，其中至少有1年在橡木桶内培育；对于桃红葡萄酒和白葡萄酒，培育熟成时间为2年，其中6个月在橡木桶内培育。

Gran reserva（特酿）：在酒窖内至少培育熟成5年的红葡萄酒，其中至少有18个月在橡木桶内培育；对于非常罕见的长年窖藏的白葡萄酒和桃红葡萄酒，培育熟成时间为4年，其中6个月在橡木桶内培育。

vigneti
FONTANAFREDDA
PROVINCIA
DIVIETO
di CACCIA
RIFUGIO FAUNISTICO
Art. 9 L.R. n. 60/79

欧盟规定的AOP级别。

葡萄酒品质的4个等级划分。特优级葡萄酒（vino de pago）是等级划分的最高级，它注明了出产地的详细信息（山谷、山坡、葡萄园主等；详见381页）。接下来的等级是优质法定产区葡萄酒（denominación de origen calificada，DOC），而后是法定产区葡萄酒（denominación de origen，DO）。DO等级接近于法国的法定产区（AOC）。DOC等级相当于"优质DO"，遵循着非常精确的产品质量标准。直到今天，只有里奥哈和普里奥拉托（Priorat）两个产区才有资格标注DOC产区。最后一个等级为特定产区优质葡萄酒（vinos de calidad con indicación geográfica），它有时是指产地在几个DO产区之间，或者混合了几种特优级葡萄酒，但它并不是某一个特定DO产区的产品。

匈牙利实施的葡萄酒生产法规

匈牙利有22个生产葡萄酒的地理区域。作为欧盟成员国之一，它拔除了许多葡萄树而获得了大量农业补贴，但是被拔除的葡萄树再也没有被补种。新的欧盟农业政策在匈牙利实施，建立了以地理区域命名的法定产区制度。为此，匈牙利还需要进一步限制葡萄树的种植，以及禁止使用糖分强化酒精的酿酒方法，但是允许用浓缩葡萄汁来提升葡萄酒的品质。

德国葡萄酒生产的相关法规

与欧盟葡萄酒生产的新法规相适应，德国对白葡萄酒的生产有一套特殊的命名系统，这套系统依据的是地理区域、品质等级和葡萄汁的糖分含量。

葡萄酒品质的4个等级划分。德语Tafelwein的意思是日常餐酒，没有产地地理区域说明。如果酒标上标注"Deutscher"（德语中"德国"的意思），即表明是德国葡萄园出产的葡萄酒；如果没有这样的标记，那么该葡萄酒就产自欧盟其它国家而由德国酒商装瓶。Landwein又称地区餐酒（IGP），指的是指明产区地理区域的高品质的日常餐酒。QbA（Qualitätswein eines bestimmten Anbaugebiete）指的是法定产区高级葡萄酒；QmP（Qualitätswein mit Prädikat）指的是优质高级葡萄酒。

依据葡萄酒糖分含量的等级划分。优质高级（QmP）酿自有足够糖分而不需要外加糖分来加强酒精的葡萄。这一等级的葡萄酒根据葡萄汁糖分含量的不同划分成6个种类。按品质从低到高：珍藏（Kabinett，QmP的最基础等级）、晚收（Spätlese，干白或半甜型葡萄酒）、精选（Auslese，丰腴的干白或半甜型葡萄酒）、逐粒精选（Beerenauslese，甜白葡萄酒，酿自成熟过度的葡萄果粒）、贵腐精选（TBA；甜白葡萄酒，酿自受贵腐菌侵袭的葡萄果粒）、冰酒（Eiswein，酿自非常浓缩的酒醪，因为葡萄果粒在葡萄树上的时候就结冰了）。这种官方的划分会让外国消费者摸不着头脑，但是显示了德国酿酒师最看重葡萄的成熟度以酿制高品质葡萄酒的意愿。

您未必了解的小知识

在所有的欧洲产酒国家中，奥地利葡萄酒的法规最为严格。和德国一样，奥地利葡萄酒的等级划分也是根据酒醪的糖分含量作为依据。但是从2003年起，它仿照法国的AOC系统，依据某些葡萄品种出产的葡萄酒的品质特性建立了一套原产地法规系统：DAC (Districtus Austria Controllatus)。每个产酒地区选择一种可以代表产地特色的葡萄酒。欧盟新系统规定的产地地理区域保护命名葡萄酒（IGP）和原产地保护命名（AOP）葡萄酒不会对奥地利原本的国家标准产生影响。

> 德国南部巴登地区位于葡萄园中的指示牌。

欧洲各国原产地命名系统对照表

法定产区系统法规最先是在法国推出，目的是为了保护法国一些传统产区的品质名酒。从1960年起，欧盟其它国家也相继在自己的葡萄酒生产领域实施类似的等级划分和命名标准。欧盟确定了4个不同的等级，以下表格提供了各国相应等级的对照关系。

国家	不带产地地理区域标识的葡萄酒等级命名	带产地地理区域标识的葡萄酒等级命名	
	欧盟出产的葡萄酒（VCE）	产地地理区域保护命名（IGP）葡萄酒	原产地保护命名（AOP）
法国	日常餐酒（vin de table）	地区餐酒	法定产区 (AOC)
意大利	日常餐酒（vino da tavola，VDT）	地区餐酒（IGT）	法定产区 (DOC) 保证法定产区(DOCG)
德国	日常餐酒（Deutscher Tafelwein）	地区餐酒	法定产区高级葡萄酒 (QbA) 优质高级葡萄酒[1] (QmP)
西班牙	日常餐酒（vino da mesa）	地区餐酒	法定产区 (DO) 法定产区高品质葡萄酒 (DOC)
葡萄牙	日常餐酒（vinho da mesa）	地区餐酒	地理区域标识产区 (Indicação de proveniência regulamentada, IPR) 原产地控制产区 (DOC)
英国	日常餐酒（Table wine）	地区餐酒	英格兰/威尔士葡萄酒 (English/Welsh vineyards) 品质葡萄酒 (quality wine) 普通餐酒 (Nil)
匈牙利	日常餐酒（Asztali bor）	地区餐酒	品质葡萄酒 (Minöségi bor) 贵腐酒 (Különleges Minöségü bor)
希腊	日常餐酒（Epitrapezios inos，EI）	地区餐酒	优良地区餐酒 (Onomasia Proeléfseos Anotréras Piotitos, OPAP) 法定产区 (Onomasia Proeléfseos Eleghomeni, OPE)
奥地利	日常餐酒（Tafelwein）	地区餐酒	优质地区餐酒 珍藏 高级优质葡萄酒[2] 瓦豪法定产区 (Vinea Wachau)[3]
瑞士	不标注原产地的葡萄品种葡萄酒	标注出产地地理位置的葡萄酒	标注地理区域、出产村庄或葡萄品种的法定产区

1. 在德国，Pädikat包含6个品质等级，根据葡萄成熟度和葡萄酒的品质来划分：珍藏、晚收、精选、逐粒精选、贵腐精选、冰酒。
2. 在奥地利，Pädikat包含8个品质等级，根据葡萄成熟度和葡萄酒的品质来划分：晚收、精选、逐粒精选、贵腐精选、冰酒、高级甜酒、麦秸酒，高山酒（bergwein）。
3. 瓦豪法定产区最好的葡萄酒有着自己的等级划分，也是根据葡萄成熟度和葡萄酒的品质划分：芳草级（Steinfeder）、猎鹰级（Federspiee）和翡翠级（Smaragd）。

其它洲的葡萄酒原产地命名系统

新世界产酒国更强调的是它们的葡萄品种和品牌，而不是它们的风土条件和特性。但是欧洲模式的法定产区系统在新世界正被越来越多的地区所采用。

和欧洲相比，较宽松的法规

许多新世界的产酒国家和地区——主要是指南半球的国家和美国，强调的通常不是风土，而是其它因素。与原产地相比，葡萄品种和品牌名称（或者是生产商的标记）更容易左右消费者的选择。对出产地地理区域大致规范化的标注是近年来的事。比如在澳大利亚，1994年以前，葡萄酒生产商可以使用他喜欢的地名，尽管他用来酿酒的葡萄有可能并不产自这一地区……在美国大部分地区也曾经是如此。但是从此以后，新世界国家都对原产地标注制定了相应的法规，但还是没有欧洲的法规那么严格。

新世界国家的葡萄酒生产法规通常比较宽松和自由。

即使这些法规有时会加入产地的概念，但是应用起来却没有特别严格。比如一款标注某一地区出产的葡萄酒，在酿造过程中很可能加入了别的地区出产的葡萄。

美国葡萄酒生产的相关法规

在美国，葡萄酒酒标上可以标注出产的州、镇，从1980年起还可以标注“AVA”（美国法定葡萄酒产地），对应指定酿酒地区。然而，与欧洲不同的是，美国的地理区域标注并没有对葡萄品种、葡萄产量和生产工艺标准进行规定，也不存在品酒验收的程序（详见437页）。

规章制度。当一瓶酒标注着一个州的名字（加州、得克萨斯州等）时，则内装的葡萄酒应该100%出自种植在这一州土地上的葡萄品种。值得一提的是，加州州府允许种植35个白葡萄品种和65个红葡萄品种。如果酒标上标注一个镇名，则至少75%的葡萄应产自这一个镇（除了俄勒冈州，他们规定的比例是100%）。标注“AVA”的葡萄酒应该包含85%以上当地出产的葡萄（在俄勒冈州为100%）。美国法定葡萄酒产地是根据不同的气候特点、地形特征和土质结构特性来划分的，消费者因此可以更容易判断葡萄酒所属的风格，关于酒庄的规定也要宽松不少。一种标注某一酒庄的葡萄酒，可能酿自此地区不同所有者的葡萄，但并不在酒标上标明，这种情况是很常见的。

>美国加州门多西诺县（Mendocino）菲特泽酒庄（Domaine Fetzer）入口处的指示牌。

新世界出产的标注葡萄品种的葡萄酒

在新世界国家，当某一个葡萄品种在葡萄酒中超过一定的比例，酿酒师就可以在酒标上标注这一葡萄品种。对于出口到欧盟国家的葡萄酒，这个比例至少要达到85%；如果酒标上标注了两个葡萄品种，那么这两个葡萄品种加起来必须达到100%。对于只针对国内销售的葡萄酒，相关的法规有时会比较宽松。在新西兰、阿根廷、澳大利亚、南非和美国（俄勒冈州除外，这个地区的葡萄酒生产法规比较严格），只要某一葡萄品种在葡萄酒中所占的比例达到75%~85%，就可以在酒标上标注这一葡萄品种。酒标上对于年份的标注也遵循这一规定。

Sonoma Valley
Vintners & Growers Alliance
BLACKSTONE WINERY
ARROWOOD
B.R. COHN WINERY
WELLINGTON
KUNDE
FAMILY WINERIES
SL CELLARS
BENZIGER
LANDMARK
LEDSON
2 MI
ST FRANCIS
VJB VINEYARDS & CELLARS
KENWOOD VINEYARDS
1 MILES
SCHUG
Valley of the Moon
MAYO FAMILY WINERY
CASTLE

> 智利阿空加瓜（Aconcagua）酿酒地区的伊拉苏（Errazuriz）酒庄

加拿大葡萄酒生产的相关法规

葡萄酒生产的法规根据地区的不同而各有差异。效法法国法定产区系统的加拿大酒商质量联盟（Vintners Quality Alliance，VQA）只应用在不列颠哥伦比亚省（Colombie-Britannique）和安大略省（Ontario），但加拿大几乎所有的葡萄酒都产自这两个省。酒商质量联盟（VQA）的葡萄酒要经过一组专业人员品酒并评定其风格和品质。通过审核的葡萄酒可以标注黑色的“VQA”标记；得到15分以上分数（满分为20分）的葡萄酒由于其品质出众可获得金色的“VQA”标记。

两种命名方式。“VQA”标准要求酿造葡萄酒的葡萄品种在标注地区内种植和出产，并且在当地装瓶。有两种命名方法：省命名和地区命名。省命名允许使用杂交葡萄品种或欧洲品种。酒标上标注的葡萄品种必须占瓶中酒液比例的75%以上。酒标上会注明“produit de l'Ontario”（安大略省出品）或“produit de la Colombie-Britannique”（不列颠哥伦比亚省出品）。地区命名针对具体的酿酒产区。只允许使用欧洲品种，酒标上标注的葡萄品种必须占到瓶中葡萄酒的85%以上。标注年份的葡萄酒则应至少含有95%当年酿造的葡萄酒。

智利葡萄酒生产的相关法规

智利从2002年起才开始实施法定产区（DO）制度。这一系统主要划分了五大产区，其中每个大产区对应不同的山谷，又分为多个小产区。以地块的名字来命名某种风格的葡萄酒还处于初级阶段，因为大部分智利出产的葡萄酒都是由多个小产区的葡萄酒液混酿而来。然而一些产区名字开始出现，这些产区通常范围广阔，如科尔查瓜区（Colchagua）。

阿根廷葡萄酒生产的相关法规

在1999年和2004年，阿根廷制定了葡萄酒生产的法律规范，由国家葡萄酒生产管理委员会监控。然而，因为大型酿酒集团垄断了葡萄酒生产，且在国家经济中占有很大分量，这个体系非常宽松，缺少约束力。比如，法规没有对产量进行任何限制。在酒标上可能有三种产地标注：来源地标注；地区标注，适用于在该地种植和装瓶的葡萄酒；法定产区标注，用来标明品质优秀的葡萄酒。只有当葡萄酒100%来自标明的地域，才可以在酒标上标注法定产区标志。葡萄品种必须占到瓶中葡萄酒的85%以上才可以在酒标上标注这一葡萄品种。标注年份的葡萄酒要求85%的葡萄酒液酿自标注年份收获的葡萄。

澳大利亚葡萄酒生产的相关法规

大部分澳大利亚的葡萄酒以葡萄品种来命名，但是目前有一股趋势是以品牌名或产地名来命名最名贵的葡萄酒。奔富酒庄（Penfolds）的“葛兰许”（Grange）葡萄酒（详见481页）和翰斯科酒庄（Henschke）的“神恩山”（Hill of Grace）葡萄酒（详见482页）都是很好的例证。产地的名称也越来越多地出现在酒标上，通常标注在生产商名称的旁边。现有的原产地命名体系十分简单。但是，近年来，所

您未必了解的小知识

在20世纪70年代，北美和澳大利亚等新世界产酒地区和国家经常滥用“夏布利”“香槟”和“勃艮第”等法国和欧洲著名产区的名称。从那时起，包括法国国家原产地和品质监控命名委员会（INAO）在内的法定产区的机构和欧盟就着手采取措施打击这一现象。协议最开始只针对出口的葡萄酒，接着慢慢延伸到了新世界国家的国内市场。澳大利亚全面禁止“夏布利”和“勃艮第”的使用。至于“香槟”，至今还有几个美国起泡酒品牌继续使用这一名称。在阿根廷，业界已经基本上停止使用了“champaña”的字眼，但是“méthode champenoise”（香槟酿造法）的文字还是经常出现在酒标上。

有在酒标上标注的年份、葡萄品种及产地都必须准确并经得起核实（详见475页）。

酒标。相关法规规定葡萄酒生产商必须在酒标上注明他们的地址，但不一定要注明葡萄产地；如果生产商选择注明葡萄产地，则85%的葡萄应出自标注的产地。对于葡萄品种的标注也遵循同样的规则。如果要标注多个地区和多个葡萄品种，则需要按含量比例从多到少来注明。低端的葡萄酒常常使用不同地区的葡萄混合酿造。

新西兰葡萄酒生产的相关法规

新西兰的葡萄酒生产商长久以来一直使用法国和德国的名称来表明他们葡萄酒的风格。今天，标明酿酒葡萄的品种是比较常见的做法。从1994年起，新西兰明确划分了葡萄酒的产区、子产区甚至葡萄园的界限。但通常只有出口的葡萄酒才标注原产地。标注出产地区的条件是葡萄酒100%来自这一地区（葡萄种植和酿造地点）：马尔堡和霍克斯湾（Hawke's Bay）是酒标上最常出现的两个葡萄酒产区（详见488页）。而怀拉拉帕（Wairarapa）地区及它管辖的马丁堡（Martinborough）则制定了自己的法规，他们在酒瓶上贴上“100 % Martinborough Terrace Appellation Committee”（100% 马丁堡产区命名委员会）的小标签来证明瓶中的葡萄酒100%来自这一产区。

南非葡萄酒生产的相关法规

1973年，产地分级制度（wine of origin，WO）的引进将葡萄酒生产地区按覆盖面积从大到小划分为：大区级（regions）、地区级（districts）和小产区级（wards）（详见469页）。出产葡萄酒最集中的地区是沿海产区，位于开普敦（Cape Town）周围方圆100千米的地区内。WO系统是对葡萄酒原产地的认证。对产地区域的划分依据当地的地理、地形和地质特征。所有想标注“WO”标识的葡萄酒产品从葡萄采摘一直到装瓶贴标的全过程都要通过包括口感品尝和化学分析的监控。相对的，抽查比例仍在不断上升。大部分南非葡萄生产商都加入了一个环境保护的项目，这个项目包含15项标准。

> 位于澳大利亚猎人谷的得雷顿家族葡萄园（Drayton's Family Wines）。

学会“破译”酒标

学会看懂酒标，就能在品尝一款葡萄酒之前读懂它的身份。对于生产商来说，酒标应该在提供相关法律强制信息的同时，还能刺激消费者的购买欲。对于消费者来说，酒标应该提供足够的信息，让他们能做出选择。

葡萄酒的身份证

酒标需要严格遵循政府和专业机构制定的规章制度。它应该达到一个基本目标：使消费者尽可能地了解葡萄酒的来源和特性。酒标上包含的一些信息也是向政府部门提供相关数据，主要用来方便税收。

首先，酒标证明了葡萄酒的真实性，就是说这款葡萄酒是在遵守相关生产质量标准下进行制造的。在法国，竞争、消费和反欺诈总局（DGCCRF）和海关可以通过核查酒标标注，检查生产商是否遵循了相关的生产质量标准。

对于经常在琳琅满目的葡萄酒柜台前不知所措的消费者来说，酒标是很好的“对话者”。

它保证葡萄酒的真实性，并为国家监控管理部门验证葡萄酒产品是否严格遵循了现行的法律规范提供了依据。

有用的信息

通过阅读葡萄酒的酒标和背标（如果有背标的话，详见111页），消费者可以了解一系列信息。比如，它可以让消费者了解葡萄酒的产地、年份、生产商名称和装瓶商名称，知晓这款酒是来自酒庄还是合作酿酒厂，或者是酒商等信息。但值得注意的是，只有一部分信息如“mis en bouteille au château”（酒庄内装瓶）是受法律保护的。其它的信息如“grand vin”（佳酿）和“vieilles vignes”（老藤葡萄树）等只跟生产该酒的生产商有关，有时甚至只是一种市场营销手段。关于酒标的法律规定是不断变化的，比如欧盟新出台的关于葡萄酒命名的一系列规定（详见97页和随后内容）。关于是否建立一项针对有机葡萄酒的规章制度，这一点还在讨论当中（详见60页）。

强制标注的信息

种类名称。在法国，葡萄酒分为两个种类：没有标明地理产地的葡萄酒属于日常餐酒；标注地理产地的有地区餐酒［在2009年成为产地地理区域保护命名葡萄酒（IGP）］和原产地保护命名葡萄酒（AOP标准，详见97页）。

以前的优良地区餐酒限定保护区域（AOVDQS）被取消，并入到新的两类葡萄酒等级中去。对于日常餐酒，酒标上或者标注“vin de France”（法国葡萄酒），或者标注“vin de la Communauté européenne”（欧盟葡萄酒）。对于地

酒帽和瓶塞

在法国，大部分葡萄酒瓶口处用塑料酒帽包装，上面刻有印花税票的图案。这样的图案标明了生产商的身份及葡萄酒产地。它说明该瓶酒已向税务部门缴纳了所有的税款，并被允许流通与交易。没有酒帽的葡萄酒或者散酒产品，需要另外附上纸张文件备注（详见129页）。为了避免商业欺诈和抵制伪冒行为，一些生产商在瓶塞上冲压印制图案，标明葡萄酒来源（生产商名称或法定产区名称）和年份。对于法定产区出产的起泡酒（香槟和克雷芒起泡酒），则规定必须在瓶塞上印刻法定产区的名称。在某些国家（南非、奥地利和葡萄牙），会在瓶塞和酒帽上贴上由政府颁发的防伪标签。

>完税标识（CRD）酒帽或塑料酒帽，证明产品已经完税。

您未必了解的小知识

如果装瓶者的名称、公司名称和地址包含一个法定产区命名的全部或是部分，这些信息需要被编码。如果是一款由批发商装瓶和销售的日常餐酒或地区餐酒，装瓶地点只能由邮政编码来标注。比如说，“地区餐酒，由……装瓶于33000（波尔多的邮政编码）”，而不能说“在波尔多装瓶”。

区餐酒，原来规定标注“vin de pays”（地区餐酒）加上地理区域的名称，如“vin de pays charentais”（夏朗德省地区餐酒）。这样的形式现在是非强制性的，因地区而异。比如奥克地区产的地区餐酒，从那以后的命名方式就是“Pays d’Oc”（奥克地区）加上产地地理区域保护命名（IGP）。对于欧盟原产地保护命名标志AOP，法定产区的名称应该出现在酒标上。它可以是一个大产区的名称，如香槟地区或阿尔萨斯地区，也可以是范围更小的产区名称。在勃艮第，法定产区从覆盖整个地区到该地区内的城镇，如此类推，就像俄罗斯套娃，最后那一级产区可能是个只占地几公顷的葡萄园（详见278页）。在这种情况下，需要假设消费者知晓如“Échézeaux”（伊瑟索）这样的标识，指的是勃艮第地区非常小但却很名贵的一处产区。

装瓶者的名字和地址。酒标一般都会标明葡萄酒是否在其酿造的地方装瓶。它可以依法标注“由酒庄装瓶”的字样。值得一提的是，法国的法律中，合作酿酒库被看作葡萄酒酿制的延伸。如果一个葡萄酒生产商的葡萄酒由合作酿酒库在不同地方分别酿制并装瓶，则葡萄酒标上可以标注“mis en bouteille à la propriété”（由所有者装瓶）。如果一款葡萄酒是由装瓶公司装瓶，则需在酒标上注明“由……装瓶”，中间加上装瓶商的名字和邮政编码。标注“mis en bouteille dans nos chais”（在酒窖内装瓶）或“mis en bouteille par nos soins”（在我们的监控下罐装）的通常指的是批发商的品牌葡萄酒。

容量。用升（L）、分升（cL）或毫升（mL）表示。通常情况下一瓶葡萄酒的容量是75cL，但是我们总可以找到半瓶（37.5cL）和大瓶（1.5L）的容量。某些甜葡萄酒（麦秸晾干型葡萄酒、晚摘的葡萄酒等），有时以每瓶33cL或50cL的形式出售。名为“凯文林”的特殊酒瓶容量为62cL，专门用来盛装汝拉地区的黄葡萄酒（详见308页）。在波尔多地区和香槟地区有各种容量的葡萄酒，大的可以到15L（如香槟地区的“20倍装”）。详见88页框中内容。

> 或朴素、或奇异、或带有艺术家签名，酒标有时是被收藏的对象。

酒精度。用酒精占葡萄酒总容量的百分比表示。大部分葡萄酒的酒精含量为11%~13%。但是可能出现酒精度很低的情况，如意大利的阿斯蒂麝香（Moscato d’Asti）葡萄酒（6%的酒精含量）；也可能出现酒精度很高的情况，如许多天然甜型葡萄酒（如法国鲁西荣产区的甜葡萄酒班努斯，酒精含量可以达到20%）。

生产国的名称。这一信息［如“produit de France”（法国产品）或“produce of France”（法国制造）］以前是标注在出口的葡萄酒上的，但如今已成为所有葡萄酒必须标注的产品信息。

与健康相关的信息。最初，只需要在出口英联邦国家的葡萄酒上标注葡萄酒是否含有亚硫酸盐（作为防腐剂使用的硫衍生物），如今则应标示在在欧洲销售的葡萄酒的酒标和背标上。同样的，还有关于劝诫孕妇不要饮酒的标识。一些过敏物质的存在，如白蛋白（用来澄清葡萄酒的物质），将来也

> 牧羊人酒庄（Château Le Bon Pasteur）位于波尔多的波美侯产区，出产一款由酿酒师米歇尔·罗兰先生指导酿制的葡萄酒。

可能要在酒标上标注出来。

生产批次。这一信息可以由生产商或酒商在发货过程中逐步加在标签上（或者直接打印在瓶身上），有利于识别每一瓶葡萄酒以及对它进行追踪。

可选择标注的主要信息

生产商可以选择标注一些信息，给予消费者关于葡萄酒特性的补充介绍，以方便消费者进行选择。

年份。在法国，有时候能在葡萄酒酒瓶的肩部看到标注着葡萄酒出产年份的小标签，这个信息对于法定产区，如地区餐酒来说不是法定必须标注的信息，但是所有的生产商都坚持对此进行标注。日常餐酒，很长时间以来是不允许标注年份的，但是法国现在已经允许这一做法。如果在酒瓶上标注年份，那么用这一年收获的葡萄酿制的酒液必须占瓶中葡萄酒含量的85%以上。

品牌名称。它可以是一个简单的商标（比如一个自选名字后面加一个®标识），或者是一个很复杂的标识（产业的名称或者地点，如“X葡萄园”“Y酒庄”或“名字+名字”）。酒庄（château）、园圃（clos）或者修道院（abbaye）这几个词只能应用于原产地保护命名（AOP）的葡萄酒，与一个实际地方相吻合，并可在地籍管理处得到查证。一些如“葡萄园”（domaine）或“酒庄”（mas）的用词对于日常餐酒是禁止使用的。只有如“mis en bouteille au château”（酒庄内装瓶）的标识或类似的信息可以保证其葡萄酒产品直接产自生产商。

等级划分。一些关于等级划分的用语，如“列级酒庄”、“一级酒庄”、“特级酒庄”和“名庄”等是葡萄酒等级的传统名称，其产地受限制并受法律监督。波尔多地区的“列级酒庄”是一项将葡萄园分为不同等级的历史评定（详见252~253页）。勃艮第的一级园（premiers crus）和特级园（grands crus），以及阿尔萨斯地区的特级园的名称对应着产酒地点和园地风土条件（详见281页和307页）。对于香槟酒来说，等级划分和产地村庄的名称密切相连（详见300页）。普罗旺斯地区的等级划分可以追溯到19世纪50年代，与法定产区普罗旺斯丘（Côtes-de-Provence）相对应（详见350页）。

葡萄品种的标注。在法国，对葡萄品种名称的标注随着各个法定产区的不同而各有差异。在阿尔萨斯地区，几乎所有的葡萄酒都标注葡萄品种，波尔多地区则很少标注（除了一些酿自长相思的白葡萄酒），在勃艮第地区只有零星标注（一些酿自黑皮诺的葡萄酒）。对于地区餐酒来说，瓶中盛装的葡萄酒应该100%来自酒标上注明的葡萄品种。如果是多个葡萄品种混酿的葡萄酒，所使用的不同葡萄品种的名称通常都列举在背标上。对于普通餐酒，这个信息不是强制性的。在大多数产酒国家，酒标上往往更突出葡萄品种的名称，而不是法定产区名称。葡萄品种的名称也一定会出现在酒标上。在欧洲国家，被注明的葡萄品种应该达到法定最低比例（标注的葡萄品种应占

次级命名指的是什么？

在法国，一款葡萄酒要获得法定产区命名，必须经过品酒和分析其品质是否符合法定产区质量标准。如果它不符合法定产区的质量标准，但是“质量合格并畅销”，生产商可以退而求其次，申请得到范围更广泛和质量标准相对宽松的同一区域的产区名称。比如一款波亚克酒申请标注为梅多克酒或波尔多酒，又如一款夏布利酒可申请标注为勃艮第酒。但是，如果是因为葡萄产量超标而不能得到法定产区命名，则不能享受次级命名的待遇。一定不要购买所谓的“降级”（déclassé）葡萄酒：一般这都是骗人的商业手段。

75%~100%）。

经营者的身份。如“所有者”“收获葡萄的所有者”等都是酒标上可标可不标的信息（关于香槟酒，详见303页框中内容）。

种植方法。如果一款酒是由有机农业方式种植和出产的，庄园主可以选择在酒标上标注“AB”（有机葡萄酒）（详见上面图片）的标识。在这种情况下，还必须标注认证机构的名称（在法国通常是Ecocert）。标注“agriculture raisonnée”（理性农业）或“vin naturel”（天然葡萄酒）的都是庄园主一方之言，没有官方认证。如果葡萄酒是以“生物动力学”（biodynamie）方法酿造出来的，可以有Demeter认证，但是与有机农业不同的是，这种认证不是法定必须的，“生物动力学”也不受法律保护。

其它可选标注信息

“手工采摘葡萄”（VENDANGES MANUELLES）。为了能够标注这样的信息，酒农应该通过人工的方式采摘所有酿成这款酒的葡萄。

“未经过滤的葡萄酒”（CUVÉE NON FILTRÉE）。这个标注表明葡萄酒只是经过倒桶去掉杂质，但是没有经过过滤（详见78页）。这种葡萄酒存在较多的沉淀，但这对品尝没有任何影响。

“带酒脚培育”（ÉLEVAGE SUR LIES或 SUR LIE）。在有些产酒地区，比如法国的南特地区，并不用倒桶的方式清除酒脚，而是将葡萄酒跟这些酒脚一起培育，直到装瓶（详见78页）。这样，葡萄酒保留了发酵中产生的二氧化碳气泡，给葡萄酒带来活跃和清新的口感。

“在（橡木）桶内培育”（VIEILLT EN FÛT CDE CHÊNE）。通常指的是适宜陈年的葡萄酒。在橡木桶中的培育过程可以给葡萄酒带来香草香、木香或烘焙的香气。这种葡萄酒的价格通常比其它葡萄酒的价格高，但品质未必总是更出色，因为由橡木带来的香气有时会遮蔽葡萄酒的其它香气。

官方奖项标识。如果一款葡萄酒在葡萄酒评比中获奖，那么这一奖项可以合法地标注在酒标上。但是只能标注在获奖年份的酒标上。这样的奖项标注只针对于法定产区葡萄酒和地区餐酒。关于这些葡萄酒奖项的含金量详见123页内容。

酒标上的图案。就算只是一幅艺术品的翻版，出现在酒标上的建筑物和园地景色必须与实际相符合。在任何情况下都不允许插入一幅和酒产地不相符的建筑物图样。

葡萄酒的糖分含量。“干”“半干”“半甜”（moelleux）或者“甜型葡萄酒”（liguoreux）这些标注葡萄酒糖分含量的词汇并不是法定必须标注在酒标上的。因此经常会出现一些意外，尤其是对于糖分含量没有精细划分的法国阿尔萨斯地区葡萄酒，除了偶尔会标明“精选贵腐葡萄”（sélection de grains nobles）和“晚摘葡萄”（vendanges

> 为了突出葡萄酒的年份，可以把一个标注年份的小标签贴于葡萄酒酒瓶颈部。

> 布杰–塞尔东（Bugey-Cerdon）法定产区出产的葡萄酒是一种低压起泡酒，通常是桃红色。

香槟法定产区

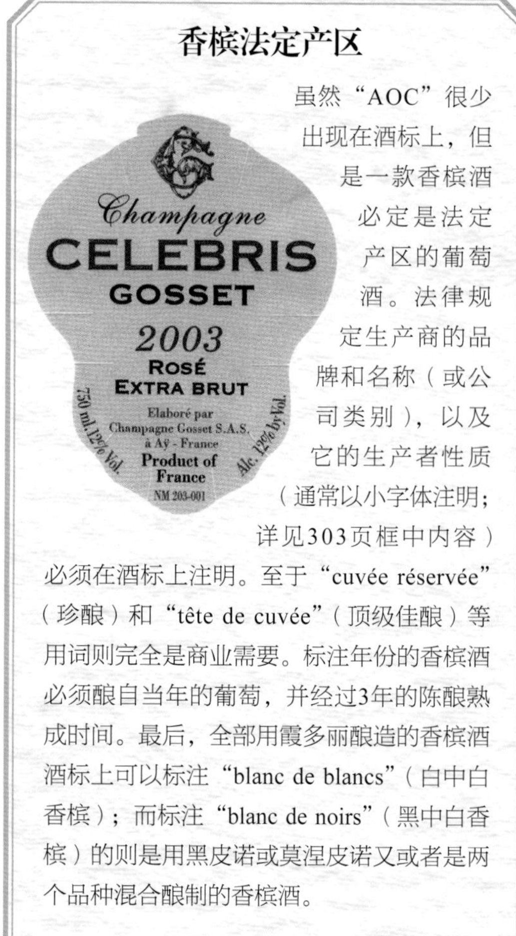

虽然“AOC”很少出现在酒标上，但是一款香槟酒必定是法定产区的葡萄酒。法律规定生产商的品牌和名称（或公司类别），以及它的生产者性质（通常以小字体注明；详见303页框中内容）必须在酒标上注明。至于“cuvée réservée”（珍酿）和“tête de cuvée”（顶级佳酿）等用词则完全是商业需要。标注年份的香槟酒必须酿自当年的葡萄，并经过3年的陈酿熟成时间。最后，全部用霞多丽酿造的香槟酒酒标上可以标注“blanc de blancs”（白中白香槟）；而标注“blanc de noirs”（黑中白香槟）的则是用黑皮诺或莫涅皮诺又或者是两个品种混合酿制的香槟酒。

tardives）酿制的葡萄酒。但是一旦这些词汇被标注在酒标上，那么该葡萄酒就必须含有与法定含量相对应的残糖含量。

没有法律规定的信息标注

这些信息通常是用来显示葡萄酒的品质和价值，但是这些标注仅仅是酒商的保证，并没有法律监管。

“老藤特酿”（VIEÌLLES VIGNES）。老葡萄树由于产量低而使酿出的葡萄酒浓郁而丰富。但是消费者并不能够验证酿酒葡萄树的年龄，因此这样的标注并没有什么用。

“特酿”（CUVÉE SPÉCIALE）、“特别珍酿”（RÉSERVE EXCEPTIONNELLE）、“特级珍酿”（GRANDE CUVÉE）等。这些用词用来标识一个酒庄的高端葡萄酒（品质和价格都最高）。它经常是出自最好田块或由达到最佳成熟度的果粒酿制。但是它的真实性也只取决于酒庄的诚信，消费者无从考证。

“精选特酿”（CRÈME DE TÊTE）。主要用于波尔多苏玳地区的甜白葡萄酒，指的是由第一次精心筛拣的最熟的葡萄果粒酿制而成，甜度很高。

“佳酿”（GRAND VIN DE，之后注明某个地区）。这一标注信息完全是市场营销的运作。不要与波尔多地区“名庄”（grand vin）的用法相混淆，在波尔多地区，这个用词专指列级名庄。一般来说，“佳酿”很少单独出现，后面都要加上产酒地区的名字，如“波尔多佳酿”（Grand Vin de Bordeaux）。

序列编号。出现在酒标上的这种信息通常是为了表明葡萄酒的稀有和品质独特，但这只是相对而言。

> 乌乌黑产区起泡酒的酒标

不同国家的酒标标注的信息顺序不同

酒标标注的信息在世界各地都大同小异：法定产区的名称、酒瓶容量、葡萄品种、生产商或酒商的名称、酒精度、保存条件、生产国等。但是，即使欧洲的酒标规章倾向于统一各国的酒标，包括对字体大小的规定，不同国家之间酒标信息的排列顺序还是不一样。比如在西班牙、葡萄牙和希腊的葡萄酒酒标上，酒商或酿酒厂的名称比法定产区名称还要明显。而在大部分新世界国家，葡萄品种的标示比法定产区名字的标注要更为抢眼。

起泡酒的酒标标注

“起泡酒”指的是瓶内含有二氧化碳气体，在开瓶时有“爆破”感觉的葡萄酒。根据起泡程度从低到高，起泡酒分为微气泡型、气泡型和多气泡型（包括香槟和克雷芒起泡酒）等类别。对微气泡型和气泡型起泡酒的酒标标注没有任何法规限制。

加糖剂量。这一信息显示起泡酒的残糖含量（用克/升表示），也就是说在酒液最终装瓶前加入的调味液的糖浓度。最终调味液的加入赋予了起泡酒或多或少的甜味。根据起泡酒中残糖含量的多少，起泡酒被分为“甜型”（高于50克/升）、“半干型”（33~50克/升）、“干型”（17~35克/升）、“超干型”（12~20克/升）、“极干型”（低于15克/升）或者“超天然型”（低于6克/升）。对于糖分含量少于3克/升的起泡酒，人们称之为“绝干型”起泡酒（“brut nature”“non dosé”或“dosage zéro”）。

酿造方法。大部分高品质起泡酒的酿造都是采用起源于香槟地区的二次发酵的方法。采用这种方法酿制的香槟酒可以在酒标上标注“传统制法”（méthode traditionnelle）来代替以前标注的“香槟酿造法”（méthode champenoise）。在一些酿酒地区，人们采用另外一种方法酿造起泡较少而味道较甜的起泡酒：新鲜的葡萄酒在糖分未完全转化成酒精之前就被装瓶，酒液在瓶中继续发酵，产生二氧化碳气体。法国加亚克产区、利穆产区（白朗克酒）和萨瓦地区都是运用这种方法。在酒标上可以标注“古传制法”（méthode ancestrale）或“乡村制法”（méthode rurale）的字样。法国迪城克莱雷特起泡酒（迪城制法）的酿造方法是古传制法的一个变种，和古传制法稍有不同。

克雷芒起泡酒。这个名词首先用来描述“半泡沫”状态的香槟酒，从1992年起酿酒界用这个词来描述用传统制法酿造的法定产区的起泡酒。法国克雷芒起泡酒的主要产区为：勃艮第、阿尔萨斯、汝拉、波尔多克，以及迪城雷芒和利穆。在欧洲，还有卢森堡克雷芒、西班牙的卡瓦起泡酒、德国的塞克特起泡酒和意大利标有“metodo classico”（传统发酵起泡酒）的葡萄酒都是起泡酒。

背标

虽然给葡萄酒贴上背标并不是法定必需的，但是背标往往才是葡萄酒真正的身份证，而正标此时只是一张简单的名片。贴在酒瓶壁上与正标相对的背标有时候尺寸比正标还大，上面标注了各种各样的信息，从葡萄品种到产地田块的特性，从葡萄酒的培育方式和培育时间到侍酒的最佳温度，以及建议与酒搭配的菜肴。背标的使用在英语国家很普遍，如今越来越多的法国葡萄酒也开始使用背标。

正确还是错误？

人们在葡萄酒背标上不会找到任何法定必标信息和可选标注信息。

错误。某些生产商用背标来标注一些必要信息和可选择标注的葡萄酒产品信息，而酒的正标经常用来吸引消费者的注意力，可以是一幅图像，如一幅油画的复制品，也可以是某特藏酒的名字。当然，日常餐酒的生产商也用这种方法来遮掩葡萄酒平凡的产地和不被看好的产品形象。

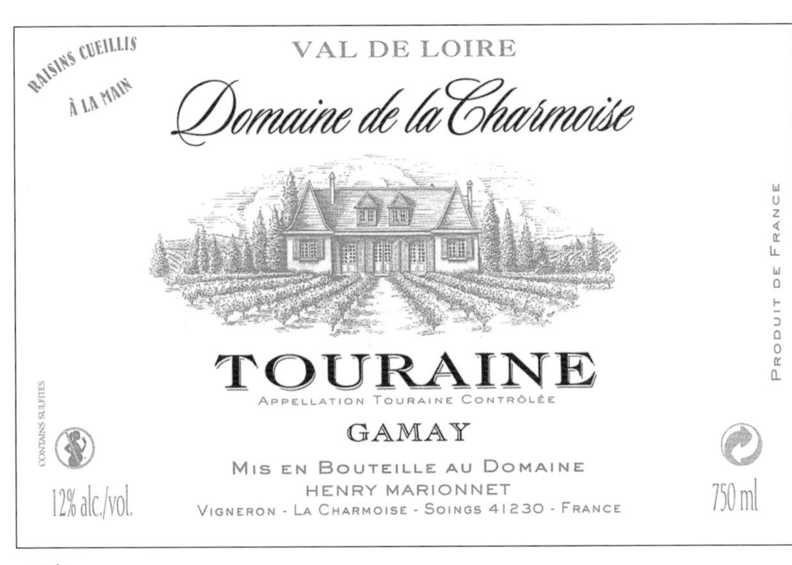

> 正标

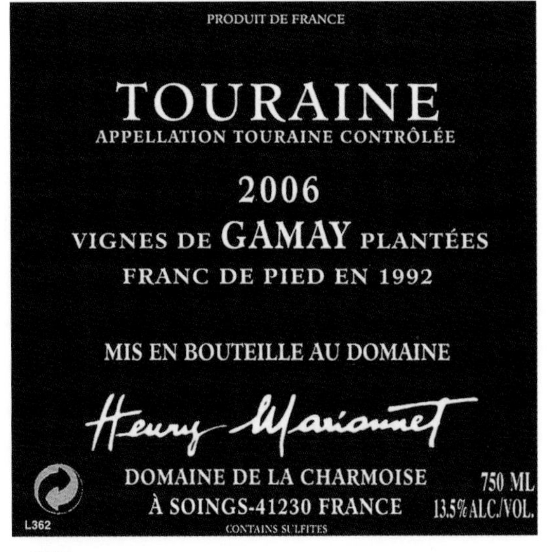

> 背标

几款酒标举例

酒标是葡萄酒的身份证，随时间变化很多。在众多法定必须标注或者可选择标注但受法律监控的信息之间，还有大量的市场营销信息，生产商很难在传统酒标上找到充分的空间来标注如此繁多的信息。这就是为什么越来越多的葡萄酒贴有背标，上面标注大量的信息，有助于消费者了解产品的品质和特性。

波尔多葡萄酒

勃艮第葡萄酒

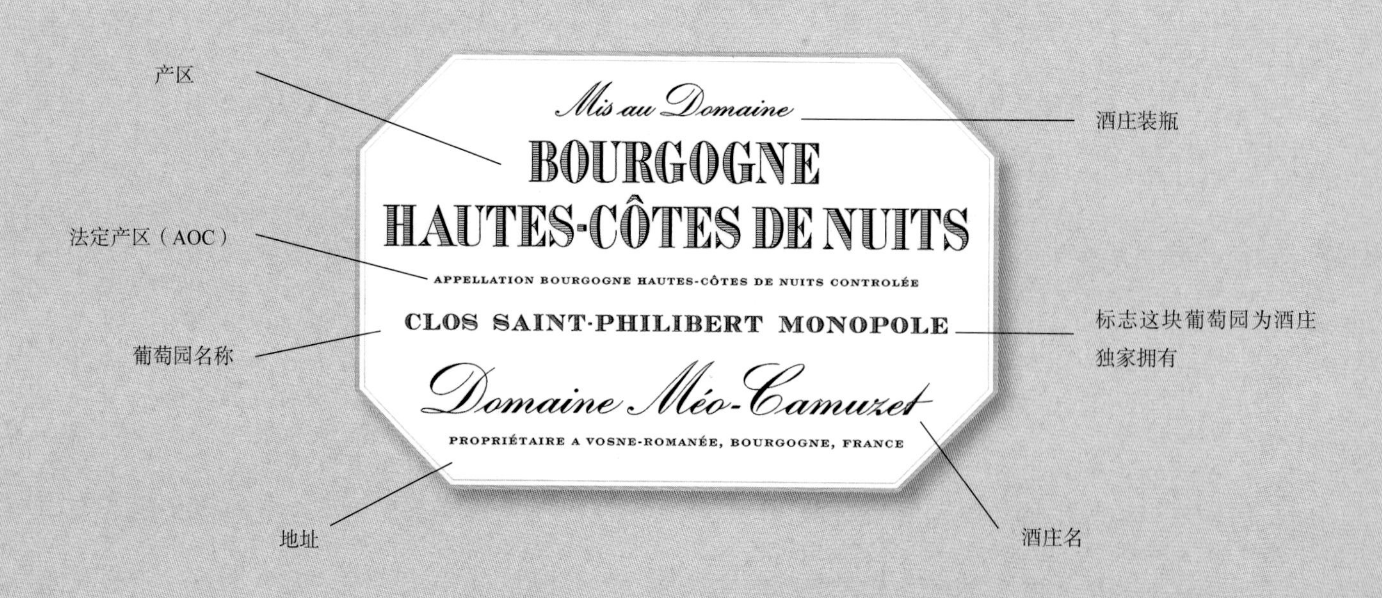

香槟酒

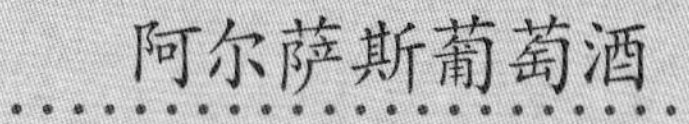

阿尔萨斯葡萄酒

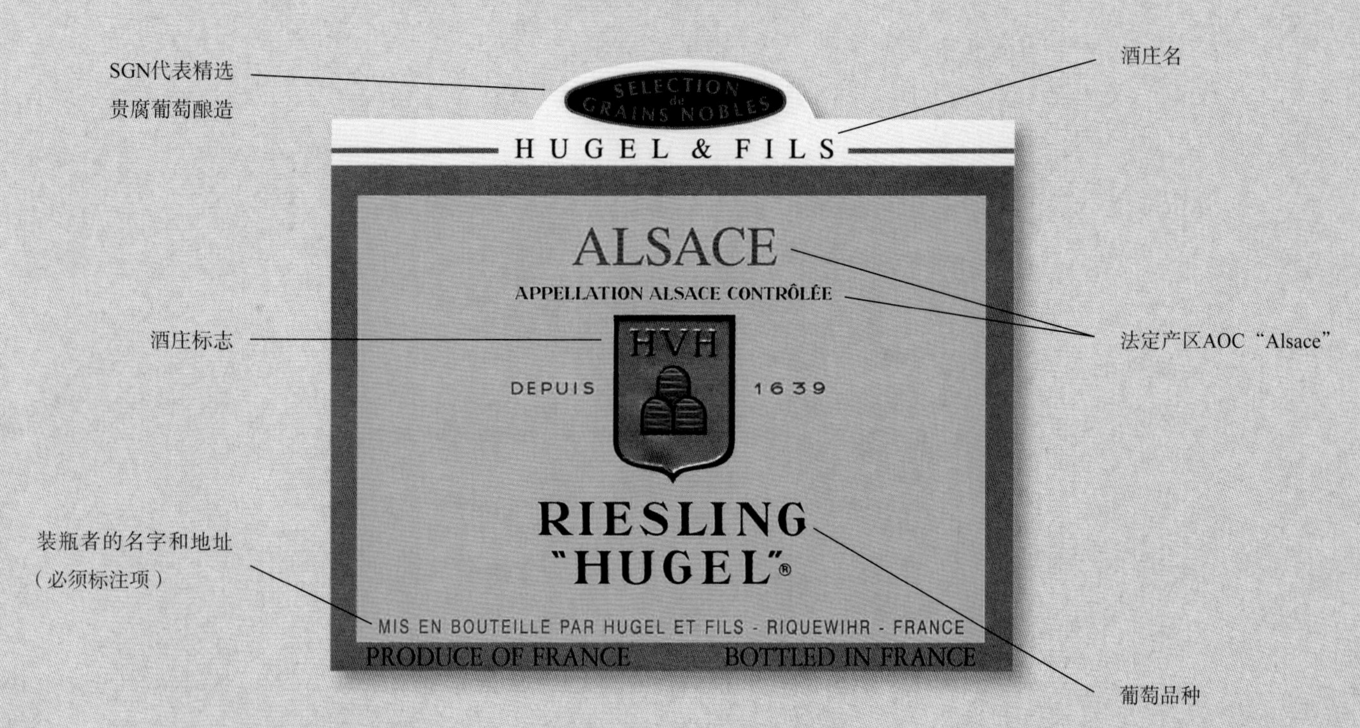

其它必须标注项标在背标上

法国地区餐酒（VDP）
地理区域保护命名（IGP）

朗格多克－鲁西荣大区所组成的一个南法协会

酒名

在法国“Réserve”（珍酿）只是一个营销的方式，不具任何意义（可选）

年份的标注

若背标已经标示葡萄品种及酒商信息，则正标的标示可做选择性标注

正标

VIOGNIER

Notre Viognier est un vin onctueux et frais qui exprime toutes les richesses des terroirs du Sud de la France. Récolté sur des souberges argilo-calcaires, il a été vinifié dans le plus grand respect du savoir-faire de la maison Skalli. L'élevage partiel en fûts de chêne apporte à ce grand Viognier longueur en bouche, complexité et élégance. Sa bouche fraîche et suave se caractérise par des notes florales d'iris et d'aubépine et des arômes intenses de pêche et d'abricot.

Our Viognier is a full fresh wine which displays all the richness of the terroirs in southern France. It is made from grapes grown on clayey limestone slopes and vinified with the skilful attention Skalli is noted for. This great Viognier is partly matured in oak barrels to give it persistence, complexity and elegance. It has a smooth fresh mouth with floral notes of iris and mayflower and intense aromas of peach

Contient des sulfites / contains sulfites / enthält Sulfite / sisältää sulfitteja / innehäller sulfiter

Robert Skalli

PAYS D'OC VIOGNIER
Indication Géographique Protégée

MIS EN BOUTEILLE PAR/
BOTTLED BY LES VINS SKALLI - SÈTE - FRANCE
PRODUIT DE FRANCE
PRODUCT OF FRANCE

13% vol. 75 cl

www.skalli.com P 99999

品种名称，如果该品种在此款葡萄酒中含85%以上（必须标注）

酒品描述

与健康相关的含硫说明（必须标注）

装瓶地点和名称（必须标注）

原产地的标示（必须标注）

产出国

酒精浓度以及净含量

网站

背标

西班牙葡萄酒

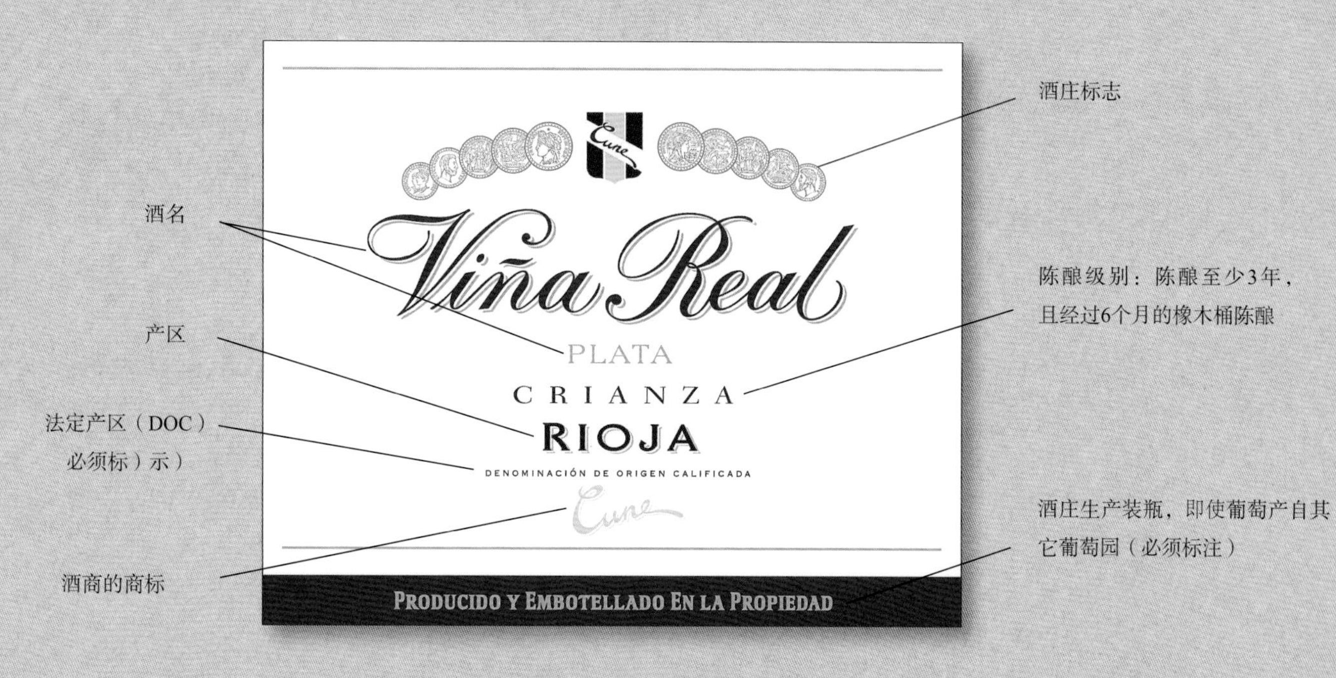

其它必须标示的信息标注在背标上

意大利葡萄酒

其它必须标注的信息标注在背标上

德国葡萄酒

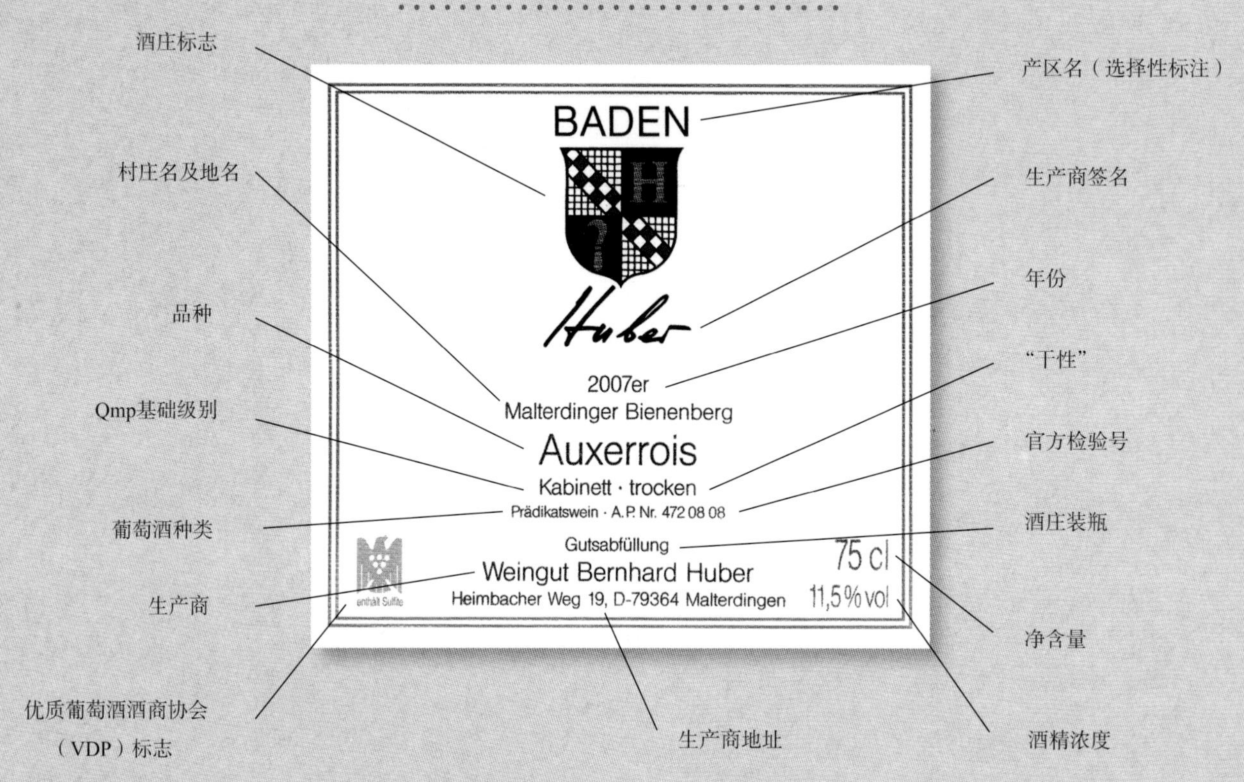

澳洲葡萄酒

其它必须标注的信息标注在背标上

智利葡萄酒

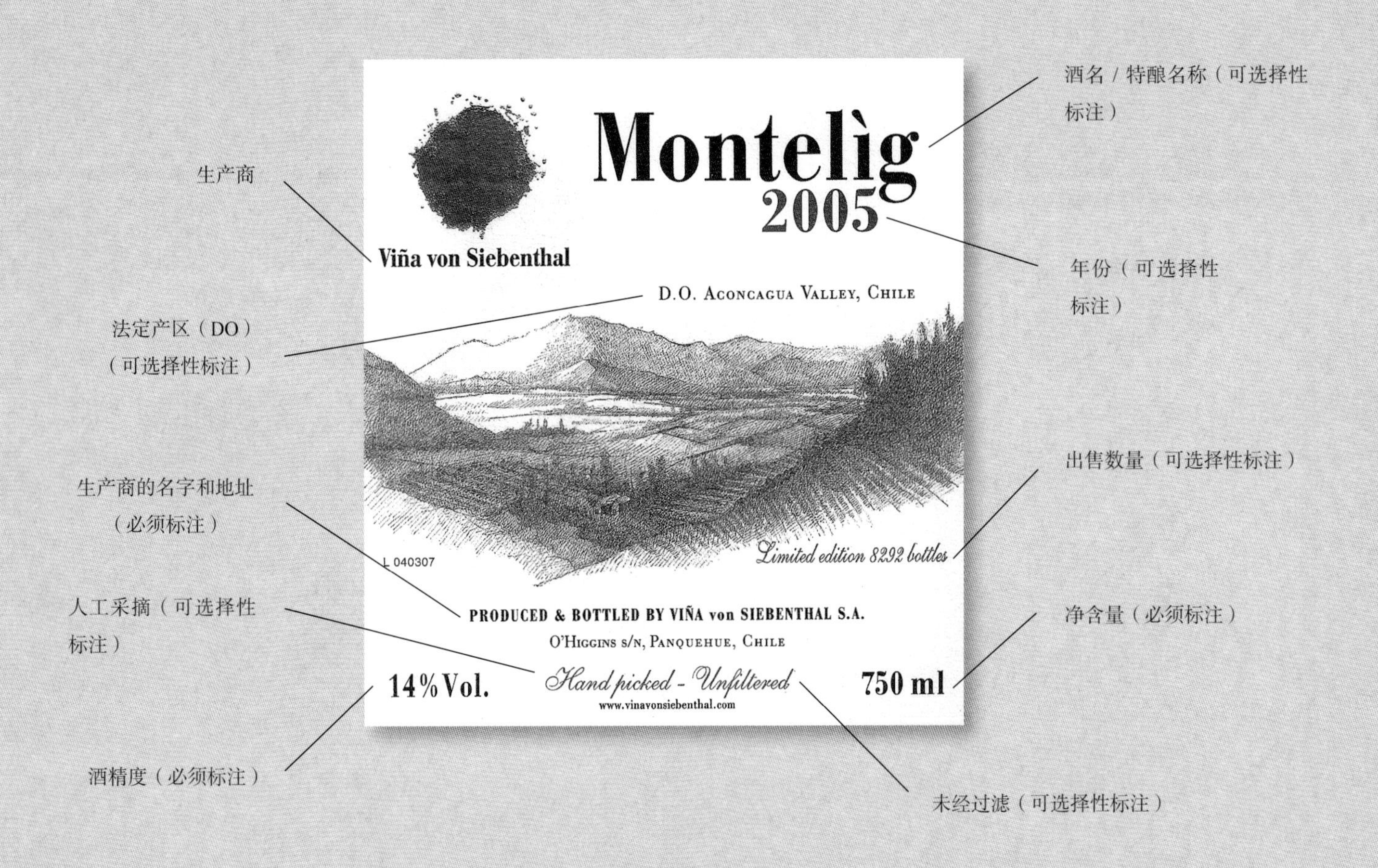

美国葡萄酒

其它必须标注的信息标注在背标上

过去和现在的酒标设计

简洁、经典、现代、独特……酒标就像它代表的葡萄酒一样多姿多彩。其中一些精美的葡萄酒标往往成为人们收藏的对象。

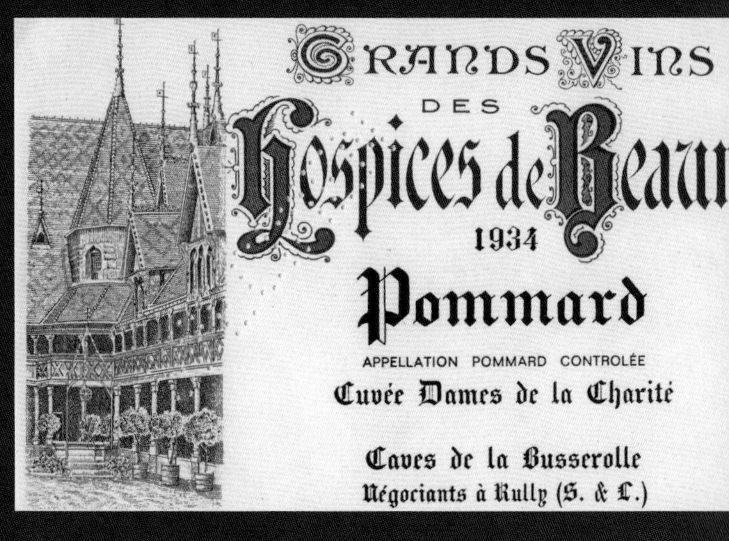

Château
Leyritz Moncassin
Rosé
Vincent DELMOTTE
Propriétaire
SCEA SOVIMON
47700 LEYRITZ MONCASSIN
FRANCE
BUZET
APPELLATION BUZET CONTRÔLÉE
12% vol.
750 ml
MIS EN BOUTEILLE AU CHATEAU
PRODUIT DE FRANCE
CONTAINS SULPHITES

Cuvée du Poilu
CÔTES DU RHÔNE
APPELLATION CONTRÔLÉE
1918
1988
MIS EN BOUTEILLE PAR LES PRODUCTEURS REUNIS A F 26790-357
CAVE LA ROMAINE
75 cl
12,5 % Vol.
84110 VAISON - LA - ROMAINE
PRODUIT DE FRANCE

CUVÉE SAINT-VALENTIN
SAINT-AMOUR
APPELLATION SAINT-AMOUR CONTRÔLÉE
MIS EN BOUTEILLE PAR
LOUIS TÊTE À 69430 BEAUJEU - FRANCE
PRODUIT DE FRANCE
13% vol 75 cl

VIN des AMPHORES
SYRAH

VIN DE PAYS D'OC
Les Coteaux de Saint-Cyr
MIS EN BOUTEILLE
PAR LA S.C.V. SALLELES D'AUDE
PRODUIT DE FRANCE
12%vol.
75 cl

CUVÉE
PASTEUR
ARBOIS
APPELLATION ARBOIS CONTRÔLÉE
12,5%Vol.
75cl.e
PRODUIT ET MIS EN BOUTEILLE PAR
HENRI MAIRE AU CHATEAU BOICHAILLES 39600 ARBOIS JURA FRANCE

LOIRE
VALLÉE DU RHÔNE
SUD-OUEST

葡萄酒的
购买地点
和选购方法

葡萄酒的选购帮手

面对市场上大量的品质参差不齐的葡萄酒，爱好者可以依靠专业报刊和购酒指南来选择葡萄酒。虽然这些方法很有用，但这些酒评终究还是取决于评论者的个人喜好。

选购指南

每年都会有许多葡萄酒选购指南问世，目的是给消费者推荐性价比最高的葡萄酒。有的指南着重介绍最优秀的酒庄，或是每个产区最优秀的葡萄酒；有的则注重介绍“廉价”葡萄酒，或在超市销售的葡萄酒。这些指南的编辑方式也各有差异：有的主要是突出对葡萄酒的评价；有的则注重介绍生产商和酿酒地区。有的指南依赖的是享有盛誉的品酒师，有的则仰仗由侍酒师和酿酒师组成的评审委员会对葡萄酒进行盲品。

这些排行榜是否值得信赖

通常情况下，葡萄酒指南是对生产商送来的样品进行评价，这就有可能出现偏差，生产商完全有理由提供他们最好的佳酿。即便如此，专家们都是非常严肃认真地进行品酒，因此人们可以相信他们对品尝到的葡萄酒的客观评价。但是每个品酒师的口味、习惯各不相同，评价或多或少会有一些主观因素。还有，不可能有任何指南涵盖所有葡萄酒。一款葡萄酒没有出现在任何指南上，并不代表它的品质不好。当然，极少会有质量上乘的葡萄酒完全被忽视。

尽管存在这些不确定性，购酒指南仍然是很有价值的工具，它提供各种各样的选择和许多实用信息。它同时还是一个巨大的信息库，提供了各酒庄葡萄酒价格的变化和最新趋势：新出现的高品质葡萄酒生产商、潮流的新动向，或是影响某一产区葡萄酒风格的酿造技术的变化。

以性价比高而出名的葡萄酒常常很快在酒庄或在酒展的头几天就销售一空。葡萄酒爱好者或许可以从葡萄酒专营店或餐厅中买到或品尝到，但价格会高一些。

推荐读物

《阿歇特葡萄酒指南》（LE GUIDE HACHETTE DES VINS）。阿歇特每年组织各个产区当地的评审委员会和酿酒师以盲品的方式选出1万款葡萄酒，根据品质的优劣进行星级标注（三星为最高）。

《贝丹和德梭法国葡萄酒年鉴》（LE GRAND GUIDE DES VINS DE FRANCE BETTANE ET DESSEAUVE）。这本年鉴由著名的《法国葡萄酒杂志》的前记者米歇尔·贝丹（Michel Bettane）先生和切里·德梭（Thierry Desseauve）先生合作编著，由他们邀请专业品酒人士组成评审委员会，对来自2500多家产业的1万多款葡萄酒进行品评，把风土和酿酒师的技艺等各种因素也考虑在内。其中将近30%的葡萄酒价格低于10欧元。葡萄酒产品评分为1~20分，而出名酒庄则以星级评价。

公共传媒和专业传媒

现在这已经成为了惯例：每年秋天，在各大超市举办的葡萄酒节期间，大部分的周刊和月刊都会另外发行葡萄酒专刊。针对大众读者群的文章通俗易懂，适合葡萄酒入门者阅读。资深的消费者则喜欢专业读物，如《法国葡萄酒杂志》（*la Revue du vin de France*），但是给大众读物和专业读物撰写文章的作者常常是同一群人。

> 一款品质低下的葡萄酒就算便宜也不值得购买。我们可以在各个价格区间找到性价比高的葡萄酒。

您未必了解的小知识

在葡萄酒品评赛上得到奖项未必就是一种品质保证。许多品评赛都是严肃认真的，无论是国际性的（布鲁塞尔的国际评酒赛、巴黎和马孔的国际烈酒赛等）还是地区性的［波尔多梅多克地区的中级酒庄品评赛和鲁西荣地区的圣巴库斯（Saint-Bacchus）葡萄酒选评赛等］。但是在法国每年举办的80多个葡萄酒品评赛事中，有一些还是欠缺严谨性。而且，谁也不能保证一旦得奖，生产商只会在获奖的那批酒的酒瓶上标示所获奖项。

《帕克法国葡萄酒指南》（LE GUIDE PARKER DES VINS DE FRANCE）。这本指南由Solar出版社出版，由美国著名品酒师罗伯特·帕克先生对法国7300多款葡萄酒进行品评，特别是他偏爱的波尔多地区、勃艮第地区、罗纳河谷地区和阿尔萨斯地区的葡萄酒。大部分酒被给予了50~100的分数。罗伯特·帕克先生比较偏爱强劲、橡木味浓郁的葡萄酒，比较适合美国大众的口味。他的酒评被整理成文档并详细阐述，备受推崇，可以对葡萄酒的价格产生很大的影响。他还出版了一本专门针对波尔多葡萄酒的指南。

《法国最佳葡萄酒指南》（LES MEILLEURS VINS DE FRANCE）。由《法国葡萄酒杂志》的6名记者兼品酒师编辑完成，涵盖了1200多个酒庄的7500款葡萄酒，评价基于一年中为杂志撰写文章而进行的品鉴。指南中提供许多实用信息。

《最佳性价比葡萄酒》（LE GUIDE DES MEILLEURS VINS A PETITS PRIX）。由《法国葡萄酒杂志》的记者兼品酒师菲利普·莫朗热（Philippe Maurange）先生和安托万·加贝尔（Antoine Gerbelle）先生编辑完成的葡萄酒指南，对1550款价格在3~20欧元的葡萄酒做了简要介绍。

《高尔·米卢葡萄酒指南》（LE GUIDE DES VINS GAULT-MILLAU）。这本指南主要由品酒师皮埃尔·贵贵（Pierre Guigui）先生编著。主要介绍不太出名和行事低调的酿酒产业，尤其注重介绍那些从事有机葡萄种植的酿酒产业。酒的评分满分为20分，大约1500多家酿酒产业被划分为1~4等级。

《葡萄酒资深爱好者指南》（LE GUIDE DES GRANDS AMATEURS DE VIN）。这本指南由谢尔什·米丁（Cherche-Midi）出版社出版，由阿兰·马蒂（Alain Marty）发起，再由内行的独立消费者对1000多款法国葡萄酒做品评。

《国际烈酒赛，世界1000款葡萄美酒》（VINALIES INTERNATIONALES，1 000 VINS DU MONDE）。由阿歇特出版社出版，借法国酿酒师协会组织的国际品酒会的机会完成。这本指南尤其吸引对国外葡萄酒感兴趣的葡萄酒爱好者：它介绍了来自35个国家的葡萄美酒。

品尝葡萄酒的益处

如果您要“了解”一款葡萄酒，最好的方式是品尝它（详见205~207页）。其实人们很难通过一段评述来确定对一款葡萄酒的印象，因此我们极力建议葡萄酒爱好者不要放过任何一次品酒的机会。

> 品尝葡萄酒可以帮助了解自己的喜好，以便更好地选购葡萄酒。

在哪里品尝。由产区联合会组织的开放日和各种葡萄酒展销会都是消费者在一个葡萄种植区中选择最好的生产商的机会。除此之外，还有由葡萄酒专营店和酒商针对自己的顾客组织的品酒会，以及各类葡萄酒俱乐部。这些俱乐部的目的是对新手进行葡萄酒知识的启蒙，或是使葡萄酒爱好者加深对葡萄酒的认识。在酒庄内的品酒带有不同的地区特色，气氛都会比较融洽。它是很好的发现和品尝葡萄酒的机会，但是人们总觉得有义务购买点葡萄酒，否则就会不自在。在合作酒窖里品尝葡萄酒就相对更好，人们总是得到很好的接待，也不会觉得有很强的购买义务。应该养成记录每一次品酒经验的习惯，这样会让您更好地利用从资深人士——指南、侍酒师或者朋友那里得到的建议。

选择葡萄酒的几项标准

在各种葡萄酒指南推介的大量葡萄酒中，消费者肯定要根据自己的标准做出选择。喜欢哪种类型的葡萄酒（详见156~163页）？什么样的价位？是希望选择一款适合当年饮用的日常葡萄酒，还是适合存放、等到重要场合时才享用的葡萄酒？考虑过这些方面后，选择会变得更简单。

葡萄酒的价格

一瓶葡萄酒的价格应该反映它的品质，但是酒的价格也取决于葡萄酒的名声和选购指南对它的评价，更取决于市场的需求。

葡萄酒的等级

葡萄酒的品质有等级划分。按由低到高的顺序，从价格低廉、无原产地标注的日常餐酒，到著名产区的葡萄酒，比如列级名酒，价格可以达到几百欧元。通常来说，一款葡萄酒名声越古老，价格就越高。地区餐酒是拥有产地地理区域保护命名（IGP）的日常餐酒。因为产量较多，理论上说地区餐酒的价格一般低于法定产区葡萄酒。但是，也会出现一款以优质而闻名的地区餐酒的价格等于或高于法定产区葡萄酒的情况。

产区的价格

每个法定产区或葡萄酒产地都有一个依据市场需求制定的参考价格。这个价格是生产商和批发商之间的交易价格，以桶或百升为单位。这主要适用于葡萄酒产量高而且大部分酒都被酒商收购的地区（如波尔多、朗格多克和罗纳河谷）。对大多数酒都在酒庄内装瓶销售的地区而言，这种产区价格的影响就比较小，如阿尔萨斯地区。产区价格刊登在当地的报纸上。某个法定产区的价格取决于它的声誉、往年的价格、存货量、年份和市场需求。

除了法定产区的报价，还有许多因素决定着葡萄酒的最终价格，比如潮流的影响或是酿酒师的声誉。最后，葡萄酒的价格还取决于它的销售模式（直销、大型超市销售等）。

几个不同产区的价格实例

下列表格列举的是几个法国或外国产区的参考价区间，根据它们所属的葡萄酒种类划分（详见156~163页）。这里所列的价格是一瓶葡萄酒单卖的出厂价，在超市中的价格可能会上下浮动约10%。

轻盈和果味浓郁的红葡萄酒					
Coteaux-du-Lyonnais	5 欧元以下	Vin de Savoie	6~10 欧元	Arbois	8~15 欧元
Beaujolais	5~10 欧元	Hautes-Côtes-de-Beaune	7~12 欧元	Pinot noir d'Alsace	8~15 欧元
Anjou	5~15 欧元	Côtes-du-Jura	7~13 欧元	Hautes-Côtes-de-Nuits	8~15 欧元
Vins de Navarre	6~10 欧元	Saint-Nicolas-de-Bourgueil	7~13 欧元	Bourgogne	8~20 欧元
Malbec d'Argentine ou d'Uruguay	6~10 欧元	Bourgueil	8~12 欧元	Sancerre	10~20 欧元
丰满和果味浓郁的红葡萄酒					
Chianti	4~10 欧元	Côtes-du-Rhône-Villages	5~12 欧元	Chinon	7~14 欧元
Valpolicella	4~10 欧元	Gaillac	5~12 欧元	Côtes-de-Bourg	7~15 欧元
Bordeaux	4~15 欧元	Bergerac	5~15 欧元	Castillon-Côtes-de-Bordeaux	8~20 欧元
Buzet	5~10 欧元	Bordeaux supérieur	5~15 欧元	Crozes-Hermitage	9~20 欧元
Côtes-du-Frontonnais	5~10 欧元	Shiraz d'Australie	6~8 欧元	Saint-Joseph	10~20 欧元
Côtes-de-Provence	5~10 欧元	Vins rouges d'El Bierzo	6~10 欧元	Coteaux-d'Aix-en-Provence	12~20 欧元
Touraine	5~10 欧元	Saint-Nicolas-de-Bourgueil	7~13 欧元	Coteaux-Champenois	20 欧元以上
复杂、强劲和丰富的红葡萄酒					
Pomerol	5 欧元以上	Vins rouges espagnols de la Rioja	6~20 欧元	Barbaresco	13~30 欧元
Côtes-du-Roussillon-Villages	5~10 欧元	Vacqueyras	7~15 欧元	Valpolicella Amarone	15 欧元以上
Minervois	5~12 欧元	Madiran	8~15 欧元	Pinot noir californien de la Sonoma Valley	15~25 欧元
Cahors	5~15 欧元	Pécharmant	8~15 欧元		
Minervois-la-Livinière	6~13 欧元	Languedoc	8~20 欧元	Châteauneuf-du-Pape	20 欧元以上
Corbières	6~15 欧元	Gigondas	10~20 欧元	Grand vin argentin de la région de Mendoza	30 欧元以上
Saint-Chinian	6~15 欧元	Saint-Émilion	10~25 欧元		
复杂、丹宁厚重和典雅的红葡萄酒					
Pinotage d'Afrique du Sud	8~10 欧元	Cornas	12 欧元以上	Barbera d'Asti	13~20 欧元
Graves	8~20 欧元	Pauillac	12 欧元以上	Saint-Julien	14 欧元以上
Haut-Médoc	8~20 欧元	Pessac-Léognan	12 欧元以上	Côte-Rôtie	20 欧元以上
Bandol	10 欧元以上	Saint-Estèphe	12 欧元以上	Hermitage	20 欧元以上
Médoc	10 欧元以上	Saint-Émilion Grand Cru	13 欧元以上	Barolo	20~40 欧元

复杂、精致和典雅的红葡萄酒					
Mercurey	10~20 欧元	Vosne-Romanée	25 欧元以上	Gevrey-Chambertin	30 欧元以上
Pommard	15 欧元以上	Corton	30 欧元以上	Grands vins rouges de Ribeira del Duero	40 欧元以上
Volnay	15 欧元以上	Grands vins rouges d'assemblage californiens de la Napa Valley	30 欧元以上		
Chambolle-Musigny	25 欧元以上			Bolgheri Sassicaia	100 欧元以上
活泼和果味浓郁的桃红葡萄酒					
Luberon	4~10 欧元	Côtes-de-Provence	6 欧元以下	Côtes-du-Jura	7 欧元以下
Rosé de Loire	5 欧元以上	Les Baux-de-Provence	6~10 欧元	Coteaux-d'Aix-en-Provence	8~12 欧元
Irouléguy	5~10 欧元	Coteaux-Varois	6~12 欧元	Bellet	10~15 欧元
浓烈和稠密的桃红葡萄酒					
Corbières	5 欧元以下	Languedoc	5~10 欧元	Tavel	8~15 欧元
Côtes-du-Rhône	5 欧元以下	Lirac	5~10 欧元	Bandol	10~20 欧元
Bordeaux clairet	5~10 欧元	Marsanney	8~12 欧元	Rosé des Riceys	15~20 欧元
轻盈和酸度高的干白葡萄酒					
Gros-Plant	3~8 欧元	Bourgogne Aligoté	5~10 欧元	Vin de Savoie	5~10 欧元
Bergerac	4~10 欧元	Cour-Cheverny	5~10 欧元	Petit Chablis	5~12 欧元
Entre-deux-Mers	4~10 欧元	Crépy	5~10 欧元	Cheverny	6 欧元以下
Saint-Pourçain	5 欧元以下	Pinot blanc d'Alsace	5~10 欧元	Pouilly-sur-Loire	7~12 欧元
Txakoli blanc sec du Pays basque	5 欧元以上	Sylvaner d'Alsace	5~10 欧元	Sauvignon de Nouvelle-Zélande	10 欧元以上
轻柔和果味浓郁的干白葡萄酒					
Muscadet	4~10 欧元	Vins de Corse	6~12 欧元	Jurançon sec	8~15 欧元
Gaillac	5~10 欧元	Arbois (chardonnay ou savagnin)	7~12 欧元	Sancerre	8~15 欧元
Roussette du Bugey	5~10 欧元	Graves	7~12 欧元	Vin blanc sec de Collio	8~15 欧元
Blaye-Côtes-de-Bordeaux	5~12 欧元	Coteaux-d'Aix-en-Provence	7~15 欧元	Chablis	10~20 欧元
Côtes-de-Provence	6~10 欧元	Montlouis sec	7~15 欧元	Pouilly Fumé	10~20 欧元
Mâcon	6~10 欧元	Quincy	8~12 欧元	Gewurztraminer du Haut-Adige	13~20 欧元
Vins blancs secs de Penedès	6~12 欧元	Bandol	8~15 欧元	Pouilly-Fuissé	15~25 欧元
丰润和典雅的干白葡萄酒					
Vins blancs secs de Rías Baixas	6~10 欧元	Pessac-Léognan	12欧元以上	Chassagne-Montrachet	20 欧元以上
Savennières	8~15 欧元	Chardonnay de la Napa Valley	15~25 欧元	Hermitage	20 欧元以上
Vin blanc sec de Rueda	8~15 欧元	Châteauneuf-du-Pape	15欧元以上	Corton-Charlemagne	25 欧元以上
Vouvray	8~20 欧元	Meursault	15欧元以上	Puligny-Montrachet	30 欧元以上
Chablis Premier Cru	10~20 欧元	Chablis Grand Cru	20 欧元以上	Montrachet	40 欧元以上
酒香浓郁的干白葡萄酒					
Muscat d'Alsace	6~10 欧元	Gewurztraminer d'Alsace	6~15 欧元	Condrieu	20 欧元以上
Pinot gris d'Alsace	6~10 欧元	Xérès Fino ou Manzanilla	8~15 欧元	Vin jaune du Jura	20 欧元以上
Riesling d'Alsace	6~10 欧元	Château-Chalon	20 欧元以上		
半干白、半甜白或甜白葡萄酒					
Pacherenc-du-Vic-Bilh	6~10 欧元	Cérons	12~20 欧元	Riesling SGN	20 欧元以上
Cadillac	6~12 欧元	Vouvray moelleux	15~20 欧元	Sauternes	20 欧元以上
Coteaux-du-Layon	8~20 欧元	Riesling Vendanges tardives (VT)	15~25 欧元	Tokaj de Hongrie	20 欧元以上
Loupiac	10~20 欧元	Passito de Pantelleria	15~40 欧元	Gewurztraminer SGN	25 欧元以上
Monbazillac	10~20 欧元	Barsac	20 欧元以上	Pinot gris SGN	25 欧元以上
Montlouis moelleux	10~20 欧元	Gewurztraminer VT	20 欧元以上	Trockenbeerenauslese allemand de la Saar-Ruwer	50 欧元以上
Sainte-Croix-du-Mont	10~20 欧元	Quarts-de-Chaume	20 欧元以上		
天然甜型葡萄酒和甜型葡萄酒					
Muscat de Mireval	6~10 欧元	Banyuls	10 欧元以上	Muscat de Beaumes-de-Venise	10~20 欧元
Muscat de Rivesaltes	6~10 欧元	Rivesaltes	10 欧元以上	Muscat de Frontignan	10~20 欧元
Pineau des Charentes	8~15 欧元	Macvin du Jura	10~20 欧元	Rasteau	10~20 欧元
Porto	8~15 欧元	Maury	10~20 欧元		
起泡酒					
Lambrusco	5~7 欧元	Vouvray	5~20 欧元	Montlouis, Saumur	6~10 欧元
Clairette de Die	5~10 欧元	Blanquette de Limoux	6~10 欧元	Crémant du Jura	7~10 欧元
Crémant de Bordeaux	5~10 欧元	Crémant d'Alsace	6~10 欧元	Cava mousseux de Catalogne	8~12 欧元
Gaillac	5~10 欧元	Crémant de Bourgogne	6~10 欧元	Champagne	13 欧元以上

在商店里购买葡萄酒

法国家庭消费的葡萄酒大部分是在超市里购买的。多样的选择和相对低廉的价格对顾客很有吸引力，但是往往缺乏产品信息，除了在如今已成惯例的秋季葡萄酒展销期间。在一个好的葡萄酒专营店，您会得到很专业的建议，有时还能买到珍稀罕见的葡萄酒，但是价格相对大型超市来说会偏贵一些。

超市

主要的优势。不可否认的是价格优势。得益于采购中心强大的购买力以及低廉的物流成本，大型超市各类葡萄酒的价格通常都比葡萄酒专营店的低，甚至有时比从酒庄处直接购买都要便宜。面对市场上对优质葡萄酒需求的高涨，有的连锁店配备受过葡萄酒专业知识培训的采购人员。还有一些超市和酒商甚至和某一整个产区签订合同，以保证优质产品的来源和供应。超市在葡萄酒展示和储存方面也进步不少，尤其是特大型超市。因为存货更新得很快，葡萄酒很少长时间摆在货架上及暴露于光线之下。有一些超市甚至设立了精品酒窖，在那里葡萄酒在阴暗处以及适宜的温度下得以储存。

缺点。经常有酒农抱怨大型超市的缺点。要得到在超市销售的资格，除了要大量生产，还要签订一些保证书，而在年份不好或缺货时，签订这些保证书的风险很大。因此，大型连锁超市经常优先考虑大型生产商或酒商，以及大产量的葡萄酒产区。此外在超市中，有时候也会出现货架上各个产区混合摆放的情况。还有可能出现如下情况，偶尔被发现的一款好酒几周后就卖断货了。所以，如果没有专业人士在旁给予建议，消费者最好先学会识读酒标（详见106~117页）。

如今的葡萄酒市场为您提供几千种来自世界各地的葡萄美酒。80%的葡萄酒是在超市销售的，价格实惠，但葡萄酒专营店会为您提供更优质的选择和宝贵的建议。

结论。今天，大部分连锁超市都可以提供种类繁多且价格诱人的葡萄酒。但是除了在葡萄酒展销期间，别希望能够在其中发现罕见的“珍品”，因为许多著名的酒庄为了维持声誉，选择放弃超市这个销售渠道。

个体葡萄酒专营店

葡萄酒专营店的经营者一直是连结葡萄酒产业和消费者的最主要的枢纽。他们有时拥有专业的文凭，但是这

超市的葡萄酒展销会

葡萄酒展销会形成之初是为了倾销滞销的葡萄酒，而现在由大型超市组织的葡萄酒展销会成为不可错过的盛会。虽然参展的葡萄酒质量各异，仔细淘一淘，也会找到不错的产品。最好的当然是著名酒庄的优质年份酒、一些国外的葡萄酒和一些酒庄直销的葡萄酒。要当心一些普通年份、无名酒庄或小酒庄的葡萄酒。它们拥有精美的酒标，但葡萄酒的质量可能很一般。最好在展销会的头几天前往，因为价格实惠和品质优良的葡萄酒很快便会销售一空。

九月出版的购买指南或葡萄酒专刊可能会很有用。令人遗憾的是，有些连锁店会在展销会开幕前夕组织VIP之夜，让幸运的享有优先权的贵宾们在众人之前购买到优质葡萄酒。

> 酒窖管理员都对葡萄酒情有独钟，他们可以带您领略一些值得关注的葡萄酒。

> 在圣安美隆的一家葡萄酒专营店。

种文凭不一定被官方承认。好的酒窖管理员有求必应，对葡萄酒十分热爱，并且拥有丰富的专业知识。他们经常参观葡萄酒酒庄和出席各种葡萄酒展览会，寻找性价比最优的葡萄酒来推介给顾客。在他们的酒窖中存放的不仅有经典佳酿，也有不少来自有名气的小酒庄；既有老年份酒，也有当季的新酒；既有适合早期饮用的葡萄酒，也有适合陈年窖藏的葡萄酒。他们不管是面对偶尔光顾的消费者，还是对葡萄酒比较了解的爱好者，都可以给出适合的建议。

珍贵的建议。像侍酒师一样，葡萄酒专营人士也要帮助他的顾客在品质和价格之间找到平衡点，并给予消费者葡萄酒和饮食搭配方面的建议。就像一个私人咨询师一样，他们可以不定期在专营店组织各种品酒会，向刚入门的葡萄酒爱好者揭示葡萄酒的秘密。这样专业而出色的服务使得葡萄酒在专营店的价格要比超市贵一些（平均要贵10%~20%）。但是遗憾的是，并不是所有的葡萄酒专营人士都拥有这些理想的专业素质。

葡萄酒连锁专营店

在个体葡萄酒专营店和大型超市之间，存在着葡萄酒连锁专营店［如尼古拉（Nicolas）和巴库斯（Repaire de Bacchus）等连锁店］，这种模式希望找到个体专营店的服务和大型超市的价格之间的折中点。价格的优势可以通过采购中心统一购买来实现，而服务质量则完全取决于连锁店主管和团队的素质。这样的葡萄酒连锁专营店经常分布在大城市，向消费者提供各种风格和各种价格档次的葡萄酒。

额外服务。大多数葡萄酒连锁专营店都组织品酒、促销和葡萄酒展销会。有些连锁专营店还提供详细的产品目录或者提供特别的服务，如购买“期酒”的可能性（详见130~131页），或提供长年窖藏的葡萄酒（其价格有时比在酒庄直接购买或向酒商购买更便宜一些）。有时连锁专营店还提供送货上门的服务，或者将顾客购买的葡萄酒在当天寄送到其远在千里之外的朋友手里。

您未必了解的小知识

有的经销商拥有自己的品牌。面对越来越大的市场需求，大型经销商有时会创建自己的品牌。其酒源十分广泛，通常由合作酿酒厂或酒商酿造，直接为其装瓶。葡萄酒的品质有的会由专家认证［Casino侍酒师俱乐部、Intermarché品酒专家俱乐部、Auchan连锁超市集团的品酒专家皮尔·尚诺（Pierre Chanau）先生等］。酒的品质与品牌营销政策无关，他们可以出售品质最好的也可以出售品质最差的，这样的品牌产品通常是地区餐酒或大规模生产的法定产区葡萄酒。

在葡萄酒酒庄直接购买

在酒庄直接购买有许多有利因素：不论是从酒农还是从合作酿酒厂购买，除了价格优势之外，都有可能发现还未被炒起来的高品质葡萄酒，还可以与酒庄主建立亲切友好的关系。

在酒庄内购买

在酒庄直接购买可以买到许多价格合理、品质出众但没有或还没被销往各地的优质葡萄酒。另外，这种方式有利于与酒庄主之间建立友善的关系，消费者有时能够享受到优惠的价格和更好地选择酒的年份。

有利条件。到酒庄参观是一种很好的了解葡萄园工作的方式。在酒窖参观需要注意正确的穿着和环境清洁。要进行一次理想的品酒，最好与酒庄提前预约，尤其是在葡萄的收获季节。如果我们喜欢酒庄出产的葡萄酒，会很高兴地买几瓶好酒。但如果不喜欢酒庄的葡萄酒而又不想使酒庄主不快，场面会变得有点尴尬，因为我们总觉得无论如何要买几瓶酒带走。通常很难快速地决定购买哪款葡萄酒，因此建议大家先将产自同一个产区的葡萄酒样品收集到一起，在家里一起品尝比较，然后再决定大量购买哪几款葡萄酒。在酒窖的融洽气氛中品味的葡萄酒可能当时让我们很满意，可日后品尝，会觉得平淡无奇。一个放心的好选择能抵消运输的费用。

注意事项。任何时候都不要购买没有发票的葡萄酒。一瓶葡萄酒应该有酒标，酒帽顶部应该有纳税标志或者伴随着纳税文件（详见129页框中内容）。不要受骗购买“降级”葡萄酒，这样的说法没有任何意义，所有不符合法定产区质量标准的葡萄酒都应该被毁掉。否则如果碰到监察，您可能需要支付高额的罚款。

葡萄酒展销会。大众展销会，如葡萄酒专营店的展销或巴黎的大品酒会（Grand Tasting）给葡萄酒爱好者带来多种多样的葡萄酒产品。它是认识生产商非常实用的办法，能让消费者在很短的时间内品尝到多款酒品。在这种展会上有时您会遇到已经熟识的酒庄主，如果提前通知，他们会给您带来您想购买的葡萄酒。

葡萄酒旅游业迅速发展。葡萄酒旅游路线越来越多，让人们有机会发现和体味葡萄园。可用上一个周末的时间，在酒庄直接购买一些葡萄酒产品。

在合作酿酒厂购买

在法国有超过50万名的酒农。但并不是所有酒农都将自己的产品投入市场：某些酒农将出产的葡萄或葡萄酒卖给酒商或者合作酿酒厂。合作酿酒厂为园地面积小、无力购买大型酿酒和培育设备的小庄园主提供了酿造加工的可能。酒厂负责销售酿出的葡萄酒：或以散酒的形式卖给批发商，或自行装瓶出售。他们出产的葡萄酒经常拥有很高的性价比。最好的酒厂会根据果农提供的葡萄的质量来给予报酬。如此，酒厂鼓励果农种植名贵品种，从而也巩固了产区优质葡萄酒的好名声。

> 记录下每次的品酒感受和多次品尝能够让您做出明智的选择。

法律规定的完税标志

对葡萄酒的运输是有严格法律规定的。每瓶葡萄酒酒帽的瓶顶位置标注的完税标志表明该葡萄酒已经获得流通的权利。而散酒或没有酒帽的葡萄酒，则需要一份由酒农或税务局出具的完税文件。在这份文件中要注明葡萄酒的卖家、容器的容量和数量、买家名称，以及运输方式和持续时间。运输没有完税标志的葡萄酒是一种逃税行为，会受到罚款处罚。

> 徜徉在葡萄园地中，参观葡萄酒庄园，是了解葡萄酒生产的最好方式。

有时，合作酿酒厂的酒农可以收回一部分瓶装酒，贴上自己的标签然后销售。这种操作方式在香槟地区很常见，那里许多庄园主的香槟酒是在合作酿酒厂中酿造的，法规上合作酿酒厂被看作酿酒产业的延伸。在这种情况下，最好去合作酿酒厂直接买酒：同样的一瓶酒，其价格通常比别处便宜。

买瓶装酒还是买散装酒？

买“散装酒”，也就是说没有装瓶的葡萄酒，是如今常见的消费方式。消费者不仅可以购买日常消费的散酒，同时也可以买到品质出色的酒庄的散装酒。散装酒的容器已经由塑料方桶变成了纸盒包装。纸盒包装容量由3升到20升不等，葡萄酒隔绝空气保存（袋子盛放在带一个小水龙头的纸盒内）。这种系统可以保证葡萄酒在良好的条件下储存，但是在开封后只能保存两周。这种包装的酒可以在各处买到，无论是在酒庄还是酒商处，或是在合作酿酒厂或超市。如果您买的是由传统的塑料方桶盛装的散酒，那么要在最短的时间内装瓶。通常来说，购买散装酒可以让您用750毫升的瓶装酒价格买到1升的葡萄酒。

正确还是错误？

在酒庄直接买酒价格总是更便宜

错误。直接从酒庄买酒，尤其是数量较大的时候，是最常见的获得优惠价格的方式。但并不是所有的酒庄都这样做，有的不进行直接买卖，有些定价和葡萄酒专营店的价格一样，目的是避免与经销伙伴形成不公平的竞争关系。

葡萄酒的运输

无论是红葡萄酒、白葡萄酒还是桃红葡萄酒，都忍受不了环境温度的骤变，因此在葡萄酒运输过程中最好避开天气炎热或严寒的季节。

而且，葡萄酒很重，一箱12瓶装的葡萄酒重约16千克。如果酒箱是木质的，或者酒庄采用质量大、瓶壁厚的酒瓶（特别是香槟地区），整个酒箱的质量会更大。因此，运输时要确认交通工具的承载限重，避免损坏车辆的悬挂装置。

葡萄酒运输到目的地后首先要查看葡萄酒瓶是否完好无损，然后直接将葡萄酒运往酒窖中储藏。在饮用之前，最好让葡萄酒休息一两周，如果是老年份的名庄酒，则要休息几个月。如果是送货上门，上面说的注意事项同样有效，但是成本肯定会更高（详见133页框中内容）。

您未必了解的小知识

有一些葡萄酒生产商在城市郊区的仓储中心出售他们的葡萄酒。葡萄酒被成箱放在货架上或酒箱中，没有美观的摆放，但价格往往非常实惠。这样的仓储式销售需要消费者对葡萄酒有一定的了解，注意葡萄酒的产地、包装和年份等。在酒庄装瓶的标志通常可以保证葡萄酒的可靠性。

1

2

购买期酒

购买期酒，是在葡萄酒投放市场之前预订一款葡萄酒，通常是波尔多列级酒庄，但也不全是。购买期酒一般是有利可图的，但毕竟是一种投机行为，也存在一些风险。

原理

这种通过预订方式购买的行为，目的是为了最先得到前一年采摘但仍在酿制且还未装瓶的葡萄酒，价格比起它在18个月或两年之后正式装瓶的价格要低很多。也就是说，一款在2009年购进的期酒酿自收获于2008年的葡萄，将在2011年装瓶面市。

期酒交易从某种意义上讲是“双赢”的。生产商可以立刻获得流动资金，买方可以得到比葡萄酒产品正式面市时相对便宜的价格。协议很简单：您根据给出的装瓶后的价格购买还在橡木桶中培育着的葡萄酒。下订单时支付一半的货款，然后您会收到一份预订证明，在收货时再支付另一半货款。期酒买卖的条件由生产商来定（数量、是否与其它葡萄酒一起搭售、发货日期……）。

期酒预订通常在每年春天开始，最晚在夏天开始，以便开始准备秋天的葡萄收获。期酒的购买量是有限额的，并且购买时间限制在2~3个月内。

期酒的价格由在4月举行的各种各样的品酒会决定，在波尔多的酒窖中集中了成千上万来自世界各地的葡萄酒专业人士（酒商、葡萄酒专营店经营人士、侍酒师、记者等）。各种葡萄酒专业杂志（《葡萄酒观察家》、《法国葡萄酒杂志》……）也争相报道这一盛况。比较明智的做法是在去见生产商和酒商之前先读一下杂志刊登的文章。期酒的价格每年都有变化，取决于年份的好坏、葡萄酒产量的高低、需求量的大小……

期酒涉及哪些葡萄酒?

期酒的交易方式起源于法国波尔多，近些年来被越来越多其它产酒地区所借鉴，如勃艮第地区、罗纳河谷地区、阿尔萨斯地区，甚至是朗格多克地区。在波尔多地区参与期酒交易的有200多家酿酒产业（列级酒庄、中级酒庄），好的期酒交易常常来自梅多克产区和上梅多克

1. 波尔多波亚克产区靓茨伯酒庄（Château Lynch-Bages）的葡萄园，是可以购买期酒的列级酒庄之一。
2. 勃艮第地区的酒窖。
3. 从酒窖中提取样酒，波尔多波美侯地区的牧羊人酒庄。
4. 每年春天，大量葡萄酒专业人士到品质出色的酒庄中品尝刚刚酿出来的新酒，来评估一款酒未来的前景。

产区品质出众的中级酒庄，还有一些波尔多周边的小产区，如卡斯蒂永–波尔多丘（Castillon-Côtes-de-Bordeaux）、布莱伊丘（Côtes-de-Blaye）、布格丘（Côtes-de-Bourg）、丽丝塔克（Listrac）、弗朗萨克（Fronsac）等。

多种优势

如果一切顺利，期酒交易有着多种优势。

期酒交易是以相对偏低的价格购买葡萄酒的最好方式。根据年份不同，期酒交易的价格可以比上市后的价格低20%～30%。这种交易方式还可以让购买的人以合理的价格买到自己喜欢的并且难寻的美酒，甚至可以使我们买到一些因产量小而很难买到的列级名酒。因此，购买期酒是不错的充实私人酒窖的方法。最后，购买列级名庄的期酒，可以期望得到升值。

购买风险

购买期酒的风险主要在于价格和品质。比如，如果行情下跌，期酒的价格可能会高于面市后的市场价格；最终到手的葡萄酒品质也不一定如预期的一样好。其实，在早期品味一款葡萄酒并预示其演化是一件非常冒险的事情，再加上混酿的品种和田块不一定完全确定，而且断定一款葡萄酒的演化趋势并不是易事。

为了避免这样的问题，只要遵循以下几条简单的原则：给予酒庄信任；仔细研究发货运输费用，有时候一单订货运输费用很高，如果可能的话，和别人拼单订货可以得到一个更便宜的价格和免费送货的优惠；最后，注重挑选一般的年份，通常这些年份的酒最划算。

从哪里购买

以前的期酒买卖是由酒商垄断的，但是随着市场的演变，今天的期酒交易涵盖了更多的渠道：葡萄酒专营店经营者、邮购、网上经销商（参考随后1页的网站介绍），或者其它葡萄酒生产商……

通过其它渠道购买葡萄酒

葡萄酒的邮购，尤其是网络销售，最近得到了很大的发展。如果仔细选择具有诚信度的网站，可以做一些很划算的采购。而葡萄酒拍卖则更多吸引一些资深葡萄酒爱好者。

网络销售

今天，邮购基本上就是互联网销售。通常是葡萄酒酒商来负责互联网的销售，这些酒商有时还兼作生产商，销售市面上各种各样的葡萄酒品种。有两种“网上葡萄酒酒商”。第一类拥有很少的仓储或零仓储，他们遵循的是最低库存原则，根据网上的需求从生产商或酒商处买进葡萄酒。第二类经常是大型酒商，尤其是在波尔多地区，他们已经拥有大量的库存，可以在网上提供期酒（详见130~131页）和老年份葡萄酒的买卖。最后，许多生产商也通过互联网销售一部分他们的产品。

如何选择网站？有几十家直销葡萄酒的网站。最具有吸引力的网站除了销售葡萄酒，还提供大量葡萄酒消费的建议和产品信息，以及葡萄酒与饮食的搭配建议等。通过网购方式买酒，要注意比较报价和销售条件：葡萄酒的系列和品质；单瓶的价格，税前价还是税后价；最低购买量；送货费用（这一项可能很高）；以及出现问题时的售后服务。一旦购买，需要确定准确的送货日期。对于团购的葡萄酒（详见下页底部框中内容），要提前准备好储存葡萄酒的地点，然后在收货时注意验收，看是否会出现送错货物或者货物出现破损。

> 在伦敦苏富比拍卖会上的几瓶珍稀加强型葡萄酒。

通过葡萄酒俱乐部购买

葡萄酒爱好者俱乐部如品味俱乐部（Savour Club）或法国葡萄酒俱乐部（Club des vins de Prance）也同样有网站，他们向消费者提供的建议以及葡萄酒品评更加可靠。通过这样的渠道购买葡萄酒就像买了全保险。

大型的葡萄酒俱乐部提供多样和全面的服务。品味俱

几家诚信度较高的葡萄酒销售网站

www.chateauonline.fr 这家网站提供大量价格合理的波尔多葡萄酒，还有一些勃艮第著名酒庄的葡萄酒产品。它同时还进行期酒买卖活动。

www.wineandco.com 这家网站无论在选酒还是在发货和信息严谨性方面都很可靠。

www.millesima.com 这是一家专营波尔多葡萄酒的酒商网站，提供大量年份酒供选择并销售期酒。

www.1855.com 这家网站的设计很简朴，提供多样的波尔多列级名庄葡萄酒，价格适中，有500多个产品，可以单瓶购买。

www.malet-roquefort.com 这家网站提供多种年份的波尔多葡萄酒和网上期酒交易，是由圣安美隆一个集酒商和生产商于一身的家族企业创立的。

www.chateauinternet.com 这家网站专营各种年份的波尔多葡萄酒和期酒，也提供勃艮第名酒和其它地区的葡萄酒，还有一些珍稀葡萄酒。

www.chateaunet.com 这家网站由波尔多著名葡萄酒酒商Duclot公司创立，提供来自法国各个产区的葡萄酒，产品经常更新。

www.jeanmerlaut.com 这家网站由一家大型的集生产商和酒商于一身的家族企业创立经营，提供一些网上性价比最好的葡萄酒产品，尤其是波尔多葡萄酒期酒。

付款和送货

网上购买的葡萄酒产品的送货费用因网站而异。一般来说，在法国境内的送货费用为15 欧元（含税）。有的网站在订单超过一定数目的情况下可以免费送货。这些信息需要提前了解。使用有安全检验的信用卡支付一般不会出现问题。葡萄酒会在6~12个工作日后送到。不管什么情况或通过什么网站，都最好在下订单前给对方打电话弄清楚支付和发货方式。

> 在勃艮第伯恩市慈济院举行的葡萄酒拍卖会。

乐部还向消费者提供贴有俱乐部标签的经过著名酿酒师和品酒师挑选的葡萄酒产品。它经常组织会员进行品酒实践，并提供优惠活动。设在大城市的营业网点实行现购自运式，但也可以要求送货上门。通常在这里法定产区的常规产品卖得要比大型超市贵一些，但葡萄酒爱好者在这里可以用比葡萄酒专营店低的价格买到一些名庄酒和一些品质出众的小酒庄葡萄酒。

葡萄酒拍卖

拍卖的葡萄酒不只限于珍贵的、出名的及昂贵的葡萄酒，有时这也是收藏者找到自己出生年份葡萄酒的好时机。资深的葡萄酒爱好者如果能保持冷静，可以用好价钱购买到一箱好年份的葡萄酒或名气不是很大的好酒。

可以不亲自到现场而参加葡萄酒拍卖，只需要在24小时前与拍卖行确定参与拍卖的出价底价即可。这一步骤可以通过电话甚至互联网来完成。

哪些类型的葡萄酒。被拍卖的葡萄酒大多数都已经到了可以饮用的时间或者很快就会达到最佳饮用时间，因此不需要在酒窖中再储藏陈酿多久。如果希望拍卖到性价比高的葡萄酒，最好避开名贵酒庄的产品（著名甜白葡萄酒、波尔多名庄酒等）。新手最好向专家、朋友或葡萄酒专营店店主征求意见，以识别真正的好买卖。为了避免以过高的价格买进葡萄酒，最好在拍卖之前让专家对一些名酒进行价格评估。

实用的方法。为了了解法国的拍卖会信息，可以从报刊亭处购买佳特·都奥（Gazette Drouot）指南，上面公布了所有在巴黎或外省将要举行的葡萄酒拍卖会。然后要与拍卖行联系，得到详细的拍品目录和估价，以及葡萄酒的保存情况：酒标是否完好、酒塞的情况、葡萄酒的水线位置（详见136~137页）、是否是原装木箱。除了拍卖的净价格，还要加上拍卖行的提成、税、送货费用和保险费用，大约可达到拍卖价格的20%。

您未必了解的小知识

团体采购是一种非常实惠的购买方法，可以享受通常只给专业经销商的优惠价格。不论是葡萄酒爱好者俱乐部，还是纯粹的朋友之间，都可以采取团购的方式。但是建议您组织好下单预订和收货后的工作（共同购买什么酒、下单前支付支票、存放葡萄酒产品的地点等）。团体采购一般可以节约送货费用，同时也是购买“期酒”的好办法（详见130~131页）。

1924
1923
1899
1912
1920

怎样储存葡萄酒？

酒窖的特性

梦幻般的充满浪漫魅力的古老酒窖不见得是储存葡萄酒的理想空间。为了使葡萄酒可以在理想条件下陈酿熟成，需要遵循几个基本原则。

温度：保持终年凉爽

温度对酒的影响。葡萄酒应该保存在8～18℃稳定的温度下，最理想的温度为10～12℃。如果温度过低，虽然人们仍然可以在几个月或几年的时间内品用它，但葡萄酒会停止演化。而过高的温度（超过20℃）对葡萄酒的影响更糟糕。因为高温会加速酒的陈化，使其过早熟成，而且熟成的过程并不理想，通常会破坏葡萄酒的颜色和香气的清新。但是特别要避免的是温度骤升骤降：如果酒窖的温度慢慢地从冬天的12℃上升到夏天的18℃，这不会有什么影响。然而，如果在一日之内或一周之内温度发生同样的变化，便可能会导致问题的发生。葡萄酒在瓶中热胀冷缩，瓶塞也遭到损坏。葡萄酒会在木塞周围渗透，在瓶塞处形成黏状沉淀，酒瓶变得“漏酒”，这可从来不是什么好兆头。

掌控酒窖环境。当您选择一处酒窖，应测量各个角落的最高温度和最低温度并记录下来，由此找出最凉爽的地带（最好用一年的时间做温度测量）。如果可能的话，找出热源，比如热水管道，并通过隔离措施消除热源的影响；堵住冷空气的入口；用聚苯乙烯隔离板材隔离通向有暖气的房间的门道——这么做的目的是追求尽可能稳定的温度。

如果葡萄酒需要保存超过几周，应该把它存放在理想的储存条件下。一个好的酒窖应该同时具备通风、阴暗、干净、安静和足够潮湿这几个条件。

光线：葡萄酒的劲敌

光线会损坏葡萄酒，尤其是白葡萄酒和起泡酒。这两种酒如果过多暴露在光线下会变质，从而带有一种臭鸡蛋的怪味。因此一定要保证酒窖的阴暗，不能让任何外界光线透进来。为了方便在酒窖中行走，可以装一个低功率的灯泡（25～40瓦），并避免使用荧光灯和卤素灯。要注意在每次离开酒窖的时候把灯关掉。

理想湿度

理想的相对湿度为75%～80%。湿度过高会使酒标脱落并使瓶塞发霉。但更糟糕的是湿度不够：它会让瓶塞收缩（详见144页内容）。

> 一个宽敞的酒窖可以成为与朋友共品葡萄酒的好地方。

> 凉爽、阴暗、安静是葡萄酒从容演变熟成的先决条件。

如果酒窖的地面不是泥地，人们会用砾石铺在地上并经常淋水来保持湿度。但一般来讲，在法国，一处隔离良好场所的自然湿度已经足够。抽湿机可以防止酒窖过度潮湿，但这种机器非常昂贵，只有安装在大型的酒窖中才值得。在小型的酒窖中，人们可以通过通风或者隔离某些湿度来源（比如渗水的墙壁）来减少过高的湿度。

需要良好的透气性，但要避免穿堂风

酒窖内的空气流动非常重要，虽然有时这样做会让酒窖内的温度升高。一个好的酒窖应该装备有通风口或通风机，让外界的空气可以进来并流动。但是在外界过冷或过热的情况下，需要取消掉这些通风口（通过堵塞等方式）。如果酒窖是南北走向，北面的通风口要尽可能的低，而南面的通风口要尽可能的高。在对流作用下，热的空气从南面高处的排气口排走，慢慢地被从北面低处的通风口进入的清凉空气所取代。

干净：避免不良气味

在将葡萄酒放入酒窖之前，要对酒窖进行深度清洁。使用消毒剂去除霉菌和昆虫，最好选用没有气味的消毒剂。然后用石灰刷墙，这种材料刷在砖墙或石墙上后有很多孔隙，不会妨碍墙壁的自然通风。应避免将葡萄酒存放在涂料或烃类物质的旁边，它们的挥发物会影响葡萄酒的品质，即使有瓶塞也一样。蔬菜、植物或食品也可能会滋生霉菌和有害的昆虫。

安静：避免晃动

酒窖里经常性地发生震动会破坏葡萄酒的品质，不论震动发生在屋内（比如厨房电器）还是屋外（靠近通行重型卡车的公路、铁路或地铁线路）。其主要影响是会加速葡萄酒的陈年熟成过程。

理想酒窖应具备的条件

即使酒窖没有漂亮的拱形屋顶，也不是在岩石中挖凿出来，只要它同时具备以下各种条件，就可以很好地储存葡萄酒：

- 朝向北；
- 外界空气通过北边的门和（或）位于低处的通风口进入，从高处的南部排气口以自然或机械的方式排出；
- 理想湿度，75%～80%；
- 温度恒定，8～18℃；
- 阴暗；
- 干净，无不良气味；
- 安静；
- 潮湿的沙地面或砾石地面；
- 石墙、石灰墙或砖墙。

建造酒窖

建造一个用于储藏葡萄酒或让葡萄酒陈酿熟成的酒窖，应该考虑需要储藏的葡萄酒的数量和种类，更需要考虑葡萄酒爱好者所能利用的空间。不管是在城市还是乡村，对各种情况和各种预算都要有相应的解决方案。

开始前的准备

确定方案。建造一个酒窖需要提前思考规划。如果设计得不周到，有可能会导致大量的额外支出，与储存的葡萄酒的价值不成正比；又或者不具备酒窖的基本功能，即为葡萄酒的保存和熟成提供理想的条件。首先要明确酒窖里存储的葡萄酒的数量和类型。近百瓶相同的葡萄酒和十几种来自不同产地的葡萄酒占用的空间并不相同。还有，酒窖是只用来窖藏葡萄酒，还是也要作为一个品酒的场所？

找到场地。首先要确定预计的建造场地（地下室、车库、花园等）拥有理想酒窖的各种必备条件（详见136~137页）。不合适的建造地点有可能会使建造者不得不安装一些昂贵的机器（比如为了保持恒定的温度而安装空调），这样会大大地增加电费支出。除非聘请专业公司，否则最好制定一套酒窖建设的详细要求，这样，业余工匠或承包商就可以根据这套要求来施工。

对投资进行保护。一个规模可观的酒窖在遇到水淹、火灾或盗窃等情况时，还需要得到保护，尤其是建造在公寓楼地下室的酒窖。这样的保护措施（保险门、保险等）有时会很昂贵。某些情况下，购买一个公寓式酒窖或者租用一个酒窖可能更好。

应避免移动已存放好的葡萄酒。
不要为了拿一瓶葡萄酒而搬动另外几瓶葡萄酒。要避免采用难以改动的格局。

现成的酒窖

建造一座酒窖需要考虑诸多因素（地形、选料等）来保证其正常运行。如果不是修补高手，最明智的选择还是求助于专业公司：安装一个预先制造好的储藏室（处于地下的拱顶酒窖或螺旋形酒窖）；或是量身打造一个酒窖，可以位于大楼储藏隔间或住所的地下室，甚至位于公寓内部。

对于第一个方案，预计8000欧元左右能够建造一个储藏600瓶葡萄酒的圆形小酒窖。而一个能够储存1000瓶葡萄酒的螺旋形酒窖造价在13000欧元左右（包含混凝土和土方工程）。一个容量在1800瓶、长3.50米、宽和高均为2.55米的圆形或椭圆形酒窖造价达25000欧元。建筑商那里有所有的模型，最好在购买之前去实地考察一下。

将一处空间转化成酒窖

如果在建造工程之前能够仔细分析场地特征，将一处既定场所转化成酒窖也不失为一个划算且容易实施的方案。

> 预制装配式地下酒窖。

租用一个酒窖

大城市的居民可以租用位于郊区的酒窖。根据不同的租用套餐，葡萄酒可以被存放在货架上，或是位于酒窖的一个角落。存放400瓶葡萄酒大约需要70欧元/月。虽然这样是预防被盗的理想解决方案，但这种场所会规定存取葡萄酒的时间。因此还是建议在家里放置一个酒柜，这样就可以让葡萄酒在理想的储藏条件下存放几天，以便随时享用。

> 为了酒架的稳定性，搁放葡萄酒的金属格子架通常被固定在墙上或地面上。

地下酒窖。一定要在一年中不同的时间点确认温度和湿度都适宜，并且保证良好的通风（通气口），这非常重要。在湿度不够的情况下，可以在地面上铺上砂石土、矿渣或河沙（详见137页）。要把热水管和暖气管隔离。隔热条件不好的话，可以用砖块砌一道内壁，内壁和墙之间留一道缝隙。有时需要安装空调。

隔间内的酒窖。不论酒窖占据隔间的部分还是全部空间，这处隔间通常都需要很好的隔热效果。为了分出一块空间作为酒窖，建议在隔间内用混凝土砌一道墙体。门和墙用聚苯乙烯板隔离，天花板用双层的聚苯乙烯板或玻璃棉。如果没有通风孔，则可能需要装备空调或加湿器。

葡萄酒柜

如果没有一个合适的保存条件良好的酒窖，酒柜可能是最合适的选择，尤其是对于存量不大（少于300瓶）的葡萄酒爱好者。有各种各样型号和尺寸的酒柜（从250欧元可以存放28瓶葡萄酒的酒柜起）。最简单的酒柜只能储存葡萄酒，而不能促进其陈酿熟成；而复杂的可能拥有2到3种不同温度的隔断，分别用于储存葡萄酒，或使葡萄酒达到室温，或使葡萄酒冰凉。除此之外，还可以有体积更庞大的公寓酒柜（可存放300瓶葡萄酒，价格约为2000欧元）。

葡萄酒柜可以只装备简单的制冷系统，或者包含升降温两个系统，后者适合放在冬季没有取暖设备的角落。应确保酒柜装有防止震动的装置。最后，一个好的酒柜在出现故障时要保证内部的升温过程或降温过程缓慢。

您未必了解的小知识

您可以在公寓房内构建一处酒窖。一处朝北或朝东的房间具有成为酒窖的潜力，前提是不能透入阳光、温度适宜且通风良好。这几点通常很难实现，所以必须安装空调，但整个工程成本昂贵。因此，这样的存储空间最好放置打算近期饮用的葡萄酒（一年为限），因为葡萄酒在这种地方的熟成效果不好。就算是数量不多，并且放置在隔离良好的地方（如楼梯下、壁橱里或橱柜里），也要遵守这个期限。主要应避免震动、光线、高温和通风不良。

四种酒窖藏酒实例

不论是传统的还是电子的，简朴的还是精致的，酒窖总是可以反映主人的品位。酒窖的主人依据空间的大小和预算的多少来决定酒窖的构成。对于同样数量和同样风格的葡萄酒，比如起泡酒一族，如果预算不太宽松，可以选择产区不太名贵的产品（阿尔萨斯或勃艮第的克雷芒起泡酒）；如果没有经济上的限制，则可以选择年份知名品牌香槟酒。下面是四种酒窖的藏酒实例，它们分别对应不一样的预算，但都非常平衡合理。

简朴型酒窖（价值约500欧元的藏酒）

葡萄酒类型	数量	单价	总价值	葡萄酒名称
轻盈和果味浓郁的干白葡萄酒	6	5欧元	30欧元	勃艮第阿里高特（Bourgogne Aligoté），什维尼（Cheverny），两海之间（Entre-deux-Mers），阿尔萨斯白皮诺（Pinot blanc d'Alsace），普罗旺斯丘，科西嘉葡萄酒（vins de Corse）
丰润和典雅的干白葡萄酒	10	15欧元	150欧元	夏布利一级葡萄园（Chablis Premier Cru），默尔索（Meursault），萨韦涅尔，乌乌黑，琼瑶浆
甜白葡萄酒	4	15欧元	60欧元	圣克鲁瓦蒙（Sainte-Croix-du-Mont），赛龙（Cérons），奥本斯山坡（Coteaux-de-l'Aubance），蒙巴兹亚克
果味浓郁的红葡萄酒	15	7欧元	105欧元	博若莱，上伯恩丘（Hautes-Côtes-de-Beaune），安茹，弗雷河谷（Côtes-de-Forez），里昂内山坡（Coteaux-du-Lyonnais），圣尼古拉·布尔戈伊（Saint-Nicolas-de-Bourgueil），波尔多，罗纳丘村庄（Côtes-du-Rhône-Villages），奥克地区餐酒（Vins de pays d'Oc）
复杂的红葡萄酒	10	10欧元	100 欧元	超级波尔多（Bordeaux supérieur），上梅多克，圣安美隆，格拉芙，卡奥，比泽（Buzet），米内瓦–拉里维涅（Minervois-la-Livinière），佩夏蒙（Pécharmant），梅谷黑
桃红葡萄酒	4	7欧元	28欧元	普罗旺斯丘，吕贝隆（Luberon），汝拉丘（Côtes-du-Jura），科比埃（Corbières），利哈克（Lirac），塔维勒
起泡酒	6	8欧元	48欧元	利穆·白朗克，克莱雷特起泡酒，加亚克，索米尔，乌乌黑，勃艮第克雷芒起泡酒（Crémant de Bourgogne），阿尔萨斯克雷芒起泡酒（Crémant d'Alsace）

中等酒窖（价值约1000 欧元的藏酒）

葡萄酒类型	数量	单价	总价值	葡萄酒名称
轻盈和果味浓郁的干白葡萄酒	12	5欧元	60欧元	密斯卡德，两海之间，波尔多，小夏布利（Petit Chablis），阿尔萨斯西万尼（Sylvaner d'Alsace），普罗旺斯丘
丰润和典雅的干白葡萄酒	12	25欧元	300欧元	帕萨克–雷奥良，格拉芙，夏布利特级园，默尔索，普利尼–蒙哈榭，孔得里约
甜白葡萄酒	6	20欧元	120欧元	卢皮亚克（Loupiac），圣克鲁瓦蒙，莱昂山坡（Coteaux-du-Layon），蒙路易（Montlouis），阿尔萨斯晚收型灰皮诺（Pinot gris d'Alsace Vendanges tardives），阿尔萨斯晚收型雷司令（Riesling d'Alsace Vendanges tardives），瑞朗松
果味浓郁的红葡萄酒	12	10欧元	120欧元	波尔多，超级波尔多，上夜丘（Hautes-Côtes-de-Nuits），索米尔–上比尼（Saumur-Champigny），布尔戈伊，萨瓦葡萄酒，罗纳丘村庄
复杂的红葡萄酒	12	20欧元	240欧元	上梅多克，梅多克，波亚克，圣爱斯泰夫，圣朱利安（Saint-Julien），圣安美隆，帕萨克–雷奥良，沃尔奈（Volnay），沃恩–罗曼尼（Vosne-Romanée），克罗兹–埃米塔日，圣约瑟夫，邦多勒
桃红葡萄酒	6	10欧元	60欧元	波尔多浅红葡萄酒（Bordeaux Clairet），马萨内（Marsannay），朗格多克，伊卢雷基（Irouléguy），帕莱特（Palette）
起泡酒	6	15欧元	90欧元	Champagnes bruts sans année de vigneron.
天然甜型葡萄酒	4	12欧元	48欧元	班努斯，里韦萨特麝香，伯姆·维尼斯麝香，波特酒

精致酒窖（价值约2000欧元的藏酒）

葡萄酒类型	数量	单价	总价值	葡萄酒名称
轻盈和果味浓郁的干白葡萄酒	12	10欧元	120欧元	布莱伊–波尔多一级坡（Premières-Côtes-de-Blaye），波尔多，格拉芙，邦多勒，贝丽，卡西斯，埃克斯山坡（Coteaux-d'Aix），圣维朗（Saint-Véran），桑塞尔，胡塞特–萨瓦（Roussette de Savoie），瑞朗松干白（Jurançon sec）
丰润和典雅的干白葡萄酒	18	25欧元	450欧元	帕萨克–雷奥良，普利尼–蒙哈榭，夏山–蒙哈榭（Chassagne-Montrachet），默尔索，夏布利特级葡萄园，萨韦涅尔，乌乌黑，夏隆堡（Château-Châlon），孔得里约，阿尔萨斯特级雷司令（Riesling d'Alsace Grand Cru）
甜白葡萄酒	12 3	30欧元 15欧元	360欧元 45欧元	苏玳列级酒庄（Crus classés de Sauternes），邦尼舒，精选贵腐琼瑶浆（Gewurztraminer Sélection de grains nobles），精选贵腐雷司令（Riesling Sélection de grains nobles），乌乌黑，托卡伊甜酒（Tokaj） 卢皮亚克，圣克鲁瓦蒙，莱昂山坡，蒙路易，瑞朗松
果味浓郁的红葡萄酒	12	10欧元	120欧元	波尔多，博若莱特级庄（Crus du Beaujolais），上夜丘，索米尔–上比尼，布尔戈伊，圣尼古拉・布尔戈伊，萨瓦葡萄酒，罗纳丘村庄
复杂的红葡萄酒	18	30欧元	540欧元	上梅多克，梅多克列级酒庄（Crus classés du Médoc），圣安美隆名庄（Saint-Émilion Grand Cru），波美侯，波玛（Pommard），沃尔奈，香波–慕西尼（Chambolle-Musigny），热夫雷–香贝丹（Gevrey-Chambertin），罗第丘，埃米塔日，科尔纳斯，邦多勒
桃红葡萄酒	6	10欧元	60欧元	波尔多淡红葡萄酒，马萨内（Marsannay），朗格多克山坡，伊卢雷基，帕莱特，普罗旺斯丘
起泡酒	6 6	25欧元 7欧元	150欧元 42欧元	知名品牌香槟酒（Champagnes d'une grande marque），小酒农年份香槟酒（champagnes millésimés de vigneron） 索米尔，乌乌黑，克莱雷特起泡酒
天然型甜葡萄酒	5	20欧元	100欧元	波特葡萄酒，里韦萨特，班努斯（Banyuls），莫利，拉斯多

名贵酒窖（价值约3000 欧元的藏酒）

葡萄酒类型	数量	单价	总价值	葡萄酒名称
轻盈和果味浓郁的干白葡萄酒	24	10欧元	240欧元	布莱伊–波尔多一级坡，波尔多，格拉芙，邦多勒，贝丽，卡西斯，埃克斯普罗旺斯山坡（Coteaux-d'Aix-en-Provence），圣维朗，桑塞尔，胡塞特－萨瓦，瑞朗松干白
丰润和典雅的干白葡萄酒	24	25欧元	600欧元	帕萨克–雷奥良，普利尼–蒙哈榭，夏山–蒙哈榭，默尔索，夏布利特级葡萄园，萨韦涅尔，乌乌黑，夏隆堡，孔得里约，阿尔萨斯特级雷司令
甜白葡萄酒	12 6	30欧元 15欧元	360欧元 90欧元	苏玳列级酒庄，邦尼舒，精选贵腐琼瑶浆，精选贵腐雷司令，乌乌黑，托卡伊葡萄酒卢皮亚克，圣克鲁瓦蒙，莱昂山坡，蒙路易，瑞朗松
果味浓郁的红葡萄酒	24	10欧元	240欧元	波尔多，博若莱特级酒庄，上夜丘，索米尔–上比尼，布尔戈伊，圣尼古拉・布尔戈伊，萨瓦葡萄酒，罗纳丘村庄
复杂的红葡萄酒	30	30欧元	900欧元	上梅多克，梅多克列级酒庄，圣安美隆名庄，波美侯，波玛，沃尔奈，香波–慕西尼，热夫雷–香贝丹，罗第，埃米塔日，科尔纳斯，邦多勒
桃红葡萄酒	12	10欧元	120欧元	波尔多淡红葡萄酒，马萨内，朗格多克，伊卢雷基，帕莱特，普罗旺斯丘
起泡酒	12 6	25欧元 7欧元	300欧元 42欧元	知名品牌香槟酒，小酒农年份香槟酒 索米尔，乌乌黑，克莱雷特起泡酒（Clairette de Die）
天然甜型葡萄酒	5	20欧元	100欧元	波特酒，里韦萨特，班努斯，莫利，拉斯多

葡萄酒在静谧的酒窖里陈酿

葡萄酒很脆弱，需要小心呵护才能更好地陈酿并且发挥出色。在阴凉昏暗的酒窖内，葡萄酒液静静地发生着一系列变化。

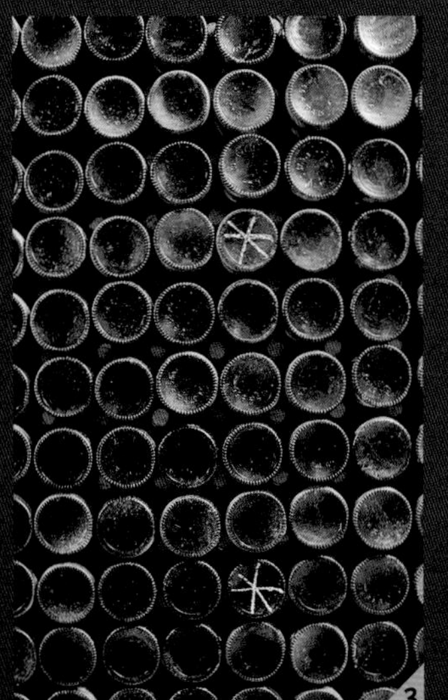

1. 婷芭克世家酒庄（Domaine Trimbach，阿尔萨斯）。
2. 米歇尔·居约酒庄（勃艮第）。
3. 雨果父子酒庄，阿尔萨斯。
4，8. 私人酒窖。
5. 路易王妃香槟。
6. 宝尚父子酒庄（勃艮第）。
7. 让·莫里斯酒庄（Domaine Jean-Maurice Raffault，卢瓦河谷）。
9. 力士金酒庄（波尔多）。
10. 金钟酒庄（Château L’Angélus，波尔多）。

组织和管理酒窖

当所有酒窖需要的条件都满足之后，剩下的工作就是考虑怎样组织安排您的酒窖了。需要正确地安排放置每一瓶葡萄酒，让它们在理想的条件下陈年熟成。尤其是要在合适的时间能够容易找到它们并进行品尝。

整理放置葡萄酒

摆放和移动瓶装葡萄酒。除了蒸馏酒（生命之水）、波特酒、天然甜型和甜型葡萄酒应该竖着摆放，其它葡萄酒在保存时都应该保持平躺放置（让葡萄酒液和瓶塞保持接触），不论是否交错放置，要容易分辨以避免不必要的搬动。靠近地面的空气较凉，根据葡萄酒种类的不同，从下向上的放置顺序应该是：起泡酒、甜白葡萄酒或半甜白葡萄酒、干白葡萄酒、桃红葡萄酒、适合短时间储存的红葡萄酒和适合长年储存的红葡萄酒，最上层是名贵的红葡萄酒。一本保持更新的酒窖记录册（详见随后内容）或一款管理酒窖的软件，便于追踪葡萄酒的陈年熟成过程和消耗情况。

葡萄酒窖的管理需要严谨的态度、充足的时间和一些简单的知识。为了充分地利用酒窖，需要定期查看瓶中酒液的水平高度、瓶塞的状况，以及在合适的时间饮用它。

布置。为了放置并保持葡萄酒的安全性，托格和层架必须保持稳定并便于拿放。酒架可以用不锈钢，也可以用木头制造（经过防虫和防潮的处理）。当藏酒的数目很小（小于6瓶）时，我们倾向于用蜂巢形，这种造型的酒架有防变温、防潮和防震的功能，并给每一瓶酒都预留单独的位置。要尽量避免使用纸箱包装：由于湿度的影响，纸箱很快就变得毫无作用并散发臭味，损害酒的品质；而薄纸会粘在酒标上并使其染色。相反，可以保留葡萄酒的原装木箱，只是要除去箱盖让葡萄酒能够呼吸，且不要把木箱直接放在地上。但是木箱会招来昆虫和寄生虫，还会方便小偷盗窃。

标签。葡萄酒的摆放要能使酒容易辨认。或者也可以在瓶颈处贴上小标签。为了保持酒标完整，可以在葡萄酒外包一层保鲜膜，或者把酒放在塑料袋中（但要让瓶塞能够外露呼吸）。如果要揭下酒标，可以利用专门的加宽的透明胶带，或者将酒瓶装满凉水后放在热水中浸湿。

> 放置葡萄酒的木箱应该进行处理，以抵御虫害和防止潮湿。

注意葡萄酒瓶的“水位”

随着时间流逝，酒瓶中一小部分葡萄酒从瓶塞中挥发掉是很正常的现象。在波尔多，人们经常提及葡萄酒瓶的水位。在葡萄酒拍卖会上，这个水位的高低是一个非常重要的指标。年轻葡萄酒的“水位”应该在瓶颈处。在酒窖中窖藏几年后，水位通常位于瓶颈的底部。而对于窖藏超过20年的葡萄酒来说，水位位于上肩是可以接受的，但很少有超过20年窖藏的葡萄酒可以达到这个位置。水位在瓶肩中部的通常是超过30年的葡萄酒。如果年轻葡萄酒的水位位于瓶肩，说明瓶塞有问题，比如密封得不好。如果这个现象很普遍，则说明酒窖的温度过高或是湿度不足。人们把这称作“漏液”或者“流泪”的葡萄酒。当水位到达瓶肩底部，葡萄酒的状况就令人担忧了。不管怎么说，它已经失去了其经济价值。如果酒瓶几乎“放空”（水位在瓶肩中部以下），这通常是葡萄酒已不能饮用的标志。

> 如果您拥有存量较大的葡萄酒窖，对每一类葡萄酒做标签标注是必不可少的。

酒窖记录表

葡萄酒的身份	
葡萄酒名称	索榭-玛莲酒庄（Chaleau Sociando-Mallet）
法定产区	梅多克
地区	波尔多
颜色类型	红色
年份	2001
购买地点	网上期酒选购
购买时间	2002年5月（2003年6月送货）
购买价格	35
生产商	让·歌托（Jean Gautreau）
地址	期酒购买
对葡萄酒的存放管理	
数目	一箱（12瓶装）
尾款	11，10
饮用期限	2015—2020
品评记录	
2006年圣诞节：与Michel、Sabine、Andrée和Xavier一起开了一瓶葡萄酒。内敛紧致，丹宁明显，十分强劲。还要等待橡木味与酒更加融合。今天的酒香表达不太充分。有潜力，但还需要陈酿一段时间。 2008年3月30日：与Eric和Sabine共同分享了1瓶葡萄酒。餐前醒酒1小时。酒质优美，开始展现其特性，丹宁和橡木味内敛紧致，蕴含巨大的潜力。酒体仍显难以置信的年轻。与王香鸭胸肉一起搭配美妙绝伦。	

酒窖记录册

酒窖记录册——一栏记录买进的葡萄酒，另一栏记录消费的葡萄酒——能够让您随时了解酒窖葡萄酒的存量。当我们拥有大量的单款葡萄酒或数量不多、品种多样的葡萄酒时，这项工作会变得困难。

用木箱储存瓶装葡萄酒

虽然会冒一点染霉菌的风险，葡萄酒还是可以保存在木箱中。注意不要将木箱直接放到地面上，要放在隔板上。葡萄酒的纸质包装只适合短时间的存放，因为湿度会使纸发霉，引起霉菌和异味。如果您想在以后将买入的葡萄酒重新卖出，注意保留原装木箱：这能使拍卖会上的买家安心，并可以提高葡萄酒的价值，尤其是对大瓶装和特大瓶装的葡萄酒。

酒窖记录册的格式。用一个专门的手册记录成箱买进的葡萄酒和（或）打算长期窖藏的葡萄酒（详见以上表格）。好的酒窖记录册不仅仅只记录买进和消费的葡萄酒，还记录葡萄酒的品尝经验和购买信息，可以让您很好地掌握葡萄酒的陈年熟成过程和为以后的葡萄酒购买做参考。

酒窖记录册在酒窖中的应用。如果需要，可以在酒窖记录册中做一个平面图，对葡萄酒架的每一区和每一层做标签记录。对于每瓶葡萄酒，用单个标签或者塑封标签。如果葡萄酒存放在木箱中，则将标注葡萄酒名称和年份的一面向外，这样可以避免挪动。

正确还是错误？

酒瓶的尺寸大小是影响葡萄酒品质的因素

正确。葡萄酒的酒瓶尺寸大小不仅显示盛装葡萄酒的容量，它还会影响葡萄酒的陈年熟成过程。大瓶装葡萄酒的陈年熟成过程更缓慢——在购买葡萄酒时要记住这一点。这主要是由于容量会影响成熟过程中的氧化和氧化还原过程，还有更缓慢的沉淀过程。许多葡萄酒爱好者认为大瓶装（1.5升的大瓶，相当于2瓶葡萄酒的量）是陈年熟成的理想容量。

储存葡萄酒的小窍门

所有“葡萄酒玩家”都曾在某天对其酒窖中葡萄酒的储存提出过疑问。回答这些问题通常需要常识和经验，但有一些小窍门可以帮助做出正确决策。

葡萄酒应当竖着放还是横着放？

“横着放置无疑是保存葡萄酒并让葡萄酒陈酿熟成的最佳放置方式，至少当瓶塞是用软木制作的时候应该如此，而这种瓶塞还是最常见的。如果瓶塞是由合成材料制作的，那么就没有这个问题，因为瓶塞不会风干。在这种情况下，可以竖着存放葡萄酒。而在运输的时候，固定好的竖着放的葡萄酒晃动的程度最小。最好是将葡萄酒用报纸包好后放在坚固的容器内，如野营用的冰块箱或质量好的葡萄酒架。”

我的酒窖被水淹了，葡萄酒还可以挽回么？

“通常情况下是可以的。酒帽和瓶塞对瓶中的葡萄酒液有着足够的保护作用，如果它们在水中浸泡一小段时间，品质不会发生改变。但是您却有可能失去酒瓶上粘贴的酒标。如果出现这种情况，应仔细整理收纳好这些葡萄酒，以便以后辨认，因为它们已经丢失了‘身份证’。如果您的葡萄酒存放在木箱中，需要马上把葡萄酒拿出来，以避免浸水后引起发霉，这可能会给葡萄酒带来令人不快的味道。”

怎样确保标签完好？

“难以辨认的发霉的酒标可能看起来很浪漫，但却有可能使葡萄酒不可识别。最好的解决方案是用厨用保鲜膜将葡萄酒瓶部分包裹起来。这种做法在一定时间内能够避免葡萄酒标受潮，但2～3年后要更换保鲜膜。”

怎样避免其它杂味？

“好的酒窖应该没有气味。虽然在一些著名产区的地下酒窖中一些霉菌会增添酒窖的魅力，但是人们享用佳酿时有时会有些菌类的味道，这可能就来自酒窖的霉菌。因此，如果您的酒窖比较潮湿，最好要定期清理打扫。但是要避免使用化学药剂，否则它可能会污染空气，由此传染酒液。值得一提的是，虽然奶酪与葡萄酒搭配在一起食用味道很好，但是将两者存放在一个地窖中是一个很糟糕的主意。”

怎样避免葡萄酒过于“疲劳”？

“通常来说，葡萄酒喜欢安静的环境。震动的环境会让它‘疲劳’，加速老化，甚至可能会引起某些方面的质变。应避免将您的葡萄酒存放在一个靠近铁路、地铁或有载重卡车经过的公路旁的酒窖中。对于某些不稳定的葡萄酒液，震动有可能会激活某些细菌从而重新激发乳酸发酵。为了避免这样的情况发生，也为了防震，在酒柜没有固定的情况下，只需在它的底部加一块橡胶垫——比如一小块橡胶轮胎。”

我自己装瓶，应该用什么样的瓶塞？

“我们现在已经知道，软木瓶塞并不一定带给葡萄酒陈年熟成所需要的透气条件，反而可能会给葡萄酒带来不好的木塞味，从而破坏品质非常出色的美酒。为了避免这种不快的发生，可以使用合成材料制作的瓶塞。在瓶塞和酒之间留出那么一点空气——大概到瓶颈的中间——已经可以满足葡萄酒“呼吸”的需要。”

葡萄酒经过一整天的运输后，需要等待多长时间才能开始饮用？

“通常来说，瓶装的葡萄酒一点都不喜欢被晃动。因此当葡萄酒经过运输后，一段时间的休息是必不可少的。这段时间的长短取决于多项因素。对于一款年轻的葡萄酒，不论是白葡萄酒还是红葡萄酒，除非葡萄酒的装瓶时间少于两个月，3～4天的时间通常是足够的。当葡萄酒新装瓶不到两个月，最好要静置足足一周。如果是一款超过5年酒龄的葡萄酒，尤其是红葡萄酒，8～10天的静置时间是必要的。对于一款超过10年的高品质葡萄酒，则需要静置至少两周。”

散装葡萄酒可以保存多长时间？

“如果您的散装酒装在塑料方桶内等待装瓶，则这个时间越短越好。在阴凉的地方散装酒可以放置24个小时，但不要推延装瓶的时间。装瓶后，需要至少等上1周再开瓶。日常饮用的盒中袋（Bag-in-Box®）包装的散装酒可以放上3～4个月再开启。真空包装酒液，酒液倒出时，空气也慢慢地排出。因此如果把它保存在阴凉处，可以保存1个月。”

葡萄酒的储存和陈酿熟成过程

一些高品质的葡萄酒经过缓慢的陈年熟成过程会变得更加香醇，而另外一些普通葡萄酒则应该在它最年轻的时候被品尝。了解这些变化的原理，能够帮助我们了解葡萄酒在什么时候达到最佳饮用期并在适宜的时间品尝它。

最初的葡萄酒适宜早期饮用

葡萄酒的品质许多时候取决于它的陈年潜力，但并不全都这样。几个世纪以来，人们一直认为刚刚酿制出来的新鲜葡萄酒是最美味的。其实在发明用硫来保鲜的技术之前，新酿出的葡萄酒容易很快转化成醋。用今天的科学眼光来看，葡萄酒是一种很不稳定的液体，氧气通过醋酸杆菌（*Acetobacter aceti*）的作用让酒精转化成乙酸，也就是醋。然而，从前人们任凭葡萄酒液在卫生条件一般的酒罐或木桶内进行酒精发酵，尤其难使葡萄酒与空气隔绝。很长一段时间里，只有酒精度较高的葡萄酒才可以忍受这种恶劣的卫生条件。

葡萄酒陈年熟成的方式一部分由酿酒师决定，但大部分取决于葡萄品种、自然条件、葡萄树龄、风土条件以及每一年的气候条件。

> 葡萄酒的寿命取决于众多因素：风土条件、葡萄品种、酿造方法、培育和年份。

适宜陈年的葡萄酒的诞生

一直等到近几个世纪，人们才找到更好地保存葡萄酒的方法，如酒精强化（在发酵过程中加入酒精）、硫化（加入二氧化硫抵御细菌）或者填桶（不断用葡萄酒填满橡木桶中葡萄酒挥发后留下的空间，以防止葡萄酒和空气接触）。但是，一旦葡萄酒被抽出来，就要很快饮用。直到18世纪末，玻璃酒瓶和软木瓶塞的出现才让人们勉强能够在自己家里保存葡萄酒。在这之前，它被盛装在橡木桶内，在酒商或酒馆的酒窖内陈年熟成。

新的技术还能够让人们保存一些刚酿出来的被认为还不能喝的葡萄酒：丹宁强劲、酒体浓郁和酸度较高。陈年熟成过程能让它们变得柔和，并达到最佳饮用状态——这个时候葡萄酒中各种酒香得到充分发展，丹宁和酸度等也达到平衡的状态。适宜陈年的葡萄酒就此诞生。

葡萄酒在酒瓶中的演化过程

氧化作用。巴斯德在19世纪的研究显示，葡萄酒暴露在空气中很快就会由于氧化作用而丧失光泽。氧化作用会改变葡萄酒的颜色，将红葡萄酒或白葡萄酒变成棕色，就像去皮的香蕉或苹果。但是既然瓶塞阻止了外界空气进入瓶内或只允许少量空气通过，我们又该如何解释葡萄酒的氧化现象？ 可以知道的是溶于葡萄酒中的氧气在缺氧的环境下可以进行缓慢的反应，导致细菌、酵母及其它化学成分的产生：已经记录在案的成分有400多种，未经证实的还有很多。

化学反应。科学研究解释了葡萄酒颜色和香气改变的原因：丹宁和其它香气成分会发生改变。这些物质主要来自葡萄皮（给葡萄酒带来颜色），也可能来自果梗和木桶。它们通过聚合作用相互融合后沉淀在酒瓶底部。紫红色的葡萄酒液变成红宝石色，然后颜色变浅至砖红色；青果的酸度和涩重的口感得到缓和；年轻酒液的刺口感被圆润、柔滑的舒适口感所取代，并透出浓郁丰富的酒香。所有葡萄酒都要经过这样的陈年熟成过程，一些酒体相对单薄的葡萄酒除外。

什么是陈年窖藏的葡萄酒？

> 能够经受几十年岁月考验的精致名品葡萄酒是非常罕见的。品尝这种葡萄酒是一种特别的、激动人心的时刻。

每一款葡萄酒都有它的演化节奏。一些葡萄酒如博若莱酒和大量的白葡萄酒都是在年轻时饮用：它们很快达到最佳饮用期，然后酒液很快就老化。其它葡萄酒——像波尔多、勃艮第或者罗纳河谷的名贵佳酿——需要经过较长时间才能达到最佳饮用期，这个顶峰能持续很长时间，老化也很缓慢。这就是陈年窖藏的葡萄酒。

适合酿造陈年窖藏葡萄酒的葡萄品种。葡萄品种的自然特性可以或多或少地影响酿成葡萄酒的寿命。如紧致而表达直接的赤霞珠、柔滑而强劲的梅洛（波尔多地区），又或是收敛而丰富的黑皮诺（勃艮第地区），其酿出的葡萄酒比博若莱地区佳美酿出的轻柔而果味丰富的葡萄酒更浓缩紧致。红葡萄品种中还应该有：品丽珠、歌海娜、慕合怀特、西拉、塔娜、小味而多、佳利酿、西班牙的丹魄与意大利的桑娇维斯和内比奥罗；白葡萄品种有：琼瑶浆、雷司令、胡珊、霞多丽、白歌海娜、白诗南、赛美蓉和密斯卡德。后四个葡萄品种如果酿成甜葡萄酒会具有出色的陈年潜力。

酿造和培育过程。葡萄酒的陈年潜力也取决于它的酿造方式。对于红葡萄酒，需要在压榨过程之前提取足够量的丹宁（详见70页），以便带给葡萄酒必要的酒体结构，保证其陈年窖藏的潜力。自流酒液和压榨酒液的勾兑比例对葡萄酒的最终结构有着很大的影响。在新橡木桶中的培育对葡萄酒的陈年作用也是不可忽视的。对于白葡萄酒来说，则需要拥有一定的酸度。对于用酸度不强的葡萄品种（比如霞多丽）酿制的酒液，用橡木桶培育也是增加其陈年潜力的方法。

不论是新酒还是顶级葡萄酒，每一款葡萄酒在瓶中都经历着相同的生命历程。

在“装瓶病”过去之后，葡萄酒慢慢恢复其初始的味道，失去年轻时的“粗糙”个性：中期香气（发酵香气）和后期香气（培育香气）慢慢盖过它的初期香气（果味香气）。它进入熟成过程，酒的个性经常会短暂性地回复到以前。最后，葡萄酒达到它的顶峰时期：质感更加柔和，绽放的酒香中融合了果味、烟草及香料的香气。对于某些顶级佳酿来说，在酒体老化之前这一顶峰时期可以持续几十年。

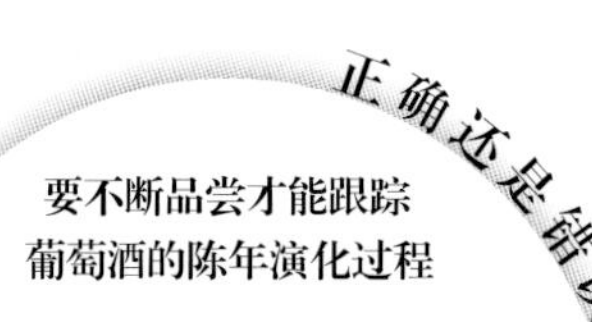

要不断品尝才能跟踪葡萄酒的陈年演化过程

正确。要知道葡萄酒的品质何时到达顶峰时期，仅仅根据生产商和酒窖老板给予的建议是不够的，因为葡萄酒的储藏条件在不同地方是各不相同的，从而影响到葡萄酒的演化。因此，最好的方式是不时地开启一瓶葡萄酒来品尝。

葡萄酒的平均保存期

一些葡萄酒适合在年轻时饮用，而另一些则需要在酒窖中窖藏一段时间后在其成熟顶峰期品味。每一款酒都有其适合的饮用期——这一时间随产地、葡萄酒的类型以及年份的不同而各异。年份品质可以用1～10分的标准来评判（详见166~177页）。因此，葡萄酒产在一个好年份（6～7分）、特好年份（8～9分）或者经典年份（10分），其陈年时间的长短会有所不同。

备注：好年份适饮期（年份品质6～7分的葡萄酒）特好年份适饮期（年份品质8～9分的葡萄酒）经典年份适饮期（年份品质10分的葡萄酒）

	6个月	1年	2年	3年	5年	8年	10年	12年	15年	20年	25年	30年	50年	100年
波尔多产区														
红葡萄酒：梅多克–格拉芙产区														
红葡萄酒：圣安美隆–波美侯产区														
波尔多和超级波尔多产区														
干白葡萄酒														
甜白葡萄酒														
勃艮第产区														
红葡萄酒：夜丘（Côte de Nuits）产区														
红葡萄酒：伯恩丘（Côte de Beaune）产区														
红葡萄酒：夏隆内丘产区														
红葡萄酒：金丘的特级园产区														
白葡萄酒：马孔产区														
白葡萄酒：布伊–富赛（Pouilly-Fuissé）产区和夏布利产区														
白葡萄酒：一级园														
白葡萄酒：特级园														
勃艮第克雷芒起泡酒														
博若莱产区														
博若莱新酒（Beaujolais primeur）														
博若莱产区和博若莱村庄级（Beaujolais-Villages）葡萄酒														
于连纳斯（Juliénas）、摩根、圣爱村（Saint-Amour）……														
香槟														
无年份香槟														
年份香槟														
特级香槟														
阿尔萨斯产区														
白葡萄酒														
特级葡萄园														
延迟采摘														
阿尔萨斯克雷芒起泡酒														
汝拉产区和萨瓦产区														
红葡萄酒														
白葡萄酒														
黄葡萄酒														
卢瓦河谷产区														
红葡萄酒														
桃红葡萄酒和轻淡型白葡萄酒														
桃红葡萄酒和浓郁型白葡萄酒														
甜白葡萄酒														
起泡酒														

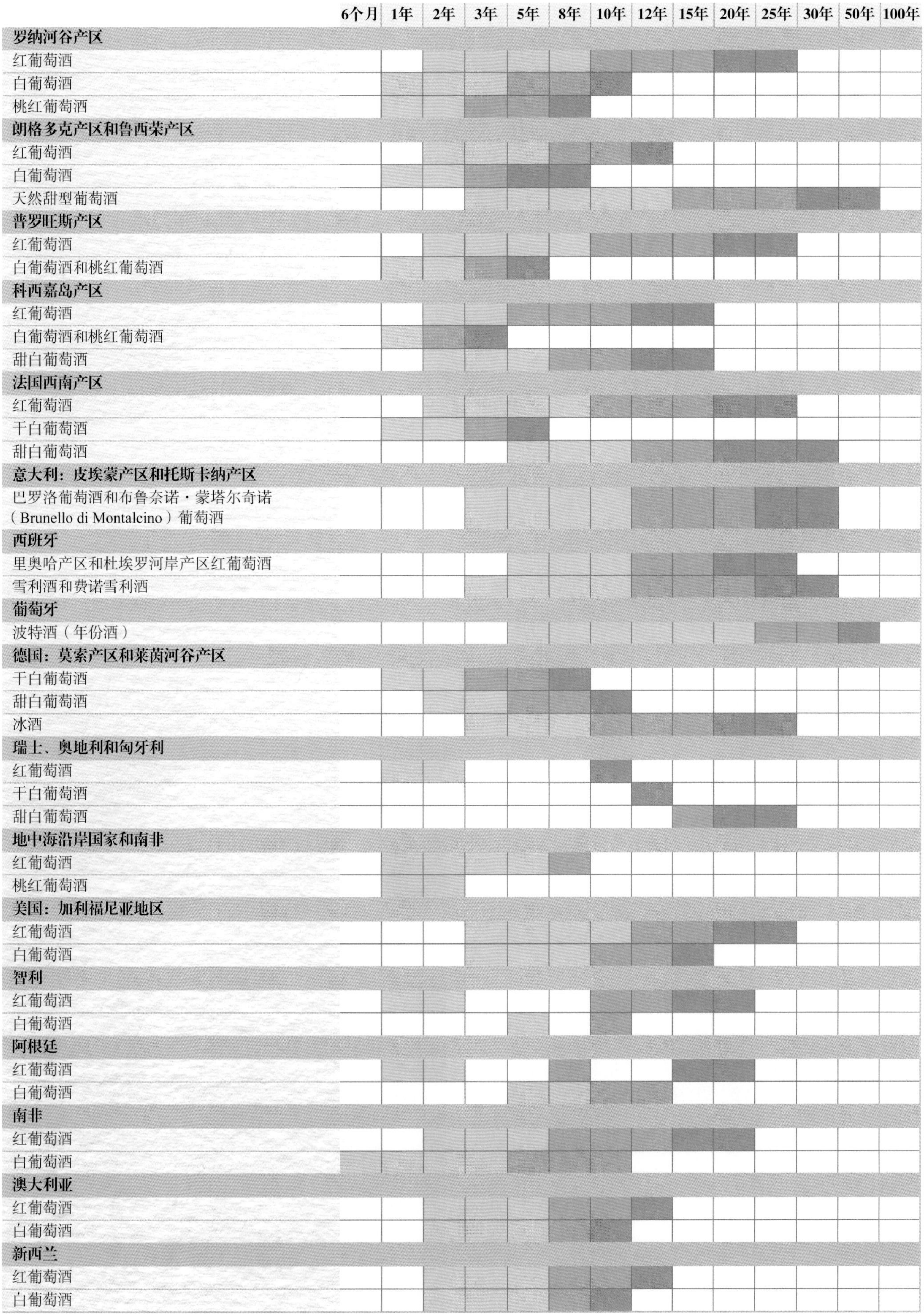

	6个月	1年	2年	3年	5年	8年	10年	12年	15年	20年	25年	30年	50年	100年
罗纳河谷产区														
红葡萄酒														
白葡萄酒														
桃红葡萄酒														
朗格多克产区和鲁西荣产区														
红葡萄酒														
白葡萄酒														
天然甜型葡萄酒														
普罗旺斯产区														
红葡萄酒														
白葡萄酒和桃红葡萄酒														
科西嘉岛产区														
红葡萄酒														
白葡萄酒和桃红葡萄酒														
甜白葡萄酒														
法国西南产区														
红葡萄酒														
干白葡萄酒														
甜白葡萄酒														
意大利：皮埃蒙产区和托斯卡纳产区														
巴罗洛葡萄酒和布鲁奈诺·蒙塔尔奇诺（Brunello di Montalcino）葡萄酒														
西班牙														
里奥哈产区和杜埃罗河岸产区红葡萄酒														
雪利酒和费诺雪利酒														
葡萄牙														
波特酒（年份酒）														
德国：莫索产区和莱茵河谷产区														
干白葡萄酒														
甜白葡萄酒														
冰酒														
瑞士、奥地利和匈牙利														
红葡萄酒														
干白葡萄酒														
甜白葡萄酒														
地中海沿岸国家和南非														
红葡萄酒														
桃红葡萄酒														
美国：加利福尼亚地区														
红葡萄酒														
白葡萄酒														
智利														
红葡萄酒														
白葡萄酒														
阿根廷														
红葡萄酒														
白葡萄酒														
南非														
红葡萄酒														
白葡萄酒														
澳大利亚														
红葡萄酒														
白葡萄酒														
新西兰														
红葡萄酒														
白葡萄酒														

酒窖：葡萄酒的收藏和投资

当葡萄酒被如艺术创作一样培育，葡萄酒就不仅仅是让人心动的物品，而是一种投资的对象，购买过程因而变得复杂起来。葡萄酒的保存、增值以及酒窖的整体和谐性同样可以提升完美收藏品的价值。

收藏葡萄酒

有些葡萄酒爱好者将他们的酒窖作为收藏宝库。里面可以收藏一个产酒地区各个著名酒庄的葡萄酒、一座著名酒庄各个年份的葡萄酒，或者同一年份所有著名酒庄的葡萄酒。

良好的储存条件。葡萄酒收藏者非常注意其私人酒窖的储存条件，因为许多年份老的葡萄酒很脆弱。酒标和盛放葡萄酒的木箱也应该保存好，因为它们也是葡萄酒收藏的一部分，当葡萄酒被饮用后，它们就成了记忆的载体。

酒瓶尺寸的大小。与普通酒窖不同，葡萄酒收藏者的酒窖拥有更多的大瓶装甚至超大瓶装。这些大瓶装葡萄酒不能放置在一般的酒架上，一般需要专门的位置来放置。超大瓶装的葡萄酒通常保存在它们的原装木箱内。

世界上收藏最多珍稀葡萄酒的著名收藏家之一当属米歇尔·夏山（Michel Chasseuil）先生。他以前是工薪族，现在已经退休了。在他的一生中，他精心搜寻、收藏了2万多瓶名贵葡萄酒。

葡萄酒收藏者的策略

葡萄酒收藏者和投资者不同，他们并不仅仅注重保证葡萄酒的转手价值，而是根据自己的想法采取不同的收藏策略。比如，一个收藏者可以搜寻他出生那年整个波尔多波亚克产区各个列级酒庄出产的葡萄酒，或者在期酒时（详见130～131页）购买同一酒庄每个年份的葡萄酒，又或者收藏勃艮第地区规模很小但很有名的酒庄如伏旧园的葡萄酒。他们寻求的通常是酒瓶包装无可挑剔的产品，如果不能直接购买期酒，他们就在熟悉储存条件的酒窖里购买。最后，每一个葡萄酒收藏者都希望在时机成熟，要出售或饮用收藏的葡萄酒时，他自己的酒窖声誉有所提高。

购买多少数量的葡萄酒？

需要在酒窖内收藏多少瓶葡萄酒？答案很简单：尽可能多的葡萄酒。当人们感觉数目过多或觉得需要调整收藏量时，他们随时可以通过拍卖会或一些网站如ebay.com 或者idealwine.com来卖掉他们多余的葡萄酒。

理论上。如果偏爱适合于长年窖藏的葡萄酒（一款酒要陈酿十几年才能达到最佳成熟期），则需要准备一座很大的酒窖。确实，如果收藏的人希望葡萄酒历久弥香，以每年品用2～3瓶葡萄酒的频率来估计的话，酒窖的存储量会逐年增长。比如，如果您每年买进36

您未必了解的小知识

法国总统府爱丽舍宫、法国总理府邸马提尼翁府（Hôtel Matignon）、议会、国会和大部分法国的部委都有自己的酒窖，通常由一位酒窖主管全权管理。这些拥有数量可观的文化财产的酒窖内藏的葡萄酒依据入住主人的口味和喜好而各有不同。长期以来，人们公认的最好的酒窖当属法国国会主席官邸拉西府（hôtel de Lassay）的酒窖。总统府爱丽舍宫的酒窖随着主人的更换时好时坏，但一直窖藏的都是珍宝，通常是为了供应盛大的国宴。

> 一级名庄拉图酒庄的葡萄酒。

> 葡萄酒收藏家米歇尔·夏山和他收藏的各个年份的柏图斯葡萄酒。

瓶波尔多名庄酒，而您每年品用2瓶，那么10年后您会存留有340瓶葡萄酒。要把以享用为目的的收藏和以最终转卖为目的的收藏区分开来。如果收藏的目的是为了享用葡萄酒，那么您可以将酒很好地储存在自己的酒窖中，以便随时跟好友分享您对酒的热情。而如果收藏的目的是为了转卖，那么建议您最好在专业酒窖中租用一个储存间。

实际上。这个问题其实很少出现，除非您有无限的预算或者考虑成为酒商。大部分葡萄酒收藏者是爱好者，收藏的目的是和朋友一起分享饮用优质葡萄酒的喜悦，而不是参与冒险的市场投机。另外，如果您并不计划把收藏的葡萄酒作为遗产留给后代，那么过了一定年龄后，您将可能在葡萄酒的最佳品尝期却品尝不到您收藏的葡萄酒。因此，理智驱使葡萄酒爱好者收藏两种类型的葡萄酒：确定有机会饮用的适宜中期窖藏的葡萄酒，以及长年窖藏的葡萄酒——人们会在很久以后品尝它，或者出让转卖以支持购买新一轮的收藏。

为酒窖投保

和其它许多附带设施一样，住房保险中涵盖酒窖的保险，但要注意专门声明酒窖的存在和它的藏品内容，以保证在遇到灾害的时候得到赔偿。要知道，除了特别的附加条款，没有任何特定的合同为您酒窖内的物品做保险。从另一种意义上讲，如果您没有列明酒窖的价值，那么在受到灾害损失的时候，您所得到的赔偿数额只是保险合同中规定的固定数额——根据保险种类不同而有所差别。在任何情况下，都强烈建议您保留各种葡萄酒藏品的证明材料（购买单据、照片等）。

葡萄酒投资

如果要把购买葡萄酒作为一种投资，需要非常了解市场，并以最低的价格买入。

买什么样的葡萄酒？用于投资的葡萄酒局限于波尔多地区的列级名酒、勃艮第地区的顶级名庄酒和罗纳河谷地区的几款名酒。利润空间最大的是那些买入的时候就已经很昂贵的葡萄酒。需要遵循一个黄金法则：您应该只用您的储蓄款或者出售藏品的收益来购买这一类葡萄酒。

如何购买？我们有必要好好地考察葡萄酒的年份，对于期酒的购买尤其如此。此外，人们也可以在各种葡萄酒展销会上购买适合的葡萄酒藏品。

收益如何？投资葡萄酒的利润可能很高。对于收藏波尔多名庄酒的人们，尤其是个别收藏的年份（1986、1995和2000年份），近20年收获了很大的利润。最初的价格经常每瓶不到100欧元，但是如今价格可能已经翻了3倍。即便如此，不要奢望您酒窖中的葡萄酒藏品可以在不到10年的时间里给您带来50%的毛利润。您可以通过网络等方式来关注藏品的价格变化。但是，在出让的时候，最好通过一位专家。不管是在拍卖会上转手或者在网络上出售，都是如此。

1983
Les Grands Vins du Jura
ARBOIS
APPELLATION ARBOIS CONTROLÉE
cuvée sélectionnée par

如何选择葡萄酒？

葡萄酒的分类

对于初级葡萄酒爱好者，在超市或葡萄酒专卖店风格多样的葡萄酒产品中选择一瓶合适的葡萄酒并不是一件容易的事。如果我们对葡萄酒的类型有所了解的话，这项任务便容易很多。下面介绍的是根据葡萄酒的风格和主要葡萄品种划分的14个葡萄酒家族。每个家族种类都有其最具代表性的产区、配菜建议和饮用温度。

酒体轻盈且果味浓郁的红葡萄酒

首先这是一种能够给感官带来愉悦的葡萄酒，质感简朴而流畅。它的品质特性表现在散发着花香和（或）红色水果气息的酒香中，轻柔的丹宁结构伴随着一丝舒适的酸度，余味纯朴而清爽。

葡萄品种。酿自品丽珠、佳美、黑皮诺、普萨、丹魄、图索（trousseau）或者仙粉黛等葡萄品种的红葡萄酒保留了初期香气中的果味和花香。

法定产区。在法国，有下列法定产区：安茹、博若莱、勃艮第的普通法定产区、布尔戈伊、汝拉丘、里昂内山坡、上伯恩丘、上夜丘、阿尔萨斯黑皮诺、圣尼古拉·布尔戈伊、桑塞尔红葡萄酒、索米尔–上比尼；在意大利，比较有代表性的产区是瓦尔波利塞拉（Valpolicella）；在美国，有加州地区的仙粉黛葡萄酒；瑞士瓦莱州（Valais）地区的黑皮诺葡萄酒和西班牙卡斯蒂利亚（Castille）地区的丹魄葡萄酒也很有代表性。

配菜建议。这种酒体轻盈且富含果味的红葡萄酒适合搭配简单的菜式或者夏季的菜肴。因为它的配合度相当高，可以作为唯一的餐酒。它可以搭配猪肉、馅饼、比萨饼、肉馅、兔肉酱、羊奶酪或牛奶酪[如圣马塞兰（saint-marcellin）奶酪]等。

侍酒建议。侍酒温度在12～14℃。这种葡萄酒尤其适合在年轻时饮用，最好在酿造后两年之内饮用，最多不要超过3年。

> **如果人们将葡萄酒根据风格、颜色和品味的不同进行分类，选择葡萄酒产品会更加容易**：如浓郁复杂的红葡萄酒、轻纯爽口的白葡萄酒等。

丰满且果味浓郁的红葡萄酒

虽然依旧是简单的葡萄酒，它与上一类型的区别是更为稠腻的口感、更厚重但并不涩口的丹宁。通常情况下，这类葡萄酒没有经过在全新橡木桶中的培育，因而得以保留它的新鲜果味。通常散发着红色水果的香气，透着一丝香料的气息。

葡萄品种。品丽珠、佳利酿、歌海娜、梅洛、蒙杜斯、黑皮诺、西拉和意大利的桑娇维斯是酿造这类红葡萄酒的常见品种。

法定产区。我们能够在法国的贝热哈克（Bergerac）、超级波尔多、比泽、希依、卡斯蒂永–波尔多丘、夏隆内丘、普罗旺斯丘、罗纳丘村庄、香槟山坡（Coteaux champenois）、枫桐、圣约瑟夫等法定产区找到这种丰满且果味浓郁的葡萄酒，意大利的基安蒂产区和西班牙的佩内德斯（Penedès）产区也出产这样的红葡萄酒。

配菜建议。这类葡萄酒与当地的特色美食形成绝佳搭配，如煎炒的禽胗、乡村肉酱、炖肉（如勃艮第牛肉）、烤

您未必了解的小知识

通过红葡萄酒的颜色可以鉴别葡萄酒的风格。红葡萄酒的颜色深浅浓重不一，从最浅淡的淡红宝石色一直到最深重的深石榴红色。一款浓密而深重的酒裙（或称为酒色）是质感稠密的表现。反之，一款颜色较浅的红葡萄酒则口感轻盈、更加顺滑而丹宁较轻。这样，通过简单的视觉观察，品酒者已经可以对酒的味道特征形成一定的概念，有时甚至可以推断出它的产地。例如，深石榴色的酒裙代表这款酒极有可能来自波尔多或法国南部，而不会是来自博若莱或勃艮第。

红肉等。也可以搭配压制的生奶酪，如多姆（tomme）奶酪和圣内克泰尔（Saint-Nectaire）奶酪。

侍酒建议。这类葡萄酒最好在瓶中陈放1到2年后再饮用，饮用温度在15～17℃。

丰富浓郁且强劲的红葡萄酒

这一种类的葡萄酒具有鲜明强劲的个性，口感甘甜，其中富含酒精和丹宁的酒液需要一定的时间来醇化。它们通常在全新橡木桶中培育，形成更丰富的酒香，散发着木香甚至香料的香气，融合着非常成熟的黑色水果香气。品尝时感觉总是很强劲，无论是阳光充足的产区［如朗格多克或鲁西荣地区的红葡萄酒］，还是比较经典的产区（如波尔多附近利布尔讷（Libourne）地区的红葡萄酒］，出产的葡萄酒都余味绵长，香气复杂。这样的葡萄酒含有很高比例的梅洛，如波尔多波美侯产区和圣安美隆产区的红葡萄酒（详见269页和270页），表现出一种天鹅绒般细腻的质感，是这类葡萄酒中最有价值的产区代表。

葡萄品种。可以酿造这一种类红葡萄酒的葡萄品种通常有奥塞尔、品丽珠、佳利酿、歌海娜、马尔贝克、梅洛、慕合怀特、西拉和塔娜。

> 丰满且果味浓郁的红葡萄酒。

法定产区。我们能够在法国下列产区找到这一类型的红葡萄酒：卡奥、教皇新堡、科比埃、布格丘、布莱伊丘、鲁西荣丘村庄（Côtes-du-Roussillon-Villages）、朗格多克丘、弗朗萨克、吉恭达斯、马帝朗、米内瓦、拉朗德-波美侯（Lalande-de-Pomerol）、波美侯、圣安美隆名庄。在法国以外的葡萄酒产区中，有西班牙的里奥哈产区葡萄酒、智利的梅洛葡萄酒和澳大利亚的西拉葡萄酒。

配菜建议。这一种类的葡萄酒口感复杂、强劲而浓郁，适合与味道丰富及油腻的菜肴搭配：法国什锦砂锅（cassoulet）、油浸鸭、蘑菇（尤其是松露）、鹅肝片、红酒炖制的菜式（焖肉）、烘烤的红色肉类、大型的野味、压制的生奶酪［多姆奶酪或冈塔尔（cantal）奶酪］等。

侍酒建议。这类葡萄酒需要陈年3年以上才适合饮用。年轻时品尝需要在大肚醒酒器内醒酒，在15～17℃的温度条件下品尝。

复杂高贵且丹宁浓重的红葡萄酒

这一种类的红葡萄酒高贵优雅，属于高价位的葡萄酒。它需要品酒人更有耐心且需要在瓶中陈年。由于丹宁含量丰富，这一种类葡萄酒在年轻时通常较涩口。随着时间的演化，丹宁变得柔顺，酒液质感紧致、优雅、浓郁，并表现出天鹅绒般的细腻。这样的葡萄酒通常在全新橡木桶中培育，形成木香、烘焙和香料的气味，融合着非常成熟的红色和黑色水果的香气。只有在酒液完全熟成以后才会表现出其复杂的酒香特性，余味典雅而绵长。

葡萄品种。酿造这一种类葡萄酒的葡萄品种通常有赤霞珠、慕合怀特、西拉和内比奥罗（意大利葡萄品种）。

法定产区。法国有下列产区出产这样的红葡萄酒：邦多勒、科尔纳斯、罗第丘、格拉芙、上梅多克、埃米塔日、玛歌、波亚克、帕萨克-雷奥良、圣爱斯泰夫、圣朱利安。在法国以外的产地有意大利的巴罗洛产区、美国加州、智利和南非。

配菜建议。这一种类的葡萄酒丰富浓郁、丹宁密集、富有个性，可以和味道丰富但不十分油腻的菜肴搭配：松露、野味、鸭胸肉、烤肉块（比如波亚克村的小羊肉），也可以和压制的生奶酪（冈塔尔奶酪或圣内克泰尔奶酪）等形成美妙搭配。

侍酒建议。这一种类的葡萄酒需要在瓶中陈年至少5年以上才可以饮用。需要醒酒，并在16～17℃的温度条件下品味。

丰富、优雅而高贵的红葡萄酒

这一种类的红葡萄酒仅仅产于法国勃艮第地区的一级园和特级园，由于产量稀少而备显名贵。其特性表现在浓郁的酒香中散溢的小粒红色水果和花香，随着时间的演化，更增添优雅的灌木丛和野味的香气。此外，丝滑的口感和绵长的余味也是它们的典型特征。

葡萄品种。和所有勃艮第地区的红葡萄酒一样，这样的葡萄酒只酿自一个葡萄品种——黑皮诺。

法定产区。这一种类的葡萄酒包括了勃艮第地区最优秀的酒品。特别要提到的是几款金丘法定产区的一级园和特级园，在夜丘产区主要分布在热夫雷–香贝丹、莫黑–圣丹尼（Morey-Saint-Denis）、香波–慕西尼、伏旧园、沃恩–罗曼尼等村庄。而在伯恩丘，则分布在科尔顿（Corton）、贝尔纳–威尔杰雷斯（Pernand-Vergelesses）、伯恩、沃尔奈和波玛。另外还可以算上美国俄勒冈州出产的最优秀的黑皮诺葡萄酒。

配菜建议。这种优雅的红葡萄酒与慢火焖出来的菜肴搭配完美：红酒炖的公鸡、鸡蛋羹、烤肉、焖野味等，与花皮软质奶酪如布里（brie）奶酪和科罗米尔斯（coulommiers）奶酪搭配也不错。

侍酒建议。这一种类的葡萄酒需要至少5年的陈年才可以饮用，最佳品尝温度为16～17℃。

活泼且果味浓郁的桃红葡萄酒

这种清爽的葡萄酒适合在年轻时饮用。它们非常爽口，含有淡淡的酸度，果味浓郁。人们通常通过对红葡萄果粒的直接压榨来酿造和获取这样的葡萄美酒。

葡萄品种。用来酿造这一种类葡萄酒的主要品种有品丽珠、佳利酿、仙索、歌海娜、普萨、提布润（tibouren）和仙粉黛。

法定产区。我们能够在很多产区中找到这种活泼而果味浓郁的桃红葡萄酒，其中法国产区有贝丽、普罗旺斯山坡、瓦尔山坡（Coteaux varois）、吕贝隆丘（Côtes-du-Luberon）、普罗旺斯丘、汝拉丘、伊卢雷基、帕莱特、卢瓦尔桃红（Rosé de Loire）等，以及美国加州的桃红葡萄酒。

> 复杂、高贵、优雅的红葡萄酒。

> 活泼且果味
的桃红葡萄酒

配菜建议。这一种类的葡萄酒与夏季清淡的菜式形成美妙搭配，尤其是搭配凉菜、沙拉、蔬菜面条、烤蔬菜饼、油橄榄酱、鳀鱼酱、比萨饼、新鲜或半干的山羊奶酪等。

侍酒建议。这一种类的葡萄酒建议在装瓶后1年内饮用，适合在8～10℃的温度条件下品味。过于低温会不利于品味酒香中富含的新鲜花香和果香。

浓烈强劲的桃红葡萄酒

这一种类的葡萄酒保留了桃红葡萄酒特有的清爽口感，但没有那么强的酸度，酒香中更多的是红色水果、香料的香气，口感更圆润、浓烈，有着淡淡的丹宁结构。颜色较上一种桃红葡萄酒更深一些。这样的桃红葡萄酒经常是用“自流法”（详见68页）酿造而成的。

葡萄品种。酿造这类葡萄酒常见的葡萄品种有佳利酿、歌海娜、梅洛、慕合怀特、尼格瑞特、黑皮诺和西拉等。

法定产区。下列产区出产的桃红葡萄酒完美展现了这类葡萄酒的特性：法国的邦多勒、波尔多浅红葡萄酒、朗格多克山坡、罗纳河谷、利哈克、马萨内、丽赛桃红葡萄酒（Rosé des Riceys）、塔维勒。意大利、西班牙和地中海沿岸地区也出产这样的桃红葡萄酒。

配菜建议。这一种类的葡萄酒酒味浓烈强劲，适合搭配味道浓重，以橄榄油、蔬菜和鱼类为基础的夏季菜肴，如醮蒜泥酱的蔬菜鳕鱼、普罗旺斯鱼汤、牛奶鸡蛋茄子饼、杂烩、绯鲤等，还可以搭配烤肉和精细的山羊奶酪。这类葡萄酒也可以和中东或亚洲的一些菜式搭配。

侍酒建议。这一种类的桃红葡萄酒适合在8～10℃品尝。它们应该在酿成后两年内饮用。

清纯而活跃的干白葡萄酒

这类葡萄酒口感活跃、清爽而容易上口，有着简单而清纯的花果香气。

> **您未必了解的小知识**
>
> **历史最悠久的葡萄酒是桃红葡萄酒**。直到17世纪末，葡萄酒的颜色才开始变得朱红，然后再变为红色。因为这时候人们才懂得通过延长有色果皮的浸泡时间来提取果皮内的颜色物质。英国人还保留着这段历史的见证，因为直到现在他们还把波尔多红葡萄酒称为“淡红酒”。

>清纯而活跃的干白葡萄酒。

葡萄品种。酿造这一种类葡萄酒的常见品种有：阿里高特、莎斯拉、霞多丽、哥罗-普朗、雅克尔、“勃艮第香瓜”（密斯卡德）、白皮诺、长相思、西万尼和阿尔瑞诺［alvarinho，用来酿造绿酒（Vinho Verde）］。

法定产区。这一种类葡萄酒的典型产区有勃艮第阿里高特、什维尼、克雷皮（Crépy）、两海之间、马孔村庄（Mâcon-Villages）、密斯卡德、小夏布利、阿尔萨斯白皮诺、阿尔萨斯西万尼、阿普勒蒙（Apremont），以及瑞士的芳丹（Fendant）产区、葡萄牙的绿酒产区。弗留利（Frioul）地区的长相思葡萄酒和美国加州的富美白葡萄酒（Fumé blanc）也是典型代表。

配菜建议。这一种类的葡萄酒适合搭配简单的、味道纯粹的菜式：海鲜（如牡蛎等）、或生或熟的蔬菜、蜗牛、青蛙腿、煎鱼、烤鱼、鱼肉酱、熟食猪肉和山羊奶酪等。

侍酒建议。这一种类轻柔爽口的葡萄酒适合在年轻时饮用（酿成后两年之内）。在约8℃的温度条件下饮用最佳。

白葡萄酒的常见风格

白葡萄酒酿自白葡萄品种或者果肉不带颜色的红葡萄品种，葡萄果串的固体物质不参与浸渍过程，因此它不含丹宁，这使其口感比大多数红葡萄酒更清爽。白葡萄酒带有的酸度使其口感新鲜清凉，从而成为海鲜菜肴的天然搭配伴侣。白葡萄酒非常适合作为开胃酒，也可与多种奶酪组成美妙搭配。

轻柔而果味浓郁的白葡萄酒

这一种类白葡萄酒的特性表现在它浓郁的酒香，最显著的是柑橘的香气，酒液轻柔而带有一丝舒适的清爽口感。

葡萄品种。这类白葡萄酒通常酿自阿尔特斯、霞多丽、白诗南、克莱雷特、大粒蒙桑（gros manseng）、莫亚克、罗乐（rolle）、长相思、赛美蓉、白玉霓等白葡萄品种，还有意大利的维蒙提诺品种。

法定产区。出产这类白葡萄酒的产区主要有：邦多勒、贝丽、卡西斯、夏布利、布莱伊丘、埃克斯普罗旺斯山坡、普罗旺斯丘、加亚克、格拉芙、瑞朗松干白、布伊·富美（Pouilly Fumé）、布伊–富赛、蒙路易、胡塞特–萨瓦、圣维朗、桑塞尔、科西嘉岛和撒丁岛。

配菜建议。这类白葡萄酒可以和多种菜式搭配：制作简单或复杂、生或熟的贝壳类、海鲜酱拌面、鱼类拌饭、生鱼或煎鱼、猪肉熟食（特别是熟肉酱），还可以搭配干型或半干型的山羊奶酪。

侍酒建议。这一种类白葡萄酒可以在装瓶后3年之内饮用。最佳饮用温度为8～10℃。

酒体丰满且高贵优雅的白葡萄酒

这一种类的白葡萄酒比上一类更复杂，它们的特点主要是更丰富、滑腻的质感和丰满的酒体。它们通常拥有适中的酸度，给葡萄酒带来清爽的口感。而且余味绵长悠久，最出色的那些还非常高贵优雅。这类葡萄酒通常在橡木桶中陈酿，因此在成熟水果、青草和白色花朵混合的酒香中增添了香草香、奶油香和木香。

葡萄品种。这类葡萄酒通常酿自比较名贵的白葡萄品种：霞多丽、白诗南、玛珊、雷司令、胡珊、长相思和赛美蓉等。

法定产区。这样的白葡萄酒来自勃艮第地区的名贵产区，如夏布利一级园和特级园、科尔顿–查理曼（Corton-Charlemagne）、默尔索、夏山–蒙哈榭、普利尼–蒙哈榭、蒙哈榭等产区；还有卢瓦河谷地区的蒙路易、萨韦涅尔、乌乌黑等产区；再有就是波尔多地区的帕萨克–雷奥良产区。法国之外，还有美国加州、智利、新西兰和南非最出色的霞多丽葡萄酒可以归在此类。

配菜建议。这一种类葡萄酒与名贵佳肴搭配，如扇贝、龙虾、煎的菱鲆或者鹅肝、野山菌、奶油煎白色肉类、奶油重的奶酪如圣菲利希安（saint-félicien）奶酪和圣马塞兰奶酪，还可以搭配一些山羊奶酪，如皮科多（picodon）奶酪。

侍酒建议。这一种类的白葡萄酒经过3～5年的陈年后会绽放出所有的优质个性。不要过于低温饮用，10～12℃最为适宜。

酒香浓郁的干白葡萄酒

这一种类白葡萄酒的特点是极其浓郁丰富的酒香和个性鲜明的口感。这是一种非常典型的容易分辨的葡萄酒，酒香特性显著，让您只通过嗅闻即可辨别其含有的葡萄品种。

葡萄品种。琼瑶浆酿出的葡萄酒带有异域水果的芬芳和土耳其软糖般的甜香；维奥涅酿出的葡萄酒带有浓郁的

> 酒体丰满且高贵优雅的白葡萄酒

水蜜桃和杏子的清香；麝香葡萄带给葡萄酒麝香；灰皮诺葡萄酒的酒香中则融合了烟熏、香料和蜂蜜的香气；雷司令酿成的葡萄酒矿物质味道浓郁，让人想起石油的味道。此外，还有用长相思酿制的汝拉黄葡萄酒；安达卢西亚（Andalousie）地区的帕罗米诺酿制的雪利酒，其中的费诺酒散发着令人惊叹的酒香，透着小麦、干果、核桃外皮和香料的香气。

法定产区。最享有盛名的是汝拉地区的黄葡萄酒和夏隆堡葡萄酒，或是罗纳河谷的孔德里约葡萄酒和格里耶堡葡萄酒。在阿尔萨斯地区，这样的葡萄酒简单地用葡萄品种命名：琼瑶浆葡萄酒、麝香葡萄酒、雷司令葡萄酒和灰皮诺葡萄酒。在西班牙主要是雪利酒家族中的费诺雪利酒（Xérès Fino）（详见下页“天然甜型葡萄酒”）。

配菜建议。这一种类的葡萄酒需要与很有个性的美味菜肴搭配，菜式香味浓郁，使用很多的香料和调味料：长相思葡萄酒或帕罗米诺葡萄酒适合搭配咖喱肉或咖喱海鲜、奶油羊肚菌烧鸡、美式龙虾等；雷司令葡萄酒和灰皮诺葡萄酒是莳萝鲑鱼和熏鱼的最佳搭配。至于和奶酪的搭配，压制熟奶酪如博福尔（beaufort）奶酪和孔泰（Comté）奶酪，或者味道浓重的曼司特（munster）奶酪与这样的葡萄酒搭配别具风味。

侍酒建议。这一种类的葡萄酒应在年轻时低温品尝，麝香葡萄酒和维奥涅葡萄酒适合在8～10℃品尝，而其它葡萄酒最好陈年3～5年，然后在10～12℃的温度条件下饮用。

> 半干白葡萄酒、半甜白葡萄酒和甜白葡萄酒。

半干白葡萄酒、半甜白葡萄酒和甜白葡萄酒

这一种类葡萄酒的特征主要表现在酒中含有或多或少的糖分，它是葡萄中含有的天然糖分，在发酵过程中没有完全转化成酒精。通常有两种方式来获得这样的效果：一种是让葡萄达到过分成熟，延迟采摘，葡萄果粒会失去一部分水分，果汁更加浓缩；或者是通过一种微生物即贵腐菌的作用（详见56页框中内容）。第一种方式酿出的葡萄酒是半干型或半甜白葡萄酒；第二种方式酿出的是甜白葡萄酒，含有非常丰富的糖分。这种葡萄酒的特征表现在甜润甚至黏稠的质感，有适中的酸度、丰富浓郁的果香，混合着蜂蜜的香气，余味经久而绵长。

正确还是错误？

白葡萄酒不能经久陈年

错误。名贵的甜白葡萄酒可以一直陈年几个世纪之久而不失其出色品质！白葡萄酒经久陈年的诀窍在于三个要素：糖分、酒精、酸度。这样的葡萄酒通常酿自具有一定酸度的白葡萄品种，如赛美蓉（波尔多苏玳产区）、白诗南（卢瓦河谷的乌乌黑产区）、福民特（匈牙利托卡伊甜白葡萄酒）等。

葡萄品种。只有几个特定的葡萄品种能够酿出这样的美酒。最著名的是法国卢瓦河谷地区的白诗南、法国西南地区的小粒蒙桑、长相思、赛美蓉和密斯卡德，以及阿尔萨斯地区的琼瑶浆、雷司令和灰皮诺。

产区。这一类型葡萄酒的主要产区有：法国阿尔萨斯的延迟采摘型琼瑶浆（Gewurztraminer Vendanges tardives）和精选贵腐琼瑶浆、延迟采摘型灰皮诺（Pinot gris Vendanges tardives）和精选灰皮诺贵腐（Pinot gris Sélection de grains nobles）、延迟采摘型雷司令（Riesling Vendanges tardives）和精选贵腐雷司令；卢瓦河谷地区的邦尼舒、奥本斯山坡、莱昂山坡、卡·休姆（Quarts-de-Chaume）、蒙路易和乌乌黑；法国西南部的赛龙、瑞朗松、蒙巴兹亚克、圣克鲁瓦蒙和苏玳等产区；此外还有德国和加拿大的冰酒。

配菜建议。这一种类的葡萄酒很适合作为开胃酒，也经常用来搭配油腻重的美食：鹅肝、奶油烧鸡、橙子煎鸭肉、蓝纹奶酪如罗克福（Roquefort）奶酪、黄色水果甜饼和用奶油制成的甜品［莎巴翁（sabayon）、烤布蕾（crème brûlée）等］。含糖量略低的这类葡萄酒可以和异域辛辣菜肴搭配，又甜又咸。

侍酒建议。这一种类的葡萄酒要经过至少3～5年的陈年时间才能更完美地表现出它的优质特性。它应该在适宜的温度下品用，但不要冰镇，8～10℃最佳。

起泡酒

作为出色的节庆酒类，起泡酒是一个成员数量众多的大家庭，其中以法国香槟为最著名的代表。几乎法国所有的葡萄酒产区和许多法国之外的葡萄酒产区，不论是欧洲的还是新世界的产区都出产这种起泡葡萄酒。酒中的气泡和适宜的酸度表现给葡萄酒带来活跃和清纯的口感，以及出色的清凉感受。它分为绝干型（extra-brut）、极干型、干型、半干型和甜型。通常带有水果、花和烤面包混合的迷人酒香。

葡萄品种。酿造起泡酒的主要葡萄品种有品丽珠、霞多丽、白诗南、克莱雷特、莫亚克、梅洛、麝香葡萄、白皮诺、黑皮诺、莫涅皮诺、长相思、萨瓦涅等。

法定产区。虽然香槟地区的地位举足轻重，其它葡萄酒产区也同样出产起泡酒。其中一些采用的是和香槟同样的在酒瓶中二次发酵的方法酿制而成，如阿尔萨斯、勃艮第和卢瓦河谷的克雷芒起泡酒，南方地区的利穆·白朗克，以及卢瓦河谷的索米尔产区和乌乌黑产区、萨瓦地区的赛丝乐（Seyssel）产区和西班牙的卡瓦产区。另有一些产区采用当地的起泡酒酿造方法，如法国迪城的桃红葡萄酒和加亚克地区的起泡酒。这些起泡酒通常比香槟酒酒体轻而果味明显，如意大利阿斯蒂莫斯卡托酒、阿斯蒂起泡酒（Asti spumante）和普西哥酒，以及德国的塞克特酒和西班牙的卡瓦酒。

配菜建议。起泡酒作为开胃酒备受人们喜爱，它可以陪伴您整个用餐时间。干型起泡酒可以搭配海鲜、鱼肉酱、用清淡的奶油煎制的鱼或熏鱼、软奶酪或者是带霉斑的奶酪（如卡门培尔奶酪）。干型或半干型起泡酒也可以搭配同样的奶酪。除此之外，它们与水果甜饼、酥皮蛋挞和英式奶酪也可形成绝妙搭配。

侍酒建议。这一种类的起泡酒建议在年轻时饮用。应该在合适的温度条件下品用，最好在8~10℃。

>起泡酒。

天然甜型葡萄酒和利口酒

这一种类的葡萄酒品质独特，富含酒精和糖分，带有浓郁且特别的酒香。它们是用特殊的方法酿造的。

天然甜型葡萄酒是用酒精强化方法酿造的。主要是在发酵过程中加入酒精终止发酵过程，使之保留果汁本来含有的一部分糖分并提高酒精度数（占葡萄酒液的14%~18%）。这种葡萄酒通常产自气候炎热的地区，如法国的朗格多克、鲁西荣、罗纳河谷南部、科西嘉岛等地区，当然还有葡萄牙。所有这种类型的葡萄酒味道都丰富浓郁，余味绵远悠长。利口酒是对刚刚发酵或者没有发酵的葡萄浆汁用烈酒进行强化而酿造成的。它们通常含有16%~22%的酒精，果香丰富。

葡萄品种。用来酿造天然甜型葡萄酒的红葡

您未必了解的小知识

为了避免起泡酒开启时酒液四处溅射，只需将其在冰箱中冷藏3个小时左右，保持整瓶起泡酒温度一致就可以了。在用餐过程中用来盛放开瓶香槟的冰镇桶是非常实用的，可以保持起泡酒的清凉。享用名贵香槟酒的时候，不要忘记它的最佳饮用温度是11~12℃。

萄品种主要有灰歌海娜、黑歌海娜、马格布等；白葡萄品种有白歌海娜、玛尔维斯和麝香葡萄。酿造利口酒的白葡萄品种主要有白福乐、鸽笼白、白玉霓等；酿造红葡萄酒和桃红葡萄酒的主要有梅洛、赤霞珠和品丽珠。汝拉地区的葡萄品种用来酿造马克凡利口酒。

产区。人们比较熟知的产区名称是波特、班努斯、里韦萨特、莫利、拉斯多和伯姆·维尼斯麝香葡萄酒。还有科西嘉角的麝香葡萄酒、芳蒂娜麝香葡萄酒、米雷瓦勒麝香葡萄酒和里韦萨特麝香葡萄酒。除此之外，还有雪利酒、马德拉酒、马拉加酒（Málaga）和马沙拉等，虽然它们的酿造工艺各有不同。利口酒中达到法定产区级别的有夏朗德地区的皮诺酒、加斯贡涅的弗洛克酒和汝拉地区的马克凡酒。其它类似的葡萄酒还有香槟地区的拉塔菲酒（Ratafia）。

配菜建议。天然甜型葡萄酒通常被用来作为开胃酒，但是在餐桌上也有它们的一席之地。根据培育方式不同（详见下面框中内容），与之搭配的菜式也不相同。那些在氧化条件下酿造的甜白葡萄酒与新鲜鹅肝或鹅肝酱可形成美妙搭配；其它甜白葡萄酒和水果甜点形成最佳搭配，如杏仁馅饼，与蓝纹奶酪如罗克福奶酪也能形成绝佳搭配。隔绝空气条件下酿造的甜型红葡萄酒，由于富含丹宁且果味丰富，与野味或又甜又咸的菜肴，如无花果烤鸭肉或樱桃烤鸭肉形成和谐搭配，也可以与蓝纹奶酪搭配。这样的葡萄酒有新鲜班努斯（Banyuls Rimage）和年份波特酒。在氧化条件下酿造的甜型红葡萄酒由于其香气特点，与巧克力甜品、摩卡咖啡和干果形成完美的搭配。至于利口酒，由于富含酒精和糖分，主要作为开胃酒来品用，但也可以与煎鹅肝搭配。

侍酒建议。利口酒和酿自麝香葡萄的天然甜型葡萄酒都需要在年轻时饮用，以便品味它的新鲜果味。在与空气接触的条件下酿造的天然甜型葡萄酒，不论是白葡萄酒还是红葡萄酒，都可以在年轻时饮用，也可以长年陈年。与此相反，其余的甜型葡萄酒则需要经过3～5年的陈年时间才能够达到丰富完美的状态。

> 天然甜型葡萄酒和利口酒。

天然甜型葡萄酒：独特的口味和颜色！

根据酿造方法的不同，这一种类葡萄酒的颜色和风味特性是多种多样的。在隔绝空气条件下酿制并很早装瓶的甜型葡萄酒保留了初期的花香和果香，甜红葡萄酒中还保留了强劲的丹宁。伯姆·维尼斯（Beaumes-de-Venise）和芳蒂娜等地的麝香葡萄酒就是这样的实例，葡萄酒颜色漂亮，释放着杏、甜瓜、蜂蜜、花和新鲜薄荷的浓郁酒香。法国南部里韦萨特的甜葡萄酒酒裙浅淡透亮，酒香中透着白色花朵和蜂蜜的清香。相反，如果在酿造过程中酒液与空气接触，葡萄酒会发生变化，酒液会变成黄褐色，透出氧化后的陈旧香气。因此，里韦萨特地区与空气接触酿造的甜型葡萄酒颜色暗重，从砖红色到琥珀色，酒香中透出杏仁、核桃、榛子和柑橘蜜饯的浓香……

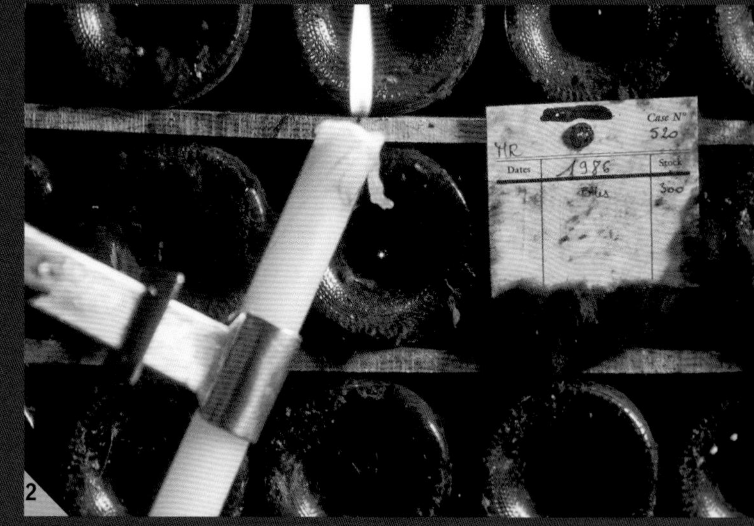

葡萄酒和传奇年份

人们称一些葡萄酒为梦想中的葡萄酒，主要是由于这些葡萄酒数量稀少以及价格昂贵，经常是谈论的人多，真正品尝过的人少。下面简要列举一些传奇葡萄酒。

柏图斯（PETRUS）1945年份

虽然1855年并未被列入波尔多列级酒庄的行列，柏图斯葡萄酒还是成为一个传奇，而1945年的柏图斯，更是传奇中的传奇。为什么它这么受欢迎？因为在1945年，埃德蒙·陆坝（Edmonde Loubat）先生买下了柏图斯酒庄，并与批发商让·皮埃尔·穆埃克斯（Jean-Pierre Moueix）先生强强联手，使得酒庄攀升到列级顶尖的水平。受到英国女王伊丽莎白二世和美国总统肯尼迪等著名人物的喜爱，柏图斯葡萄酒从20世纪60年代开始声名远播。人们对柏图斯像圣物一样崇拜，1945年份的柏图斯估价在每瓶1700～2000欧元。

白马酒庄1947年份

作为圣安美隆产区一级名庄的第一个A级酒庄，白马酒庄是贝尔纳·阿尔诺（Bernard Arnault）先生和阿尔贝·弗雷赫（Albert Frère）先生的产业。从19世纪起，酒庄出产的葡萄酒就被认为是圣安美隆产区最出色的产品之一。这片37公顷的酒庄与众不同之处在于它种植了高比例的品丽珠，而这片产区是以种植梅洛而闻名的。传奇的1947年是一个出色的年份，仍然保持着令人惊异的年轻品质，透着蜜饯水果、香料和摩卡咖啡的浓香，让人想起年份波特酒的味道。估价：每瓶1200～1700欧元。

木桐（MOUTON-ROTHSCHILD）酒庄 1945年份

木桐酒庄于1853年成为Rothschild家族的产业，84公顷的葡萄园全部位于波亚克村，在1855年的等级划分中被评为二级名庄，后来经过菲利普·罗斯柴尔德（Philippe de Rothschild）男爵的努力使之在1973年上升到一级名庄。1945年份的木桐葡萄酒在很多方面都是一个传奇，酒标上还是代表着胜利的“V”形标识。也是从这一年开始，酒庄开始设计艺术型酒标。由于葡萄酒的出色品质及其象征意义，1945年份的木桐酒庄葡萄酒在2006年9月28日佳士得（Christie）的拍卖会上成为了世界上最贵的葡萄酒，一箱12瓶装的1945年份木桐酒庄葡萄酒卖出了228500欧元的高价。

伊甘酒庄（CHATEAU D’YQUEM）2001年份

伊甘在1855年被评为特一级名庄，这一波尔多苏玳产区100多公顷的葡萄园

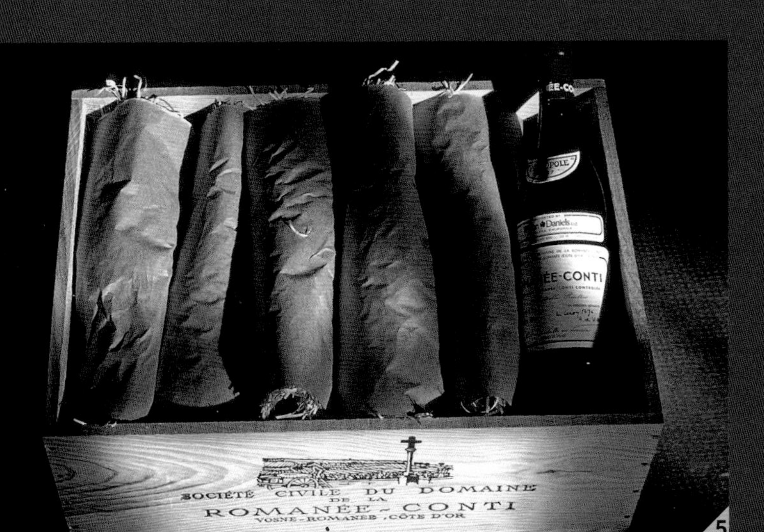

5

7

6

1. 柏图斯（波尔多波美侯产区）。
2. 木桐酒庄的葡萄酒博物馆。
3. 白马酒庄（圣安美隆顶级名庄）。
4. 伊甘酒庄（苏玳产区）。
5. 罗曼尼·康帝。
6. 夏兹霍夫堡（德国摩泽尔产区）。
7. 匈牙利托卡伊葡萄酒的酒窖。
8. 稀雅丝酒庄，教皇新堡产区。

8

在当时已经享有盛名，备受美国总统托马斯·杰斐逊以及许多欧洲皇室的推崇。自18世纪起，产业一直属于Lur-Saluces家族，1999年开始由LVMH集团控股。两年之后，出产了该酒庄最著名的年份酒，得到了各种好评，被认为可以和1811年和1847年的葡萄酒媲美。价格：每瓶约1300欧元。

罗曼尼·康帝1990年份

只有1.8公顷园地的勃艮第独家拥有的酒庄（就是说由一个庄园主单独持有），出产的葡萄酒产量比最小的波尔多酿酒企业都少。葡萄酒评论界认为它出产的葡萄酒近乎完美，尤其是1990年份，被认为是黑皮诺品种最杰出的代表。一瓶酒的价格在7500～12000欧元。1990年份的罗曼尼·康帝葡萄酒成为全世界最贵的葡萄酒之一，属于珍藏艺术品级别。

稀雅丝酒庄（CHATEAU RAYAS）1978年份

含蓄、甚至神秘，教皇新堡产区这款享有盛名的美酒完全酿自歌海娜老葡萄树，而一般来说教皇新堡产区葡萄酒的特点是由多种葡萄品种酒液相互混酿酿造。稀雅丝酒庄在1978年由雅克·雷诺（Jacques Reynaud）先生购得，起初仅是尝试经营，但其结果却非常出色。1978年份的葡萄酒在美国受到了空前的欢迎。这款酒以其浓郁和精致而闻名，具有经久陈年的潜力，散发着香料和皮革的香气。一瓶1978年份稀雅丝酒庄葡萄酒的拍卖价格超过1000欧元。

德国夏兹霍夫堡贵腐葡萄酒（TBA SCHARZHOFBERGER）1976年份

在德国萨尔山谷，伊贡·米勒（Egon Müller）是一个以出产优质雷司令葡萄酒而闻名的著名酒庄的继承人。贵腐菌对果粒的侵袭使得果汁浓缩，糖分含量提高，酸度恰到好处，且酒精含量不超过6%。Trockenbeerenauslese（TBA）葡萄酒相当于“贵腐精选葡萄酒”，出产自夏兹霍夫堡，品质优异。二次筛选酿造而成的1976年份被认为是有史以来最出色的佳酿，半瓶装的估价已经超过了1000欧元。

豚岩酒庄六篓托卡伊葡萄酒（TOKAJ DISZNOKÖ 6 PUTTONYOS）1993年份

匈牙利东部托卡伊地区的葡萄园由于西方投资商的到来而经历了新生和复兴。Disznokö意为“野猪岩石之地”，在1772年被评定为顶级园地，由法国安盛集团持有，在其投资翻修下焕然一新。出产的葡萄酒属于贵腐酒系列，其甜白葡萄酒由分颗采摘的葡萄酿制，1993年份的葡萄酒是产业翻新后经典年份的代表作。

近年来各个年份的品质

对每个年份的评估（1～10分）只是总体情况的评估，适合于所有葡萄酒产地。它是某年份葡萄酒陈年潜力的参考。其实，即使是同一个年份，由于葡萄品种、产区、酿造方式和田块位置的不同，葡萄酒的陈年潜力也不一样。

注解：一般年份 好年份 特好年份 经典年份

没有评分的年份：对于葡萄牙的波特酒来说，没有点评的年份是因为不是年份波特酒；对于其它国家和地区（南非、阿根廷、智利、瑞士）等，没有评价的年份则表明在这一年份没有出产具有长年陈年潜力的葡萄酒。

	2008	2007	2006	2005	2004	2003	2002	2001	2000	1999	1998	1997	1996	1995	1994	1993	1992	1991	1990	1989	1988	1987
波尔多 红葡萄酒	8	7	7	10	7	8	7	7	10	7	8	6	8	8	7	6	6	7	9	9	8	6
波尔多 干白葡萄酒	7	7	8	9	8	6	8	7	8	6	7	6	8	8	8	6	5	6	8	9	9	7
波尔多 甜白葡萄酒	8	7	8	8	5	9	9	8	6	8	8	9	9	9	7	5	5	7	10	10	10	5
勃艮第 红葡萄酒	6	8	7	10	7	8	8	7	7	6	8	7	8	7	7	7	7	7	9	8	8	6
勃艮第 白葡萄酒	7	7	8	10	8	10	8	8	8	6	8	8	10	8	8	6	8	7	9	8	8	6
香槟酒 年份	8	7	8	7	8	7	9	5	8	8	7	8	10	8	5	6	6	5	9	8	9	5
阿尔萨斯 地区	7	7	7	7	7	6	5	6	6	5	7	7	6	6	6	7	5	6	10	8	8	6
汝拉地区，萨瓦 地区	7	7	8	9	7	8	7	5	7	7	7	7	8	7	6	4	5	6	10	8	8	5
卢瓦河谷	7	7	6	9	6	8	6	7	8	6	7	8	9	8	6	6	6	6	10	10	9	6
罗纳河谷	6	7	7	9	7	7	5	8	8	8	9	7	7	8	6	6	6	7	10	9	8	7
朗格多克-鲁西荣	7	8	7	7	7	7	5	8	8	6	7	6	6	7	5	7	6	7	9	8	9	7
普罗旺斯	6	7	8	6	8	6	5	7	7	8	8	7	7	8	5	5	4	6	8	8	9	7
科西嘉岛	7	8	8	7	8	8	5	8	8	8	8	5	6	6	6	6	5	5	9	7	6	7
意大利 皮埃蒙特地区	9	6	8	6	8	8	7	8	7	8	10	10	10	7	7	7	5	7	10	10	8	7
意大利 托斯卡纳地区	9	7	9	7	8	9	7	8	10	9	8	10	10	10	8	8	7	8	10	7	10	8

	2008	2007	2006	2005	2004	2003	2002	2001	2000	1999	1998	1997	1996	1995	1994	1993	1992	1991	1990	1989	1988	1987
西班牙 里奥哈地区	10	7	8	8	7	8	6	8	8	7	8	7	8	10	9	8	7	7	7	7	6	8
葡萄牙 年份波特酒	nd	7	8	10	9	9	7	8	10	–	8	9	7	–	10	–	9	9	–	–	–	7
德国 摩泽尔地区	7	8	8	7	7	7	8	7	6	7	8	8	6	7	8	7	7	7	10	7	8	6
德国 莱茵河地区	7	8	7	8	7	8	8	8	7	7	7	7	7	7	7	8	8	6	10	8	8	7
瑞士	9	9	8	9	9	10	8	8	9	8	10	–	–	–	–	–	–	–	–	–	–	–
奥地利	7	8	9	8	8	7	9	8	8	10	8	10	9	9	8	9	–	–	–	–	–	–
匈牙利 托卡伊地区	nd	nd	7	8	6	9	5	9	10	8	5	4	5	6	4	10	4	7	4	8	4	5
美国 加州	8	9	7	7	7	8	9	8	7	8	7	10	8	9	9	7	9	8	8	8	7	8
智利	8	9	9	8	9	8	9	9	8	9	–	–	–	–	–	–	–	–	–	–	–	–
阿根廷	8	9	9	9	8	8	9	8	8	9	–	–	–	–	–	–	–	–	–	–	–	–
南非	8	8	9	9	8	9	8	9	9	8	–	–	–	–	–	–	–	–	–	–	–	–
澳大利亚	8	7	9	10	9	9	9	9	8	8	9	8	9	8	9	8	8	8	8	8	7	7
新西兰	8	7	9	8	8	7	8	7	9	8	9	8	8	8	8	7	8	8	8	8	7	7

对于以前的经典年份，值得列举的是：1985、1982、1978、1970、1961、1959、1955、1953、1947 和1945年。

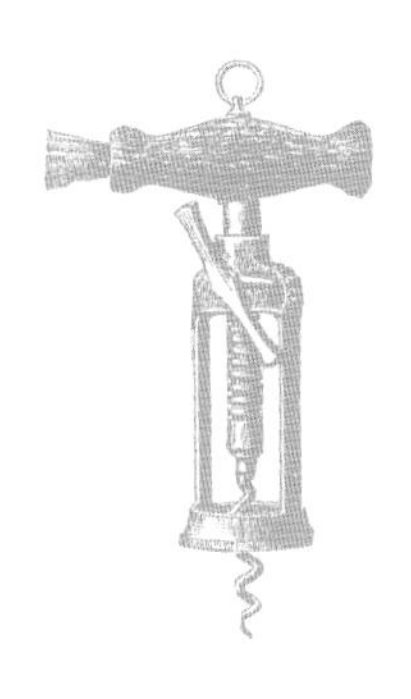

SAINT-JOSEPH
CÔTE-RÔTIE
CÔTE-RÔTIE
51,00€
LOIRE
SUD-OUEST
VIN JAUNE
Côtes du Jura
ARBOIS
ARBOIS

LANGUEDOC
LANGUEDOC
VINS ÉTRANGERS
CLOS DES ROQUES
campagnès
AQUILAE
TENUTA CANTAGALLO
CHIANTI
Fontana
HENRY PELHAM
CHARDONNAY
MICHEL JODOIN
ETCHART
QUINTA ESPIGA
2007

葡萄酒和饮食搭配的基本原则

一顿家常便饭和普通的葡萄酒搭配已是很好。但为了更好地搭配一顿精致美味的大餐，最好还是搭配品质出色的葡萄美酒。以下是关于葡萄酒和饮食搭配的几点建议，搭配选择中要考虑菜式和葡萄酒的香气、质感与风味。

根据场合选择

在日常餐桌上，葡萄酒并不总是出现，如果出现，也经常是一些简单纯朴、无产区命名的葡萄酒（比如标明葡萄品种的日常餐酒）。但若菜肴是精心烹制的，则配上一瓶美酒可以让愉悦升级。下面是几点搭配建议，您可以根据预算进行选择。要知道的是，在各种价格档次，您都会拥有不同的品酒感受。

搭配单——主菜。简单是王道，适合您和朋友一起简单融洽地聚餐，只有一道主菜：智利辣椒肉、番茄肉酱意大利面或者西班牙海鲜饭等。前面两道菜可以搭配清新美味的葡萄酒，比如博若莱村庄产区和索米尔-上比尼产区的葡萄酒。普罗旺斯、罗纳河谷和朗格多克的桃红葡萄酒也是这三道菜不错的选择。这些酒也可以搭配餐后的卡门培尔奶酪。

家庭聚餐。在家庭节日聚餐时，我们可以推荐几款著名产区的葡萄酒。如果希望照顾到所有人的口味，最好选择能够让大多数人满意的葡萄酒。白葡萄酒有阿尔萨斯葡萄酒、两海之间葡萄酒、密斯卡德葡萄酒、圣维朗葡萄酒。红葡萄酒，如果是和烤肉相配，可以有很多选择：博若莱、布格丘、吉恭达斯、马帝朗、米内瓦、邦多勒、科尔纳斯和圣尼古拉·布尔戈伊等产区的葡萄酒都很不错。

搭配美食大餐。菜式越精美，选取搭配的葡萄酒越要展现出无可挑剔的极美品质。对于白葡萄酒，我们可以选择一款伯恩丘、埃米塔日、帕萨克-雷奥良、萨韦涅尔、孔得里约、夏隆堡产区的葡萄酒，或者是一瓶阿尔萨斯顶级名酒或汝拉地区的黄葡萄酒。高品质的红葡萄酒品种繁多但价格不菲。人们通常偏爱波美侯、圣安美隆、梅多克和格拉芙的列级名庄或罗帝丘等产区的葡萄酒，还有勃艮第地区的一级园和特级园葡萄酒。

搭配、融合、和谐是用来形容菜式和葡萄酒搭配的词汇。如果希望达到二者之间的琴瑟和鸣、相得益彰，需要考虑两个合作伙伴——葡萄酒和精美菜肴的香气、质感和风味个性。

家常菜式搭配方案

鹅肝酱
\+
>圣尼古拉·布尔戈伊葡萄酒

煎炸珍珠鸡炒蘑菇以及圣内克泰尔奶酪
\+
>勃艮第上夜丘葡萄酒

草莓馅饼
\+
>圣克鲁瓦蒙葡萄酒

不必花很高的价格就能够找到品质足够出色的葡萄酒来搭配传统的菜式，让老少三代人在家庭聚餐中享受快乐的时光。这里建议的红葡萄酒与头盘、烤肉和奶酪都可以形成和谐搭配。用甜白葡萄酒来搭配甜点，会让您更愉悦地享受甜品。

品酒的顺序

开胃酒。酒精强劲的烈酒不适合开启味蕾，从而可以更好地享受美味佳肴和品质出色的葡萄酒。在正式用餐之前，开胃酒最简单的选择是挑一瓶白葡萄酒，它还可以继续用于搭配头盘。最优雅的是用高脚香槟杯盛放的“白中白香槟”。

头盘。头盘及其配酒的作用是唤醒味蕾而又不让其疲倦。人们可以选择像密斯卡德葡萄酒一样活跃且果味浓郁的白葡萄酒，或者是一款酿自长相思、西万尼、阿里高特或霞多丽的白葡萄酒，这样的葡萄酒也可以用来作为开胃酒。

与主菜搭配。最主要的搭配原则是不能比前一款葡萄酒的品质差。通常的原则是，干白葡萄酒要在红葡萄酒之前饮用，年份浅的红葡萄酒要在年份老的红葡萄酒之前饮用，清淡的要在浓郁的之前饮用，口感简单的要在口感复杂的之前饮用。

与奶酪搭配。带乳味及咸味的奶酪比较适合和白葡萄酒搭配，干白或甜白均可，通常比与红葡萄酒搭配的效果好。除了一些传统搭配，一般不必要拿出您酒窖中最好的葡萄酒。因为奶酪拼盘里的种类多样，可能并不是都与某个酒庄的酒相配（详见174页）。

甜点用酒。可以选择半甜白葡萄酒或者天然甜白葡萄酒（米雷瓦产区、里韦萨特产区或者伯姆·维尼斯产区的麝香葡萄酒），或者天然甜红葡萄酒（拉斯多、里韦萨特、班努斯、波特酒）。白葡萄酒非常适合搭配以水果为主的甜点，而红葡萄酒主要搭配由巧克力制成的各种甜点。

配餐间小吃的葡萄酒

这里有几个用于餐外品味美酒的不错的主意，配上小食，美味无比。博若莱、博若莱村庄、罗昂内丘（Côte-Roannaise）、弗雷河谷、里昂内山坡等产区的葡萄酒和猪肉熟食都能形成很好的搭配。汝拉地区的黄葡萄酒可以搭配孔泰奶酪或者核桃糕；班努斯葡萄酒可以配上小绵羊奶酪，再加上一勺美味的黑樱桃果酱；琼瑶浆葡萄酒和德国曼司特奶酪及乡村手工面包是绝妙的伴侣。一款迪城桃红葡萄酒可以配软面包，而一款半干型香槟配饼干也是不错的选择。

> 开胃酒的最佳选择是清爽且带有合适酸度的白葡萄酒。

根据季节选择

我们的饮食口味多少会受到季节和气候的影响。寒冷的季节，人们喜欢浓郁厚重的食物，炎热的季节大家都会选择蔬菜和新鲜的水果。同样的，搭配什么样的葡萄酒也要考虑季节因素和当季的菜式。

夏季饮用的新鲜红葡萄酒和桃红葡萄酒。在炎热的季节，我们倾向于选择富含果味和活跃清新的葡萄酒。这样的葡萄酒带来清凉舒爽的口感，带有活泼的酸度和一点柔和的丹宁。这种爽口的红葡萄酒在14℃的温度条件下饮用：博若莱、弗雷河谷、里昂内山坡、罗昂内丘、阿尔萨斯黑皮诺、安茹、布尔戈伊、波尔多和超级波尔多等产区的葡萄酒。

清爽的白葡萄酒。如果品酒者喜欢活泼和生动的葡萄酒，他会选择勃艮第阿里高特、什维尼、克雷皮、两海之间、马孔村庄、圣布桑（Saint-Pourçain）、阿尔萨斯西万尼或者萨瓦产区的葡萄酒。当菜式比较精致丰盛时最好选择白中白香槟、布伊·富美、桑塞

正确还是错误？

半甜白葡萄酒可以作为开胃酒。

正确。半甜白葡萄酒是甜点的绝佳搭配，也可以作为很好的开胃酒，尤其当头盘是鹅肝的时候。在家庭聚餐或节日聚会上，可以选择赛龙、莱昂山坡、瑞朗松、圣克鲁瓦蒙或者蒙巴兹亚克等产区的半甜白葡萄酒。如果是美食大餐或者重要的场合，最好选择延迟采摘的葡萄酿造的葡萄酒或者甜白葡萄酒，如苏玳产区或乌乌黑产区的甜白葡萄酒。

传统菜式

牡蛎
+
> 夏布利葡萄酒

烤鸭肉配蔬菜
+
> 圣安美隆精品葡萄酒

罗克福奶酪
圣奥诺雷（SAINT-HONORE）奶酪
+
> 伯姆·维尼斯麝香葡萄酒

这是传统的天下。精致的菜式选择，勃艮第夏布利的干白葡萄酒配上生牡蛎，烤鸭肉搭配圣安美隆精品红葡萄酒，而罗克福奶酪和伯姆·维尼斯麝香葡萄酒的搭配完美和谐。麝香葡萄酒还可以继续搭配圣奥诺雷奶酪。

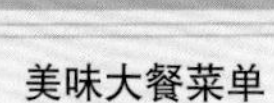

美味大餐菜单

新鲜鸭肝
+
苏玳葡萄酒

烤小羊肉配牛肝菌
陈年十年的米摩勒特（MIMOLETTE）奶酪
+
梅多克列级名庄葡萄酒

巧克力蛋糕
+
班努斯顶级名酒

庄重而精致，这就是一份可在家准备且不会出错的10个朋友聚会的菜单。酒和菜式的搭配是精致而完美的：鹅肝配上甜白葡萄酒是经典搭配；小羊肉、牛肝菌和米摩勒特奶酪天生就是为梅多克列级名酒准备的；至于人们喜爱的巧克力，不容易与葡萄酒搭配——除了天然甜酒，如一款出色的班努斯葡萄酒。

尔、夏布利、格拉芙、阿尔萨斯雷司令等葡萄酒。

冬季饮用的葡萄酒。冬天的漫长夜晚适合饮用结构复杂和内容丰富的葡萄美酒。白葡萄酒要选取酒体丰满、质感黏稠的产品。如果要搭配名贵的鱼、甲壳动物、贝壳类和白色肉类，可以选取科尔顿·查理曼、默尔索、普利尼–蒙哈榭、萨韦涅尔、阿尔萨斯琼瑶浆、阿尔萨斯灰皮诺、教皇新堡白葡萄酒或者加州霞多丽白葡萄酒。而红葡萄酒酒液稠密，富含果味和丹宁，用来搭配酱汁或烤制的红色肉类、红酒洋葱烧野味或其它炖锅，再没有比卡奥、马帝朗、波亚克、热夫雷–香贝丹、瓦吉哈斯、里奥哈等产区的葡萄酒和智利的赤霞珠红葡萄酒更适合的了。

您未必了解的小知识

根据一道菜口味的浓重选择个性及强度相配合的葡萄酒。将精致的葡萄酒和过于强劲的葡萄酒相配，葡萄酒的浓郁味道可能遮盖住菜肴的味道。因此，为了搭配一道鱼肉酱，我们会选择一款清淡、酸度适中的干型葡萄酒，如密斯卡德或桑塞尔葡萄酒；搭配一款酱汁鱼，最好选择一款香味精致而质感轻柔的白葡萄酒，如萨韦涅尔或帕萨克–雷奥良白葡萄酒；一道煎蒸咸鱼，人们喜欢用阿尔萨斯雷司令白葡萄酒或马孔·吕尼（Mâcon Lugny）葡萄酒相配；最后，小牛的胸腺是用一款布兹（Bouzy）葡萄酒来搭配。

根据菜式的主要味道选配葡萄酒

我们的味觉对四种基本味道最敏感：甜味、咸味、酸味和苦味。在饮食中，我们可以或多或少地感觉到这些味道的存在。在葡萄酒的品味中，咸味可以说几乎不存在。如果要做到很好的搭配，建议葡萄酒最好不要和四种味道中有一种味道特别突出的菜肴进行搭配。

与咸味菜肴搭配。要小心咸味过于浓重［腌制食品、猪肉熟食、咸鱼类（如鳕鱼）］的食物影响复杂、年份老和柔和的葡萄酒的表现，不论是红葡萄酒还是白葡萄酒。搭配咸式菜肴，最好选用很年轻、果味浓郁、酸度适中的葡萄酒，这种葡萄酒有很好的解渴功能，如密斯卡德、圣维朗、萨瓦地区的葡萄酒或桑塞尔红葡萄酒。

与甜味菜肴搭配。一些甜食，如水果（桃、樱桃、李子、无花果、菠萝、椰子），会令红葡萄酒感觉更涩口，而白葡萄酒会变得酸涩。因此，这样的食物需要搭配果味浓郁、甜润或酒精度高、香气馥郁的葡萄酒。教科书上的一个经典案例是名菜橙子煎鸭肉和酒精强化型的班努斯葡萄酒或是汝拉地区出色的黄葡萄酒形成绝佳搭配。

与酸味菜肴搭配。因为菜里有酸味，所以最好避免配丹宁浓重或成熟度高的葡萄酒。比如醋拌沙拉，只能与水

> 鲜美的海鲜与白葡萄酒搭配完美。

搭配。微酸型的菜肴应该选择白葡萄酒或桃红葡萄酒，应是年轻的甚至是纯朴而简单的葡萄酒，而不能选择红葡萄酒，尤其是丹宁浓重或经过一段时间陈年的葡萄酒。不然就会造成品质出色的酒和味道鲜美的菜肴搭配不当带来的双重损失！

与苦味菜肴搭配。这种味道很容易隐藏在食品中，尤其是蔬菜类，如朝鲜蓟、芦笋、莴苣、菠菜等。苦味还存在于咖啡、茶和巧克力中。葡萄酒和苦味食品很难形成搭配，会让葡萄酒僵硬而干涩。有几款酒除外：阿尔萨斯麝香葡萄酒、黄葡萄酒和雪利酒（前提是不能用酸醋调味）；天然甜红葡萄酒可以搭配巧克力类食品。

质感和香气的和谐搭配

美食爱好者不仅仅喜欢一道菜的味道，还欣赏食物的材料构成和香气，这些因素也会影响人们对葡萄酒的选择。

质感。葡萄酒分为轻柔的葡萄酒（博若莱葡萄酒、密斯卡德葡萄酒）、稠腻的葡萄酒（勃艮第葡萄酒、罗纳河谷葡萄酒）和带有涩度的葡萄酒（波尔多西南地区的葡萄酒）。这些特点可以和某些食品在味觉上起到相辅相成的作用。比如，火锅可以和博若莱村庄级葡萄酒的活泼和浓郁果味形成美妙搭配，并可减轻牛肉的纤维韧感和凸显蔬菜的植物气息。同样，法国西南部的烹饪风格与当地出产的结构丰富的葡萄酒［马帝朗、卡奥、图尔桑（TurSan）、布瑞华丘（Côtes-du-Brulhois）］搭配也相得益彰，菜肴的滑腻和味道会使酒中的丹宁变得更柔和。通常的原则是用清纯、丹宁弱的葡萄酒搭配稠密柔软的菜肴，用圆润的葡萄酒搭配油腻、质感柔软的菜肴。

香气。菜式有时也会凸显葡萄酒的香气。但是这种菜式和葡萄酒香气的和谐统一是非常难以获得的。有几种搭配非常出色。比如，用樱桃和无花果煎的鸭肉会提升新鲜班努斯葡萄酒富含的红色和黑色水果香气；含有松露的菜肴会让成熟的埃米塔日葡萄酒和波美侯葡萄酒的松露香气更细腻；橙子馅饼或柠檬馅饼会让年份老的苏玳甜白葡萄酒的苦橙香气更丰满。搭配原则最重要的是葡萄酒的香气不能掩盖菜肴的香气，反之亦然。

> 乡村式砂锅冷肉酱是非常美味的凉菜，是餐间品酒的佳肴。

棘手的搭配

最难搭配的是醋拌凉菜和带苦味的蔬菜（朝鲜蓟、芦笋、莴苣、菠菜等），它们会破坏优质葡萄酒的味道。豌豆和胡萝卜天然甜润的味道也会使丹宁丰富的红葡萄酒口感降低。就鱼类和肉类来讲，它们不太会改变葡萄酒的口感。但要尤其注意辛辣的菜肴（比如东方菜式）和酸甜的菜肴（比如中国菜）。这一类型的菜肴通常来说只能和结构良好、香气浓郁的白葡萄酒搭配，如阿尔萨斯琼瑶浆、罗纳河谷白葡萄酒；或者和桃红葡萄酒，如塔维勒酒、普罗旺斯丘葡萄酒搭配；有时也可以用天然甜型葡萄酒搭配。极少有红葡萄酒适合与以上这些菜肴搭配。

正确还是错误？

低温比高温对葡萄酒的伤害更大

错误。饮用时高温条件比低温条件更容易影响葡萄酒的品质。白葡萄酒（除了顶级名酒）、桃红葡萄酒和当年的红葡萄酒尤其要在低温条件下品用。有意思的是，葡萄酒的酸度和丹宁质感在低温条件下会更突出，能够中和菜肴的味道。

公认的好搭配

在众多的选择和可能性中，一些菜式和葡萄酒的搭配证明了自己，也为法国美食增添了风采。

与海鲜的搭配。享用海鲜菜肴的时候，我们可以选择密斯卡德、两海之间、桑塞尔、卡西斯、圣维朗或布哲宏等产区的葡萄酒来相配。如果是用于搭配酱汁名贵鱼类或贝壳类菜肴，最好选择一瓶勃艮第的特级园或一级园白葡萄酒或者是珍稀的埃米塔日白葡萄酒。阿尔萨斯地区——这个优质干白或甜白葡萄酒的优秀产地，它的雷司令葡萄酒也可以搭配高档海鲜菜肴，甚至是鱼子酱。

与肉类的搭配。对于重要的宴会场合，再没有比牛肝菌烤小羊肉或者鸭胸肉配上一瓶波尔多红葡萄酒更适合了。如果是配野味，最适合的当属勃艮第名品红葡萄酒和罗帝丘、马帝朗、教皇新堡或邦多勒等产区的红葡萄酒。如果是一道炖肉，人们倾向于选择罗纳丘村庄产区或卡奥产区的红葡萄酒。用奶油烹制的禽肉，需要顺滑圆润的勃艮第白葡萄酒来搭配，如默尔索白葡萄酒。如果是煎烤肉类，最好选择一款梅多克葡萄酒或夜丘产区的红葡萄酒来搭配。

正确还是错误？

在烹饪时作为调料使用的葡萄酒也要用来搭配这道菜进行佐餐

正确。有大量在烹饪过程中加入葡萄酒调味的例子。法国传统的葡萄酒炖公鸡，最初时是用尚蒂尔格（Chanturgues）葡萄酒炖，在汝拉地区就演变成用黄葡萄酒炖，在勃艮第演变成用香贝丹（Chambertin）葡萄酒炖，在阿尔萨斯则用雷司令葡萄酒炖。所有的欧洲人都有葡萄酒浇汁的肉类菜式，不论是法式、希腊式还是意大利式。这些菜式都应该和加入菜中的葡萄酒来搭配食用。

与地区菜式的搭配。欧洲许多传统菜式和当地出产的葡萄酒都有天然的亲和力。一款卡奥产区或马帝朗产区的葡萄酒与法国西南地区丰盛的什锦砂锅搭配和谐；清新的瑞士干白葡萄酒和奶酪涮锅形成绝妙搭配。在西班牙，下海湾产区出产的酿自当地阿尔巴利诺葡萄品种的干白葡萄酒与加里西亚著名的海鲜搭配效果极佳；在内陆地区，里奥哈产区的红葡萄酒与烤肉或煎肉是传统搭配。

葡萄酒和奶酪：棘手的搭配

奶酪和葡萄酒不容易搭配：奶酪带咸味，味道通常很浓重，质感结构基本都很紧实。

与红葡萄酒的搭配。比起白葡萄酒，红葡萄酒更难与奶酪搭配，奶酪中含有的盐分会让葡萄酒中的丹宁变得更突出。搭配原则中，在上奶酪的时候配上一瓶陈年红葡萄酒通常是个错误，因为葡萄酒的精致味道会完全被奶酪的浓重味道所遮盖。但是也有几个例外：质软而外皮开裂的奶酪（布里、卡门培尔或科罗米尔斯）与伯恩丘、罗纳丘、波美侯和圣安美隆产区的红葡萄酒搭配效果很不错。同样，质地坚硬的生奶酪［冈塔尔、高达（gouda）、米摩勒特、圣内克泰尔］可以与波尔多熟成的红葡萄酒（梅多克、波美侯、圣安美隆、帕萨克–雷奥良）搭配。

与白葡萄酒的搭配。干型或甜型白葡萄酒很容易与奶酪形成和谐搭配。它们的酸度带来清新的感觉，它们的新鲜果味会削弱奶酪浓烈的味道。这一点要归功于白葡萄酒不含丹宁。实际上，丹宁，尤其是年份浅的红葡萄酒中所含的丹宁，会因为奶酪中的盐分而显得极为突出。

出色的葡萄酒搭配出色的美味佳肴

搭配一款波尔多列级名庄酒。为了更好地品味一款名庄酒，有时菜式要相应做一些调整。波尔多葡萄酒高贵、丰富的丹宁和甜点很难形成合适搭配，但菜单上建议的这一款甜点除外。这种搭配非常和谐，有利于葡萄酒表现出它所有的优质特性。注意烤羊腿时不要加过多的蒜。

美食菜单

炖鸽子

烤羊腿

煎野苹果

老米摩勒特奶酪

波尔多酒浸新鲜水果

搭配一款波尔多苏玳产区甜白葡萄酒。丰满、稠腻和个性显著的苏玳葡萄酒需要搭配味道优美、丰富和香料多的菜肴。与鹅肝、罗克福奶酪和杏仁奶油千层糕是经典搭配。鸭肉和水果一直是搭配和谐的菜式，这里用的是桃子。与苏玳葡萄酒整体搭配，绝妙无比。

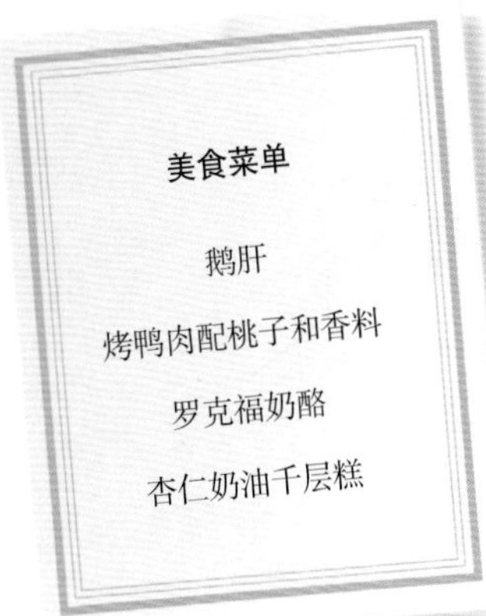

美食菜单

鹅肝

烤鸭肉配桃子和香料

罗克福奶酪

杏仁奶油千层糕

搭配一款班努斯葡萄酒。丰满强劲而味道丰富的班努斯葡萄酒与味道浓郁、辛辣的菜式形成和谐搭配。它的酒精含量丰富，与水果及新鲜的味道达成平衡。这里建议的菜单与其搭配绝对没有问题。班努斯葡萄酒与咖啡味的巧克力蛋糕是绝好的搭配。

美食菜单

半熟鸭肝

鸽子肉搭配杏仁和葡萄干

斯提尔顿（stilton）奶酪

“歌剧院”蛋糕（Gâteau Opéra）

搭配一款年份香槟酒。全白的菜肴会凸显香槟酒的尊贵。海鲜、精致的禽肉、奶油、蘑菇的精美味道以及夏乌尔斯（chaource）奶酪和蜜桃甜点将和谐陪伴这一节日的美酒。这款酒的颜色和质感是和谐平衡的，特别适合欢庆的场合。

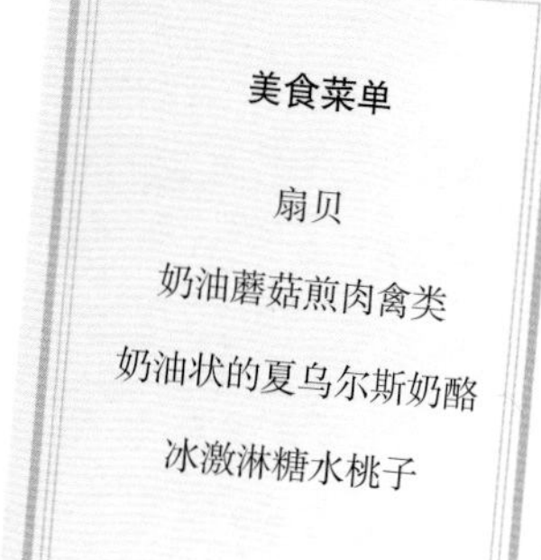

美食菜单

扇贝

奶油蘑菇煎肉禽类

奶油状的夏乌尔斯奶酪

冰激淋糖水桃子

搭配一款汝拉地区的黄葡萄酒。它独有的香气（可可、香料、烤面包等）和持久的主导香气与这里的每一道菜肴形成完美的搭配。最好与用餐的朋友解释一下这款葡萄酒的独特之处。

美食菜单

奶油烧芦笋

黄葡萄酒炖公鸡

孔泰奶酪

核桃蛋糕

葡萄酒和菜肴搭配的经典案例

下面的表格将传统的和地区的经典搭配做了列举。其中也包含一些很让人惊奇的搭配，这些搭配常常是从实践中得出的结果。但是，这些建议都只是参考。事实上，并不存在葡萄酒和饮食搭配的固定规则，个人口味和地域文化对味道的评价有很大的影响。

冷盘	
新鲜凤尾鱼	班努斯白葡萄酒、教皇新堡产区白葡萄酒、科利乌尔（Collioure）桃红葡萄酒、埃克斯普罗旺斯山坡桃红葡萄酒、雪利酒
蘑菇炖朝鲜蓟	埃克斯普罗旺斯山坡桃红葡萄酒、普罗旺斯丘桃红葡萄酒、利哈克桃红葡萄酒
白芦笋	阿尔萨斯白皮诺葡萄酒、阿尔萨斯麝香葡萄酒
绿芦笋	维奥涅葡萄品种酿造的地区餐酒、麝香干白葡萄酒、阿尔萨斯麝香葡萄酒、鲁西荣的地区餐酒、雪利酒
牛油果	普罗旺斯丘桃红葡萄酒、马孔村庄葡萄酒、桑塞尔葡萄酒
鱼子酱	白中白香槟、德国或阿尔萨斯雷司令干白葡萄酒、冰镇伏特加
鹅肝酱	甜白葡萄酒，如苏玳葡萄酒、莱昂山坡葡萄酒、瑞朗松甜白葡萄酒、蒙巴兹亚克葡萄酒、精选贵腐灰皮诺葡萄酒、精选贵腐琼瑶浆葡萄酒，或加强型葡萄酒，如新鲜班努斯、波特酒等
西班牙番茄凉汤（Gaspacho）	科利乌尔桃红葡萄酒、罗纳丘村庄桃红葡萄酒、塔维勒葡萄酒
墨西哥牛油果酱（Guacamole）	墨西哥赤霞珠葡萄酒或加州霞多丽葡萄酒
甜瓜	天然甜型葡萄酒、伯姆·维尼斯麝香葡萄酒、里韦萨特麝香葡萄酒、班努斯、里韦萨特、宝石红波特酒（Porto Ruby）、马德拉塞西尔（Madère Sercial）或者马德拉布尔（Madère Bual）葡萄酒
虾仁蛋沙拉	白诗南桃红葡萄酒 、普罗旺斯丘白葡萄酒、马孔村庄葡萄酒
奥文涅（Auvergne）沙拉	博若莱村庄级葡萄酒、奥文涅丘（Côtes-d'Auvergne）葡萄酒、弗雷河谷葡萄酒
坚果拌天香菜沙拉	汝拉地区酿自萨瓦涅品种的葡萄酒、阿尔布瓦葡萄酒、汝拉丘葡萄酒、天星（Etoile）葡萄酒
尼斯沙拉	邦多勒桃红葡萄酒、贝丽白葡萄酒、卡西斯白葡萄酒、埃克斯普罗旺斯山坡桃红葡萄酒
鱼子酱	布伊·富美葡萄酒、阿尔萨斯雷司令葡萄酒

头道热菜	
青蛙腿	勃艮第阿里高特葡萄酒、小夏布利葡萄酒、马孔村庄葡萄酒
勃艮第蜗牛	勃艮第阿里高特葡萄酒、博若莱白葡萄酒、夏布利葡萄酒、马孔村庄葡萄酒
煎鲜鹅肝	糖分含量高的甜葡萄酒如新鲜班努斯、苏玳葡萄酒；稠密的红葡萄酒（马帝朗葡萄酒、卡奥葡萄酒）
（法国西南部的）猪油鹅肉卷心菜浓汤	卡奥葡萄酒、伊卢雷基葡萄酒、马帝朗葡萄酒
普罗旺斯小馅饺	邦多勒桃红葡萄酒、贝丽白葡萄酒或桃红葡萄酒、罗纳河谷村庄红葡萄酒、塔维勒葡萄酒
比萨饼	埃克斯普罗旺斯山坡红葡萄酒或桃红葡萄酒、吕贝隆红葡萄酒或桃红葡萄酒、基安蒂葡萄酒、瓦尔波利塞拉葡萄酒
梭鱼肠	夏布利葡萄酒、布伊–富赛葡萄酒、圣维朗葡萄酒、胡塞特–萨瓦葡萄酒
肉丁烤馅饼	阿尔萨斯白皮诺葡萄酒、阿尔萨斯灰皮诺葡萄酒、萨瓦地区的白葡萄酒；或者轻淡的红葡萄酒（博若莱葡萄酒、布尔戈伊葡萄酒、阿尔萨斯黑皮诺葡萄酒）
洋葱烤馅饼	阿尔萨斯白皮诺葡萄酒、阿尔萨斯西万尼葡萄酒
鱼肉舒芙雷	夏布利葡萄酒、格拉芙白葡萄酒、帕萨克–雷奥良白葡萄酒、布伊·富美葡萄酒、纳帕白富美葡萄酒
孔泰奶酪舒芙蕾	汝拉地区酿自萨瓦涅品种的葡萄酒、阿尔布瓦葡萄酒、汝拉丘葡萄酒、夏隆堡葡萄酒
洋葱汤	博若莱村庄级葡萄酒、两海之间葡萄酒、马孔村庄葡萄酒
鱼肉香菇馅酥饼	汝拉地区的黄葡萄酒、霞多丽葡萄酿造的品质名酒（科尔顿–查理曼、默尔索、蒙哈榭、美国加州的霞多丽葡萄酒）

猪肉熟食	
煎猪大肠	马孔村庄葡萄酒、桑塞尔葡萄酒、萨韦涅尔葡萄酒
猪血肠	希依葡萄酒、克罗兹–埃米塔日葡萄酒、圣约瑟夫葡萄酒、索米尔–上比尼葡萄酒
麻辣香肠	卡奥葡萄酒、伊卢雷基葡萄酒、里奥哈葡萄酒
生火腿片	科利乌尔葡萄酒、伊卢雷基葡萄酒、上阿迪杰（Alto-Adige）的灰皮诺葡萄酒、索阿维经典葡萄酒（Soave Classico）、莱茵高雷司令干白葡萄酒、雪利酒或者曼萨尼拉、西班牙年轻的红葡萄酒
熟火腿片	博若莱村庄级葡萄酒或优质博若莱村庄级葡萄酒、梅谷黑葡萄酒、马孔村庄葡萄酒。
熏制火腿片	延迟采摘的雷司令葡萄酒、德国延迟采摘葡萄酒
香菜火腿	博若莱白葡萄酒或红葡萄酒、夏布利葡萄酒、梅谷黑白葡萄酒、布伊–富赛葡萄酒、圣罗曼（Saint-Romain）白葡萄酒
禽类肝酱	优质博若莱村庄级葡萄酒、伯恩白葡萄酒 、拉杜瓦–塞里尼村（Ladoix-Serrigny）白葡萄酒、默尔索葡萄酒
乡村肉酱	博若莱葡萄酒、希依葡萄酒、里昂内山坡葡萄酒、罗纳丘村庄葡萄酒、克罗兹–埃米塔日葡萄酒、圣约瑟夫葡萄酒、索米尔–上比尼葡萄酒
野味肉酱	贝热哈克葡萄酒、教皇新堡葡萄酒、梅谷黑葡萄酒、杰弗雷–香贝丹葡萄酒、波美侯葡萄酒、圣安美隆葡萄酒、瓦吉哈斯葡萄酒、葡萄牙中部地区的嘉洛菲拉（Garrafeira）葡萄酒
兔肉酱	布尔戈伊葡萄酒、什维尼葡萄酒、古尔–什维尼（Cour-Cheverny）、圣尼古拉・布尔戈伊葡萄酒、摩根葡萄酒、风车磨坊（Moulin-à-Vent）葡萄酒
熟肉酱	蒙路易葡萄酒、桑塞尔葡萄酒、乌乌黑葡萄酒
（意大利式的）色拉米香肠	伊卢雷基葡萄酒、塔维勒葡萄酒、科西嘉桃红葡萄酒、纳瓦拉（Navarre）红葡萄酒或桃红葡萄酒、芭芭拉葡萄酒、基安蒂葡萄酒、蒙特比卡诺–阿布鲁佐（Montepulciano d'Abruzzo）葡萄酒、贡雷诺（Rosso Conero）红葡萄酒、雪利酒
猪肉鲜香肠	比泽葡萄酒、罗纳河谷葡萄酒、吉恭达斯葡萄酒、阿尔巴的多赛托（Dolcetto d'Alba）葡萄酒、梅洛葡萄酒、里奥哈葡萄酒
干香肠	克罗兹–埃米塔日葡萄酒、勃艮第上伯恩丘葡萄酒、勃艮第上夜丘葡萄酒、桑塞尔红葡萄酒

鸡蛋类菜式	
松露炒鸡蛋	埃米塔日白葡萄酒、蒙哈榭葡萄酒
炒鸡蛋	轻淡而果味浓郁的红葡萄酒（博若莱葡萄酒、图尔地区的佳美葡萄酒）
鸡蛋羹	伯恩丘［桑特内（Santenay）、马宏基（Maranges）］年轻且果味浓郁的葡萄酒
红酒煮蛋	优质博若莱村庄级葡萄酒、马孔红葡萄酒、伯恩丘和夏隆丘产区的黑皮诺葡萄酒
鲑鱼卵	夏布利葡萄酒、阿尔萨斯雷司令葡萄酒、乌乌黑葡萄酒
原味煎鸡蛋	博若莱村庄级葡萄酒、里昂内山坡葡萄酒、弗雷河谷葡萄酒
奶酪煎鸡蛋	汝拉地区酿自霞多丽和萨瓦涅的白葡萄酒

贝壳类菜式	
带子	白中白香槟、教皇新堡白葡萄酒、埃米塔日白葡萄酒、帕萨克–雷奥良葡萄酒、阿尔萨斯或德国的雷司令干白葡萄酒
螃蟹	卡西斯白葡萄酒、夏布利葡萄酒、两海之间葡萄酒、哥罗–普朗葡萄酒、密斯卡德葡萄酒
虾	贝尔热拉克白葡萄酒、卡西斯白葡萄酒、小夏布利葡萄酒、两海之间葡萄酒、哥罗–普朗葡萄酒、密斯卡德葡萄酒、匹格普勒・皮内（Picpoul-de-Pinet）葡萄酒
糖醋虾	灰皮诺葡萄酒、阿尔萨斯麝香葡萄酒、塔维勒葡萄酒、贝丽桃红葡萄酒
浸汁螯虾	孔得里约葡萄酒、教皇新堡白葡萄酒、阿尔萨斯雷司令干白葡萄酒
煎螯虾	科尔顿・查理曼葡萄酒、埃米塔日白葡萄酒、帕萨克–雷奥良葡萄酒、默尔索葡萄酒、阿尔萨斯雷司令葡萄酒、萨韦涅尔葡萄酒、耶丝城堡的维蒂奇诺（Verdicchio dei Castelli di Jesi）葡萄酒
美式龙虾	阿尔萨斯灰皮诺葡萄酒、汝拉黄葡萄酒、乌乌黑半干白葡萄酒
牡蛎	夏布利葡萄酒、两海之间葡萄酒、哥罗–普朗葡萄酒、密斯卡德葡萄酒、匹格普勒・皮内葡萄酒、阿尔萨斯雷司令葡萄酒
熟牡蛎	白中白香槟、格拉芙白葡萄酒、阿尔萨斯雷司令葡萄酒、萨韦涅尔葡萄酒、乌乌黑葡萄酒
煎龙虾	夏布利一级名酒或顶级名酒、埃米塔日白葡萄酒、帕萨克–雷奥良葡萄酒、阿尔萨斯雷司令葡萄酒
海螯虾蘸蛋黄酱	布伊・富美葡萄酒、桑塞尔葡萄酒、夏布利葡萄酒
奶油青口	贝热哈克白葡萄酒、布莱伊丘白葡萄酒、布伊–富赛白葡萄酒、吕利（Rully）白葡萄酒
洋葱青口	两海之间葡萄酒、密斯卡德葡萄酒、图尔地区长相思葡萄酒、绿酒
西班牙海鲜饭	耶克拉（Yecla）白葡萄酒（西班牙）、霞多丽葡萄酒（奥克地区餐酒、鲁西荣丘桃红葡萄酒、科西嘉桃红葡萄酒，总体上讲搭配香气浓郁的干白葡萄酒。

鱼类菜式	
波尔多鳝鱼	贝热哈克红葡萄酒、优质波尔多红葡萄酒、格拉芙葡萄酒、圣安美隆卫星产区葡萄酒
煎狼鲈鱼	贝丽白葡萄酒、教皇新堡白葡萄酒、普罗旺斯丘白葡萄酒、夏布利一级或特级园名酒
普罗旺斯鱼汤	邦多勒桃红葡萄酒、卡西斯葡萄酒、埃克斯普罗旺斯山坡桃红葡萄酒、塔维勒葡萄酒
橄榄油大蒜鳕鱼羹	卡西斯葡萄酒、埃米塔日白葡萄酒、圣约瑟夫白葡萄酒
凉鳕鱼蘸蛋黄酱	马孔村庄葡萄酒、阿尔萨斯白皮诺葡萄酒、萨瓦白葡萄酒、阿尔萨斯西瓦内葡萄酒
油炸鱼	勃艮第阿里高特葡萄酒、哥罗–普朗葡萄酒、马孔葡萄酒、密斯卡德葡萄酒、绿酒
蒜泥蔬菜鳕鱼	邦多勒白葡萄酒或桃红葡萄酒、卡西斯葡萄酒、普罗旺斯丘白葡萄酒或桃红葡萄酒、科利乌尔桃红葡萄酒、伊卢雷基桃红葡萄酒
油煎鱼（旗鱼、鲱鱼、鲭鱼、沙丁鱼、金枪鱼）	勃艮第阿里高特葡萄酒、哥罗–普朗葡萄酒、密斯卡德葡萄酒、桑塞尔葡萄酒、图尔地区的长相思葡萄酒、西瓦内葡萄酒、杜奥（Dão）白葡萄酒、绿酒
烤白鱼	名庄干白葡萄酒、埃克斯普罗旺斯山坡白葡萄酒、索阿维（Soave）葡萄酒、维蒂奇诺葡萄酒、科西嘉白葡萄酒
黄油烤白鱼	白中白香槟、乌乌黑干白或半干白葡萄酒、默尔索葡萄酒、帕萨克–雷奥良葡萄酒、普利尼·蒙哈榭葡萄酒、萨韦涅尔葡萄酒、摩泽尔葡萄酒
鱼生	夏布利一级园、默尔索葡萄酒、格拉芙白葡萄酒、新西兰的霞多丽葡萄酒
淡水鱼	夏布利葡萄酒、瑞士莎斯拉葡萄酒、格拉芙白葡萄酒、梅谷黑白葡萄酒、蒙路易葡萄酒、吕利白葡萄酒、桑塞尔葡萄酒、乌乌黑葡萄酒
油炸鱼	博若莱葡萄酒、两海之间葡萄酒、图尔地区的佳美葡萄酒、哥罗–普朗葡萄酒、密斯卡德葡萄酒、鲁塞·萨瓦葡萄酒、汝拉地区酿自霞多丽和萨瓦内品种的白葡萄酒、弗留利灰皮诺葡萄酒、弗拉斯卡地优质葡萄酒（Frascati Superiore）
熏鱼	夏布利一级园、白中白香槟、布伊·富美葡萄酒、桑塞尔葡萄酒、阿尔萨斯雷司令葡萄酒、阿尔萨斯灰皮诺葡萄酒、德国延迟采摘葡萄酒
清煮鱼	根据鱼以及配菜的油腻程度配轻淡程度不同的白葡萄酒，可以配勃艮第、波尔多或阿尔萨斯的地区餐酒或顶级名酒。配红葡萄酒，需要选择丹宁不太浓重的（酿自卢瓦河谷的品丽珠或者博若莱的佳美）
红鲻鱼	邦多勒红葡萄酒或桃红葡萄酒、科利乌尔葡萄酒、普罗旺斯丘红葡萄酒或白葡萄酒
熏三文鱼	白中白香槟、阿尔萨斯雷司令葡萄酒、桑塞尔葡萄酒（或者伏特加、单一麦芽威士忌）
酸鲑鱼	孔得里约葡萄酒、教皇新堡白葡萄酒
水煮三文鱼	白葡萄酒：勃艮第白葡萄酒、桑塞尔葡萄酒、萨韦涅尔葡萄酒、乌乌黑干白葡萄酒、意大利西西里白葡萄酒；红葡萄酒：博若莱村庄级葡萄酒、布尔戈伊葡萄酒、阿尔萨斯黑皮诺葡萄酒
煎沙丁鱼	普罗旺斯丘葡萄酒、罗纳河谷村庄白葡萄酒、朗格多克山坡白葡萄酒
法式干煎塌目鱼	贝丽白葡萄酒、夏布利特级园或一级园、桑塞尔葡萄酒、阿尔萨斯雷司令葡萄酒
寿司	马孔葡萄酒、密斯卡德葡萄酒、圣–维朗葡萄酒、梅讷图萨隆（Menetou-Salon）葡萄酒、美国加州长相思葡萄酒
鱼肉酱	布哲宏的阿里高特葡萄酒、夏布利葡萄酒、格拉芙白葡萄酒、马孔村庄葡萄酒、密斯卡德葡萄酒、桑塞尔葡萄酒、阿尔萨斯西瓦内葡萄酒
巴斯克金枪鱼	科利乌尔红葡萄酒或桃红葡萄酒、朗格多克山坡红葡萄酒或桃红葡萄酒、罗纳河谷村庄红葡萄酒、伊卢雷基桃红葡萄酒、塔维勒葡萄酒
鱼饼（配奶油酱）	马孔村庄葡萄酒、布伊–富赛葡萄酒、阿尔萨斯灰皮诺葡萄酒、卡多莎（Custoza）白葡萄酒、法尔兹·西万尼（Pfälzer Sylvaner）葡萄酒、纳赫·米勒–土高（Nahe Müller-Thurgau）葡萄酒、美国纳帕霞多丽葡萄酒
荷兰汁多宝鱼	科尔顿·查理曼葡萄酒、埃米塔日白葡萄酒、默尔索葡萄酒、帕萨克–雷奥良葡萄酒

羔羊肉	
烤羊排	复杂和高雅的葡萄酒，如波尔多（格拉芙、玛歌村、波亚克、波美侯、圣安美隆）葡萄酒，好年份的邦多勒葡萄酒；西班牙里奥哈珍藏葡萄酒，杜埃罗河岸葡萄酒，美国、澳大利亚、智利和意大利的赤霞珠红葡萄酒
羊肉块	格拉芙、梅多克、波亚克、帕萨克–雷奥良、圣朱利安、美国加州、智利和意大利的赤霞珠葡萄酒
羊肉拌饭	卡奥葡萄酒、罗纳河谷村庄葡萄酒、马帝朗葡萄酒、吉恭达斯葡萄酒
咖喱羊肉	贝热哈克葡萄酒、卡斯蒂永–波尔多丘葡萄酒、弗兰克–波尔多丘（Francs-Côtes-de-Bordeaux）葡萄酒、拉朗德–波美侯葡萄酒
烤羊肩	上梅多克葡萄酒、梅多克葡萄酒，以及美国、澳大利亚、智利和意大利的赤霞珠红葡萄酒
香叶或蒜蓉烤羊腿	丰富而强劲的红葡萄酒［邦多勒葡萄酒、教皇新堡葡萄酒、鲁西荣丘村庄葡萄酒、朗格多克山坡葡萄酒、圣西尼昂（Saint-Chinian）葡萄酒、瓦吉哈斯葡萄酒］

HUGEL ·HUGEL
1998
"HUGEL"
HOMMAGE A JEAN HUG
ALSACE
APPELLATION ALSACE CONTRÔLÉE
HJH
HJH
TOKAY PINOT GRIS
"HUGEL"
HUGEL·HUGEL
1998
"HUGEL"
HOMMAGE A JEAN HUGEL
ALSACE
APPELLATION ALSACE CONTRÔLÉE
HJH
HJH
GEWURZTRAMINER
"HUGEL"
BOUTEILLE PAR HUGEL ET FILS · RIQUEW
BOTTLED IN FRANCE
GEL ·HUGEL
1998
"HUGEL"
HOMMAGE A JEAN HU
ALSACE
APPELLATION ALSACE CONTRÔLÉE
HJH
HJH
RIESLING

烤羊腿	伯恩丘的黑皮诺葡萄酒、布尔戈伊葡萄酒、希依葡萄酒、圣尼古拉·布尔戈伊葡萄酒
烤全羊	朗格多克山坡红葡萄酒、邦多勒葡萄酒、澳大利亚西拉葡萄酒、马斯加拉山坡（Coteaux-de-Mascara）红葡萄酒（阿尔及利亚）
土豆萝卜烩羊肉	伯恩丘黑皮诺葡萄酒、夏隆丘葡萄酒、优质博若莱名庄葡萄酒
普罗旺斯式炒羊肉	埃克斯普罗旺斯山坡红葡萄酒、普罗旺斯丘红葡萄酒、罗纳河谷村庄葡萄酒
煎羊排	罗帝丘葡萄酒、埃米塔日葡萄酒、梅多克葡萄酒、波美侯葡萄酒、圣安美隆葡萄酒
杏脯羊肉酱	邦尼舒葡萄酒、奥本斯山坡葡萄酒、莱昂山坡葡萄酒、卡·休姆葡萄酒、蒙路易甜白葡萄酒、乌乌黑甜白葡萄酒

牛肉	
勃艮第红酒炖牛肉	希依葡萄酒、科比埃葡萄酒、罗纳河谷村庄葡萄酒、梅谷黑葡萄酒、米内瓦葡萄酒、吕利葡萄酒、圣爱葡萄酒、索谬尔红葡萄酒
脆皮牛肉	波尔多葡萄酒、梅多克或利布尔讷葡萄酒、勃艮第黑皮诺葡萄酒
烤牛肉	结构平衡、内容丰富而强劲的红葡萄酒（夜丘葡萄酒、玛歌葡萄酒、波亚克葡萄酒、波美侯葡萄酒、圣安美隆葡萄酒，以及美国、澳大利亚和智利的梅洛葡萄酒）
超薄生牛肉片	勃艮第夏隆丘葡萄酒、基安蒂经典葡萄酒或基安蒂鲁菲纳葡萄酒
夏多布里昂牛排	杰弗雷–香贝丹葡萄酒、格拉芙葡萄酒、波美侯葡萄酒、波玛葡萄酒、圣安美隆葡萄酒
智利香辣牛肉豆子煲	智利的马尔贝克桃红葡萄酒、美国加州的仙粉黛葡萄酒、圣西尼昂葡萄酒、卡奥葡萄酒
牛肉丸拌饭	格里·布劳安（Gris de Boulaouane，摩洛哥）、菲图（Fitou）葡萄酒、马斯加拉山坡红葡萄酒（阿尔及利亚）、罗纳河谷葡萄酒、卡拉讷桃红葡萄酒。通常来讲，适合搭配活泼且果味浓郁的桃红葡萄酒或者浓郁且强劲的桃红葡萄酒
焖肉	卡奥葡萄酒、科比埃葡萄酒、罗纳河谷村庄葡萄酒、鲁西荣丘村庄葡萄酒、马帝朗葡萄酒
波尔多式煎牛排	贝热哈克葡萄酒、超级波尔多葡萄酒、布莱伊丘葡萄酒、卡斯蒂永–波尔多丘葡萄酒、弗朗萨克葡萄酒、格拉芙葡萄酒
煎牛排	酿自赤霞珠的红葡萄酒、近年的梅多克葡萄酒、奥克地区葡萄酒，或者内容丰富的年轻葡萄酒（教皇新堡葡萄酒、科尔纳斯葡萄酒、吉恭达斯葡萄酒、瓦吉哈斯葡萄酒）
砂锅炖什锦牛肉	安茹红葡萄酒、布尔戈伊葡萄酒、波尔多丘葡萄酒、索米尔–上比尼葡萄酒、阿尔萨斯皮诺葡萄酒、桑塞尔红葡萄酒
煎牛排	谢纳（Chénas）葡萄酒、枫桐葡萄酒、科尔纳斯葡萄酒、风车磨坊葡萄酒、基安蒂珍藏葡萄酒
胡椒牛排	罗纳河谷红葡萄酒、枫桐葡萄酒、美国加州的仙粉黛葡萄酒、澳大利亚的西拉葡萄酒
拌新鲜生牛肉	比泽葡萄酒、卡奥葡萄酒、克罗兹–埃米塔日葡萄酒、智利的梅洛葡萄酒、澳大利亚的西拉葡萄酒

猪肉	
奶油大肠	博若莱白葡萄酒、夏布利葡萄酒、布伊–富赛葡萄酒、吕利白葡萄酒、圣维朗葡萄酒
煎大肠	清纯的红葡萄酒（安茹红葡萄酒、博若莱村庄级葡萄酒、图尔地区的佳美葡萄酒、阿尔萨斯黑皮诺葡萄酒、桑塞尔红葡萄酒）、果味浓郁的干白葡萄酒（夏布利、加亚克、索穆尔白葡萄酒）
法式炖酸菜	阿尔萨斯托卡伊灰皮诺葡萄酒、阿尔萨斯雷司令葡萄酒、阿尔萨斯西瓦内葡萄酒
煎猪排	丰满而果味浓郁的葡萄酒、贝热哈克葡萄酒、克罗兹–埃米塔日葡萄酒、圣约瑟夫葡萄酒、索米尔–上比尼葡萄酒
猪肉	轻纯的白葡萄酒（安茹白葡萄酒、马孔村庄葡萄酒）、阿尔萨斯白皮诺葡萄酒和西瓦内葡萄酒、轻淡而果味浓郁的红葡萄酒（博若莱葡萄酒、马孔村庄葡萄酒、阿尔萨斯黑皮诺葡萄酒）
咖喱猪肉	阿尔萨斯灰皮诺葡萄酒、琼瑶浆葡萄酒、利哈克白葡萄酒、埃米塔日白葡萄酒。通常来讲，适合搭配酒香浓郁的干白葡萄酒
白菜烧肉	布鲁依（Brouilly）葡萄酒、马孔村庄葡萄酒、桑塞尔红葡萄酒
烤猪肉	克罗兹–埃米塔日葡萄酒、伯恩丘葡萄酒、罗纳河谷村庄葡萄酒、圣约瑟夫葡萄酒

小牛肉	
白葡萄酒炖小牛肉	博若莱村庄级葡萄酒、马孔村庄葡萄酒、梅谷黑白葡萄酒、日夫里（Givry）白葡萄酒、桑塞尔红葡萄酒
小牛排	梅多克顶级名酒（波亚克、圣爱斯泰夫）、夜谷产区名酒（杰弗雷–香贝丹、香波–慕西尼葡萄酒）
诺曼底式肉片	勃艮第白葡萄酒、汝拉地区酿自霞多丽和萨瓦内的葡萄酒、美国加州霞多丽葡萄酒
裹面包粉的小牛	优质博若莱村庄级葡萄酒、伯恩丘红葡萄酒、格拉芙红葡萄酒
小牛肝	希依葡萄酒、波美侯葡萄酒、圣安美隆葡萄酒、桑塞尔红葡萄酒
红焖小牛肘	芭芭拉葡萄酒、巴巴莱斯高葡萄酒、基安蒂经典葡萄酒、瓦尔波利塞拉葡萄酒
小牛肉卷	博若莱特级酒庄葡萄酒、布尔戈伊葡萄酒、勃艮第黑皮诺葡萄酒、圣尼古拉·布尔戈伊葡萄酒

奶油小牛胸腺	勃艮第地区顶级白葡萄酒，如科尔顿·查理曼葡萄酒、默尔索葡萄酒、蒙哈榭葡萄酒、夏隆堡葡萄酒、汝拉地区的黄葡萄酒、阿尔萨斯灰皮诺葡萄酒、乌乌黑半甜葡萄酒
芥末煎小牛肾	饱满且年份不要太老的红葡萄酒（波美侯、圣安美隆）；希侬葡萄酒、摩根葡萄酒、圣阿穆尔葡萄酒、夏隆丘黑皮诺葡萄酒
煎小牛肉	博若莱特级酒庄葡萄酒、伯恩丘黑皮诺葡萄酒
炖小牛头	博若莱特级酒庄葡萄酒、布伊–富赛葡萄酒、桑塞尔桃红葡萄酒、塔维勒葡萄酒
马伦戈（Marengo）小牛肉	罗纳河谷村庄葡萄酒、科斯蒂耶–尼姆葡萄酒、旺图（Ventoux）葡萄酒、杜奥红葡萄酒
奥尔洛夫（Orloff）小牛肉	勃艮第顶级白葡萄酒，如夏山–蒙哈榭葡萄酒、科尔顿·查理曼葡萄酒、默尔索葡萄酒，还有果味浓郁的葡萄酒，如勃艮第伯恩丘红葡萄酒

鸭、鹅、鸽子	
香煎橙子鸭	年份较轻的甜白葡萄酒、赛龙葡萄酒、卢皮亚克葡萄酒、蒙巴兹亚克葡萄酒、苏玳葡萄酒、汝拉地区的黄葡萄酒
香煎无花果或樱桃鸭肉	浓郁而强劲的葡萄酒（邦多勒葡萄酒、教皇新堡葡萄酒）、酒精强化型年轻葡萄酒（班努斯葡萄酒、莫利葡萄酒、里韦萨特葡萄酒）
烤鸭	阿尔萨斯琼瑶浆葡萄酒、阿尔萨斯灰皮诺品种葡萄酒、阿尔布瓦葡萄酒、夏隆堡葡萄酒、汝拉地区的黄葡萄酒
煎橄榄鸭肉	罗纳河谷村庄葡萄酒、吉恭达斯葡萄酒、瓦吉哈斯葡萄酒
烤鸭	酿自梅洛葡萄的葡萄酒、拉朗德–波美侯葡萄酒、波美侯葡萄酒、圣安美隆葡萄酒、夜丘名酒
腌鸭腿	贝热哈克葡萄酒、比泽葡萄酒、卡奥葡萄酒、教皇新堡葡萄酒、马帝朗葡萄酒、佩夏蒙葡萄酒
煎鸭胸肉	波尔多好年份葡萄酒（梅多克产区和利布尔讷产区）
乡土炖菜	卡奥葡萄酒、布瑞华丘葡萄酒、马帝朗葡萄酒
烤鹅肉	罗帝丘产区的成熟红葡萄酒、夜丘葡萄酒、马帝朗葡萄酒、玛歌葡萄酒、圣安美隆葡萄酒、阿尔萨斯地区延迟采摘的顶级灰皮诺葡萄酒
烤鸽子	勃艮第地区、梅多克产区和利布尔讷产区的好年份红葡萄酒、邦多勒葡萄酒、教皇新堡葡萄酒、埃米塔日葡萄酒、意大利东北部的梅洛葡萄酒
鸽子派	加强型葡萄酒（班努斯葡萄酒、伯姆·维尼斯麝香葡萄酒、里韦萨特葡萄酒或者科西嘉角葡萄酒）、尼姆红葡萄酒、里奥哈葡萄酒、阿尔萨斯麝香葡萄酒、格里·布劳安葡萄酒（摩洛哥）
野鸽火鸟肉串	波美侯葡萄酒、圣安美隆葡萄酒、智利和意大利的梅洛葡萄酒

公鸡、火鸡、小母鸡、母鸡、鸡肉	
葡萄酒炖公鸡	勃艮第地区黑皮诺葡萄酒 、风车磨坊葡萄酒
肉馅火鸡	丰富浓郁的红葡萄酒（教皇新堡葡萄酒、埃米塔日葡萄酒、波美侯葡萄酒、马帝朗葡萄酒、圣安美隆葡萄酒、美国和智利的梅洛葡萄酒）
栗子火鸡	夏隆丘（梅谷黑、日夫里）和伯恩丘［萨维尼·伯恩（Savigny-les-Beaune）、沃尔内］的黑皮诺葡萄酒
松露炖小鸡	伯恩丘的名品霞多丽（科尔顿·查理曼、默尔索、蒙哈榭）、埃米塔日白葡萄酒、阿尔布瓦葡萄酒、夏隆堡葡萄酒、汝拉地区的黄葡萄酒
罐炖鸡	博若莱葡萄酒、马孔白葡萄酒、布伊–富赛葡萄酒、吕利白葡萄酒
巴斯克式烧鸡	优质波尔多葡萄酒、科比埃葡萄酒、朗格多克山坡葡萄酒、枫桐葡萄酒
奶油羊肚菌炖鸡	阿尔布瓦葡萄酒、夏隆堡葡萄酒、汝拉地区的黄葡萄酒、伯恩丘黑皮诺葡萄酒或名贵霞多丽葡萄酒
姜炒鸡	半干型、半甜白或甜白葡萄酒（瑞朗松）、延迟采摘的琼瑶浆葡萄酒、科弗哈亚（Kefraya）葡萄酒（黎巴嫩）
烤鸡	伯恩丘和夏隆丘的黑皮诺葡萄酒、风车磨坊葡萄酒
醋熘鸡	安茹村庄葡萄酒、布尔戈伊葡萄酒、希侬葡萄酒、圣·尼古拉·布尔戈伊葡萄酒、索米尔–上比尼葡萄酒

兔肉	
炖野兔肉	博若莱村庄级葡萄酒、布尔戈伊葡萄酒、夏隆丘葡萄酒、索米尔–上比尼葡萄酒
野兔肉蘸芥末	谢纳葡萄酒、希侬葡萄酒、梅谷黑葡萄酒、桑塞尔红葡萄酒、圣约瑟夫葡萄酒
百里香烤野兔	雷波–普罗旺斯（Baux-de-Provence）葡萄酒、埃克斯普罗旺斯山坡葡萄酒、帕莱特葡萄酒、科西嘉红葡萄酒
李子干烧兔肉	贝热哈克葡萄酒、比泽葡萄酒、圣蒙丘（Côtes-de-Saint-Mont）葡萄酒、加亚克红葡萄酒、佩夏蒙葡萄酒

野味	
野味	通常来讲，搭配最好年份的红葡萄酒，特别是当它们达到最佳熟成状态，如勃艮第、波尔多和罗纳河谷产地的等级名酒
酒汁炒兔肉	邦多勒特好年份葡萄酒、罗帝丘葡萄酒、夜丘顶级名酒、教皇新堡葡萄酒、埃米塔日葡萄酒、波美侯葡萄酒、圣安美隆葡萄酒
烤野猪腿	教皇新堡葡萄酒、鲁西荣丘村庄葡萄酒、科比埃葡萄酒、圣西尼昂葡萄酒
带羽毛的野味（鸟鹩、山鸡、鹧鸪）	伯恩丘和夜丘的黑皮诺葡萄酒
炒野味（野兔肉等）	夏隆丘黑皮诺葡萄酒、梅多克葡萄酒、圣安美隆葡萄酒
腌野味	卡奥葡萄酒、教皇新堡葡萄酒、马帝朗葡萄酒、吉恭达斯葡萄酒、瓦吉哈斯葡萄酒
野羊腿	罗帝丘葡萄酒、埃米塔日葡萄酒、科尔顿葡萄酒、教皇新堡葡萄酒

蔬菜类（也参见“冷盘”一节）	
茄子	埃克斯–普罗旺斯山坡红葡萄酒、朗格多克山坡葡萄酒、普罗旺斯丘红葡萄酒；希腊红葡萄酒（Xinomavro de Naoussa ou Retsina）
蘑菇	达到理想熟成状态的酿自黑皮诺和梅洛的红葡萄酒，如勃艮第红葡萄酒和利布尔讷红葡萄酒
肉馅卷心菜	博若莱村庄级葡萄酒、图尔地区的佳美葡萄酒、南非的皮诺塔吉（Pinotage）葡萄酒
花菜	吕贝隆葡萄酒、多赛托（Dolcetto）葡萄酒、图尔地区的长相思葡萄酒
绿芸豆	桑塞尔白葡萄酒或桃红葡萄酒、埃克斯普罗旺斯山坡桃红葡萄酒、普罗旺斯丘白葡萄酒
奶香培根焗土豆	酿自霞多丽或萨瓦内葡萄的汝拉白葡萄酒，如阿尔布瓦白葡萄酒；酿自胡塞特葡萄的萨瓦白葡萄酒
面条	根据调味汁的不同，可选择轻盈的白葡萄酒、桃红葡萄酒或红葡萄酒
西红柿罗勒菜拌面条	罗纳河谷村庄桃红葡萄酒、利哈克桃红葡萄酒、埃克斯普罗旺斯山坡桃红葡萄酒
海鲜面条	夏布利葡萄酒、马孔村庄葡萄酒、桑塞尔葡萄酒、图尔地区长相思葡萄酒、意大利的干白葡萄酒
肉汤面	博若莱村庄级葡萄酒、布尔戈伊葡萄酒、特里加斯丹山坡（Coteaux-du-Tricastin）葡萄酒、马孔村庄葡萄酒、阿尔萨斯黑皮诺葡萄酒、基安蒂葡萄酒、瓦尔波利塞拉葡萄酒
生菜沙拉	干白葡萄酒、勃艮第阿里高特葡萄酒、小夏布利葡萄酒、图尔地区长相思葡萄酒、酿自佳美的轻盈红葡萄酒。
意大利式煨饭	意大利果味浓郁的干白葡萄酒［灰皮诺葡萄酒、卡托莎白葡萄酒、特雷比奥罗–阿布鲁佐（Trebbiano d’Abruzzo）葡萄酒］、意大利红葡萄酒（基安蒂）或者西班牙葡萄酒［里奥哈、拉曼恰（Mancha）］
块菰（松露）	波美侯和圣安美隆的顶级名酒、罗纳河谷北部名酒、罗帝丘葡萄酒、埃米塔日葡萄酒、巴罗洛葡萄酒（意大利）

甜点	
果酱吐司	半干型香槟酒、酿自麝香葡萄的天然甜酒［伯姆·维尼斯麝香葡萄酒、里韦萨特麝香葡萄酒、瓦伦西亚麝香葡萄酒（Moscatel de Valence）］
焦糖燉奶布丁	酿自麝香葡萄的天然甜酒［里韦萨特麝香葡萄酒、圣·让·米内瓦（Muscat de Saint-Jean-de-Minervois）葡萄酒］、瑞朗松葡萄酒、帕夏尔–维克–比勒（Pacherenc-du-Vic-Bilh）葡萄酒
餐末甜食	干型或半干型香槟酒、迪城桃红葡萄酒、酿自麝香葡萄的天然甜酒
巧克力为主要成分的甜点	酒精强化型红葡萄酒（班努斯葡萄酒、莫利葡萄酒、马拉加葡萄酒、波特酒、里韦萨特葡萄酒）
香料为主要成分的甜点	香气浓郁和糖分含量高的葡萄酒（延迟采摘或精选贵腐灰皮诺葡萄酒、瑞朗松葡萄酒）
漂浮之岛	半干粉红香槟酒、酿自麝香葡萄的天然甜酒
水果蛋黄酱	苏玳甜白葡萄酒、“延迟采摘”或者“精选贵腐”的灰皮诺及琼瑶浆葡萄酒
柠檬挞	甜白葡萄酒（赛龙葡萄酒、瑞朗松葡萄酒、圣克鲁瓦蒙葡萄酒、苏玳葡萄酒）
红色水果挞	粉红或半干型香槟、克莱雷特起泡酒、加亚克起泡酒、由麝香葡萄酿造的天然甜酒
焦糖苹果挞	卢瓦河谷地区甜酒，如：邦尼舒、莱昂山坡、奥本斯山坡、蒙路易、卡·休姆

Château
Le Bon Pasteur
PRODUIT DE FRANCE
POMEROL
APPELLATION POMEROL CONTROLEE
2005
14%vol.
750 ml
S.C.E.A. des Domaines ROLLAND
POMEROL - GIRONDE - FRANCE
GRAND VIN DE BORDEAUX
MIS EN BOUTEILLE AU CHATEAU

奶酪和葡萄酒的搭配

以下表格中列举了七种主要奶酪类别的特点、最知名的代表及最经典搭配。
185页的表格则按照字母顺序列举了一系列奶酪产品和最适合与其搭配的葡萄酒。

奶酪的庞大家族和与其搭配的葡萄酒	
鲜奶酪和白奶酪	
奶酪名称	奶牛或山羊的新鲜奶酪或白奶酪，如枫丹白露（fontainebleau）奶酪、小瑞士（petit-suisse）奶酪
口味特点	质地柔软，咸奶油的味道很重，泛着一丝酸度
搭配方式	如果这样的奶酪配上糖，尤其配上蜂蜜来食用，建议选择富含糖分的葡萄酒来搭配，如用麝香葡萄酿造的天然甜酒（里韦萨特麝香葡萄酒、米雷瓦麝香葡萄酒）或者香气馥郁的甜白葡萄酒（延迟采摘的琼瑶浆葡萄酒或灰皮诺葡萄酒、瑞朗松葡萄酒）；如果它们配上香菜、盐和胡椒来食用，建议您选择一款香气浓郁的干白葡萄酒来搭配（孔得里约葡萄酒、阿尔萨斯灰皮诺葡萄酒、酿自维奥涅葡萄的地区餐酒）
山羊奶酪或绵羊奶酪	
奶酪名称	山羊（broccio）奶酪、山羊乳奶酪（chabichou）、夏洛来（charolais）奶酪、查维诺尔圆形山羊奶酪（crottin de Chavignol）、佩拉东（pélardon）奶酪、普利尼–圣皮埃尔（pouligny-saint-pierre）奶酪、圣菲利希安奶酪、圣马塞兰奶酪、谢尔河畔塞勒（selles-sur-cher）奶酪、瓦郎塞（valençay）奶酪
口味特点	奶酪的质地取决于它的熟成度：新鲜、半干或绝干。奶酪越干，口味越咸、越浓重
搭配方式	适合选择柔和且果味浓郁的白葡萄酒来搭配（夏布利葡萄酒、瑞朗松干白葡萄酒、布伊–富赛葡萄酒、乌乌黑干白葡萄酒），尤其是酿自长相思的葡萄酒（桑塞尔葡萄酒和布伊·富美葡萄酒）；也适合搭配乌乌黑或蒙路易的半干型白葡萄酒，以及酿自佳美葡萄（博若莱葡萄酒、图尔地区的佳美）及品丽珠葡萄（布尔戈伊葡萄酒、圣·尼古拉·布尔戈伊葡萄酒）甚至是黑皮诺葡萄（上伯恩丘葡萄酒、上夜丘葡萄酒、阿尔萨斯黑皮诺葡萄酒）的轻盈且丹宁柔弱的红葡萄酒
花皮软质奶酪	
奶酪名称	布里奶酪、布里亚–萨瓦兰（brillat-savarin）奶酪、卡门培尔奶酪、夏乌尔斯奶酪、科罗米尔斯奶酪
口味特点	质地稠腻，口味可以从很轻淡的奶油味到浓重的奶油味
搭配方式	不要搭配年轻且丹宁浓重的红葡萄酒；宁可选择果味浓郁的红葡萄酒，丹宁不要太浓重，木香也不要过重（夏隆丘、伯恩丘的勃艮第葡萄酒、香槟山坡葡萄酒、罗纳河谷红葡萄酒、波美侯葡萄酒、圣安美隆葡萄酒、桑塞尔红葡萄酒），也可以选择年轻的白中白香槟酒
水洗软质奶酪	
奶酪名称	埃波瓦斯（époisses）奶酪、利瓦罗（livarot）奶酪、彭勒维克（pont-l'évêque）奶酪、朗格勒（langres）奶酪、马鲁瓦耶（maroilles）奶酪、金山（mont d'or）奶酪、曼司特奶酪、勒布罗匈（reblochon）奶酪、瓦什寒（vacherin）奶酪
口味特点	质地滑腻、味道明显，有时会显得浓重
搭配方式	避免浓郁强劲的红葡萄酒；选择香气浓郁的白葡萄酒［阿尔萨斯琼瑶浆葡萄酒（干型或延迟采摘型）、最佳成熟期的默尔索葡萄酒、成熟的阿尔萨斯雷司令葡萄酒、汝拉地区的黄葡萄酒］和成熟的香槟酒
蓝纹奶酪	
奶酪名称	奥文涅蓝纹（bleu d'Auvergne）奶酪、布雷斯蓝纹（bleu de Bresse）奶酪、昂贝尔的圆柱形（fourme d'Ambert）奶酪、罗克福奶酪、斯提尔顿奶酪
口味特点	质地稠腻，通常油腻，味道咸而浓重
搭配方式	通常选择富含糖分的葡萄酒，如天然甜白葡萄酒或红葡萄酒（伯姆·维尼斯麝香葡萄酒、班努斯葡萄酒、里韦萨特葡萄酒），以及甜白葡萄酒（莱昂山坡葡萄酒、卡–绍姆葡萄酒、赛龙葡萄酒、苏玳葡萄酒）
压制生奶酪	
奶酪名称	冈塔尔奶酪、亚当（édam）奶酪、高达奶酪、米摩勒特奶酪、莫尔比耶（morbier）奶酪、圣内克泰尔奶酪、萨瓦地区的多姆奶酪
口味特点	通常以多姆奶酪的形式呈现，其中一些质感滑腻，另一些质地更紧密，口味比较柔和
搭配方式	成熟的红葡萄酒（梅多克葡萄酒、波亚克葡萄酒、波美侯葡萄酒、圣安美隆葡萄酒）；对于多姆奶酪，可以搭配汝拉地区或萨瓦地区的白葡萄酒
压制熟奶酪	
奶酪名称	阿彭策尔（Appenzell）奶酪、孔泰奶酪、艾蒙塔（emmental）奶酪、弗里堡（fribourg）奶酪、格鲁耶尔（gruyère）奶酪
口味特点	质地硬，味道偏咸且重
搭配方式	与酒香浓郁的干白葡萄酒搭配效果很好，特别是酿自萨瓦涅葡萄的葡萄酒，如汝拉地区的黄葡萄酒；也适合搭配圆润成熟的白葡萄酒，如默尔索葡萄酒

以“A–Z”字母顺序排列的奶酪名称和建议搭配的葡萄酒

奶酪	葡萄酒
西多修道院奶酪（Abbaye de Cîteaux）	博若莱村庄级葡萄酒、夏隆丘葡萄酒、弗勒利（Fleurie）葡萄酒
阿彭策尔奶酪（Appenzell）	夏隆堡葡萄酒、汝拉的黄葡萄酒
巴侬奶酪（Banon）	罗纳河谷村庄红葡萄酒、普罗旺斯丘白葡萄酒
博福尔（beaufort）奶酪	夏隆堡葡萄酒、汝拉的黄葡萄酒
奥文涅蓝纹奶酪（Bleu d'Auvergne）	卢皮亚克葡萄酒、莫利葡萄酒、圣克鲁瓦蒙葡萄酒、年轻的苏玳葡萄酒
布雷斯蓝纹奶酪（Bleu de Bresse）	蒙巴兹亚克葡萄酒、里韦萨特白葡萄酒
科斯蓝纹奶酪（Bleu des Causses）	班努斯年份葡萄酒、巴萨克葡萄酒
杰克斯蓝纹奶酪（Bleu de Gex）	赛龙葡萄酒、莫利葡萄酒、卢皮亚克葡萄酒
布尔索奶酪（Boursault）	布兹葡萄酒、香槟山坡葡萄酒、马孔红葡萄酒、丽赛桃红葡萄酒
布东・据洛特奶酪（Bouton-de-culotte）	博若莱葡萄酒、上伯恩丘白葡萄酒或红葡萄酒、马孔红葡萄酒或白葡萄酒
科西嘉和巴斯克羊奶酪（Brebis basque et Corse）	瑞朗松干白葡萄酒、科西嘉角麝香葡萄酒
莫市和默伦出产的布里奶酪（Brie de Meaux et de Melun）	香槟酒、波美侯葡萄酒、圣安美隆葡萄酒、桑塞尔红葡萄酒
布里亚–萨瓦兰奶酪（Brillat-savarin）	白中白香槟
布朗达姆奶酪（Brin-d'amour）	科西嘉红葡萄酒、普罗旺斯丘红葡萄酒或白葡萄酒
科西嘉岛产的山羊奶酪（Broccio de Corse）	科西嘉干白葡萄酒或麝香葡萄酒
卡门培尔（Camembert）	甜型苹果酒、香槟、香槟山坡葡萄酒
冈塔尔（Cantal）	奥文涅丘红葡萄酒、梅谷黑葡萄酒、波美侯葡萄酒、圣安美隆葡萄酒
山羊乳奶酪（Chabichou）	梅讷图萨隆白葡萄酒、桑塞尔白葡萄酒
夏乌尔斯奶酪（Chaource）	粉红香槟、香槟山坡葡萄酒
夏洛来奶酪（Charolais）	夏布利葡萄酒、马孔村庄葡萄酒、圣维朗葡萄酒
干羊奶酪（Chèvre sec）	博若莱葡萄酒、马孔村庄葡萄酒、布伊–富赛葡萄酒
孔泰奶酪（Comté）	夏隆堡葡萄酒、默尔索熟龄葡萄酒、汝拉黄葡萄酒
科罗米尔斯（Coulommiers）	年份轻的白中白香槟、香槟山坡葡萄酒
查维诺尔圆形山羊奶酪（Crottin de Chavignol）	布伊・富美葡萄酒 、桑塞尔白葡萄酒
亚当奶酪（Édam）	希依葡萄酒、梅多克葡萄酒、波亚克葡萄酒
艾蒙塔奶酪（Emmental）	鲁塞・萨瓦葡萄酒、萨瓦白葡萄酒
埃波瓦斯奶酪（Époisses）	邦多勒红葡萄酒、醇厚的琼瑶浆葡萄酒
枫丹白露奶酪（Fontainebleau）	伯姆・维尼斯麝香葡萄酒、米雷瓦（Mireval）麝香葡萄酒
昂贝尔的圆柱形奶酪（Fourme d'Ambert）	班努斯葡萄酒、里韦萨特葡萄酒、波特酒
弗里堡奶酪（Fribourg）	夏隆堡葡萄酒、默尔索熟龄葡萄酒、汝拉黄葡萄酒
高达奶酪（Gouda）	梅多克葡萄酒、马帝朗葡萄酒、圣爱斯泰夫葡萄酒
格鲁耶尔奶酪（Gruyère）	瑞士熟龄沙斯拉葡萄酒、胡塞特–萨瓦葡萄酒、酿自胡赛特・比热（Rousette du Bugey）葡萄酒
拉吉奥尔奶酪（Laguiole）	贝热哈克红葡萄酒、枫桐葡萄酒
朗格勒奶酪（Langres）	老年份香槟酒、香槟白兰地
利瓦罗奶酪（Livarot）	延迟采摘的琼瑶浆葡萄酒、延迟采摘的灰皮诺葡萄酒
马鲁瓦耶奶酪（Maroilles）	醇厚的琼瑶浆葡萄酒、延迟采摘的灰皮诺葡萄酒
米摩勒特奶酪（Étuvée vieille）	格拉芙葡萄酒、梅多克葡萄酒、波美侯葡萄酒、圣安美隆葡萄酒
莫尔比耶奶酪（Morbier）	萨瓦白葡萄酒
金山奶酪（Mont-d'or）	熟龄沙斯拉葡萄酒（Dézaley）、马孔村庄葡萄酒、胡塞特–萨瓦葡萄酒
曼司特奶酪（Munster）	阿尔萨斯琼瑶浆干白葡萄酒或延迟采摘的甜润型葡萄酒
纳沙泰尔奶酪（Neufchâtel）	苹果酒、香槟酒、香槟山坡葡萄酒
奥索–伊拉蒂奶酪（Ossau-iraty）	瑞朗松葡萄酒、伊卢雷基白葡萄酒
佩拉东奶酪（Pélardon）	教皇新堡产区红葡萄酒或白葡萄酒、孔得里约葡萄酒、维奥涅葡萄酿造的地区餐酒
佩海耶羊奶酪（Pérail de brebis）	科比埃葡萄酒、朗格多克山坡葡萄酒、鲁西荣丘葡萄酒、富杰瑞（Faugères）葡萄酒、圣西尼昂葡萄酒
皮科多奶酪（Picodon）	罗纳河谷村庄红葡萄酒、圣约瑟夫红葡萄酒和白葡萄酒
彭勒维克奶酪（Pont-l'évêque）	夏山–蒙哈榭葡萄酒、默尔索葡萄酒、阿尔萨斯酿自雷司令成熟果粒的白葡萄酒
普利尼–圣皮埃尔奶酪（Pouligny-saint-pierre）	什维尼葡萄酒、赫依（Reuilly）白葡萄酒、桑塞尔白葡萄酒、图尔地区的长相思葡萄酒
勒布罗匈奶酪（Reblochon）	布伊–富赛葡萄酒、克雷皮葡萄酒、鲁塞・萨瓦葡萄酒
罗卡马杜尔奶酪（Rocamadour）	瑞朗松干白葡萄酒、雪利酒
罗克福奶酪（Roquefort）	新鲜班努斯葡萄酒、波特酒、里韦萨特葡萄酒、苏玳葡萄酒
圣菲利希安奶酪（Saint-félicien）	博若莱红葡萄酒和白葡萄酒、圣约瑟夫白葡萄酒
圣马塞兰奶酪（Saint-marcellin）	博若莱红葡萄酒、教皇新堡白葡萄酒、圣约瑟夫白葡萄酒
圣内克泰尔奶酪（Saint-Nectaire）	希依葡萄酒、梅多克葡萄酒、波亚克葡萄酒
圣摩尔奶酪（Sainte-maure）	布尔戈伊干型或半干型葡萄酒
萨莱奶酪（Salers）	罗纳河谷村庄红葡萄酒、梅谷黑葡萄酒、波美侯葡萄酒、圣安美隆葡萄酒
谢尔河畔塞勒奶酪（Selles-sur-cher）	布伊・富美葡萄酒、桑塞尔白葡萄酒
斯提尔顿奶酪（Stilton）	班努斯葡萄酒、莫利葡萄酒、年份波特酒或者晚装瓶年份波特酒、里韦萨特葡萄酒
阿邦当多姆奶酪（Tomme d'Abondance）	瑞士沙斯拉葡萄酒、鲁塞・萨瓦葡萄酒、圣约瑟夫白葡萄酒
奥文涅多姆奶酪（Tomme d'Auvergne）	奥文涅丘葡萄酒、罗纳河谷村庄红葡萄酒、马孔村庄葡萄酒
比利牛斯多姆奶酪（Tomme des Pyrénées）	成熟的马帝朗葡萄酒
萨瓦多姆奶酪（Tomme de Savoie）	布尔戈伊葡萄酒、希依葡萄酒、萨瓦红葡萄酒和白葡萄酒、鲁塞・萨瓦葡萄酒
瓦什寒奶酪（Vacherin）	熟龄沙斯拉葡萄酒、默尔索熟酒、胡塞特–萨瓦葡萄酒
瓦郎塞奶酪（Valençay）	昆西葡萄酒、赫依白葡萄酒或桃红葡萄酒，桑塞尔白葡萄酒
老里尔灰奶酪（Vieux-gris de Lille）	北方啤酒、日内瓦白兰地
老班内奶酪（Vieux-pané）	安茹红葡萄酒、圣尼古拉・布尔戈伊葡萄酒、图尔地区红葡萄酒

如何侍酒？

饮用温度

在适合的饮用温度下品尝葡萄酒十分重要，可以增加品酒乐趣。品酒的温度不能过高也不能过低，不然的话，葡萄酒将不能完美地展现它的个性。

使葡萄酒达到适宜的温度

使葡萄酒降温。冰桶是最快的（和最可靠的）葡萄酒冷却方式。其方法是在桶内加入足够的冰水，尽量浸没酒瓶，使得整瓶酒温度均匀。需要10~15分钟将温度从20℃降到8℃。若将酒瓶放置在冰箱内，需要一个半小时到两个小时的时间来达到同样的效果。如果天气炎热，则可能需要更长的时间。时间控制非常重要：如果冷却时间过短，葡萄酒将不能达到均匀的温度；如果冷却时间过长，葡萄酒会太凉。同样的道理，用来降温的冰凉的套桶并不能保证整瓶酒的温度均匀。注意一定要避免把葡萄酒放入冰柜中或冰箱的冷冻格内，那里的温度太低；而且，如果忘记取出，葡萄酒瓶可能会被冻裂。当葡萄酒达到最佳饮用温度之后，只需要将酒瓶放在冰水中，就可以一直保持葡萄酒的温度，但一定要避免温度过低。同样的道理也适用于砖质冰桶和恒温桶。起泡酒的降温遵循同样的方法。

使葡萄酒升温。最理想的方法是将葡萄酒在18℃左右的室温下放置2~3个小时。一定不要把葡萄酒搁置在热源附近，如壁炉、暖气或者炉子旁边，这样的迅速升温会影响到最后的口感。对于红葡萄酒要格外小心，尤其是年份老的、珍稀的葡萄酒，因为它们对温度的骤变反应更灵敏。当将这类葡萄酒从酒窖中拿出来后，需放置在安静的室温环境使之缓慢升温。

葡萄酒的最佳饮用温度不仅取决于葡萄酒的颜色，还取决于它的特性、饮用的季节和品酒地点的温度等。

每一种类型的葡萄酒都有其最佳饮用温度

究竟温度对葡萄酒的风味有怎样的影响？热量有助于葡萄酒内香气分子的挥发，这意味着让葡萄酒释放出更浓郁迷人的酒香。每种葡萄酒的香气表现是不同的，所需要的温度也不同。

白葡萄酒的饮用温度要比红葡萄酒更低。这是普遍的规律，但是适合的温度范围对于两种葡萄酒来说都是不定的。人们常说的“白葡萄酒要在冰箱的温度下饮用，而红葡萄酒在室温条件下饮用”可以说是一个大致概括。但是这种说法可能会导致人们品尝到过冷的白葡萄酒和过热的红葡萄酒。事实上，每一种类型的白葡萄酒都对应着不同的最佳饮用温度，而几乎所有红葡萄酒的最佳饮用温度都比室温要低几度。

是否应该配备葡萄酒温度计？

温度计可以确定葡萄酒的真实温度，算是很实用的。但话虽这么说，实际上葡萄酒的温度比理想温度高或低1~2℃对大部分葡萄酒不会产生影响。因此，您完全可以测试2~3次记住一瓶葡萄酒在某种温度的感觉，比如说10℃，然后就可以把温度计收起来，根据您自己的直觉判断。

>为了使一瓶温度过低的葡萄酒热一些，只要将葡萄酒在温暖的房间里搁置一段时间即可。

不要过冷，也不要过热。高温对葡萄酒（有时会使它表现出明显的缺陷）比低温对葡萄酒的危害大得多。一款名庄红葡萄酒在22℃的温度条件下饮用会失去它的和谐平衡。温度过高会大大地增加酒精的存在感，而白葡萄酒通常情况下必须在比较清凉的温度条件下饮用，以避免酒中释放较烈的酒精气息。当一瓶酒清凉时，酒中的酸度和果味结合带来舒适而清爽的口感，这是所有白葡萄酒的共同点。但是名贵的白葡萄酒的饮用温度不能过低，因为名品白葡萄酒最出色的品质是它浓郁的酒香和圆润滑腻的口感，这些品质只会在温度不是很低的情况下才能完全展现出来。在炎热的季节可以把葡萄酒的温度降低一些，这样主要是为了预防酒液过快地变热。但是在寒冷的季节（即使用餐地点取暖设施很好），不要让葡萄酒（白葡萄酒或新年份的红葡萄酒）的温度过低，即使这些酒通常在清凉的条件下饮用。

根据葡萄酒的特性。一款柔顺的葡萄酒应该在清凉的时候饮用，以增强它较弱的酸度。同样的道理，酒精浓烈的葡萄酒的饮用温度也应该偏低。与此相反，一款酸度高或丹宁丰富的葡萄酒的饮用温度不能过低，因为寒冷会加重葡萄酒的酸度和苦涩的感觉。

正确还是错误？

侍酒的温度宁肯偏低也不能太高

正确。这样能够让品酒的人在葡萄酒慢慢升温的过程中逐步品味葡萄酒浓郁的香气。葡萄酒温度过高时，香气会被酒精的强劲味道遮盖。

葡萄酒的最佳饮用温度

葡萄酒的类型	例子	温度
起泡酒		
干型起泡酒	卡瓦、克雷芒起泡酒、索米尔、香槟酒	6~8℃
甜润起泡酒	半干型香槟酒、阿斯蒂莫斯卡多	6~8℃
特酿起泡酒	年份香槟酒	8~10℃
白葡萄酒		
常见的甜白葡萄酒	安茹白葡萄酒、卢皮亚克、麝香葡萄酒	6~8℃
半干型白葡萄酒	乌乌黑半干型白葡萄酒、德国晚摘雷司令葡萄酒、索阿维微甜型葡萄酒	6~8℃
甜白葡萄酒	苏玳、托卡伊、山多（Vin Santo）、科西嘉角麝香葡萄酒	6~8℃
常见的干白葡萄酒	密斯卡德葡萄酒、桑塞尔、阿尔萨斯	10~12℃
丰腴的干白葡萄酒	勃艮第地区、格拉芙、奥维多（Orvieto）、马尔堡长相思葡萄酒	10~12℃
优雅的干白葡萄酒	勃艮第地区、帕萨克-雷奥良、萨韦涅尔葡萄酒	12℃
桃红葡萄酒		
	常见的桃红葡萄酒的饮用温度和干白葡萄酒一样	10~12℃
红葡萄酒		
年轻的红葡萄酒	卢瓦河谷地区葡萄酒、博若莱、罗纳河谷、瓦尔波利塞拉	14℃
常见红葡萄酒	波尔多地区、勃艮第地区、智利的梅洛葡萄酒	16℃
名庄酒	波尔多地区、罗帝丘、热夫雷-香贝丹、科尔顿、蒙特比卡诺贵族葡萄酒（Vino Nobile de Montepulciano）	17~18℃
加强型葡萄酒		
	法国天然甜葡萄酒（白葡萄酒）	8~10℃
	费诺雪利酒、曼萨尼拉	10--12℃
	阿蒙蒂亚多雪利酒（Xérès Amontillado）、马德拉塞西尔葡萄酒、法国天然甜葡萄酒（红葡萄酒）	12℃
	欧罗索雪利酒（Xérès Oloroso）、奶油雪利酒（Xérès Cream）、马德拉布尔葡萄酒	14℃
	宝石红波特酒	14℃
	茶色波特酒（Porto Tawny）	16℃
	年份波特酒	16~18℃

开瓶的方法

品酒的每个细节都是令人愉悦的，开酒的环节也不例外。优雅娴熟的开酒技巧十分重要。

开瓶器

一款质量出色的开瓶器应该符合两个关键条件。首先，穿入瓶塞的部分应该有合适的形状。旋转刺入的螺旋钻头应该足够长和足够宽，能够掐住瓶塞，且不会把它弄碎或拉断。然后需要看一下牵引机制。最简单的是带把手的“T”形开瓶器，需要很好的肩力和臂力：紧密的瓶塞也许会很顽强地抵制您的用力。最好选择一个带卡扣酒瓶颈口装置的开瓶器，利用杠杆原理可以轻松开瓶。开瓶器有非常多的选择，从“侍酒师刀”到可以倒螺旋的装置，还有带钻杆装置的“Screwpull ”牌开瓶器（详见192~193页）。最后，强烈建议您不要使用气压开瓶器：不仅仅是因为气体会损坏葡萄酒的品质，而且如果葡萄酒瓶在制作时有一些瑕疵，在开启葡萄酒的时候用气压装置很容易使其爆裂。

开启一瓶葡萄酒是非常重要的关键时刻，不要太粗鲁。葡萄酒经历了各个酿酒工序后在密封的状态下存放良久，重新与空气接触，准备展现他们所有的优点。

轻松自如地开启一瓶葡萄酒

开启葡萄酒的时候，葡萄酒的温度要合适。要顺利提拉瓶塞而不要晃动或用蛮力，因为葡萄酒对压力的骤变是十分敏感的。

动作要领。开启葡萄酒的难易取决于您使用的开瓶器款式，但是准备程序和步骤总是不变的。首先要用刀子

轻松打开一瓶酒

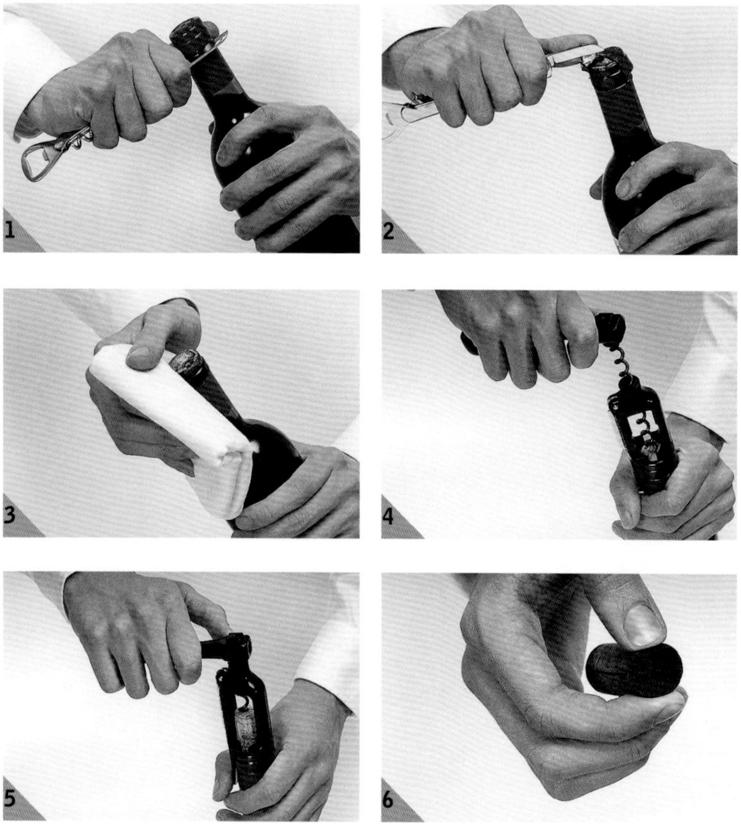

1

2

3

4

5

6

不易开启的瓶塞

有时会遇到酒塞很牢固、很难取出的情况。下面是几个解决方案。

瓶塞粘连。将酒瓶口浸入热水中来给瓶颈加热，这样玻璃会湿润及受热膨胀，而瓶塞不会膨胀。或者将开瓶器长针柄插入瓶塞时，使酒瓶保持稍微倾斜的状态。

瓶塞断裂。把酒瓶略微倾斜，将开瓶器长柄轻轻地穿入剩下的瓶塞，试着将它牵引拔出。如果这种操作没有成功，可以将剩余的酒塞推入瓶中。在倒第一杯酒的时候，用开瓶器的长针柄顶住瓶塞让它远离瓶颈，然后这截瓶塞便会漂浮在葡萄酒液表面上。

掉在酒瓶中的软木塞碎末不会影响葡萄酒的味道。如果有太多碎末，您可以对葡萄酒进行醒酒（详见195页），即将葡萄酒倒入干净的酒瓶、醒酒器或酒壶中。

将瓶颈上的金属帽切开，拿掉上面的部分。这样可以避免葡萄酒和金属的接触。如果要进行醒酒（详见195页），需要将整个酒帽去除，以便更好地观察葡萄酒液。用干净的抹布将瓶颈口擦干净，然后将螺旋钻头插入瓶塞中央，要注意不要穿破瓶塞。然后牵引瓶塞，注意用力均匀，避免任何粗鲁的动作。

是否要提前开启葡萄酒。通常情况下，简单的红葡萄酒、白葡萄酒或者桃红葡萄酒，如博若莱葡萄酒、哥罗–普朗葡萄酒、普罗旺斯丘桃红葡萄酒等，可以在餐前最后一刻开启，需要时可放入醒酒器中醒一下酒。浓郁而年轻的白葡萄酒需要在餐前1~2小时前开启；也可以用醒酒器在餐前醒酒半个小时。品质浓郁、出色的红葡萄酒需要在餐前2~4小时打开或在餐前装入醒酒器内醒酒1~2小时。至于老年份的葡萄酒，不要过早开启；需要将酒瓶站立放置一段时间，让酒中的沉淀物沉降到瓶底。

特殊情况。有一些瓶塞，尤其是波尔多老年份的红葡萄酒，经历了漫长的时间考验，相对比较脆弱。应该分两步开启。在开瓶器的螺旋钻头初步进入瓶塞的时候，将瓶塞向外牵引几毫米，然后将钻头再转一圈，再进行开瓶，小心不要让钻头穿透瓶塞。锋利的刀对开启老年份的葡萄酒也很有效。对名贵精致的葡萄酒需要倍加细心，如老年份的勃艮第葡萄酒：从酒窖取出时就应当将其倾斜放在提篮中，整个备餐过程中始终使它都保持这种倾斜状态。在整个餐前准备过程中，都要同时避免幅度大的动作，开启酒瓶时也一样。

开启起泡酒

起泡酒总是当着客人的面开启。有一点需要注意，一定不要将瓶口对准某个人或者一块玻璃，最好将酒瓶对准墙壁。

注意事项。起泡酒内部有很大的压力，不熟练的开启可能会让瓶塞猛烈地冲出来并且流失许多酒液泡沫，这还没算上瓶塞的冲击过程可能会造成的损失。因此，一开始在给葡萄酒降温的时候就要轻拿轻放，避免晃动而加重瓶中气体的压力。适宜温度为6~9℃。而且要避免让起泡酒在冰箱里放置太长时间。最好的方式是从酒窖中取出后放入内装冰水和冰块的桶内；快速的冷却会损伤葡萄酒的品质。

动作要领。首先取下酒瓶口的封套，露出瓶塞和铁丝封口。轻轻捻开缠绕的铁丝封口，用大拇指按住瓶塞，然后将铁丝和封套去除。开启的秘诀在于一只手用力按住瓶塞，另一只手轻轻旋转稍微倾斜的酒瓶（而不是瓶塞）。您会感觉到瓶塞的冲力，这是瓶内的气压作用于瓶塞的反应。当瓶塞从瓶颈内意欲冲出的时候，用您的拇指轻轻拔出瓶塞。

开启一瓶起泡酒

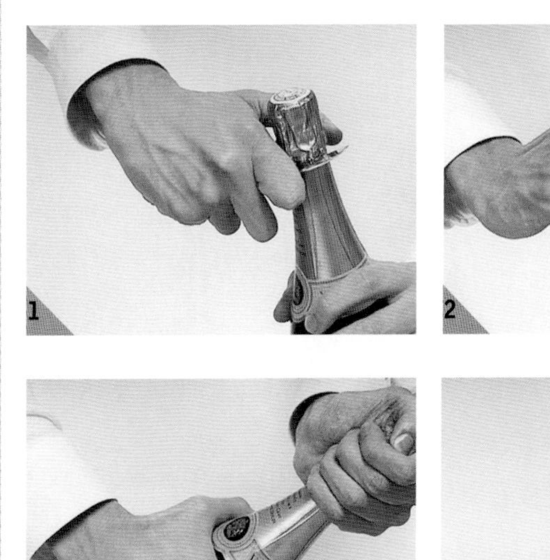

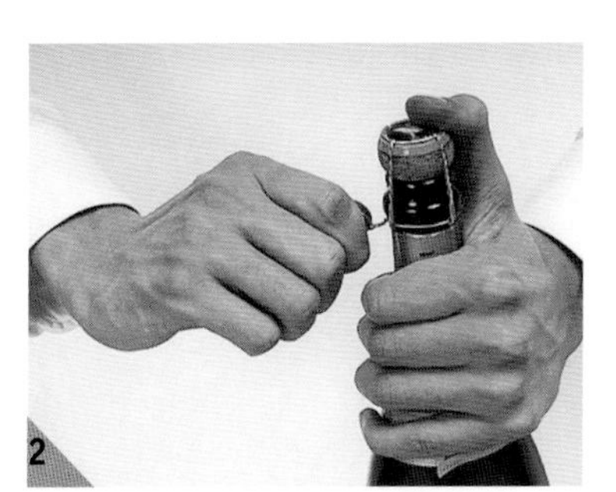

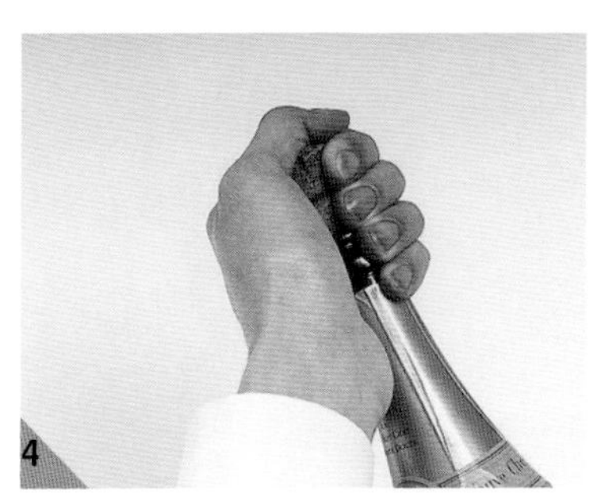

开瓶器

开瓶器是一种功能很专一的餐桌工具，人们很喜欢观赏各式各样的开瓶器或者将其放在手中把玩，甚至会进行收藏。

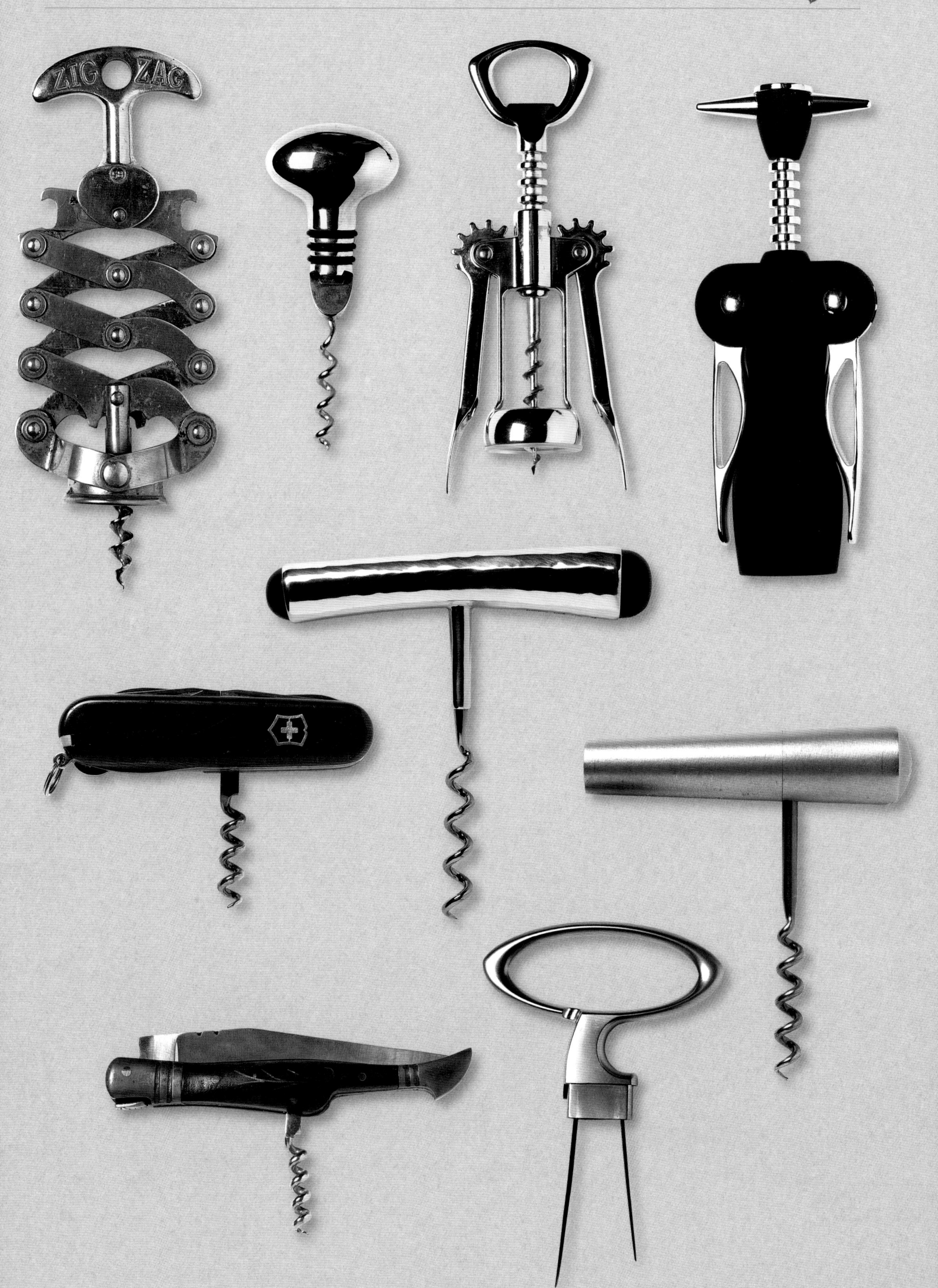
ZIG ZAG

醒酒过程

对葡萄酒进行醒酒是一项非常细致的程序，需要一定的技巧。醒酒有以下三个作用：将沉淀分离，使葡萄酒呼吸、氧化，调整葡萄酒的温度。

益处和几点风险

大部分葡萄酒可以直接从瓶中倒出饮用，但是有一些酒最好倒入醒酒器内或者酒壶中。通常情况下，带有沉淀的葡萄酒都需要进行滗析。至于其它葡萄酒，要取决于它们的年龄和在醒酒器中放置时间的长短（详见下面框中内容）。

支持醒酒过程的品酒者认定经过1个小时或者几个小时的醒酒过程，年轻葡萄酒会变得更圆润柔和，口感更愉悦。但是如果在醒酒器里待的时间过长，葡萄酒就可能失去它的活跃个性和新鲜口感。醒酒过程能够激活年份老的葡萄酒，但是也有可能让它们变得僵硬和失去珍贵酒香。不要忘记葡萄酒从醒酒器倒到杯中后将继续透气氧化，特别是当人们将其在杯中慢慢晃动的时候，会进一步加快葡萄酒的氧化过程。因此，在醒酒过程之前建议您先品尝一下葡萄酒。

醒酒过程可以通过两种方式提高葡萄酒的品质：去除葡萄酒内的瓶塞碎末和酒中沉淀；让葡萄酒充分接触空气而加快氧化作用，这可以促进葡萄酒的成熟过程。

酒中沉淀：优点还是缺点？

结晶石。有部分年轻的清盈白葡萄酒有时候会存在一些晶体状沉淀。这是葡萄酒中含有的酒石酸氢钾在温度骤降之后从液体中析出来的。它们的出现对健康并没有什么危害，也不影响葡萄酒的品质和口感。只要把酒瓶直立起来，几秒钟之后他们便会集中沉淀到瓶底，倾倒酒液的时候稍加注意就很容易避免将其倒进杯里。

带颜色的沉淀物。红葡萄酒在陈年熟成的过程中会自然地形成沉淀，其主要来自氧化的丹宁和带颜色的物质。这样的沉淀很轻微，因此需要特别仔细的操作。这种时候醒酒过程是必要的，除非葡萄酒非常脆弱（比如勃艮第的葡萄酒）。在开瓶后要马上对葡萄酒进行品尝以做出决定：一款紧致内敛的葡萄酒最好先进行醒酒，但一款尽情绽放和充满香味的葡萄酒就不需要了。

什么样的葡萄酒需要醒酒？

带有沉淀的红葡萄酒

下面列举的是有形成沉淀趋势的葡萄酒，建议最好进行醒酒。

波尔多地区 一级名庄、名庄、列级名庄、圣安美隆产区的名庄和波美侯产区的名品葡萄酒。

罗纳河谷地区 埃米塔日产区和产区北部的一些葡萄酒，以及教皇新堡产区的葡萄酒。

其它法国葡萄酒 普罗旺斯地区最好的葡萄酒，马帝朗产区的葡萄酒。

意大利 巴罗洛、布鲁奈罗·蒙塔尔奇诺、西施佳雅、欧娜拉亚（Ornellaia）葡萄酒。

西班牙 维加-西西利亚、平古斯（Pingus）和最优质的佩内德斯产区葡萄酒，一些容易出现沉淀物的里奥哈产区葡萄酒。

葡萄牙 年份波特酒和陈年波特酒。迟装瓶的波特酒（PLB）和茶色波特酒不需要醒酒。

新世界 美国加州地区、澳大利亚和智利的赤霞珠葡萄酒和西拉葡萄酒。

年轻的红葡萄酒

醒酒可以使年轻的葡萄酒发挥更出色。

波尔多地区：好年份的小酒庄葡萄酒。

勃艮第地区：勃艮第葡萄酒和金丘地区的村级葡萄酒。

罗纳河谷 所有的红葡萄酒。

其它法国葡萄酒 卡奥、邦多勒、希依、富杰瑞和所有在年轻时富含酸度和丹宁的葡萄酒，以及所有用传统方法酿造的浓郁厚重的葡萄酒。

白葡萄酒

饮用前进行醒酒会让一些白葡萄酒的口感得到提高，如卢瓦河谷年轻的白葡萄酒、波尔多格拉芙产区的白葡萄酒、阿尔萨斯地区延迟采摘葡萄酿造的葡萄酒、德国莱茵地区和摩泽尔地区出产的名优品质葡萄酒、西班牙里奥哈产区在橡木桶中培育的白葡萄酒。但是有一些葡萄酒并不能从醒酒过程中得到好处，如老年份的波尔多红葡萄酒和勃艮第红葡萄酒、成熟的白葡萄酒（除了上面提及的）、年轻的白葡萄酒、香槟酒和其它起泡酒。

> 对年轻葡萄酒的醒酒用的是底部宽大的醒酒器。

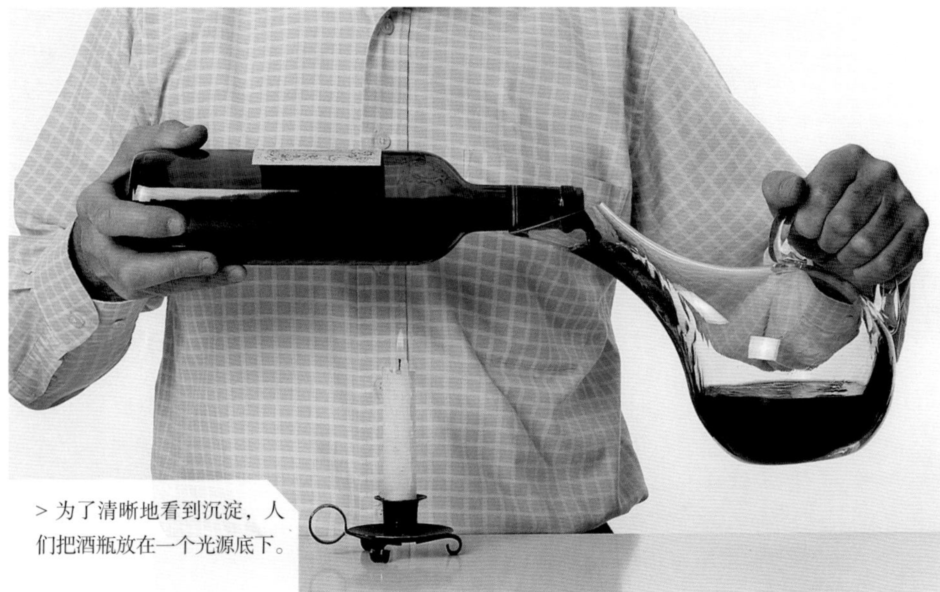
> 为了清晰地看到沉淀，人们把酒瓶放在一个光源底下。

如何醒酒?

选择什么样的容器? 可以将葡萄酒倒到醒酒器、酒罐或酒壶中。但是要注意，醒酒容器的大小和形状决定了葡萄酒液和空气接触的面积，对醒酒过程起到关键的作用。事实上，葡萄酒长期保存在缺少氧气的地方，除了在一开始受到一点骤然氧化的冲击，在随后的时间内它会随着酒液与空气或多或少的接触而释放出（不断演变的）香气。因此，对于年轻而浓郁的葡萄酒，人们比较倾向于选用底部宽敞的大肚醒酒器，以便于酒液和空气的充分接触；对于年份较老的葡萄酒，人们会选择尽量减少酒液和空气接触的酒壶盛放，要将酒壶充满酒，并加盖壶塞。醒酒过程前要对酒壶清洗并沥干。如果您使用漏斗或过滤织物，也需要提前清洗。将葡萄酒倾入醒酒器中时，需要站稳以及拿好酒瓶。

对一款年轻葡萄酒“醒酒”。 这项操作的目的是让葡萄酒“呼吸”，让其质感变得轻柔，并释放出香气。只需要将酒瓶打开，将葡萄酒倾入干净的玻璃瓶内。倾倒的过程可以很快，即使酒液顺着醒酒器边缘流下也没有关系，这样反而可以加速它的醒酒过程。然后需要将醒酒器放置在餐厅中，在饮用前至少醒一个小时，不要加盖，让葡萄酒液慢慢升至室温。

对年份老的葡萄酒“醒酒”。 这是一项非常精细的操作（由于葡萄酒脆弱的结构），需要很多的耐心和动作的轻柔。它需要在临饮用前进行，并加盖瓶塞。如果葡萄酒瓶在被取出前在酒窖内直立放置了两天，那么所有的沉淀物应该会沿着瓶壁流下并聚集在瓶底。如果是躺倒放置，那么沉淀物就集中在酒瓶壁的一侧；在这种情况下，取出葡萄酒时要把它放置在一个用于倒酒的提篮中。待瓶盖打开后，只需缓缓向醒酒器内倾倒葡萄酒液即可（但是要匀速，避免搅动酒液）。在这个过程中可以准备一个光源（蜡烛或小电筒）放在酒瓶肩部附近，以便更仔细精确地观察沉淀物。

醒酒器的维护保养

醒酒器应该保持清洁，用与清洗酒杯同样的方法冲洗，最好使用热水冲洗，以达到尽可能好的清洗效果。将醒酒器沥干时，需要首先用干净的抹布将外部揩干，然后将醒酒器倒立放置，让内部残留的水分流出来。最好的沥干醒酒器的方法是将它放在特殊的带支脚的架子上，保持稳固，然后整体放在通风透气的地方。长期让醒酒器保持空着和封闭的状态并不好，不管怎么说，在每一次使用前都要用热水反复冲洗。一个小提示：如果您的醒酒器内壁残留着上次醒酒的酒液痕迹，您可以用粗盐和酒醋进行清洗，反复晃动，直到这些痕迹完全消失；随后用大量清水冲洗。

酒杯

在琳琅满目的酒杯前，选择酒杯既要考虑到品味葡萄酒的需要，也要满足审美的需求。美观的造型是不可忽视的，它和对葡萄酒的品味一样重要。

酒杯的选择

为了便于品味葡萄酒，理想的酒杯应该满足眼睛、鼻子和口腔的三重需求。如果用不同的酒杯品味，葡萄酒呈现的风味会略有不同，合适的酒杯会让酒有更好的表现。选择酒杯所要考虑的因素按重要性来分有形状、大小和材质。

形状。理想的酒杯形状应该是收口的郁金香形。杯口应该稍微向内弯曲，以便集中葡萄酒释放的酒香，并让香气完全进入鼻腔。一个很浅的“大肚”酒杯给葡萄酒提供了太多与空气接触的面积，不能保持住酒香。杯腿要足够长，以便品酒人能够托住酒杯而手指不触及杯腹。因为一杯清凉的白葡萄酒和手接触后，酒体会很快升温。

尺寸。酒杯应该足够大，以便能够往里倒足够的酒，而同时酒也不应超过酒杯的四分之一或三分之一。如果酒杯太小或装得太满，我们就不能够晃动酒杯释放酒香或者倾斜酒杯来观察酒的颜色。一次的倒酒量正常情况下约为90毫升；一个酒杯的理想容量至少为280毫升。在某些餐厅，人们会见到更大容量的酒杯；但是在家里您最好避免用这种杯子，因为这样子可不太好看：好像只有几滴葡萄酒在杯底。这样大个的杯子的用途很特殊：它使葡萄酒液与空气接触的表面积增大，有利于年轻葡萄酒释放出高雅的香气；但是不要用来饮用年份老或精致的葡萄酒。与之相反，容量为350毫升的大葡萄酒杯对于品尝最好的、处于成熟时期的红葡萄酒很有必要。

材质。葡萄酒杯应该是透明、光滑且没有磨痕或划痕的。沉重的雕花或镶金水晶杯只是看上去很美，但是并不利于很好地品味葡萄美酒。带颜色的杯子会妨碍观察葡萄酒的颜色和稠密度。最理想的葡萄酒杯是用极薄的水晶制成的，其拥有最大的透明度，极薄的杯壁能让您清楚地看到杯中酒的每一个细节。而且，专家们经过对比品尝，认为精致透明的葡萄酒杯能在品酒时加强味觉的愉悦感。但是要强调一点，酒杯的材质远没有形状和大小那样对品味葡萄酒起到关键的影响。

同样的一款葡萄酒在不同造型的酒杯中风味是不一样的。
经典的酒杯应该具备品酒专业用杯的品质，并且造型美观而结实。

每种酒都有专门的酒杯？

除了标准型号的葡萄酒杯，还存在传统的或是特别设计的对表现各种葡萄酒特性有帮助的多种葡萄酒杯（详见下页框中内容）。经过多年的潜心研究，著名的酒杯制造商Riedel和Spiegelau两大品牌创立了用来品鉴世界著名产区葡萄酒的一系列酒杯。当然我们也没有必要针对每一款葡萄酒用不同的酒杯，大原则是白葡萄酒杯要比红葡萄酒杯小。郁金香形的酒杯适合品用大部分种类的葡萄酒。当人们饮

> 水杯　> 勃艮第酒杯　> 波尔多酒杯　> 白葡萄酒杯

传统的酒杯

大部分葡萄酒生产地区都拥有自己的酒杯类型，被认为最适合品味当地的葡萄酒。这些酒杯具有无可比拟的魅力。当我们使用这样的酒杯时，首先是遵从过去的传统习惯。即使用这样的杯子是为了解渴大于为了品鉴美酒本身。最著名的是阿尔萨斯葡萄酒杯，像胀开的气球，底部是染成绿色的长长的支脚。这样的酒杯可以稍微加重白葡萄酒的颜色，使其增添一层同样色调的光泽，同样也体现了酒液的清爽。当然阿尔萨斯地区的名优品质葡萄酒完全用不着这样的方式来提高品质。

> 酒杯的最佳形状应该是呈郁金香形，这有利于保留葡萄酒的酒香。

用起泡酒的时候，通常使用瘦削的高脚香槟酒杯。

除了这些传统的经典酒杯，我们还要关注勃艮第酒杯，还有波特酒、雪利酒和甜白葡萄酒的酒杯。只有水杯可以选择任何形状和材质的杯子。还有一些专业用于品酒的杯子（如INAO标准酒杯或“完美无瑕”系列酒杯）。对于专业品酒人士，这些技术含量高的酒杯的主要作用是凸显葡萄酒的缺陷（详见206页）。

酒杯的维护与保养

许多品酒过程都被酒杯上的脏东西破坏掉了。脏东西并不总是肉眼可见：去污剂（或者清洗剂）可以在杯壁上形成一层肉眼或鼻子不易察觉的薄膜，但杯中填满葡萄酒（或水）的时候，会带来不愉快的味道。

玻璃制品能够汇集和保留味道。这些味道可能来自冲洗过程、干燥过程或者盛放它们的壁橱，但是所有这些气味来源都是很容易避免的。建议您最好不要用洗碗机来清洗葡萄酒杯。最好在水池中放满热水，手工洗刷品酒用过的酒杯，必要的话可以加一点柔和的洗洁精。随后应该用大量的热水冲洗。在酒杯还是湿热的时候用干净的棉质或麻质抹布擦拭干净，直到透明闪亮。抹布在之前应该被冲洗过，以免给酒杯带来洗洁精和柔化剂的味道。应该避免使用崭新的抹布，这有可能在杯壁上留下线头或绒毛。

将酒杯放到关闭的壁橱中，最好在厨房外面。将它们站立放置或滑入杯架中。如果将它们倒立放置，它们便有可能吸取架子的味道。总之在使用之前要提前将它们拿出来通通风、透透气，在放上餐桌之前要检查一下杯子的清洁度。

> 波特酒酒杯　　> 高脚香槟酒杯

带气泡的酒应该用什么酒杯

修长的香槟杯在很长时间都和香槟酒紧密联系在一起。从品酒的角度来讲，这确实是一种纯粹的偏好。它若敞开杯口，会让酒香马上消失，也让泡沫马上消散，更别提气泡了。对于香槟酒，更普遍地说，对于所有的起泡酒，最好的酒杯是高脚香槟杯。加长的酒杯在倒酒时被填满四分之三。它的高度有助于气泡的持续形成，它的窄杯口不让任何香气损逸。当然它也可以用郁金香酒杯来代替。

餐桌上的葡萄酒

诞生在遥远的葡萄庄园的葡萄酒，最终在餐桌酒杯中结束旅程。可惜的是，错误的侍酒方式一不留神就破坏了品酒应有的乐趣。每一个细节应尽善尽美，这样才能享受品酒的极致愉悦。

选择和准备葡萄酒

首先，要根据与餐中菜肴的搭配和饮用的场合来选择葡萄酒（详见170~185页）。对于3~4人的聚餐一般要准备一瓶750毫升的葡萄酒。选择好的葡萄酒在品用前需要预先认真检查，因为从酒窖到餐桌，每一个细节都至关重要。一般的葡萄酒和许多桃红葡萄酒可以尽情开瓶饮用，不必等待，但是有些葡萄酒需要根据风格和年龄加以精心照顾。

检查葡萄酒 当您选定之后，在饮用的两天前，到您的酒窖中检验选好的葡萄酒。酒窖中的葡萄酒当然应该躺倒放置，酒标朝上。这样的话，沉淀物就会聚集在酒标对面一侧瓶壁周围。轻轻地移动葡萄酒，不要动作过猛，保持它放置姿势的同时轻轻拿出来，在小电筒的帮助下仔细验证葡萄酒是否酒液清澈，沉淀物是多是少。

使葡萄酒达到最佳饮用温度以及让葡萄酒中的沉淀物聚集。干白葡萄酒和年轻的葡萄酒可以在用餐前几个小时开始使其降温。含有沉淀物的老年份白葡萄酒需要在用餐前一天拿出来直立放置，然后在用餐当天冷却。年轻的红葡萄酒很少有沉淀物，只需在用餐当天早上拿出来直立放置，以备晚餐饮用。老年份的葡萄酒含有很多沉淀物，要在饮用的两天前慢慢将酒瓶竖起直立放置，如果需要的话，可以进行醒酒过程。

侍酒要遵循几条简单的原则：
干白葡萄酒在红葡萄酒之前品用；
年轻的红葡萄酒在老年份的红葡萄酒之前品用；轻盈的葡萄酒在浓郁的葡萄酒之前品用；简单的葡萄酒在复杂的葡萄酒之前品用。

需要多少葡萄酒？

在一餐之中，人们可以只饮用一款葡萄酒，每道菜都换一款酒亦可。人们当然也可以完全不饮酒。需要准备多少酒，取决于是午餐还是晚餐，是家庭聚餐还是葡萄酒行家间的聚会。

家人或者朋友聚餐。家人聚餐讲求的是简单。一款优质简单的葡萄酒就可以，至于葡萄酒颜色的选择只是个人的口味问题。周日和朋友聚餐，是个选择和菜肴相配的葡萄酒的好机会。开胃酒通常也可以陪伴头道菜，除此之外，再开启3到4瓶酒也是比较合理的数量。白葡萄酒配头盘，红葡萄酒配主菜，另一款酒配奶酪，最后再选一款酒配甜点。

葡萄酒行家间的聚餐。如果用餐的目的是为了品用主人收藏的名贵美酒，人们通常可以选择两倍数量的葡萄酒。但是不要忘记这些美酒是用来畅饮的，而不是像专业品酒那样需要吐出来，所以要注意身体摄入的酒精量。

餐前准备

在客人到达前两个小时就该开始进行最后的准备了。对一些细节的提前准备有助于侍酒的进行。

开酒。起泡酒会当着客人的面现场开瓶，除此之外，所有其它的葡萄酒都可以提前开启和品尝，以验证葡萄酒的品质和状态（详见下页框中内容）。将白葡萄酒重新盖上瓶塞，放回冰箱。需要醒酒的红葡萄酒此时就可以倒到醒酒器中了（详见195页）。醒酒后将醒酒器盖上，保存在合适、稳定的温度条件下。对没有经过醒酒的红葡萄酒重新盖上瓶塞是没有意义的。为了保险，如果预计到酒可能不够，每种酒还需要多备一瓶。

需要注意的细节。应该准备一张餐巾纸，在倒酒过程中可以揩干潮湿的酒瓶口。最后准备一些带气和不带气的矿泉水。

酒杯的放置。在布置餐桌的时候，葡萄酒杯需要从左至右按上酒的顺序面对着盘子排列好。为了避免用餐时手忙脚乱，最好在餐前摆桌时就把所有需要用的酒杯都摆好。水杯应摆在酒杯后面。如果要在同一餐中品尝多瓶值得纪念的同一名贵酒庄的葡萄酒，应该在每次换酒时更换酒杯，因为每瓶葡萄酒的味道可能有很大差别。

餐间服务：要像侍酒师一样集中精力

主人的角色。在用餐过程中，侍酒师的角色是由男主人（或女主人）担任的，由他们亲自给客人倒酒。在客人面前，他（她）在倾倒葡萄酒之前出于礼貌会再次对每一款葡萄酒都做一下品尝。他（她）要尽可能确认每款葡萄酒都保持在最佳饮用温度，并保证每位客人的酒杯在整个用餐期间都保持三分之一满。

每一种葡萄酒都要达到理想的饮用温度。起泡酒和白葡萄酒应该放在盛着冰水和冰块的桶内以保持温度足够冰凉。至于红葡萄酒，建议比理想饮用温度低一二摄氏度：只要倒入杯中，酒温就会随即上升1℃。

饮用之前先品尝一下

选好葡萄酒开瓶后的第一件事就是马上验证葡萄酒的品质。首先仔细观察瓶塞，闻一闻，看是否有明显的缺陷，然后进行品尝检验。有一些“霉菌的味道”很快就会消失，更糟糕的是“木塞味”。如果发霉的味道很轻，那么只有第一杯需要经过透气且是简单透气就可以。如果味道持久不散，最好更换另一瓶葡萄酒。有任何疑问，都最好更换葡萄酒。通过验证品尝的葡萄酒接下来就可以根据情况进行醒酒，然后品用。

正确还是错误？

极干型香槟适合与甜点搭配

错误。与糖分的接触会使香槟酒液变得生涩。搭配甜点，应该选择特定的葡萄酒，我们称之为“甜品葡萄酒”。例如米雷瓦尔麝香（Muscat de Mireval）甜白葡萄酒，或者蒙巴兹亚克葡萄酒。极干型香槟适合作为开胃酒或者佐餐酒。如果要搭配甜点，最好选择半干型香槟酒。

餐厅里的葡萄酒

人们选择餐厅的时候要考虑很多因素：菜式、装修和葡萄酒的选择，以及价格！面对多样的酒单，不一定马上就能看懂，但只要随意浏览一眼，我们就能够对葡萄酒的种类和价格有一个大致了解，或者如果您愿意，也可以听从侍酒师的建议。

葡萄酒的选择

选择葡萄酒有几项要素，让消费者能够对餐厅及葡萄酒有一个大致印象。少而精的葡萄酒选择比品种多样但不一定能保证存货的选择要好得多。菜单显示了餐厅烹饪的风格，某些葡萄酒产区的地域影响会非常显著。如果餐厅配有侍酒师，则说明餐厅非常重视葡萄酒的选择、存放和服务。

葡萄酒和菜肴的搭配。餐厅的负责人永远不会因为客人要求同时上酒单和菜单而不高兴，这表明客人对两者都感兴趣。对于第一次光临的餐厅，我们很难决定是先点酒还是先点菜。对于有创意的菜式，应该对其中的成分有清楚的解释，因为知道了食材的组成，对葡萄酒的选择就大概有方向了。如果非常想吃的一道菜中有些食材会对葡萄酒产生影响，最好听取侍酒师的意见。反之，如果您对某一款酒有特殊的兴趣，侍酒师和餐厅老板也会为您建议与此款葡萄酒相搭配的理想菜肴。

葡萄酒单

酒单的样式。葡萄酒单通过它简明的形式显示出侍酒师的效率。酒单应该清晰明了，让客人一目了然。葡萄酒应该根据国家、地区和产地分类，并且不同颜色类型的葡萄酒应该分开排列。葡萄酒瓶的容量是必须要注明的。在每一个法定产区中，葡萄酒可以按年份、子产区或价格来排列。不管选择怎样的排列方式，所有的葡萄酒都应该按同样的方式排列。每一种葡萄酒都应该注明产区、村庄、田块、园圃、庄园主和年份等信息。如果酒单上注明是“餐厅特供”，那么这通常是餐厅根据其烹饪风格建议的一款不错的葡萄酒，但绝对不会是名贵的葡萄酒。

需要注意的细节。侍酒师能够随时回答您对葡萄酒细节的提问：年份的好坏、葡萄品种、特殊工艺、酿酒产业具体的地理位置等。但是不要占用侍酒师的所有时间，侍酒师还要兼顾其它餐桌的客人、准备葡萄酒和酒杯、给客人倒酒……

> **侍酒师不仅仅是一位服务人员，他同时也是葡萄酒爱好者、心理学家、评审员和美食家。**
> 他主持整个品酒过程，并巧妙地引导我们进行葡萄酒和菜肴之间的美妙搭配。

您未必了解的小知识

“侍酒师”这项职业已有4000多年的历史。事实上，它的历史一直可以追溯到法老时代。当时，侍酒师负责为国王和国内的贵族阶层准备饮料。他们既可以酿造啤酒也可以制作葡萄酒，并进行侍酒的工作。直到20世纪中叶，侍酒师还负责在他们工作的酒窖内将散酒装瓶。在酒庄内装瓶的出现将他们从酒窖中解放出来，进入餐厅进行侍酒服务（详见202页及203页）。

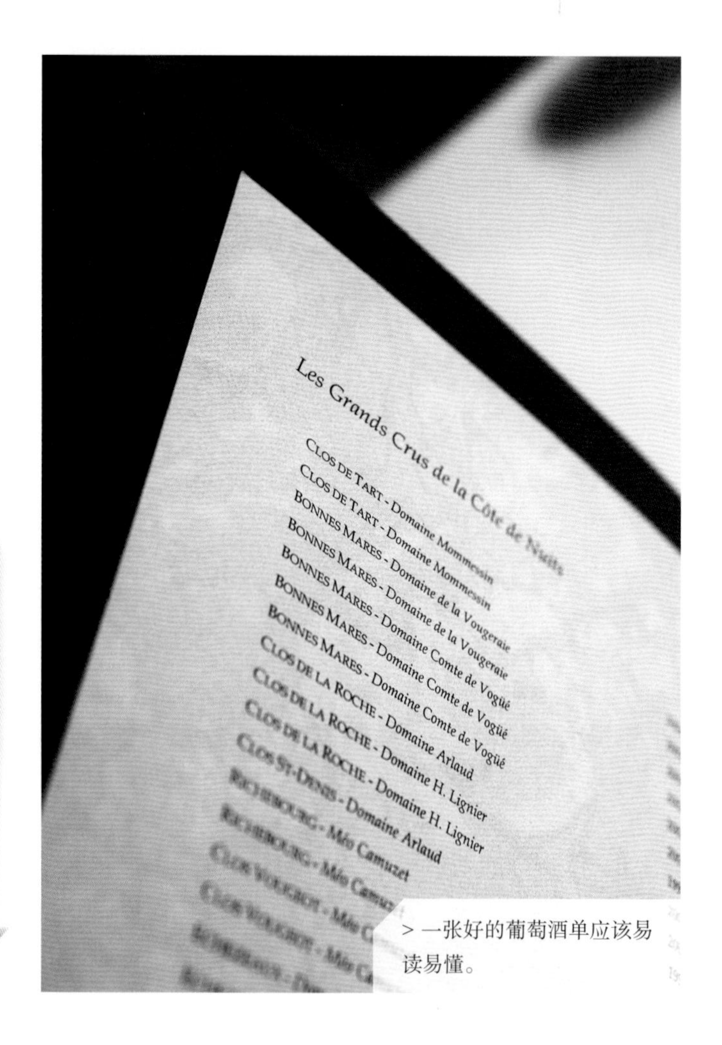

> 一张好的葡萄酒单应该易读易懂。

葡萄酒的品质不尽如人意，怎么办？

葡萄酒带有明显的缺陷：变质、有马德拉味、氧化、黯淡、乏味、过酸、带有木塞味……在上酒之前，这样的缺陷就应该被事先试酒的餐厅老板、餐厅主管或者侍酒师发现，这时通常会更换一瓶葡萄酒。如果客人对葡萄酒的品质有疑问，应果断要求餐厅更换葡萄酒。有一些餐厅在开启珍稀佳酿或者老年份葡萄酒前，会预先声明葡萄品质的风险由客人承担，无论如何客人都得买单。

葡萄酒不受客人喜欢。由餐厅老板或者侍酒师极力推荐的葡萄酒，虽然没有任何缺陷，但可能因为各种原因并不符合客人的口味。如果客人提出来了，那么餐厅老板应该再给客人举荐另外的更符合客人口味的葡萄酒。已经承担了风险，餐厅应该极力表现出主人的风范和谦虚的态度。

> 一旦葡萄酒被点酒的客人认可，侍酒师就开始给每位客人的杯中倒酒。

侍酒师

在页数众多、产地不同、价格差异极大的葡萄酒单之前，困惑而迷茫的消费者往往会主动求助专业人士。

虽然在客人面前谈论葡萄酒的价钱很让人尴尬，高水平的侍酒师还是能够从各种细节中了解到客人的底线。当一款推荐的葡萄酒不如所愿时，没什么好尴尬的，再选另外一瓶便是，要尽可能给出最确切的标准。虽然侍酒师的建议值得尊重，客人才是最终的主角，在什么情况下也不应该感到尴尬。虽然侍酒师通晓所有的葡萄酒知识，但是一切要以客人的口味及服务业的原则为重。

侍酒

葡萄酒选好了，侍酒师准备好适合的酒杯并检查了葡萄酒后，侍酒服务正式开始。每一瓶选好的葡萄酒都要向客人展示，客人确定产区、年份、酿酒产业名称并表示同意。之后侍酒师便可以开启葡萄酒、嗅闻瓶塞和品尝每款葡萄酒，对某些有需要的葡萄酒进行醒酒并让酒保持适宜的温度。

由点酒的客人向侍酒师示意葡萄酒服务的开始。侍酒师先给这位客人倒酒，让他品味验证葡萄酒的品质和温度。如果得到客人的许可，侍酒师便依次给每位客人倒酒，不要忘了给首先品尝葡萄酒的那位客人斟上酒。如果可能的话，侍酒师应从每位客人的右面倒酒，这样客人如果需要的话可以看一眼酒标，侍酒师同时可以低声重复一下葡萄酒的产区和年份。

侍酒师给每位客人倒满三分之一的酒杯，并为杯中酒量不足的客人添酒。侍酒师也同时兼任为客人倒矿泉水的服务。他随时回应客人的要求。如果出现葡萄酒不适合客人的口味，或者客人指出葡萄酒有缺陷（木塞味）或者葡萄酒的温度有问题，客人有权利告诉侍酒师并要求更换葡萄酒。

世界最佳侍酒师

2008 ANDREAS LARSSON（瑞典）
2004 ENRICO BERNARDO（意大利）
2000 OLIVIER POUSSIER（法国）
1998 MARKUS DEL MONEGO（德国）
1995 SHINYA TASAKI（日本）
1992 PHILIPPE FAURE-BRAC（法国）
1989 SERGE DUBS（法国）
1986 JEAN-CLAUDE JAMBON（法国）

法国最佳侍酒师

2008 MANUEL PEYRONDET（BRISTOL酒店，巴黎）
2006 PASCAL LEONETTI（AUBERGE DE L'ILL, ILLHAEUSERN）
2004 DOMINIQUE LAPORTE（LE PHARE, PALAVAS-LES-FLOTS）
2002 DAVID BIRAUD（CRILLON酒店，巴黎）
2000 FRANCK THOMAS（品酒顾问）

侍酒师——葡萄酒的使者

光影交错之间，可以用什么词汇来更好地描述侍酒师这个职业？影，指的是侍酒师的光辉完全被主要明星——葡萄酒——给遮盖。光，指的是一日之中有两次，他都扮演着葡萄酒使者的角色，比主厨有更高的曝光率，因为他与客人直接接触。

既是葡萄酒行家又是管理者

一个侍酒师会默默地在他的整个职业生涯中不断地学习、参加培训：参观葡萄园、了解葡萄酒和酿酒师、学习了解每一个新年份……他的学习过程永无休止，目的是找到与他服务的餐厅菜肴搭配效果最好的和最适合他服务的餐厅客人口味的葡萄酒。他主要考虑两个因素：葡萄酒的风格，另外一个当然是价格。因为侍酒师首先是一个主管，他负责维护酒窖的硬件设施、设计葡萄酒单、和他的上司一起确定葡萄酒的价格、管理仓储和相关的会计报表。最著名的餐厅和酒店有能力采购和储存非常名贵的葡萄酒，他还要预计葡萄酒未来的价值，决定把酒保存起来还是供应给客人。最后，每天他还要准备当日用酒，确定葡萄酒保存在酒窖或是酒柜里，以保持适宜的温度。

就像在舞台上表演

现在，侍酒师进入光线下。演出服是一成不变的：黑围裙，与之相配的西服上装，葡萄形状的金胸针。配套工具已经在原地待命：开瓶器、白毛巾、醒酒器、放置瓶塞的小盘子……扮演的也是同样的角色：为选好菜肴的客人建议选择搭配的葡萄酒，展示葡萄酒和烈酒并提供侍酒服务。“这完全像是在舞台上表演”，1992年的世界最佳侍酒师菲利普·富尔·巴克（Philippe Faure-Brac）先生强调说，“但是台词和合作伙伴每餐都不一样！要准确把握观众的类别：爱好者、新入门的品酒人、讲究的生意人、恋人、富翁或是平民……”

竞赛

为了更好地准备这种一天两次的“舞台表演”，了解这一行业的最新消息，越来越多的侍酒师报名参加行业内的各

1. 出酒窖时登记记录。
2. 开启葡萄酒：仔细而精确的动作。
3. 在饮用葡萄酒之前验证葡萄酒的品质。
4. 侍酒师主管的徽章。

种竞赛，竞选地区最佳侍酒师、法国最佳侍酒师、欧洲最佳侍酒师、世界最佳侍酒师等称号。还有针对初学者的竞赛，如最佳学生侍酒师或最佳年轻侍酒师（24岁以下）等竞赛。

不同的竞赛采用的都是同样的测验，不同的是问题的难度和参赛者的水平。首先是理论水平的测验，涉及葡萄园种植和酿酒的历史和地理、酿酒学、技术、法规、葡萄酒单的组织、葡萄酒名字和产区的拼写、酒窖的管理、对烈酒的了解、对咖啡和茶的了解、对矿泉水的了解、对雪茄烟的了解……没有任何投机取巧的余地。

理论考试的胜出者随后进入实际操作的考试：在餐厅的服务、葡萄酒和菜肴的搭配、用外语点酒、纠正葡萄酒单（如果出现一些错误，如白葡萄酒被列入红葡萄酒系列内、不存在的年份、拼写错误、不切实际的价格……）。

巴黎巴尔迪摩尔（Baltimore）酒店的侍酒师让·卢克·让洛克（Jean-Luc Jamrozik）是法国侍酒师联盟（UDSF）的成员，经常给参加各种竞赛的选手培训。“我扮演挑剔的顾客。”他带着一丝狡诘的微笑向我们解释说，“比如点一瓶红葡萄酒配鱼肉或是点一瓶白葡萄酒配烧野味；假装对硫过敏；饰演一个对什么都没有兴趣，要求别人给他惊喜的人……”

奖项

除了在同行业内崭露头角和赢得声誉，获奖者一般没有奖金，但是会得到更适合的奖赏：名贵的葡萄酒、世界或法国著名葡萄酒产区之旅、与行业著名人士会见、在著名餐厅用餐、有机会亲自酿造一款属于自己的葡萄酒等。这样的竞赛每年都会吸引大量选手。也有一些女选手，但在这个行业女性从业者还是极少数，我们可以从最负盛名的比赛获奖名单中看出来。

如何品鉴葡萄酒？

葡萄酒品鉴的基本原则

品味鉴赏一款葡萄酒，就是描述出品酒时的心境，以及酒的颜色、香气、味道和质感，是各种感官的综合表达。但通常，新入门的葡萄酒爱好者不知道该怎样描述他们的感受以及分辨葡萄酒的成分；也就是说，不懂得品鉴葡萄酒。

葡萄酒品鉴的艺术

葡萄酒的品鉴首先是一项技术训练，通过三大步骤，并利用我们的三种感官：视觉、嗅觉和味觉。有许多面向公众的品酒协会，葡萄酒爱好者也可以在朋友之间组织小型的品酒会。这种实践每个人都可以参与，只需要一些物质条件和身体条件及严谨的态度。

选择地点

选择品酒的地点很重要。它应该明亮，有着充足的日光，或者是充足的中性照明（不要使用荧光灯和遮光罩）。空间里不能有烹饪、花草、烟草或香水的味道，这些气味会“污染”品酒地点的空气。理想的温度应该在18～20℃，这样有利于“使葡萄酒的温度与室温相同”。这一室温的概念，主要是指在品酒前让葡萄酒在温暖的房间内待上几个小时，让酒液不至于过凉而不适于品尝——这种做法可以追溯到没有暖气设备的时期。整个品酒桌上要盖上洁白的桌布，如果没有，可以退而求其次，将品酒的杯子摆放在白色纸张的上面，以便于客观地观察葡萄酒的颜色。

通过品鉴葡萄酒才能了解葡萄酒。经常品酒可以使葡萄酒爱好者的感官变得灵敏，并逐渐熟悉葡萄酒品评的词汇，最后达到精确表达自己的感觉。

选择酒具

酒杯。酒杯的选择十分关键，它直接影响视觉的观察和对葡萄酒香气的品鉴。带颜色的酒杯不能用于品味葡萄酒。备受推崇的是郁金香型、杯脚透明的酒杯，又称为“昂谷莱姆杯”（Angoulême）。由业内人士设计、被称为INAO杯的品酒专用杯是最理想的，半椭圆形状、杯口相比起圆肚更狭窄，这样可以凝集葡萄酒的香气，而且防止酒液在晃动时溅出。您可以在大型商场和葡萄酒专营店中买到INAO标准品酒杯。品酒人在品酒之前首先要闻葡萄酒杯，以确认酒杯内没有残余的味道（纸箱味、抹布味……）。人们可以用水冲洗酒杯，当然最好的方法是用第一杯酒浸润清洗。最理想的品酒是为每一款酒提供一个干净的酒杯。不然至少也要准备两个酒杯，以便进行比较品评。

吐酒器。这是必不可少的器皿。它使每一位品酒人能够清空自己的杯子和吐酒（详见207页框中文字）。如果没有准备吐酒器，也可以用其它容器来代替，如壶、酒桶或者罐。

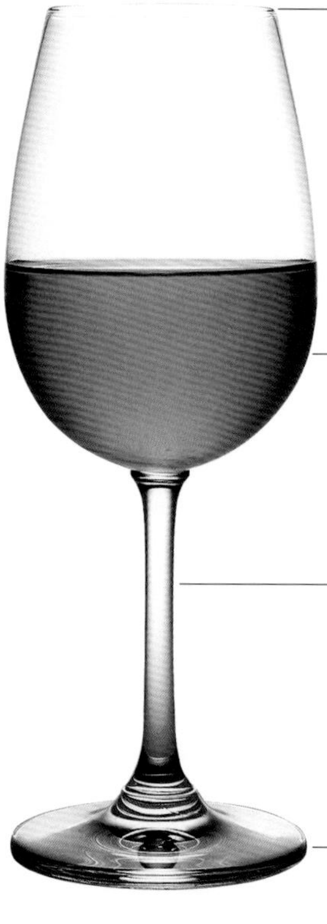

杯口

杯腹

杯腿

杯脚（托脚）

葡萄酒品鉴之前的准备过程

在酒窖平躺放置的葡萄酒应在饮用前一天直立放置，以便让酒中的沉淀物集中在瓶底。餐前1小时开启，需要的话进行滗析或倒入醒酒器内。白葡萄酒需要在盛满冰块的桶内冷却，或者冷藏在冰箱中几个小时，在餐前半个小时拿出，使葡萄酒达到合适的饮用温度，并在饮用时开启。

盲品

这种品鉴葡萄酒的方法是在不知道葡萄酒身份的情况下完全客观地进行。在这种情况下，葡萄酒通常用纸张或者“布套”遮盖起来，挡住酒标。事实上，不管品酒者的水平如何，总是或多或少地会受到酒标信息的影响。对于一款拥有盛名的葡萄酒，人们总是带着先入为主的正面印象去品尝它，反之亦然。盲品时，人们可以集中感受葡萄酒的真正品质。这样的经历可以给人们带来惊喜或失望。

> 用来进行盲品的带有酒标遮盖物的葡萄酒。

良好的身体条件

品酒者应该精神抖擞、头脑冷静且精力充沛。身体疲倦会影响品酒人判断的敏锐度。尤其是感冒，它会直接影响鼻子对香气的感知，间接地会影响口感。品味葡萄酒的最佳时间是上午，所有的感官都处于清醒状态，精神最为集中。葡萄酒爱好者也可以在傍晚（晚餐前）品味葡萄酒，因为这个时候身体处于开放和饥饿的状态。一定不要在餐后品鉴葡萄酒，因为这时候所有的感官都已经“饱和”了，身体忙于消化。

在品酒之前，品酒者应该避免喝咖啡或者抽烟，这会“糟蹋”味蕾。出于同样的考虑，在品尝两款丹宁浓重和酸度高的葡萄酒间隙“刷新”味蕾时，建议您食用面包——这是一种中性食物，而不要食用奶酪或者咸味饼干。

有效品鉴葡萄酒的简单法则

品酒的时候需要保持安静。这一点有利于集中精力。当然相互交流品酒感受也是很有意义的事情，但是要挑准时间。品酒会的主办人可以在品味完一定数目的葡萄酒之后组织大家对品酒感受做一下总结交流。为此，每个人都要对品味过的葡萄酒做一下品酒记录（详见224～227页中的几个例子）。这项练习非常重要，可以帮助品酒者支持自己的判断。这些品评记录就是一个资料库，记录着他自己口味的变化发展和葡萄酒的演化趋势，因为品酒活动本身就是一个记忆力的练习。葡萄酒爱好者的品酒练习越多，对颜色、香气和口味的记录越丰富，从而形成“品酒信息参考资料库”，那么他对一款葡萄酒的感官定义就会越精确，通过比较也会更容易判断一款葡萄酒的质量。

别的原则，如诚实、谦逊和尊重在品酒过程中也同样重要。至于口味，没有“好品位”和“坏品位”的区分，每个人都有自己偏爱的口味，应该提出论据支持自己的评价，同时也要尊重他人的意见。

您未必了解的小知识

吐酒是葡萄酒品鉴中的传统习惯。对于初学葡萄酒品鉴的爱好者来说，吐酒似乎是不正常的或是无礼的行为，更别提为不能咽下葡萄酒而感到遗憾了。吐酒的习惯首先是出于卫生健康的考虑。品酒会通常都是在餐前进行的，也就是说，如果不吐酒，品酒者就会在空腹的情况下吸收大量的酒精。即使不喝醉，他也可能会失去感官的敏锐和精神的集中。另一方面，不将葡萄酒吞下不会影响对葡萄酒的评价，因为品酒主要是通过鼻子和口腔来进行，不如把酒吐掉，以便更好地体会和品评葡萄酒的香气和酒体质感。

葡萄酒的视觉鉴赏

对葡萄酒的第一印象来自于视觉。葡萄酒刚倒入杯中，眼睛首先观察到酒液的颜色和光泽。在酒杯中，葡萄酒已经开始对专心的品酒者讲述它的故事。通过观察酒裙，也就是葡萄酒的颜色、光泽、表面、酒泪…… 可以得到大量的指标和信息。酒裙还可以反映葡萄酒的产地、酒龄、个性甚至品质等信息。

观察酒裙

首先，品酒者已经可以通过酒液的色调和浓度定义出酒裙的颜色以及清澈度。为了仔细和精确的观察，需要将酒杯置于亮色的背景前（如白色的墙壁），或者将酒杯放在白色表面上或光源照射下。

颜色。葡萄酒的颜色依据两个因素：色调和浓度。用于形容葡萄酒的颜色通常是借用宝石（红宝石色、黄玉色）、金属（金色、铜色）、花朵（玫瑰红、牡丹红）和水果（柠檬色、樱桃红色）的词汇。详见下面框中内容。

浓度。色彩的层次有很多，可以用浓度来定义色调。从“浅”到“浓”分为“浅色”“淡深”“深”，“深浓”和“深厚”等多个层次。几个用词，如“贫乏”“寡淡”和“轻薄”等可以给葡萄酒的品质做评价。

清澈度。酒液应该具有完美的清澈度，不应该有任何悬浮的异物，像灰尘、絮团、飞舞物（澄清剂或酵母的残留物浮在酒液中，给人以飞舞的感觉）。不然的话，葡萄酒会被描述为“混浊的”“乳状的”“搅动的”“絮状的”或“戴着面纱的”。这些都是劣质的酿酒工艺或者葡萄酒变质的征兆，使酒液不适合被饮用。幸运的是，随着酿酒技术的提高，这些情况的发生变得越来越少。

视觉观察是品酒过程中刺激感官的第一个步骤。
它从心理和感官上为下一步的品酒活动做好准备。

如何解读酒裙

葡萄酒的颜色并不仅仅表明它的类别——白葡萄酒、红葡萄酒或桃红葡萄酒，还会显示葡萄树的年龄、葡萄产量、采摘年份、酒龄，甚至是它的培育方式。

葡萄品种和年份。葡萄酒的颜色来自葡萄果皮中的色素。白葡萄果粒的色素含量微乎其微，而在红葡萄果粒中含量很丰富，但是色素浓度取决于葡萄的品种。酿自佳美的红葡萄酒呈漂亮的红宝石色，与酿出呈暗石榴红色的赤霞珠形成鲜明对比。葡萄果粒的成熟度决定了果皮内色素的状态。葡萄酒颜色的深浅度还与不同年份的葡萄的品质有关。比如波尔多梅多克地区1994年份的葡萄酒液就没有由气候较热的1996年出产的集中度较高的葡

> 为了观察一款葡萄酒的酒裙，可以把酒杯放在白色表面之上。

葡萄酒的颜色种类

红葡萄酒：牡丹红色、淡红宝石色、红宝石色、深红宝石色、朱红色、石榴红色、深石榴红色、胭脂红色、紫红色。当葡萄酒拥有一定的酒龄之后，呈砖红色、橙红色、棕色、棕红色或咖啡色。

桃红葡萄酒：淡灰色、淡粉色、玫瑰红色、覆盆子色、鹧鸪眼色、草莓色、樱桃色、橙红色。年份老一点，呈三文鱼色、橙色、砖红色、铜色或洋葱皮色。

白葡萄酒：淡黄色、闪现绿色光晕的黄色、淡金黄色、绿金黄色、金黄色、柠檬黄色、麦秸黄色。经过几年的陈酿熟成后，呈暗金色、青铜色、铜色、琥珀色、棕红色或咖啡色。

萄酿出的酒液颜色深。同样的道理，白葡萄酒如果酿自气候炎热、葡萄成熟度好的年份，颜色就会偏深一些。

葡萄产量。果实的颜色深度也取决于葡萄的产量。葡萄产量越高，葡萄果粒的凝集度越差，葡萄果汁的颜色就越淡；相反，葡萄产量越低，果汁颜色越深。老龄葡萄树就是一个很好的例子。老葡萄树结出的葡萄果实很少，因此酿出的葡萄酒颜色总是很浓郁。

果粒状态。葡萄果粒的健康状况也对酒裙的颜色有所影响。如果采摘的是腐烂的葡萄果粒，不论是哪个葡萄品种或是产量如何，酿出的葡萄酒颜色都会浅淡。

酒龄。随着时间的推移和酒龄的增长，白葡萄酒的颜色变得浓郁，而红葡萄酒的颜色则会变得淡薄。因此，通过观察葡萄酒的颜色也可以推断葡萄酒的年龄。很年轻的红葡萄酒（和某些桃红葡萄酒），酒裙显出蓝色色调，并泛有紫色的光晕。随着时间的推移，由于色素和丹宁变黄，这种色泽转化成橙色。白葡萄酒丹宁含量很少，因此酒裙的演化速度很慢，色调通常为绿色和黄色。

您未必了解的小知识

浑浊的或带有沉淀物的葡萄酒未必是品质不好的征兆。有一些浅龄的葡萄酒由于没有过滤或轻微过滤，酒液会因为细微酒脚的出现而轻微浑浊，这些物质随着时间的推移会形成完全天然的沉淀。同样，在老年份的葡萄酒中发现沉淀物或小结晶体也很正常，结晶体往往是葡萄酒中含有的酒石酸在经过温度骤变的时候从酒液中析出的。

对起泡酒的视觉观察

和静态酒一样，起泡酒的品鉴也通过观察它的酒液色调、清澈度和光泽度来进行。除了这几个指标，还要加上对泡沫和气泡的观察。对这一点，高脚香槟杯比浅口杯更适合，因为浅口杯不利于气泡的形成。首先，在倾倒香槟酒的时候就可观察泡沫的形成。评价的指标是它的丰富程度、持续的时间和气泡的大小，以大量、持久、轻盈及由小气泡组成为佳。泡沫消失后，气泡应该连成一线，粘连在杯壁面上，形成环状气泡层。这些气泡应该很小，从杯底持续上升，呈"壁炉烟线"状，不断补充气泡层使之保持连续不断。大气泡在到达酒液表面的时候很快便破裂，形成不了气泡层和气泡稀少是起泡酒品质不佳的表现。要注意起泡酒的饮用温度和杯型的选择会影响气泡和泡沫的生成。过冷会抑制起泡酒泡沫和气泡的生成，而过热则会让其增加。

> 呈壁炉烟状上升的气泡在杯面上形成气泡层。

酿造工艺。酿造工艺也会影响葡萄酒的颜色。对于红葡萄酒来讲，越长的浸皮时间能够提取越多的颜色物质（详见70页）。桃红葡萄酒根据不同的酿造工艺，采用压榨或是自流的方法，能够获取不同色调的酒液。采用压榨方法酿造的桃红葡萄酒颜色较为轻淡，采用自流方法酿造的桃红葡萄酒颜色则较为浓重。除此之外，用全新橡木桶培育的过程会促进颜色物质的结合，因此加重了葡萄酒的颜色。无论是白葡萄酒还是红葡萄酒，如果经过了橡木桶内的培育过程，酒裙颜色都会变得比较深。

"酒面"和"边缘"

酒面。指的是杯中葡萄酒的表平面。为了观察它，品酒者首先从顶部俯视，然后将酒杯倾斜放置在光源的前面，观察它的侧面。对酒面的评价主要看它的光泽度和亮度，判断的依据是通过其反光的程度。观察酒面应该可以判断酒裙的清澈度。酒裙浑浊、清澈度不高也能够在观察酒面时表现出来。如果酒面"亚光""暗沉""暗淡""浑浊"，品酒者可以对葡萄酒的品质打一个问号。质量好的葡萄酒的酒面应该是"晶莹""闪亮""明亮""闪耀"的。对于白葡萄酒和桃红葡萄酒，明亮的酒面是品质优良的重要特征和基本前提。对于红葡萄酒，这个标准稍有不同，这是因为现行鼓吹不进行过滤——装瓶前过滤的工序的新趋势，旨在提高葡萄酒的清澈度和亮度。不经过过滤，葡萄酒会失去一些亮度，但相反地，葡萄酒的颜色会加深。

"边缘"（或称色彩渐变）。在观察红葡萄酒和桃红葡萄酒的酒面时，尤其是红葡萄酒，品酒者都会特别留意观察酒面的外缘，被称为"边缘"。该处的酒液比较薄，更容易辨别酒裙的颜色。边缘如果泛着淡蓝的光晕，是酒液非常年轻的表现。当边缘开始出现熟土和砖瓦色的光晕时，说明酒液已经具有一定的年龄。这种酒色的转变是丹宁熟成和色素因为陈年而变黄产生的结果，而根据酒的不同，转变的程度和结果都不同。新鲜的适合早期饮用的葡萄酒的边缘呈紫色或红色；这种酒的边缘变黄时，说明葡萄酒已经不够新鲜。橙红色和赭石色与成熟的酒香是中期酒龄的表现。最后，棕色和石榴红的色泽只属于能够长年窖藏的葡萄酒，而对于普通酒体或香气的葡萄酒来说，这种颜色则是葡萄酒衰老的表现。和酒裙的颜色一样，边缘应该能够反映葡萄酒的年龄信息。如果酒龄仍然很年轻，可是葡萄酒边缘已经出现陈年演化的颜色，这是葡萄酒品质不好的征兆，这时酒裙会被形容为"老化""陈旧"和"衰弱"

最常见的葡萄酒视觉缺陷

如今最常见的缺陷是葡萄酒的颜色缺乏浓度，对红葡萄酒来说，则是酒裙过早地出现砖红色，这种颜色容易让人想起琉璃瓦色。这种现象的出现通常是由于采摘的葡萄果粒已经腐烂或者成熟度不够、葡萄产量过高、酿造过程过短或酿造出现问题等。

等。相反，如果老年份的葡萄酒的边缘颜色变化不大，则品酒者可记录为“年轻的酒色”。

“酒泪”或“酒腿”

这是什么？将盛着葡萄酒的杯子移到光源前面，晃动酒杯使酒液做旋转运动，随后让酒液沿杯壁流下，我们可以观察到一些透明的液体缓缓流下（比酒液流得慢）——这些透明的液体就称作“酒泪”或“酒腿”。对它们的观察是视觉鉴赏葡萄酒的最后步骤。它是双重现象的产物：水和酒精之间的物理张力，以及酒精、糖分和甘油在葡萄酒中的结合。它反映了酒液的黏稠度和触觉的厚度。浓密而黏稠的酒泪在杯壁上缓慢下滑，通常是葡萄酒酒精和（或）糖分含量丰富的表现。与之相反，酒精含量极低的酒液形成的酒泪少而流动快。为了描述这种现象，人们在谈论酒液的流动性或是酒液的黏稠度时，通常使用“似水”“稀薄”和“流畅”来形容酒精含量少的葡萄酒，而对酒精含量高的葡萄酒则通常使用“滑腻”“黏稠”“稠腻”或“淌泪”等。

如何解读这个现象？酒泪很少作为分辨葡萄酒品质好坏的标志，对它的观察主要还是用来判断葡萄酒的特性或是类别（详见156～163页）。对于白葡萄酒来说，如果酒泪多且黏稠度高，通常是糖分含量高的表现，如半干型白葡萄酒或者是甜白葡萄酒（如苏玳葡萄酒或者瑞朗松葡萄酒），而不是干白葡萄酒。在盲品的时候，品酒者不知道葡萄酒的产区，通过对酒泪的观察可以得到很多关于葡萄酒的宝贵信息。

>“酒泪”或“酒腿”，这些液滴显示出葡萄酒酒精和（或）糖分含量的丰富程度。

一款酒只要还有光泽，它就还活着

让·米歇尔·德鲁克（**Jean-Michel Deluc**）先生，侍酒师主管。

“葡萄酒的光泽度是它酸度含量的视觉体现。如果年轻的葡萄酒，不论是红葡萄酒、白葡萄酒、桃红葡萄酒、起泡酒、还是甜型或干型葡萄酒，它们具有光泽，是因为酒液含有显著的酸度。随着时间的推移，酸类物质与酒液融合并逐渐减轻，葡萄酒就会失去它的光泽度。酸度是葡萄酒的生命。只要有酸度存在，就会有光泽。没有任何光泽的葡萄酒其生命已经到了尽头。

我品尝过的最老年份的葡萄酒是1834年的百多·西门耐雪利酒（Xeres Pedro Ximenez）。它呈现咖啡色的酒色，质感甜润，因酒液浓郁而不太透明，但仍然具有光泽，神奇而让人惊叹！”

试酒碟

最受专业人士尤其是酒窖管理员欢迎的小配件是试酒碟，或者称为试酒盘。它是一种圆形的浅底平盘，由金属制成，像一个小的平底茶杯。它不能够让您很好地“嗅闻”葡萄酒，因为它的形状是摊开的。试酒碟主要用来观察葡萄酒的清澈度、色调和浓度，它可以帮助您客观地评价葡萄酒的总体状态。专业人士可以用它来了解和预测其酒窖里各种酒的演化过程。

葡萄酒的嗅觉鉴赏

闻一款葡萄酒，定义它不同的香气组成，体会它丰富精妙的口味和个性是品酒的乐趣之一。但是刚入门的品酒者通常很难描述所闻到的各种酒香，需要通过一个学习和练习的阶段来“唤醒”头脑中的嗅觉记忆。

分析一款葡萄酒的酒香

葡萄酒香透露出一款葡萄酒至少70%的信息。为了精确地对一款葡萄酒进行嗅觉分析，品酒者往往选择郁金香形酒杯，只倒满杯子的三分之一。他会注意使葡萄酒保持在最佳饮用温度——根据酒的颜色和产地的不同在8～18 ℃（详见188～189页），这样的温度有利于葡萄酒香气成分的挥发。如果酒液过冷，香气分子就不能转化成气体挥发出来；如果酒液过热，香气散逸过快，则酒香易被酒精味主导。

建议您多次嗅闻酒液，但不要一次嗅闻太久，以避免嗅觉被酒精麻醉。每次嗅闻之间要留一点间歇。对酒香的分析主要分三大步骤。

第一次嗅闻。这是嗅觉和葡萄酒的初次接触。品酒者靠近酒杯吸入最初的香气。这样，一方面能确定酒杯里没有令人不快的味道；另一方面能够嗅闻到葡萄酒挥发出来的香气（酒杯中靠近表面的酒液挥发出来的），这部分香气在酒液倒入酒杯后很快会逸散消失。

第二次嗅闻。随着对葡萄酒酒香的进一步深入探索，这一步骤是为了识别一款葡萄酒的酒香风格。为此，品酒者需要托住杯脚晃动酒杯，让酒液旋转，加快酒液的氧化作用，让香气分子更快地从酒液中挥发出来（为了操作简单，也可以将酒杯置于桌上晃动）。然后将鼻子多次深入酒杯口吸气数秒，如此，可以判断酒香的强度、浓度和丰富程度，同时试图分辨出酒香中含有的香气分子。

第三次嗅闻。这是葡萄酒液在杯中经过长时间的氧化过程后释放出来的香气。与空气接触后，香气分子根据各自挥发程度的不同各有不同演变。将晃动后的酒杯置于桌上一段时间使其恢复平静，重新将鼻子深入杯口感受葡萄酒香的演变，以及每一种香气的持久度和浓郁度。

“酒香”这个词汇集了表现葡萄酒特性的所有香气的组成。
人们用“香气”来形容年轻葡萄酒新鲜而果味浓郁的酒香，用“芳香束”来形容一款达到最佳峰值的或是陈酿中的葡萄酒所有浓郁丰富的酒香。

> 让葡萄酒液旋转有利于加快它的氧化过程。

您未必了解的小知识

嗅觉是我们最易诱发的感官之一，然而，它也是最少进行训练的感官。对于新出生的婴儿，嗅觉是最灵敏的；但成人对气味的反应本能而肤浅，或接受或讨厌，很少对其进行分析辨别。因此，品酒者在品酒时需要定义香气的组成和个性时就会受到局限。为了走出这一困境，他会嗅闻所有身边的有香气的物质（花朵、水果、香料，当然还有乡村的气味、厨房的味道、面包店的香气……），并把它们分门别类存储到记忆中。这是一项简单、有趣而不失愉悦的练习。品味和嗅闻是一种“刷新”我们记忆的方式，让我们回到过往的经历中去，重新温习与各种特别香气有关的记忆。

鼻腔和后鼻腔

嗅觉不仅在嗅闻葡萄酒时起作用，也会参与到品尝的过程中。香气分子呈气体状态，它通过两种途径到达后鼻腔：鼻腔通道（在我们吸气的时候直接从鼻孔进入）和鼻后通道（呼气时通过嘴巴和鼻腔经过喉咙的交接处间接到达鼻腔）。在品酒时，品酒者通过鼻子间接嗅闻到的香气来完成嗅觉分析。其实，一些挥发度不好的香气需要经过口腔加热才会从液体状态转化为气体状态。这个时候，香气和味道相互交融。比如我们感受到的草莓的味道其实是草莓的香气。葡萄酒的味道其实一部分是嗅觉（香气）感受，另一部分是味觉（口感）感受。

> 对葡萄酒酒香的分析需要品酒者全神贯注的注意力和很强的香气记忆。

描述一款葡萄酒的酒香

为了描述一款葡萄酒的酒香，建议您按步骤来，先感受一下总体印象，然后再分析葡萄酒中释放的各种不同的香气。

香气特征。一开始，品酒者主要倾向于描述酒香的总体特征，评价它的浓郁程度。常用的词汇有："开放""浓郁""强劲""丰富""绵延不绝"；与此相反的有"封闭""薄弱""贫乏""清淡"。有的时候葡萄酒在酒杯中几乎不释放酒香，这主要是因为葡萄酒刚刚装瓶，或是温度过低，人们称之为"酒香内敛"。除了这些描述性和客观的形容词，还有很多较主观的形容词，如"愉悦""舒适""优雅""纯正"；相反，则有"普通""平凡""简单""平淡"等词汇。

分辨不同的香气。这是酒香品鉴中难度很大的一项练习。比起准确分辨某一款香气，分辨出它所属的香气族群来得更容易。人们将香气族群分为花香、果香、植物性香气、矿物质香气、香料香气、香脂香气、烘焙香气（或者说烟熏烘烤气息）和化学香气等多个系列（又见215页表格）。

香气也可以根据葡萄酒的产地、酒龄和酿造工艺来分类。有一些香气系列会压倒其它的系列，成为主导。

初期香气（葡萄品种香气）。主要是用来酿酒的各个葡萄品种果粒的天然香气。表现形式为花香、果香、植物性香气、矿物质香气和香料香气，随葡萄品种的不同而各有特点，通常出现在年轻的葡萄酒中，尤其是没有经过橡木桶培育而仅仅在酒罐内培育的新鲜葡萄酒。

中期香气。这类香气来源于发酵过程，也就是说将葡萄转化为葡萄酒的过程，因此它们又被称为"发酵香气"。它取决于酵母的种类和酿造工艺，属于化学气味：戊醇（香蕉、指甲油）、发酵物质（酵母、面包屑）或者乳制品（黄油、牛乳、奶油）香气。这些香气是葡萄酒液年轻的标志，随着装瓶几年后会消失。这种中期香气也可以通过橡木桶内的培育过程获得，主要表现为香料香气（胡椒、香草、肉桂）或者烘焙香气（煎、炸、烘烤、烟熏）。

后期香气。它出现在葡萄酒装瓶后（在还原作用下），或者橡木桶中长年培育过程（在非常缓慢的氧化作用下）中的演化过程和陈年熟成过程。来源于陈酿过程的后期香气丰富了葡萄酒的香气结构，并带来一丝动物性和植物性香气。

196
REBOUCHE

从葡萄酒的香气中能够推断出什么？

和酒裙一样，葡萄酒的香气也揭示了关于葡萄酒品质和个性的重要信息。一款香气浓郁而丰富的葡萄酒除了让品酒者感到身心愉悦之外，也预示了葡萄酒酒液的出色品质。主导的酒香，或是初期香气、或是后期香气（中期香气很少成为葡萄酒的主导香气，如果出现则多为缺陷香气），透露出关于葡萄品种、酒龄、酿造工艺，甚至年份或产量的宝贵信息。

果实的成熟度。事实上，果皮内香气物质的质量取决于葡萄果粒的成熟度。赤霞珠如果成熟度不够，则香气轻淡，会透着一丝青草和柠檬的气息。如果达到理想成熟度并且产量偏低，它酿出的酒液会释放出菠萝和粉红瓤西柚皮的复合香气。

葡萄酒的产地。勃艮第夏布利产区的霞多丽葡萄酒散发着清新、矿物质和白色花朵的香气；但是同样的霞多丽葡萄酒如果出产在默尔索产区，则富含杏仁和榛子的干果香气；而成长在光照充分的朗格多克地区的同一品种，酿出的葡萄酒则释放出浓郁的成熟水果香气。

葡萄酒的陈酿熟成。葡萄酒随着时间的演化才会表达出所有的丰富品质。因为葡萄酒的各种香气——初期、中期和后期香气在酒罐或橡木桶的培育过程中不断演化，在装瓶后的陈酿熟成过程中不断完善。理想的酒香表达出葡萄园风土条件的精髓，并保留了其原生果实的特性。

您未必了解的小知识

葡萄酒香气的表现从来都不会一成不变。它会随着装瓶后经历的历程、饮用时的醒酒过程、品尝的温度、空气的状态（湿度、气压）以及酒杯的形状等各种条件因素的不同而有不同的表现。酒杯的形状对酒香的品鉴起着决定性的作用。事实上，同一款葡萄酒在三种不同形状的酒杯中品鉴会有三种不同的表现。葡萄酒是有生命的，它会因环境的不同而显示不同的心情和性格，就如品酒者一样，也会因为身体状态和情感因素的不同而对葡萄酒做出不一样的评价。

对视觉观察推断的验证。酒香应该能验证视觉的观察。一款呈现年轻酒裙颜色的葡萄酒应该散发着果味浓郁的香气，而陈酿后达到最佳饮用状态的红葡萄酒则应该拥有更加复杂浓郁的香气。如果不是这样，那么这款葡萄酒可能出现了不和谐或者不平衡的情况，需要在口感品味中进一步确定（详见218～220页）。总之，品酒者应该评价出葡萄酒酒香的复杂或简朴、粗犷或精致、紧致或松散、年轻或成熟。形容酒香经常用到的词汇有“纯正”“馥郁”或“出众”；或在相反的情况下，使用“平庸”“一般”“简单”“缺乏和谐感”或“缺乏特点”等词汇。

酒香的缺陷

葡萄酒酒香的最大缺陷是在酿造过程中形成的。酒窖中卫生条件不足会造成霉烂腐败的味道。缺乏氧化的葡萄酒酒香呈还原气味，香气封闭；相反，过分氧化的葡萄酒酒香呈氧化、马德拉酒的气味。硫黄的使用量不当也会给葡萄酒酒香带来令人不愉快的后果。用量过多，酒香会有辛辣呛人的味道；硫黄与酒液融合不好，会透出臭鸡蛋的气味，人们称之为“硫醇”。酒香的缺陷还有可能是外界因素的影响，如质量差的瓶塞，或某些用来处理酒窖房梁和酒架木头的药剂，给酒香带来软木的味道。

香气家族

下面的表格列举了不同的香气族群（花香、植物性香气、果香、矿物质香气等），根据葡萄酒的颜色和种类顺序排列（初期香气，即每个葡萄品种表现出来的果实香气；中期香气，伴随发酵过程产生；后期香气，从培育过程和陈酿过程演化而来）。

香气系列	红葡萄酒和桃红葡萄酒
花香系列	
初期香气	鸢尾、牡丹、玫瑰、紫罗兰
后期香气	干花、凋谢的玫瑰
果香系列	
初期香气	红色和黑色小粒水果（黑醋栗、樱桃、草莓、覆盆子、酸樱桃、红醋栗、桑葚）、果酱、黑橄榄、李子干
中期香气	香蕉、英式水果糖
后期香气	熟水果、李子干、水果利口酒
植物性香气系列	
初期香气	黑醋栗芽苞、腐殖土、青椒、绿番茄
后期香气	蘑菇、腐殖土、灌木丛、松露
矿物质香气系列	
初期香气	白垩、黏土、燧石
香料香气系列	
初期香气	灌木丛、桂花、胡椒、百里香
中期香气	丁香花蕾、甘草
化学香气系列	
中期香气	丙酮、香蕉、酵母、硫黄、指甲油
动物性香气系列	
后期香气	皮革、毛皮、野味、肉汁、鹿肉
香脂系列	
中期香气	新木、橡树、松树、树脂、松节油、香兰素
烟熏和烟草香气系列	
中期香气	可可、雪茄、烟熏、沥青、烘烤、烘焙、烟草、炭灰、茶、烤面包

香气系列	白葡萄酒
花香系列	
初期香气	刺槐花、山楂、柑橘花、干花、金雀花、天竺葵、玫瑰、椴花
后期香气	洋甘菊、干花
果香系列	
初期香气	杏、柑橘（柠檬、橙子、西柚）、菠萝、香蕉、木瓜、无花果、蜜饯水果、异域水果（荔枝、芒果、番木瓜）、干果（杏仁、榛子、核桃）、甜瓜、桃子、梨、绿苹果、煮熟的苹果
中期香气	菠萝
后期香气	所有的干果、蜂蜜
植物性香气系列	
初期香气	黑醋栗芽苞、黄杨木、蘑菇、茴香、蕨类植物、干牧草、新鲜青草、鲜薄荷、秸秆、猫尿
后期香气	罕有或者几乎不存在
矿物质香气系列	
初期香气	白垩、碘、石油、火石、燧石
香料香气系列	
初期香气	白胡椒
中期香气	桂皮、丁香、香草
化学香气系列	
中期香气	新鲜奶油、奶油面包、奶油、发酵、牛乳、酵母、面包、硫黄
动物性香气系列	
后期香气	罕有或几乎不存在
香脂香气	
后期香气	新木、橡木、松树、树脂、松节油、香草
烘烤烟熏系列	
中期香气	烘烤、奶油面包、摩卡咖啡、茶、烘烤面包、烘焙

1945
ANNÉE DE LA VICTOIRE
TOUTE LA RÉCOLTE MISE EN BOUTEILLES AU CHÂTEAU
1945
Cette récolte a produit
24 jéroboams numérotés de A à Y.
1475 magnums numér. de M.1 à M.1475
74422 bout. & ½ bout. numér. de 1 à 74422
2000 Réserve du Château marquées R.C.
Cette bouteille porte le No
60,255
Philippe de Rothschild
Château
Mouton Rothschild
APPELLATION PAUILLAC CONTROLÉE

葡萄酒的味觉鉴赏

最后的终极步骤，品尝葡萄酒！葡萄酒最终向您呈现它所有的口感特征：味道、质感、结构和平衡度。但是，在这之前品酒者已经对将要品尝的葡萄酒有了预先的感觉，因为他已经通过视觉和嗅觉收集了许多葡萄酒品质的信息。口中的感觉应该验证和补充他对葡萄酒的观察和印象，当然最好的情况是锦上添花，让整个愉悦的品酒过程圆满结束。

品尝葡萄酒：一项并不简单的练习！

品酒师品酒时是什么样的？他们做一些怪表情，酒液在口中转动发出咕噜咕噜的声响，然后吐出葡萄酒，而整个过程中他们都带着如有神明启示的表情！

这不是演出小品，这种酒液入口品尝的方式是正确品味葡萄酒必不可少的方法。有众多器官参与这个过程。舌头是感受四大味觉的主要器官，但是整个口腔——牙龈、脸腮内部、舌头和味蕾——都会一起感受酒液的热量（温度）、触感（稠度或质感）和化学感知（涩感或起泡感）。品酒者的夸张表情其实是为了充分调动所有的味觉器官。

虽然需要很多的注意力和全神贯注，品味葡萄酒仍然是一项每个人都可以进行的练习。带有强烈的好奇心，再经过一点实践和练习，一些葡萄酒爱好者表现出可以和真正的专业人士相媲美的品酒能力和水平。

但是，虽然方法很简单，品酒却是一门很深的艺术。事实上，在很短的时间（不超过1分钟）内，品酒者要品味到各种结合在一起的味道，这使得分析变得相对复杂。最好的品鉴葡萄酒的方式是从酒的结构、平衡感、和谐度和味道的复杂程度来品评。

口感的缺陷

有一些酒香的缺陷（详见215页）在品尝葡萄酒的时候也能品味到。不干净、霉烂和腐败的气味都被认为是葡萄酒“口感差”的表现，这接近于植物腐烂和马厩的味道。加入过多硫的葡萄酒口感缺乏和谐度，泛着蒜、橡胶和臭鸡蛋（硫醇的表现）的味道。氧化的白葡萄酒的口感偏酸，氧化的红葡萄酒透着糖醋味道和“熟透”的味道（李子干、烈酒水果）。有着“木塞味”的葡萄酒透出不干净的软橡木味道。还有一些葡萄酒因本身平衡感差所导致的缺陷在酒香中不一定会表现出来。“刺口”的感觉来自过多的酒精或酸度。糖分过高而与酒精不够平衡或酸度过低，会带给葡萄酒黏滞、凝重的口感，缺乏精致细腻。不够成熟的丹宁在年轻的葡萄酒中表现为粗涩，在老年份的葡萄酒中表现为干涩。

品鉴葡萄酒的三大步骤

在实践中，品酒的过程是一气呵成的，但口感的品评和分析却分为连续的三个阶段。

入口。这里指的是品酒者啜一小口酒液使舌头接触酒液，得到第一印象。舌头马上感受到酒液的温度、气泡的存在，对酒液的味道个性也有初步的体验。品质出色的葡萄酒入口表达应该直接、鲜明、精确，当然可以圆润、香气浓郁、果香十足。当酒液与口腔的初次接触没有带来明显的感官体验，人们称这样的葡萄酒入口感“柔弱”“短暂”“清淡”；当口腔与酒液的接触带来不愉快的或者强烈的味觉刺激，人们称之为“刺口”。

口腔中的口感。这是酒液在口腔中尽情演绎的阶段。品酒者啜一口葡萄酒，在口腔内流动几秒钟，动作有点像“咀嚼”，然后吸入一点空气，以加快香气分子的挥发，并通过鼻后通道——位于鼻腔后部的嗅觉感应区进入鼻腔（详见213页框中内容）。在这一时刻，口腔内感受到葡萄酒所有的味道和香气、质感和结构。这种嗅觉、触觉和温度的体验相互作用和融合，构成一个总体的印象。品酒者的工作就是试图区分它们，并进行分析，判断葡萄酒的平衡感。

余味。这最后的阶段指的是葡萄酒被吞咽（或被吐出）后香气的持久性，或是“口中余味的持久性”。它可以表现出葡萄酒的品质。余味越持久，预示着葡萄酒品质越好、陈年潜力愈大。这种余味持久性以秒或“歌达利”（caudalie）为计量单位（“歌达利”是拉丁语“马尾”的意思，1歌达利=1秒）。余味还可以被描述为“长久”“绽放”，人们用“孔雀尾巴”来形容最佳的余味。相反，短暂的余味，人们称“几乎不存在”“稍纵即逝”“简短”或“浅短”。难点在于不要将香气的余味与酒液中的酸度、酒精度和丹宁引起的感觉相混淆——这些物质带给口腔的感受是刺口、灼热和涩口——这些感受通常会遮盖香气的余味。最简单的方法是全神贯注于主导香气，在酒液被吞咽或吐出后，注意力伴随主导香气的演化，直到它消失。

> 完成口感品鉴之后，便可以将葡萄酒吞咽或者吐到吐酒器中。

最后，是对葡萄酒风味的评述和总结，没有只品味葡萄酒而不做出评价的！一个简短的概述需要围绕着葡萄酒目前的品质，还有它的未来发展趋势（比如，葡萄酒已经可以饮用了，或是还需要陈放几年，或者已经超过了它的最佳饮用期）。当然，这也是每个品酒者表现自己品位的时刻！

对味道和香气的分析评价

葡萄酒的味道来源于酒液中不同的成分。酸度来自不同的酸性物质；甜度来自葡萄汁发酵过程中残留的糖分，还有酒精，酒精带有柔和甜润的味道；苦的味道来自酒中的丹宁；咸味很少出现，来自各种不同的含盐元素，在葡萄酒酒液中含量很少。在品尝葡萄酒的时候，这些味道元素相互融合，相互作用，或相互抵消（详见220页框中内容），正如它们和酒香香气分子之间相融合。香气分子在嗅觉品鉴中部分已经被识别出来，在品尝过程中进一步得到验证和补充。

丹宁

丹宁只存在于红葡萄品种中，在浸渍过程中从葡萄果皮中提取出来（称为“植物丹宁”），或者在橡木桶的培育过程中得来（称为“名贵丹宁”）。丹宁的品质和含量取决于几个因素：果实的成熟度、浸渍时间的长短，还有葡萄品种（佳美含有很少的丹宁，而赤霞珠的丹宁含量极其丰富）。丹宁的作用是构建葡萄酒的结构，并在陈酿过程中扮演关键角色。它给口中带来涩感（或者干涩的感觉）。这是葡萄酒的“嚼头”，其含量的多少根据产地、品质和年龄而不同。描述丹宁品质的词汇有（含量从少到多）：“粗糙”“苦涩”“结实”“圆润”和“细腻”等。随着时光的推移，丹宁逐渐演化，从生硬变为柔和，从粗糙变为细腻，绝不会反其道而行之。

葡萄酒的质感

葡萄酒的质感指的是口腔接触到酒液所得到的整体感受。这是品酒者在还没有来得及对酒液的整体平衡做出分析前的感觉，取决于葡萄酒主要构成成分之间的相互作用：酒精、酸度、丹宁和糖分。描述葡萄酒的质感通常用形容纺织品的词汇。人们经常形容一款葡萄酒的质感“柔和”“触感轻柔”“缎般触感”“天鹅绒般细腻”“丝质柔滑”，或者与此相反，形容品质差的丹宁为“粗糙”“颗粒粗大”“粗涩”和“粗犷”。用人体的形容词来比喻葡萄酒的质感也很常见。“酒体”被形容为“多肉”“丰满”“厚实”“紧致”，或者相反，为“清瘦”“瘦弱”“干瘦”等。还有一些词汇如“甜润”“柔腻”“黏稠”“糖浆般稠腻”“奶油般滑腻”也常常用来形容丰富及含糖量高的白葡萄酒的质感。当然不要忘记葡萄酒的质感应该考虑整个产区的特性。一款梅多克产区的葡萄酒，以赤霞珠为主要混酿品种，丹宁含量丰富，但质感不会像波美侯产区的红葡萄酒一样细腻柔和；后者的主要混酿品种是梅洛，葡萄酒酒精含量丰富，身穿柔滑的丹宁“衣裳”。

> 在红葡萄酒中，涩度能够加强酸的感觉。

一款散发着浓郁的红色水果香气的红葡萄酒在口中也应该有红色水果的味道。伴随着甜润柔和的口感，这种味道尤其鲜明。相反，过于显著的酸度显示了味道和香气之间有失平衡，不利于葡萄酒的质感。同样的道理，一款散发着柑橘类水果（柠檬、西柚等）香气的干白葡萄酒，口感中也应该体会到酸度的清爽。口中感受到的味道和鼻中嗅到的香气相互作用和相互融合，能够让您对一款葡萄酒的品质和平衡感做出正确评价。

对葡萄酒口感的分析

与香气品味和嗅觉体验平行的葡萄酒的整体口感体现在带黏膜的口腔中，所体会到的是不同的触觉感受。

甜度。甜感由葡萄酒含有的酒精引起，它带有柔和和微甜的味道。酒液中的残糖或许也会加重甜的感觉。酒精是一些干白葡萄酒柔和圆润口感的来源，在红葡萄酒中它让酒液表现出丰腴的质感。

酸度。酸度的味道体验来自葡萄酒中含有的酸性物质。酸味在红葡萄酒中不明显，而在白葡萄酒和用压榨法酿造的桃红葡萄酒中更显著，它促进唾液的分泌，并让品酒者感受到酒液的新鲜和清凉。

涩度。在口中引起的干涩感觉，主要来源于葡萄酒中的丹宁（详见上页框中内容），因此主要存在于红葡萄酒中。在用浸渍法酿造的桃红葡萄酒中也存在少量丹宁。丹宁、酸性物质和酒精一起是形成葡萄酒结构和骨架的关键元素。

每一种味道体验都可以分开分析，但是人们对葡萄酒的感觉往往都是整体的。干白葡萄酒和甜白葡萄酒以及以压榨法酿造的桃红葡萄酒是酸度+甜度的口感特点。对于红葡萄酒和以浸渍法酿造的桃红葡萄酒，口感特点主要表现在酸度+甜度+涩度。葡萄酒的种类有多少，这种排列组合的方式就有多少。但是任何一种组合都应该是和谐的，不能带有因某种成分过多而导致的不愉快的味觉感受。例如，酒精或酸度过量会让口腔有热灼的感觉，丹宁不够成熟或者甜度缺乏会让口腔有干涩和生硬的感觉（详见222～223页）。所有的味觉感受导致的葡萄酒的总体质感，人们称之为“酒体”“酒质”或“酒架”等。

您未必了解的小知识

人们通常会认出四种味道：甜味、咸味、酸味和苦味。和人们想象的相反，舌头上分布的味蕾并不是分别感受不同的味道，而是同时感受这四种味道。在品酒过程中，四种味道元素相互作用，互相对立或者相互抵消：咸味能够加重苦味，甜味能够掩盖咸味，还可以减轻酸度和延迟苦味的感受。在品酒练习时，重要的是品评味道之间的和谐度，尤其是甜味和酸味及苦味之间的和谐，因为它们直接影响着葡萄酒的平衡感（详见222～223页）。最后，不要忘记每个人对这四种味道的敏感阈值都不尽相同。

RIESLING
Engelgarten

葡萄酒品鉴的综合概述

现在是时候对葡萄酒的品质做一下整体评价了，可以归结为三个用词：平衡、和谐和愉悦。平衡感在品味葡萄酒的过程中可以直接感受到；和谐度是对所有感官感受——口感、嗅觉和视觉观察的总结评价；至于愉悦感，是指品酒者本人的体会。

平衡感与和谐度

当人们品评一款葡萄酒的品质时，通常体现在两个主要概念：平衡感和和谐度。

平衡感。我们说一款葡萄酒平衡感强是指它的各种味道元素——白葡萄酒的酸度和甜度以及红葡萄酒的丹宁、酸度和甜度组合完美，给人主观上带来一种平衡的感觉。这种概念是结构性的，并可以被量化，要与和谐度区分开来，和谐度是美学和质感的概念。

和谐度。一款和谐的葡萄酒是指它的各种成分相辅相成，配合恰当。每一种味道各自都不应有不愉悦的因素：苦涩的丹宁、尖锐的酸度、酒精感强的甜度都是不被接受的。而且，在这三种味道元素融合到一起后，每一种元素都对其它两种元素起到有益的作用，形成最终的美感。这种美感经常来源于这三种口味元素的渐变层次，而不是三者的平等。依据葡萄酒专业教育方式的不同和文化的差异，对葡萄酒和谐度的诠释在各个国家是不同的。

> **擅长品鉴葡萄酒，是指能够区别和分析葡萄酒的各个层面和表现。**如果想成为一名出色的品酒师，需要拥有开放的态度和自由的精神，不断培养感官的敏锐性，特别是要提高品酒的记忆力。

干白葡萄酒的平衡

酸度 +

酸度 –

酒精 –

酒精 +

青涩的葡萄酒，干瘪而缺乏质感

酒精浓烈而坚硬的葡萄酒

平淡而乏味的葡萄酒

酒精浓烈而浓重的葡萄酒

刺口 灼口 刺激 活跃 清新

清新 轻盈 平淡 松散

干瘪 薄弱 轻盈 柔和

柔和 稠腻 浓重 温热 灼口

平衡区

干白葡萄酒的平衡感

干白葡萄酒的平衡感体现在酸度和酒精度的相互作用中。酸度带来的是清爽和新鲜活力，而酒精度带来的是甜度和圆润度，也就是酒体和丰腴度。在口腔中这两种感觉应该达到平衡。

如果您想更好地了解他们的相互作用，只要看一下左下角的坐标图（见图表）。葡萄酒的每种因素表现越靠近轴标中心，说明酒液越平衡。一款酸度过重而酒精含量不足的葡萄酒表现为刺口、贫乏、缺乏内容，而酸度高、酒精含量正常的葡萄酒表现为“刺酸”。通常情况下，在同样的酸度条件下，随着酒精度的提高，酒感会依次提升为柔滑、圆润、稠腻直到浓重，即让口腔感受到灼热的不舒适感。

但是也存在多种不同的细微差别，从而形成了葡萄酒的不同风格。法国阿尔萨斯雷司令葡萄酒口感酸爽，而默尔索产区的白葡萄酒则表现出丰满圆润的特性。所有味道和香气融合在一起，通过支撑或减弱各种触感，作用于酒液的平衡感。

甜白葡萄酒的平衡感

在白葡萄酒中，普遍存在酸度和酒精度，而对于甜白葡萄酒，还要加入发酵残留的糖分这个元素（见下页坐标图）。糖分会强化酒精带来的甜润感。只要这三种元素没有哪一种特别突出于其它两种，葡萄酒就获得了出色的平衡感。

葡萄酒要保持它的和谐度需要遵从两个原则：糖分含量越丰富，酒精度应该越高；在糖分和酒精度都很高的情况下，酸度也应该提高，以达到平衡点。三种元素中任何元素的不足都会破坏酒液的平衡感。比如，酒液中的糖分含量过高，人们称这种糖浆式的葡萄酒为黏稠的“膏状”葡萄酒。

在这三种关键元素相互作用形成的平衡感中，还存在

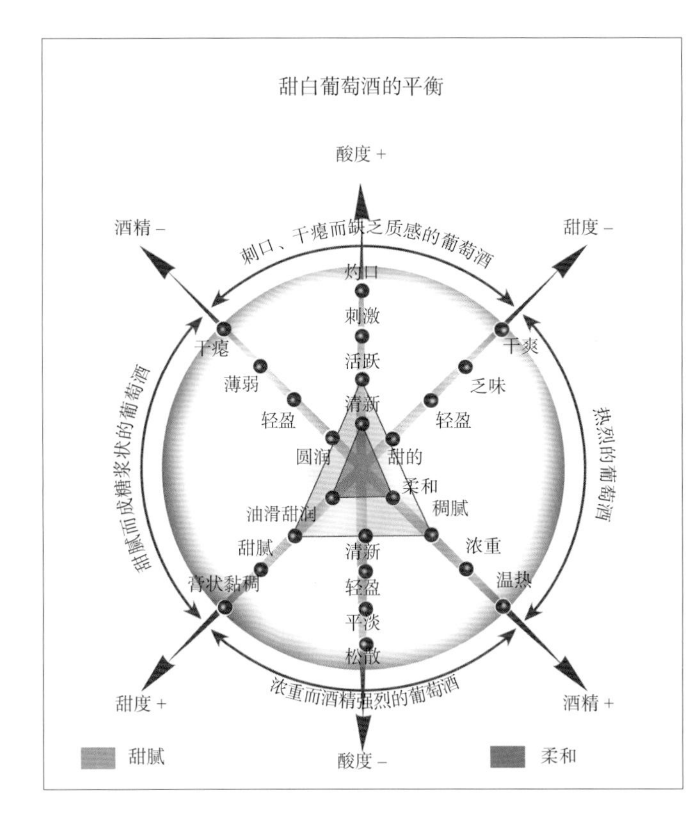

着质感的细微差别：柔和、甘甜、滑腻，这是葡萄酒丰富度的表现，也区分了不同的葡萄酒风格。因此，有一些甜型葡萄酒酸度很高，但绝对不刺口，给葡萄酒带来愉悦清爽的口感。法国卢瓦尔地区的甜型葡萄酒就是这种情形，如莱昂山坡产区和乌乌黑产区。在品鉴过程中，品酒者还会注意香气和味道的浓烈程度，这应该能够再次验证和加强葡萄酒的丰富内容。

红葡萄酒的平衡感

红葡萄酒由于含有丹宁而更难达到平衡感，丹宁通常给葡萄酒带来干涩的口感。红葡萄酒的平衡感同样围绕着三个核心元素：酒精、酸度和丹宁（见坐标图）。中心的交点代表着葡萄酒的理想平衡交会点，当然因为葡萄酒种类的不同也会有细微的差别。如果丹宁比酒精和酸度更明显，则表现为结构结实，反之则表现出圆润和融合。离中心理想交点越远，则和谐度越差，主要是因为一种或两种元素含量不足而失去与其它元素的融合和统一。

葡萄酒中含有的丹宁越多，口中对涩度的不愉快体验越明显，尤其是当没有合适的酸度和酒精含量来抵消的时候。随着丹宁含量的增加，葡萄酒的风格逐渐变得粗犷、粗糙、涩口或干涩。当坐标轴上丹宁和酸度都很显著的时候，葡萄酒会变得紧致；当甜润感降低，葡萄酒变得生涩、僵硬、刺口。这样的感觉往往表现在赤霞珠葡萄酒中，因这一品种以丹宁含量丰富而著称。当丹宁足够成熟的时候，葡萄酒年轻时表现严肃，会随着时间的推移逐渐变得柔和细腻。如果丹宁的成熟度不够的话，葡萄酒尤其会表现出棱角分明，口中感受到涩感和苦味的双重刺激。

您未必了解的小知识

有时候人们会将红葡萄酒划分为“女性化”葡萄酒和“男性化”葡萄酒。“女性化”葡萄酒的风格通常是柔和的，以丹宁与酒精的组合为主，酸度很弱而甜润感明显。相反，“男性化”的葡萄酒浑厚，强劲的丹宁加强了葡萄酒的结构。

起泡酒的平衡感

起泡酒的族群非常大，它可以采用多个葡萄品种（白葡萄品种和红葡萄品种）和不同的酿造方式（详见72～73页）。但是，总体上讲它类似于白葡萄酒，只是多了一些气泡。

起泡酒的平衡感围绕着两个核心轴：酸度和甜度，此外还要加上气泡的因素，它通常会起到加强酸度感觉的作用。对气泡的体验和感受从入口感受气泡的精细程度和丰富程度开始。气泡的刺口程度和精细程度显示了葡萄酒的风格。起泡酒如果在口中仍然呈现大量气泡，是品质不好的征兆。对于起泡酒而言，它的酸度通常比干白葡萄酒要高，这有助于保持葡萄酒的活跃度，但是如果含量过高，会带给口腔不愉悦的刺口感。气泡应该减轻酸和甜的口感，但不应该使葡萄酒变得乏味。余味应该保持清新且香气浓郁，不带刺口的酸度，或者由于甜味过于显著而失去平衡感。

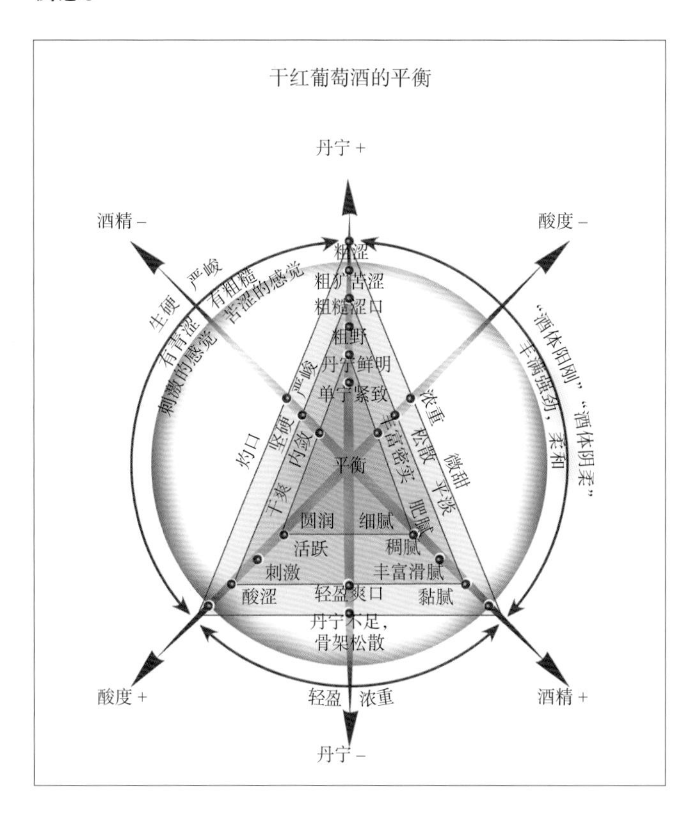

葡萄酒
品评记录标签

评价一款葡萄酒的品质并不只是看口感的问题。这是一项在品味过程中不断学习和积累的练习。葡萄酒爱好者练习做得越好，对葡萄酒的了解就越深刻，也越能够评价一款葡萄酒的优劣。

品酒记录标签的用途是什么

当品酒者品味一款葡萄酒时，对口感、风味的体验和感受总是伴随着对眼前的愉悦度所产生的评价。这种纯享乐的品酒活动与技术性品酒分析不同，后者是为了正确评价葡萄酒的品质。专业品酒活动对葡萄酒的每一项感觉都有非常细致的分析，并有很详细的一套理论标准，品酒者需要具备葡萄酒和酿造工艺的专业知识。专业品酒员用的是预先准备好的一份明确的品酒记录文件，和业余爱好者的完全不同，后者在酒窖记录册（详见145页）或专门的笔记本中做品评记录。

对于专业人士。专业品酒人士最主要的还是寻找葡萄酒的缺陷：不平衡、柔弱、缺乏个性、缺乏果味、带有苦味……他通过观察酒裙、嗅闻和品尝葡萄酒来进行综合分析。他评价葡萄酒的整体品质，指出它的窖藏陈年潜力和最佳饮用时间（葡萄酒品质达到顶峰的时期）。他还提出葡萄酒饮用的建议（温度、醒酒等）。他记录下买进葡萄酒的价格，如果价格有变化，会一并记录下价格的演变。他还可以给出搭配菜肴的建议。葡萄酒评分有100分制、20分制、10分制和5分制，有时候也用星级表示。

对于葡萄酒爱好者。葡萄酒爱好者遵循和专业人士同样的品酒步骤：视觉观察、嗅闻和品尝，然后对葡萄酒的整体和谐度做出评价。他也可以给出与品评葡萄酒的搭配建议或者指出侍酒注意事项，还可以在其中引用各种指南或文章对相关葡萄酒的评价。品评记录让他能够跟随其酒窖中葡萄酒的演变。在继承遗产的时候，葡萄酒品评记录也可以便于遗产继承人了解他的藏酒。

葡萄酒品评记录 葡萄酒编号：n° 1	
日期：	2009年1月品尝
来源	
地区/国家：	法国波尔多
产区和酒名：	波亚克
酒庄：	波亚克玫瑰庄（La Rose Pauillac）
年份：	2005
视觉观察	
颜色：	浓郁的红宝石色酒裙，闪现紫色光晕
外观：	光亮闪耀
浓郁程度：	稠腻而丰富
嗅觉体验	
强度：	强度适中
品质：	优雅、精致、强劲和复杂
香气组成：	花香（玫瑰、牡丹）与红色成熟水果（草莓、覆盆子）和黑色水果（黑醋栗、桑葚）的果香之后，泛起木香、烘焙、香料和香草的香气
味觉体验	
入口：	表达直接，奶油状，如天鹅绒般细腻
中期口感：	口感圆润丰满、极尽柔和、清新醇厚。果香馥郁，衬托着由于陈年演变带来的烘焙烧烤香气
余味：	非常持久而美味
平衡感：	出色的平衡感
结论	
品质：	波尔多波亚克产区的出色美酒，酒已达到了理想成熟度
演化趋势：	现在开始就可以与葡萄酒爱好者一起品尝，品酒前倒入醒酒器醒酒1个小时。也可以等到2014年，成熟度更好。在好的酒窖和储藏条件下可以储藏到2020年。与红色肉类或鸭肉搭配

品评记录页
葡萄酒编号：n° 2

日期：	2009年1月品尝
来源	
地区/国家：	法国勃艮第
产区和酒名：	萨维尼.勒.伯恩葡萄酒，珍藏款
酿酒产业：	阿瑞德酒庄（Maison Aegerter）
年份：	2004
视觉观察	
颜色：	柔和的红宝石色酒液，泛着淡紫色光晕和紫红色“边缘”
外观：	光亮、柔滑
浓郁程度：	中等
嗅觉体验	
强度：	强度适中
品质：	优雅、香气馥郁、果味丰富
香气组成：	花香（玫瑰）融合着成熟的红色水果和黑色水果（黑醋栗、酸樱桃、覆盆子）的清香及细微的香料香，以及烟熏和甘草气息。入鼻的和谐美妙
味觉体验	
入口：	表达直接，香气馥郁
中期口感：	口感丰满，味道甘美，极尽柔和，新鲜清凉的感觉和果味清香融合到一起。酸樱桃的味道明显，带有矿物质味道和香料的香气
余味：	非常绵长而美味
平衡感：	平衡感出色
结论	
品质：	品质出色的美酒，表现在圆润度和丰富的香气上
演化趋势：	现在开始就可以饮用。适合与煎烤的白色肉类、野味肉菌相配。提前1个小时开启。在储存条件好的酒窖内可以窖藏熟成到2015年

品评记录页
葡萄酒编号：n° 3

日期：	2007年1月品尝
来源	
地区/国家：	法国阿尔萨斯
产区和酒名：	冯霍尔兹（Frouholtz）产区的琼瑶浆葡萄酒，延迟采摘型
酿酒产业：	奥斯特塔酒庄（Domaine Ostertag）
年份：	2006
视觉观察	
颜色：	典雅的金黄色酒裙，酒液清澈度良好
表面：	闪亮
酒腿：	漂亮的酒腿，量多且厚
嗅觉体验	
强度：	初期嗅闻比较内敛，经过醒酒后香气逐渐释放
品质：	优雅但仍然含蓄内敛
香气组成：	优美的玫瑰清香，裹挟着一丝香料的香气、异域水果的香气和熟透葡萄果粒的香气
味觉体验	
入口：	柔和而甜润
中期口感：	酒体甘美、口味丰富，在口腔中延展度很好，甜润但不黏重，质感新鲜清凉、优美滑腻，有明显的玫瑰香气
余味：	绵长而美味
平衡感：	出色的平衡感，并不带黏重感，糖分很好地融入到酒液中
结论	
品质：	拥有完美的平衡度，精致优雅，口感美妙
演化趋势：	现在饮用太早，酒液过于年轻。估计最佳饮用期在2010—2020年。如果在前三年品用需要经过醒酒过程

品评记录页
葡萄酒编号：n° 4

日期：	2009年1月品尝
来源	
地区/国家：	法国香槟地区
产区和酒名：	香槟酒，高贵夫人（La Grande Dame）
酿酒产业：	凯歌香槟（Veuve Clicquot Ponsardin）
年份：	1999
视觉观察	
颜色：	金黄色的酒裙，泛着淡淡的绿色光晕
起泡状况：	最初的泡沫细小而轻盈，有气泡残存在
气泡表现：	气泡细腻，相互连接，形成项链。气泡持续产生于杯中
嗅觉体验	
强度：	适中的强度
品质：	优雅、新鲜和复杂
香气组成：	白色花朵的香气和成熟的白色水果（桃子）香气以及柑橘类水果（西柚）的香气融合在一起，逐渐泛起烤杏仁和摩卡咖啡的香气
味觉体验	
入口：	新鲜和顺滑
中期口感：	口感圆润而丰富，非常柔和。清新浓烈。果味显著，余味透着煎炸和烘烤的香气
余味：	非常持久且美味
平衡感：	非常具有平衡感
结论	
品质：	成熟年份酿造的珍酿香槟
演化趋势：	现在起就可以和葡萄酒爱好者一起品尝，配以名贵的鱼和奶油烧制的调味汁。也可以陈酿到2012年再品尝。在条件完备的酒窖中可以保存到2020年

品评记录页
葡萄酒编号：n° 5

日期：	2009年1月品尝
来源	
地区/国家：	法国朗格多克
产区和酒名：	科比埃桃红葡萄酒（Corbières rose），邦巴度珍酿（Cuvée Pompadour）
酿酒产业：	卡斯特莫荷（Castelmaure）酒庄
年份：	2008
视觉观察	
颜色：	轻柔的桃红色，覆盆子色，泛着三文鱼色和古铜色的光晕，清澈度很好
表面：	闪亮
酒腿：	漂亮而顺滑的酒腿，但量较少
嗅觉体验	
强度：	浓郁
品质：	丰富的果香（红色水果）
香气组成：	散发出红色水果的香气：草莓、覆盆子、红醋栗果冻的气息夹着胡椒的香气和一丝木樨草花朵的清香
味觉体验	
入口：	入口舒适，非常柔和
中期口感：	圆润、丰满和丰富的口感，呈现出明显的果味和花香
余味：	持久度一般，香气馥郁，带有一丝愉悦的苦味
平衡感：	酒精和酸度达到完美的平衡
结论	
品质：	酒精强劲的桃红葡萄酒，酒体丰满而不失平衡
演化趋势：	冰凉状态下饮用，直到2011年。适合与烤猪肉和石斑鱼搭配

品评记录页
葡萄酒编号：n° 6

日期：	2009年1月品尝
来源	
地区/国家：	西班牙
产区和酒名：	里奥哈特级珍藏
酿酒产业：	里斯卡侯爵（Marqués de Riscal）酒庄
年份：	2001
视觉观察	
颜色：	深红宝石色酒裙，鲜艳和清澈
表面：	在初期的演变过程中，边缘呈现一丝橙红色
酒腿：	细长而流淌的酒腿
嗅觉体验	
强度：	强度适中
品质：	优雅、精致，伴有陈酿生成的优美香气
香气组成：	细微的类似烤肉的香气伴随着细腻的木香和烘焙的香气。经过醒酒过程，能够感受到它散发出的煮熟水果和香料的香气
味觉体验	
入口：	柔和、十分甘醇
中期口感：	中度丰满的口感，丹宁细腻柔和。果味丰富，带有煮熟的带核水果的香气
余味：	香气迷人、持久
平衡感：	平衡感适中
结论	
品质：	经过了非常好的演化过程，表现出南方葡萄酒优雅和酒精强劲的特点
演化趋势：	到达了它的最佳饮用期，这款酒可以一直品用到2012年。建议在饮用前进行醒酒，让它尽情表达出浓郁的水果香气

品评记录页
葡萄酒编号：n° 7

日期：	2009年1月品尝
来源	
地区/国家：	阿根廷
产区和酒名：	门多萨产区，波提露·马尔贝克葡萄酒（Finca El Portillo Malbec）
酿酒产业：	沙冷汀（Salentein）酒庄
年份：	2007
视觉观察	
颜色：	浓郁的红宝石酒裙，边缘泛着黑蓝偏浅紫的光晕
表面：	闪亮而深邃
酒腿：	浓郁而厚重
嗅觉体验	
强度：	浓郁而厚重
品质：	优雅、强劲和辛辣
香气组成：	酒液强劲，个性鲜明。透着红色浆果（红醋栗、桑葚、蓝莓）的香气、一丝香料（胡椒、桂皮、香草）和甘草的香气，还有烤面包和可可的香气
味觉体验	
入口：	多汁且美味
中期口感：	结构平衡、较高的酸度和强劲的丹宁融合于浓郁的果香之中
余味：	持久度中等，泛着甘草和胡椒的味道
平衡感：	结构强劲
结论	
品质：	出色的马尔贝克品种表现，完全展现出卡奥产区葡萄酒结构匀称的特点
演化趋势：	现在可以开始饮用，需在醒酒器中醒酒2小时，或者可以在酒窖中陈放到2014年

BOUCHARD PÈRE & FILS
2000
CHEVALIER-MONTRACHET
GRAND CRU
BOUCHARD PÈRE & FILS
BOUCHARD PÈRE & FILS
2003
GRAND CRU
BOUCHARD PÈRE & FILS
GRAND VIN

1998
CORTON

葡萄酒
品鉴词汇

精通品酒的技能还表现在能够运用确切的词汇表达出品味葡萄酒的感受。如果您想明白专业品酒师的用词，需要了解使用这些词汇所遵循的几条基本原则。

品酒用词

葡萄酒领域并不存在品酒使用的官方词汇，只有一些常见的基础用词，在随后几页中按用词的法语拼写的字母顺序给大家列举出来。这些词汇用来描述葡萄酒的酒香、特性和结构。许多这样的词汇采用比喻的方法：葡萄酒的酒香可以用熟悉的香气来描述（果香、香料香气等）；它的质感（口腔接触酒液后的整体感觉）经常采用纺织品的形容词；它的结构通常采用形容人体的词汇。同样的方法，当人们描述一款葡萄酒的个性，通常说“简单”或“复杂”，“粗犷”或“优雅”。在比较之下，品酒爱好者可以创造出无限的词汇来品味和分析葡萄酒。

除了这些与品酒相关的词汇外，还有描述葡萄酒酿造的专业技术用词。这些词汇出现在专业术语部分（详见496 ~ 505页）和“从葡萄树到葡萄酒”的章节中。

A

ABRICOT 杏香 某些白葡萄酒中散发的香气，尤其是法国罗纳河谷地区出产的白葡萄酒，通常由成熟的维奥涅品种果粒酿造而成。

ACACIA 刺槐香 刺槐花的迷人香气经常出现在年轻的霞多丽或莎斯拉葡萄酒中，尤其是当酒液酸度适中时。

ACEBRE 酸涩的 足够“刺口”的特点，是刺激性的敏感酸度和丹宁不够成熟的综合表现。

ACIDITE 酸度 由舌头感觉到，也通过刺激的唾液分泌感受到的印象，对口腔黏膜有刺激性。酸度决定了葡萄酒在口腔内的质感和各种味道的综合平衡。

AGRESSIF 刺口 指的是葡萄酒进入口腔中后过多的酸度和（或）涩度给口腔黏膜带来的刺激性口感。

AIGRE 酸腐的 葡萄酒开始变质的征兆。

AIMABLE 讨人喜欢的 用来形容一款使人愉悦但并不矫揉造作的葡萄酒。

ALCOOL 酒精 葡萄酒中除了水分之外最主要的成分。酒精在葡萄酒中不会像在“生命之水”（白兰地）中感觉到的那样灼口和干热，味道比较甜润，是干型葡萄酒中甜润感的主要来源。

AMANDE/AMANDIER 杏仁/杏花香 杏花的香气有时会在长相思和西万尼白葡萄酒中感受到。干杏仁的香气接近香草的味道，经常出现在经过窖藏陈酿的霞多丽葡萄酒中。苦杏仁的清香是许多白葡萄酒初期的特征表现，老年份的红葡萄酒会偶尔出现这种干果核的香气。烤杏仁的浓香是经过几年陈酿的干白葡萄酒最受推崇的品质。

AMBRE 龙涎香 是令人瞩目的罕见品质。龙涎香的含蓄香气有时会出现在霞多丽酿造的名贵葡萄酒（香槟、夏布利、金丘产区）和法国西南地区的几款精品甜白葡萄酒中。

AMBRÉ 琥珀色 琥珀色的酒液出现是老年份的甜葡萄酒中，也是好年份的干白葡萄酒或半干白葡萄酒经过陈年后出现的特征，前提是它们没有被氧化或干缩。

AMER 苦味 葡萄酒中不应该感受到苦味，偶尔在红葡萄酒中会感受到一点，应该是轻微而短暂的状态。如果很明显，那么说明酒液品质不正常。

AMPLE 丰满 用来形容葡萄酒“充盈整个口腔”的感觉，且酒体不会过重。

ANANAS 菠萝味 在许多干白葡萄酒中会出现的香气，在采摘时葡萄果实和香气已经达到理想成熟度。

ANIMAL 动物性香气 用来形容香气的一种系列：动物香（皮草、野味、皮革等），通常出现在达到成熟状态的红葡萄酒中。年轻葡萄酒中如果出现这样的香气会令人不快，但经过醒酒后该气味会逐渐消失。

ANIS 八角味 一种在某些达到理想成熟度的白葡萄酒中能够闻到的香气。

ÂPRE 硬涩 酸涩和苦涩味道的结合，有一种粗糙的感觉，多少让口腔难以接受。

ASTRINGENCE 涩度 由丹宁带来的干涩感觉，尤其存在于红葡萄酒中。随着葡萄酒的陈酿过程，丹宁的苦涩感逐渐缓和、柔顺，失去其原来浓重、尖锐和厚重的感觉。

ATTAQUE 入口 葡萄酒刚进入口腔时给品酒者带来的最初味觉感受。

AUBEPINE 山楂花 经常出现在年轻、偏青（葡萄采摘时不够成熟）的干白葡萄酒中的香气。

AUSTERE 酸涩 用来形容因丹宁和酸味占主导地位，而掩盖了其酒香魅力的红葡萄酒。

B

BADIANE 大茴香 类似于八角的味道，比八角更浓重。

BALSAMIQUE 香脂 有点儿像树脂的香气（松树、雪松、杜松、新橡木等），出现在经过全新橡木桶培育的年轻红葡萄酒中。它也是成熟的名贵葡萄酒的标志。

BANANE 香蕉 年轻的新鲜葡萄酒中释放的香气，尤其出现在经过“二氧化碳浸泡法”酿造的葡萄酒中。它应该和其它花香和果香相融合，如博若莱葡萄酒或马孔白葡萄酒，否则酒香中会透出一种指甲油的味道。

BERGAMOTE 香柠檬 非常舒适的香气，出现在装瓶后经过几年陈酿的葡萄酒中。

BEURRE 黄油 出现在白葡萄酒中的香气，这样的白葡萄酒需要足够成熟、酸度低，并且拥有很明显的甜润度。

BIERE 啤酒 类似啤酒的香气。当莎斯拉白葡萄酒开始失去它的新鲜度的时候偶尔会释放出此类香气。

BOISÉ 木香 属于香脂家族的一员，出现在经过全新橡木桶培育的葡萄酒中。

BOUCHE 口感 口腔品尝葡萄酒获得的整体感受。

BOUCHON 木塞味 葡萄酒与变质或霉烂的木塞接触后产生的一种令人不快的味道。

BOUQUET “酒香束” 成熟葡萄酒的整体酒香组成和表现，需要所有的香气协调一致并且和谐。这些细致的香气相互融合，相互连接，带来精妙和愉悦的嗅觉感受。

BRILLANCE 光泽 用来形容葡萄酒的光亮度，就是说酒液反射出光芒的能力。缺乏光泽、浑浊被认为是一种缺陷。

BRÛLÉ 烤焦味 见“E”中对“焦味”的解释。

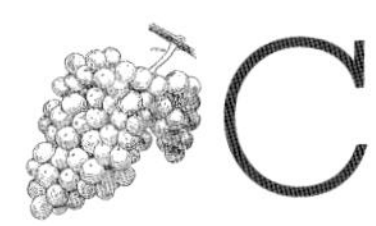

C

CACAO 可可 有时会出现在葡萄果粒完全成熟的葡萄酒中的香气。这种葡萄酒通常有着果香和香料香气的“酒香束”。

CAFÉ 咖啡 出现在优质红葡萄酒“酒香束”中的香气。

CANNELLE 桂皮 桂皮的香气有时出现在名贵的甜白葡萄酒（瑞朗松产区、苏玳产区）或者干白葡萄酒中（布伊–费塞产区、科尔顿–查理曼产区）

CAPITEUX 易上头的 指葡萄酒酒精含量比较高，而且酒精香气浓厚。

CARAMEL 焦糖 老化、氧化和马德拉味的白葡萄酒常见的香气。

CASSIS 黑醋栗 黑醋栗水果和果汁的香气是黑皮诺品种的典型香气，不论它产自哪个国家和地区。有时会在许多红葡萄品种（梅洛、三索、西拉、慕合怀特等）中发现这种香气，但前提是其果实要达到足够的成熟度。

Caudalie “歌达利” 衡量葡萄酒经过品味吞咽（或吐出）后余味持久性（详见“余味持久性”的解释）的单位。一个“歌达利”=1秒。

CERISE 樱桃 各种樱桃品种的香气经常出现在各种红葡萄酒的酒香中。

CHAIR 丰腴 归因于带甜润感的主体组成物质（酒精、甘油、糖分）。尤其是对于红葡萄酒而言，当这些物质含量偏高时表现更为强烈，同时，葡萄酒的硬涩度会相应减低。

CHALEUREUX 热烈 这一用词用来表述葡萄酒酒精含量丰富带来的热感。

CHAMPIGNON 蘑菇 愉悦的味道，与巴黎蘑菇的味道相似，经常出现在陈酿的葡萄酒中。它也可能令人不快，带一点霉烂的味道，这通常是由于葡萄酒酿自感染了灰霉菌的葡萄果粒。

CHARPENTE 架构结实 形容葡萄酒丹宁含量丰富、紧致，与甜度和酸度达到平衡。

CHÈVREFEUILLE 金银花 某些酿自霞多丽、长相思和其它香味轻淡的葡萄品种的白葡萄酒中含有的香气。

CIRE 蜜蜡 这种香气主要出现在霞多丽酿造的著名白葡萄酒，如波尔多格拉芙产区白葡萄酒和某些卢瓦河谷产区的甜白葡萄酒中。

CITRON/CITRONNELLE 柠檬/香茅 在年轻、酸度高和轻柔的白葡萄酒中常见的香气。香茅的香气比柠檬更精致，有时也会出现在清纯的早期红葡萄酒中。

COING 榅桲 经常出现在丰富的甜白葡萄酒中，与其它成熟水果或蜜饯水果的香气融合在一起。

CONFITURÉ 果酱味 品酒术语的新词，用于形容让人想起果酱的所有香气和味道。

CORPS 酒体 “酒体强劲”或“酒体丰满”用来形容具有显著的丹宁及甜度的葡萄酒。“强劲”也用于形容酒精含量丰富的葡萄酒。

COULANT 顺滑 这个用词表明葡萄酒很容易上口，因为酒液没有涩感，带有清新的酸度和没有黏重感的甜润度。

CUIR 皮革味 皮革的香气经常出现在多种经过几年陈酿的红葡萄酒中（邦多勒、教皇新堡、马帝朗、科尔顿、埃米塔日、香贝丹……）

D

DÉCHARNÉ 瘦弱 用来形容失去“饱满度”的红葡萄酒，也就是说失去了圆润感，通常是由于葡萄酒过于老化或者有缺陷。

DÉLICAT 精致 形容葡萄酒拥有细致的结构，但并不缺少魅力及个性。

DESSÉCHÉ 干化 这个词用来表述当葡萄酒过了它的最佳饮用期，口感中泛着丹宁老化过程中形成的干涩的感觉。

DOUCEUR 甜润 形容葡萄酒的口感微甜且给人带来柔软的口感，但是并不会感觉到过分的甜度。

DUR 硬涩 丹宁和酸度都十分突出的红葡萄酒带来的苦涩感和刺口感的综合感受。如果再缺乏甜度，这种感觉会更加明显。

E

ÉGLANTINE 蔷薇果香 有时会在轻淡优雅的葡萄酒中出现的香气。

ÉLÉGANT 优雅 意指葡萄酒没有厚重感，并且有一种典雅高贵的感觉。

EMPYREUMATIQUE 焦味 属于这一系列的味道有沥青、炭黑、烧焦的木头、焦糖、烤焦的面包等，还有比较清淡一点的，如茶、咖啡、可可、烟草、饼干等。比起这些词，我们更喜欢用“烟熏味”“烘焙味”“煎炸味”“烘烤味”或“烤焦味”等来形容。

ÉPAIS 厚重 形容红葡萄酒的甜润感和丹宁比较强，而不以精致和谐为基础。

ÉPANOUI 盛放的 形容葡萄酒达到它的最佳成熟期，完美展现出其酒香和口感。

ÉPICES 香料 有非常多的变化，逐渐涵盖了从烹饪到甜点制作使用的所有香料的香气，有时会在达到成熟度和最佳饮用状态的红葡萄酒和白葡萄酒中出现。

ÉQUILIBRÉ 平衡的 形容葡萄酒不同的口感组成因素（白葡萄酒中的酒精、酸度和甜度；红葡萄酒中的酒精、丹宁、酸度和甜度）达到完美的组合方式，没有任何一种元素过于突出或不足。

ÉTOFFÉ 丰满的 形容葡萄酒含有足够的丹宁和甜润度，但不过量，给人以浓稠且丰盛的感觉。

ÉVENTÉ 变质的、变味的 葡萄酒未受保护暴露于空气中产生的味道。这种情况还经常伴随着葡萄酒其它酒香的消失。

F

FAIBLE 柔弱 形容葡萄酒一方面缺乏酒精度，同时又结构瘦弱，使葡萄酒较脆弱，保存难度高。

FANÉ 凋谢 凋谢的葡萄酒失掉了它的光泽度以及一部分最沁人心脾的酒香和清新感。

FATIGUÉ 疲乏 指的是葡萄酒经过一些考验（运输、晃动）后让它暂时失去了和谐度和紧致感。

FAUVE 动物皮毛味 在经过不同程度的窖藏陈酿时间的老年份红葡萄酒中比较显著的动物性香气。轻淡的时候我们只感觉到皮草的天然香气；更浓烈的时候表现出毛皮的味道，如果是老年份的黑皮诺葡萄酒，就会有狐狸的腥气。有的葡萄酒含有的这种香气偏向鹿肉、野猪的味道，另外一些味道较冲，让人觉得是“野兔肚子”的气味。

FENOUIL 茴香味 指的是葡萄酒的一种香气组成。有时会出现在成熟状态良好的干白葡萄酒中。

FERMÉ 内敛 这个词用来描述葡萄酒的酒香对外表达不开放。

FERMENT 酵母味 酵母的味道不大受欢迎，这种香气来自葡萄酒庄细腻酒脚（酒泥）中培育时酵母分解的成分。

FERMETÉ 紧致 红葡萄酒内敛的表现。即能感觉到丹宁+酸度占轻微主导的特点。

FIGUE 无花果味 干无花果的香气经常与煮熟草莓或草莓酱的香气融合在一起，是甜型红葡萄酒如波特酒或班努斯酒的常见组成香气，还出现在非常成熟的老年份的干红葡萄酒中。

FLORAL 花香 葡萄酒的酒香束以花朵的香气为主导。

FOIN COUPÉ 干牧草味 出现在红葡萄酒中的香气，通常在葡萄酒的香气从中期发酵香气转向熟成香气的时候出现。

FONDU 融化的 红葡萄酒的口感。指的是略占主导地位的甜润感融在其它所有的味觉中。

FOUGÈRE 蕨类植物味 名贵干白葡萄酒的酒香表现，给葡萄酒带来清新的感受。

FOURRURE 皮草味 酒香组成元素，经常出现在经过陈酿的红葡萄酒中，属于动物性香气。

FRALS 清新 某些香气（薄荷、柠檬皮）带给人们类似于清凉或清爽的感觉，被称为清新的香气。

FRALSE 草莓味 草莓的香气经常出现在新鲜早期的红葡萄酒的酒香中。煮熟草莓或草莓酱的香气经常和干无花果的香气融合，出现在甜型红葡萄酒和老年份的干红葡萄酒中。

FRAMBOISE 覆盆子味 覆盆子的香气是勃艮第伯恩丘产区黑皮诺葡萄酒的重要组成香气，也存在于许多其它香气馥郁的红葡萄酒中（比如博若莱葡萄酒、罗纳河谷葡萄酒）

FRUITÉ 果香味 酒香束的最初组成部分，在酒精发酵结束后形成。酒香被许多新鲜水果的香气主导。这种香气经常出现在红葡萄酒和桃红葡萄酒中，但白葡萄酒也富含许多果味，如苹果、柠檬、香蕉等。

FUMÉE 烟熏味 类似烟囱里炭黑的味道，几乎出现在所有波尔多帕萨克-雷奥良产区的红葡萄酒中和某些勃艮第夜丘产区的名酒中。详见“E”中“焦味”的解释。

FÛT 酒桶味 由于橡木桶在空桶时维护保养不周而带给在其中培育的葡萄酒一种令人不快的味道缺陷：霉烂、刺口、腐败。

G

GARRIGUE 灌木丛 这个用词可以用来描述干牧草之类的香气，通常出现在地中海沿岸出产的红葡萄酒中。

GÉNÉREUX 醇厚 用来形容酒的质量的词，特别是指酒精含量丰富的葡萄酒。

GENÊT 金雀花 西班牙常见的黄色金雀花有着浓郁甘美的味道，类似丁香的香气，是霞多丽葡萄酒和甜白葡萄酒诱人酒香的组成部分。

GENIÈVRE 刺柏 有时会在某些酒香馥郁的葡萄酒中发现这种香气的踪影。

GIBIER 野味（气味） 非常浓重的动物性香气，但并不一定使人不快，让人想起鹿肉、野猪的味道。出现在陈酿的红葡萄酒中，如勃艮第的黑皮诺葡萄酒。

GIROFLE 丁香 这种香气经常出现在罗纳河谷地区陈酿几年后的红葡萄酒中。

GIROFLÉE 桂竹香 这种十字花科的观赏植物的香气出现在高贵品质的霞多丽和白诗南酿制的葡萄酒中。

GOULEYANT 爽口 形容葡萄酒容易上口且口感愉悦。

GRAPPE/ RAFLE 果梗味 偏青的令人不快的酸涩味道，源自酿造过程中浸渍过程的加长和果梗的细小颗粒的残留。

GRAS 滑腻的 用来形容葡萄酒酒精含量和（或）糖分含量高而带来的甜柔感。

GRENADINE 石榴汁 法国罗纳河谷和普罗旺斯地区的桃红葡萄酒释放的香气。

GRILLÉ 烘烤味 香气中的特殊风味：在某些红葡萄酒中可以感受到“烤面包”的香气；“烤杏仁”是名贵白葡萄酒在瓶中还原产生的特殊香气。

GROSEILLE 红醋栗 有时会在新鲜早期的玫瑰红葡萄酒或红葡萄酒中出现的香气。

H-I

HARMONIEUX 和谐的 形容葡萄酒不同的口感组成因素（白葡萄酒中的酒精、酸度和甜度；红葡萄酒中的酒精、丹宁、酸度和甜度）非常融合地汇集在一起，形成一个充满魅力的整体。

HAVANE 哈瓦那雪茄 烟草味道，在非常细腻精致的红葡萄酒中才会出现它的踪影。又见“T”中对“烟草”的解释。

HERBACE 草本植物气息 新割的青草的香气，或是绿色植物释放出的青草气，被认为是不愉快的香气。

HUMUS 腐殖质 也被称为灌木丛或落叶的味道，经常出现在老年份的精致细腻的红葡萄酒中。

IODE 碘味 这种香气指的是葡萄酒释放出的一种类似海边鲜咸味道的气息。

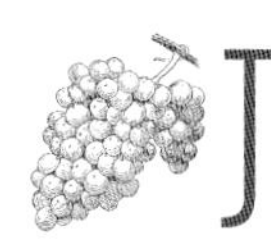

J

JACINTHE 风信子 一种在芳香浓郁的白葡萄酒中经常出现的花香，通常在葡萄酒陈酿几年后形成（长相思、莱茵河的葡萄品种小麝香）

“JAM-BES” “酒腿”（或“酒泪”） 晃动酒液后沿杯壁流下的无色液滴。它表明了葡萄酒含酒精的丰富程度。

JEUNE 年轻 用来形容所有依然带有酿造过程所产生的果香和新鲜味道的葡萄酒。

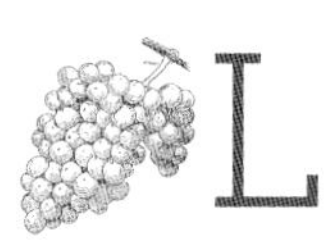

L

LACTIQUE 乳酸菌味 源自不完善的乳酸发酵过程的气味，有些类似新鲜奶酪或发酵奶酪的味道。

“LARMES” “酒泪” 详见“J”中对“酒腿”的解释。

LAURIER 月桂香 酿自几种南方葡萄品种的红葡萄酒经过陈酿几年后出现的香料香气，尤其是西拉和歌海娜。

LICHEN 苔藓 在某些红葡萄酒中出现的香气。

LIÉGEUX 软木味 不愉快的湿润霉烂的软木味道，因为橡木塞质量差或者酒窖内卫生条件不好引起。

LIERRE 常青藤 常青藤树叶的清新气味可以在很多赤霞珠葡萄酒的新鲜早期香气中找到。

LIMPIDITÉ 清澈度 酒裙的透明无杂质状态，按照透明程度，可分为晶莹剔透、闪亮、清澈、薄雾状、乳状、模糊或者浑浊。

LONG 持久 葡萄酒被吞咽或吐出以后口腔内滞留的香气持续时间长久。

LOURD 黏重 指的是葡萄酒拥有丰富的组成成分，尤其是丹宁和酒精，这让它失去轻淡、柔顺和新鲜的质感。

M

MADÉR-ISATION 马德拉味 指的是白葡萄酒过于氧化，颜色发棕色，泛着马德拉葡萄酒的味道。这是很严重的缺陷。

MAIGRE 瘦弱 用来形容葡萄酒严重缺乏稠腻的质感（或甜润感）和匀称的酒体结构。

MÉLISSE 蜜蜂花 近似于柠檬皮的香气，但更清新一些，酸度也低一些，这种香气出现在年轻的白葡萄酒中。

MENTHE 薄荷 存在两种薄荷香气：辛辣的薄荷香气和清新的薄荷香气。通常出现在某些白葡萄酒中，表现葡萄酒的清新风格和酒香束的活力。

MERCAPTAN 硫醇 强烈的令人不愉快的硫化物，有如臭鸡蛋的味道。

MIEL 蜂蜜 蜂蜜的香气在半甜白葡萄酒和甜白葡萄酒中非常明显。

MINCE 贫乏 形容葡萄酒的组成简单，各种风味元素含量很少。

MIRABELLE 黄香李 出现在非常成熟年份的白葡萄酒中的香气，总体酒香通常较为丰富，黄香李的香气让整个酒香束十分诱人。

MOELLEUX 甜润感 这里指的是甜白葡萄酒或甜型桃红葡萄酒中存在大量残糖而给葡萄酒带来甜而圆润的口感。

MÉDOC
AU CHATEAU

MOLLESSE 柔软 指的是葡萄酒虽然丹宁和酒精的含量正常但缺乏一点酸度。

MORDANT 刺口 指的是葡萄酒以酸度+丹宁二者作为主导而给口腔带来尖锐的刺激。

MÛRE SAUVAGE 野桑葚 在成熟状态好、酒香果味浓郁而多样的红葡萄酒中出现的香气。

MUSCADE 肉豆蔻 出现在有一定酒龄的甜白葡萄酒和某些红葡萄酒中的香料香气。

MUSQUÉ 麝香 动物分泌物的气味，稍微带一点动物恶臭，但随着醒酒过程逐渐变得宜人，在经过窖藏陈酿有一定酒龄的某些红葡萄酒中能够找到它的踪迹。

MYRTILLE 蓝莓 经常与野桑葚（详见此词汇的解释）联系在一起，出现在同一类的葡萄酒中。

NERVEUX 强劲 主要出现在白葡萄酒中的口感特性，有时也会出现在红葡萄酒中。当葡萄酒的酸度或甜度过高的时候会让人感到对立和张力的感觉。

NET 纯净 指的是葡萄酒的酒香和口感表达直接而准确，没有模糊不清的地方。

NEZ 酒香 指的是葡萄酒的整体香气特征。

NOISETTE 榛子 出现在经过几年陈酿过程的优质白葡萄酒中（如霞多丽葡萄酒）。

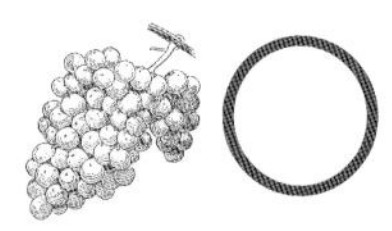

OEILLET 石竹 通常形容一些红葡萄酒简朴内敛的酒香。

OIGNON 洋葱 这种香气是由化学还原造成的，出现在年份很老的红葡萄酒中。

ONCTUEUX 稠腻的 葡萄酒因甜度高而浓烈，但丹宁和酸度不明显而表现出来的口感。

ORANGE 柑橘（柑橘皮） 有一点干爽，是一种令人喜爱的香气，通常出现在成熟度良好的葡萄酿制的年轻白葡萄酒中。

FLEUR D'ORANGER 橙子花 出现在长相思葡萄酒和其它酒香馥郁的白葡萄酒中的香气。

PAMPLEMOUSSE 西柚 这种香气我们能在酸度很高带酒脚的白起泡酒中找到，随着二次发酵和酒液澄清，这种香气随之消失。

PÂTEUX 膏状 指葡萄酒足够厚重，黏重的感觉由于涩感而加强。

PÊCHE 水蜜桃 白色或黄色蜜桃或者桃仁的清香经常出现在罗纳河谷地区和博若莱地区的红葡萄酒和某些香气馥郁的白葡萄酒中。

FLEUR DE PÊCHER 桃子（桃花） 非常精致的香气，近似开心果和苦杏仁的清香，有时出现在新鲜早期而酒香馥郁的白葡萄酒中。

PERSISTANCE 持久力 当葡萄酒被吞咽后，葡萄酒的香气和口感滞留在口腔内。详见“C”中“歌达利”的解释。

PIERRE A FUSIL 化石 化石（或燧石）的味道，是一种矿物质味道，出现在某些活跃而清纯的白葡萄酒（长相思葡萄酒、麝香葡萄酒、勃艮第阿里高特葡萄酒）中。

PIN 松树 非常精致和名贵的红葡萄酒中出现的香气。

PISTACHE 开心果 非常细致的香气，接近苦杏仁的香气但更细腻一些，有时出现在酒香精细而巧妙的红葡萄酒中。

PIVOINE 牡丹 有点类似胡椒香气的牡丹香气，出现在同样颜色的葡萄酒中。

PLEIN 饱满 形容口腔被丰富而平衡的酒液充满，整个口腔有一种充盈填满的感受。

POIRE 梨 各种梨的香气经常出现在柔和而果香浓郁的白葡萄中。

POIVRE 胡椒 经常出现在许多品质出众的红葡萄酒中的香气，在嗅闻阶段就有体现，直到口感终期，一直延伸到余味中。

POIVRON 青椒 通常是通过口腔感受到的葡萄酒香气，经常来自丹宁浓重而果味不很突出的红葡萄品种酿造的葡萄酒。

POMME 苹果 不同品种的苹果香气通常出现在很多白葡萄酒（麝香葡萄酒、长相思葡萄酒等）中，浓郁度各不相同。

PRUNEAU 李子干 通常也称为“熟透的香气”，类似蜜饯水果的香气，如李子干。波特酒和老年份红葡萄酒的典型香气，但是出现在新鲜早期的红葡萄酒中会被认为是一种缺陷。

RACÉ 出众 形容葡萄酒极其优雅，气质与众不同。

RANCIO 陈旧味 葡萄酒演化后形成的香气（李子干、烟草、皮革、马德拉酒），是天然甜型葡萄酒如波特酒、演化的红葡萄酒和陈年的“生命之水”（白兰地）中的典型香气。

RÂPEUX　涩滞　过度艰涩的感觉，由过于浓郁和持久的丹宁“挫损”口腔味蕾引起的口感。

RÊCHE　艰涩　偏高的涩度。

RÉGLISSE　甘草　经常出现在某些红葡萄酒的余味中。

RÉSINE　松脂　出现在精致而气质出众的红葡萄酒中的芳香脂类香气。

ROBE　酒裙　指葡萄酒的颜色。

ROND　圆润　用来形容葡萄酒柔滑没有棱角的口感，也就是说以甜润感为主导，柔和而不黏重。

ROSE　玫瑰　琼瑶浆葡萄酒和多种麝香葡萄酒散发的香气。凋谢的玫瑰香气是老年份的名贵红葡萄酒中透出来的精致香气。

S

SEC　干型　形容含糖量极少的白葡萄酒。人们将甜润度很低或很难察觉的白葡萄酒称作干白葡萄酒，虽然甜度很低，但不会影响总体的平衡感。

SÈVE　活力　源自波尔多产区的专业词汇，用来形容酒液滞留口腔时带来的酒香馥郁和丰满充盈的口感。

SÉVÈRE　严峻　形容葡萄酒以丹宁和酸度为主导，酒香简朴。

SOUPLE　柔顺　形容葡萄酒的口感中丹宁和酸度较弱，酒液的天然甜润感得到充分表现。

SOYEUX　丝质柔滑　用来形容酒液与口腔接触的细腻感觉。

SUCROSITÉ　甜润感　品酒行业的新词，用来描述葡萄酒的甜感，从强到弱可分为果味浓、柔和、甘美、微甜、甜润、很甜。

T-V

TABAC　烟草　新鲜烟叶（或没被燃烧过的烟草）的香气，与哈瓦那雪茄的香气接近，有时出现在非常精美的名贵红葡萄酒中。

TANIN　丹宁　存在于葡萄果皮中的物质成分，给红葡萄酒带来结构和个性。

TENDRE　柔和　指的是葡萄酒在口腔中没有任何攻击性，丹宁含量很少而酒精度和酸度形成和谐的平衡。

THYM　百里香　经常出现在法国普罗旺斯和上普罗旺斯地区出产的葡萄酒中。

TILLEUL（FLEUR DE）　椴树（花朵）　椴花的香气出现在某些白葡萄酒精致细腻的酒香中。

TRUFFE　松露　非常高贵的酒香，通常出现在老年份并且品质非常出色的名贵红葡萄酒中。“白松露”的香气则出现在某些老年份的白葡萄酒或甜白葡萄酒中。

TUILE　砖红　红葡萄酒演化之后的颜色转变，其酒色让人想起旧砖头的颜色。

VANILLE　香草　葡萄酒酒香的主要组成香气，出现在众多的白葡萄酒和红葡萄酒中。来自天然的葡萄果实和橡木桶的木本组织。

VEGETAL　植物性气息　指的是葡萄酒散发出的类似植物的气息，也指丹宁缺乏成熟度或者提取过度而带来的一种艰涩感。

VELOUTE　丝绒般柔滑　指的是葡萄酒液在和口腔的接触过程中引起的类似丝绒织物的柔滑触感。

VENAISON　野味肉　详见“G”中“野味”的解释。

VERT　青味　一种类似青果的气息，出现在酸度很高的白葡萄酒、红葡萄酒和桃红葡萄酒中，轻微的甜润感被过高的酸度遮盖住了。

VINEUX　浓烈　形容葡萄酒的酒精含量非常丰富，感觉明显。也称酒精强劲。

CHATEAU
REVELETTE
Coteaux d'Aix en Provence
2006
KIM
CRAWFORD
2008
Marlborough
GRAND VIN DE BORDEAUX
MOULIN
DE LA LAGUNE
2000
HAUT-MÉDOC
Tierra de Luna
Argentina
2009
TORRONTES

世界著名
葡萄酒产地

2003
DISZNÓKŐ
TOKAJI ASZÚ
5 PUTTONYOS
2001
GUERROUANE
Appellation d'Origine Garantie
VIN DU MAROC
LES VINS DU MONDE
Afrique du Sud
2008
Pinotage

世界著名葡萄酒产地

CANADA
50° N
40° N
ÉTATS-UNIS
30° N
MEXIQUE
Océan
Océan
0° Équateur
Pacifique
Atlantique
BRÉSIL
PÉROU
30° S
CHILI
URUGUAY
ARGENTINE
40° S
Régions viticoles

Mer du Nord
ROYAUME-UNI
PAYS-BAS
BELGIQUE
LXEMBOURG
ALLEMAGNE
Elbe
Rhin
Moselle
Champagne
RUSSIE
UKRAINE
RÉPUBLIQUE TCHÈQUE
SLOVAQUIE
Danube
Océan Atlantique
Loire
FRANCE
SUISSE
AUTRICHE
HONGRIE
MOLDAVIE
Dniepr
GÉORGIE
Crimée
Bourgogne
Bordeaux
Rhône
Piémont
Pô
SLOVÉNIE
CROATIE
ROUMANIE
Mer Noire
PORTUGAL
Rioja
Èbre
ESPAGNE
ITALIE
Toscane
SERBIE
BULGARIE
Corse
MACÉDOINE
TURQUIE
Jérez
Îles Baléares
Sardaigne
GRÈCE
Sicile
SYRIE
CHYPRE
LIBAN
MAROC
ALGÉRIE
TUNISIE
Mer Méditerranée
Crète
ISRAËL
KAZAKHSTAN
40° N
AZERBAÏDJAN
ARMÉNIE
CHINE
JAPON
30° N
PAKISTAN
ÉGYPTE
INDE
Océan Pacifique
ÉTHIOPIE
0°
Océan Indien
ZIMBABWE
BIE
AUSTRALIE
AFRIQUE DU SUD
30° S
40° S
NOUVELLE-ZÉLANDE

世界葡萄酒市场

葡萄园遍布在各个大洲，但并不是均匀分布的。就葡萄园面积规模来讲，欧洲排在最前列，南北美洲、亚洲，特别是澳大利亚和新西兰的葡萄种植规模也在不断增长。葡萄酒生产和消费的模式发生了巨大的变化。

世界葡萄园的分布

最广阔的葡萄种植区域。全世界的葡萄种植面积达到了760万公顷［世界葡萄与葡萄酒组织（OIV）在2009年的统计数字］，根据种植面积的顺序，世界葡萄种植大国为：西班牙、法国、意大利、美国、葡萄牙和阿根廷（这是更正后的数据，把突尼斯、中国、伊朗和罗马尼亚排除在外，因为OIV在统计葡萄种植面积的时候没有区分食用葡萄及用于制作葡萄干、酿酒和酿白兰地的葡萄种植面积）。

演变趋势。世界上的葡萄园种植面积逐年在慢慢减少。欧洲的葡萄园仍是面积最广阔的，占世界葡萄种植总面积的55%；然后是亚洲、美洲、非洲和大洋洲。虽然对于一些国家，很难了解用于酿酒的葡萄种植面积的比例（比如中国），人们仍然可以观察到20多年以来欧洲葡萄园的种植面积在减少，南半球的种植面积在增长。

葡萄酒消费量的降低。2009年美国成为葡萄酒的最大消费国。但是总体上讲，世界葡萄酒的消费量在逐渐降低，原因是欧洲传统葡萄酒生产大国（法国、意大利、西班牙、德国）的葡萄酒消费在持续下降。特别令人瞩目的是中国，它在很短的时间内变成世界十大葡萄酒消费国之一，并在2012年达到世界第7位。

意大利是当今世界葡萄酒产量最大的国家，排在法国、西班牙、美国、阿根廷和澳大利亚之前。2006年，世界葡萄酒产量约为282亿升。

欧洲的葡萄园在倒退

欧洲大陆的葡萄园种植面积逐年减少，主要是由于葡萄种植国家出台的鼓励拔除葡萄树的政策；法国永久拔除葡萄树的政策和欧盟新成员国家为重新规划葡萄园种植而进行的拔除都是不可避免的。欧盟（27个成员国）在2009年的葡萄园面积为370万公顷。根据每年的葡萄收获，法国或意大利交替成为世界葡萄酒生产量最大的国家，但是就种植面积而言，西班牙拥有世界上最大的葡萄种植面积。

新世界葡萄园面积的飞速增长

近20年来南非和大洋洲的葡萄园种植面积经历了飞跃增长。阿根廷和巴西的葡萄园种植面积一直在扩展，智利的葡萄种植发展速度虽然没有那么快，也在增长。在产量方面，阿根廷近年来产量有所下降，但智利的生产弥补了这项不足。南美在2008年和2009年的葡萄酒生产一直保持在高水平。南非、新西兰和澳大利亚等新世界国家的葡萄园种植面积比起2008年都有所增长。

新的葡萄酒生产国？

亚洲是世界上葡萄园种植发展最快的地区。中国从1998年起葡萄园种植经历了一次飞跃增长，这种趋势一直保持，但是近5年来步调有点放缓；中国一直是这个大洲葡萄酒市场发展的领头军。非洲的葡萄园种植业一直在发展，但拥有该大洲最大葡萄园面积的南非（世界排第10名，年产10亿瓶葡萄酒！）近年来开始降低它的产量，开始注重提升葡萄酒的品质。

印度，拥有具有无限发展潜力的市场，但受到许多限制

印度的葡萄酒市场是一个特殊的例子，因为该国人口非常年轻（四分之三的人口小于35岁）。葡萄酒年消费估计为1100万升（其中20%为进口），在随后几年还会有很大增长。这个国家目前拥有50 多个生产商，分布在3个葡萄酒种植区：马哈拉斯特拉（Maharashtra）地区的纳斯基（Nasik）和桑格里（Sangli），以及在卡纳塔克（Karnataka）的班加罗尔市（Bangalore）。印度是一个酒精消耗大国，虽然目前还是集中在啤酒和烈度酒（尤其是威士忌），但是国内的葡

萄酒市场还是很有潜力的，而且在国家经济中占有很重要的地位。印度国内市场大约有3000万居民，消费者主要位于三个省：马哈拉斯特拉、卡纳塔克和德勒希（Delhi），大都属于富裕阶层。这三个省份消费的葡萄酒占印度整个国家葡萄酒消费量的75%。

中国，亚洲第一葡萄酒消费国

2011年，亚洲占到世界葡萄酒总消费量的5%。中国将是随后几年葡萄酒消费增长最快的国家。2006年，中国（包括中国香港）的静态酒消费占整个亚洲总消费量的62.7%，并且还在继续增长。到2012年，中国的静态酒消费将会超过俄罗斯和罗马尼亚，从第10名跃居到第7名。法国至今一直是中国的第一大葡萄酒供应国，排在美国、意大利、澳大利亚和智利之前。还有一点需要注意，中国香港地区是将葡萄酒分销到东亚国家和地区的重要口岸。

国际贸易：新的格局

2008年和2009年世界葡萄酒市场的发展经历了一个停滞阶段，如澳大利亚、法国和意大利的出口量比起2007年都有所减少。世界经济危机放缓了所有国家的出口活动和消费市场。法国是曾经的领头羊，出口量加速下滑。

意大利保持着它在世界葡萄酒出口市场的先锋地位，葡萄酒出口量占世界葡萄酒贸易的19%。西班牙紧随其后，出口量达到16.5亿升。法国排在第三位。在新的葡萄酒出口国中，6个新兴国家（南半球国家和美国）占据了2008年世界市场30%的交易量。

需要强调的一点是，国际葡萄酒贸易占据了世界葡萄酒消费量的37%（20世纪80年代初只有18%），这意味着超过三分之一的葡萄酒是在其生产国之外的国家消费的。

主要葡萄酒生产国家及地区

国家及地区	面积（单位：千公顷）	产量（单位：万升）
西欧和中欧		
德国	102	91 800
奥地利	48	23 460
保加利亚	81	20 000
西班牙	1 113	325 060
法国	840	455 580
希腊	115	36 000
匈牙利	70	34 000
意大利	818	456 990
葡萄牙	243	60 000
捷克	19	5 850
罗马尼亚	205	56 000
斯洛伐克	20	4 000
斯洛文尼亚	18	5 930
瑞士	15	11 100
这个区域还有许多未提到的国家也生产葡萄酒，但是由于产量很少，或者没有最近的统计数字或统计数字不可靠，没有列在表中。这些国家有（按葡萄产量多少排序）：马其顿、克罗地亚、塞浦路斯、波斯尼亚、卢森堡、英国和马耳他。		
东欧-西亚-中东		
格鲁吉亚	(35)	(9 500)
以色列	10	4 500
黎巴嫩	12	5000
摩尔多瓦	(147)	(23 000)
俄罗斯	75	(20 000)
突尼斯	52	17 500
乌克兰	87	(23 000)
–统计数字用括号括起来表示数据来源于2006年以前，并且可靠性有待考证。 –这个区域中有许多上述表格没有提到的国家也生产葡萄，但是他们出产的葡萄（一部分或全部）用来作为食用水果或制作葡萄干。我们可以认为某些国家的葡萄酒生产接近不存在。 –对于突尼斯和利比亚，他们确实有葡萄生产，酿酒葡萄生产所占的比例只是一种估计（突尼斯10%，利比亚25%）。 –拥有葡萄园地但没有出现在上述表格的国家：阿富汗、亚美尼亚、阿塞拜疆、约旦、伊拉克、伊朗、哈萨克斯坦、吉尔吉斯斯坦、叙利亚、塔吉克斯坦、土库曼斯坦、乌兹别克斯坦、也门。		
美洲		
阿根廷	228	121 350
巴西	92	29 500
智利	200	98 690
美国	398	206 200
这个区域的许多其它国家也出产葡萄酒。按照产量多少，分别是：墨西哥、乌拉圭、加拿大、秘鲁、玻利维亚、委内瑞拉。		
非洲		
南非	132	34 190
摩洛哥	(10)	(3 000)
突尼斯	(12)	(3 500)
对于摩洛哥和突尼斯而言，这是对酿酒葡萄比重的估计。		
大洋洲		
澳大利亚	162	116 000
新西兰	29	20500
亚洲		
中国	150	120 000
印度	(69)	?
日本	20	9 200

1. 澳大利亚统计局，2009年。
2. 新西兰葡萄酒农，2008。
3. 对于中国葡萄酒的生产，目前所有的参考数据是世界葡萄与葡萄酒组织（OIV）在2006年的统计，要减去用国外葡萄酒进口灌装的生产量。需要强调一点的是，中国的葡萄园地很广阔（45万公顷），但是出产的大部分葡萄不用于酿酒（用作水果、制作葡萄干和葡萄汁及蒸馏）。
4. 对于印度的酿酒情况，没有可靠的统计数字。

资料来源：*OIV, chiffres définitifs 2006 et note de conjoncture 2010, sauf si mentionné autrement*

法国

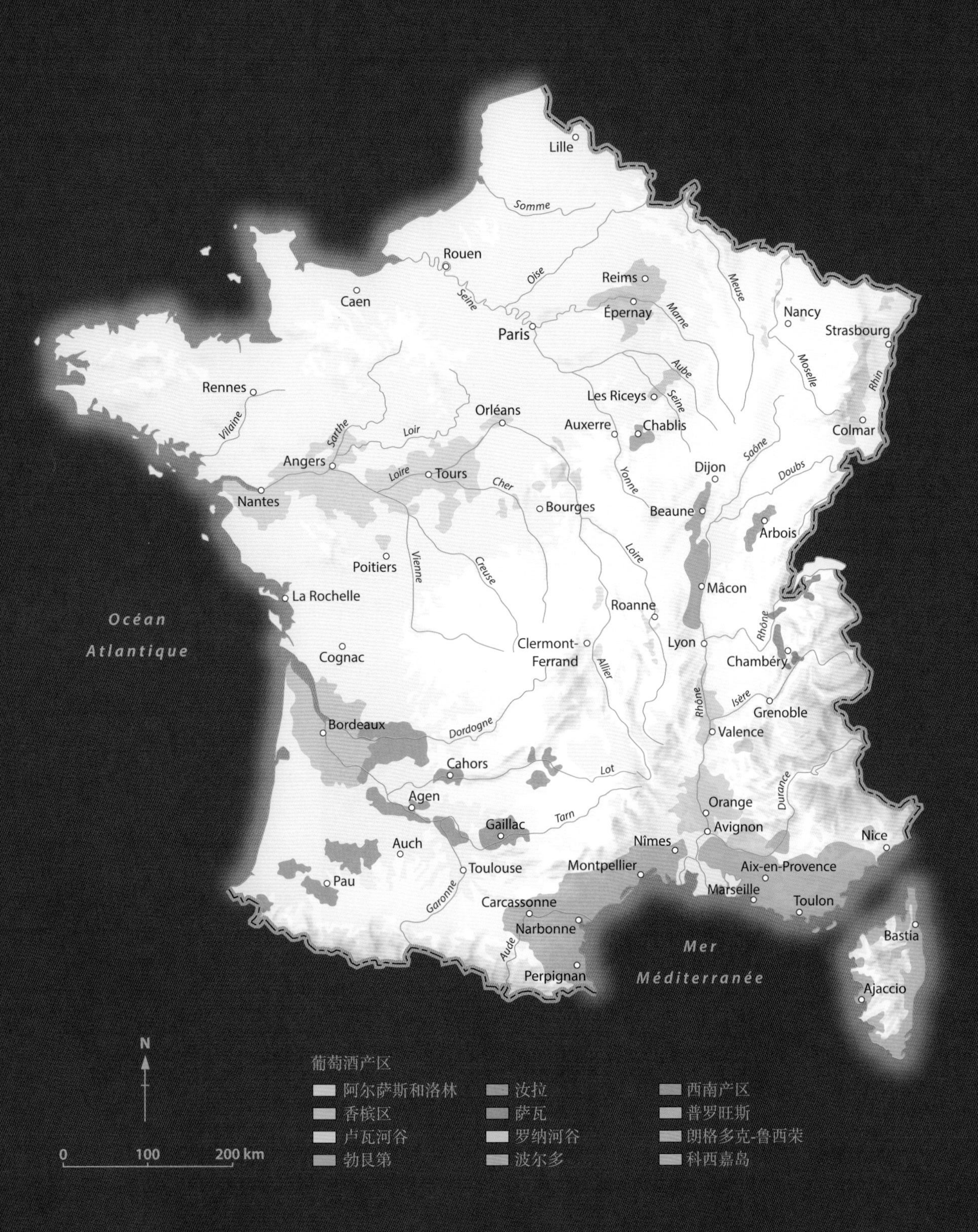
Lille
Somme
Rouen
Oise
Seine
Caen
Reims
Épernay
Marne
Meuse
Nancy
Strasbourg
Paris
Aube
Moselle
Rhin
Rennes
Les Riceys
Seine
Orléans
Auxerre
Chablis
Colmar
Vilaine
Sarthe
Loir
Angers
Loire
Tours
Cher
Yonne
Dijon
Saône
Doubs
Nantes
Bourges
Beaune
Arbois
Poitiers
Vienne
Creuse
Loire
Mâcon
La Rochelle
Roanne
Océan
Atlantique
Cognac
Clermont-
Ferrand
Lyon
Rhône
Chambéry
Allier
Isère
Grenoble
Rhône
Bordeaux
Dordogne
Valence
Cahors
Lot
Durance
Agen
Orange
Tarn
Gaillac
Avignon
Auch
Nîmes
Nice
Toulouse
Montpellier
Aix-en-Provence
Pau
Garonne
Marseille
Toulon
Carcassonne
Narbonne
Bastia
Aude
Mer
Perpignan
Méditerranée
Ajaccio
N
0
100
200 km
葡萄酒产区
阿尔萨斯和洛林
香槟区
卢瓦河谷
勃艮第
汝拉
萨瓦
罗纳河谷
波尔多
西南产区
普罗旺斯
朗格多克-鲁西荣
科西嘉岛

波尔多的葡萄园

波尔多——全世界各地听到这个名字都会联想到葡萄酒。它是品质名酒和神秘酒庄的象征，这里出产世界上最名贵的葡萄酒。它的出色品质和酿造工艺也是海外葡萄酒产业的标杆，不论是意大利、澳大利亚还是美国的加州。

历史悠久的声誉

起源。波尔多葡萄园的种植历史可以追溯到公元1世纪罗马人统治的时期。它出产的葡萄酒很快就闻名天下。在4世纪，诗人奥松的诗作中就曾经赞美过波尔多的美酒。但是波尔多葡萄酒的飞跃发展是在公元12世纪，1152年波尔多所在的阿基坦省（Aquitaine）的主人埃莉诺（Aliénor）公主和英国未来的国王亨利二世的婚姻标志着英国和波尔多葡萄酒贸易的开端。

从17世纪到19世纪。另外一个贸易繁荣时期出现在17世纪，荷兰人来到波尔多购买葡萄酒用于蒸馏。在同一时期，诞生了著名的奥比昂酒庄。

在18世纪，葡萄酒行业开始将葡萄酒装瓶销售，出口业务开始蓬勃发展。伦敦表现出对波尔多名贵葡萄酒的喜爱，这些梅多克的红葡萄酒被英国人称为“新式法国克拉（clairet）红酒”。梅多克地区的葡萄种植自此得到新的发展。波尔多的位置非常关键，尤其是新的酿造工艺和储藏方法的出现，以及葡萄酒贸易商的影响（这种影响一直持续到今天：葡萄酒批发商经销着75%吉隆德省出产的葡萄酒和95%的波尔多名庄酒）。19世纪是波尔多地区葡萄酒产业发展的黄金时期，尤其是1855年对梅多克地区葡萄酒的等级划分，为加龙河左岸地区的葡萄酒进行了等级分类。但是到了19世纪末，葡萄酒产业历经了严重的磨难：根瘤蚜虫病害和霜霉菌的双重侵袭，接着是战争、经济危机，而后是两次世界大战。

从20世纪到今天。直到1950年，葡萄园才重新焕发生机，并进行了新一轮等级划分：格拉芙产区、圣安美隆产区的等级划分，以及中级酒庄的划分，虽然这个等级在2007年被取消，但其它评级至今仍是波尔多名酒品质的见证。虽然经历了许多谣言（欺诈行为）和越来越严重的国外生产商的竞争，波尔多地区仍然倾注了它的努力，实现着它新的雄心。波尔多的期酒交易是世界葡萄酒市场重要的风向标。两年一度在波尔多举行的世界葡萄酒展览交易会（Vinexpo）以及众多名酒庄的开放日，吸引着成千上万来自世界各地的参观者。为了给公众呈现完美的形象，抵御外界的竞争，也为了向外界提供更好的展示窗口，葡萄酒产业联合到一起，组成了“甜蜜波尔多”（Sweet Bordeaux）协会（甜白葡萄酒生产商协会，详见273页），更有2008年波尔多丘（Côtes-de-Bordeaux）法定产区的建立。这个产区

波尔多法定产区的数据

种植面积：118 919 公顷
年产量：477 800 000升
红葡萄酒：87 %
桃红葡萄酒：4 %
白葡萄酒：9 %
（波尔多葡萄酒行业联合会CIVB，2008）

>利布尔讷地区的蒙巴顿酒庄（Château de Monbadon）。

您未必了解的小知识

波尔多最古老的葡萄酒庄是克莱蒙教皇酒庄（Château Pape Clément）。

该酒庄的历史起源于13世纪末。当贝特朗·高斯（Bertrand de Goth）在1299年被任命为波尔多的大主教时，他的长兄赠予他这片位于帕萨克镇的产业。6年后他成为教皇（克莱蒙五世），即用他的名字命名酒庄。从那以后，这一酒庄出产的葡萄酒一直被认为是波尔多品质最出色的葡萄酒之一。

的葡萄酒产量占波尔多地区葡萄酒产总量的六分之一，葡萄园总面积达14 000公顷，年产葡萄酒7 000万升。

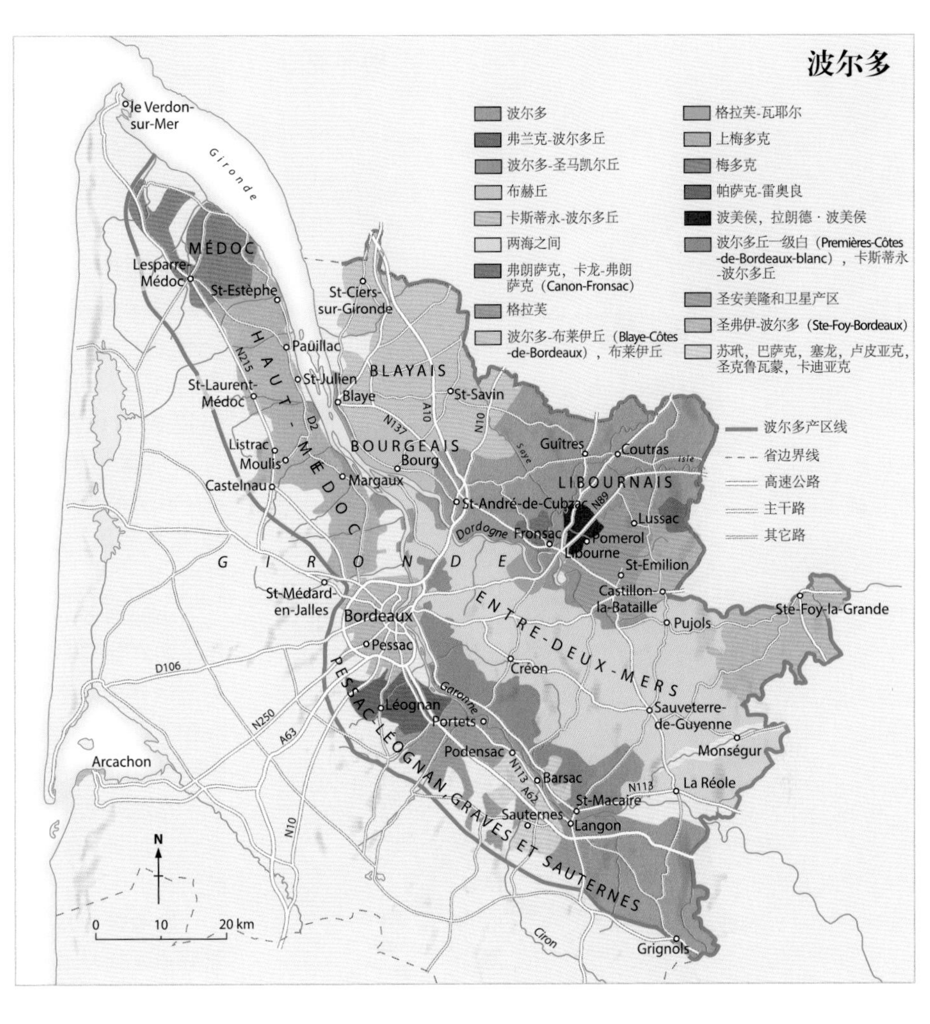

气候

波尔多的葡萄园地属于海洋性温暖湿润气候。朗德（Landes）面积广阔的森林组成了一道天然屏障，可以保护葡萄园地不受西风的影响，并且可以调节温度。靠近海洋这一点非常重要，因为这里的冬季温暖湿润；春季来得较早，但伴有霜冻和寒冷的降雨；夏季炎热而干爽；秋季光照充足，且晨间常有浓雾，非常有利于贵腐菌的滋生，因而可以酿造出名贵的甜白葡萄酒。

葡萄园景观

波尔多的葡萄园地遍布整个吉隆德省。三大产区葡萄酒——波尔多、超级波尔多、波尔多克雷芒起泡酒（Crémant de Bordeaux）——产自整个省辖区域。其它法定产区主要分布在三大地理区域。

加龙河（GARONNE）左岸，包括波尔多市区。这一区域包括梅多克地区（在波尔多市北面）、格拉芙地区和苏玳地区（在波尔多西面和南面）。土质构成往往是各种各样的砾石，伴有小块或大块的砾石和黏土、淤泥、砂石与石灰岩黏土质相混合的土质。葡萄园出产红葡萄酒或白葡萄酒，干型或甜型葡萄酒。梅多克产区又分成两大产区——梅多克产区和上梅多克产区。后者囊括了许多著名的村庄产区［丽丝塔克、玛歌、穆利斯（Moulis）、波亚克、圣爱斯泰夫和圣朱利安］。左岸地区分布着许多享誉世界的著名酒庄，如梅多克地区的拉菲酒庄（Château Lafite-Rothschild）、玛歌酒庄（Château Margaux）、雄狮酒庄（Château Léoville-Las- Cases）、爱士图尔酒庄（Château Cos d'Estournel）格拉芙地区的奥比昂酒庄，苏玳地区的伊甘酒庄、克利芒酒庄（Château Climens）、莱斯酒庄（Château Rieussec）。

多尔多涅河右岸地区，包括港口城市利布尔讷。这片区域包含了西北部的布赫镇（Bourg）和布莱伊镇（Blaye），中部的利布尔讷镇、圣安美隆镇、波美侯村和弗朗萨克村，以及西部的卡斯特隆丘（Côtes de Castillon）产区葡萄园。土质大多是石灰岩黏土质（弗朗萨克和圣安美隆产区）或者砾石土质（波美侯产区）。在右岸地区分布着一些世界著名的酒庄：波美侯产区的柏图斯酒庄、克里奈教堂庄园（Château L'église-Clinet），圣安美隆产区的奥松酒庄和白马酒庄等。

波尔多葡萄酒庄的“明珠”

波尔多地区有十几家酒庄让全世界的人们向往，让葡萄酒爱好者、收藏家和投资商魂牵梦萦。每一个酒庄都有它独特的个性和灵魂。它们是：玛歌酒庄，梅多克的一朵奇葩；伊甘酒庄，酿造波尔多唯一一款拥有“顶级名酒”和“极品中的极品”称谓的甜白葡萄酒；帕萨克–雷奥良产区的奥比昂酒庄，在历史上是波尔多的著名代表；波美侯产区的柏图斯酒庄，出产备受推崇的一款酒；波亚克产区的拉图酒庄，被看作是赤霞珠品种的完美代表；圣安美隆产区的一级名庄奥松酒庄和白马酒庄，其酿造的葡萄酒被看作是罕有极品；1855年被评为最高一级名庄的拉菲酒庄；木桐酒庄（波亚克产区），在1973年被评为一级名庄，不仅仅因为葡萄酒的优秀品质，更因为它每年的酒标由世界著名艺术家绘画而成。

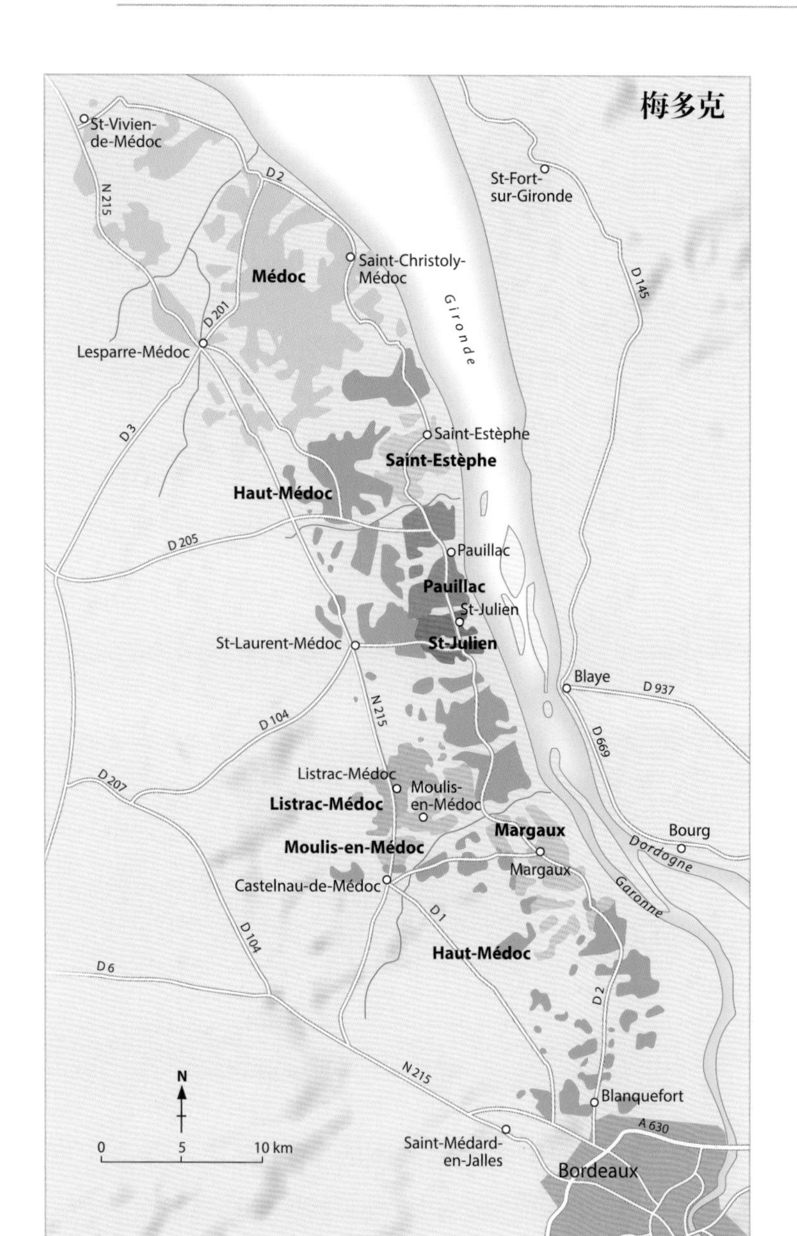

在加龙河和多尔多涅河之间的地区。这片地区的法定产区命名是两海之间。它出产干白葡萄酒、甜型葡萄酒和口感圆润、丰满的红葡萄酒（主要酿自梅洛品种）。土质由黏土和砾石混合构成。沿着加龙河右岸分布着甜白葡萄酒的法定产区——圣克鲁瓦蒙、卢皮亚克和卡迪亚克（Cadillac）等。

波尔多地区最出色的葡萄品种

用于混酿波尔多葡萄酒的葡萄品种主要有8个，它们之间相互混酿的比例依据酒庄或园地风土条件的不同而各异。

梅洛。从18世纪起，圣安美隆产区就开始种植梅洛，它是波尔多地区种植最广泛的葡萄品种，是圣安美隆、波美侯、波尔多丘和超级波尔多产区红葡萄酒的主导品种。梅洛的成熟期较早，酿出的葡萄酒圆润、果味浓郁、口感柔和而气质优雅。

赤霞珠。这是波尔多地区的著名品种，主要种植在梅多克产区和格拉芙产区。达到成熟期采摘的葡萄酿出的酒颜色浓郁、精致、品质出众，极其复杂，以其在口中的绵长余味、丹宁结构和长久的陈年潜力而闻名。它也参与超级波尔多产区、上梅多克产区或波尔多丘产区红葡萄酒的混酿。

品丽珠。利布尔讷地区的著名品种，在这里它与梅洛平分秋色，参与混酿的葡萄酒经过50年的窖藏熟成过程后仍然保持令人难以置信的年轻风格。在吉隆德省的几乎每个葡萄酒产区都有种植。

> **正确还是错**
>
> **波尔多的名贵葡萄酒陈年熟成时间可以长达50年以上。**
>
> **正确。**即使越来越多的葡萄酒注重果味和清新感，可以在年轻时饮用，但是波尔多葡萄酒通常是用来窖藏熟成的美酒：它通常需要陈年熟成5～15年，甚至20年。但是只有梅多克、圣安美隆和著名酒庄（波亚克、玛歌和圣朱利安）的杰出年份——近几年有2000年、2003年和2005年——的葡萄酒，可以陈年熟成超过50年的时间而不见“老化”迹象。

小味而多。这一历史悠久的红葡萄品种参与梅多克地区多处著名酒庄的葡萄酒混酿，给葡萄酒带来颜色、丹宁和香料的香气。

马尔贝克。这一卡奥地区典型的葡萄品种也参与到波尔多地区的葡萄酒混酿中，给葡萄酒带来果味的香气和丰富的结构。

赛美蓉。赛美蓉是酿造苏玳葡萄酒以及吉隆德省甜型葡萄酒（包括临近的蒙巴兹亚克产区）不可或缺的葡萄品种。这种葡萄很多产，也种植在格拉芙地区和两海之间产区。它果味浓郁和精致的特点能够酿出品质出色的干型或甜型白葡萄酒，特别适合与长相思一起混酿。

长相思。这是波尔多地区另一重要的白葡萄品种。它的产量不大，但人们喜爱它带来的丰富的结构、清新的风格和口中绵长的余味。它出产的干白葡萄酒香气馥郁，带有草本植物的清新香气（波尔多、帕萨克-雷奥良、布莱伊和两海之间），在陈年熟成过程中呈现出复杂的个性。它也参与甜型葡萄酒的混酿。

波尔多和品牌葡萄酒

在1930年的时候，菲利普·罗斯柴尔德男爵将他的二线产品命名为“木桐嘉棣”（Mouton Cadet），并使用与他名下著名的木桐酒庄（波亚克产区）不一样的酒标，很快获得了成功。今天，这款在木桐酒庄酒窖内培育的使用波尔多不同葡萄酒液混酿而成的“木桐嘉棣”葡萄酒成为世界上第一品牌葡萄酒。后来别的品牌也争相效仿，其中最主要的有：瑞泰伯爵（Baron de Lestac）、玛莉莎（Malesan）、布莱萨克（Blaissac）、塞里尔（Cellier d’Yvecourt）、十字奥斯特（Croix d’Austéran）、巴蒂斯（Julien & Martin Batiste）等。

“城堡”（château）酒庄

波尔多拥有6000多座“城堡（酒庄）”。人们可能以为每一座酒庄都会对应一座“真正的”古堡。其实完全不是这样。通常只有城堡的名字，其实大部分只有普通的房屋、重新装修的农庄、酒窖……当然，的确存在真正的城堡，但很罕见。其实在波尔多，“城堡”这个词汇主要指一座酿酒产业，和建筑学毫无关系——其实许多著名的波尔多葡萄酒圣地，如柏图斯、拉图、木桐等，并没有城堡建筑。但不是所有人都可以使用“城堡（酒庄）”这个词：酒庄必须是一处葡萄酒产业，由单一庄园主独立种植和酿造葡萄酒。

密斯卡德。波尔多地区传统的白葡萄品种，给葡萄酒带来非常怡人的花香。但由于对病菌太敏感，这个葡萄品种有灭绝的趋势。

波尔多葡萄酒——混酿的葡萄酒

波尔多葡萄酒是混酿型葡萄酒。这是一项真正的艺术，也是一项古老而成熟的传统。因此，波尔多葡萄酒，不论是品牌葡萄酒还是列级名庄，都是由多个葡萄品种、多个田块或多个风土的酒液混酿而成。混酿的比例根据年份、酒窖主管、产区主导葡萄品种的不同而不同，目的都是为了获得最具平衡感、最能表达园地真实特性的葡萄酒。通常情况下，一款葡萄酒至少由两个葡萄品种混酿而成，通常情况下为3个品种，偶尔达到4个品种。

葡萄酒的风格种类

波尔多葡萄酒的特点是风格众多。这里可以酿造红葡萄酒、桃红葡萄酒、干白葡萄酒、甜白葡萄酒和起泡酒。即使在同一产区的葡萄酒也可能呈现出不同的风格，因为虽然同一产区内种植的葡萄品种和酿造工艺都差不多，但是每处产业的风土条件、气候和混酿比例都是不一样的。

红葡萄酒。它可以非常轻淡、果味浓郁，需要新鲜早期饮用（波尔多法定产区）；或有细腻丹宁质感，可以在5年之中饮用（超级波尔多产区）；还可以厚实、柔顺，有很大的窖藏熟成潜力（圣安美隆、波美侯和弗朗萨克产区）；也可能在年轻时丹宁厚重、质感复杂，但陈年潜力卓越（波亚克、圣朱利安产区……）。

桃红葡萄酒。吉隆德省各地均有出产，产区名称为波尔多桃红葡萄酒（Bordeaux rosé）和波尔多浅红葡萄酒。通常口味清新，在新鲜早期饮用。

干白葡萄酒。吉隆德省各地均有出产的葡萄酒，口感顺滑、愉悦（两海之间、波尔多布莱伊丘和广义的波尔多

> 赤霞珠在波尔多地区的风土条件下表现最出色。

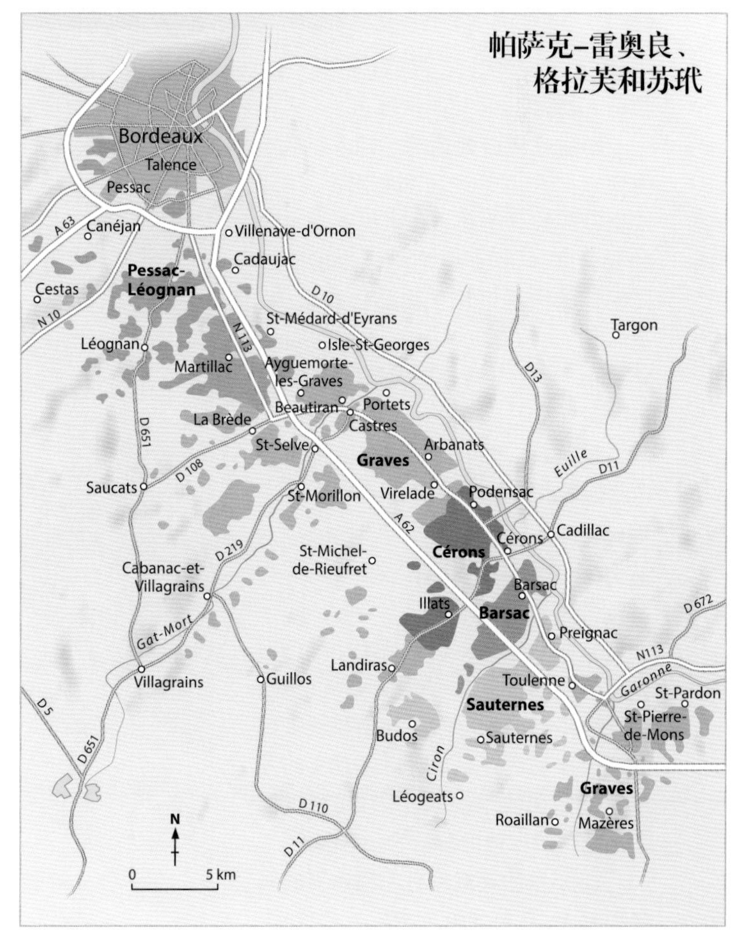

> 玛歌产区力士金酒庄酒窖里的橡木桶。

法定产区）；但也有柔顺而强劲、有陈年潜力的葡萄酒（帕萨克-雷奥良、格拉芙产区）。

半甜或甜白葡萄酒。以苏玳葡萄酒和伊甘酒庄葡萄酒为代表，在以下产区都有出产：苏玳、赛龙、卡迪亚克、圣克鲁瓦蒙、巴萨克和卢皮亚克（约3000公顷）。但是其它地区也出产这样的葡萄酒［格拉芙精品、波尔多-圣马凯尔丘（Côtes-de-Bordeaux-Saint-Macaire）……］。有一些葡萄酒窖藏陈酿潜力卓越。

起泡酒。整个波尔多地区都出产白起泡酒和桃红起泡酒，很受欢迎。

波尔多的等级划分

最早的等级划分约在17世纪末，但最著名的还是1855年的等级划分，它将梅多克地区出产的红葡萄酒进行了等级评定。之后又有许多其它的等级划分。在波尔多共有171家列级酒庄，葡萄园占地面积约为5300公顷。

1855年的等级划分（梅多克的等级划分）。它包含61个酒庄，分成5个等级，从第一等级到第五等级。该等级划分仅在1973年进行过唯一一次修订，即将原先位于第二等级的木桐酒庄提升到第一等级。

苏玳和巴萨克产区的等级划分。这也是在1855年评定的。在唯一的特级酒庄伊甘酒庄之后，有11个一级酒庄和14个二级酒庄。

格拉芙地区的等级划分。格拉芙的第一次等级划分是在1956年，于1959年修订。它评选了16处酒庄，共有13款红葡萄酒和9款白葡萄酒。

圣安美隆地区的等级划分。圣安美隆地区的酒庄没有进入1855年的排名。因此，当地的葡萄酒行业工会建立了自己的等级划分，每10年修订一次。第一次等级划分是在1954年。

工匠级葡萄酒。这是一种存在了超过一个半世纪的等级划分，于1930年消失。1990年这一等级划分重新得到重视。1994年，“工匠”（Artisan）一词被欧盟认可，并在2002年进行了等级划分。工匠级葡萄酒的意思是以家庭为单位，进行葡萄的种植、酿造和葡萄酒的销售等各个环节。新的等级划分认证了四处工匠葡萄园，面积约为340公顷，主要位于梅多克产区和上梅多克产区。

正确还是错误：

神奇的柏图斯酒庄是列级酒庄。

错误。柏图斯酒庄所在的波美侯产区不存在任何等级划分。虽然柏图斯葡萄酒稀有、名贵、品质出众，但是它不属于任何等级划分（详见269页）。

中级酒庄称号。中级酒庄出现在19世纪，是列级酒庄和工匠级酒庄之间的一个中间等级。第一次官方名单出现在1932年，共有490座酒庄。然后它似乎被人们遗忘了，直到1980年才重新有了新的发展。2003年，一个

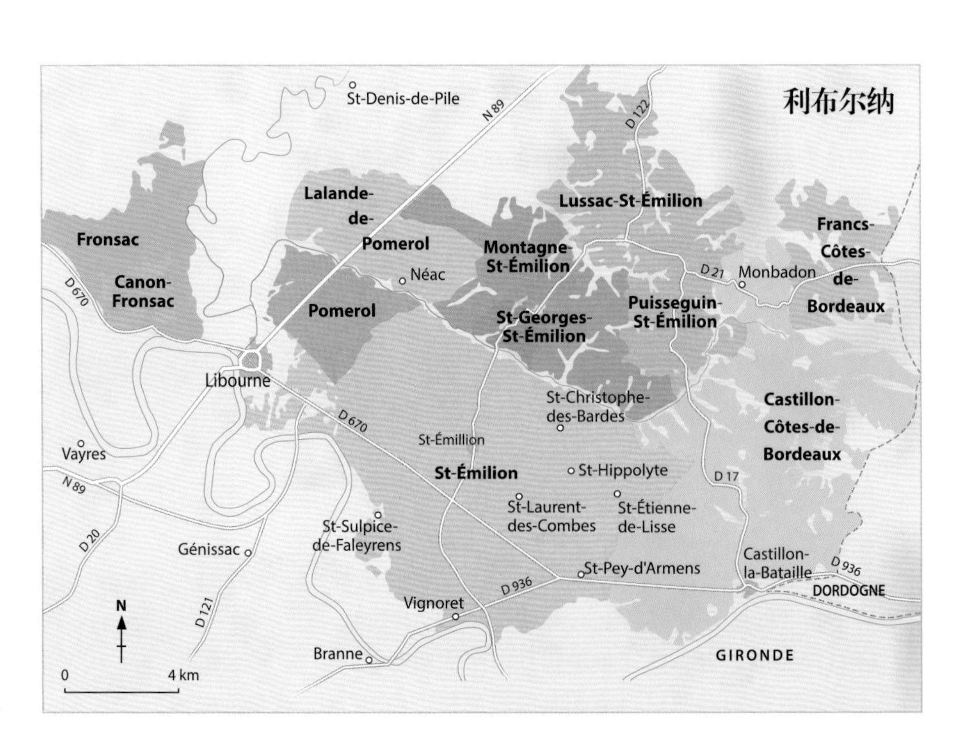

非常正式的等级划分出台，但很快便受到争议闹到司法部，2007年被正式废除。2009年，“中级酒庄”又以新的形式重新出现，这个标志可以出现在2008年份以后的酒标上。它已不是一个等级评定，而是一个标签的颁发，通过一个独立的组织根据一套质量标准进行检验，对某一年份有效，在装瓶两年后颁发。

“副牌”酒

为了出产优质美酒，波尔多酒庄会进行极尽完美的混酿。所有不适合参与混酿一级（或顶级）名酒的葡萄酒液都会被用来酿造“副牌”酒（有时还有三级酒甚至四级酒）。

这样的副牌酒在出售时贴有不同的标签，品质通常出色而且价格往往很有吸引力。名庄副牌酒的价格有时会超过一些一级酒。这很正常：因为它们出自出色的园地。

> 比起正牌酒来，副牌酒的质感没有那么集中，适合早期饮用。

几款“副牌酒”

Château Ausone : Chapelle d'Ausone

Château Beychevelle : Amiral de Beychevelle

Château Cheval-Blanc : Le Petit Cheval

Château Cos d'Estournel : Pagodes de Cos

Château Haut-Brion : Château Bahans Haut-Brion

Château Lafite-Rothschild : Les Carruades

Château Lafleur : Les Pensées de Lafleur

Château Lascombes : Chevalier de Lascombes

Château Latour : Les Forts de Latour

Château Léoville-Las-Cases : Clos du marquis

Château Léoville-Poyferré : Château Moulin Riche

Château Margaux : Pavillon Rouge du Château Margaux

Château Montrose : La Dame de Montrose

Château Mouton-Rothschild : Le Petit Mouton

Château Palmer : L'Alter Ego

Château Pavie-Macquin : Les Chênes de Macquin

Château Pichon-Longueville Comtesse de Lalande : La Réserve de la Comtesse

Château Pontet-Canet : Les Hauts de Pontet-Canet

Château Sociando-Mallet : La Demoiselle de Sociando-Mallet

波尔多地区葡萄酒法定产区（AOC）

波尔多整个地区的法定产区称号和通用法定产区
- Bordeaux
- Bordeaux clairet
- Bordeaux rosé
- Bordeaux sec
- Bordeaux supérieur
- Côtes-de-Bordeaux
- Crémant de Bordeaux

加龙河左岸地区
- Barsac
- Cérons
- Graves
- Graves supérieur
- Haut-Médoc
- Listral-Médoc
- Médoc
- Moylis-en-Médoc
- Margaux
- Pauillac
- Pessac-Léognan
- Saint-Estéphe
- Saint-Julien
- Sauternes

加龙河右岸地区
- Côtes-de-Bourg
- Côte-de-Blaye
- Blaye
- Blaye-côtes-de-Bordeaux
- Cadillou
- Cadillac-Côtes-de-Bordraux
- Canon-Fronsac
- Castillon-côtes-de-Bordeaux
- Francs-côtes-de-Bordeaux
- Fronsac
- Lalande-de-Pomerol
- Lussac-saint-Emilion
- Montagne-saint-Emilion
- Pomerol
- Puisseguin-Saint-Emilion
- Saint-Emilion
- Saint-Emilion gramd cru
- Saint-Georges-saint-émilion

加龙河和多尔多涅河之间的地区
- Côtes-de-Bordeaux-Saint-Macaire
- Sntne-deax-Mers
- Sntne-deux-Mers-Hawt Benauge)
- Loupiac
- Saint-Croix-du-Nont
- Saint-Foy-Bordeaux

波尔多的列级名庄

梅多克产区红葡萄酒的等级划分

一级

- Château Haut-Brion, *Pessac*
- Château Lafite-Rothschild, *Pauillac*
- Château Latour, *Pauillac*
- Château Margaux, *Margaux*
- Château Mouton-Rothschild, *Pauillac (introduit en 1973)*

二级

- Château Brane-Cantenac, *Cantenac*
- Château Cos d'Estournel, *Saint-Estèphe*
- Château Ducru-Beaucaillou, *Saint-Julien-Beychevelle*
- Château Durfort-Vivens, *Margaux*
- Château Gruaud-Larose, *Saint-Julien-Beychevelle*
- Château Lascombes, *Margaux*
- Château Léoville-Barton, *Saint-Julien-Beychevelle*
- Château Léoville-Las-Cases, *Saint-Julien-Beychevelle*
- Château Léoville-Poyferré, *Saint-Julien-Beychevelle*
- Château Montrose, *Saint-Estèphe*
- Château Pichon-Longueville Baron de Pichon, *Pauillac*
- Château Pichon-Longueville, Comtesse de Lalande, *Pauillac*
- Château Rauzan-Ségla, *Margaux*
- Château Rauzan-Gassies, *Margaux*

三级

- Château Boyd-Cantenac, *Cantenac*
- Château Calon-Ségur, *Saint-Estèphe*
- Château Cantenac-Brown, *Cantenac*
- Château Desmirail, *Margaux*
- Château Ferrière, *Margaux*
- Château Giscours, *Labarde*
- Château d'Issan, *Cantenac*
- Château Kirwan, *Cantenac*
- Château Lagrange, *Saint-Julien-Beychevelle*
- Château La Lagune, *Ludon*
- Château Langoa-Barton, *Saint-Julien-Beychevelle*
- Château Malescot-Saint-Exupéry, *Margaux*
- Château Marquis d'Alesme-Becker, *Margaux*
- Château Palmer, *Cantenac*

四级

- Château Beychevelle, *Saint-Julien-Beychevelle*
- Château Branaire-Ducru, *Saint-Julien-Beychevelle*
- Château Duhart-Milon, *Pauillac*
- Château Lafon-Rochet, *Saint-Estèphe*
- Château Marquis de Terme, *Margaux*
- Château Pouget, *Cantenac*
- Château Prieuré-Lichine, *Cantenac*
- Château Saint-Pierre, *Saint-Julien-Beychevelle*
- Château Talbot, *Saint-Julien-Beychevelle*
- Château La Tour-Carnet, *Saint-Laurent-en-Médoc*

五级

- Château d'Armailhac, *Pauillac*
- Château Batailley, *Pauillac*
- Château Belgrave, *Saint-Laurent-Médoc*
- Château Camensac, *Saint-Laurent-Médoc*
- Château Cantemerle, *Macau-en-Médoc*
- Château Clerc-Milon, *Pauillac*
- Château Cos Labory, *Saint-Estèphe*
- Château Croizet-Bages, *Pauillac*
- Château Dauzac, *Labarde*
- Château Grand-Puy-Ducasse, *Pauillac*
- Château Grand-Puy-Lacoste, *Pauillac*
- Château Haut-Bages-Libéral, *Pauillac*
- Château Haut-Batailley, *Pauillac*
- Château Lynch-Bages, *Pauillac*
- Château Lynch-Moussas, *Pauillac*
- Château Pédesclaux, *Pauillac*
- Château Pontet-Canet, *Pauillac*
- Château du Tertre, *Arsac*

苏玳产区和巴萨克产区甜白葡萄酒的等级划分（1855年）

顶级（超一级）

- Château d'Yquem, *Sauternes*

一级

- Château Climens, *Barsac*
- Château Clos Haut-Peyraguey, *Bommes*
- Château Coutet, *Barsac*
- Château Guiraud, *Sauternes*
- Château Lafaurie-Peyraguey, *Bommes*
- Château Rabaud-Promis, *Bommes*
- Château de Rayne-Vigneau, *Bommes*
- Château Rieussec, *Fargues-de-Langon*
- Château Sigalas-Rabaud, *Bommes*
- Château Suduiraut, *Preignac*
- Château La Tour Blanche, *Bommes*

二级

- Château d'Arche, *Sauternes*
- Château Broustet, *Barsac*
- Château Caillou, *Barsac*
- Château Doisy-Daëne, *Barsac*
- Château Doisy-Dubroca, *Barsac*
- Château Doisy-Védrines, *Barsac*
- Château Filhot, *Sauternes*
- Château Lamothe, *Sauternes*
- Château Lamothe-Guignard, *Sauternes*
- Château de Malle, *Preignac*
- Château de Myrat, *Barsac*
- Château Nairac, *Barsac*
- Château Romer du Hayot, *Fargues-de-Langon*
- Château Suau, *Barsac*

格拉芙产区葡萄酒的等级划分（1959年）

顶级名酒

- Château Haut-Brion (rouge), *Pessac*

列级酒庄

- Château Bouscaut (rouge et blanc), *Cadaujac*
- Château Carbonnieux (rouge et blanc), *Léognan*
- Domaine de Chevalier (rouge et blanc), *Léognan*
- Château Couhins (blanc), *Villenave-d'Ornon*
- Château Couhins-Lurton (blanc), *Villenave-d'Ornon*
- Château Fieuzal (rouge), *Léognan*
- Château Haut-Bailly (rouge), *Léognan*
- Château Laville-Haut-Brion (blanc), *Talence*
- Château Malartic-Lagravière (rouge et blanc), *Léognan*
- Château La Mission-Haut-Brion (rouge), *Talence*
- Château Olivier (rouge et blanc), *Léognan*
- Château Pape Clément (rouge), *Pessac*
- Château Smith-Haut-Lafitte (rouge), *Martillac*
- Château La Tour-Haut-Brion (rouge et blanc), *Talence*
- Château La Tour-Martillac (rouge et blanc), *Martillac*

圣安美隆产区红葡萄酒的等级划分（2012年）

一级

一级A类

- Château AUSONE
- Château CHEVAL BLANC
- Château PAVIE（2013年新评定）
- Château ANGÉLUS（2013年新评定）

一级B类

- Château VALANDRAUD
- Château TROPLONG-MONDOT
- Château CANON
- Château PAVIE-MACQUIN
- Château LA GAFFELIÈRE
- Château BEAU-SÉJOUR BÉCOT
- Clos FOURTET
- Château CANON-LA-GAFFELIÈRE
- Château LARCIS-DUCASSE
- Château LA MONDOTTE
- Château BEAUSÉJOUR (DUFFAU-LAGARROSSE)
- Château FIGEAC

列级名庄

- Château LA DOMINIQUE
- Château JEAN FAURE
- Château FLEUR-CARDINALE
- Château MONBOUSQUET
- Château PAVIE-DECESSE
- Château LES GRANDES MURAILLES
- Clos SAINT-MARTIN
- Château BERLIQUET
- Château CÔTE DE BALEAU
- Château ROCHEBELLE
- Château QUINAULT L'ENCLOS
- Château LANIOTE
- Château LA CLOTTE
- Château CORBIN
- Château GRAND-MAYNE
- Château LE PRIEURÉ
- Château DE FERRAND
- Château de PRESSAC
- Château FAUGÈRES
- Château PEBY-FAUGÈRES
- Château CADET-PIOLA
- Château HAUT-SARPE
- Château LARMANDE
- Château SOUTARD
- Château DESTIEUX
- Château FOMBRAUGE
- Château LAROQUE
- Château BALESTARD-LA-TONNELLE
- Château CAP DE MOURLIN
- Château BELLEFONT-BELCIER
- Château FAURIE DE SOUCHARD
- Château GRAND-PONTET
- Clos de L'ORATOIRE
- Château CHAUVIN
- Château DASSAULT
- Château FONPLÉGADE
- Château CLOS DES JACOBINS
- Château PETIT-FAURIE-DE-SOUTARD
- Château GRAND CORBIN-DESPAGNE
- Château FONROQUE
- Château MOULIN DU CADET
- Château VILLEMAURINE
- Château LA TOUR-FIGEAC
- Château FRANC-MAYNE
- Château GRAND CORBIN
- Château HAUT SARPE
- Château L'ARROSEE
- Château LA COUSPAUDE
- Château La SERRE
- Château LAROZE
- Château RIPEAU
- Château SAINT-GEORGES-CÔTE-PAVIE
- Château COUVENT DES JACOBINS
- Château BARDE-HAUT
- Château BELLEVUE
- Château CADET-BON
- Château LE CHÂTELET
- Château LA COMMANDERIE
- Château FAURIE DE SOUCHARD
- Clos LA MADELEINE
- Château GUADET
- Château LA MARZELLE
- Château ROCHEBELLE
- Château SANSONNET
- Château YON-FIGEAC

波尔多最著名的葡萄酒产区和葡萄酒

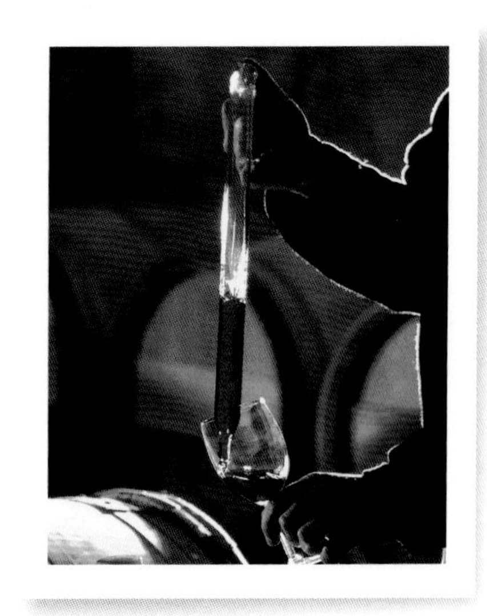

波尔多充满了世界著名的酒庄和享有盛名的产区。我们将根据下列顺序为您介绍这些产区：首先是生产波尔多法定产区葡萄酒的整个吉隆德省，随后是加龙河和吉隆德省左岸地区，之后是右岸地区，最后是加龙河和多尔多涅河之间的地区。

波尔多法定产区（AOC BORDEAUX）

整个波尔多地区

就面积而言，这是吉隆德省第一大法定产区：它覆盖整个省的面积（共44000公顷），位于大西洋岸边，被加龙河和吉隆德三角洲分为两个地区。这一法定产区每年出产近2.5亿升葡萄酒，主要是红葡萄酒，也有一小部分干白葡萄酒。

由于各个产区的葡萄园地风土条件各有不同，主导的葡萄品种也不一样（梅洛或赤霞珠），很难总结出波尔多葡萄酒的总体特点。一般来说，这个产区的葡萄酒和谐而口感愉悦，通常在新鲜早期饮用。

> **主要葡萄品种**。红葡萄品种主要有梅洛、品丽珠、赤霞珠、马尔贝克和小味而多；白葡萄品种主要有赛美蓉、长相思和密斯卡德。

> **土质结构**。河流冲积土、砾石、石灰岩黏土质、泥沙质土（硅石和黏土混合型）。

> **葡萄酒品味风格**。红葡萄酒呈现经典的波尔多红酒裙。根据混酿比例的不同，主导香气为红色水果和黑色水果（覆盆子、草莓、黑醋栗）的香气、花香（紫罗兰）或青椒的香气，夹着植物的清新香气和香料的辛辣气息。口感结构丰富，果味浓郁，圆润、轻柔，酒体微强，是一款容易上口且让人愉悦的葡萄酒。白葡萄酒的酒裙呈淡金黄色，泛着淡绿色光晕。酒香中散发着果味（柑橘、桃子）和花香（白色花香），透着一丝柔和的香料香气。口感清新、强劲，果味浓郁，具有平衡感。

葡萄酒的颜色：
红色和白色。

最佳饮用温度：
白葡萄酒10℃左右；
红葡萄酒15～16℃。

陈年潜力：
白葡萄酒2～3年；
红葡萄酒2～5年。

超级波尔多法定产区（AOC BORDEAUX SUPÉRIEUR）

整个波尔多地区

这一产区和波尔多产区重合，但超级波尔多法定产区的葡萄酒生产质量标准要更为严格一些：产量受到限制、至少12个月的培育过程（越来越多地在橡木桶内进行）；它的酒精度数总体更高一些。产区内出产的葡萄酒绝大部分是红葡萄酒，也有一些甜白葡萄酒，这与波尔多法定产区有所不同。

> **主要葡萄品种**。红葡萄品种主要有梅洛、品丽珠、赤霞珠、马尔贝克和小味而多；白葡萄品种主要有赛美蓉、长相思和密斯卡德，作为补充的有白玉霓、昂登（ondenc）、白诗南、白梅洛和莫亚克。

> **土质结构**。与波尔多产区同样的土质构造：河流冲积土、砾石、石灰岩黏土质、泥沙质土（硅石和黏土混合型）。

> **葡萄酒品味风格**。红葡萄酒呈现典雅的波尔多红酒裙。酒香更浓郁一些，也更丰富，散发着红色水果和黑色水果（覆盆子、草莓、黑醋栗）的香气，夹着植物的清新香气和香料、香草的气息。口感丰满、滑腻，果味浓郁，结构匀称，丹宁紧致强劲，需要一点时间来完全绽放。余味泛着清新的果味。甜白葡萄酒呈现金黄色的酒裙，释放着馥郁、丰富的酒香。口感香甜，果味、清爽度和酒精度保持着很好的平衡。

葡萄酒的颜色：
红色和白色。

最佳饮用温度：
白葡萄酒8～10℃；
红葡萄酒15～16℃。

陈年潜力：
白葡萄酒3～5年；
红葡萄酒5～10年。

整个波尔多地区

波尔多克雷芒起泡酒法定产区（AOC CRÉMANT DE BORDEAUX）

这一法定产区创立时间不长（从1990年开始），但是它对波尔多地区传统的起泡酒的酿造进行了细致的法律规范。这个产区包括整个吉隆德省。起泡酒的酿制方法为装瓶后在瓶中进行二次发酵（详见72～73页）。大部分克雷芒起泡酒是白葡萄酒（约90万升），但也可以找到桃红克雷芒起泡酒。

> 主要葡萄品种。白葡萄品种主要有赛美蓉、长相思、密斯卡德、白玉霓和鸽笼白；酿造桃红起泡酒的葡萄品种主要有赤霞珠、品丽珠、梅洛、马尔贝克和小味而多。

> 土质结构。砾石、石灰岩黏土质、泥沙质土、冲积土。

> 葡萄酒品味风格。波尔多克雷芒起泡酒酒香浓郁，呈现淡金黄色的酒裙和细致优雅的冲鼻香气。酒香清新，果味浓郁，混有花（白色花朵）香，带有一丝柑橘和榛子果皮的清香。口感结构匀称，在轻柔的酸度和丰富的酒香之间保持良好的平衡感。总体十分优雅。桃红克雷芒起泡酒透着小粒红色水果的香气，十分迷人。

葡萄酒的颜色：
白色和桃红色。

最佳饮用温度：
6～8℃。

陈年潜力：
当年饮用。

整个波尔多地区

波尔多桃红葡萄酒法定产区（AOC BORDEAUX ROSÉ）

这一法定产区是波尔多唯一一个只生产桃红葡萄酒的产区。顺滑爽口而迷人的桃红葡萄酒每年出产1800万升，和法国其它产区的桃红葡萄酒一样，发展迅速。

> 土质结构。沙土、砾石、石灰岩粘土质、泥沙质土。

> 葡萄酒品味风格。波尔多桃红葡萄酒呈现出纯净的桃红色（但是也有可能是桃红色的所有演变色调），表现出细致的小粒红色水果（草莓……）的香气和花香，泛着一丝香料的气息。口感轻柔，在清新的风格和浓郁的果味之间保持着很好的平衡感，夹在细腻的丹宁质感中，余味泛着果味香气。

葡萄酒的颜色：
桃红色。

最佳饮用温度：
8℃。

陈年潜力：
当年饮用。

两款“特级”的超级波尔多葡萄酒

原先是波尔多顶级葡萄酒批发商的多米尼克·梅内黑（Dominique Méneret）先生在2001年买下了一座63公顷的葡萄园，靠近卡斯特隆村，其中27公顷栽种着梅洛葡萄。从那时起，他一直在葡萄酒顾问专家身边打转，尤其是史提芬尼·德赫侬库（Stéphane Derenoncourt）先生，目的是要酿出品质出众的葡萄酒，就像他们公司以前销售的优质美酒。努力的结果如期而至，他的库特亚克酒庄（Château de Courteillac，2007年进入期酒交易）吸引了著名品酒师罗伯特·帕克先生的注意，给予了89/91的高分（满分100分）。这让某些列级酒庄都失去光彩！利布尔讷市附近的博都酒庄（Château de Brondeau）由多米尼克·梅内黑先生的夫人玛丽·克劳德（Marie-Claude）女士管理，出产的超级波尔多葡萄酒的品质也不亚于列级酒庄。

整个波尔多地区

波尔多浅红葡萄酒法定产区（AOC BORDEAUX CLAIRET）

从历史上讲，浅红葡萄酒是波尔多地区最早酿造的一种葡萄酒，在中世纪时法国人就已经将其出口到英国。由于颜色轻淡柔和，英国人称之为“法国浅红酒”。这个名字后来流传下来，用来定义颜色介于红葡萄酒和桃红葡萄酒之间的葡萄酒，通过对红葡萄品种果粒进行短暂浸渍的方法来获得。

> **主要葡萄品种**。梅洛（最具优势品种）、赤霞珠、品丽珠和马尔贝克。

> **土质结构**。砂质土、砾石、石灰岩黏土质、泥沙质土。

> **葡萄酒品味风格**。轻淡而可口，呈现浅红色的闪亮酒裙。酒中透着草莓、红醋栗和花的香气。口感清新、轻柔，丹宁结构精致、细腻。

葡萄酒的颜色： 红色。

最佳饮用温度： 6～8℃。

陈年潜力： 2年。

加龙河左岸地区

梅多克法定产区（AOC Médoc）

梅多克拉丁文的意思是“水中央”。确实，这个长80公里宽10公里的地区西面紧邻大西洋，东面靠近加龙河，形似半岛。产区内共有5700公顷葡萄园，地理位置优越。

人们将梅多克地区分为南部的上梅多克地区和北部的下梅多克地区（详见252页）。上梅多克地区集中了列级名庄，而下梅多克地区对应的是梅多克法定产区。下梅多克地区的产量很大：3000万升/年，只出产红葡萄酒，没有列级名庄。

> **主要葡萄品种**。赤霞珠、梅洛、品丽珠、马尔贝克和小味而多。

> **土质结构**。砾石。

> **葡萄酒品味风格**。平衡而富有魅力。梅多克产区的红葡萄酒呈现出鲜艳的酒裙，并带有浓郁的酒香：黑色和红色的水果香气裹挟着青椒和甘草的香气，在葡萄酒年轻的时候还带有一丝蘑菇和灌木丛的气息。口中结构感好，圆润，丹宁柔顺。随着陈年的时间，葡萄酒的酒香慢慢演变，释放出动物性香气和烘焙的香气。

葡萄酒的颜色： 红色。

最佳饮用温度： 15～17℃。

陈年潜力： 酿造年份后的第2年起饮用，可以储存5～10年。

梅多克产区和上梅多克产区葡萄酒精选

梅多克产区

- **布纳酒庄(Château Bournac)，西瓦哈-梅多克村(Civrac-en-Médoc)**。葡萄酒极其优雅，拥有深厚的陈酿潜力，是产区质量有保证的一款酒。
- **富登酒庄(Château Fontis)，奥多那村(Ordonnac)**。细腻、优雅而平衡的葡萄酒。
- **拉图湾酒庄(Château La Tour de By)，北格丹村(B é gadan)**。优美的柔和型葡萄酒，十分细腻精致，有着深厚的陈酿潜力。
- **奥姆-索尔贝酒庄(Château Les Ormes-Sorbet)，库格克村(Couquèques)**。一款优雅、精致、平衡、浓郁和陈酿潜力深厚的梅多克葡萄酒。

上梅多克产区

- **卡门萨克酒庄(Château Camensac)，圣罗汉-梅多克村(Saint-Laurent-du-Médoc)**。高品质的美酒。
- **圣加玛酒庄(Château Caronne Sainte-Gemme)，圣罗汉-梅多克村**。均衡精致、丹宁浓重、口感深重而圆润，有着深厚的陈酿潜力。
- **科莱蒙-比雄酒庄(Château Clément-Pichon)，帕汉贝尔村(Parempuyre)**。优雅精致的葡萄美酒。还出产第二款酒：孔卡酒庄(Château de Conques)。
- **普雅克酒庄(Château Preuillac)，丽丝帕赫村(Lesparre)**。品质非常好的葡萄酒，风格独特，结构匀称且果味浓郁。

上梅多克法定产区（AOC HAUT- MEDOC）

左岸地区（梅多克地区）

这片产区覆盖了梅多克半岛（又见梅多克产区介绍）南部、加龙河上游4765公顷的葡萄园。产区只出产红葡萄酒（2423.15万升/年）。

上梅多克产区囊括了最好的波尔多酒庄，其中包括1855年评级的五个等级的列级名庄。在这片地区我们可以找到出产名贵葡萄酒的著名村庄：波亚克、圣朱利安、圣爱斯泰夫、玛歌、丽丝塔克、穆利斯。

> **主要葡萄品种**。赤霞珠、梅洛、品丽珠、马尔贝克和小味而多。

> **土质结构**。砾石、石灰岩黏土质。

> **葡萄酒品味风格**。这里出产的葡萄酒比梅多克产区的酒要更稠密一些，带着深色的石榴红酒裙。上梅多克产区的葡萄酒散发着怡人的酒香，透着成熟的红色、黑色水果（黑醋栗）香气，融合着轻柔的香料、香草以及烘焙的香气。口感丰富、圆润，鼻中的酒香和优美的丹宁结合在一起，绵延悠长。

葡萄酒的颜色： 红色。

最佳饮用温度： 17~18 ℃。

陈年潜力： 7~16年。

圣爱斯泰夫法定产区（AOC SAINT-ESTÈPHE）

左岸地区（梅多克地区）

这是梅多克地区六个产区中最靠北部的一个。它的葡萄园起源于罗马帝国时期，位于和产区同样名字的村庄里，被波亚克村和上梅多克产区包围着。它延展在1200公顷的园地上，每年出产700万升葡萄酒。只出产红葡萄酒，强劲而有力，粗犷而野性。1855年评级的列级酒庄有5座位于这一产区。

> **主要葡萄品种**。赤霞珠、梅洛和品丽珠。

> **土质结构**。黏土质的砾石。

> **葡萄酒品味风格**。出产的葡萄酒充满活力、强劲而结构丰富。圣爱斯泰夫产区的葡萄酒酒裙浓密，年轻时释放出的酒香中透着百合、红色和黑色水果的香气，融合着柔和的香料气息和紫罗兰花香；随着酒龄的增加，它逐渐增添了野味的香气和灌木丛的清新气息。口感和谐、强劲，结构紧凑，丹宁紧致、细腻、优雅，需要时间来让其演变得更柔和；余味清新并带有与众不同的出色香气。是适合陈年的美酒。

葡萄酒的颜色： 红色。

最佳饮用温度： 16~17℃（一定要醒酒）。

陈年潜力： 长达20年。

圣朱利安法定产区（AOC SAINT-JULIEN）

左岸地区（梅多克地区）

位于波亚克村和玛歌村之间的圣朱利安产区是梅多克地区面积最小的法定产区（900公顷），但却因为其中酒庄的独特个性而成为最名贵的产区之一。它包括圣朱利安村和龙船村（Beychevelle）的葡萄园，年产460万升葡萄酒，全部是红葡萄酒。产区内含11个列级酒庄，其中有5座是二级名庄。出产的葡萄酒的风格随酒庄的不同而不同，但始终保持其共有的个性：强劲而浓郁。

> **主要葡萄品种**。赤霞珠、梅洛和品丽珠。

> **土质结构**。砾石、泥灰岩、碎石地。

> **葡萄酒品味风格**。圣朱利安产区出产的葡萄酒集和谐、强烈和优雅于一身，呈现出深色的酒裙，泛着紫黑色的光泽。细腻独特的酒香中透着黑色水果（蓝莓、黑醋栗、桑葚）的香气，融合着李子干、甘草、烟草、烟熏的味道和动物类的香气。口感稠密、圆润，结构出色、平衡而味道优美，丹宁紧致细腻，顺滑而优雅。余味绵长，泛着香料和水果的香气。

葡萄酒的颜色： 红色。

最佳饮用温度： 16~18℃。

陈年潜力： 15~25年，某些名贵酒庄的葡萄酒陈年时间更长。

左岸地区（梅多克地区）

波亚克法定产区（AOC PAUILLAC）

波亚克村作为吉隆德左岸梅多克地区的核心村镇，拥有出色的土质、气候条件和几百年历史传承的酿酒工艺，集中了所有酿制出色美酒的理想条件。另外，1855年评级的5座一级名庄中有三座——拉菲、拉图和木桐坐落于此，此外还有大量的列级名庄。1190公顷的葡萄园延展在一片优美的砾石圆丘上，每年出产645万升葡萄酒，除去几个例外（如木桐酒庄出产一款白葡萄酒），其余全部是红葡萄酒。红葡萄酒的风格差异也很大，有强劲的拉图葡萄酒，也有柔顺的拉菲葡萄酒。

> **主要葡萄品种**。赤霞珠（占主导地位）、梅洛、小味而多和马尔贝克。

> **土质结构**。砾石圆丘。

> **葡萄酒品味风格**。波亚克葡萄酒丰富、浓郁和深厚，呈现出深宝石红色的酒裙。酒香精致、优雅、复杂，透着黑色水果（黑樱桃、黑醋栗）和花朵（玫瑰、鸢尾）的清香，夹着雪松、烘焙、烟熏、皮革和焚香的香气。口感圆润、丰富、稠腻、紧致，强劲的丹宁需要长久的陈酿才能变得柔顺细腻。余味富含果香。这样的葡萄酒有着无比深厚的陈年潜力，需要耐心等待。

葡萄酒的颜色：
红色。

最佳饮用温度：
16～18℃。

陈年潜力：
15～25年，某些名贵酒庄的葡萄酒陈年时间更长。

科迪兰-伯奇酒庄（Château Cordeillan-Bages）

这个波亚克酒庄的名字您可能没有听说过。著名的米其林星级主厨蒂埃里·马赫克斯（Thierry Marx）先生在这里工作。这里的葡萄酒——一款由五级名庄靓茨伯酒庄出产的丰满的赤霞珠（占80%的混酿比例）葡萄酒——的品质和他的烹饪水平相当。这款葡萄酒呈现出漂亮的深红色酒裙，精致丰富的酒香富有魅力，透着成熟水果、香料（香草、桂皮）、烘焙和烤面包的香气。口感圆润、滑腻，融合在精致而优美的丹宁之中。丰富、强劲和优雅的风格预示了这款葡萄酒深厚的陈年潜力。

左岸地区（梅多克地区）

丽丝塔克-梅多克法定产区（AOC LISTRAC-MÉDOC）

在18世纪就非常有名的丽丝塔克村在20世纪初又重新获得了欢迎。1913年，拥有1380公顷葡萄园的丽丝塔克村成为梅多克半岛地区最重要的葡萄酒村庄之一。20世纪30年代的危机完全破坏了这一景况。

1957年丽丝塔克被正式确定为法定产区，成为梅多克地区6大村庄产区之一。产区的葡萄园地（665公顷）坐落于三座平台上，位于上梅多克地区边缘，受到广阔松林的保护而不受风霜侵袭，使得葡萄果粒可以缓慢而均匀地成熟。这个产区每年出产约3758万升葡萄酒，全部是红葡萄酒。

> **主要葡萄品种**。梅洛（占主导地位）、赤霞珠、品丽珠和小味而多。

> **土质结构**。砾石、石灰岩黏土质。

> **葡萄酒品味风格**。丽思塔克-梅多克葡萄酒呈现深色的酒裙，并泛着紫色的光晕。酒香浓郁，透着红色水果、香脂、香料、香草和烤面包的香气。口感强劲而和谐，酒体优美，丹宁强劲。随着陈年过程，丹宁逐渐演变得细腻而柔和，表现出圆润的口感和优雅的特性。

葡萄酒的颜色：
红色。

最佳饮用温度：
16～18℃。

陈年潜力：
8～12年。

丽丝塔克产区的葡萄酒精选

这个梅多克地区的小产区，因其代表克拉克酒庄（Château Clarke）的推动而赢得外界的关注，享有知名度的还有名为“丽丝塔克四重奏”（Quatuor de Listrac）的四座酒庄。

- **克拉克酒庄（罗斯柴尔德家族）**是产区内具有代表性的酒庄。1973年由埃德蒙德·罗斯柴尔德（Edmond de Rothschild）男爵买下之后，通过与著名酿酒师米歇尔·罗兰的合作，酒庄从葡萄园到酒窖都达到了最先进的水平，其出产的葡萄酒也进入了吉隆德省品质名酒的行列。埃德蒙男爵去世之后，出于对克拉克酒庄土地的热爱，他要求将自己葬在酒庄内。他的儿子本杰明（Benjamin）接过了接力棒。葡萄酒的品质完全实现了他的雄心：强劲、优雅并拥有深厚的陈年潜力。
- **“丽丝塔克四重奏”**也位于这片产区，四个酒庄30多年以来使其葡萄酒的品质和原创性得到了承认。但四款葡萄酒都有其各自独特的风格，一系列的葡萄酒有待发现和品味。
  - 方雷诺酒庄（Château Fonréaud），香佛村（famille Chanfreau）
  - 富卡斯酒庄（Château Fourcas Dupré），帕翠丝·百居村(Patrice Pagès)
  - 富卡斯·浩丹酒庄（Château Fourcas Hosten），赫诺·蒙梅佳村（Renaud Momméja）和劳伦·蒙梅佳村（Laurent Momméja）
  - 列斯塔酒庄（Château Lestage），香佛村

左岸地区（梅多克地区）

穆利斯-梅多克法定产区（AOC MOULIS-EN- MÉDOC）

这是梅多克地区最小的法定产区。它从8世纪起开始种植葡萄树。这片600公顷、年产347.5万升葡萄酒的产区的名字来源于村庄内的许多磨坊。该产区深入吉隆德省的内部，在玛歌产区的西部，位于一片狭长的12公里长的区域。一片广阔的松树林阻碍了寒风的侵袭，使它的局部气候非常利于葡萄的成熟。产区内只出产红葡萄酒，没有列级酒庄。

> **主要葡萄品种。**赤霞珠和梅洛。

> **土质结构。**砾石、泥岩和石灰岩。

> **葡萄酒品味风格。**穆利斯产区的葡萄酒精致、浓郁而内容丰富，呈现紧致的红宝石色酒裙，泛着深暗的光。酒香馥郁，富含成熟的红色水果和果酱的甜香，夹着一丝烤面包、甘草、紫罗兰、腐殖土和灌木丛的清香。口感和谐、优雅，单宁圆润且如丝绒般细腻。

葡萄酒的颜色：
红色。

最佳饮用温度：
16～17℃。

陈年潜力：
5～15年。

左岸地区（梅多克地区）

玛歌法定产区（AOC MARGAUX）

玛歌酒庄这座神秘的一级名庄让全世界葡萄酒爱好者趋之向往。而玛歌产区还有大量的列级名庄，如1855年的评级中就有21座。在平原和树林组成的自然景观中，葡萄园享有葡萄果粒成熟的理想地理条件：土质构造有着出色的自然排水性，靠近吉隆德的入海口。1410公顷的葡萄园延展在梅多克地区南部5个村庄的土地上：玛歌村、康特纳村（Cantenac）、拉巴德村（Labarde）、苏桑村（Soussans）和阿萨克村（Arsac）。产区出产780万升葡萄酒，全部是红葡萄酒，除了一个例外：玛歌酒庄的白亭葡萄酒（Pavillon Blanc）是一款干白葡萄酒。

> **主要葡萄品种。**赤霞珠（主导品种）、梅洛、品丽珠、马尔贝克和小味而多。

> **土质结构。**砾石圆丘。

> **葡萄酒品味风格。**玛歌产区的葡萄酒精致而优雅，呈现浓密的酒裙，红宝石的颜色带着一点成熟石榴的色调。酒香非常细致和丰富，释放出精美的红色和黑色水果的香气，花香中夹着木香、松露、烤面包、香草的香气，后段泛起烟草、紫罗兰、桂皮、李子干的香气；随着陈年的过程，增添灌木丛和蘑菇的气息。口感和谐、圆润，充盈在精致而优美的丹宁质感中。余味极其优雅和甜美。

葡萄酒的颜色：
红色。

最佳饮用温度：
16～17℃（必须进行醒酒）。

陈年潜力：
酿造后3年开始饮用，可以储存20年。

1. 葡萄园中伫立的白塔侧影。
2. 赤霞珠的葡萄果串。
3. 纱布缠绕的橡木桶塞。
4. 用薄纸包装的瓶装葡萄酒。
5. 酿酒库。
6. 小酒窖。

拉图酒庄

一个朴素的酒标，一个简单的名字，一个强大而令人信任的形象，一个极其尊贵的身份：这就是拉图酒庄。几个世纪以来，它一直保持着持久和耀眼的辉煌。它的历史漫长、复杂、迷人，直到今天依旧如此。

古老的尊贵身份

拉图城堡在英法百年战争期间具有很重要的战略意义，但它的葡萄园的种植历史真正开始于1718年，这一年尼古拉·亚历山大（Nicolas-Alexandre）侯爵亲自栽下了第一片葡萄园。很快这里出产的葡萄酒的品质和声誉便传播到外界。1787年，当时新兴的美利坚联邦驻法国的大使托马斯·杰斐逊（Thomas Jefferson）在他的旅游随记中提到了这一酒庄，并曾经买下几瓶葡萄酒。在这一时期，拉图酒庄的葡萄酒价格就已经比普通波尔多葡萄酒的价格高出20多倍。1855年拿破仑三世命令的评级中，正式确定了它高贵的品质和尊贵的地位，与其它三座位于梅多克和格拉芙地区的酒庄一起被评为一级名庄。

英国人管理的30年

1963年，拉图酒庄被卖给英国集团。但其一级名庄的声誉没有受到任何影响，因为葡萄园的一贯性得到完整的保护。1993年，法国商界名人和葡萄酒爱好者弗朗索瓦·皮诺（François Pinault）先生买下酒庄。经过30多年在英国人手中的管理后，酒庄重新回到法国人手中。

理想的园地风土条件

拉图酒庄的葡萄园地位于波亚克法定产区，满足了所有理想园地的条件。葡萄园共有80公顷。在酒庄建筑的周围共有47公顷，由围墙围绕，是酒庄最重要的地方。所有拉图酒庄的正牌名酒都产自这片园地。砾石遍布的园地不适合种植任何别的作物，但却是葡萄树生长的理想环境。这是一片位于圆丘上的砾石土地，透水性良好，很容易把水排到河中；三面缓坡享受着持续和充足的光照；葡萄树无忧无虑地在此生长，不管气候条件怎样，土地提供的营养和水分是很充足的。此外，宽阔的吉隆德河可以调节气候，使葡萄园免受极端气候影响。

5

6

葡萄品种种植结构

赤霞珠占据了75%的园地面积，是葡萄园的主角。它给葡萄酒带来丹宁丰富的结构、颜色和浓郁的质感，而且赋予葡萄酒缓慢、和谐以及长久的陈年熟成潜力。占园地面积23%的梅洛品种质感更加细腻，香气馥郁，口感更柔和。2%的葡萄园面积种植了品丽珠和小味而多，在需要的情况下参与葡萄酒的混酿。

精心管理的葡萄园

为了保持尽可能高的葡萄树平均年龄，每一株葡萄树都在开始老化的年龄才被年轻植株代替。在采摘季节进行严格的分拣过程，只有高品质的果粒才用来酿造拉图葡萄酒。为了保持每株葡萄树不超过8串葡萄果串，需要在每年的7月进行“绿色采摘”：摘除一部分果串来确保葡萄果粒的凝集丰富。

经过仔细的手工采摘过程以及随后的高度监控的酿造过程，再进入18个月的橡木桶培育过程和精细的装瓶过程，人们就不奇怪为什么拉图葡萄酒有着如此出色的品质和令人惊异的陈年熟成潜力，以及它能够不受年份影响，每年都出产品质卓越的美酒。

拉图葡萄酒的品味风格

拉图顶级葡萄酒表现出所有名贵美酒的出色品质。在年轻的时候确实很简朴，经过12年窖藏后开始表现出名家产品的特质。经过长久的熟成过程后，浓密的酒液与达到优雅品质的丹宁形成完美的和谐。结构匀称、多汁、持久，这款葡萄酒很自然地拥有至少30年、40年甚至50年的窖藏陈酿潜力，极好年份的葡萄酒更是可以窖藏更长的时间。需要经过醒酒过程使它绽放出所有的个性。适宜饮用温度为18℃，与波亚克村的小羊肉、红肉或野味形成极佳搭配。还要提一下它的副牌酒“小拉图”（Forts de Latour），很长时间以来就享有盛誉，并名副其实。它的品质无可挑剔，虽然比它的正牌酒兄弟稍微逊色一些，但可以与梅多克的二级名庄媲美，陈酿潜力长久（15年以上），饮用前需要醒酒。

> 帕萨克-雷奥良产区拉瑞特·奥比昂酒庄（Château Larrivet Haut-Bri on）的葡萄树。

左岸地区（格拉芙地区）

帕萨克-雷奥良法定产区（AOC PESSAC-LÉOGNAN）

这一产区在1987年从格拉芙产区分离出来。格拉芙产区的葡萄园种植远比梅多克地区早，这片古老的波尔多葡萄酒产区一直以出色的园地而闻名。它的葡萄园地主要位于两处中心：帕萨克村和雷奥良村。

产区位于波尔多市的南面和西南面，位于10个村庄（卡多亚克、康雷剑、格哈迪良（Gradignan）、雷奥良、马克迪亚克、美日尼亚克、帕萨克、圣梅迪、嗒朗斯、维乐多农）的土地上，产区内囊括了所有格拉芙地区的列级酒庄，尤其是神秘的奥比昂酒庄。主要出产红葡萄酒（1300公顷，670万升），还有一部分干白葡萄酒（265公顷，150万升）。

> **主要葡萄品种。**红葡萄品种主要有梅洛、赤霞珠、品丽珠、马尔贝克和小味而多；白葡萄品种主要有长相思（最少占25%）、赛美蓉和密斯卡德。

> **土质结构。**砾石、碎石和卵石。

> **葡萄酒品味风格。**出产的葡萄酒内容丰富而气质优雅。红葡萄酒酒裙呈现出樱桃红的颜色，闪着深色的光泽。酒香中透着浓郁的成熟红色水果的香气和花香（紫罗兰），泛着一丝烟熏、烤杏仁和松脂的香气。口感稠密，平衡感强，结构匀称，融入紧致的丹宁中，余味绵长，泛着水果和甘草的香气。

干白葡萄酒呈现淡金黄色的酒色，颜色随着时间的推移逐渐加重。浓郁而结构复杂的酒香中透着带核水果（桃子、油桃）、柑橘、榛子和蜂蜡的香气。口感平衡、活跃而果味浓郁，丰满而强劲。余味持久绵长，泛着酒香中含有的各种香气。

葡萄酒的颜色：
红色和白色。

最佳饮用温度：
白葡萄酒8～10℃；
红葡萄酒16～17℃（必要时进行醒酒）。

陈年潜力：
白葡萄酒3～8年；
红葡萄酒10～15年。

法兰西酒庄（Château de France）

酒庄中建于17世纪的建筑见证了一部分波尔多地区的历史。法兰西酒庄的葡萄园位于雷奥良高地的最高处之一，庄园主最先是圭亚那的国会议员达法赫（Taffard）先生，然后是纺织品和家具批发商让·亨利·拉科斯特（Jean-Henri Lacoste）先生，在1971年由贝尔纳·托马森（Bernard Thomassin）先生收购。他在酒庄内进行了令人瞩目的工作，由著名酿酒师米歇尔·罗兰先生担任酿酒顾问，阿尔诺·托马森（Arnaaud Thomassin）先生管理。法兰西酒庄是波尔多名庄联合会的成员，出产以赤霞珠（60%）和梅洛（40%）混酿的红葡萄酒——“法兰西酒庄”、“贝壳酒庄”（Château Coquillas）、“木鞋尖酒庄”（Le Bec en Sabot），以及以长相思为主酿造的白葡萄酒——“法兰西酒庄”、“贝壳酒庄”。这里出产的葡萄酒是帕萨克-雷奥良产区品质最出色的葡萄酒之一。

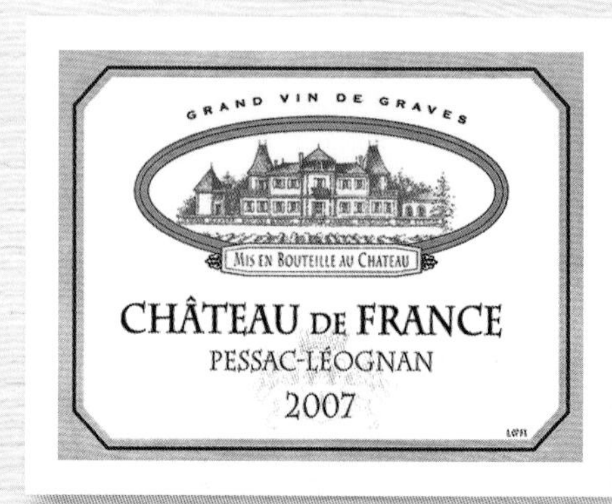

格拉芙法定产区（AOC GRAVES）

左岸地区（格拉芙地区）

格拉芙产区是法国唯一一个名字来源于土质结构的葡萄酒法定产区，原意是波尔多的砾石。葡萄园延展在加龙河左岸、波尔多的南部。2700公顷的葡萄园坐落在一片50公里长的地带。它的局部风土条件多样性也源自于此。虽然主要生产红葡萄酒（约1亿升），但三分之一的产品是优质干白或甜白葡萄酒。甜型葡萄酒被冠以“格拉芙超级葡萄酒”（Graves supérieur）的产区命名。

> **主要葡萄品种**。红葡萄品种主要有梅洛（主导品种）、赤霞珠、品丽珠；白葡萄品种主要有长相思、赛美蓉、密斯卡德。

> **土质结构**。砾石和碎石。

> **葡萄酒品味风格**。出产的红葡萄酒优雅、感性，呈现石榴红色的酒裙。酒香浓郁而丰富，透着红色和黑色水果、花朵、香料、香草、烘焙和烟熏的香气。口感结构紧实，余味绵长而丰富。随着酒龄的增长，葡萄酒酒香更加复杂和浓郁。

清爽的干白葡萄酒呈现金色、闪着淡绿色光晕的漂亮酒裙。清新的酒香中透着白色水果、柑橘的香气，夹着花香、香料和蜂蜡的香气。口感在活泼、圆润和滑腻中达到平衡。余味绵长，泛着果香、清凉和酒精的气息。甜白葡萄酒的酒裙通常呈浓密的黄色，酒香浓郁（白色水果、柑橘、刺槐花的香气），口感丰满而结构匀称，余味泛起浓郁的果香。

葡萄酒的颜色：
红色和白色。

最佳饮用温度：
干白葡萄酒和甜白葡萄酒8～10℃；
红葡萄酒16～17℃。

陈年潜力：
干白葡萄酒2～3年；
甜白葡萄酒5～10年；
红葡萄酒可以达到8年。

格拉芙酿酒产业中的杰出女性

1991年，格拉芙酿酒行业工会成为第一个选举女士成为主席的法国葡萄酒行业工会，当选的主席弗朗索瓦兹·勒维克（Française Lévêque）女士担任这一职务直到1997年。今天，有相当数目的格拉芙葡萄酒酿自女性酿酒师。她们来自各种不同的领域，有一些生长在葡萄园，另一些则来自其它领域，她们带着对葡萄酒的热情来酿造与她们相似的葡萄酒，并且拒绝把这样的葡萄酒称为女性葡萄酒。我们不可能一一列举，下面选择了一小部分向您介绍。

- **凯瑟琳·加歇（Catherine Gachet）** 拉图城墙酒庄（Château La Tour des Remparts），佩良克村（Preignac）非常出色的格拉芙美酒。
- **伊莎贝尔·拉芭德（Isabelle Labarthe）** 阿稀科酒庄（Château d'Arricaud），朗迪拉斯村（Landiras）活跃而果味浓郁的葡萄酒。
- **佛罗伦斯·拉法格（Florence Lafragette）** 豪斯古堡（Château de l'Hospital），波尔泰村（Portets）平衡而优雅的葡萄酒。
- **凯瑟琳·马丁-拉露（Catherine Martin-Larrue）** 高波玛河酒庄（Château Haut-Pommarède），波尔泰村 品质出色而个性鲜明的格拉芙红葡萄酒。

赛龙法定产区（AOC CÉRONS）

左岸地区（苏玳地区）

赛龙法定产区位于巴萨克村的西北部，离波尔多40公里左右，产区的名字来源于近处的思蓉河（Ciron），它滋润着产区内的葡萄园并带来夜晚的薄雾，有利于贵腐菌的生长。这一微型葡萄酒产区（41公顷，13万升）表现出独特的个性，根据每年的气候条件不同，可以生产半甜白葡萄酒或者甜白葡萄酒。

> **主要葡萄品种**。赛美蓉（主导品种）、长相思和密斯卡德。

> **土质结构**。砾石、沙质土和石灰岩。

> **葡萄酒品味风格**。赛龙产区的酒液闪着金色的光泽，浓郁的酒香中透着水果（柑橘、异域水果、蜜饯水果）的香气，融合着蜂蜜、焦糖、香草和刺槐花的清香。口感香气馥郁、圆润，味道丰富，酒体饱满，余味中泛着持久浓郁的香气。

葡萄酒的颜色：
白色。

最佳饮用温度：
8℃左右。

陈年潜力：
约10年，有时更长。

巴萨克法定产区（AOC BARSAC）

左岸地区（苏玳地区）

产区位于加龙河的左岸，在产区的西北面，与其仅隔一条小河——思蓉河。巴萨克产区享有特殊的气候条件——秋天的上午薄雾笼罩，但下午有着强烈的阳光——非常有利于贵腐菌的滋生和附着，这一真菌是酿造高品质甜白葡萄酒的关键。这里出产的葡萄酒以其丰富的内容（产区内包含10座1855年评级的列级酒庄）而闻名，销售时可以标注巴萨克产区或者苏玳产区，但苏玳产区的葡萄酒不可以标注巴萨克产区。

> **主要葡萄品种**。赛美蓉（主导品种）、长相思和密斯卡德。

> **土质结构**。黏土、石灰岩和砾石。

> **葡萄酒品味风格**。出产的葡萄酒精致、优雅、品质出众。酒裙的颜色随着陈酿时间的增加逐渐向琥珀色演变。酒香浓郁，“酒香束”中含有带核水果（桃子）、异域水果、蜂蜜、榛子、杏干、橙脯、香草和烤面包的香气。酒香中带有的香气也出现在口感中。这款酒的口感丰满，极其平衡，滑腻且带有新鲜清凉的感觉，余味持久。

葡萄酒的颜色： 白色。

最佳饮用温度： 8℃左右。

陈年潜力： 20年或者更长。

苏玳法定产区（AOC SAUTERNES）

左岸地区（苏玳地区）

这是波尔多地区最著名的甜白葡萄酒产区，以伊甘酒庄（详见266～267页）为标志，它酿造的甜白葡萄酒被认为是世界上品质最顶尖的甜白葡萄酒之一。苏玳产区共有1735公顷葡萄园，位于波尔多市以南40公里。它包含5个村，其中有巴萨克村（拥有自己的法定产区名称），享有出色的风土条件：西面的松树林阻挡了恶劣的天气，靠近加龙河边有利于生成夜晚的薄雾，秋季阳光充足，特别有利于贵腐菌的滋生和附着——这是酿造高品质甜白葡萄酒的重要条件。产区内只出产甜白葡萄酒（342.6万升）。酿造这一受到全世界消费者推崇的甜白葡萄酒的标准非常严格：手工逐粒采摘过熟的葡萄果粒，进行多次采摘（或分拣）。离河边最远、地势最高的葡萄园的风土条件是最佳的，这里分布着大多数列级酒庄。

> **主要葡萄品种**。赛美蓉（主导品种）、长相思和密斯卡德。

> **土质结构**。砾石、石灰岩黏土、石灰岩。

> **葡萄酒品味风格**。呈现浓重的金色酒裙，随着陈酿时间的积累，颜色向热烈的琥珀色转变。苏玳产区的葡萄酒释放出令人难以置信的丰富浓郁的酒香，透着水果、花朵、蜂蜜、香料、杏仁粉、蜂蜡的香气，极其精致而细腻。口感丰满、浓烈、柔滑、优雅而精致，在略带酸味的精美和丰富中表现出完美的平衡感，余味持久。

葡萄酒的颜色： 白色。

最佳饮用温度： 6～8℃。

陈年潜力： 年轻时即可被饮用，可以窖藏陈酿多年，直到100年。

苏玳产区葡萄酒精选

在顶级名庄伊甘酒庄之后还有多款品质非常出色的甜白葡萄酒。

- **巴赫佳酒庄（Cru Barréjats），蒲若西龙村（Pujols-sur-Ciron）**。一个小酒庄，但葡萄酒的精美度、酒香的纯净度和口感的深重度无可比拟。
- **克利芒酒庄，巴萨克村**。可能算是苏玳葡萄酒中最细致和最甜的甜白葡萄酒。
- **法歌酒庄（Château de Fargues），法歌村（Fargues）**。出色的葡萄酒，能与一级名庄媲美。
- **白塔酒庄（Château La Tour Blanche），波姆村（Bommes）**。一款和谐而酒香馥郁的苏玳甜白葡萄酒。
- **莱斯酒庄，法歌-兰宫村（Farguesde-Langon）**。一级名庄，表现出浓烈的风格，个性鲜明。
- **斯格拉-哈宝酒庄（Château Sigalas-Rabaud），波姆村**。无比的精致优美。
- **旭金堡酒庄（Château Suduiraut），佩良克村**。列级名庄，优雅、浓郁、深厚，拥有长久的窖藏熟成潜力。

右岸地区（布莱伊产区）

布莱伊-波尔多丘法定产区（AOC BLAYE-CôTES-DE-BORDEAUX）

虽然梅多克产区和布莱伊产区只隔着一条河，但是布莱伊种植葡萄的历史远比梅多克早。葡萄园地顺着河边延展到入海口，享受着活跃而繁荣的海路运输。这片位于波尔多市北方的葡萄园地，正对着梅多克，面积达6500公顷，主要出产红葡萄酒（3250万升），也出产一部分白葡萄酒（150万升）。

> 主要葡萄品种。红葡萄品种主要有梅洛（70%）、赤霞珠、品丽珠、马尔贝克；白葡萄品种主要有长相思、密斯卡德和赛美蓉。

> 土质结构。黏土质石灰岩。

> 葡萄酒品味风格。红葡萄酒呈现浓密的红宝石色酒裙，释放出果味浓郁（红色和黑色水果）的酒香，夹着一丝香料的香气。口感柔和、和谐，夹在细腻滑润的丹宁之中。余味绵长，泛起和入鼻酒香同样的香气。

白葡萄酒酒裙呈淡黄色，泛着绿色的光晕，散发出黄色水果、柑橘和金雀花的香气。口感在活泼度和果味之间找到了和谐的平衡感，并一直持续到余味中。

葡萄酒的颜色：
红色。

最佳饮用温度：
16～18℃（名庄酒建议在用餐前2小时进行醒酒）。

陈年潜力：
7～20年（名庄酒可以陈酿长达25年）。

右岸地区（布莱伊产区）

布莱伊丘法定产区（AOC CÔTES-DE-BLAYE）

在吉隆德河的右岸，波尔多市的北面，靠近布莱伊市和维邦（Vauban）侯爵建立的防御城的附近，产区的葡萄园延展在阳光充足的小山谷和山丘上。这片小型的葡萄园（250公顷）每年出产160万升红葡萄酒和干白葡萄酒。到2020年，白葡萄酒的生产会逐渐消失，当地种植的白玉霓和鸽笼白葡萄树正逐渐被红葡萄品种所代替。

> 主要葡萄品种。红葡萄品种主要有梅洛、品丽珠和赤霞珠；白葡萄品种主要有赛美蓉、长相思、密斯卡德、鸽笼白和白玉霓。

> 土质结构。黏土质石灰岩、砾石。

> 葡萄酒品味风格。红葡萄酒呈现深色而闪亮的酒裙。酒香中散发着红色水果和黑色水果（覆盆子、草莓、樱桃、桑葚、黑醋栗）的香气，透着花（玫瑰、紫罗兰）、植物（薄荷、青椒）、香料、巧克力和木香等香气。口感柔和、圆润，平衡感出色，支撑在精致而丝质润滑的丹宁之中，余味长久而果味浓郁。

白葡萄酒香味浓郁，酒裙呈浓郁的黄色，酒香中透着柑橘类水果（柠檬、西柚和蜜橘）的香气，还有带核水果、烤杏仁的香气。口感平衡精美，果味浓郁而酒体清爽。

葡萄酒的颜色：
红色和白色。

最佳饮用温度：
白葡萄酒10～12℃；
红葡萄酒16～17℃。

陈年潜力：
白葡萄酒在当年饮用或保存2～3年；
红葡萄酒可以保存3～7年。

>“巴亭酒庄”（Château Bertinerie）的地下酒窖（布莱伊-波尔多丘法定产区）。

伊甘酒庄

居高临下的伊甘酒庄位于100多公顷的园地中心的最高点，可以鸟瞰整个产区。4个多世纪以来，吕尔·沙吕斯（Lur-Saluces）家族一直遵循严格的生产标准来精心管理这片产业，从不松懈。如今酒庄隶属于两大集团，出产最具声名、价格也最昂贵的世界知名甜白葡萄酒。

历史久远的知名度

这片出色的葡萄园地的历史可以追溯到16世纪。当酒庄在两个世纪后成为吕尔·沙吕斯家族的产业时，这里的葡萄酒已经非常受欢迎。1790年，时任驻法国大使的美国第三任总统杰斐逊就曾经到酒庄参观，买了30箱12瓶装的伊甘酒送给当时的总统乔治·华盛顿，自己也买了几瓶。吕尔·沙吕斯家族几代人的辛苦努力在1855年得到了奖赏：在波尔多1855年的等级划分中，伊甘酒庄是苏玳地区唯一一家顶级名庄。所有欧洲宫廷、大旅馆和顶级餐厅都纷纷订货，这种狂热一直持续到今天。在这类甜白葡萄酒中，伊甘酒庄的出产经常被列为世界上最好的葡萄酒……

主人不断更换，但名贵品质一如既往

经过多年的繁荣之后，伊甘酒庄也遭受了根瘤蚜病虫害、世界冲突（因为吕尔·沙吕斯家族传统的影响）、葡萄酒批发贸易业的危机（尤其从1968年开始），但35年间亚历山大·吕尔·沙吕斯出色地维护了酒庄的声誉。他所参与酿造的每个年份都是艺术精品。1999年，LVMH集团成为伊甘酒庄的主要股东，仍然任命亚历山大·吕尔·沙吕斯先生为酒庄的主管。2004年，由来自波尔多著名葡萄园家族的皮尔·吕尔东（Pierre Lurton）先生接任主管一职。皮尔·吕尔东先生同时管理圣安美隆一级名庄白马酒庄。他深厚的专业经验、谦逊的态度和才华是近几年伊甘酒庄非常出色的重要因素。

出色的园地加上精心的管理

要解释这款名贵葡萄酒的出色品质和持久性不是一件容易的事。自然恩赐的风土条件是最重要的因素：土地表面是砾石，深层是黏土层，小块分布的多样土质为生长在上面的葡萄树带来丰富的内容和结构。

秋天的气候——早上的浓雾和下午的阳光——以及靠近思蓉河（加龙河的支流）的地理位置，非常适合贵腐菌的滋生和附着。这一著名的真菌附着在葡

1. 伊甘酒庄。
2. 发酵过程一旦结束，葡萄酒便进入橡木桶内培育。
3. 久远的年份验证了这一金色琼浆玉液长久的寿命。
4. 贵腐菌侵袭的赛美蓉葡萄果串。
5. 伊甘酒庄的徽标。
6. 2005年份的伊甘葡萄酒。

萄皮上，以果浆的水分为生，从而使果粒的糖分得到凝集而不提高酸度。这种真菌的滋生并不规律和均匀，采摘过程中每块葡萄田要经过最多10次采摘，每次只选择达到“名贵腐烂度”的葡萄果粒（或焦缩果粒）。酿造这种葡萄酒风险很高，因为筛拣葡萄果粒需要很长时间，而不合时宜的降雨有可能损毁所有的收成。这一点解释了为什么在20世纪伊甘酒庄的历史年份中少了9个年份……还要强调一点，葡萄酒的产量极低：如果说梅多克的一棵葡萄树可以酿1瓶酒，那么在伊甘酒庄，一棵葡萄树只能酿1杯酒……

在全新橡木桶中进行的缓慢的发酵过程中，酵母让浆液中的糖分转化为酒精。丰富凝缩的糖分含量延缓了发酵过程，最终发酵过程自行停止：没有转化成酒精的糖分残留在酒液中。然后酒液继续停留在橡木桶中进行长达3年的培育熟成过程。

精致美妙的琼浆玉液

在酿成后最初的几年，伊甘酒庄便表现出令人瞩目的品质，入口立即能感受到感性的愉悦。人们沉浸在它金色的酒裙、馥郁的酒香中。它释放出蜜饯柑橘、鲜花、香料和蜂蜜的香气。入口后其丰富优美的味道展现无遗，能够感受到酒液的清新和泛着异域水果香气的余味。有些人会说这是一种罪过…… 因为他们知道这款葡萄酒至少要等上15～20年的陈年时间，在熟成之后才能表现出最佳的魅力。事实的确如此，当您有机会品尝到老年份的伊甘酒，它的酒裙泛着黄晶色；释放出蜜饯水果的清香，混合着柔和的香料气息以及蜂蜡、烤面包的浓香；当它细腻的口感划过口腔，将会感受到丰富的内容和味道、活泼的甜润感、丝质润滑的质感、绵延无尽的余味中泛起的杏脯、白胡椒以及姜的香气……

只有与懂得欣赏这首“交响乐”的好友一起分享，适饮温度12℃，配上精致水晶杯，酒中所有的细致美感，才能尽览无余。

右岸地区（布赫镇）

布格丘法定产区（AOC CôTES-DE-BOURG）

布格丘产区是波尔多最古老的葡萄园地之一，它出产的葡萄酒在19世纪一直是梅多克葡萄酒的竞争对手。产区位于布莱伊市的南面，与玛歌产区隔河相对；葡萄园位于吉隆德河边的圆丘上，延展在15个村庄的土地上。吉隆德省“小瑞士”3900公顷的葡萄园每年出产1300万升葡萄酒，主要是果味浓郁、诱人、窖藏陈酿潜力深厚的红葡萄酒。

> **主要葡萄品种。**红葡萄品种主要有梅洛（主导品种）、赤霞珠、品丽珠和马尔贝克；白葡萄品种主要有赛美蓉、长相思、密斯卡德和鸽笼白。

> **土质结构。**淤泥、砾石、砂质黏土、石灰岩。

> **葡萄酒品味风格。**风格粗犷而富有魅力的红葡萄酒呈现深色的酒裙，释放出浓郁的酒香，透着显著的黑色新鲜浸渍水果的清香，带着一丝香料的气息；随着窖藏时间的推移，逐渐增添蘑菇、腐殖土和野味的香气。口感热烈、强劲，结构丰富，夹在丝质润滑的丹宁中。余味绵长而香气馥郁。

白葡萄酒口味干爽而果味浓郁，酒裙颜色轻淡，浓郁的酒香中透着白色花朵和水果的清香。口感和谐、味道丰富，在果味和清新口感之间保持着平衡。

葡萄酒的颜色：	最佳饮用温度：	陈年潜力：
红色和白色。	白葡萄酒在10℃左右； 红葡萄酒在16～17℃。	白葡萄酒2～3年； 红葡萄酒从酿造年份后的第3年即可饮用，可以陈放熟成至8年。

右岸地区（利布尔讷市）

弗朗萨克法定产区（AOC Fronsac）

产区靠近多尔多涅河和伊斯尔河（Isle）边，是一片非常古老的葡萄园。历史上的鼎盛时期是在黎塞留（Richelieu）时期，最先是弗朗萨克公爵在这里建造的一处度假场所，经常举办盛宴。产区延伸到利布尔讷市的入口处，830公顷的葡萄园每年出产440万升葡萄酒，全部是红葡萄酒。

弗朗萨克村和圣米歇尔–弗朗萨克村（Saint-Michel-de-Fronsac）出产的葡萄酒在出售时也可以标注“卡龙–弗朗萨克”的产区标志。弗朗萨克产区不存在任何等级划分。

> **主要葡萄品种。**梅洛、赤霞珠、品丽珠和马尔贝克。

> **土质结构。**冲积层（弗朗萨克村的磨砾层）、黏土质石灰岩。

> **葡萄酒品味风格。**弗朗萨克产区的红葡萄酒呈现浓郁的红宝石色酒裙，酒液稠密而富有魅力。酒香中透着浓郁的水果（以红色水果为主导）香气，混合着香料（胡椒）的香气，夹着一丝灌木丛的清新气息。口感平衡，结构匀称，内容丰富、丰满，伴随着香气浓郁而质感紧凑的丹宁，需要经过几年的窖藏熟成时间来演化。

葡萄酒的颜色：	最佳饮用温度：	陈年潜力：
红色。	16～17℃（最好进行醒酒过程）。	5～10年。

瓦卡龙堡酒庄（Châteaux Vrai Canon Bouché）和瓦卡龙堡副牌（Le Tertre de Canon）

菲利普·哈瑟特–莫雷（Philip de Haseth-Möller）先生在2005年买下了这片位于弗朗萨克村高地上的12公顷葡萄园。在独立自主经营的过程中，得到著名酿酒师史提芬尼·德赫依库先生［圣安美隆产区知名的酿酒师，主要担任著名酒庄柏菲–玛凯（Pavie-Macquin）和卡龙–凯芙丽（Canon-la-Lagaffelière）的酿酒顾问］和精通葡萄品种和园地风土条件分析的农艺学家克劳德·布尔基尼雍（Claude Bourguignon）先生的支持和帮助。结果显而易见：两种葡萄酒（以梅洛为主要混酿品种）——瓦卡龙堡酒庄和瓦卡龙堡副牌真实表达了园地的典型特性。

右岸地区（利布尔讷市）

波美侯、拉朗德-波美侯法定产区（AOC Pomerol，Lalande-de-Pomerol）

波美侯产区是波尔多葡萄酒产区的一颗珍珠，由于柏图斯酒庄的存在而闻名世界。柏图斯葡萄酒是世界上最罕见和最名贵的葡萄酒之一。奇怪的是，这个产区从历史上到今天从没有做过任何等级划分。

波美侯产区没有村庄，其葡萄园种植历史可以追溯到古罗马时期。它位于波尔多市东部50公里处，靠近利布尔讷市。785公顷的葡萄园平铺在伊斯尔河的上游，每年出产408万升葡萄酒，全部是红葡萄酒。

拉朗德-波美侯法定产区位于与波美侯产区同样的土质上，由巴尔班纳（Barbanne）小溪分开，葡萄园分布在拉朗德-波美侯村和内亚克村（Néac）的土地上，产区内种植了同样的葡萄品种，出产的葡萄酒的风格类似它的名贵邻居波美侯产区，某些葡萄酒的品质和波美侯产区葡萄酒势均力敌。

> **主要葡萄品种**。梅洛（占80%～100%的种植面积）、品丽珠、赤霞珠和马尔贝克。

> **土质结构**。黏土质砾石。

> **葡萄酒品味风格**。出产的红葡萄酒浓郁、圆润而柔和，深色酒裙，浓郁紧致。波美侯产区的葡萄酒表现出丰富深厚的香气，如红色和黑色水果的香气、香料和紫罗兰的香气，逐渐泛起烟草、甘草、松露和野味的香气；随着窖藏时间的延长，葡萄酒香气的内容更加丰富。口感丰满，味道丰富、浓密，果味显著，夹在浓郁而天鹅绒般细腻的丹宁质感中。余味绵长，香气馥郁而持久。拉朗德-波美侯的葡萄酒也是一种颜色厚重、浓郁而酒香馥郁的葡萄酒，丹宁优雅而细腻。

葡萄酒的颜色：
红色。

最佳饮用温度：
16～18℃（必须在饮用前几个小时进行醒酒）。

陈年潜力：
酿成3年后即可饮用，可以长久储存15～20年，甚至更长。

波美侯产区葡萄酒精选

在有“葡萄酒之王”之称的柏图斯酒庄以及许多闻名世界的酒庄如福音酒庄（L’évangile）、拉康斯雍酒庄（La Conseillante）、老色丹酒庄（Vieux Château Certan）以外，我们也能够找到许多高品质的波美侯葡萄酒：

- **“柔美清风”酒庄（Château Belle-Brise），利布尔讷市**。一款优雅精美的波美侯葡萄酒。
- **宝丽嘉酒庄（Château Bellegrave），波美侯**。典型的波美侯葡萄酒，精致而浓郁。
- **古柏佳丽酒庄（Château Gombaude-Guillot），波美侯**。酒庄出产的两款葡萄酒——“公主庄园”（Clos Prince）和“古柏佳丽酒庄”全部产自有机农业操作和管理的园地，表现出和谐的风格，将浓郁强劲的质感和优雅的气质很好地结合到一起。
- **干乐酒庄（Château La Ganne），利布尔讷**。一款性价比很高的葡萄酒。

圣安美隆法定产区（AOC SAINT-ÉMILION）

右岸地区（利布尔讷市）

圣安美隆是第一处被世界教科文组织评为文化景观类世界文化遗产的葡萄酒产区。它也是世界最著名的葡萄酒产地之一。葡萄园处于海洋性气候下，得益于近处的多尔多涅河的调节，气候温暖湿润。5400公顷的葡萄园延展在8个村庄的土地上，每年出产510万升葡萄酒，全部为红葡萄酒。

根据土质的不同和园地葡萄树年龄的差异，以及葡萄果粒浓郁度的差别，这个地区葡萄果农生产的葡萄酒以两个法定产区的名称销售：圣安美隆和圣安美隆名庄（见下面内容）。1955年，对品质名酒进行了等级划分，并规定这一等级划分每10年修订一次。

> **主要葡萄品种**。梅洛（主导品种）、品丽珠和赤霞珠。

> **土质结构**。石灰岩、黏土质泥质岩（弗朗萨克村的磨砾层）、砾石遍布的冲积层、砂土。

> **葡萄酒品味风格**。出产的葡萄酒初期呈现深色的酒裙，随着酒龄的增长，颜色转化为略带砖红色的石榴红色。酒香馥郁，透着成熟的红色和黑色水果、浸渍水果、皮革和柔和的香料气息，还泛起一丝烟熏味和木香。随着酒龄的增长，会演变出灌木丛、腐殖土和野味的气息。口感丰满、多汁，结构匀称，融合着精致细腻的丹宁。余味优美，富含果味、香料和烟熏的气息。

葡萄酒的颜色： 红色。

最佳饮用温度： 16～17℃（建议进行醒酒过程）。

陈年潜力： 酿成3年后即可饮用，可以储存8～10年，甚至更久。

圣安美隆名庄法定产区（AOC SAINT-ÉMILION GRAND CRU）

右岸地区（利布尔讷市）

产区和圣安美隆产区重合（见上面内容）。为了享有标注葡萄酒名庄的权利，葡萄酒需要遵循一定的质量标准（产量限制在4000升/公顷，必须经过至少12个月的橡木桶内培育时间）。产区内有两座一级A类名庄——奥松酒庄和白马酒庄，还有11座一级B类名庄（详见253页）。

> **主要葡萄品种**。梅洛（主导品种）、品丽珠和赤霞珠。

> **土质结构**。石灰岩、黏土和泥质岩（弗朗萨克村的磨砾层）、砾石遍布的冲积层、沙土。

> **葡萄酒品味风格**。圣安美隆名庄产区的葡萄酒呈现紫红色酒裙，酒香馥郁、结构丰富，酒香中凝集着黑色成熟水果、花、李子干、香料、香草和烤杏仁的香气。口感圆润、稠腻，结构匀称，夹在细腻紧致、等待柔化的丹宁之中。余味绵长、清新，香气馥郁。

葡萄酒的颜色： 红色。

最佳饮用温度： 16～18℃（建议进行醒酒过程）。

陈年潜力： 7～20年，列级名庄的产品通常有更大的陈年潜力。

列级名庄和“绿色有机”农业

可能从数目上讲它们并不多，但是近年来，越来越多的圣安美隆名庄产区的酒庄产业开始进行有机葡萄酒的生产，或者采用生物动力系统农业操作。我们列举几个主要的例子：巴耶·格拉芙酒庄（Château Barrail des Graves）[杰拉德·德斯克兰布（Gérard Descrambe）先生，圣苏比斯-法莱韩镇（Saint-Sulpice-de-Faleyrens）]，最先采用有机农业的酒庄产业之一；弗朗克酒庄（Châteaux Fonroque）和加迪磨坊酒庄（Moulin du Cadet）[穆埃克斯（Moueix）先生，圣安美隆和利布尔讷市]；弗朗-普瑞酒庄（Château Franc-Pourret）、候-帕塔雷贝酒庄（Domaine du Haut-Patarabet）、百灵鸟园酒庄（Clos Chante l'Alouette）[乌佐利亚斯（Vignobles Quzoulias）的葡萄园，圣安美隆]；拉罗克酒庄（Château Laroze）[乔治·美思兰（Georges Meslin）先生，圣安美隆]。这些酒庄出产的葡萄酒除了具有多样性外，各自还拥有其独特的品质，使其独树一帜。

右岸地区（利布尔讷市）

圣安美隆周边地区

圣安美隆周边的4个村庄被许可在产区名称上附加它们著名的邻居产区的名称。最北面的便是吕萨克–圣安美隆产区（Lussac-Saint-émilion，1440公顷，年产850万升葡萄酒）。在波美侯产区和圣安美隆产区往北延伸的路上，我们可以找到圣安美隆山产区（Montagne-Saint-Emilion，1600公顷，年产916万升葡萄酒）和圣乔治–圣安美隆产区（Saint-Georges-Saint-Emilion，200公顷，年产115万升葡萄酒）。在圣安美隆高地的对面，坐落着普瑟冈–圣安美隆产区（Puisseguin-Saint-émilion，745公顷，年产430万升葡萄酒）。

这些产区种植着和圣安美隆产区同样的葡萄品种，出产的葡萄酒具有自己独特的个性和很高的性价比，价格相比于著名产区的葡萄酒更大众化。

> 主要葡萄品种。梅洛（主导品种，有时占90%的种植面积）、品丽珠、赤霞珠和马尔贝克。

> 土质结构。黏土质石灰岩。吕萨克村的土质很多样化：谷地里是黏土–砾石土质，高坡上是沙土–黏土土质，圆丘上是黏土沙石灰岩。

> 葡萄酒品味风格。吕萨克–圣安美隆的葡萄酒风格优雅、结构匀称；圣安美隆山的葡萄酒精美、丰富而个性出众；圣乔治–圣安美隆的葡萄酒丹宁厚重而酒体强劲；普瑟冈–圣安美隆产区的葡萄酒厚重而酒体丰富。

葡萄酒的颜色：	最佳饮用温度：	陈年潜力：
红色。	15～17℃。	5～9年。

多尔多涅河右岸地区

弗兰克–波尔多丘法定产区（AOC FRANCS-COTES-DE-BORDEAUX）

弗兰克丘名字的来源可以追溯到6世纪初。公园507年的维耶市（Vouillé）战役之后，法兰克人的第一任国王克洛维斯（Clovis）战胜了西哥特（Wisigoths）王国的国王阿拉里克二世（Alaric Ⅱ），占领了阿基坦省。派驻那里的法兰西军队拉丁文名字为“Ad Francos”（意为“法兰西的”），后来演变成弗兰克（Francs）。

弗兰克丘产区位于波尔多市东北部约50公里处，是波尔多最小的和最靠近东部的产区之一。525公顷的葡萄园地分布在3个村庄的土地上：弗兰克、圣西巴赫德（Saint-Cibard）和塔雅克（Tayac）。产区内每年出产260万升红葡萄酒和很少数量的干白葡萄酒和甜型葡萄酒。

> 主要葡萄品种。红葡萄品种有梅洛（主导品种）、赤霞珠和品丽珠；白葡萄酒品种有赛美蓉（主导品种）、密斯卡德和长相思。

> 土质结构。石灰岩上覆盖着阿让（位于产区南部）式（Agenais）磨砾岩层、弗朗萨克式石灰岩砾层。

> 葡萄酒品味风格。红葡萄酒呈现深色的酒裙。酒香中透着成熟的红色和黑色水果的香气，以及一点香料的气息。口感圆润丰满，夹在有些艰涩的丹宁中，有待柔化。白葡萄酒释放出异域水果的清香，柑橘的香气中混合着蜂蜜的香气，口感丰满而平衡。

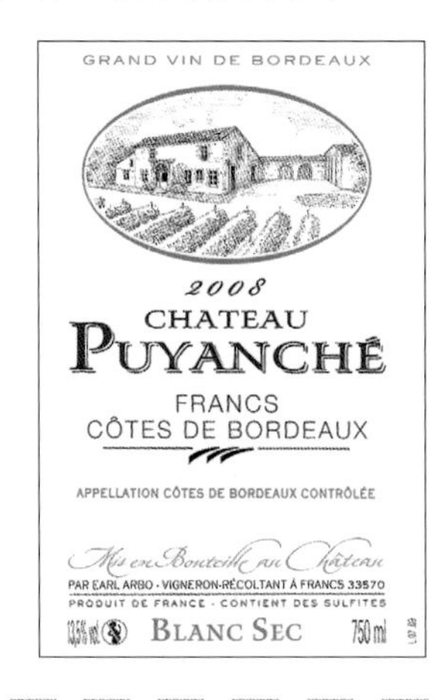

葡萄酒的颜色：	最佳饮用温度：	陈年潜力：
红色和白色。	白葡萄酒8～10℃； 红葡萄酒14～16℃。	白葡萄酒1～3年； 红葡萄酒3～5年。

多尔多涅河右岸地区

卡斯特隆–波尔多丘法定产区（AOC CASTILLON-CôTES-DE-BORDEAUX）

这是一片历史丰富的土壤——1453年的卡斯特隆战役彻底结束了英法百年战争。产区3000公顷的葡萄园延展在吉隆德河的右岸、圣安美隆的东面。它每年出产1600万升葡萄酒，全部是红葡萄酒，口感强劲而内容丰富。从2007年起，它被并入新的波尔多丘产区。

> 主要葡萄品种。梅洛、品丽珠和赤霞珠。

> 土质结构。黏土质石灰岩、砾石。

> 葡萄酒品味风格。出产的红葡萄酒呈现深宝石红色的酒裙。酒香表达浓烈、丰富，透着显著的成熟红色水果、李子干的香气，随后泛起清新的植物气息（常春藤），以及香料、甘草、皮革、灌木丛和野味的清香。口感结构匀称，果味浓郁，夹在浓郁而强劲的丹宁之中。

葡萄酒的颜色：	最佳饮用温度：	陈年潜力：
红色。	16～18℃。	5～10年。

加龙河和多尔多涅河之间的地区

两海之间法定产区（AOC ENTRE-DEUX-MERS）

这片产区的葡萄园位于沟壑纵深、山谷起伏的高地上，它的名字来源于它的地理位置：位于多尔多涅河和加龙河之间，一条河流位于产区北部，另一条河流位于产区南部，作为产区分界线。这片产区很广阔，包含2700公顷葡萄园，每年出产1400万升葡萄酒。主要是干白葡萄酒，还有一小部分甜白葡萄酒。

九个村庄［艾赫碧斯（Arbis）、科托瓦（Cantois）、艾斯谷桑（Escoussans）、科尔纳（Gornac）、拉道（Ladaux）、穆韩斯（Mourens）、苏利尼亚克（Soulignac）、圣皮尔埃–巴特（Saint-Pierre-de-Bat）和塔尔贡（Targon）］的葡萄园地出产的葡萄酒可以使用“两海之间–上伯诺日”（Entre-deux-Mers-Haut-Benauge）产区命名。

> **主要葡萄品种**。长相思（主导品种）、赛美蓉和密斯卡德。

> **土质结构**。石灰岩、硅质岩、砾石、淤泥。

> **葡萄酒品味风格**。活泼、柔和而果味浓郁、清新，两海之间产区出产的葡萄酒呈现闪亮的金黄色酒裙，泛着淡绿色的光晕。酒香中释放出柠檬、黑醋栗芽苞的香气和咸海风的气息。余味相对绵长而香气馥郁，泛着柠檬的香气。

葡萄酒的颜色：	最佳饮用温度：	陈年潜力：
白色。	8℃左右。	2～3年。

加龙河和多尔多涅河之间的地区

圣弗伊-波尔多法定产区（AOC SAINTE-FOY-BORDEAUX）

居于波尔多、佩里戈尔德（Périgord）和阿让（Agen）三座城市之间，这座中世纪的城市位于波尔多葡萄酒地区的边缘上。产区覆盖了19个村庄，延伸在能够俯瞰多尔多涅河起伏的山丘和高地上。

只有320公顷的圣弗伊–波尔多产区面积不大，但非常受葡萄酒爱好者推崇。它主要出产红葡萄酒，但也有一些珍稀的干白葡萄酒和甜白葡萄酒。

> **主要葡萄品种**。红葡萄品种主要有赤霞珠、品丽珠和梅洛；白葡萄品种主要有长相思、赛美蓉、密斯卡德和灰苏维尼翁。

> **土质结构**。砾石、沙土。

> **葡萄酒品味风格**。出产的红葡萄酒酒体丰满、酒质浓烈，迷人的酒香中透着红色水果的香气，以樱桃香气最为显著，混合着一点精致的皮革和灌木丛气息。口感稠腻、圆润、浓郁，丹宁有些强劲，需要时间来柔化。余味绵长而香气馥郁。

甜白葡萄酒的酒裙呈现热烈的金黄色。精致的酒香中透着白色花朵、蜂蜜和一丝麝香的香气。口感圆润、丰满，味道柔美，透着一丝精致的新鲜清凉感。余味绵长而香气馥郁。

干白葡萄酒呈现淡黄色的酒裙，拥有活跃而果味浓郁（柑橘）的香气。口感平衡而富含果味，活跃而质感滑腻。

葡萄酒的颜色：	最佳饮用温度：	陈年潜力：
红色和白色。	干白葡萄酒和甜白葡萄酒8～10℃； 红葡萄酒16～17℃。	干白葡萄酒2～3年； 红葡萄酒3～6年； 甜白葡萄酒4～7年。

加龙河和多尔多涅河之间的地区

卡迪亚克法定产区（AOC CADILLAC）

17世纪的美丽古堡卡迪亚克城堡俯瞰着卡迪亚克产区葡萄园。该产区延展在加龙河右岸，位于波尔多东南30公里处。葡萄园享有利于贵腐菌滋生的局部小气候。22个村庄享有标注此法定产区的权利。卡迪亚克产区的葡萄酒拥有很高的性价比。

不要将这一产区和卡迪亚克–波尔多丘谷（Cadillac-Côtes-de- Bordeaux）法定产区混淆，后者只出产红葡萄酒。

> **主要葡萄品种**。赛美蓉、长相思和密斯卡德。

> **土质结构**。黏土质石灰岩、砾石。

> **葡萄酒品味风格**。卡迪亚克产区的葡萄酒呈现金黄色的酒裙，闪着黄玉般的光泽，浓郁的酒香中透着蜂蜜、刺槐花、金银花、蜜饯水果的香气，这也展现出它的优质特性。酒液入口后，柔顺的质感划过口腔，味道丰富而香气馥郁，带有一丝烘烤的香气，并一直持续到余味中。

葡萄酒的颜色：	最佳饮用温度：	陈年潜力：
白色。	8℃左右。	10～15年，甚至更长。

"甜蜜波尔多"

吉隆德省共有11个半甜白和甜白葡萄酒产区——苏玳、巴萨克、卢皮亚克、圣克鲁瓦蒙、波尔多第一丘（Premières-Côtesde-Bordeaux）、超级格拉芙、卡迪亚克、赛龙、超级波尔多、波尔多-圣马凯尔丘、圣弗伊-波尔多。它们全部被划入"甜蜜波尔多"的行列，是"经典优雅、小资情调、宴请交际、节日气氛"的美酒。在发展和吸引年轻人市场的过程中，营销活动总是偏重"甜蜜时光""甜蜜音乐"和"甜蜜聚会"，而不仅仅是强调与鹅肝搭配。下面列举几款这种类型的葡萄酒：

- **奥娜酒庄（Château Haura）**。位于巴萨克村（赛龙法定产区），出产丰满圆润、复杂、味道丰富和平衡的甜白葡萄酒。
- **格拉芙酒庄（Château La Grave）**。位于圣克鲁瓦蒙村（圣克鲁瓦蒙法定产区），秋季酿出的"小路"（Sentiers）美酒表达浓烈、味道丰富、稠密浓郁。
- **小简妮园（Château Petit Clos Jean）**。位于赛龙村（卢皮亚克法定产区），特酿款优雅而浓烈，富有魅力。
- **贝露水酒庄（Château Peyruchet）**。位于卢皮亚克村（卢皮亚克法定产区），出产的甜白葡萄酒最能代表产区的优质特性。

加龙河和多尔多涅河之间的地区

卢皮亚克法定产区（AOC LOUPIAC）

卢皮亚克产区位于波尔多市南面40公里处的小山丘地带。这片葡萄酒产区（350公顷，年产125.5万升）享有理想充足的光照、良好的天然透水透气性和秋季的薄雾，再加上加龙河的湿气，十分有利于贵腐菌的滋生和附着，形成名贵腐烂度，让产区出产品质出色的甜白葡萄酒。

> **主要葡萄品种**。赛美蓉（主导品种）、长相思和密斯卡德。

> **土质结构**。黏土、砾石。

> **葡萄酒品味风格**。卢皮亚克的葡萄酒内容丰富而非常精致，呈现美丽的黄色酒裙，泛着金色的光晕。优雅而复杂，酒香中释放出蜜饯水果、异域水果和无花果的香气，混合着香料面包、黄色花朵、蜂蜜、刺槐花、科林斯（Corinthe）葡萄和李子干的香气。口感丰满、味道丰富，优雅的结构由优美的酸度衬托出来，余味绵长而香气馥郁。

葡萄酒的颜色：	最佳饮用温度：	陈年潜力：
白色。	8℃左右。	100年，甚至更长。

加龙河和多尔多涅河之间的地区

圣克鲁瓦蒙法定产区（AOC SAINTE-CROIX-DU-MONT）

这一波尔多原生的葡萄酒产区位于波尔多市东南部，在苏玳产区对面。450公顷的葡萄园延展在与产区同名的村庄附近的圆丘上。葡萄园享有利于贵腐菌滋生的局部小气候——秋季气候温和而夜晚潮湿。每年出产150万升葡萄酒全部是甜白葡萄酒。

> **主要葡萄品种**。赛美蓉、长相思和密斯卡德。

> **土质结构**。黏土质石灰岩、石灰岩。

> **葡萄酒品味风格**。圣克鲁瓦蒙产区的葡萄酒呈现金黄色的浓郁酒裙，酒香中透着果酱（桃子、杏子）、柑橘、异域水果的香气，混合着一丝葡萄干和无花果干的香气，泛起金银花、刺槐花和蜂蜜的香气。口感味道丰富，酒体丰满，香气馥郁。余味优美、绵长、持久，泛着和鼻中闻到的同样的果香。

葡萄酒的颜色：	最佳饮用温度：	陈年潜力：
白色。	8～10℃。	可以达到10年，甚至更长（也可以在年轻时饮用）。

勃艮第的葡萄园

作为葡萄酒生产的象征，法国勃艮第地区一直保留着和中世纪一样的名称和规模。它被看作法国（甚至全世界！）最著名的葡萄酒产区之一，出产的白葡萄酒和红葡萄酒都非常出名。勃艮第地区的葡萄田块和局部小气候多样，出产的葡萄酒品种和口味丰富，极具魅力，但是对于不了解的门外汉来讲，却有点复杂难懂，摸不着头绪。

修道士、修道院的葡萄园和复杂的等级划分

勃艮第地区是法国和欧洲的南北通道，这里的葡萄酒因此广为人知，并远销各地。

从修道院的建立到法国大革命时期。 人们通常认为勃艮第的葡萄树种植始于公元200年的伯恩周边地区。勃艮第地区葡萄种植的发展与基督教的发展历史密切相关。不仅仅因为葡萄酒是弥撒用酒（圣餐不可缺少的两样东西：面包和葡萄酒，这种习惯一直持续到13世纪。忠诚的基督教徒经常每天都享用它）；还因为中世纪时建立修道院，葡萄树通常是当地庄园主的馈赠，以作为修道院的资金来源之一。教士当中也不缺乏能手，他们耐心仔细地选择田块（或者局部小气候），以便出产品质出色的葡萄酒，卖到尽可能高的价格（见19页）。人们传说教士们甚至亲尝泥土来鉴定园地的品质！可以肯定的是，他们通过品尝出产的葡萄酒来对每块园地做标记，这些葡萄酒往往是用来以物质的方式缴纳杂税。为了避免葡萄果粒被偷（也为了避免与邻居的争执……），他们垒起石头墙，形成了著名的勃艮第“葡萄园圃”。

勃艮第法定产区的数据
种植面积：50 122 公顷
年产量：264 072 400 升
红葡萄酒和桃红葡萄酒：59.8 %
白葡萄酒：35.6 %
克雷芒起泡酒：4.6 %
［勃艮第葡萄酒业协会（BIVB），2007；博若莱葡萄酒行业协会（Inter-Beaujolais），2005］

从大革命时期到第一次等级划分。 法国大革命对于勃艮第地区的果农来说是一次向著名修道院葡萄园地和贵族封地葡萄园进行反击的大好机会：1791年国有资产开始出售，导致出现了分散的葡萄园地，不论是伏旧园（见285页），还是罗曼尼·康帝酒庄（见290～291页）。1861年，“伯恩地区农业委员会”对葡萄园地的等级划分已经有了法定产区系统

> 勃艮第伯恩市的主宫医院，其建筑的屋顶全部采用涂有彩釉的瓦片。

伯恩市济贫院的葡萄酒拍卖

伯恩市济贫院在1452年由尼古拉·罗林（Nicolas Rolin）先生和基龚·沙林（Guigone de Salins）女士创立，是用来抢救和医治穷人的。济贫院通过遗赠得到60公顷葡萄园，出产的葡萄酒不乏一级园和特级园。每年11月的第三个星期天这里举办全世界最大的慈善葡萄酒拍卖会，济贫院园地出产的葡萄酒会成桶出售（装在勃艮第特有的容量为228升的橡木桶里）。这个慈善葡萄酒拍卖会从2005年起由英国佳士得拍卖行承办，拍卖会在济贫院的烛光中进行。这一拍卖会所得资金（2008年达到280万欧元）全部拨捐主宫医院（Hôtel-Dieu），该医院成为当时的救济中心。拍卖会上葡萄酒的拍卖价格将成为整个勃艮第地区葡萄酒当年年份平均定价的参考。

> 勃艮第地区一个村庄的葡萄收获。

的雏形。人们划分出超特级园，或称为“顶级佳酿”，其中包含了罗曼尼·康帝酒庄、伏旧园和香贝丹酒庄等特级园和一级园。这一等级划分在不久之后被简化：法国国家原产地和品质监控命名委员会（INAO）取消了最高的等级，只保留了特级园和一级园的等级。法定产区的法规于1936年制定，最高等级是特级园，紧跟的就是以村庄名字命名的法定产区。

夏布利产区和荣纳省的葡萄园

夏布利产区的出品是优质干白葡萄酒的典范，由酸度带来的清新口感与浓郁的果味形成和谐的平衡，很接近金丘法定产区优质白葡萄酒的品质，但口感更干一些。对于位于葡萄树种植地区偏北的夏布利产区来说，葡萄酒的酿造并不是一件容易的事。这里葡萄树最大的威胁是霜冻，有时候葡萄果农不得不在葡萄地里摆上小暖盆——一种烧油的露天火盆；或把水淋洒在葡萄树上，形成一层起保护作用的冰。

霞多丽在这里被称作“beaunois”，意为伯恩市的品种，尤其适合种植在荣纳省的石灰岩黏土质土壤中。夏布利产区的一级园，特别是特级园，与金丘法定产区的白葡萄酒相比，矿物质味更丰富却不黏稠。产区的特级园几乎全部集中在夏布利市的东北部，在福耶村（Fyé）和波安溪村（Poinchy）之间的地带。

在荣纳省的其它产区——奥塞尔和托内尔（Tonnerrois），出产优质的圣雅克丘（Côte-Saint-Jacques）勃艮第葡萄酒［以前的卓尼山坡（Coteaux-de-Joigny］产区）或威泽雷（Vézelay）勃艮第红葡萄酒，但是相对毗邻的勃艮第南部产区来说，风格比较轻盈。

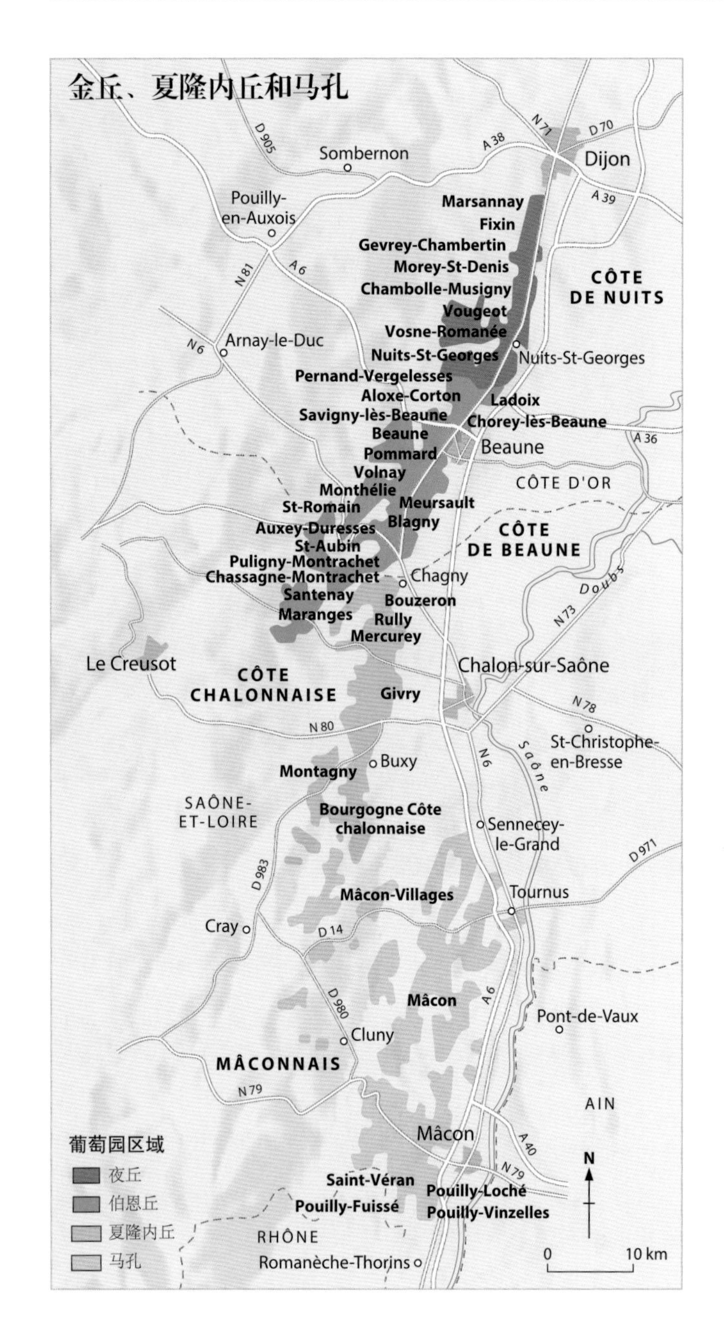

金丘产区

金丘产区从第戎市（Dijon）起，经过伯恩市，直至桑特内市。这片产区酿造出最浓郁复杂、最昂贵及陈年潜力最强的葡萄酒。这些举世闻名的葡萄酒出产在享有盛名的酿酒村庄——沃恩-罗曼尼、波玛、沃尔奈、默尔索、普利尼-蒙哈榭……它们都是法定产区，有着各种不同的微气候，其中最好的被划分为一级园或特级园。产区由两部分区域组成：北面的“夜丘”和南面的“伯恩丘”。“夜丘”出产的几乎都是红葡萄酒，而南面的“伯恩丘”则出产品质同样出色的红葡萄酒和白葡萄酒。

金丘产区的葡萄园地就像它的名字：葡萄树朝向东方，以便最大程度地享受时而有限的阳光。和夏布利产区一样，金丘产区的园地也处于葡萄树种植的北方极限，冬天漫长而严寒，夏季炎热而干燥——这就是为什么不同年份的葡萄酒口感不一样的原因。葡萄园地通常坐落在山坡上，土质由泥岩和石灰岩构成。海拔位于150～400米，最好的葡萄园地一般位于半山腰，而村庄级的葡萄园则一般位于山坡底。

夏隆内丘产区

这片法定产区从金丘产区的南端起向南延伸。土质结构类似于金丘产区，泥灰岩中镶嵌着一些石灰岩，有一片朝阳的陡坡。但是和金丘产区明显的不同是连绵的小山谷。出产的葡萄酒有勃艮第地区餐酒和勃艮第地区级法定产区葡萄酒，以及夏隆内丘法定产区葡萄酒（AOC Bourgogne Côte chalonnaise）。除此之外，产区内5个村庄园地出产的葡萄酒可以标注村庄的名称：布哲宏、吕利、梅谷黑、日夫里和蒙塔尼（Montagny）。出产红葡萄酒、白葡萄酒和克雷芒起泡酒。

马孔（Mâconnais）产区

这片广阔的葡萄酒产区（6920公顷）位于夏隆内丘的南面，出产马孔法定产区的红葡萄酒和白葡萄酒。其中的几个村庄已获得单独作为法定产区的权利，其中布伊村盛名远扬。土质结构一部分是石灰岩山丘，非常适合霞多丽品种的生长，还有一些花岗岩和砂石土混合的土质结构，有利于佳美品种的生长。在维尔（Viré）、克莱赛（Clessé）和吕尼（Lugny）三个村庄附近的园地土质特别适合出产轻纯的白葡萄酒。最高的山丘和最适合葡萄生长的坡地位于产区的南部，就是在这片区域坐落着享有盛名的村庄，酿造品质极佳的霞多丽葡萄酒，如布伊-富赛村和圣维朗村。

博若莱产区

博若莱产区是勃艮第地区最南部并且面积最大的葡萄酒产区，它从马孔市南部一直延展到里昂市郊。但是除了酒商和地域临近之外，博若莱产区和勃艮第地区其它产区几乎没有相似之处。别处常见的石灰岩，在这里却被花岗

您未必了解的小知识

博若莱产区的代表葡萄品种佳美在历史上曾经被禁止在勃艮第地区种植。

1395年，菲利普·阿尔迪（Philippe le Hardi）发布了禁止在勃艮第种植佳美品种的法令（命令全部拔除）：“佳美品种葡萄树是一种惹人生厌并且不光明正大的植物，它酿造葡萄酒的产量过高，对人类危害非常大，因为它酿成的葡萄酒含有浓重的苦味”。但是这项法令并没有多少人遵守实施……佳美品种如果精心管理并控制产量，酿成的葡萄酒的品质可以是非常出色的，比如博若莱产的葡萄酒！

岩和火成岩代替，火成岩来自隔断西面的卢瓦河和索恩河（Saône）的山脉。佳美是产区内的主要品种。这片地区通常出产人们俗称的“解渴之酒”，比较畅销于里昂的小饭店。但这里也出产名优品质的美酒，尤其是博若莱产区的10个特级村庄级葡萄酒，可以陈放熟成多年。葡萄果农通常用“清新爽口”来描述博若莱葡萄酒的清新、不浮华，以及富含新鲜葡萄带来的清新果味。白葡萄酒的产量居于次要地位，但通常品质出色。

> 维耶莫尔特（Vieille Morte）山口周围的葡萄园，位于博若莱地区的西佛莱村（Rivolet）附近。

勃艮第地区的葡萄品种

勃艮第地区的葡萄品种主要有三种：红葡萄品种是黑皮诺和佳美，白葡萄品种是霞多丽。黑皮诺和霞多丽在全世界都有种植，但佳美却种植很少，除了在卢瓦河谷地区。其它葡萄品种如阿里高特和长相思的种植范围很小：阿里高特只在勃艮第地区种植，而长相思则只在圣–布里村（Saint-Bris）种植。

黑皮诺。该葡萄品种很难种植，需要精心照料。勃艮第地区与香槟地区及汝拉地区一样，处于这一品种种植的北方极限。但是黑皮诺在勃艮第地区却长势良好，表现最佳，尤其是在金丘产区，那里出产的红葡萄酒是全世界品质最优的葡萄酒之一。

佳美。这一葡萄品种因其过高的产量而声誉不佳。确实，如果管理不得当，它酿出的葡萄酒颜色清淡、酒液稀而口味平淡，只有经过二氧化碳浸泡法（见下一页）才能使之释放出一点香气。但是如果限制其产量，它酿出的葡萄酒也可以个性丰富、新鲜轻纯，绝不涩重。博若莱地区出产的优质美酒经过几年的陈年熟成，可以和金丘产区的佳酿媲美。如今由于气候变暖，在博若莱地区人们考虑用其它品种来代替佳美，或者至少加入其它葡萄品种。比如用临近地区罗纳河谷产区的西拉。

霞多丽。勃艮第最具代表性的葡萄品种是哪一种？是霞多丽，而且它也最具国际化。它喜欢勃艮第地区所富有的石灰岩土质。它富含的酒香随酿造方法、陈酿方式和风土条件的不同而各异。人们在勃艮第地区经过橡木桶培育的霞多丽葡萄酒中闻到的最典型的香气是奶油和烤面包的香气。

阿里高特。简朴而粗犷的葡萄品种，主要用来酿造易喝的葡萄酒，很少有复杂的结构。但在布哲宏村，阿里高特经常会酿造出个性比较丰富且具有深度的葡萄美酒，通常标注“Aligoté-Bouzeron”（阿里高特–布哲宏）。

长相思。这一品种通常种植在荣纳镇，作为次要的葡萄品种。它来源于卢瓦河谷地区，波尔多地区也有种植，在勃艮第的圣–布里村生长良好，酿造出著名的酒香馥郁的白葡萄酒。

博若莱

Mâcon
SAÔNE-ET-LOIRE
Chasselas
Leynes
Pruzilly
Saint-Vérand
Chânes
St-Mamert
Jullié
St-Amour
Juliénas
Émeringes
Chénas
RHÔNE
Moulin-à-Vent
La Chapelle-de-Guinchay
Vauxrenard
Fleurie
Les Ardillats
Chiroubles
Romanèche-Thorins
Villié-Morgon
Lancié
Beaujeu
Morgon
Corcelles
Lantignié
Régnié
BEAUJOLAIS-VILLAGES
Quincié
St-Jean-d'Ardières
Cercié
Marchampt
St-Lager
Belleville
Brouilly
Côte-de-Brouilly
Charentay
St-Étienne-la-Varenne
Le Perréon
St-Étienne-des-Oullières
AIN
Vaux
Salles-Arbuissonnas
Saint-Julien
Montmelas
Arnas
Rivolet
Villefranche-sur-Saône
Denicé
Chamelet
Cogny
Gleizé
Létra
Liergues
BEAUJOLAIS
Saint-Laurent-d'Oingt
Pommiers
Theizé
Anse
St-Vérand
Lachassagne
Le Bois-d'Oingt
St-Jean-des-Vignes
Sarcey
Châtillon
Chazay-d'Azergues
Bully
Saône
Azergues
Ardières
Arlois
Morgon
Turdine
D95
N6
D18
D52
D9
D37
A6
D485
D504
D43
D904
D70
D38
N7
N
0 5 km

勃艮第地区的酿造工艺

勃艮第红葡萄酒。黑皮诺是一个在成熟期要求非常出色及酸甜度平衡的品种，以至于让酒农非常难以把握采摘时间：太早采摘或当年气候凉爽，会让葡萄酒带有植物的青草气，酒液轻淡而酸度重；过晚采摘或者葡萄果粒受到过度压榨，酿出的葡萄酒涩重、酒精浓烈，缺乏精致感。传统上，人们会保留一部分果梗（果串上果粒之外的植物部分），据说可以给葡萄酒带来丹宁结构，但这种操作方法现在不是那么流行。用橡木桶来培育葡萄酒也是越来越被人们认可的酿造方法，尤其是用在特级园的酿造过程中。但勃艮第地区使用全新橡木桶的比例并没有波尔多地区高。人们把倒桶的频率控制到最低，以避免酒液与空气接触。其它地区如波尔多地区常用的酒液过滤方法在勃艮第地区也没有被广泛应用。

勃艮第白葡萄酒。白葡萄酒的酿造过程没有红葡萄酒那样苛刻和挑剔。如果是金丘或者夏布利产区的一级园或者特级园，人们用小橡木桶酿造。如果是夏布利产区普通的法定产区餐酒或者是马孔产区的葡萄酒，人们则在不锈钢酒罐或者水泥酒罐内酿造，以保留酒液的新鲜和清纯以及令人舒适的简单果香。有时还要经过在橡木桶中的培育。这一过程一直持续到乳酸发酵过程结束，给酒液增添丰富的结构和复杂性。然后葡萄酒液在细腻的酒脚中培育；澄清工序和过滤次数应尽量减至最少。特级园在酿造过程中还要经常进行搅桶（用木棒搅动使酒液和细腻的酒脚充分接触），这样的操作带给葡萄酒丰富的结构、滑腻和圆润的口感。

博若莱地区的情形。为了保留佳美的清新和精致，酒农采用一种特殊的方法——“二氧化碳浸泡法”（详见70页）。这种方法将未经压榨的整串葡萄放入密封的酒罐中进行发酵。葡萄果串的重量挤压使葡萄果粒缓缓压破，慢慢释放出天然酵母。发酵过程中产生的二氧化碳气体使果液保持压力，并避免上层果液发生氧化作用。随后人们实施一次自流和一次压榨过程，然后将得到的两种浆液混合（压榨浆液往往占较少的比例），通常在不锈钢酒罐内继续发酵。随后的培育过程在酒罐或者橡木桶内进行，直到次年9月份装瓶。

博若莱新酒，自1985年起

从1951年开始发展的博若莱新酒规定只能在每年十一月的第三个星期四之后才可以饮用。它是一种果味浓郁、清凉而爽口的新鲜葡萄酒，没有窖藏陈年的潜力，它的作用就是点缀秋末。它闪现着鲜艳而略带淡紫色的光泽，有着新鲜葡萄果粒带来的异域水果的清香。当它被成功酿造、不加糖或少加糖时，是熟食肉类及里昂或巴黎肉肠的绝佳搭配。

> 巴侯园（红葡萄酒）和梅雍吉园（Vignes de Maillonge，白葡萄酒），居约（Juillot）酒庄出产的两款梅谷黑产区葡萄酒。

法定产区和品级划分：一个复杂的系统

最普通级别为地区级法定产区，然后是以村庄或镇的名字命名的产区，最高的等级是一级园和特级园。

地区级命名葡萄酒。它通常指来自勃艮第多个产区之间的混酿酒［如勃艮第混酿葡萄酒（Bourgogne Passetougrain）］，或者次产区级的葡萄酒（如勃艮第上夜丘葡萄酒）。

村庄级命名葡萄酒。主要指的是村庄附近的葡萄园地出产的葡萄酒。比如一款产自热夫雷–香贝丹村的葡萄酒是“热夫雷–香贝丹村法定产区葡萄酒”。但是，有的村镇命名包括了临近村镇，而另一些村镇的法定命名产区不包含这个镇所有的葡萄园地。比如，标注“Nuits-Saint-Georges”（夜－圣乔治）村庄名字的法定产区葡萄酒可能来自临近的村子布雷缪（Premeaux）。

一级园。这一品级主要是为了标注金丘产区或者夏布利产区某些田块或者某些村庄出产的品质名酒。因此，酒标上会标注村庄的名字和田块的名称，如“Gevrey-Chambertin Le Clos Saint-Jacques”（热夫雷–香贝丹圣雅克园）指的就是热夫雷–香贝丹村的圣雅克葡萄围圃。一级园可以酿自单一田块，比如伯恩–热夫雷（Beaune-Grèves）葡萄酒，也可以是由几个都属于一级园的田块出产的葡萄一起酿造而成［如仅标示“伯恩”的一级园（Beaune Premier Cru，无其

正确还是错

勃艮第出产的所有葡萄酒都是单一葡萄品种葡萄酒

错误。勃艮第混酿葡萄酒包含三分之一的黑皮诺品种（作为佳美的补充），勃艮第白葡萄酒和勃艮第克雷芒起泡酒可以含有霞多丽、白皮诺、阿里高特和“勃艮第香瓜”［在荣纳镇还加入萨西（sacy）品种］。

291
299
224
500
394
20
450

品酒骑士团

（La Confrérie des chevaliers du Tastevin）

这一著名协会的名字让人想起中世纪，但是协会却是近代成立的。它是由乔治·法维莱（Georges Faiveley）先生和加缪·罗迪耶（Camille Rodier）先生两位专家为了恢复勃艮第地区在1929年遭受危机重创后被损坏的声誉而成立的。协会是著名城堡伏旧园（但不是葡萄园地）的庄园主，有管理权，吸引了许多新成员（目前在全世界已有1万多名）。它将政界人士和专家学者等各种葡萄酒爱好者组织到一起，作为推广勃艮第葡萄酒的文化使者。从1950年起，它精心挑选品质名酒，标注为“tastevinage”。这是一种严肃和有现代意识的酒标标识……虽然这个标志的设计有点过时！

它标示）]。

特级园。这是单独的法定产区命名。在酒标上，特级园的名称后面总是跟随着“特级园产区命名”（Appellation Grand Cru contrôlée）。比如，特级园红葡萄酒罗曼尼-圣维望（Romanée-Saint-Vivant）的酒标标注为“Romanée-Saint-Vivant, Appellation Grand Cru contrôlée”。一款特级园的出产葡萄园地可以横跨几个村庄，如特级园科尔顿就产自阿罗斯-科尔顿（Aloxe-Corton）、拉杜瓦-塞里尼和贝尔楠-威尔杰雷斯三个村镇的某些田块。

识别勃艮第产区的“小窍门”：名字越短，葡萄酒的等级越高。比如慕西尼（Musigny，特级园）就比香波-慕西尼（村镇名）的等级高；香贝丹（特级园）就比热夫雷-香贝丹（村镇名）的等级高，等等。但是这种方式仍然存在着很多特殊情况。

葡萄酒市场上的主要角色

勃艮第地区的葡萄酒生产和许多其它产酒地区一样，有三种生产和经营方式：独立酒农、酒商和合作酿酒厂，各自都拥有自己的特点和专长。

独立酒农。勃艮第出产的著名葡萄酒一直以来都非常昂贵，近年来也是如此，价格不断创新高。金丘无疑是小规模独立酒农的王国，不仅因为出产的葡萄酒十分出名，更因为其多样的局部小气候和复杂的产区命名。1970年以来，在产区就地装瓶的形式大量发展。但是由于园地的面积非常小［当然除了几片大的葡萄园，如乐桦庄（Leroy）、皮约酒庄（Domaine Prieur）、沃居耶庄（Domaine de Vogüé）］，导致生产商极少有老年份的葡萄酒出售（有的甚至只有上一年份的葡萄酒的存货）。也正是这些田地的规模导致了同一产区葡萄酒的质量可以良莠不齐：小酒农在恶劣年份或者其它不利情况下，不一定能够通过将几个不同田块的酒液混酿在一起的方法来解决困境。因此，最好的和最差的园紧挨在一起，虽然存在一些标签如Tastevinage（见本页框内内容）等，消费者有时还是很难辨别。葡萄酒的价格也是一个重要且可靠的参照因素，如果一款特级园的价格比邻居们出产的葡萄酒价格还要低很多，消费者需要谨慎对待。因此，一些杰出酒农的酒［如桑桐-布里艾野庄（Chandon de Briailles）、科奇庄（Coche-Dury）、拉芳伯爵庄（Comtes Lafon）或者米奥-卡木泽庄（Méo-Camuzet））］常常价格不菲，大部分销往国外和著名的餐厅。

勃艮第的酒商。在勃艮第地区，葡萄酒酒商和别处的一样，并不满足于仅仅经销别人酿造的葡萄酒。我们首先要区分纯粹的葡萄酒酒商和葡萄酒生产酒商，葡萄酒生产酒商买入葡萄（或葡萄酒），进行酿造、混酿、培育后投放到市场。人们经常批评这样的葡萄酒风格单一，其中一些品质平庸。但是如果掌握好混酿的技巧，生产酒商们酿造的大量葡萄酒可以消除勃艮第葡萄园地因分割零碎、局部小气候变化无常等因素带来的不利影响。这些生产酒商往往有自己的酒园，拥有一级园和特级园，它们的质量可以与杰出酒农的产品一竞高低。正是因为拥有这种稳定性优势，生产酒商的产品往往价格更高！勃艮第地区的酒商和香槟地区的一样，承包了大部分的葡萄酒出口业务。

合作酿酒厂。人们有一种误解，认为勃艮第独立甚至个人主义的酒农会拒绝合作酿酒厂这种葡萄酒生产方式。但是不管怎么说，这种生产方式范围是最广泛的，比如勃艮第的夏布利、高地（Hautes Côtes）、马孔和博若莱及金丘都有存在。其中一些品质出色，如夏布利合作酿酒厂（La Chablisienne）或碧西（Buxy）合作酿酒厂出产的葡萄美酒品质极优。这些酿酒厂如今拥有顶尖的设备（这通常是独立酒农所不具备的），并且鼓励合作社成员出产尽可能优质的葡萄。

您未必了解的小知识

自19世纪末，金丘的几个村庄将其最好的优质园地名称正式加入村庄名称中。

这就是为什么香波（Chambolle）村庄级产区在1882年名字变为香波-慕西尼、热夫雷（Gevrey）产区变为热夫雷-香贝丹的原因。还有两个村庄级产区普利尼（Puligny）和夏山（Chassagne），其在村庄名字后面加注著名的蒙哈榭园地。阿罗斯（Aloxe）后加注了科尔顿园地的名字，科尔顿园地的名称出现在贝尔楠-威尔杰雷斯村和拉杜瓦村（Ladoix）。而沃恩（Vosne）则加注了著名的罗曼尼（Romanée）园地。

勃艮第地区葡萄酒法定产区（AOC）

** 特级园　* 村庄级（包括一级园）

地区级和大区级法定产区葡萄酒（勃艮第所有产区出产）
- Bourgogne Aligoté
- Bourgogne rosé ou Bourgogne clairet
- Bourgogne Grand Ordinaire ou Bourgogne ordinaire
- Bourgogne Passetougrain
- Crémant de Bourgogne

夏布利
- Petit Chablis
- Chablis *
- Chablis Grand Cru **
- Bourgogne Côte-de-Saint-Jacques

奥塞尔、托内尔和维哲连（VÉZELIEN）
- Bourgogne Chitry
- Bourgogne Côtes d'Auxerre
- Bourgogne Coulanges-La-Vineuse
- Bourgogne Épineuil
- Bourgogne Vézelay
- Irancy
- Saint-Bris

夜丘
- Bonnes-Mares **
- Bourgogne Hautes-Côtes-de-Nuits
- Bourgogne La Chapelle-Notre-Dame
- Bourgogne Le Chapitre
- Bourgogne Montrecul
- Chambertin **
- Chambertin-Clos de Bèze **
- Chambolle-Musigny *
- Chapelle-Chambertin **
- Charmes-Chambertin **
- Clos de la Roche **
- Clos de Tart **
- Clos de Vougeot **
- Clos des Lambrays **
- Clos Saint-Denis **
- Côte-de-Nuits-Villages
- Échezeaux **
- Fixin *
- Gevrey-Chambertin *
- Grands Échezeaux **
- Griotte-Chambertin **
- La Grande Rue **
- La Romanée **
- La Tâche **
- Latricières-Chambertin **
- Marsannay
- Mazis-Chambertin **
- Mazoyères-Chambertin **
- Morey-Saint-Denis *
- Musigny **
- Nuits-Saint-Georges ou Nuits *
- Richebourg **
- Romanée-Conti **
- Romanée-Saint-Vivant **
- Ruchottes-Chambertin **
- Vosne-Romanée *
- Vougeot *

伯恩丘
- Aloxe-Corton *
- Auxey-Duresses *
- Bâtard-Montrachet **
- Beaune *
- Bienvenues-Bâtard-Montrachet **
- Blagny *
- Bourgogne Hautes-Côtes de Beaune
- Chassagne-Montrachet *
- Chevalier-Montrachet **
- Chorey-lès-Beaune ou Chorey
- Corton **
- Corton-Charlemagne et Charlemagne **
- Côte-de-Beaune
- Côte-de-Beaune-Villages
- Criots-Bâtard-Montrachet **
- Ladoix-Serrigny ou Ladoix *
- Maranges *
- Meursault *
- Monthélie *
- Montrachet **
- Pernand-Vergelesses *
- Pommard *
- Puligny-Montrachet *
- Saint-Aubin *
- Saint-Romain
- Santenay *
- Savigny-lès-Beaune ou Savigny *
- Volnay *

夏隆内丘
- Bourgogne Côte chalonnaise
- Bourgogne Côtes-du-Couchois
- Bouzeron
- Givry *
- Mercurey *
- Montagny *
- Rully *

马孔
- Mâcon
- Mâcon suivi d'un nom de village
- Mâcon supérieur
- Mâcon-Villages
- Pouilly-Fuissé
- Pouilly-Loché
- Pouilly-Vinzelles
- Saint-Véran
- Viré-Clessé

博若莱
- Beaujolais
- Beaujolais-Villages
- Beaujolais supérieur
- Brouilly
- Chénas
- Chiroubles
- Côte-de-Brouilly
- Fleurie
- Juliénas
- Morgon
- Moulin-à-Vent
- Régnié
- Saint-Amour

勃艮第最著名的葡萄酒产区和葡萄酒

在勃艮第，除了博若莱红葡萄酒自成风格之外，其它产区出产的葡萄酒风格相对一致。其北部出产的白葡萄酒更干，矿物质味更浓郁，而金丘产区的葡萄酒质感更稠腻且酒香更浓郁。大部分白葡萄酒都酿自霞多丽，即使不是完全相似也具有一个家族酒类的共性。勃艮第地区的红葡萄酒个性则丰富多样：混酿葡萄酒和夜丘红葡萄酒几乎没有相似之处。

整个地区

勃艮第克雷芒起泡酒法定产区（AOC CRÉMANT DE BOURGOGNE）

在勃艮第地区，19世纪就开始酿制起泡酒，但是直到1975年才获得勃艮第克雷芒起泡酒法定产区命名的权利（起泡酒是由静态酒在瓶中经二次发酵，酿成后可以以此命名）。虽然不能与附近著名的香槟酒媲美，但勃艮第的起泡酒通常拥有很高的性价比。

> **主要葡萄品种**。桃红起泡酒主要酿自黑皮诺和佳美（最多占20%）；白起泡酒主要由霞多丽（最少占30%）、阿里高特、“勃艮第香瓜”和萨西等品种混酿而来。

> 土质构造。几乎所有的勃艮第园地土层中都含有石灰泥岩及香槟地区常见的白垩土，南部还有一些花岗岩。

> **葡萄酒品味风格**。白中白起泡酒（blanc de blancs）散发着白色花朵、柑橘和青苹果的香气，随着时间慢慢演化成白色水果和烤面包的香气。

黑中白起泡酒（blanc de noirs）散发出小粒水果（樱桃、黑醋栗或覆盆子）的清香。这款酒口感浓烈，余味绵延不绝。陈酿窖藏会给它增添浓郁的质感和圆润的口感，透着干果的香气，并夹着一丝蜂蜜或者香料的味道。

粉红起泡酒（由黑皮诺单独酿制或与佳美混酿）是一种精致的起泡葡萄酒，透着美妙的红色水果清香。

葡萄酒的颜色：
白色和桃红色。

饮用温度：
根据场合不同（作为开胃酒还是配餐酒），4～9℃。

陈年潜力：
最多3～5年。

整个地区

勃艮第混酿葡萄酒法定产区（AOC BOURGOGNE PASSETOUGRAIN）

这一产区命名（有时也写成“Passe-tout-grain”）创立于1937年，它出产的红葡萄酒或桃红葡萄酒酿自来源于整个勃艮第地区的葡萄果粒，三分之二出自白色果肉的黑佳美，三分之一出自黑皮诺。它是用混合的葡萄果粒在酒罐中酿造，而不是用酒液混酿。由于历史的原因，勃艮第地区喜欢单一品种葡萄酒，所以这种混酿酒就显得新奇而引人注意了。桃红葡萄酒的产量较少，采用在酒罐中对去梗或未去梗的葡萄不进行压榨而直接发酵的酿造方法。

> **主要葡萄品种**。黑皮诺和佳美。

> 土质结构。黑皮诺遍种整个勃艮第地区，佳美主要种植在马孔产区，土质通常是硅质岩、黏土、沙土或者花岗岩。

> **葡萄酒品味风格**。出产的红葡萄酒的品味风格取决于黑皮诺和佳美所占的比例。但这个产区的红葡萄酒的风格通常是果味浓郁、质感轻纯，基本上属于“解渴之酒”。酒裙可能会闪现淡紫色或者紫红色的光晕，年轻的酒液整体透着光泽。桃红葡萄酒的颜色更暗沉，透着橘色；浓郁的酒香中透着醋栗和蜜桃的清香。

葡萄酒的颜色：
红色和桃红色。

饮用温度：
红葡萄酒和桃红葡萄酒都是12℃。

陈年潜力：
最多3～5年。

夏布利、小夏布利法定产区（AOC CHABLIS, PETIT CHABLIS）

夏布利和荣纳镇

在根瘤蚜虫害侵入之前，勃艮第地区三分之一的葡萄酒都产自围绕着夏布利小镇周围的区域，这里从9世纪时起就出产干白葡萄酒。这片葡萄园位于勃艮第地区最北面，特别容易遭受春天的霜冻。

在全世界范围内，夏布利都是矿物质味浓郁的干白葡萄酒的代名词。甚至美国加州都曾经窃用它的名号！小夏布利产区名声稍逊一些，出产的葡萄酒的质感比夏布利产区出产的要轻一些，香气也没有那么浓郁……但价格也便宜！

> 单一葡萄品种。霞多丽。

> 土质结构。由晚侏罗纪的石灰岩和黏土组成的山丘。

> 葡萄酒品味风格。很早以前，夏布利产区的葡萄酒就在橡木桶中培育，但很少使用全新橡木桶。不锈钢罐给葡萄酒酿酒工艺开辟了新天地。在橡木桶中培育葡萄酒使酿出的葡萄酒滑腻，有时更丰富浓郁，但是一些如榛子等的干果香气只需要几年的陈酿，也能在不锈钢酒罐酿造的葡萄酒中生成。如果人们把酿出的葡萄酒陈放熟成3～4年，酒液会变得丰富浓郁。

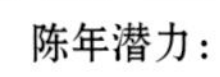

葡萄酒的颜色：	饮用温度：	陈年潜力：
白色。	10～11℃。	夏布利3～6年； 小夏布利最多4年。

夏布利特级园、夏布利一级园法定产区（AOC CHABLIS GRAND CRU, CHABLIS PREMIER CRU）

夏布利和荣纳镇

夏布利特级园和夏布利一级园均属于勃艮第最负盛名的白葡萄酒。特级园源自7个微风土地块，名字后面可以标注"Chablis Grand Cru"（夏布利特级园），它们分别是：布朗索（Blanchot）、布格罗、雷克劳（Les Clos）、青蛙（Grenouilles）、布赫斯（Preuses）、瓦尔穆尔（Valmur）和沃德吉尔（Vaudésir）。它们比临近产区伯恩丘的葡萄酒价格更实惠一些，相比起没有名酒标注的夏布利产区的一般葡萄酒，特级园更具陈年熟成的潜力，随时间推移会增添丰富的结构和内容。一级园的数量更多一些，其中最著名的有福寿园（Fourchaume）、孟德·托内尔（Montée de Tonnerre）、蒙·密里尔（Monts de Milieu）、蒙曼（Montmains）和沃谷班（Vaucoupin）。

> 单一葡萄品种。霞多丽。

> 土质结构。石灰岩结构，其中仍然能够发现微小的牡蛎化石，这些化石形成于远古时期，当时勃艮第地区仍被一片温暖的浅海洋覆盖。

> 葡萄酒品味风格。各种风格的葡萄酒很难一一辨别，主要源于葡萄种植的方法和酿酒工艺的差异以及多样的风土条件。在酒窖中陈年熟成至少5年之后，夏布利特级园和一级园会演化成为结构丰富而香气奔放的美酒，年轻时富有的椴花、干果、偶尔还有蘑菇的香气会被燧石和火石的香气所取代。

葡萄酒的颜色：	饮用温度：	陈年潜力：
白色。	12～14℃。	夏布利一级园最多10年； 夏布利特级园10～15年，甚至更长。

夏布利产区最佳酒庄

- **夏布利合作酿酒厂**。这一合作酿酒厂出产夏布利产区大约三分之一的葡萄酒。它的每一款葡萄酒都无可挑剔，最好的葡萄酒酿自被划分用于酿制一级园的老葡萄树。最名贵的一款酒是特级园青蛙古堡（Château Grenouilles），因非常罕见而供不应求。
- **贝茹酒庄（Château de Béru）**。一片拥有400年历史且充满活力的庄园！它的葡萄园地在20世纪初被根瘤蚜虫害一扫而光，直到1987年被重新种植。这个庄园出产夏布利·贝茹园（Chablis Clos Béru）葡萄酒、一级园沃谷班葡萄酒和一款优质的村庄级夏布利葡萄酒。
- **拉罗什酒庄（Domaine Laroche）**。夏布利产区面积最广阔的葡萄园之一（100公顷）。它出产夏布利最优秀的村庄级葡萄酒夏布利·圣马丁（Chablis Saint-Martin）。资深且有经济实力的葡萄酒爱好者找寻的是该酒庄极为珍稀的特酿欧贝迪安瑟利（Réserve de l'Obédiencerie），它是夏布利产区的特级园，酿自布朗索村极其微小的田块里的老藤葡萄树。
- **威廉·费伍酒商（William Fèvre）**。这家酒商是宝尚父子公司的子公司，拥有勃艮第面积最大的特级园园地。他们是使用全新橡木桶陈年的支持者之一。

菲克桑村法定产区（AOC FIXIN）

夜丘地区

这个小村庄［以及菲克桑村（Fixey）］位于夜丘地区最北端，主要出产红葡萄酒，很少被葡萄酒爱好者熟悉，葡萄酒的特点类似热夫雷–香贝丹产区的葡萄酒。产区内出产几款一级园，它们是艾尔弗雷（Les Hervelets）、北里埃尔（La Perrière）、沙比特尔园（Le Clos du Chapitre）和拿破仑园（Le Clos Napoléon）。

> **主要葡萄品种**。黑皮诺。

> 土质结构。石灰岩棕土壤。一级园的园地土质比较一致，有些园地会有一些泥灰岩结构（如艾尔弗雷）；其它地方是石灰岩和泥灰岩混合的结构。

> 葡萄酒品味风格。出产的葡萄酒口感浓烈而不失精致，拥有很好的丹宁结构，但不涩口。偏深色的酒裙，散发着高贵的黑皮诺葡萄品种特有的香气（紫罗兰、黑醋栗和酸樱桃）；经过几年的陈年熟成，香气会演化成一些动物性的香气和香料的香气。

葡萄酒的颜色：	饮用温度：	陈年潜力：
红色。	13 ~ 15℃。	10 ~ 15年。

热夫雷–香贝丹村法定产区（AOC GEVREY-CHAMBERTIN）

夜丘地区

这一产区范围广阔，同时是夜丘地区最著名的产区，也是最容易理解的产区！这里的特级园全部都用一样的主要村庄名来命名。9个特级园——香贝丹园、夏姆–香贝丹园（Charmes-Chambertin）、香贝丹–贝子园（Chambertin-Clos de Bèze）、小教堂–香贝丹园（chapelle-Chambertin）、樱桃–香贝丹园（Griotte-Chambertin）、拉提稀耶–香贝丹园（Latricières-Chambertin）、玛兹–香贝丹园（Mazis-Chambertin）、玛佐耶尔–香贝丹园（Mazoyères-Chambertin）、鲁索特–香贝丹园（Ruchottes-Chambertin）——共有87公顷园地：比其它村庄园地面积都要大。历史上拿破仑就号称只饮用香贝丹–贝子园的葡萄酒，人们说他将葡萄酒掺水饮用。这个产区还出产26个一级园的葡萄酒。

> **单一葡萄品种**。黑皮诺。

> 土质结构。石质坚硬，表层覆盖着一层薄薄的软泥棕壤；山坡上是石灰岩和泥灰岩石。

> **葡萄酒品味风格**。最好的热夫雷–香贝丹园葡萄酒口感浓烈，果味浓郁且丹宁浓重，结构匀称，使它可以经得起长年陈放。葡萄酒液年轻时呈现鲜艳的酒裙，随着时间逐渐演化成深红色直至黑樱桃色。酒香中透出黑醋栗、酸樱桃和覆盆子的清香，随时间演变为可可、咖啡和灌木丛的味道和气息。口感圆润丰满。

特级园的品质很少让人失望，但是零散的地块使得葡萄酒的质量偶有波动。有些一级园，如著名的圣雅克园（Clos-Saint-Jaques），完全可以与特级园相媲美。

葡萄酒的颜色：	饮用温度：	陈年潜力：
红色。	14 ~ 16℃ 。	10 ~ 30年。

莫黑–圣丹尼法村定产区（AOC MOREY-SAINT-DENIS）

夜丘地区

这是一个位于两大著名产区（热夫雷–香贝丹和香波–慕西尼）中间的小村庄。葡萄园地坐落在从热夫雷镇到伏旧镇的石灰岩山坡上。这个以村庄命名的产区内坐落着两座特级园，都是典型的勃艮第名庄园地，即以前修道院用院墙隔开的葡萄园地：塔尔园（Clos de Tart，只属于一个庄园主）和圣丹尼园（Clos Saint-Denis）；还有一级园布希尔园（Clos de la Bussière），也是典型的勃艮第园地。其它特级园还有岩园（Clos de la Roche）和朗布黑园（Clos des Lambrays），以及奔马园（Bonnes-Mares）园地的一部分（另一部分园地落在香波–慕西尼产区）。

莫黑–圣丹尼产区出产夜丘地区经典的可以长年陈酿的勃艮第红葡萄酒，结构丰富而结实。由于它在公众中的知名度较低，使得这一产区的葡萄酒拥有很高的性价比，至少与它声名显赫的邻近产区比起来是这样。

> **主要葡萄品种**。黑皮诺。

> **土质结构**。石灰岩和黏土质石灰岩。

> **葡萄酒品味风格**。根据它们的来源，莫黑村出产的葡萄酒一部分带有热夫雷–香贝丹葡萄酒的强劲，另一部分拥有香波村葡萄酒的细致。总体上讲，这个村的葡萄酒非常有档次和品质，酒里透着非常浓郁的紫罗兰和草莓的香气，有时还夹着松露的香气。

葡萄酒的颜色：	饮用温度：	陈年潜力：
红色。	14 ~ 16℃。	10 ~ 30年。

香波-慕西尼村法定产区（AOC CHAMBOLLE-MUSIGNY）

夜丘地区

一直到1878年，香波村才被允许在它的产区名字后加上同其“微风土”一样著名的“慕西尼”的名字，这片产区相拥着伏旧园。

香波-慕西尼产区以前曾经是西多修道院（l'abbaye de Cîteaux）的封地，产区内出产两款特级园：奔马（与莫黑-圣丹尼产区共享）和慕西尼。香波-慕西尼产区出产的红葡萄酒的风格比香贝丹产区出产的红葡萄酒更女性化一些，有着沁人心脾的清香和味道，通常被看作是夜丘地区最精致、最细腻、最优雅的葡萄酒。即便是酒庄名字的轻柔发音，也让人联想起葡萄酒的优雅和轻柔。

一级园的品质亦是数一数二的，最好的是爱侣园（les Amoureuses）。这个酒庄园地紧挨着慕西尼园，在其稍低的位置上。人们能够找到（更确切地说，是寻觅……）慕西尼白葡萄酒，但其产量微乎其微。

> 主要葡萄品种。黑皮诺。

> 土质结构。石灰岩质，经常混合着泥灰岩黏土质。

> 葡萄酒品味风格。村庄内最好的葡萄酒表现出强劲（比较内敛）和优雅相结合的风格，属于勃艮第地区最好的红葡萄酒产区之一。但是与莫黑-圣丹尼村和热夫雷-香贝丹村的红葡萄酒比起来，丹宁和结构感较弱。葡萄酒早期的酒香中透着紫罗兰花香和小粒红色水果的清香；随着时间的推移和葡萄酒的熟成演化，会透出更成熟、更辛辣和动物性更浓的香气（李子干、松露和灌木丛的香气）。

葡萄酒的颜色：
红色。

饮用温度：
14～16℃。

陈年潜力：
10～20年。

伏旧园法定产区（AOC VOUGEOT）

夜丘地区

伏旧园可以说是勃艮第地区的代表，也是这里最著名的村子。村子里的葡萄园被分为面积极小的田块，被多个酒农分别持有（80多个酒农分割了50公顷的园地），葡萄酒的风格会因各个酒庄的设备状况和酿酒师的酿酒方式而异。但这个以当地的伏旧河（Vouge）命名的村庄，不单单只有这一个伏旧园圃。伏旧园圃从12世纪起就一直作为西多修道院的封地，而伏旧园里的中世纪城堡一直是品酒骑士团（见280页框内内容）的聚会场所。

这里还出产一小部分白葡萄酒，主要是一级园白园［Clos Blanc，有时也称为白藤（Vigne Blanche）］，这在夜丘地区比较少见。

> 主要葡萄品种。红葡萄品种是黑皮诺；白葡萄品种是霞多丽。

> 土质结构。在山丘高处分布着细腻的石灰岩棕壤土质；朝下走，就是石灰岩黏土质泥灰岩。

> 葡萄酒品味风格。伏旧园村的红葡萄酒有着深红色的酒裙，年份较浅时几乎是紫罗兰色。口感强劲、丰富，年轻时较甜润，透出紫罗兰和小粒黑色水果（如黑醋栗）的清香。那一丝泥土的芬芳，虽然在其它村出产的葡萄酒中也存在，但并不像在这个村一样明显，这是辨识它的方法。它虽然不是勃艮第最细腻精美的葡萄酒，但其醇厚的口感和天鹅绒般丝滑的质感令人回味无穷。

村里出产的白葡萄酒较干，有着浓郁花香（山楂、刺槐），还有一丝烤面包的香气。口感方面矿物质味浓重，近似阿罗斯-科尔顿葡萄酒，比伯恩丘的优质白葡萄酒更轻柔一些；经过几年的陈年熟成过程，酒香更加浓郁、辛辣。

葡萄酒的颜色：
红色和白色。

饮用温度：
白葡萄酒12～13℃；
红葡萄酒14～16℃。

陈年潜力：
白葡萄酒5～10年；
红葡萄酒10～20年。

沃恩-罗曼尼村法定产区（AOC VOSNE-ROMANEE）

南临夜-圣乔治村，北临香波-慕西尼和伏旧园，这一村子地处美丽的沃恩-罗曼尼村和弗拉杰-伊瑟索村（Flagey-Échezeaux）的周围和北部，至少拥有8个特级园，其中罗曼尼·康帝（见290～291页）与拉塔西（La Tâche）属同一庄园主独家所有。某些特级园规模很小［罗曼尼、大街园（La Grande Rue）——1992年从一级园升级为特级园］，另外几处［李其堡（Richebourg）、罗曼尼-圣维望、伊瑟索、大伊瑟索（Grands Échezeaux）］面积只稍大一点。这些葡萄园面积虽然小，但仍然由多个庄园主共享所有权。

特级园和一级园全部分布在村庄北部。以特级园罗曼尼·康帝为代表，村内特级园葡萄酒的卖价是勃艮第地区最高的。几个一级园，如马尔工索（Malconsorts）、苏索（Suchots）、牧场（Chaumes）、欧布鲁雷（Aux Brûlées）和波蒙（Beaux Monts）等，出产的葡萄酒品质非常出色，在好年份甚至可以与特级园媲美。

> **主要葡萄品种**。黑皮诺。

> 土质结构。石灰岩和黏土泥灰岩混合的土质，泥灰岩黏土的厚度从几厘米到1米不等。

> 葡萄酒品味风格。特级园葡萄酒口感醇厚、酒体丰满，尤其是罗曼尼·康帝园的作品。沃恩-罗曼尼村产区内葡萄酒的共同特性包括强劲的丹宁结构、丰富的酒体、丝滑却又强劲的质感。经过若干年的陈年后，后期香气形成，酒液会散发出香料、皮革、灌木丛和紫罗兰的香气。

葡萄酒的颜色：
红色。

饮用温度：
14～16℃。

陈年潜力：
10～30年；
好年份的特级园陈年时间更长。

夜丘地区
最佳葡萄酒精选

应该选择独立酒农出产的葡萄酒还是酒商的葡萄酒？这是喜爱勃艮第优质美酒的葡萄酒爱好者的难题。独立酒农的作品有可能品质超群，但在市场上很难找到。而酒商的葡萄酒不一定是产区内最出色的，价格也不一定最平易近人，但是品质一般比较稳定。其中一种解决方案就是选择当地酒商自家园地酿出的葡萄酒，水平通常很高，因为这种酒通常是酒商的“招牌酒”。

- **法维莱酒庄（Domaine Faiveley）：达莫德园（Damodes），夜-圣乔治一级园**。同时采用现代（低温浸泡法）和传统相结合的酿造工艺，不在全新橡木桶中过度培育，呈现紧致匀称的酒裙。这款葡萄酒不失为夜丘地区最好的一级园之一（酒庄所在的村子没有特级园）。
- **利洁·贝莱尔酒庄（Domaine Liger-Belair）：李奇堡特级园**。梯布·利洁·贝莱尔先生（Thibault Liger-Belair）于2001年决定重新接管这片创立于1720年的古老葡萄园，它之前一直由佃户管理经营。他花了几年的时间把园地转变成生物动力学有机葡萄田，唯一的目的就是为了提升品质。您只需要品尝该园地出产的李奇堡葡萄酒，就会知道他已达成心愿。
- **梅奥-卡穆泽酒庄（Domaine Méo-Camuzet）：伏旧园特级园（Clos de Vougeot Grand Cru）**。这是位于沃恩-罗曼尼村的一处漂亮的家族产业，出产的葡萄酒是伏旧园最好的葡萄酒之一，酒体丰富凝集、复杂而浓郁。它的葡萄田块在伏旧园葡萄田的高处，靠近城堡建筑，自然条件得天独厚。

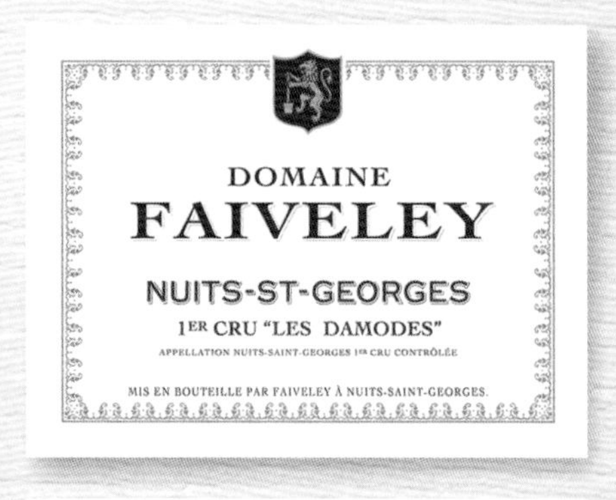

夜丘地区

夜-圣乔治村法定产区（AOC NUITS-SAINT-GEORGES）

这座小城被赋予了夜丘这个名字，长期以来一直在葡萄酒批发业务中与伯恩产区一竞上下。伯恩有几个较大的葡萄酒商，占据主导地位。虽然这里还剩下几个大型酒商［法维莱、拉布雷·华（Labouré-Roi）］，如今还是伯恩占据了酒商这个主要市场。

在夜-圣乔治，除了布雷缪-布里塞村（Premeaux-Prissey）外，剩下的葡萄园地位于一片7公里长、连绵起伏的山坡上，地质气候多样，这也是它出产的葡萄酒多样化的原因。产区出产的几乎都是红葡萄酒（98%的产量），主要酿自黑皮诺。还存在少量霞多丽，酿制品质出众但产量极小的白葡萄酒。产区内没有特级园，却有40多款一级园。

夜-圣乔治村也和伯恩市一样拥有济贫院，但规模要小得多，只拥有8.8公顷的优质葡萄园地。这片葡萄园出产的葡萄酒质感强劲有力。

> 主要葡萄品种。红葡萄品种是黑皮诺；白葡萄品种是霞多丽。

> 土质结构。北部的丘陵含有冲积沉积，南面土质表层是石灰岩黏土质泥灰岩，整个产区的园地基岩都是石灰岩。

> 葡萄酒品味风格。因园地地理位置不同，所出产的葡萄酒风格各异。北部沃恩村附近的葡萄园地和南部布雷缪村周围出产的红葡萄酒就很不一样：北部酒体丰满而香气浓郁（一级园达莫德与沃恩-罗曼尼村毗邻）；南部葡萄酒香气馥郁、风格粗犷，主要归因于厚重的土质。产区出产的红葡萄酒总体上强劲，酒色深重，有时呈现紫色幽光；酒香中透着红色水果的清香，年轻时为黑醋栗和甘草的香气，陈年后演化成皮革和松露的香气。

白葡萄酒非常罕见，陈放1～2年后呈现漂亮的金黄色酒裙，酒香由一开始的奶油蛋糕的香气慢慢演化成白色花朵的香气。

葡萄酒的颜色：
红色和白色。

饮用温度：
白葡萄酒12～13℃；
红葡萄酒14～16℃。

陈年潜力：
白葡萄酒4～8年；
红葡萄酒5～10年。

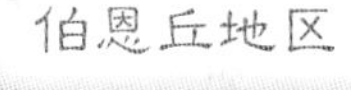

阿罗斯-科尔顿村法定产区（AOC ALOXE-CORTON）

阿罗斯-科尔顿村庄主要被科尔顿山丘及两大特级园所占据：科尔顿酒庄（出产伯恩丘地区唯一的一款特级园红葡萄酒，其葡萄园地是勃艮第地区规模最大的）和科尔顿-查理曼酒庄（只出产白葡萄酒）。

传说科尔顿-查理曼酒庄曾经是查理大帝的私人产业，775年捐赠给了索留尔市（Saulieu）教会。还有其它一些关于这款神秘葡萄酒的传说，例如它之所以受到查理大帝的偏爱，是因为喝它时不会沾染查理大帝的胡须……

> 主要葡萄品种。红葡萄品种是黑皮诺；白葡萄品种是霞多丽。

> 土质结构。科尔顿酒庄位于山丘的东面山坡上，而科尔顿-查理曼酒庄则占据南面和西南面的山坡，那里海拔相对较低，含有相当比例的白垩土。土丘坡底园地出产的葡萄酒没有高处园地的强劲，口感更轻柔一些。

> 葡萄酒品味风格。红葡萄酒液在年轻时丹宁浓重、香气浓郁，出色地诠释了当地的风土特色。经过几年在瓶中的陈年后，散发出水果和香料的香气。至少要经过5年的陈酿后才适合饮用。

阿罗斯-科尔顿村出产的白葡萄酒号称世界上品质最出色的葡萄酒之一，年轻时酒香中透着香料的香气，矿物质味显著，经过5年的窖藏之后会释放出榛子等干果和香料的香气，陈年潜力达15年甚至20年。

葡萄酒的颜色：
红色和白色。

饮用温度：
白葡萄酒12～14℃；
红葡萄酒14～16℃。

陈年潜力：
白葡萄酒10～20年；
红葡萄酒10～30年。

拉杜瓦-塞里尼村法定产区（AOC LADOIX-SERRIGNY）

伯恩丘地区

拉杜瓦村是伯恩丘产区最靠近第戎市的村庄，它与阿罗斯-科尔顿和贝尔楠-威尔杰雷斯一起承载着特级园科尔顿和科尔顿-查理曼的葡萄园地，这两座特级园占据了此处最好的山坡。不久前，法国国家原产地和品质监控命名委员会（INAO）把几个小田块升级为一级园，其中包括上姆洛特（Hautes-Mourottes），这个酒庄出产的红葡萄酒与阿罗斯—级园的葡萄酒类似。白葡萄酒相对较少（占产量的20%），但质量上乘。

> **主要葡萄品种**。红葡萄品种是黑皮诺；白葡萄品种是霞多丽。

> 土质结构。砾石、石灰岩和相当含量的泥灰岩。

> 葡萄酒品味风格。最好的红葡萄酒的口味让人想起科尔顿酒庄，虽然没有它的丰满酒体和圆润的质感，但风味和香气都很精致（酒香中透出覆盆子、酸樱桃的清香，陈年后会生成香料和可可的香气）。

白葡萄酒的风格出人意料，透着牛油的香气和一些植物性香气——尽管它不具备伯恩产区优质白葡萄酒所拥有的丰富内涵和强劲的风格。

葡萄酒的颜色：	饮用温度：	陈年潜力：
红色和白色。	白葡萄酒11～12℃； 红葡萄酒14～16℃。	白葡萄酒5～10年； 红葡萄酒10～15年。

伯恩法定产区（AOC BEAUNE）

伯恩丘地区

这座中世纪富足的魅力古城伯恩得益于几个世纪以来金丘产区的葡萄酒贸易，这一点显而易见！它是一个旅游和文化圣地，也是整个地区的中心，每年11月的第3个星期天在这里举办伯恩济贫院葡萄酒拍卖会（详见274页）。

这是一片广阔的葡萄酒产区（园地面积达320公顷），拥有大量的一级园，其中几款完全可以和特级园媲美［穆什园（Clos des Mouches）、皇园（Clos du Roi）以及酒商宝尚父子在热夫雷“局部气侯地块”出产的耶稣之子（Enfant-Jésus）葡萄酒等］。这片产区通常出产红葡萄酒（占98%的产量）。白葡萄酒很罕见，但有几款品质出色，如约瑟夫·杜鲁安（Joseph Drouhin）酒庄的穆什园白葡萄酒，如果您有机会品尝，就会知道它有多好了。

> **主要葡萄品种**。红葡萄品种是黑皮诺（占98%）；白葡萄品种是霞多丽。

> **土质结构**。在海拔200～300米的高度，薄薄的棕壤土、散布着星星点点的铁矿渣石的泥灰岩附在石灰岩基底上，山丘坡脚处的土壤为石灰岩黏土质。

> 葡萄酒品味风格。出产的红葡萄酒口感强劲，拥有无比馥郁的酒香（黑色和红色水果的香气），夹在优雅的丹宁结构之中。在陈年后酒香慢慢演化成勃艮第地区典型的灌木、松露的香气，略有一丝辛辣。

白葡萄酒更简单，容易上口。其中有几款品质出众的一级园，它们有时可以和临近的普利尼村和夏山村的白葡萄酒媲美。

葡萄酒的颜色：	饮用温度：	陈年潜力：
红色和白色。	白葡萄酒12～14℃； 红葡萄酒14～16℃。	白葡萄酒5～10年； 红葡萄酒6～10年。

波玛村法定产区（AOC POMMARD）

伯恩丘地区

这个名字可以说是勃艮第优质美酒的同义词之一。波玛村位于伯恩市南部，只生产红葡萄酒，但村内没有特级园。葡萄园南临沃尔奈，北临伯恩市，呈条带状。一级园（27家）几乎全部围绕在波玛村附近，人们通常推举埃裴诺（Épenots）酒庄和鲁基安（Rugiens）酒庄为村内最好的酒庄。波玛村在1936年被列为第一批法定产区。

> **单一葡萄品种**。黑皮诺。

> **土质结构**。石灰岩黏土质，含有一些冲积砾石和碎石头，混合着一些石灰岩棕壤土，有时会嵌有一些铁矿渣石。

> **葡萄酒品味风格**。出产的红葡萄酒颜色深重，酒香馥郁密集，随着时间推移而更加出色。年轻时酒液散发着果香（黑醋栗、酸樱桃和黑樱桃等），随着长年的窖藏陈酿，会演化成比动物性香气更丰富的香气（灌木丛、皮革、巧克力）。

葡萄酒的颜色：	饮用温度：	陈年潜力：
红色。	14～16℃。	5～15年。

沃尔奈村法定产区（AOC VOLNAY）

伯恩丘地区

村庄位于山坡的高处，葡萄园位于村庄周围及山坡较低的地方。沃尔奈西南方与默尔索和蒙德利村（Monthelie）相邻，东北部与波玛村相邻。村内只出产红葡萄酒（出产的白葡萄酒只能列入默尔索村）。一级园——盖尔雷（Caillerets）、香班（Champans）、橡木园（Clos des Chênes）和公爵园（Clos des Ducs）——以其高质量的酿酒工艺和葡萄酒的精致和优雅而闻名。桑特诺（Santenots）是另外一座一级园，地理位置在默尔索村，但用的却是沃尔奈法定产区的命名。

> 单一葡萄品种。黑皮诺。

> 土质结构。山丘顶部为石灰岩，土质在山腰和坡脚处逐渐演化成杂乱的砾石。

> 葡萄酒品味风格。沃尔奈村的红葡萄酒在早期释放出精致的紫罗兰和草莓香气，随着窖藏时间的推移，酒液变得更加复杂（带有李子干和香料的香气），口感甜润。就算酒液开始有老化的迹象，它还是会保有其自然的优雅风味。

葡萄酒的颜色：	饮用温度：	陈年潜力：
红色。	14～16℃。	5～15年。

蒙德利村法定产区（AOC MONTHÉLIE）

伯恩丘地区

这个拥有城堡的古村庄栖息在默尔索山的高处，历史上很长时间属于克吕尼修道院（l'abbaye de Cluny）的封地。勃艮第人将这个村子的发音缩短为“蒙利”（montli），就好像以前需要快速地喝掉杯中的酒。确实，一直到20世纪80年代中期，村庄里出产的葡萄酒（尤其是红葡萄酒）通常被认为是风格粗犷而没有亮点的。从那之后，技艺精湛的勃艮第酿酒师倾注心血，挖掘他们土地的潜力，出产的葡萄酒添加了不少优点：个性突出、结构匀称且酒香浓郁，成为备受欢迎的高性价比葡萄酒。蒙德利产区9个一级园中最著名是苏尔拉维尔（Sur la Velle）和香菲富约（Les Champs Fulliot）。

> 主要葡萄品种。红葡萄品种是黑皮诺；白葡萄品种是霞多丽。

> 土质结构。石灰岩基岩上覆盖着泥灰岩和红色的黏土质。

> 葡萄酒品味风格。红葡萄酒足够轻柔和细致，像它们的邻居和兄弟村沃尔奈村的葡萄酒一样偏女性化。酒香精致，经常透着黑色水果和红色水果的香气，隐约闪现着一点花香（牡丹、紫罗兰）。随着窖藏时间的推移，渐渐转化为灌木丛和香料的香气。即使在早期，丹宁的表现也是内敛而柔和的。

白葡萄酒则会让人想起默尔索白葡萄酒，但酒液更加清纯，集中度更低。酒中的花香更为浓郁，酒香更为简单，至少酒液在年轻时是这样。

葡萄酒的颜色：	饮用温度：	陈年潜力：
红色和白色。	白葡萄酒10～12℃； 红葡萄酒14～16℃。	红葡萄酒和白葡萄酒都是5～10年。

奥西-杜艾斯村法定产区（AOC AUXEY-DURESSES）

伯恩丘地区

奥西－杜艾斯从前是克吕尼修道院的属地，位于默尔索（南部）和蒙德利（北部）及圣罗曼（西部）之间狭窄的山谷之中，山谷通向高地葡萄园。在法定产区的法规建立之前，这里的葡萄酒曾经作为沃尔奈酒或波玛酒出售。它们相当宜人，特别是红葡萄酒（白葡萄酒的比例也不可忽视），价格在伯恩丘地区算是比较合理的。

> 主要葡萄品种。红葡萄品种是黑皮诺（占70%）；白葡萄品种是霞多丽。

> 土质结构。在靠近蒙德利村的一侧，土质是石灰质泥灰岩，下层为砾石，是出产红葡萄的好地方；细腻的石灰岩土质更适合白葡萄的生长，位于瓦尔（Val）气候带和梅连山（mont Mélian）地区。

> 葡萄酒品味风格。一级园可以酿出优秀的红葡萄酒，如杜艾斯（Duresses）和瓦尔园（Clos du Val），酒香中透着覆盆子的味道，类似某些沃尔奈葡萄酒的风味。最好的白葡萄酒透着烤面包和榛子的香气，当酒液足够稠腻时，可以与默尔索村的白葡萄酒相媲美，但需要在较早期的时候品尝。

葡萄酒的颜色：	饮用温度：	陈年潜力：
红色和白色。	白葡萄酒12～14℃； 红葡萄酒14～16℃。	红葡萄酒和白葡萄酒都是5～10年。

1. 沃恩-罗曼尼村和它的葡萄园。
2. 矗立在葡萄园中心的十字架是罗曼尼·康帝葡萄园的标志。
3. 酒窖中。
4. 酒标上标注“monopole”（独家）表明这一特级园产自独家拥有的单一的葡萄园地。
5. 酒窖中的橡木桶。

罗曼尼·康帝

在夜丘的中心地带，这片面积很小、只有1.85公顷的葡萄园地举世闻名。它出产的红葡萄酒长时间以来一直充满神秘感，谈论它的人比品尝它的人要多得多。

数百年的历史

罗马人在当时已经发现这片土地所蕴含的巨大的酿造美酒的潜力。后来，西多修道院的僧侣们经过更仔细的实践和观察，在1512年正式确定了这片园地的界限。1760年，来自勃艮第地区的康帝（Conti）王子——曾经是路易十五的顾问，以高昂的价格买下了这片葡萄园地。在法国大革命时期，王子被剥夺了他的领地和这个葡萄园，于1792年作为国家资产出售。在这一历史事件中，这片葡萄园地获得了它最终的名称：罗曼尼·康帝.

园地的风土条件使其与众不同

罗曼尼·康帝葡萄酒是葡萄园地特性重要性的真实写照。在这片面积狭小的葡萄园地上，种植着勃艮第各处同样栽种的黑皮诺，但是出产的葡萄酒却表现出独特的香气和味道。与之相邻的葡萄园，只有几米远，用同样的方法精心管理葡萄园，虽然出产的葡萄酒的品质也十分出色，但与罗曼尼·康帝葡萄酒总是有所区别。其中的奥秘至今无人能解……

葡萄园地朝东，位于一个稍微倾斜的坡面上，葡萄树享受着恰到好处的光照和良好的排水性。种植在这里的黑皮诺葡萄树就像在自己的“家”里，惬意生长。历史上很长时间，人们竭尽所能来保留这片土地上的原生植株，但1945年的收成过后，这片葡萄园和别处一样遭到了根瘤蚜虫害的洗劫，庄园主被迫拔除了全部葡萄树，又重新栽种了葡萄树，采用嫁接的方式将葡萄树枝接种在能抗根瘤蚜虫的砧木上。因此，1946年至1951年，酒庄没有出产罗曼尼·康帝葡萄酒。

从葡萄园到酒窖：完美的旅途

今天，欧泊特·维兰（Aubert de Villaine）先生和亨利·费德雷克·洛克（Henry-Frédéric Roch）先生是酒庄的共同庄园主，他们依据生物动力学系统的基本法则来管理葡萄园。所有的工作首先从葡萄园开始：要得到成熟健康的葡

萄果粒，他们从不使用化学制剂，虽然化学制剂会简化许多工作，但它们会使土地和葡萄树的生命力衰竭。对植株必要的治疗处理应该是控制次数、间歇使用并尽量采用自然方法。葡萄产量受到严格的控制。

在葡萄收获季节，每一串葡萄都受到严格的挑选：所有不够好的或者未成熟的果粒都被剔除在外。根据情况，葡萄果串不除或少量去除果梗，接着进入自然的发酵过程直至发酵结束。然后，葡萄酒将会在用通塞森林橡木制成的全新橡木桶中培育至少18个月。

葡萄酒装瓶后——除了常见的75cℓ瓶，还有不同容量的大瓶装——进入酒庄凉爽的酒窖内还要储存一年，然后再交付给精心挑选的葡萄酒爱好者和100多家葡萄酒专营店，由他们负责葡萄酒随后漫长而不可或缺的陈年熟成过程。这一过程必须有无可挑剔的酒窖，因为这款葡萄酒非常娇贵且受不了半点怠慢。若出产于一个稍好的年份，这款葡萄酒可以窖藏至少20年；极佳年份可以窖藏30年、40年，甚至更长。

风情万种的琼浆玉液

为了充分地品味这款传奇的葡萄酒，需要在16℃的条件下品尝，不需要滗析。对于老年份的葡萄酒，会有一些沉淀，只需要在品酒前两天慢慢将酒瓶直立放置沉降，然后在倒酒时避免任何粗暴的动作即可。品酒用的酒杯应该由高档水晶制成，呈郁金香型，以便充分品味它神奇的馥郁酒香。

在最佳饮用期，罗曼尼·康帝葡萄酒是稠密质感和丝滑的集合体。酒香的结构无比复杂，透着黑色水果、浸樱桃、蔓越橘、灌木丛和黄色烟叶的香气，随后泛起一丝木味和淡淡的香料、凋谢的玫瑰、俄罗斯皮革以及松露的香气……酒液入口，丰富的味道尽显轻柔、精致、甜润和融化的质感，味道缓缓持续，久久不消，如同花瓣和甘草的触摸。就像听过莫扎特的音乐，弹指音落间余音袅袅，寂静悠长。

默尔索村法定产区（AOC MEURSAULT）

伯恩丘产区

这是勃艮第酒体丰满和质感稠腻的白葡萄酒的标志性村庄。在这里霞多丽有极佳的表现，酿造出勃艮第地区有代表性的白葡萄酒。

默尔索没有特级园，但拥有很多品质出色且令人瞩目的一级园［夏姆（Les Charmes）、佩里耶（Les Perrières）、黄金之滴（Les Gouttes d'Or）等］，共有21家。村子的葡萄酒生产量很大，有时品质参差不齐，因此应该寻找值得信赖的酿酒商（一级园除外）。

如果不是皮约酒庄出产的美妙的马泽雷园（Clos de Mazeray）葡萄酒，人们会觉得在这片土地上酿制红葡萄酒的想法荒诞不经（4%的葡萄树是红葡萄品种）。红葡萄酒可以标注布拉尼村（Blagny），是邻近村庄的名称。而布拉尼村出产的白葡萄酒则可以根据来源的不同标注默尔索村或者普利尼-蒙哈榭村。

> **主要葡萄品种**。红葡萄品种是黑皮诺；白葡萄品种是霞多丽。

> 土质结构。石灰质泥灰岩。

> 葡萄酒品味风格。产量的96%是白葡萄酒。一级园极尽精美和浓郁；村庄级白葡萄酒个性要平凡一些。这样一款香气馥郁和持久的葡萄酒拥有陈年潜力，并且经过窖藏后会得到无与伦比的提升。葡萄酒在年轻时比较清淡内敛，带一点花香和植物清新的气息（蕨菜、椴树、白色花朵）；随着时间演化，更倾向于榛子、干果及蜂蜜的香气，还有一丝奶油的甜香。酒液入口，稠腻的口感最先占据口腔，但是一款优质的默尔索葡萄酒会在保证清爽口感的同时保持酒体的平衡，靠的是一丝活泼而明显的酸度。

出产的红葡萄酒的风格接近布拉尼村的产品，也有点类似沃尔奈村的特点（精致度上），但这些都无关紧要，因为红葡萄酒的产量极其得少。确实，需要有强烈的愿望，才会在默尔索村生产红葡萄酒。

葡萄酒的颜色：
白色和红色。

饮用温度：
白葡萄酒12～14℃；
红葡萄酒14～16℃。

陈年潜力：
红葡萄酒5～10年；
白葡萄酒10～15年。

普利尼村和夏山村葡萄酒

伯恩丘产区

这两座如明信片般美丽的小村庄共同出产大部分勃艮第顶级的白葡萄酒（也是全世界最好的白葡萄酒）。村子里有特级园：蒙哈榭、骑士-蒙哈榭、本巴特-蒙哈榭、巴特-蒙哈榭和克利奥特-巴特-蒙哈榭。

蒙哈榭特级园只有8公顷葡萄园（更确切地说是7.99公顷），没有几个庄园主拥有超过一公顷。也就是说，这款香气甘美、沁人心脾、令人难忘的葡萄美酒是如此稀有，只有极少的葡萄酒爱好者能够炫耀曾经品尝到它。只有资深的专家才能够分辨出它和其邻居骑士-蒙哈榭葡萄酒的区别，后者更强劲一些。如果说蒙哈榭的葡萄酒领先于它的邻居们，也只是超越一点点。

除了特级园，这两座村庄还出产其它红葡萄酒和白葡萄酒，法定产区为夏山-蒙哈榭村和普利尼-蒙哈榭村。奇怪的是，夏山-蒙哈榭村的红葡萄酒比白葡萄酒更有名。值得注意的是，仅仅是它的白葡萄酒，产量就占整个村子葡萄酒的60%。

> **主要葡萄品种**。红葡萄品种是黑皮诺；白葡萄品种是霞多丽。

> 土质结构。石灰岩基岩上有的地方覆盖着红色泥灰岩，有的地方覆盖着稀薄且杂石散布的土层。

> **葡萄酒品味风格**。特级园出产的白葡萄酒强劲有力，需要耐心等待：在不到5年的时候开启这样的特级园是很不明智的行为，建议您在窖藏10年之后品尝。它的酒香丰富、沁人心脾，透着奶油、香料面包、榛子和干果的香气。丰富的酒体和滑腻的味道在适宜的酸度中保持着一种和谐平衡，使这款葡萄酒带有出人意料的清爽感觉。村内的一级园通常都很不错：在普利尼村，有普赛尔园和盖尔雷园；在夏山村，有雷米丽园（Remilly）。

产区内出产的红葡萄酒强劲而丹宁浓重，酒香中透着红色水果和黑色水果（樱桃、黑醋栗）的清香。夏山村优秀的一级园有皮特瓦园（Clos Pitois）、莫玖园（Clos Morgeot）和蒙特涅园（Clos Maltroye）。它们通常拥有很高的性价比。

葡萄酒的颜色：
白色和红色。

饮用温度：
白葡萄酒12～14℃；
红葡萄酒14 -16℃。

陈年潜力：
红葡萄酒5～15年；
白葡萄酒10～30年。

伯恩丘产区

桑德内村、马宏基村法定产区（AOC SANTENAY、MARANGES）

在伯恩丘地区的最南端，这片产区不再由白葡萄酒一统天下。其中有几款一级园，风格粗犷，表现出园地的风格。这些葡萄酒不适合保存过长时间，适合在5～10年内饮用。

桑德内村包含着多个小村子和居民点，与雷米尼村（Remigny）共享桑德内产区命名。马宏基产区覆盖三个村庄：德际兹·马宏基（Dezize-lès-Maranges）、桑皮尼·马宏基（Sampigny-lès-Maranges）和舒益·马宏基（Cheilly-lès-Maranges）；产区内拥有6个一级园。

> **主要葡萄品种**。红葡萄品种是黑皮诺；白葡萄品种（13%）是霞多丽。

> 土质结构。山丘的顶部是石灰岩基岩，往坡下走，开始出现石灰岩和泥灰岩的混合土质。

> 葡萄酒品味风格。出产的红葡萄酒将花香（牡丹、紫罗兰）和红色水果的香气融合在一起，夹着一丝甘草的甜香。丹宁紧致内敛，时而粗犷，口感非常圆润丰满。白葡萄酒强烈而清新，带着一点矿物质味和花香，随时间的演化，酒香中透着植物和干果的气息。

葡萄酒的颜色：
白色和红色。

饮用温度：
白葡萄酒10～12℃；
红葡萄酒14～16℃。

陈年潜力
红葡萄酒和白葡萄酒
都是5～10年。

伯恩丘地区最佳葡萄酒精选

- **尚东·布里爱耶酒庄（Domaine Chandon de Briailles）：科尔顿白葡萄酒，科尔顿法定产区特级园。**这个出色的酒庄位于萨维尼村（Savigny），是尼克雷（Nicolay）家族的产业。这个家族在科尔顿村拥有多处高品质的葡萄园地，尤其是在布雷桑德（Bressandes）。它们出产品质出色的葡萄酒，风格很传统，以长年窖藏为酿造目标，人们需要耐心等待多年才能充分地品味它。
- **杜鲁安酒庄（Domaine Drouhin）：穆什园，伯恩法定产区一级园。**在1920年间，由庄园主一个田块一个田块地买下来。这个酒庄出产伯恩产区最优秀的一级园，既有红葡萄酒也有白葡萄酒。
- **雅克·皮约酒庄（Domaine Jacques Prieur）：桑特诺园（Clos des Santenots），沃尔奈村一级园。**这片21公顷的广阔园地在几年前被拉布鲁耶尔（Labruyère）家族买下，这个家族拥有勃艮第地区最大的葡萄园地，特别是一块在蒙哈榭村的园地。它们出产的沃尔奈村桑特诺园葡萄酒，主要特点是拥有完美的平衡度和精致的品质。
- **亚都酒庄（Domaine Jadot）：马尔特园（Clos de Malte），桑特内村一级园。**亚都家族的祖传产业。出产的一级园风格活跃而浓烈，但没有桑特内村葡萄酒中经常出现的粗犷风味。酒庄既出产红葡萄酒也出产白葡萄酒。路易·亚都（Louis Jadot）酒庄也经销玛珍达公爵（Duc de Magenta）庄园的葡萄酒，以及一系列夏山村和普利尼村的一级园。
- **勒夫莱维酒庄（Domaine Leflaive）：普赛尔园，普利尼-蒙哈榭村的一级园。**伯恩丘地区最出色的白葡萄酒产业，在安妮-克劳德·勒弗莱女士的领导及皮埃尔·莫雷（Pierre Morey）先生的协助下，全面使用生物动力学的农业生产系统。它旗下的一级园拥有近乎特级园的品质，而普赛尔园葡萄酒无疑是其中最出色的。遗憾的是，价格也让人难以高攀。
- **路易·拉图尔酒庄（Domaine Louis Latour）：科尔顿-戈兰赛（Corton Grancey）庄园，科尔顿法定产区特级园。**于1749年于戈兰赛（Grancey）伯爵手中买下，是路易·拉图尔酿酒产业的总部和酒窖所在地，有一点拉图尔家族"科尔顿私酿"的意味。拉图尔家族争取到在"Corton"后面加上"Grancey"的权利作为酒庄的名称。产业中的科尔顿-查理曼特级园也是质量顶尖的葡萄酒。

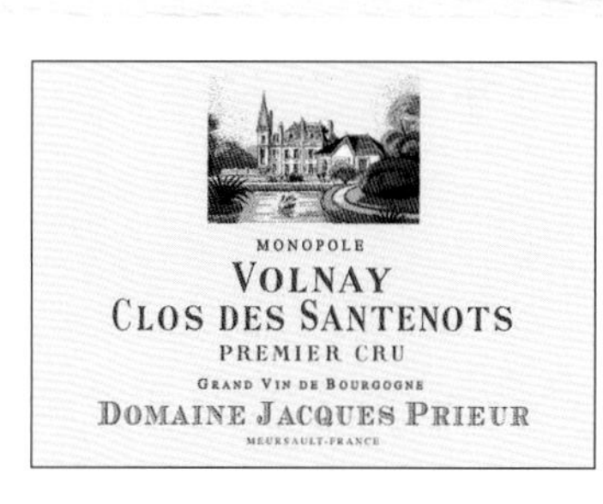

梅谷黑村法定产区（AOC Mercurey）

梅谷黑村是夏隆内丘地区的五个村庄之一（其它四个村庄产区是布哲宏、吕利、日夫里和蒙塔尼），其中梅谷黑是当中最名贵的。产区覆盖两个村庄，分别是梅谷黑和圣马丁–苏–蒙太居（Saint-Martin-sous-Montaigu）。在这里，主要出产红葡萄酒（也生产一小部分白葡萄酒），葡萄园地的面积（640公顷）是北部吕利村的三倍。

在村子内分布着许多管理得很好的名酒庄和酒商［以安东南·罗德（Antonin Rodet）最为有名］。一个好庄园主出产的梅谷黑葡萄酒可能性价比非常高（对于勃艮第葡萄酒来说），并且可以陈酿数年。

有一些葡萄园被法国国家原产地和品质监控命名委员会（INAO）划分为一级园（32处微风土地块获得此称号），但其它没有被划分为一级园的田块也一样享有盛名。在品质出色的庄园中，我们可以找到华园（Clos du Roy）、沃燕园（Clos Voyen）、香·马丁（Champs Martin）、巴侯园和雷魏克园（Clos l'Evêque）。

> **主要葡萄品种**。红葡萄品种是黑皮诺；白葡萄品种是霞多丽和阿里高特。

> **土质结构**。露出地面的石灰岩和泥灰岩土质。

> 葡萄酒品味风格。出产的白葡萄酒呈现清新的风格，带一点矿物质味道，透着花和香料的香气。它的价格没有邻近地区金丘那样高昂，葡萄酒的品质也没有金丘地区那样复杂和强劲。出产的红葡萄酒年轻时紧致而精细，酒香中散发着覆盆子、草莓和樱桃的清香。随着陈年熟成过程，葡萄酒占主导地位的香气逐渐演变为香料和动物性香气。

葡萄酒的颜色：
红色和白色。

饮用温度：
白葡萄酒10～12℃；
红葡萄酒14～16℃。

陈年潜力：
白葡萄酒3～6年；
红葡萄酒4～8年。

夏隆内丘地区最佳葡萄酒精选

- **特纳伯爵酒庄（Comte de Ternay）：吕利堡（Château de Rully），吕利法定产区**。吕利堡是产区内最重要的中世纪城堡，不仅仅因为它的地理位置，更因为它出产的葡萄酒的品质。由夏隆内丘最重要的酒商安东南·罗德经销，既出产白葡萄酒也出产红葡萄酒，但白葡萄酒更为出色，因为它在精美和丰富之间保持了很好的平衡。
- **法维莱酒庄：覆盆子园（La Framboisière），梅谷黑法定产区**。这一夜丘地区的酒庄也在梅谷黑村拥有葡萄园，尤其是最好的一级园［华园和米格兰德园（Clos des Myglands）］。"La Framboisière"的意思为"覆盆子"，其出产的葡萄酒也如其名，丰富浓郁，透着红色水果的清香以及天鹅绒般的细腻质感。
- **维兰酒庄（Domaine de Villaine）：阿里高特–布哲宏，布哲宏村**。酒庄由罗曼尼·康帝酒庄的庄主夫妇管理，他们精心经营着这20公顷的葡萄园，三分之二的产量是白葡萄酒。这里的阿里高特葡萄树充满生机、蓬勃发展，这不仅要归功于欧泊特·维兰先生的精心管理，也要归功于这片葡萄园的风土。
- **卓纳·艾尔维尔侯爵酒庄（Marquis de Jouennes d'Herville）：沙米雷堡（Château de Chamirey），梅谷黑村**。这片40公顷广阔而古老的葡萄园（包括10个一级园）是安东南·罗德经营的一朵精品之花。它出产的梅谷黑红葡萄酒细腻、精致且美味，是酿酒产业很好的代表作。
- **米歇尔·居约：巴侯园，梅谷黑村一级园**。这片美丽的家族庄园面积将近32公顷，主要位于梅谷黑村。这里的葡萄收获全部是人工采摘，用传统工艺酿造。它出产的梅谷黑村一级园白葡萄酒，将活泼的酸度和丰富的内容融合在一起，非常出色。

马孔地区最佳葡萄酒精选

- **歌迪亚酒庄（Domaine Cordier）："老藤葡萄树"葡萄酒，布伊-富赛法定产区。**这款葡萄酒酒香浓郁复杂，散发着香草、白色花朵的香气，夹着一丝蜂蜜的甜香，活泼而滑腻的质感恰到好处地支撑着馥郁的酒香。
- **居芬-埃楠酒庄（Domaine Guffens-Heynen），马孔-皮埃尔克劳（Mâcon-Pierreclos）法定产区。**一片面积很小的出色的葡萄园地，由一对比利时夫妇在1976年创立，他们可能一直没有忘记弗兰德尔（Flandre）地区和勃艮第地区曾经是统一的。它出产的马孔白葡萄酒的品质接近它们北部的相邻产区，在全世界享有盛誉。
- **雅克和娜塔莉·苏麦兹酒庄（Domaine Jacques&Nathalie Saumaize）：马槽老藤葡萄树（La Vieille Vigne des Crèches）葡萄酒，圣维朗法定产区。**源自树龄50年的葡萄，在木桶中培育。这款品质优雅的葡萄酒口感丰满圆润，在滑腻的酒体和清爽的酸度之间形成和谐的平衡。
- **彭格朗酒庄（Domaine de la Bongran）："传统精华"（Tradition），维尔-克莱赛法定产区。**让·特维内（Jean Thévenet）先生用实践证明了在马孔地区同样可以用延迟采摘的方法，这让他经常在申请法定产区命名时有些麻烦。但是他一直坚持采用超熟葡萄果粒酿造风格独特的葡萄美酒。

马孔、马孔村级法定产区（AOC MÂCON, MÂCON-VILLAGES）

马孔地区

马孔产区位于勃艮第南部的中心地带。整个产区的葡萄园地坐落在夏隆内丘和索率特雷（Solutré）石山之间一片40公里长的区域内。这片地区比金丘产区靠南，因而气候也没有那么严酷。

出产的红葡萄酒属于马孔产区［如果酒精度数高1度则属于超级马孔（Mâcon supérieur）产区］。虽然也允许使用黑皮诺，但是这里的红葡萄酒通常产自佳美。白葡萄酒则100%酿自霞多丽。

20多个村庄有权利在法定产区名称的后面标注自己的村名，如霞多丽、吕尼、普里赛（Prissé）、依杰（Igé）、洛舍（Loché）、罗什-威涅兹（La Roche-Vineuse）、皮埃尔克劳（Pierreclos）等村庄。这种"马孔+村庄名"的法定产区命名只可用于白葡萄酒。2002年，新的产区维尔-克莱赛（279公顷）代替了以前的马孔-费黑（Mâcon-Viré）和马孔-克莱赛（Mâcon-Clessé）法定产区。

> **主要葡萄品种。**红葡萄品种是佳美和黑皮诺；白葡萄品种是霞多丽。

> 土质结构。黑皮诺喜欢石灰岩棕壤土质，而佳美则喜欢接近博若莱地区的花岗岩土质。砂石土、黏土和硅质岩的土质比较适合霞多丽的生长。

> 葡萄酒品味风格。出产的白葡萄酒根据是在木桶中培育还是在不锈钢酒罐中培育而有着不同的风格。用木桶培育的白葡萄酒表现出复杂的结构和丰富的酒体，但可能缺少活跃清新的味道；而用不锈钢酒罐培育，则偏向纯朴的风味和浓郁的果味。第二种风格更能够代表马孔产区白葡萄酒的风格：清淡、新鲜、轻柔而纯正，在餐桌上让人感觉开胃，而不会乏味。

酿自黑皮诺的红葡萄酒（或者是佳美达到一定比例的混酿葡萄酒）属于勃艮第产区酒。出产的桃红葡萄酒味道鲜美、活泼，内敛的酒香中透着一丝微酸的红色水果香气。

葡萄酒的颜色：	饮用温度：	陈年潜力：
红色、桃红色和白色。	白葡萄酒和桃红葡萄酒10～12℃； 红葡萄酒14～15℃。	3~6年。

布伊-富赛法定产区（AOC Pouilly-Fuissé）

马孔地区

以"布伊"作为开头的村子有三个，布伊-富赛的葡萄酒产于富赛、索率特雷、魏季松（Vergisson）和伞特雷（Chaintré），比它的邻居产区布伊-罗舍（Pouilly-Loché）和布伊-万泽尔（Pouilly-Vinzelles）的葡萄酒更具声名，因为它的葡萄酒产量比较大（近420万升）。这里出产马孔地区品质最好的白葡萄酒，从很早的时候就很有名气，这得益于克吕尼修道院的修道士把他们的葡萄园带到了这里。

> **主要葡萄品种。**霞多丽。

> 土质结构。黏土质石灰岩的山丘。

> **葡萄酒品味风格。**拥有勃艮第白葡萄酒的传统风格，有着丰富的矿物质香气，且在丰腴的酒体中有着平衡的酸度。该产区出产的白葡萄酒没有北面邻近产区的白葡萄酒浓烈，但是个性明显、酒香浓郁。窖藏陈酿之后，酒香演变成浓郁的干果和蜂蜜的香气。

葡萄酒的颜色：	饮用温度：	陈年潜力：
白色。	10～12℃。	3～6年。

博若莱地区

博若莱、博若莱村庄级法定产区（AOC BEAUJOLAIS, BEAUJOLAIS-VILLAGES）

这个产区的葡萄园主要位于罗纳省，除了沙贝尔·甘塞镇（Chapelle-de-Guinchay），其余位于索恩–卢瓦省（Saône-et-Loire）。在风景如画的山丘之间，葡萄园的海拔可达500米甚至600米，俯瞰整个索恩谷。

1950年出台的允许提前销售新酒的法令颁布后，博若莱法定产区就凭借其新酒而闻名世界。博若莱新酒在每年11月的第三个星期四上市，此时离葡萄收获季节过去只有几个星期的时间。但是这种新兴的时尚被看作一把双刃剑，博若莱新酒的形象是容易上口、没有太大特点，但产区内最优秀的生产商更希望被认可为高品质葡萄酒的生产商。人们不应该忘记博若莱地区的10大特级村庄葡萄酒：布鲁依、谢纳、西路不勒斯（Chiroubles）、布鲁依丘（Côte-de-Brouilly）、弗勒利、于连纳斯、摩根、风车磨坊、雷尼耶（Régnié）和圣爱。

> 主要葡萄品种。红葡萄品种是佳美，也用来酿造桃红葡萄酒；白葡萄品种是霞多丽。

> 土质结构。第三纪和第四纪冲积层之上的花岗岩土壤赋予了佳美富含果香的魅力。

> 葡萄酒品味风格。博若莱新酒非常适合小餐馆和快餐店，因为它的清爽口感和可让人获得即刻的快感。

博若莱葡萄酒或村庄级葡萄酒是口感清新和果味浓郁的葡萄酒，散发着红色水果（红醋栗）、葡萄鲜果和香料的香气，可以配合整个就餐过程，尤其适合与肉类熟食和一些简单的菜式搭配。

博若莱白葡萄酒（桃红葡萄酒更甚）产量极小但常常品质出色。酿自霞多丽（不是佳美，即使它的葡萄汁也不带颜色），如果精心酿造，其品质可以与马孔产区和夏隆内丘产区的葡萄酒相媲美。

葡萄酒的颜色：
红色、桃红色和白色。

饮用温度：
红葡萄酒16～17℃；
白葡萄酒和桃红葡萄酒10～12℃。

陈年潜力：
3～5年。

博若莱地区

于连纳斯村法定产区（AOC Juliénas）

于连纳斯村内有几片博若莱地区最古老的葡萄园地，它高而陡峭的地势非常利于葡萄果粒达到完美的成熟度。

产区横跨索恩–卢瓦和罗纳两个省份，面向索恩河的支流缪韦斯（Mauvaise）河谷，缪韦斯河是索恩河的一条支流。它拥有609公顷葡萄园，是圣爱产区的两倍，得益于相邻的于立耶（Jullié）和厄梅汉克（Emeringues）两个小村庄葡萄园的加入。其中的伯切尔（La Bottière）、嘉皮坦（Les Capitans）、舍尔（Les Chers）和巴克类（Les Paquelets）园地最为著名。

> 主要葡萄品种：佳美。

> 土质结构：花岗岩质。

> 葡萄酒品味风格：于连纳斯葡萄酒比较坚实，没有圣爱的葡萄酒那样细腻；建议在葡萄收获年份的2～4年后开启饮用。

葡萄酒的颜色：
红色。

饮用温度：
14～16℃。

陈年潜力：
3~5年。

博若莱地区

风车磨坊村法定产区（AOC Moulin-à-Vent）

这个村子的名字来源于山顶的风车磨坊，出产的葡萄酒被认为是博若莱地区最好的葡萄酒。酒商看中了这个地方的潜力，如路易·亚都就在这里就拥有酿酒产业。这里出产的葡萄酒最经得起长年储存，也是最昂贵的。一些酒农用橡木桶培育葡萄酒，尽管这种情况在这个产区不常见，其目的是为了获得最好的酒体结构和最大的陈年潜力。

> **主要葡萄品种。**佳美。

> 土质结构。花岗岩基岩上覆盖着一层富含锰的沙质土壤，给出产的葡萄酒带来独特的个性。

> 葡萄酒品味风格。品质最好的红葡萄酒呈深宝石红色，在陈酿10年之后，结构紧致，酒体出奇的浓稠。陈年后，葡萄酒的酒体和典雅会让人联想到一些金丘产区的特级美酒。

葡萄酒的颜色：	饮用温度：	陈年潜力：
红色。	14～16℃。	10～15年。

博若莱地区

圣爱村法定产区（AOC Saint-Amour）

在马孔市以南几公里处的圣爱村是博若莱地区最靠北和面积最小的葡萄酒产区之一。大部分葡萄树种植在海拔250米的朝东或朝东南的山坡上。拥有这样的名字（产区名字的法语意思为“上帝之爱”），不愁其出产的葡萄酒没有销路。葡萄园地面积很小（321公顷），以平均品质来看，其价格偏高。某些出产霞多丽白葡萄酒的酒农以圣维朗法定产区的名称来销售他们的白葡萄酒。

> **主要葡萄品种。**佳美。

> 土质结构。村子的葡萄园地位于索恩–卢瓦省南部一片花岗岩高地上。

> **葡萄酒品味风格。**清爽、果味精致，这个产区的葡萄酒适合新鲜早期饮用。但经过2～3年的陈年，风味会更优。

葡萄酒的颜色：	饮用温度：	陈年潜力：
红色。	14～16℃。	3～5年。

博若莱地区最佳葡萄酒精选

- **雅克酒庄（Domaine des Jacques）：风车磨坊法定产区。**一位伯恩丘产区的酒商到风车磨坊来做什么？很简单，路易·亚都先生只是为了酿造一款勃艮第上乘美酒，于是他在1996年买下了这个美丽的庄园。每年的收成中会有一部分葡萄酒在橡木桶中培育10个月，带给葡萄酒丰富的结构和长久存放的生命力。

- **威苏酒庄（Domaine du Vissoux）：弗勒希·彭西耶（Fleurie Poncié），弗勒利村法定产区。**皮埃尔–玛丽·舍尔梅特（Pierre-Marie Chermett）因出产不加糖强化的博若莱葡萄酒而出名。酒庄出产的葡萄酒不经过加糖强化酒精度的操作，证明了只要通过限制产量和在葡萄果粒达到理想成熟度时采摘等方法，就可以酿出一款自然的美酒。酒庄出产的弗勒利葡萄酒和风车磨坊葡萄酒个性鲜明，价格非常公道。
- **让·法亚尔酒庄（Domaine Jean Foillard）：摩根·皮丘（Morgon Côte du Py），摩根村法定产区。**让·法亚尔先生尊重土壤特性，结合现代技术，酿造出一款纯正的、结构平衡的摩根法定产区葡萄酒，淋漓尽致地表达了园地的真实特性。
- **亨利·费西（Henry Fessy）：博若莱法定产区。**这是一家高品质的葡萄酒酒商，2008年被来自伯恩的酒商路易·拉图尔（Louis Latour）收购。他们出产纯朴的博若莱葡萄酒，带着典型的浓郁果味，柔和而爽口。

香槟地区的葡萄园

香槟酒是出色的节日和欢庆酒，源于法国，享誉世界，创造了一种围绕香槟酒的独特生活方式。它的神奇无处不在，从它神秘的起源到它的酿制，各大知名香槟酒庄小心翼翼地保护着其调配艺术。它是世界上最著名的葡萄酒，也是最被仿效的葡萄酒，但是法国的香槟地区是香槟酒的唯一产区，只有这个产区出产的起泡酒才能称为香槟酒。

从气泡的发明到现代社会的挑战

和法国其它葡萄酒产区一样，香槟地区葡萄园的起源也与罗马人密不可分。5~6世纪，修道院尤其是本笃会的需求，促进了葡萄酒业的发展。香槟区的葡萄酒在法国王室宫廷中作为御用酒，深受路易十四喜爱。这个时期香槟地区的葡萄酒与我们今天所了解的起泡酒完全不同，而是酸度较高、酒体轻、静态的红葡萄酒或者白葡萄。

最初的香槟葡萄酒。香槟酒的传奇完全要归功于1670年左右掌握的一门技术，就是通过对装瓶后葡萄酒的二次发酵以产生小气泡。人们把香槟之父的美誉给予了法国修道士唐·培里依先生（见下页文字框内容和73页）。无论真假，那几年标志着香槟酒发展的转折点。18世纪，大型的香槟酒酒商出现，他们将香槟酒销往全世界。在那个时代，香槟地区的酿酒师就着重调配工艺，以获得品质一致性。19世纪末，根瘤蚜虫害损毁了葡萄园，引起多重经济危机；1911年的危机尤为严重，令人记忆犹新。为了重建葡萄园，人们从法律上明确规定了香槟酒酿造和生产的条件和质量标准，一直沿用到今天。

香槟产区的数据

种植面积：3.5万公顷

年均产量：3.38亿瓶

［香槟地区香槟酒行业联合会（CIVC），2007］

选择可持续发展农业的田间管理模式。考虑到葡萄树和环境的和谐，香槟地区从2001年起实施可持续农业的田间管理模式。起泡酒的世界从此不再担忧葡萄果粒的健康问题。但它的产量并不能满足客户的全部需要。2003年，一项关于扩展法定产区界限的法案正式进入司法讨论程序。

新的区域囊括近40个新的村庄，应该会在2013年正式进入法定产区。新田块的葡萄树将在2015年开始种植，两年后会得到第一季收成。

> 香槟地区冬季的葡萄枝修剪工作。

气候和土质结构

香槟地区位于巴黎东北方150公里处，是法国最靠北部的葡萄园，已经到了葡萄树种植的北方界线。葡萄园地分布在谷丘上，海拔在90~350米，延展在5个省的319个村庄的土地上：奥博省（Aube）、上马恩省（Haute-Marne）、马恩省（Marne），以及埃纳省（Aisne）和塞纳-马恩省（Seine-et-Marne）省。

气候。香槟地区的气候特征一方面表现在它的大陆性气候——冬季寒冷，有时会有带来严重损害的霜冻，而夏季则是阳光普照；另一方面由于

香槟地区葡萄酒法定产区（AOC）

- Champagne
- Coteaux champenois
- Rosé des Riceys

您未必了解的小知识

在过去，香槟酒往往是妇女的产业。其实，在女性还很少成为公司一把手的年代就有一些孀妇主管香槟酒产业。虽然凯歌（Clicquot）夫人不是第一位［在她之前有一位寡妇索耶（Soyez）夫人］，但她绝对是她们的典范。她出产的香槟酒的名字就叫“贵妇香槟酒”。

大西洋的影响，气候相对温和，湿润度明显。

土质结构。石灰岩土质是香槟酒品质的基础元素。主要为沙土和黏土混合的土壤分布在以白垩石为地底基岩的土质上，拥有良好的透水透气性和保温功能，是葡萄果粒达到理想成熟度的保证。此外，深厚的白垩石层让人们能够在很深的地方凿出酒窖来陈酿储存葡萄酒。

葡萄产区的自然景观

兰斯（Reims）周围的山区。这是一片位于埃佩尔奈市（Epernay）和兰斯市之间的广阔的高地，覆盖着森林。这里是黑皮诺的王国（有些区域种植比例达到70%），但也种植了一部分霞多丽和莫涅皮诺。这片地区囊括了最多的列级名庄。

白山丘（Côte des Blancs）。位于埃佩尔奈市的南部，这里是霞多丽葡萄的领地，它是这里的主导品种，尤其是在克拉芒镇（Cramant）和梅尼尔–奥热尔镇（Mesnil-sur-Oger）之间。其中有几个村庄［如维图斯镇（Vertus）］出产柔和的红葡萄静态酒（法定产区为香槟山坡）。

马恩山谷（Vallée de la Marne）。这片区域从蒂埃里堡（Château-Thierry）西部延伸到埃佩尔奈市东部。这里的主导品种是黑葡萄，尤其是莫涅皮诺。此处分布着几处列级名庄。

奥博省的葡萄园。这片区域位于特鲁瓦市（Troyes）东南方100多公里的地方。地层深处偏泥灰岩，主要种植黑皮诺。南面与黎赛桃红法定产区相邻。

苏珊娜谷（Côte de Sézanne）。这片于20世纪60年代种下的葡萄园是白山丘地区向南的延伸。这里是霞多丽的家园，酿成的白葡萄酒口感圆润而内容丰富。

葡萄品种和葡萄酒的品味风格

香槟地区只允许种植3个葡萄品种：白葡萄品种是霞多丽，红葡萄品种是两种皮诺葡萄。

霞多丽。占种植面积28%的白葡萄品种，酿成的葡萄酒优雅精美，表现出活泼的个性和精神，酒香细致，透着花香，有时含有矿物质的味道，显示了深厚的窖藏熟成潜力。

黑皮诺。占种植面积的39%，给混酿的葡萄酒带来丰满的酒体、浓郁的质感和长久的陈酿潜力。

莫涅皮诺。占其余的33%的种植面积。葡萄果实风味优

两个传奇的名字，两款香槟酒的名称

法国修道士唐·培里侬和路易十四（1639—1715年）是同一代人，他们两人生活的年代相同。唐·培里侬当时主管埃佩尔奈市附近奥维耶（Hautvillers）修道院的葡萄园和酒窖事务，在这里他撰写了著作《葡萄种植和香槟的艺术》。他是否真是香槟的初创人，我们已无从考证，但是这位走在时代前面的酿酒师确实改进了不同葡萄品种，也改进了不同田块葡萄酒之间的混酿工艺，这也是香槟酒的酿造基础。今天，唐·培里侬也是酩悦香槟（Moët & Chandon）旗下一款特酿香槟酒的名称，创立于1936年，一直是年份香槟酒。

另一位“唐先生”是慧纳（Ruinart）先生（1657—1709年）。他精通古董，即文物和墓葬学科。他于1696年在奥维耶修道院遇到了唐·培里依先生。人们认为唐·慧纳先生是尼古拉·慧纳（Nicolas Ruinart）先生的启发人（唐是尼古拉的叔叔），尼古拉创立了与他同名的慧纳酒庄。为了纪念他，香槟地区最古老的产业慧纳香槟以他的名字来命名一款特酿香槟酒。

美而果味浓郁。酿成的葡萄酒质感柔和、果味浓郁、香气馥郁。

混酿的葡萄酒

香槟是用通常所称的“香槟制法”或传统制法（见72～73页）酿制而成的。只有香槟可以使用“香槟制法”这种说法。

香槟是一种品质出色的混酿葡萄酒。很少有来自单一葡萄园或者单一村庄的香槟酒。酿酒师可以选择两种或三种葡萄品种酒液来混酿香槟酒，也可以只用单一品种。同样的道理，他们也可以混酿多处酒液和不同年份的酒液。红葡萄品种几乎全部用白葡萄酒的方法酿制。每年，酒窖主管酿制和混酿出符合产业形象和品质的香槟酒。

正确还是错误？

香槟酒在750毫升的酒瓶中窖藏熟成效果更好。

错误。经验证明，香槟酒在中型瓶（容量1.5升）中保存效果最好。这样的容量可以让香槟酒熟成效果好，并可以陈酿更久。

香槟酒的种类

根据葡萄品种、混酿方法、混酿比例和窖藏陈酿方式的不同，可以将香槟酒划分为几个类型。

白中白香槟。这款葡萄酒是混酿原则的一个例外，它酿自单一葡萄品种霞多丽，是无与伦比的精致的香槟酒。

黑中白香槟。全部酿自黑皮诺或莫涅皮诺。这种香槟酒非常罕见，因为这两个黑葡萄品种通常用来酿造基酒。这样的香槟酒浓郁而强劲，但仍然保持优雅。

粉红香槟。香槟地区是法国唯一被允许混合红葡萄酒液和白葡萄酒液来酿制粉红葡萄酒的地区。当然，红葡萄酒（黑皮诺）酒液只占混合酒液的10%～20%，并且要全部来自香槟地区。另一种粉红香槟酒可以酿自经过短暂浸渍的自流红葡萄酒酒液。这种香槟酒精致细腻，让所有人翘首以待，因此所有著名品牌的香槟酒产业都有他们自己粉红香槟酒。

没有年份的香槟。这种香槟酒没有标注年份，它混酿自多个葡萄品种和多个年份的酒液。

年份香槟。这样的香槟酒只在出色的年份酿制生产。通常情况下，3年中只有1年是满足条件的杰出年份。所有的年份香槟酒都至少要在酒脚中培育三年。这种名贵的香槟酒非常典

村庄等级

香槟产区的村庄名很少标注在酒标上，但它是一个严格的等级划分系统，香槟地区称之为“村庄等级”，用百分比来表示，用于决定葡萄果粒的价格。在总共319个出产香槟酒的村庄中，有17个村庄被列为100%（也就是说葡萄的价格是整个地区价格基础的100%），可以出产“特级香槟”（grand cru）；44个村庄被列为90%～99%，可以酿造“一级香槟”（premier cru）；而其它村庄只有80%～89%，可以出产“二级香槟”（second cru）。这不是理论上的划分，依据的是葡萄果粒的品质，最好的香槟产业和名贵特酿香槟使用100%级别的葡萄果粒。

> 转瓶工人每天要转动5万瓶葡萄酒，以保证酵母的沉淀沉聚在瓶口处。

型，富有香槟酒的极致美感。

特酿香槟、名贵香槟。是香槟酒中的珍宝，非常罕见。这种名贵珍稀的香槟酒通常盛装在精致而独特的酒瓶中。它混酿自品质最好田块的葡萄。这样的香槟酒很适合在重要的场合开启。最著名的品牌特酿有：路易王妃的水晶香槟（Cristal）、宝禄爵（Pol Roger）的丘吉尔香槟（Sir Winston Churchill）、罗兰·百悦（Laurent-Perrier）的盛世香槟（Cuvée Grand Siècle）和慧纳的唐·慧纳香槟（Dom Ruinart）。

顶级香槟和一级香槟。17个村镇出产的香槟酒获许标注一级香槟，44个村镇出产的香槟酒获许标注二级香槟（又见前页文字框内容）。

新近除渣的香槟（RD）。这种香槟酒放在酒窖托架上很长时间，酒液已经达到了最佳熟成程度。最著名的是柏林格（Bollinger）的RD香槟酒。

绝干型香槟、零添加或者“不添加”糖分的葡萄。这种香槟酒不含糖分，或者糖分含量少于3克/升。干爽的口感表达直接，新鲜清爽。

特干型香槟。这是一种天然干型香槟酒，口感比上面提到的香槟酒要更圆润一些，糖分含量在6克/升以下。

极干型香槟。这是消费量最大的香槟酒，糖分含量在15克/升以下。

超干型香槟（Champagne Extra-dry）。这种香槟酒口感

> 兰斯路易王妃香槟酒窖托架上斜放的香槟酒。

著名品牌香槟酒精选

- **柏林格艾依镇**。香槟地区的一处产业。独特的风格在种类众多的香槟中脱颖而出。有三款神话般的代表作品：特酿款（没有年份标注的干型香槟）、名贵珍酿款和新近除渣的香槟（RD）。这是特工007最喜爱的香槟。
- **沙龙帝皇香槟（Billecart-Salmon），玛惠依·艾依镇（Mareuil-sur-Ay）**。品味风格表现出精致、和谐和平衡。
- **杜瓦-乐华香槟（Duval-Leroy），维图斯镇**。出产十分罕见的采用红葡萄酒自流酒液酿制的粉红香槟酒。
- **哥塞香槟（Champagne Gosset），艾依镇**。出产的欢庆香槟特酿（Cuvée Celebris）浓郁而强劲，而其名品粉红香槟酒则酒精强劲。
- **雅克森香槟（Jacquesson），迪兹镇（Dizy）**。有品质保证的香槟酒。
- **库克香槟，兰斯市**。对于某些香槟爱好者来说，这是最出色的香槟酒；对于另一些人来说，这款香槟酒是最精细复杂的香槟产品（见304～305页）。最著名的产品是它的特酿香槟、梅尼园（Clos du Mesnil）香槟和干型粉红香槟。
- **罗兰·百悦香槟，图尔-马恩镇（Tours-sur-Marne）**。著名产品包括优雅的无年份标注的干型香槟、超干型未加糖分的香槟，以及迷人耀眼的盛世特酿香槟。
- **路易王妃香槟，兰斯市**。一系列出色的香槟酒产品，优雅、直爽而和谐，它的特酿“水晶”香槟闻名全世界。
- **酩悦香槟，埃佩尔奈镇**。不可不提及的香槟酒著名产业。它的王者极干型香槟（Brut impérial，没有年份标注）具有独特的品味风格，清爽而果味浓郁，是世界上销量最大的香槟酒。最著名的唐·培里侬香槟是世界上最著名和最贵的香槟酒之一。
- **菲丽宝娜香槟（Philipponnat），玛惠依-艾依镇**）。它的名品是雪园香槟（Clos des Goisses）。
- **宝禄爵香槟，埃佩尔奈镇**。出产非常精致的香槟酒。曾是温斯顿·丘吉尔的最爱。
- **慧纳香槟，兰斯市**。这个产业产量很小，但出产的香槟酒非常优雅，尤其是最著名的“唐·慧纳白中白”香槟。
- **沙龙香槟（Salon），梅尼尔-奥热尔镇**。它出产的“S”香槟是独一无二的：单一葡萄品种，单一酿酒产业，只出产年份香槟。
- **凯歌香槟，兰斯市**。它那带有著名橙黄色酒标的无年份干型香槟酒以及其旗下的“贵妇”香槟都是香槟酒中最出色的，后者是为了纪念创立了该香槟品牌并使之声名远播的孀居夫人。

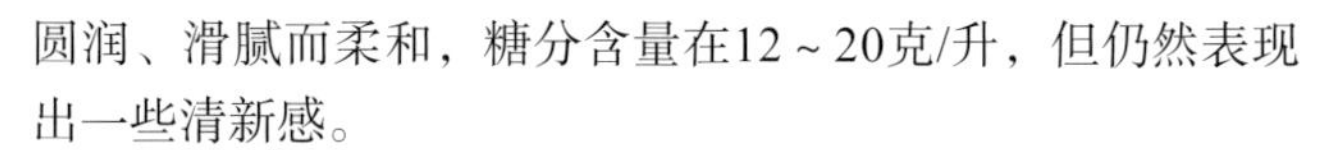

圆润、滑腻而柔和，糖分含量在12～20克/升，但仍然表现出一些清新感。

干型和半干型香槟。含有17～40克/升的糖分。事实上，这样的香槟酒经常用来搭配甜点。

甜型香槟。非常罕见。它的糖分含量很高：超出55克/升。

大型香槟酒产业和独立酿酒果农出产的香槟酒

尊贵的名声要求香槟地区与众不同。这里没有酒庄，没有酒园，只有香槟酿造产业和品牌。

大型香槟酿造产业。这些产业创造了香槟酒的历史并传承和延续了法国香槟酿造的传统、艺术和工艺。最具实力的香槟产业公司均已上市。为首的LVMH集团［拥有酩悦、凯歌、玛喜（Mercier）、库克、慧纳等品牌］是一个年产量5500万瓶的香槟王国。紧随其后的是人头马·君度（Rémy Cointreau）集团［查尔斯·哈雪（Charles Heidsieck）、白雪（Piper-Heidsieck）、维汗肯（Vranken）集团（弗兰肯、波马利（Pommery）、拉菲·查尔斯（Charles Lafitte）和独家哈雪（Heidsieck & Co Monopole）］和BCC集团［凯旋（Boizel）、夏努安（Chanoine）、韦诺日(de Venoge)、菲丽宝娜、兰颂（Lanson）和阿尔法·罗斯柴尔德（Alfred Rothschild）］。另外还有一些同样名贵的香槟产业还在保持着家族经营：路易王妃、柏林格、汉诺（Henriot）……这些香槟产业有100多家，占据了香槟市场很重要的一部分。但很少有产业像柏林格家族产业一样拥有自己的葡萄园，大部分都是从别的果农处收购葡萄。

独立酒农香槟。人们经常将它们和大型产业的品牌香槟区分开来。这样的香槟酒是一个酿酒师、一处酿酒产业、一块风土的精彩呈现。这种与葡萄园地风土条件紧密结合

独立酒农香槟酒精选

- **皮埃尔·吉莫内（Pierre Gimonnet），居斯镇（Cuis）。**风格独特，由精湛工艺酿造而成。
- **玛丽-诺埃尔·乐德鲁瑜（Marie-Noëlle Ledru），安博内（Ambonnay）。**它出产的香槟酒经过3到5年在酒脚中的培育过程，表现出浓郁的质感。
- **雅克·瑟洛斯（Jacques Selosse），阿维兹（Avize）。**它的庄园主是香槟地区最著名的人物之一。他们家出产的香槟酒品质出色，口味丰富，酿自采用生物动力学系统耕作的葡萄园地，出色地表现了风土特色。
- **保罗·巴拉（Paul Bara），布兹镇。**具有个性的名贵香槟酒。
- **欧歌利屋香槟（Égly-Ouriet），安博内镇。**它出产的极少添加糖分的名品香槟以及布兹（Bouzy）红葡萄酒都是有个性的葡萄酒，醇厚而不失优雅。
- **皮埃尔·蒙库特香槟（Pierre Moncuit），梅尼尔-奥热尔镇。**具有矿物质味、纯净质感和园地风土特性的香槟酒。
- **霍思·让娜香槟（Roses de Jeanne），瑟勒·乌赫斯（Celles-sur-Ources）。**塞德里克·布沙德（Cédric Bouchard）先生酿造的香槟酒的特点表现在精致和优雅上。
- **让·皮埃尔·福乐利香槟（Jean-Pierre Fleury），故赫特龙（Courteron）。**香槟地区实施生物动力化系统操作的领军产业，出产的香槟酒无比精致，香气馥郁，气质优雅，完美表达了园地的优质特性。
- **德拉皮耶香槟（Drappier），玉赫维尔（Urville）。**具有个性而未添加糖分的香槟酒。拥有令人惊叹的大瓶装香槟酒：所罗门（salomon）款（18升）、普利马（primat）款（27升）和麦基洗德（melchisédec）款（30升）。
- **拉尔芒滴耶·贝赫涅（Larmandier-Bernier），维图斯镇。**优质香槟中平衡感最好的产品，拥有很高的性价比。
- **德苏沙（De Sousa），阿维兹。**优雅精美的香槟酒，并且拥有香槟地区无敌的绵长余味和浓郁深厚的质感。
- **艾卡帕父子香槟（Agrapart & Fils），阿维兹。**轻纯、新鲜、出众而迷人的“白中白”香槟酒。
- **雅克·波佛（Jacques Beaufort），安博内。**它出产的香槟酒果味浓郁，园地特性明显，酿自通过顺势疗法和芳香剂疗法培育的葡萄果粒，品质无可比拟。
- **弗朗索瓦思·波戴尔（Françoise Bedel），克鲁特-马恩（Crouttes-sur-Marne）。**出产一系列品质出色的有机香槟酒。

> 马恩山谷中艾依镇附近的葡萄园景观。

酒标上的特点

香槟酒的与众不同也表现在它的酒标上。这里“法定产区”的标注不是强制性的。但是除了常规的标注（详见110页）之外，必须标注装瓶商的类别。通常情况下，它用很小的字体标注在酒标底部（详见113页）。

NM：酒商香槟 香槟酒商用自己种植的葡萄或是收购的葡萄在自家酒窖中酿制的香槟酒。

RM：独立酒农香槟 由酒农用自产的葡萄果粒酿造的香槟酒，并自行销售。

RC：联合种植者香槟 葡萄果农将收获的葡萄委托合作酿酒厂来酿造香槟酒，保留全部或一部分成品香槟酒自行销售。

R：收获果农委托酿制 既不是自行酿制，也不是合作酿制，葡萄果农将收获的葡萄交托混合酿制香槟厂来酿制。

CM：合作社型香槟厂 香槟酒由合作酿酒厂来酿造和销售。

SR：收获果农联合酿制 比较罕见，指的是独立的酿酒果农联合起来共同酿制和销售香槟酒产品。

ND：批发贸易商 批发贸易商从其它产业中购买香槟酒并作为自己的品牌销售。

MA：销售方贴牌酒 应购买商的要求生产并以购买方的品牌面市销售的香槟酒产品。经常出现在大型连锁超市。

的香槟酒是近期才出现的，由新一代葡萄果农发起［瑟洛斯（Selosse）、欧歌利（Égly）、维西尔（Vesselle）、福乐利（Fleury）……］。他们拒绝将收获的葡萄卖给批发商，由自己酿制出产充分表达园地真实特性的香槟酒。这样的酿酒果农约有6000家，他们充满活力且具有创新精神，酿制的香槟可以与法国最奢侈的香槟品牌一竞高下。

独立酒农出产的香槟酒占香槟地区总产量的25%。产业规模一般较小（通常少于15公顷），许多产业是世代相承的家族产业。出产的香槟酒和葡萄酒通常直销或就地零售。

合作酿酒厂。近年来合作酿酒厂的数目增加了好几倍。其中最著名的要数霞卡香槟（Champagne Jacquart），联合了600家酿酒果农，是市场上最活跃的合作酿酒产业。除此之外，还有德沃贵妇（Veuve A. Devaux）、博蒙·克雷若斯（Beaumont des Crayères）、奥德省联合酿酒厂（Union auboise）和丽歌菲雅（CV-CNF：Centre vinicole-Champagne Nicolas Feuillatte）等著名合作酿酒厂。通常情况下，他们出产的香槟酒平易近人，口味大众化，几乎能够被所有消费者接受，酒质轻纯，果味浓郁，平衡感强。但是他们同时也会出产一些特酿名贵品牌，如霞卡香槟的精品特酿阿雷格尔香槟酒（Allegra）、丽歌菲雅香槟的几款名贵精品香槟酒品牌，包括用来纪念一位意大利女歌唱家而精心设计包装的金棕榄香槟酒（Palmes d'Or）、酒厂的优秀年份香槟酒，还有在橡木桶培育熟成的香槟。

香槟地区出产的静态酒

除了生产著名的香槟起泡酒，香槟地区的酒农同时还酿制两个法定产区称号的静态酒。

香槟山坡。这一法定产区名称覆盖整个香槟地区，出产白、红、粉红干型静态葡萄酒。白葡萄酒气质清新，质感轻纯，夹在一丝清凉的口感之中。桃红葡萄酒表现出优雅和精致的质感。红葡萄酒品味风格也很优雅，结构匀称，愉悦的酒香中透着覆盆子和樱桃的清香。最著名的来自布兹镇（黑皮诺酿造的顶级名酒）。这一村庄和其它几个村庄［如维图斯、安博内、艾依、居米业赫（Cumières）］都有权利在法定产区后面标注村庄的名字。

丽赛桃红葡萄酒。它是法国最好的桃红葡萄酒之一，这款产量极少的葡萄酒产自香槟地区南部的奥博省，土质结构主要是石灰岩和启莫里阶泥灰岩（kimméridgiennes）。这款桃红葡萄酒通过黑皮诺果粒的短暂浸渍过程酿造——需要在获得“丽赛桃红液滴”之后马上终止浸渍过程，不然就会失去这种恰到好处的酒液。该桃红葡萄酒圆润、稠密，透着细致而丰富的果香，是一款令人无比愉悦的美酒。

1

2

3

库克香槟的艺术

1843年库克集团正式踏入香槟行业。历经时间考验，它保持了顶级的品质，声名远扬。这样的收获归功于创立人约翰·约瑟夫·库克（Johann Joseph Krug）在企业创建阶段制订实施的保持可靠性和不断精益求精的发展政策。今天，家族的第六代继承人保持着同样的激情和毅力。在小橡木桶中进行的第一次发酵，意在丰富葡萄酒的内涵，并保证陈酿的可能性。此后要在酒窖中进行至少6年的漫长陈年从容地陈年，经常用来混酿特酿款香槟酒，也就是库克的代表作。无年份标注的香槟酒可以混合香槟地区不同地方的葡萄酒，可以使用以前年份的酒液，可以以不同的比例混酿三种葡萄酒液（霞多丽、莫涅皮诺和黑皮诺），如此这般，才能年复一年地获得库克香槟的代表风格。能进入香槟酒最终混酿的酒液有50种，有时远远超出这个数目。

特酿款香槟呈现淡淡的金黄色酒裙，

罕见的矿物质味中。这款香槟酒是如此丰富而浓郁，需要非常敏锐的味觉才能充分感受它的魅力。该款可以独斟细品，也可以用于庆典活动的美酒，可以搭配复杂的海鲜菜肴、奶油（或鸡油菌等）煎炖的肉禽类菜肴，或者是煎烤的野味。

库克年份香槟酒

库克年份香槟酒的标准则完全不同，

1. 位于兰斯市的酒厂主体
2. 梅尼园种植的霞多丽葡萄
3. 奥利维耶·库克（Olivier krug）先生在挑选颜色清纯的葡萄酒
4. 特酿香槟
5. 在陈年酒窖中，瓶装香槟酒倾斜摆放，直到去除酒脚
6. 盛装来自克劳·德·梅尼的葡萄酒的橡木桶

酿的葡萄酒每天都被品尝。在关键的混酿过程中，库克家族还拥有大量产自同一年份的静态酒，用来完成既表现年份特征又符合产品风格的香槟酒。这种香槟酒有着无比深厚的陈年熟成潜力，在窖藏20或30年后仍然表现出令人惊异的清新口感。

库克粉红香槟酒

如今粉红香槟酒已成为库克出品的新成员，标志着库克家族尝试新产品的愿望。第一款库克粉红香槟酒产自出色的1976年。在1983年参加品酒会时，立刻获得了成功。混酿过程一直以来都非常谨慎小心，会加入些许带皮浸渍的黑皮诺酒液，给香槟酒带来色泽以及强劲的质感。与精美菜式搭配，这款强劲的粉红香槟酒延续了库克的一贯风格。

梅尼园和安博内园（CLOS D'AMBONNAY）

最后给大家介绍库克系列中很罕见的两款极品：梅尼园白中白香槟和安博内园黑中白香槟。库克家族在1971年购得了这座种植了1.85公顷霞多丽的梅尼园酒庄，它的种植结构从1698年起就从没有改变过。这款酒仅在优秀的年份才生产，不会经过任何混酿。它是库克的顶峰之作！也是集团出产的最纯净、最完美的香槟。更罕见的，可以说是极尽奢华的珍品，那便是安博内园香槟，酿自一片只有0.685公顷、种植着黑皮诺的葡萄园。这款香槟酒呈现金黄带一丝古铜色的酒裙，表现出浓郁的酒香和丰富精美的口感。还有什么比此款香槟酒更能证实库克的实力呢？

阿尔萨斯、汝拉和萨瓦的葡萄园

阿尔萨斯、洛林（Lorraine）、汝拉、萨瓦、布吉等法国东部的葡萄园是法国面积最小的葡萄园。“小”指的是种植面积，但由于其多样和独特的葡萄品种和葡萄酒风格，它能够出产品质出色的“大”名气的葡萄酒。其中有的名酒庄如夏隆堡葡萄酒，是世界上最著名的葡萄酒之一。

阿尔萨斯葡萄酒产区

阿尔萨斯产区是一片由河谷和山丘组成的狭长地带，产区长达170多公里，北起马赫冷翰镇（Marlenheim），南至塔纳镇（Thann）。它通过不同的葡萄品种以及独特的葡萄酒风格而独树一帜，当然还有它独特的法定产区标注系统，即用酿酒的葡萄品种来标注葡萄酒：琼瑶浆、雷司令、麝香葡萄、黑皮诺……产区内只有三种法定产区名称标注：标注葡萄品种的阿尔萨斯法定产区、特级酒庄和克雷芒起泡酒。

阿尔萨斯法定产区的数据
种植面积：1.55万公顷
年产量：1.15亿升/年
白葡萄酒：91%
红葡萄酒和桃红葡萄酒：9%

（阿尔萨斯葡萄酒行业联合会，2007年）

古往今来的发展历程

阿尔萨斯地区最初由罗马军团带来葡萄品种并种下第一批葡萄树，其出产的葡萄酒在中世纪就达到了顶峰。它的繁荣时期一直持续到17世纪，与此同时，出现了大型葡萄酒酒商。但是，战争、德国的占领和根瘤蚜虫害的发生打击了葡萄酒产业的活力。直到1918年第一次世界大战结束，该地区的葡萄园才重新焕发生机，并且非常注重质量。

从1970年起，阿尔萨斯地区的果农开始着手实施有机农业，以让·皮埃尔·弗里克（Jean-Pierre Frick）先生为领军人物。整个地区有11家葡萄园实施有机农业或采用了生物动力法系统，总面积约1000公顷。虽然感觉规模不大，但大大促进了有机葡萄种植业的发展，并成为一种发展趋势。

>利克威尔村附近的葡萄园。

葡萄园地理景观

气候。阿尔萨斯地区受到孚日（Vosges）高原的庇护，享有干爽的大陆性气候：春天温暖，夏季干燥而光照强烈，秋季漫长而温润，冬季寒冷。气候条件十分适合葡萄树的生长。

土质结构。葡萄园地含有至少13种土质构造：火山土、砂岩、花岗岩、片麻岩、页岩、石灰泥岩、泥灰岩、黏土泥灰岩、黄土……大部分地块由各种土质交织在一起。这种土质多样性使酿自同一葡萄品种的葡萄酒具有不同的品味风格。

葡萄品种和酿成葡萄酒的品味风格

阿尔萨斯完全可以为它多样的葡萄品种而骄傲，有一些葡萄品种只能在这个地区找到。

雷司令。阿尔萨斯地区葡萄品种之王。酿出的葡萄酒活跃、优雅，馥郁的酒香中透出柠檬、金银花、柠檬草和西柚的香气，泛起一丝矿物质的味道。在陈年熟成的过程中会增添迷人的烃类香气。

琼瑶浆。它的名字在阿尔萨斯语和德语中的意思是“辛辣的塔明内葡萄”。这一品种酿成的葡萄酒质感稠密而强烈奔放，释放的香气极其复杂，有玫瑰、荔枝、白色水果、异域水果和香料的香气。

灰皮诺。出产的白葡萄酒质感圆润、结构匀称、内容丰富而浓郁，散发出果香和香料味混合的馥郁酒香。

您未必了解的小知识

传统上，人们将洛林地区视为阿尔萨斯产区的一部分。因为这片地区以出产灰色葡萄酒（其实是以直接压榨的方法酿制的桃红葡萄酒）——杜丘（Côtes-de-Tou）葡萄酒而闻名。这款酒的颜色与众不同——灰色，是一款活跃、透着显著的花香和红色水果香气的葡萄酒。

单一葡萄品种的终结?

阿尔萨斯地区对特级酒庄做出一项规定，一个园地风土只种植一个葡萄品种。如果葡萄果农不尊重这个规定，他将失去产区命名。但是，仍然有酿酒果农敢于挣脱规定的束缚。比如马塞尔·戴斯（Marcel Deiss）先生，他运用生物动力法耕种葡萄田，推动园地风土特性的表现，使葡萄酒的品质得到提升。但他并不满足于此。他决定进行混合种植——在同一片园地上混合种植不同的葡萄品种，然后进行不同葡萄品种间的混酿。他酿出的布尔（Burg）葡萄酒（混酿自所有的阿尔萨斯葡萄品种）和葛拉斯堡（Grasberg）葡萄酒（雷司令、琼瑶浆和灰皮诺）无疑获得了巨大成功。

麝香葡萄。这里种植着两种麝香葡萄，经常在一起混酿：阿尔萨斯麝香葡萄［也称为小粒麝香葡萄或芳蒂娜麝香葡萄］和奥托奈（Ottonel）麝香葡萄。它们酿成的干型葡萄酒带有新鲜葡萄的果香和质感。

西万尼。酿成的葡萄酒舒适、清新、轻纯而果味浓郁，透着一点淡淡的刺槐花香气，夹着一丝矿物质味道和植物性气息，带着迷人的活跃个性。

白皮诺。这个品种的种植面积在不断增长，酿成的葡萄酒质感圆润而轻柔，新鲜而柔和，透着舒适的花香和果香。

黑皮诺。阿尔萨斯地区唯一的红葡萄品种，用来酿造桃红葡萄酒和红葡萄酒。酿造红葡萄酒的时候，葡萄汁在大桶内进行酿造，酿出的红葡萄酒的颜色没有勃艮第红葡萄酒的颜色深重，但是樱桃的香气明显；这种红葡萄酒在优质年份可以表现出无比出色的品质。

克莱维内·海利根施泰克。这个葡萄品种就是粉红萨瓦涅。它的种植范围限制在下莱茵河的5个村庄内。酿成的葡萄酒风味独特，结构匀称，散溢着异域水果的香气，夹着一丝香料的气息。

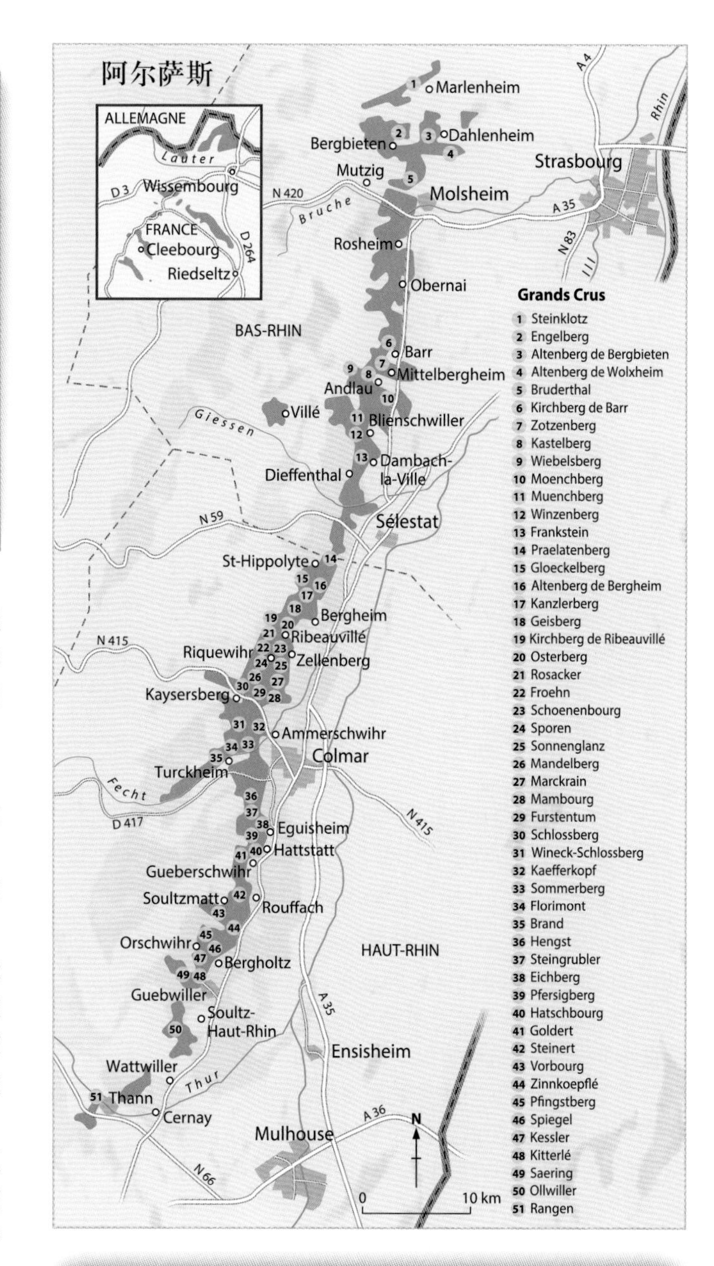

阿尔萨斯地区葡萄酒的特色

可以在酒标上加上标注来补充说明葡萄酒的特性。

"GENTIL"和"EDELZWICKER"。这两个标注说明这是用多个葡萄品种混酿的葡萄酒，愉悦且容易上口。在阿尔萨斯法定产区后可加上这两个标注之一。

"延迟采摘葡萄酒"（VT）和"精选贵腐葡萄"（SGN）。该名称可以补充"阿尔萨斯法定产区葡萄酒"和"阿尔萨斯特级酒庄"的标注，这种标注（并不代表法定产区）指的是酿自雷司令、琼瑶浆、麝香葡萄和灰皮诺等糖分含量很高的葡萄果粒的甜白葡萄酒。这种出色的葡萄酒可以和世界上最著名的甜白葡萄酒媲美，具有无比深厚的窖藏陈酿潜力，有时可达50年以上。

冰酒。有一部分酒农试着在12月和次年1月间采摘葡萄果粒酿酒，采摘的温度在-10～-7℃。这种冰酒不被法国的法规认可，但以无比昂贵的价格出售。

阿尔萨斯地区葡萄酒法定产区（AOC）

- **阿尔萨斯葡萄酒**
- **阿尔萨斯克雷芒起泡酒**
- **阿尔萨斯特级酒庄**

下面附有51个地块名：

> *Altenberg de Bergbieten*
> *Altenberg de Bergheim*
> *Altenberg de Wolxheim*
> *Brand*
> *Bruderthal*
> *Eichberg*
> *Engelberg*
> *Florimont*
> *Frankstein*
> *Froehn*
> *Furstentum*
> *Geisberg*
> *Gloeckelberg*
> *Goldert*
> *Hatschbourg*
> *Hengst*
> *Kaefferkopf*
> *Kanzlerberg*
> *Kastelberg*
> *Kessler*
> *Kirchberg de Barr*
> *Kirchberg de Ribeauvillé*
> *Kitterlé*
> *Mambourg*
> *Mandelberg*
> *Marckrain*
> *Moenchberg*
> *Muenchberg*
> *Ollwiller*
> *Osterberg*
> *Pfersigberg*
> *Pfingstberg*
> *Praelatenberg*
> *Rangen*
> *Rosacker*
> *Saering*
> *Schlossberg*
> *Schoenenbourg*
> *Sommerberg*
> *Sonnenglanz*
> *Spiegel*
> *Sporen*
> *Steinert*
> *Steingrubler*
> *Steinklotz*
> *Vorbourg*
> *Wiebelsberg*
> *Wineck-Schlossberg*
> *Winzenberg*
> *Zinnkoepflé*
> *Zotzenberg*

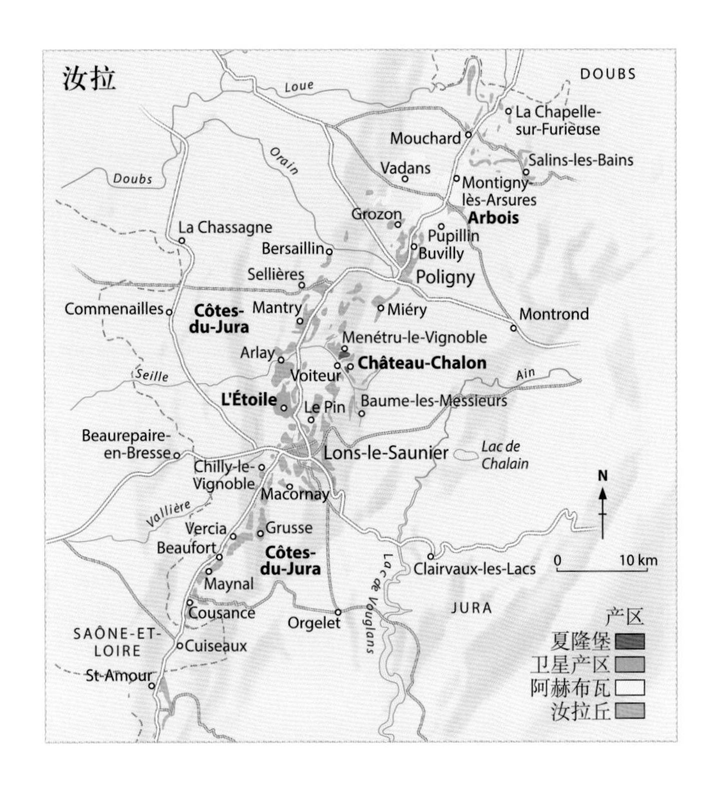

汝拉葡萄酒产区

汝拉产区在勃艮第产区的对面，位于索恩河的另一边，葡萄园地延展在平原和山区之间一片80公里长的地带。这里是现代酿酒学之父巴斯德的故乡，让此地声名远播的是它出产的黄葡萄酒。但这个地区也出产种类繁多的红葡萄酒、桃红葡萄酒、干型和半甜型白葡萄酒，甚至还有起泡酒。

汝拉葡萄酒法定产区的相关数据

种植面积：1.55万公顷

产量：930万升/年

白葡萄酒产量比例：40％

红葡萄酒和桃红葡萄酒产量比例：40％

起泡酒产量比例：16％

其它：4％

（汝拉葡萄酒行业联合会，2007年）

葡萄园地理景观

汝拉地区早在公元前1世纪就种下了葡萄树，在公元5世纪和6世纪随着教会的发展而发展。到了19世纪末，葡萄园面积达到了2万公顷。根瘤蚜虫害肆虐，损毁了这片地区，但葡萄果农决定从此之后以质量为重，并在1936年和阿尔步瓦产区一起成为法国最早获得法定产区命名的葡萄酒产区。

气候和土质结构。汝拉地区享有半大陆性气候，有利于葡萄果实的生长和成熟。半大陆性气候的特点是严酷的冬季、寒冷湿润的春季、炎热的夏季和阳光充足的秋季。葡萄园层叠在山坡上，通常朝向西方，位于里弗尔门（Revermont）地区海拔200～500米的山坡上，土质结构非常多样，有黏土、泥灰岩、灰质石灰岩、石灰岩碎石和冲击土层。

汝拉地区葡萄酒法定产区（AOC）

- Arbois
- Arbois-Pupillin
- Côtes-du-Jura
- Château-Chalon
- Crémant du Jura
- L'Étoile
- Macvin du Jura

葡萄品种和酿成葡萄酒的品味风格

汝拉地区有5个主要的葡萄品种，在这里它们找到了适合自己的土壤，酿出的葡萄酒风格独特、个性鲜明。

普萨。尤其在阿赫步瓦法定产区，它酿成的葡萄酒呈现浅宝石红的酒色，丹宁并不浓重，透着小粒红色水果的香气；随着时间的推移，逐渐向香料和灌木丛的香气演化。

图索。酿成的葡萄酒的特性表现在浓郁的红宝石色酒裙，透着红色水果的酒香中夹着一丝香料略带胡椒的香气，衬托在紧致的丹宁之中，预示着深厚的陈酿潜力。它经常和黑皮诺或普萨一起混合酿造。

黑皮诺。酿成的葡萄酒个性鲜明，深刻表达了园地的风土特性，酒香中透出覆盆子和黑醋栗的清香，夹着一丝香料的气息。

萨瓦涅。汝拉地区最典型的白葡萄品种，著名的黄葡萄酒就酿自这一品种。馥郁的酒香中既有苹果和烤杏仁的香气，也有青核桃、小麦的香气，更有咖喱和咖啡的香气。酿造时采用填桶或不填桶的方式（详见80页），单独酿造或者与霞多丽混酿。酿出的葡萄酒个性鲜明，具有显著的清新感，并蕴含着深厚的陈年熟成潜力。

霞多丽。汝拉地区种植面积最广的葡萄品种（占42%的种植面积）。酿成的葡萄酒的酒香中有着非常典型的花香，清新且结构匀称。

汝拉地区的特产葡萄酒

除了神奇的黄葡萄酒之外，汝拉地区还有两种特别的葡萄酒：马克凡汝拉香甜酒和麦秸葡萄酒（Vin de Paille）。

马克凡汝拉香甜酒。这是一款利口酒，通过对发酵酒醪中三分之二的浆液用汝拉地区的“生命之水”（蒸馏酒）中途抑制发酵强化酿成。经过18个月在橡木桶中的培育，它在果味的甜润感和酒精的强劲感之间达到了和谐的平衡。

麦秸酒。这种甜白葡萄酒是用一种特殊的酿造方法酿制而成（详见68页）。

黄葡萄酒。这种声名远播的独一无二的葡萄酒酿自单一的葡萄品种：萨瓦涅葡萄。延迟采摘的葡萄果粒首先被酿成干白葡萄酒，然后装入228升的橡木桶内开始漫长而神秘的演化过程。在培育过程中不需要进行换桶或填桶过程，葡萄酒液表面形成一层酵母保护层，防止醋酸菌将葡萄酒转化成醋，并给酒液带来不可比拟的“黄葡萄酒味道”。直到6年零3个月之后，酒液才可以装入著名的620毫升容量的凯文林瓶中，这个容量恰好是1升葡萄酒经过培育过程后的剩余量。

萨瓦葡萄酒产区

令人遗憾的是，比起葡萄酒，萨瓦地区更为人所知的是它长年的降雪和冰川地貌。在湖泊与山峰、谷田和牧场之间，萨瓦的葡萄园延展在勒芒湖（Léman）和尚贝里镇（Chambéry）之间海拔300～600米的坡地上。这里出产非常多样而品质诱人的葡萄美酒，通常只在当地消费。

葡萄园地理景观

萨瓦地区的气候是大陆性气候，冬季严寒、夏季炎热、秋末冬初阳光普照，湖泊温润着整个地区。土质多样，占主导地位的是石灰石碎石、冰碛砾石和砂岩磨拉石。从罗马帝国时期这里就开始了葡萄种植。葡萄园发展的鼎盛时期出现在19世纪末，达到了8000公顷的种植面积。后来根瘤蚜虫害的侵袭让葡萄园面积减少到2000公顷。最初产业恢复得比较缓慢，但从1950年起开始加快速度，并一直处在不断增长中。

葡萄品种和酿成葡萄酒的品味风格

萨瓦地区拥有非常多样的葡萄品种，都是本地特有品种，个性独特，尤其是白葡萄品种，酿出的葡萄酒风格鲜明。

雅克尔。种植得最普遍的白葡萄品种，酿成的葡萄酒新鲜而清爽。是阿比姆（Abymes）葡萄酒和阿普勒蒙葡萄酒的主要混酿品种。

胡塞特（roussette，也称altesse）。种植面积增长得很快，酿成的葡萄酒内容丰富而果味浓郁，透着一丝香料的香气。它是法定产区胡塞特–萨瓦葡萄酒的主导混酿品种。

胡珊。产量很小的葡萄品种，酿成的葡萄酒品质出色，有时非常出众。间或出产窖藏陈酿潜力深厚的葡萄酒，尤其是席南（Chignin）地区出产的席南–贝哲（Chignin-Bergeron）红葡萄酒。

莎斯拉。占据70%的葡萄园种植面积，是马兰（Marin）、马里尼昂（Marignan）、希拜依（Ripaille）和克雷皮葡萄酒的基础混酿品种。

莫莱特（molette）。出产的白葡萄酒颜色轻淡，酒精强劲，果味浓郁，透着一丝新鲜的牧草气息。由于酸度浓重，它用于赛丝乐起泡酒的混酿中。

格兰杰（gringet）。相当于汝拉地区的萨瓦涅品种，用于酿造著名的艾泽（Ayze）起泡酒。

霞多丽。这个葡萄品种在20世纪60年代被引进到萨瓦地区，几乎遍布整个地区。单独酿造或者与其它品种混酿，这个品种总是给葡萄酒带来活跃的风格和浓郁的果味。

佳美。萨瓦地区主导的葡萄品种，酿成的葡萄酒新鲜而清爽。在寿大尼耶（Chautagne）地区的园地中这一品种的表现最出色。

蒙杜斯。酿自这种非常古老的葡萄品种的红葡萄酒通常结构匀称而丹宁浓重，尤其是在阿赫班（Arbin）葡萄酒中更明显，因为这款葡萄酒只采用这一葡萄品种。

博桑（persan）。这种古老的葡萄品种几乎已经绝迹了。今天在萨瓦地区的萨瓦斜谷（Combe de Savoie）和毛利晏（Maurienne）地区的几个酒农重新开始种植，酿成的葡萄酒丹宁浓郁，颜色深重，窖藏陈酿潜力深厚。

萨瓦葡萄酒产区的相关数据

种植面积：2000 公顷

葡萄酒产量：1450万升/年

白葡萄酒产量比例：65%

红葡萄酒产量比例：35%

（萨瓦地区葡萄酒行业联合会，2007年）

相邻的小片葡萄酒产区

在汝拉和萨瓦两个地区之间，布杰产区500公顷的葡萄园分布在三个产区中——塞尔东（Cerdon）、蒙塔尼欧（Montagnieu）、贝莱（Belley），园地土质是硅质石灰岩和硅质黏土质。它主要出产白葡萄酒和起泡酒，酿自萨瓦地区和勃艮第地区的葡萄品种。我们将着重介绍一下布杰–塞尔东产区的葡萄酒，主要是用传统方法酿造的白或桃红的起泡酒（详见第72页）。

萨瓦地区葡萄酒法定产区（AOC）

- Vin de Savoie
  酒标上标注或不标注酿酒产业的名称
- Roussette de Savoie
  酒标上标注或不标注酿酒产业的名称
- Roussette de Seyssel

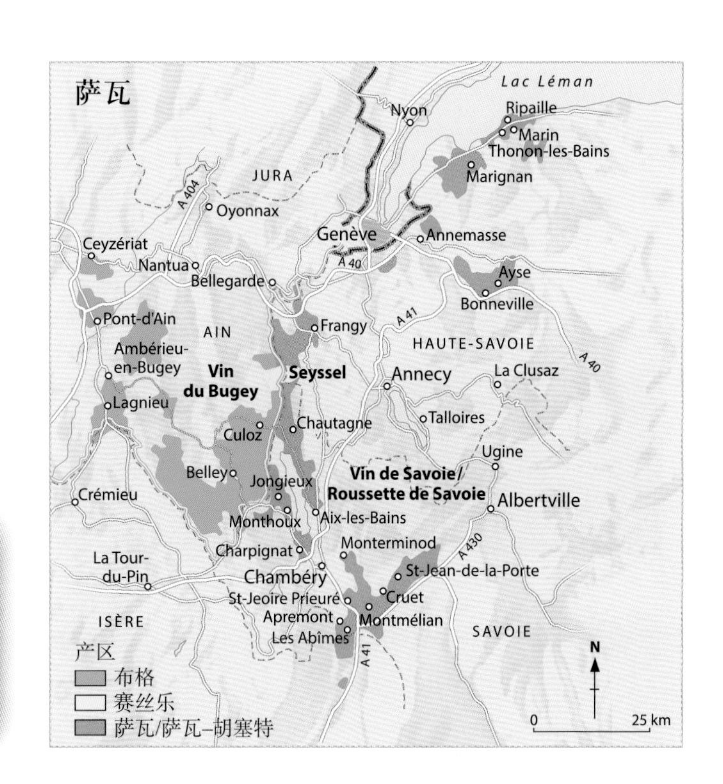

阿尔萨斯、汝拉和萨瓦最著名的葡萄酒

这些地区的葡萄园面积很小，但是出产品质出众的美酒。阿尔萨斯、汝拉和萨瓦地区出产一些顶级葡萄酒，其中有几款名列世界上最优秀的葡萄酒行列。

阿尔萨斯地区

阿尔萨斯法定产区（AOC ALSACE）

这是阿尔萨斯地区面积最广阔的法定产区名称。它覆盖了整个地区，主要出产白葡萄酒（92%）。当葡萄酒标上标注了某种葡萄品种的名字，说明瓶中100%是由这种葡萄品种酿造的葡萄酒，葡萄品种的名字跟在产区名称的后面，如阿尔萨斯麝香葡萄酒、阿尔萨斯雷司令、阿尔萨斯琼瑶浆、阿尔萨斯黑皮诺和阿尔萨斯西万尼……如果没有标明葡萄品种，说明这是一款由几个品种混酿而成的葡萄酒，它通常标注“Alsace Edelzwicker”或“Alsace Gentil”两个产区名称出售。

> **主要葡萄品种**。雷司令、西万尼、琼瑶浆、白皮诺、灰皮诺、麝香葡萄和黑皮诺。

> **土质结构**。片岩、花岗岩、火山岩、泥灰石灰岩。

> 葡萄酒品味风格。白葡萄酒通常干爽、果味浓郁、香气馥郁，每一种葡萄品种的酒液都有自己的特性。琼瑶浆葡萄酒强劲、丰满、结构匀称，并带有这一品种典型的玫瑰和荔枝香气。雷司令葡萄酒强劲且结构丰富，散发着烃类香气，即石油气味（也被称作“矿物质香气”），夹着一丝柑橘的香气。麝香葡萄酿成的葡萄酒带有迷人的香味，散发着新鲜葡萄的香气，并带有一丝异域水果的香气：喝的时候好像在吃水果。白皮诺葡萄酒强劲且酒香浓郁，透着花香和白色水果的香气。

阿尔萨斯红葡萄酒酿自黑皮诺，其中红醋栗和樱桃的香气带来了一丝酸度；它圆润的口感经过窖藏陈酿过程会增添成熟红色水果的香气和动物性香气。

延迟采摘葡萄酒（标注为VT）和精选贵腐葡萄酒（标注为SGN，详见307页）是非常优雅的甜白葡萄酒，带着无比出色的浓郁酒香。

葡萄酒的颜色：
白色和红色。

最佳饮用温度：
白葡萄酒8～10℃；
红葡萄酒12～14℃。

陈年潜力：
麝香葡萄酒需要在当年饮用；
琼瑶浆葡萄酒、雷司令葡萄酒和白皮诺葡萄酒为1～3年；
红葡萄酒为1～3年；延迟采摘葡萄酒（VT）和精选贵腐葡萄酒（SGN）为2～10年。

阿尔萨斯地区

阿尔萨斯克雷芒起泡酒法定产区（AOC CRÉMANT D'ALSACE）

法国销量第一的法定产区起泡酒——阿尔萨斯克雷芒起泡酒非常流行，通过在瓶中二次发酵的方法酿造而成。

> **主要葡萄品种**。白葡萄品种主要有白皮诺、灰皮诺、雷司令和霞多丽，每个品种单独酿制（葡萄品种的名称会标在酒标上）或进行混酿；酿造桃红葡萄酒的品种：黑皮诺。

> 土质结构。花岗岩、硅岩、砂岩、泥灰岩。

> 葡萄酒品味风格。阿尔萨斯起泡酒清爽、柔和，拥有优美的酒香和细致的气泡，是一款令人愉悦的美酒。

葡萄酒的颜色：
桃红色和白色。

最佳饮用温度：
6～8℃。

陈年潜力：
在当年饮用。

阿尔萨斯地区

阿尔萨斯特级葡萄酒法定产区（AOC ALSACE GRAND CRU）

这里比葡萄品种更重要的是园地的风土，因为这个法定产区注重的是最好地发挥园地风土的价值。产区内的51个地块（详见307页）全部以地理特征和气候特征来区分。法定产区的规定非常严格，涉及葡萄种植、葡萄品种的选择、单位面积产量、酒精含量、酿造工艺……这里法定产区的葡萄酒占整个阿尔萨斯地区总产量的4%。除了年份和葡萄酒产业名称，酒标上还要标明葡萄品种，除非葡萄酒属于混酿葡萄酒［在阿尔藤贝干（Altenberg de Bergheim）和卡菲科浦（Kaefferkopf）两地允许生产混酿型葡萄酒］。

> 主要葡萄品种。雷司令、琼瑶浆、灰皮诺、麝香葡萄。阿尔萨斯佐特曾堡特级葡萄酒（Alsace Grand Cru Zotzenberg）被获准使用西万尼葡萄品种酿造。

> 土质结构。片岩、花岗质土壤、火山岩、泥灰石灰岩、砂岩……

> 葡萄酒品味风格。在这里不可能一一介绍个性迥异的51款顶级名酒，这些阿尔萨斯地区的精品白葡萄酒每款品质特性各不相同，因为各自产地的风土特性各不相同。它们的共性是品质优雅、浓郁强劲，拥有深厚的陈年潜力。

葡萄酒的颜色：
白色。

最佳饮用温度：
8℃左右，清凉但不要冰镇。

陈年潜力：
所有特级酒庄为10～15年；
延迟采摘葡萄酒（VT）和精选贵腐葡萄酒（SGN）
可达15～20年，好的年份陈年时间更长。

汝拉地区

夏隆堡法定产区（AOC CHÂTEAU-CHALON）

夏隆堡坐落在俯瞰山谷的岩石高地上，是黄葡萄酒的摇篮，也是唯一的产区命名。产区50公顷的葡萄园延展在4个村庄的土地上，只在好的年份出产约15万升黄葡萄酒。其它气候条件不理想的年份，不会出产任何夏隆堡葡萄酒。

> 主要葡萄品种。萨瓦涅。

> 土质结构。蓝色或灰色泥灰岩。

> 葡萄酒品味风格。口味无可比拟的葡萄酒，有时让人措手不及。酒香丰富而浓郁，混合着核桃、苹果、咖喱和蘑菇的香气。它的口感黏稠而干爽，余味极其悠长（人们经常比喻黄葡萄酒展开“孔雀尾”）。

葡萄酒的颜色：
白色。

最佳饮用温度：
14～16℃。

陈年潜力：
50~100年。

阿尔萨斯地区葡萄酒精选

- **浦法费兰（Pfaffenheim）酒农合作酿酒厂。**阿尔萨斯获得最多奖项和最具活力的合作酿酒厂，提供一系列性价比高的令人愉悦的美酒。
- **多浦夫和艾尔酒庄（Domaine Dopff & Irion，利克威尔村。**一系列表现园地真实特性的葡萄酒，尤其是卡弗科浦琼瑶浆（Kaefferkopf de gewurztraminer）、奥特罗特红（Rouge d’Ottrott）和阿尔萨斯桃红克雷芒（Crémant d’Alsace rosé）三款葡萄酒。
- **雨果酒庄（Domaine Hugel），利克威尔村。**阿尔萨斯地区最古老和最著名的酿酒产业之一，创建于1639年。它的延迟采摘葡萄酒（VT）和选粒贵腐葡萄酒（SGN）品质卓越。
- **皮耶·费利克酒庄（Domaine Pierre Frick），浦法费兰镇。**不可错过的是这里用生物动力法酿造的具有纯净质感的葡萄酒。
- **奥斯特塔酒庄，艾普菲镇（Epfig）。**出产的“果味系列”“砾石系列”和“时光系列”葡萄酒非常出色。
- **塞比酒庄（Domaine Seppi Landmann），利克威尔村。**它的琼瑶浆葡萄酒、延迟采摘葡萄酒和选粒贵腐雷司令葡萄酒非常值得关注。
- **婷芭克世家酒庄，瑞布维乐镇（Ribeauvillé）。**出色的琼瑶浆葡萄酒和雷司令葡萄酒，尤其是“圣汉园”（Clos Sainte-Hune）葡萄酒。
- **温巴赫酒庄（Domaine Weinbach），凯泽贝尔镇（Kaysersberg）。**令人惊叹的葡萄酒，是世界上最著名的甜白葡萄酒之一。
- **鸿布列什酒庄（Domaine Zind-Humbrecht），特坎镇(Turckheim)。**用生物动力法酿造的优质葡萄酒，极尽表达了园地的风土特性。
- **苔丝美人酒庄，贝干镇。**阿尔萨斯最好的酒庄之一。采用有机种植的葡萄酿出的葡萄酒品质卓越。

汝拉地区葡萄酒精选

- **达利堡（Château d'Arlay），阿利镇（Arlay）**。汝拉地区最著名的葡萄酒产业之一。出产的白葡萄酒和黄葡萄酒只能用顶级来形容。
- **安德烈和米黑耶庄园（Domaine André et Mireille Tissot），蒙铁尼内-阿苏镇（Montigny-lès-Arsures）**。产品中尤其出色的是有机葡萄酒，特别是大木槌特酿"La Mailloche"（阿尔步瓦白葡萄酒）和著名的麦秸晾干型葡萄酒斯碧哈（Spirale）。
- **贝德-邦德庄园（Domaine Berthet-Bondet），夏隆堡**。出产品质出众的黄葡萄酒和汝拉丘（Côtos-du-Jura）白葡萄酒。
- **雅克·锑索庄园（Jacques Tissot），阿尔步瓦**。出产品质极棒的汝拉克雷芒起泡酒和黄葡萄酒。
- **亨利·梅赫庄园（Domaine Henri Maire），阿尔布瓦**。汝拉地区的代表性酿酒产业，给整个地区带来荣耀。出产品质非常出众的一系列葡萄酒，性价比高。
- **皮埃尔·欧依屋庄园（Domaine Pierre Overnoy-Emmanuel Houillon），浦波林村（Pupillin）**。出色品质的葡萄酒，表现出极其纯净的特性。出产浓郁的白葡萄酒以及用生物动力法酿造的未添加硫的红葡萄酒。
- **葡萄农庄园（Les fruiti è res vinicoles），阿尔布瓦、瓦德尔（Voiteur）、浦皮林村、比亚酒窖（Caveau des Byards）**。出产系列性价比高的品质葡萄酒。
- **米歇尔·加耶庄园（Michel Gahier），蒙铁尼内-阿苏镇**。他的天然葡萄酒和每一款酒表现出来的纯净质感令人印象深刻。

阿尔步瓦法定产区（AOC ARBOIS）

汝拉地区

阿尔步瓦产区是汝拉地区产量最大（葡萄酒产量占地区产量的40%）的法定产区。葡萄园地延展在阿尔步瓦市周围13个村庄的土地上，但只有浦波林村的名字被获准标注在法定产区的名称后面。这片产区特别适合图索葡萄和普萨葡萄的生长，尤其以红葡萄酒闻名，但同时也出产一部分白葡萄酒、黄葡萄酒、麦秸葡萄酒和克雷芒起泡酒。

> **主要葡萄品种**。白葡萄品种主要有霞多丽和萨瓦涅；用来产红葡萄酒和桃红葡萄酒的品种：普萨、图索、黑皮诺。

> **土质结构**。黏土和石灰石碎石。

> **葡萄酒品味风格**。出产的红葡萄酒内容丰富，丹宁浓重，浓郁的酒香中透着红色和黑色水果的香气，夹着一丝动物性香气，拥有优美绵长的口中余味。用霞多丽酿造的白葡萄酒品质优雅，散发着果味和花香，夹着香料、核桃和蜂蜜的香气。用萨瓦涅酿造的白葡萄酒会更丰满一些，富含核桃和香料的气息，拥有优美绵长的口中余味。

葡萄酒的颜色：
白色和红色。

最佳饮用温度：
白葡萄酒和桃红葡萄酒8～10℃；
红葡萄酒14～16℃；
黄葡萄酒14～16℃；
麦秸葡萄酒7～10℃；
起泡酒6～8℃。

陈年潜力：
克雷芒起泡酒需要在当年饮用；
白葡萄酒1～3年；
红葡萄酒3～5年；
麦秸葡萄酒大于10年；
黄葡萄酒50～100年。

汝拉丘法定产区（AOC CÔTES-DU-JURA）

汝拉地区

这是汝拉地区面积最广阔的法定产区，从北部的萨兰镇（Salins）一直到南面的圣爱村，延展在风土条件非常多样的地带。它覆盖了105个村镇的土地，其中最著名的是瓦德尔、波利尼（Poligny）、杰凡格（Gevingey）和阿赫步瓦。这里主要出产白葡萄酒，干型或半甜型，静态酒或起泡酒。人们在这里也可以找到汝拉出产的所有类型的葡萄酒：红葡萄酒、桃红葡萄酒、黄葡萄酒和麦秸葡萄酒。

> **主要葡萄品种**。白葡萄品种是霞多丽和萨瓦涅；红葡萄品种是普萨、图索和黑皮诺。

> 土质结构。黏土和石灰石碎石。

> **葡萄酒品味风格**。出产的白葡萄酒根据风土条件、酿造方法、混酿方法的不同而品质风格各不相同。主要有两种类型：酿自霞多丽的花香浓郁的新鲜白葡萄酒和酿自萨瓦涅的个性突出的白葡萄酒。这里的红葡萄酒丹宁浓重、圆润、丰富，透着红色和黑色水果的香气；麦秸葡萄酒则散发着异域水果和干果的浓香。

葡萄酒的颜色：
红色、白色和桃红色。

最佳饮用温度：
白葡萄酒和桃红葡萄酒8～10℃；
红葡萄酒14～15℃；
黄葡萄酒14～16℃；
麦秸葡萄酒7～10℃；
起泡酒6～8℃。

陈年潜力：
起泡酒和桃红葡萄酒需要在当年饮用；
白葡萄酒3～5年；
红葡萄酒5～10年；
麦秸葡萄酒大于10年；
黄葡萄酒50～100年。

萨瓦地区

萨瓦法定产区（AOC VIN DE SAVOIE）

这是萨瓦地区最主要的法定产区名称。它可以单独使用或者附加16个村庄或地域的名称：阿比姆、阿普勒蒙、阿赫班、艾泽、寿大尼耶、席南、席南－贝哲红、克雷皮、克约（Cruet）、钟吉尔（Jongieux）、马里尼昂、马兰、蒙梅连（Montmélian）、希拜依、圣让得拉波赫特（Saint-Jean-de-la-Porte）、圣杰瓦皮约黑（Saint-Jeoire-Prieuré）。

这一法定产区的葡萄园延展在4个省的土地上，产自多个葡萄品种。萨瓦葡萄酒法定产区主要生产干白葡萄酒（占70%的总产量），剩下的是红葡萄酒和桃红葡萄酒，以及一小部分起泡酒。这些带有山区特色的葡萄酒供不过求，因此通常在当地消费和酒液年轻时饮用。有一些葡萄酒可以陈放几年再饮用。

> **主要葡萄品种**。白葡萄品种有：雅克尔、胡塞特、莎斯拉、莫莱特、格兰杰、胡珊；红葡萄品种有：蒙杜斯、黑皮诺、黑佳美。

> **土质结构**。石灰石碎石和冰碛。

> 葡萄酒品味风格。通常情况下，蒙杜斯红葡萄酒呈现大红色的酒裙，散发着山间红色野果和紫罗兰的香气，夹着一丝香料的香气；苦涩坚硬的丹宁会随时间的演化变得非常柔和。

白葡萄酒非常清纯、干爽，果味浓郁，尤其是酿自雅克尔的白葡萄酒。酿自胡珊的白葡萄酒则透着白色花朵和异域水果的香气，相比之下结构感更强，陈酿潜力更大。胡塞特白葡萄酒非常精致优雅。

葡萄酒的颜色：
红色、白色和桃红色。

最佳饮用温度：
白葡萄酒和桃红葡萄酒8～10℃；
红葡萄酒12～13℃（蒙杜斯红葡萄酒为15～17℃）；
起泡酒6～8℃。

陈年潜力：
起泡酒需要在当年饮用；
白葡萄酒和桃红葡萄酒需要在两年内饮用；
红葡萄酒2～6年。

萨瓦地区

胡塞特-萨瓦法定产区（AOC ROUSSETTE DE SAVOIE）

葡萄园顺着罗纳河谷延展在弗朗基镇（Frangy）和钟吉尔镇之间。法定产区的名字取自葡萄品种胡塞特。这个品种是弗朗基、马黑斯戴乐（Marestel）、蒙都（Monthoux）和蒙泰赫弥诺（Monterminod）四款名酒使用的唯一葡萄品种。其它白葡萄酒则可用霞多丽或胡塞特酿制。

> **主要葡萄品种**。胡塞特、霞多丽。

> **土质结构**。石灰石碎石和冰碛。

> 葡萄酒品味风格。红葡萄酒品质非常精美，表现出无比的新鲜和活泼质感，散发出持久的干果和核桃的香气。

葡萄酒的颜色：
白色。

最佳饮用温度：
6～8℃。

陈年潜力：
通常需要在当年饮用，某些情况下也可以陈酿几年再享用。

萨瓦地区和布杰地区葡萄酒精选

- **里帕尔酒庄（Château de Ripaille），希拜依镇**。出产活跃、果味浓郁和矿物质香气浓郁的莎斯拉葡萄酒，拥有优美绵长的余味。
- **紫罗兰酒庄（Château de la Violette），雷马赫诗镇（Les Uarches）**。酿自雅克尔的白葡萄酒，品质非常优雅。
- **拉菲尔·巴图斯酒庄（Domaine Raphaël Bartucci），梅西尼亚镇（Mérignat）**。可谓是布杰地区的代表。产自有机农业的塞尔东桃红葡萄酒拥有漂亮诱人的小气泡。
- **贝乐阿酒庄（Domaine Belluard），艾泽镇**。出产用格兰杰酿造的精致而活泼的起泡酒和静态酒。
- **都帕斯杰酒庄（Domaine Dupasquier et Fils），钟吉尔**。出产平衡感非常出色的胡塞特葡萄酒。
- **路易斯·马兰酒庄（Domaine Louis Magnin，阿赫班村**。出产优质的蒙杜斯葡萄酒和极好的陈酿型贝哲红葡萄酒。
- **安德烈·米歇尔酒庄（Domaine André et Michel Quénard），席南镇**。品质出众的佳美和蒙杜斯红葡萄酒，还有阿比姆白葡萄酒和席南贝哲红白葡萄酒。
- **雷蒙·歌南酒庄（Domaine Raymond Qu é nard），席南镇**。出产的蒙杜斯葡萄酒和贝哲红葡萄酒呈现出出色的果香和优雅的质感。

卢瓦河谷的葡萄园

卢瓦河谷是法国地域最广阔的葡萄酒产区之一。地区内出产的葡萄酒的质感和风味多种多样，以至于很难找到他们的共同特性。

从奥文涅（Auvergne）高原到旺代省（Vendée）的沙地

卢瓦河谷地区的葡萄园延展在由这条法国最长的河流开辟出的谷地中。卢瓦河发源于中央高原南部，海拔在1300米以上，那里很少见到葡萄树。河流中段向西部转弯处位于桑塞尔地区和布伊地区，这里的海拔只有200多米。然后河流沿着奥尔良森林再拐向西部，穿过广阔的图尔地区、安茹地区和索缪（Saumurois）地区，在那里，海拔就只有50米。在昂瑟尼（Ancenis）地区之后，它进入紧靠大西洋的南特地区。

河流1000多公里长，穿越了多样的土质结构和局部地区气候，流域内生长着各种不同的葡萄品种，出产类型和风味多样的葡萄酒。

卢瓦河谷法定产区的数据
（法定产区和地区优良餐酒产区）：
种植面积：5.2万公顷
年产量：3亿升/年
白葡萄酒：52%
红葡萄酒：26%
桃红葡萄酒：16%
起泡酒：6%
(www.vinsvaldeloire.fr)

葡萄酒的发展

这里的葡萄园起源于罗马时代。4世纪时，图尔市的主教圣马丁（Saint Martin）先生非常注重发展葡萄种植和酿酒，葡萄酒仅仅用来满足祭祀和病人的需要。10世纪起，修道院和负责葡萄种植的修士开始开拓种植葡萄园。在12世纪，安茹地区的公爵亨利二世普朗塔热内（Henri Ⅱ Plantagenêt）成为英国的国王，他在宫廷内饮用安茹葡萄酒。后来，到了15和16世纪，卢瓦河谷地区城堡的皇族们开始促进葡萄种植的发展，这里的酒农通过精心选择葡萄品种和仔细管理葡萄园以求提高葡萄酒的品质。

到了19世纪中叶，得益于南特港与荷兰之间的贸易，卢瓦河谷地区的葡萄酒经历了一次飞跃发展。但是和所有其它地区的葡萄园一样，根瘤蚜虫害摧毁了几乎所有的葡萄园。在20世纪葡萄园获得了重生，质量成为人们追求的首要目标。地区内最初的法定产区为桑塞尔、乌乌黑和昆西。

品质的革命性飞跃

卢瓦河谷葡萄酒产区今天共有60多个法定产区。它是法国法定产区中白葡萄酒产量第一的地区，也是法国除香槟地区之外最大的起泡酒产区。近几年来，这个地区开始注重园地的风土特性。降低产量、对田地进行最细致的特性划分、更细心地进行葡萄酒的酿造和培育——所有的一切都只为提高葡萄酒的品质。创立新的法定产区，最近的是奥尔良法定产区和奥尔良-克雷西（Orléans-Cléry）法定产区（设立于2005年）。

这样的品质革新离不开新一代有天分的年轻酒农的努力，他们来自多样的领域：酒庄的后代、优秀酒农的子女，或者是对葡萄酒充满热情、希望加入这一领域的年轻人。

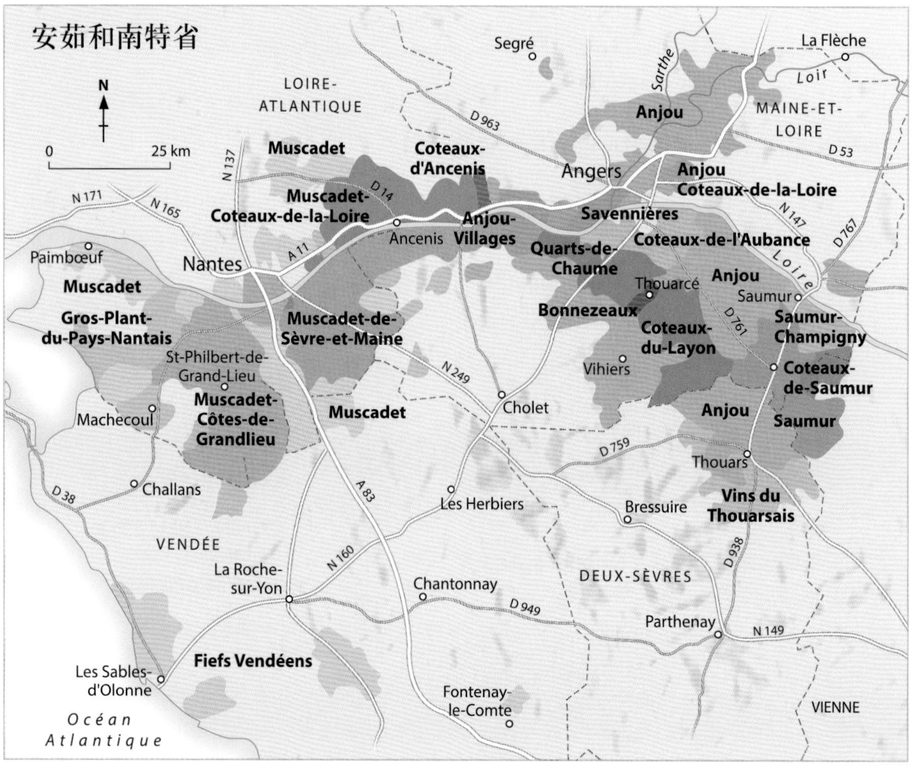

安茹和南特省

葡萄酒产区

卢瓦河谷葡萄酒产区分为几个子产区，每个产区都有独具风格特点的葡萄酒。所有的产区都靠近河流，或靠近卢瓦河，或靠近该河的支流，最重要的有歇尔河（Cher）、安德尔河（Indre）、阿利埃河（Allier）和维埃纳河（Vienne）。

中央省产区（Le Vignoble du centre）。这片地区起始于奥文涅省的山谷，扩展到布尔日市（Bourges）周围，然后继续延伸到吉安市

（Gien）。这里主导的产品是长相思白葡萄酒，主要的法定产区是桑塞尔和布伊·富美。

都兰地区。这片地区起始于奥尔良市，延伸到希依镇，与索缪地区接壤。产区内有很多法定产区命名。该地区的土质非常特别，当地称为“凝灰岩”，出产的白葡萄酒透着尤其显著的岩石和碎石矿物质香气，具有盐性的质感，如希依葡萄酒或乌乌黑葡萄酒。用品丽珠酿造的红葡萄酒产自布尔戈伊产区和希依产区。都兰地区和它的邻居安茹地区是卢瓦河谷红葡萄酒产量最大的地区。这里还是卢瓦河谷大部分起泡酒的产区，如卢瓦河克雷芒起泡酒、乌乌黑起泡酒和蒙路易–卢瓦（Montlouis-sur-Loire）起泡酒。

安茹地区和索缪地区。这片广阔的地区位于南特市东部20多公里的地区，顺着卢瓦河一直延伸到索缪镇和昂热市（Angers）。这里分布着白葡萄酒的著名产区，既有干白葡萄酒，如萨乌尼叶赫（Sarennières）葡萄酒，也有甜润型葡萄酒，如莱昂山坡葡萄酒和奥本斯山坡半甜葡萄酒。在索缪镇附近的地区出产多款红葡萄酒和起泡酒。

南特地区和旺代地区。位于南特市区边上、部分处于旺代的这片地区靠近大西洋，主要出产干白葡萄酒，比较清凉、香气浓郁，有时用来与海鲜食品进行搭配。在密斯卡德产区，“勃艮第香瓜”品种找到了它最适合的生长环境，出产的葡萄酒活泼而略酸；它们之中部分经过在酒脚中培育的葡萄酒含有一些微小的气泡，表现出显著的新鲜清凉感。昂瑟尼山坡（coteaux d'Ancenis）葡萄酒酿自马尔瓦齐葡萄，而南特地区的哥罗–普朗使用在西南地区很知名的白福乐品种酿出的葡萄酒表现出清凉质感，这款略酸的葡萄酒与当地菜肴形成绝佳搭配。独自位于卢瓦河流域西南部的旺代产区出产红葡萄酒和几款白葡萄酒，酿酒产业有马赫依（Mareuil）、维克斯（Vix）、布赫姆（Brem）和比索特（Pissotte）等。

您未必了解的小知识

传统上，奥文涅省的葡萄园属于卢瓦河谷地区。包括奥文涅丘产区（优良地区餐酒）、佛亥兹丘产区（Côtes-du-Fore）、罗昂内丘产区和圣布桑产区（优良地区餐酒）。

气候变暖对卢瓦河谷地区的影响

2003年酷热的阳光照射给葡萄种植业留下了深刻的印象。气温之高不但影响了葡萄的生产，也影响着品酒者的生活。从这一年开始，酒农开始关注气候的演化，他们确信未来要忍受全球气候变暖及其可能带来的后果。有很多酒农为了避免暑热带来的影响开始引进以前在此地区没有或很少种植的葡萄品种，以应对新的天气条件。罗纳河谷的传统葡萄品种西拉可能会出现在卢瓦河谷产区，而莎斯拉葡萄或小麦斯里葡萄已经开始种植，这些葡萄品种酿出的葡萄酒具有清新和活泼的特点。将来，在不改变法定产区的产品特征的情况下，关于葡萄品种的规定可能需要进行调整。

> 多样的局部小气候、葡萄品种和土质结构造成了卢瓦河谷地区葡萄酒种类的多样性。

卢瓦河谷地区的土质

卢瓦河谷葡萄酒产区广阔的地理区域使它拥有丰富多样的土质和地下土层。下面列举了最值得注意的几种土质结构。

砾石。在桑塞尔可见到这种坚硬的石灰土质，在这里长相思葡萄找到了它最适合生长的土质。当石灰岩变得更脆时，这种土质在当地被称为“grillottes”。它带给葡萄酒馥郁的酒香和非常活泼的个性。

火成岩。主要分布在中央省产区，这种土质由硅质岩和崩积层构成，主要分布在布伊・富美法定产区。这种土质上出产的葡萄酒带有浓重的矿物质味道和异域水果的香气。

片岩。分布在南特市附近，它带给葡萄酒清新的质感和矿物质味道。

砂质白垩。这种由紧实粉质岩组成的土质底下分布着大量的地下酒窖，人们今天仍在使用这些酒窖酿制葡萄酒，主要分布在乌乌黑和蒙路易法定产区。它是葡萄酒矿物质味的来源和理想载体。

沙质岩。这种由砾石和沙土混合组成的土质一直延伸到希依地区。它使出产的葡萄酒十分精美。在圣尼古拉・布尔戈伊，“varennes”意为沙质黏土土质。

葡萄品种

多样的葡萄品种让卢瓦河谷地区的酒农能够酿造多种风格和类型的葡萄酒。经常可以看到同一家产业分别推出红葡萄和白葡萄静态酒或起泡酒。有一些葡萄品种在这里有无比神奇的表现，如诗南在乌乌黑地区、黑皮诺在桑塞尔地区，其果实的纯净度让人惊叹。

主要葡萄品种。中央省（Centre）葡萄园地的白葡萄品种主要是长相思，还有一部分霞多丽；红葡萄品种有黑皮诺和佳美。从都兰地区到南特地区，主要的白葡萄品种是白诗南和“勃艮第香瓜”（只种植在密斯卡德法定产区），而红葡萄品种主要是品丽珠。

几个罕见葡萄品种。除了几个知名的葡萄品种外，这片地区还种植了几个十分罕见的葡萄品种，带给品酒者惊奇的品味感受。如灰皮诺给出产的赫依桃红葡萄酒带来稠密的质感和丰富的口味。在圣布桑产区，特利莎（tressalier）和圣皮埃尔・多乐（saint-pierre doré）给酿成的白葡萄酒带来活泼的质感。灰莫涅（莫涅皮诺的同义词）在奥尔良地区的桃红葡萄酒酿造中占有重要的地位。而在都兰产区，黑佳美的酒液由布折佳美（gamay de Bouze）和苏多丽佳美（gamay de Chaudenay）来补充。最后在昂瑟尼山坡产区，

正确还是

桑塞尔白葡萄酒必须在酿成后的几年内于新鲜时饮用。

错误。桑塞尔产区的一部分长相思和诗南白葡萄酒经过在橡木桶中的培育，能够拥有超过15年的陈酿储存潜力。

> 索泽（Sauzay）的葡萄园，位于索米尔-上比尼法定产区。

您未必了解的小知识

萨韦涅尔产区建议在背标上标注葡萄酒的风格类型。“干型”葡萄酒约含8克/升的发酵剩余糖分；“半干型”为8-18克/升；“半甜型”为18-45克/升；“甜型”在45克/升以上。这种标注方法主要是为了方便消费者了解葡萄酒，也受到其它生产甜润型葡萄酒的产区效仿，尤其是在阿尔萨斯地区。

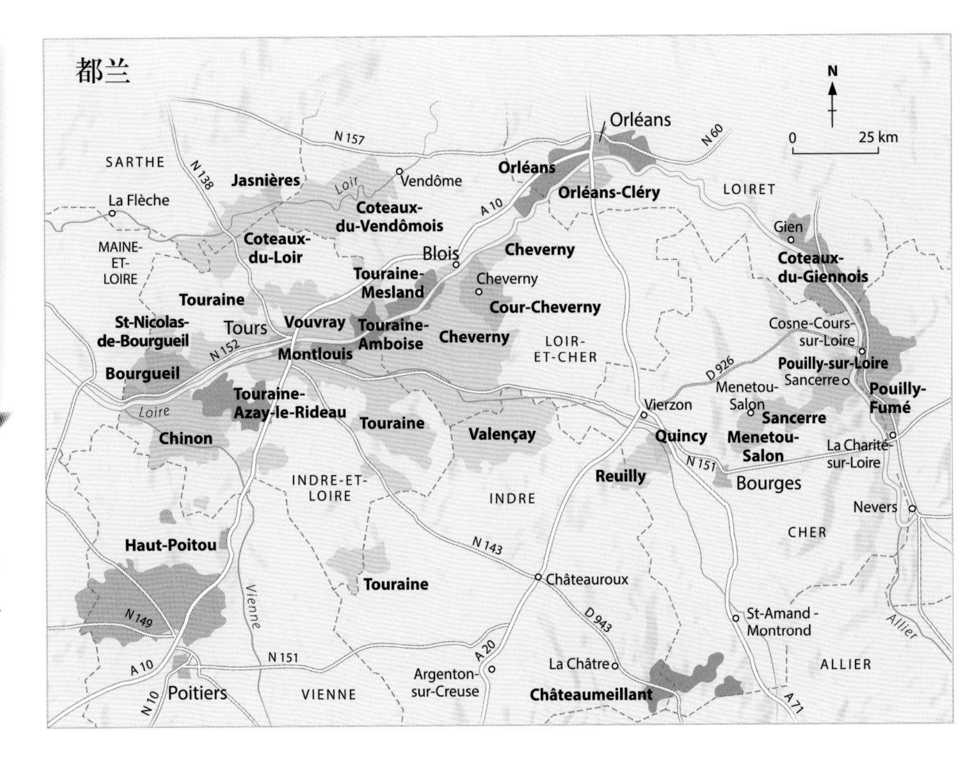

灰皮诺的近亲马尔瓦齐酿成的葡萄酒以其丰满圆润的质感和丰富的内容而令人瞩目。

酒商和庄园主

卢瓦河谷地区主要是小产业的葡萄酒产区，这点上更接近勃艮第地区，而不太像波尔多地区。勃艮第地区通过名酒兴旺发达，而卢瓦河谷地区的酒农却没有如此幸运，他们的出色工作并不总能得到相应的回报。密斯卡德、桑塞尔、布伊·富美（白葡萄酒）、布尔戈伊、索米尔-上比尼（红葡萄酒）是为数不多的几个还算兴盛的葡萄酒地区。

这个地区很少有可以保证葡萄果农收入的合作酿酒厂，因此酒商可以任意储存和购买庄园主的葡萄酒。这些酒商主要位于密斯卡德地区，在索缪镇和南特市之间的地区，他们购进不同产区的葡萄酒进行混酿。这种采购的进行与价格密切相关，因此许多葡萄果农只会将质量最差的葡萄酒卖给批发商，这就解释了为什么在南特地区由酒商装瓶的桑塞尔葡萄酒的品质经常令人失望。

卢瓦河谷地区葡萄酒法定产区（AOC）和优良地区餐酒限定保护区域（AOVDQS）

地区法定产区
- Rosé de Loire
- Crémant de Loire

中央省的葡萄园地
- Châteaumeillant
- Coteaux-du-Giennois
- Menetou-Salon
- Orléans
- Orléans-Cléry
- Pouilly-sur-Loire
- Pouilly Fumé (ou Blanc Fumé de Pouilly)
- Quincy
- Reuilly
- Sancerre

都兰地区
- Bourgueil
- Chinon
- Cour-Cheverny
- Cheverny
- Coteaux-du-Vendômois
- Coteaux-du-Loir
- Jasnières
- Montlouis-sur-Loire
- Saint-Nicolas-de-Bourgueil
- Touraine
- Touraine-Amboise
- Touraine-Azay-le-Rideau
- Touraine-Mesland
- Touraine-Noble-Joué
- Valençay
- Vouvray

安茹地区和索缪地区
- Anjou
- Anjou blanc
- Anjou Coteaux-de-la-Loire
- Anjou Gamay
- Anjou mousseux
- Anjou-Villages
- Anjou-Villages-Brissac
- Bonnezeaux
- Cabernet d’Anjou
- Cabernet de Saumur
- Coteaux-de-l’Aubance
- Coteaux-du-Layon
- Coteaux-du-Layon-Chaume
- Coteaux-de-Saumur
- Quarts-de-Chaume
- Rosé d’Anjou
- Saumur
- Saumur-Champigny
- Saumur mousseux
- Savennières
  suivi ou non d’un nom de lieu-dit
- Vins du Thouarsais

南特地区、旺代省和布阿特万（Poitevin）地区
- Coteaux-d’Ancenis
- Fiefs Vendéens
- Gros-Plant nantais
- Haut-Poitou
- Muscadet
- Muscadet-Sèvre-et-Maine
- Muscadet-Coteaux-de-la-Loire
- Muscadet-Côtes-de-Grandlieu

奥文涅省
- Côtes-d’Auvergne
- Côte-Roannaise
- Côtes-du-Forez
- Saint-Pourçain

卢瓦河谷最著名的葡萄酒产区和葡萄酒

从法国中央省到南特地区，以下是顺着卢瓦河流域经过的所有重要法定产区的介绍。

赫依法定产区（AOC REUILLY）

中央省地区

这片葡萄园地起源于7世纪圣丹尼（Saint-Denis）修道院教士创建的葡萄园。刚开始，出产的葡萄酒只供应布尔日市，之后名气慢慢地扩散到整个法国和邻近国家。

产区的葡萄园延展在歇尔和安德尔两省的土地上，位于布尔日市的东南方，面积为186公顷。中央省地区只有赫依和桑塞尔两个法定产区能够出产三种颜色的葡萄酒。

> **主要葡萄品种。**白葡萄品种为长相思；酿造桃红葡萄酒用的是灰皮诺；唯一的红葡萄品种是黑皮诺。

> **土质结构。**泥灰岩和砂石混合的山丘给葡萄酒带来理想的深度，并伴随着适中的酸度。

> **葡萄酒品味风格。**先从桃红葡萄酒讲起。灰皮诺的作用不可忽视，它赋予葡萄酒丰满的口感和丰富的口味。白葡萄酒具有很好的平衡性和馥郁的香气。红葡萄酒中，黑皮诺表现出令人惊奇的丰富口味和敏感质感，酒香中透出草莓、覆盆子和小粒野生水果的香气。

葡萄酒颜色：
白色、桃红色和红色。

最佳饮用温度：
白葡萄酒和桃红葡萄酒8~10℃；
红葡萄酒16℃。

陈年潜力：
3~7年。

昆西法定产区（AOC QUINCY）

中央省地区

位于布尔日市东部几公里处的昆西法定产区的葡萄园是整个地区最古老的葡萄园，也是1936年法令出台后，卢瓦河谷第一批被评为法定产区的葡萄酒产区之一。

该产区的葡萄园（224公顷）分布在昆西和布里尼（Brinay）两个村庄的土地上。长相思葡萄树通过西多修道院教士传到了波娃（Beauvoir）圣母女修道院的修女手中。

> **单一的葡萄品种。**长相思。

> **土质结构。**这里分布着三种类型的土质结构：砂质砾石、红沙土和带有或多或少黏土的砂质土壤。

> **葡萄酒品味风格。**昆西葡萄酒是一款干白葡萄酒，精致、柔和而活泼。在品酒过程中它表现出浅淡色的酒裙，闪亮而清澈。酒香入鼻，能够感受到一束富含橘类水果香气的酒香，透着柚子及异域水果的香气，随后的口感清新，质感无比纯净。

通常建议在经过至少3年的窖藏后再饮用该葡萄酒。

葡萄酒颜色：
白色。

最佳饮用温度：
8~10℃。

陈年潜力：
3~10年。

性价比高的“愉悦型”葡萄酒

干白葡萄酒

- 吉安山坡（Coteaux-du-Giennois）法定产区：爱米·巴郎酒庄（Émile Balland），科斯内–卢瓦（Cosne-sur-Loire）。
- 蒙路易–卢瓦法定产区：贝桐尼园（Clos de la Bretonnière）、狼纹酒庄（Domaine de la Taille aux Loups），蒙路易–卢瓦村。
- 奥尔良法定产区：卓越（L'Excellence）、圣菲亚可庄园（Clos Saint-Fiacre），马罗–普罗村（Mareau-aux-Prés）。
- 布伊·富美法定产区：米歇尔·雷德酒庄（Domaine Michel Redde），圣安德连村（Saint-Andelain）。
- 桑塞尔法定产区：弗洛勒和牛安斯（Florès et Nuance）、文森·皮娜德酒庄（Domaine Vincent Pinard），比埃村（Bué）。

白起泡酒

- 蒙路易–卢瓦法定产区：传统极干型（Brut traditionnel）、弗朗斯·施黛酒庄（Domaine François Chidaine），蒙路易–卢瓦河。
- 乌乌黑法定产区：传统酿造法极干型（Brut Méthode traditionnelle）、诺丹酒庄（Domaine du Clos Naudin），乌乌黑。
- 优质起泡酒（Vin mousseux de qualité）、路德维·哈恩特酿（Cuvée Ludwig Hahn）、爱谷酒庄（Domaine de l'Écu），浪德罗村（Le Landreau）。

桃红葡萄酒

- 桑塞尔法定产区：弗朗索瓦·科塔酒庄（Domaine François Cotat），查维诺尔村（Chavignol）。

红葡萄酒

- 希依法定产区：瓦雷内特级园（Les Varennes du Grand Clos）、查尔斯·卓格酒庄（Domaine Charles Joguet），希依。
- 奥尔良–克雷西法定产区：圣菲亚可庄园，马罗–普罗村。
- 桑塞尔法定产区：尼古拉酒庄、帕斯卡与尼古拉–维吾迪酒庄（Domaine Pascal et Nicolas Reverdy），芒布雷村（Maimbray）；弗朗索瓦·科塔酒庄，查维诺尔村；弗朗索瓦·科切特酒庄（Domaine François Crochet），比埃村。

桑塞尔法定产区（AOC SANCERRE）

中央省地区

这是中央省的旗舰产区。葡萄园地延展在桑塞尔村周围山丘的谷地和坡地上，总种植面积为2770公顷。这一产区拥有风土条件最好的查维诺尔村和比埃村，这两个地方的葡萄酒向来以品质出众而闻名。

> **主要葡萄品种**。唯一的白葡萄品种是长相思；唯一的红葡萄品种是黑皮诺。

> **土质结构**。产区土壤由各种土质拼接而成，有石灰岩碎石、白土和燧石等，这给出产的葡萄酒带来多样且丰富的香气。

> **葡萄酒品味风格**。产区出产的葡萄酒曾在很长时间内被称为是水果酒，略酸而清爽，但这个产区的葡萄酒风格变化很大。如果说以前桑塞尔葡萄酒主要是在瓶中完成陈酿熟成过程，现在则要经过橡木桶的培育过程而熟成，透着浓郁的矿物质味。

葡萄酒颜色：	最佳饮用温度：	陈年潜力：
白色、桃红色和红色。	白葡萄酒和桃红葡萄酒8～10℃；红葡萄酒16℃。	5～10年。

布伊·富美法定产区（AOC POUILLY FUMÉ）

中央省地区

布伊·富美法定产区一直被看作是长相思品种生长的宝地。尤其是在圣安德连村的高处分布着给这个品种带来矿物质味和纯净度的燧石层。

> **单一的葡萄品种**。长相思。

> **土质结构**。像桑塞尔产区一样，布·伊富美的土质结构非常多样，是时间和自然变迁的见证。石英石、泥灰岩和燧石混杂的土质在酒农眼里是最适合葡萄树生长的土地。

> **葡萄酒品味风格**。葡萄酒的风格一向是土质结构的反映。产自泥灰岩土质的葡萄酒通常因其直接的香气表达而被人们喜爱：它透着袋装茶和白色水果的香气；火层岩地出产的葡萄酒表现出矿物质味道和异域水果的香气；燧石地给葡萄酒带来显著的矿物质味。

葡萄酒颜色：	最佳饮用温度：	陈年潜力：
白色。	8～10℃。	5～15年。

都兰地区

奥尔良、奥尔良-克雷西法定产区（AOC ORLÉANS, ORLEANS-CLÉRY）

奥尔良地区的葡萄种植在卢瓦河谷地区一直占有重要的一席之地。在过去，许多橡木桶制造商落户在这里，这个地区曾经出产法国最好的橡木桶，但随着岁月演变这一行业逐渐衰落。

2005年，奥尔良成为法定产区（此前一直是优良地区餐酒产区），这给予了奥尔良葡萄酒最佳的肯定。奥尔良-克雷西法定产区只出产红葡萄酒。

> **主要葡萄品种**。白葡萄品种为霞多丽；奥尔良法定产区的红葡萄品种为黑皮诺和莫涅皮诺；奥尔良-克雷西法定产区的红葡萄品种为品丽珠。

> **土质结构**。主要处于奥尔良市南部的葡萄园地位于一片几百万年前古河床的冲积土上。需要着重强调的一点是土层内含硅质岩和石灰岩，给葡萄酒带来了矿物质味。

> **葡萄酒品味风格**。近几个年份由霞多丽酿造的葡萄酒带着柑橘的香气，透着一丝异域水果的香气，入口清爽，十分愉悦。桃红葡萄酒散发着显著的水果香气，口感中带有适中的酸度。

奥尔良红葡萄酒口感柔和，带着丝质润滑的质感。奥尔良-克雷西产区红葡萄酒表现出更多的深度和结构，并释放出花椒和皮革的香气。

葡萄酒颜色：
奥尔良产区出产白色、桃红色和红色葡萄酒；
奥尔良-克雷西产区只出产红葡萄酒。

最佳饮用温度：
白葡萄酒和桃红葡萄酒8～10℃；
红葡萄酒16℃。

陈年潜力：
5～7年。

都兰地区

雅斯尼叶赫法定产区（AOC JASNIÈRES）

这是一片只有65公顷的产区，也是卢瓦河谷最古老的产区之一。这里离河流稍远一些，长期出产极具矿物质风味的诗南品种葡萄酒，具有无比深厚的陈年潜力。

> **单一的葡萄品种**。白诗南。

> **土质结构**。葡萄园朝南，坐落在散布着燧石和砂质白垩的土地上，可以保持热量，有利于葡萄果粒达到完美的成熟度。

> **葡萄酒品味风格**。产区出产的干白葡萄酒紧致、水晶般透明，伴随着一丝榅桲的香气，口感表达直接；半甜型葡萄酒则是平衡和谐的代表，糖分在口中感觉平衡，并带有一丝蜂蜡、榅桲果酱和刺槐花蜜的甜香。

葡萄酒颜色：
白色。

最佳饮用温度：
半甜白葡萄酒8～10℃；
干白葡萄酒10～12℃。

陈年潜力：
干白葡萄酒3～15年；
半甜和甜白葡萄酒10～30年。

都兰地区

乌乌黑、蒙路易-卢瓦法定产区（AOC VOUVRAY, MONTLOUIS-SUR-LOIRE）

乌乌黑法定产区（2000公顷）和卢瓦河畔蒙路易法定产区（370公顷）是一对孪生产区，中间只隔着卢瓦河，靠近都兰市。这里是优质卢瓦河谷白葡萄酒的产地。诗南品种在这里增长迅速，酿造出不同风格的葡萄酒：从活跃的干型葡萄酒到起泡酒再到半甜型葡萄酒。

> **单一的葡萄品种**。白诗南。

> **土质结构**。乌乌黑法定产区和蒙路易-卢瓦法定产区位于一片砂质白垩岩上，这种结块细粉状的石灰石非常松散，会给葡萄酒带来矿物质味和水晶质感。这样的风土条件非常适合种植白诗南。

> **葡萄酒品味风格**。这两个法定产区的优势在于既能够出产细腻的干白葡萄酒和甜润柔和的半干白葡萄酒，还能出产味道丰富、充满魅力的半甜白葡萄酒，以及具有活跃气泡的起泡酒。酒香方面，可以辨析出榅桲、椴花、佛手柑的香气夹在一丝刺槐花蜜的香气中，这是这两个产区的典型风格。

葡萄酒颜色：
白色。

最佳饮用温度：
半甜白葡萄酒和起泡酒8～10℃；
干白葡萄酒10℃。

陈年潜力：
干白葡萄酒3～10年；
半甜白葡萄酒7～30年（好的年份时间更长）。

都兰地区

希侬法定产区（AOC CHINON）

这片广阔的法定产区（2300公顷）其葡萄园地延展在卢瓦河的南岸，布尔戈伊镇的对面，希侬市的周边。它主要出产红葡萄酒，品丽珠有非常出色的表现，深厚的质感和精致的丹宁和谐地融汇在一起，非常受欢迎。

> 主要葡萄品种。红葡萄品种为品丽珠和赤霞珠；白葡萄品种为诗南。

> 土质结构。石灰岩质。燧石黏土混合的圆丘和沙土堆有时会出现在维宏（Véron）地区。

> 葡萄酒品味风格。出产的红葡萄酒需要窖藏几年，以便让品丽珠尽情地表现出它的丰满质感和精致品质。陈酿后，酒液会散发桑葚、黑醋栗和接骨木花的香气。随着时间的演化，会生成烟熏味及红瓤柑橘和胡椒的香气。

白葡萄酒在丰满质感、白垩味道和火石味道之间保持了优美的平衡。至于桃红葡萄酒，则表现出这片产区所可能有的优秀特性。

葡萄酒颜色：
白色、桃红色和红色。

最佳饮用温度：
白葡萄酒和桃红葡萄酒8～10℃；
红葡萄酒16℃。

陈年潜力：
白葡萄酒和桃红葡萄酒3～5年；
红葡萄酒7～20年。

都兰地区

布尔戈伊、圣尼古拉·布尔戈伊法定产区（AOC BOURGUEIL, SAINT-NICOLAS-DE-BOURGUEIL）

这片产区位于卢瓦河的右岸，相对于索缪葡萄园略处于上游，出产的红葡萄酒因结构丰富和质感深厚而受推崇。需要强调一点的是，经过充满热情的葡萄果农近几年的努力，尤其是培育工艺方面的改善，该产区葡萄酒的品质有了很大的飞跃。

> 主要葡萄品种。品丽珠和赤霞珠。

> 土质结构。一大部分葡萄园位于山丘上。土质大部分为沙质，不时夹杂和散布着一些黏土质，给葡萄酒带来强劲的质感。

> 葡萄酒品味风格。出产的红葡萄酒呈现闪亮的红宝石色的酒裙，酒香中透着桑葚和李子干的香气，口感紧实，丹宁细致，质感精致优美。如果希望葡萄酒有更出色的表现，最好在酒窖中陈放几个月甚至几年后再品尝。

葡萄酒颜色：
红色。

最佳饮用温度：
16℃。

陈年潜力：
5～25年。

都兰地区

莱昂山坡法定产区（AOC COTEAUX-DU-LAYON）

这是卢瓦河谷地区半甜白葡萄酒最具代表性的产区之一。葡萄园地（1400公顷）位于昂热市附近，延展在卢瓦河的支流莱昂（Layon）河岸。到了秋天，这里到处笼罩着薄雾，有利于诗南品种金黄色的果粒上附生贵腐菌，形成名贵腐烂度。

最优秀的并被允许标注在酒标上的村庄名称有：莱昂河畔（的）碧利欧（Beaulieu-sur-Layon）、安茹·法雅（Faye-d'Anjou）、莱昂河畔（的）拉布雷（Rablay-sur-Layon）、卢瓦尔河畔（的）罗塞福（Rochefort-sur-Loire）、路易吉尼–圣欧班（Saint-Aubin-de-Luigné）和拉德–圣兰伯特（Saint-Lambert-du-Lattay）。

2007年创建的莱昂–休姆山坡（Coteaux-du-Layon-Chaume）法定产区是为了更好地区分休姆镇（Chaume）的风土条件和特性，葡萄园地位于山丘的南坡上，土质结构为片岩和砂岩。产区内2005年份和2006年份的葡萄酒可以标注这一法定产区名称。

> 单一的葡萄品种。白诗南。

> 土质结构。这是一个名副其实的"大熔炉"，土质混合着石灰岩和页岩以及砂岩，可以使白诗南品种表现出丰富的个性和特点。

> 葡萄酒品味风格。出产的葡萄酒全部是甜型葡萄酒，富含多种果糖。每个酒农都用自己的方法演绎诗南品种：人们可以品尝到和谐平衡的半甜白葡萄酒，具有其它优秀甜白葡萄酒的品质和糖度。酒香表现上，透出显著的蜜饯水果（黄香李、黄李子和榅桲）的香气，并随着窖藏时间的推移生成烤面包、松露的香气。

葡萄酒颜色：
白色。

最佳饮用温度：
8～10℃。

陈年潜力：
5～50年。

卢杰园，卓越的风土

一个多世纪以来，位于沙塞村（Chacé）的卢杰园（Clos Rougeard）酒庄一直出产品质出众的卢瓦河谷红葡萄酒。前几代庄园主中，福苟（Foucault）兄弟采用家庭手工酿造方法出产产量极小但表达出色的葡萄酒，标注的产区名称为索米尔-上比尼和索米尔山坡（Coteaux-de-Saumur）法定产区。在葡萄园中，一切的措施都是为了让种植的红葡萄品种品丽珠和唯一的白葡萄品种白诗南表现出最大的潜力。禁止使用化学产品和合成产品，取而代之的是用更柔和的产品。每一个田块都进行植草、翻耕，自觉保持较低的产量来保证葡萄酒的品质。葡萄用手工采摘，挑选达到最佳成熟度的果粒。酿造过程像纳迪·福苟（Nady Foucault）说得那样很简单，"我们从容不迫地进行酿造"。经过法国葡萄酒产业中很罕见的长时间培育过程（24～36个月），葡萄酒经得起几十年甚至几个世纪的考验，如1953、1937、1921年份葡萄酒，甚至还有神奇的1900年葡萄酒。

索缪、索缪-尚皮尼法定产区（AOC SAUMUR, SAUMUR-CHAMPIGNY）

安茹-索缪地区

这两个法定产区的葡萄园地延展在索缪市周围几个村镇的土地上。索缪法定产区（2600公顷）出产干型的红葡萄酒和白葡萄酒，还有一部分起泡酒。

索缪-尚皮尼法定产区（1500公顷）只出产红葡萄酒，有两种风格。酒商酿造质感柔和的葡萄酒，需要在当年饮用；而独立酒农如卢杰园（见上文介绍），则比较注重酿造经得起更长时间陈年的葡萄酒。

> **主要葡萄品种**。白葡萄品种有白诗南、长相思和霞多丽；红葡萄品种有品丽珠、赤霞珠和黑诗南。

> **土质结构**。索缪产区的土地是富含垩石的白色土质。索缪-尚皮尼法定产区的土质则更丰富和更深厚，有砂质白垩、黏土质石灰岩和硅质岩黏土。

> **葡萄酒品味风格**。索缪产区的起泡酒以其精美的口味和气泡、精致的酒香和柔和的质感吸引了大量的爱好者。另外很神奇的是，这里还有用红葡萄品种品丽珠和佳美酿造的红色起泡酒——这是一个纯粹的惊喜。白葡萄酒，如果是精心酿制和培育的，会散发出多汁水果和马鞭草的香气，入口即表现出砂质白垩带来的矿物质味。

索缪-尚皮尼红葡萄酒是深厚品质的代表。它表现出细致的优雅气质，散发出具有酸度的黑色水果香气和烟熏以及柔和香料的气息。索缪产区的红葡萄酒则比较柔和而集中。

葡萄酒颜色：
白色和红色。

最佳饮用温度：
白葡萄酒（静态酒或起泡酒）和桃红葡萄酒8～10℃；
红葡萄酒16℃。

陈年潜力：
白葡萄酒3～10年；
红葡萄酒5～20年。

萨韦涅尔法定产区（AOC SAVENNIÈRES）

安茹-索缪地区

美食王子古农斯基（Curnonsky）将萨韦涅尔产区的葡萄酒排在神秘的勃艮第蒙哈榭产区、波尔多的伊甘酒庄和汝拉地区的夏隆堡葡萄酒的行列。可以说萨韦涅尔产区是昂热地区葡萄园的特例。葡萄园拥有理想的地理位置，卢瓦河穿流而过，124公顷的园地延展在三个村庄[萨韦涅尔、布书曼（Bouchemaine）、布瓦松尼叶赫（La Possonnière）]的土地上。每一款葡萄酒都采用成熟度高的葡萄果粒酿制而成，每一瓶酒都给人们带来难忘的品酒经历。产区的名称后面可以附加地域的名字，如僧侣岩（Roche-aux-Moines）和赛龙河坡（Coulée-de-Serrant）。

> **单一的葡萄品种**。白诗南。

> **土质结构**。产区的葡萄园地位于卢瓦河边的垂直山谷上，砂石层上交叉分布着页岩。这种特殊的土质结构让白诗南葡萄酒表现出高贵庄严的气质。

> **葡萄酒品味风格**。萨韦涅尔产区的葡萄酒需要时间陈酿。新鲜的葡萄酒通常比较低调而内敛，需要经过至少10年的窖藏时间才能让它释放出黄色多汁水果如黄香李、榅桲和杏的芳香束。酒液入口，丹宁中夹着酒液所有的风味：萨韦涅尔的紧密质感中表现出一丝优雅的苦味，尤其是一丝咸涩的矿物质味。

葡萄酒颜色：
白色。

最佳饮用温度：
10～12℃。

陈年潜力：
10～50年。

安茹-索缪地区

卡·休姆法定产区（AOC QUARTS-DE-CHAUME）和博内祖法定产区（AOC BONNEZEAUX）

如果对卢瓦河谷的产区进行等级划分的话，这两个产区无疑会排在最前列。

博内祖产区（90公顷）坐落在莱昂山坡产区的心脏地带；卡·休姆产区（50公顷）位于卢瓦河的河岸。这两个产区的葡萄种植历史可追溯到中世纪。得益于莱昂地区多样的局部小气候，这里酿造的白诗南葡萄酒非常精美。在葡萄酒爱好者眼里，这个产区出产的葡萄酒就是能够经历时间（陈年）的优质甜白葡萄酒的代表。

> 单一的葡萄品种。白诗南。

> 土质结构。主要组成是砂岩和页岩，它们与晨雾一起是莱昂地区葡萄贵腐霉菌形成的重要因素。

> 葡萄酒品味风格。无论是卡·休姆产区还是博内祖产区，出产的葡萄酒都以丰富的残糖经过窖藏不断演化到的出色品质而吸引人们的注意。如果在新鲜早期饮用，它会释放出蜜饯柑橘、佛手柑、松风蜜和榅桲的香气。当葡萄酒经过长时间的陈酿，10年或20年以后，酒香中会增加白土、梨果酱、甜点和白松露的香气。

葡萄酒颜色：	最佳饮用温度：	陈年潜力：
白色。	10 ~ 12℃。	10 ~ 50年。

南特地区

密斯卡德法定产区（AOC MUSCADET）

在南特市的入口处，密斯卡德法定产区占据了3600公顷的园地。它北邻布列塔尼（Bretagne）地区，南接旺代省，西面是大西洋海岸线。16世纪时，拉伯雷人（Rebelais）就对“勃艮第香瓜”（麝香品种的别称）赞不绝口了。

近年来，许多酒农致力于提高葡萄酒的品质。技术设备的更新和培育技术的提高让出产的葡萄酒表现出更细致精美的品质。

> 单一的葡萄品种。“勃艮第香瓜”（又称“密斯卡德”）。

> 土质结构。非常多样化。这里可以找到片岩、云母片岩、辉长岩和小部分的花岗岩。

> 葡萄酒品味风格。最好品质的葡萄酒通常经过长时间的窖藏培育，给葡萄酒带来复杂的口感和深厚的质感。在大的橡木酒中的培育会增加葡萄酒的陈年潜力。

在品酒过程中，酒香中的主导香气是新鲜采割的青草味道，夹着椴花花香，随后泛起柑橘和白色水果的香气。酒液入口后清新和活泼的感觉激醒味蕾，并在口腔中延展。

葡萄酒颜色：	最佳饮用温度：	陈年潜力：
白色。	8 ~ 10℃。	3 ~ 20年。

名贵葡萄酒

干白葡萄酒

- 安茹法定产区：Les Rouliers、Richard Leroy（莱昂河畔的拉布雷）。
- 布伊·富美白葡萄酒法定产区：Silex、Dagueneau、Didier Dagueneau（圣安德连村）。
- 蒙路易-卢瓦法定产区：Stéphane Cossais、Maison Marchandelle（蒙路易-卢瓦）。
- 桑塞尔法定产区：Clos La Néore、Edmond Vatan（查维诺尔村）。

半甜白葡萄酒

- 索缪山坡法定产区：Clos Rougeard（沙塞村）。
- 蒙路易-卢瓦法定产区：Domaine François Chidaine（蒙路易-卢瓦）。
- 乌乌黑产区半甜白葡萄酒（Vouvray moelleux）：Romulus、Domaine de la Taille aux Loups（蒙路易-卢瓦）；Domaine du Clos Naudin（乌乌黑）。
- 卡尔-休姆法定产区：Château de Suronde（卢瓦尔河畔的罗塞福）。

红葡萄酒

- 希侬法定产区：L'Huisserie、Domaine Philippe Alliet［克哈迈丘（Cravant-les-Coteaux）］。
- 桑塞尔法定产区：Charlouise、Domaine Vincent Pinard (Bué)；Belle Dame、Domaine Vacheron（桑塞尔）。
- 索缪法定产区：Les Arboises、Romain Guiberteau［莫莱（Mollay）］。
- 索缪-尚皮尼法定产区：Les Poyeux、Clos Rougeard（沙塞村）。

罗纳河谷的葡萄园

罗纳河谷葡萄酒产区位于里昂和马赛之间，西邻中央高原，东接阿尔卑斯山，南面是地中海，呈现两大地区特性：北面是花岗岩质，种植单一葡萄品种；南面是石灰岩质，种植多个葡萄品种。光照，甚至于干旱和风都造就了罗纳河谷葡萄酒的独一无二，使得所有人都为之倾倒。产区葡萄品种在世界范围的流行以及连续不断出产好年份的葡萄酒，标志着该产区的成功。

地理情况

罗纳河谷法定产区分布在6个省。从北到南，有罗纳省的罗第丘产区，卢瓦省的格里耶堡、孔德里约和圣约瑟夫产区，圣约瑟夫产区的另一部分、科尔纳斯产区和更南边的维瓦莱丘（Côtes-du-Vivarais）在阿尔岱诗省（Ardèche），多姆省（Drôme）则有埃米塔日产区、克罗兹-埃米塔日（Crozes-Hemitage）产区和迪瓦（Diois）地区的几个产区。

南部地区从普罗旺斯多姆省的万索布尔（Vinsobres）产区和特里加斯丹山坡产区开始。然后是沃克吕兹省的教皇新堡、吉恭达斯、瓦吉哈斯、伯姆·维尼斯、旺图和吕贝隆产区。加尔省东部分布着利哈克、塔维勒和科斯蒂耶-尼姆等产区。

罗纳河谷法定产区的数据

种植面积：77174 公顷

年产量：2.8 亿升/年

红葡萄酒：83 %

桃红葡萄酒：12 %

白葡萄酒：5 %

（Inter-Rhône, 2008）

动荡的地质构造历史

罗纳河谷是由法国中央高原和阿尔卑斯山相互挤压形成的，是一处被地中海填满的沟壑。北部是3亿年前由于中央高原的火山活动而形成的花岗岩，南部曾经是大型海湾，随着海洋和河流中石灰岩的沉积，逐渐形成了现今的山脉。[当黛尔-蒙米埃尔山脉（Dentelles de Montmirail）、旺图山（mont Ventoux）]。北部比较多花岗岩，南部则有更多的石灰岩。4000万年前突起的高山，使两处高原之间塌陷，然后山谷被地中海吞噬。这种运动反复进行了多次。每次造山运动都形成新的沉积层，每次河流经过都在沉积床上凿刻几百米深，在山谷两侧形成平台和高地，混合山坡和高地的土质。

> 微型法定产区格里耶堡（4公顷）以其出产的酿自维奥涅品种的优质白葡萄酒而闻名。

土质构成和出产葡萄酒的品味风格

罗纳河谷地区分布在4种基岩上，我们可以根据这个大趋向对葡萄酒进行分类。

花岗岩。主要分布在罗纳河谷地区北部，以基岩和沉积岩的形式存在（罗蒂丘、孔德里约、科尔纳斯、格里耶堡、圣约瑟夫、埃米塔日等产区），出产的白葡萄酒和红葡萄酒矿物质味丰富，陈年潜力深厚。

硅石（沙粒的形式）。在北部产区（圣约瑟夫、克罗兹-埃米塔日）属于花岗岩的碎裂，在南部是海洋和河流在河谷深处产区（教皇新堡、利哈克）平台高地上的沉积。这样的土质构造给葡萄酒带来精美和柔和的品质。有的时

经常性的干旱

虽然局部气候不尽相同：南部多一点风和阳光，北部比较凉爽，多一些降雨，但整个罗纳河谷地区的葡萄园普遍遭受干旱的困扰。在2003—2008年期间持续干旱，主要是受全球气候变暖的影响（采摘日期的提前可以证实这一点）。结果是产量降低，一部分植株死亡，有时还会影响葡萄酒的平衡。虽然缺水的状况需要酒农更小心地呵护葡萄植株的生命，但它同时也减少了化学产品的使用量。

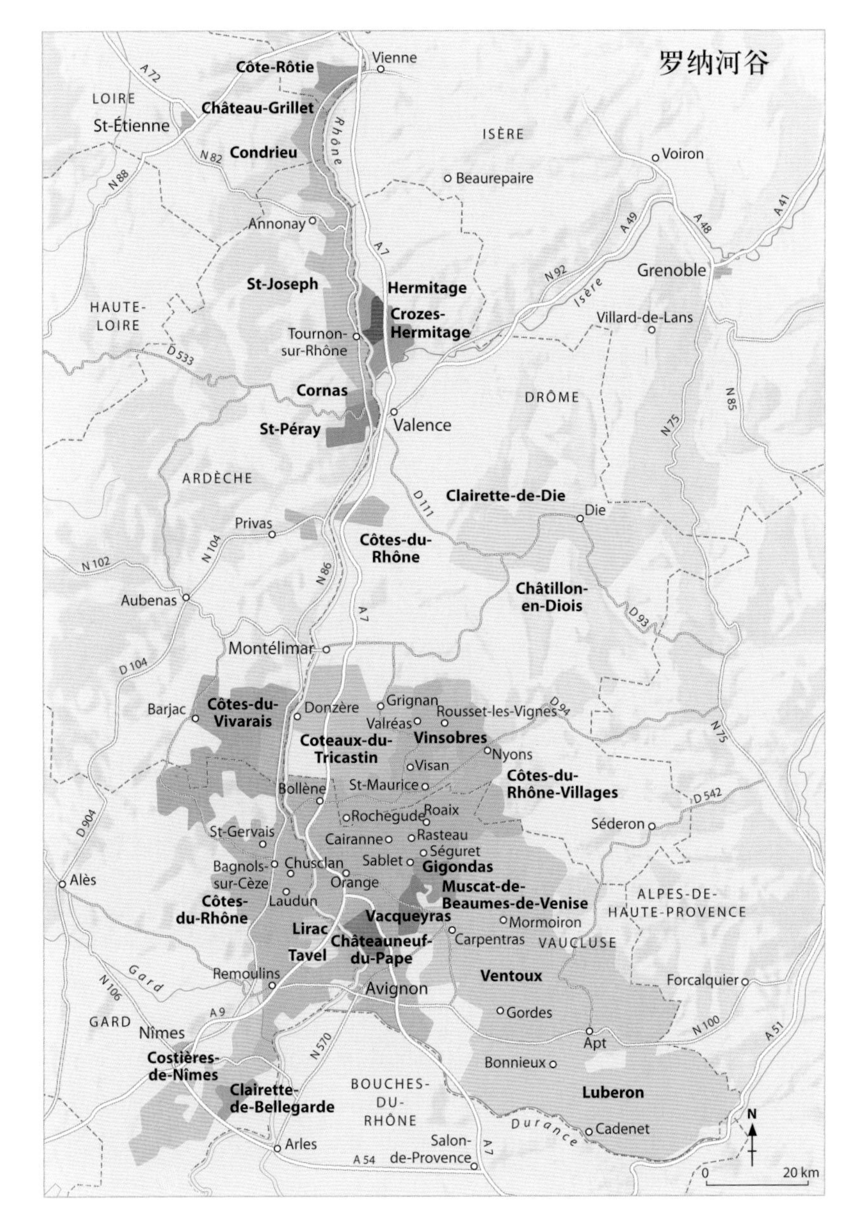

优秀酒农出产的物美价廉的葡萄酒

罗纳河谷地区的一些酒农精心酿造了一些精品葡萄酒，价格范围在30~70欧元。他们中的许多人都会推出一些物美价廉的葡萄酒，使得消费者可以容易了解他们的风格。这些葡萄酒酿自法定产区之外的古老田块，或者是还没有获准标注法定产区的年轻葡萄树，或者是地区餐酒以及市场上不太知名的产区等。以下列举几款这一类的葡萄酒：河谷北部地区的皮埃尔·盖拉德酒庄（Pierre Gaillard）、弗朗索瓦·维拉德酒庄（François Villard）、依夫·刚洛夫酒庄（Yves Gangloff）、詹姆特酒庄（Domaine Jamet）、雪兹酒庄（Domaine Chèze）；河谷南部地区的凯鲁园酒庄（Clos du Caillou）、布卡斯特酒庄（Domaine de Beaucastel）、老电报酒庄（Domaine du Vieux Télégraphe）等。

候，尤其在南部，硅质沙砾重新凝聚构造出砂砾岩［教皇新堡、利哈克、科斯蒂耶–尼姆、塔维勒等产区］，由于能够保持和释放热量而有利于葡萄果粒的成熟。这样的砂砾岩块给出产的红葡萄酒带来酒精和丹宁的结构平衡，有时还具有陈年的潜力。

黏土。位于河谷的北部地区，来自花岗岩的碎化（埃米塔日、克罗兹–埃米塔日和圣约瑟夫产区）；南部地区通常来自海底泥灰岩或冰川冲积物（罗纳丘产区南部、伯姆·维尼斯、万索布尔、吉恭达斯和瓦吉哈斯产区）。土壤中含有的黏土物质平衡了沙砾岩块给葡萄果粒带来的过高热量（教皇新堡产区的红葡萄酒）。出产的白葡萄酒、桃红葡萄酒和红葡萄酒口感圆润，结构匀称。

石灰岩。可以在河谷北部地区找到一小部分，来自冰川沉积（埃米塔日和圣佩雷产区），使出产的白葡萄酒和红葡萄酒具有精美的品质和清新的口感。石灰岩主要分布在河谷南部地区，先是沉积岩，然后成为基岩［教皇新堡、迪城山坡（Coteaux-do-Die）、塔维勒产区］。出产的白葡萄酒和桃红葡萄酒酒香馥郁，也带有新鲜清爽的品质。在南部山脉（当黛尔–蒙米埃尔山脉、旺图山）的坡地上还散布着一些石灰岩碎块。出产的葡萄酒主要是酒精强烈的红葡萄酒（罗纳丘、伯姆·维尼斯、吉恭达斯、瓦吉哈斯、旺图丘）。

葡萄园的发展历史

起源于希腊和罗马时期。在产区南部接近马赛市的地区，葡萄树好像在大约公元前4世纪古希腊时期就存在了。北部地区的葡萄树种植在罗马占领很久之后才开始，约为公元1世纪的后半叶。老普林尼（Pline l’Ancien）在《自然史》中提到一个新的葡萄品种，它让阿洛布罗之（Allobroges）地区的葡萄园声名远播，它的名字叫阿洛布罗吉卡（Allobrogica）。它的特性在于它比地中海沿岸的葡萄品种更耐寒。罗马帝国的衰落也让罗纳河谷的葡萄园发展停滞，产品没有销路，除了靠近地中海港口的葡萄园和北部的葡萄园（主要供给里昂）。

从教皇时期到根瘤蚜危机时期。14世纪的大部分时期，教皇宫廷位于阿维尼翁（Avignon）地区，极大地鼓励了新城堡（Châteauneuf）、塔拉松（Tarascon）、阿维尼翁、阿尔勒（Arles）地区周围葡萄树种植的发展。这些地区种植的葡萄通常是古老传统的品种，来自意大利，甚至西班牙。几个世纪以来，除了几款顶级葡萄酒，罗纳河谷地区出产的葡萄酒通常在当地消费。19世纪末期，葡萄园的发展经历了一次深刻的演变：根瘤蚜虫摧毁了河谷地区一大部分葡萄园，尤其是在普罗旺斯省。与此同时，在沙质土壤的加尔省、沃克吕兹省和临近的朗格多克省葡萄园种植反而得到飞速发展，因为根瘤蚜虫不能在这样的土质上繁殖。

> 褐丘（Côte-Brune）是北罗纳河谷罗第丘法定产区名贵葡萄园分布的两处园地之一。

过高的葡萄产量致使当地创建了许多合作酿酒厂，到今天仍然存在，尤其是在南部地区。

集体竞争意识强烈的地区

罗纳河谷地区在法国葡萄酒产业的结构调整和法定产区监控命名系统的形成中扮演了很活跃的角色，并在今天一直在法定产区（AOC）系统中起示范作用。

男爵葡萄果农。布瓦索马列男爵（Pierre Le Roy de Boiseaumarié；1890—1967年）是第一次世界大战的英雄，由于婚姻关系成为教皇新堡产区的酒农。他致力于恢复这片产区的声誉和地位，并于1933年通过法令确定了教皇新堡这个产区。这一产区集体制定的质量标准（产区地理区域的界限、葡萄品种、化肥或药物的使用方法、田间管理模式、最低酒精度、采摘葡萄的分拣）成为后来全法国葡萄酒法定产区法规的参照。男爵对古老的罗纳丘产区也同样投入了关注和努力，产区在1937年正式得到法律认证。男爵同时还主持罗纳丘产区的行业工会。他参与创立了法国国家原产地和品质监控命名委员会（INAO），并且长时间担任主管（1947—1967年）；他还参与了国际葡萄和葡萄酒协会（Office international de la vigne et du vin）的建设和管理工作（详见24页）。

对法定产区的推崇。自此以后，获得法定产区许可成为酒农的共同动力，他们努力让当地葡萄酒的特性得到更广泛的知名度。除了上面提及的历史闻名的重要法定产区，随后在1970年，吉恭达斯和圣约瑟夫成为正式的法定产区，而在这之前它们只标注“Côtes-du-Rhône-Villages”（罗纳丘村庄）；1990年瓦吉哈斯产区被认证为法定产区；最后，在2005年，万索布尔产区和伯姆·维尼斯产区成为法定产区。出产的葡萄酒已经声名远播的拉斯多产区（只有出产的天然甜白葡萄酒享有法定产区称谓）和卡拉讷产区还在等待法定产区命名的颁布。

天然葡萄酒

和法国所有其它葡萄酒产区一样，一小部分罗纳河谷的酒农出产被人们称为“天然”的葡萄酒，即在酿酒过程中尽可能少地使用化学制剂和技术设备。这样的葡萄酒释放出独特、自由和多样的香气。北部地区这样的酒庄有塔德利伊堡酒庄、蒂蒂和穆司提坷酒庄、克里斯托夫·古赫塔酒庄、拉塔西酒庄、泰希尔酒庄、史帝芬酒庄、德国人酒庄、南部地区这样的酒庄有格拉姆农酒庄、马泽尔酒庄、苏·特宏尼酒庄、马赛尔·理查德酒庄、艾洛蒂·巴姆酒庄、圣马丁庄园、雄阿诺酒庄、珑格洛赫酒庄和艾斯特赞歌酒庄。

罗第丘葡萄植株的回归

罗第丘法定产区的酒农布里吉·特罗什（Brigitte Roch）女士和吉尔伯特·克吕瑟勒（Gilbert Clusel）先生一直感觉采用常规的苗圃克隆的5种西拉品种的分支品种有很大的发展局限。他们于是在1990年用祖父辈的古老葡萄藤繁殖了30多个当地品种。这个试验很快传播到产区各个角落，人们创建了一个葡萄品种博物馆，出现了一个发展种植葡萄品种多样性的风潮。出产的葡萄酒比克隆的西拉葡萄酒个性更丰富，丹宁更浓重，陈年时间更长。生物多样性的重新建立也限制了疾病的传播。

> 在教皇新堡产区，砾石在白天吸收太阳光照的热量，在夜间释放出来促进葡萄植株的生长和成熟。

流行的葡萄品种

罗纳河谷地区出产的葡萄酒非常受英联邦国家的喜爱，因为它符合世界的潮流。由于气候偏暖，这里的葡萄酒可能表现出新世界葡萄酒一样的浓郁果味。地区内的三个葡萄品种被广泛传播。西拉是当地原生品种，现在被广泛种植到澳大利亚、阿根廷、南非和美国的加州。最近的遗传学研究表明，它是来自萨瓦地区的白蒙杜斯（mondeuse blanche）和阿尔岱诗省的黑葡萄德黑扎（dureza）的杂交品种。德黑扎与黑皮诺有着很远的亲属关系。同样属于白蒙杜斯品种后裔的维奥涅在美国、阿根廷和南非也有种植。最后，南部典型的歌海娜也被广泛种植到西班牙，尤其是普里奥拉托地区，也被种植到澳大利亚。

正确还是错误？

罗纳河谷葡萄酒产区只有在南部才出产甜型葡萄酒

错误。除了伯姆·维尼斯产区的麝香葡萄酒和拉斯多产区的天然甜酒，还存在一种珍品：埃米塔日产区的麦秸葡萄酒。它采用与汝拉地区同样的酿制方法——将收获的葡萄果粒晒三个月，以便凝集糖分。这种产品数量很少，酿造成本昂贵，是一种珍稀佳酿，馥郁的酒香中释放出蘑菇和异域水果的香气。

但这也不妨碍人们喜欢和种植别的葡萄品种。红葡萄品种中可以见到很难种植的慕合怀特，个性独特而吸引人；还可以见到轻柔的三索品种，有时用来酿制容易上口的大众口味葡萄酒；有时还会见到佳丽酿，如果成熟度好，非常美味。白葡萄品种中有口感圆润的歌海娜、花香浓溢的克莱雷、酒体丰满的玛珊和布尔朗克、酒香馥郁的胡珊和麝香葡萄，以及口感柔顺的罗乐。

近来的年份

罗纳河谷地区自1998年起连续出产多个好年份的葡萄酒，除了2002年，这一年的葡萄果粒由于采摘季节的降雨而蒙受巨大损失。2008这个年份也不尽如人意，但比2002年要好一点。最优秀的年份首推2005年和2007年，这两个年份的葡萄酒都表现出强劲而平衡的特色。比较特殊的是2003年份，葡萄酒复杂丰富，但是口中一丝涩青的余味很难消除；酸度的缺少也有可能让葡萄酒很快衰老。

通常来讲，对于一些著名产区，如埃米塔日、罗第丘、科尔纳斯和教皇新堡，2000年份的葡萄酒已经可以开启，而2005年份的葡萄酒仍然封闭内敛。

罗纳河谷地区葡萄酒法定产区（AOC）

- Côtes-du-Rhône
- Côtes-du-Rhône-Villages
- Beaumes-de-Venise
- Château-Grillet
- Châteauneuf-du-Pape
- Châtillon-en-Diois
- Clairette de Die
- Condrieu
- Cornas
- Costières-de-Nîmes
- Coteaux-de-Die
- Côte-Rôtie
- Côtes-du-Vivarais
- Crémant de Die
- Crozes-Hermitage
- Gigondas
- Hermitage, vin de paille
- Lirac
- Luberon (anciennement Côtes-du-Luberon)
- Muscat de Beaumes-de-Venise (VDN)
- Rasteau (vin doux naturel), rancio
- Saint-Joseph
- Saint-Péray
- Tavel
- Tricastin
- Vacqueyras
- Ventoux (ancien-nement Côtes-du-Ventoux)
- Vinsobres

罗纳河谷最著名的葡萄酒产区和葡萄酒

罗纳河谷地区出产一系列葡萄酒产品。它的北部地区从罗纳省的南部［靠近维埃纳市（Vienne）］地接卢瓦河和依瑟尔河（Isère），然后向南延伸一直到阿尔岱诗省和德龙省的北部［靠近瓦伦斯市（Valence）］；南部地区囊括沃克吕兹省和德龙省的南部地区［靠近蒙特利马市（Montélimar）］及加尔省和沃克吕兹省的东部地区（靠近阿维尼翁市）。

罗纳河谷地区

罗纳丘、罗纳丘村庄法定产区（AOC CÔTES-DU-RHÔNE, CÔTES-DU-RHÔNE-VILLAGES）

罗纳丘是地区性法定产区名称：所有罗纳河谷出产的葡萄酒产品都可以申请标注这个名称，除了吕贝隆、旺图、维瓦莱丘、特里加斯丹山坡、科斯蒂耶–尼姆和迪城地区出产的法定产区葡萄酒。

罗纳丘村庄法定产区名称后面可附加的村庄名称有18个：卡拉讷、许斯克朗（Chusclan）、洛单（Laudun）、乌巢山丘（Massif d'Uchaux）、普朗–迪城（Plan de Dieu）、皮梅拉（Puyméras）、拉斯多、罗阿科斯（Roaix）、罗什古德（Rochegude）、鲁塞葡萄村（Rousset-les-Vignes）、萨布莱（Sablet）、圣热尔维（Saint-Gervais），圣莫里斯（Saint-Maurice）、圣庞塔莱翁（Saint-Pantaléon-les-Vignes）、塞居雷（Séguret）、斯酿阁（Signargues）、瓦尔雷阿斯（Valréas）、维桑（Visan）。

大部分罗纳丘法定产区的葡萄酒都产自河谷的南部地区（77%的红葡萄酒和桃红葡萄酒，84%的白葡萄酒产自加尔省和沃克吕兹省）。

> **主要葡萄品种。**酿造红葡萄酒和桃红葡萄酒的品种有黑歌海娜、西拉、慕合怀特、佳丽酿、三索、古若斯（counoise）、莫斯卡丹（muscardin）、卡马尔斯（camarèse）、瓦卡尔斯（vaccarèse）、黑匹格普勒（picpoul noir）、黑德瑞（terret noir）、灰歌海娜、粉红克莱雷（clairetle rose）；白葡萄品种有白歌海娜、克莱雷、玛珊、胡珊、布尔朗克、维奥涅、白玉霓和白匹格普勒（picpoul blanc）。

> **土质结构。**罗纳河谷主要的土质构成：北部为花岗岩，南部为石灰岩，各处都夹杂着很多黏土和沙土。葡萄园坐落在基岩和河谷不同高度的高地上。

> **葡萄酒品味风格。**红葡萄酒浓郁而稠密，透着成熟的红色水果的香气和灌木丛的气息。白葡萄酒香气馥郁，以前非常黏重，随着酿酒技术的提高和对温度的控制掌握，白葡萄酒的品质不断提高。桃红葡萄酒比著名的普罗旺斯桃红葡萄酒酒体要更丰满，颜色要更深一些。

罗纳丘村庄产区的葡萄酒结构更匀称，有时经过橡木桶的培育，更接近名贵葡萄酒的品质。这里特别提一下风格各异的两个村庄产区的葡萄酒：卡拉讷村的红葡萄酒散发着红色水果（覆盆子）的香气，清新爽口而细致；拉斯多村的红葡萄酒则带有更多的黑色水果（桑葚、黑醋栗）的香气。

葡萄酒颜色：
红色、桃红色和白色。

最佳饮用温度：
白葡萄酒和桃红葡萄酒8～12℃；
红葡萄酒12～16℃。

陈年潜力：
桃红葡萄酒和白葡萄酒3年；
红葡萄酒3～5年。

罗纳河谷（北部地区）

罗第丘法定产区（AOC CÔTE-RÔTIE）

这片秘密的产区（242公顷）斜卧在陡峭的山坡上，位于河谷的最北部。它出产可以陈年的红葡萄酒，通常都经过橡木桶的培育。酿成初期葡萄酒是开放、柔和的，3年后内敛收紧，7～8年后重新开放。

> **主要葡萄品种。**西拉（这里称为“serine”）和维奥涅。

> **土质结构。**南部为花岗岩，北部为页岩。

> **葡萄酒品味风格。**出产的葡萄酒释放出浓郁的黑色水果、摩卡咖啡、甘草和巧克力的香气，但都带有园地的特性和品质。遍布花岗岩的南部地区［“金色山丘”（Côte-Blonde）地带位于其中］出产的葡萄酒比包含“褐丘”的北部地区的葡萄酒拥有更多的花香和铅笔芯的矿物质气味。

葡萄酒颜色：
红色。

最佳饮用温度：
16℃。

陈年潜力：
至少15年。

罗纳河谷（北部地区）

孔得里约法定产区（AOC CONDRIEU）

这片面积133公顷的法定产区葡萄园全部位于花岗岩质土地上，仅出产酿自维奥涅品种的白葡萄酒。这一葡萄品种在不同的土质上有不同的表现，如果酒农有意突出矿物质特征，葡萄酒可以表达出土地所有的矿物质味。根据年份不同，一部分葡萄可以酿制成半甜白葡萄酒或甜白葡萄酒。这样的葡萄酒有可能在未来可以标注“选粒贵腐”，让消费者购买时对产品特性有明确的认识。如果消费者喜爱清新果味，孔得里约产区的葡萄酒可以在新鲜早期饮用。但也可以等上几年，以品味它更多的矿物质味。

> 单一的葡萄品种。维奥涅。

> 土质结构。黑云母花岗岩（白云母）土质使酿出的葡萄酒带有显著的矿物质味；莫斯科花岗岩（黑云母）土质使酿出的葡萄酒更加复杂丰富。

> 葡萄酒品味风格。孔得里约葡萄酒矿物质味突出，带有丰富和精致的香气，如白色花朵、白胡椒、水蜜桃、杏、橘皮的香气，混合着一丝原野青草的气息。

葡萄酒颜色：
白色。

最佳饮用温度：
10～12℃。

陈年潜力：
如果希望品味葡萄酒的果味，需窖藏陈酿4～5年；如果希望品味葡萄酒的矿物质味，需窖藏陈酿10年。

罗纳河谷（北部地区）

圣约瑟夫法定产区（AOC SAINT-JOSEPH）

这片既出产红葡萄酒也出产白葡萄酒的法定产区（1100公顷），从北部的孔得里约产区边缘起，南面延伸到埃米塔日产区对面，刚好在科尔纳斯产区北面。与产区同名的圣约瑟夫山丘位于幕芙村（Mauve）和图尔农村（Tournon）之间，因此以前的产区名称为“幕芙葡萄酒”（Vin de Mauve）。

产区内的风土条件多样，有时会造成葡萄酒质量参差不齐。但是值得令人关注的是，许多附近产区如科尔纳斯、罗第丘，甚至埃米塔日产区的知名酒庄都越来越多地向圣约瑟夫产区购买葡萄田。这里出产的葡萄酒通常性价比很高。在产区中央，虽然不太出名，但出产的葡萄酒的品质经常有令人惊喜的表现。

> 主要葡萄品种。红葡萄品种有西拉；白葡萄品种有玛珊和胡珊。

> 土质结构。和河谷地区其它大的法定产区一样，一大部分土质构成是花岗岩，偶尔散布着岩石碎裂风化形成的黏土层。

> 葡萄酒品味风格。出产的红葡萄酒通常散发着红色和黑色水果的香气，融合着一丝花香（紫罗兰）和烟熏的气息；口感果味清新浓郁，余味柔和，泛着一丝胡椒、甘草的混合香气。白葡萄酒的产出占有一定比例（总产量的9%），表现出黏土质的特性和顺滑的质感；如果胡珊品种占主要混酿比例，则葡萄酒很少有黏重的质感。

葡萄酒颜色：
红色和白色。

最佳饮用温度：
白葡萄酒10～12℃；
红葡萄酒12～16℃。

陈年潜力：
3～10年。

罗纳河谷地区著名的葡萄酒

埃米塔日产区、罗第丘产区和教皇新堡产区的葡萄酒长久以来都受到葡萄酒爱好者的喜爱，是整个葡萄酒产区三大名贵产区，出产的葡萄酒单瓶价格为25～70欧元，根据产业和产地不同而浮动。在北部，酒商吉佳乐（Guigal）公司先令罗第丘产区的葡萄酒声名远播，然后再涉及河谷地区其它产区质量或高或低的葡萄酒产品。后来有许多其它的酿酒商加入了他的行列，如马蒂尔德（Mathilde）和依夫·冈洛夫，后者出产非常出色的孔得里约葡萄酒。在埃米塔日产区，除了佳布列酒庄（maison Jaboulet），米歇尔·莎普蒂尔酒庄（Michel Chapoutier）通过与众不同的系列葡萄酒证明了其实力，通常是有机葡萄酒或生物动力法酿造的葡萄酒。在南部，位于沙质土上的稀雅丝酒庄和位于砾石土质上的博卡斯特尔酒庄（Château de Beaucastel）是教皇新堡产区最受欢迎的酒庄。

罗纳河谷（北部地区）

埃米塔日法定产区（AOC HERMITAGE）

埃米塔日山丘位于淡镇（Tain），其中一片137公顷的葡萄园既有空间的一致性，又有复杂的地质结构。这种情况使得每个酒农都有各自的风格——用不同田块的葡萄酿造，或者用不同酒液混酿。约25%埃米塔日产区的产品是白葡萄酒，是法国最好的白葡萄酒之一，主要酿自玛珊品种。喜爱新鲜果味的葡萄酒爱好者可以在其年份新时品尝埃米塔日葡萄酒；比较耐心的爱好者通常要等待7～15年后再开启这一地区的葡萄酒。

> **主要葡萄品种。**红葡萄品种有西拉；白葡萄品种有玛珊和胡珊。

> **土质结构。**整座山丘原先是由罗纳河从中央高原分离出来的一块花岗岩。这片花岗岩的最高处有一座小教堂，处于法定产区的东部；这是出产简朴红葡萄酒的理想风土条件。产区中央和西部地区（占总产区面积的75%）覆盖着多样的冲击土层。石灰岩和黏土，甚至沙土的沉积土，经常用来种植白葡萄品种。

> **葡萄酒品味风格。**土质的多样性、向南的朝向和在橡木桶中的培育给出产的白葡萄酒带来金雀花、刺槐花、白色水果，甚至甘草、核桃、龙胆和松露的香气。出产的红葡萄酒通常质感柔顺，泛着黑色水果并夹着一丝巧克力气息，混合着甘草、胡椒、香料甚至紫罗兰的香气，口中泛起优美绵长的余味。

葡萄酒颜色：	最佳饮用温度：	陈年潜力：
红色和白色。	白葡萄酒12 ℃；红葡萄酒16～17℃ （少于6年酒龄的葡萄酒要在餐前醒酒1～2小时）。	红葡萄酒和白葡萄酒都超过20年。

罗纳河谷（北部地区）

克罗兹-埃米塔日法定产区（AOC CROZES-HERMITAGE）

这是罗纳河谷北部另一片广阔的法定产区，可以把埃米塔日法定产区看作顶级产区。这个产区表现出多样的风格。1937年之前，该产区面积被限制在500公顷，1950年时得到扩展，将附近类似的葡萄园地囊括进来。虽然经过这次扩展，产区内的葡萄酒品质仍然保持一贯水准，性价比很高。需要关注当地出产的优质白葡萄酒，通常酿自玛珊品种。这是一个丰满的葡萄品种，需要经过橡木桶的培育过程。

> **主要葡萄品种。**红葡萄品种为西拉；白葡萄品种有玛珊和胡珊。

> **土质结构。**产区大部分的基底土质是黏土及沙土的冲积土；产区的北部是石灰岩，如埃米塔日产区。一些地区还有石灰岩，在拉赫纳吉（Larnage）地区可以见到非常罕见的高岭土（白色黏土）。

> **葡萄酒品味风格。**基底土质出产的葡萄酒很受喜爱，在轻柔的果香和浓密的质感中形成和谐的平衡，酒体柔和。也有经过橡木桶培育并具陈年潜力的葡萄酒（花岗岩和高岭土区域），特点主要表现为强劲的丹宁和有时会有一丝动物性香气。

葡萄酒颜色：	最佳饮用温度：	陈年潜力：
红色和白色。	白葡萄酒10～12℃； 红葡萄酒12～16℃。	3～10年。

克罗兹-埃米塔日葡萄酒精选

- **康比酒庄（Domaine Combier），以色桥镇(Pont-de-l'Isère)。**有机农业耕作，出产的红葡萄酒和白葡萄酒十分精致并适合陈年。
- **布鲁耶酒庄（Domaine Les Bruyères），布蒙-蒙图镇（Beaumont-Monteux）。**用生物动力系统耕作的葡萄园出产的红葡萄酒口感愉悦且质感柔和。

- **穆新酒庄（Domaine Mucyn），瑞万斯镇（Gervans）。**用橡木桶培育后表现出来的风格类似勃艮第，非常成功，其产品包括圣约瑟夫产区内的葡萄酒。
- **帕达尼酒庄（Domaine Pradelle），尚农-科松镇（Chanos-Curson）。**出产传统风格的红葡萄酒和白葡萄酒，柔和而细腻。
- **夏夫酒庄（Yann Chave），梅居乐镇（Mercurol）。**出产的葡萄酒既表达了园地特性，又不失让人愉悦的风味。
- **天恩酒庄（Cave de Tain），淡-埃米塔日（Tain-l'Hermitage）。**这家合作酿酒厂出产口味非常清新的葡萄酒，尤其是白葡萄酒。

罗纳河谷（北部地区）

科尔纳斯法定产区（AOC CORNAS）

这又是一个非常小的产区（116公顷），但具有非常显著的风格！与埃米塔日产区和罗第丘产区全部朝南的葡萄园地不同，科尔纳斯产区的一部分葡萄园地朝向东，这解释了为什么该产区的葡萄酒风格粗犷并需要很长的时间绽放。但这种现象根据产业的不同而各异，最传统的酿造方法是葡萄采摘后不去除果梗，使出产的葡萄酒风格粗犷，陈酿熟成时间可以达8～10年。对于进行去除果梗操作的葡萄酒来说，"内敛封闭"的阶段要短很多，甚至根本不存在，除了某些特殊年份，如2005年。

> 主要葡萄品种。西拉。

> 土质结构。大部分是花岗岩，有几处石灰岩地带［来自维尔格斯（Vercors）高原］位于沙约（Chaillots）山丘上，一直延伸到圣约瑟夫产区边缘。

> 葡萄酒品味风格。科尔纳斯产区出产的葡萄酒透着显著的烟熏味和黑色水果的香气，除了在石灰岩多的地域，出产的葡萄酒通常酒香中果味浓郁，但

入口相对粗糙。在窖藏陈酿过程中它增添了许多特殊的香气，如薄荷、野味和胡椒的香气。

葡萄酒颜色：	最佳饮用温度：	陈年潜力：
红色。	16℃。	20年以上。

罗纳河谷（南部地区）

维瓦莱丘法定产区（AOC CÔTES-DU-VIVARAIS）

该产区位于阿尔岱诗省，是河谷南部地区第一处法定产区，不论是红葡萄品种还是白葡萄品种主要都是歌海娜葡萄。维瓦莱丘产区是一片小产区（496公顷），但它有两个优势：独特的原产特性和非常好的价格。

> 主要葡萄品种。酿造红葡萄酒和桃红葡萄酒的品种有黑歌海娜、西拉、佳丽酿和三索；白葡萄品种有白歌海娜、玛珊和克莱雷。

> 土质结构。位于阿尔岱诗峡谷的土质主要是混有黏土的石灰岩砾石。这种土质地表热量高而深处凉爽。该区域没有河谷那样干旱，四处都充满阳光。

> 葡萄酒品味风格。这里出产的葡萄酒和整个罗纳河谷其它产区的葡萄酒风格不同。它一方面表现出河谷南方产区都具有的浓郁质感，另一方面又表现出愉悦的清新感。

葡萄酒颜色：	最佳饮用温度：	陈年潜力：
红色、桃红色和白色。	桃红葡萄酒和白葡萄酒8～10℃； 红葡萄酒14℃。	桃红葡萄酒和白葡萄酒3年； 红葡萄酒3～8年。

罗纳河谷南部地区性价比高的葡萄酒

- **拉斯多酒窖（Cave de Rasteau），拉斯多村。**酿造罗纳丘产区三种颜色葡萄酒的合作酿酒社，尤其是"法官"（Les Viguiers）系列。
- **旺图酒窖（Cave Terra Ventoux），欧众–莫默宏村（Villes-sur-Auzon-Mormoiron）。**精心酿造的葡萄酒，出产旺图地区各种价位的葡萄酒。
- **波斯黑乐酒庄（Domaine de la Boisserelle），圣黑梅子镇（Saint-Remèze）。**出产维瓦莱丘法定产区的白葡萄酒、桃红葡萄酒和红葡萄酒，性价比很高。
- **美马拉喜酒庄（Domaine de Beaumalric），伯姆·维尼斯镇。**出产伯姆·维尼斯法定产区品质优秀而价格低廉的葡萄酒。
- **哭浪屿酒庄（Domaine Coulange），布宇–圣安得奥乐镇（Bourg-Saint-Andéol）。**出产罗纳丘葡萄酒，由一位非常出色的女酿酒师用非常精细的方法和工艺酿造而成。
- **布色酒庄（Domaine Brusset），卡拉讷村。**出色酒农酿造的卡拉讷葡萄酒，还同时出产价格适中的罗纳丘法定产区和旺图法定产区葡萄酒。
- **度邦酒庄（Domaine de Durban），伯姆·维尼斯镇。**一款性价比令人瞩目的伯姆·维尼斯产区典型风格葡萄酒。
- **白谷仓酒庄（Domaine de Grange blanche），伯罗华克村（Blovac）。**一款口感非常愉悦的罗纳丘村庄拉斯多（Côtes-du-Rhône-Villages Rasteau）产区葡萄酒！
- **沙东土酒庄（Domaine Terre des Chardons），美丽藏村(Bllegarde)。**出产品质出色的科斯蒂耶–尼姆葡萄酒，价格仅为8欧元。
- **尼古拉·科兹酒庄（Nicolas Croze），圣马丁–阿得诗村（Saint-Martin-d'Ardèche）。**出产罗纳丘内容丰富的优质葡萄酒。

罗纳河谷（南部地区）

万索布尔法定产区（AOC VINSOBRES）

万索布尔产区是最新（2005年）成立的两个产区之一，是一个很成功的产区。有限的种植面积（494公顷）位于透水透气性良好的土地上，有时位于高海拔的地域（最高500米），得益于附近的山脉，免受西北风的侵袭，使酿出的葡萄酒拥有匀称的结构。和所有新的法定产区一样，这里出产的葡萄酒拥有很好的性价比。值得关注的是，在万索布尔法定产区的质量标准中，年轻葡萄树的果实从第7年起才可以开始酿造法定产区葡萄酒，这是一个非常严格的规定。

> 主要葡萄品种。黑歌海娜（至少占50%的种植面积）、西拉和慕合怀特，另外还有种植面积约占5%的白葡萄品种。

> 土质结构。混有砾石或沙土的黏土质。

> 葡萄酒品味风格。出产的葡萄酒透着红色水果和黑色水果的香气，夹在优美醇厚的矿物质味中；口感结构匀称，没有任何厚重的感觉。

葡萄酒颜色：
红色。

最佳饮用温度：
14～16℃。

陈年潜力：
8～10年。

罗纳河谷（南部地区）

古恭达斯法定产区（AOC GIGONDAS）

这片产区位于当黛尔-蒙米埃尔山脉的西北部，葡萄田块位于100～500米的斜坡梯台上。红葡萄酒从采摘年份后第3年起可以开始饮用，一些内敛的葡萄酒要等上5年。这里也出产桃红葡萄酒。

> 主要葡萄品种。黑歌海娜（占多数）、西拉和慕合怀特，以及其它罗纳河谷的葡萄品种（除了佳丽酿）。

> 土质结构。红色黏土中夹着沙土和石灰岩砾石。

> 葡萄酒品味风格。出产的葡萄酒通常浓烈，带着红色水果的清香，丹宁强劲、结构匀称。

葡萄酒颜色：
红色和桃红色。

最佳饮用温度：
桃红葡萄酒8～10℃；
红葡萄酒14～16℃。

陈年潜力：
8～10年。

罗纳河谷（南部地区）

教皇新堡法定产区（AOC CHÂTEAUNEUF-DU-PAPE）

这片产区曾经是以产区内使用同样的酿制方法而划定的，这种划分也表达了一种地理概念。而如今这种划分更多地与13个著名的葡萄品种有关，特别是其中8个红葡萄品种。现今，大部分酒庄都推崇以黑歌海娜为主的红葡萄酒。教皇新堡产区的红葡萄酒根据年份不同经过5～10年可窖藏熟成。该产区的白葡萄酒口感诱人，和红葡萄酒一样，通常经过橡木桶内培育，但在刚上市时即可开始饮用。

> 主要葡萄品种。红葡萄品种有白歌海娜、西拉、慕合怀特、黑德瑞、古若斯、莫斯卡丹、瓦卡尔斯和三索；白葡萄品种有白匹格普勒、克莱雷、胡珊、布尔朗克、琵卡丹（picardan）。

> 土质结构。在乌尔贡阶（urgoniens，贝壳）沉积的石灰石基岩上是沙质沉积物，再往上是黏土。这一土质结构形成于罗纳河河水把石英和来自阿尔萨斯山的硅质岩打磨成卵石之前。

> 葡萄酒品味风格。石灰岩的土质上产出酒香浓郁的白葡萄酒，而且具有清新口感。

产区南部广泛存在的黏土卵石使出产的红葡萄酒既浓烈又深厚，且结构感强，形成了教皇新堡法定产区的典型风格。但是目前的趋势是发展产区西北部的沙质园地，那里出产的葡萄酒更精致、柔和，并散发出香料的气息。

葡萄酒颜色：
红色和白色。

最佳饮用温度：
白葡萄酒10～12℃；
红葡萄酒14～16℃
（年轻时饮用需要提前醒酒1～2小时）。

陈年潜力：
白葡萄酒超过10年；
红葡萄酒超过20年。

罗纳河谷（南部地区）

伯姆·维尼斯法定产区（AOC BEAUMES-DE-VENISE）

这是一片新近（2005年）划分的法定产区。与吉恭达斯产区和瓦吉哈斯产区一样，它也位于当黛尔-蒙米埃尔山脉脚下。产区内的葡萄酒以品质一致性受人称赞，主要归功于法定产区比较前卫的生产质量标准，不仅明确规定了葡萄酒生产的条件，更对称号的授予制定了严格的规定。值得注意的是，从三叠纪岩石土质上出产的葡萄酒目前价格仍然适中，但在几年后价格肯定会上扬！

> **主要葡萄品种**。黑歌海娜（至少50%的种植面积）、西拉（不超过25%的种植面积）和其它所有罗纳丘的种植品种；白葡萄品种（不超过5%的种植面积）。

> **土质结构**。黏土中混有沙土和从当黛尔-蒙米埃尔山脉滚落下来的石灰岩块；在三叠纪（距今2亿多年）形成的土质混合着矿物盐、石膏、黏土和石灰石。

> **葡萄酒品味风格**。红葡萄酒透着显著的成熟红色水果香气，尤其是樱桃的香气，通常含有很吸引人的矿物质结构。根据土质不同，葡萄酒表现出不同的特性，或精致（黏土）、浓郁（石灰岩砾石），或是丰富的结构加上无比的精致细腻感（三叠纪土质）。

葡萄酒颜色：
红色。

最佳饮用温度：
14～16℃。

陈年潜力：
通常8～10年；
对于三叠纪形成的土质地带，需要5年的饮用等待期和15年的陈年期。

罗纳河谷（南部地区）

瓦吉哈斯法定产区（AOC VACQUEYRAS）

瓦吉哈斯产区（1411公顷）位于当黛尔-蒙米埃尔山脉的西面，地理位置上和北面的吉恭达斯产区非常靠近，但气候要更炎热一些，这样的气候特征也表现在葡萄酒的风格之中。白葡萄酒酿成后即可饮用，而红葡萄酒则需要等上3～6年才能够表现它的优秀品质。

> **主要葡萄品种**。酿造红葡萄酒和桃红葡萄酒的品种有黑歌海娜（至少50%的种植面积）、西拉和慕合怀特；白葡萄品种有白歌海娜、克莱雷、布尔朗克、玛珊、胡珊和维奥涅。

> **土质结构**。红色黏土中夹杂有沙土和石灰岩砾石。

> **葡萄酒品味风格**。出产的葡萄酒透着显著的黑色水果香气，夹着一丝矿物质味和烟熏的香气，甚至含有一丝动物性香气，余味中泛着令人印象深刻的甘草和胡椒的香味。

葡萄酒颜色：
红色、桃红色和白色。

最佳饮用温度：
白葡萄酒8～10℃；
红葡萄酒14～16℃。

陈年潜力：
桃红葡萄酒3年；
白葡萄酒7～8年；
红葡萄酒8～10年。

佳迪纳酒庄（Château de la Gardine）

这个教皇新堡酒庄出产的葡萄酒将精美的品质和强劲的酒体完美地结合在一起。位于教皇新堡村庄，该酒庄囊括了法定产区所有的三种土质（石灰岩、沙土、黏土卵石），使得酒庄酿造的几款葡萄酒（白葡萄酒和红葡萄酒）既平衡又表现当地的典型特色。寻求酒液平衡的过程表现在酿制方法中：采用现代酿造工艺，如发酵前的低温浸泡，或完全去除果梗。帕特里克（Patrick）、菲利普（Philippe）和马克西姆·布鲁内尔（Maxime Brunel）先生运用村内传统的酿造工艺，将几个葡萄品种的果粒一起混合酿制，这种方法来自于各个葡萄品种的葡萄树混合种植的时代。平衡和谐的质感并不排除令人惊奇的表现，产业内已经连续几年出产一种不加硫的葡萄酒，称为“蓝色妖姬”（Peur bleue），意指这种酿造过程会给人带来的焦虑不安！教皇新堡产区的葡萄酒一直价格不菲，但利哈克的圣罗什酒庄（Château Saint-Roch）出产的白葡萄酒、桃红葡萄酒和红葡萄酒，还有一款罗纳丘法定产区的葡萄酒，价格比较实惠。

罗纳河谷（南部地区）

塔维勒法定产区（AOC TAVEL）

罗纳丘产区唯一一个只出产桃红葡萄酒的法定产区。塔维勒产区拥有三种不同的风土条件，使混酿出的葡萄酒酒香馥郁，或者结构匀称、颜色鲜亮，或者口感轻盈。这里出产的桃红葡萄酒与现代的桃红葡萄酒区别较大，颜色清淡而口味轻纯，带有普罗旺斯桃红葡萄酒的风格。除了与消费趋势的脱节，近年来产区还遭受产品质量不稳定的困扰，出产的葡萄酒有时厚重、不纯净、含硫量过高……但是新一代的酒农正在努力改变这一现状，力图使这一传统产区重新腾飞。

> 主要葡萄品种。歌海娜、三索、克莱雷、匹格普勒（Picpoul）、卡丽托（Caliton）、布尔朗克、慕合怀特、西拉、佳丽酿。

> 土质结构。石灰岩卵石或片岩、黏土卵石、沙质土。

> 葡萄酒品味风格。这里出产的桃红葡萄酒强劲、颜色鲜亮、余味绵长，与各种美食搭配得当。

葡萄酒颜色：
桃红色。

最佳饮用温度：
8～10℃。

陈年潜力：
5年。

罗纳河谷（南部地区）

利哈克法定产区（AOC LIRAC）

于1947年被认证为法定产区的利哈克产区综合了罗纳河谷南部地区不同的风土条件。教皇新堡产区因一贯的高质量而保持着盈利，而比它小五倍的利哈克产区的生产却参差不齐，既有低档酒的生产，也有高品质的产业，后者往往是来自邻居新城堡产区的希望能突出优秀风土特色的酒庄。这些品质出众的葡萄酒价格低廉，满足了懂行的爱好者“以低廉的价格获得高品质葡萄酒”的愿望。

> 主要葡萄品种。酿造红葡萄酒和桃红葡萄酒的品种有黑歌海娜（至少占40%）、西拉和慕合怀特、三索、佳丽酿；白葡萄品种有克莱雷、白歌海娜、布尔朗克、白玉霓、匹格普勒、马萨娜、胡珊和维奥涅。

> 土质结构。石灰岩碎石、沙土卵石和黏土卵石。

> 葡萄酒品味风格。利哈克法定产区出产的葡萄酒浓烈强劲而香气馥郁，相对来说结构感强。

葡萄酒颜色：
红色、桃红色和白色。

最佳饮用温度：
桃红葡萄酒和白葡萄酒8～10℃；
红葡萄酒14～16℃。

陈年潜力：
桃红葡萄酒3年；
白葡萄酒3～6年；
红葡萄酒3～10年。

罗纳河谷（南部地区）

旺图法定产区（AOC VENTOUX）或旺图丘法定产区（AOC CÔTES-DU-VENTOUX）

从2008年起，旺图产区代替了原本的旺图丘法定产区。旺图山麓拥有传统的地中海地区景观。这里的气候特色是夏季的温差非常大（早上5～10℃，下午达到30～40℃），促使葡萄果皮中富含的丹宁达到理想成熟度。

因此，这个产区葡萄酒的风味很独特，就如用当地的食用葡萄酿造的产区酒，即旺图麝香葡萄酒。但是这个产区受到其种植面积过于广阔的困扰（6391公顷，比罗纳丘村庄产区中各个村庄的种植面积的总和还要大），这使得所有的酒农即使是最有实力的庄园主也受到葡萄酒市场波动的影响。希望这些困难不会妨碍合作酿酒厂和独立酿酒厂继续精心从事他们的葡萄酒生产；事实上，目前这一法定产区已经成为性价比高的红葡萄酒的巨大储存库，这点也同样适用于该产区的白葡萄酒。

> 主要葡萄品种。用于酿造红葡萄酒和桃红葡萄酒的品种有黑歌海娜、西拉、三索、慕合怀特、佳丽酿、黑匹格普勒和古若斯；白葡萄品种有克莱雷、布尔朗克、白歌海娜和胡珊。

> 土质结构。主要是石灰岩。

> 葡萄酒品味风格。出产的红葡萄酒和白葡萄酒都散发着非常成熟的水果香气，口感清新。

葡萄酒颜色：
红色、桃红色和白色。

最佳饮用温度：
桃红葡萄酒和白葡萄酒8～10℃；
红葡萄酒14～16℃。

陈年潜力：
桃红葡萄酒3年；
白葡萄酒3～5年；
红葡萄酒3～8年。

罗纳河谷（南部地区）

吕贝隆法定产区（AOC LUBERON）或吕贝隆丘法定产区（AOC CÔTES-DU-LUBERON）

从2008年起，吕贝隆产区代替了吕贝隆丘法定产区。吕贝隆产区的土质有一点像它的邻居旺图法定产区，但没有那么大的昼夜温差，出产的葡萄酒比较偏向罗纳丘南部地区的特色，只有一点不同：吕贝隆产区的名气使某些生产商得以采用橡木桶培育的国际通用方法，当然价格也随之推高。但人们在这里可以找到许多值得注意的酒庄，他们的努力提升了产区的声誉。

> **主要葡萄品种**。用于酿造红葡萄酒和桃红葡萄酒的品种有西拉和黑歌海娜（至少占60%）、慕合怀特、佳丽酿、三索；白葡萄品种主要有白歌海娜、白玉霓、克莱雷、罗乐、布尔朗克、胡珊和玛珊。

> **土质结构**。大部分是石灰岩。

> **葡萄酒品味风格**。红葡萄酒浓烈强劲，大部分都经过橡木桶的培育。桃红葡萄酒颜色闪亮，风格更接近罗纳河谷的风格而不是普罗旺斯的风格。白葡萄酒是这个地区的特产，经过精心的培育，有着令人瞩目的成功。在混酿过程中，罗乐品种占有越来越高的比例，给葡萄酒带来馥郁的香气和精致的质感，使葡萄酒开始接近普罗旺斯的风格。

葡萄酒颜色：	最佳饮用温度：	陈年潜力：
红色、桃红色和白色。	桃红葡萄酒和白葡萄酒8～10℃； 红葡萄酒14～16℃。	桃红葡萄酒3年； 白葡萄酒3～8年； 红葡萄酒3～10年。

罗纳河谷（南部地区）

科斯蒂耶-尼姆法定产区（AOC COSTIÈRES-DE-NÎMES）

这片广阔的葡萄酒法定产区在行政区划上属于朗格多克–鲁西荣地区（4311公顷），却在农业地理中划分在罗纳河谷地区。产区内囊括了很多性价比很高的产业，有一些产业出产的葡萄酒品质优秀。

> **主要葡萄品种**。酿造红葡萄酒和桃红葡萄酒的品种有西拉、歌海娜、慕合怀特、佳丽酿和三索；酿造白葡萄酒的品种有白歌海娜、玛珊、胡珊、克莱雷、布尔朗克、马格布和罗乐。

> **土质结构**。在表面土层可以找到教皇新堡的硅质岩和石英岩的卵石，并掺有一些沙砾，黏土层很薄，占主导地位的是透气性良好的沙土层。

> **葡萄酒品味风格**。出产的红葡萄酒和所有罗纳河谷产区的葡萄酒一样，释放着浓郁的成熟水果清香，但由于结构轻纯，丹宁含量不多，这种葡萄酒需要在新鲜早期饮用。至于出产的白葡萄酒，如果熟成的过程控制得好，会拥有良好的滑腻口感。

葡萄酒颜色：	最佳饮用温度：	陈年潜力：
红色、桃红色和白色。	红葡萄酒14～16℃； 桃红葡萄酒和白葡萄酒8～10℃。	桃红葡萄酒3年； 白葡萄酒3～5年； 红葡萄酒3～8年。

罗纳河谷（南部地区）

伯姆·维尼斯麝香葡萄酒法定产区（AOC MUSCAT BEAUMES-DE-VENISE）

该产区的产量为120万升，比起朗格多克–鲁西荣地区的1500万升来说并不起眼。这种白麝香葡萄酒是自然发酵的（也就是说只依靠葡萄果皮上天然含有的酵母，没有任何人工添加剂），然后用5%的酒精溶液强化。几个优质麝香葡萄田块能够酿造伯姆·维尼斯红麝香葡萄酒和桃红麝香葡萄酒。甜型葡萄酒是这里的特产，人们还可以发现一些独特的葡萄酒：延迟采摘的慕合怀特品种葡萄酒、麦秸甜葡萄酒……

> **主要葡萄品种**。被称为“芳蒂娜”的小粒麝香葡萄。

> **土质结构**。混有沙土和石灰岩砾石的黏土层。

> **葡萄酒品味风格**。出产的白麝香葡萄酒通常释放出丰富的花香（刺槐花、菖兰、椴花、玫瑰、紫罗兰）和果香（杏子、榅桲、蜜饯柑橘皮、柠檬、梨、芒果），还有薄荷、刺柏、甘草的香气，并混有一丝香料香气；口感微苦，余味通常是蜜饯水果的香气。红麝香葡萄酒和桃红麝香葡萄酒透着优美的红醋栗香气。

葡萄酒颜色：	最佳饮用温度：	陈年潜力：
红色、桃红色和白色。	10℃。	5～10年。

法国西南地区的葡萄园

法国西南葡萄酒产区的东部与广阔的朗格多克-鲁西荣产区相邻，西部与名贵的波尔多葡萄酒产区交界，是法国最多样的葡萄酒产区，它承载着多样的土质、葡萄品种和产区命名。延展在10个省份的土地上，这片西南地区的葡萄园出产品种多样的葡萄酒，一些优质名酒拥有很好的性价比。在竞争激烈的葡萄酒市场中这是一种优势。

葡萄酒的发展历史

和法国许多其它葡萄酒产区一样，西南地区葡萄的种植也起源于罗马时代。从中世纪起，有一些地区如卡奥、马帝朗、加亚克等出产的葡萄酒很受法国国王的喜欢，它们的声誉传遍欧洲（英国、荷兰）。但是这个地区受到它名贵而有权势的邻居波尔多产区的嫉妒，波尔多地区在自己的酒没有卖完之前，不允许西南地区的葡萄酒从它的港口向外运输出口。

19世纪末，根瘤蚜虫害几乎彻底损毁了这片葡萄酒产区。直到1970年，由于合作酿酒厂的兴起和富有热情的葡萄果农的努力，这片葡萄酒产区才得以复兴。庄园主非常注重葡萄酒的品质和特性。

法国西南法定产区的数据
种植面积：7.4 万公顷
年产量：4.3 亿升
红葡萄酒：68 %
白葡萄酒：22 %
桃红葡萄酒：10 %
［法国西南地区葡萄酒行业工会（CIVSO）、贝热哈克葡萄酒行业工会（CIVRB），2007］

产酒地区

西南地区的葡萄酒产区非常多样而分散，可以大致分成四大产酒地区。

贝热哈克地区。位于多尔多涅河两岸，包括贝热哈克法定产区，还有蒙巴兹亚克、佩夏蒙、蒙哈维尔（Montravel）等法定产区。

加龙河流域地区。延展在加龙河两岸地区，位于波尔多上游，朗贡市（Langon）和阿让市之间。这里是杜拉斯丘产区（Côtes-de-Duras）、玛蒙德丘产区（Côtes-du-Marmandais）和比泽产区的领地。

上北部地区（HAUT-PAYS）。这片位于图卢兹市（Toulouse）北部和西北部的地区囊括了加亚克、弗隆多内丘（Côtes-du-Frontonnais）、卡奥等法定产区。

比利牛斯山区。位于南部，在阿杜尔河（Adour）和比利牛斯山之间，囊括了几个先锋产区：马帝朗、伊卢雷基、帕夏尔-维克-比勒、瑞朗松等。

气候和土质条件

加龙河两岸、巴斯克地区（Pays basque）和比利牛斯山区等地区气候条件各不相同，但都享有海洋性气候，或多或少受到内陆和山区的影响：春季和冬季湿润，夏季炎

> 卡奥地区上色赫（Château de Haute-Serre）酒庄的葡萄园。

九个新认证的法定产区？

在法国，没有别的地区拥有像西南地区这样多的优良地区餐酒限定保护区域（AOVDQS，需要在2011年前重新分级的产区；又见98页）。其中有9个产区等待认证为法定产区：凯尔西山坡（Coteaux-du-Quercy）、米劳丘（Côtes-de-Millau）、布瑞华丘（Côtes-du-Brulhois）、圣蒙（Saint-Mont）、圣桑多（Saint-Sardos）、图尔桑、安翠歌（Vin d’Entraygues et du Fel）、爱斯坦（Vin d’Estaing）、拉维迪约（Vin de Lavilledieu）。鉴于它们出产的葡萄酒的品质和特性，它们值得拥有法定产区（AOC）的称号。

您未必知道的花絮

马帝朗产区的典型葡萄品种塔娜曾经因为能够有效防治某些心血管病而闻名。这一点在2006年由伦敦医学院的科尔德（Corder）医生证实。塔娜葡萄品种的特性是富含花青素——一种酚类物质（使葡萄酒具有抗氧化作用的化合物）。这种成分随着传统酿造工艺而浓聚，使其作用仍然保留在酿成的葡萄酒中。

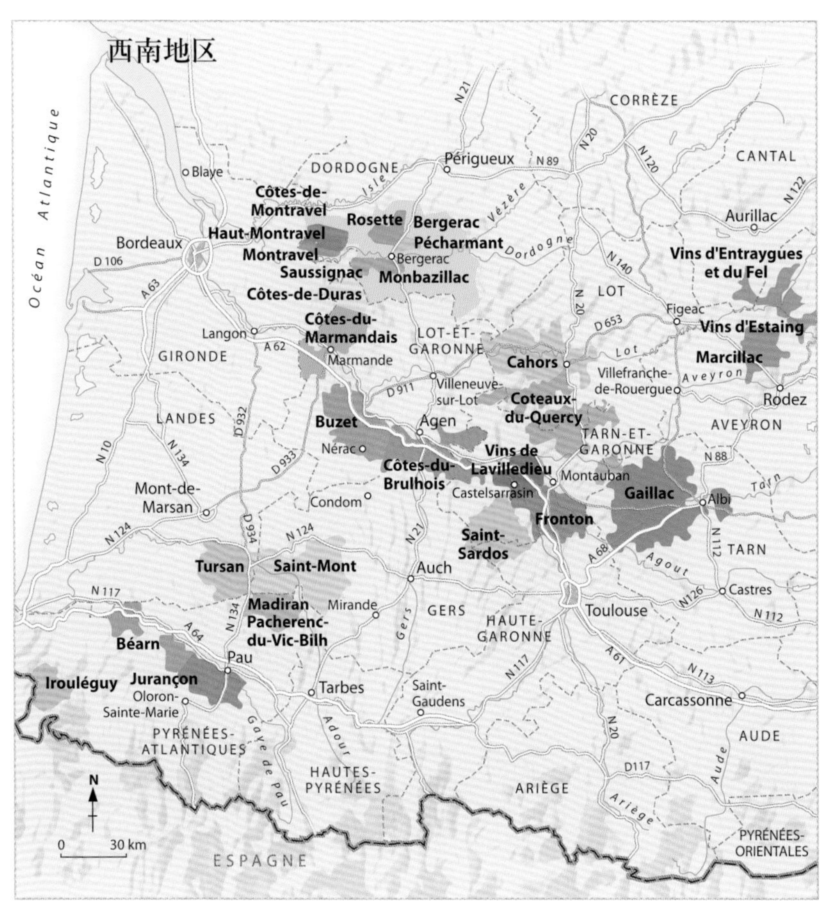

热，秋季绵长而温和，光照充足。土质结构的多样性对应着葡萄园的多样性，土质主要是由磨砾层、石灰岩基质和由多条河流和支流冲积出来的冲积土构成。

葡萄品种

波尔多地区品种和当地原生品种共同种植，给葡萄酒带来不同的品质和特性。

鸽笼白。给酿出的干白葡萄酒带来西柚和异域水果的香气。

杜拉（duras）。加亚克产区使用得比较多的葡萄品种，酿出的葡萄酒轻盈，丹宁细致，散发着香料（胡椒）的香气。

费尔·莎伐多（Le fer servadou）。有时也称为“pinenc”或“braucol”。这一起源于巴斯克地区的葡萄品种酿出的红葡萄酒果味浓郁，颜色深重，富含丹宁。

大粒蒙桑。比利牛斯山地区的葡萄品种，主要酿造干白葡萄酒，有时也和库尔布（courbu）和小粒蒙桑品种一起酿造半甜型葡萄酒。

兰德乐［len de l'el，或称卢安德勒耶（loin de l'oeil）］。加亚克产区和加亚克一级丘产区的主要葡萄品种。

马尔贝克。有时也被称作“奥塞尔”或“蔻”，是卡奥地区的主要葡萄品种，赋予葡萄酒深重的颜色和浓郁的香气。

莫亚克。加亚克产区的品种，以其浓郁强劲的个性和香气（苹果、梨）而闻名。被用来酿造干白葡萄酒和起泡酒。

尼格瑞特。弗隆多内丘产区的葡萄品种，赋予葡萄酒馥郁的香气和香料的气息（紫罗兰、甘草）。

小粒蒙桑。这一比利牛斯山区的葡萄品种由于酿造著名的瑞朗松白葡萄酒而闻名。用因受贵腐菌侵袭而形成的名贵腐烂度的果粒酿出的甜白葡萄酒十分精致细腻，散发着特殊的酒香，夹着桂皮、水果蜜饯、异域水果、蜂蜜和橘皮的香气。

塔娜。贝阿恩地区的葡萄品种，参与多个法定产区（贝阿恩、马帝朗、伊卢雷基）的葡萄酒混酿。给葡萄酒带来浓郁的颜色、丰富的丹宁，酒香中透着覆盆子的香气（又见上面文字框内容）。

葡萄酒品味风格

西南地区出产各种类型的葡萄酒：21种红葡萄酒、15种桃红葡萄酒、15种干白葡萄酒、10种半甜型葡萄酒、2种起泡酒。酿自塔娜、马尔贝克、赤霞珠和品丽珠的红葡萄酒浓烈强劲，结构丰富，丹宁浓郁，酒香馥郁，并透着香料的气息。这是可以长年陈酿的美酒。也有轻盈的红葡萄酒，在新鲜早期饮用，带一点波尔多红葡萄酒的特点。

出产的干白葡萄酒通常带有愉悦的酒香，散发着花香和果味，口感清新而轻纯。甜白葡萄酒精致而优雅，其中一些可以与邻居苏玳产区的甜白葡萄酒媲美。

西南地区葡萄酒法定产区（AOC）

- Béarn
- Béarn-Bellocq
- Bergerac
- Buzet
- Cahors
- Côtes-de-Bergerac
- Côtes-de-Duras
- Côtes-du-Frontonnais ou Fronton
- Côtes-du-Frontonnais-Villaudric
- Côtes-du-Marmandais
- Côtes-de-Montravel
- Gaillac
- Gaillac doux
- Gaillac mousseux
- Gaillac-Premières-Côtes
- Haut-Montravel
- Irouléguy
- Jurançon
- Jurançon sec
- Madiran
- Marcillac
- Monbazillac
- Montravel
- Pacherenc-du-Vic-Bilh
- Pécharmant
- Rosette
- Saussignac

法国西南地区最著名的葡萄酒产区和葡萄酒

在先锋产区马帝朗、瑞朗松、加亚克等法定产区的身后，这个地区还拥有大量的其它产区，出产品质独特、个性多样、性价比高的葡萄酒，很值得葡萄酒爱好者进一步了解和发现。

贝热哈克地区

贝热哈克、贝热哈克丘法定产区（AOC BERGERAC，CÔTES-DE-BERGERAC）

该产区位于佩里戈尔德地区的心脏地带，与波尔多葡萄酒产区临界，种植着和波尔多地区同样的葡萄品种，但果粒和葡萄酒的品质更柔和松散一些。贝热哈克法定产区7000公顷的广阔葡萄园延展在一片阳光充足的山丘和平地上，是多尔多涅河流域的一部分，位于以贝热哈克市为中心半径10～15公里的地带。它包含着许多块小而分散的如马赛克般的葡萄园地，出产红葡萄酒和白葡萄酒。精心酿造的葡萄酒通常标注贝热哈克丘法定产区，是地区内品质比较高的葡萄酒。

> 主要葡萄品种。酿制红葡萄酒和桃红葡萄酒的葡萄品种有赤霞珠、品丽珠、梅洛、马尔贝克、费尔·莎伐多和梅里叶（mérille）；白葡萄品种有赛美蓉、长相思、密斯卡德、昂登、诗南和白玉霓。

> 土质结构。石灰石黏土质。多尔多涅河北部为沙质土，南部为磨砾层、泥灰岩和石灰岩。

> 葡萄酒品味风格。出产的红葡萄酒精致、柔和、容易入口、果味充足，泛着草莓、黑醋栗和其它红色水果的味道。贝热哈克丘产区的葡萄酒通常经过橡木桶的培育，丹宁更加浓重，散发着复杂的香气（成熟水果、焦味、香料）；它可以经受更长时间的窖藏熟成过程。由自流法酿造的桃红葡萄酒呈现美丽的三文鱼色，透着新鲜多汁水果（覆盆子、野生草莓……）的香气，夹在新鲜清凉的质感中。白葡萄酒新鲜、活泼、酒香愉悦，泛着优美绵长的余味。半甜白葡萄酒和甜白葡萄酒（贝热哈克丘白葡萄酒）将新鲜的质感、精致圆润的口感和谐地融合到一起，并释放出浓郁的酒香。

葡萄酒颜色：
红色、桃红色和白色。

最佳饮用温度：
甜白葡萄酒8℃；
干白葡萄酒和桃红葡萄酒10～12℃；
红葡萄酒15～17℃。

陈年潜力：
桃红葡萄酒需要在当年饮用；
红葡萄酒和白葡萄酒2～3年；
贝热哈克丘产区的红葡萄酒5～6年。

贝热哈克地区

蒙巴兹亚克法定产区（AOC MONBAZILLAC）

这是该地区最古老的葡萄园地之一。经过一段时间的沉沦之后，蒙巴兹亚克产区重新找回了它往日的声誉；今天，它绝对可以称为多尔多涅省最著名的葡萄酒产区。葡萄园地延展在冲向多尔多涅河谷的坡地上，位于贝热哈克南部5个村庄的土地上：彭波赫（Pomport）、胡斐尼亚克（Rouffignac）、哥伦比亚（Colombier）、圣罗让德维尼耶（Saint-Laurent-des-Vignes）和蒙巴兹雅克。气候温和湿润，有利于贵腐菌的侵袭而形成名贵腐烂度果粒，酿制出出色的甜白葡萄酒。年份好的时候，蒙巴兹雅克葡萄酒可以和一些苏玳甜白葡萄酒媲美。

> 主要葡萄品种。赛美蓉、长相思和密斯卡德。

> 土质结构。黏土质石灰石，黏土含量非常丰富。

> 葡萄酒品味风格。出产的甜白葡萄酒呈现浅金色，拥有浓郁丰富的酒香，混合着白色花朵、干果（杏仁、榛子）的浓香，夹着蜂蜜和柔和香料的香气。它在活跃的风格和强劲的质感中保持和谐，余味绵延悠长而香气馥郁。

葡萄酒颜色：
白色。

最佳饮用温度：
6～8℃。

陈年潜力：
5～30年，甚至更长时间。

加龙河流域地区

比泽法定产区（AOC BUZET）

这片产区是加龙河上游流域最古老和最著名的葡萄酒产地。它差点被历史上最严重的根瘤蚜虫害摧毁殆尽，是比泽酒农联合会（association des Vignerons de Buzet，几乎生产产区内所有的葡萄酒）的不懈努力才使它重获新生。

今天这一法定产区2000公顷的葡萄园地延展在加龙河左岸和朗德边界之间的地区，出产红、桃红和白葡萄酒，其中红葡萄酒占很重要的比例。

> 主要葡萄品种。酿造红葡萄酒和桃红葡萄酒的品种有梅洛、品丽珠和赤霞珠；白葡萄品种有赛美蓉和长相思。

> 土质结构。砾石遍布，黏土质石灰岩、泥沙质土。

> 葡萄酒品味风格。出产的红葡萄酒强劲而稠密，透着红色和黑色水果的香气，混合着香料和烟熏的香气，夹在和谐匀称的丹宁结构中。随着窖藏陈酿的演化，丹宁逐渐变得柔和，酒香变得复杂，添入原野气息、腐殖质和野味的香气。这里出产的葡萄酒完全可以和其相邻的波尔多葡萄酒相媲美。

白葡萄酒新鲜清纯，散发着果香和白色花朵的香气。出产的桃红葡萄酒则散发着浓郁的酒香。

葡萄酒颜色：
红色、桃红色和白色。

最佳饮用温度：
白葡萄酒和桃红葡萄酒8～10℃；
红葡萄酒15～17℃。

陈年潜力：
桃红葡萄酒和白葡萄酒1～2年；
红葡萄酒3～6年。

上北部地区

卡奥法定产区（AOC CAHORS）

卡奥葡萄酒由于其浓郁而近乎黑色的酒裙被英国人称为“黑领带”，曾深受法国国王弗朗索瓦一世和俄罗斯王室的喜爱，被东正教教堂作为弥撒用酒。它是法国最古老的葡萄产区之一。

产区4200公顷的葡萄园地位于昆西地区南部和洛特（Lot）河谷地带，每年出产1927万升葡萄酒，全部是红酒。在帕斯卡·维哈格（Pascal Verhaeghe）先生［雪松酒庄（Château du Cèdre）］的推动下，一些酒庄集中在一起，遵循共同制定的“卡奥出色品质”（Cahors Excellence）产品质量标准，意在共同推行严格的质量标准来酿造优质美酒。

> 主要葡萄品种。马尔贝克、梅洛和塔娜。

> 土质结构。洛特省为石灰岩、卵石和冲积层，其它地带是黏土质石灰岩。

> 葡萄酒品味风格。传统上讲，卡奥葡萄酒内容丰富而风格强劲。它呈现颜色深重的酒裙，深石榴红色，接近黑色。酒香带有典型的马尔贝克品种带来的浸渍红色水果和带核水果的浓香。随着窖藏陈酿时间的演化，丹宁变得柔和，酒香变得浓郁厚重，透着李子干、巧克力、腐殖土、甘草等的香气，余味绵延持久。今天我们还可以找到葡萄果农用梅洛品种酿造的卡奥葡萄酒，质感要轻柔一些，比较容易上口。

葡萄酒颜色：
红色。

最佳饮用温度：
15～17℃（建议进行醒酒）。

陈年潜力：
3～10年，好的年份陈年时间更长。

上北部地区

弗隆多内丘法定产区（AOC CÔTES-DU-FRONTONNAIS）或枫桐法定产区（AOC FRONTON）

这是图卢兹地区的葡萄酒，位于塔恩河（Tarn）和加龙河之间的地带。枫桐产区2400公顷的葡萄园成坡田状分布，土质特别适合种植尼格瑞特葡萄品种，这是当地的葡萄品种。产区内每年出产1千万升葡萄酒，几乎全部是红葡萄酒。

> 主要葡萄品种。尼格瑞特、赤霞珠、品丽珠、西拉、佳美、费尔·莎伐多、马尔贝克和三索。

> 土质结构。砾石、泥沙质土和富含铁矿质的“红壤土”。

> 葡萄酒品味风格。出产的红葡萄酒柔和、优雅，真实表现出当地葡萄品种尼格瑞特的特色；呈现深宝石红色的酒裙；酒香中透着复杂的香气，如红色水果、花（紫罗兰、牡丹）和香料（甘草、胡椒）的香气。桃红葡萄酒活泼，酒香优美柔和，混合着红色水果、异域水果和白色花朵的香气。

葡萄酒颜色：
红色和桃红色。

最佳饮用温度：
桃红葡萄酒8～10℃；
红葡萄酒15～17℃（建议进行醒酒）。

陈年潜力：
桃红葡萄酒需要在当年饮用；
红葡萄酒4～5年。

主要的合作酿酒厂

合作酿酒厂在这一濒临消失的葡萄酒产区的复兴过程中起了重要的作用，今天依然如此。有一些合作酿酒厂把标准制定得很高，如加斯贡涅地区最重要的“布雷蒙生产商”（Producteurs Plaimont）合作酿酒厂［由圣蒙和克鲁塞伊（Crouseilles）两家酒厂合并而来］。该合作酿酒厂使圣蒙、马帝朗、帕夏尔-维克-比勒产区的葡萄酒重新回到名贵葡萄酒的行列。在这些合作酿酒厂中，值得关注的有比泽酒农联合酿酒厂（Vignerons de Buzet）、伊卢雷基合作酿酒厂（Cave d'Irou léguy）、拉巴斯丹酒农联合酿酒厂（Cave des vignerons de Rabastens，加亚克）、枫桐合作酿酒厂（Cave de Fronton）、贝赫地哥（Berticot）酿酒厂（杜拉斯丘）、歌居蒙合作酿酒厂（Cave de Cocumont，玛蒙德丘）。这些酒厂产品的性价比和满意度都比较高。

上北部地区

加亚克法定产区（AOC GAILLAC）

这片产区是整个地区最古老的葡萄园地之一，以前以酿造白起泡酒闻名。这也是法国西南地区葡萄园面积最广阔的产区（2500公顷）。

加亚克产区出产一系列各种各样的葡萄酒：红葡萄酒、桃红葡萄酒、干白葡萄酒、白起泡酒、白微起泡酒和半甜白葡萄酒。它还出产新酒，分白的和红的两种类型。而加亚克一级丘（Gaillac-Premières-Côtes）产区出产一款干白葡萄酒。

> **主要葡萄品种**。红葡萄品种主要有杜拉、布洛克（braucol）（费尔·莎伐多）、佳美、西拉、尼格瑞特和品丽珠；白葡萄品种有莫札克、兰德乐、密斯卡德、长相思、昂登和赛美容。

> **土质结构**。塔恩左岸地区砾石遍布的土质适合红葡萄品种的生长；右岸地区的花岗岩和石灰岩更适合白葡萄品种的生长。

> **葡萄酒品味风格**。这里出产的干白葡萄酒优雅、活泼而口味鲜活。它带有当地品种莫札克的典型特色，酒液散发着青苹果和梨的清香，口感轻纯，带有轻微的气泡。干白起泡酒是加亚克产区的一种特产，酿制的葡萄酒带有细小的气泡，让葡萄酒表现出更活跃清新的口感，并保有莫札克品种或兰德乐品种的自然清香。半甜白葡萄酒释放着蜜饯苹果、蜂蜜、无花果和白色花朵的香气。用传统方法酿造的起泡酒和用加亚克产区特有方法（又见72页）酿造的起泡酒都带有苹果的香气，并拥有细致精美的气泡。出产的桃红葡萄酒也同样活泼而清新，散发着浓郁而优美的酒香。

红葡萄新酒——规定只可以从每年11月份的第三个星期四开始销售，拥有佳美品种的典型酒香，在新鲜清凉中透着小粒红色水果的清香。至于传统出产的红葡萄酒，其丹宁浓重，结构匀称丰富，口感愉悦，散发着红色水果和香料的香气，平衡和谐。

葡萄酒颜色：
红色、白色和桃红色。

最佳饮用温度：
甜型白葡萄酒和起泡酒6～8℃；
干白葡萄酒和桃红葡萄酒8～10℃；
红葡萄酒12～17℃。

陈年潜力：
红葡萄新酒需要在当年冬季饮用；
桃红葡萄酒、白起泡酒和干白葡萄酒在当年饮用；
半甜白葡萄酒2～3年；
传统红葡萄酒2～5年。

比利牛斯山区

帕夏尔-维克-比勒法定产区（AOC PACHERENC-DU-VIC-BILH）

在加斯贡语中，“Pacherenc du vic bihl”是指“古老国度成行排列的小木桩”。这片微小的法定产区位于与马帝朗产区同样的地域，丘陵遍布，每年只出产约85万升白葡萄酒，半甜白葡萄酒或甜白葡萄酒，也出产一些干白葡萄酒。

> **主要葡萄品种**。阿修菲亚克（Arrufiac）、小粒蒙桑、小库尔布（Petit courbu）、大粒蒙桑、长相思和赛美容。

> **土质结构**。石灰岩硅质、冲积土。

> **葡萄酒品味风格**。酿自过度成熟的葡萄果粒，经过多次细心分拣。帕夏尔（Pacherenc）葡萄酒是一款酒香浓郁、风格清新的葡萄酒，酒香迷人，酸度适中，夹着柠檬、西柚蜜饯、异域水果、干果的香气，透着新鲜清凉的质感。

葡萄酒颜色：
白色。

最佳饮用温度：
半甜白葡萄酒6～8℃；
干白葡萄酒10～12℃。

陈年潜力：
干白葡萄酒需要在当年饮用；
半甜白葡萄酒5～10年。

比利牛斯山区

马帝朗法定产区（AOC MADIRAN）

马帝朗葡萄酒曾经是去圣雅克–孔波斯特拉（Saint-Jacques-de Compostelle）的朝圣者饮用的葡萄酒，后来在20世纪70年代成为巴黎的时尚用酒。产区位于贝阿恩地区中心，在波城（Pau）的东北面，1300公顷的葡萄园地位于比利牛斯山脚下的坡田上。它每年出产700万升葡萄酒，全部是红葡萄酒，因为当地葡萄品种塔娜非常有特色，丹宁浓重。

> **主要葡萄品种**。塔娜、品丽珠、赤霞珠和费尔·莎伐多。

> **土质结构**。黏土质石灰岩、硅质岩和砾石。

> **葡萄酒品味风格**。马帝朗葡萄酒浓郁而丹宁浓重，酒香中透着显著的覆盆子、黑色水果、香料和松露的香气，夹在浓郁的丹宁之中，酒精浓重。随着窖藏陈酿的演化，丹宁变得柔和，香料的香气更浓郁，更增添了烘焙和黑色水果（李子干）的香气，混合有甘草和淡淡的薄荷香气。得益于它的丰富结构，此产区的葡萄酒拥有深厚的窖藏陈酿潜力。

葡萄酒颜色：
红色。

最佳饮用温度：
16~17℃（建议进行醒酒）。

陈年潜力：
通常为1~5年；
好的年份和著名酒庄的葡萄酒为10~15年。

比利牛斯山区

瑞朗松、瑞朗松干白法定产区（AOC JURANÇON, JURANÇON SEC）

历史上传说亨利四世是用一滴瑞朗松葡萄酒和一瓣蒜来洗礼的。瑞朗松产区背靠比利牛斯山，1000公顷的葡萄园位于300米海拔的高地上，在农田和草地之间，在波城的入口处。产区每年出产380万升葡萄酒，全部是白葡萄酒。它出产的甜白葡萄酒是法国最好的甜白葡萄酒之一。从1996年起，瑞朗松法定产区葡萄酒仅为甜型葡萄酒，可以酿自延迟采摘的葡萄果粒。出产的干白葡萄酒属于瑞朗松法定产区干白葡萄酒。

> **主要葡萄品种**。大粒蒙桑、小粒蒙桑和库尔布。

> **土质结构**。泥灰岩–黏土–石灰岩或硅钙质岩、圆砾岩。

> **葡萄酒品味风格**。瑞朗松产区出产的甜白葡萄酒释放出浓郁的酒香，透着柠檬和西柚蜜饯的香气，含有丰富的异域水果清香，夹在一丝蜂蜜的香气中，余味优美绵长。瑞朗松干白葡萄酒将花香和异域水果的清香和谐地融在鲜活的酒体和微小的气泡中。

葡萄酒颜色：
白色。

最佳饮用温度：
瑞朗松葡萄酒8~10℃；
瑞朗松干白葡萄酒10~12℃。

陈年潜力：
瑞朗松葡萄酒为2~10年，好的年份可达15年；
瑞朗松干白葡萄酒为3~4年。

比利牛斯山区

伊卢雷基法定产区（AOC IROULÉGUY）

这片产区的葡萄树种植在巴斯克地区和大西洋比利牛斯省的土地上，曾经是当地的骄傲，种植面积超过1000公顷。而今天，它只是一片秘密的产区。葡萄园紧靠在圣艾蒂安–巴依郭利村（Saint-Etienne-de-Baïgorry）周围的谷丘中和周围5个村庄的土地上，离西班牙边境不远。它出产的葡萄酒大部分是红葡萄酒，还有几款备受推崇的桃红葡萄酒和白葡萄酒。

> **主要葡萄品种**。酿造红葡萄酒和桃红葡萄酒的品种有塔娜、品丽珠和赤霞珠；白葡萄品种有大粒蒙桑、小粒蒙桑和小库尔布。

> **土质结构**。黏土质石灰岩、黏土质硅质岩和红卵石。

> **葡萄酒品味风格**。出产的红葡萄酒呈现绛红的酒色，带着狂野风格的酒香中透着黑色水果和紫罗兰的香气，逐渐泛起香料的香气，融在细腻的丹宁之中，余味香气馥郁而绵延悠长。桃红葡萄酒风格活泼而果味浓郁，红色水果的香气夹在清爽的质感中。

葡萄酒颜色：
红色、桃红色和白色。

最佳饮用温度：
桃红葡萄酒和白葡萄酒8~10℃；
红葡萄酒15~17℃。

陈年潜力：
桃红葡萄酒和白葡萄酒需要在酿成后两年之内饮用；
红葡萄酒5~8年。

朗格多克和鲁西荣的葡萄园

这两个地区属于法国最古老的葡萄酒产区。长久以来，这两个地区出产的葡萄酒总是给人一种品质一般的印象。今天这里出产的葡萄酒占整个法国葡萄酒总产量的三分之一，很值得人们重新关注和发现。

朗格多克葡萄酒产区

可以说朗格多克地区拥有法国独一无二的景观：遍布着马赛克般大大小小的葡萄园，出产品种多样的葡萄酒。经过近30年的扩张和发展，这个地区有雄心成为全世界第一大葡萄酒产区。三大法定产区——科比埃、朗格多克丘和米内瓦——出产的葡萄酒占整个地区葡萄酒总产量的四分之三。

朗格多克法定产区的数据

种植面积：37855公顷

年均产量：13.27亿升

红葡萄酒：80 %

白葡萄酒：13 %

桃红葡萄酒：7 %

［朗格多克葡萄酒行业联合会（CIVL），2008］

昔日和今朝葡萄园的发展轨迹

最初由古希腊人在公元前6世纪将葡萄树带到这片地区，随后由罗马人在多米提安（Domitien）大帝时期创立了纳本省（Narbonnaise），进一步发展种植。虽然经历了多次历史变迁，如被西哥特人占领等，葡萄园却一直被保留下来，甚至得益于9世纪修道院（Lagrasse、Caunes...）的扩张而得到发展。1681年法国南部运河的开通和19世纪铁路的发展都让葡萄园经历了飞跃发展。但是，19世纪末的根瘤蚜虫害彻底摧毁了葡萄园。后来葡萄园被重新种植并获得新生，但是品质让步于产量，有所退化。今天，这片葡萄酒产区重新找回了它的历史地位，成为法国葡萄酒生产的领头军。

>卡尔卡松市附近的葡萄园。

葡萄园地理景观

朗格多克地区的葡萄园地覆盖了法国三个省——加尔、埃罗（Hérault）和奥德。这片产区整体连成一片，从东到西，从尼姆市（Nîmes）到卡尔卡松市（Carassonne），北部毗邻中央高原南部延伸的山脉，南面与地中海和科比埃高地接壤。土质结构非常多样——页岩、卵石组成的高坡地、石灰石、泥灰岩、砂岩、冲击土等——给葡萄酒带来多样的风格特性。典型的地中海气候，夏季炎热，降雨不规律，多风，整个地区气候一致，能够让葡萄果粒达到理想的成熟状态。

葡萄品种和葡萄酒品味风格

产区内主要种植地中海沿岸和波尔多地区传统的葡萄品种。

主要红葡萄品种。佳丽酿尤其偏爱这里的土质，给酿出的葡萄酒带来匀称的结构、紧致的质感和浓郁的颜色。歌海娜酿制的葡萄酒酒体强劲，香气馥郁。西拉酿造的葡萄酒丹宁丰富。至于慕合怀特，它酿造的葡萄酒品质优雅，窖藏陈酿潜力雄厚。三索主要用来酿造桃红葡萄酒。

主要白葡萄品种。白歌海娜酿出的葡萄酒酒体强劲，口感圆润，酸度较低，余味优美绵长。马格布酿出的干白葡萄酒颜色浓郁闪亮，口感稠腻而精致，细腻的酒香中透出成熟水果的清香。匹格普勒酿出的葡萄酒在酸度和清新度之间保持着和谐的平衡。布尔朗克通常用来酿造新鲜并透着花香的白葡萄酒。这里还种植着霞多丽（利穆市）和玛珊，通常与胡珊搭配，还有罗乐。

朗格多克地区葡萄酒法定产区（AOC）

- Blanquette de Limoux
- Cabardès
- Clairette du Languedoc
- Corbières
- Corbières-Boutenac
- Crémant de Limoux
- Faugères
- Fitou
- Languedoc ou Coteaux-du-Languedoc
- Limoux
- Malepère
- Minervois
- Minervois-La Livinière
- Muscat de Frontignan
- Muscat de Lunel
- Muscat de Mireval
- Muscat de Saint-Jean-de-Minervois
- Saint-Chinian

干型葡萄酒和天然甜型葡萄酒。通常情况下，朗格多克地区出产的红葡萄酒呈现美丽的石榴红色酒裙。它们经常表现出强劲、丰富、结实的风格，并且越来越优雅。除了法定产区葡萄酒，还存在多样的地区餐酒，主要是红葡萄酒。它们之中有些非常著名的葡萄酒，如多玛斯嘉萨酒庄（Mas de Daumas Gassac）葡萄酒。这一地区还出产白葡萄酒，通常口感圆润而滑腻；还有起泡酒［利穆·白朗克葡萄酒、利穆克雷芒起泡酒（Grémant de Limoux）］及几款天然甜型葡萄酒［吕内勒麝香葡萄酒（Muscat de Lunel）、芳蒂娜麝香葡萄酒］，品质非常出色，但产量很小。

鲁西荣地区葡萄酒法定产区（AOC）

- Banyuls
- Banyuls Grand Cru
- Collioure
- Côtes-du-Roussillon
- Côtes-du-Roussillon-Les Aspres
- Côtes-du-Roussillon-Villages
- Maury
- Muscat de Rivesaltes
- Rivesaltes

鲁西荣葡萄酒产区

这是品质出色的天然甜型葡萄酒的故乡：班努斯、莫利、里韦萨特。这个地区出产全法国80%的天然甜酒，但也出产一系列品质出色的法国传统葡萄酒：红葡萄酒、桃红葡萄酒和白葡萄酒。

相关历史

该地区葡萄酒的起源要归功于古希腊时代。鲁西荣地区出产的葡萄酒从中世纪时就被人所知，真正的飞速发展时期要数17世纪中期。但根瘤蚜虫害损毁了一大片葡萄园，导致了经济危机。重新恢复的葡萄园注重葡萄酒品质的提升，1936年即确立了班努斯、莫利、里韦萨特三大法定产区。

鲁西荣地区葡萄酒法定产区的相关数据：
葡萄园种植面积：24396 公顷
年产量：6800万升
天然甜酒：80 %
干型葡萄酒：20 %
（红葡萄酒和桃红葡萄酒占总产量的77 %，白葡萄酒占总产量的23 %）
［鲁西荣地区葡萄酒行业联合会（CIVR），2007］

葡萄园地理景观

葡萄园地呈半圆扇形，延展在地中海沿岸，北邻科比埃高地，西接卡尼古（Canigou）山峰，南面是阿尔伯尔（Albères）山脉。它享有典型的地中海气候，光照充足，冬季温和而夏季炎热。土质结构非常多样：黑色和棕色页岩、花岗岩、黏土质石灰岩。

葡萄品种和葡萄酒品味风格

葡萄品种。人们可以在这里发现所有的地中海地区葡萄品种，酿造红葡萄酒和桃红葡萄酒的品种有佳丽酿、黑歌海娜、慕合怀特、西拉和三索；白葡萄品种有白歌海娜、马格布、胡珊和玛珊。有几个当地原生品种如马尔瓦齐–鲁西荣白葡萄（malvoisie du Roussillon blanche），酿出的酒液颜色金黄、质感稠腻、精致、酒香馥郁并有较高的酸度；或者拉多内·佩鲁［Iledoner pelut；也称毛歌海娜（grenache poilu）］，酿造的干白葡萄酒颜色闪亮。亚历山大麝香葡萄和小粒麝香葡萄香气馥郁，经常用来混酿天然甜酒。

天然甜型葡萄酒。酿自歌海娜（班努斯和莫利法定产区）或者麝香葡萄（里韦萨特和里韦萨特麝香法定产区），这种葡萄酒既强劲又优雅，并且散发着花香。不幸的是这种酒一直被人误解，被认为是烧酒或是廉价开胃酒。这很让人遗憾，这款葡萄酒很值得被进一步了解和发现：因为这是一款很美味的葡萄酒，并且拥有显著的窖藏熟成潜力。

传统风格葡萄酒。红葡萄酒要么精致轻盈，适合新鲜早期饮用；要么浓郁强劲，富含深厚的窖藏熟成潜力（尤其是鲁西荣丘村庄法定产区葡萄酒）。桃红葡萄酒精致而浓郁。比较稀少的白葡萄酒（鲁西荣丘法定产区）通常香气馥郁、果味浓郁，平衡而和谐。

朗格多克和鲁西荣最著名的葡萄酒

这片地区堪称是世界上最大的葡萄酒产区之一，出产不少品质美酒。其中的某些酒，尤其是天然甜酒，由于其个性独特而深受葡萄酒爱好者喜爱。

朗格多克和鲁西荣地区

朗格多克法定产区（AOC LANGUEDOC）

朗格多克法定产区在2007年代替了以前的朗格多克丘法定产区（直到2012年，这一名称仍然可以标注在酒标上）。这一产区名称覆盖了朗格多克省和鲁西荣省所有的葡萄园地（共9500公顷），出产红葡萄酒、桃红葡萄酒和几款白葡萄酒。整个产区依据风土条件的不同被分成不同的分区：克拉普（Clape）、匹格普勒·皮内、佩泽纳斯（Pézenas）、格莱斯–德–蒙比利埃（Grès de Mont-Pellier）、拉尔扎克（Larzac）高地、圣路丘（Pic-Saint-Loup）、贝泽尔（Béziers）高地、索密叶赫（Sommières）原野等。因此，产区被划分为不同的地理区域和村庄：卡布里耶尔（Cabrières）、梅加内尔（Méjanelle）、蒙贝鲁（Montpeyroux）、卡突兹（Quatourze）、圣克里斯托（Saint-Christol）、圣德雷泽利（Saint-Drézéry）、圣乔治–多尔克（Saint-Georges-d'Orques）、圣萨图尼和维哈格（Vérargues）。

> 主要葡萄品种。酿造红葡萄酒和桃红葡萄酒的葡萄品种有黑歌海娜、西拉、慕合怀特、三索、佳丽酿和拉多内；白葡萄品种主要有白歌海娜、白克莱雷、布尔朗克、白匹格普勒、胡珊、玛珊、罗乐和维奥涅。

> 土质结构。石灰岩、页岩和砾石。

> 葡萄酒品味风格。出产的红葡萄酒或用传统方法酿造，或用二氧化碳浸泡法酿造，酿出的红葡萄酒或柔和轻盈，散发出红色水果的香气，夹着一丝香料的香气；或是更精致浓郁，丹宁浓重，透着皮革、干果的香气和矿物质的味道。桃红葡萄酒口感圆润轻柔，释放着令人愉悦的花香和果香。白葡萄酒口感清新而味道丰富，酒香中透着黄色和白色花朵、蜂蜜、香料的香气和灌木丛的气息。

葡萄酒颜色：
红色、桃红色和白色。

最佳饮用温度：
白葡萄酒和桃红葡萄酒8～10℃；
轻盈的红葡萄酒12～14℃；
浓郁的红葡萄酒15～17℃。

陈年潜力：
白葡萄酒需要在当年饮用；
桃红葡萄酒1～2年；
红葡萄酒2～4年（有时可达8年）。

朗格多克地区

科比埃法定产区（AOC CORBIÈRES）

科比埃产区的葡萄园地延展在奥德省的土地上，12850公顷呈四边形的葡萄园地镶嵌在卡尔卡松、纳本、佩皮里昂（Perpignan）和基兰（Quillan）四座城市之间。这里主要出产红葡萄酒。土质和气候条件的多样性，使产区分为11个区域：阿拉里克（Alaric）、圣维克多（Saint-Victor）、冯福洛（Fontfroide）、盖里布（Quéribus）、布特纳克（Boutenac）、特美耐斯（Termenès）、莱济尼昂（Lézignan）、拉格拉斯（Lagrasse）、希昂（Sigean）、德班（Durban）、塞尔维耶（Serviès）。布特纳克地区从2005年得到认证，独立作为法定产区名称。

> 主要葡萄品种。酿造红葡萄酒和桃红葡萄酒的葡萄品种有歌海娜、西拉、慕合怀特、佳丽酿和三索；白葡萄品种有白歌海娜、布尔朗克、马格布、玛珊、胡珊维蒙提诺。

> 土质结构。页岩、石灰岩、砂岩、泥灰岩。

> 葡萄酒品味风格。由于科比埃产区葡萄园地风土条件的多样性，使得出产的葡萄酒也丰富多样。红葡萄酒用传统方法或是二氧化碳浸泡法酿制，酿出的葡萄酒口感强劲、浓郁，结构丰富而匀称。它释放出复杂浓郁的酒香，混合着黑色水果、香料、浸渍水果的香气和一丝灌木丛的清新气息，夹在细腻而味道香醇的丹宁之中，余味持久绵长。随着窖藏陈酿时间的演化，葡萄酒酒香中增添了咖啡、可可、森林原野、腐殖土和野味的香气。桃红葡萄酒口感浓烈、香气馥郁而果香浓重。至于白葡萄酒，酒香中透着精致优雅的白色花朵和异域水果的香气，口感优美圆润。

葡萄酒颜色：
红色、桃红色和白色。

最佳饮用温度：
白葡萄酒和桃红葡萄酒10～12℃；
红葡萄酒16～18℃（需要醒酒）。

陈年潜力：
白葡萄酒和桃红葡萄酒1～2年；
红葡萄酒3～10年，甚至达15年。

朗格多克地区

利穆·白朗克法定产区（AOC BLANQUETTE DE LIMOUX）

这里出产法国最早的起泡酒。它的历史可以追溯到16世纪：最早应该是在1531年由利穆市附近圣伊莱尔（Saint-Hilaire）修道院的教士们发明的。出产这种葡萄酒的产区位于奥德河边的丘陵谷地，背靠比利牛斯山，在卡尔卡松市南部，1200公顷的葡萄园出产500万升白朗克葡萄酒，用传统方法或古法（详见72页）酿造，拥有其专用的法定产区名称。这种起泡酒可以是极干型、半干型或干型。

> **主要葡萄品种**。传统方法酿造采用的葡萄品种有莫亚克（也称白朗克，占至少90 %的种植面积）、诗南和霞多丽。古法酿制采用的葡萄品种有莫札克。

> **土质结构**。黏土质石灰岩、砾石、泥灰岩和砂岩。

> **葡萄酒品味风格**。酒液中活跃着精致和细小的气泡，酒香果味浓郁，透着显著的熟透苹果的味道，慢慢泛起一丝花香（白色花朵），口腔中充溢着持久绵长的余味。

葡萄酒颜色：	最佳饮用温度：	陈年潜力：
白色。	6～8℃。	1～3年。

朗格多克地区

米内瓦法定产区（AOC MINERVOIS）

这个产区的名称来源于智慧女神米内弗（Minerve）。产区的葡萄园地呈圆形，4178公顷的葡萄园地整体连成一片，南邻法国南部运河，北接黑山（Montagne Noire）。出产的葡萄酒风格独特，口感柔和而果味浓郁，结构丰富，拥有深厚的窖藏熟成潜力。

这片产区主要出产红葡萄酒，但也出产一小部分白葡萄酒和桃红葡萄酒。在它的领地中心地带，6个村镇的土地上，创立了朗格多克地区第一个村庄命名产区——米内瓦-拉里维涅法定产区。

> **主要葡萄品种**。酿造红葡萄酒和桃红葡萄酒的葡萄品种有西拉、慕合怀特、歌海娜、佳丽酿、三索、黑德瑞和黑匹格普勒；白葡萄品种有马格布、布尔朗克、克莱雷、歌海娜、维蒙提诺和麝香葡萄。

> **土质结构**。磨砾岩高地、砂岩、页岩和石灰岩。

> **葡萄酒品味风格**。出产的红葡萄酒酒香丰富浓郁，呈现深重的石榴红色。酒香中透着红色和黑色水果香气，以及灌木丛、香料、甘草、紫罗兰等的香气，细腻的丹宁充溢口腔，泛着优美绵长的余味。

桃红葡萄酒口感强劲、浓郁但不失清爽。白葡萄酒将白色水果和异域水果的香气融汇到平衡的酒液中。

葡萄酒颜色：	最佳饮用温度：	陈年潜力：
红色、桃红色和白色。	白葡萄酒和桃红葡萄酒10～12℃； 红葡萄酒16～17℃。	白葡萄酒和桃红葡萄酒需要在当年饮用； 红葡萄酒5～8年。

朗格多克产区葡萄酒精选

利穆·白朗克产区

- **白朗克·贝里约（Blanquette Beirieu，罗克大亚德镇（Roquetaillade）**。用古法酿造的优质的白朗克起泡酒，完全尊重传统，没有添加硫。
- **瑟达克（Sieur d'Argues），利穆市**。由合作酿酒厂出产的各种起泡酒。

科比埃产区

- **蒙特米加酒庄（Domaine Montmija），拉格拉斯村**。有机农业生产的葡萄酒，香气馥郁而美妙。
- **佩·拉特庄园（Chateau Pech-Latt），拉格拉斯村**。产区内最主要的酿酒产业。

朗格多克产区

- **普吉奥庄园（Chateau Puech-Haut），圣德雷泽利村**。出产品质极优的红葡萄酒。
- **蓓蕾罗斯酒庄（Domaine Peyre-Rose），圣巴赫瓜赫村（Saint-Pargoire）酿酒产业**。朗格多克产区最受瞩目的葡萄酒之一。
- **皮约黑-圣让-比安酒庄（Prieuré Saint-Jean-de-Bébian），佩泽纳斯**。出色的酿酒产业，出产传奇般优质红葡萄酒和白葡萄酒。

米内瓦产区

- **拉格拉芙酒庄（Chateau La Grave），着巴登村（Badens）**。出产的葡萄酒在精致的质感和浓郁强劲的风格中保持着平衡，是产区的代表性产品。
- **皮埃尔格罗酒庄（Domaine Pierre Cros），巴登村酿酒产业**。出产的葡萄酒浓郁强劲，内容丰富。

鲁西荣地区

鲁西荣丘、鲁西荣丘村庄法定产区（AOC CÔTES-DU-ROUSSILLON, CÔTES-DU-ROUSSILLON-VILLAGES）

这片产区囊括了5000公顷葡萄园，分布在整个鲁西荣地区。它主要出产红葡萄酒，但也出产一部分桃红葡萄酒和这一地区非常罕见的白葡萄酒。鲁西荣地区北部在科比埃高地和戴河（Têt）之间，是鲁西荣丘村庄法定产区的地域，这片产区只出产红葡萄酒。四大村庄——卡拉玛尼（Caramany）、拉图尔-法兰西（Latour-de-France）、雷柯埃尔德（Lesquerde）、投塔维勒（Tautavel）被允许将其名字标注在法定产区名称后面。

> **主要葡萄品种**。酿造红葡萄酒和桃红葡萄酒的品种有佳丽酿、黑歌海娜、慕合怀特、西拉和拉多内；白葡萄品种有马格布、白歌海娜、马尔瓦齐、玛珊和胡珊。

> **土质结构**。花岗岩、页岩和石灰岩。

> **葡萄酒品味风格**。出产的红葡萄酒口感浓烈而内容丰富，酒香因其野果的香气和矿物质味而受到关注。鲁西荣丘村庄产区出产的葡萄酒酒香浓郁，透着蜜饯水果、香草的香气，融在圆润细腻的丹宁中，余味持久而绵长。口感内敛，表现出活泼的风格。

用自流法酿造的桃红葡萄酒强劲而果味浓郁。出产的白葡萄酒口味轻盈，散发着花香和木香融合的酒香。

葡萄酒颜色：
红色、桃红色和白色。

最佳饮用温度：
白葡萄酒和桃红葡萄酒10℃；
红葡萄酒15～16℃。

陈年潜力：
白葡萄酒和桃红葡萄酒需要在当年饮用；
红葡萄酒2～5年。

鲁西荣地区

里韦萨特法定产区（AOC RIVESALTES）

产区的名字来自其坐落的城市名字——里韦萨特（加泰罗尼亚语的意思为河流的北岸）。产区覆盖了鲁西荣地区大部分的葡萄园地，还有一部分位于科比埃产区，是天然甜型葡萄酒面积最广阔的产区。产区的葡萄园地共有5400公顷，平均年产3000万升白葡萄酒和红葡萄酒。名称后面可以加上"tuilé"（砖红色）"combré"（琥珀色）、"chors d'âge"（陈年）等标注。

注意：不要将里韦萨特产区和里韦萨特麝香葡萄酒产区弄混淆，两者都是天然甜酒产区，虽然产区覆盖着同样的领地，但后者酿自大麝香品种和小粒麝香葡萄。

> **主要葡萄品种**。歌海娜（黑、灰或白三个品种）、马格布和鲁西荣的马尔瓦齐。

> **土质结构**。页岩、石灰岩、淤泥。

> **葡萄酒品味风格**。里韦萨特葡萄酒年轻时透着新鲜红色水果的香气，带一丝蜜饯水果的气息，融合在圆润的丹宁之中。砖红色里韦萨特葡萄酒酒香中散发着显著的焦糖甜香，混合着香料、橘皮、可可、榅桲、咖啡和核桃的香气。

陈年里韦萨特葡萄酒至少需要经过5年的精心培育过程。这种葡萄酒大部分都远不止5年。

葡萄酒颜色：
白色和红色。

最佳饮用温度：
12～16℃。

陈年潜力：
10～20年，甚至更长。

天然甜酒精选

莫利产区

- **贡德华酒庄（Domaine de la Coume du Roy），莫利产区**。复杂丰富的葡萄酒，集中浓郁的质感和馥郁的酒香令人惊奇。
- **麦萨米尔酒庄（Mas Amiel），莫利产区**。莫利产区的出色品质葡萄酒，还出产里韦萨特麝香葡萄酒和一系列鲁西荣丘产区葡萄酒，品质令人瞩目，优雅的风格既表现在瓶中酒液里，也体现在酒标设计中。

班努斯产区

- **麦斯布朗克酒庄（Domaine du Mas Blanc），［海边班努斯村（Banyuls-sur-Mer）］**。出产班努斯葡萄酒和科利乌尔葡萄酒，是产区内品质最优秀的葡萄酒之一。
- **雷多丽酒庄（Domaine de la Rectorie），海边班努斯村**。出产班努斯产区具有代表性的葡萄酒产品，还出产科利乌尔市品质极高的桃红葡萄酒和红葡萄酒。
- **特拉吉内酒庄（Domaine du Traginer），海边班努斯村**。用有机农业耕作法出产的浓郁而强劲的葡萄酒。

里韦萨特产区

- **卡兹酒庄（Domaine Cazes），里韦萨特产区**。质量有保证的葡萄酒。采用生物动力系统耕作出产的麝香葡萄酒质感和谐，美味诱人。

鲁西荣地区

莫利法定产区（AOC MAURY）

莫利法定产区位于阿格里（Agly）河谷的中心地带，位于鲁西荣地区西北部，1700公顷的葡萄园地每年出产480万升天然甜型葡萄酒。产区覆盖了莫利村和邻近三个村庄的土地，形成了里韦萨特地区和鲁西荣丘村庄最广阔的葡萄酒产区。莫利产区出产的葡萄酒有两大类：莫利新鲜葡萄酒（Maury vintage或rimage），酿成后很快装瓶面市；莫利陈年葡萄酒（Maury Rancio），在自然气候条件下在橡木酒罐或玻璃容器内进行氧化。

> **主要葡萄品种**。黑歌海娜（至少为75%）、灰歌海娜、白歌海娜和马格布。

> **土质结构**。页岩。

> **葡萄酒品味风格**。莫利新鲜葡萄酒透着黑色和红色水果的香气，后期泛起巧克力的香气，口感滑腻、内敛，丹宁细腻，余味绵长持久且香气馥郁。莫利陈年葡萄酒呈石榴红色，酒香中透着焦糖、烟熏、烤面包、干果或蜜饯水果、茶、咖啡和可可的香气。口感滑腻，细致柔滑，鼻中充盈着持久的香气。

葡萄酒颜色：	最佳饮用温度：	陈年潜力：
红色和白色。	年轻葡萄酒12～14℃； 老年份葡萄酒14～16℃（莫利新鲜葡萄酒需要醒酒）。	5～10年，优质名酒可达20～30年。

鲁西荣地区

班努斯、班努斯特级葡萄酒法定产区（AOC BANYULS，BANYULS GRAND CRU）

这一历史悠久的葡萄酒产区可以追溯到迦太基（Carthaginois）文化时期，约公元前5世纪。这一天然甜酒产区位于地中海沿岸，靠近西班牙边界，葡萄园地分布在班努斯、科利乌尔、望德尔港（Port-Vendre）和塞贝尔（Cerbère）四个村庄的土地上。共有1200公顷葡萄种植在山坡上呈梯形的园地中，每年产量约为290万升。

和莫利产区一样，班努斯产区的葡萄酒也分两种类型：班努斯新鲜葡萄酒（Banyuls rimage），酿成后很快装瓶，以便保持葡萄酒的果味和新鲜度；班努斯陈年葡萄酒（Banyuls rancio），在酒罐或玻璃容器内陈酿培育，形成丰富的酒香，透出巧克力、咖啡和李子干的复杂香气。班努斯特级产区的葡萄酒与班努斯产区的葡萄酒产自同一片区域，但经过30个月的橡木桶培育过程，而班努斯产区的葡萄酒只经过12个月的橡木桶培育过程。

> **主要葡萄品种**。黑歌海娜（班努斯葡萄酒中的混酿比例为50%，班努斯特级葡萄酒中的混酿比例为75%）、灰歌海娜、白歌海娜、佳丽酿和马格布。

> **土质结构**。页岩。

> **葡萄酒品味风格**。年轻的班努斯新鲜葡萄酒透着带核水果、红醋栗和桑葚的香气。它带有自然的甜润感，甚至可以说味道丰富浓郁，余味极其绵长。经过陈酿的新鲜葡萄酒，酒香平衡，透着烘烤（咖啡、巧克力）和皮革的气息，融合着甘草、咖啡、茶、干果和轻柔香料的香气；口感柔和、甜润；随着酒龄的增长，酒裙的颜色逐渐向金褐色演化，酒香更加浓郁丰富，泛着烘烤的味道，尤其是核桃和焦糖的香气，持久而绵长。班努斯陈年葡萄酒释放出氧化过程带来的香料和烘烤的香气，持久而浓郁。

葡萄酒颜色：	最佳饮用温度：	陈年潜力：
红色和白色。	年轻葡萄酒12～14℃； 老年份葡萄酒14～16℃。	10～20年，甚至更长。

普罗旺斯和科西嘉岛的葡萄园

普罗旺斯和科西嘉岛属于法国最古老的葡萄酒产区。虽然其出产的葡萄酒一直给人以解渴的夏日葡萄酒印象，但是其产品蕴藏着很大的惊喜。

普罗旺斯葡萄酒产区

阳光、假日，加上美味的桃红葡萄酒——这就是普罗旺斯带给人们的印象。确实，这一地区出产法国75%的桃红葡萄酒。但是普罗旺斯的葡萄酒生产远不仅限于这一类，它也出产高级红葡萄酒和白葡萄酒，品质优秀，不容忽视。

非常古老的葡萄园地

公元前6世纪，腓尼基人（Phéniciens）把葡萄树的种植传入普罗旺斯地区。腓尼基人还是腓西安人（Phocéens），历史学家一直有争议，但确实是他们将普罗旺斯地区发展为法国第一大葡萄酒产区。葡萄园种植的发展和扩张很大程度受到宗教的影响。从15世纪起，葡萄园地受到多重灾难的侵袭：虫害、战争……当葡萄园刚刚恢复的时候，19世纪末的根瘤蚜虫害将所有的努力毁于一旦。20世纪起，葡萄园恢复重建的过程始终遵循一个原则：质量至上。

普罗旺斯法定产区的数据

种植面积：2.85万公顷

年产量：1.2亿升

桃红葡萄酒：75 %

红葡萄酒：20 %

白葡萄酒：5 %

［普罗旺斯产区葡萄酒行业联合会（CIVP），2007］

气候和土质结构

这片产区的葡萄园地延展在尼斯、马赛和圣雷米–普罗旺斯（Saint-Rémy-de-Provence）三座城市之间，根据纬度和地形起伏的不同，受到海洋或大陆气候的影响，但都拥有得天独厚的气候特征：充足的光照。土质结构非常多样：莫赫（Maures）高地的花岗岩和页岩，卡西斯地区的石灰岩土质……

葡萄品种

地形结构和局部气候的差异使得这个地区广泛种植了多样的葡萄品种，有传统的葡萄品种，也有当地原生的葡萄品种。

红葡萄品种。歌海娜在埃克斯普罗旺斯山坡产区广泛种植，带给葡萄酒浓郁强劲的风格、滑腻的质感和红色水果的优雅香气。三索带给桃红葡萄酒清新、精致和果味浓郁的特性，堤布宏（tibouren）桃红葡萄酒香气馥郁，令人惊奇。邦多勒产区的明星品种慕合怀特酿出的葡萄酒具有天鹅绒般细腻的质感，内容丰富，散发着香料的香气。佳丽酿酿出的葡萄酒结构匀称、内容丰富，颜色浓郁闪亮。

白葡萄品种。主要种植在贝丽法定产区的罗乐品种给葡萄酒带来柑橘和梨的香气，稠腻、平衡而精致。克莱雷品种酿成的葡萄酒香气馥郁。布尔朗克品种给葡萄酒带来精致和圆润的质感。

葡萄酒的品味风格

三大法定产区——普罗旺斯丘、埃克斯普罗旺斯山坡和瓦尔山坡——汇集了整个普罗旺斯地区95%的葡萄酒产量。出产的桃红葡萄酒通常酒香馥郁、果味浓郁、干爽而活跃。但我们也可以在这里找到复杂浓郁的桃红葡萄酒，结构紧致而稠腻，散发着浓郁的果味，能够和味道丰富的美食搭配。红葡萄酒分两大类：一种是质感顺滑和果味浓郁的葡萄酒，散发着红色水果和花朵的清香，需要在新鲜早期饮用；一种是精工细酿的红葡萄酒，更加浓郁，丹宁浓重，蕴藏

普罗旺斯

普罗旺斯地区葡萄酒法定产区（AOC）

- Bandol
- Bellet
- Cassis
- Coteaux-d'Aix-en-Provence
- Coteaux-de-Pierrevert
- Coteaux-Varois-en-Provence
- Côtes-de-Provence avec ou sans l'une des dénominations géographiques suivantes : Fréjus, La Londe, Sainte-Victoire
- Les Baux-de-Provence
- Palette

> **您未必知道的花絮**
>
> 全世界9%的桃红葡萄酒产自普罗旺斯地区。它也是法国第一大桃红葡萄酒生产地（全国42%的桃红葡萄酒产于此）。桃红葡萄酒的酒色来自于它的酿造方法和浸渍时间（自流法或直接压榨法）。桃红葡萄酒依据颜色深浅有9种色调［根据维多班市（Vidauban）桃红葡萄酒研究试验中心的品类划分，是这一行业的专业参照］：红醋栗色、玫瑰木色、覆盆子色、果肉色、玫瑰红大理石色、三文鱼色、洋葱皮色、砖红色、珊瑚红色。

着深厚的陈年熟成潜力。至于白葡萄酒，通常散发着丰富的酒香和表现出优美愉悦的口感。

普罗旺斯还出产一种烧酒：酒醪长时间加热使其浓缩并凝集香气。但这种葡萄酒没有任何法定产区标注。

科西嘉岛葡萄酒产区

相关历史介绍

科西嘉岛葡萄园种植的历史已经超过2500年，从古希腊和古罗马时期即开始。17世纪时，葡萄园占据了这个地区很大一部分领土，是当地居民几乎全部的收入来源。但是和其它葡萄酒产区一样，根瘤蚜虫害摧毁了几乎所有的葡萄园。直到20世纪60年代，北非移民的到来才恢复重建了葡萄园。经过一个时期的大规模生产，这片产区的葡萄酒生产逐渐注重品质和特性的体现。

> 科西嘉岛葡萄酒法定产区的相关数据：
>
> 葡萄园种植面积：2800 公顷
>
> 年总产量：980万升
>
> 红葡萄酒占总产量比例：44 %
>
> 桃红葡萄酒占总产量比例：42 %
>
> 白葡萄酒占总产量比例：14 %
>
> ［数据来源：普罗旺斯产区葡萄酒行业联合会（CIVP），2007］

气候和土质结构

科西嘉岛不仅仅是一个岛屿，它也是一座山地起伏的高原。它享有地中海沿岸的气候特征，并受到海洋和山地的气候影响，特别有利于葡萄果粒的成熟。这片经常遭到风雨袭击的山区分布着多样的土质结构：东部为页岩，西部和南部海岸为花岗岩。

葡萄品种和葡萄酒品味风格

葡萄品种。除了种植法国南部的葡萄品种（歌海娜、西拉），科西嘉岛还拥有当地原生的葡萄品种。与桑娇维斯（基昂蒂地区种植品种）有亲属关系的涅露秋用来酿造帕蒂莫尼奥红葡萄酒，给酒液带来小粒红色水果、紫罗兰、香料和杏的香气。另外一个红葡萄品种夏卡雷罗（sciacarello）主要种植在科西嘉岛南部花岗岩结构的土地上，它酿成的葡萄酒十分精美，并散发着令人难以忘怀的胡椒香气。在白葡萄品种中最具个性的是维蒙提诺，也称作马尔瓦齐，它酿出的葡萄酒非常独特，散发着浓郁的花香，酒质稠腻。它也用来酿造个性鲜明的桃红葡萄酒。

葡萄酒品味风格。科西嘉岛出产的桃红葡萄酒和白葡萄酒拥有馥郁的酒香和平衡的质感。它们通常需要在新鲜早期饮用。出产的红葡萄酒通常质感轻盈，但帕蒂莫尼奥地区和阿雅克修（Ajaccio）地区出产的红葡萄酒丹宁浓郁，余味绵延悠长，能够经得起几年的窖藏陈酿过程，品质更优。

> **科西嘉岛葡萄酒法定产区（AOC）**
>
> - Ajaccio
> - Muscat du Cap-Corse
> - Patrimonio
> - Vin de Corse

> 在科西嘉岛的北部，帕蒂莫尼奥地区的葡萄园地得益于有利的地理风貌，不受强风的侵袭。

普罗旺斯和科西嘉岛最著名的葡萄酒产区和葡萄酒

无论产区大小，普罗旺斯地区一直以出产品质出色的桃红葡萄酒而闻名。但是不能忘记这里的红葡萄酒和白葡萄酒也有出色表现。而科西嘉岛享有充分光照，成熟葡萄果粒酿出的葡萄酒和它的麝香葡萄酒也具有令人不可忽视的出色品质。

普罗旺斯丘法定产区（AOC CÔTES-DE-PROVENCE）

普罗旺斯地区

这是一片非常广阔的法定产区，延展在加尔丹镇（Gardanne）和圣拉法耶镇（Saint-Raphaël）之间，葡萄园地共有1.9万公顷，分布在三个省［瓦尔省（Var）、罗纳河口省（Bouches-du-Rhône）、滨海阿尔卑斯省（Alpes-Maritimes）］的土地上，马赛克般分布的众多葡萄园各自拥有各不相同的地理和气候特征。

五大自然区域组成了这一产区：圣维多利（Sainte-Victoire）山、博塞（Beausset）盆地、上北部地区的石灰岩丘陵、内部的河谷和海滨地区。它以出产桃红葡萄酒而闻名（87%的葡萄酒产量是桃红葡萄酒，近乎法国市场消费的桃红葡萄酒的一半）。它同时出产品质出色的红葡萄酒和少数几款白葡萄酒。

普罗旺斯丘法定产区拥有18款特级名酒：明吕题酒庄（Château Minuty）、圣罗斯玲修道院酒庄（Château Sainte-Roseline）、圣玛歌酒庄（Château Sainte-Marguerite）、卡拉皮尔酒庄（Château de la Clapière）、奥梅哈酒庄（Domaine de l'Aumérade）、西邦园（Clos Cibonne）、缇茂赫酒庄（Domaine de Rimauresq）、鲁比纳酒庄（Château Roubine）、加路皮酒庄（Château du Galoupet）、圣马丁酒庄（Château de Saint-Martin）、圣莫尔酒庄（Château Saint-Maur）、米黑勒酒庄（Clos Mireille）、赛乐酒庄（Château de Selle）、贝佳松酒庄（Château de Brégançon）、穆万酒庄（Château de Mauvanne）、十字酒庄（Domaine de la Croix）、诺耶酒庄（Domaine du Noyer）、佳–爱仕卡兰酒庄（Domaine du Jas d'Esclans）。

> 主要葡萄品种。酿造红葡萄酒和桃红葡萄酒的品种有歌海娜、西拉、佳丽酿、慕合怀特、堤布宏、三索和赤霞珠；白葡萄品种有克莱雷、赛美蓉、白玉霓、罗乐。

> 土质结构。砾石遍布。

> 葡萄酒品味风格。出产的桃红葡萄酒颜色淡雅、口感舒适，泛着新鲜红色水果的清香，混合着一丝香料和甘草的香气。红葡萄酒的口感有些柔和轻盈，散发着小粒红色水果和花朵的香气；有些则内容丰富、质感强劲、品味优雅，并透着突出的榛子香气，逐渐泛起原野果木林的气息和一丝香料气息，在余味中绵延不绝。白葡萄酒在清爽和丰腴的质感之间保持着精致细微的平衡和和谐。

葡萄酒颜色：
红色、桃红色和白色。

最佳饮用温度：
白葡萄酒6～8℃；
桃红葡萄酒8～12℃；
红葡萄酒16～17℃（建议进行醒酒）。

陈年潜力：
桃红葡萄酒需要在当年夏天喝完；
白葡萄酒需要在当年饮用；
红葡萄酒通常为3年，特级名酒可达10～12年。

瓦尔-普罗旺斯山坡法定产区（AOC COTEAUX-VAROIS-EN-PROVENCE）

普罗旺斯地区

这一法定产区延展在普罗旺斯中心地带28个村镇的土地上，在布里尼奥勒镇（Brignoles）的周围，南面是圣波姆（Sainte-Baume）高原，北面是贝西隆峰（Bessillons）。葡萄园地主要位于350米的海拔高度，享有典型的大陆性气候。这片产区主要出产桃红葡萄酒，也出产一些红葡萄酒和白葡萄酒。

> 主要葡萄品种。酿造红葡萄酒和桃红葡萄酒的葡萄品种有西拉、慕合怀特、三索和赤霞珠；白葡萄品种有克莱雷、歌海娜、罗乐、赛美容和白玉霓。

> 土质结构。黏土质石灰岩。

> 葡萄酒品味风格。出产的桃红葡萄酒呈现漂亮的酒裙和色调，酒香中透着红色水果（草莓、覆盆子）的香气，慢慢会泛起香料和原野灌木丛的香气，融在愉悦的清爽感和平衡质感中。

出产的红葡萄酒结构紧实、稠密，丹宁浓重，散发着花香和红色水果的清香，还携有一丝植物性香气。它需要陈酿之后才会变得柔和。

白葡萄酒酒香精致，透着花朵、水果、柑橘的香气，在清爽度和圆润的质感间保持着平衡。

葡萄酒颜色：
红色、桃红色和白色。

最佳饮用温度：
白葡萄酒6～8℃；
桃红葡萄酒8～12℃；
红葡萄酒16～18℃。

陈年潜力：
桃红葡萄酒需要在当年饮用；
白葡萄酒1～2年；
红葡萄酒3～8年。

邦多勒法定产区（AOC BANDOL）

普罗旺斯地区

这片产区在土伦市（Toulon）的入口处，是法国最古老的的葡萄园地之一。其1700公顷的葡萄园分布在瓦尔省8个村镇的土地上，成坡状分布。这里出产个性突出的红葡萄酒，也出产一部分桃红葡萄酒和白葡萄酒。

> 主要葡萄品种。酿造红葡萄酒和桃红葡萄酒的品种有慕合怀特（占至少50%）、歌海娜、三索、西拉和佳丽酿；白葡萄品种有布尔朗克（占至少60 %）、克莱雷和白玉霓。

> 土质结构。硅质石灰岩。

> 葡萄酒品味风格。出产的红葡萄酒标注“B”标记，经过至少18个月的橡木桶培育过程，酒体浓郁强劲，酒香馥郁，散发着黑色水果、原野灌木丛和松木的香气。随着酒龄的增长，陈酿过程给酒液带来牡丹、香料和甘草的香气，余味仍然香气四溢。

出产的桃红葡萄酒透着红色水果的香气，夹在植物性气息之中。产量很小的白葡萄酒散发着花香和白色与黄色水果的清香，精致优雅。

葡萄酒颜色：
红色、桃红色和白色。

最佳饮用温度：
桃红葡萄酒8 ~ 10℃；
白葡萄酒9 ~ 11℃；
红葡萄酒16 ~ 18℃。

陈年潜力：
白葡萄酒和桃红葡萄酒1 ~ 3年；
红葡萄酒10年，甚至更长。

卡西斯法定产区（AOC CASSIS）

普罗旺斯地区

这片产区位于富有魅力的小港口卡西斯的附近，受到密斯脱拉（Mistral）风的吹拂，葡萄园延展在海湾和卡奈依（Canaille）海角之间，属于法国最高的悬崖海岸（400米的高度），170公顷的葡萄园出产远近闻名的白葡萄酒，还有桃红葡萄酒和红葡萄酒。

> 主要葡萄品种。酿造红葡萄酒和桃红葡萄酒的葡萄品种有歌海娜、佳丽酿、慕合怀特和三索；白葡萄品种有克莱雷、白玉霓、长相思、玛珊和布尔朗克。

> 土质结构。石灰岩。

> 葡萄酒品味风格。出产的白葡萄酒年轻时口感清新，酒香中透着白色水果和柑橘的香气，还泛着一丝淡淡的碘味，让人想起不远处的大海。所有的香气都体现在绵长的余味中。随着酒龄的增长，陈酿过程给葡萄酒带来复杂的酒体，泛着蜂蜜的香气，口感更丰满且甜润。出产的桃红葡萄酒酒体轻盈而柔和，散发着美妙的果味和花香。

红葡萄酒透着植物型香气，如月桂和百里香，混合着红色水果（黑醋栗）以及香料和甘草的香气。

葡萄酒颜色：
红色、桃红色和白色。

最佳饮用温度：
白葡萄酒和桃红葡萄酒8 ~ 10℃；
红葡萄酒15 ~ 17℃。

陈年潜力：
桃红葡萄酒需要在当年饮用；
红葡萄酒通常为3 ~ 5年；
白葡萄酒可达8年。

普罗旺斯著名葡萄酒精选

- **碧浓酒庄（Château de Pibarnon），蓝色卡迪耶镇（La Cadière-d'Azur）。**产区的经典名酒，浓郁而平衡的邦多勒法定产区葡萄酒。
- **大诺黑酒庄（Château du Gros'Noré），蓝色卡迪耶镇。**个性突出而表达强烈的葡萄酒，被认为是邦多勒法定产区最出色的葡萄酒之一。
- **佳丽斯酒庄（Château La Calisse），盘缇威镇（Pontevès）。**出产普罗旺斯瓦尔山坡法定产区诱人的桃红葡萄酒和名贵的红葡萄酒。
- **马格德莱娜酒庄（Clos Sainte-Magdeleine），卡西斯镇。**卡西斯法定产区的明星酿酒产业，出产的葡萄酒个性鲜明，拥有令人难以置信的美味表现。
- **库达德酒庄（Domaine de La Courtade），布格岛（île de Porque rolles）。**酿自慕合怀特品种的出色红葡萄酒。
- **佳贝乐酒庄（Domaine de Garbelle），佳黑屋镇（Garéoult）。**出产普罗旺斯瓦尔山坡法定产区的红葡萄酒，拥有出色的强劲而丰富的酒体。
- **奥维特酒庄（Domaine Hauvette），圣雷米-普罗旺斯镇。**不可忽视的采用有机农业系统耕作的埃克斯普罗旺斯山坡酒庄，出产的葡萄酒品质出众。
- **拉比耶加酒庄（Domaine Rabiega），达贵南镇（Draguignan）。**普罗旺斯丘法定产区最好的酿酒产业之一，出产的葡萄酒完美地表达了园地的风土特性；它的“滴赫园”（Clos Dière）葡萄酒品质极其出色。
- **圣特罗佩半岛酿酒专家联合酿酒厂（Les Maîtres Vignerons de la Presqu'île de Saint-Tropez），加仙镇（Gassin）。**出产一系列普罗旺斯丘法定产区品质优秀的葡萄酒；其中的“盘普洛娜酒庄”（Château de Pampelonne）红葡萄酒颜色浓郁，酒体丰富，稠密而美味。

特瓦隆庄园（Domaine de Trévallon）：高贵的地区餐酒

爱罗·都巴曲（Éloi Dürrbach）先生出生在阿尔萨斯地区，在1973年接手了他父亲买下的位于圣艾蒂安-格雷市（Saint-Etienne-du-Grès）附近阿皮（Alpilles）山脉北坡的酒园。为了酿造红葡萄酒，他尝试将两种最能体现当地风土条件的葡萄品种——西拉和赤霞珠以同等的比例混酿到一起。后者由于是非常规混酿品种，被法国国家原产地和品质监控命名委员会（INAO）拒绝认证为法定产区葡萄酒，只被评定为罗纳河口地区餐酒。但这并不影响它成为普罗旺斯地区的美酒，并且闻名全世界。

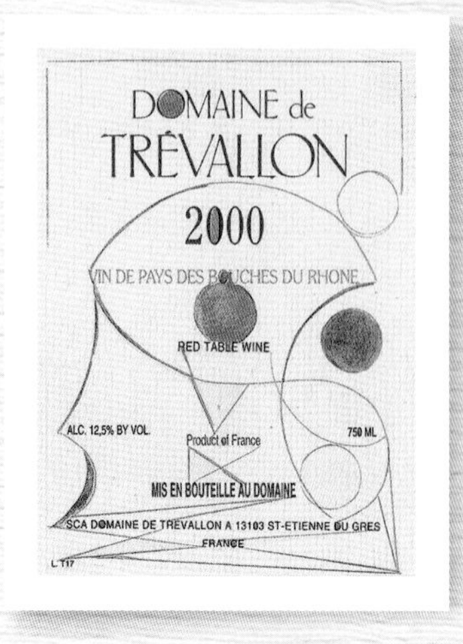

普罗旺斯地区

埃克斯普罗旺斯山坡法定产区（AOC COTEAUX-D'AIX-EN-PROVENCE）

埃克斯普罗旺斯市曾经是勒内（René）国王（15世纪）的领地，他在埃克斯普罗旺斯市附近发展种植了大片葡萄园。今天这一广阔的葡萄酒产区覆盖了罗纳河口省的土地。它延展在避风的山坡地中，在树林和灌木丛之间。3000公顷的葡萄园主要出产桃红葡萄酒，但也出产一部分红葡萄酒和白葡萄酒。

> **主要葡萄品种。**酿造红葡萄酒和桃红葡萄酒的品种有歌海娜、赤霞珠、佳丽酿、慕合怀特、三索、西拉和古若斯；白葡萄品种有克莱雷、罗乐、布尔朗克、白玉霓、歌海娜、赛美容和长相思。

> **土质结构。**黏土质石灰岩。

> **葡萄酒品味风格。**出产的桃红葡萄酒轻盈而柔和，体现精致的风格，迷人的酒香中透着水果（草莓、桃子）、花朵（椴花）的香气和一丝矿物质味道，这一切都融在清爽的质感中。出产的红葡萄酒滑腻而丰满，混合着花香（紫罗兰）、植物性香和一丝香料的香气，余味浓郁而持久。出产的白葡萄酒清爽、优雅、香气馥郁，透着花朵、水果尤其是柑橘的香气。

葡萄酒颜色：红色、桃红色和白色。

最佳饮用温度：白葡萄酒6～8℃；桃红葡萄酒8～12℃；红葡萄酒16～18℃。

陈年潜力：白葡萄酒1～2年；桃红葡萄酒2～5年；红葡萄酒2～6年。

科西嘉岛地区

帕蒂莫尼奥法定产区（AOC PATRIMONIO）

帕蒂莫尼奥法定产区位于科西嘉岛西北部的圣弗洛朗（Saint-Florent）海湾，受到群山和海洋的地理环境影响，1900公顷的葡萄园位于避风的地带。它尤其以出产的红葡萄酒而闻名，但也出产一部分桃红葡萄酒和白葡萄酒——产量很小——品质非常出色。

> **主要葡萄品种。**酿造红葡萄酒和桃红葡萄酒的葡萄品种有涅露秋、夏卡雷罗和歌海娜；白葡萄品种有维蒙提诺和白玉霓。

> **土质结构。**石灰岩覆盖着页岩。

> **葡萄酒品味风格。**酿自以涅露秋品种为基础的红葡萄酒，酒香中释放出浸渍红色水果的味道和香料的香气，使得丰富浓郁的口感中也泛着香料的香气。

出产的桃红葡萄酒酒香中透着香料和新鲜水果（草莓、樱桃）的香气，融在丰富浓郁的质感中。

酿自维蒙提诺品种的白葡萄酒表现出品种的鲜明个性，品质统一，葡萄酒干爽活泼、酒香馥郁，释放出白色花朵和异域水果的香气，泛着一丝干牧草的清香，全部融在清爽的质感中。

葡萄酒颜色：红色、桃红色和白色。

最佳饮用温度：白葡萄酒7～8℃；桃红葡萄酒8～10℃；红葡萄酒15～16℃。

陈年潜力：桃红葡萄酒需要在当年饮用；白葡萄酒1～2年；红葡萄酒3～8年。

科西嘉岛地区

科西嘉法定产区（AOC VIN DE CORSE）

这片产区背靠岩石山脊，2150公顷的葡萄园地每年出产约760万升葡萄酒，主要是红葡萄酒，也有一部分非常具有特色的桃红葡萄酒和白葡萄酒。整个科西嘉岛上都可以种植葡萄树，优质的葡萄酒主要出产在海湾地区。可以将以下地理区域名称标注在葡萄酒标上：莎特恩（Sartène）、菲佳丽（Figari）、维基奥港（Porto-Vecchio）、卡拉维（Calvi）、科西嘉角山坡（Coteaux-du-Cap-Corse）。

> **主要葡萄品种**。酿造红葡萄酒和桃红葡萄酒的品种有涅露秋、夏卡雷罗和歌海娜；白葡萄品种有维蒙提诺和白玉霓。

> **土质结构**。花岗岩、页岩。

> **葡萄酒品味风格**。出产的红葡萄酒酒香馥郁，散发着红色水果的香气，口感中显著的矿物质味可以持续良久。

出产的白葡萄酒主要酿自维蒙提诺品种，浓郁的酒香中透着花香和果香，混合着柑橘和异域水果的香气，融合在清爽的质感中。

至于出产的桃红葡萄酒，表现出清新活泼的风格，散发着花香，透出一丝植物性香气。

葡萄酒颜色：
红色、桃红色和白色。

最佳饮用温度：
白葡萄酒和桃红葡萄酒8～10℃；
红葡萄酒15～17℃。

陈年潜力：
白葡萄酒和桃红葡萄酒1～2年；
红葡萄酒4～9年。

科西嘉岛地区

科西嘉角麝香葡萄酒法定产区（AOC MUSCAT DU CAP-CORSE）

麝香葡萄酒是科西嘉岛古老而特别的葡萄酒。很稀有——每年只出产20万升左右——这款精致的天然甜型葡萄酒酿自90公顷的葡萄园地，延展在17个村镇的土地上，覆盖帕蒂莫尼奥和科西嘉角山坡两个法定产区。这里还出产名为“passito ”的葡萄酒，是一款不经过酒精强化而通过风干方法酿造的甜型葡萄酒。

> **葡萄品种**。小粒白麝香葡萄。

> **土质结构**。科西嘉角为页岩，帕蒂莫尼奥地区为石灰岩碎石。

> **葡萄酒品味风格**。由酒精强化方法得来的科西嘉角麝香葡萄酒表现出非常精美的质感，丰富浓郁的酒香中透着干果（无花果、科林斯葡萄果粒）、异域水果和香料（桂皮）的香气，口感平衡、丰富而清新，余味悠长。

葡萄酒颜色：
白色。

最佳饮用温度：
8～10℃。

陈年潜力：
10年。

科西嘉岛著名葡萄酒精选

- **阿泽图园（Clos d'Alzeto），莎丽多新奴镇（Sari-d'Orcino）**。出产阿雅克修法定产区个性鲜明的红葡萄酒、桃红葡萄酒和白葡萄酒。
- **阿赫娜酒庄（Domaine Arena），帕蒂莫尼奥**。出产标注帕蒂莫尼奥法定产区的拥有纯净质感的红葡萄酒、桃红葡萄酒和白葡萄酒，以及一款“科西嘉角・克罗特・迪索勒”（Cap-Corse Grotte di Sole）麝香葡萄酒。
- **贝哈迪酒庄（Domaine Comte Peraldi），梅泽维镇（Mezzavia）**。阿雅克修法定产区质量有保证的葡萄酒。
- **乐霞酒庄（Domaine Leccia），坡吉多乐塔镇（Poggio-d'Oletta）**。帕蒂莫尼奥法定产区的重要酒庄；它的干白葡萄酒和红葡萄酒精妙地表达出园地的风土特性。
- **多哈霞酒庄（Domaine de Torraccia），维基奥港**。用有机农业方式生产的品质出色的科西嘉红葡萄酒。

意大利

葡萄酒产区
北部
中部
南部及岛屿
边境
大区界线
N
0
100
200 km
Bolzano
TRENTIN-HAUT-ADIGE
Trente
FRIOUL-VÉNÉTIE JULIENNE
VAL D'AOSTE
Adda
Côme
LOMBARDIE
Lac de Garde
Adige
VÉNÉTIE
Piave
Trieste
PIÉMONT
Milan
Vicence
Vérone
Venise
Turin
Asti
Pô
Modène
Reno
Gênes
ÉMILIE-ROMAGNE
Bologne
Ravenne
LIGURIE
SAINT-MARIN
Mer Ligurienne
Pise
Florence
Arno
Ancône
TOSCANE
Tibre
MARCHES
Montepulciano
Pérouse
OMBRIE
Mer Adriatique
Pescara
LATIUM
ABRUZZES
Rome
MOLISE
Foggia
CAMPANIE
Bari
Naples
POUILLES
SARDAIGNE
Mer Tyrrhénienne
BASILICATE
Tarente
Cagliari
CALABRE
Mer Ionienne
Mer Méditerranée
Reggio di Calabria
Palerme
Messine
SICILE
Catane
PANTELLERIA

意大利的葡萄园

意大利生产的葡萄酒占全世界的近20%。也就是说，在地球上，每五瓶葡萄酒中就有一瓶来自意大利。既是艺术、文化的土壤，又有着风味和美食的鲜活记忆，这个半岛因其多样的地理环境和丰富的历史，充满了经典和惊喜。

让人眼花缭乱的葡萄酒

在意大利的酒窖里，法国葡萄酒专家肯定会找不到北。在这里，每位酿酒师都顺着自己的审美灵感来设计酒瓶，这跟法国的理念完全背道而驰（波尔多酒瓶、勃艮地酒瓶……），酒瓶形状与产区一点关系也没有。唯一一类典型酒瓶是装基安蒂酒的藤编长颈大肚瓶（fiasque），但托斯卡纳也放弃了这类酒瓶，转而采用波尔多形。

从酒标中也不能解读酒的奥秘。除了最著名的产区（基安蒂、巴罗洛、马沙拉等）以外，41个保证法定产区（DOCG）、316个法定产区（DOC）、120个地区餐酒（IGT）和多不胜数的普通餐酒级别品牌葡萄酒更是让新手陷入无穷的困惑之中。就葡萄酒和烈性酒的产区数量来说，意大利和法国被列为世界之最。价格区间也被拉得甚广。如何才能让我们在开瓶时减少诧异之感？葡萄酒的酒体是较轻还是较重？是干型、甜型还是微泡酒？是餐前酒还是与餐点搭配的酒？与什么样的菜肴搭配？

为了了解并鉴赏意大利葡萄酒，以下几个因素就像开瓶器对酒的作用一样关键：葡萄品种名称、土壤和气候、各产区葡萄园历史及人文历史。

意大利葡萄园的基本数据
面积：684 000公顷（酿酒葡萄）
葡萄酒和酒醪：46.7亿升（2005—2009年的平均值）
白葡萄酒：55%
红葡萄酒和桃红葡萄酒：45%
［意大利葡萄酒专家协会（Assoenologi）和意大利统计局（Istat），2010］

葡萄酒的悠久历史

从遥远的古代……葡萄树是一种甚爱游历的藤本植物，其行程最早始于小亚细亚。古希腊人很喜欢这一作物，并且教会了伊特鲁里亚人（Etrusques）如何发酵葡萄。许多罗马文献都记载了有关酿制葡萄酒的方法、由罗马医学院订立的葡萄园分级和这类非常受富有的高卢人喜爱的琼浆玉液高昂的出口价格："一个奴隶可以换一瓮酒"，这让西西里的狄奥多罗（Diodore）非常惊讶。位于罗马和那不勒斯之间的坎帕尼亚（Companie）地区的土壤非常有名，正是在这里，在公元79年时遭受了毁灭了庞贝（Pompēi）的维苏威火山（Vésuve）的喷发。在这座被火山灰埋没的古城中还有用来支撑葡萄树的支架的遗迹。酿酒师不断完善自己的技术，并且在千年的时光中，将技艺传承了下来。安蒂诺里（Antinori）家族从1385年就开始酿酒，至今已是第26代人，除此以外，还有无数意大利葡萄酒发明家族并没有在历史上留下姓名。

……到现代的三大危害……三场连续的灾难威胁到了意大利葡萄园：根瘤蚜虫害、高产量和口味的全球化。第一大灾害发生在19世纪末期，已经得到解决，在可以抵御蚜虫的普通美国葡萄树上嫁接人们希望种植的品种。但选择哪个品种？老祖宗种过的？还是那些名字为地方方言，省外完全没人知道的品种？或是那些出口不错而且产量往往较高的法国著名品种（梅洛、霞多丽等）？一个个大区——威尼托（Vénétie）、西西里（Sicile）、托斯卡纳——接二连三大批种植了这些"国际"葡萄品种。因此，针对物种多样性来说的第二大灾难就是20世纪的"散酒"时代。那时，意大利出口整船旨在与其它地区葡萄酒进行勾兑的普通餐酒。这些酒产自高产量的葡萄树，酒精含量高，颜色重，至今仍占到全国产量的三分之一。但将它们称

> 西西里岛费洛里奥（Florio）公司的橡木桶制造。

> 意大利东北部上阿迪杰（Haut-Adige）地区的山坡葡萄园梯田景色。

为“比萨店的劣等酒”也并不公平：这些酒确实不太精美，但作为餐酒还是说得过去的。“散装”并不一定是劣质的同义词，不少生产商将酒和泵一同出售，然后由客户自己灌瓶。

……再到瓶装酒时代。今天，意大利的市场发生了变化。人们喝得“少了”，但却喝得“精了”。因此，酿酒葡萄园的面积从1980年的1 230 000公顷缩小到了2009年的684 000公顷。出产散装酒的冠军大区［按顺序排列：普利亚、西西里、艾米利亚–罗马涅、阿布鲁佐（Abruzzes）］也减少了低价酒的出口量，改为提升质量并且尽量销售瓶装酒。为了吸引出口市场，有些酿酒师将其生产向适应国际化市场需求的方向发展，并且突出甜味或木香；人们有时也会对原料的标准化感到遗憾。还有些酒农转向发展当地葡萄品种，以优雅的品位回击新世界葡萄酒口味的格式化。

北部地区

在葡萄树的环球旅行路线中，如果说意大利是无趣的气候单一的大平原，那么酷爱旅行的葡萄树也不会如此眷恋这片土地。事实上，意大利是少数几个每个大区都有非常不同的气候和显著的生物多样性的国家之一，因此种植着各种葡萄品种。

奥斯塔谷（Val d'Aoste）、特伦蒂诺–上阿迪杰（Trentin-Haut-Adige）和弗留利地区有着山区气候。在奥斯塔谷地区超过1200米海拔的雪地上，种植着欧洲最高的葡萄树。气候也反映在葡萄酒中，带来了一种紧致和清爽感；这几个北部地区内风格各异的微气候和葡萄品种的多样性组合在一起，有着一些不错的表现。在皮埃蒙特（Piémont，意为“山脚下”）地区，葡萄树在崎岖的山丘上生长，那里还种植榛树；较低的地方则是波河（Pô）平原的大片稻田。地区内肥沃的冲积土壤、阿尔卑斯山的水源还有阳光，为伦巴第（Lombardie）地区和威尼托地区带来了高产，每公顷产量可达15 000升葡萄酒。为了获得更为浓郁的酒醪，如巴罗洛在内的产区将每公顷的产量限制在了5200升以内。在生产葡萄酒的20个大区里，北部6个大区［皮埃蒙特、伦巴第、特伦蒂诺（Trentin）、威尼托、弗留利、艾米利亚–罗马涅］的产量就占到了整个意大利葡萄酒产量的一半，并拥有超过半数的优质法定产区。

正确还是错误？

意大利是世界上最大的葡萄酒生产国。

正确。意大利的葡萄酒产量和出口量均居世界第一，但法国的营业额却是全球最高。另外，这些数据根据年份、市场和收成的不同也有所变化。而从面积上来看，西班牙有着世界上最大的葡萄种植地区。

中部地区

在意大利的“绿色心脏”地带，托斯卡纳大区内的山丘成就了著名的基安蒂。大区的名字来源于伊特鲁里亚人［或被称为托斯其人（Tusci）］，他们从希腊人那里学会了酿酒，又将这一技术传给了罗马人。希腊文中的voinos一词在伊特鲁里亚语中演化成了vinum，后被罗马人采用，最后发展为法语中的“vin”（葡萄酒）。20世纪，托斯卡纳开始出现“超级托斯卡纳”（supertoscans），这些高品质葡萄酒由赤霞珠和品丽珠酿制而得。波尔多葡萄酒的超级爱好者因奇萨·罗凯诺（Incisa della Rocchetta）侯爵在20世纪40年代酿制出了第一批西施佳雅葡萄酒（详见370～371页）。其他酿酒师也充分发挥创造性，紧随其后，如安蒂诺里先生创酿了苏拉亚（Solaia）葡萄酒。而且，为了将这种新风格葡萄酒正规化，一个新产区得以创建，名为宝格丽（Bolgheri）。酿酒师的另一大愿望是揭示出托斯卡纳风土的优质特点。从亚得里亚海（Adriatique）到亚平宁山脉（Apennins），拉齐奥（Latium）、阿布鲁佐和莫利塞（Molise）三个大区在灿烂阳光的照耀下，从海滩到雪景之间变化着，享有多样的气候和土壤类型。这些古老的葡萄种植区也受益于靠近首都的地理位置，首都在几千年间就是主要的葡萄酒市场。

南部地区

南部虽然不缺阳光，但相对缺水。坎帕尼亚的火山土壤，普利亚、巴斯利卡塔（Basilicate）和卡拉布里亚（Calabre）大区的干旱丘陵地带尝试发挥出当地特色，并且

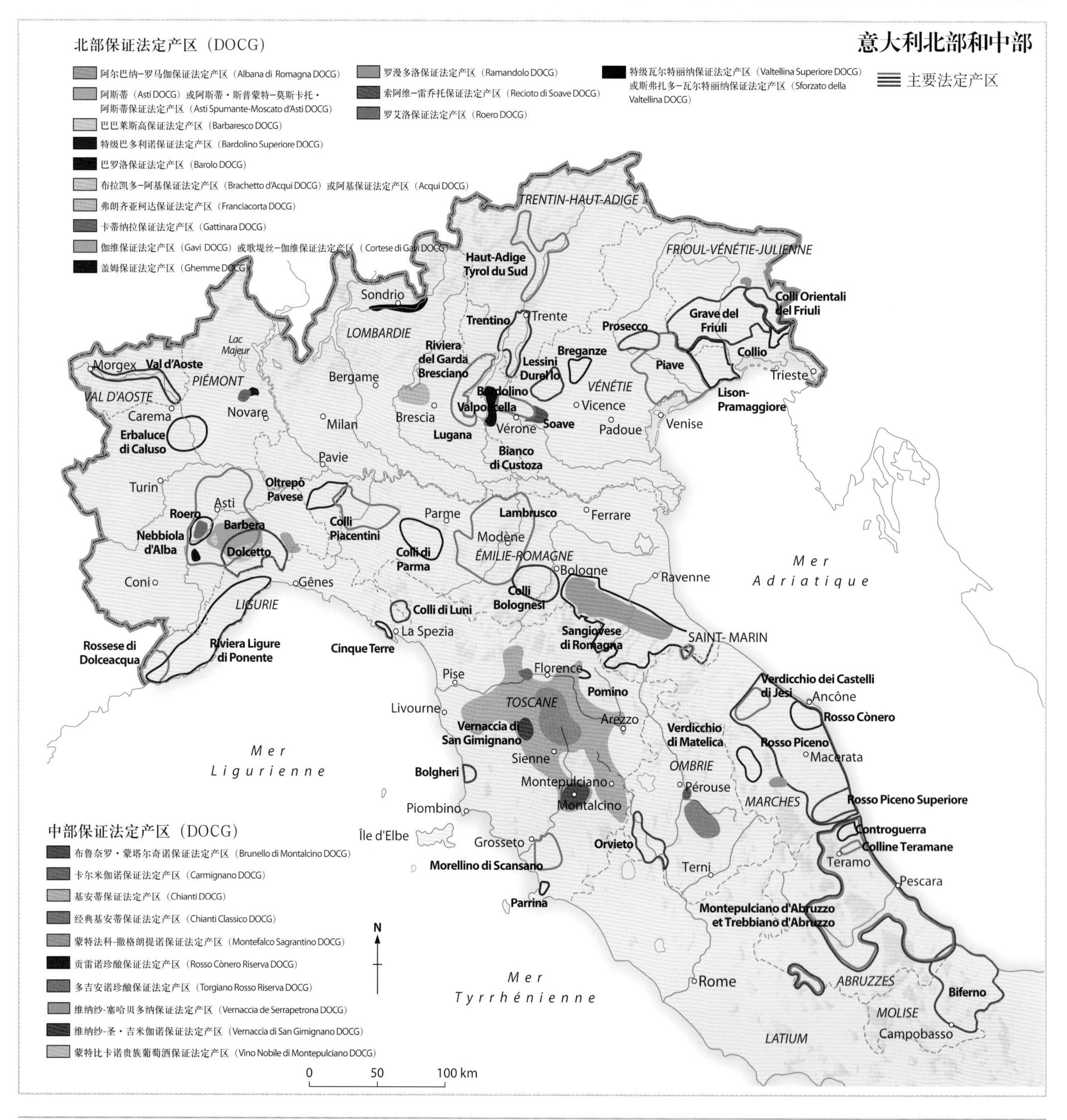

> 在蒙达奇诺镇（Montalcino）附近，托斯卡纳丘陵环绕着圣安提莫（Sant'Antimo）修道院。

因为与古希腊相近的文化，半岛的这片地区被古希腊称为“Oenotria”（葡萄园国度）。这几个地区大的酒商出售色浓且酒精度高的散装酒，且不断发展。合作社和大型私有酒厂为超市供应廉价葡萄酒，而小酒农则用当地葡萄品种酿制有特点的葡萄酒。

岛屿

岛屿受地中海气候影响，与其它地区有着天壤之别。群山起伏的撒丁岛（Sardaigne）保留了西班牙时代的品种。西西里岛的火山一直非常活跃，因此埃特纳（Etna）火山脚下的土壤较为特别。岛屿南部的帕西诺（Pachino）地区有着暗色沙地，这里种植着一个比突尼斯纬度更靠南的葡萄园。干旱加上海风的影响抑制了由潮湿引起的真菌病害（霜霉病、白粉病……）；使用农药的必要性比在北方葡萄园里少了很多，因此，西西里岛也就成为了欧洲最大的“有机”葡萄酒产区。意大利最南端的葡萄园位于潘泰莱里亚（Pantelleria）——一个位于西西里岛和非洲大陆之间的岛屿，这里的葡萄会在葡萄树上天然脱水。

意大利的20个著名葡萄品种

从北至南长达1200公里有着多种多样的土壤和气候，这也就成为了意大利葡萄园生物多样性的首要原因。另一个则是人文原因：直至19世纪，半岛一直被分割成许多独立且好战的小国家。每个“国家”都自豪地种植着由几代酒农精心挑选且与众不同的当地葡萄品种。

了解意大利葡萄酒，葡萄品种是一个非常关键的要素。

坎帕尼亚的巨型葡萄树

葡萄树是一种柔性藤本植物，希腊人让其在土壤上自然生长。随后，古时的酿酒师发明了修剪，将植物控制成了低矮的小树模样，剪枝在意大利［阿贝罗（alberello）剪枝法］和法国（gobelet杯状剪枝法）一直沿用至今。为了避免脆弱的幼苗因风和自己的重量被折断，种植者需要将幼苗绑缚在支柱上。最常用的就是木杆，由老普林尼（Pline，公元23—79年）记录的古罗马著名葡萄酒Falerno的名字就是从“poteau”（杆）这个单词中得来的。另外还有一种方法，即用活的杨树作为支柱，将葡萄树绑缚在树上。在坎帕尼亚，靠近阿韦尔萨（Aversa）的地区，阿斯品诺（asprinio）品种葡萄树在一个世纪以来与“杨树结成了伴侣”，葡萄树与杨树树枝相互缠绕，长到15米左右的高度。人们需要爬梯子来进行采收。

> 桑娇维斯葡萄，基安蒂产区主要的葡萄品种。

酒标或背标上经常会有这些信息。362～375页列举的产区名称中，有三分之一都是葡萄品种名称与一个地理区域的组合：卡诺娜–撒丁岛法定产区（Cannonau di Sardegna DOC）、蒙特比卡诺–阿布鲁佐法定产区（Montepulciano d'Abruzzo DOC）……至于来自法国的葡萄品种（梅洛、霞多丽），也染上了意大利“口音”。许多法定产区和优质法定产区都已经将它们纳入其中。

正确还是错误？

西西里岛主要酿制红葡萄酒。

错误。白葡萄酒占了西西里岛葡萄酒总产量的61%，红葡萄酒仅占39%。白葡萄并不是北方葡萄园的特产，相对地，红葡萄也不是只有南方才有！

阿利亚尼克（aglianico）。红葡萄品种，主要种植在坎帕尼亚、巴斯利卡塔、莫利塞和普利亚地区。这一品种很可能是由希腊殖民者带来的，所以品种的名字来源于“ellenico”。有时也用这种葡萄酿制白葡萄酒（不带葡萄皮）、起泡酒、风干型和珍酿（riserva）葡萄酒。

阿内斯（arneis）。皮埃蒙特的白葡萄品种，用来酿制干型葡萄酒，有时为风干型葡萄酒。在皮埃蒙特地区，该品种的名字意为“淘气、顽皮”。

芭芭拉。皮埃蒙特的红葡萄品种，种植在意大利各地。

勃纳达（bonarda）。红葡萄品种，在皮埃蒙特、伦巴第和艾米利亚–罗马涅内的许多产区内都有种植，酿制汽酒或静态酒，有时也作为食用葡萄。

布拉凯多（brachetto）。皮埃蒙特的浅红葡萄品种，酿出的葡萄酒含极少的丹宁，从微起泡酒到低压起泡酒。

卡诺娜（cannonau）。撒丁岛种植的红葡萄品种，法语中也被称为“歌海娜”，有着较高的酒精含量。也用来酿制桃红葡萄酒和天然甜型葡萄酒。

多赛托。皮埃蒙特的红葡萄品种，清爽且清盈。

法兰吉娜（falanghina）。坎帕尼亚的白葡萄品种。罗马人有可能使用这类葡萄酿制著名的Falerno。

菲亚诺·达韦里诺（fiano d'avellino）。白葡萄品种，酿出淡黄色的葡萄酒。产量很低，不久前才从濒临灭绝的边缘被挽救回来。

格雷克–都福（greco di tufo）。坎帕尼亚种植的白葡萄品种。在意大利，有一些葡萄品种的名字中带有“Greco”这个单词，可能是为了纪念葡萄的希腊血统。这类葡萄濒临绝种，最近又开始流行起来。

英佐利亚（inzolia）。用来酿制马沙拉的白葡萄品种，另外也与其它葡萄酒进行混酿。今天，酿酒师提供单一葡萄品种的“纯种”酒（purezza，100%），或与其它葡萄品种［霞多丽、长相思、格莱卡尼科（grecanico）……］进行混酿。在厄尔巴岛、拉齐奥和托斯卡纳，人们将这个品种称为“安索尼卡”（ansonica）。

兰布鲁斯科。伦巴第和艾米利亚–罗马涅大区内种植的红葡萄品种。罗马人将其命名为vitis labrusca，意为长在耕地（bruscum）边缘（labrum）的野生葡萄树。

蒙特比卡诺。南部的深红葡萄品种［阿布鲁佐、普利亚、马尔凯（marches）、拉齐奥……］。

莫斯卡托（moscato）。意大利各个地区种植普遍的白葡萄品种。人们用这类葡萄酿制静态酒、汽酒和起泡酒，以及风干型、晚收型葡萄酒……也有红葡萄。

内比奥罗。皮埃蒙特和伦巴第大区的红葡萄品种，在高海拔地区缓慢成熟。人们在10月中旬甚至11月才会采收。因为在采收时会有秋雾（nebbia是意大利语“雾”的意思），故而得名。这类葡萄喜爱石灰岩质土壤。

黑阿沃拉（nero d'avola）。西西里岛的典型红葡萄品种，带有野生香气。这类葡萄可以与较为“文静”的品种（赤霞珠、梅洛、西拉等）进行混酿，也可以单独酿制，以满足喜爱强烈味觉的爱好者。同样有甜红葡萄酒。西西里岛上的20多个产区都有这种葡萄。

普里米蒂沃。与加州仙粉黛有着相同基因的红葡萄品种。普利亚的酿酒师称它们是“被分开了很长时间的孪生兄弟”。这类葡萄是最早成熟采摘的，因此而得名。

普西哥。威尼托的白葡萄品种，用密封酒罐酿造“绝干型”、“极干型”或“干型”起泡酒。这一高压方法法国人说是由夏马先生发明的，而意大利人说是由马提诺提（Martinotti）发明的。同时还有16度酒精含量的风干型葡萄酒。

桑娇维斯。这个品种的名字来源于“Sang de Jupiter”（朱庇特之血），是托斯卡纳典型的红葡萄品种，也在意大利中部和南部种植。该品种有着外观和产量非常不同的几种同源葡萄树。

托凯·弗里拉诺（tocai friulano）。弗留利和威尼托大区内种植的白葡萄品种。在经历与邻国匈牙利的一些法律争议后，这个品种现在被称为“弗里拉诺”。匈牙利的托卡伊

您可能不了解的小知识

意大利葡萄品种的名字经常是形象化的。坎帕尼亚的一个古老品种——coda di volpe（意大利语意为狐狸尾巴）就是因为看上去与狐狸尾巴相似而得名。在艾米利亚–罗马涅，经常出口与德国葡萄酒进行混酿的博比诺（bombino）品种就因其产量和效益而有了“pagadebit”（还债）的外号。

（tokaj，甜型）与弗留利的托卡伊（tocai，干型）没有任何相似点。

知道如何体现其葡萄酒价值的国家

在意大利，葡萄酒不仅仅是一种产品：她也是一种文化的载体。旅游小册子为向葡萄酒表示敬意，将其与教堂壁画、当地特色奶酪和典型肉类食品、罗西尼（Rossini）的一场歌剧、一件当代雕塑作品及有历史年头的一类蔬菜并列介绍。当地主要机构（市政府、大区政府、酿酒师联合会等）和国家级别机构（商会、意大利对外贸易学院等）出版了无数小册子、宣传资料、书籍、指南、地图，还制作了网站，如www.terroirsditalie.com（英语和法语）和不容错过的www.enoteca-italiana.it（意大利语和英语）。strade del vino（葡萄酒之路）介绍了向公众开放的葡萄园和酒厂的旅行路线。

破译酒标

美学信息。葡萄酒是一类“旅行”颇多的农产品。当然，在产地附近，大家对其知之甚详，但一旦远离，葡萄酒就需要一本“护照”来进行自我介绍。古罗马时代，罗马人就已经给装着葡萄酒的双耳尖底瓮加上了酒标，并刻上生产商的名字、原产地和葡萄酒类型。今天，盛着低价白葡萄酒的电光蓝色酒瓶主要是以年轻消费者为主体；有一个考究的细节，合成软木塞的颜色往往与酒标的颜色相同。而与巴罗洛一样的优质葡萄酒则使用较为规矩甚至是有些过时的酒标；有的也选用当代精英美学风格。在商店货架上，这一视觉的战术目的是：被看到，才能被喝掉。

质量的金字塔。这座金字塔在今天一共有三层（又见98页）：保证法定产区（DOCG，可以通过瓶颈处编号的紫色环箍进行识别）和法定产区（DOC）；地区餐酒（IGT）；普通餐酒。这三个等级（法定产区-保证法定产区、地区餐酒和普通餐酒）各占意大利葡萄酒年产量的三分之一左右。

> 锡耶纳（Sienne）的一家食品杂货店。

质量保证？法定产区，特别是保证法定产区的产量低于地区餐酒或普通餐酒，一般来说，葡萄酒有着更为丰富、集中的香气。在酿酒车间里，酿酒师将最优秀的田地产出的最优质的葡萄投入其中。创建一个产区命名的意义在于确定一类酿制方法，从而可以让消费者在不同生产商的葡萄酒之间找到一种他曾品尝并喜爱的风格，或至少是一种相似点。然而，许多具有创新精神的酒农发明了在产区命名之外的葡萄酒。这也是为什么有些地区餐酒的价格反而会高于保证法定产区的原因。消费者可以在另类和经典之间自由选择。另外，对于一些葡萄酒爱好者来说，质量意味着对环境的尊重，意味着通过使用有机农业种植法获得的葡萄来酿制有机葡萄酒。意大利还生产符合犹太教规的认证葡萄酒。

意大利葡萄酒小词汇表

在酒标上可能见到的一些单词：

amabile：半甜
amaro：苦（或特干）
asciutto：半干
bianco：白
cantina：酒窖、酒厂
cantina sociale：酿酒合作社
chiaretto：极淡的红葡萄酒（淡红葡萄酒）
classico：经典，产自产区历史核心地带
cerasuolo：深桃红葡萄酒（樱桃红色）
consorzio：一个产区内的酿酒师协会
dolce：甜
frizzante：微起泡酒
gradi：酒精度
invecchiato：陈年
in purezza：纯种、单一葡萄品种，未与其它品种混酿
metodo classico：传统发酵起泡酒
nero：暗红
novello：新酒
passito：风干葡萄甜点酒，风干葡萄酿成的配甜点的葡萄酒（葡萄在木箱中保存或挂起来风干）
recioto：雷乔托，有些威尼托的风干葡萄酒带有这一标注
riserva：珍酿，根据产区规定的时间长度进行陈酿的葡萄酒
rosato：粉红
rosso：红
secco：干
spumante：起泡酒
tenuta：酒庄、庄园
vendemmia：年份
vendemmia tardiva：晚收

意大利最著名的葡萄酒产区和葡萄酒

品尝意大利葡萄酒是一场穿越半岛历史和微气候的旅程。马赛克般的产区分布图反映出了一个结合风土、葡萄品种多样性及各类自然人文景观的复杂体。

奥斯塔

奥斯塔谷法定产区（VALLE D'AOSTA DOC）

这是意大利地区最小的产区，位于瑞士和法国之间，官方语种为意大利语和法语。山区的酒农在这里种植着欧洲海拔最高的葡萄园。这片有着与众不同的风土的产区产量微小，对于意大利葡萄酒来说几乎不值一提，但现今却也编录了30多种酒，如安菲–阿维（Enfer d'Arvier）或小阿文（Petite Arvine）。著名的风干葡萄酒产量也是极少。

> **主要葡萄品种**。产区内共有22个葡萄品种，分别来自皮埃蒙特（内比奥罗、多赛托、莫斯卡托……）、法国（霞多丽、皮诺、佳美……）、德国（米勒–图高……）或是本土品种［小红（petit rouge）、小阿文、文娜（vien）、玛尔维萨（malvasia）……］。

> **土质结构**。高山梯田，有些地区海拔超过1 200米。

> **葡萄酒品味风格**。奥斯塔是大区内唯一一个法定产区，集合了有山区风格的葡萄酒。海拔高度给酒带来了清新感、紧质感、宜人的酸度和较低的酒精度（Morgex和La Salle的白葡萄酒最低9度，红葡萄酒最低为9.5度）。

葡萄酒颜色：	饮用温度：	陈年潜力：
红色（浅色）、白色和桃红色。	白葡萄酒和桃红葡萄酒8～10℃；红葡萄酒14～15℃。	1～2年。

皮埃蒙特

阿斯蒂起泡酒保证法定产区（ASTI SPUMANTE DOCG）

阿斯蒂起泡酒保证法定产区每年销售8000万瓶酒，既基安蒂之后排在第二位。产区内的葡萄树坐落在阿斯蒂、库内奥（Cuneo）和亚历山德里亚（Alessandria）省内的石灰岩丘陵和平原上。在酿造过程中，在还有残留自然糖分时冷却酿酒罐以停止发酵。酒精含量稳定在7～9.5度；如果酿酒师让酵母继续活动转化所有的糖分，那么酒精度可以达到12度。之后，通常使用夏马制法进行密封酒罐酿造（又见73页框内文字），有时则在瓶中进行（传统方法）。

平庸的酿酒工艺以及保存不善的葡萄酒损害了阿斯蒂起泡酒的名声。不过，这款价格非常实惠的起泡酒因其较低的酒精含量、甜度和清新感也非常顺应当今的潮流。

> **主要葡萄品种**。甜白麝香葡萄，古罗马人将其命名为uva apiana（蜜蜂喜爱的葡萄酒）。

> **土质结构**。石灰岩质丘陵和平原。

> **葡萄酒品味风格**。泡沫细腻，淡黄色，清澈。这一芳香型的葡萄品种散发着浓郁的水果香气。阿斯蒂起泡酒可以搭配不太甜的甜点、干蛋糕、意大利面包和以榛子为主原料的皮埃蒙特糕点。

葡萄酒颜色：	饮用温度：	陈年潜力：
白色。	6～8℃。	不到2年。

皮埃蒙特

巴罗洛保证法定产区

巴罗洛诞生于“山脚下”，是意大利的一款珍稀、也是最负盛名的葡萄酒之一。人们经常将其与勃艮地葡萄酒相对比：这两个产区都出产单一品种葡萄酒，同在国土北部酿制，人们对这两个地区土壤的研究都已经持续了几个世纪；酿制工艺、清爽度、陈年潜力和高昂的价格也较为相似。另外，巴罗洛有时也采用勃艮地酒瓶。葡萄酒酒精度最低为13度，需要经过三年的橡木桶陈酿（珍酿则需5年）。巴罗洛中国风（Barolo Chinato）葡萄酒有着显著的奎宁香气。

这类“酒中之王和王者之酒”的年产量为600万瓶，数量有限，仅仅相当于意大利葡萄酒产量的千分之一。巴罗洛还有一些同样以内比罗品种为基础的近亲产区：同为高价葡萄酒档次的，有巴巴莱斯高；价格更为实惠的有Albugnano、Boca、Bramaterra、Carema、Lessona、Gattinara、Ghemme、Nebbiolo d'Alba和Roero。

> 主要葡萄品种。内比奥罗。

> 土质结构。朗格（Langhe）石灰质黏土丘陵。

> 葡萄酒品味风格。巴洛罗葡萄酒有着中等浓度的石榴红色，泛着橙色、瓦红色光泽，就算是年轻的葡萄酒也有着强烈的表现力：紫罗兰、干玫瑰、果酱、酒浸李子干。在口中充满了熟水果、甘草、香料的丝滑香味，还有轻微的酸度和丹宁以及悠长的余味。根据酿制风格和在橡木桶中陈酿的时间不同，葡萄酒以清爽或丰腴的香气为主导。

葡萄酒颜色：	饮用温度：	陈年潜力：
红色。	16～17℃。	10～30年。

伦巴第

弗朗齐亚柯达保证法定产区

大约在1960年，伦巴第的工业家们，同时也是香槟爱好者，决定自己酿制起泡酒。然而，这一地区的工厂比葡萄酒更为出名。他们在弗朗齐亚柯达地区投资葡萄园，建立了现代化的酒厂，资助酿酒师和技术人员的培训。弗朗齐亚柯达由此诞生。

在这里二次发酵和获得气泡的过程必须按照传统方式在瓶中进行，而不是如其它地区的普通起泡酒一样在密封酒罐内进行。最低酒精度为11.5度。白中白起泡酒或沙腾酒（satèn，克雷蒙起泡酒）均是百分百酿自白葡萄品种，桃红起泡酒中至少有15%酿自黑皮诺。标有年份的弗朗齐亚柯达中至少有85%为当年年份的葡萄酒。

今天，1700公顷的葡萄园年产量为1000万瓶，是意大利最著名的起泡酒。产区的规定比香槟地区更为严格，产量限制在9 000公斤/公顷，并且要求至少带酒脚培育18个月。请不要与酿制白、红静态酒的泰–弗朗齐亚柯达（Terre di Franciacorta）法定产区相混淆。

> 主要葡萄品种。霞多丽（占种植面积的70%，香槟产区仅有26%）、白皮诺和黑皮诺。

> 土质结构。前阿尔卑斯山的冰碛山丘、砾石。

> 葡萄酒品味风格。葡萄酒为麦秆黄色，带有轻微的绿色或金色光泽，散发着清新的花香或水果香。与北部的起泡酒相比，在口中有着一定的圆润感和较轻的酸度。“在弗朗齐亚柯达，葡萄的成熟从来就不是问题，且恰恰相反！”这里的酿酒师总是寻找机会讥讽香槟生产商。

葡萄酒颜色：	饮用温度：	陈年潜力：
白色和桃红色。	10 ℃。	2～5年。

伦巴第

奥尔特莱伯–帕韦斯法定产区（OLTREPÒ PAVESE DOC）

顾名思义，本产区位于“波河的另一边”，在柏菲附近。这个产区集合了20多家酒庄。这里有白、粉红、红葡萄酒，白、红起泡酒，如勃纳达（每年产1600万瓶）、甜型葡萄酒以及两款珍品——“犹大之血”（Sangue di Giuda）和“烈焰”（Buttafuoco）。“犹大之血”是款甜红低压起泡酒，虽然易饮却又有着至少12度的高酒精含量，故而被幽默地取名为“叛徒”。Buttafuoco意为“烈焰”，是款浓郁、丰富且常带有气泡的红葡萄酒，酒精含量同样为12度。这款无意中进行了再次发酵的葡萄酒找到了自己的位置。

> **主要葡萄品种**。红葡萄品种为芭芭拉、克罗提娜（croatina）、黑皮诺、茹拉（uva rara）、维斯珀丽娜（vespolina）和赤霞珠；白葡萄品种为霞多丽、歌堤丝（cortese）、玛尔维萨、莫斯卡托、灰皮诺、意大利雷司令、瑞娜诺雷司令（riesling renano）和长相思。

> **土质结构**。沉积山丘和黏土地。

> **葡萄酒品味风格**。葡萄酒展现出各类风格。低压起泡酒可以作为餐酒或开胃酒，甜低压起泡酒可以作为甜点的配酒。

葡萄酒颜色： 白色、桃红色和红色。

饮用温度： 白葡萄酒和桃红葡萄酒8～10℃；红葡萄酒14～16℃。

陈年潜力： 2～3年。

威尼托

瓦尔波利塞拉法定产区（VALPOLICELLA DOC）

瓦尔波利塞拉的葡萄酒产量在意大利的产区里排第四位，年产4000多万瓶，威尼托酒大量出口。这是款佐餐红葡萄酒，酒精浓度不得低于11度。带有“superiore”（高级）标注的为12度，陈酿1年时间。“classico”（经典）标注则意味着在历史核心地域内酿制。另外，还有一个地名为维潘德纳（Valpantena）。请注意不要将瓦尔波利塞拉与瓦尔波利塞拉–雷乔托（Recioto della Valpolicella）相混淆，后者是由风干葡萄酿制的佐甜品的葡萄酒，也有起泡酒。

> **主要葡萄品种**。有科维纳（Corvina veronese，40%～70%）、罗蒂妮拉（rondinella，20%～40%）、莫林纳拉（molinara），与雷格拉·汤亭拉（negrara trentina）和/或罗西诺拉（rossignola）和/或桑娇维斯和/或芭芭拉等其它许可的红葡萄品种相混合。巴多利诺葡萄酒（详见下文）则酿自同一产区的相同葡萄品种。

> **土质结构**。肥沃的冲积平原。

> **葡萄酒品味风格**。葡萄酒为浓红宝石色，散发着红色水果（樱桃）和苦杏仁的香气。口感较干或顺滑，有水果香、轻微的苦味和辛辣感。

葡萄酒颜色： 红色。

饮用温度： 16～17℃。

陈年潜力： 3～5年。

威尼托

巴多利诺法定产区（BARDOLINO DOC）

这款加尔达湖（Garde）岸边的红葡萄酒年产量为2600万瓶，是意大利最为著名的葡萄酒之一，特别是“novello”（新酒）最为出名。产区在红葡萄酒和桃红葡萄酒之间还有一款淡红葡萄酒，该酒的特点为酒醪与带色葡萄皮的浸渍时间较短。

特级巴多利诺保证法定产区陈酿至少1年时间，酒精含量最低12度。“经典”来自产区的历史核心地区。一直到19世纪初期，酒醪一直在不透水及覆盖着石板的岩石洞穴中进行发酵。

> **主要葡萄品种**。科维纳（35%～65%）给酒带来酒体和颜色；罗蒂妮拉（10%～40%）和莫林纳拉给酒带来香气；其它品种有罗西诺拉、芭芭拉、桑娇维斯、佳甘雷卡（garganeca）、梅洛和赤霞珠。与瓦尔波利塞拉产区（见上文）的葡萄品种相同。

> **土质结构**。肥沃的冲积平原和冰碛丘陵。

> **葡萄酒品味风格**。葡萄酒呈淡红宝石色，散发着樱桃香，易饮，口感清盈且有水果香。

葡萄酒颜色： 红色和淡红色。

饮用温度： 14～15℃。

陈年潜力： 1～3年。

威尼托

索阿维法定产区（SOAVE DOC）、索阿维-雷乔托保证法定产区

出产意大利最著名的干白葡萄酒，索阿维是继基安蒂和阿斯蒂之后意大利葡萄酒的第三大产区。索阿维每年的产量超过7000万瓶，其中65%以出口为目标。“如果说在世界某处的商店里有意大利葡萄酒，那其中一定有一款产自威尼托！”威尼托产区葡萄酒联盟（Uvive）主席卢西亚诺・皮奥娜（Luciano Piona）先生开玩笑道。

索阿维是一个城市的名字，但这个单词也有“甘美、细腻”的意义。与新酒差不多，这款酒从采收当年的12月1日起就会投放市场。“经典”级别要经历更长时间的培育，主要来自历史核心地区或来自斯卡里杰利丘（Colli Scaligeri）园地。特级索阿维保证法定产区（Soave Superiore DOCG）有时在橡木桶中陈酿，因此会有香草的香气；这款酒在投放市场前至少会在瓶中停放3个月的时间。从采收后的11月1日起经过两年精心酿制的“珍酿”保证法定产区葡萄酒应至少达到12.5度的酒精含量。另外，也有一款“经典珍酿”（Riserva Classico）保证法定产区餐酒。

在同一个产区地域范围内，人们还酿制索阿维-雷乔托保证法定产区酒——一款以风干葡萄（部分脱水）为基础的特甜型葡萄酒。在开始酿造前，葡萄在干燥的环境中被悬挂起来，或是放在小箱中长达几个月的时间。3月份进行压榨时，原重100公斤的葡萄可以得到大约20升的葡萄汁，因此，这类通常装入50毫升容量酒瓶的葡萄酒价格昂贵。

> **主要葡萄品种。** 卡尔卡耐卡（Garganega，至少70%）、特雷比奥罗-索阿维（Trebbiano di Soave）和/或白皮诺和/或霞多丽（25%～30%）和其它当地白葡萄品种。

> **土质结构。** 肥沃的冲积平原。

> **葡萄酒品味风格。** 索阿维葡萄酒有着麦秆黄色，且泛着绿色和金色光泽，散发着花香的香气口中满溢着苹果、桃、柠檬、葡萄柚的香味。这是款干爽且微苦的葡萄酒。索阿维-雷乔托散溢出干杏、蜜饯、荔枝的味道，甜度适宜而不过分。

葡萄酒颜色： 白色。

饮用温度： 8～10℃。

陈年潜力： 根据质量不同［“高级”款、“珍酿”款等］1～4年。

意大利最好的葡萄酒是哪支？

据意大利葡萄酒专家协会统计，意大利共有约700 000个酿酒葡萄生产商，既有大型葡萄酒公司，也有半工小农，以及将果园里产的几筐葡萄出售给合作社的个人。当然，不是所有人都自己酿制葡萄酒，尽管在自家酿制葡萄酒还是较为常见的，但也值得从酿酒学和人类学的双重方面对此进行更为深入的研究。

如果我们将目光集中在出售的瓶装葡萄酒身上，那么，意大利最好的葡萄酒是哪支？几个排名（可在网上找到）曾尝试回答这一问题。每年，《葡萄酒观察家》的团队品尝数千支葡萄酒，并选出10～20支意大利葡萄酒进入全球百大葡萄酒（Top 100）的名单上。一支布鲁奈罗・蒙塔尔奇诺还曾在2006年时被评为世界最佳的葡萄酒。因为酒的高品质，其价格一般会在70～100美元，但《葡萄酒观察家》也选出了一些价格在12、13美元的普西哥和芭芭拉品种葡萄酒。其它著名的排名有：Festival Grand Tasting、Duemilavini dell'AIS、Espresso、Gambero Rosso、Maroni指南和Veronelli指南。Civiltà del bere杂志出版的Guida delle guide dei vini指南会汇总各类评分。

在意大利大师级葡萄酒中，按大区列举以下一些葡萄酒：

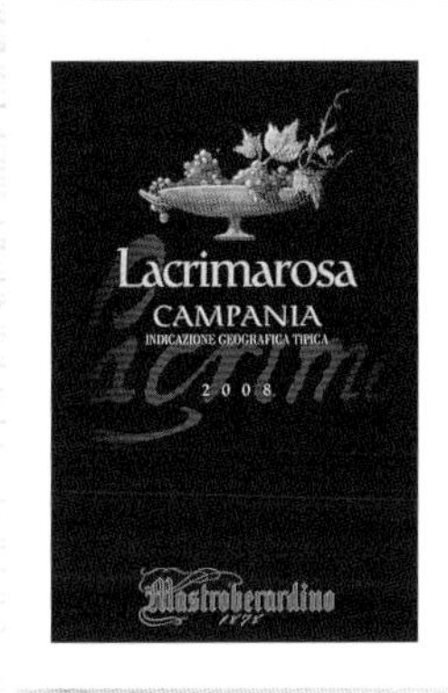

- **奥斯塔谷：** 克雷特斯酒庄（les Crêtes）。
- **皮埃蒙特：** 菲特利-卡瓦洛托酒庄（Fratelli Cavallotto）、孔特诺酒庄（Giacomo Contero）、嘉雅酒庄（Gaja）、佳科萨酒庄（Bruno Giacosa）、马惠林奥（Massolino）。
- **伦巴第：** 贝拉维斯塔酒庄（Bellavista）。
- **特伦蒂诺-上阿迪杰：** 卡迪娜-波赞诺酒庄（Cantina Bolzano）、科乐黑-卡尔藤酒庄（Kellerei Kaltern）、圣里奥纳多酒庄（Tenuta San Leonardo）。
- **托斯卡纳：** 安蒂诺里世家酒庄、特里齐奥酒庄（Castello del Terriccio）、玛莎丽酒庄（Colle Massari-Podere Grattamacco）、蒙特威汀酒庄（Montervertine）、欧娜拉亚酒庄、贝特罗酒庄（Petrolo）、卡纳西亚酒庄（Podere Il Carnasciale）、宝丽酒庄（Poliziano）、圣圭托酒庄（San Guido）、德拉仙度酒庄（Tenimenti Luigi D'Alessandro）。
- **翁布里亚（Ombrie）：** 卡普雷酒庄（Arnaldo Caprai）、科贝特罗酒庄（Còlpetrone）。
- **马尔凯：** 维伦罗斯酒庄（Ercole Velenosi）。
- **坎帕尼亚：** 加拉迪酒庄（Galardi）、马斯特巴迪洛酒庄（Mastroberardino）、蒙特维酒庄（Montevetrano）。
- **巴斯利卡塔：** 巴斯利斯科酒庄（Basilisco）。
- **西西里岛：** 安娜斯塔酒庄（Abbazia Santa Anastasia）、多纳佳塔酒庄（Donnafugata）、巴拉里酒庄（Palari）。

*意大利葡萄酒专家协会（Associazione Enologi Enotecnici Italiani），www.assoenologi.it

威尼托

科内利亚诺-瓦尔多比亚德尼普西哥法定产区（PROSECCO DI CONEGLIANO VALDOBBIADENE DOC）

无论是矿泉水还是白、桃红或红葡萄酒，意大利人都喜欢带气泡的。在意大利，尤其是北部地区，可以见到很多命名为"proseccheria"的葡萄酒酒吧，这些酒吧主要提供起泡酒。

意大利几乎各地都酿制起泡酒，但酿制普西哥起泡酒最为著名的产区当属特雷维索省（Trevise），靠近科内利亚诺（Conegliano）和瓦尔多比亚德尼（Valdobbiadene）地区。起泡酒与微起泡酒相比释放更多的气泡。产区葡萄酒有"天然"、"超干"和"干"型，至少达到10.5度的酒精含量。

> **主要葡萄品种。**普西哥、维蒂索（verdiso）、边切塔（bianchetta）、派瑞拉（perera）、霞多丽、白皮诺和黑皮诺。

> **土质结构。**肥沃的冲积平原，可以带来丰产。

> **葡萄酒品味风格。**麦秆黄色泽，气泡充足。尽管水果香丰富，普西哥还是保持着干爽的口感。

用作开胃酒和节日用酒，普西哥葡萄酒也可以作为鱼类、面食、烩饭的配酒……

葡萄酒颜色：	饮用温度：	陈年潜力：
白色。	8～10℃。	1～2年。

威尼托

瓦波利切拉阿玛罗尼法定产区（AMARONE DELLA VALPOLICELLA DOC）

威尼托的酿酒师保持了古老威尼斯流传下来的对国际贸易的敏感度。作为意大利葡萄酒的最大产地，威尼托大区的出口贸易额仅占意大利的30%。另外，威尼托也酿制少量"特色"葡萄酒，以异类酿酒方法著称，如瓦波利切拉阿玛罗尼。

手工采摘，红葡萄果串在筛子上风干1～3个月的时间，从而提高了糖分浓度。在将风干葡萄压榨和发酵后，通常会得到一款甜型葡萄酒。阿玛隆尼的酿制特点是让发酵继续进行，一直到酵母将全部糖分转化为酒精为止。因此，酿成的是一款酒精含量在15或16度的干型葡萄酒。酒的陈酿时间至少为2年。

> **主要葡萄品种。**科维纳（40%～70%）、罗蒂妮拉（20%～40%）、莫林纳拉、芭芭拉、雷格拉·汤亭拉和/或罗西诺拉和/或桑娇维斯。

> **土质结构。**肥沃的冲积平原。

> **葡萄酒品位风格。**葡萄酒有着石榴红色，带着成熟的红色水果香气，以及李子、葡萄干、樱桃果酱和辛料香（丁香、肉桂等）。葡萄酒口感浓郁，并散发出浸泡过烈酒的水果香。

葡萄酒颜色：	饮用温度：	陈年潜力：
红色。	16～17℃。	因酒精含量高，可以陈放15年。

意大利葡萄酒与美食的搭配

撒丁岛一位饭店老板的看法

提供撒丁岛特色菜肴的Fontanarosa餐厅是巴黎最为著名的意大利美食圣殿之一。餐厅的酒单上有200多款葡萄酒可供选择。餐厅主人弗拉维奥·马西亚斯（Flavio Mascia，如何给客人建议？在意大利，经常是选择与菜肴出处相同的产区葡萄酒，他是否也会做如此建议？不过，看起来不像，因为他的酒单上可不仅仅只有撒丁岛的葡萄酒。那么，他怎么进行餐酒搭配？哪些是他最喜欢的生产商？让我们来听听他的方法：

"点出酒的名字绝对是个错误。而且我们必须停止武断的总结性陈词，比如，玉米粥就要配某支酒。我建议在午餐时配支清淡的葡萄酒，晚餐时选支丰富型的葡萄酒——我并不是指酒精含量，而是指口感。通过对食客的观察，向他们提问，我尝试着了解他们是希望进行一场佳肴之旅，还是相反，以葡萄酒为中心；这两种选择各有相对应的方法。当然，还要了解他们的预算。我的建议：如果您喜欢一支葡萄酒，将它的名字记下来，然后在网上查询这家生产商，试着去了解。更好的方法是：找到这支酒酿酒师的名字，并且去了解他酿的其它酒。总而言之就是三个字：读酒标！"

特伦蒂诺-上阿迪杰

上阿迪杰法定产区-南蒂罗尔法定产区（ALTO ADIGE DOC-SÜDTIROL DOC）

这是一个有着复合名字的产区，有着一段相同的历史。这一地区直到1919年都是奥地利的领土，后来在拿破仑一世时期曾被法国统治过一段短暂的时间。今天，这里是博尔扎诺自治省（Bolzano），据统计，仅有四分之一的居民说意大利语，而且，法定产区酒标的复杂性在这里达到了顶峰。

因为要使用双语，“产区-葡萄品种名称”要用德语和意大利语进行标注，因此，上阿迪杰法定产区白皮诺（Alto Adige DOC Pinot bianco）和南蒂罗尔法定产区白皮诺（Südtirol DOC Weissburgunder）其实是同一款酒。然后还会加上六个附属产区名字中的一个：Colli di Bolzano、Meranese、Santa Maddalena、Terlano、Valle Isarco或Valle Venosta，及其德语翻译，为了迎合重要的日耳曼市场。另外，还有可能使用更为准确的地域标注，如葡萄园或酒厂。

它的复杂性还不止于此：产区允许使用20多个葡萄品种酿制单一品种酒，以及一些双品种酒（cabernet-lagrein、cabernet-merlot和merlot-lagrein），所有信息都为双语版。除此以外，这里还有“晚收”酒、起泡酒和几款桃红葡萄酒。“珍酿”这个标注用于陈酿至少2年的葡萄酒。

> 主要葡萄品种。20多个德国、意大利和法国葡萄品种，这是拿破仑旅途活生生的足迹。

> 土壤。阿尔卑斯丘陵和梯田种植的山地葡萄。

> 葡萄酒风格。白葡萄酒（产量的55%）清爽、芳香；红葡萄酒（45%）清淡、色浅。

葡萄酒颜色：	饮用温度：	陈年潜力：
白色、桃红色和红色。	白葡萄酒、桃红葡萄酒和起泡酒8～10℃； 红葡萄酒14～15℃。	1～2年。

弗留利-威尼斯朱利亚

弗留利的东部山丘法定产区（COLLI ORIENTALI DEL FRIULI DOC）

这个产区一共汇集了乌迪内省（Udine）30多种不同的葡萄酒：静态酒、起泡酒或甜酒。白葡萄酒占到了产量的60%，红葡萄酒占40%。

法定产区标出原产地（两个分产区：夏拉（Cialla）和贺山泽（Rosazzo），如果一个葡萄品种占到了85%以上，还会标注葡萄品种。因此，弗留利的东部山丘贺山泽·希伯·吉拉（Rosazzo Ribolla gialla）来自贺山泽产区，并且希伯·吉拉（ribolla gialla）白葡萄品种占到了至少85%。希望在混酿上拥有更大自主权的酒农则生产一般的弗留利的东部山丘产区白葡萄酒。红葡萄酒命名的原则相同。

弗留利的东部山丘甜酒以风干葡萄为基础进行酿制。“riserva”（珍酿）标注用在陈酿了至少2年的葡萄酒上；在夏拉地区，标注“riserva”则要求4年的陈酿。

> 主要葡萄品种。白葡萄：长相思、芳香塔明内（traminer aromatico）、弗留利·维多佐（verduzzo friulano）、霞多丽、玛尔维萨、白皮诺、灰皮诺和托凯·弗里拉诺（现在被称为弗里拉诺）；红葡萄：卡本内、品丽珠、赤霞珠、梅洛、黑皮诺、匹格诺洛（pignolo）、司棋派蒂诺（schioppettino）、黑佛斯科·罗斯汤诺（refosco nostrano）、黑佛斯科·罗梭（refosco dal peduncolo rosso）和塔泽灵（tazzelenghe）。酒农非常喜欢收集各类葡萄品种。

> 土质结构。在阿尔卑斯山和亚得里亚海之间地势非常陡峭，存在许多微气候。

> 葡萄酒品味风格。弗留利地区以清爽、矿物质香的白葡萄酒出名，酒精含量较低，得益于优秀的酿酒技术。牡蛎和较为肥硕的鱼类非常适宜与带有白色花香和柑橘香（柠檬和葡萄柚）的干白葡萄酒进行搭配。红葡萄酒清爽、轻盈且带矿物质味，尽管有着无可争辩的技术，但却没有白葡萄酒那么有名气。有些酒农进行橡木桶陈酿，得到更为浓郁、强劲风格的葡萄酒。

葡萄酒颜色：	饮用温度：	陈年潜力：
白色和红色。	白葡萄酒8～10℃； 红葡萄酒14～15℃。	1～3年。

利古里亚

五乡地法定产区（CINQUE TERRE DOC）

利古里亚（Ligurie）位于热那亚海湾旁，面积微小且呈新月形，其葡萄酒产量在意大利排倒数第二。五乡地白葡

萄酒（产量的三分之二）由酿酒高手酿制而得：与奥斯塔谷一样，葡萄树在崖壁上以梯田形式生长，不过海拔较低，阳光也更为强烈。有些沿海地区的葡萄会真的被浪花拍打，而另外一些则位于更高的山区地带。

这里共有五个地区生产葡萄酒，这也是该产区名称的来源。另外，有一个名为五乡地夏雪塔（Cinque Terre Sciacchetrà）的产区，出产风干葡萄酒。

> **主要葡萄品种。** 博斯克（Bosco，至少40%）、阿巴罗拉（albarola）和/或维蒙提诺（至少40%）和其它当地白葡萄品种。

> **土质结构。** 在山脉和地中海之间的陡峭梯田。

> **葡萄酒品位风格。** 颜色为麦秆黄色，干爽的口感，有着花香和水果香。五乡-地夏雪踏风干葡萄酒甜润可口，有着金黄色的酒裙，泛着琥珀光泽，散发着蜜和杏的香气；可以与味道强烈的奶酪、蓝霉奶酪、微甜的点心和微酸的水果相搭配。

葡萄酒颜色：	饮用温度：	陈年潜力：
白色。	干型和甜型作开胃酒时为8～12℃； 甜型酒与点心搭配时为12℃。	1～3年。

艾米利亚-罗马涅

兰布鲁斯科-索巴拉法定产区（LAMBRUSCO DI SORBARA DOC）

在艾米利亚-罗马涅广阔、肥沃的平原上，坐落着一片高产葡萄园，酿制的红葡萄酒不仅独特而且价优：兰布鲁斯科。这款酒的酿制让人想起了阿斯蒂起泡酒（又见362页）：在酵母将葡萄的全部糖分转化成酒精前，用冷却法停止发酵并进行过滤。因此，酒精的最终含量仅为8或9度，而不是11.5度。残糖为酒带来了甜润的特点。二次发酵用密封酒罐发酵来获取气泡。

这款酒远销国外，被戏称为“意大利的可口可乐”。而且，该酒成为了许多年轻人的入门葡萄酒，甜润还有气泡。兰布鲁斯科也有其它产区，如兰布鲁斯科-格斯伯-卡斯特维多（Lambrusco grasparossa di Castelvetro），85%酿自格斯伯（grasparossa）葡萄品种；还有由小生产商精心酿制的高档酒。

> **主要葡萄品种。** 兰布鲁斯科-索巴拉（lambrusco di Sorbara）、兰布鲁斯科·格斯伯（lambrusco grasparossa）和兰布鲁斯科·萨拉明诺（alambrusco salamino）。

> **土质结构。** 冲积和黏土平原。

> **葡萄酒品味风格。** 带水果香的汽酒，有果糖香气，轻盈、清爽、甜润；建议作为开胃酒饮用，搭配肉类食品和其它开胃菜，或可作甜点配酒。

葡萄酒颜色：	饮用温度：	陈年潜力：
红色和桃红色。	12～13℃。	1年。

托斯卡纳

布鲁奈罗·蒙塔尔奇诺保证法定产区

与其它有上千年传统的产区葡萄酒不同，这个产区的红葡萄酒是近期开发的一款葡萄酒，诞生在托斯卡纳的土壤上。大约在1870年，正是根瘤蚜虫肆虐的时候，弗鲁奇奥·碧安蒂·山迪（Ferruccio Biondi-Santi）重新种植了葡萄园，并且将赌注压在了一款在橡木桶中陈酿之后再装瓶的可长期陈年的葡萄酒身上；当时，当地的葡萄酒总是在年轻时就被饮用，甚至带气泡饮用。布鲁奈罗-蒙塔尔奇诺的第一个年份要追溯至1888年。这款新创葡萄酒引出了后来的“超级托斯卡纳”、西施佳雅（又见370～371页）和苏拉亚——当地其他有远见的酒农在一个世纪之后所创。

布鲁奈罗-蒙塔尔奇诺在采收后的第六年才会被交付品尝，珍酿则是在第七年。这两款酒必须在橡木桶中至少陈酿2年的时间，之后在瓶中继续陈酿。

> **主要葡萄品种。** 桑娇维斯［在当地被称为“brunello”（布鲁奈罗）］。

> **土质结构。** 石灰质黏土山丘。

> **葡萄酒品位风格。** 宝石红到石榴红色的葡萄酒，在鼻中散发出红色水果、果酱、香草和辛料的香气。口感浓郁、肉质感强，散发水果香，丹宁浓重，余味悠长。

葡萄酒颜色：	饮用温度：	陈年潜力：
红色。	16～17℃。	10～20年。

托斯卡纳

基安蒂保证法定产区

意大利最著名的红葡萄酒，以藤编大肚子瓶为标志。藤的作用是保护其在运输中不易受到破损，但今天，酒农大多将葡萄酒装在波尔多瓶型中进行销售。基安蒂产自托斯卡纳的大部分地区，另外，如果葡萄来自以下地区，还会在酒标上注明更为精确的地域来源：阿莱蒂尼丘、菲奥亨提尼山丘（Colli Fiorentini）、塞纳希山丘［（Colli Senesi），桑纳（Sienne）］、皮萨尼山丘（Colline Pisane）、皮斯（Pise）］、蒙塔巴诺（Montalbano）、蒙特斯贝多利（Montespertoli）、鲁菲纳。

带有“riserva”（珍酿）标注的葡萄酒需经过至少2年的陈酿，其中有3个月的时间在瓶中，且酒精含量最低在12度。但不要将其与“classico”（经典）标注葡萄酒进行混淆，后者产自历史核心区域，范围更小，酒瓶上有黑色公鸡的红色章印。“riserva classico”（经典珍酿）有相同的陈酿要求，但酒精含量最少为12.5度。在被称为“governo”的古老酿制工艺中，葡萄酒在经历发酵并从酒罐中流出后，会被加入一些轻微风干的葡萄，开始缓慢的二次发酵，为酒带来酒精、圆润感和少量气泡。

> **主要葡萄品种**。桑娇维斯（至少75%）、黑康奈奥罗（Canaiolo Nero）、特雷比奥罗-托斯卡纳（Trebbiano Toscano）和玛尔维萨。

> **土质结构**。托斯卡纳山丘的石灰质黏土。

> **葡萄酒品味风格**。基安蒂拥有鲜亮的红宝石色或石榴红色，散发着紫罗兰香气，口感为干型。酒中经常带有果酱、香草、肉桂甚至皮革的香气，丹宁轻而顺滑。

葡萄酒颜色：	饮用温度：	陈年潜力：
红色。	根据年份和复杂度，为15～17℃。	5～7年。

马尔凯

维蒂奇诺·耶丝城堡法定产区（VERDICCHIO DEI CASTELLI DI JESI DOC）

白葡萄品种维蒂奇诺种植在意大利的九个产区内，其中就包括耶丝城堡的维蒂奇诺优质法定产区。产自耶丝地区，酒精含量为11.5度，有气泡和passito（风干葡萄甜点酒）两个版本。如果葡萄酒陈酿至少24个月的时间，其中有6个月在瓶中，而且酒精含量至少为12.5度，那么可以带有“riserva”（珍酿）标注。起泡酒也同样可以使用这一标注。历史产区的产酒可标有“classico”（经典）；其标注“superiore”（高级）的酒需至少12度的酒精含量，“riserva classico”（经典珍酿）则为12.5度。维蒂奇诺-马泰利卡（Verdicchio di Matelica）产区葡萄酒是耶丝城堡的维蒂奇诺优质法定产区的近邻，同样在马尔凯大区内酿制。

> **主要葡萄品种**。白维蒂奇诺（Verdicchio bianco）。也可种植其它白葡萄品种，但不得超过15%的比例。

> **土质结构**。山区和海洋间的山丘。

> **葡萄酒品味风格**。在麦秆黄的酒中泛着微绿的光泽，有水果和花香。白维蒂奇诺有着清爽、干和微苦的口感。

葡萄酒颜色：	饮用温度：	陈年潜力：
白色。	8～10℃。	1～2年。

翁布里亚和拉齐奥

奥维多法定产区（ORVIETO DOC）

在罗马附近酿制，这款白葡萄酒流行于教皇、王子和罗马资产阶级之间。“classico”（经典）标注是指产自产区历史核心地带，位于产区的中央；“superiore”（高级）标注适用于至少有12度的酒精含量，且是在采摘后第二年的3月1号后才出售的葡萄酒。如果在10月1号后才采摘，那么这支奥维多法定产区酒还可标注“vendemmia tardiva”（晚收）。

> **主要葡萄品种**。格莱切多（Grechetto）、特雷比奥罗-托斯卡纳、康奈奥罗·罗斯汤诺（Canaiolo Nostrano）和其它本地白葡萄品种。

> **土质结构**。石灰质黏土山丘。

> **葡萄酒品味风格**。鼻中可以闻到花香，但葡萄酒口感较干，而且微苦。可以作为鱼类、烩饭、意大利面等的配酒。

葡萄酒颜色：	饮用温度：	陈年潜力：
白色。	8～10℃。	1～2年。

1

西施佳雅——“超级托斯卡纳”葡萄酒

“我将在这些石头上建造我的葡萄园。”这是马里欧·因奇萨·罗凯诺（Mario Incisa della Rocchetta）侯爵在1944年时的宣言。这位波尔多葡萄酒的狂热人士决定栽种波尔多品种之王——赤霞珠，因为他观察到格拉芙的土壤和他在托斯卡纳庄园——位于地中海旁锡耶纳附近的圣圭托（Tenuta San Guido）——中的一块地非常相似。在托斯卡纳方言中，“Sassicaia”（西施佳雅）意为“石头地”。这也就说明了一切。

伊始

在种植了1.5公顷的园地后，由于菲利普·罗斯柴尔德男爵直接从木桐酒庄拿了赤霞珠葡萄树送给侯爵，因此后者又多种出了1公顷的地。这是个很好的鼓励。从1948至1968年的20年间，酿出的葡萄酒仅供侯爵家族自己享用。

最初，葡萄酒并没有什么吸引力，但是，随着葡萄树龄和葡萄酒在酒窖中陈酿时间的增长，葡萄酒渐渐显示了自己的魅力。一款来自100%波尔多葡萄品种的托斯卡纳葡萄酒，引起了人们不少争议。这款新增的葡萄酒只能进入意大利等级制度中最低层的分级，即普通餐酒。

崭露头角

1977年，杂志《品醇客》在英国伦敦组织了一场世界赤霞珠品种名酒盲品会。最著名的品酒师均出席了这一活动。1974年份的西施佳雅被评为首位，领先于世界各地名酒，包括梅多克和格拉芙葡萄酒。一瞬间，这款“新近出现”、与众不同，甚至可以被称为不恰当的葡萄酒直接打入了整个酿酒传说的核心。

1983年，侯爵逝世后，他的儿子尼古罗（Nicolò）以同样的热情接过了指挥棒。终于，在1994年，一个名为宝格丽·西施佳雅（Bolgheri Sassicaia）的全新法定产区在意大利建立了起来，这是对该酒无可争辩的正式肯定。

一个模范葡萄园

目前，葡萄园共有60公顷的面积，其中85%种植着赤霞珠，15%为品丽珠。葡萄园非常分散，一块块的田地散落在石

1. 圣圭托庄园（Domaine San Guido）用于酿制西施佳雅亚酒的葡萄树。
2. 尼古罗·因奇萨·罗凯诺侯爵（Nicolò Incisa della Rocchetta），西施佳雅缔造者之子。
3. 托斯卡纳靠近宝格丽村庄的圣圭托宫（Pabs San Guido）。
4. 2004年份西施佳雅的酒标，带有因奇萨·罗凯诺家族的徽章。

头山丘上，保护了葡萄树不受海风的侵扰。葡萄园对葡萄树仅进行以波尔多液为基础的处理。葡萄田附近的许多小树林都驻扎着葡萄树害虫的天敌。除了这些优点以外，还要时刻注意通过修剪和“绿色采摘”等方式来避免产量的过剩，以防止其对葡萄集中度和质量产生不良影响。

精心的酿制和持久的陈酿

在严格遵守所有注意事项下进行完采收和酿制后，新酒在225升的橡木桶中开始陈酿。葡萄园每年都会更新40%的橡木桶。制桶的橡木来自法国阿列省（Allier）的森林——为了陈酿出优雅的葡萄酒，该产区的橡木是世界公认的法宝。

葡萄酒在桶中陈酿24个月。在装瓶后，还会在瓶中沉睡6个月的时间，之后才会被运往世界各地。

陈年佳酿

西施佳雅被看作和一款伟大的波尔多葡萄酒一样。尽管有着波尔多酒的特点，该酒还是展现出一种拉丁式的优雅和魅力。一款仅由赤霞珠和品丽珠酿制而得的葡萄酒，展现出的很可能是严谨，甚至是刻板的特征。但地中海的气候将这一甘露转化成了一款无比甜美的葡萄酒。时间和耐心完成了剩下的工作，为葡萄酒带来了无与伦比、美妙绝佳的和谐度。

如波尔多的远房亲戚，西施佳雅在达到顶峰前需要等待8～12年的时间，因此，酒就需要陈放在一个无可挑剔的酒窖中。在大年时，她的陈年潜力可以达到几十年，而不会展现出任何弱点。

情感的巅峰

虽然在著名的盲品会上西施佳雅成为了佼佼者，但是，当她身处在兄弟队列之中，是否可以轻易地将其辨认出来？最为著名的品酒师都主动承认这确实不太容易。所有的名酒都有让人们享受且让情感得到展现和释放的共同点。现在，这款忠实于丰富文化土壤的托斯卡纳名酒已经登上了世界最优秀葡萄酒的殿堂。

阿布鲁佐

蒙特比卡诺-阿布鲁佐法定产区

蒙特比卡诺（与托斯卡纳的一个城市同名）葡萄品种在意大利的许多大区内都有种植，也参与了100多款法定产区葡萄酒的酿制，但阿布鲁佐给这一品种保留了一个特殊地位。

阿布鲁佐的蒙特比卡诺法定产区葡萄酒有至少11.5度的酒精含量，并且必须要经过5个月的陈酿。“riserva”（珍酿）款指的是至少有12.5度的酒精，且在酒罐中陈酿2年的葡萄酒。

蒙特比卡诺-泰拉莫山丘（Montepulciano Colline Teramane）保证法定产区是一款高档酒，在泰拉莫（Teramo）地区进行酿制，酒精含量为12.5度。该酒至少经历2年的陈酿，其中至少1年在橡木或栗木桶中陈酿，之后在瓶中放置6个月的时间。“珍酿”需陈酿3年。

> 主要葡萄品种。蒙特比卡诺。条例规定可以与另一葡萄品种进行混酿，但不得超过15%，通常为桑娇维斯。

> 土质结构。从亚平宁山脉（海拔最高为2914米）到亚得里亚海之间，有石灰质黏土、冲积土、沙土和石子地。

> 葡萄酒品味风格。阿布鲁佐的蒙特比卡诺葡萄酒有浓郁的宝石红色，散发着红色水果、甘草和辛料的香气。葡萄酒有强劲的口感、丰富的果味和丹宁。

葡萄酒颜色：	饮用温度：	陈年潜力：
红色、樱桃红色。	16～17℃。	10年或更多。

阿布鲁佐

特雷比奥罗-阿布鲁佐法定产区（TREBBIANO D'ABRUZZO DOC）

同大部分产区名称一样，这个名称也是葡萄品种和地域的结合。特雷比奥罗是一个白葡萄品种，还有许多其它名称，如bombino bianco和pagadebit。产区跨越了阿布鲁佐大区内的四个省：艾奎拉（Aquila）、基耶蒂（Chieti）、佩斯卡拉（Pescara）和泰拉莫。从亚得里亚海一直延伸至亚平宁山脉，因此，产区包含着多样的地理条件。

> 主要葡萄品种。特雷比奥罗-阿布鲁佐和/或特雷比奥罗-托斯卡纳（至少85%），以及其它当地白葡萄品种。

> 土质结构。在沿海平原和山区之间，可以见到多种土壤：石灰质黏土、冲积土、沙土和石子地。

> 葡萄酒品味风格。特雷比奥罗-阿布鲁佐是一款容易入口的葡萄酒，有麦秆黄色且泛着绿光的酒裙。鼻中香气浓郁，有果香、花香，但口感较干。

葡萄酒颜色：	饮用温度：	陈年潜力：
白色。	10～12℃。	1～2年。

坎帕尼亚

格雷克-都福保证法定产区（GRECO DI TUFO DOCG）

同菲亚诺（fiano）、阿利亚尼克和法兰吉娜一样，格雷克（greco）也是一个正濒临灭绝的当地葡萄品种，坎帕尼亚的生产商，如Mastroberardino或Francesco Paolo Avallone［马蒂尔德村（Villa Matilde）］却再次让它流行了起来。

格雷克-都福是一款白葡萄酒，在那不勒斯东北部的都福（Tufo）附近酿制。这款葡萄的名字让人不禁想起意大利葡萄种植业的希腊血源。产区还有“天然”或“绝干”的起泡酒，通过在瓶中的二次发酵方式酿制。

> 主要葡萄品种。格雷克和白狐狸尾（coda di volpe bianca）至少占85%，与其它当地白葡萄品种混酿。

> 土质结构。火山土和冲积土。

> 葡萄酒品味风格。格雷克-都福呈金色的麦秆黄色，鼻中散发着桃子和菠萝的水果香气，口中有宜人的酸度和显著的柠檬味。人们既可以将其作为佐餐酒，也可以因其具有的清爽感和丰富的香气而将其作为开胃酒。

葡萄酒颜色：	饮用温度：	陈年潜力：
白色。	8～10℃。	2～3年。

坎帕尼亚

陶莱西保证法定产区（TAURASI DOCG）

这款浓烈的红葡萄酒酿自单一品种——阿利亚尼克，有时也与其它红葡萄品种进行混酿。该酒在那不勒斯东部的阿韦里诺省（Avellino）酿制。该保证法定产区要求至少3年的陈酿（其中1年在木桶中），“riserva”（珍酿）标注为4年。最低酒精含量分别为12度和12.5度。

> **主要葡萄品种**。阿利亚尼克。

> **土质结构**。火山土和冲积土。

> **葡萄酒品味风格**。葡萄酒在年轻时就有着典型陈年酒的红宝石色，泛着橙黄光泽。香气浓郁，散发出黑樱桃、肉桂、香草和肉豆蔻的香气，并且有不错的丹宁结构。

葡萄酒颜色： 红色。

饮用温度： 16～17℃。

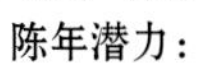

陈年潜力： 10年或更久。

普利亚

蒙特堡法定产区（CASTEL DEL MONTE DOC）

巴里省（Bari）内的标志性建筑物之一将其名称赋予了普利亚大区这款法定命名葡萄酒。产区葡萄酒的命名也是一场真正的建筑业游戏。

阿利亚尼克–蒙特堡（Castel del Monte Aglianico）葡萄酒包含至少90%的阿利亚尼克品种；“riserva”（珍酿）款应经历至少2年的陈酿，其中1年在木桶中。根据同样的逻辑，产区有红和桃红葡萄酒，如下：astel del Monte Bombino nero、Castel del Monte Cabernet、Castel del Monte Pinot nero、Castel del Monte Uva di Troia。Castel del Monte rosso（红）普通产区酒拥有至少65%的阿利亚尼克或蒙特比卡诺或托雅（uva di Troia）品种，并与其它红葡萄品种进行混酿，但不得超过35%。

白葡萄酒的体系以相同理念构建。如果蒙特堡产区名字中带有葡萄品种，那么该品种需要有超过90%的含量。Castel del Monte bianco（白）这一产区普通葡萄酒有至少65%的白博比诺（Bombino Bianco）或霞多丽或班帕（Pampanuto），并与其它当地白葡萄品种进行混酿。

> **主要葡萄品种**。白葡萄品种有白博比诺、霞多丽、白皮诺和长相思；红葡萄品种有阿利亚尼克、粉红阿利亚尼克（aglianico rosato）、黑博比诺（bombino nero）、赤霞珠、黑皮诺和托雅。

> **土质结构**。石灰岩、砾石和冲积土。

> **葡萄酒品味风格**。这个产区价廉的葡萄酒从总体来说展示出了一系列当地葡萄品种的特点，尤其是并没有经过很多修饰的葡萄酒（除了“珍酿”外）。

葡萄酒颜色： 白色、桃红色和红色。

饮用温度： 白葡萄酒和桃红葡萄酒8～10℃；红葡萄酒14～15℃；“珍酿”款16～17℃。

陈年潜力： 白葡萄酒和桃红葡萄酒1年；红葡萄酒和“珍酿”款3年。

卡拉布里亚

西罗法定产区（CIRÒ DOC）

卡拉布里亚葡萄酒拥有久负盛名的历史；考古学家在这里发现了陶罐的遗迹，被推断用于葡萄酒的运输。这是一个有着多样微气候的山区，从山脉到伊奥尼亚海（Ionienno）岸边再到第勒尼安海（Tyrrhénienne）沿岸。西罗法定产区处于沿海的低矮丘陵地带。

近年来，卡拉布里亚改变了过去只生产过熟、氧化、酒精浓烈的葡萄酒的情况。由于现代酿制工艺方法的使用以及对发酵温度的控制，西罗法定产区葡萄酒成功突出了葡萄酒的果香和清爽。“classico”（经典）标注用于来自奇罗（Cirò）和奇罗–马里纳（Cirò Marina）的历史核心地区的葡萄酒。高级“superiore”意味着酒精含量超过13.5度，珍酿“riserva”则指葡萄酒经历了2年的陈酿。

> **主要葡萄品种**。至少95%的佳琉璞（gaglioppo），有时也与如特雷比奥罗–托斯卡纳和白格雷克（greco blanc）在内的白葡萄品种进行混酿。产区内90%均为红葡萄酒或桃红葡萄酒。

> **土质结构**。亚平宁石灰岩、大量的花岗岩和冲积土。

> **葡萄酒品味风格**。葡萄酒有着浓郁的宝石红色。鼻中散发着红色水果、浆果、果酱的香气。口感较干、强劲、较烈、柔滑。

葡萄酒颜色： 红色。

饮用温度： 15～16℃。

陈年潜力： 3～5年（“珍酿”款可以至10年）。

撒丁岛

卡诺娜-撒丁岛法定产区

撒丁岛曾长期被西班牙人占领，其标志性的红葡萄酒酿自卡诺娜葡萄品种。该品种来自西班牙，在法国被称为红歌海娜。

卡诺娜法定产区（DOC Cannonau）共有三个子产区：Oliena、Capo Ferrato和Jerzu。葡萄酒至少陈酿7个月的时间，酒精含量至少为12.5度。“珍酿”则经历了2年的陈酿，且有至少13度的酒精含量。产区内也酿制一款桃红葡萄酒。

> **主要葡萄品种。**卡诺娜和其它当地品种。

> **土质结构。**种类复杂：罗马时代的石灰质黏质沉积土、花岗岩；平原地带为第三纪火山岩和第四纪的冲击土。

> **葡萄酒品味风格。**葡萄酒有着从宝石红到石榴红的色泽，且有着成熟水果和辛料的香气。葡萄酒口感较干，丹宁浓重，且呼应了鼻中闻到的果酱香气，余味悠长。

葡萄酒颜色：
红色和桃红色。

饮用温度：
桃红葡萄酒8～10℃；
红葡萄酒16～17℃。

陈年潜力：
桃红葡萄酒1～2年；
红葡萄酒3～5年。

西西里岛

阿尔卡莫法定产区（ALCAMO DOC）

位于特拉帕尼省（Trapani）和巴勒莫省（Palerme），阿尔卡莫产区有很多种葡萄酒：白葡萄酒、红葡萄酒、桃红葡萄酒、起泡酒（白和粉红）、“晚收”、新酒……

“classico”（经典）标注特指产自历史核心地带的葡萄酒，“riserva”（珍酿）则用在超过平均时长的陈酿酒上。如果产区名称旁注明了葡萄品种，那么该品种在酒中至少占到85%。因此，阿尔卡莫·格来卡尼科（Alcamo Grecanico）意味着酒中有至少85%的格来卡尼科品种。白阿尔卡莫（Alcamo Bianco）法定产区葡萄酒是卡特瑞多（至少60%）、英佐利亚（Inzolia）和地区内其它白葡萄的混酿酒。

> **主要葡萄品种。**白葡萄品种有英佐利亚（也称ansonica）、卡特瑞多、霞多丽、格来卡尼科、格里洛（grillo）、米勒-图高和长相思；红葡萄品种有赤霞珠、卡拉布雷斯（calabrese）或黑阿沃拉、梅洛、西拉。

> **土质结构。**火山土、石灰岩、黏土和沙土。

> **葡萄酒品味风格。**阿尔卡莫白葡萄酒有着浅麦秆黄色，泛绿色光泽，还有着水果香。口中可以感受到轻微的酸度和清爽感。红葡萄酒更为多样化。

葡萄酒颜色：
白色、桃红色和红色。

饮用温度：
白葡萄酒和桃红葡萄酒8～10℃；
红葡萄酒根据复杂度为14～17℃。

陈年潜力：
白葡萄酒和桃红葡萄酒1～2年；
红葡萄酒3年。

西西里岛

马沙拉法定产区（MARSALA DOC）

如何将葡萄酒安全运到远方而确保这些酒不会在中途再次发酵或变成醋呢？最为古老的一个解决办法就是用葡萄烈酒来“巩固”，酒精扮演了防腐剂的角色。在18世纪，英国商人约翰·伍德豪斯（John Woodhouse）用这种方法将马沙拉葡萄酒出口到了英国和世界各地。

这款酒精加强型且加入了甜葡萄浓缩汁的葡萄酒丢掉了一些盛名，因为甜葡萄酒不再流行，而且作为厨房用酒一直让人看低一等。

马沙拉分为“精品”（fine）（1年）、“高级”（superiore）（2年）、“高级珍酿”（superiore riserva）（4年）、“特酿”（vergine）和/或“索莱拉”（5年），以及“陈年索莱拉”（soleras stravecchio）（10年）。

> **主要葡萄品种。**白葡萄品种有格里洛、卡特瑞多、英佐利亚和达马斯奇诺（damaschino）；红葡萄品种有比耐泰洛（pignatello）、卡拉布雷斯、奈莱洛·马斯卡斯（nerello mascalese）和黑阿沃拉。

> **土质结构。**火山土、石灰岩、黏土和沙土。

> **葡萄酒品味风格。**白葡萄酒有着金黄和琥珀色泽，红葡萄酒则为红宝石色。马沙拉的典型香气为水果蜜饯和浸过烈酒的水果香味。口感由“干”[尽管也有甜味（少于40克/升）]到“半干”（41～99克/升），再到“甜”（超过100克/升）。

葡萄酒颜色：
白色（琥珀色）和红色。

饮用温度：
作开胃酒时为6～8℃；配甜点时为14～15℃。

陈年潜力：
根据种类不同5～20年不等。

埃特纳火山脚下的“天然”葡萄酒

弗朗克·科纳利森（Frank Cornelissen）是“天然”或“自然”葡萄酒的缔造者之一。这类葡萄酒通常以有机葡萄为基础，而且，从葡萄树到装瓶整个过程中将人工干预控制到了最少。“无人工酵母、未过滤、无二氧化硫”的葡萄酒在色泽上较混浊，有略带醋味的宜人清爽感，人们将其命名为“挥发酸”。

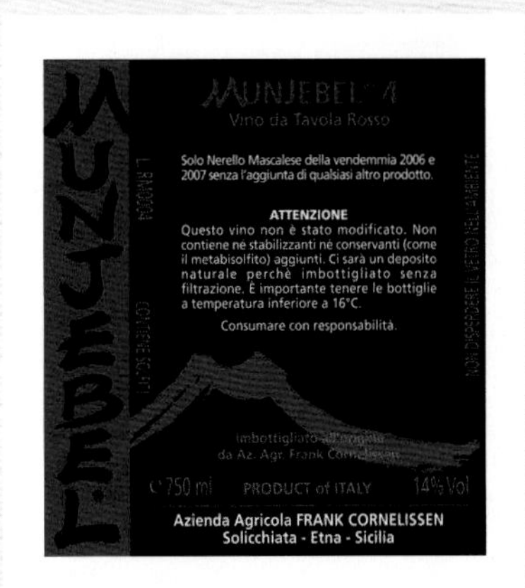

在埃特纳火山附近的酿酒车间，Frank斟满了一杯酒，并将一根手指伸进了杯中。葡萄酒顺着酒杯溢出了一些。“如果我们加入一些东西，那么我们必然会丢掉另外一些。”没有化肥，也没有人工处理，他的葡萄园有着非常低的产量，10公顷仅酿成10 000瓶。“我不对葡萄树做任何处理，因为我希望葡萄树可以自己抵御。我的葡萄酒也一样。对于没有硫保护的葡萄酒来说，需要有较高的浓度和矿物质含量才得以保存。”收获后，为了让葡萄汁在陶罐中开始发酵，他不用任何商业人工酵母菌：“我的酵母在酒窖的空气中。”他得到了强烈型的葡萄酒，带有复杂的花香、果香和矿物质香。弗朗克·科纳利森95%的产量用于出口，每瓶价格为10～150欧元。

西西里岛

埃特纳法定产区（ETNA DOC）

教皇西斯都五世的医生——安德利亚·巴奇（Andrea Bacci）在1596年出版的研究文献《葡萄酒自然史》（*De Naturali vinorum historia*）中已经记载了卡塔尼亚（Catane）火山灰土壤非常适宜发展农业。这一山区以黑色沙土为主，而且有着非常富饶的矿物质含量。埃特纳——欧洲最大的火山，同时也是世界上最活跃的火山之一，海拔高达3 345米。火山创建了一个湿润的微气候，并提供了肥沃的土壤。

埃特纳产区在米罗镇（Milo）上（与希腊同名雕塑米罗的维纳斯完全无关！）酿制三种颜色的葡萄酒。

> **主要葡萄品种。**白葡萄品种有卡利坎特（carricante）和普通白卡特瑞多（catarratto bianco comune），以及一些特雷比奥罗和白米讷拉（minella bianca，埃特纳白葡萄酒“superiore”酿自卡利坎特）；酿造红葡萄酒和桃红葡萄酒的品种有马斯卡斯·奈莱洛和奈莱洛·曼泰莱托（nerello mantellato）或卡普西奥（cappuccio），桃红葡萄酒可以使用一小部分白葡萄品种。

> **土质结构。**火山土。

> **葡萄酒品味风格。**白葡萄酒有麦秆黄色，泛绿色或金色光泽；口感干爽，有果味；酒精含量至少为11.5度。高级“superiore”白葡萄酒有至少12度的酒精含量。红葡萄酒为宝石红色，有辛料和红色水果（李子、黑醋栗）香气，口感较干、饱满。桃红葡萄酒有果香，清淡、爽口。

葡萄酒颜色：
白色、红色和桃红色。

饮用温度：
白葡萄酒和桃红葡萄酒8～10℃；
红葡萄酒14～16℃。

陈年潜力：
白葡萄酒和桃红葡萄酒2～3年；
红葡萄酒3～5年。

潘泰莱里亚岛

莫斯卡托-潘泰莱里亚法定产区（MOSCATO DI PANTELLERIA DOC）

这款没有添加酒精的“天然甜葡萄酒”很早就造就了小岛的名气，葡萄酒也向欧洲出口。位于西西里岛和非洲之间，潘泰莱里亚岛葡萄园中的葡萄串成熟迅速，而且很容易就在葡萄树上或是在采收后风干脱水。这款白麝香葡萄酒有着至少15度的酒精含量。不要把这款酒与潘泰莱里亚风干葡萄利口酒（Pantelleria passito liquoroso）相混淆，后者酿自风干葡萄，是一款在酿制过程中加入了酒精的加强型葡萄酒。

> **主要葡萄品种。**亚历山大麝香葡萄，又被称为Zibibbo。

> **土质结构。**火山土。

> **葡萄酒品味风格。**这款甜白葡萄酒有着非常浅的金黄色泽，散发着浓郁、典型的麝香葡萄香气，口中充满着干果、杏和蜜的味道。莫斯卡托可以作为开胃酒。甜白葡萄酒搭配鹅肝的爱好者们也会喜欢这款酒。还有人会将这款酒搭配不太甜、甚至带酸味的甜点，如李子蛋挞。另一类优雅的搭配：蓝霉奶酪、雪茄……

葡萄酒颜色：
白色。

饮用温度：
8℃。

陈年潜力：
1～2年。

西班牙

La Corogne
GALICE
Oviedo
ASTURIES
Santander
Txakoli de Bizkaia
Txakoli de Getaria
Saint-Sébastien
Bilbao
PAYS BASQUE
Saint-Jacques-de-Compostelle
CANTABRIQUE
Rías Baixas
Ribeira Sacra
Biérzo
León
Vitoria
Pampelune
NAVARRE
Ribeiro
Vigo
Miño
Valdeorras
Burgos
Logroño
Navarre
Rioja
Pyrénées
Somontano
Ampurdán-Costa Brava
Monterrei
CASTILLE-LEÓN
LA RIOJA
Huesca
CATALOGNE
Costers del Segre
Pla de Bages
大西洋
Cigales
Valladolid
Douro
Ribera del Duero
Campo de Borja
Èbre
Saragosse
Lérida
Alella
Barcelone
Toro
Rueda
Cariñena
Priorato
Tarragone
Salamanque
Calatayud
Terra Alta
Penedès
Mondéjar
ARAGÓN
MADRID
Tage
Tarragone
Conca de Barberà
Madrid
Los Vinos de Madrid
葡萄牙
Méntrida
Tolède
Utiel Requena
VALENCE
La Mancha
地中海
ESTRÉMADURE
CASTILLE-LA MANCHE
Valence
Júcar
Mérida
Guadiana
Almansa
Valencia
Ribera del Guadiana
Valdepeñas
Valdepeñas
Jumilla
Alicante
Yecla
Alicante
Bullas
Cordoue
MURCIE
Murcie
Condada de Huelva
Guadalquivir
Genil
Montilla-Moriles
Binissalem
Huelva
Séville
ANDALOUSIE
Palma
Grenade
MAJORQUE
Jerez/Xérès
Jerez de la Frontera
Málaga
Málaga
Pla í Llevant
Cadix
ÎLES BALÉARES
葡萄酒产区
法定产区（DO）
优质法定产区（DOC）
自治区界线
边境
N
0
100
200 km
Océan Atlantique
Lanzarote
Valle de la Orotava
Tacoronte-Acentejo
La Palma
Valle de Güímar
Ycoden Daute-Isora
Abona
El Hierro
CANARIES
N
0
100 km

西班牙的葡萄园

在沉寂了一段相当长的时期之后，今天，西班牙已成为世界上最优质的葡萄酒产区之一。如何解释这一成功？认真研究风土、种植和与当地产区相适应的本土葡萄品种，以及在葡萄种植和葡萄酒酿造方面取得的进展造就了西班牙的成功。

昨天和今天

丰富且古老的历史。西班牙葡萄园的历史是由战争、十字军东征以及一代又一代人一点一滴建造扩大而成的。公元前7世纪，腓尼基人为西班牙带来了第一棵葡萄树，特别是对马拉加和加的斯（Cadiz）地区而言。

之后，在公元前3世纪末期，随着罗马人的到来，西班牙人从他们手中学到不少葡萄树的修剪技术，以及葡萄酒的发酵方法和培育方法，只不过当时不是在橡木桶中，而是在双耳尖底瓮中进行的。拥有奢华浓郁香气的亚历山大麝香葡萄相传是由阿拉伯人在8世纪时从马格里布（Maghreb）带到西班牙的。

根瘤蚜虫害时期。当害虫攻击到西班牙葡萄园时，人们已经找到了解决方案：将欧洲品种嫁接在可以抵御这类害虫的美洲砧木上。果农们纷纷开始重新种植葡萄树，今天最为著名的酒庄都可以追溯回这一时期。

近期的发展。20世纪下半叶，西班牙曾经主要生产散装葡萄酒的不知名生产商开始大幅度提升葡萄酒的品质。

20世纪70年代，里奥哈的葡萄酒开始大量出口，其它酒庄也紧随其后，如维加–西西利亚（又见386 ~ 387页），然后是瓦尔德佩纳斯（Valdepeñas）和加泰罗尼亚（Catalogne）的葡萄酒。80年代，西班牙葡萄酒经历了一场彻底的质量革命，葡萄园格局也发生了变化。在这个拥有17个自治区的国家，每个自治区的葡萄酒都有着各自独特的风格。

西班牙葡萄园的基本数据

种植面积：1 174 000公顷
年产量：3 817 300 000升
红葡萄酒：52%
白葡萄酒：24%
桃红葡萄酒：17%
起泡酒：4.5%
加强型葡萄酒：2.5%
（国际葡萄与葡萄酒组织，2006）

>加泰罗尼亚地区的梯田葡萄园。

地理和气候

> 安达卢西亚冈萨雷-比亚斯家族酒庄的葡萄树。

西班牙有一个海拔650米的广袤的中央高原［梅塞塔（Meseta）］，四周以山脉为界。最为优质的葡萄酒都酿自高海拔（里奥哈产区达到500米）种植的葡萄品种。这些葡萄园拥有很好的光照，且不会受到炎热天气或寒冷夜晚的困扰。西班牙的大多数名酒都产自马德里北部，也就是由西向东的加里西亚、杜罗（Douro）河谷（杜罗河）、埃布罗河（Èbre）和加泰罗尼亚地区。最佳的种植地点经常位于土壤相对贫瘠且底土为黏土的山谷之中，而埃布罗河谷和杜罗河谷却有着丰富的冲积土。

西班牙的气候也有着同样的多样性：西部受大西洋的影响，较为清凉、潮湿；中部和北部地区为大陆性气候，夏季高温，冬季寒冷；加泰罗尼亚海岸则是地中海的气候。

葡萄园的格局

西班牙葡萄园的面积是世界上最大的，几乎所有地方都种有葡萄树。

加里西亚和巴斯克地区。这里有西班牙最靠北部的葡萄园。大西洋对当地的气候、经济（以渔业为主）和葡萄酒都产生了影响。葡萄酒则以轻盈的干白葡萄酒为主，非常适宜搭配鱼肉饮用。

纳瓦拉、里奥哈和阿拉贡（ARAGON）。同样位于北部地区，地处埃布罗河谷的高地。这些地区主要酿制强劲且可以长期陈放的红葡萄酒，以及力量型的白葡萄酒。

加泰罗尼亚。位于埃布罗河的河口。加泰罗尼亚的葡萄种植文化较为特殊，当地渔业的重要性和地中海的气候特征将其自然地引向了白葡萄酒的酿制。这一地区也是西班牙起泡酒——卡瓦的摇篮。

卡斯蒂利亚-莱昂。这是杜罗河谷的一个传统葡萄园。大陆性的气候特征由于靠近河流而变得较为温和。这里的红葡萄酒肥硕、强劲，白葡萄酒也是酒体鲜明。神秘的杜埃罗河岸葡萄酒就是在这里酿制的（又见384页）。

安达卢西亚。位于西班牙的最南端，由一个单独且广阔的自治区构成。传奇般的雪利酒就是在这里在酵母膜下经过长时间陈酿而得的（又见76页）。蒙蒂亚-莫利雷斯和孔达多·德·韦尔瓦（Condado de Huelva）两个产区酿制酒精强化或非强化型甜葡萄酒，以及一些干型酒，品质正在稳步提升。此外，尽管差一点消失（又见380页文字框内容），马拉加现在仍继续酿制着种类广泛的甜型葡萄酒。

其它产区。虽然西班牙最优质的葡萄酒都来自上文提到的国家北部地区，但中部和南部地区也种植着很多葡萄树。卡斯蒂利亚-拉曼恰（Castille-La Manche）广阔的平原、位于梅塞塔高原的马德里产区（Vinos de Madrid），以及包括了瓦伦西亚（Valence）和穆尔西亚（Murcie）两个自治区的莱万特（Levante）产区，主要出产日常消费的葡萄酒。另外，西班牙群岛、巴利阿里（Baléares）群岛和加那利（Canaries）群岛也生产少量的葡萄酒。

您未必了解的小知识

西班牙是欧洲葡萄酒单位面积产量控制得最低的国家之一。确实，西班牙葡萄酒平均产量为2500升/公顷，这一数字与其邻国相比真是低了不少（法国平均为7000升/公顷），令人惊讶。这一现象主要是因为在不同的葡萄种植区内有着非常高龄的葡萄树，而且恶劣的气候条件也让葡萄的生存变得艰难，不过，这对葡萄酒却是好事。

葡萄品种：保存至今的遗产

西班牙成功地将当地的葡萄品种保留了下来，这也成为了该国葡萄酒业的一个纪念。这些葡萄品种将产区特征展现到了极致，也让葡萄酒浸染上了许多个性。

阿依伦（airén）。我们可以在西班牙南部——卡斯蒂利亚-拉曼恰超过420 000公顷的土地上找到这一白葡萄品种（世界种植最多）。该品种酿出的葡萄酒非常清爽，且芳香无比。

阿尔巴利诺。个性强，经常与白皮诺、长相思，甚至维奥涅进行对比。这个白葡萄品种有着极为复杂的香气，时而让人想起异域水果，时而让人想起高贵的花香。种植在西班牙的西北部加里西亚，大部分位于下海湾产区。

卡利涅纳（cariñena）。在法国以佳利酿的名字为人所知，这一红葡萄品种在加泰罗尼亚种植得非常广泛。该品种为葡萄酒带来有巧克力味的黑色水果的诱人芳香，以及浓郁、复杂的口感。该品种在混酿普里奥拉托产区名酒时总占有一席之地。

格德约（godello）。被忽视了几年后，这一白葡萄品种近期又开始重放异彩。其甘美的触感，以及燧石和砾石的矿物质香气深受人们喜爱，常见于瓦尔德奥拉斯（Valdeorras）、比埃尔索（Bierzo）等产区。

门西亚（mencia）。这一红葡萄品种在葡萄酒的早期就散发出酸甜的红色水果香气，预示着口中将享受到极致的美味。该品种较为偏爱的产区为蒙特雷依（Monterrei）、瓦尔德奥拉斯、里贝罗（Ribeiro）和加里西亚萨克拉河岸（Ribeira Sacra）。

帕罗米诺和百多·西门耐。这对默契十足的白葡萄品种在赫雷斯（Xérès）产区十分常见：帕罗米诺为酒带来了天然的活泼，而被当地称为“PX”的百多·西门耐则展现出各类芳香，且总能带来甘甜之感。

丹魄。如果只能记住一个葡萄品种，那丹魄一定是不二的选择。该红葡萄品种是西班牙葡萄种植业的标志旗帜，为葡萄酒带来深浓的色泽、总是强劲的丹宁结构，且并不缺乏清爽感，构成了华丽的平衡感。该品种在杜埃罗河岸产区展现得最为完美，酿制出了真正的奇迹之酒。此品种的其它名称有：费诺红葡萄（tinto fino）、森希贝尔（cencibel）、国之红葡萄（tinto del pais）、托罗红葡萄（tinto de Toro）、马德里红葡萄（tinto de Madrid）……

正确还是错

大多数西班牙白葡萄酒都有着阳光过度照射和高酒精含量的特点。

错误。在如加里西亚或是巴斯克地区的北部产区，可以见到特点清新且酒精浓度较低的葡萄酒，这些酒充满了柑橘香和花香，就如下海湾或查科李（Txakoli）产区的葡萄酒。

>陶瓷上绘制的马拉加葡萄酒广告。

葡萄酒的风格

西班牙不仅以强化葡萄酒闻名于世，如雪利酒，还酿制从最普通到最为优质的红、粉红、白和起泡葡萄酒。

带有略酸丹宁的清脆型红葡萄酒是加里西亚萨克拉河岸和蒙特雷依两个产区的代表作品。结构和丰腴感强的葡萄酒

幸存于世的马拉加葡萄酒

安达卢西亚用烈酒勾兑葡萄酒得到的加强型葡萄酒——马拉加酒曾经差点消失于世。当地的葡萄种植业受到休闲地产和市场对葡萄干强烈需求的威胁。自1980年起，新一代酿酒师接过了这一产区的大旗。马拉加是一款甜白葡萄酒，混合了甜酒、糖浆和浓缩葡萄汁，因而复杂、甜柔。这类酒在栗木桶中陈酿，使用与雪利酒相似的索莱拉系统（又见76页）。酒的质量取决于长期的木桶陈酿。最为优质的酒可以在瓶中保存几十年，甚至几百年。这类酒根据陈酿时间的长短分为以下几种：马拉加（6~24个月）、高贵马拉加（Málaga Noble，2~3年）、老马拉加（Málaga Añejo，3~5年）和陈年马拉加（Málaga Trasañejo，5年以上）。另外，还可以根据颜色来对酒进行分类，从金黄（dorado）到黑（negro）。

自1995年起，在这一产区也可以酿制不经人为提升酒精含量的干型白马拉加（Málaga Blanco Seco）和天然甜白葡萄酒。另外，还可以在马拉加山脉产区（Sierras de Málaga）内酿制三种颜色的干型葡萄酒。

>纳瓦拉，靠近埃斯特亚（Estella）的艾瑞卓娜（Señorío de Arinzano）酒庄的陈酿酒窖。

则主要是在普里奥拉托（又见388页）、托罗（Toro，又见383页），甚至杜埃罗河岸（又见384页）产区。有些产区，如下海湾（又见382页）、查科李（又见382页）以及纳瓦拉或里奥哈（又见385页）产区，酿制清新活泼的干白葡萄酒。另外，佩内德斯、纳瓦拉或穆尔西亚还收获最为优质的风干型白葡萄酒和红葡萄酒。

卡瓦——拥有明亮气泡的起泡葡萄酒，则主要产自加泰罗尼亚（又见391页）。该酒的酿制工艺与香槟相同，但所用的葡萄品种却大相径庭。

闻名于世的雪利酒——一种酒精强化型白葡萄酒，虽然最初为干型，现在也已发展成为从最干型至最甜型的多种风格。这类酒非常受英国人的喜爱（被命名为雪利酒），其迷人的口感源自特殊的酿制工艺——在被称为"flor"的酵母膜下酿制而得（又见76和390页）。该酵母膜仅在世界上另一个地方——汝拉地区获得自然生长，也成为了酿制黄葡萄酒的必要条件（又见309页）。

特殊顶级葡萄酒

西班牙产区的等级系统（又见98页）与法国的非常类似。特优级葡萄酒位于这一质量金字塔的最顶层，也被称为"风土葡萄酒"（Vins de Terroir），相当于是独家葡萄酒。因为在这类面积非常有限的土壤上有着非常明确的微型气候，在多年的观察、品酒后才确定了这类地区的划分，因此，这些葡萄酒经常是单一酿酒师的工作成果。这类葡萄酒相当于在法国倍受品酒人推崇的"单一持有产区"（即这些产区内葡萄园的持有者为一人），如勃艮第的罗曼尼·康帝、罗纳河谷的格里耶堡和卢瓦尔河谷的赛龙河坡酒庄。特优级葡萄酒主要位于卡斯蒂利亚-莱昂，最为著名的当属格里农侯爵（Marqués de Griñón）、曼奴埃尔·曼萨内克（Manuel Manzaneque）、瓦尔德布萨酒庄（Dominio de Valdepusa），又或是芬卡·艾丽（Finca Elez）。

西班牙最著名的葡萄酒产区和葡萄酒

西班牙葡萄酒业非常活跃，生产类型广泛的葡萄酒，在国际市场上欣欣向荣。以下列举从北到南的主要产区及其特征。

巴斯克地区

查科李法定产区（TXAKOLI DO）

这一产区在被称为“绿色西班牙”的巴斯克中心地带，位于毕尔巴鄂省（Bilbao）和圣塞巴斯蒂安省（Saint-Sébastien）内，包含三个地域名称：比卡亚（Bizkaia）、瑞塔威阿（Getaria）和阿拉瓦（Alava）。产区靠近大西洋，葡萄树长在山坡上，并蔓延在广阔陡峭的山丘上。这里的气候特点为雨量充沛，阳光照射较为温和。

>主要葡萄品种。白葡萄品种为安达里碧茹里（Ondarribi zuri），红葡萄品种为红贝尔萨（ondarribi beltza）。

>土质结构。以花岗岩质土壤为主，也有些石灰质土壤。

>葡萄酒品味风格。几乎整个产区都生产白葡萄酒，但也不难找到少量果香突出和宜快速饮用的红葡萄酒。

在白葡萄酒方面，每杯查科李都透着近乎银色的浅亮色泽，香气以青苹果和柑橘类的果皮香为主，口中酸度较高，近乎尖锐。

葡萄酒颜色：
白色和红色。

饮用温度：
白葡萄酒8～10℃；
红葡萄酒16～18℃。

陈年潜力：
白葡萄酒3～5年；
红葡萄酒3～7年。

加里西亚

下海湾法定产区（RÍAS BAIXAS DO）

这一法定产区位于加里西亚的南端，几乎与葡萄牙边境相邻。这里包含了不同的生产区域，如撒尼谷区（Valle del Salnes）、松明伯爵区（Condado del Tea）或玫瑰园区（O Rosal）。该地区有着非常丰富的葡萄酿造的历史。

>主要葡萄品种。白葡萄品种有阿尔巴利诺、罗利卢（loureiro）、特雷萨杜拉（treixadura）、白凯诺（caiño blanco）、托隆特斯和格德约；红葡萄品种有黑凯诺（caiño tinto）、索颂（sousón）、艾斯帕德罗（espadeiro）、布朗塞拉翁（brancellaon）、门西亚和罗利卢。

>土质结构。这一产区因为与海洋比邻，所以受海洋影响的特点较为突出。出产的白葡萄酒矿物质香气显著，因为这里的土壤适合此类葡萄酒的酿造：石灰岩、白垩岩，还有碎砾的岩石。

>葡萄酒品味风格。几乎整个产区都在酿制白葡萄酒，拥有浅黄或淡金色泽，酒从年轻时起就带有非常浓郁的水果（如水蜜桃、杏）芳香。

随着时间的演变，在酒中可以闻到明显的李子酱和黄香李酱的香气。口中则以咸味和矿物质香气为基础，有着优秀的持久性。

葡萄酒颜色：
白色和红色
（不到1%）。

饮用温度：
白葡萄酒10℃；
红葡萄酒16℃。

陈年潜力：
红葡萄酒3～5年；
白葡萄酒5～7年。

加里西亚

瓦尔德奥拉斯法定产区（VALDEORRAS DO）

瓦尔德奥拉斯位于奥伦塞省（Orense）的南端，在葡萄牙边境和大西洋之间。最近的几个年份里，该产区由于一批天才酿酒师的辛勤劳作，酿制出了因矿物质香气和口感宜人而令人推崇的干白葡萄酒。红葡萄酒仅占总产量的很小一部分。该地的气候因靠近海洋而较为潮湿，对葡萄成熟非常理想。葡萄园以令人惊奇的方式在山坡上生长蔓延，同时也延展到了山谷地带。

>主要葡萄品种。白葡萄品种为格德约、帕罗米诺和白贵妇（doña blanca）；红葡萄品种为门西亚。

>土质结构。花岗岩和板岩质土壤为葡萄酒油滑、稠密的口感带来了紧致和直爽。

>葡萄酒品味风格。白葡萄酒散发着浸过烈酒的白色水果的香气，如梨和黄香李。口感稠密、油滑，有着诱人的矿物质香气。而红葡萄酒方面，门西亚葡萄品种有着明亮的紫红色泽，带有微酸的红色小果香气，丹宁顺滑，让人胃口大开。

葡萄酒颜色：
白色和红色。

饮用温度：
白葡萄酒10℃；
红葡萄酒16℃。

陈年潜力：
红葡萄酒3～5年；
白葡萄酒5～7年。

卡斯蒂利亚-莱昂

托罗法定产区（TORO DO）

在短短十年时间，这个于1987年才创建的法定产区就成为了酿制名酒的首选地之一。该产区的平均产量才近1500升/公顷。另外，作为全国拥有最大温差的地区之一，该产区内的葡萄可以达到理想的成熟度。

>主要葡萄品种。白葡萄品种为玛尔维萨和青葡萄；红葡萄和桃红葡萄品种为托罗红葡萄和歌海娜。

>土质结构。这是一片高海拔葡萄园（600～800米），因夜晚经常会非常寒冷，从而让以硅质黏土地为主的土壤恰到好处地释放出葡萄树需要的热量和微量元素。

>葡萄酒品味风格。这里令人惊叹的主要是以纯托罗红葡萄酿制而得的红葡萄酒，深得近黑色的石榴红色泽非常吸引人。散发着暖皮革、湿润土壤及年久铜锈的香气，最后还带有一丝多汁水果的芳香。口感紧致、甜美而柔滑，在酒中可以闻到一系列轻微的焦味和辛料气味，并与典型气味相结合。白葡萄酒和桃红葡萄酒则更倾向于传统。

葡萄酒颜色：
白色、桃红色和红色。

饮用温度：
白葡萄和桃红葡萄酒8～10℃；
红葡萄酒16℃。

陈年潜力：
5～20年。

努曼西亚（Numanthia）——托罗产区的旗舰酒庄

托罗法定产区地处海拔650米以上的地带，位于高原和丘陵之间。托罗红葡萄——以丹魄的名字更为人所知——在这里酿出极有深度的葡萄酒，带有多汁黑色水果和辛料的香气。在这片产区内有一个异常闪耀的酒庄：努曼西亚-特赫姆（Numanthia-Termes）。这一葡萄园建于1998年，主要归功于埃古伦（Eguren）家族懂得如何突显一个卓越酒庄的价值。事实上，该酒庄（40公顷）拥有一项伟大的遗产——老藤葡萄树，因而给葡萄酒带来了辉煌。每瓶酒都受到了非常周到的照顾：极低的产量、对于成熟度的极端追求，还有精心的酿造，一同成就了葡萄酒罕见的柔滑及持久度。努曼西亚特酿仅产自根瘤蚜虫灾害前的葡萄树，也就是未嫁接的葡萄树，近几个年份被认为是西班牙最为顶尖的葡萄酒之一。

卡斯蒂利亚-莱昂

比埃尔索法定产区（BIERZO DO）

比埃尔索产区位于坎塔布里亚（Cantabrie）山脉脚下，蜿蜒在平原和山脉之间，平均海拔超过500米，因此确保了葡萄树可以享受到完美的温差。这也是门西亚葡萄最为喜欢的风土，从而酿出了惊人的红葡萄酒。

>主要葡萄品种。白葡萄品种为白贵妇、玛尔维萨、帕罗米诺和霞多丽；红葡萄和桃红葡萄品种为门西亚、歌海娜、丹魄、赤霞珠和梅洛。

>土质结构。产区平均海拔较高，且与山脉较近，土壤主要以冲积土为主，但也含有石灰岩。这类土壤可以为葡萄酒提供缓慢成熟以及丰富矿物质香气的保障。

>葡萄酒品味风格。白葡萄酒和桃红葡萄酒的表现较为暗淡，被近几年由门西亚葡萄酿制的红葡萄酒的迅猛发展掩盖了光芒。该酒开始拥有深浓、近乎暗黑的色泽，香气集中且馥郁，散发着一阵阵黑樱桃和黑加仑果酱的香气，然后朝熏香和矿物质香气方向发展。口中有着丰富、紧实的丹宁，需要几年的陈放来展现其最为完美的风采。

葡萄酒颜色：
白色、桃红色和红色。

饮用温度：
白葡萄酒和桃红葡萄酒8～10℃；
红葡萄酒16℃。

陈年潜力：
白葡萄酒和桃红葡萄酒3～5年；
红葡萄酒5～15年。

卡斯蒂利亚-莱昂

杜埃罗河岸法定产区（RIBERA DEL DUERO DO）

该产区以红葡萄酒为主，在西班牙的地位就如同玛歌或罗第丘。这里是西班牙人真真正正卓越技艺的体现，今日比以往体现得更加明显：该产区用一个年份接着一个年份来证明它在伊比利亚（Iberique）半岛的女王地位，产区还是最为著名酒庄当之无愧的摇篮。神秘的维加–西西利亚酒庄（又见386～387页）始于1864年，位于该产区境内。

西班牙葡萄酒根据酒龄进行排名的方式（又见98页）在这一法定产区内表现得淋漓尽致，让人一目了然。“年轻”葡萄酒不到12个月灌瓶，在年轻时饮用；“珍酿”是至少陈酿3年的葡萄酒，其中1年在橡木桶中；“特酿”酿制于非常成功的年份，酒龄在5年以上，其中2年在橡木桶中，3年在瓶中。

>主要葡萄品种。红葡萄品种为费诺红葡萄、赤霞珠、梅洛、马尔贝克和歌海娜；白葡萄品种为阿比利诺（albillo，但产量近乎为零）。

>土壤。这片高海拔地区土壤的主要构成物为冲击土、白垩岩和古老的石灰岩，为葡萄酒带来了一种无与伦比的独特口感。

>葡萄酒风格。红葡萄酒的香气以微酸的小红果香、甜辛料香和热带木香为主，还带有一丝熏肉香，最后以干玫瑰精油香作为尾声：杜埃罗河岸的人们非常知晓如何将优点展现无遗。

“陈年”葡萄酒将诱人的质地和费诺红葡萄品种的迷人个性和谐地统一起来。“珍酿”和“特酿”葡萄酒则深浓了许多，而且还很诱人、丝滑。

葡萄酒颜色：
红色和白色。

饮用温度：
白葡萄酒10℃；
红葡萄酒16℃。

陈年潜力：
根据不同的年份和酒庄，
可陈放10～50年，甚至更长。

里奥哈

里奥哈优质法定产区（RIOJA DOC）

里奥哈地区，位于北部埃布罗河的两侧，以由西向东穿越产区的奥哈河（Rio Oja）命名。19世纪时，波尔多葡萄酒给里奥哈的酿酒师带来了很多灵感。在根瘤蚜虫害时期，他们中的一些人移居到了波尔多地区，之后带着新技术和新经验再次回到了故土。

就如杜埃罗河岸产区一样，这里的葡萄酒也遵循着一套非常严格的陈酿管理，从而确保了对于质量的严格监控。

"里奥哈葡萄酒"，如果没有其它标注，代表它在橡木桶中陈酿了几个月的时间；"里奥哈佳酿"（Rioja Crianza），陈酿了至少2年，其中至少1年在橡木桶中；"里奥哈珍酿"（Rioja Reserva）至少陈酿3年，其中1年在橡木桶中；"里奥哈特酿"（Rioja Gran Reserva）则至少在橡木桶中陈酿2年，在瓶中陈酿3年。

>主要葡萄品种。白葡萄品种为白歌海娜、维尤拉（viura）和玛尔维萨；酿制红葡萄酒和桃红葡萄酒的品种为丹魄、黑歌海娜、格拉西亚诺（graciano）和马士罗（mazuelo）。

>土质结构。大部分为深受大陆性气候影响的石灰质黏土。下里奥哈（Rioja Baja）的土壤拥有更多的铁质黏土，而在阿拉瓦沙里奥哈（Rioja Alavesa）则以石灰岩为主。

>葡萄酒品味风格。白葡萄酒主要以白歌海娜为主，色泽较浅，鼻中有着浓郁的白色水果（日本梨和桃）香气，以及一丝湿石头的味道。口中丰腴和饱满感占据着主导地位。

最近几年，红葡萄酒逐渐失去了往日丰腴、强烈的特点。红葡萄酒有着泛着紫光的石榴红色，鼻中香气馥郁，散发着产区独有的特征。口中有着野味、动物、桑葚果酱和可可粉的香味，而且结构感强、浓烈。

桃红葡萄酒则更加偏向于清爽和水果的美味。

葡萄酒颜色：	**饮用温度：**	**陈年潜力：**
白色、桃红色和红色。	白葡萄酒和桃红葡萄酒8～10℃； 红葡萄酒16℃。	白葡萄酒和桃红葡萄酒3～15年； 红葡萄酒5～20年。

纳瓦拉

纳瓦拉法定产区（NAVARRA DO）

这是最为著名的产区之一，从创建法定产区（DO）系统伊始就已经存在。该产区位于法国比利牛斯山脉以南60公里处，包括了北边的潘普洛纳（Pampelune）、西边的罗格奴和南边的塞拉利昂·蒙卡约（Sierra del Moncayo）。

该法定产区包含着几个子产区：下蒙坦亚（Baja Montaña）、埃斯特亚、瓦尔迪萨尔贝（Valdizarbe）、上河岸地区（la Ribera Alta）和下河岸地区（la Ribera Baja）。产区面积广阔，超过15 000公顷，几乎是紧挨着里奥哈的最后几块葡萄园。

>主要葡萄品种。白葡萄品种有维尤拉、霞多丽、小粒麝香葡萄和玛尔维萨；酿造红葡萄酒和桃红葡萄酒的品种有丹魄、赤霞珠、梅洛、马士勒（mazuele）和格拉西亚诺。

>土质结构。葡萄树在这里延展的面积非常壮观。从埃布罗河沿岸向北扩张至丘陵和高峰之上。土壤类型多种多样，朝向也各不相同。虽然有黏土，但还是以沙土为主，另外还有占到一定比例的石灰岩，给葡萄酒带来了矿物质香气。

>葡萄酒品味风格。白葡萄酒通常非常清爽、微酸，且有着宜人的果香。另外，霞多丽是用"勃艮第的方式"培育，也就是说曾在木桶中度过一段时期，培育出了丰腴、饱满的特征。

喜欢探索珍稀佳酿的爱好者可以品尝产区授权酿制的甜葡萄酒。近几个年份以来，人们在产区里酿制了源自小粒麝香葡萄的葡萄酒。这类酒使用风干型的葡萄，为感官和味蕾都带来了真正的愉悦感受。

红葡萄酒的特征更常被波尔多式的混酿酒主导。因此，酒中使用了大量的梅洛和赤霞珠，但这也让酒丢失了一部分当地的特征。与之相反，由丹魄葡萄酿制而得的纳瓦拉酒显示出了浓密、结构感好的特点，以辛料为烘托，散发着优雅的黑色水果（桑葚）或杜松子的芳香。

葡萄酒颜色：	**饮用温度：**	**陈年潜力：**
白色、桃红色和红色。	白葡萄酒和桃红葡萄酒8～10℃； 红葡萄酒16℃。	白葡萄酒和桃红葡萄酒3～10年； 红葡萄酒5～15年。

1. 维加-西西利亚酒庄的景色。
2. 丹魄葡萄串。
3. 酒窖里。
4. 维加-西西利亚的徽章。
5. 标注“Unico”（独一珍藏）的酒标。

维加-西西利亚“独一珍藏”

非常奇怪，这个名字带着浓厚的意大利色彩；更奇怪的是，这条位于布尔戈斯（Burgos）南部100公里的河流——杜罗河，在流经葡萄牙时就酝酿出了著名的波特酒。还有奇怪的地方，这款西班牙葡萄酒用的都是法国葡萄品种，另外，该酒陈酿的方式也很奇怪……维加-西西利亚“独一珍藏”（Unico）因此成为最具传奇色彩的一款葡萄酒。

从名不见经传的普通餐酒跃至名酒行列

结束了波尔多的启发之旅后，埃洛伊·勒康达·查维斯（Eloy Lecanda y Chaves）于1864年在卡斯蒂利亚创建了自己的葡萄园，用的就是他从法国带回来的葡萄品种——赤霞珠、马尔贝克、梅洛和佳美娜。另外，他还在此基础上添加了当地著名的葡萄品种——丹魄（又被称为“菲诺红”）。开始较为平庸无奇，直到1903年，新酒庄主安东尼·埃雷诺（Antonio Herrero）的到来才翻开了酒庄辉煌的一页。

1982年，酒庄由阿尔瓦雷斯（Alvarez）家族收购成功，而维加-西西利亚自此也达到了世界声誉的顶端。同一年，一直是普通餐酒级别的葡萄酒正式一跃获得了“杜埃罗河岸法定产区”这一著名称号。

气候、土壤及温和的作业

栖息在海拔700米的高度，葡萄园受半大陆性气候的影响，即夏季干燥炎热、冬季寒冷多雨。春季的霜冻可以一直持续到五月初，这对葡萄园构成了极大的威胁。无论如何，仅有最优秀的年份才能酿制出维加-西西利亚“独一珍藏”。因此，一些较为普通的年份，如1992、1997、2000、2001，就没有这款酒的身影。

葡萄园的土质并不肥沃，230公顷的面积有着不下19种土壤。较为贫瘠和多样的土质对葡萄酒的复杂性非常有利。整个酒庄一共酿制五个级别的葡萄酒，但仅有最为古老的葡萄树才会被用来酿制维加-西西利亚“独一珍藏”。

温和及天然的作业方式一直都是葡萄园的首选。酒庄实行“绿色采摘”，目的是限制产量并提高每串葡萄的品质。此外，酒庄尽可能延迟采收，以确保葡萄达到最佳成熟度。采收的葡萄经过温和的除梗程序后开始自然发酵。

独一无二的陈酿工序

在最终的混酿过程中，每个葡萄品种都为葡萄酒带来了其各自的特点，并成为芳香的组成部分。葡萄酒一旦混酿完成，就开始了“独一珍藏”长久得令人难以置信的陈酿过程。酿酒主管泽维尔·欧萨斯（Xavier Aussas）先生对橡木桶中的葡萄酒进行跟踪……最少7年的时间！他这份极需耐心的工作，首先是让葡萄酒在法国新橡木桶中陈酿，之后在旧的美国橡木桶中，然后在美国新橡木桶中，最后再回到法国橡木桶……泽维尔是控制这一细致旅行的绝顶高手。经过这样的处理，其它葡萄酒早就已经枯萎、干涸了，但是“独一珍藏”却正好相反。

采收10年后交付

在耐心的陈酿过后，葡萄酒被灌入瓶中。但是，酒还要在酒庄内再呆上4年的时间，以便继续完善，并达到完美的和谐。仅在此后，该酒才会出现在市场中。长长的等待名单中，只有少数人可以得到此酒，成为幸运儿。

一款在采收后至少需要10年时间才会交付的葡萄酒——所有的记录都被其打破！人们甚至说，西班牙国王也要有足够的耐心……在世界最为著名的拍卖行内，维加-西西利亚“独一珍藏”的价格直攀云霄。

此后，为了达到最为高峰的时刻，该酒还要在酒窖内度过一些年头。半个世纪的陈放也影响不了什么，相反，却会让酒的质量得到提升。

品酒

这是一款为重要时刻准备的葡萄酒，需要精心的照顾才能展现出绝代的风华。为了享受到酒中所存的广泛芳香，最好于饮用前醒酒一小时，饮用温度为18℃。

将其斟入郁金香酒杯中，深浓的紫色酒裙即刻散发出诱惑。慢慢地转动酒杯，各类香气缓缓出现：先是黑色酱果香，带有木香和熏烤的辛料、野味和花香，之后带有一丝灌木香，最后挥发出微妙的琥珀香气……

我们终于兴奋地将酒含入口中，果味的绽放、高贵至极的丹宁、自始至终的清爽感，我们感受着该酒宜人的美味。一款华丽的葡萄酒，丝般顺滑、甘美、无限悠长……可谓当之无愧的酒中贵族，是一款伟大的西班牙葡萄酒。

阿拉贡

坎波-博尔哈法定产区（CAMPO DE BORJA DO）

阿拉贡地域广袤，似乎没有尽头的埃布罗河从中穿过。坎波-博尔哈产区紧挨着纳瓦拉法定产区的南端，名字中的坎波（Campo）在西班牙语中是“地区”的意思，围绕着博尔哈（Borja）古城。该产区将这片风土可以孕育的品质和高贵展现得淋漓尽致。葡萄园的平均海拔为500米，景观多样化，大片大片的葡萄树栖息在绵延起伏的山丘上。

>主要葡萄品种。红葡萄品种为歌海娜、丹魄、马士罗、赤霞珠、梅洛和西拉；白葡萄品种为马格布、莫斯卡特和霞多丽。

>土质结构。带氧化铁的棕色石灰岩。

>葡萄酒品味风格。主要是以歌海娜葡萄为主的红葡萄酒为这个产区赢得了声誉。这些酒有着饱满的色泽，经常泛着紫色甚至更为浓郁的色调。鼻中有着淹浸过的黑色水果（桑葚、蓝莓、无花果）的香气，有着坚挺的结构，口感非常喜人。融化的丹宁向着美味和柔滑的触感发展。

白葡萄酒和桃红葡萄酒的产量较少，主要特点是清爽的芳香以及微酸、提神的质地。

葡萄酒颜色：
白色、桃红色和红色。

饮用温度：
白葡萄酒和桃红葡萄酒8～10℃；
红葡萄酒16℃。

陈年潜力：
干白葡萄酒3～5年；
甜白葡萄酒和陈酒（rancios）7～10年；
红葡萄酒7～20年。

加泰罗尼亚

普里奥拉托优质法定产区（PRIORAT DOC）

这是加泰罗尼亚地区的王者产区。就在20年前，普里奥拉托的葡萄酒还是以塑料方桶的形式以每升不到1欧元的价格出售，而现在，最优质的葡萄酒每瓶价格已超过了500欧元。这一产区转型成为能展现当地风土的深广型葡萄酒的酿制者。

有“Crianza”（佳酿）标注的白葡萄酒和红葡萄酒至少在橡木桶中陈酿了6个月时间；“特酿”在投放市场前至少在橡木桶中度过了24个月，在瓶中3年。

>主要葡萄品种。白葡萄品种为白歌海娜、马格布、帕雷拉达（Parellada）、诗南、维奥涅和百多·西门耐；红葡萄品种为卡利涅纳、歌海娜、赤霞珠、梅洛、黑皮诺、西拉、丹魄和多瑞加（Touriga）。

>土质结构。葡萄园的格局是梯田和高原交替，海拔在200米到900多米之间，附在片岩和花岗岩土壤上。

>葡萄酒品味风格。干白葡萄酒的生产方式还是个谜，通过白歌海娜展现出来，无疑是这片风土当之无愧的标志。甜白葡萄酒以及陈酒是真正的美味，但产量较少。红葡萄酒有着紫红的色泽，散发着红醋栗果酱、桑葚和辛料的香气，包裹着紧致的丹宁，并有点黑色水果香和铅笔矿香。

葡萄酒颜色：
白色和红色。

饮用温度：
干白葡萄酒和甜白葡萄酒10～12℃；
红葡萄酒16℃。

陈年潜力：
干白葡萄酒3～5年；
甜白葡萄酒和陈酒7～10年；
红葡萄酒7～20年。

西班牙十大精选酒庄

- 阿古斯提酒庄（Agustí Torelló）——卡瓦法定产区（DO Cava）
- 诗威特酒庄（Bodegas Chivite）——纳瓦拉法定产区
- 阿尔托酒庄（Bodega Aalto）——杜埃罗河岸法定产区
- 奥瓦帕乐酒庄（Bodega Alvaro Palacios）——普里奥拉托优质法定产区
- 阿珠咖酒庄（Bodegas Arzuaga）——杜埃罗河岸法定产区
- 努曼西亚酒庄（Bodegas Numanthia-Termes）——托罗法定产区
- 圣罗马酒庄（Bodega San Roman）——托罗法定产区
- 维加-西西利亚酒庄（Bodegas Vega-Sicilia）——杜埃罗河岸法定产区
- 摩卡多园酒庄（Clos Mogador）——普里奥拉托优质法定产区
- 法雅酒庄（Vall Llach）——普里奥拉托优质法定产区

加泰罗尼亚

佩内德斯法定产区（PENEDÈS DO）

这个标志性的产区面积超过30 000公顷，占据了加泰罗尼亚一大部分领土。产区包括几个分产区：上佩内德斯（Alt Penedès）、下佩内德斯（Baix Penedès）和加拉夫（Garraf）。广阔的面积使其可以酿制多种葡萄酒。

>主要葡萄品种。白葡萄品种为马格布、帕雷拉达、沙雷洛（xarel-lo）、莫斯卡特、霞多丽、长相思、琼瑶浆、雷司令和诗南；酿造红葡萄酒和桃红葡萄酒的品种为丹魄、歌海娜、卡利涅纳、慕合怀特、赤霞珠、梅洛、黑皮诺和西拉。

>土质结构。这片广阔的疆土包含多种类型的土壤。在高海拔地区，石灰岩作为主要部分为葡萄酒带来了明显的清爽度；此外，这里也可见到白垩和花岗岩。在平原，沙质黏土为主要土质。

>葡萄酒品味风格。白葡萄酒的酿制呈几个大方向：国际性的葡萄品种如霞多丽或长相思可以酿制各种风格的酒，甚至酿出木香突出的葡萄酒。口中的香气和触感也因此会大相径庭。至于红葡萄酒，通常是经过必要的陈酿，为葡萄酒带来了深浓的颜色，鼻中有着黑色水果（如李子、黑加仑）的香气。丹宁的结构根据混酿所用的葡萄品种不同而有所区别，但都相对柔和、顺滑。

葡萄酒颜色：
白色、桃红色和红色。

饮用温度：
白葡萄酒和桃红葡萄酒8～10℃；
红葡萄酒16℃。

陈年潜力：
桃红葡萄酒1～3年；
干白葡萄酒3～10年；
红葡萄酒7～10年。

卡斯蒂利亚-拉曼恰

瓦尔德佩纳斯法定产区（VALDEPEÑAS DO）

该法定产区占地超过30 000公顷，夹在托莱多（Tolède）和塞古拉（Segura）山脉之间，并受其保护。这里出产三种颜色的葡萄酒，通常是采用产区的经典方式来进行酿制。

>主要葡萄品种。白葡萄品种为阿依伦和马格布；酿造红葡萄酒和粉红葡萄酒的品种为森希贝尔、歌海娜和赤霞珠。

>土质结构。佩纳斯谷（Val de peñas）在西班牙语里意为"石头谷"，因此，不难想象葡萄树在一片干旱如沙漠的土地上生长着。最为优质的葡萄田则位于白垩和石灰岩土质上。

>葡萄酒品味风格。白葡萄酒的酿制围绕着阿依伦和马格布两个品种展开。前者带来清爽感和活泼的个性，而后者在口中的饱满和丰腴感非常惹人喜爱，并且显露出丰富的矿物质香气。

红葡萄酒主要酿自森希贝尔这个纯西班牙葡萄品种，对于喜欢浓密、深广和柔滑的葡萄酒爱好者来说是个福音。

葡萄酒颜色：
白色、桃红色和红色。

饮用温度：
白葡萄酒和桃红葡萄酒8～10℃；
红葡萄酒16℃。

陈年潜力：
干白葡萄酒和桃红葡萄酒3～5年；
红葡萄酒8～10年。

穆尔西亚

胡米利亚（JUMILLA DO）

胡米利亚位于西班牙的东南部、地中海东岸地区，面积超过40 000公顷。有些地区的景观看起来非常像月球表面，土地干旱，阳光充足。

>主要葡萄品种。白葡萄品种为阿依伦、马格布、莫斯卡特、玛尔维萨和百多·西门耐；酿造红葡萄酒和桃红葡萄酒的品种为慕合怀特、歌海娜、丹魄、赤霞珠、梅洛和西拉。

>土质结构。石头和白垩保证了适当微量元素和矿物质的储藏，确保了葡萄树的理想生长。

>葡萄酒品味风格。白葡萄酒和桃红葡萄酒的酿制主要是为了表达出各个葡萄品种的香气；口感较为浓烈且清爽。但是当地最为有名的酒是酿自慕合怀特（在西班牙被称为monastrell）葡萄品种的风干型甜红葡萄酒。酿酒师在20世纪初就已经掌握了这一酿制技术，并获得了巨大成功。

这些深紫色葡萄酒的香气向着熟水果（覆盆子、李子、无花果）的方向发展，创造了甘美的口感，且达到了理想的平衡状态。甜度总是非常和谐，不会腻口。

葡萄酒颜色：
白色、桃红色和红色。

饮用温度：
白葡萄酒和桃红葡萄酒8～10℃；
红葡萄酒15℃。

陈年潜力：
干白葡萄酒和桃红葡萄酒3～5年；
红葡萄酒7～30年。

穆尔西亚

耶克拉法定产区（YECLA DO）

这一南部产区在最近几个年份里实现了一次质量的大回归。尽管比邻居胡米利亚法定产区的种植面积少了许多，其两个分产区上原野地区（Campo Arriba）和下原野地区（Campo Abajo）酿制的葡萄酒因达到完美的成熟度而受到爱好者的广泛好评。

>**主要葡萄品种**。白葡萄酒品种为阿依伦、马格布、梅尔塞格拉（merseguera）和长相思；酿造红葡萄酒和桃红葡萄酒的品种为慕合怀特（在混酿中至少占到75%）、汤普瑞诺、歌海娜、赤霞珠、梅洛和西拉。

>**土质结构**。如其它几个南部产区一样，耶克拉位于一片白垩和石灰岩的土壤上，为葡萄酒带来了许多清爽和平衡。

>**葡萄酒品味风格**。白葡萄酒和桃红葡萄酒的香气展现力很强，有着明媚、活泼和略酸的质感。红葡萄酒方面，其色泽总是很集中，有着紫石榴红的色调。葡萄酒浓密、强劲，因大量丹宁的存在及辛料、巧克力和略微的香脂气息而显得强壮。

葡萄酒颜色：
白色、桃红色和红色。

饮用温度：
白葡萄酒和桃红葡萄酒8～10℃；
红葡萄酒16℃。

陈年潜力：
干白葡萄酒和桃红葡萄酒3～5年；
红葡萄酒3～10年。

安达卢西亚

赫雷斯优质法定产区（XÉRÈS DOC）

赫雷斯产区位于西班牙的最南端，在安达卢西亚地区境内，自1933年起就获得了“优质法定产区”称号。该产区有着几个世纪的声誉，英国人从很早就因其酒的口感质量喜欢上了这一产区。帕罗米诺葡萄品种种植在其它土壤上只能酿出香气闭塞、并不讨人喜欢的葡萄酒，但在这里却好像碰上了理想的风土条件。

>**主要葡萄品种**。这里主要是两个葡萄品种。第一个为精帕罗米诺（palomino fino），又被称为白帕罗米诺（palomino blanc）或雪利葡萄（listan），占到了这片葡萄园的90%。第二种为百多・西门耐，经常被简写为“PX”，更多地被用来酿制甜型葡萄酒。

>**土质结构**。这片地区的土壤和下层土主要是石灰岩质（被称为“albarizas”）。这类土壤被认为是雪利酒优质的标准之一，是让酒拥有独特矿物质香气的必要条件，并为所使用的葡萄品种贡献出一系列芳香和特有的触感。

>**葡萄酒品味风格**。产区的复杂性和多样性都在葡萄酒的风格中展现无遗，既可以找到如费诺・曼萨尼拉雪利酒（Xérès Fino Manzanilla）一样最为干型、强劲的酒，也可以找到如欧罗索奶油雪利酒（Xérès Oloroso Cream）一样近似糖浆、充满陈酿香气的酒。雪利酒一共分为两大类：干且轻的费诺，以及颜色浓且强劲的欧罗索。费诺需要依靠酵母膜（又见76页）来进行酿制，欧罗索则不需要。

• 费诺。这类酒为干型，且香气（核桃酒、杏仁、皮革）浓郁。它的酒精含量是最低的，通常在酒龄较短时饮用。这类雪利酒根据陈酿的时长、残糖量和酒的特点被分为几种：曼萨尼拉、曼萨尼拉・巴沙达（Manzanilla Pasada）、费诺・阿蒙蒂亚多（Fino Amontillado）和阿蒙蒂亚多。

• 欧罗索。与费诺的区别在于酒精含量较高（16～18度），还有更为重要的一点不同则是在桶中陈酿的时间。主要为干果、麦芽、焙烤和巧克力的香气，但也有皮革和香脂的香气。分类为：中级欧罗索、帕洛・科塔多（Palo Cartado）、奶油欧罗索、淡色欧罗索、淡色奶油欧罗索、莫斯卡特欧罗索以及百多・西门耐欧罗索。

葡萄酒颜色：
白色。

饮用温度：
费诺8～12℃；
欧罗索14℃。

陈年潜力：
费诺1～3年；
欧罗索7～100年。

巴利阿里群岛

帕拉伊乐旺法定产区（PLA ÍLLEVANT DO）

该产区位于马略卡（Majorque）岛上，因级别问题在近期变得非常有名。仅有不到250公顷的面积，相对于西班牙的其它产区来说非常精巧。共包含9个酒窖。酿酒师在天气稳定的条件下酿制葡萄酒，充裕的阳光和海风让该地葡萄的采收质量非常理想。

值得注意的一点是，以当地品种为基础的葡萄品种蕴含了岛屿上所有的精华。

>主要葡萄品种。白葡萄品种为普伦萨尔（prensal）、莫斯卡特、马格布、帕雷拉达和霞多丽；酿造红葡萄酒和桃红葡萄酒的品种为卡耶特（callet）、福格内乌（fogoneu）、丹魄、黑披风（manto negro）、慕合怀特、赤霞珠和梅洛。

>土质结构。葡萄树处在覆满白垩岩的白垩质土壤上，保证了理想的存水量。

>葡萄酒品味风格。小粒麝香葡萄和亚历山大麝香葡萄在这里似乎找到了有助于展现其魅力的独特风土。最常见的是干型葡萄酒，散发着熏衣草和含羞草的花香，进而得到活泼和香味馥郁的口感。

桃红葡萄酒也非常值得关注。这些酒的颜色非常吸引人，香气向着橘蜜饯、新鲜皮革和一丝熏烤的方向发展，饱满、丰腴的口感达到了预期。

地中海沿岸最为醇厚的味道都集中在了红葡萄酒中。这类酒主要酿自卡耶特和丹魄这两个葡萄品种，有着石榴红色，并散发出桑葚果酱和可可的香气，还有一丝迷人的巧克力香。口中的质感因结实、成熟的丹宁而表现突出。

葡萄酒颜色：
白色、桃红色和红色。

饮用温度：
白葡萄酒和桃红葡萄酒8～10℃；
红葡萄酒15℃。

陈年潜力：
白葡萄酒、桃红葡萄酒和红葡萄酒3～5年。

多个地区

卡瓦法定产区

"cava"被西班牙人戏称为"champaña"（香槟），这是伊比利亚半岛所产的最为著名的起泡酒，该酒的名字来源于加泰罗尼亚语的"酒窖"。其起源比香槟酒晚了许多。最早的纪录要追溯至1872年，当著名酒庄歌登琉（Cordoniu）的约瑟·夏文图（José Raventos）先生从香槟地区旅行回来后，决定用当地葡萄品种酿制与这种有名的起泡酒相同的产品。

经过多方尝试和研究后，他终于在圣莎度尼-安诺亚（San Sadurni d'Anoia）酒窖取得了成功。虽然卡瓦主要在加泰罗尼亚地区酿制，但也可在阿拉贡、埃斯特玛杜（Estrēmadure）、里奥哈、纳瓦拉、巴斯克和瓦伦西亚地区酿制。因此，其酿制范围是非常广阔的（35 000公顷）。

>主要葡萄品种。白葡萄品种有霞多丽、马格布、玛尔维萨、帕雷拉达和沙雷洛；酿造桃红葡萄酒的品种有歌海娜、慕合怀特、查帕（Trepat）和黑皮诺。

>土质结构。广阔的面积也带来了多样化的土壤，但相当一部分酿酒师都认为最为细腻的气泡诞生于石灰岩、白垩岩质土壤，可以为葡萄酒带来矿物质味和必要的成熟度。

>葡萄酒品味风格。不同的卡瓦的共同点就是成千上万的气泡点缀着璀璨的酒裙。

鼻中有着明显的椴树花、洋槐和马鞭草的香气，随后是过熟黄色水果如黄香李或李子的香气。总体芳香都有白垩的矿物质香气从中点缀着。

口中的味蕾感受着活泼、动感十足的气泡。酒的演化充分体现了其醇厚、甘美的特点。鼻后腔泛起燧石撞击产生的气味，还有洋槐蜜和多汁梨的香味。悠长的余味让人充满期待。

值得注意的是，自1986年起，霞多丽被允许在混酿中占据越来越重要的比例，从而可以获得优雅的黄油香气，以及人们对优质起泡酒所期待的优雅气泡。

葡萄酒颜色：
白色和桃红色。

饮用温度：
根据酒的不同和酒的演化程度在8～12℃。

陈年潜力：
3～15年。

葡萄牙

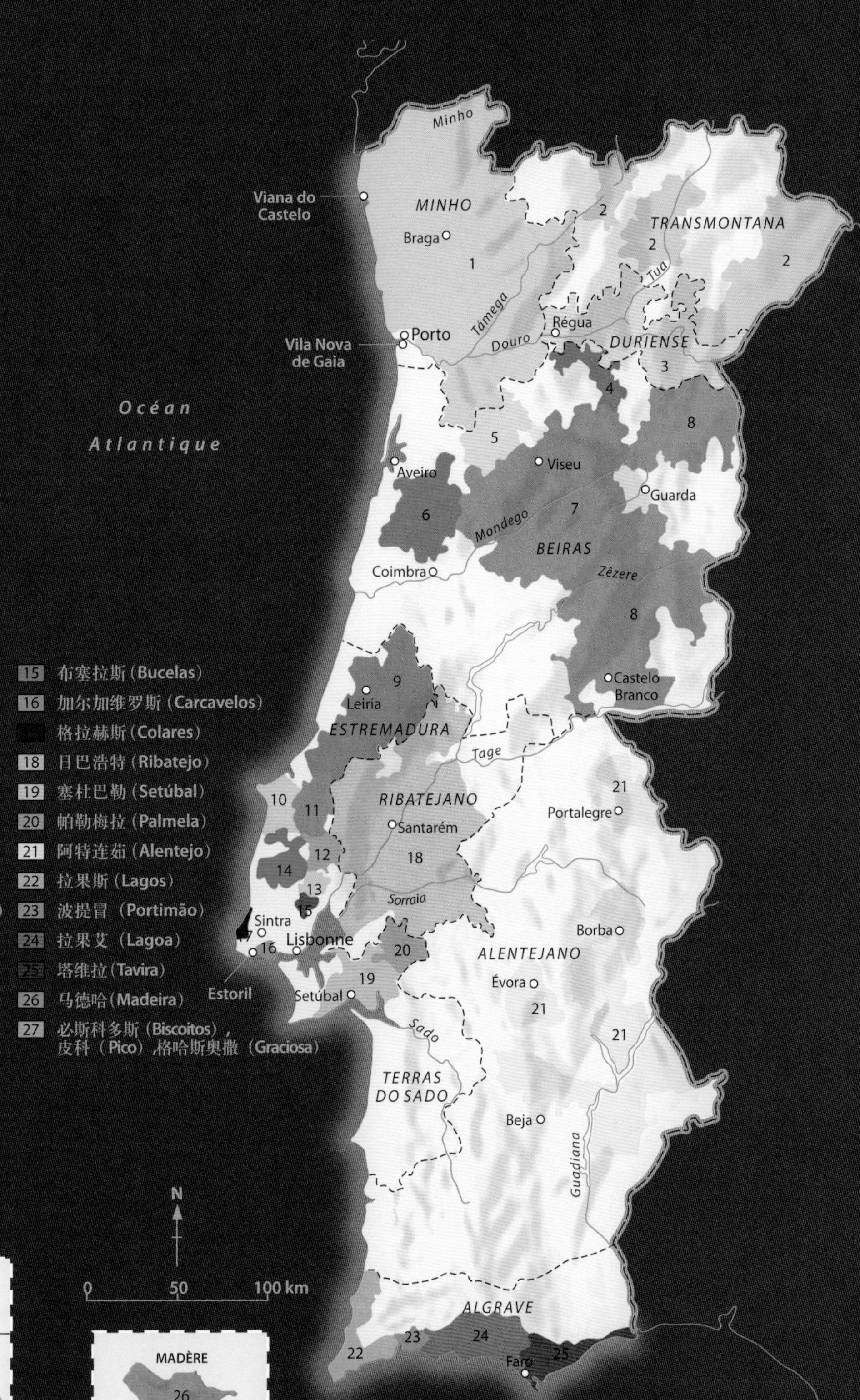

法定产区（DOC）

1 绿酒
2 后山（Trás-os-Montes）
3 波特和杜罗
4 塔沃加–瓦罗撒（Távora-Varosa）
5 拉弗艾（Lafões）
6 巴哈达（Bairrada）
7 杜奥
8 特级贝拉（Beira Interior）
9 安科斯塔–艾赫（Encostas de Aire）
10 路里哈（Lourinhã）
11 奥比多斯（Òbidos）
12 阿伦克尔（Alenquer）
13 阿茹达（Arruda）
14 多伦–维德哈斯（Torres Vedras）
15 布塞拉斯（Bucelas）
16 加尔加维罗斯（Carcavelos）
17 格拉赫斯（Colares）
18 日巴浩特（Ribatejo）
19 塞杜巴勒（Setúbal）
20 帕勒梅拉（Palmela）
21 阿特连茹（Alentejo）
22 拉果斯（Lagos）
23 波提冒（Portimão）
24 拉果艾（Lagoa）
25 塔维拉（Tavira）
26 马德哈（Madeira）
27 必斯科多斯（Biscoitos），皮科（Pico），格哈斯奥撒（Graciosa）

边境

地区餐酒产区

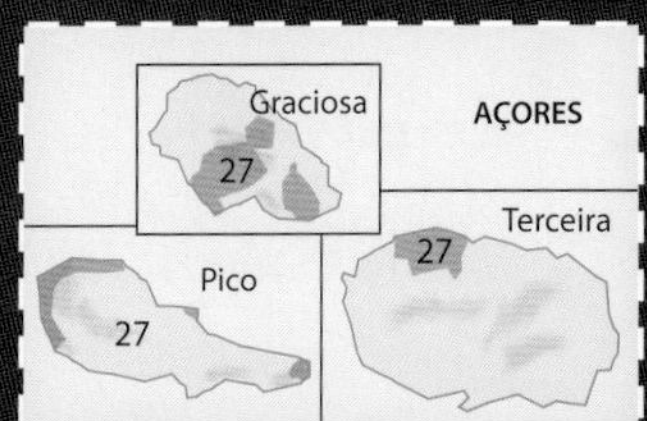

葡萄牙的葡萄园

葡萄牙位于欧洲西部边缘地带，在这片相对狭长的土地上孕育出了种类繁多的葡萄酒。几个世纪以来，该国以波特酒和马德拉酒闻名于世，近期酿制出的干红葡萄酒和白葡萄酒也越来越吸引人们的目光。

悠久的葡萄酒历史

波特酒的贸易。葡萄牙葡萄园的历史虽然可以追溯至古希腊、罗马时代，但该国葡萄酒得到认可的时间却较晚。12世纪与英国的贸易联系曾是葡萄牙发展葡萄种植业的主要动力。这一段长期的合作最终使葡萄牙于18世纪酝酿出了波特葡萄酒——一款杜罗河谷有着浓烈色彩的红葡萄酒：贸易商为了让酒可以承受长时间的海运，而加兑了烈酒。这一地区自1756年起就有了一套规定生产的法律，使其成为全世界真正意义上第一个法定产区，比法国法定产区制度的出现早了179年。该国落后的经济和1974年革命前的政治孤立，让其葡萄酒业得以保存了一笔几乎完好无损的葡萄种植学财产。

近期的进展。葡萄牙自1986年加入欧盟后，一股活力在各类生产商之间流动，包括起着主导作用的历史悠久的大生产商、更为现代化的合作社，或自20世纪90年以来成倍发展的私人庄园。有些葡萄园经历了重新耕种，有些则是从零创建，一些从来没有过葡萄种植传统的地区，如阿连特茹，成为了各类实验场地。然而，葡萄牙仍然有着按照旧时习俗工作的家庭农场，这和站在现代进步最前沿的庄园之间形成了强烈的反差，尽管这一情况在技术的快速传播下已经变得越来越不明显。

葡萄牙葡萄园的基本数据

种植面积：237 000公顷

年产量：750 000 000升

红葡萄酒和桃红葡萄酒：69%

白葡萄酒：31%

[葡萄牙葡萄园与葡萄酒研究中心（Instituto da Vinha e do Vinho），国际葡萄与葡萄酒组织，2007]

地形和气候：一个反差明显的国家

葡萄牙是一块富有反差性的土壤，这种反差有时候还非常强烈，这也体现在了葡萄酒当中。与国家的总面积相比，葡萄牙的葡萄园面积非常广阔：237 000公顷，分布在全国各地，除了中部和东北部的山区。

葡萄牙的东西两端相对狭窄，共有600公里长的海岸线。大西洋的影响在沿海地区非常明显：雨量充沛，海风降温，植被茂密，北方尤其明显。这些影响在向东部的转移过程中迅速削弱。北部的山脉阻止了湿润气团前进的步伐，形成了在冬季和夏季具有极高温差的干旱气候。把国家一分为二的塔霍河（Tage）以南地区，地势平坦，以广袤的平原为主，有时略有起伏，夏季被阳光和干旱笼罩。

> 杜罗河谷中的葡萄园。

北部地区

北部葡萄园从杜罗河谷起一直延展到国家北部和东北部的边界。就是在这一地区，坐落着两个面积最广且最负盛名的产区——绿酒产区和波特酒产区，其所酿的葡萄酒的特点截然不同。

绿酒。绿酒产区的葡萄园宛如一个巨大的剧场，坐看大西洋的美景。湿润，植被生长茂盛，人口稠密。该产区主要以干白葡萄酒出名，轻盈、活泼且有气泡，由当地多个葡萄品种酿制而成。

杜罗和波特。逐步向东，绿色的原野慢慢让位给了干旱、贫瘠的山区，杜罗和波特的葡萄园就坐落在这里。这两个法定产区的地域界限相同，顺着杜罗河及其支流顺流而下，从雷森迪城（Resende）旁的河道开始延伸至内陆约100公里处，直至西班牙边境。水流逐渐在页岩之间挖出了深广的峡谷。葡萄树就种植在山坡上，并以矮石墙支撑，或是在斜坡上呈现梯田形式，这种种植方式较为经济。波特酒——通过加入少量酒精而得到的强化型葡萄酒，强劲、热烈，就是诞生在这片壮观、贫瘠且多石的葡萄园之间，并忍受着恶劣、干燥，以及尤为炎热的夏季。20世纪90年代初，这一地区开发出了另一个优秀产品——在杜罗法定产区内用与波特酒相同的葡萄品种酿制而得的干红葡萄酒。

后山。新近才晋升为法定产区级别（2006年），位于葡萄牙的最东北端，嵌在了后山特兰斯蒙塔诺（Transmontano）地区的广阔产区之中。该产区的生产形式以合作社为主。

> 每年，数以百计的采摘手在杜罗河边向阳的山坡上采收葡萄。

葡萄酒的四大级别

在葡萄牙，品牌的重要性一直压制着原产地的概念，葡萄牙的消费者也往往更重视产品或生产商的名字，而不是产区名称。尽管这样，法律方面还是按照欧盟的要求，将葡萄酒分为了四个级别：法定产区（DOC）级别、正在逐渐消失的优良地区餐酒（IPR）级别、地区餐酒（Vinho regional）级别和日常餐酒（Vinho de mesa）级别。这一编制主要是为了可以体现出质量等级的概念，但很多顶级的生产商宁愿留在地区餐酒级别，因为这样可以拥有更多的自由，尤其是在葡萄品种的选择方面。

中部地区

位于杜罗河和塔霍河之间的葡萄酒产区，每年的产量超过全国总产量的40%，其中一半为普通餐酒。这一地区除了拥有几个著名的法定产区外，主要被分为三大地区餐酒产区——北部的贝拉斯（Beiras）、西南的里贝特加诺（Ribatejano）和埃斯特玛杜。这些产区内除了允许种植本土品种外，还可以种植国际品种。

巴哈达。这片潮湿的乡村地区夹在海岸和东部的花岗岩山丘之间，后者也是与杜奥法定产区的分界线。这一产区闻名于18世纪，今天，借助一些如路易·帕托（Luis Pato）先生（所酿葡萄酒被冠以贝拉斯地区餐酒）一样有远见的生产商，产区的潜力重新得以发掘。以石灰质黏土为主的土壤，还有占最大比例的巴加（baga）葡萄品种塑造出当地特色的红葡萄酒：强劲、结构感强，往往需要时间来消除年轻时所带的涩重感。

杜奥。与巴哈达产区的东部相接，自合作社失去对产区内所有葡萄酒进行酿制的垄断地位后（1989年），经历了一场变革。今天，该产区出产葡萄牙国内一些最为出色的红葡萄酒，以及醇厚且令人信服的白葡萄酒。葡萄园坐落在花岗岩高地上，因受到加拉姆罗山（Caramulo）的庇护而减少了来自大西洋的影响。葡萄酒的特点从柔和到强劲，结构感强。

日巴特浩。塔霍河流经的日巴特浩地区［或特茹（Tejo）］还是以普通餐酒和地区餐酒（以里贝特加诺产区命名）的生产为主，其中有几款美酒酿自赤霞珠和西拉两个葡萄品种。日巴特浩法定产区酿制的葡萄酒不到整个地区产量的10%，却很好地运用了当地的葡萄品种。

埃斯特玛杜产区。这里的葡萄园占领了距里斯本（Lisbonne）北部30公里远的沿海地区。大部分面积（25 000公顷）都用来酿制日常饮用型的葡萄酒，这里的九大法定产区刚刚达到该地区总产量的5%。大多数葡萄园都为了生存下来而大伤脑筋，而且有些历史悠久的法定产区，如加尔加维罗斯和格拉赫斯，还受到了城市扩张的威胁，濒临消失。位于里斯本北部的布塞拉斯本来也会遭受相同的命运，但目前因为以阿瑞图（arinto）葡萄品种酿制而得的清爽、香气浓郁型白葡萄酒正在流行，从而被保留了下来。

南部地区和岛屿

塞图巴尔半岛的葡萄园（PÉNINSULE DE SETÚBAL）。这一地区由位于塞图巴尔半岛和萨多河（Sado）南部的葡萄园构成。半岛处于一个相对温和的海洋性气候带，而位于塞图巴尔东部、萨多肥沃平原上的葡萄园气候则炎热得多。这里仅有两个法定产区：帕勒梅拉，是红葡萄品种卡斯特劳［（castelão，在当地被称为比利吉达（periquita）］的大本营，酿出的葡萄酒相对柔和，且果味较浓；以及塞图巴尔，以由塞图巴尔麝香葡萄酿制而得的甜白葡萄酒而闻名。如今，一半的葡萄酒都是特拉斯-萨多（Terras do Sado）地区餐酒，因为这样在葡萄品种的使用方面更加自由。无论是当地品种还是国际品种，其酿制的白葡萄酒的品质在近十年期间都有了显著的提升。红葡萄酒方面，虽然卡斯特劳一直占主导地位，但也越来越多地受到了来自赤霞珠、西拉、阿拉贡内斯和国产多瑞加（Touriga nacional）的竞争。

阿连特茹和阿尔加维（ALGARVE）葡萄园。阿连特茹是一个面积广阔且人口稀少的大区，占了葡萄牙近三分之一的面积。这片土地以农业用途为主，承受着异常高温和干燥的天气，夏季炎热。这里主要以生产软木出名，但如今也以拥有具流行口感的葡萄酒而闻名，白葡萄酒、红葡萄酒一样得强劲、丰腴。产量被阿连特茹地区餐酒和阿连特茹法定产区一分为二，后者包括8个附属产区，每个都可以拥有一个单独的法定产区名称。尽管合作社还占了非常重要的比重，但阿连特茹的活力在于大、小私人投资商，他们的存在为葡萄酒今日取得的成功做出了杰出贡献。阿尔加维的小葡萄园（2 500公顷）位于葡萄牙的最南端，由于旅游基础设施的建设而有所退化，但葡萄园都经历了现代化，以生产柔和、果味浓的红葡萄酒为主，酿自卡斯特劳、黑莫乐（Negra mole）和西拉葡萄品种。

岛屿上的葡萄园。亚速尔（Açores）和马德拉群岛的葡萄园虽然面积较小，但“马德拉”的名字却留给了一款历史悠久的酒精加强型葡萄酒，该酒的酿制方式和出色的长期贮藏能力使其在世界上独一无二。

> 红波特酒共分为两类：宝石红波特酒和茶色波特酒。白波特酒的产量一直都非常小。

波特酒的酿造

葡萄首先被放在一个被称为“lagares”的石质大槽内用脚踩破皮，或是由机械进行破皮。在发酵期间，葡萄汁被进行酒精加强，也就是加入烈酒（容积的10%），从而停止酵母的活性，保存葡萄中的一部分天然糖分。对于波特酒的独立生产商来说，他们仅酿制自家庄园的葡萄酒，培育也在同一地方进行。但大生产商的传统并非如此。从采收后的春季开始，葡萄酒就会被运往杜罗河口位于波尔图对岸的加亚新城（Nova de Gaia），在不同容量的木质器皿中进行陈酿——pipas（约630升的木桶），或者采用橡木桶。在这里，酒商那些潮湿的酒窖保证了波特酒缓慢的陈酿过程，并且让酒液远离了杜罗河谷夏季的炎热。陈酿的方式和时间长度则会根据所酿葡萄酒的风格而有所变化（又见398页）。

葡萄牙的葡萄品种：惊人的丰富宝藏

因长期较为孤立，对世界的潮流并不敏感，葡萄牙最终保存下来了种类异常丰富的葡萄品种。加入欧盟以后，再加上世界市场对葡萄牙的利益吸引，迫使当局不得不对各类品种进行统计并规范了名称。由此，共鉴定出341个葡萄品种，其中有不少在葡萄牙境外是完全不为人知的。就算有些国际品种（西拉、赤霞珠或霞多丽）可以在这里酿出优秀葡萄

您未必了解的小知识

全世界超过三分之一的软木橡树林（栓皮槠）都在葡萄牙。

约70%的面积都位于阿连特茹地区，这也是世界上第一大软木塞生产地。

> 在葡萄牙南端的阿连特茹大区，葡萄树在广阔又干旱的平原上生长。

酒，葡萄牙葡萄酒的精华首先当属本地葡萄品种。

红葡萄品种。国产多瑞加是葡萄牙的主要红葡萄品种之一，目前非常流行。该品种源于杜奥产区，通常是波特葡萄酒和杜罗干红葡萄酒的中坚力量，但同时也在其它产区——如阿连特茹或日巴特浩产区内证明了自己。这个品种酿制出的葡萄酒集中度高、丹宁重且酒体浓。西班牙的丹魄（在葡萄牙被称为阿拉贡内斯或罗丽红）种植面积很广，可以得到口感较为强劲的葡萄酒，通常比国产多瑞加更为柔顺。巴加则是巴哈达产区的重要葡萄品种。其抵抗力强，成熟期较晚，酿制出的葡萄酒颜色暗沉、结构性强、丹宁重、酸度高，适合陈酿。特林加岱拉（trincadeira）喜欢南部热且干的风土（阿连特茹），以及杜罗的山丘（在那儿被称为“tinta amarela”）。在非常成熟的条件下，可以酿出有着浓暗色彩、带辛料香且陈放能力强的葡萄酒。卡斯特劳（或被称为比利吉达）是种植最为广泛的红葡萄品种之一，尤其在南部，人们非常喜爱其果香和较强的清爽感。

白葡萄品种。白葡萄方面，罗利卢品种以及阿尔瑞诺品种，尤其是后者，在绿酒产区非常受欢迎，它们为葡萄酒带来了清爽感和浓郁的香气。巴加，活泼且香气浓郁，是巴哈达产区生产白葡萄静态酒或起泡酒的明星品种。另外，这类葡萄品种也可在杜奥产区见到，与强劲及出色的依克加多（encruzado）相伴，后者也是最有前途的白葡萄品种之一。阿瑞图在大多数产区都有种植，但在布塞拉斯法定产区的地位尤为重要，以酿出的葡萄酒非常清爽和柠檬香气馥郁而著名。至于费尔诺·皮埃斯（fernão pires），这是种植最为广泛的白葡萄品种（尤其在葡萄牙中部和南部），酿制圆润、柔和且醇厚的葡萄酒。

永不变质的马德拉

这座葡萄牙岛屿距离摩洛哥海岸640公里，岛上的葡萄园在18世纪时就已经大放异彩，所酿葡萄酒点缀着重要场合的餐桌。19世纪，由于白粉病和根瘤蚜虫害的影响，葡萄园丢掉了传统市场，并且不得不改为种植较为平庸的葡萄品种。这样，该产区的声誉逐渐被消磨殆尽，马德拉葡萄酒最终只能屈居于厨房……今天，一块块小葡萄园地拼成了总面积为400公顷的葡萄园。一些历史悠久的生产商仍在延续着优质马德拉葡萄酒的酿制。这种酒精加强型葡萄酒有着不同的甜度，其独特性在于陈酿方式：葡萄酒在钢质酒罐中加热至45℃，保持3个月的时间；或是在可以沐浴阳光的谷仓中保存2年的时间。最为优质的酒标有年份［称为“年份马德拉酒”（Vintage）或者“Frasqueira”］，并经历至少20年的橡木桶陈酿。这些葡萄酒非常强劲、醇厚，同时又很活泼，有着非常复杂的陈酿香气（焦糖、皮革、蜜饯、干果、碘、香脂香气……），以及罕见的陈年潜力。

葡萄牙最著名的葡萄酒产区和葡萄酒

葡萄牙在今天正经历着全面变革，优秀的生产商在各个产区层出不穷，无论是法定产区级别还是地区餐酒级别，无一例外。

波特法定产区（DOC PORTO）

这个法定产区是专为酒精加强型红葡萄酒和白葡萄酒而设，区域经过严格界定：位于葡萄牙北部，与杜罗河谷界限相同。该产区涵盖了250 000公顷的土地，但仅有45 000公顷真正种有葡萄。该产区共有三个分产区：西部的佰霞·戈尔哥（Baixa Corgo）、西玛·戈尔哥（Cima Corgo）——1756年第一部法规就有提到的历史核心区域，以及东部的高级杜罗（Douro Superior）。

波特产区是全世界监管最为严格的产区，从严格的葡萄田分级制度到苛刻的品酒审批程序，生产的每一个环节都不放过。葡萄酒不仅从当地的地理条件中吸取个性化的因素——页岩土壤、葡萄成熟期异常炎热干燥的天气、适宜的葡萄品种，另外，酿造和陈酿的工艺也造就了风格多样化的波特酒。

>主要葡萄品种。红葡萄品种有国产多瑞加、猎狗（tinto cão）、罗丽红、巴罗卡红（tinta barroca）和多瑞加·弗兰卡（touriga franca）；白葡萄品种有：塞西尔（sercial，又名esgana cão）、弗尔加沙奥（folgasão）、华帝露、玛尔维萨、拉比加多（rabigato）、维欧新（viosinho）和古维欧（gouveio）。

>土质结构。仅在杜罗河谷及其支流旁的页岩土壤上才有权利酿制波特酒。

>葡萄酒品味风格。红葡萄酒甘甜、强劲、浓郁。酒液在口中带来温热感和难得的醇厚感，并有着难得的丰满感。红波特酒共分为两大类：

• 茶色波特。这些酒经过长年的木桶陈酿，在有控制的氧化影响下，呈现出陈化的颜色特征以及浓郁的香气（咖啡、核桃、干果、无花果、雪松……），这些香气随着时间的推移而变得更加细腻、复杂。大多数波特酒都是由不同年份的葡萄酒混酿而得，平均酒龄则需达到法律规定的最低值。按质量从低到高排列，这一大类别包括：茶色波特（在木桶中最少陈酿3年），特藏茶色波特（7年），标有酒龄的茶色波特（10、20、30或40年）。谷物波特酒（Colheita，至少7年）是标有年份的茶色波特，葡萄酒都源自同一年份的葡萄，在酒标上有所注释。

• 宝石红波特。与上述酒不同，这种波特保留了代表年轻色彩的“宝石红”色泽。此酒在灌瓶前经历的木桶陈酿时间较短。酒龄年轻，色彩鲜艳，非常浓郁，充满了成熟至极的黑色和红色水果香气以及辛料香。在口中，最为优质的酒仍然保留了丹宁的结构感，最高档的波特丹宁非常强烈。宝石红波特或特藏宝石红波特，是拥有丰富、浓郁果香的年轻葡萄酒，丹宁含量相对较低。迟装瓶年份波特酒（Late Bottled Vintage，LBV）则是源自同一个年份的葡萄，并在采收4～6年后才装瓶的葡萄酒。这种酒比最后一种波特酒——年份波特酒要柔和许多。

年份波特酒是指产自大年、标有年份，且在采收后2～3年灌瓶的波特酒。由于这类酒的强度和其丹宁结构，迟装瓶年份波特酒和年份波特酒（特别是年份波特酒）都拥有可以陈放数十年的能力。年份波特酒在国际藏酒市场上可以与波尔多或勃艮第的名酒相媲美。

另外，虽然产量非常少，但是白波特酒的生产从未间断过。这类酒仅使用白葡萄品种酿制，并在木桶中陈酿。此酒可以为半干型或甜型，通常较为柔和、圆润，没有红波特酒的复杂性。

>几家著名的波特酒生产商。Barros, Burmester, Churchill, Croft, Dow, Fonseca, Gould Campbell, Ferreira, Graham,Niepoort, Quinta do Crasto, Quinta do Noval, Quinta do Vale D. Maria, Ramos Pinto, Andresen, Taylor Fladgate, Warre's.

葡萄酒颜色：
红色和白色。

饮用温度：
白波特11～14℃；
红波特15～17℃。

陈年潜力：
白波特在酿好最初几年内饮用；
红波特则可窖藏50年。

北部

杜罗法定产区（DOC DOURO）

该产区与波特法定产区有着相同的地域界限。在杜罗，人们一直酿制干型红葡萄酒和干型白葡萄酒以供当地居民饮用。但这些酒不是来自波特采收额度外的葡萄，就是来自质量略差的葡萄。之后，几家波特酒厂商，如费雷拉酒庄［Ferreira，自1950年起酿出巴萨·维拉（Barca Velha）特酿］或是之后的克拉斯托（Quinta do Crasto），发现了酿制高水准干型红葡萄酒的潜力。此后，当地迅速成为这类葡萄酒的标志性产地，越来越多的葡萄园也开始专门为此种植葡萄。杜罗葡萄酒与波特酒使用相同的葡萄品种，其中有些占了主导地位。

>主要葡萄品种。红葡萄品种有国产多瑞加、猎狗、罗丽红、巴罗卡红、多瑞加·弗兰卡、特林加岱拉和苏枣（souzão）；白葡萄品种有玛尔维萨、拉比加多、维欧新和古维欧。

>土质结构。页岩。

>葡萄酒品味风格。红葡萄酒（约占产量的80%）的风格种类繁多。总体而言，这类酒颜色明艳，香气浓烈（成熟的红色和黑色水果、李子，以及近似燧石或页岩的矿物质香气），强劲，富有丹宁，有时带有清新的矿物质香，可以承受在木桶中进行陈酿。

白葡萄酒则柔和、芳香；最为优质的那些拥有令人惊讶的平衡感，还带有极真切的清爽感，以及非常适宜的酒精度。

>几家著名的葡萄酒生产商。Alves de Sousa, Barca Velha, Quinta do Côtto, Quinta do Crasto, Quinta do Fojo, Quinta do Passadouro, Quinta de la Rosa, Quinta de Roriz, Quinta do Vale Dona Maria, Quinta do Vallado, Niepoort, Sogrape, Ramos Pinto, Wine and Soul, Prats and Symington.

葡萄酒颜色：
红色和白色。

饮用温度：
白葡萄酒9～12℃；
红葡萄酒14～16℃。

陈年潜力：
白葡萄酒3～5年；
红葡萄酒10年，甚至更久。

北部

绿酒法定产区（DOC VINHO VERDE）

这一历史悠久的法定产区（1908年）位于葡萄牙的西北部，是面积最为广阔也是最为著名的产区之一。这一产区首先让人想起清爽、芳香、适宜在酒龄较短时饮用的白葡萄酒（也是“绿”这个葡萄酒名称的来源）；但是，该产区还酿制有着同样特点的红葡萄酒，以及一些桃红葡萄酒和白起泡酒。

该法定产区面积为38 000公顷，以北部的明诺（Minho）河、南边的杜罗河、东边的山脉为界。西边直通大西洋，整个产区每年的降雨量近1 200mm，因此，该地区的植被生长茂盛，葡萄树有着长势较高的传统（棚架），近期栽种的葡萄树会较矮。

产区内按照地域和文化的标准共分为9个分产区。北部的蒙草（Monção）尤以阿尔巴利诺葡萄品种（在西班牙被称为“阿尔巴利诺”）酿制而得的白葡萄酒闻名于世。

>主要葡萄品种。白葡萄品种有阿尔巴利诺、阿瑞图、阿维苏（avesso）、阿莎尔（azal）、巴托卡（batoca）、洛雷罗、塔佳迪拉（trajadura）；红葡萄品种有阿尔巴雷奥（alvarelhão）、阿玛拉（amaral）、波哈苏（borraçal）、艾斯帕德罗、帕德罗（padeiro）、佩卓（pedral）、拉伯安诺（rabo de anho）、文奥（vinhão）。

>土质结构。以较浅、偏酸性且贫瘠的花岗岩为主。

>葡萄酒品味风格。白葡萄酒的酒精度较低，强劲有力，充满芳香，尤其以青苹果、柑橘和花香为主。或多或少的气泡加强了清爽的感受。

红葡萄酒色彩明艳、活泼，果香浓，大多数丹宁较淡。

>几家著名的葡萄酒生产商。Palácio da Brejoeira、Ponte de Lima、Quinta do Ameal、Quintas de Melgaço、Reguengo de Melgaço、Sogrape、Casa de Vila Verde、Aveleda、Paço de Teixeiró。

葡萄酒颜色：
白色和红色。

饮用温度：
白葡萄酒8～12℃；
红葡萄酒14～15℃。

陈年潜力：
白葡萄酒2年；
红葡萄酒3年。

中部

巴哈达法定产区（DOC BAIRRADA）

该法定产区始创于1979年，位于贝拉斯地区，在大西洋沿岸和东部丘陵之间，后者也是与杜奥产区的分界线。气候温和，非常湿润（每年降雨量高达1 600mm），这点会带来葡萄病害的泛滥。

葡萄园占地12 000公顷，除此以外，该地还耕种其它作物。该产区以红葡萄酒的生产为主（70%）。主要的葡萄品种是巴加，在混酿中应该占到至少50%的比例。该产区干白葡萄酒的质量有了突飞猛进的发展，并且保留了以阿瑞图葡萄品种为主的起泡酒的酿制传统。有些明星酿酒师，如路易·帕托，酿制出的葡萄酒属于贝拉斯地区餐酒。

>主要葡萄品种。红葡萄品种有巴加、阿弗莱格（alfrocheiro）、卡马哈（camarate）、卡斯特劳、珍拿（jaen）、国产多瑞加、阿拉贡内斯（又名罗丽红）、赤霞珠和梅洛；白葡萄品种有费尔诺·皮埃斯、阿瑞图、塞西尔和霞多丽。

>土质结构。较沉、较肥沃的石灰质黏土、沙土。

>葡萄酒品味风格。红葡萄酒在年轻时较为干涩，丹宁和酸度的存在感非常强，这些酒也因此可以被长期陈放。在成熟时，最为优质的葡萄酒可以展现出纷繁的复杂感。

如今出现了一种更为现代的风格（葡萄的成熟度更好、除梗……），酒变得更为柔和、圆润，需要等待享用的期限大大缩短。

白葡萄酒清爽、芳香（柑橘香、花香、匙叶草香），非常均衡，尤其是以阿瑞图为品种酿制而得的酒更为明显。费尔诺·皮埃斯则酿出更为圆润的葡萄酒。

>几家著名的葡萄酒生产商。Caves Aliança、Casa de Saima、Caves São João、Luis Pato、Quinta de Baixo、Quinta do Poço do Lobo、Quinta da Rigodeira、Sidónio de Sousa、Sogrape。

葡萄酒颜色：
白色和红色。

饮用温度：
白葡萄酒9～12℃；
红葡萄酒15～17℃。

陈年潜力：
白葡萄酒3年；
红葡萄酒10年（有时更久）。

中部

杜奥法定产区（DOC DÃO）

这个较早的法定产区（1908年）位于上贝拉（Beira Alta）地区，巴哈达产区以东，名字来源于从产区经过的河流。该产区由花岗岩高原构成，葡萄园占地面积近20 000公顷，在400～700米海拔间种植葡萄。周围的山脉，尤其是西部山脉，为该产区抵御了海洋的影响。气候更偏大陆性，冬季寒冷、潮湿，夏季非常炎热、干燥。

红葡萄酒（产量的80%）以国产多瑞加和丹魄为主。有时酿制单一品种葡萄酒，但大多数情况下还是与其它品种混酿，如珍拿（西班牙称为门西亚）或阿弗莱格。干白葡萄酒及起泡酒则以依克加多为主，常与碧卡（bical）、塞西尔或菲娜·玛尔维萨（malvasia fina）混酿。

>主要葡萄品种。红和桃红葡萄品种为阿弗莱格、阿尔巴雷奥、罗丽红、巴斯塔都、珍拿、露菲特（rufete）、猎狗、国产多瑞加、特林加岱拉；白葡萄品种为巴塞罗（barcelo）、巴加、赛西尔、依克加多、菲娜·玛尔维萨、羔羊尾（rabo de ovelha）、特伦太（terrantez）、乌巴草（uva cão）和华帝露。

>土质结构。页岩、沙土和花岗岩。

>葡萄酒品味风格。杜奥产区的现代型葡萄酒已经代替了以往由合作社生产的平庸葡萄酒，合作社的垄断地位也在1989年被取缔。

该产区的红葡萄酒风格多种多样，但一支好的杜奥葡萄酒会散发出非常成熟的芳香（红色和黑色水果）、辛料香和木香（若在橡木桶中陈酿），有时还有花香。口中通常非常饱满，有结构，丹宁感强，且较为清爽，可以长期陈放。

以依克加多为主的白葡萄酒散发着芳香（黄色水果），稠密，较为丰腴，但平衡感好。也有桃红葡萄酒，口味较轻且香气较浓。

>几家著名的葡萄酒生产商。Caves Aliança、Dão Sul、Quinta dos Carvalhais、Quinta das Maias、Quinta da Pellada、Quinta do Perdigão、Quinta dos Roques、Quinta de Saes。

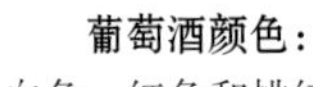

葡萄酒颜色：
白色、红色和桃红色。

饮用温度：
白葡萄酒9～12℃；
桃红葡萄酒10～12℃；
红葡萄酒14～16℃。

陈年潜力：
粉红葡萄酒在当年饮用；
白葡萄酒4年；
红葡萄酒10年。

中部和南部

阿连特茹法定产区（DOC ALENTEJO）和阿连特茹地区餐酒（VINHO REGIONAL ALENTEJO）

阿连特茹是葡萄牙中南部一个面积广阔的大区。葡萄园面积虽然只有22 000公顷，但葡萄酒却由于合作社和新酒农的活力而在近十年有了突飞猛进的发展。

这一地区被分为8个分产区［荷格安歌（Reguengos）、波芭（Borba）、荷丹多（Redondo）、维迪歌雅（Vidigueira）、爱沃哈（Évora）、格安雅·阿玛雷佳（Granja-Amareleja）、波达勒格（Portalegre）、莫拉（Moura）］，第九个目前正在规划中。每个分产区都可以使用一个单独的法定产区名称，但其一半以上的产量还是属于阿连特茹地区餐酒。

该地区气候非常炎热、干燥。日照对葡萄酒的成熟非常有利，但灌溉也必不可少，而且采收的时间也比其它地区要早一些，尤其是白葡萄。

>主要葡萄品种。红葡萄品种有紫北塞（Alicante bouschet）、阿拉贡内斯、赤霞珠、莫雷托（moreto）、比利吉达、西拉、红凯亚达（tinta caiada）、国产多瑞加和特林加岱拉；白葡萄品种有antão vaz、阿瑞图、羔羊尾、胡佩里奥和费尔诺·皮埃斯。

>土质结构。黏土、沙土、花岗岩和页岩。

>葡萄酒品味风格。这一地区允许栽种50余种葡萄（地区餐酒级别），葡萄酒的风格也就自然是多种多样，但红葡萄酒总体来说还是以丰满、果香的成熟度以及醇厚强劲的酒香来吸引人；在年轻时就已经非常宜人，丹宁最浓的有中等陈放潜力。白葡萄酒则较为饱满、圆润和强劲。

>几家要记住的葡萄酒生产商。Adega Cooperativa de Borba、Adega Cooperativa de Portalegre、Adega Cooperativa de Redondo、Cortes de Cima、Quinta do Mouro、Herdade da Malhadinha Nova、Herdade do Mouchão、Sogrape、Quinta do Carmo、Quinta do Monte d'Oiro。

葡萄酒颜色：
白色和红色。

饮用温度：
白葡萄酒9～12℃；
红葡萄酒15～16℃。

陈年潜力：
白葡萄酒4年；
红葡萄酒10年。

乔治·桑托斯（Georges Dos Santos）先生的五大最爱

里昂进口商-葡萄酒专营店经营者（珍稀酒，波特酒）

法国最棒的波特酒大使

- **玛利亚·甘美（Maria Gomes），贝拉斯地区餐酒，2008［路易·帕图（Luis Pato）］**。出色的解渴饮品、令人精神振奋的白葡萄酒，果香浓，矿物质丰富，直爽，价格实惠。与地中海美食（海鲜、贝类、藏红花、橄榄油）搭配最为理想。
- **吉荷索·罗利卢（Girosol Loureiro），白绿酒，2008［尼伯特酒庄］**。洛雷罗葡萄品种的纯净展现，香气浓郁，以柑橘香气为主，柔和、清爽，尾香有着宜人的圆润，是葡萄牙最著名酿酒师之一的作品。是一款适宜搭配夏季菜肴、与朋友分享的葡萄酒。
- **特酿（Cuvée Exæquo），埃斯特马杜拉（Estremadura）地区餐酒［本托（Bento）酒庄］**。浓密、集中的葡萄酒，有着黑色水果、熏腊肉、黑橄榄和接骨木果的香气。葡萄酒受到埃斯特马杜拉地区阳光照射的影响，与烤肉——如当地的烤黑猪肉搭配非常完美。
- **波特2004［飞鸟园酒庄（Quinta do Noval）］**。一家有名的波特生产商发挥了其最好水准，这一年份的波特酒以浓郁、澎湃的酒液可以让您有种今夕是何夕的感觉。岩蔷薇的香气和清爽感突出了酒体，其强劲感很惊人。
- **波特2006［威苏维欧酒庄（Quinta do Vesuvio）］**。带有神奇的口味，是一款葡萄酒杰作，酿自百年葡萄树以及围起的葡萄园，激发出了独特的丰满和圆滑清爽的口感。

德国

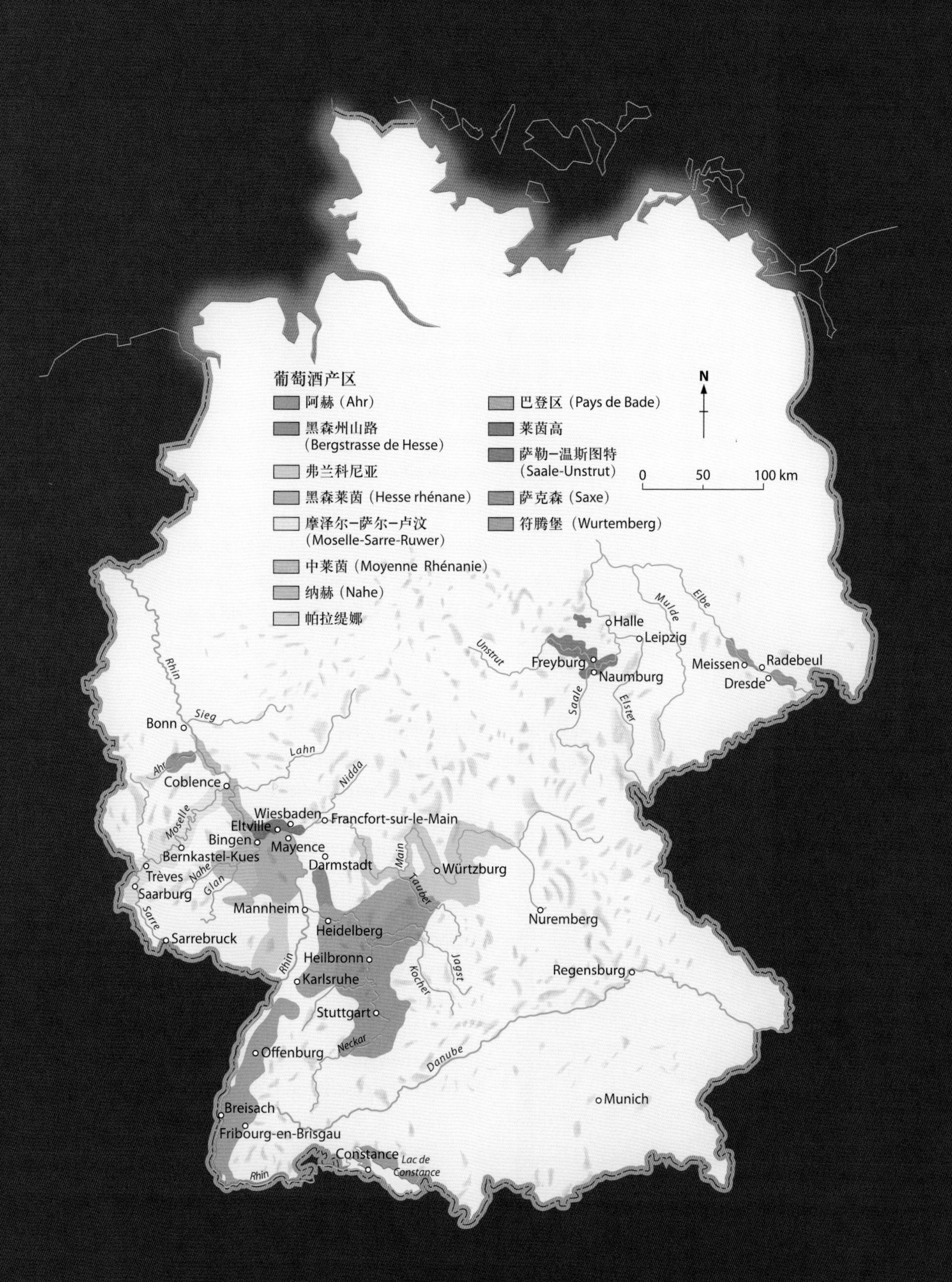

葡萄酒产区
阿赫（Ahr）
黑森州山路
（Bergstrasse de Hesse）
弗兰科尼亚
黑森莱茵（Hesse rhénane）
摩泽尔-萨尔-卢汶
（Moselle-Sarre-Ruwer）
中莱茵（Moyenne Rhénanie）
纳赫（Nahe）
帕拉缇娜
巴登区（Pays de Bade）
莱茵高
萨勒-温斯图特
（Saale-Unstrut）
萨克森（Saxe）
符腾堡（Wurtemberg）
N
0
50
100 km
Halle
Leipzig
Freyburg
Naumburg
Meissen
Radebeul
Dresde
Mulde
Elbe
Unstrut
Saale
Elster
Rhin
Bonn
Sieg
Lahn
Ahr
Coblence
Nidda
Moselle
Wiesbaden
Francfort-sur-le-Main
Eltville
Bingen
Mayence
Bernkastel-Kues
Darmstadt
Main
Würtzburg
Trèves
Nahe
Saarburg
Glan
Tauber
Mannheim
Nuremberg
Sarre
Heidelberg
Sarrebruck
Heilbronn
Jagst
Regensburg
Rhin
Karlsruhe
Kocher
Stuttgart
Offenburg
Neckar
Danube
Munich
Breisach
Fribourg-en-Brisgau
Constance
Lac de Constance
Rhin

德国的葡萄园

德国最为优质的葡萄酒可以跻身世界最著名葡萄酒排行榜。虽然目前一些日常葡萄酒的品质可能令人失望，但年轻一辈酿酒师们的努力还是让人们对未来充满希望。

德国葡萄种植业

阿赫地区的葡萄种植可以追溯至公元前3世纪；莱茵河和摩泽尔河地区则是从公元前1世纪开始种植。罗马帝国衰落后，一直到查理大帝时期才再次出现了葡萄种植。随后，在中世纪时期，许多修道院的建立为葡萄酒的质量起到了很大的推动作用。

德国葡萄园在11世纪到16世纪末之间发展势头良好，面积达到了30万公顷。但是，17世纪时的战争摧毁了大部分葡萄树。根瘤蚜灾害（1874年）、霜霉病和白粉病的出现使葡萄园的面积骤减到将近10万公顷，与今日葡萄园的规模相当。

德国葡萄园的基本数据

种植面积：10.2万公顷

年产量：10.365亿升

白葡萄酒：63%

红葡萄酒和桃红葡萄酒：37%

（德国联邦统计局、德国联邦葡萄种植者协会，2007）

恶劣的天气条件

德国葡萄酒一直都是酒农在非常有限的种植条件下辛勤劳作的产物，这也就解释了为什么这里的葡萄酒酒精含量通常较低，而酸度有时出奇高。凉爽的天气让葡萄难以达到良好的成熟度，而变幻莫测的天气也可能损毁整年的收成。因此，酒农将葡萄树种在最为朝阳的地方来弥补这一缺陷。

近几十年来，全球气候变暖导致全年平均气温上升了近2℃。德国葡萄园地因此得益，葡萄果实更为成熟，并且种植了不少红葡萄品种。在此之前，红葡萄品种在德国仅占少数。

> 在萨克森地区内靠近迈森城（Meissen）的葡萄园内作业。

德国葡萄酒小词汇表

在酒标上可能见到的一些词汇：

Grauburgunder：灰皮诺
Halbtrocken：半干型
Eiswein：冰酒
Erzeugerabfüllung：生产商灌瓶
Grosses/Erstes Gewächs：列级/一级
Schwarzriesling：莫涅皮诺
Spätburgunder：黑皮诺
Spätlese：晚收或延迟采摘（有此标注的葡萄酒可以为甜型，也可为干型）
Süss：甜型（即指甜葡萄酒）
Trocken：干型
Weingut：葡萄酒庄园
Weinkellerei：酒窖、酒厂
Weissburgunder：白皮诺
Winzergenossenschaft：酿酒合作社

其它德语词汇请另见书末

> 莱茵河畔山丘上的葡萄树，位于巴哈拉赫镇（Bacharach）旁（中莱茵）。

河畔的葡萄园

德国共有13个传统葡萄酒产区（Anbaugebiete——德语中是种植区的意思，408 ~ 413页有具体介绍），每个产区还被分为若干个子产区（Bereiche）。绝大多数葡萄园地都位于德国西部和南部，沿着河谷的曲线铺开。只要看看主要葡萄酒产区所处的地理位置，就可以了解靠近河流的重要性。

巴登的葡萄园就紧紧靠着莱茵河。内卡河（Neckar）及其支流在符腾堡地区的山丘之间蜿蜒，之后在曼海姆（Mannheim）与莱茵河交汇；另一支流——美因河（Main），则是弗兰肯（Franken）葡萄园的母亲河。"黑森州山路"这个小产区在海德堡北部，面向着莱茵河流域；而河流的另一岸则坐落着帕拉缇娜。紧接其北部的是莱茵黑森（Rheinhessen），河流绘出了产区的东部和北部界线，河右岸则是莱茵高地区。这些陡峭的莱因河谷葡萄园构成了中部莱恩产区（Mittelrhein）。另一条支流纳赫，有一个同名的葡萄酒产区。摩泽尔是德国边境外最负盛名的产区之一，包含了萨尔（Saar）和卢汶河流沿岸的葡萄园。美丽的阿赫产区则几乎位于德国西部葡萄酒产区的最北端。在东部，萨勒–温斯图特的名称则来自于两条贯穿该产区的河流。最后，易北河（Elbe）孕育了两岸的萨克森葡萄园。

正确还是错误？

德国的白葡萄酒大部分都是甜型的。

错误。虽然过去曾是这样，如今德国已经可以酿制大量优质的半干和干型白葡萄酒。葡萄品种和土壤的搭配优化，再加上近几年来气候变暖，使葡萄果农得到了比以前更为成熟的葡萄果粒。酿酒师不再需要加糖强化，葡萄果粒发酵后就可以酿出干型或半干型葡萄酒。

您未必了解的小知识

德国酿制的冰酒排在世界最前列。健康、成熟度高的葡萄在–10℃的温度下进行采摘，从而可以保证压榨时的温度至少在–7℃。冷冻提取法（见64页）是被禁止使用的。葡萄酒的酒精含量约为8%。该酒因矿物质香气而有着超然的清爽感，并散发出微妙的芳香：杏干、柑橘、焦糖苹果、牛肝菌、黑萝卜、茴香、生姜糖、蜂蜜……这种葡萄酒可以窖藏陈酿几十年。

种植最广的葡萄品种

自19世纪末以来，通过对古老的品种进行杂交，研究人员获得了一些新葡萄品种。这些品种对疾病的抵抗力强，可以酿出个性化的葡萄酒，使产量得到提升，并保证了更高的糖分含量。今天，在传统的葡萄品种周围，已大面积种植了杂交品种。在过去的15年内，还有另外一个重要的发展：红葡萄品种的种植得到了大幅度提升（灰皮诺、赤霞珠），现已占到了总面积的40%。

>雷司令葡萄。

>托林格葡萄。

传统白葡萄品种。酿造德国白葡萄酒的代表品种为雷司令。这类葡萄可以在秋天明媚的阳光下充分成熟，酿制不同类型的葡萄酒。它被种植在最优质的土壤上，尤其是在中摩泽尔（Mittelmosel）和莱茵高产区。随着杂交品种（两种葡萄品种的杂交）的出现，雷司令的种植面积有所减少，但随后其面积基本稳定了下来。而另一个传统品种——西万尼的没落更为明显。这一品种主要和弗兰肯产区联系在一起，但最为著名的葡萄园却位于莱茵黑森产区。如果葡萄园的位置较好且产量合理，西万尼品种可以得到集中度高且酸度明显的葡萄酒，适合陈放。另外，白皮诺、灰皮诺（又被称为ruländer）和霞多丽也较为常见。

杂交白葡萄品种。米勒-图高是第一个杂交品种（又见37页），可以酿出优质的白葡萄酒，但前提条件是要保持低产量。施埃博，从葡萄酒的质量上来讲称得上是杂交品种中的精品，为普法尔兹产区创造了巨大的成就。肯纳，因其稳定的产量而被人称道，可以酿出有个性的葡萄酒，包含水果、植物（接骨木花、新割草地）香气，略带一丝蜂蜜和辛料的香气，与雷司令的芳香有些相似。由于其较高的糖分含量，经常被纳入“延迟采摘”的行列，如“晚收”或“精选”葡萄酒。

传统红葡萄品种。主要有近20年来种植面积翻了3倍的黑皮诺，以及酿出清淡型葡萄酒的“蓝色葡萄牙人”（blauer portugieser）。另外，德国还种植托林格、莫涅皮诺和桑托（samtrot，莫涅皮诺的变种）。

杂交红葡萄品种。丹菲尔德（dornfelder）是新近的一个杂交品种，正在迅速扩张。酿出的葡萄酒呈石榴红色，散发着红色水果（桑葚、樱桃、李子）香气，口中泛着苦巧克力的味道，丹宁柔和。此外，还有会令人联想到赤霞珠的库宾珠（cabernet cubin）葡萄，经常与其它红葡萄品种配合使用，在橡木桶中陈酿后的效果尤为出色。多米娜（domina）葡萄和瑞珍（regent）葡萄则可以酿制出泛着石榴红光泽并且富含水果清香的红葡萄酒。

独立酒庄和合作酿酒社

除了巴登-符腾堡州（Bade-Wurtemberg）以外，最为优质的葡萄酒大多来自私人酒庄或国有葡萄园［莱茵兰-法尔兹（Rheinland-Pfalz）、黑森（Hesse）、巴伐利亚（Bavière）］，甚至是市属葡萄园。合作社从成员手中接收葡萄（而不是葡萄汁或葡萄酒），其份额超过了全国总产量的三分之一。在巴登-符腾堡产区，合作社的葡萄酒覆盖了所有葡萄酒类型。另外，合作社也会根据自身的商业策略而酿制不同质量和不同风格的葡萄酒。新趋势是积极酿制更为优质的葡萄酒，并且以更高的价格出售，酒瓶上经常会标有“Erzeugerabfüllung”（生产商灌瓶）。

对品质的追求

全球气候变暖，甄选性能更为优越的克隆苗，以及针对年轻酒农开展各类培训，都有利于提高葡萄酒的品质。

官方标准。如果说原产地是区分德国葡萄酒的第一标准，那么第二个则要数官方制定的质量标准，并且以葡萄汁糖分含量的分级作为补充。官方等级划分的理念如下：葡萄越成熟，葡萄酒就越好。因此，葡萄酒被分为日常餐酒、地区餐酒、高级葡萄酒（QbA）和高级优质葡萄酒（QmP）。QmP级别可以标注六种不同天然糖分含量分级中的一种（又见100页）。

酒标上的“Classic”（经典）和“Selection”（特选）标识

2000年，德国葡萄酒协会（Deutsches Weininstitut）推出了两个新类别，意在让葡萄酒产品更容易理解。出现在酒标上的“Classic”和“Selection”标识仅用于优质干白且为单一品种的葡萄酒。“Classic”要求注明葡萄品种、生产商名称、产区名称以及年份。“Selection”除了以上内容外，还要注明原产葡萄园的名称。而且，这类葡萄酒的原材料也要符合严格的生产规范要求（采摘、产量、最低潜在酒精含量）。

您未必了解的小知识

在德国（与奥地利相同），起泡酒被称为“Sekt”。现在，约800家公司每年生产近5亿瓶起泡酒。如果酒标上注明“Deutscher Sekt”，那么酿酒的葡萄仅为德国自产葡萄。在这类酒中，我们可以找到少数几款优质酒。事实上，几乎所有塞克特起泡酒都是工业化制造，以品牌名字出售，价格非常便宜。只有酒庄酿制的起泡酒（Winzersekt）才会以高价出售，但产量非常少。在标有年份的起泡酒中，至少85%的葡萄酒液应该产自该年份。

为提高质量而进行的种植操作。有些葡萄园主对传统产生了质疑，开始放弃酿制天然甜酒，而转为酿制较干型的葡萄酒，以满足新的消费需求。这一趋势鼓励果农对产量进行限制，得到的葡萄糖分浓度高，因此保证了以前通过残余糖分才可得到的平衡度。一些葡萄园已转型为“有机”和生物动力农业模式，葡萄果农可以选择加入或不加入某个认证机构（Ecovin、Bioland、Naturland、Demeter、Gäa），他们的数量也在逐年增加。

质量标识和奖章

可以在酒标上或直接在酒瓶上见到。

一个展翅的雄鹰。这是VDP精英酒庄联盟（Verband Deutscher Prädikatsweingüter）的标志。这一联盟汇集了法定产区高级优质葡萄酒（QmP）级别的生产者，鹰型会徽代表了葡萄酒的优秀品质，不过，有许多名酒产商并不是该联盟成员。2002年，VDP精英酒庄联盟决定使用一个新的葡萄园分级制度：Grosses Gewächs和Erstes Gewächs，这两个名称与列级酒庄和一级酒庄的概念相对应，并且对以葡萄品种、产量、成熟程度和酿酒技术为主的生产条件进行了规定。

一个徽章或环状物。这主要是指由德国农业权威机构——德国农业协会（DLG）颁发给获奖葡萄酒的奖牌（金、银、铜），获此殊荣的葡萄酒由当地评审团选出。

一个彩色印章。此标志也是由德国农业协会颁发的。黄色代表干型葡萄酒，绿色代表半干型葡萄酒，红色代表其它葡萄酒。

> 弗兰肯产区一个酒庄内的酒窖；右侧为扁圆形酒瓶，一种当地的特色酒瓶。

德国最著名的葡萄酒产区和葡萄酒

葡萄酒质量的提升增加了德国国内市场和出口市场的需求量。2008年的出口量达到了2.2亿升，主要市场为英国、荷兰、美国、俄罗斯、瑞典、法国和挪威。以下为从北至南排列的德国主要产区和葡萄酒。

萨勒-温斯图特和萨克森

20年前，这两个葡萄园是东德的一部分。萨勒–温斯图特（660公顷）处于与产区同名的两条河流流域河谷之中；萨克森（470公顷）则位于易北河沿岸、德累斯顿（Dresde）市的南边和北边。这些地区主要酿制干白和半干白葡萄酒。红葡萄品种占据不到20%的面积。自从德国重新统一后，其葡萄酒质量已有显著提高。

> **主要葡萄品种**。白葡萄品种有米勒–图高、白皮诺、雷司令、西万尼；红葡萄品种有葡萄牙人（portugieser）、丹菲尔德和黑皮诺。

> **土质结构**。萨勒–温斯图特产区为风化石灰岩、杂色砂岩、黏黄土和含铜板岩；萨克森产区为叶岩、花岗岩、砂岩及黄土层，上层覆盖着黏土和河沙。

> **葡萄酒品味风格**。萨勒–温斯图特的白葡萄酒有着水果（苹果、柠檬皮、核桃）芳香及非常清爽的矿物质香气。由"葡萄牙人"品种酿制的红葡萄酒有着黑色水果（桑葚、樱桃）芳香，以及紫罗兰、杜松子和八角茴香的气息。

酿自米勒–图高葡萄的萨克森白葡萄酒散发着苹果、桃或核桃的香气，而酿自雷司令葡萄的葡萄酒则更偏向苹果、杏、柑橘和小白花的香气，另有矿物质香气的支持。酿自丹菲尔德葡萄的红葡萄酒散发着红色水果、紫罗兰和可可的香气；黑皮诺葡萄酒则有红色水果、灌木丛和胡椒的清香。

> **最佳品质葡萄酒**。萨勒–温斯图特产区：Freyburg Edelacker、Karsdorf Hohe Gräte、Bad Kösen Saalhäuser、Bad Sulza Sonnenberg、Gosecker Dechantenberg、Höhnstedt Kreisberg、Kaatschen Dachsberg、Naumburg (Sonneneck、Steinmeister)、Schulpforte Köppelberg、Weischütz Nüssenberg。萨克森产区：Dresdner Elbhänge、Meissen (Kapitelberg、Rosengründchen)、Pesterwitz Jochhöhschlösschen、Pillnitz Königlicher Weinberg、Radebeul (Johannisberg、Steinrücken)、Schloss Proschwitz、Seusslitz Heinrichsburg、Weinböhla Gellertberg。

> **几家著名的葡萄酒生产商**。萨勒–温斯图特产区：Günter Born、Gussek、Klaus Böhme、Lützkendorf、Bernard Pawis、Kloster Pforta、Thüringer Weingut Bad Sulza。萨克森产区：Klaus Zimmerling、Schloss Proschwitz Prinz zur Lippe、Vincenz Richter。

阿赫（AHR）

该产区面积为530公顷，名字来源于穿越该产区的河流。产区位置与莱茵河的汇流处非常接近。葡萄树种植在陡峭的山坡上，成长于以黏质叶岩为主的土壤上，酿造出杰出的黑皮诺红葡萄酒。白葡萄品种仅占种植面积的12%。

> **主要葡萄品种**。红葡萄品种为黑皮诺、葡萄牙人和多米娜；白葡萄品种为雷司令。

> **土质结构**。黏质叶岩。

> **葡萄酒品味风格**。黑皮诺酿制的红葡萄酒散发着浓郁的黑色水果和辛料香气。在杰出年份，这类酒拥有约20年的窖藏熟成潜力。"葡萄牙人"品种为葡萄酒带来了水果（樱桃、覆盆子、黑醋栗、李子）、辛料和皮革的香气，尾香充满了熏木香。

雷司令葡萄酒通常为半干型和甜型，散发着水果（苹果、杏、柑橘、草莓）、槐花、八角和矿物质香气。

> **最佳品质葡萄酒**。Ahrweiler Rosenthal、Altenahr Eck、Dernau Hardtberg、Heimersheim Burggarten、Neuenahr Schieferlay、Walporzheim（Gärkammer、Kräuterberg）。

> **几家著名的葡萄酒生产商**。J. J. Adeneuer、Deutzerhof-Cossmann-Hehle、Meyer-Näkel、Jean Stodden。

中莱茵［MOYENNE RHÉNANIE (MITTELRHEIN)］

该产区（440公顷）从波恩南部、莱茵河右岸的柯尼希斯温特（Königswinter）葡萄园起，穿过科布伦茨附近的巴德霍宁恩（Bad Hönningen）和法伦达尔（Vallendar），一直延伸至纳索城（Nassau）附近，这也是莱茵河畔最为浪漫的地段，有诸如博帕德（Boppard）、圣高阿（St. Goar）和巴哈拉赫（Bacharach）等传统葡萄酒小镇。

葡萄树生长在非常陡峭的斜坡上，因此，对人工作业的要求很高。这一产区的晚收葡萄酒全球闻名。酿自黑皮诺的红葡萄酒仅占总播种面积的9%，但在逐步扩展。

> **主要葡萄品种**。白葡萄品种有雷司令（70%）、米勒-图高；红葡萄品种有黑皮诺。

> **土质结构**。叶岩和硬砂岩（砂质沉积岩）

> **葡萄酒品味风格**。雷司令葡萄可以酿出高品质的干、半干和甜型葡萄酒，带有柑橘、椴树花和接骨木花的香气，辛料香浓，还有矿物质香气，窖藏陈酿潜力很好。至于红葡萄酒，则需要在酒龄较短时饮用。

> **最佳品质葡萄酒**。Bacharach Hahn、Boppard Hamm Feuerlay、Engelhöll Berns tein、Oberwesel Ölsberg、Steeg St. Jost。

> **几家著名的葡萄酒生产商**。Didinger、Friedrich Bastian、Toni Jost-Hahnenhof、Dr. Randolf Kauer、Lanius-Knab、Helmut Mades、Matthias Müller、August和Thomas Perll、Ratzenberger。

摩泽尔-萨尔-鲁尔

摩泽尔河流经德国的部分，加上其支流——鲁尔河和萨尔河，构成了德国最为浪漫的葡萄酒产区之一。葡萄园面积占地8 800公顷，超过四分之一都种植在了陡峭的山坡上，俯瞰着河流。葡萄园由摩泽尔、萨尔和鲁尔三个分产区组成，但自2009年起，仅有“Mosel”的名称注明在酒标上。

几个世纪以来，这里凉爽的天气让酒农仅能种植白葡萄品种。除了许多质量一般的加强型白葡萄酒，还有不错的摩泽尔名酒。20世纪初期，雷司令晚收葡萄酒或冰酒的价格经常超过著名的波尔多苏玳甜白酒。

今天，最棒的干型雷司令葡萄酒不仅适宜在年轻时饮用，享受其轻盈和新鲜感，还可以陈放一段时间，随着年龄的增长而变得更为迷人、丰富。甜型雷司令——晚收、精选、逐粒精选、贵腐精选和冰酒，都是陈放型葡萄酒（直至30年或更长）。

该产区的有些地方已经开始种植红葡萄品种，如黑皮诺和丹菲尔德。

> **主要葡萄品种**。白葡萄品种有雷司令、米勒-图高；红葡萄品种有黑皮诺和丹菲尔德。

> **土质结构**。上摩泽尔为石灰岩；中摩泽尔为叶岩；摩泽尔平地为砂岩、石灰岩；萨尔为叶岩。

> **葡萄酒品味风格**。优质的雷司令葡萄酒，无论是干型还是甜型，都散发着水果（苹果、桃、杏、柑橘）的芳香、花（接骨木花）香和辛料（八角、小茴香）香。矿物质香气优质，口感清爽、绵长。

> **最佳品质葡萄酒**。摩泽尔产区：Bernkastel Doctor、Brauneberg (Juffer和Sonnenuhr)、Erden (Prälat和Treppchen)、Graacher Himmelreich、Piesporter Goldtröpfchen、Trittenheimer Apotheke、Ürziger Würzgarten、Wehlener Sonnenuhr、Winningen Uhlen。萨尔产区：Kanzem Altenberg和Hörecker、Scharzhofberg、Oberemmel Hütte、Ockfen Bockstein、Saarburg Rausch、Serrig、Wiltinger Braune Kuppe。鲁尔产区：Eitelsbach Karthäuserhofberg、Kasel Nies'chen和Kehrnagel、Maximin Grünhaus Abtsberg和Herrenberg。

> **几家著名的葡萄酒生产商**。摩泽尔产区：Schloss Lieser、Fritz Haag、Reichsgraf von Kesselstatt、Witwe Dr. Thanisch Erben、Dr. Loosen、Markus Molitor、Joh. Joseph Prüm。萨尔产区：von Othegraven、von Hövel、Van Volxem、Egon Müller zu Scharzhof、Le Gallais、Reichsgraf von Kesselstatt、Forstmeister Geltz-Zilliken、Dr. Wagner、Schloss Saarstein。鲁尔产区：Karthäuserhof、C. von Schubert'sche Schlosskellerei。

莱茵高

这一葡萄酒产区面积3 000公顷，因其所产的高品质雷司令干白、甜白葡萄酒以及黑皮诺红葡萄酒而闻名世界。

> **主要葡萄品种。**白葡萄品种为雷司令（78%）；红葡萄品种为黑皮诺。

> **土质结构。**产区东部主要是泥灰土，多石地，有时带黏质沙地和黏土；西部为砂岩、黏质叶岩和石英。

> **葡萄酒品味风格。**最优质年份的雷司令葡萄酒在年轻时非常优雅；随着窖藏陈酿，这些酒会增添丰富的质感和极好的平衡感。这类酒身居世界最著名葡萄酒行列。

红葡萄酒也同样拥有优异的窖藏陈酿能力，比如黑皮诺葡萄酒，带有樱桃、冻榅桲、杏干和肉桂的香气。

> **最佳品质葡萄酒。**Assmannshausen Höllenberg、Hallgarten (Hendelberg、Jungfer)、Hattenheim Steinberg、Hochheim Hölle、Johannisberg Hölle、Schloss Johannisberg、Lorch Kapellenberg、Kiedrich (Gräfenberg、Turmberg)、Rauenthal (Baiken、Nonnenberg)、Rüdesheim (Berg Kaisersteinfels、Berg Roseneck、Berg Rottland、Berg Schlossberg)、Jesuitengarten Schloss Vollrads、Winkel Jesuitengarten。

> **几家著名的葡萄酒生产商。**Staatsweingüter Domaine Assmannshausen、August Eser、J.B. Becker、Georg Breuer、Joachim Flick、August Kesseler、Hessische Kloster Eberbach、Franz Künstler、Johannishof-Johannes Eser、Graf von Kanitz、Josef Leitz、Robert König、Fürst Löwenstein、Peter Jakob Kühn、Querbach、Balthasar Ress、Schloss Johannisberg、Robert Weil。

约翰内斯堡（Schloss Johannisberg）

该葡萄园位于莱茵高产区，是德国葡萄园的瑰宝之一，享受着山丘优秀地形，俯瞰莱茵河。葡萄园仅有35公顷，种植雷司令葡萄。根据年份和质量等级的不同（珍藏、晚收、精选……），葡萄酒展现出丰富的水果（橙、柠檬、柚子、苹果、桃）芳香，还有榛子、杏仁和辛料（肉桂、香菜……）的香气；而植物香气方面，则主要为当归、干草和薄荷香。葡萄酒结构性强，在果香、酸度和酒体之间形成了良好的平衡感。干型葡萄酒的窖藏陈酿潜力通常可以达到15年，而甜型则至少为30年。根据传统，不同颜色的酒帽表示不同质量等级：珍藏为红色；晚收为绿色；精选为桃红色；VDP一级酒庄为银色；逐粒精选为黄色；贵腐精选为金色。

纳赫

纳赫河在宾根（Bingen）与莱茵河汇流。以此为中心蔓延开的葡萄园占地4 000余公顷，主要酿制白葡萄酒。红葡萄品种的比重有所上升，但主要用来酿制桃红葡萄酒。

> **主要葡萄品种。**白葡萄酒品种为雷司令、米勒-图高、西万尼和灰皮诺；红葡萄酒品种为丹菲尔德和黑皮诺。

> **土质结构。**多石阶地、沙土、黏土和叶岩。

> **葡萄酒品味风格。**雷司令品种葡萄酒富含果香和矿物质香气，通常是长年窖藏型酒，与摩泽尔和莱茵高的一些白葡萄酒相似。

桃红葡萄酒果香浓，带辛料香，在年轻时饮用。红葡萄酒主要酿自黑皮诺，散发着各类红色和黑色水果芳香，还带有灌木丛和辛料香气。这些酒具有良好的窖藏陈酿潜力。

> **最佳品质葡萄酒。**Bad Kreuznach (Brückes、Kahlenberg)、Dorsheim (Pittermännchen、Goldloch)、Langen-lonsheim Rothenberg、Monzingen (Halenberg)、Münster-Sarmshein (Dautenpflänzer)、Nieder hausen (Hermannsberg)、Schlossböckelheim (Felsenberg)、Traisen Bastei。

> **几家著名的葡萄酒生产商。**Dr. Crusius、Gutsverwaltung Niederhausen-Schloss böckelheim、Dönnhof、Jung、Schlossgut Diel、Tesch、Kruger-Rumpf、Mathern、Göttelmann、Bürgermeister Schweinhardt、von Racknitz、Prinz zu Salm-Dalberg'sches、Schäfer-Fröhlich。

莱茵黑森

莱茵黑森是德国最大的葡萄酒产区（26 000公顷），位于莱茵河左岸，从西北部的宾根一直延伸至南部的沃尔姆斯（Worms）一带。

20世纪70年代，该产区种植高产的杂交品种，并且以出口为目的大量生产，因产品质量一般（以圣母葡萄酒“Liebfraumilch”出售）而让产区形象大受损害。今天，黑森酿制一系列从中档到优质的干、半干和甜型白葡萄酒。

最好的葡萄田——“莱茵梯田”（Rheinterrassen）位于产区东部，占总面积的10%。就是在这里，坐落着著名的葡萄园，所出产的葡萄酒可以与莱茵高的作品相媲美。

> 主要葡萄品种。白葡萄品种有米勒-图高、雷司令、西万尼和灰皮诺；红葡萄品种有丹菲尔德、“葡萄牙人”和黑皮诺。

> 土质结构。东部为黄土和细沙土，西部为石英岩和玢岩。

> 葡萄酒品味风格。葡萄酒的风格随着品种而有所变化。比如说，米勒-图高的葡萄酒就有着浓郁的果香（苹果、杏、核桃、桃、柑橘），并带有植物香气（荨麻、接骨木花、罗勒）或是辛料香（孜然、芥末、八角、香菜）。

> 最佳品质葡萄酒。Binger Scharlachberg、Flörsheim-Dalsheim (Bürgel 和Hubacker)、Nackenheim Rothenberg、Nierstein (Brudersberg、Ölberg、Pettenthal)、Westhofen Kirchspiel、Worms Liebfrauenstift-Kirchenstück。

> 几家著名的葡萄酒生产商。Klaus Keller、K. F. Groebe、Gunderloch、Kissinger、Kruger-Rumpf、Kühling-Gillot、Manz、Michael-Pfannebecker、Schales、St. Antony、Wagner-Stempel、Wittmann。

黑森州山路（HESSISCHE BERGSTRASSE）

这个小葡萄园（436公顷）位于奥登瓦尔德（Odenwald）山脉边缘地带，由宽大的莱茵河（这里为200米宽）将其与沃尔姆斯市分开。葡萄园的主体部分起始于南部的达姆施塔特（Darmstadt）。这里很少霜冻，但雨水很多。大部分葡萄园都是国家所有（Domaine Bergstrasse），或是本斯海姆市（Bensheim）所有。

该产区主要酿制白葡萄酒：不错的法定产区高级葡萄酒（QbA）、一系列优质高级葡萄酒（QmP），以及冰酒。这里的雷司令葡萄酒可以与莱茵高的相媲美，但是因为产量非常有限，在产区外很难见到。在近十年内，一部分米勒-图高由黑皮诺和灰皮诺取代。

> 主要葡萄品种。白葡萄品种有雷司令、灰皮诺和米勒-图高；红葡萄品种有黑皮诺和丹菲尔德。

> 土质结构。种类繁多，由沙土、黏土、石灰岩、黄土和风化花岗岩组成。

> 葡萄酒品味风格。灰皮诺酿成的葡萄酒通常较为醇厚，有苹果、梨、柠檬皮、干果（杏仁、核桃）、椴树花、芹菜和肉桂的香气。

> 最佳品质葡萄酒。Bensheim、Kalkgasse、Heppenheim Centgericht、Steinkopf。

> 几家著名的葡萄酒生产商。Domaine Bergstrasse、Weingut der Stadt Bensheim、Bergsträsser Winzer eG。

弗兰肯

弗兰肯位于德国的中心地带，在莱茵河东部，这一地区有着茂密的森林。葡萄园（6 300公顷）集中在美因河及其支流流域朝南和朝东的河谷内。弗兰肯包含三个分产区：美因菲尔艾克（Mainviereck）、美因戴翰艾克（Maindreieck）和施坦因森林（Steigerwald supérieur）。

一般来说，德国本土市场对该产区葡萄酒的质量较为认可（尽管有些合作社的葡萄酒质量中等），但其在国际市场上还不太为人所知。一半以上都是“Fränkisch trocken”，意为含残糖量为4克以下的干型葡萄酒。至于“Bocksbeutel”这类扁圆形酒瓶，通常都会用在该产区最为优质的葡萄酒身上（约占产量的一半）。

> **主要葡萄品种**。白葡萄品种有米勒-图高、西万尼和巴克斯；红葡萄品种有多米娜和黑皮诺。

> **土质结构**。杂色砂岩、石灰岩和晚三迭纪石膏。

> **葡萄酒品味风格**。弗兰肯最优质的葡萄酒酿自西万尼、多米娜和黑皮诺葡萄。西万尼从350年前就开始在弗兰肯产区种植，酿出的葡萄酒个性强且陈放能力强。这些酒有着果味（苹果、柑橘皮、梨、核桃、杏）、花香（接骨木花、甘草）和辛料香（孜然、芥末），还有矿物质香气。

红葡萄酒方面，多米娜酿出的葡萄酒有着红色水果（黑醋栗、桑葚、李子）、覆盆子果酱、香料（肉桂、丁香）和苦巧克力的香气。

> **最佳品质葡萄酒**。Bürgstadt Centgrafenberg、Castell Schlossberg、Escherndorf Lump、Homburger Kallmuth、Iphofen Julius-Echter-Berg、Klingenberg Schlossberg、Randersacker Pfülben、Würzburg (Innere Leiste和Stein)。

> **几家著名的葡萄酒生产商**。Bickel- Stumpf、Bürgerspital、Fürstlich Castell'sches Domäneamt、Rudolf Fürst、Horst Sauer、Michael Fröhlich、Juliusspital、Fürst Löwenstein、Schmitt's Kinder。

巴登

巴登葡萄园的面积为15 000公顷，沿着莱茵河畔延展近300公里，从南部的康斯坦茨湖（Constance）起，一直到北部的弗兰肯，在河流和黑森林之间。巴登共包含9个分产区：巴蒂雪丝·弗兰科兰［Badisches Frankenland，托波塔（Taubertal）地区部分］、巴蒂雪丝·贝尔斯塔斯（Badische Bergstrasse，位于黑森林山路南部）、克莱斯高（Kraichgau，卡尔斯鲁厄以东和普福尔茨海姆之间）、奥特娜（Ortenau，从巴登-巴登直到奥芬堡南部）、布莱斯高（Breisgau，从奥芬堡南部直到弗里堡南部）、凯泽斯图尔（Kaiserstuhl，弗里堡西北）、突尼贝尔格［Tuniberg，凯泽斯特图尔（Kaisterstuhl）以南，弗里堡以西］、马克菲尔兰（Markgräflerland，弗里堡南部直到巴塞尔一带），以及南部的博登湖（Bodensee，又名康斯坦茨湖）。

巴登产区有许多合作社（占产量的85%），拥有酿制优质葡萄酒的声誉。位于布莱萨镇（Breisach）的巴登酒藏（Badischer Winzerkeller）是欧洲最大的生产商，生产500～600种不同的葡萄酒。这里还有历史悠久的美丽葡萄园。

> **主要葡萄品种**。白葡萄品种有米勒-图高、灰皮诺、雷司令、古特德（gutedel）和白皮诺；红葡萄品种为黑皮诺。

> **土质结构**。由约15种土质构成。

> **葡萄酒品味风格**。雷司令葡萄酒，尤其是Ortenau的雷司令葡萄酒，果香很浓，还富有花香（干草、接骨木花、椴树、薄荷）、辛料香（八角、香菜、姜），矿物质香气也很优异。黑皮诺则尤其展现出樱桃、李子和黑醋栗的香气。

> **最佳品质葡萄酒**。Bodensee地区：Meersburg Rieschen；Breisgau地区：Bombach Sommerhalde、Hecklingen Schlossberg、Malterdingen Bienenberg；Ortenau地区：Neuweier Mauerberg、Durbach（Ölberg、Plauelrain、Schloss Grohl、Schlossberg、Schloss Staufenberg）、Lauf Gut Alsenhof、Neuweier Schlossberg、Waldulm Pfarrberg；Kaiserstuhl地区：Blankenhornsberg Doktorgarten、Burkheimer Feuerberg、Ihringen Winklerberg、Oberbergen Bassgeige、Oberrotweil Henkenberg；Markgräflerland地区：Efringen-Kirchen Oelberg、Istein Kirchberg。

> **几家著名的葡萄酒生产商**。Andreas Laible、Bercher、Engist、Graf Wolff Metternich、Gut Nagelförst、Dr. Heger、Heinrich Männle、Jakob Duijn、Schloss Neuweier、Schwarzer Adler、Salwey、Stigler、WG Durbach。

雨博酒庄（Bernhard Huber）的葡萄酒（巴登）

这家30公顷大的葡萄园，位于巴登产区，因其白葡萄酒的优秀品质而出名，而酿自黑皮诺的红葡萄酒更是名声在外。酒庄的葡萄树种在了玛特丁根（Malterdingen）[比恩伯格（Bienenberg）]、海克林恩（Hecklingen）[海克林恩城堡（Schlossberg）]和波姆巴赫（Bombach）[萨默海尔德（Sommerhalde）]城镇最优质的田地上，整个耕种过程都表现出对大自然的尊重。白葡萄酒，除了麝香葡萄酒之外，都为干型酒。黑皮诺占了整个葡萄种植的三分之二。葡萄酒有时酿自年轻的黑皮诺葡萄树，有时酿自老葡萄树。酒标上有“R”（陈酿）标识意味着白葡萄酒在橡木桶中经过了6～8个月的陈酿，红葡萄酒则为18个月。酒庄还酿制优质的起泡酒。

普法尔兹（PFALZ）

法尔兹产区面积为22 000公顷，形状狭长，南北沿着莱茵河长约80公里。该产区被分为三个部分：中哈尔特（Mittelhaardt）、德国葡萄酒之路（Deutsche Weinstrasse）和南部葡萄酒之路（Südliche Weinstrasse）。

最优秀的葡萄园坐落在普法尔兹森林东部的山丘上。该产区以优质的白葡萄酒著称，尤以雷司令葡萄酒最为著名，该酒不仅个性强、矿物质香气浓，通常还很醇厚，而且很细腻。红葡萄酒的产量非常有限，但其质量一般来说都很优异。

> 主要葡萄品种。白葡萄品种有雷司令、米勒–图高；红葡萄品种有丹菲尔德、“葡萄牙人”和黑皮诺。

> 土质结构。种类繁多：杂色砂岩、黄土等。

> 葡萄酒品味风格。优质雷司令是有桃、苹果、核桃、杏和菠萝香气的窖藏陈酿型葡萄酒，带有接骨木花、薄荷、八角和香菜的细腻香气，以及非常好的矿物质香气。

> 最佳品质葡萄酒。Bad Dürkheim Michelsberg、Birkweiler（Kastanienbusch、Mandelberg）、Deidesheim Hohenmorgen、Hohenmorgen、Duttweiler、Forst（Jesuitengarten、Kirchenstück、Ungeheuer）、Gimmeldingen Mandelgarten、Haardt Bürgergarten “Breumel in den Mauern”、Königsbach Idig、Schweigen Kammerberg、Siebeldingen im Sonnenschein。

> 几家著名的葡萄酒生产商。Acham-Magin、Geheimer Rat Dr. Von Bassermann-Jordan、Bergdolt、Friedrich Becker、Josef Biffar、Dr. Bürklin-Wolf、A. Christmann、Dr. Deinhard、Gies-Düppel Knipser、Koehler-Ruprecht、Georg Mosbacher、Müller-Catoir、Pfeffingen-Fuhrmann-Eymael、Ökonomierat Rebholz、Reichsrat von Buhl、Georg Siben Erben、Dr. Wehrheim。

符腾堡

符腾堡葡萄园（11 500公顷）从巴特·美尔根海姆（Bad Mergentheim）（托波塔）附近开始，向南方延续，经过海尔布隆（Heilbronn）到达汉斯图（Remstal）和斯图加特（Stuttgart）地区，继续向南伸展直至蒂宾根（Tübingen）和罗伊特林根（Reutlingen）。

> 主要葡萄品种。白葡萄品种有雷司令、肯纳；红葡萄品种：托林格、莫涅皮诺、林贝格尔（lemberger/limberger）和黑皮诺。

> 土质结构。种类非常繁杂，从晚三迭纪岩到石灰土、泥灰土、砾石地或黏土。

> 葡萄酒品味风格。红葡萄酒中，托林格葡萄酒散发着樱桃、李子、苦杏仁和红醋栗的香气，还会让人联想到扁豆、甜菜的植物香，余味含有炭火的香味。

> 最佳品质葡萄酒。Bad Cannstatt Zuckerle、Bönnigheim Sonnenberg、Fellbacher Lämmler、Heilbronn Stiftsberg、Hohenbeilstein Schlosswengert、Kleinbottwar Süssmund、Neipperg Schlossberg、Pfaffenhofen Hohenberg、Schnaiter Altenberg、Schwaigern Ruthe、Stettener Brotwasser、Stettener Pulvermächer、Untertürkheim（Gips、Herzogenberg）、Verrenberg Verrenberg。

> 几家著名的葡萄酒生产商。Aldinger、Graf Adelmann、Ernst Dautel、Drautz-Able、J. Ellwanger、Karl Haidle、Fürst zu Hohenlohe-Öhringen、Schlossgut Hohenbeilstein、Rainer Schnaitmann、Wachtstetter、Staatsweingut Weinsberg、Wöhrwa。

瑞士、奥地利、匈牙利以及多瑙河到黑海之间的葡萄酒生产国

瑞士、奥地利、匈牙利以及多瑙河到黑海之间国家的葡萄园

自远古时代，葡萄树就出现在高加索（Cau Case）的山坡上，如今已蔓延至整个中欧地区和巴尔干地区。从瑞士到黑海，因大陆性气候特点的影响，葡萄园主要种植白葡萄品种。

瑞士

瑞士相对独立的经济特点使其独特的葡萄酒生产得以保留。在瑞士，我们既可以找到品质极优的葡萄酒，也能找到日常饮用的普通葡萄酒。这些葡萄酒主要用于国内消费。

四处分散的葡萄园地

瑞士葡萄园的历史可以追溯至罗马时代，与欧洲其它地区一样，是在神职人员的影响下发展起来的。陡峭的地形以及对朝向的要求导致葡萄田的面积通常非常小：平均为0.4公顷。这里过去曾是白葡萄酒生产国，但如今酿制红葡萄酒更多一些。葡萄园主要集中在法语区，如瓦莱州、纳沙泰尔州（Neuchâtel）、沃州（Vaud）和日内瓦州（Genève）。

瑞士葡萄园的基本数据

种植面积：1.5万公顷

年产量：约1 亿升

红葡萄酒：52%

白葡萄酒：48%

（联邦农业办公室，2007）

瓦莱州

瓦莱州是瑞士第一大葡萄酒生产州，酿制的葡萄酒也是最为引人注意的。该产区位于瑞士南部、日内瓦湖的东边。5 300公顷的葡萄树顺着罗纳河道铺开，往往位于陡峭的山坡上，海拔很少超过600米［除了菲斯珀泰尔米嫩（Visperterminen）梯田，海拔1100米，在那里种植着全欧洲海拔最高的葡萄树］。层层叠叠的梯田塑造了山脉的形状，并确保了葡萄树得到最充足的阳光。矮墙的维护工作非常繁重，这也解释了为什么葡萄田通常会非常小巧、躲在山凹地带，以便可以享受干燥以及多风的气候，这会让葡萄串通风干燥。

白葡萄酒和红葡萄酒的产量在这个产区内基本相同，但白葡萄酒还是略占优势——尽管瓦莱州的红葡萄酒产量占了整个国家的44%。黑皮诺和佳美葡萄的混酿孕育出了多乐（Dôle）葡萄酒——一款非常流行的清爽型红葡萄酒，若将葡萄直接压榨也可酿成桃红葡萄酒。主要白葡萄品种为芳丹——莎斯拉葡萄在当地的名称、西万尼——在当地被称为约翰内斯堡、雷司令、麝香、胡珊和埃米塔日；还有当地的葡萄品种，如小阿文和艾米尼（Amigne），可以酿出最有代表性的葡萄酒。红葡萄酒通常很有结构感，主要酿自黑皮诺、佳美和西拉三个葡萄品种。

纳沙泰尔州和三湖地区

围绕着纳沙泰尔湖的葡萄园一直延伸进了伯尔尼州（Berne），散落在比也纳湖（Bienne）和莫拉湖（Morat）周围。总面积约为1 000公顷，是继瓦莱州之后的第二大葡萄酒产区。这里的白葡萄酒产量占了总产量的70%多。纳沙泰尔葡萄园在湖北岸绵延30公里长，平均海拔在430米至600米之间，气候凉爽、温和，湖风有助于葡萄果串保持干燥，从而保证了良好的成熟度，尤其是对于黑皮诺这一品种。黑皮诺葡萄在这里酿出一款名为“松鸡

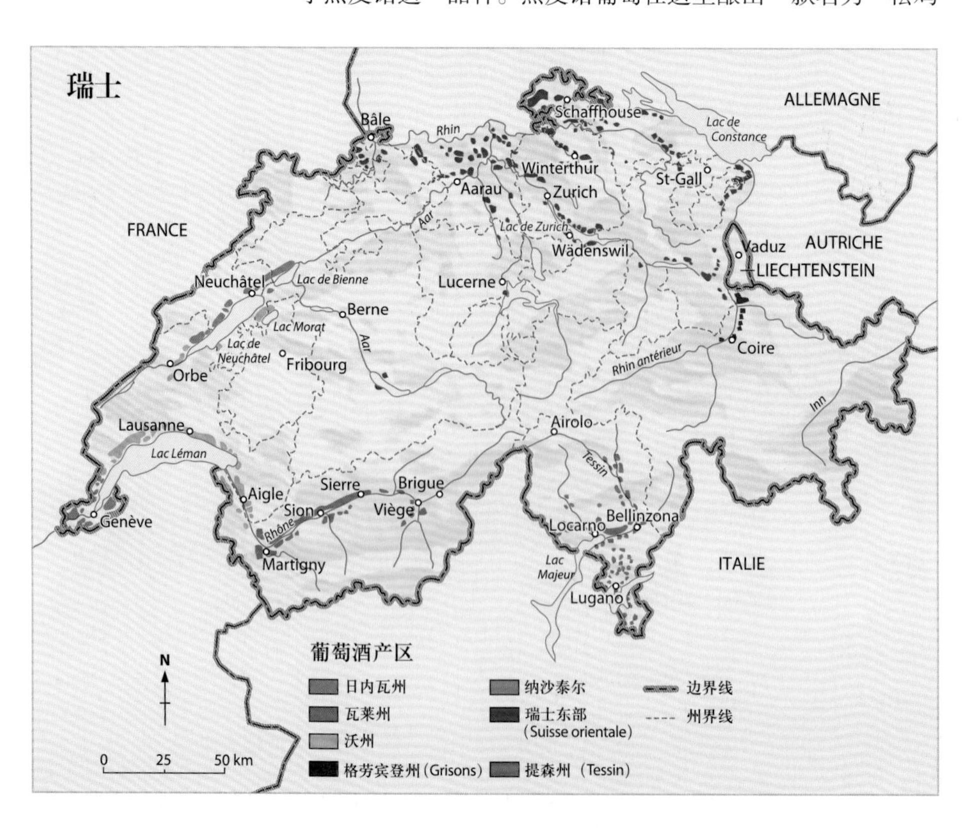

> 瓦莱州锡永市（Sion）附近的葡萄园景观。

的眼睛”（Œil de Perdrix）的轻盈桃红葡萄酒。在纳沙泰尔州，一共有18个市镇生产葡萄酒，每个市镇在葡萄品种或风土方面都有着自己的特点。

这一地区尤以莎斯拉酿制的葡萄酒出名，一般是在当地饮用。饮用时往往还比较混浊，并未经过过滤。这里也酿制西万尼葡萄酒、米勒–图高葡萄酒、霞多丽葡萄酒、雷司令葡萄酒和朵拉尔（doral）葡萄酒（朵拉尔是当地的一个杂交品种）。

沃州

这个法语州生产约2 400万升葡萄酒，以白葡萄酒为主。葡萄园位于日内瓦湖北岸的梯田上。该地风景壮丽，特别是拉阔特（La Côte）和拉沃（Lavaux）地区，被联合国教科文组织列为世界遗产。

莎斯拉葡萄品种长期以来一直占主导地位，但当地也有酿自佳美、黑皮诺或是当地品种如加拉努瓦（garanoir）和佳玛蕾（gamarret）的优质红葡萄酒，窖藏陈年能力一般。靠近北部，纳沙泰尔湖的南端，有邦维亚赫（Bonvillars）和奥赫伯丘（côte de l’Orbe）的葡萄园，是整个地区最好的葡萄园。

您未必了解的小知识

若算上酒农所有的家庭成员，那么瓦莱州一共有20 000名生产者。这主要是因为葡萄田的规模过于小巧。绝大部分葡萄酒都通过合作社或批发商来进行销售，而出售瓶装酒的果农则拥有面积相对广阔的葡萄园（来源：国际葡萄与葡萄酒组织）。

瑞士葡萄酒的分类

在瑞士，每个州都有着各自的产区命名条例。最为常见的，是葡萄品种名称加上原产地州名或镇名。如果葡萄酒是由来自多个州的几类品种混酿而成，那么在葡萄品种名称后可以列出大区名称，如“Chasselas de Suisse romande”（瑞士法语区的莎斯拉）。有时则更为突出产区名称，如沃州的拉阔特、提森州的索托切涅裹、瓦莱州的锡永，或是格劳宾登州的马兰斯（Malans）。

日内瓦州

日内瓦州1 000公顷的葡萄树位于湖南端、罗纳河口和阿尔沃（Arve）河边的平原上。尽管有几款莎斯拉葡萄酒比较有名，如曼德门（Mandement）葡萄酒，但当地的传统是将日内瓦州内自产的葡萄和收获自法国的葡萄相混合，这就给产区命名方面带来了一些麻烦。红葡萄酒的产量在不断增长，主要酿造葡萄品种为佳美或“科泰乐”（Cortaillot）——黑皮诺的当地名称。

提森州

在这个意大利语区内，传统的棚架种植很罕见。因采光充沛，红葡萄酒的特点与意大利酒较为相似。梅洛葡萄占主导地位，栖息在门德里西奥拓（Mendrisiotto）、索托切涅裹（Sottoceneri）和贝林佐纳（Bellinzona）地区阳光明媚且多受庇护的石灰岩坡地上。在这里我们也可以找到赤霞珠的身影，但数量就少了许多。葡萄酒有时为混酿酒，有时被称作“瑞士波尔多”葡萄酒，因为很受意大利富人的欢迎，价格往往较高。

正确还是错误？

瑞士也出产法国汝拉风格的葡萄酒。

错误。瑞士的汝拉州位于巴塞尔（Bâle）的东南、阿尔萨斯的南部，几乎没有葡萄作物。尽管如此，我们还是可以找到一些小生产商，总产量约为40 000升。这些葡萄酒以葡萄品种名称销售，从任何意义上讲都不会与法国汝拉法定产区的葡萄酒构成竞争。

德语区葡萄园

位于瑞士北部和东部的德语州，大多数葡萄园地都非常分散。葡萄酒通常用于当地消费。由于凉爽的气候及较高的海拔，苏黎世、沙夫豪森（Schaffhouse）、圣加仑（Saint-Gall）和格劳宾登周围的葡萄都需要借助从南边吹来的干燥的风，才能迟迟达到足够的成熟度。黑皮诺在格劳宾登的迈恩费尔德（Maienfeld），或是苏黎世湖畔的斯泰法（Stäfa）产区有时会有出色的表现。

奥地利

奥地利的葡萄酒，虽然通常品质优异，但在国外的知名度却不高。然而，奥地利有着深厚的葡萄酒传统文化：其葡萄园的历史可能超过2 000年。奥地利首产白葡萄酒，最具代表性的葡萄品种为绿维特利纳（grüner veltliner）。葡萄园主要集中位于该国东部和南部与匈牙利、斯洛伐克、捷克和斯洛文尼亚的边界地带。

奥地利葡萄园的基本数据

面积：4.4 万公顷

总产量：2.3亿升

白葡萄酒占总产量比例：75%

红葡萄酒占总产量比例：25%

（国际葡萄与葡萄酒组织，2006）

下奥地利州

下奥地利州（Niederösterreich）位于国家东部，多瑙河从其中穿过，是葡萄酒的主要生产地带，又被细分为几个产区。

威非尔特（WEINVIERTEL）。该产区面积16 000公顷，位于捷克和斯洛伐克边境地带，酿制奥地利将近30%的葡萄酒。适宜年轻时饮用的白葡萄酒有着干爽、轻盈和较酸的特点。这里也酿制起泡酒以及几款冰酒。靠近捷克边境的雷兹（Retz）和费尔肯斯坦（Falkenstein）地区周围，花岗岩土壤孕育出优质的红葡萄酒。

温泉地区（THERMENREGION）。该地区位于维也纳南部，顾名思义，这里因温泉遍布而命名。进行温泉疗养的人结束水疗后，经常会来一杯清凉解渴的白葡萄酒。这里酿制的葡萄酒几乎全是活泼、芳香浓郁的干白葡萄酒。由红基夫娜（rotgipfler）和仙粉黛这两个当地品种混酿而得的冈姆波尔茨基尔兴（Gumpoldskirchen）葡萄酒，一直是奥地利最为著名的葡萄酒之一。塔滕多夫（Tattendorf）地区酿制几款强有力的红葡萄酒，以“蓝色葡萄牙人”和茨威格（zweigelt）葡萄品种为基础。

瓦豪（WACHAU）。1 400公顷的葡萄园位于下奥地利州的西北方，沿着多瑙河陡峭的两岸散布在火山土壤的梯田上，景色壮美。这里出产知名度高的干白葡萄酒；种植着绿维特利纳和雷司令葡萄，这两个品种有时混酿在一起，孕育出强劲的窖藏陈酿型葡萄酒。“斯纳克”（Schluck）——酿自西万尼葡萄的一款果香小酒，也很受人欢迎。

克雷姆斯塔谷（KREMSTAL）和坎普谷（KAMPTAL）。瓦豪东北部，在克雷姆斯市周围和多瑙河支流坎普河沿岸的梯田上，有着火山土壤和黄土，种植着雷司令葡萄和绿维特利纳葡萄。其葡萄酒的特点让人联想到瓦豪的美酒。这一产区出产最优质的奥地利雷司令葡萄酒，有时采用晚收酿制方式。

多瑙河流域-特莱森谷-卡农顿（DONAULAND-TRAISENTAL-CARNUNTUM）。在克雷姆斯和维也纳之间，“多瑙河土壤”，或称多瑙河流域，尤以绿维特利纳品种的干白葡萄酒著名。越过维也纳，顺着多瑙河沿岸，就来到了被称为多瑙河流域-卡农顿的地区。这里以红葡萄酒，尤其是以茨威格葡萄为基础的红葡萄酒最为著名。克洛斯特新堡市（Klosterneuburg）的嘉布遣会修道院拥有全奥地利最大的葡萄园，并设立了一个品酒中心和一所酿酒学校。

> 威尔雷司令是在大多数奥地利产区都有种植的白葡萄品种。

布尔根兰州（Burgenland）

匈牙利边境新民湖（Neusidlersee）周围，在一片平坦的地势上坐落着奥地利面积最广的葡萄园之一（16 000公顷）。该葡萄园又被分为四个葡萄酒小区：中布尔根兰（Mittelburgenland）、新民湖、南布尔根兰（Südburgenland）和新民湖丘陵地（Neusiedlersee-Hügelland）。

在干燥且阳光充足的夏季后，秋季，葡萄树沐浴

您未必了解的小知识

瓦豪产区使用一套专门针对干白葡萄酒的质量等级制度。

这一制度是由小生产商创建的瓦豪葡萄产地协会制定出来的。酒标上有几种标注：“Steinfeder”是酒精含量最低的葡萄酒（10.7%）；其次为“Federspiel”（约11.5%）；最为醇厚的被称为“Smaragd”（相当于德国的干型晚收葡萄酒），最低酒精含量为12%。这些葡萄酒通常来自优质土壤，且产量较低，葡萄采收也是较晚进行。若酿制成功，这些酒色泽璀璨，陈年熟成后品质更显升华。酒标上会标出著名葡萄田的名称，在“Ried”这一单词之后。

> 在施泰尔马克州的葡萄园内进行采收。

在湖泊的薄雾中。对于湖西岸的鲁斯特（Rust）地区来说，这有助于贵腐菌的滋生，从而可以酿制奥斯伯赫葡萄酒（Ausbruch）——世界上最为著名的甜葡萄酒之一（见424页）。葡萄酒酿自雷司令、威尔司令、白皮诺、米勒-图高以及香气非常浓郁的奥托奈麝香葡萄。中布尔根兰则以布萝纺克诗品种为基础酿制优质的红葡萄酒。

还是错误？

奥地利葡萄酒是单一品种葡萄酒。

错误。尽管奥地利许多地区都有自己最具代表性的葡萄品种，但很多白葡萄酒还是由多个葡萄品种为基础混酿酿制而得的，特别是绿维特利纳和雷司令葡萄。

施泰尔马克州（Steiermark）

施泰尔马克是一个有着多山地势的广阔地区，位于斯洛文尼亚的北边和布尔根兰州的西南方。三个产区共有约3 000公顷的葡萄园。

施泰尔马克南部（Südsteiermark）是主要产区，酿制施泰尔马克州最优质的白葡萄酒，以多种葡萄（威尔司令、白皮诺、米勒-图高、雷司令、密斯卡德、长相思、施埃博……）为基础。葡萄树在陡峭的山坡上生长，面朝南，有时海拔近600米。施泰尔马克东南部（Südoststeiermark）除了酿制轻柔型的白葡萄酒外，还生产优质的琼瑶浆、霞多丽（这里被称为“morillon”）和长相思。施泰尔马克西部（Weststeiermark）位于格拉茨市（Graz）和斯洛文尼亚边境之间，这里最为著名的是一款桃红葡萄酒——西舍尔葡萄酒（Schilcher），以蓝色威德巴赫葡萄（blauer wildbacher）为基础，微酸。该酒在年轻时非常受人追捧，产量很小。

维也纳地区

首都维也纳周围地区一共种植了约700公顷的葡萄园。几乎所有的葡萄酒都在当地消费。紧邻维也纳的葡萄园小镇（Grinzing、Nussdorf……）内有许多热闹、音乐不断的小酒馆——“Heurigen”，酒农在这里出售他们自己酿制的年轻、果味型白葡萄酒，主要是混合葡萄酒（Gemischter Satz），一种使用了同一块葡萄田上几个葡萄品种混酿的葡萄酒。

产区名称和法律法规

奥地利一共有19个法定产区：克雷姆斯塔谷、坎普谷、多瑙河流域（Donauland）、威非尔特、瓦豪、卡农顿（Carnuntum）、特莱森谷（Traisental）、温泉地区、施泰尔马克西部、施泰尔马克南部、新民湖、新民湖丘陵地、中布尔根兰、南布尔根兰、施泰尔马克东南部、维也纳（Wien），以及下奥地利州、布尔根兰州和施泰尔马克州，后三个为大产区名。

奥地利大体上遵守与欧洲其它国家相同的法规（见100页）。葡萄酒上会标注葡萄品种以及与德国相同规定的质量等级：不仅以葡萄酒的质量为标准，还要参照糖分含量。自1980年起，所有的“Qualitätsweine”（优质酒）都要经过严格的分析检测，并进行标号，以确保可追溯性。

匈牙利

这里的葡萄种植历史悠久，很有可能要追溯到匈牙利还被称为潘诺尼亚（Pannonie）的时代，罗马人当时在这里种下了第一批葡萄。匈牙利人，9、10世纪期间来自亚洲的游牧民族，在接下来的几个世纪里开始发展葡萄种植业，包括土耳其的统治时期。18世纪，从匈牙利和奥地利的合并开始，匈牙利最为著名的葡萄酒托卡伊就开始出现在欧洲各地。

在长达50年的共产主义执政时期，葡萄树都是由合作社进行管理，从而保证了生产者的收入。之后，许多小规模种植者都不太适应市场经济的规则，匈牙利葡萄园因此丢失了超过30%的葡萄园面积。今天，那些欣欣向荣的葡萄园或是得益于国外资本的投入，或是由一些适应了新经济规则的合作社来进行运作。

匈牙利葡萄园的基本数据

葡萄园种植面积：8.5万公顷

产量：3亿升

白葡萄酒占总产量比例：70%

红葡萄酒占总产量比例：30%

（国际葡萄与葡萄酒组织，2006）

托卡伊–海吉山麓（Tokaj–Hegyalja）：葡萄酒王的国度

托卡伊山地产区面积约有4 000公顷，位于奥地利东北部，酿制世界上最为著名的葡萄酒。因其浓郁的香气和清爽的特点，从路易十四时期就已经流行于世。“酒中之王”亦或是“王者之酒”——托卡伊（见424页）这个产区名称主要用在半甜、甜或半干型葡萄酒身上。主要葡萄品种为福民特，在波德洛（Bodrog）河谷的秋雾中迎接贵腐菌的侵染。

与世界上最著名的甜葡萄酒一样，托卡伊有着惊人的窖藏陈酿潜力：最为优质的年份可以陈放两个世纪之久！在这里也可以见到使用托卡伊产区名称的传统干型葡萄酒，因此消费者很容易混淆。

其它葡萄酒产区

埃格尔地区（LA RÉGION D'EGER）。位于布达佩斯的东北部，被称为“Mátraalja-Egri”的地区有许多独立酿酒师经营的酒窖。当地最有名的葡萄酒当属Egri Bikavér，或被称为“牛血酒”，是一种以蓝波特（kékoportó）葡萄和赤霞珠葡萄为基础的红葡萄酒，有果香，口感相对较为轻淡。

巴拉顿湖周围（AUTOUR DU LAC BALATON）。位于该国西部、“匈牙利海”畔丘陵地带的火山土壤上，孕育着以奥拉兹司令（olaszrizling）——意大利雷司令、奥托奈麝香和灰皮诺为主要混酿组成的白葡萄酒。最为优质的葡萄酒来自巴道乔尼（Badacsony）地区。

索普隆地区（LA RÉGION DE SOPRON）。靠近奥地利边境的索普隆市附近地形绵延起伏，以用“蓝珐琅”（kékfrankos）、黑皮诺和赤霞珠为基础酿制的红葡萄酒而出名。另外，在新民湖（在匈牙利被称为“Fertö Tó”）的东岸也盛产优质白葡萄酒。

维拉尼–希克洛什（VILLÁNY–SIKLÓS）。位于奥地利最南端的佩奇镇（Pécs）附近，这一地方是酿制赤霞珠、梅洛和蓝波特葡萄酒最为著名的产区之一，葡萄酒口感非常圆润。

塞克萨德（SZEKSZÁRD）。位于塞克萨德市周围，这个葡萄园以出产红葡萄酒出名。和埃格尔一样，这个地区出产的葡萄酒也可以使用“牛血酒”的名称。这里传统的葡萄品种一直是较为多产的卡达卡，但

>奥地利南部海优什（Hajós）镇上科瓦奇酒庄（Domaine Kovács Borház）内的雕花酒桶。

现在已经渐渐地被梅洛、赤霞珠和蓝波特品种所替代。如果有机会，一定要到莱阿尼瓦尔镇（Leányvár）参观那个在山丘里挖出的三层酒窖。

从多瑙河到黑海

20世纪90年代初，苏维埃政权的解体彻底改变了奥地利之后多瑙河下游国家和前苏联盟国的葡萄园格局。之前是集体经营，此后，匈牙利、罗马尼亚和斯洛文尼亚的部分葡萄园在西方金融集团的协助下进行了私有化，而保加利亚和前苏联加盟共和国的葡萄酒业却一直不尽人意。

罗马尼亚

罗马尼亚是葡萄酒生产大国（230 000公顷，1.2 亿升），曾一直列在欧洲第五位，其中60%为白葡萄酒。而传统的东欧市场的丢失迫使罗马尼亚的葡萄园进行彻底的结构调整，只有优质的葡萄园才在欧盟或其它西方投资者的帮助下生存了下来。

在3000年前的古希腊，葡萄树就被栽种在了黑海边。中世纪时期，随着萨克逊（Saxons）葡萄果农的到来，葡萄种植扩展至全国，在特兰西瓦尼亚（Transylvanie）得到了发展。50几个产区主要分布在东部的摩尔多瓦（Moldavie）、东南部的多布罗加（Dobroudja）、中部的特兰西瓦尼亚以及喀尔巴阡（Carpates）山脉南坡的奥尔特尼亚（Olténie）。最为著名的葡萄酒当数摩尔多瓦的科特纳里（Cotnari）白葡萄酒（见425页）。

>保加利亚葡萄园手工采收。

保加利亚

20世纪70年代时期，保加利亚的赤霞珠葡萄酒在德国、英国和斯堪的纳维亚市场上一度与小波尔多葡萄酒平分秋色。自1991年后，因为没有能够在出口方面保持稳定的质量，产量大幅下降。要想知道加入欧盟对其葡萄酒业的复兴是否有所帮助，现在还为时过早。

> **克利科瓦（Cricova），摩尔多瓦共和国的"瑰宝"**
>
> 摩尔多瓦位于罗马尼亚和乌克兰之间，拥有一个世界上独一无二的酒窖，一座真正的地下之城。这里曾经是采石场，深达35~60米，温度恒定，非常有利于使用传统工艺酿制起泡葡萄酒。受到联合国教科文组织的保护，这里还是摩尔多瓦和其它来自世界各地的葡萄酒的贮藏地，其中一些非常古老。克利科瓦是摩尔多瓦的主要旅游城市，有些街道是用葡萄品种来命名的。总长度超过100公里，宽6至8米，总面积为53平方公里。

一个非常古老的葡萄酒国度。保加利亚是欧洲最为古老的葡萄酒国之一，通过荷马的《伊利亚特》（*Iliade*），我们可以知道色雷斯人（Thraces）在3000年前就在这里酿制葡萄酒。保加利亚的葡萄酒业在很长时间内都是以国内或当地消费为目标，但在20世纪70 ~ 80年代有了一个显著的飞跃：一方面是因为前苏联的强大需求，另一方面是与美国百事可乐公司的合作，将许多保加利亚葡萄酒销售到了英国和德国。

巨大的潜力，不足的经济支持。由于海拔较高而获得的温和型地中海气候以及贫瘠的土壤保证了葡萄园的巨大潜力，但国家的基础设施还很薄弱——在葡萄酒市场，值得人们关注的公司数量不到50家。20世纪90年代末期，葡萄园进行了非常仓促的私有化，另外，土地被归还给了1947年以前的原有庄园主。这些人因为没有足够的资金进行开发，导致了许多葡萄园惨遭遗弃。另外，由于经济条件不足，保加利亚缺乏现代酿制工艺，这也解释了为什么大多数瓶装葡萄酒还在使用巴氏灭菌法（这会影响酒的质量）。然而，在德国投资者的倡导下，近年来出现了大面积的葡萄种植，不过还需要等待近10年的时间才能看到成果。

主要葡萄品种。主要红葡萄品种为巴米德（pamid）、玛露德（mavrud）、梅尔尼克（melnik）、赤霞珠、梅洛、佳美和黑皮诺。白葡萄品种有白羽（rkatsiteli）、迪米亚特

> 位于斯洛文尼亚东北部的施蒂利亚地区葡萄园。

（dimiat）、奥托奈麝香、红麝香（misket rouge）、霞多丽、雷司令、琼瑶浆、阿里高特和西万尼。

产量和法律法规。保加利亚10万公顷的葡萄园生产9000万升的红葡萄酒和6000万升的白葡萄酒，其中一大部分以蒸馏为目的。当地共有27个产区名称。法律方面和欧盟法规相同，将葡萄酒分为普通餐酒、标明产地和葡萄品种的地区餐酒、原产地监控葡萄酒（DGO）和“Controliran”——相当于优级原产地监控葡萄酒。

斯洛文尼亚

斯洛文尼亚于1991年从前南斯拉夫分离出来，成为一个年轻的国家，地处意大利、奥地利和克罗地亚之间。其葡萄园面积约有3万公顷，一共有15个葡萄酒产区。亚得里亚海朝向西，德拉瓦（Drave）和萨维（Save）河谷地区则朝向东。

总体来说，这里的葡萄酒质量不错，尤其是白葡萄酒［以波德拉维纳（Podravski）地区为最好］，气候条件因海拔高度而非常理想。斯洛文尼亚的酿酒师不仅酿制优质的干白葡萄酒，也有“冰酒”和“晚收”葡萄酒，以雷司令和灰皮诺为基础。最为优秀的红葡萄酒主要来自亚得里亚海沿岸和萨维河谷。葡萄品种为梅洛、赤霞珠和芭芭拉，以及当地品种，如靠近意大利边境的莱弗斯科（refosk），或是萨瓦河地区用于酿制宜人的桃红葡萄酒的茨维挈克（cvicek）。

格鲁吉亚

这个位于黑海边高加索地区的前苏联加盟共和国，很可能就是在新石器时代晚期葡萄作物开始向欧洲其它地区扩展的起点。可能正是因此，格鲁吉亚才拥有数百个当地葡萄品种这一丰富的葡萄种植学财富。

不幸的是，1991年苏联的解体给该国60 000公顷的葡萄园带来了灾难性的后果。一方面，与俄罗斯的政治争端切断了格鲁吉亚的主要市场；另一方面，联合国粮农组织认为，政治当局的无能也致使出现许多掺假、稀释或非法交易的现象。尽管有与保乐利加公司的合资企业，格鲁吉亚也很难将产自国家中部里雍（Rion）地区的最为优质的两款白葡萄酒——格得匝尼（Gurdzhaani）和慈南达利（Tsinandali）推广出去。

乌克兰

乌克兰最“俄罗斯化”的克里米亚（Crimée）地区拥有该国绝大多数葡萄园，享有地中海气候，有着酿制“krim”酒的传统，这是一种微甜、质量一般的混酿型起泡酒。这里还出产一些红葡萄酒，名为“红宝石”（rubis）。不过，乌克兰的最大潜力还属位于塞瓦斯托波尔（Sébastopol）附近马桑德拉镇（Massandra）上的沙皇酒窖。该酒窖创立于1894年，奇迹般地收藏着一些珍品，其中的黑麝香葡萄酒的年份数以百计；目前其葡萄酒的生产也由于西欧爱好者的追捧而较为活跃。

瑞士、奥地利、匈牙利以及多瑙河到黑海之间国家最著名的葡萄酒产区和葡萄酒

如果说奥地利和瑞士按照西欧标准进行葡萄酒生产，那么对于东欧国家来说，除了斯洛文尼亚以外，其它国家的生产水平参差不齐。

瑞士（瓦莱州）

沙莫松顶级法定产区（AOC CHAMOSON GRAND CRU）

沙莫松葡萄园位于罗纳河右岸崎岖陡峭的山坡上，面积为427公顷，是瓦莱州最大的产区，属于瓦莱法定产区的一部分。这个产区土质各异，小气候也多样，使得人们能在非常分散的葡萄园上种植许多葡萄品种。据统计，该产区的葡萄田共有约1120位庄园主。

沙莫松顶级法定产区虽然以生产红葡萄酒居多，但产区的名气主要来自西万尼品种的白葡萄酒，采收完全手工进行，获得产区名称的要求也很严格。

> 主要葡萄品种。白葡萄品种有西万尼（在当地被称为约翰内斯堡，因其特点类似莱茵河谷的名酒）、小阿文；红葡萄品种有佳美、黑皮诺和西拉。

> 土质结构。以石灰岩为主的塌陷土和冲击土。

> 葡萄酒品味风格。西万尼酿出的干白葡萄酒有着淡黄色酒裙，泛着绿光，随着年龄的增长会泛金色光泽。口中有着烤杏仁的味道，并带有较高的酸度和良好的矿物质香气。烘烤的香气和水果香气会随着时间而变得更为浓郁。

红葡萄酒大多较为简单，除了西拉葡萄酒，总体来说有着良好的结构感。

葡萄酒颜色：
白色和红色。

饮用温度：
白葡萄酒8～10℃；
红葡萄酒14～17℃。

陈年潜力：
白葡萄酒和红葡萄酒均为5～6年，好年份的最优质酒可以到15年。

瑞士（沃州）

德萨雷顶级法定产区（AOC DÉZALEY GRAND CRU）

这一产区坐落在拉沃沃德地区的心脏地带，面积仅为53公顷，全部位于一个名叫皮杜（Puidoux）的镇上。该产区仅酿制莎斯拉白葡萄酒。

生长在陡峭坡地上的葡萄树被从勒芒湖水上反射的阳光温暖着，葡萄园被规划成梯田的模式，其墙壁也反射阳光并将热量储存了起来。这一微气候对于葡萄的成熟来说非常有利，而德萨雷北风又放缓了葡萄成熟的脚步，从而让莎斯拉葡萄保持了更多的香气。通过对自然的长期观察而“驯化”的气候为葡萄酒保证了浓郁的成熟水果香气和鲜明的酸度。

> 单一葡萄品种。莎斯拉。

> 土质结构。冰川侵蚀塑造出了德萨雷山坡，并且在“圆砾岩”地层之间残留下冰碛，形成了石灰岩和黏土含量很高的土壤。

> 葡萄酒品味风格。德萨雷顶级法定产区葡萄酒的特点为酒体有深度、强劲，烘烤、烟熏、杏仁和蜂蜜的香气明显。根据年份不同，水果或花香的浓郁程度各异。该酒在2至3年间可以保有良好的清爽感，之后烘烤的特点加重。

葡萄酒颜色：
白色。

饮用温度：
8～10℃。

陈年潜力：
一般来说4～8年，年份极好时可以窖藏10年。

奥斯伯赫甜酒法定产区（RUSTER AUSBRUCH DAC）

奥地利（布尔根兰州）

在鲁斯特市周围，酿制着一些世界上最著名的甜酒，被称为“奥斯伯赫甜酒”（Ruster Ausbruch）。酿制方式近似托卡伊·阿苏酒（见下文）。新民湖周围的气候条件非常适宜贵腐菌的滋生：夏季干热，秋天因靠湖而薄雾弥漫。

> **主要葡萄品种**。白皮诺、威尔士雷司令、灰皮诺、奥托奈麝香和福民特。

> **土质结构**。新民湖畔平坦或有坡度的砂质土。

> **葡萄酒品味风格**。甜白葡萄酒集中度很高，而且香气非常浓郁，带有辛料、麝香的芳香。在陈放过程中，这些酒会慢慢带有琥珀色，辛料香也会越来越明显。

葡萄酒颜色：
白色。

饮用温度：
8～12℃。

陈年潜力：
对于最好年份来说，可以窖藏熟成超过一个世纪。

克雷姆斯塔谷法定产区（KREMSTAL DAC）

奥地利（下奥地利州）

面积为2 600公顷的产区散布在多瑙河中游沿岸，邻近漂亮的克雷姆斯市（Krems）。尽管葡萄园分散在一些气候和地形特征不太相同的地区，整个产区仍拥有一个明确的共同点，即仅生产雷司令或绿维特利纳品种的白葡萄酒。2007年宣布成为法定产区，克雷姆斯因非常严格的酿制法规制出了出色的干白葡萄酒和一些珍稀甜葡萄酒，从而成为奥地利最为著名的葡萄酒产区之一。

> **主要葡萄品种**。雷司令和绿维特利纳。

> **土质结构**。花岗岩碎石和黄土。

> **葡萄酒品味风格**。雷司令干白葡萄酒非常优雅、直率，矿香浓，没有木香或贵腐菌发展的香气。绿维特利纳葡萄酿制的干白葡萄酒果香浓郁、活泼，且不带有过熟的特点。产区也生产一些由受贵腐菌侵染的葡萄果粒酿造的甜白葡萄酒。

葡萄酒颜色：
白色。

饮用温度：
8～12℃。

陈年潜力：
根据酒庄和年份的不同，可窖藏5～20年。

托卡伊

匈牙利

托卡伊山坡（托卡伊–海吉山麓）一带生产甜型、半干型或干型葡萄酒，都使用托卡伊（匈牙利语为“de Tokaj”）这一名称。这对非专业消费者来说很容易产生混淆。

最为著名的葡萄酒酿自阿苏（aszú）葡萄——受到了贵腐菌的侵染且风干脱水。这些葡萄溢出的汁液被称为“精华”（Eszencia）——一种拥有无与伦比的糖分集中度，以及超高价格的甘露。托卡伊·阿苏是一种甜白葡萄酒。

阿苏葡萄被分割成若干个单位，每个单位称为篓（puttonyos），之后，加入葡萄汁或已经酿成的葡萄酒。压榨后，葡萄酒在橡木桶中进行长期发酵。每个橡木桶中加入阿苏葡萄数量的多寡决定了酒中的糖分含量和葡萄酒的质量（3至6个篓）。小年时，贵腐菌没有侵袭到所有葡萄果粒，就酿制托卡伊萨莫罗得尼（Szamorodni）（意为“天意如此”）——一种干型或半干型且氧化明显的葡萄酒，有时还会像黄葡萄酒一样在酵母膜下陈酿（又见308页）。

另外，这里还有使用托卡伊产区名称的普通干白葡萄酒。

> **主要葡萄品种**。福民特、奥托奈麝香和哈什勒弗洛（hárslevelü）。

> **土质结构**。黄土、石灰质黏土和火山土壤。

> **葡萄酒品味风格**。“精华”的酒精度很低，糖分含量超过250克/升。托卡伊阿苏的甜度根据阿苏葡萄添到基酒中的多少而有所不同。这是一款有着异常迷人风味的葡萄酒，可以窖藏陈酿长达好几代人的时间，逐渐向深琥珀色转变。托卡伊萨莫罗得尼的质量则不太平均，但最为优质的那些也有着很好的陈酿能力。

葡萄酒颜色：
白色。

饮用温度：
8～10℃。

陈年潜力：
最优秀年份可陈放几十年。

东欧葡萄酒的复兴

拥有巨大的运作空间

让·弗朗索瓦·拉驹（Jean-Françgis Ragot）先生往来东欧地区已经有20多年的时间了，他在那里为自己里昂的公司迪奥尼斯（Dionis）寻找稀有的葡萄酒珍宝。他的公司是在法国市场上销售匈牙利托卡伊酒的先驱，还拥有罗马尼亚科特纳里·格拉萨葡萄酒在法国的独家销售权。

这位深爱葡萄酒的先生总结说：“尽管有关葡萄园管理的法律问题还悬而未决，但托卡伊已经完全证明了自己。而罗马尼亚尽管潜力无限，但要做的工作还有很多”。让·弗朗索瓦·拉驹先生采购优质葡萄在当地酿成托卡伊葡萄酒，或直接选购优质托卡伊葡萄酒，在这些方面并没有任何困难；但在罗马尼亚却是另一番景象，据他介绍，“人们的心态还保持在齐奥塞斯库（Ceausescu）时代”。为了得到优质的科特纳里·格拉萨酒，他必须前往现场进行严格的挑选。“前苏联阵营中，下一个要崛起的国家将是保加利亚”，他预测道。至于斯洛文尼亚，这个国家已经通过小批量的完美生产而证明了自己。

斯洛文尼亚 [海岸葡萄酒产区（PRIMORSKI VINORODNI RAJON）]

喀斯特（KARST）

喀斯特位于斯洛文尼亚的西南部，在亚得里亚海和意大利边境之间，这一产区名称也被用来命名流水溶蚀石灰岩这一地貌。虽然自罗马时代就开始种植葡萄作物，但该地区的葡萄生长得并不好，直到斯洛文尼亚加入欧盟才进入了一个崭新的时代。

整个产区共有560公顷葡萄田，酿制1500万升葡萄酒。该产区尤以特朗（teran）品种（又被称为莱弗斯科，相当于萨瓦的蒙杜斯葡萄）为基础的红葡萄酒而著名。该品种酿出的葡萄酒颜色深浓，酒精含量低，较酸，在斯洛文尼亚非常受欢迎。这里还酿造清淡型的粉红和干白葡萄酒。

> **主要葡萄品种**。红葡萄和桃红葡萄品种为特朗或莱弗斯科、梅洛和品丽珠；白葡萄酒为意大利雷司令、长相思和灰皮诺。

> **土质结构**。石灰岩和红黏土。

> **葡萄酒品味风格**。红葡萄酒颜色深浓，微酸，果香（红色水果），酒精度较低。桃红葡萄酒口感较为清淡，白葡萄酒为干型且果味浓。

葡萄酒颜色：
红色、桃红色和白色。

饮用温度：
白葡萄酒和桃红葡萄酒8～12℃；
红葡萄酒14～17℃。

陈年潜力：
红葡萄酒2～10年；
白葡萄酒和桃红葡萄酒1～3年。

罗马尼亚

科特纳里·格拉萨（COTNARI GRASA）

罗曼尼亚最东北端、紧邻摩尔多瓦共和国的地方驻扎着小小的科特纳里葡萄园。从前，该地所产的甜白葡萄酒非常有名，但是，尽管潜力依旧，这里仍然承受着50年集体生产带来的严重的资金缺乏。酿制出最为优质的葡萄酒所需要的贵腐葡萄，在这里并不是每次都会进行必要的精心筛选。因此，在同一个酒标下的葡萄酒其品质会有很大程度的不同。

> **主要葡萄品种**。格拉萨（近似匈牙利的福民特葡萄，易受灰霉菌，即“贵腐菌”的侵染）、白姑娘（feteasca alba）、弗朗科萨（francusa）和塔马萨·罗曼尼斯卡（tamaiîoasa romaneasca）。

> **土质结构**。石灰质黏土和黄土山坡，有时较为陡峭，阳光照射充足。

> **葡萄酒品味风格**。风格各异。同一个酒标，可能是非常优秀的甜白葡萄酒，也有可能是一支完全平淡无奇的酒。最为优质的葡萄酒有着麝香的香气，随着年龄的增加会增添辛料香。

葡萄酒颜色：
白色。

饮用温度：
8～10℃。

陈年潜力：
根据葡萄酒的不同而有所不同
（品质最出色的可以窖藏陈酿超过20年）。

Annaba
Alger
Tunis
Constantine
Détroit de
Gibraltar
Oran
Sousse
Sfax
Rabat
Fès
Meknès
TUNISIE
Casablanca
ALGÉRIE
MAROC
Marrakech

地中海沿岸国家和北非

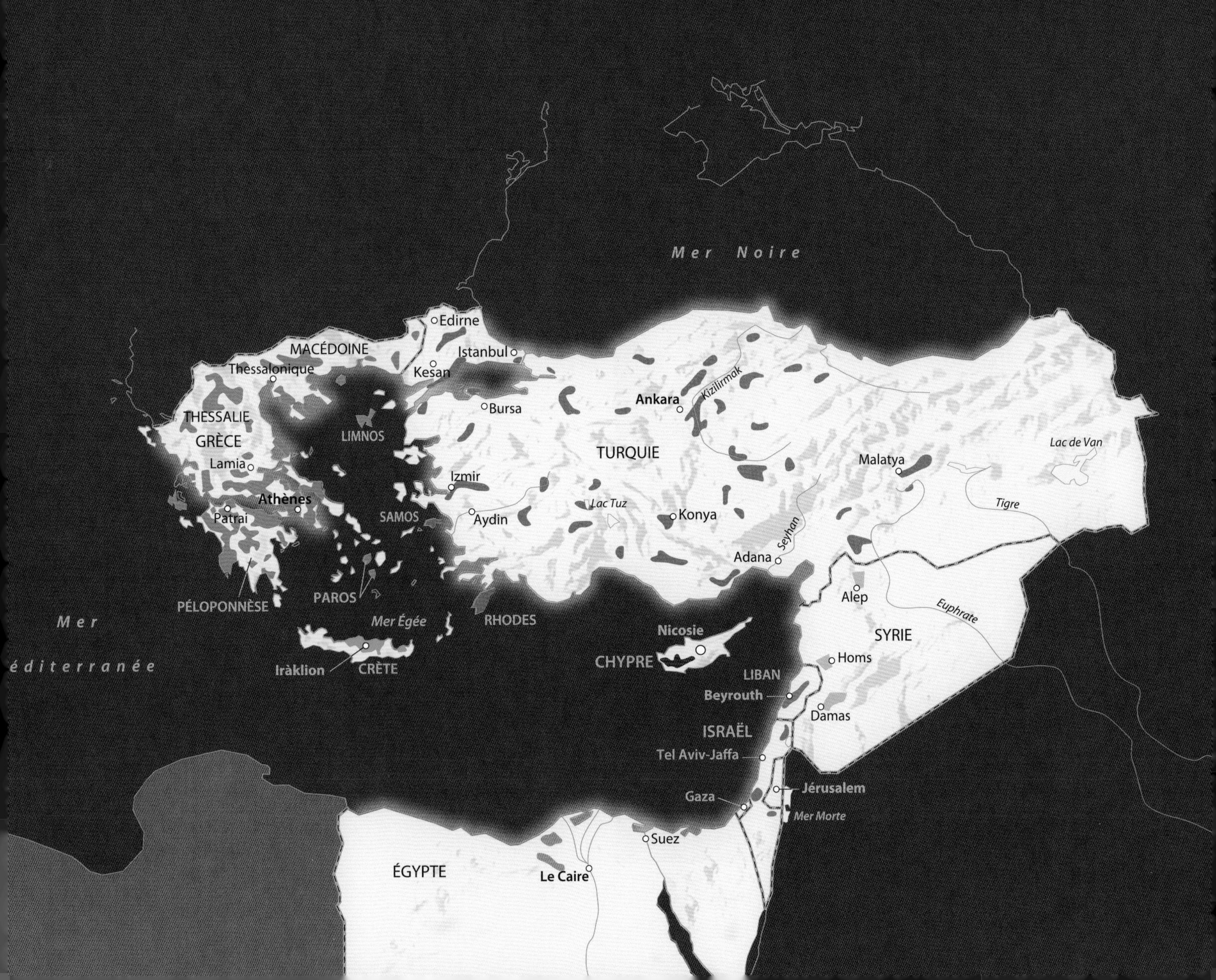

Mer Noire
Edirne
MACÉDOINE
Istanbul
Thessalonique
Kesan
Bursa
Ankara
Kizilirmak
THESSALIE
GRÈCE
LIMNOS
TURQUIE
Lac de Van
Lamia
Malatya
Izmir
Athènes
Patrai
SAMOS
Aydin
Lac Tuz
Konya
Tigre
Seyhan
Adana
Alep
PÉLOPONNÈSE
PAROS
RHODES
Euphrate
Mer
Mer Égée
Nicosie
SYRIE
éditerranée
Iràklion
CRÈTE
CHYPRE
Homs
LIBAN
Beyrouth
Damas
ISRAËL
Tel Aviv-Jaffa
Jérusalem
Gaza
Mer Morte
Suez
ÉGYPTE
Le Caire

地中海沿岸国家和北非的葡萄园

地中海的东部一直种植着葡萄树。在有着浓厚基督教传统的国家，如希腊和塞浦路斯，葡萄树种植最为广泛。除此以外，在黎巴嫩和以色列，葡萄酒的质量也还不错。有些北非的葡萄园也深受欢迎，这与殖民史联系紧密。

希腊

希腊的葡萄酒曾一直是酒馆里小酒的代名词，最著名的要数松香酒——一款带有松脂味的白葡萄酒。不过，在近20年的时间里，希腊的葡萄酒在质量上取得了重大飞跃。

希腊葡萄园的
基本数据
种植面积：69 760公顷酿酒葡萄，65 740公顷食用葡萄和葡萄干
年产量：350 000 000升
白葡萄酒：60%
红葡萄酒和桃红葡萄酒：40%
（希腊经济部）

可以追溯到古希腊时代的葡萄园

希腊葡萄酒的历史与该国的历史同样悠久。世界上最为古老的有3000多年历史的葡萄酒压榨机的遗迹就是在克里特岛（Crète）上被发现的。希腊人也是在地中海地区传播葡萄作物和葡萄酒文化的主要推手。

公元前13世纪至公元前11世纪期间，葡萄种植在马其顿等古希腊区域，且得到了最大程度的发展。之后，希腊被奥斯曼帝国长期占领，直至一战前才结束。在被占领期间，虽然希腊的葡萄酒产量有所下降，但希腊人从没有停止过饮用葡萄酒。当时，葡萄酒的酿制是由东正教的教堂来负责，而土耳其人也一直非常尊重东正教的权威。

> 希腊的葡萄树经常为棚架种植。

葡萄产业格局的现状

在经历了整个20世纪的经济萧条后，自从加入欧盟，在资金的投入和推动下，希腊的葡萄酒在质量方面有了显著提高。推广种植国际葡萄品种、在欧洲最好的学校培养年轻的葡萄酒工艺学家，以及加强对国际需求的研究，使希腊在最近10年中酿出了水平非常高的葡萄酒。

有着现代风貌且极其分散的葡萄园。在希腊，30%的葡萄酒被大型生产贸易商掌握。他们从小庄园收购葡萄，在希腊许多地方设有酿酒设备。按照重要程度排列，希腊最为主要的葡萄酒产区如下：伯罗奔尼撒半岛（Péloponnèse）、克里特岛、马其顿和色雷斯（Thrace）、萨利（Thessalie），以及爱琴海岛屿。

葡萄品种。维吉尔（Virgile）曾描述葡萄的种类众多，数不胜数。如今统计出的葡萄品种总数已超过了300种。红葡萄主要有：阿吉提可（agiorgitiko）、琳慕诗（limnio）、哈尔基迪基（halkidiki）、西诺玛罗（xinomavro）、曼迪

您未必了解的小知识

希腊在加入欧盟前一直借鉴法国的法定产区系统，有些产区的名称甚至非常法语化，比如“Muscat de Patras”。自20世纪70年代起，希腊一共创建了四个质量等级：Epitrapezios Inos（EI，日常餐酒，标注葡萄品种）；Topikoi Oenoi（TO，地区餐酒）；Onomasià Proeléfsios Anotéras Piotitos（OPAP，相当于法国的优良地区餐酒）；Onomasià Proeléfsios Eleghomeni（OPE，相当于法国的法定产区）。从2005年开始，葡萄酒的名字和在橡木桶中的陈酿时间也可标注出来［“Réserve”（珍藏）或“Grande Réserve”（特藏）］。但在大多数情况下，酒商的名号还是最为重要的。

> 在帕特雷的酒窖中，木桶上的浮雕图案会让人不禁联想起希腊葡萄酒悠久的历史。

拉里亚（mandilaria）、马罗达菲妮（mavrodafni）、歌海娜、赤霞珠、梅洛、西拉。白葡萄有：霞多丽、小粒麝香葡萄、荣迪思（roditis）、阿西尔提可（assyrtico）、玫瑰妃（moschofilero）、长相思、亚历山大麝香葡萄。

伯罗奔尼撒半岛

这个位于希腊南部的半岛是该国第一大葡萄酒生产基地。在总面积为60 000公顷的葡萄园里，有22 000公顷生产酿酒葡萄，集中在了半岛北部的帕特雷（Patras）和科林斯周围。在产区方面（又见上页框内文字），这一地区共有三个法定产区（OPE）——帕特雷麝香（Muscat de Patras）、里雍·帕特雷麝香（Muscat Rion de Patras）和帕特雷马罗达菲妮（Mavrodafni de Patras），以及三个优良地区餐酒（OPAP）——纳美亚（Mantinia）、曼提尼亚（Nemea）和帕特雷。

最为著名的产区当属纳美亚。这也是位于科林斯海湾附近面积最广且历史最为悠久的希腊产区。纳美亚出产红葡萄酒，主要酿自当地品种阿吉提可［又称圣佐治（saint-georges）］，但产区内也在不断推广种植国际红葡萄品种——西拉、赤霞珠和梅洛。

但是，在伯罗奔尼撒半岛上还是白葡萄酒占主导地位，尤其是以玫瑰妃——一种麝香葡萄的亲缘品种——酿造的干白葡萄酒为主。在阿哈伊亚州（Achaia）内的帕特雷附近，主要盛产酿自麝香葡萄的白利口酒，以及酿自马罗达菲妮品种的酒精加强型红葡萄酒。同时在奥利匹亚（Olyrnpie）地区还有酿自荣迪思品种的干桃红葡萄酒。

马其顿（Macédoine）和色雷斯

这两个地区共有15 000公顷葡萄树，位于希腊北部与阿尔巴尼亚、前南斯拉夫、保加利亚和土耳其交界的边境。其特点是地形崎岖，气候与希腊其它地区相比更偏大陆性，冬季有时严寒。这里以生产红葡萄酒为主，品种主要为西诺玛罗，酿制马其顿地区最著名的优质法定产区酒——Naoussa。

白葡萄酒绝大多数为混酿酒，源自色雷斯和哈尔希迪科州（Chalcidique），主要葡萄品种为哈尔基迪基。色雷斯地区内既没有法定产区，也没有优质法定产区。这里的葡萄酒主要由酒商贴牌［普塔莉（Boutari）、桑塔莉（Tsantali）等］，销往餐厅。

岛屿

克里特岛。该岛拥有希腊第二大葡萄种植园（约10 000公顷）。该葡萄园虽然有着几千年的历史，但根瘤蚜虫害的袭击却来得很晚，直到20世纪70年代才出现。之后，葡萄园逐渐恢复。尽管这里也同其它地区一样，用美国砧木对某些品种进行嫁接，但这里的葡萄果农也明智地嫁接了一些当地品种。克里特岛主要出产红葡萄酒，伊拉克利翁（Héraklion）附近为科斯法妮（kotsifali）、曼迪拉里亚和里亚提科（liatiko）葡萄品种，干尼亚（Canée）附近为荷梅科（romeiko）品种。最为著名的白葡萄酒出产于位于岛屿西部的锡蒂亚（Sitia）地区。

其它岛屿。在克里特岛北部，风景优美的圣托里尼岛（Santorin）酿制着一些希腊最为著名的白葡萄酒，尤以源自阿西尔提可品种的最为突出。爱琴海岛屿以酿制麝香葡萄甜酒而闻名，特别是在萨摩斯岛（Samos）和利姆诺斯岛（Lemnos）。不过，这些麝香甜酒的质量参差不齐。而且，有些是天然甜葡萄酒（酒精强化）；有些则是经过传统酿制白葡萄酒的工艺而制成的甜葡萄酒，有时会用一些在太阳下晒干的葡萄进行酿制。

松香酒

这款“松香”白葡萄酒微酸，有着典型希腊酒的特点，欧盟特例，准许其在葡萄汁中加入小块阿勒颇松脂。这款酒的起源可以追溯至古希腊时代，因为葡萄酒在当时是用双耳尖底瓮进行运输，而这种瓮是用生石膏和树脂的混合物封住的，葡萄酒由此获得了一种较为特殊的口感。这类酒价格便宜，经常是盛在小瓶或小酒壶中作为风味小吃的伴酒。另外，还有一些较为罕见的粉红“松香”酒，更为细腻，在伯罗奔尼撒半岛以荣迪思品种酿制。

塞浦路斯

塞浦路斯的葡萄园历史悠久，曾经布满整岛，但如今只集中在塞浦路斯西南的希腊区，土耳其区内几乎没有。

葡萄园及产量

葡萄园占地约18 000公顷，相对来说面积还是较大的，共有14个产区。葡萄酒大多装在小酒壶中，供塞浦路斯当地人和来访游客消费。在很长的一段时间内，该岛葡萄酒的一大部分产量都出口到了俄罗斯，但这个市场的销量直线下降。另外，塞浦路斯原来曾出现过用“雪利”来命名葡萄酒的情况，在加入欧盟后这类情况被禁止后杜绝了。但是，欧盟也推动了葡萄园的重组，在以特罗多斯（Troodhos）山脚为主的山坡地区种植了优质葡萄品种。自十字军东征时期开始，塞浦路斯就以红利口酒——卡门达利（Commandaria）而著名。虽然该酒的品质参差不齐，但如果在橡木桶中“很好地培育”几十年，可以得到拥有乳香香气且非常细腻的葡萄酒。

葡萄品种

白、红葡萄一样，种类繁多。红葡萄酒的生产占主要地位，葡萄以一类质量中等的当地品种马罗（mavron）为主，但也可以见到赤霞珠、歌海娜、西拉和佳利酿，成果引人注目。白葡萄酒方面，主要是西尼特尼（xynisteri），但也有乐夫卡斯（lefkas）、长相思和霞多丽。

中东

地中海东岸地区——土耳其、黎巴嫩、叙利亚、以色列——有着非常古老的葡萄酒传统，至少开始于古希腊罗马时代，甚至更久远，可以追溯巴勒斯坦迦南人（Cananéens）、底格里斯（Tigre）和幼发拉底（Euphrate）两河人民的历史。但是，千百年来，随着阿拉伯和土耳其人的占领，葡萄作物发展的成果仅作为一种特权，给予了占少数派的犹太教和基督教徒。因此，就自然而然地形成了今天葡萄作物主要集中在黎巴嫩和以色列的格局。

土耳其

土耳其的葡萄品种超过1000种，但仅有10来种用来酿制葡萄酒。其实，土耳其作为世界第五大葡萄生产国，用来酿酒的仅仅是其中小部分的产量，绝大部分都是食用葡萄或用来制作葡萄干。

然而，葡萄酒一直是土耳其文化的一部分，不仅仅是对占少数的基督教徒，特别是亚美尼亚人（Arménienne）以及犹太人，就是在穆斯林世俗精英之间，能喝一点葡萄酒也一直是合礼仪的。在这个伊斯兰国家，啤酒和哈其酒（Raki）是最为广泛的酒精饮品，但人们认为葡萄酒比这两种酒更为高雅。

2004年，土耳其历史上开天辟地头一次，最具影响力的日报——《自由报》（Hürriyet）发起了一次在百支样酒中品尝、挑选土耳其最优秀的葡萄酒活动。最终，安纳托利亚省（Anatolie）的Doluca Öküzgözü、爱琴海畔的Doluca Villa Neva和色雷斯的Doluca Cabernet-Merlot等红葡萄酒独占鳌头。

> 在卡帕多西亚（Cappadoce），葡萄作物需要面对大跨度的温差：夏季炎热干燥，冬季非常寒冷。

以色列

葡萄酒一直是希伯来（Hébraïque）文化的一部分。因此，从19世纪末起，第一个犹太人定居点在里雄–锡安（Rishon-le-Zion）沙漠中建了一个葡萄园，就不足为奇了。这里主要出产一款以“骆驼”（Carmel）品牌出售的糖浆式红葡萄酒。直到20世纪80年代初期，以色列人才开始利用戈兰（Golan）高地上较为凉爽的气候和土壤来酿制优质葡萄酒。6 000公顷的葡萄田大部分就坐落在这里，但在以色列中部地区，在灌溉的帮助下也可以酿制出优质葡萄酒。既有白葡萄酒也有红葡萄酒，其中的一部分是卡色酒（Kasher），即完全由犹太教徒酿制的酒：他们用水蒸气对设备进行消毒，而且仅使用天然的酿酒产品。许多以色葡萄酒都没有什么特点，但有些也赢得了国际专家的不少好评。因为以色列并没有本土葡萄品种，葡萄酒是用国际葡萄品种（霞多丽、长相思、赤霞珠和梅洛）酿制而得的。

黎巴嫩

毫无疑问，黎巴嫩所产的葡萄酒是中东地区最好的。有些酒，特别是贝卡（Beqaa）平原出产的葡萄酒，被品酒师归入优质名酒的行列。隶属于基督教会团体的约15家生产商分摊了红、粉红和白葡萄酒的酿制，总产量约800万升。但是，其中不容忽视的一部分将通过蒸馏的方式，作为哈其酒的备酒。

在该国的葡萄品种中，有十几个当地品种，会经常与国际品种（赤霞珠、梅洛、西拉和佳利酿）进行混酿。最为著名且规模最大的葡萄园有穆萨酒庄（Château Musar）、卡萨尔酒庄（Château Ksara）和卡夫拉雅酒庄（Château Kefraya）。除此以外，还有约12家独立小生产商。

北非

马格里布三国之所以有葡萄园的存在，主要应归功于法国的殖民统治以及来自马耳他、西班牙和意大利的殖民者。今天，阿尔及利亚的葡萄种植面积在不断缩小，突尼斯维持不变，而在摩洛哥则有上升趋势。摩洛哥在近年来为提升其葡萄酒的质量做了很多努力。

阿尔及利亚

直到1962年独立前，阿尔及利亚一直是“法国”最大的葡萄酒产地之一。酒精度高、颜色深浓但缺乏酸度——这些葡萄酒都酿自南方的葡萄品种（仙索、佳利酿、歌海娜），并与产自包括波尔多、勃艮地在内的法国其它地区的葡萄酒进行混酿，来补充酒中有时缺少的酸度。阿尔及利亚共有12个产区（Médéa、Tlemcen、Mascara……）。自独立以来，阿尔及利亚葡萄园的数量和质量都呈下降趋势。

>突尼斯葡萄园景色。

突尼斯

突尼斯的葡萄种植史要追溯至迦太基时代。在殖民时期，突尼斯的葡萄园达到了一定规模，大部分都是由意大利殖民者进行开采和管理。今天，酿酒葡萄主要种植在突尼斯北部，总面积不超过10 000公顷。最受人欢迎的葡萄酒为Kelibia地区出产的麝香干葡萄酒。

摩洛哥

在马格里布的三个国家中，摩洛哥是近年来为提高葡萄园质量付出了最多努力的国家。在50 000公顷的葡萄田中，仅有25%的葡萄用于酿酒，产量约为3000万升，其中近80%为红葡萄酒，18%为灰和桃红葡萄酒，仅有4%为白葡萄酒。摩洛哥共有14个原产地保证产区（AOG）和1个法定产区（AOC）。

在摩洛哥，近一半的葡萄园都集中在梅克内斯（Meknès）附近，海米萨特（Khemisset）和哈杰布（El Hajeb）产区的面积分列第二和第三位。种植最广的葡萄品种为仙索、佳利酿、紫北赛和歌海娜。近期，在以法国酒商皮埃尔·卡斯特（Pierre Castel，又见431页框内文字）为核心的一个法国–摩洛哥合作项目的推动下，这个地区还种植了赤霞珠、梅洛、慕合怀特和西拉品种。

地中海沿岸国家和北非最著名的葡萄酒产区和葡萄酒

今天，希腊的葡萄酒产量最多，而且其声誉和销售都走出了国门。而在土耳其、黎巴嫩和摩洛哥，最为优质的葡萄酒仅在这些国家里的高档餐厅内才能喝到。

纳乌萨、阿敏顿、古迈尼萨优质法定产区（OPAP NAOUSSA，AMYNTEON，GOUMENISSA）

希腊（马其顿）

这三个优质法定产区（OPAP）是希腊最受欢迎的。纳乌萨（Naoussa）的生产区域位于Velia山的东南坡上；阿敏顿（Amynteon）和古迈尼萨（Goumenissa）两个产区的葡萄园则种在了海拔更高的地方，直到650米。靠海和高海拔的优势缓和了夏季的炎热；相对较高的降雨量为葡萄酒带来了一定的细腻度。

> 主要葡萄品种。纳乌萨产区为西诺玛罗；古迈尼萨和阿敏顿产区为尼果斯卡（negosca）和西诺玛罗。

> 土质结构。石灰岩和石灰质黏土地，位于山丘坡地上，有时地势很陡峭。

> 葡萄酒品味风格。红葡萄酒有干、半干和甜型，通常有结构感且丹宁丰富；桃红葡萄酒柔和，有果香。

葡萄酒颜色：
红色和桃红色。

饮用温度：
桃红葡萄酒10～12℃；
红葡萄酒13～16℃。

陈年潜力：
桃红葡萄酒1～2年；
红葡萄酒5～8年。

梅里顿丘优质法定产区（OPAP CÔTES-DE-MELITON）

希腊（哈尔希迪科州）

梅里顿丘这个小产区（300公顷）坐落在哈尔希迪科州三个半岛的中央丘地且俯瞰着大海的山坡上。该产区也是希腊最受欢迎的优质法定产区之一。这里的红、白葡萄酒通常品质出众，出现在最高档的餐厅里，也是希腊最贵的葡萄酒之一。

> 主要葡萄品种。红葡萄品种有琳慕诗、赤霞珠和品丽珠；白葡萄品种有阿提日（athiri）、荣迪思和艾喜康（assyrtiko）。

> 土质结构。陡峭的石灰岩坡地。

> 葡萄酒品味风格。干红葡萄酒在口中柔和、丰腴，果味浓郁，经过陈放，辛料香愈发明显。干白葡萄酒油滑、饱满，有着烘烤和柑橘的香气，口中余味悠长。

葡萄酒颜色：
红色和白色。

饮用温度：
白葡萄酒10～12℃；
红葡萄酒13～16℃。

陈年潜力：
白葡萄酒5～8年；
红葡萄酒6～10年。

尼米亚优质法定产区（OPAP NEMEA）

希腊（伯罗奔尼撒半岛）

尼米亚优质法定产区是希腊历史上最为悠久且面积最广的产区，坐落在伯罗奔尼撒半岛北部科林斯湾和萨龙湾（Saronique）畔的平缓山丘地带。有着“大力神之血”的外号，葡萄酒为红色，但有时会与玫瑰妃白葡萄酒产生混淆，因二者产自同一区域。这里也酿制以科林斯和阿哈伊亚为名的地区餐酒（TO）。

> 主要葡萄品种。阿吉提可，加入15%～20%的其它葡萄品种作为补充。

> 土质结构。石灰岩和碎石山丘。

> 葡萄酒品味风格。尼米亚葡萄酒可以为干、半干或甜型，容易让消费者产生混淆。干红葡萄有颜色，丹宁含量低，却强劲有力，有着持久的辛料香。

葡萄酒颜色：
红色。

饮用温度：
15～17℃。

陈年潜力：
5～10年。

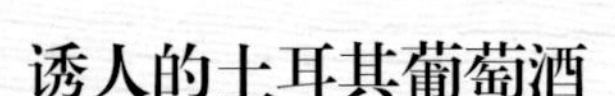

诱人的土耳其葡萄酒

尽管土耳其仅将其一小部分的葡萄产量用于酿酒，但也不断涌现出质量上无可挑剔的葡萄酒。位于色雷斯的Doluca公司每年用产自土耳其各地的葡萄生产数百万瓶葡萄酒。该公司的Doluca Özel Kav Kirmiz是一款由位于库尔德斯坦（Kurdistan）地区的迪亚巴克尔省（Diyarbakir）和埃拉泽省（Elazig）产出的葡萄酿制而得的红葡萄酒，2004年在由《自由报》组织的品酒大赛上摘取了桂冠。另一款引人注目的红葡萄酒——撒拉芳（Sarafin），产自土耳其的西部。这款酒在橡木桶中陈酿，已经多次在国际竞赛中获奖。在安卡拉（Ankarad）地区的Kavaklidere公司通过本地和国际葡萄品种的新鲜组合，酿造了种类繁多的葡萄酒。这个公司出产的Kavaklidere bogazkere是一款在橡木桶中陈酿了12个月的红葡萄酒，同样在《自由报》的甄选活动中脱颖而出。

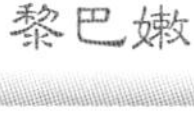

黎巴嫩

贝卡葡萄酒

黎巴嫩的优质葡萄酒大多数产自扎赫雷（Zahlé）地区，位于贝卡平原的中心，主要由三个葡萄园组成：卡萨尔酒庄、穆萨酒庄和卡夫拉雅酒庄。除此以外，还有几个没那么起眼的葡萄园，最新成立的一家是玛西亚酒庄（Château Marsyas）。大多数酒庄都酿制三种颜色的葡萄酒。

> **主要葡萄品种**。包括国际葡萄品种，一共有近20个葡萄品种：用于酿造红葡萄酒和桃红葡萄酒的有赤霞珠、梅洛和西拉；白葡萄品种则有霞多丽、长相思和麝香葡萄。

> **土质结构**。贫瘠，以黄土为主。

> **葡萄酒品味风格**。优质红葡萄酒的陈放能力强，强劲有力，丹宁丰富，果味浓。桃红葡萄酒有果香，浓烈。几款陈放能力强的白葡萄酒随着年龄的增长也更有表现力，有辛料香和薄荷的味道。

葡萄酒颜色：
红色、白色和桃红色。

饮用温度：
白葡萄酒和桃红葡萄酒10～12℃；
红葡萄酒15～18℃（优质酒在饮用前醒酒30分钟）

陈年潜力：
穆萨酒庄的优质酒可以达到20年的窖藏时间。

梅克内斯葡萄酒的复兴

在法国酒商皮埃尔·卡斯特的推动下，梅克内斯周围的摩洛哥葡萄园从20世纪90年代中期开始进行了整体重组。葡萄园夹在南部的阿特拉斯（Atlas）山麓和北部的泽麓山（Zerhoun）之间，坐落于砂质土壤和石灰质黏土上，气候炎热、湿润，有助于葡萄的成熟。

班尼米提（Beni M'Tir）、泽麓（Zerhoune）和歌麓园（Guerrouane）是三个原产地保证产区（AOG），822公顷的葡萄田上种植了西拉、赤霞珠和梅洛品种。葡萄酒主要以哈兰娜（Halana）品牌出售，并标注了葡萄品种名称。葡萄酒个性鲜明，与摩洛哥美食搭配和谐。

美国和加拿大

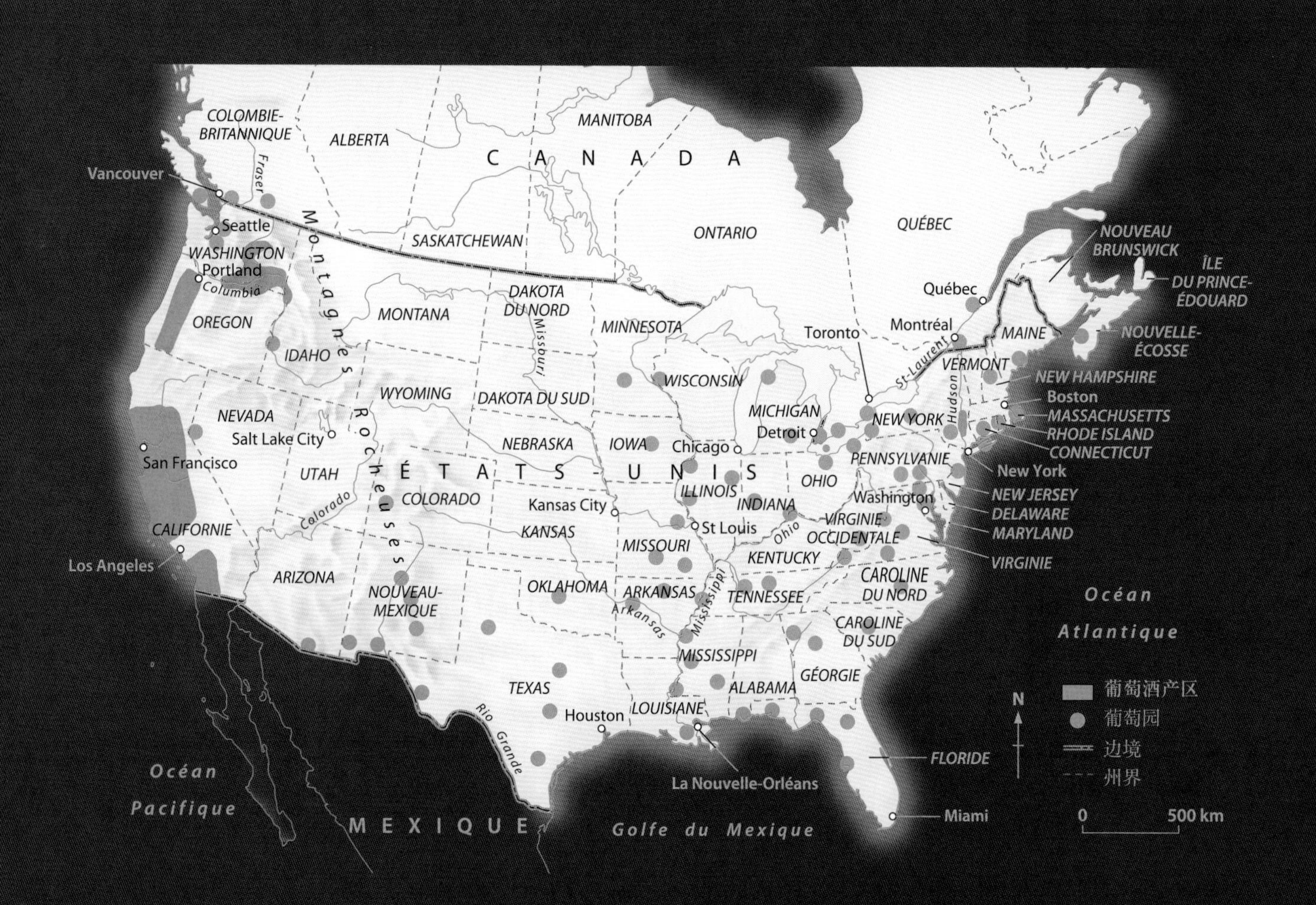
COLOMBIE-BRITANNIQUE
ALBERTA
MANITOBA
CANADA
SASKATCHEWAN
ONTARIO
QUÉBEC
NOUVEAU BRUNSWICK
ÎLE DU PRINCE-ÉDOUARD
NOUVELLE-ÉCOSSE
Vancouver
Seattle
WASHINGTON
Portland
Columbia
Fraser
Montagnes Rocheuses
OREGON
IDAHO
MONTANA
DAKOTA DU NORD
Missouri
MINNESOTA
Toronto
Montréal
Québec
St-Laurent
MAINE
VERMONT
NEW HAMPSHIRE
Boston
MASSACHUSETTS
RHODE ISLAND
CONNECTICUT
NEW YORK
Hudson
New York
NEW JERSEY
DELAWARE
MARYLAND
VIRGINIE
WYOMING
DAKOTA DU SUD
WISCONSIN
MICHIGAN
Detroit
NEVADA
Salt Lake City
San Francisco
UTAH
ÉTATS-UNIS
NEBRASKA
IOWA
Chicago
PENNSYLVANIE
OHIO
ILLINOIS
INDIANA
Washington
VIRGINIE OCCIDENTALE
Colorado
COLORADO
Kansas City
KANSAS
MISSOURI
St Louis
Ohio
KENTUCKY
CALIFORNIE
Los Angeles
ARIZONA
NOUVEAU-MEXIQUE
OKLAHOMA
ARKANSAS
Arkansas
Mississippi
TENNESSEE
CAROLINE DU NORD
CAROLINE DU SUD
MISSISSIPPI
ALABAMA
GÉORGIE
TEXAS
Houston
LOUISIANE
Rio Grande
La Nouvelle-Orléans
FLORIDE
Miami
Océan Atlantique
Océan Pacifique
MEXIQUE
Golfe du Mexique
N
葡萄酒产区
葡萄园
边境
州界
0
500 km

美国和加拿大的葡萄园

北美地区的葡萄酒生产主要集中在西海岸。若将加州的产量单独与其它国家相比，该州也可排列在世界第四的位置。近30年来，加州出产的一些葡萄酒已经被公认列入世界质量最佳的葡萄酒行列。而加拿大葡萄园的面积要小得多，99%都集中在了两个省内：安大略省和不列颠哥伦比亚省。

美国

美国是世界上第四大葡萄酒生产国，也是最大的葡萄酒消费市场之一。虽然有着近300年的葡萄酒酿制历史，但这一行业在二战后才真正发展起来。美国的葡萄酒生产主要集中在四个州：加州（约占全国的90%）、华盛顿州、纽约州和俄勒冈州。这个现代化且充满活力的新兴行业，依靠大规模的投资和富有成效的科研将质量提升到了非常高的水平。但是，葡萄酒在美国社会中的地位与欧洲相比还有着很大的差距：每人每年平均消费12升，仅为法国的四分之一。

美国葡萄园的基本数据

种植面积：39.8万公顷

年产量：19.2亿升

红葡萄酒和桃红葡萄酒：55%

白葡萄酒：45%

（葡萄酒学会，国际葡萄与葡萄酒组织，2006）

从维京时期到现代

文兰（Vinland），野生葡萄树的天堂。我们永远也不能肯定维京人雷夫·埃里克森（Leif Chanceux）在公元1000年左右是否真的踏上了东海岸，但他却留下了一个被称为“文兰”的地方的描述。在保存了几个中世纪的手稿中，他描绘了点缀着野生葡萄树的青翠风景。

欧洲殖民者及东海岸的尝试阶段。从16世纪起，欧洲人开始向美国殖民，他们在当地找到了葡萄属的藤蔓植物（美洲葡萄和河岸葡萄），但并没有欧洲葡萄品种。在东海岸，尽管气候潮湿，人们还是尝试用本土葡萄来酿酒。但得到的葡萄酒有着动物味，不太宜人，被描述为“狐臭”。后来，欧洲殖民者将欧洲葡萄品种与本土植株进行杂交，得到了杂交品种，直到今天还广泛种植在东海岸地区。而所有种植纯正欧洲葡萄品种的尝试都失败了。当时人们并不知道为什么，后来才得知不断失败的原因来自于一种昆虫，也正是这类昆虫随后会对欧

> 纳帕谷是美国最著名的葡萄酒产区。

> 美国的葡萄采收通常很机械化。

洲葡萄园造成毁灭性的打击：根瘤蚜虫。

葡萄园的扩张。尽管困难重重，18至19世纪期间，葡萄树还是向东部扩散开来，之后，再向东南和南部延伸，种植了几类杂交品种。而西海岸的发展模式相对独立。自18世纪起，西班牙方济会修士就在那里种植了几个欧洲葡萄品种，并于1769年在圣地亚哥（San Diego）附近建立了第一个酒厂。从1850年起，加州先后成功种植了多种欧洲葡萄，并在从东海岸不断到来的移民的帮助下，成为葡萄酒发展的精彩舞台。30年后根瘤蚜虫的侵袭并没有放缓葡萄园的扩张，因为当时欧洲已经发现了在本地葡萄品种上嫁接欧洲品种的抵御方法。

禁酒时期到当今时代。人们不禁要问，如果在美国葡萄酒业蓬勃发展时期没有出台禁酒令，那么今天的美国葡萄园会是何种境况。自1920到1933年，除了用于宗教仪式的葡萄酒，全国各地禁止"制造、销售和运输含酒精饮料"。这就带来了半个世纪的萧条，许多州因此再也没能恢复到以前的光景。20世纪60年代，复苏的钟声渐渐敲响。加州境内，由美国或外国庄园主建立的酒厂数量不断增加。除了提高葡萄产量和批量生产葡萄酒以外，对葡萄酒质量非常重视的酿酒师还开展了一个活力四射的葡萄酒产业，并推动其蓬勃发展。今天，在几乎所有州内生产商的数量都在不断增长。在葡萄酒爱好者的严格要求下，葡萄酒的质量也在不断提高。

美国葡萄酒的名称

除了通过品牌或干脆用公司名字来对生产商进行识别以外，用葡萄品种来命名葡萄酒仍然是北美最为常见的方式。这一描述葡萄酒的方法最早见于20世纪30年代，源自一位纽约葡萄酒商——弗兰克·斯昆梅克（Frank Schoonmaker）。这个方法逐渐取代了原有的用欧洲法定产区名称命名的方式，如夏布利、勃艮第、波特、雪利、苏玳。至于酿自多个葡萄品种的混酿酒——这种酒越来越常见（尤其是高档酒）——则用葡萄园名称，甚至是葡萄田的名称来命名。

葡萄酒市场的组织

法律法规。美国是联邦制国家，法律会因所在州的不同而有所差异。每个州都有权订立自己的有关酒精饮品分销和消费的法规。比如说，尽管禁酒令已于1933年在国家层面停止使用，一些地方仍然维持着禁止销售酒精饮品的规定。联邦级有关葡萄酒的法律法规是由酒烟税收与贸易局（ATTB）负责订立，并由联邦烟酒及武器局（ATF）负责执行。联邦立法的内容涉及酒标的审批、联邦税收和官方葡萄酒产区（AVA）。

美国法定葡萄酒产地（AVA）。为了方便生产商对产区的识别和保护，美国法律创建了生产区域认证，即AVA产区，形成了法定产区系统（又见102页）。自1981年官方认可了第一个AVA——纳帕谷产区后，AVA产区的数量就在不断增加。今天，一共有160多个AVA产区，可以注意到的一个趋势是地域风土条件概念的细化：在葡萄品种或葡萄园的名称以外，还可以在酒标上标注一个地名。AVA产区的面积大小差别很大，从谷地到整个县（county）都有可能，有时还会超过县的范围。

主要生产州

绝大多数州内都有葡萄园，尽管出产的葡萄酒质量都有所提升，但各州的产量还是存在很大差异。位于西海岸的三个州：加州、华盛顿州和俄勒冈州生产几乎全部出口的葡萄酒。加州自身的产量就占美国总产量的90%。至于东海岸及五大湖地区，有几个州的葡萄酒生产还是值得人们关注的，尽管这些葡萄酒仅供当地消费，如纽约州、俄亥俄

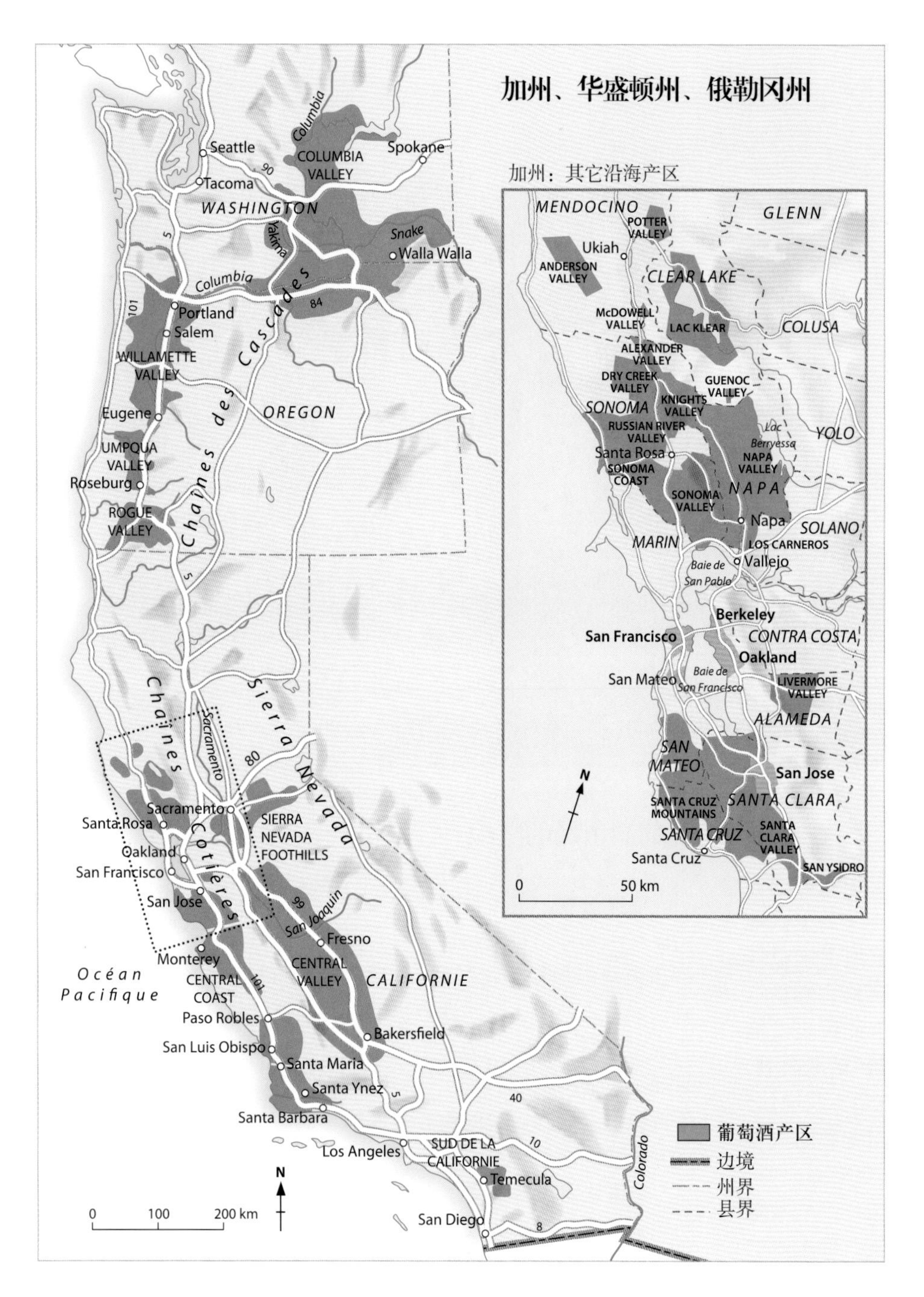

州、弗吉尼亚州和佐治亚州。这些州曾经种植本土葡萄品种，之后得益于杂交品种的引进，如谢瓦尔、赛贝尔（seibel）和巴可（baco）等。这些杂交品种是法国为了抵抗根瘤蚜虫和其它病害而培育出来的。在东南地区，即得克萨斯州和新墨西哥州，葡萄园的面积也在不断扩张中。

加州

加州共有21万公顷葡萄田生产葡萄酒（2008年数据）。葡萄园散布在从北至南近1000公里的各个地区内，规模跟一个国家相当。另外，如果把加州视为一个国家，那么，加州就是世界第四大葡萄酒生产国，也是欧洲以外葡萄酒第一大产地。广阔的面积同时伴随着气候的多样性，因此，在这里可以酿制各种类型和风格的葡萄酒。最为优质的产区位于旧金山湾北部的索诺玛（Sonoma）和纳帕（Napa），以及旧金山市南部的圣克鲁斯和一些向洛杉矶延伸的沿岸地带。

旧金山湾以北地区。纳帕谷（又见445页）因自然条件的多样性被分成多个子产区。索诺玛县的面积比纳帕还要大。索诺玛县较热的北部和东部的AVA产区，如亚历山大谷（Alexander Valley）或干溪谷（Dry Creek Valley）酿制以赤霞珠、梅洛、仙粉黛和长相思品种为基础的丰腴型葡萄酒。中间的绿谷（Green Valley）、西边的俄罗斯河谷（Russian River Valley）和南边跨越了索诺玛和纳帕两地的卡内罗斯（Los Carneros），气候较为凉爽，可酿制出优美的霞多丽和黑皮诺葡萄酒。海岸其它地方的葡萄种植业就较为分散。位于北部、靠近太平洋的门多西诺县是起泡酒的产地，不少香槟公司都认为这里有着适合用来酿造基酒的黑皮诺和霞多丽葡萄生长的理想条件。越靠近内陆，气候越为干燥，克利尔莱克（Clear Lake）即为赤霞珠和长相思的完美生长地。

中部和南部海岸。加州中部和南部的葡萄园自旧金山延展到圣巴巴拉（Santa Barbara），还有一些位于圣地亚哥附近。蒙特雷县（Monterey）生产霞多丽和雷司令，那里气候干燥，需要灌溉。在旧金山和洛杉矶中间，帕索·罗布尔斯（Paso Robles）地区的“罗纳河谷”混酿法非常受欢迎（特别是用西拉、歌海娜和慕合怀特葡萄混酿）。加州最南端的葡萄园，位于圣巴巴拉和圣伊内斯（Santa Ynez）周围，海洋的清凉越过山脉而来，从而产出了优质的黑皮诺

1976：“巴黎的评鉴”（jugement de Paris）

1976年，英国酒商史蒂芬·史普瑞尔（Steven Spurrier）在巴黎举办了一场法国和加州葡萄酒的盲品会。结果令人瞠目结舌，加州的酒在各个类别中都胜出（尤其是赤霞珠品种红葡萄酒和霞多丽品种白葡萄酒），将勃艮第和波尔多的一些大腕葡萄酒甩在了身后！这一事件此后被称为“巴黎的评鉴”。这次品酒会肯定了加州葡萄酒的品质。有些人认为胜利经不起时间的考验，但是在1986年和2006年举办的两场“回顾”品酒会上，同样的年份，同样的生产商，加州葡萄酒保持了自己的优势。

墨西哥的葡萄园

墨西哥是美洲大陆上最为古老的葡萄酒生产国：从1521年开始就由第一批殖民者在这里种下了葡萄树。葡萄种植业从20世纪60年代起得到了稳定的发展。葡萄园的总面积约有5万公顷，但其中仅有10%是酿酒葡萄，其它均是作为食用葡萄或用于酿制蒸馏酒。共有七个州有着可观的产量。最为著名的葡萄酒产自墨西哥北部的巴加·加利福尼亚，该地区酿制全墨西哥90%的葡萄酒。该州也是位于边境另一边的加州的延伸；气候非常干燥，可以与加州北部的索诺玛相媲美。这一气候非常适宜种植葡萄树，但必须进行灌溉。这里种植最多的是传统国际品种（红葡萄品种有赤霞珠、梅洛、马尔贝克和西拉；白葡萄品种有霞多丽和长相思），另外，还有其它葡萄品种，如仙粉黛、内比罗、芭芭拉、丹魄、小西拉等红葡萄品种，或是帕罗米诺、鸽笼白、诗南等白葡萄品种。

> 华盛顿州内亚基马谷（Yakima Valley）的葡萄园和果园。

和霞多丽葡萄。

中央谷地（CENTRAL VALLEY）和批量生产。中央谷地位于东部地区，围绕着加州的首府弗雷斯诺（Fresno），远离了海洋带来的影响。在这个非常炎热、干燥的地区，主要生产低档葡萄酒。但洛迪市（Lodi）周围的山丘上种有一些加州古老的葡萄树，可以酿出优质酒。

华盛顿州

与加拿大交界的华盛顿州是美国第二大葡萄酒产地，拥有1.35万公顷葡萄园。喀斯喀特（Cascades）山脉阻挡住来自海岸的寒冷和潮湿，将内陆山谷庇护了起来（这里除了葡萄树，还有着种植水果的传统）。但是，这种保护也带来了负面影响：夏季时期非常干旱，州内的一部分地区呈半沙漠状态，需要用周围山区的储水来进行灌溉。

自1970年起，葡萄酒业在华盛顿州的扩张达到了惊人的速度，酒厂的数量从1969年的2家飞速发展到今天的650多家。共有10个官方AVA产区。该州主要酿制一系列果味浓郁的白葡萄酒（酿自霞多丽、长相思、雷司令和琼瑶浆），以及从偏果香到强劲型的红葡萄酒，主要酿自波尔多葡萄品种，还有西拉。

俄勒冈州

俄勒冈州夹在华盛顿州和加州之间，直到最近才发现自己拥有出产优质葡萄酒的潜力。葡萄作物最早耕种于20世纪60年代，主要是因为有些先锋人士希望借助这里凉爽的气候来种植霞多丽和黑皮诺葡萄。自此，黑皮诺就在喀

> 俄勒冈州南部罗格谷（Rogue Valley）的葡萄修剪。

斯喀特山脉的西坡上驻扎了下来。40年来，俄勒冈州借这个不喜高温的葡萄品种以及适合同样自然条件的白葡萄酒而获得了广泛赞誉。州内共种植了70余个葡萄品种，通常以试验为目的。俄勒冈州葡萄酒的总产量并不大，但共有300多家酒厂，规模通常较小。另外，州内约有15个认证产区（AVA）。

纽约州

纽约州是美国第三大葡萄酒产地（以杂交品种或欧洲葡萄品种为基础），位于东海岸和五大湖地区之间。种植在这一地区的多个美国品种和杂交品种有着良好的发展前景，其中一些已经受到了肯定：白葡萄品种有奥罗拉（aurora）、卡尤卡（cayuga）、谢瓦尔和赛贝尔；红葡萄品种有黑巴可和马雷查尔·弗什（maréchal-foch）。实际上，纽约州的葡萄酒还有很大一部分来自美洲葡萄品种，虽然产量有所下降，但还是非常可观。

纽约州与加拿大安大略省比邻，二者有着相近的气候特点，安大略省是滨湖尼亚加拉（Niagara-on-the-Lake）地区葡萄酒产区。五指湖（Finger lakes）地区是纽约州最大的葡萄酒产区，充足的水汽为当地带来了温和的气候，非常有利于葡萄种植，包括雷司令在内的欧洲葡萄品种也很适宜。另外，葡萄树抵御寒冬的能力是选择葡萄品种时需要考虑的最为重要的要素之一。

其它葡萄酒生产州

虽然美国几乎所有州都酿制葡萄酒，但产量普遍较小，而且主要以当地消费为主。另外，有些州存在禁止将葡萄酒运输到州界以外地区的法律，这确实不鼓舞人心！当然，总有例外的存在，最重要的当属得克萨斯州和弗吉尼亚州。

同纽约州一样，得克萨斯州和弗吉尼亚州也越来越多地种植欧洲葡萄品种。得克萨斯州因其地理位置，与西南部各州的传统一脉相承，西南部曾受到从墨西哥来的西班牙传教士的殖民统治。另外，正是得克萨斯的一位植物学家——芒森（Munson）先生，在19世纪80年代重新恢复种植葡萄的时期将得克萨斯的本地品种运到欧洲，成为第一批砧木，进而从根瘤蚜虫的灾难中挽救了欧洲的葡萄种植业。

得克萨斯州有近180个酒厂，葡萄园的面积约为1 200公顷。自从进入21世纪，这些数字就呈不断上升趋势，面积广阔的得克萨斯州也成为了美国第五大葡萄酒生产地。尽管州内各地都生产葡萄酒，但葡萄园主要集中在高海拔地区且靠近西部的地方，那里有着潮湿度较低的气候，晚上也更凉爽。得克萨斯州有8个AVA产区，而弗吉尼亚则是东海岸第二大葡萄酒生产州。该州有6个AVA产区，有些其它的附属产区种植当地品种、杂交品种和欧洲葡萄品种。

您未必了解的小知识

美国使用Winkler & Amerine方法来阐述气候特点。这一体系借鉴了19世纪法国科学家A.P. de Candolle的观察结果——春天，当空气的平均温度达到10℃，葡萄树就开始生长。基于这一发现，加州大学戴维斯分校的科学家Winkler和Amerine在1944年制定了一个在葡萄生长的7个月时间内，根据“度日”的总量对气候进行区划的方法。虽然人们有时会批评该方法过于简单，但该方法还是在权威材料中得到了广泛应用。Ⅰ区低于500度日；Ⅱ区在501至600度日之间；Ⅲ区在601至700度日之间；Ⅳ区在701至800度日之间；Ⅴ区在801至900度日之间。比如说，波尔多的平均气温普遍被认为与Ⅲ区相对应。

加拿大

与邻国美国相比，加拿大的葡萄园面积就小了许多，主要集中在两个省内：安大略省和不列颠哥伦比亚省（其它一些省份也有非常少量的葡萄种植，如魁北克省）。葡萄酒业的规模变得如此无关紧要也是近期的事情，主要有三大原因：欧洲葡萄品种很难适应寒冷的气候条件；清教主义严格控制（即使不是完全禁止）酒精饮品的生产和销售；因此，对于在当地气候下种植适宜的欧洲葡萄品种或优质杂交品种的研究显得滞后。

加拿大葡萄园的基本数据

葡萄园种植面积：8840公顷

总产量：1.2亿升

红葡萄酒和桃红葡萄酒占总产量比例：45%

白葡萄酒占总产量比例：55%

（加拿大酒商协会&农业部，2006）

葡萄酒业起始不久，扩张迅速

加拿大的现代葡萄酒业始于20世纪50年代，以布赖特酒厂（Brights Wines）在安大略省尝试使用雷司令和霞多丽葡萄品种为开端。直到1974年，唐纳德·兹劳多（Donald Ziraldo）和卡尔·凯瑟（Karl Kaiser）两人在安大略省南部的尼亚加拉湖地区创建了尼斯基林酿酒公司（Inniskillin Wines），加拿大才登上世界的葡萄酒生产舞台。凯瑟先生运用其祖国——奥地利的种植、酿造技术，证明了当地的气候条件具备酿制冰酒的极大潜力，尤其是使用谢瓦尔这一杂交品种。其它人追随他的脚步，冰酒即成为当地特产，畅销国外。随后，1979年，在不列颠哥伦比亚省欧垦娜根山谷（Okanagan Valley）地区成立的苏马克里奇酒庄（Sumac Ridge Winery），成为该地区作为加拿大重要葡萄酒产地的起点。一个代表质量的标志——酒商质量联盟（VQA），汇集了最优秀的生产商，并要求他们使用欧洲葡萄品种或最优质的杂交品种（又见104页）。

滨湖尼亚加拉和欧垦娜根山谷

这两个地区相隔千里，几乎酿制着加拿大全部葡萄酒。尼亚加拉（Niagara）地区的最大特产是冰酒，但也出产雷司令、霞多丽和一些杂交品种的优质干白葡萄酒。另外，与进口酒相比，国内市场更偏好加拿大自产的白葡萄酒。随着欧垦娜根山谷地区的开发，优质的红葡萄酒也开始出现；在这里种植开始得较迟，但气候比较暖和。加拿大葡萄酒的产量依靠500多家酒厂的生产有了显著提高，酒厂的数量在20年间翻了10倍！

冰酒：冰冻葡萄酿得的酒

冰酒是一种稀有又很特殊的葡萄酒，加拿大是世界上最大的冰酒生产国。葡萄串在落叶后还要留在葡萄树上很长时间，直到12月或1月第一场霜冻的到来。在冰冻和融化循环反复的作用下，葡萄果粒会脱水，因此，葡萄果实中所含的各类物质的浓度都得到了提升：糖、酸及其它干物质。在采摘时，葡萄果汁的含量仅是正常收获葡萄的5%～10%。采摘这些珍贵葡萄的时间为夜晚，温度在-10℃左右，从而可以将还处于冰冻状态的葡萄进行压榨。压榨后，稠密且含糖量很高的葡萄汁会以非常缓慢的速度进行几个月的发酵，酿出一款酒精含量相对较低（10～12度），但有着非常浓郁的芳香和高糖分含量的白葡萄酒，或是更为罕见的红葡萄酒。

冰酒的产地有魁北克省、不列颠哥伦比亚省以及最重要的安大略省的滨湖尼亚加拉地区。尼斯基林酒厂的合伙创始人卡尔·凯瑟在20世纪80年代第一个将冰酒的酿制方法带到加拿大。对于加拿大来说，这类葡萄酒的生产非常重要，从他们已经注册了“Icewine”（冰酒）这一名称就可以看出来。

> 在欧垦娜根山谷地区，人们在葡萄树上洒水结冰，从而保护藤蔓、预防霜冻。

美国和加拿大最著名的葡萄酒产区和葡萄酒

虽然美国除了阿拉斯加之外的所有州都生产葡萄酒，但仅有四个州——加州、华盛顿州、俄勒冈州和纽约州——有着举足轻重的产量，且所酿葡萄酒有稳定的出口量。加州葡萄酒的产量达到了全国的90%，下面会列举该州最重要的几个“谷地”。至于加拿大，其生产量就小了许多，但也在不断地提高和完善。

华盛顿州（WASHINGTON）

华盛顿州是美国位于加州之后的第二大葡萄酒生产地，位于该国的西北角，与加拿大接壤。该州也是拥有葡萄酒传统最短的州之一，这也说明了华盛顿州葡萄园快速扩展的原因。

主要的生产区域较靠近内陆，在离海岸250公里的地方。喀斯喀特山脉把沿海的湿度阻挡在外，使得几乎必须人工灌溉。此外，人们惊奇地发现，这一地区的纬度介于波尔多和勃艮第之间。大陆性气候导致了冬季和夏季的温差幅度很大，甚至昼夜的温差也很大。因此，葡萄汁的颜色和浓郁味道往往令人印象深刻。

包括安蒂诺里世家（意大利）或卢森（Loosen，德国）在内的著名外国投资商都对这一产区的潜力给予了肯定。

> 最著名法定葡萄酒产地（AVA）。哥伦比亚谷（Columbia Valley）、马天堂（Horse Heaven Hills）、响尾蛇山地（Rattlesnake Hills）、红山（Red Mountain）、瓦拉瓦拉谷（Walla Walla Valley）、亚基马谷。

> 主要葡萄品种。红葡萄品种有梅洛、赤霞珠、西拉、品丽珠、桑娇维斯和丹魄；白葡萄品种有霞多丽、雷司令、长相思、赛美蓉和灰皮诺。

> 土质结构。谷地为黄土和冲积土；山坡上为石灰岩质土，有时为火山土。

> 葡萄酒品味风格。出产两个颜色的葡萄酒，通常都有着浓郁的味道。有些酒可以达到北部葡萄园少有的强劲感。

> 几家著名的葡萄酒生产商。Cayuse、Château Sainte Michelle、Col Solare、Delille、Ecole 41、Hogue Cellars、Hyatt Vineyards、Kiona、Leonetti、McCrea Cellars、Quilceda Creek、Andrew Will、Woodward Canyon。

俄勒冈州

俄勒冈州是美国第四大葡萄酒生产地，距离大城市较远。山谷地形地貌导致葡萄种植被分割为小规模的作坊形式。偏远的地理位置和与邻居——加州和华盛顿州——相比较凉爽的气候解释了俄勒冈州葡萄酒业发展较晚的原因。葡萄田的朝向往往是葡萄果实达到成熟的关键，尽管气候凉爽，夏季的干旱还是经常造访内陆谷地。

俄勒冈州主要擅长种植白葡萄品种和黑皮诺［另外，勃艮第公司杜鲁安（Drouhin）在乌伊拉麦迪谷（Willamette Valley）建了一个葡萄园］。

> 最著名法定葡萄酒产地（AVA）。阿普尔盖特河谷（Applegate Valley）、道格拉斯红丘（Red Hill Douglas County）、罗格谷、蛇河谷（Snake River Valley）、南俄勒冈（Southern Oregon）、乌伊拉麦迪谷，以及几个一直延伸到华盛顿州的谷地。

> 主要葡萄品种。红葡萄品种有黑皮诺和西拉；白葡萄品种有霞多丽、灰皮诺、琼瑶浆、雷司令和阿尔巴利诺。

> 土质结构。以石灰岩和火山为基底的混合沉积土。

> 葡萄酒品味风格。与凉爽的气候相适应，白葡萄酒占主导地位，更为细腻，且不强劲。

> 几家著名的主要葡萄酒生产商。Amity、Argyle、Beaux Frères、Brick House、Cristom、Domaine Drouhin、Domaine Serene、Eyrie Vineyards。

加州

门多西诺县和莱克县（COMTÉS LAKE）

除了安德森谷（Anderson Valley）以外，在加州北部的广阔地区内还有几个AVA产区，有时因产区地域相互交迭而容易让人产生混淆。在门多西诺县东部，在同一年内，气候就有可能从海洋性转为大陆性。依据Winkler分级系统，这一气候通常在第Ⅲ区内（又见440页框内文字）。最好的葡萄园位于山坡上。莱克县较高部分处于第Ⅱ区，也就是说气候明显冷了许多，主要是因为海拔高度的影响；而较矮地区，如格维诺谷（Guenoc Valley）产区，就享受着与门多西诺县东部地区相近的气候。

> **主要葡萄品种。**红葡萄品种有黑皮诺、赤霞珠、梅洛、仙粉黛、小西拉；白葡萄品种有霞多丽和长相思。

> **土质结构。**种类繁多，有时为火山土，有时为叶岩，还有红色冲积黏土。

> **葡萄酒品味风格。**风格根据朝向和海拔的不同而不同，从清爽型到强劲型都有。

> **几家著名的葡萄酒生产商。**Fetzer、Guenoc Winery、Hidden Cellars、Kendall-Jackson、Konocti、McDowell Valley Vineyards、Parducci。

门多西诺县的三家酒厂

- **费特泽（Fetzer），门多西诺。**费特泽凭借着在门多西诺的基础和几家主要葡萄园，成为了这一地区有机农业（有机葡萄酒）的先驱，而且规模甚大。酒厂从1992年起被并入一个大型葡萄酒和烈性酒集团（Brown-Forman），所酿葡萄酒的质量似乎并没有退步。
- **肯代尔·杰克逊（Kendall-Jackson），安德森谷。**与加州许多大型生产商一样，这个酒厂在几个子产区内都拥有葡萄园，酿制各种类型的葡萄酒。这家公司始创于1974年，创始人是杰斯·杰克逊（Jess Jackson），曾在旧金山市做律师。酒厂以在莱克县的葡萄园起家。葡萄酒质量优秀且稳定，风格很容易让人接受。
- **罗德勒产业（Roederer Estate），安德森谷。**这家香槟公司1982年起在谷地驻扎，主要生产起泡酒，使用百分之百产自自家葡萄园的黑皮诺和霞多丽葡萄进行酿造。公司产品列属美国最优质、最细腻的起泡酒行列。

加州（门多西诺县）

安德森谷

安德森谷位于加州北部的门多西诺县内。这一谷地很狭窄（宽度很少超过1公里），被两个山脉夹在了中间，这也就使河谷底部和高海拔地区葡萄酒产区的气候条件相差很大。谷底因接触的阳光少，所以更加凉爽。而海拔较高的地区，位于薄雾以上，可以获得更多的阳光。位于谷底的游客都想不到仙粉黛、赤霞珠或梅洛等品种会在他们的头顶上方生长、成熟！

> **主要葡萄品种。**红葡萄品种有黑皮诺、赤霞珠、梅洛和仙粉黛；白葡萄品种有霞多丽、琼瑶浆、雷司令、长相思和灰皮诺。

> **土质结构。**谷地为冲积土、黏土和砾石；山坡上的土壤略贫瘠且更偏酸性。

> **葡萄酒品味风格。**葡萄酒较为细腻、清爽，与气候条件相符，但葡萄园的具体位置会为葡萄酒的风格带来很大的差异。

> **几家著名的葡萄酒生产商。**Greenwood Ridge、Kendall-Jackson、Navarro、Roederer Estate、Scharffenberger（起泡酒）。

俄罗斯河谷

加州（索诺玛县）

这是个优美的河谷，边上种着红杉，在希尔兹堡市（Healdsburg）南部从东向西延伸。因此，河谷享受着太平洋带来的清凉，尤其是常有大雾的西部地区。这类气候非常适宜霞多丽和黑皮诺葡萄品种，可以酿制静态酒，也可酿制优质的起泡酒。产区内有600公顷的在产葡萄园，而且面积还在不断上升中。

> **主要葡萄品种。**红葡萄品种有黑皮诺（占到种植总面积的30%）、仙粉黛、梅洛和赤霞珠；白葡萄品种有霞多丽（占到种植总面积的40%）和长相思。

> **土质结构。**总体来说是砂岩和叶岩的混合土质，排水性非常好；不过，不同地区也略有差异，如在Chalk Hill地区就是更偏淡色的砂质。

> **葡萄酒品味风格。**凉爽的气候让生产商们成功地酿造出了细腻、浓郁的霞多丽葡萄酒和黑皮诺葡萄酒。

> **几家著名的主要葡萄酒生产商。**De Loach、Ferrari-Carano、Gary Farrell、Iron Horse、Kistler、Marcassin、Marimar Torres、Matanzas Creek、Peter Michael、Piper-Sonoma（起泡酒）、Rocchioli、Sonoma-Cutrer、Williams Selyem。

亚历山大谷

加州（索诺玛县）

亚历山大谷位于索诺玛县北部，希尔兹堡市处于该产区的最南端。产区在俄罗斯河谷的东边，走向与海岸线平行。葡萄园（6 000公顷多一点）在沿海地带以及梅亚卡玛斯（Mayacamas）山脉之间延展，该山脉将纳帕和索诺玛两县隔开。这里的气候比俄罗斯河谷略热，且更为多样化。几乎所有葡萄品种在这里都可以达到成熟，因此种植的品种也比俄罗斯河谷多。

干溪谷副产区内种植着一部分加州最为古老的仙粉黛葡萄树。

> **主要葡萄品种。**红葡萄品种有赤霞珠、仙粉黛、梅洛、西拉和歌海娜；白葡萄品种有霞多丽、长相思、玛珊和维奥涅。

> **土质结构。**冲积土，不同地带多少还有些砾石；山坡上的土壤非常多样化。

> **葡萄酒品味风格。**由于当地气候和种植品种的多样化，这一地区并没有一个主导风格。干溪谷主要以强劲、复杂的仙粉黛葡萄酒出名，其葡萄酒经常酿自老龄葡萄树。

> **几家著名的主要葡萄酒生产商。**Clos du Bois、Coppola、Gallo Family、Gary Farrell、Geyser Peak、Hanna、Jordan、Ravenswood、Ridge（Lytton Springs & Geyserville）、Rodney Strong、Seghesio、Silver Oak、Simi、Trentadue。

索诺玛县的两个酒厂

- **喜格士（Seghesio）酒庄（亚历山大谷）**这个家族企业代表了整个索诺玛的葡萄酒历史。喜格士家族成员于19世纪从意大利来到此地，先是参与到一个合作社中，经营混合耕作农业，之后成为了酿酒专家，为其它葡萄果农服务。家族中的最近一代人改变了公司的经营范围，生产葡萄酒所用的葡萄完全来自自家拥有的葡萄园。酒厂的一些作品，如仙粉黛品种葡萄酒，集中度高且多汁，被认为是索诺玛最好的产品之一。
- **索诺玛-卡特雷（Sonoma-Cutrer）酒庄（俄罗斯河谷）**这家酒厂侧重两个葡萄品种——霞多丽和黑皮诺，从很久以前就开始酿制加州最棒的霞多丽之一：一款名为“宝石”（Pierres）的葡萄酒。其所有葡萄酒都具有很长的陈放潜力。

加州（索诺玛县）

索诺玛谷（SONOMA VALLEY）

索诺玛谷位于旧金山湾北部、纳帕山谷的西部。这一地区的地形非常多样。与几乎完全致力于葡萄酒生产的纳帕山谷不同，索诺玛的葡萄园较为零散，且混杂着其它类型的农业。但是，这一地区的葡萄酒酿制可追溯至19世纪中期（因此，比纳帕谷种植的第一批葡萄还要早）。

索诺玛山副产区因海拔高度而有着凉爽的夜晚和阳光充足的白天，引起人们的关注。

> **主要葡萄品种**。红葡萄品种：黑皮诺、赤霞珠、梅洛、西拉、仙粉黛；白葡萄品种：霞多丽、长相思、赛美蓉。

> **土质结构**。谷地内是一种混合了砂岩、叶岩和山上落石的土壤；山区则是火山土或变质岩。

> **葡萄酒品味风格**。索诺玛山的赤霞珠和仙粉黛将强劲和精致结合在了一起。随着距离旧金山湾的远近不同，山谷内的葡萄酒风格也有所不同。

> **几家著名的主要葡萄酒生产商**。Cline、Gundlach Bundschu、Hanzell、Kenwood、Matanzas Creek、Ravenswood。

加州（纳帕县）

纳帕谷

尽管从产量上看纳帕谷仅占加州葡萄酒产量的4%，但是，这个长60公里、宽最多6公里的谷地对很多人来说就是整个加州葡萄酒的代表。

纳帕谷的西部以梅亚卡玛斯山脉与索诺玛隔开。纳帕谷唯一一个可以受海洋影响的开口位于最南端，朝向旧金山湾。因此，这就导致了气候的差异，南部较凉，而山脉则封锁住了谷地的北边卡利斯托加（Calistoga）附近地区的西部和东部。

纳帕南部的卡内罗斯（又见448页）地区有着自己的AVA产区，一直延伸至索诺玛谷。地域广阔的纳帕谷还包含着许多面积较小的AVA产区，如卡利斯托加（Calistoga）、罗斯福（Rutherford）、鹿跃（Stag's Leap）、维德山（Mount Veeder）、橡树镇（Oakville）和豪威尔山（Howell Mountain）。如果这些产区的名称出现在酒标上，则必须与纳帕谷的名称同时列出。

> **主要葡萄品种**。红葡萄品种有赤霞珠、梅洛、品丽珠、仙粉黛和桑娇维斯；白葡萄品种有霞多丽和长相思。

> **土质结构**。一共确认出了30多种土壤类型：谷地中是带有或多或少砾石的冲积土；在山坡上和谷地北部则是冲积黏土、砾质土，有时也有火山土。

> **葡萄酒品味风格**。酿自赤霞珠或梅洛品种的红葡萄酒有着饱满、浓郁的风格，这也成为了纳帕葡萄酒的一个标志。但这个风格会随着葡萄园的位置、葡萄品种的多样性或生产商的不同而有些细微的差别。

> **几家著名的主要葡萄酒生产商**。Beringer、Cakebread、Caymus、Château Montelena、Clos Pegase、Clos du Val、Corison、Diamond Creek、Freemark Abbey、Harlan、Heitz、Hess Collection、Joseph Phelps、New ton、Opus One、Robert Mondavi、Rubicon、Schramsberg（起泡酒）、Shafer、Stag's Leap Wine Cellars、Storybook Mountain。

纳帕谷酿酒产业精选

- **罗伯特·蒙达维（Robert Mondavi）**。罗伯特·蒙达维先生于2008年辞世，但是以他名字命名的酒厂将继续焕发光彩，并向其表达敬意，可以说这位先生在将纳帕谷推向世界最优秀葡萄酒产区（又见446～447页）行列的进程中做出了最多的努力。酒厂的特色产品为赤霞珠葡萄酒，还有一款被称为“Fumé Blanc”的优质长相思葡萄酒。
- **瓦尔园（Clos du Val）**。酒厂由商人John Goelet在20世纪70年代创建，从此就一直秉承着来自法国的经理Bernard Portet的理念。其出产的葡萄酒与纳帕谷产品的平均值相比，通常有着较低的酒精含量，萃取量也略少，但陈年潜力很好。
- **钻石溪庄园（Diamond Creek）**。这家酒厂是葡萄田块式酿造（即将不同地块上的葡萄分开进行酿制）的先驱之一。葡萄酒因此也就用田块的名字来命名：Red Rock Terrace、Gravelly Meadow、Winery Lake和Volcanic Hill。这些葡萄酒非常浓郁，并表现出强劲的质感。
- **约瑟夫·菲尔普斯庄园（Joseph Phelps）**。这个酒庄是酿制罗纳河谷葡萄品种的先驱，最出色的有西拉、歌海娜、慕合怀特和维奥涅。其巴克斯卡本内（Cabernet Backus）葡萄酒和用波尔多式混酿法酿造的徽章酒（Insignia）使酒庄被列为纳帕谷最优秀的酒庄之一。

1. 橡树镇的作品一号酒庄，位于加州纳帕谷产区。
2. 罗伯特·蒙达维先生，于2008年逝世。
3. 有菲利普·罗斯柴尔德男爵和罗伯特·蒙达维先生“签名”的“Opus One”酒标。
4. 作品一号酒庄内宏伟的橡木桶酒窖。

作品一号

今天，旧金山北部的土壤，特别是纳帕谷地区被公认有着杰出的葡萄种植风土。几十年来，这里出产的葡萄酒已经达到了非常高的水平，并且经由多个盲品活动得到了确认。其中最著名的一次发生于1976年，之后被称为“巴黎的评鉴”（又见438页）。

“作品一号”就是这些新传说中的一部分，而且还被认为是新世界最棒的葡萄酒之一。这款作品诞生于加州优质的风土之上，并且由两位拥有坚定信念的人物共同缔造：来自波尔多的菲利普·罗斯柴尔德男爵和美国人罗伯特·蒙达维。

一位法国男爵和一位美国酿酒师

菲利普·罗斯柴尔德男爵被铭记为木桐酒庄的主人。正是由于他的才华和坚韧的信念，他的葡萄园在1973年从二级酒庄被提升为一级名庄，这也是1855年波尔多葡萄酒分级制度建立后的唯一一次改变。他的女儿，菲利普妮·罗斯柴尔德（Philippine de Rothschild）男爵夫人将他的热情延续了下来。

而罗伯特·蒙达维从20世纪60年代起就一直是加州葡萄园的领军人物。他证明了如果人们愿意就可以在这一产区内酿出优质的葡萄酒。固执又谦虚的罗伯特·蒙达维从未放弃过他的“使命”。他的儿子们也追随了这条道路。

1970年，这两位先生在夏威夷偶遇，谈论得兴致盎然。1978年，罗伯特·蒙达维来到男爵家中，二人达成了一致意见，决定共同在加州创建一个葡萄园。从1979年起，木桐酒庄的酿酒主管就来到了纳帕谷，并“创造”了一款使用木桐酒庄酿制工艺的新酒。

一个酒庄的诞生

1980年，这一合作被正式公布，让公众大吃一惊。1983年，他们在纳帕谷内挑选出了满足双方严格要求的土地。之后，他们想要找到一个对大西洋两岸人们来说都简单易记、朗朗上口的名字。爱好音乐的男爵提议“Opus”（作品）这个名字，而且因为它是这种类型的第一款葡萄酒，所以最后定名为“Opus One”（作品一号）。

1984年，这款酒的1979和1980两个年份被呈献给了公众。该酒马上就取得了成功，并获得了媒体和专家的一致称赞。当然，当两位天才在一片优质的风

4

土条件的土壤上同心协力，人们有充分的理由等待一代名酒的诞生。从1991年起，壮观的新酒窖开始正式迎接葡萄酒的到来。所有设施要满足的标准只有一个：可以使葡萄酒保持最好的水准。

葡萄品种：波尔多品种

同所有葡萄酒一样，一切源于葡萄树。当然，绝大多数品种还是赤霞珠，这一葡萄品种在加州可以酿出非常优质的葡萄酒。品丽珠和梅洛也占了一部分，最近也开始用一点马尔贝克和小味而多作为补充。所有这些葡萄品种均源自波尔多，并且根据年份以不同的比例加入到最终的混酿之中。采收的工作平稳地进行；有时甚至会在夜间采摘，因为凉爽的气温可以降低糖分含量。从葡萄果粒到达酒厂开始，就会受到严格的审查，所有腐烂了的葡萄果粒或枝叶都会被手工摘除。

精心细致的酿制工艺

在发酵后，为了可以萃取到最多的颜色和芳香物质，酒在整个酿酒罐中的停留时间可能会超过40天。之后，葡萄酒会被灌入法国新橡木桶中，度过17~20个月的时间。所有操作都秉承着传统工艺，而且温和不急躁。比如，为了澄清葡萄酒，完全不会用到过滤程序，酒厂会使用古老的蛋清澄清法：将打匀的蛋清作为胶合剂与葡萄酒混合，就会将悬浮在酒中的细微颗粒物粘住带到桶底。

一款品质卓越的陈酿型葡萄酒

经过30个年份后，一贯出色的“作品一号”证明了它良好的陈放能力。酒在瓶中发展几年后，顶峰时期会持续20至30年。这款酒在饮用前总是要醒酒2个小时。饮用温度为16℃，与红肉和野禽形成完美的搭配。丰富、稠密、芳香浓郁，在口中有着非常成熟的丹宁，而且永远保持着优美的和谐感和真正的高贵气质。

加州（纳帕县）

卡内罗斯

卡内罗斯这一地区将纳帕谷和索诺玛的最南端连接在了一起。产区位于将这两个谷地分开的梅亚卡玛斯山脉的南部山麓。这里比纳帕或索诺玛都更加凉爽，因为整个地区都受到了来自旧金山湾的海洋影响。由于坐落在凉爽空气向东推移的必经走廊上，卡内罗斯也是一个多风的地带。这些条件造就了一个特点较为鲜明的AVA产区，对葡萄酒的生产非常有利。其作品的平衡感主要建立在清爽度上，尤其是白葡萄酒和起泡酒。许多最为细腻的霞多丽就来自卡内罗斯。

> **主要葡萄品种。**红葡萄品种有黑皮诺、梅洛和西拉；白葡萄品种有霞多丽。

> **土质结构。**土层很浅、贫瘠，下层为坚实的黏土，铺在石灰岩基底上。有些区域有着丰富的锰矿沉积岩。

> **葡萄酒品味风格。**葡萄酒细腻，有时酸度明显。这里的霞多丽有着与加州其它产品略微不同的风格。当地还酿制优质的黑皮诺葡萄酒。

> **几家著名的主要葡萄酒生产商。**起泡酒：Domaine Carneros（Taittinger）、Gloria Ferrer（Freixenet）；静酒：Acacia、Buena Vista、Cuvaison、Cline、Saintsbury、Schug。注：有些位于别处的优秀生产商也将卡内罗斯葡萄酒纳入他们的产品范围内。

卡内罗斯地区酒庄精选

- **维斯塔酒庄（Buena Vista）。**这是加州建造的第一批酒庄中的一个，于1857年由匈牙利移民Agoston Haraszthy所创。在经历一段艰难时期后，维斯塔于1979年脱胎换骨。近几年来，酒厂酿制的葡萄酒已经重新达到与其名声相符的水平。
- **赛琳酒庄（Cline Cellars）。**对于卡内罗斯这个明显偏爱霞多丽和黑皮诺的产区来说，赛琳（位于索诺玛）是一个非典型的生产商，主要以开拓性精神出名，选用地中海品种（慕合怀特、芭芭拉和佳利酿）；他的名气还来自于其出色的仙粉黛葡萄酒，通常产自另一地区的康特拉·科斯塔（Contra Costa）葡萄园。
- **索诺玛郡酒庄（Gloria Ferrer）。**这家酒厂属于加泰罗尼亚菲榭尼（Freixenet）集团所有（卡瓦生产商），以起泡酒著名，是加州最为优秀的起泡酒生产商之一，有着丰富且清爽的特征。该酒厂同时还酿制一系列静态酒。

- **苏格酒庄（Schug）。**沃特·苏格（Walter Schug）先生来自德国，从多家加州著名酒厂[嘉露（Gallo）、约瑟夫·菲尔普斯]获得了工作经验后，他选择专门酿制艺匠型葡萄酒，这些酒源自凉爽的气候条件。他酿制的霞多丽葡萄酒活泼、优雅，是卡内罗斯一款典型的葡萄酒。

加州（旧金山湾）

圣克鲁斯山（SANTA CRUZ MOUNTAINS）

这个位于旧金山市以南的山区有着壮观的风景。圣爱德烈亚斯（San Andreas）断层横跨整个区域，为加州海岸带来了地震的威胁。山区似乎栖息于两个世界之间，一面是太平洋，而另一面是坐落着世界最大高科技中心之一——硅谷的圣华金谷（San Joaquin）。当地的气候虽然与各个葡萄园的海拔高度和朝向息息相关，但总体趋势是比纳帕和索诺玛要冷得多。大多数葡萄园都处于雾层上方，海拔使得夜晚非常凉爽，这就延长了葡萄果实的成熟时间。

> **主要葡萄品种。**红葡萄品种有赤霞珠、黑皮诺、梅洛、仙粉黛和西拉；白葡萄品种有霞多丽、玛珊、胡珊。

> **土质结构。**以叶岩为主，由基岩分解而得，非常贫瘠。这也是这一地区的土质特点。

> **葡萄酒品味风格。**在很大程度上取决于葡萄园的海拔高度和朝向。有些酒庄，如山脊（Ridge），海拔位居加利福尼亚州之最，酒精含量因此也就低于北部的纳帕葡萄酒。

> **几家著名的主要葡萄酒生产商。**Ahlgren、Bargetto、Bonny Doon、David Bruce、Mount Eden、Ridge。

圣克鲁斯的两家酒庄

- **邦尼・顿（Bonny Doon）酒庄。**葡萄酒世界内很少有人比蓝道・葛兰姆（Randall Grahm）先生还更别出心裁。他用很多哲学或滑稽的名词来为葡萄酒命名，而这也仅仅是他新奇想法的冰山一角！他曾经是葡萄品种多样化运动的先驱之一，为应对赤霞珠和霞多丽的种植饱和，他首先向罗纳河谷品种靠拢，之后又转向意大利品种。因此，他所酿制的葡萄酒就更接近意大利或罗纳河谷葡萄酒的特点。
- **山脊酒庄。**山脊葡萄园位于山顶处，凭借着在蒙特贝洛（Montebello）的历史基础，今天已然成为加州乃至全世界最优秀的酒庄之一。1973年份的蒙特贝罗葡萄酒（一款波尔多式混酿酒）在最近一次“巴黎的评鉴”“回顾”上获得了桂冠，而在1976年的第一次“评鉴”上（又见438页），该酒获得了季军位置。山脊葡萄酒往往因恰到好处的酒精含量和卓越的陈放能力而与众不同。这家酒庄创始于19世纪，如今达到的成就要归功于保罗・德雷帕先生（又见33页），他与酒庄风雨同舟了40年。

>蒙特雷县的葡萄园。

蒙特雷

加州（中央海岸）

蒙特雷沿着圣克鲁斯地区向南延伸。这一地区的气候凉爽，很大程度上受到海洋和多风的影响。产区内还有几个小AVA产区，如卡梅尔谷（Carmel Valley）或阿罗约塞科（Arroyo Seco）。这片地域中部的萨莱纳斯（Salinas）河谷地区有很大一部分的产量都是入门级葡萄酒，且为工业化生产，但是，有些避风、高海拔的地区，如阿罗约（Arroyo）、沙龙（Chalone，仅有一位生产商的小产区）或圣塔露西亚（Santa Lucia），都可以酿出不错的作品，尤其是以霞多丽和黑皮诺为基础的葡萄酒。

> **主要葡萄品种。**红葡萄品种有黑皮诺；白葡萄品种有霞多丽、雷司令、长相思和琼瑶浆。

> **土质结构。**谷地为较轻的冲积土；坡地上的土质更为复杂，更偏石灰岩质，如圣塔露西亚。

> **葡萄酒品味风格。**产自高海拔地区的葡萄酒宜人、活泼、清新，香气扑鼻。

> **几家著名的主要葡萄酒生产商。**Calera、Chalone、Jekel、Lockwood。

加州（中央海岸）

帕索·罗布尔斯和圣伊内斯之间

这一地区北起蒙特雷，南至圣巴巴拉，包含了几个非常有前途的新AVA产区。这里的种植面积还在不断上升。这里的土地不仅比纳帕谷便宜了很多，而且气候也复杂多变，有时更为清凉。产区的位置通常在稍微有点高度且面向太平洋的谷地之中。当地的气候条件允许种植种类繁多的葡萄品种。

> **主要葡萄品种**。红葡萄品种有黑皮诺、西拉、慕合怀特和歌海娜；白葡萄品种有霞多丽、玛珊、维奥涅、长相思和白皮诺。

> **土质结构**。古老的海底土，因此多为石灰岩质，而且较为中性（pH为7），黏土，砂质土，冲积土。

> **葡萄酒品味风格**。帕索罗布尔斯的特征是使用罗纳河谷的葡萄品种（西拉、歌海娜、慕合怀特等）。在圣伊内斯或圣玛利亚（Santa Maria）地区，气候与勃艮第较为相似，可以酿制出没有浓重黏稠感的优质霞多丽葡萄酒。

> **几家著名的主要葡萄酒生产商**。Alban、Au Bon Climat、Byron、Edna Valley Vineyards、Fess Parker、Firestone、Qupé、Sanford、Tablas Creek。

中央海岸的两家酒庄

- **好气候酒庄（Au Bon Climat），丹麦村（Solvang）**。单看这家酒庄的名字，就已经表现出了与勃艮第的紧密联系。酒庄庄主Jim Clendenen在加州是风土概念最为坚定的拥护者之一。好气候葡萄酒展现了霞多丽和黑皮诺的特性，葡萄来源于相对凉爽的产区，包括他自己位于圣玛利亚AVA产区内的好那西多（Bien Nacido）葡萄园。
- **塔伯拉斯溪酒庄（Tablas Creek），帕索·罗布尔斯**。塔伯拉斯溪酒庄是一个合资公司，由教皇新堡产区著名酒庄博卡斯特尔的庄主佩兰（Perrin）家族与酒庄在美国的进口合作伙伴罗伯特·哈斯（Robert Haas）联手打造。这里地势起伏，酒庄位于将其与海洋分开的山口之后，气候非常适宜种植法国罗纳河谷的葡萄品种，这也是该酒庄的特点。

加州（中央谷地）

洛迪（LODI）、塞拉利昂山麓（SIERRA FOOTHILLS）、埃尔多拉多（EL DORADO）和中央谷地的其它产区

中央谷地从北部的沙斯塔山（Shasta）延伸640公里，一直到南部的贝克斯菲尔德（Bakersfield，距洛杉矶约100公里）。这里是加州葡萄酒产量最大的产区，而且远远领先于其它产区。

从20世纪20年代开始，一些未来的葡萄酒业巨头在这里生根发芽，如嘉露（一直由家族掌控）已经成为世界最大的葡萄酒生产商。除这类工业化的生产之外，在谷地周围的一些山脉和丘陵之间，几个子产区也慢慢发展起来。洛迪、塞拉利昂山麓或埃尔多拉多都有着自己的AVA产区，酿制优质的葡萄酒。他们使用美洲大陆上一些最为古老的葡萄树，尤其以仙粉黛葡萄为主。

> **主要葡萄品种**。红葡萄品种有仙粉黛、西拉、赤霞珠和桑娇维斯；白葡萄品种有霞多丽、白诗南和长相思。

> **土质结构**。谷地内为冲积土，有时偏砂质；火山和山坡地区的土壤种类非常复杂。

> **葡萄酒品味风格**。葡萄酒的品质差别很大。谷地中的葡萄酒通常较为普通，而海拔较高的葡萄园酿制的葡萄酒虽然产量少了很多，却通常浓郁、细腻。

> **几家著名的主要葡萄酒生产商**。Amador、Dry Creek、Gallo、Terre Rouge。

加拿大（不列颠哥伦比亚省）

欧垦娜根山谷

不列颠哥伦比亚省在今天共有约1 500公顷葡萄园，面积规模排在安大略省和滨湖尼亚加拉地区之后，是加拿大第二大葡萄酒产区。

欧垦娜根山谷产区位于内陆，在温哥华以东约300公里处。在气候带划分上，产区是边界对面华盛顿州葡萄园继续向北部的延伸。这个长长的谷地的南部几乎是半沙漠状态，因为喀斯喀特山脉将可以带来雨水的西风挡在了外边。在谷地中占地颇广的欧垦娜根湖可以帮助葡萄园度过寒冷的冬天，周围的山脉则造成了昼夜间的巨大温差。

> **主要葡萄品种。**红葡萄品种有梅洛、赤霞珠、品丽珠、佳美和黑皮诺；白葡萄品种有霞多丽和长相思。

> **土质结构。**冰川侵蚀的冲积物，基底非常复杂：玄武岩、石灰岩、花岗岩和片麻岩。

> **葡萄酒品味风格。**由于巨大的温差，这里的葡萄酒可以非常成熟又没有黏重的感觉。这一产区的历史还很短，而葡萄品种的多样性导致了这里葡萄酒也有着多样的风格。

> **几家著名的主要葡萄酒生产商。**Blue Mountain、Cedar Creek、Jackson-Triggs、Malivoire、Mission Hill、Osoyoos Larose（波尔多Château Gruaud-Larose合作伙伴）、Quail's Gate、Sandhill、Sumac Ridge.

加拿大（安大略省）

尼亚加拉半岛（PÉNINSULE DU NIAGARA）

听起来可能会让人吃惊，这个位于安大略湖畔、在尼亚加拉大瀑布附近的地方会成为加拿大最大的葡萄酒产区（约2 500公顷葡萄树）。不过，当了解到这里位于北纬45度的时候，似乎又觉得有些顺理成章了，换句话说，这里与波尔多处于同一纬度。

虽然这个产区的气候比其它产区严峻得多，但由于来自尼亚加拉河、更主要的是得益于来自湖泊的大量水汽的影响，有些葡萄品种仍然可以在这里达到完全成熟。

虽然这个半岛是世界上最大的冰酒产地，但这里还出产越来越多的干型葡萄酒，尤其是以雷司令和几个红葡萄品种为基础的葡萄酒。该产区从面积上可以与纳帕谷相媲美，已经建立了十几个由酒商质量联盟（VQA）负责管理的子产区。

> **主要葡萄品种。**红葡萄品种有黑皮诺和西拉；白葡萄品种有谢瓦尔、威代尔（Vidal）、雷司令和霞多丽。

> **土质结构。**古老的冰川基底，山坡上为石灰岩。

> **葡萄酒品味风格。**干型葡萄酒较为清淡，而冰酒的糖分和酸度含量都很高，因此葡萄酒的风格大为不同。

> **几家著名的主要葡萄酒生产商。**Cave Spring、Clos Jordanne、Henry of Pelham、Inniskillin、Pillitterri。

金玫瑰部落酒园（Osoyoos Larose）

一个法国–加拿大的合资企业

这家酒庄的合资伙伴为金玫瑰酒庄（Château Gruaud-Larose）（波尔多圣朱利安产区的二级名庄）和尼斯基林（Inniskillin）酒庄。其在不列颠哥伦比亚省内的欧垦娜根山谷产区酿制受波尔多启发的混酿型葡萄酒（梅洛、品丽珠、赤霞珠、马尔贝克和小味而多）。酒庄的面积很小，栽种的葡萄树俯瞰着奥索尤斯湖（Osoyoos）。这里得益于法国的酿酒技术：葡萄树幼苗选自一家位于波尔多附近的苗圃，使用法国橡木桶，并且由著名酿酒师米歇尔·罗兰和阿兰·苏特勒（Alain Sutre）担任顾问。

智利

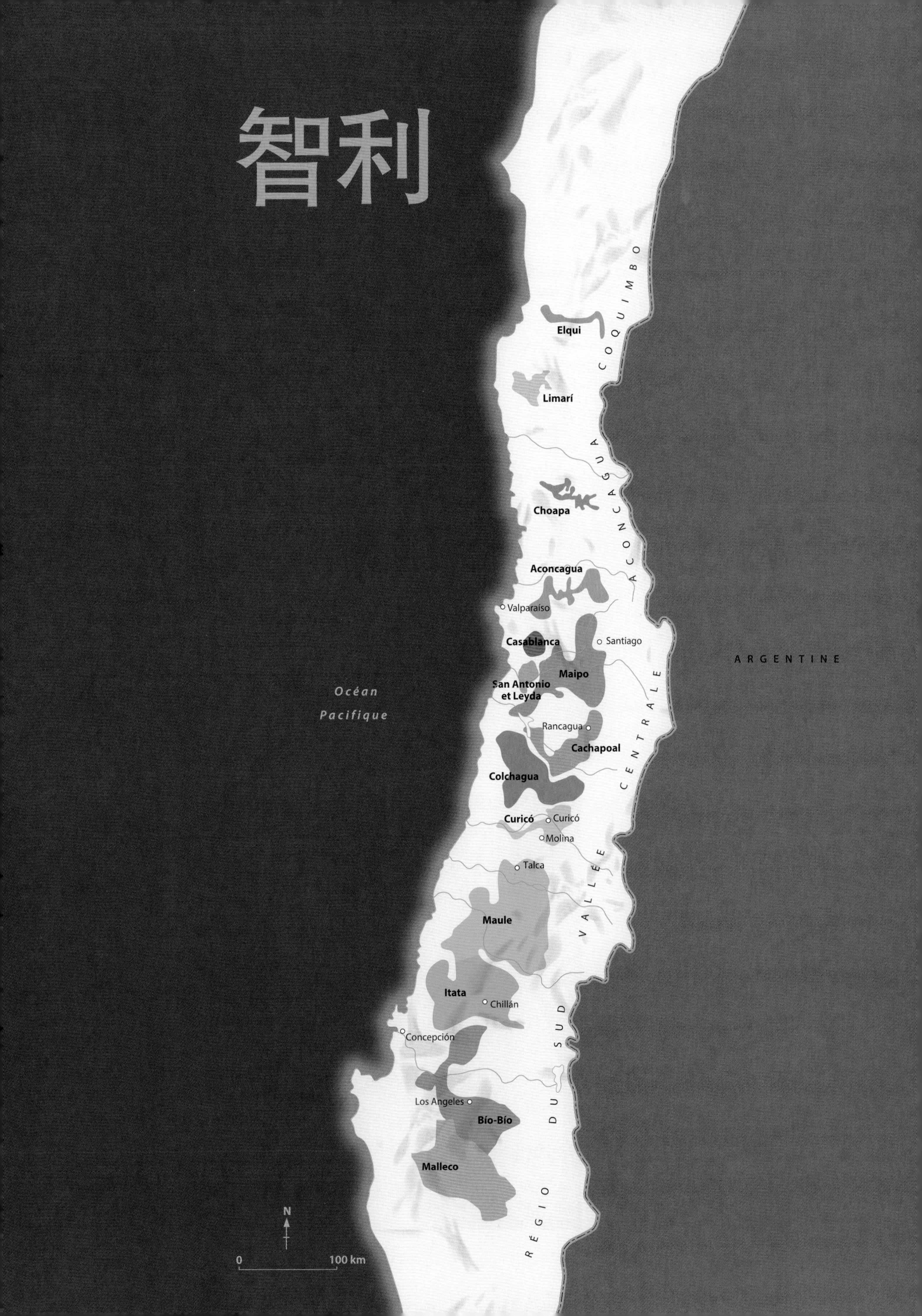

Océan
Pacifique

ARGENTINE

COQUIMBO
ACONCAGUA
VALLÉE CENTRALE
RÉGIO DU SUD

Elqui
Limarí
Choapa
Aconcagua
Valparaíso
Casablanca
Santiago
Maipo
San Antonio
et Leyda
Rancagua
Cachapoal
Colchagua
Curicó
Curicó
Molina
Talca
Maule
Itata
Chillán
Concepción
Los Angeles
Bío-Bío
Malleco

N

0
100 km

智利的葡萄园

智利向来以单一品种、标准化但性价比高的葡萄酒著称。近10年来，最为优质的葡萄酒取得了突破，红葡萄酒拥有了更多的深度和浓度，白葡萄酒则更为细腻和清爽。智利现在不仅仅是品质出色的葡萄酒产地，还是酿制名贵精品葡萄酒的摇篮。

500年的葡萄酒酿造历史

20世纪70年代末，来自西班牙加泰罗尼亚地区的米格尔·托雷斯（Miguel Torrès）先生开始了智利的探索之旅，成为了涌到智利淘金的先行者中的一员。这标志着智利经济起飞并取得重大成就的起点。400年前，另一位西班牙人，弗朗西斯科·德·卡拉班特斯（Francisco de Carabantes）修士在智利种下了第一批葡萄树。智利从18世纪起就成为了葡萄酒的主要出口国。该国从19世纪起开始种植法国的葡萄品种。在经历了19世纪的活跃和现代化后，智利的葡萄种植业从20世纪50年代起开始出现生产过剩的危机。随后，大量的葡萄树被连根铲除，直到25年前，智利才又以优雅的姿态重新回到世界葡萄酒的舞台。

智利的奇迹得益于天时地利人和：非常适宜种植葡萄作物的自然条件、低廉的生产成本以及生产商的活力。无论是有一定历史沉淀的葡萄园，还是外来的投资商产业，或是新一代的酒厂，所有人都越来越关注对智利风土特性的深度开发。

智利葡萄园的基本数据

种植面积：12.7万公顷

年产量：8.2亿升

红葡萄酒：70%

白葡萄酒：30%

（智利农业部，国际葡萄与葡萄酒组织，2008）

在大海和群山之间的葡萄园

葡萄园的扩张。智利拥有狭长的领土，从北至南绵延4 300公里，西临太平洋，东接安第斯山脉，北部和南部则由沙漠和冰川截断。葡萄园主要位于中央山谷——圣地亚哥周围的宽阔区域，但向北也延伸至利马里（Limarí）和艾尔基（Elqui），向南至比奥比奥（Bío-Bío）。就在10年前，葡萄树还仅仅集中在沿海山脉和安第斯山脉之间的平原上，那里土地肥沃，容易耕作。如今，葡萄树已经征服了拥有高潜力的新地盘——安第斯山麓的西部斜坡和靠近太平洋的较冷的地区。土壤通常较为肥沃，质地较轻，混有沙土、黏土和石灰岩；安第斯山坡上则是花岗岩，较为贫瘠。

葡萄树生长的理想气候。葡萄园享有可以促进葡萄成熟的最为理想的气候条件。偏热的地中海气候、持续照射的阳光和少量的降水，与来自西部（尤其是沿着海岸流经的秘鲁冷流）和东部（夜间从安第斯山脉上刮下的冷风）的清凉空气结合，形成了很大的温差。夏季缺水是自然条

未经嫁接的葡萄园

未经嫁接的葡萄树如今已经是世界葡萄园中的奇景。自从经历过根瘤蚜虫害后，绝大多数的葡萄树都使用了来自美国的、天然抗虫的砧木进行嫁接。

造成智利这一特例的原因，可能是隔绝的地理条件，也可能是土壤中铜的高含量或是水漫葡萄树的灌溉方法，但当局的警惕性——对所有进口植物进行非常严格的监管，也是一个非常重要的原因。

> 空加瓜谷（Vallée de Colchagua）伊拉苏酒庄中的陈酿酒窖。

> 空加瓜谷内卡莎·拉博丝特（Casa Lapostolle）葡萄园的维护作业。

件方面的唯一缺陷：此时的中央山谷呈半沙漠状态。因此，大多数葡萄酒产区都实施灌溉。

葡萄品种和葡萄酒风格

日照充足的白天和凉爽夜晚之间的不断交替是形成智利葡萄酒风格的关键因素之一：成熟的葡萄酒有着纯净、浓郁的水果香，圆润柔和，且很少会有黏重感。

尽管白葡萄品种的种植在急速增加，智利还是以酿制红葡萄酒为主（占种植总面积的75%）。该国共种植着50多种白、红葡萄，其中的7个主要品种占了整个播种面积的85%。有些如帕依斯（país，15 000公顷）或亚历山大麝香葡萄品种是西班牙殖民史的产物，但当下的趋势是种植著名的国际葡萄品种。

红葡萄品种。赤霞珠共占地4万公顷，酿制成熟的葡萄酒有着柔和的丹宁，以黑色水果、辛料和薄荷的香气为特点。另外两个波尔多品种——梅洛和佳美娜则分别占地1.3万公顷和7300公顷。葡萄酒拥有圆润、顺滑的口感，有时带有明显的植物香气。另外，西拉、黑皮诺和马尔贝克等品种也开始受到关注，种植面积快速增长起来。

白葡萄品种。大多数出口的白葡萄酒都酿自两个品种——霞多丽和长相思。霞多丽占地8 700公顷，可以酿出柔和、圆润、芬芳的葡萄酒，带有浓郁或清淡的黄色水果香气。长相思则增长迅速，甚至有取代霞多丽的趋势，但是，长相思的近亲品种（绿苏维翁）在长相思的种植总量中占了一定比例。在较为凉爽的地区，长相思酿出的葡萄酒宜人、平衡，有时以植物的香气为主导。

葡萄酒产区

从北到南，智利一共有四大葡萄酒产区：科金博（Coquimbo）、阿空加瓜、中央山谷和南部地区。每个产区又被细分为多个分产区，大多数为东西向的谷地。

智利最北部的产区——科金博被分为艾尔基地区和利马里地区。艾尔基地区的葡萄主要用于酿制当地的皮斯科酒（Pisco），而利马里地区的特点是颇具潜力但种植量少。往南，阿空加瓜产区的产品很受欢迎，这得益于卡萨布兰卡（Casablanca）和圣安东尼奥（San Antonio）的清凉谷地，这里出产智利最受欢迎的白葡萄酒。中央山谷的葡萄园范围广阔，从圣地亚哥绵延到南部的马乌莱谷（vallée de Maule），面积约9.5万公顷。这里是智利葡萄种植业的心脏地带，生产主要集中在此地，出产大部分的智利名酒。许多酒庄都驻扎在迈波谷（vallée de Maipo）和空加瓜谷。南部产区包含伊塔塔（Itata）和比奥比奥地区，这里长期以来一直是帕依斯等传统葡萄品种的据点，但是最近，潜力不错的白葡萄品种开始出现在这个阳光明媚却又凉爽的地带。

“重新找到”的佳美娜品种

阿根廷有马尔贝克，乌拉圭有塔娜。智利曾一直缺少一个“专属”品种。最终，这个空缺在科学家的帮助下被弥补。两名法国科学家让·米歇尔·布希郭（Jean-Michel Boursiquot）和克劳德·瓦拉（Claude Valat）正式鉴定出在智利的一些梅洛植株其实是佳美娜品种。这个源于波尔多的品种属于卡本内家族，在根瘤蚜虫害后被排除出了吉伦特省。佳美娜品种从19世纪开始在智利种植，今天终于用自己的名字重生于世。佳美娜葡萄酒有着深浓的颜色，散发着成熟果实和甘草的诱人香气，另带有一丝植物香（柿子椒和灌木丛）。

智利最著名的葡萄酒产区和葡萄酒

智利的生产商曾长期集中酿制单一品种的葡萄酒，质量可靠，产量稳定，经常由跨区域葡萄混酿而得。而今天的葡萄酒越来越多地产自有着地域限制的产区，如谷地（谷地名会标注在酒标上），有时甚至是田块。

迈波谷

迈波是智利最著名的产地。这个谷地从安第斯山脉一直延伸至沿海山脉，圣地亚哥几乎位于产区正中心。19世纪时，在圣地亚哥富人的影响下，其位置靠近首都的有利条件促进了大型庄园的开发。

这些酒厂在今天都成为了巨头企业，如桑塔·丽塔（Santa Rita）酒庄或干露（Concha y Toro）酒庄。

葡萄园占地1万公顷，波尔多红葡萄品种占据绝对主导地位（赤霞珠、梅洛和佳美娜）。这一地区属地中海气候，炎热、干燥，降水量少且集中于冬季。

迈波被分为几个分产区。最北部的上迈波（Alto Maipo）产区受到安第斯山脉的影响。葡萄树位于山坡上，受益于早晚的巨大温差，酿制出结构感强的红葡萄酒。中迈波（Central Maipo）产区和太平洋迈波（Pacific Maipo）产区分别位于圣地亚哥的南部和西南部，气温相对更高，土壤更为肥沃，酿出的葡萄酒更为柔和、成熟，果香浓郁。

> **主要葡萄品种**。红葡萄品种有赤霞珠、梅洛、佳美娜和西拉；白葡萄品种有霞多丽和长相思。

> **土质结构**。冲积土（黏土和石灰岩）、花岗岩。

> **葡萄酒品味风格**。迈波以优质的赤霞珠葡萄酒出名，有着成熟的浓郁水果香气，以及辛料、薄荷和桉树的芳香。结构饱满，其中一些非常集中的葡萄酒丹宁紧致，如活灵魂葡萄酒（Almaviva，见下文）。其它红葡萄品种酿出的葡萄酒果香浓郁、成熟，较为柔和。

至于白葡萄酒，有些霞多丽葡萄酒因宜人的、具有果香的圆润口感而受到瞩目。

> **几家著名的葡萄酒生产商**：活灵魂酒庄（Almaviva）、干露酒庄、库奇诺酒庄（Cousino Macul）、圣爱丽丝酒庄（Santa Alicia）、圣卡罗酒庄（Santa Carolina）、桑塔·丽塔酒庄、安杜拉加酒庄（Undurraga）、查威克酒庄（Vinedo Chadwick）。

活灵魂葡萄酒——智利珍酿

干露酒庄于1883年在迈波谷产区创建，1997年与菲利普·罗斯柴尔德男爵集团合作，希望可以共同酿制出一款智利“名酒”。年复一年，国际媒体都臣服于这款结合了智利酒典型果香特征和波尔多名酒高雅精细的葡萄酒魅力之下。仅仅用了10年的时间，活灵魂葡萄酒已经跻身于新世界最著名的葡萄酒圈。这款使用波尔多混酿方式的葡萄酒以赤霞珠为主，葡萄来自位于普恩特·奥拓（Puente Alto）、圣地亚哥以南约30公里处的葡萄园。葡萄酒在一个全新的酒厂中酿造，并经过一个长时间的全新橡木桶陈酿过程（17至18个月）；有着浓郁、复杂的口感，很高的集中度，以及醇厚、现代且诱人的果香，突出的结构感让这款酒拥有很好的陈年能力。

斯尔本塔（Von Siebenthal）

斯尔本塔葡萄园占地20公顷，对这个葡萄园面积动辄成百上千公顷的国家来说，可以说是个“小矮人”。酒庄是小型独立葡萄园中的一员，近10年来，这类酒庄从很大程度上丰富了智利出产的葡萄酒类型。斯尔本塔位于阿空加瓜的优美谷地之中，曾经的律师、瑞士人Mauro von Siebenthal因为热爱葡萄酒，在Panquehue地区购得了几块位于安第斯山脉和太平洋中段位置的田地。他根据葡萄品种的特性有选择地进行种植：品丽珠和梅洛种在石灰质黏土上；赤霞珠、西拉、佳美娜和味而多则种在了石质山坡上。其出产的葡萄酒种类虽不多，但却非常令人愉悦，主要代表有一款多汁、辛辣的佳美娜单一品种葡萄酒“佳美娜珍藏”（Carmenere Reserva）和一款丰富、芳香浓郁的西拉葡萄酒“卡拉班特”（Carabantes）。

空加瓜谷

在中央山谷，兰佩（Rapel）地区被一分为二：北部的卡恰布艾尔（Cachapoal）和南部的空加瓜。空加瓜的葡萄园面积在最近10年内不断上升：葡萄园占地2.3万公顷，红葡萄品种占到了95%。这个产区有着炎热的气候，但在产区西边，来自海洋的西风起到了降温的作用。

原来种在谷地和山前地带的葡萄树如今已经开始向山坡上攀爬（直至1 000米）。波尔多葡萄品种在空加瓜产区已经证明了自己，并酿制出了几款智利名酒［阿帕特园（Clos Apalta）、蒙特斯（Montes Alpha）］。除此以外，西拉和马尔贝克也相当有前途。

> **主要葡萄品种**。红葡萄品种有赤霞珠、梅洛、佳美娜和西拉；白葡萄品种为霞多丽。

> **土质结构**。沉积土（黏土、石灰岩）、花岗岩。

> **葡萄酒品味风格**。空加瓜以饱满、成熟、肉质感的红葡萄酒出名。种植面积最广的赤霞珠可以酿制出饱满的葡萄酒，有些有着不错的陈放潜力。除此以外，这一产区还有一些特色，如集中、多汁的梅洛，或是酿自老藤的集中、结构感强的马尔贝克。白葡萄酒（尤其是霞多丽）则较为圆润、简单、酒精度高。

> **几家著名的葡萄酒生产商**：拉博斯特庄园（Casa Lapostolle）、白银庄园（Casa Silva）、伊拉苏庄园（Errazuriz Ovalle）、古埃尔本苏酒庄（Guelbenzu）、艾尔干露酒庄（El Araucano）、华诗歌酒庄（Los Vascos）、埃德华兹酒庄（Luis Felipe Edwards）、圣海伦娜酒庄（Santa Helena）、西格尔酒庄（Siegel）、蒙特斯酒庄（Viña Montes）、威玛酒庄（Viu Manent）。

卡萨布兰卡谷（VALLÉE DE CASABLANCA）

卡萨布兰卡是一个相对较新的葡萄酒产区，25年前这里连一棵葡萄树都没有。这一产区的崛起要归功于当地的温和气候，可以酿出清爽、细腻、平衡的白葡萄酒。今天，产区面积超过4 000公顷，靠近海岸，在圣地亚哥和瓦尔帕莱索（Valparaíso）港口之间。

此地的气候深受太平洋的影响，为葡萄园盖上了一层晨雾；春季的霜冻——虽然在其它地区较为罕见，在这里却是实实在在的威胁。

灌溉必不可少，钻井的成本过高制约了葡萄园扩张。葡萄园依海岸山脉的地势延伸，位于山坡和梯田上。

> **主要葡萄品种**。红葡萄品种有黑皮诺、梅洛和佳美娜；白葡萄品种有赤霞珠和长相思。

> **土质结构**。沙土、石灰岩和花岗岩。

> **葡萄酒品味风格**。卡萨布兰卡以酿制霞多丽和长相思品种的干白葡萄酒为特点，有着较为优雅、清爽的风格。酿自长相思的葡萄酒带有果香，有时会有植物香。

红葡萄酒所占比例非常小，但是，黑皮诺却在近期有新突破，出口优良，有着较为饱满、富含果香且不缺少清爽感的特点。

> **几家著名的葡萄酒生产商**：干露酒庄、柯诺苏酒庄（Cono Sur）、长丘酒庄（Loma Larga）、昆特酒庄（Quintay）、桑塔·丽塔酒庄、翠岭酒庄（Veramonte）。

阿根廷、巴西和乌拉圭

VENEZUELA
COLOMBIE
ÉQUATEUR
PÉROU
BOLIVIE
PARAGUAY
BRÉSIL
URUGUAY
ARGENTINE
CHILI
Océan Pacifique
Océan Atlantique
Amazone
Rio Madeira
São Francisco
Paraná
R. Salado
R. Negro
Río Deseado
Vale São Francisco
Brasília
Rio de Janeiro
São Paulo
Vale Do Rio Do Peixe
Planalto Serrano
Vale Dos Vinhedos
Serra Gaúcha
Fronteira
Serras Do Sudeste
Salta
Catamarca
La Rioja
San Juan
Mendoza
San Rafael
La Pampa
Río Negro
Neuquén
Buenos Aires
Montevideo
Río de la Plata
葡萄酒产区
巴西
阿根廷
乌拉圭
N
0
1 000 km

阿根廷、巴西和乌拉圭的葡萄园

15年来，南美洲的葡萄酒业发生了翻天覆地的变化。阿根廷已成功将其葡萄酒出口到其它国家。至于巴西和乌拉圭，则迫切地期望实现葡萄酒生产现代化并提高其质量。

阿根廷

仅需一代人的努力，一个国家的葡萄酒业整体形象和状况就可以发生翻天覆地的变化——这就是阿根廷葡萄酒产业的真实写照。20世纪80年代末之前，阿根廷这个有着葡萄酒悠久历史的国家出产质量普通、名不见经传的葡萄酒。仅仅20年后，通过当地人的努力，出产的红葡萄酒就有了卓越的浓郁度，如门多萨省（Mendoza）产区葡萄酒。该产区有着独一无二的海拔高度且葡萄园面积广阔，迅速跻身于著名产区之列。

阿根廷葡萄园的基本数据

种植面积：211 000公顷（不包括鲜食葡萄）

年产量：14.7亿升

红葡萄酒：56%

白葡萄酒：43%

桃红葡萄酒：1%

［（阿根廷国家葡萄酒协会（Inst. nacional de vitivinicultura），国际葡萄与葡萄酒组织，2008）］

产业迅速现代化

1990年，阿根廷颇为羡慕邻国智利取得的成功。从16世纪种下第一批葡萄一直到20世纪70年代，这两个国家在很长时间内都遵循着相似的轨迹。而20世纪70年代，由于本地葡萄酒消费量的骤减，两个国家同时经历了生产过剩的危机。

当智利逐渐向出口转型时，阿根廷还深陷在经济问题的泥潭里。之后，在借鉴了一些如法国酩悦集团成功的发展经验后，这个南美洲葡萄酒巨人开始觉醒。在当地或国外投资商的积极倡导下，传统的酒厂开始进行革新，新的酒庄开始出现。葡萄园的面积缩小了不少，葡萄品种的种植比例也被彻底改变。葡萄酒在纯净感和果香方面有了显著提升，满足了国内消费者越来越严格的要求。虽然阿根廷75%的葡萄酒产量都在国内消费，但出口量在过去的5年内已经翻了2倍多。

南美洲最大的葡萄园

阿根廷面积广阔，有270万平方公里，国内211 000公顷以酿制葡萄酒为目的的葡萄园集中在安第斯山脉的东部山麓上窄长的1 500多公里的条状地带，从北边的萨尔塔（Salta）一直延伸至南边的巴塔哥尼亚（Patagonie）。尤其是在门多萨这个主要产区，葡萄树栖息在高原和陡峭的山麓上，一望无际。

高海拔葡萄园。阿根廷的主要优势可以总结为一个词：高海拔。葡萄园通常位于高出海平面900米的高度，最高点在北部萨尔塔地区，达到了3 000米。在门多萨省，大多数葡萄园处在600到1 100米之间。在这一高度，夜晚特别冷，每日温差可以达到20℃，从而使葡萄可以保留全部的芳香潜力

> 萨尔塔省艾斯德科（Esteco）酒庄的葡萄树。

阿根廷产区名称

就高品质葡萄酒来说，阿根廷在优质法定产区（Denominación de origen controlada, DOC）和地理标识（Indicación geográfica，IG）两类产区名称。第一类产区在阿根廷仅有两个，分别是卢汉德库约大区（Luján de Cuyo）和圣拉斐尔（San Rafael），均在门多萨地区。阿根廷的主要生产还是由180多个地理标识产区级别进行，产区面积有时是一整个省（如门多萨），有时是子区域［如优客山谷（Valle de Vco）］，有时也会是一个更为局部的地理区域［如鲜花谷（Vista Flores）］。

>门多萨省的朱卡迪（Familia Zuccardi）酒庄酿制多种红、白葡萄酒。

而不被太阳“烤焦”。在这个干燥、健康的环境中，葡萄很容易就能达到成熟。阿根廷的葡萄园还能够抵御某些葡萄病害，包括根瘤蚜虫害。根瘤蚜虫虽然也有，但并不致命。

气候和土壤

除了南部产区，阿根廷气候的主要特征即为干旱，年降雨量通常低于250毫米，但都集中在葡萄树的生长阶段，夏季的温度经常达到40℃。冬季天气恶劣、寒冷，春季的霜冻相对较为频繁，正如一场场的冰雹一样，偶尔也会造成严重后果。葡萄园用融化的雪水进行灌溉。现今，滴水灌溉越来越多地取代了水漫葡萄园的老式方法。土壤大多贫瘠，为冲积土，在砾质、石灰岩或黏土的基底上有着大量的沙子。

多样的葡萄品种

阿根廷的葡萄园已经有450多年的历史了。国内现有的116个品种的原产国——主要为西班牙、意大利、葡萄牙、法国——成为了自16世纪起各个欧洲移民浪潮的缩影。尽管有几类主导性的品种，阿根廷葡萄品种的丰富性还是与智利的简单化（又见455页）形成了对比，从而为阿根廷的生产商们提供了酿制各类葡萄酒的可能性。传统粉红皮的葡萄品种，如克里奥亚（criolla）、瑟蕾莎（cereza）和桃红麝香（moscatel rosada），虽然其种植面积仍占29%，但比重逐渐减少，而红葡萄品种则日趋增加。

红葡萄品种。1868年由法国农学家普捷（Pouget）先生引入的马尔贝克是阿根廷最具标志意义的葡萄品种。这类葡萄占了共100 000公顷红葡萄种植面积的四分之一，许多最优质的酒就酿自马尔贝克，有着丰腴、强劲、成熟的风格。源自伦巴第的勃纳达品种因所酿葡萄酒的颜色、柔和感及果香很受人欢迎。赤霞珠酿出的葡萄酒饱满，有着醇厚的香气，结构感强，还可以保有足够的清爽感。西拉也很流行，梅洛和丹魄紧随其后。

白葡萄品种。除了种植面积最广的佩德罗·吉梅内斯（pedro giménez）品种以外，还有两个非常不同的品种：托隆特斯，当地品种，因可以酿出柔顺、温和、芳香（花香和新鲜葡萄香）的葡萄酒而重新开始流行起来；霞多丽酿出的葡萄酒强劲，有时带酒精辛辣感，散发着黄色水果、热带水果和辛料的芳香。长相思种在海拔较高的区域，也受到一定的关注。

葡萄酒产区

北部的三个小葡萄酒产区——萨尔塔、胡胡伊（Jujuy）和卡达马尔卡（Catamarca），只有第一个产区酿制具有一定潜质的葡萄酒（又见464页）。往南，拉里奥哈省（La Rioja）则专门酿制以里奥·托隆特斯（torrontés riojano）和亚历山大麝香葡萄品种为主的白葡萄酒，几乎不出口。在拉里奥哈和门多萨之间，拥有40 000公顷面积的圣胡安（San Juan）是阿根廷第二大葡萄酒产地。大多数葡萄树都位于小型灌溉谷地，那里有着非常炎热、干燥的气候。除了以干白和桃红葡萄酒为主导外，加强型葡萄酒也占了不少比重；圣胡安正在缓慢地向红葡萄酒生产转变。

门多萨地区被喻为阿根廷葡萄酒业的肺叶，生产了大部分最为优质的红葡萄酒（又见465页）。在阿根廷南部，巴塔哥尼亚地区的黑河（Río Negro）和内乌肯（Neuquén）两省（总面积不到4 000公顷）受到来自大西洋的影响，气候更为凉爽、湿润；石灰质土壤诞生出了更加活泼且较为浓厚的葡萄酒，主要酿自马尔贝克、梅洛或托隆特斯。有些产地，如黑河省位置较高的谷地，如今吸引了很多投资商的目光。

巴西

2006年，巴西葡萄园占地面积近90 000公顷，被列为南美洲第三大生产国，仅次于阿根廷和智利。尽管在16世纪时就已经尝试过种植葡萄作物，但巴西的葡萄产量到20世纪初期才达到一定规模，一直到20世纪70年代才随着如酩悦或Martini & Rossi等大型集团在当地的落户，酿制出了最早期的优质葡萄酒。

巴西葡萄园的基本数据

面积：82 000公顷

产量：3.6亿升

红葡萄酒：80%

白葡萄酒：18%

桃红葡萄酒：2%

（巴西葡萄种植联盟（Uvibra），巴西葡萄酒协会（Ibravin），2008）

葡萄酒产区

除了位于巴西东北部圣弗朗西斯科（São Francisco）河谷地带的葡萄园，巴西大多数的葡萄作物都种植在了南部的圣卡塔琳娜州（Santa Catarina）和南里奥格兰德州（Rio Grande do sul）内。南里奥格兰德州的种植面积远远领先于其它产区（38 000公顷），是巴西最受瞩目的葡萄酒产地。其葡萄园集中在两个附属产区内：塞拉·古查（Serra Gaúcha）和福隆泰拉（Fronteira）。

塞拉·古查生产的葡萄酒占巴西葡萄酒总产量的绝大比重，国内唯一一个法定产区——维和多斯谷（Vale dos Vinhedos）就位于此地。湿度（1 750毫米/年）和质感沉重、排水性能不好的土壤限制了优质葡萄酒的生产。福隆泰拉产区位于与乌拉圭接壤的边境地带，享受着更为适宜的气候条件，有着合适的降水量及排水性能好的砂质土壤。

葡萄品种和葡萄酒

非常潮湿的气候，尤其是在塞拉·古查地区，促进了抵抗疾病能力强的杂交品种的种植，如伊莎贝拉（isabella）和波歌（borgo）这两个品种就一直有着广泛的种植面积。而巴西的一个特别之处是种植欧洲的葡萄品种，如在福隆特拉地区种植有赤霞珠、梅洛、西拉、白莫斯卡托（moscato branco）、霞多丽、塔娜和品丽珠。

尽管巴西以传统工艺或密封酒灌法（又见73页框内文字）酿制而得的起泡酒获得了一定的声誉，但巴西的生产重点还是干红葡萄酒，以清爽、易消化、酒精含量较低等特点吸引消费者（葡萄需达到一定的成熟度）。

几家著名的葡萄酒生产商。夏桐酒庄（Chandon）、达乐披佐酒庄（Dal Pizzol），东罗林都酒庄（Don Laurindo）、米奥罗庄园（Miolo）、米奥汉扎酒庄（Mioranza）、披萨托酒庄（Pizzato）、沙桐酒庄（Salton）。

> 巴西维和多斯谷产区内一家葡萄园中正在进行手工采收葡萄。

乌拉圭

乌拉圭是美洲大陆人均葡萄酒消费量最多的国家之一。从18世纪开始，葡萄酒的传统就在该国深深地扎下了根。乌拉圭是南美洲第四大葡萄酒生产国，产品主要用于国内消费，但最优秀的红葡萄酒已经敲开了别国的大门开始出口，以巴西为主要目的地。

> 科尔顿式葡萄剪枝（乌拉圭）。

葡萄产业的格局

乌拉圭为海洋性气候，日照充足，降雨量充沛（1 000毫米/年），夜晚凉爽。天气条件总体来说有利于葡萄作物的生长，但有时因为气候的湿润和非常肥沃的土壤（黏土）而需要控制枝叶的茂密程度。

葡萄园占地8 500公顷，由2 400位葡萄果农所有，他们将收获的葡萄出售给272家国内生产商，其中，超过10%的生产商将一部分产品出口至国外。几个大葡萄酒产地——卡内洛内斯（Canelones）、蒙得维的亚（Montevideo）、科洛尼亚（Colonia）和圣何塞（San José）——都位于靠近首都地区的南部海岸地带，但是还有一些小葡萄园散落在拉普拉塔河（Río dela Plata）左岸以及乌拉圭的中部和北部，靠近巴西边境地区。

葡萄品种和葡萄酒

尽管乌拉圭共有70多个葡萄品种，但仅有几个品种被广泛种植。塔娜几乎占到整个种植面积的四分之一，其酿出的红葡萄酒得到了高度评价，有着紧实的风格特点（又见465页）；另外还会酿制个性化的桃红和（浅色）红葡萄酒。这一品种源自法国西南部，鲜为人知，但在乌拉圭却得到了广泛种植，这还要归功于19世纪时巴斯克移民的影响。在塔娜之后，梅洛、赤霞珠和品丽珠是种植最为广泛的红葡萄品种，酿制红葡萄酒或桃红葡萄酒。在白葡萄品种之中，白玉霓种植得最广，但最为优质的白葡萄酒，无论干型或是起泡酒，均酿自长相思、霞多丽、维奥涅或麝香葡萄。

葡萄酒分为两个级别出售：优质葡萄酒（Viño de calidad preferente，VCP）和普通葡萄酒（Viño común，VC）。这主要是针对酿自塔娜品种的红葡萄酒，有时会与梅洛、赤霞珠或品丽珠进行混酿。最为优质的葡萄酒有着严谨的质感，但很迷人，丹宁紧致，非常清爽，酒精度温和，比邻居阿根廷的强劲型葡萄酒更靠近欧洲标准。

其它拉美国家

尽管产量有限，但大多数拉美国家都保留了自己的葡萄酒业，往往可以追溯至16世纪西班牙殖民时期。厄瓜多尔、哥伦比亚、巴拉圭、委内瑞拉和玻利维亚几个国家有数千公顷的葡萄园，往往位于高海拔的地方（在玻利维亚，海拔高达2 800米），有着亚热带或赤道的潮湿气候。干型、甜型葡萄酒或者如皮斯科酒一类以葡萄酒为基础的烈酒，酿自杂交品种（伊莎贝尔）、传统品种（克里奥亚、麝香）或其它欧洲品种。

秘鲁是拉丁美洲大陆上第四大葡萄酒生产国。近十年来，该国的葡萄酒产量显著上升。尽管绝大多数都做成了烈酒，但是秘鲁还在生产着干型葡萄酒，而且质量也在迅速提升。葡萄园主要集中在沿海的伊卡省（Ita），主要包括了离海岸70公里处的塔卡玛（Tacama）地区。这个半沙漠地区由来自太平洋的凉爽空气进行降温，在贫瘠土壤上种植的葡萄树由安第斯山脉上的水源进行灌溉。塔卡玛庄园是秘鲁最古老的葡萄园之一，自20世纪60年代起就开始接受法国葡萄酒专家和顾问的服务，酿制品质良好的葡萄酒，所用品种为塔娜、马尔贝克、味而多、长相思、赤霞珠、诗南和阿尔比亚（albilla）。

阿根廷、巴西和乌拉圭最著名的葡萄酒产区和葡萄酒

在阿根廷的所有产区之中，仅有门多萨和萨尔塔（名气相对较小）享有盛名。乌拉圭以产自塔娜品种的红葡萄酒出名，但是并没有特别突出的产区。巴西由于几个模范生产商的存在而逐渐为人所知。

萨尔塔

在阿根廷北部的小葡萄酒产区里，仅有萨尔塔（2100公顷）以其干白葡萄酒闯出了名气，该酒以里奥·托隆特斯品种为主［有可能是亚历山大麝香葡萄和克里奥亚·奇卡（criolla chica）的杂交品种］。最著名的产地当属靠近卡法耶市（Cafayate）的卡尔查奇思山谷（la vallée de Calchaquíes），当地的葡萄树栖息在海拔近1 500米的高度，最高点甚至超过了3 000米（卡尔查奇思也因此成为了世界上海拔最高的葡萄园）。

这里的砂质土壤和大陆性气候与门多萨非常相似。昼夜间的巨大温差不仅让白葡萄品种达到了完全成熟，还保留下来了足够的酸度。除了托隆特斯品种外，还有几个红葡萄品种，包括赤霞珠、马尔贝克和塔娜，也都酿出了不错的葡萄酒。

> 主要葡萄品种。红葡萄品种有赤霞珠、马尔贝克和塔娜；白葡萄品种有里奥·托隆特斯、霞多丽和诗南。

> 土质结构。沙土。

> 葡萄酒品味风格。用托隆特斯品种酿得的白葡萄酒拥有很强的个性，芳香浓郁，鲜葡萄（近似麝香葡萄）、花、柑橘类和辛料的香气非常明显。口感非常柔和、饱满，酒精含量较高。大多数葡萄酒都是干型，但有些保有一定的残糖，这就更加强了这类葡萄品种圆润丰满的典型口感。这些葡萄酒要在新鲜时期且一定要在8℃到10℃之间饮用。

红葡萄酒芳香浓郁，大多数优良的阿根廷红葡萄酒都有优质的果香。

> 几家著名的葡萄酒生产商。艾斯普泽酒庄（La Esperanza Estate）、艾查德酒庄（Etchart）、佳乐美酒庄（Colomé）、翠帝酒庄（Trapiche）、欧弗尼酒庄（O. Fournier）、安地斯之阶酒庄（Terrazas de los Andes）。

弗朗索瓦·吕盾（François Lurton）酒庄

出身于一个拥有波尔多众多酒庄的大家族，雅克·吕盾（Jacques Lurton）和弗朗索瓦·吕盾于1988年创立了公司，以在世界各地精选最为优质的土壤、酿制出性价比高的优秀葡萄酒为目标。兄弟二人于1992年就踏上了阿根廷的领土，那时还很少有人看到门多萨葡萄园的潜力。三年后，他们购得了第一块葡萄田，位于鲜花谷，在高处的优客山谷，海拔1 100米，土壤贫瘠、健康且排水性能好。当时，这块土地上还从来没有种过一棵葡萄树。今天，凭借着200公顷葡萄园，阿根廷已成为“吕盾帝国”的中心。在杰克离开后，这里成为了弗朗索瓦的帝国产业。他酿造了一系列质量可靠的葡萄酒，酿制过程无可挑剔，从入门级的“月光领地”（Tierra de la luna）——浓郁、富含果香，一直到优质的“查卡伊”（Chacayes）——诞生于酒庄最优质的葡萄田、以马尔贝克为基础的一款有着无限潜力的葡萄酒。

阿根廷

门多萨

门多萨省集中了阿根廷75%的葡萄园，即156 000公顷葡萄田，主要位于门多萨市的南部和东部。葡萄树种植在了500米至1 700米的海拔高度之间，从北到南延伸超过300公里。该地区为大陆性气候，夏季非常炎热、干旱，受海拔高度的影响昼夜温差很大，冬季寒冷。

海拔最低的地区，包括南部的圣拉斐尔、东部的圣玛丁大区（San Martín）和北部的拉瓦列自治市（Lavalle），酿制普通类型的白葡萄酒和桃红葡萄酒，以传统葡萄品种为基础。优质葡萄酒主要来自两个产区，分别为门多萨河两岸的中央谷地，位于门多萨市的南边和西南边；以及优客山谷，位于更南端，绵延近80公里长。

> **主要葡萄品种**。红葡萄品种有马尔贝克、勃纳达、赤霞珠、西拉、梅洛和丹魄；白葡萄品种有佩德罗·吉梅内斯、托隆特斯、霞多丽、亚历山大麝香葡萄、诗南、白玉霓和长相思。

> **土质结构**。中央谷地土壤贫瘠，以沙土为主，有些地方有着丰富的砾石；优客山谷土壤微薄，由沙土、砂质黏土组成，高海拔地区有石灰岩区域。

> **葡萄酒品味风格**。酿自马尔贝克的红葡萄酒拥有非常成熟的水果香气，还有辛料、甘草的芳香，口感丰腴、甘美，根据浓度的不同带有或多或少强劲的丹宁。高品质葡萄酒可以陈放5至10年。赤霞珠为酒带来了浓郁的成熟黑色和红色水果芳香，还带有植物香气，有时有薄荷香，口感醇厚，丹宁通常较为柔和。霞多丽白葡萄酒饱满，香气浓，通常酒精感较强。

> **几家著名的葡萄酒生产商**。阿尔塔·维斯塔（Alta Vista）、上奥米格斯（Altos Las Hormigas）、花葡蕾（Fabre Montmayou）、卡氏家族酒庄（Catena Zapata）、安第斯山白马酒庄（Cheval des Andes）、鹰格堡酒庄（Clos de Los Siete）、克里斯多巴酒庄（Don Cristobal）、艾查德酒庄、朱卡迪园（Familia Zuccardi）、弗朗索瓦·吕盾、蒙特维霍酒庄（Monteviejo）、诺顿酒庄（Norton）、欧弗尼酒庄、安地斯之阶酒庄、翠帝酒庄。

米奥罗（Miolo），巴西的先锋派

1897年，意大利移民吉斯贝·米奥罗（Guiseppe Miolo）在维和多斯谷产区本多·贡萨瓦市（Bento Gonçalves）附近创建了这个酒庄。他的子孙三代以出售葡萄为生，直到20世纪90年代生产过剩的危机才迫使酒庄开始酿制自己的葡萄酒。米奥罗是种植优质葡萄品种的先锋，在众多优秀顾问的协助下，酒庄成为了巴西拥有酿制优秀葡萄酒潜力的标志和证据。今天，米奥罗是巴西最大的葡萄酒生产商之一，在国内五大产区内都有产业，提供大量不同档次的葡萄酒。其色瓦尔（Quinta do Seival）葡萄酒产自坎帕尼亚地区的葡萄园，在巴西和国外赢得了许多声誉。酒庄同时出产以卡本内为主的优质红葡萄酒，以及非常细腻的白起泡酒。

乌拉圭

塔娜葡萄酒

乌拉圭葡萄酒在人们心中的形象一直是以塔娜为主要品种的红葡萄酒。这一品种在乌拉圭涵盖了超过20%的葡萄园，主要种植在两个主要产区：南部的卡内洛内斯和蒙得维的亚。该品种非常适宜种植在肥沃的土壤上，享受沿海地区温和、湿润的气候。尽管有时也会用来酿制桃红葡萄酒，塔娜还是以结构感强的红葡萄酒出名，其中的佼佼者吸引着追求独特个性的进口商，其追求的葡萄酒与智利或阿根廷的葡萄酒有着完全不同的风格。

> **主要葡萄品种**。塔娜，有时与赤霞珠、梅洛或品丽珠进行混酿。

> **土质结构**。黏土和沙土。

> **葡萄酒品味风格**。与马帝朗（又见341页）葡萄酒一样（大多数来自同一葡萄品种），乌拉圭塔娜酿制的葡萄酒有着深浓的色彩，带有黑色水果、甘草、辛料的芳香，有时也有湿木头或薄荷的香气。年轻时，这些酒通常有着粗涩的口感，丹宁紧致，非常清爽，酒精度温和，比相邻阿根廷的强劲型葡萄酒更靠近欧洲标准。

经过橡木桶陈酿，或与其它葡萄品种（梅洛、品丽珠）进行混酿的塔娜葡萄酒更为柔和。丰富的丹宁和酸度让葡萄酒适于陈年（10年），在成熟时可以拥有一种迷人的香气，以烟草、辛料或灌木丛香气为特征。

> **几家著名的葡萄酒生产商**。布扎酒庄（Bouza）、卡露酒庄（Carrau）、佳士·维杰酒庄（Castillo Viejo）、卢卡酒庄（De Lucca）、茹妮可酒庄（Juanico）、马里查尔酒庄（Marichal）、莱达酒庄（Leda）、皮山农酒庄（Pisano）、披佐奴酒庄（Pizzorno）、斯塔尼阿日酒庄（Stagniari）。

沿海区
斯泰伦布什（Stellenbosch）
法国角（Franschhoek）
图尔巴（Tulbagh）
帕尔-惠灵顿（Paarl-Wellington）
康斯坦提亚（Constantia）
黑地（Swartland）
德班威尔山（Durbanville）
布利德河谷
伍斯特（Worcester）
罗贝尔森（Robertson）
奥勒芬兹河
独立地区
赫马纽斯（Hermanius），奥弗贝格（Overberg），沃克湾（Walker Bay）
克林卡鲁（Klein Karoo）
Lutzville
Vredendal
Lamberts Bay
Clanwilliam
Elands Bay
Citrusdal
Olifans
PROVINCE DU CAP
Sutherland
Beaufort West
Berg
Piketberg
Moorreesburgg
Tulbagh
Yzerfontein
Malmesbury
Ceres
Wolseley
Touwsrivier
Matjiesfontein
Laingsburg
Prince Albert
De Doorns
Ladismith
Calitzdorp
Oudtshoorn
Worcester
Wellington
Montagu
Paarl
Robertson
Ashton
Barrydale
Cape Town
Franschhoek
Le Cap
Stellenbosch
Bonnievale
Swellendam
George
Villiersdorp
Riversdale
Strand
Riviersonderend
Heidelberg
Mosselbaai
Kleinmond
Caledon
Bree
Hermanus
Bredasdorp
Cap de Bonne-Espérance
False Bay
Walker Bay
Cap Agulhas
Océan Atlantique
N
0
25
50 km

南非

南非的葡萄园

南非的葡萄酒产量远远超过非洲大陆其它国家。它在国际市场上的成功不仅因为葡萄酒物美价廉，更是因为其优秀的品质。在经过长期的政治和经济隔离后，南非需要展示出真正的活力来使它的葡萄酒进入世界舞台。外国投资者，尤其是波尔多的投资商已经了解到该国的优质潜力。

悠久的葡萄种植历史

在开普敦地区种下的第一批葡萄要追溯至17世纪荷兰殖民地的建立，因为这个沿海省份是向亚洲航行时必停的供给站。第一任殖民地总督扬·范·里贝克（Jan Van Riebeeck）于1652年来到开普敦，他的使命是开发这片土地的价值并发展第一批葡萄园。1688年到1690年间，南非的葡萄种植业随着200个法国胡格诺派（huguenotes）教徒家庭的到来而得到了加强，随后，由于大不列颠主要客户的需求促进了它的繁荣。1886年出现的根瘤蚜虫害让南非出现了一段长期的危机，而英国人和南非荷兰血统白人之间的矛盾又加深了这一危机。到了20世纪，在严重的生产过剩情况下，葡萄种植者合作协会（Kooperatiewe Wijnbouwers Vereniging，简称KWV）于1940年开始对南非葡萄酒业进行"全权管理"。随着种族隔离政策的实施，南非被隔离于国际舞台，这让该国错过了20世纪80年代世界葡萄酒业的巨大发展。1991年，在种族隔离政策取消后，南非终于开始向世界开放。由于国内市场缩小，生产商自然而然地转向出口，并取得了成功。

南非葡萄园的基本数据

种植面积：102 000公顷

年产量：10.261亿升

红葡萄酒：44%

白葡萄酒：56%

［南非葡萄酒协会（WOSA）、南非葡萄酒业信息系统中心（SAWIS）、世界葡萄与葡萄酒组织（OIV），2007］

地理条件

南非共和国位于非洲大陆最南端，约在南纬35°周围。气候较为炎热、干旱，但是沿海地区因受到海洋和本格拉（Benguela）寒流的影响而气候温和。因此，南非国内102 000公顷的葡萄田就主要位于沿海地带，很难在距离海岸超过100公里的内陆找到葡萄园。这里主要有两种季节相互交替：地中海型的夏季，炎热、干旱；随后为较为温和、湿润的冬季（从5月到9月）。各个地区的降雨量差异很大，而且在同一地区内由于季节的不同降雨量也很不一样。因此，许多地方的葡萄田都需要灌溉。

葡萄品种

与其它新世界国家一样，南非也懂得适应市场需求。南非曾经以生产白葡萄酒为主，其中一大部分都用于蒸馏。但20年来，红葡萄酒已在南非夺得一席之地，主要酿自赤霞珠、三索和皮诺塔吉（1925年在南非出现的三索和黑皮诺的杂交品种）。另外，梅洛、西拉、黑皮诺和品丽珠也有了显著增加。

> 帕尔（Paarl）地区一葡萄园内为控制葡萄产量而进行的绿色采摘。

产区

最北端的产区为奥勒芬兹河（Olifants River）产区。其葡萄园沿着大西洋分布在奥勒芬兹谷地内。今天，该产区主要生产以蒸馏为目的的散装葡萄酒。

黑地和图尔巴产区位于奥勒芬兹河产区的南边。伍斯特产区紧挨着图尔巴的东南方，其产量占南非全国的27%。东边，罗贝尔森的西部紧邻伍斯特，位于内陆；炎热、干旱的气候使灌溉变得不可或缺。在这片石灰质丰富的土壤上，白葡萄品种生长繁茂，红葡萄酒的产量在近几年也迅速增长。东部的克林卡鲁产区虽然面积广阔，但因为炎

> 古特·康斯坦提亚（Groot Constantia）酒庄的葡萄园。

热和非常干燥的天气仅生产全国产量的3%，不过，却可以酿出不错的加强型葡萄酒。

回到开普敦，在北部的黑地和东部的伍斯特之间，帕尔“地区级”的葡萄园面积占全国的13%。该产区曾长期生产加强型葡萄酒，但在今天也酿制优质的干白葡萄酒和红葡萄酒。帕尔的东南方是法国角葡萄园。

南非最为著名的产区当属斯泰伦布什，尽管这里的产量仅占南非国内的8%。斯泰伦布什位于法国角的西部，帕尔的南部，其南部向福尔斯湾（False Bay）、西部向开普敦延伸。产区被山脉包围，地形多变。这里气候温和，雨量近乎理想，集中在冬季。山腰上的花岗岩土质孕育了南非许多最为优质的红葡萄酒。

德班威尔山小产区是斯泰伦布什向西北方的延伸。产区利用多特斯山（Dortsberg）的地理优势种植葡萄，受到了来自大西洋凉爽海风的影响。再往南走，在将开普敦隔开的桌山（Table Mountain）后方，坐落着一个历史悠久的小葡萄园，名为康斯坦提亚，为“小产区级”级别。继续往南，在朝东的海岸线上，沃克湾和依琳（Elim）组成了南非最为清凉的葡萄酒产区，对从白葡萄品种到黑皮诺的生长都很有利。

产地分级制度：产区等级

要了解南非的葡萄园，就需要熟悉产区和地方产区名称的等级。1973年制定的产地分级制度规定了三个级别：大区级、地区级和小产区级，从最大面积到最小面积排列（又见105页）。

目前，一共有四个正式的大区：布利德河谷（Breede River Valley）大区、克林卡鲁大区、沿海区（Coastal Region）和奥勒芬兹河大区。从逻辑上讲，一个区可以包含几个地区，而一个地区则会包含几个次区。但有时，一个次区可以直属于一个大区，而两者之间并没有地区连接，比如，康斯坦提亚次区就直属沿海区。另外，也有“地区”（还）没有被纳入大区内，如沃克湾或厄加勒斯角（Cape Agulhas）。

南非最为著名的产区命名（大部分都已在这几页中提到）大多是地区命名，也有几个次区（斯泰伦布什、法国角、康斯坦提亚）。大多数出口的优质葡萄酒都来自沿海区，包括几个地区，如达岭（Darling）、帕尔、斯泰伦布什和泰格堡（Tygerberg）。

南非最著名的葡萄酒产区和葡萄酒

南非以前最著名的产区是生产优质出口葡萄酒的产区，如斯泰伦布什。但今天，南非最显著的特点是开发新产区，在更为凉爽的气候环境中酿出更为细腻的葡萄酒。

康斯坦提亚

这一地区被归入“次区”级别，位于将开普敦和福尔斯湾（False Bay）分开的山脉东南坡上。尽管产区面积不大，仅有7个酒庄，总占地约500公顷，但产区的名气实至名归，因为南非国内的第一批葡萄树就是在这里种下的。

康斯坦提亚葡萄园建于1685年，以荷兰殖民地开普省的第二任总督西蒙-冯-斯泰尔（Simon Van der Stel）妻子的名字命名（斯泰伦布什也是用斯泰尔的名字命名的）。这个大型葡萄园在18世纪达到了750公顷的面积，之后被分为几部分，现在由几个家族企业分别对其进行经营。这里的气候相对凉爽，受到了从山上吹下来的冷风和从海洋吹来的被称为“开普医生”（Cape Doctor）的冷风的双重影响，非常有利于波尔多葡萄品种，尤其是长相思的生长，已成为当地特色。降雨量每年约1 000毫升，因此无须灌溉。

> 主要葡萄品种。白葡萄品种为长相思；红葡萄品种为赤霞珠和梅洛。

> 土质类型。土质非常古老，主要形成于前寒武纪时代。在桌山南坡上，根据海拔高度的不同，斜坡的陡峭程度亦有不同。

> 葡萄酒品味风格。相对凉爽的天气以及这个“次区”较小的面积酿制出了风格明显的长相思葡萄酒，充满清爽感。基于同样的原因，红葡萄酒会有一些“植物香”。

> 几家著名的葡萄酒生产商。Buiten-verwachtig、Groot Constantia、Klein Constantia、Constantia Glen、Steenberg。

斯泰伦布什

在南非所有的产区中，斯泰伦布什（为“地区”）无疑是在国际上最著名的产区，而且也是面积最大的产区。因此，在南非所有的“地区”产区中，这里汇集了最多的优秀生产商。在有着优美“开普荷兰”（Cape Dutch）建筑风格的同名城市的大学中，坐落着一家葡萄酒学院，以及一家出色的研究中心。

鉴于斯泰伦布什多样的地形和气候，这里产的葡萄酒很难被归纳为某一种风格，而且这里种植着多个葡萄品种，两种颜色均有。此外，葡萄酒的特点也会根据葡萄园的海拔高度和/或靠海的远近而有所不同。

> 主要葡萄品种。白葡萄品种有白诗南、霞多丽、长相思和鸽笼白；红葡萄品种有赤霞珠、西拉、梅洛和皮诺塔吉。

> 土质类型。种类繁多，底土的年代非常久远，因为开普敦地区属于世界上最为古老的地质构造之一。土壤成分不同，从轻质土和沙土到山脚下的花岗岩质土应有尽有。地势也多为高低起伏。

> 葡萄酒品味风格。尽管西拉和皮诺塔吉也酿出一些非常优质的红葡萄酒，但斯泰伦布什还是借助肉质感强且细腻的赤霞珠以及围绕着这一品种的混酿酒赢得了今天的国际声誉。白葡萄酒通常芳香浓郁且丰富。

> 几家著名的葡萄酒生产商。Beyerskloof、Cordoba、De Trafford、Ernie Els、Grangehurst、Ingwé、Kaapzicht、Kanonkop、Meerlust、Morgenster、Raats Family、Rudera、Rupert & Rothschild、Rustenburg、Rust en Vrede、Thelema、Tokara、Waterford、Uitkyk、Vergelegen。

奥弗贝格、沃克湾、厄加勒斯角

近几年来，如其它新世界国家一样，南非的葡萄园也正在向更为凉爽的地区迁移。这么做有三个目的：减少炎热气候带来的高酒精含量，保存葡萄中的天然酸度以及种植适宜凉爽气候的葡萄品种。当然，这三个因素相互联系。正因如此，越来越多的葡萄树出现在了有一定海拔的地区，尤其是靠近海洋的地区（大西洋在开普敦地区与印度洋汇合），因为海洋能带来凉爽的空气，尤其是在夜间。"次区"级别的奥弗贝格、沃克湾和厄加勒斯角就是最好的例子，这三个"次区"不属于任何一个"大区"。它们沿着海岸延展，位于斯泰伦布什和福尔斯湾的东南方。另外需要强调的一点是，厄加勒斯角是非洲最南端。

> **主要葡萄品种。**白葡萄品种有长相思和霞多丽；红葡萄品种为黑皮诺。

> **土质结构。**非常古老，主要来自前寒武纪时代。

> **葡萄酒品味风格。**在这片以清凉天气为主的非洲大陆南端，葡萄酒（大部分为白葡萄酒）有着活泼、清爽的特点。

> **几家著名的葡萄酒生产商。**Agulhas Wines、Bouchard Finlayson、Hamilton Russell、Lomond、Newton Johnson、Raka。

帕尔和法国角

在广阔的沿海区内，包括如斯泰伦布什地区和其它"地区"产区一样，帕尔是斯泰伦布什向北部的延展。由于远离海洋，帕尔拥有较热的气候，因此，它曾长期以酿制波特酒类的加强型葡萄酒为主，国内市场也非常喜爱这一产品。今天，在西拉优质葡萄酒和罗纳河谷其它葡萄品种的影响下，帕尔的产品更为多元化。法国角谷地是帕尔"地区"下的一个"次区"，是帕尔地区向东南方的延伸，西蒙山（Simonsberg）将其与斯泰伦布什分开。法国角这个名字来源于17世纪法国宗教战争后100多位胡格诺派教徒的到来。至今，一些葡萄庄园的名称还见证着这一段历史，如La Motte、Grande Provence、Mont Rochelle、Chamonix、Cabrière等。

> **主要葡萄品种。**白葡萄品种有白诗南、霞多丽、长相思和鸽笼白；红葡萄品种有赤霞珠、西拉、梅洛、皮诺塔吉和三索。

> **土质结构。**山脚下为花岗岩质土，其它地区为沙土和黏土。

> **葡萄酒品味风格。**与邻居斯泰伦布什相比，帕尔和法国角出产的葡萄酒通常更为浓烈，但这一普遍现象会根据具体的地理位置，尤其是海拔高度不同而有所不同。

> **几家著名的葡萄酒生产商。**Boekenhoutskloof、Fairview、Glen Carlou、Nederburg、Porcupine Ridge、Veenwouden。

康斯坦葡萄酒

康斯坦提亚庄园最早生产的是一种以晚收麝香葡萄品种酿制而得的甜葡萄酒，被称为"康斯坦葡萄酒"（Vin de Constance）。尽管由西蒙·冯·德·斯泰尔创建的庄园被一分为二——古特（Groot）和克莱（Klein），这款酒还是在18和19世纪获得了广泛的国际声誉，并成为全球最贵且最炙手可热的葡萄酒之一。之后，在近一个世纪的时间里，康斯坦葡萄酒销声匿迹。Jooste家族于1980年购得了克莱·康斯坦提亚酒庄（Klein Constantia）之后，经过不懈的努力，最终让这款酒得到了重生。酒庄新主人的目标非常明确：使用原来的葡萄品种，融合现代科学成果，让这款著名的甜酒得以复兴。这款克莱·康斯坦提亚酒庄的康斯坦葡萄酒包装在与古时造型相同的酒瓶中进行出售，无疑已经达到了原有目标：该酒再次成为世界上最著名的甜酒之一，与匈牙利最优质的托卡伊酒、奥地利布尔根兰州的甜酒以及波尔多的苏玳葡萄酒并驾齐驱。

澳大利亚

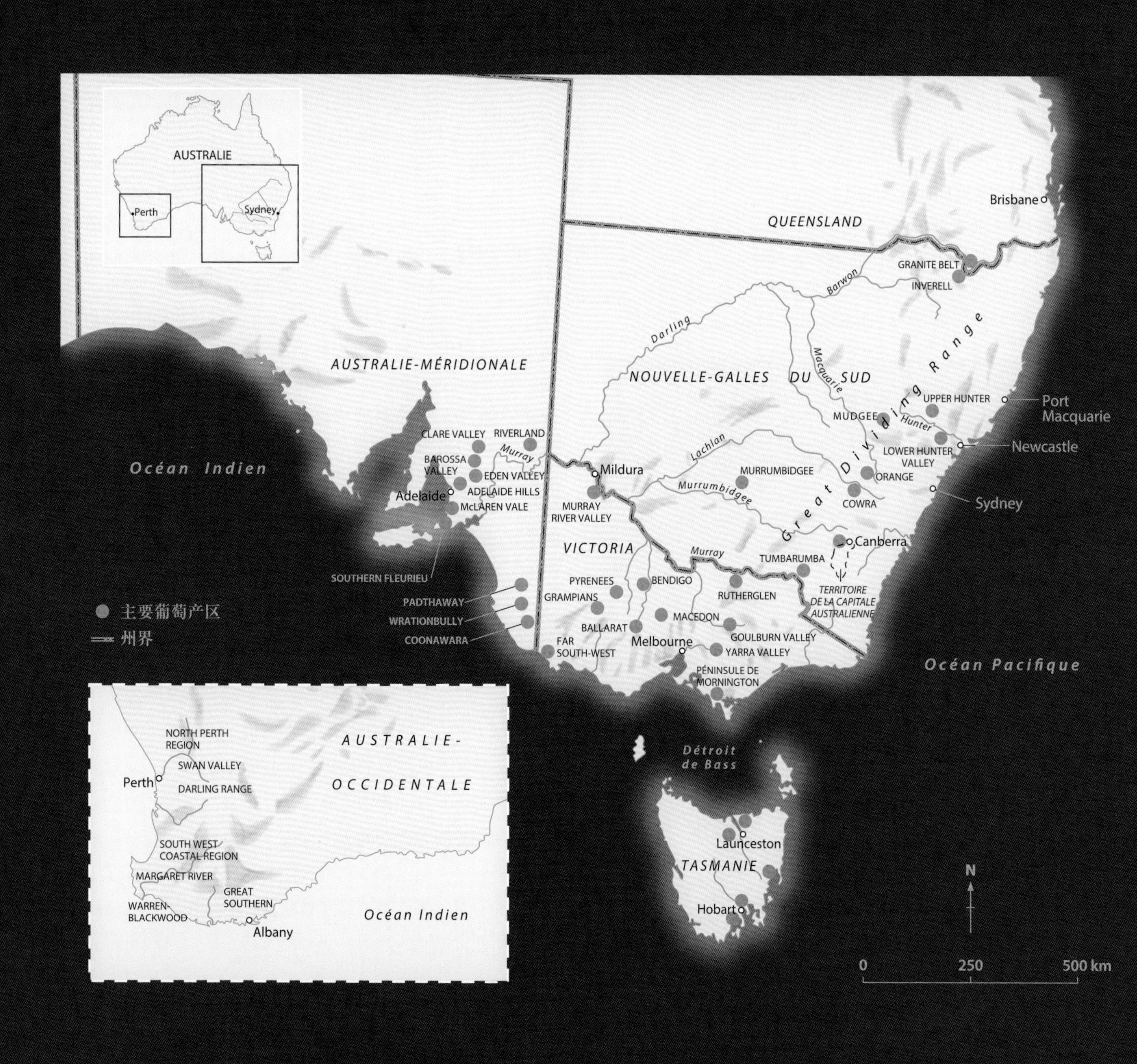

AUSTRALIE
Perth
Sydney
Brisbane
QUEENSLAND
GRANITE BELT
INVERELL
Barwon
Darling
Macquarie
AUSTRALIE-MÉRIDIONALE
NOUVELLE-GALLES DU SUD
Great Dividing Range
UPPER HUNTER
Port Macquarie
MUDGEE
Hunter
LOWER HUNTER VALLEY
Newcastle
Océan Indien
CLARE VALLEY
RIVERLAND
Murray
BAROSSA VALLEY
EDEN VALLEY
Adelaide
ADELAIDE HILLS
McLAREN VALE
Mildura
Lachlan
MURRUMBIDGEE
Murrumbidgee
ORANGE
COWRA
Sydney
MURRAY RIVER VALLEY
VICTORIA
Canberra
TUMBARUMBA
SOUTHERN FLEURIEU
PYRENEES
BENDIGO
RUTHERGLEN
GRAMPIANS
TERRITOIRE DE LA CAPITALE AUSTRALIENNE
PADTHAWAY
WRATIONBULLY
COONAWARA
主要葡萄产区
州界
MACEDON
BALLARAT
Melbourne
GOULBURN VALLEY
FAR SOUTH-WEST
YARRA VALLEY
PÉNINSULE DE MORNINGTON
Océan Pacifique
NORTH PERTH REGION
SWAN VALLEY
Perth
DARLING RANGE
AUSTRALIE-OCCIDENTALE
SOUTH WEST COASTAL REGION
MARGARET RIVER
GREAT SOUTHERN
WARREN-BLACKWOOD
Albany
Océan Indien
Détroit de Bass
Launceston
TASMANIE
Hobart
N
0
250
500 km

澳大利亚的葡萄园

在20年的时间里，澳大利亚的葡萄园几乎翻了三倍，该国的葡萄酒如今销往世界各地。澳大利亚生产商的优点主要表现在他们的勇于创新、组织性和酿制符合消费者口感葡萄酒的能力上。除此以外，澳大利亚也酿制有风土特点的好酒，而且还保存着惊人数量的老葡萄树。

昨天的伊始及今日的进步

从欧洲带来的葡萄树。葡萄种植业是在1820至1850年间才在澳大利亚的东南部开始大规模的发展，即靠近悉尼、墨尔本和阿德莱德等新兴城市的地区。整个19世纪，人们越来越多地开始从旧世界独自引进葡萄树，移民、探险家和农场主相继从欧洲带回来一些欧洲葡萄品种。

以英国市场为导向。直到1877年开始出现根瘤蚜虫之前，维多利亚州一直是澳大利亚主要的生产中心。随后，另一个州——南澳州依靠生产加强型葡萄酒（大量销往英国）和墨累河谷（vallée du Murray）完善的灌溉系统而有了显著发展。到1930年，澳大利亚75%的葡萄酒产量都来自这一地区，而且由于英联邦王国的需求，葡萄酒出口状况良好。在1927年至1939年的英国市场上，澳大利亚出产的葡萄酒从数量上已经领先于法国，之后，澳大利亚仅在2005年重现了这一排行榜。该国的葡萄酒业在战后发生了转变：对于干型葡萄酒，尤其是干白葡萄酒需求上升，与此同时，生产商因引进了不锈钢酒灌和温度控制系统而掌握了越来越精湛的酿酒技术。

澳大利亚葡萄园的基本数据

种植面积：169 000公顷

年产量：1 243 100 000升

红葡萄酒：54%

白葡萄酒：46%

［澳大利亚政府－澳大利亚葡萄酒管理局（AWBC）－国际葡萄与葡萄酒组织，2008］

国内市场不断扩张以及优质葡萄酒的出现。20世纪80年代，澳大利亚国内市场需求的增长是将葡萄酒生产拉高的主要动力。为了满足这一需求，人们增加产量，也包括较低质量的产区。散装和盒袋包装（可回收）的葡萄酒占了总产量的80%。25年来，由于技术的快速传播和更优质葡萄品种的选择，葡萄酒的质量有了显著提升。因生产集中而有着商业的高效率的葡萄酒业提供可靠、稳定、廉价的葡萄酒，从而使澳大利亚酒很快占领了国外市场。除了标准化生产以外，越来越多的独立酒庄希望他们的葡萄酒能有明显的地域特征。如今，澳大利亚是世界第六大葡萄酒生产国，第四大出口国。

> 一些葡萄园遭受干旱的困扰，因此，需要寻找较为凉爽的地区。

水的问题

在这个以干旱为特点的广阔的澳洲大陆，葡萄园也如其人口一样，集中分布在南部和沿海地区，特别是位于东南部四分之一的国土面积上。尽管冬季和春季雨水时而充足，但夏季却非常炎热、干旱。这种状况在西澳州和南澳州的有些地区尤其明显。水成了干旱地区的最大问题，灌溉因此成为必要的解决方法。在维多利亚州和南澳州的边界上，河地产区（Riverland）在艰难的气候下生产全澳大利亚近50%的葡萄酒，这都要归功于灌溉。灌溉系统将这一近乎沙漠的地区变成了葡萄树的海洋，但是这一系统也由于干旱的反复和墨累河逐渐干涸而受到了限制。

> 南澳州麦克拉伦谷（Mclaren Vale）产区橄榄山酒庄（Oliverhill）的葡萄树。

气候和葡萄品种

澳大利亚有着种植葡萄近乎理想的地理条件：阳光充足，湿度较低，受海洋影响，局部为山区。澳大利亚人将气候作为葡萄园潜力的最主要因素，但如今，土壤、葡萄田的朝向和海拔也都受到了越来越多的重视。

霞多丽位列在赛美蓉、鸽笼白、长相思和雷司令之前，是酿制白葡萄酒的主要品种。红葡萄方面，西拉是澳大利亚具代表性的葡萄品种。该品种于19世纪被引入，酿制出了一些国内最为优秀的葡萄酒，有些是单一品种葡萄酒，有些则是与赤霞珠，或越来越常见的是与歌海娜和慕合怀特两种葡萄进行混酿。此外，赤霞珠、梅洛、黑皮诺和歌海娜也占有一定的比例。除了上述提到的以外，葡萄品种也开始多元化，白葡萄有华帝露、维奥涅和玛珊，红葡萄有慕合怀特、桑娇维斯、芭芭拉、品丽珠和小味而多。

过去，生产商曾经不论当地气候情况，均培育广泛的葡萄品种；但是今天，生产商越来越注意专门化培育，尤其是与地区自然条件紧密联系：克莱尔谷（Clare Valley）种植雷司令，库拉瓦拉（Coonawarra）或玛格利特河（Margaret River）种植赤霞珠，巴罗萨山谷（Barossa Valley）则种植西拉等。

向法定产区靠拢?

对澳大利亚或英国消费者来说，葡萄品种和品牌是挑选葡萄酒最为重要的考量依据。直到最近，原产地在帮助识别一款葡萄酒时的作用还是比较小，不过这种情况正在发生变化。

自1963年首次出现后，酒标的规范最终于1990年以通过标签完整性计划（Label Integrity Program）而得到了确认。此后，只有当超过85%的酒液来自同一品种时，该品种名称才可以注明在酒标上。如果酒标上同时注有几个品种，则应该按照所含比例以降序排列（又见105页）。此外，可

寻找凉爽的气候

由于干旱带来许多困难，澳大利亚酿酒师在近20年来一直不断地探寻更有利于酿出优质葡萄酒的凉爽气候。在此期间，塔斯马尼亚州（Tasmanie）和位于国家最南端的维多利亚州和西澳洲沿海地区的葡萄种植业都在迅速发展。

> 维多利亚州的卡思卡山脊（Cathcart Ridge）葡萄园。

以标注出葡萄的地域来源。为了符合欧洲标准而建立的最大产区名称为东南澳，用于酿造来自澳大利亚东南部多个州（新南威尔士州、维多利亚州、昆士兰州和南澳州）的混酿酒。下一个级别则为州（比如维多利亚州）。之后共有60多个产区或子产区。其中一些产区，如库拉瓦拉界限的确定曾引发了长期的法律争端。

新南威尔士州（Nouvelle-Galles du Sud）

新南威尔士州位于澳大利亚的东南部，是该国历史最为悠久的葡萄酒产区，也是面积最大的产区之一。州内的葡萄酒业生产不断发展，逐年增长。在悉尼北部200公里处，猎人谷（又见478页）是该地的旗舰产区，以西拉和赛美蓉葡萄酒最为著名。位于猎人谷西南方的满吉（Mudgee）子产区在海洋的影响下，拥有比猎人谷更为干燥、温暖的气候。再往南走，奥兰治（Orange）小产区最近吸引了许多大型集团的投资，他们主要看中了卡诺布拉斯山坡（Mount Canobolas）凉爽的气候所带来的潜力。往西更为靠近内陆的是广阔的灌溉区马兰比吉（Murrumbidgee），生产以赛美蓉和白玉霓为主的日常型葡萄酒。最后，在新南威尔士州的东南部，除了可以说是面积小但繁盛的堪培拉（Canberra）葡萄园以外，还有唐巴兰姆巴（Tumbarumba）这一享有大雪山凉爽气候影响的优质潜力产区。

您未必了解的小知识

与很多葡萄酒启蒙阶段的国家一样，澳大利亚非常重视葡萄酒竞赛。这些组织严谨的竞赛成为了获得殊荣的葡萄酒的优秀宣传平台。竞赛有国家级别，也有地区级别，有时对葡萄品种有所限制，也时则覆盖了各个类型的葡萄酒。

维多利亚州（Victoria）

在新南威尔士州南部，维多利亚州占有澳大利亚葡萄酒总产量的17%，分布在多个具有鲜明特征的产区内。

由于维多利亚州东北部的天气异常炎热，路斯格兰（Rutherglen）出产以麝香葡萄或密斯卡德品种为基础的极诱人的甜型葡萄酒。往南，有一定海拔高度的国王谷（King Valley）则更为清凉，种植的葡萄品种以雷司令、霞多丽和赤霞珠为主。维多利亚州的东南部是广阔的吉普史地（Gippsland），这个产区的种植规模虽然还很小，但正在飞速地发展。

维多利亚州的最南端地区深受海洋的影响，黑皮诺和霞多丽两种葡萄酿出的葡萄酒可称得上优雅。位于吉普史地西部的菲利普港海湾周围地区拥有着相似的自然条件，这里也是几个著名产区之所在，如莫宁顿（Mornington，又见480页）和亚拉谷（Yarra Valley，又见479页）。往北，维多利亚州的中部地区内栖息着班迪戈（Bendigo）和高宝谷（Goulburn Valley）产区，主要种植西拉和赤霞珠。维多利亚州西北部生产整个州内近80%的葡萄。这里非常炎热，灌溉是必要措施。白戈多（gordo blanco）麝香葡萄和苏塔纳（sultana）品种虽然还是随处可见，但比例却有着递减的趋势。维多利亚州西部的气候随着向南的推移而略为温和。格兰皮恩斯（Grampians）地区主要酿制起泡酒和普通餐酒，但酿自雷司令和西拉的葡萄酒前景还是不错的。

塔斯马尼亚州

塔斯马尼亚州由一个大岛组成，位于维多利亚州的南部。直到不久之前，这里非常清凉、多风的气候还被认为仅适宜酿制起泡酒，但最近几年来（也有可能是因为全球气候变暖而让温度升高），这里也酿制出了非常优秀的白葡萄静态酒，以及很有前景的黑皮诺葡萄酒。

南澳州

南澳州的葡萄酒产量占整个澳大利亚的46%，主要依靠沿着墨累河谷的河地产区生产的大量日常饮用葡萄酒。但是，南澳州真正的宝地位于沿海地区，那里受到了海洋的温和影响。

在东南地区，石灰岩海岸（Limestone Coast）的一些地区，如帕史维（Padthaway）或拉顿布里（Wrattonbully）正在发展，但还远远不及库拉瓦拉（又见483页）产区的名气。沿着海岸向北，就到了弗鲁瑞（Fleurieu）、巴罗萨（Barossa）和洛夫提山（Mount Lofty Ranges）子产区，背靠着南北走向的山脉。这些山脉里分布着几个著名的产地，如麦克拉伦谷（又见482页），在地中海式气候下酿制出优秀的西拉和赤霞珠葡萄酒。略往北，巴罗萨山谷（又见481页）是古老西拉葡萄树的天堂，在炎热的气候下酿出的葡萄酒醇厚、饱满。这就是澳大利亚西拉葡萄酒的风格基准，就如梅多克的赤霞珠一样。位于东部的伊顿谷（Eden Valley，又见482页）紧邻巴罗萨，这里的雷司令更为出名。在更为靠北的洛夫提山地区，海洋的影响变得不太明显，气候也更为大陆化。再往北，雷司令和赤霞珠在克莱尔谷（又见480页）酿出了不错的葡萄酒，这里的气候由于海拔高度而较凉爽。

西澳州

该州的葡萄酒产量仅占全国的3%。但是从1997年起，其产量翻了一番，表现出这一地区极大的活力，而且很多地方还在勘探阶段。这里的气候差异很大，从酷热的西北部，如天鹅谷（Swan Valley）地区，到较温和的玛格利特河，再到天气凉爽得多的大南部地区（Great Southern）。

玛格利特河（又见483页）是一个非常流行的产区，许多大型公司都在近期入驻。大南部地区（又见483页）位于东部的沿海地带，对适宜凉爽气候的葡萄品种，如雷司令、霞多丽或黑皮诺来说是利好的产区之一。

至于其它产区，位于玛格利特河和大南部地区中间的潘伯顿（Pemberton）有着不错的霞多丽；吉奥格拉非（Geographe）作为玛格利特河在西海岸的延伸，酿制优雅的赤霞珠和西拉葡萄酒。

> 路斯格兰产区（维多利亚州）坎贝尔酒庄（Campbells Winery）的酒窖。

澳大利亚最著名的葡萄酒产区和葡萄酒

对于以大众消费为目标的葡萄酒生产来说，很少使用一个特定的产地。大多数葡萄酒都酿自从多个产区内收获的葡萄。酿酒技术也顺应这类工业化生产的需要，而且成果非常稳定可靠。但澳大利亚也拥有许多明确定义了地域范围的产区，其出产的葡萄酒也越来越多地使用这些地域名称以作为独特个性的标志。

猎人谷

新南威尔士州

在澳大利亚最大城市——悉尼北部纽卡斯尔港口的上游，猎人谷分布在其同名河流的四周。猎人谷被分为北部的“上猎人谷”和南部的“下猎人谷”，这两个区域被认为是相互独立的，由河流联系起来。这里通常较热且较为潮湿，并不是酿制优质葡萄酒的理想气候，但却相当于澳大利亚葡萄种植业的摇篮，一直酿制优秀的葡萄酒。其中有款以赛美蓉为基础的陈年型白葡萄酒，是该国最为卓越的葡萄酒之一。

> **主要葡萄品种**。白葡萄品种有赛美蓉和霞多丽；红葡萄品种有赤霞珠和西拉。

> **土质结构**。贫瘠且排水良好的冲积土。

> **葡萄酒品味风格**。猎人谷优秀的赛美蓉葡萄酒隶属于澳大利亚最好的干白葡萄酒行列。葡萄酒通常酿制于酿酒罐，拥有卓越的陈年能力。在成熟时，一支好赛美蓉葡萄酒散发着混合了蜂蜜、热带水果的香气，以矿物质香为背景，且有着较浓的熏香。霞多丽通常更为浓稠、圆润。至于西拉，其风格则多种多样，从最为强劲、圆润到相对清爽且丹宁较浓。

> **几家著名的葡萄酒生产商**。Brokenwood、De Bortoli、Evans Family、Mount View Estate、Rothbury Ridge、Tyrell's、Wyndham Estate。

满吉

新南威尔士州

满吉东部紧邻大分水岭山脉，后者将满吉与猎人谷一分为二。满吉产区有着较热、干旱的气候，灌溉通常成为必要程序。这一产区虽然并没有邻居的名声响亮，但猎人谷的主要生产商都是在这里收购大量葡萄作为原料进行生产。

> **主要葡萄品种**。白葡萄品种有霞多丽、灰皮诺和维奥涅；红葡萄品种有赤霞珠、梅洛和西拉。

> **土质结构**。砂质和黏土质冲积土。

> **葡萄酒品味风格**。最受人关注的葡萄酒酿自赤霞珠，有时为单一品种，有时与梅洛或西拉相混酿，有着强劲、醇厚的风格，香气以非常成熟的水果、可可和桉树香为主。西拉有着同样的特点。霞多丽在这里已经耕种很长时间，生产出的葡萄酒浓密、芳香，有陈年潜力，与猎人谷赛美蓉葡萄酒的风格相近。

> **几家著名的葡萄酒生产商**。亨廷顿酒庄（Huntington Estate）、梦露丝酒庄（Montrose）、诗人角（Poet's Corner）。

维多利亚州

西斯寇特（HEATHCOTE）

这个小产区位于维多利亚州的中部，在高宝谷和班迪戈之间。尽管第一批葡萄的种植可以追溯至19世纪60年代，但直到20世纪70年代才开始有生产商关注这片产区的潜力。这些生产商数量虽然不多，但通常拥有很高的名望，而且酿出的葡萄酒也很受欢迎。

葡萄园的面积不到2000公顷，位于中等高度的山坡上（150至350米）。气候受到了骆驼山（Mount Camel Ramge）的影响，比周边地区更为凉爽、潮湿且多风。红葡萄品种主导着当地的生产，以西拉为首，其次为赤霞珠。

> **主要葡萄品种。**红葡萄品种有赤霞珠、梅洛和西拉。

> **土质结构。**风化红土（寒武纪绿岩）散布在石灰岩和红黏土上。

> **葡萄酒品味风格。**西拉展现出香气异常浓郁的特点（红色水果、樱桃、李子），强烈且集中，丹宁柔和，而且偶尔的薄荷香气可以为葡萄酒带来一丝清爽。赤霞珠，有时与梅洛混酿，也酿出了丰富、醇厚的葡萄酒，以薄荷或桉树气味为标志。

> **几家著名的葡萄酒生产商。**Coliban Valley Wines、Dead Horse Hill、Greenstone、Jasper Hill。

维多利亚州

亚拉谷

亚拉谷位于墨尔本东部，距离墨尔本不到一小时的车程，是维多利亚州最为著名的葡萄酒产区。海拔高度在50至400米之间，有些山坡非常陡峭，谷地的地形较为复杂，但葡萄酒的风格还是更多受到了凉爽、湿润气候的影响。亚拉谷以酿制澳大利亚几款最棒的起泡酒以及优质的霞多丽和黑皮诺酒而闻名。

> **主要葡萄品种。**白葡萄品种有霞多丽；红葡萄品种有赤霞珠、黑皮诺和西拉。

> **土质结构。**北部为砂质黏土和沙土，南部为火山红土。

> **葡萄酒品味风格。**最为优质的起泡酒以传统方式酿制，拥有细腻和清爽的特点。霞多丽通常有着良好的平衡感，与其它产区相比略微单薄，但很清爽、芳香（干果、黄色水果）。

最为优质的红葡萄酒酿自西拉，有着果香浓郁的特点，有时带多汁感；还有黑皮诺葡萄酒，拥有丰富的果香（樱桃、红色水果）、辛料香，富有生气。

> **几家著名的葡萄酒生产商。**Coldstream Hills、De Bortoli、Diamond Valley、Domaine Chandon、Dominique Portet、Hillcrest、Metier、Mount Mary、Tarrawarra、Yarra Yarra、Yarra Yering。

吉宫达（Giaconda），品质极佳的小酒庄

20世纪70年代，机械工程师Rick Kinzbrunner决定开始从事葡萄酒产业。他在10年的时间里走遍了世界各地，在加州大学戴维斯分校和鹿跃酒厂奠定了坚实的知识基础，随后在Moueix家族旗下包括柏图斯在内的酒庄中继续深造，最后才在一家澳大利亚葡萄园（Brown Brothers Milawa）内成为酿酒助理。1982年，他将自己的第一批葡萄种在了一个不为人知的地区——比曲尔斯（Beechworth），位于维多利亚州东北部，并于1986年酿制了他的第一批葡萄酒。尽管规模非常小，吉宫达酒庄还是成为了澳大利亚最为著名的酒庄之一，价格昂贵。经过尽可能自然的酿制过程（天然酵母，无过滤），培育过程也非常精心，这位艺匠酒农在这片“口袋”大小（6公顷）的葡萄园里酿出了强劲、复杂的葡萄酒。他的霞多丽葡萄酒［南陀（Nantua）］和西拉葡萄酒［暖园（Warmer Vineyard）］被列入澳大利亚最为优质的丰富、强劲型葡萄酒。

维多利亚州

莫宁顿半岛（PÉNINSULE DE MORNINGTON）

莫宁顿半岛位于维多利亚州最南端，属于近期生产商开发的凉爽型地区之一。这里由海水环绕，受海风吹拂，还享有良好的日照和适中的温度，葡萄树不会受到任何缺水的威胁。几家生产商很快就将这里得天独厚的价值开发了出来，酿制出更为细腻、清爽的葡萄酒；所用的葡萄品种也非常适宜当地的气候条件，以霞多丽和黑皮诺为首。

> **主要葡萄品种。**白葡萄品种有霞多丽、灰皮诺和维奥涅；红葡萄品种有品丽珠、赤霞珠、梅洛和黑皮诺。

> **土质结构。**排水性好的沙土，源自火山的肥沃黏土和红土。

> **葡萄酒品味风格。**霞多丽葡萄酒酸度高且芳香浓（柑橘、干果）。灰皮诺是最近的热潮。红葡萄酒方面，黑皮诺清爽、有果香（红色水果、樱桃），适宜在年轻时饮用。波尔多品种则栽种在最热的地区，如莫路德谷（Moorooduc Valley），酿出的葡萄酒较为轻盈且丹宁较淡。

> **几家著名的葡萄酒生产商。**Dromana、Kooyong、Montalto、Moorooduc、Paringa、Stonier、Ten Minutes by Tractor、T'Gallant、Yabby Lake。

塔斯马尼亚州

全球气候变暖和干旱等原因致使澳大利亚大型产区的生产逐渐变得艰难，生产商开始寻找更为凉爽和湿润的地区，塔斯马尼亚州就是最好的例子。今天，这个位于澳大利亚东南角以南的巨大岛屿开始接纳越来越多的生产商，但大多数规模都较小。所有葡萄园都位于岛屿的北部或东南的沿海地区。

凉爽的气候（时有强风）非常利于白葡萄品种和黑皮诺的种植，还适宜生产起泡葡萄酒（此地纬度与新西兰南岛相同）。

> **主要葡萄品种。**白葡萄品种有霞多丽、雷司令、长相思和赛美蓉；红葡萄品种有品丽珠、赤霞珠、佳美和黑皮诺。

> **土质结构。**紧实的古老砂岩及泥灰岩，有些地方还有河流冲积土及丰富的火山土。

> **葡萄酒品味风格。**源自凉爽的气候，大多数葡萄酒都拥有明显的自然清爽感。起泡酒（通常为霞多丽和黑皮诺）发展得欣欣向荣，富有活力，细腻芬芳。雷司令的酸感锐利，可以陈年，还有优良的长相思，其芳香非常浓郁且强劲，与马尔堡（又见488页）葡萄酒的风格相似。黑皮诺酒芳香（新鲜红色水果、香料）而有结构感。

> **几家著名的葡萄酒生产商。**Bay of Fires、Clover Hill、Freycinet、Jansz（起泡酒）、Meadowbank、Pipers Brook、Tamar Ridge。

南澳州

克莱尔谷

克莱尔谷位于洛夫提山脉（Lofty）的北部，拥有连绵起伏的丘陵风光，是澳大利亚最吸引人的葡萄酒产区之一。白天高温，夜晚凉爽，葡萄园的朝向和海拔高度在局部地区起着关键性的作用。

这里的葡萄酒生产商从20世纪90年代末开始率先使用螺旋瓶盖。克莱尔谷的名气虽然主要来自于雷司令，但红葡萄品种（尤其是赤霞珠、西拉）也有着蓬勃的发展趋势。

> **主要葡萄品种。**白葡萄品种有雷司令和赛美蓉；红葡萄有赤霞珠、歌海娜、马尔贝克和西拉。

> **土质结构。**北部为红黏土，下层为石灰岩、肥沃的冲积土；西部为沙土和石英。

> **葡萄酒品味风格。**克莱尔谷的雷司令是一款干型、紧实的葡萄酒，有着较强的酸度以及柑橘和矿物质的香气；这款酒在年轻时感觉粗糙，适合长年陈放。除了浓度高的白葡萄酒，这一产区还生产结构感强且果味很浓的西拉（非常成熟的红色水果、辛料香），以及赤霞珠葡萄酒。最为优质的赤霞珠以复杂的香气（黑色水果、薄荷、烟草等）、平衡感和窖藏能力而闻名。

> **几家著名的葡萄酒生产商。**Grosset、Jim Barry、Kilikanoon、Leasingham、Mitchell、Mount Horrocks。

南澳州

巴罗萨山谷

巴罗萨山谷位于阿德莱德东北部50公里处。这里是澳大利亚最为著名的产区，葡萄酒的酿制史可以追溯至19世纪从西里西亚（Silésie）来的移民大潮，其影响在当地一直都很明显。

今天，巴罗萨山谷已成为澳大利亚优质葡萄酒的最大产区，拥有各类规模的生产商，包括澳大利亚的一些大型生产商，如奔富酒庄，以及许多中等规模的葡萄园，通常有着很高的声誉。

在该产区，西拉、歌海娜和慕合怀特等品种的古老的葡萄树与新近栽种的赤霞珠、霞多丽和雷司令共存。气候非常炎热、干燥，阳光充足的特点也融入到了葡萄酒之中。

> 主要葡萄品种。白葡萄品种有霞多丽、雷司令和赛美蓉；红葡萄品种有赤霞珠、歌海娜、梅洛、慕合怀特和西拉。

> 土质结构。砂质黏土、砂土。

> 葡萄酒品味风格。红葡萄酒强劲、成熟，有时非常丰富，若源自古老的葡萄树，还会有卓越的底蕴深度，也有不错的陈年潜力。特别是西拉，可以达到一种罕有的丰满感，肉质感强且果香浓郁。白葡萄酒则较为圆润、甘美，但有些酿自高海拔的雷司令也有着细腻和优雅的特点。这里还酿制非常优秀的波特风格的加强型葡萄酒。

> 几家著名的葡萄酒生产商。Charles Melton、Grant Burge、Kaesler、Orlando、Penfolds、Peter Lehmann、Rockford、St. Hallett、Seppelt、Yalumba、Wolf Blass、Turkey Flat、Torbreck。

奔富·葛兰许，澳大利亚第一款陈年佳酿

奔富·葛兰许，曾被称为葛兰许·埃米塔日（Grange Hermitage），与其它名酒相同，有着传奇的历史。马克思·舒伯特（Max Schubert）是这款葡萄酒的创始人，他在1950年到波尔多参观并有幸品尝了窖藏40多年有着美妙香味的葡萄酒后，回到巴罗萨山谷，开始瞒着他的老板酿酒，最初的名字为“Bin 95”。对一些葡萄酒陈年潜力的了解让舒伯特开始尝试改善当时还很平庸的澳大利亚葡萄酒的质量。他决定酿制一款陈年型且保留着澳大利亚本身特征的葡萄酒。他使用了西拉，该品种同时也酿出了罗第丘和埃米塔日产区（又见328和330页）的名酒。奔富酒庄的总管对最初几个年份的葡萄酒给予了非常消极的评价，使这段尝试差点终结。但是，葛兰许经过时间的沉淀显示出了其口感的丰富性，而且公众也需要时间来接受与习惯不同的创新口味。最终，先驱者获得了成功，葛兰许无可争议地成为澳大利亚葡萄酒之王，今天在拍卖场上仍不断攀新高价。这款酒的名字来源于最初位于阿德莱德附近的农场、属于奔富创始人的葛兰许农舍。

南澳州

伊顿谷

伊顿谷的海拔高于巴罗萨山谷，在370至500米之间。伊顿谷拥有比其出名的邻居更为凉爽的气候。这个丘陵产区以白葡萄酒出名，尤其是拥有种植雷司令的传统，在19世纪时由德国移民种植。该产区也出产霞多丽，酿出柔和、浓郁的葡萄酒。至于红葡萄酒，伊顿谷一直是西拉的领地，该品种葡萄是酿造澳大利亚一些最有名葡萄酒的基础，如翰斯科酒庄的神恩山。

> **主要葡萄品种。**白葡萄品种有霞多丽和雷司令；红葡萄品种有赤霞珠和西拉。

> **土质结构。**砂质黏土、黏土和沙土，有时混合着砾石和石英。

> **葡萄酒品味风格。**雷司令葡萄酒紧实、活泼且芳香（柑橘、燧石），有着非常好的陈年能力。西拉葡萄酒有着丰富的果酱、辛料香气，有时带有樱桃酒或桉树芳香。口感醇厚，有着柔和、甘美的结构。最为优质的酒还有着集中、深远和悠长的尾香，尽管这些酒在年轻时就已经很吸引人，其陈年能力也很强。

> **几家著名的葡萄酒生产商。**Heggies、Henschke、Leo Buring、Pewsey Vale。

南澳州

阿德莱德山区（ADELAIDE HILLS）

阿德莱德山区是一个位于阿德莱德城市东部、麦克拉伦谷北部的葡萄酒产区。其特点在于气候，由于靠海以及超过600米的海拔，这里是南澳州最为凉爽的地区之一。因此，产区在白葡萄品种方面有着不错的潜力。白葡萄主导着产区的葡萄种植，尤其主导着南部两个名气最高的子产区——兰丝木（Lenswood）和皮卡迪利（Piccadilly）。在较热的北部地区，赤霞珠，有时与梅洛相结合，可以达到良好的成熟度。

> **主要葡萄品种。**白葡萄品种有霞多丽、雷司令和长相思；红葡萄品种有赤霞珠、梅洛和黑皮诺。

> **土质结构。**沙土和黏质砂地。

> **葡萄酒品味风格。**阿德莱德山区出产几款澳大利亚最优质的长相思，芳香浓郁（绿色水果、柑橘，有时带有热带水果的香气）、活泼，适宜年轻时饮用。霞多丽葡萄酒经常作为酿制起泡酒的基酒，与同样广泛种植的黑皮诺相混酿。

> **几家著名的葡萄酒生产商。**Knappstein Lenswood、Nepenthe、Petaluma、Shaw & Smith。

南澳州

麦克拉伦谷

麦克拉伦谷面向海洋，东部由洛夫提山脉截断，是一个规模小但有着古老葡萄酒传统的产区。连绵起伏的茂密丘陵，以及地中海气候吸引了很多独立酒厂的到来，一般均为高水平的酒厂。尽管阳光通常较为充足，但局部气候还是很多样化，这主要与朝向、海拔高度和海洋影响的程度相关。

> **主要葡萄品种。**白葡萄品种有霞多丽和长相思；红葡萄品种有赤霞珠、歌海娜和梅洛。

> **土质结构。**沉积沙、沙土和沙质黏土。

> **葡萄酒品味风格。**麦克拉伦谷主要是一个盛产丰富、浓烈的红葡萄酒的产区，散发着馥郁的水果芳香，年轻时就极具魅力。

赤霞珠可以散发非常成熟的黑色水果芳香，带有辛料、可可的香气，丹宁非常圆润。西拉葡萄酒更为醇厚，酒裙深浓，有集中的水果香，酒精度高。歌海娜的古老葡萄树，有时与西拉混酿，酿出特别甘美、有深度的葡萄酒，带果酱或樱桃酒的水果芳香。

> **几家著名的葡萄酒生产商。**Clarendon Hills、D'Arenberg、Gemtree、Hardy's Reynella、Mitolo、Wirra Wirra。

南澳州

库拉瓦拉

这一产区位于南澳州的最东南端，是澳大利亚最著名的赤霞珠葡萄酒的天堂之一。距离海岸80公里，受西风的吹拂和南极洋流的冷却，享有温和的海洋性气候。

作为澳大利亚独一无二的产区，在经过漫长的法律争议之后，库拉瓦拉最终由一种特殊的土壤为基准划定界限。这类土壤被称为“红土”（terra rossa），在厚厚的石灰岩上铺撒着一层薄薄的淡红色土壤。这一结构覆盖了一条狭长的葡萄园，从北到南长约15公里，宽2公里。

从20世纪60年代种下第一批赤霞珠开始，库拉瓦拉的名声就被培养了出来，甚至超过了西拉，但这里还继续种植着西拉、霞多丽和雷司令。

> 主要葡萄品种。白葡萄品种有霞多丽和雷司令；红葡萄品种有赤霞珠、梅洛和西拉。

> 土质结构。松散的红色黏土（红土），下层为石灰岩。

> 葡萄酒品味风格。赤霞珠葡萄酒浓郁，有着果香（黑色水果、李子……）、辛料香或焦味，与其它很多澳大利亚赤霞珠葡萄酒相比有着更多的结构感，且有清爽感，丹宁相对紧致。这些葡萄酒大多拥有不错的陈年潜力。西拉的特点与其相同，比较热的地方出产的西拉葡萄酒有更明显的果香和清爽感。

> 几家著名的葡萄酒生产商。佳诺酒庄（Katnook）、帕克酒庄（Parker）、酝恩酒庄（Wynns）、泽马庄园（Zema）。

西澳州

玛格利特河

这一产区位于珀斯以南约250公里处，在20世纪80年代以前很少种植葡萄作物，但自从一些如Cape Mentelle和Cullen等先驱将其潜力展现出来后，产区的名气就一直稳步提升。玛格丽特河是地中海型气候，炎热、干旱，但由于三面环海，比内陆地区稍微温和、湿润一些。砾质和砂质土壤有着很强的渗透性，非常适宜种植赤霞珠，因而成就了此产区的名声。

> 主要葡萄品种。白葡萄品种有霞多丽、长相思和赛美蓉；红葡萄品种有赤霞珠、梅洛和西拉。

> 土质结构。沙土和砾石。

> 葡萄酒品味风格。赤霞珠，有时与梅洛进行混酿，成就了异常出色的葡萄酒，成熟且优雅。其中，最为优质的葡萄酒在成熟时拥有的精致和复杂度与梅多克葡萄酒相似。

至于白葡萄酒，长相思通常与赛美蓉相混酿，成就了平衡、柔和的葡萄酒，有时有着明显的植物香。

> 几家著名的葡萄酒生产商。Cape Mentelle、Cullen、Gralyn、Juniper Estate、Leeuwin、Moss Wood、Pierro、Vasse Felix、Voyager。

西澳州

大南部地区

这一广阔的大南部地区有着多个子产区（Albany、Denmark、Frankland River、Mount Barker和Porongorups），是澳大利亚面积最大的产区，同时也是最新创建的产区。目前，这里的葡萄树种植得最为稀疏。大南部地区覆盖了澳大利亚西南端的一大部分区域，是西澳州最为凉爽的地带。

由于靠海以及靠南的地理位置，大南部地区的夜晚非常凉爽，但白天阳光明媚；这里的降水量低于玛格利特河。两个子产区——“丹麦”（Denmark）和奥尔巴尼（Albany）都受到了海洋的强烈影响。许多驻扎在西澳州其它地方的生产商都在大南部地区收购葡萄（而20年前这里主要以种植苹果为主）。

> 主要葡萄品种。白葡萄品种有霞多丽、雷司令、长相思和赛美蓉；红葡萄品种有赤霞珠、黑皮诺和西拉。

> 土质结构。贫瘠的砂质砾石冲积土，以片麻岩和花岗岩为基础的冲积土。“丹麦”子产区为丰饶的冲积土。

> 葡萄酒品味风格。最成功的红葡萄酒酿自赤霞珠，有着澳大利亚不太常见的紧致感和结构感。还有西拉葡萄酒，果香非常浓郁，而且非常平衡。白葡萄酒方面，雷司令酿造的葡萄酒强劲而有着浓重的柑橘香气，而霞多丽葡萄酒则较清爽，有时结构感较强。

> 几家著名的葡萄酒生产商。Alkoomi、Chatsfield、Howard Park、Mount Trio、Plantagenet、West Cape Howe。

新西兰

NORTHLAND
Whangarei
Waiheke Island
AUCKLAND
Auckland
Te Kauwhata
Tauranga
Baie de Plenty
Hamilton
Waihou
Waikato
Île
du Nord
WAIKATO
BAIE DE PLENTY
Rangitaiki
GISBORNE
Lac
Taupo
Gisborne
Wanganui
HAWKE'S
BAY
TARANAKI
MANAWATU-
WANGANUI
Napier
Hastings
Hawke's
Bay
Rangitikei
Baie de
Tasman
Wanganui
Palmerston North
WELLINGTON
Nelson
Wairau
Blenheim
Wairarapa
Martinborough
NELSON
MARLBOROUGH
Clarence
Wellington
Océan
Pacifique
WEST
COAST
Alpes du Sud
Waimakariri
Christchurch
CANTERBURY
葡萄酒产区
主要葡萄酒产区
其它产区
区域划分
Île
du Sud
Kawarau
OTAGO
Clutha
Dunedin
SOUTHLAND
N
Invercargill
0
100
200 km
Île
Stewart

新西兰的葡萄园

尽管葡萄园规模很小，但这个位于世界尽头的岛屿所出产的葡萄酒凭借其清爽和浓郁的果香成功地在世界市场上赢得了一席之地。无论是最受欢迎的长相思、霞多丽，还是黑皮诺，新西兰的葡萄酒在新世界都占据了特殊的地位。

迅速的转变

新西兰的葡萄酒业在经历了一段相当长的潜伏期后，才取得了今日令人瞩目的成功。自1819年种下第一批葡萄作物，新西兰就需要不断战胜在潮湿天气下“做恶”的各类葡萄藤疾病，并且克服长期禁止、限制酒精饮品销售的清教和禁酒主义潮流。真正的转折点发生于20世纪70年代，新西兰引进了欧洲葡萄品种，取代了以往的美洲杂交品种，并对如马尔堡的新产区进行试验，并且重新定位，过去以生产甜葡萄酒为主，渐渐取代为以生产干型葡萄酒为主。

经过1986年的调整，新西兰葡萄园的面积减少了四分之一。随后，出现了霞多丽、长相思等葡萄品种的种植，并且生产出了技术成熟且有着非常清爽和芳香风格的葡萄酒，从而成就了新西兰今日的名气。1999年起，依靠着增长了550%的出口和显著提升的国内消费，新西兰葡萄酒的产量翻了4倍。

新西兰葡萄园的基本数据

种植面积：29 000公顷

年产量：2亿升

红葡萄酒：25%

白葡萄酒：75%

［新西兰葡萄酒酿造者协会（New Zealand Winegrowers），世界葡萄与葡萄酒组织（OIV）（2008）］

气候

新西兰由两个岛屿组成：北岛和南岛，从北至南绵延超过1500公里。为海洋性气候，受潮湿的西风和来自南极洲的寒冷的南风影响。与邻居澳大利亚相比，新西兰的气候更为凉爽、温和，特别是更为潮湿，以西海岸最为明显。最早开始种植葡萄作物的最北端地区，则为半热带气候，较为炎热且潮湿。南部较为靠近南极洲，气候更为凉爽，不过阳光明媚，对于活泼、芳香型葡萄酒的酿制来说堪称完美。

> 北岛霍克斯湾地区的葡萄园风景。

您未必了解的小知识

超过90%的新西兰葡萄酒都使用螺旋瓶盖。自2001年问世以来，由铝帽和密封垫圈组成的封瓶方法就被生产商认为是清爽和芳香型葡萄酒的最佳选择。这些生产商甚至成立了一个协会——新西兰螺旋瓶盖联合会（New Zealand Screwcap Wine Seal Initiative），旨在介绍并推广螺旋瓶盖的优点。

> 葡萄树有时会搭上保护网，以防止鸟类啄食葡萄。

土壤

大部分土壤质地沉重，黏土比重大且透水性差，与潮湿的气候相结合的后果就是导致葡萄树叶大、生长茂盛，有时甚至是疯长，因此，也就更容易沾染上疾病，并且在不少葡萄酒中会出现植物味。相反，在有些排水性好的砾质地带，如马尔堡或霍克斯湾，就需要进行灌溉。

葡萄酒产区

北岛（ÎLE DU NORD）。很长时间以来，新西兰的葡萄酒生产一直集中在北岛，但由于南岛更为清爽干燥，葡萄产量持续增长，北岛所占的比重相对有所下降。北岛拥有新西兰11个产区中的7个产区。在最北端，北地产区和奥克兰产区内的小产区以波尔多的葡萄品种酿制红葡萄酒，比如怀希基（Waiheke）小岛产的葡萄酒就非常出色。怀卡托（Waikato）和丰盛湾（baie de Plenty）地区则转向种植长相思。在东海岸，新西兰产量第三的吉斯伯恩（Gisborne）产区是强劲型霞多丽的领地，但同时也出产几款出众的琼瑶浆。顺着海岸线往南的霍克斯湾出产一系列多样的优质红、白葡萄酒（又见488页）。惠灵顿（Wellington）地区的葡萄园位于怀拉拉帕区内，囊括了马丁堡子产区。后者依靠长相思和黑皮诺获得了与其小面积（不到900公顷）不相符的大名气，且面积在五年内翻了一番。

南岛（ÎLE DU SUD）。位于岛屿北部的马尔堡生产新西兰一半以上的葡萄酒，成为国家的葡萄酒产业心脏，而且也是大多数最为优质的长相思的产地（又见488页）。位于西北部的尼尔森（Nelson）产区也不能免俗，长相思的种植占了葡萄园面积的50%。坎特伯雷（Canterbury）产区及怀帕拉谷（Waipara）产区（又见489页）也蓬勃发展，酿造着迷人的雷司令、霞多丽、黑皮诺等葡萄酒。在最南端，大陆性和山区气候在奥塔哥（Otago，又见489页）地区肆虐，长期以来让生产商望而却步。但这并不能动摇该产区优越的发展前景，而且已经酿制出了几款出色的黑皮诺葡萄酒。

葡萄品种和葡萄酒风格

在所有新世界产区中，新西兰拥有最为凉爽的气候，而且当前选用的都是适应当地自然条件的葡萄品种。自20世纪90年代起，除了雷司令，德国葡萄品种几乎消失殆尽，取而代之的是长相思、霞多丽，近期也开始种植黑皮诺，这三种葡萄品种的种植面积超过了总面积的80%。

白葡萄品种。新西兰约75%的葡萄酒都是白葡萄酒。继2008年又栽种了14 000公顷后，长相思继续巩固了它在各类葡萄品种中的明星地位。这类葡萄通常在酒罐中酿制并培育，是新西兰白葡萄酒的典型——清爽、活泼，散发着浓郁的香气，适合新鲜时饮用。霞多丽的面积就小了很多，但逐步趋于稳定。霞多丽酿出的葡萄酒有着很好的浓度，有些可以承受在木桶中进行陈酿。若是酿制起泡酒，则经常与黑皮诺进行混酿，得到的葡萄酒非常细腻，最为优质的那些甚至可以与不错的香槟酒相抗衡。灰皮诺（所酿葡萄酒多在当地被饮用）、雷司令和琼瑶浆的种植在马尔堡、怀帕拉谷和奥塔哥等清凉产区有着显著增长。虽然以酿制干型葡萄酒为主，但也酿制几款非常罕见的甜型葡萄酒。

红葡萄品种。只有赤霞珠有着古老的栽种历史（1832年），但是这个品种因经常达不到良好的成熟度而有所减少，如今已经被梅洛、尤其是黑皮诺（4 650公顷）赶超。黑皮诺在南岛有着飞跃的发展。尽管还有一些以赤霞珠和梅洛品种酿制的葡萄酒拥有优雅的风格、适宜陈酿的特性甚至于近似波尔多的水准；但真正优秀的红葡萄酒还是酿自黑皮诺，它们有着惊人的清爽感、浓密度和纯净的芳香。

新西兰最著名的葡萄酒产区和葡萄酒

地理区域的命名方式以大区为基础，有时为子区域。这些地区的名字会在酒标上进行标注，而且经常还会伴有葡萄品种的名称。但是，除了世界闻名的马尔堡以外，在新西兰最为重要的标准还是生产商的名字。

北岛

霍克斯湾

霍克斯湾是新西兰第二大产区（4 900公顷），位于北岛的东海岸。这一地区主要包括可以阻挡西风保护葡萄园的沿海山脉和一片相对肥沃的沿海平原。霍克斯湾拥有非常明媚的阳光以及合适的降雨量（890毫米）。

白葡萄品种占主要地位，而长相思也是刚刚取代了霞多丽成为这里种植面积最广的品种。该产区也是酿制优质红葡萄酒的地点之一，以产自砾质热土的梅洛和赤霞珠为基础。

> **主要葡萄品种**。白葡萄品种有长相思、霞多丽和灰皮诺；红葡萄品种有梅洛、黑皮诺、赤霞珠和西拉。

> **土质结构**。肥沃的砾质黏土和贫瘠的深砾石地相互交替。

> **葡萄酒品味风格**。霍克斯湾尤其以酿自梅洛和赤霞珠的红葡萄酒闻名，优雅且富有结构感，丹宁紧致，经常通过橡木桶陈酿而得到柔化，并且有着不错的陈年潜力。

风行一时的黑皮诺和西拉果香浓郁且多汁，所酿葡萄酒要趁年份浅时饮用。长相思和霞多丽（质量为该国最优行列）与南岛出品的葡萄酒相比更为丰富、饱满，有些可以在橡木桶中进行陈酿。

> **几家著名的葡萄酒生产商**。Bilancia、Craggy Range、Esk Valley、Mills Reef、Sacred Hill、Te Mata、Te Awa、Trinity Hill。

南岛

马尔堡

该产区最早的葡萄树种于1973年，在南岛的东北角处。自此，马尔堡逐渐成为新西兰面积最大且最为著名的葡萄酒产区（15 900公顷）。

葡萄园容纳了又宽又长的怀劳河（Wairau）及其支流四周的谷地，以及稍南且在不断扩展的阿瓦特尔河（Awatere）河谷。除了春冻以外，该地有着白天阳光充足和夜晚凉爽的理想气候条件。

马尔堡是新西兰著名长相思的出产地，而且这一品种也占了主要面积（11 700公顷）。同时，该产区也出产非常不错的黑皮诺和霞多丽，以及一些优秀的雷司令。

> **主要葡萄品种**。白葡萄品种有长相思、霞多丽、灰皮诺和雷司令；红葡萄品种有黑皮诺。

> **土质结构**。为砾质黏土和砾石地，北部的土壤较为贫瘠且渗水性好，南部则较为肥沃且渗水性较差。

> **葡萄酒品味风格**。无论酿自哪类葡萄品种，所有的葡萄酒都以浓郁的香气和清爽感为特点。长相思葡萄酒活泼且芳香浓郁，有柑橘、绿色水果或新鲜植物（草）的香气，且有着活泼的酸度，有时入口非常饱满。优秀的霞多丽平衡且清爽，可以达到优雅和浓度的顶峰。黑皮诺适宜年轻时饮用，较为清爽且富含果香，有着宜人的清新度。

> **几家著名的葡萄酒生产商**。Cloudy Bay、Delta、Fromm、Herzog、Jackson Estate、Kim Crawford、Staete Landt、TerraVin、Tohu Wines、Villa Maria、Wairau River。

南岛

坎特伯雷/怀帕拉谷

位于南岛东海岸马尔堡的南部，这一产区的面积在5年内翻了三倍（1 700公顷）。产区由两个子产区组成（子产区名标注在酒标上）：坎特伯雷由一片围绕着基督城的广阔平原构成，怀帕拉谷的丘陵则位于基督城以北约50公里处。凉爽、多风、阳光充足和低湿度的气候加上轻质且贫瘠的土壤，这种组合对于如雷司令、黑皮诺一类的葡萄品种来说非常理想。这两种葡萄的种植在此地占据绝对的主导地位，尤其是在怀帕拉谷产区，发展迅速。

> 主要葡萄品种。白葡萄品种有雷司令、长相思、灰皮诺和霞多丽；红葡萄品种有黑皮诺。

> 土壤。南部为冲积土、砂质黏土和砾石；北部为黏土、砂质黏土和石灰岩。

> 葡萄酒风格。这一产区的一半产量均为紧致、酸感且直爽的雷司令，有着矿物质香（燧石）、柠檬香，最为优秀的雷司令有着闪亮的色泽。该产区的另一特产则为黑皮诺，当达到足够的成熟度时，葡萄酒有果香、辛料香，活泼、清爽，有时非常纯净。这里还生产酸爽、芳香的长相思，以及结构感强的霞多丽。

> 几家著名的葡萄酒生产商。Bell Hill、Mountford、Pegasus Bay、Waipara Hills、Waipara West。

南岛

中奥塔哥（CENTRAL OTAGO）

中奥塔哥是世界上最南端的葡萄园，也是唯一一个位于南岛内陆的葡萄园。这个山区的产量虽然仅占新西兰的5%，但在几年的时间内，因黑皮诺（占产量的80%）的发挥出色，已经成为最具吸引力的产区之一。其面积从2002年起已经翻了三倍，酒厂数量则翻了四番。

葡萄树被栽种在谷地深处朝向各异的坡地上，由于有霜冻的危险，海拔高度很少超过300米。

产区气候为大陆性，夏季短暂、干燥，阳光非常充沛，昼夜温差很大。尽管成熟期比其它地区短了一些，但充足的阳光为黑皮诺的成熟带来了良好的自然条件。

> 主要葡萄品种。白葡萄品种有灰皮诺、霞多丽、雷司令和长相思；红葡萄品种有黑皮诺。

> 土壤。为以页岩为基底的混合着砾石的黄土，东北部有石灰岩（怀塔基谷）。

> 葡萄酒风格。尽管在奥塔哥有多种风格的黑皮诺，但这些葡萄酒闻起来往往都带有丰富的水果香气（非常成熟的红色水果），辛料香和木香则根据陈酿的类型和时间的长短不同而有着不同的强度。口感醇厚、集中，因浓郁、成熟的水果香而诱人。大多数葡萄酒丹宁含量较低，但都拥有清爽的结构，因此存在感强且有着明亮的光泽。从年轻时就很有魅力，浓度最高的葡萄酒可以陈年5至10年。大多数白葡萄酒活泼而芳香。

> 几家著名的葡萄酒生产商。Annisfield、Chard Farm、Felton Road、Mount Edward、Mount Maude、Mt Difficulty、Olssens、Rockburn。

云雾之湾（Cloudy Bay）——葡萄园的先锋

云雾之湾是位于马尔堡怀劳河口的海湾名称。同时，这也是新西兰最著名的酒庄的名字。酒庄由来自澳大利亚Cape Mentelle葡萄园的David Hohnen和Kevin Judd于1985年创建，酒标是一幅描绘周围群山峻岭的图画，引人遐想。酒庄为长相思和其所在的马尔堡产区的推广流行做出了巨大贡献，酿制的清爽和芳香型葡萄酒自此成为了国家标准，甚至是世界标准。随着年份的推移，这款葡萄酒获得了更多的细腻和优雅感，而且还保留了浓郁的芳香（柑橘、绿色水果、热带水果、新鲜植物）和活泼的酸度，这也是优秀的新西兰长相思所独有的特征。葡萄园自创建以来，其面积有了大幅度的扩张，且产品种类也日渐丰富，其中有新西兰最出色精致的霞多丽之一（在橡木桶中进行酿制），一款纯净、清爽的黑皮诺，以及一款名为柏露茹斯（Pelorus）的有着惊人细腻感的起泡酒。

日本、中国和印度

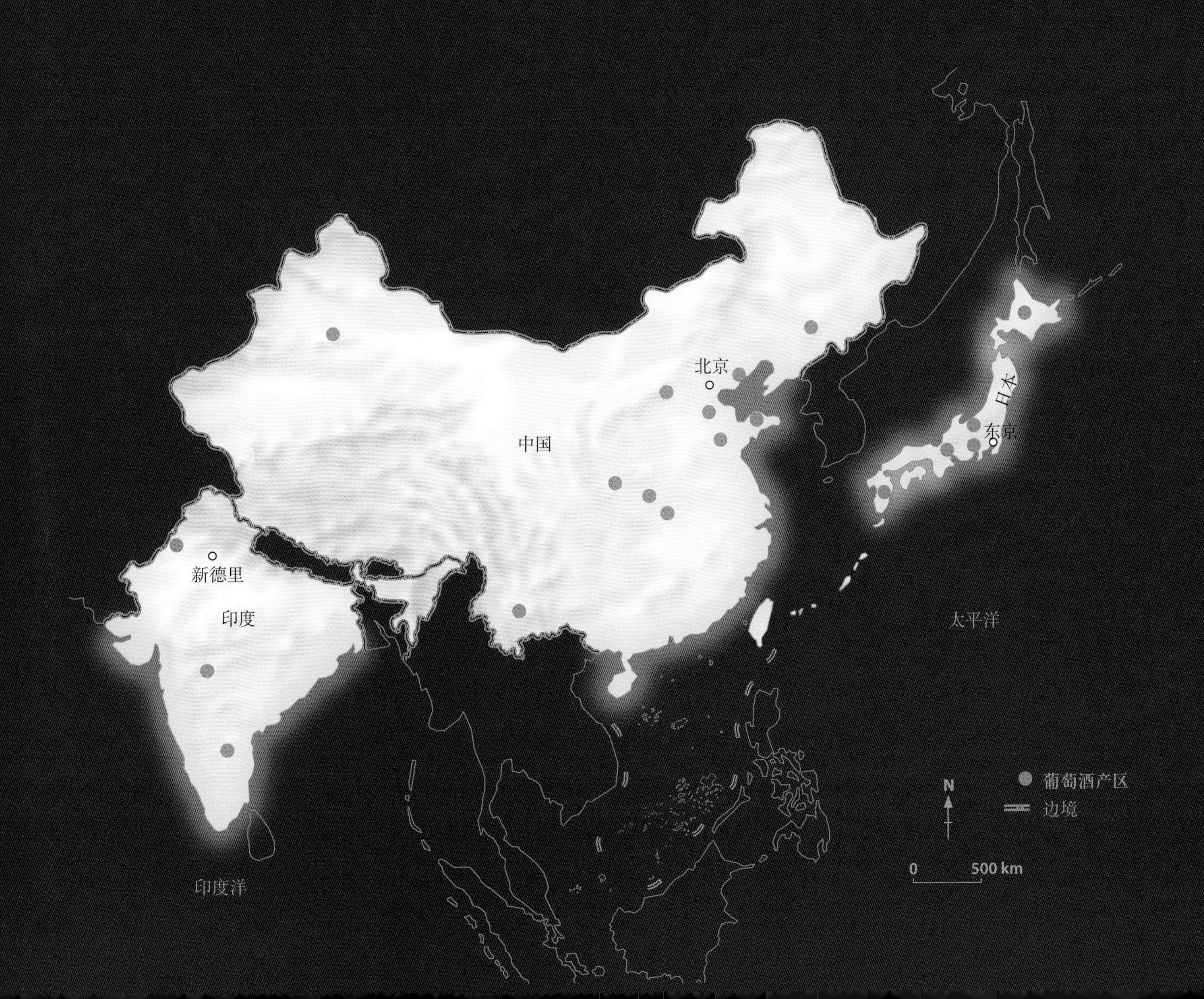

日本、中国和印度的葡萄园

虽然亚洲的葡萄酒消费量在近几十年迅猛增长，但是有葡萄酒产区的亚洲国家却屈指可数。日本和印度的葡萄园面积相对较小，相比之下，中国的葡萄园正在以惊人的速度增长。

日本

在日本，尽管从8世纪就开始种植葡萄作物，但直到16世纪葡萄牙传教士来到这片土地以前，几乎没有葡萄酒的消费记载。约300年后，在山梨县（Yamanashi）地区，山田宥教（Yamada）和诧间宪久（Takuna Norihisa）创立了第一家现代酒庄。不过，真正的葡萄酒热潮还是始于20世纪80年代。

日本是当今亚洲最为成熟的葡萄酒市场。尽管绝大多数葡萄酒都依靠进口，日本还是在当地进行了小规模的葡萄种植，这主要是由于日本人掌握了在不利于葡萄生长的环境下种植葡萄的技术。

葡萄产业的格局

日本20 000公顷的葡萄园中，仅有10%用于葡萄酒生产。虽然在几乎所有的日本群岛上均可见到葡萄树，但绝大多数的种植面积还是集中在了主岛——本州岛（Honshu）上，更以位于东京西侧的山梨和长野（Nagano）地区最为集中（40%的产量）。受季风和台风影响，日本的气候非常潮湿，加上酸性的肥沃土壤，都不是产优质葡萄的理想自然条件。而葡萄种植者们因地制宜，使用特殊的耕种方式，并选用合适的葡萄品种。

葡萄品种。虽然杂交品种如巨峰（Kyoho）、早生坎贝尔（campbell early）、蓓蕾玫瑰（Muscat Bailey A）和玫瑰露（Delaware）与进口品种（赤霞珠、梅洛、米勒–图高、霞多丽……）都有种植，但最为常见的葡萄酒主要酿自当地的欧洲品种的一个分支——甲州葡萄（Koshu）。在靠近富士山的山梨县，这一品种的葡萄拥有桃红色的葡萄皮，可以酿出舒适、轻盈和飘逸的白葡萄酒。最好的葡萄酒来自胜沼市（Katsunuma）排水性能很好的山坡上。相传，第一株甲州葡萄就是在这里由来自中国的佛教僧侣栽种下的。

几家著名的葡萄酒生产商。光明（Lumière）、曼殖（Manns）、马格雷–有贺（Magrez-Aruga）、梅露香酒堡（Château Mercian）、日本扎幌啤酒厂（Sapporo）、自然（Shizen）、三得利（Suntory）。

一位被甲州葡萄品种吸引的波尔多人

贝尔纳·马格雷（Bernard Magrez）——法国和全球35家酒庄的庄园主，与日本最为著名的甲州葡萄品种专家之一有贺先生（Yuji Aruga）开展了合作。被命名为马格雷-有贺（Magrez-Aruga）的佳酿就是这款日本本土葡萄品种出色的阐释，有着清新、芳香浓郁、清澈诱人的特点。

中国

15年前，中国人均葡萄酒消费量趋近于零；今天则是每人每年0.5升。尽管这一数字与欧洲人均消费量相比还是低了很多，但却足以说明这个几世纪以来从文化上就不曾接受过葡萄酒的国家已经发生了翻天覆地的变化。这一数字背后还隐藏着一个巨大的市场！

中国城市的西方化和快速发展可以解释这一改变。这个改变不仅表现在进口量的直线增长，更表现在本国葡萄酒产量的急剧增加。尽管很难获得有关葡萄园面积的准确统计数字，但可以确定的是这一数字在10年的时间内翻了一倍多，根据世界葡萄与葡萄酒组织（OIV）的数据，在2008年达到了470 000公顷。就算是考虑到其中食用葡萄占很大比重，中国还是可以排在世界前十大葡萄酒生产国的行列之中。

> 中国新疆维吾尔自治区吐鲁番市附近的葡萄丰收。

> 位于卡纳塔克邦首府班加罗尔北部的格罗弗（Grover）葡萄园采收葡萄（印度）。

葡萄产业的格局

中国有着广阔的疆域，气候和地形的差异显著，除了云南以外，主要的葡萄种植区都集中在了北方：从最西端的新疆，到中部的甘肃、陕西、宁夏和山西，一直延伸至渤海湾地区。山东半岛面向渤海湾且朝向较好的山坡，因受海洋的影响缓和了极端的气候，有着巨大的潜力。

葡萄品种。19世纪初期，传教士将一些葡萄品种传入了中国，比如威尔士雷司令或汉堡麝香（muscat de Hambourg）。而当地的葡萄品种，如龙眼葡萄，仍占据着主导地位。不过，以赤霞珠、梅洛和霞多丽为首的国际品种在中国也发展迅速。

葡萄酒发展正规化

中国葡萄酒的生产高度集中，掌握在三大公司手中：张裕、王朝和长城，其中几个公司有国外的合作伙伴。这种技术合作效果显著：就在不久前还几乎没有正规酿制程序的中国葡萄酒已经大幅度地向国际标准靠拢。

一些独立且规模较小的生产商酿制而得的葡萄酒也很有吸引力。以位于山西的怡园酒庄为例，其波尔多风格（赤霞珠、品丽珠、梅洛）和勃艮第风格（霞多丽）的葡萄酒就十分出色，无可挑剔。

几家著名的葡萄酒生产商。凯泰、张裕、君顶酒庄、龙潭、怡园酒庄、长城、华东。

印度

据古代文献表明，印度从公元前4世纪就开始生产葡萄酒。尽管印度历史上有些时期容忍葡萄酒的存在，但是，宗教的禁令长期将其同其它酒精饮品一样，归到了边缘饮品类。

惊人的发展。城市内中上层阶级的西化改变了人们对葡萄酒的看法，并开辟出了一个在过去十年中迅猛发展的市场。印度针对进口葡萄酒征收高昂的进口税以及支持当地酒农的政策促进了国内葡萄酒产业的发展，产量也翻了一番。印度葡萄种植面积为63 000公顷，但其中仅有几千公顷是以酿制葡萄酒为目的。

主要产区

马哈拉施特拉是印度第一大葡萄酒产区，2007年时约有50家生产商。印度三大生产商中的两大都位于这一产区：印迭戈酒庄（Château Indage）——葡萄酒业绝对的先锋，1982年时成功地推出了起泡酒；苏拉葡萄园（Sula Vineyards）——1997年由雷杰夫·萨曼特（Rajeev Samant）创立，位于孟买北部的纳斯基地区。后者证明了就算是潮湿、炎热的热带气候，也不是没有可能产出优质的葡萄酒，比如一款清新芳香的长相思。

印度第二大产区卡纳塔克邦也拥有相同的自然条件。堪瓦尔·格罗弗（Kanwal Grover）于1988年在俯瞰班加罗尔的山丘上所建的葡萄园，如今已是印度第一大葡萄酒出口商。这家酒庄的产品质量优秀，其中有款干红（珍酿）经常获得评论界的好评，该酒由印度最流行的两个葡萄品种——赤霞珠和西拉混酿而得。

几家著名的葡萄酒生产商。印迭戈酒庄、苏拉葡萄园、格罗弗葡萄园。

参考资料

葡萄酒专业术语

这一章着重解释葡萄酒领域的专业词汇，但不包含品酒词汇。品酒词汇在230～237页有详细介绍。所有专业术语的介绍顺序是按照他们法语单词的字母顺序排列的。带星号（*）的词语说明该词是此专业术语表中的一个专门词条。

A

ABBOCCATO（**意大利语**） 微甜的葡萄酒。

ACIDE ACETIQUE **醋酸** 所有葡萄酒都含有微量的醋酸。如果它的含量过高，转化过度，葡萄酒就会变成醋。

ACIDE CITRIQUE **柠檬酸** 一种在水果和蔬菜中含量丰富的酸类物质。葡萄果粒中也含有这种物质，数量多少各不相同。白葡萄中含量高一些，特别是感染了贵腐菌*的白葡萄。可以通过增加柠檬酸改变葡萄酒的酸度，但是剂量受到相关条例的限制。

ACIDE LACTIQUE **乳酸** 一种在乳酸发酵*（苹果酸转化成乳酸）过程中出现的酸性物质。

ACIDE MALIQUE **苹果酸** 在葡萄果粒成熟过程中，青葡萄果粒中不稳定的苹果酸会逐渐减弱。它的味道就像酸涩的青苹果。当酒精发酵*过程完成后，它就会转化成乳酸*。

ACIDE TARTRIQUE **酒石酸** 最珍贵的酸性物质，葡萄酒中最酸的物质，在植物世界很难找到它的身影。根据气候条件不同，它在葡萄果粒中的含量持续减少，直到葡萄果粒的转色期*开始。

ACIDITÉ **酸度** 葡萄酒富含有机酸：酒石酸*、苹果酸*、柠檬酸*、乳酸*等。酸度在品酒时扮演很重要的角色。它补充和缓和了葡萄酒的甜润*及物质（糖分、酒精、甘油等），与丹宁*在一起形成协同作用，会加重口腔对酒液酸涩度的体验。如果它含量过高或不平衡，会表现出过度酸涩。相反，在甜酒中如果它含量不足，则会让酒液表现出松弛贫乏。如果它含量稍稍偏高，会带来清新的口感；含量稍稍偏低，则让酒液口感更柔和。

ADEGA（**葡萄牙语缩写**） 葡萄牙的葡萄酒酿造中心。

ALCOOL **酒精** 葡萄酒的重要组成元素之一，来自酿酒时葡萄汁的酒精发酵：由于酵母*的作用，葡萄汁中的糖分转化成酒精，释放出二氧化碳和热量。不同葡萄酒的酒精度*是不一样的，从7%一直到15%。酒精度的高低取决于天然葡萄浆液*的糖分含量和加入糖分的多少。高于15%酒精度的葡萄酒通常是加强型葡萄酒。要注意，对于白葡萄酒，提高1%酒精度需要糖分17克/升；而对于红葡萄酒，提高1%酒精度需要糖分18克/升（又见加糖强化酒精法*）。

AMABILE（**意大利语**）比abboccato*更甜一些的葡萄酒。

AMERTUME **苦味** 葡萄酒的四种味道之一。

AMONTILLADO（**西班牙语**）**阿蒙蒂亚多** 比Fino级别要高的雪利酒，在陈年过程中形成了琥珀的颜色、丰满的酒体和榛子的香气。

AMPELO-GRAPHIE **葡萄植物分类学** 专门研究葡萄品种*分类的学科。

ANHYDRIDE SULFUREUX **二氧化硫**（SO_2） 葡萄果农通常会在酿酒过程中使用二氧化硫，因为它带来众多益处：防止新鲜采摘的葡萄果粒过早开始发酵；可以抑制或促进精选酵母*的作用；去除细菌或微生物，防止酒液氧化*；是出色的溶剂，溶解葡萄酒中的无机盐；能够阻止苹果酸-乳酸发酵*；在甜白葡萄酒*的酿造过程中作用尤其关键，可防止装瓶后再次发酵。

ANTHOCYANES **花青素** 葡萄果粒内含有的红色素，赋予红葡萄酒颜色。这种红而偏紫的年轻葡萄酒的色泽几乎全部来自花青素分子（酚类物质），但很不稳定，在陈酿过程中会与丹宁*物质（其它酚类物质）结合而给葡萄酒带来红宝石的颜色。

APPELLATION D'ORIGINE CONTRÔLÉE **法定产区命名（AOC-法定产区）** 法国葡萄酒的原产地命名系统，指的是特定的地域范围和葡萄品种*，依据法国国家原产地和品质监控命名委员会（INAO）制定的质量标准酿造的葡萄酒。从欧洲范围来讲，它对应着原产地保护命名（AOP）系统。法定产区命名地区出产的葡萄酒应该遵循严格细致的产品质量标准规定，这些规定涉及指定的地域范围、葡萄品种种植结构*、葡萄浆液最低的含糖量、酒精度数、每公顷葡萄的上限产量*、葡萄树的修剪方法、葡萄田种植管理方法和葡萄酒酿造方法。法定产区命名（AOC-法定产区）葡萄酒在入市销售之前需要经过品评认证。

APPELLATION D'ORIGINE PROTÉGÉE **原产地保护命名（AOP）** 欧洲一种对应着法国法定产区系统制定的原产地命名系统，适用于欧盟中法国以外的国家。

APPELLATION D'ORIGINE VIN DÉLIMITÉ DE QUALITÉ SUPÉRIEURE（AOVDQS） **优良地区餐酒限定保护区域** 一种标志原产地的命名系统，其地域的划分和遵循的原则与法定产区命名（AOC-法定产区）系统不同，质量标准的严格程度要比AOC系统低。根据欧洲最新的法律规定，AOVDQS将在2011年停止使用。

AROMES **香气** 形容葡萄酒香气的术语，特别是由鼻子和口腔感受到的香气。人们将葡萄酒的香气分为初期香气（植物）、中期香气（发酵）和后期香气（陈年演化）。

ASSEMBLAGE 混酿 将不同酒液混合到一起调配的操作。不同葡萄酒液一起调配出更丰富的特性。

AUSBRUCH（德语） 一种奥地利的葡萄酒，甜度比德国逐粒精选采摘葡萄酒*高，但是比干枯葡萄精选采摘葡萄酒*要低。

AUSLESE（德语） 逐串精选葡萄酒 酿自延迟采摘（或受贵腐菌侵袭）的葡萄果粒，含有高浓度的糖分。逐串精选葡萄酒可以是干白葡萄酒，也可以是甜白葡萄酒。

B

纸质酒盒 一种纸质的软包装，带有龙头开关，用于散装酒的包装方式（建议开启后6个月内饮用）。

BAN DES VENDAN-GES 采收日 每年开始葡萄采收的规定日期，也可以指加糖强化酒精法*被允许的日期。这一日期由法国国家原产地和品质监控命名委员会*（INAO）和各葡萄酒产区工会建议，由各地区政府认证。

BARRICA（西班牙语） 西班牙的酿酒用橡木桶，容量约为225升。

BARRIQUE 橡木桶 酿酒用橡木桶依据各个地区的不同，其容量也各有差异。勃艮第地区使用的橡木桶通常为228升；而波尔多地区使用的橡木桶通常为225升；图伦–安茹地区的橡木桶则为232升。

BÂTONNAGE 搅桶 一种让沉淀在底部的细腻酒渣*重新浮动与酒液充分接触的操作，主要在橡木桶或酒槽内的培育过程中进行，目的是为了获得更加丰富、柔和和丰腴的葡萄酒。

BEERENAUSLESE（德语） 逐粒精选 德国或奥地利采用感染贵腐菌或延迟采摘的葡萄果粒酿制的糖度很高的甜白葡萄酒。

BEREICH（德语） 葡萄酒产区。

BLANC 白葡萄酒 用白葡萄果粒或红葡萄果粒经过简单压榨而成的无色果汁或葡萄浆液*经过酒精发酵*后获得的葡萄酒。又见酿造工艺章节。

BLANC DE BLANCS “白中白” 用白葡萄果粒酿造的白葡萄酒。

BLANC DE NOIRS “红中白” 用红葡萄果粒酿造的白葡萄酒。

BLUSH（美式英语） 桃红葡萄酒 美国的英语词汇，指的是桃红葡萄酒。

BODEGA（西班牙语） 西班牙语词汇，用来指酒窖或酿酒库。

BOTRYTIS CINE-REA 贵腐菌 一种寄生在葡萄果粒表面的真菌。少量的“灰霉菌*”，有利于酒液浸渍发酵；而过量的霉菌会影响葡萄的减少（红葡萄酒减少10%～15%，白葡萄酒减少约20%）；大量的霉菌，在特定的气候条件下，使葡萄果粒过度成熟*导致糖分浓缩，形成著名的“贵腐霉*”果粒。这种受贵腐菌侵袭而形成的贵腐果粒可以被用来酿造著名的波尔多苏玳产区甜白葡萄酒*和匈牙利托卡伊甜白葡萄酒。

BOUCHON 软木塞 软橡木柱或合成材料制成的塞子，用于密封葡萄酒瓶。软木塞的质量差异很大。质量最差的木塞是将碎软橡木压紧制成的木塞。

BOUCHONNÉ 木塞味 指的是有着强烈木塞味的葡萄酒。这样的葡萄酒通常已经不能饮用。这种现象是不可逆转的和不常出现的，是由木塞上附生的某些霉菌引起的污染。

BOUILLIE BORDELAISE 波尔多液 主要以硫酸铜和石灰水为成分的溶液，由Millardet先生在20世纪发明，用来抵御霜霉病*。波尔多液逐渐被含铜的化合物所代替。

BOUQUET 酒香束 指的是葡萄酒在鼻中散发出的各种复杂愉悦的香气*。又见“香气”的解释。

BOURBE 酒泥 含有大量植物和有机残体的葡萄浆汁。又见“除渣”（débourbage）的解释。

BRANCO（葡萄牙语） 白葡萄酒。

BRUT 极干型 用来形容起泡酒*的类型，其糖分含量很低（0～15克/升）；其中，“零糖分”（brut zéro）和“整体干型”（brut intégral）指的是没有任何甜味的起泡酒。

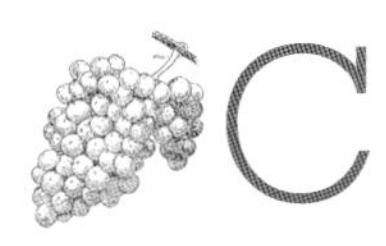

C

CAPSULE 酒帽 葡萄酒酒瓶上的金属或其它材质的套帽，用于密封葡萄酒瓶。酒帽通常使用锡合金材质，偶尔会使用塑料材质。在起泡酒*的应用中，还有一个特定名词“木塞冠环”（bouchon couronne），指的是橡木塞铁丝绕环。

CAPSULE CONGÉ 完税后的酒帽标识 这种印有官方放行章的酒帽，指的是已经获得完税标识（CRD）的葡萄酒。

CAUDALIE 歌达利 又见230页品酒词汇的解释。

CAVA（西班牙语） 西班牙用传统方法*酿造的起泡酒的名称。

CENTRIFUGATION 离心除渣法 通过离心作用去除酒液中大粒杂质的澄清*方法。这种操作通常用来除渣、澄清新酒液，除去沉淀和下胶*留下的杂质。

CEP 葡萄藤 葡萄砧木上嫁接的超过一年的葡萄枝干。

CÉPAGE 葡萄品种 用同一属*Vitis vinifera*分生的不同品种，全世界共有几千个酿酒葡萄品种。

CHAI 酒窖 存放橡木桶*或酒罐*的酿酒*库或培育*酒窖，或储存已装瓶的葡萄酒的酒窖。

CHAMBRER 室温待酒 在过去，酒窖温度凉爽，而人们在室内用餐，将葡萄酒从酒窖拿出放置室内，通常温度很少超过18℃。如今，从酒窖中取出来的葡萄酒需要逐渐上升到适宜的待酒温度显得十分重要。

CHAPEAU 酒帽 在红葡萄酒的酿造*工艺中，“酒帽”指的是在酿酒桶中浮在酒液面上的固体物质（葡萄皮、葡萄籽、果梗、果肉），它们因发酵产生的二氧化碳气体而浮在酒液*表面。

为了更好地提取葡萄果粒中的颜色和香气*，掌握浸渍工艺十分重要*。可以采用多种方法，进行搅拌浸压、压帽等使固体物质和酒液充分接触，充分提取。

CHAPTALISATION 加糖强化法 由法国化学家Chaptal先生的姓氏命名的酿酒工艺，指的是在酒精发酵前在糖分不够的浆液中加入糖分（蔗糖、甜菜糖或浓缩葡萄果浆*），进而进入发酵过程，获得比预期要高的酒精度。这种方法被许多产酒国家禁止使用，允许使用的国家也对此有严格的法律规定。

CHARMAT 往酒罐中增加糖分和酵母*的起泡酒*酿造方法。气泡在“封闭的酒罐”中产生。

CHÂTEAU 酒庄 指的是葡萄酒酿自一片特定的园地。在这样的园地中不一定有城堡一样的建筑。人们在酒标上会看到比实地更多的城堡图像。

CLAIRET 浅红葡萄酒 波尔多通过自流汁*法酿造的浅淡的红葡萄酒或桃红葡萄酒。

CLARIFICATION 澄清 获得清澈葡萄酒液的整体操作过程。可以采用不同的方法：离心*、过滤*和下胶。澄清过程应该采取稳定工艺加以完善，使酒液的物理-化学和微生物特性不被改变，以避免酒液后期产生浑浊或沉淀*。

CLASSICO（意大利语） 在葡萄园地中心出产的葡萄酒。

CLAVELIN 凯文林瓶 用来盛装汝拉产区的葡萄酒，尤其是黄葡萄酒的酒瓶名称。容量是620毫升，用来表示1000毫升葡萄酒原液经过6年陈酿培育过程后的剩余量（由于强烈的挥发作用）。在这种陈酿培育过程中，葡萄酒酒液被覆盖在酵母层的下方，不进行填桶*过程。

CLIMAT 优质风土地块 在勃艮第产区，这个用语不仅仅指的是气候条件，也指每个村子的不同地块，有一些地块出产的葡萄酒具有一级园的品质，而另外的则没有品级。没有品级的葡萄酒产品只能标注村庄级产区的名称，而没有权利标注“一级园”。例如在Meursault产区，Bouchère是一级园的优质风土地块，可标注“一级园”，而Narvaux只是普通的地块，出产的葡萄酒只能标注Meursault产区。

CLONE 葡萄品系 从一株葡萄根上长出的无性植株枝条（芽生或嫁接*而来）。又见“葡萄品系选育”。

CLOS 园圃 由围墙围起来的葡萄田块。这一用语原先用来标注法定产区的葡萄酒产品，因为围墙圈地可以标示葡萄酒的产地。虽然几个世纪过去了，园地周围的围墙已很少存在，但如果它是产自同一葡萄园地，那么园圃这个词依然可沿用在葡萄酒的名字中。

COLLAGE 下胶 在葡萄酒装瓶之前澄清*酒液的一种工艺操作。方法是将葡萄酒液和胶体混合，胶体会将悬浮的杂质吸附（絮凝作用）后通过重力作用沉淀在酒液容器底部。使用的胶体物质通常有打散的鸡蛋清、鱼胶、膨润土（一种黏土）。然后人们要将葡萄酒倒桶进行澄清，去除沉淀杂质，装瓶前往往还要进行过滤。

COLLERETTE 肩标 贴在酒瓶肩上的标签，经常标注着葡萄酒的年份。

COLORANTS 色素 由众多酚类化合物组成的物质，包括花青素*、丹宁*、丹宁和花青素聚合物。在年轻的红葡萄酒中，颜色主要来自于自由存在的花青素。在陈年老化过程中，花青素和丹宁结合，并且相互凝聚，给葡萄酒带来砖红的色调。

COMPLANTATION 混合种植 在同一田块中种植不同葡萄品种的葡萄树。

CONGÉ 完税标志 伴随葡萄酒运输的税务文件。这些文件是纳税的常规文件。有的生产商或酒商有纳税记录的注册证明。另外的生产商或酒商在葡萄酒装瓶的时候，在每瓶酒上贴上完税后的酒帽标识*以显示纳税证明。

CONSERVATION DES VINS 葡萄酒的储存 如果保存条件不正确或不理想，葡萄酒的内部演化会朝着不利的方向发展。正确的储存原则通常是为了防止微生物、特别是酸性细菌的侵袭和酒液物理化学性质的改变，这些不利的演化往往和空气或温度有关。一旦葡萄酒被装瓶，葡萄酒的储存期限就取决于酒窖的条件和酒液自身的特性。

COULURE 落花落果现象 由于不利气候因素如寒冷、降雨或早春等的影响，使得葡萄花的授粉未能完成的现象。落花落果会导致植株糖分的分布失衡；葡萄花或果实凋零，或发展不均匀，有的果串根本不结果。

COUPAGE 混酿 混酿*的另一法语用词。

CRÉMANT 克雷芒起泡酒 用传统方法*酿造的起泡酒，没有香槟酒那样强的压力（只有2.5～3公斤，而香槟酒有5公斤）。

CRIANZA（西班牙语） 西班牙出产的经过橡木桶陈酿过程的葡萄酒。“con crianza”的意思是“陈酿”。又见“Sin crianza”用语的解释。

CRU 优质园地 这个词的第一个含义指的是在限定的葡萄酒生产区域内，出产的葡萄酒通常个性独特，与众不同。今天这一用语的含义接近勃艮第地区的“优质风土地块*”。而在波尔多地区，它与葡萄园地的特殊种植密切相关，涉及葡萄品种和种植结构*的选择、酿酒师的技术以及土壤本身。是酒庄*及所包含的相关的一切构成了优质园地。在香槟地区，人们按照村的品级*来给葡萄定价。每个村落参照“100%评分的村”即葡萄果实最优质的村，按其评分的方式定价。不同的品级名称——特级村（grand cru）、一级村（premier cru）或列级村（cru classé）通常和法定产区标注在一起。村庄评级是以产区的法规确定，以特级村、一级村的生产条件为基础或以农业部批准的分级制度为基础。这种分级制度在波尔多的梅多克、帕萨克-雷奥良、苏玳以及圣安美隆地区已经实施。

CRU BOURGEOIS 中级酒庄 波尔多地区名气低于列级酒庄的酒庄。

CUBITAINER 盒装葡萄酒 一种塑料葡萄酒容器，外层用纸箱做保护，通常是用于零售散酒的容器。容量在5～33升。由于塑料内层密封性不好，含有细孔可透气，因此这样的塑料方桶只能为葡萄酒做临时的运输包装。

CUVAISON或CUVAGE 入罐 葡萄酒酿造的基本工艺，包括将葡萄浆液*灌入酒罐、发酵、倒罐*（红葡萄酒酿造*时采用）和自流酒的分离*。又见“出罐工艺”。

CUVES 酒罐 酒罐是盛放酒液的容器，体积可以从十几千升到几十万升。它是用于酿造*、培育*或者储存*葡萄酒的器皿。制造酒罐所用的材质很多，有木头、石头、混凝土、塑钢、不锈钢、玻璃、纤维玻璃和塑料等。酿酒用的酒罐可以装备不同的自动压帽*装置，或者倒罐*设备。

CUVÉE 特酿 指的是挑选出来用于混酿*某一特定酒的酒。在香槟地区，这一用语指的是用首次压榨的葡萄浆液*酿造的香槟。

D

DÉBOURBAGE 去渣 酿酒过程中在葡萄浆液*发酵之前将果汁和酒泥*分离的过程。

DÉBOURREMENT 抽芽期 植物生长周期中芽生长绽开的过程和阶段。

DÉCANTATION 滗析 将清澈的酒液和它的沉淀物以及酒渣分离的操作。人们通常对名贵的葡萄酒和年份波特酒进行滗析操作，方法是将葡萄酒从原装酒瓶缓缓倾入酒壶或醒酒器中。

DÉCLASSEMENT 降级或取消级别 指的是将葡萄酒取消级别或降级。它可以是生产商的自愿选择，也可以是国家品质监控委员会根据专家的意见做出的决定。这样的决定对葡萄酒具有深远的影响。被降级或去除品级的葡萄酒只能标注范围更广的产区名称，或者要标注更低的品级。

DÉCUVAISON或DÉCUVAGE 出罐 酿酒过程中酒精发酵*结束后的操作。白葡萄酒出罐只是将酒液导入另外的容器。对于红葡萄酒，在发酵过程中还保留着葡萄果皮、葡萄籽，有时还会有一些果梗，出罐操作就比较复杂：首先是自流酒的分离*，也就是说获得酒罐最底部的酒液（自流酒*），然后将上部的混合酒浆移除到压榨装置中进行压榨，从而得到压榨酒*。压榨后的固体残留物质，称为酒渣*。

DÉGORGEMENT 除渣 香槟酿造的一道工序（香槟酿造法*）：去除在瓶中进行二次发酵所产生的酵母*残渣及杂质的过程。

DEGRÉ ALCOOLIQUE 酒精度 计算葡萄酒中乙醇含量的指数，即酒精度数（单位为% vol.）。

DEMI-SEC 半干型 起泡酒的类型，含蔗糖量为33～50克（或多或少水解一部分），来自除渣*后加入的7%～10%的糖溶液（又见“糖分强化*”）。

DÉPÔT 沉淀 在葡萄酒中出现的固体杂质。白葡萄酒中常出现的是无色酒石酸*晶片，而红葡萄酒中出现的则是丹宁*和色素*的结晶体。

DÉSHERBAGE 除草 在葡萄树的植物生长阶段和葡萄果粒成熟阶段去除植株周围的杂生植物。

DESSERT（VIN DE） 甜品用酒 这类葡萄酒主要是密斯特拉酒*、半甜型葡萄酒*、甜白葡萄酒*和天然甜型葡萄酒*。可以当作餐前酒享用，但主要用于搭配甜品饮用。

DO（西班牙语） 西班牙原产地认证的葡萄酒。

DOC（西班牙语） 也是西班牙一种原产地认证葡萄酒，代表的葡萄酒品质更优秀。

DOC（葡萄牙语） 葡萄牙的一种葡萄酒原产地认证系统，相当于法国的法定产区*（AOC）。

DOC（意大利语） 意大利的一种葡萄酒原产地认证系统，相当于法国的法定产区*（AOC）。

DOCG（意大利语） 也是意大利的一种葡萄酒原产地认证系统DOC的确认，需要经过专业品评，经过官方正式认证。

DOMAINE 酒庄 具有独立园地和法人资格的葡萄酒产业，包含葡萄园、与葡萄种植和葡萄酒酿造相关的工具和设备。

DOSAGE 加糖 在香槟酿造过程中，基础酒除渣*后人们会往酒液中加入糖溶液，称为“调配糖浆*”，来使香槟酒达到各种类型：“极干型”（brut，糖分含量最多15克/升）、“绝干型”（extra dry，糖分含量12～20克/升）、“干型”（sec，糖分含量17～35克/升），以及“半干型”（demi-sec，糖分含量33～50克/升）和“甜型”（doux，糖分含量超过50克/升）。

DOUX 甜型 糖分含量超过45克/升的葡萄酒类型。

E

ÉCHELLE DES CRUS 优质香槟酒出产区域规模 香槟地区村落的品级划分，以此为依据来确定每年香槟葡萄的收购价格。最好的村落是“100%的评分”。其它村落的评分可以低至70%。

ÉCOULAGE 自流酒的分离 红葡萄酒的酿造步骤。指的是获取酒罐底部的自流酒*，让剩下的皮渣留在酒罐内。

EDELZWICKER （法国阿尔萨斯语）用来指用不同葡萄品种混酿*得到的葡萄酒。

EFFERVESCENT 起泡酒 指的是瓶装的葡萄酒含有二氧化碳气体，在压力之下盛装在酒瓶内，当酒瓶开启的时候会产生大量气泡。“effervescent”（气泡）渐渐被另一个词汇“mousseux*”（泡沫）所代替。起泡酒可以通过多种方法获得，这一系列方法有：

-在酒瓶内进行二次发酵和除渣*，传统的起泡酒产区如香槟、克雷芒以及各种mousseux*都采用这种方法。

-在加压罐内进行二次发酵，没有法定产区标注的品牌起泡酒通常采用这种方法；

-充入二氧化碳气体（类似苏打水的生产方法），通常价廉且产量大的起泡酒采用这种方法。又见“加气法”（gazéifié）。

还有一种介于第一和第二种方式之间的方法，在瓶内进行二次发酵，用转移酒液在压力下）过滤*以取代去渣*的方法。微起泡酒和低压起泡酒*（气压在2.5个压强以下）都属于带气的酒，但不属于泡沫起泡酒。“香槟酿造法*”只用于产自香槟地区的起泡酒。

ÉGRAPPAGE OU ÉRAFLAGE 去梗 将葡萄果粒和果梗分离的操作过程。果梗内含有的植物油和丹宁*会给葡萄酒带来苦涩的口感。

EISWEIN（德语） 冰酒 奥地利、

德国和加拿大生产的甜葡萄酒。酿自延迟采摘并在植株上结了冰的葡萄果粒。

ÉLEVAGE 培育 从出罐*开始一直到葡萄酒装瓶间的所有操作和过程。

ENCÉPAGEMENT 葡萄品种种植结构 一片葡萄园地上种植的不同葡萄品种*。也可以说是一个酒庄或者一个葡萄酒产区的葡萄品种种植结构。可以是单一葡萄品种种植，也可以是复杂的品种种植。不同的葡萄品种给葡萄酒带来不同的品味风格。在香槟地区，人们采用霞多丽是因为它的精致和轻柔，至于黑皮诺或者莫涅皮诺，会带给葡萄酒丰满的酒体和圆润的质感。在其它产酒地区，如阿尔萨斯，多样的葡萄品种种植结构可以产出不同风格的葡萄酒。

ERAFLAGE 去梗 又见“去梗”（égrappage ou éraflage）。

ÉVENT 变质（氧化） 葡萄酒与空气接触而产生的不良变化。

EXTRA DRY 半干型 通常指含有极其低残糖*（2～20克/升）的起泡酒*，同时也指非常干的葡萄酒。

FERMENTATION ALCOOLIQUE 酒精发酵 葡萄酒酿造工艺中的步骤：在酵母*的作用下，葡萄浆液*中的糖分转化成酒精、二氧化碳并释放出热量，这时葡萄浆液就变成了葡萄酒。

FERMENTATION MALOLACTIQUE 乳酸发酵 酒精发酵*后的二次发酵过程。在某些乳酸菌的作用下，苹果酸*（青苹果的味道）转化成乳酸*（酸乳的味道），并释放出二氧化碳。乳酸不像苹果酸那样酸涩刺口，使得葡萄酒的口感变柔和。

FICHE DE DÉGUSTATION 品酒笔记 一种用专业方法记录葡萄酒品评过程中感受和体会的笔记。品酒笔记通常按顺序记录视觉、嗅觉、味觉和触觉的鉴赏。

FILTRATION 过滤 通过让酒液通过一层硅藻土或密织的纤维素层，又或者是合成膜来去除酒液中浑浊的颗粒杂质的澄清*工序。

FLORAISON 花期 葡萄植株生长周期的阶段，在这个阶段中葡萄花完成授粉，之后形成葡萄果粒。

FOUDRE 大木桶 酿酒用的大型木桶，容量在5千至3万升。

FOULAGE 破皮 可选的酿酒步骤，指发酵之前挤压葡萄果粒让其果皮破裂、果汁流出的操作。

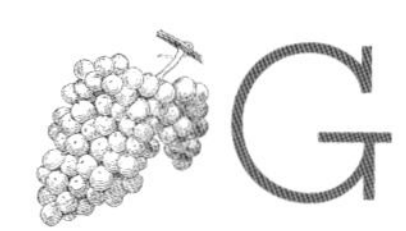

GAZÉIFIÉ 加气法 一种起泡酒（effervescent）*的酿造方法。通过在“密封酒槽”内高压加入二氧化碳气体的方式实现，而不是像香槟地区那样在酒瓶内通过酵母*进行二次发酵完成。法定产区的起泡酒不允许采用高压加气的操作方式。

GÉNÉRIQUE 大产区风格 广泛意义上讲，这一用语指的是品质统一而风格比较普遍的产品。在原产地标注中，人们使用“典型风格产品”（appellations génériques），实际上指的是“地区性产品”（appellations régionales）。

GLYCÉROL OU GLYCÉRINE 甘油 葡萄酒中除水和酒精*之外含有的第三大物质。人们通常把酒杯壁上“酒腿”或“酒泪”的出现归功于甘油的存在。

GRAN RESERVA（西班牙语） 珍藏酒西班牙陈年红葡萄酒，通常是由最好年份的红葡萄酒经过2年橡木桶的培育和3年瓶中的陈酿过程得来。

GRAND VIN 正牌酒 指的波尔多名庄中用品质最好的酒罐中的酒液酿出的葡萄酒。

GRAPPE 葡萄果串 葡萄树在春季发芽生长，经过开花和授粉而形成葡萄果粒。果串上形成的果粒生长膨大，在夏季末达到成熟（度）*。果串通常含有三部分：果粒、果核和果梗*（木质部分）。

GRAVES 砾石土质 葡萄酒地理名词，指的是布满砾石的区域或有限的田块。这样的土质结构通常出产品质非常出色的葡萄酒。

GREFFAGE 嫁接 经过可怕的根瘤蚜虫*灾害之后，欧洲采用美国葡萄品种（*Vitis labrusca*、*Vitis riparia*、*Vitis rupestris*）作为嫁接用砧木*，它们的根能够抵御根瘤蚜的侵害。因此欧洲葡萄品种（*Vitis vinifera*）得以存活，但只能作为嫁接枝条。

GRÊLE 冰雹 葡萄树的强敌。冰雹会严重损伤葡萄果串，果梗会折断，如果果粒接近成熟*的状态，会破皮，导致果汁流失。这种损伤随后会带来腐烂或霉菌的滋生。

GRIS 浅淡葡萄酒 这种葡萄酒的酿造工艺是让红葡萄的果汁与果皮和果核接触浸泡很短时间，然后对通过自流方式获得浅桃红色果汁，再进行发酵酿成葡萄酒。

HYBRIDE 杂交 两种不同葡萄品种间的交叉繁殖。在根瘤蚜虫*害过后，人们试着实现美国葡萄品种和欧洲葡萄品种间的杂交，杂交品种虽然能够抵御根瘤蚜虫的侵袭，但酿出的葡萄酒品质很普通。

INAO 法国国家原产地和品质监控命名委员会 于1935年7月30日成立的公共机构，主要功能是确定法定产区命名的产品质量标准和生产条件。

INDICATION GÉOGRAPHIQUE PROTÉGÉE（IGP） 产地地理区域保护命名 欧盟的产地命名，用来表述法国的地区餐酒和其它欧盟国家相应品级的葡萄酒。

IPR（葡萄牙语） 地区法规命名，是葡萄牙原产地区域的次命名。

JOVEN（西班牙语） 年轻的葡萄酒。

KABINETT（德语） 从不添加糖分［高级优质葡萄酒（QMP）］的德国干白葡萄酒。

LEVURES 酵母 一种天然存在于葡萄果皮上的单细胞真菌。酵母在葡萄果汁中进行繁殖，同时引起酒精发酵过程，这样的酵母称为“原生”酵母。科学研究让人们可以挑选适合各种发酵过程的酵母。今天人们已经可以用干酵母来酿造葡萄酒。

LIE 酒渣 酿造过程中形成的杂质，包括休眠状态的酵母、酒石和葡萄采摘后带入葡萄酒的固体残留等。酒渣呈淤泥状，沉淀在木桶底部。人们通常在换桶*的时候除去酒渣。

LIQUEUR（VIN DE） 利口酒 酒精度*较高的一种葡萄酒，天然或强化型，含有很高的未发酵残糖或糖浆。

LIQUEUR D'EXPÉDITION 调配糖浆 以葡萄糖为基本成分的糖浆，在除去香槟酒或起泡酒*杂质后加入的糖浆。这种操作最终决定了起泡酒的类型是绝干型*、极干型*、干型*还是半干型*。如果有必要的话，还可以加入稳定剂：柠檬酸*、二氧化硫*等。

LIQUEUR DE TIRAGE 再发酵糖浆 在葡萄酒装瓶时加入的以蔗糖为主要成分的糖浆。这一部分糖分在酵母的作用下进行瓶内发酵，产生1.5% vol.的酒精度和二氧化碳，这是气泡的来源。酿造起泡酒（mousseux）*时每升加入25克糖分；低压起泡酒*加入糖分的量减半。

LIQUOREUX 甜白葡萄酒 通过糖分含量很高的葡萄汁*酿造的葡萄酒，或通过烧煮浓缩的利口酒，或通过在葡萄浆液中加入纯酒精即酒精强化*来终止发酵而产生的天然甜酒*。又见“天然甜润型葡萄酒”。

MACÉRATION 浸渍 红葡萄酒和桃红葡萄酒的酿造*工序。在酒精发酵之前或过程中，葡萄果粒中的固体物质（果皮和果核）浸泡在葡萄浆液*中，提取颜色、香气*、丹宁*和其它各种物质。这一浸渍过程是最考验酿酒师水平的工序，因为它对改善葡萄酒品质的其它所有酿造*工序起决定作用。

MACÉRATION CARBONIQUE 二氧化碳浸渍法 一种红葡萄酒的酿造*方法：葡萄果粒不经过破皮就进入酒罐*，酒罐随后充满二氧化碳气体，引起苹果酸*的减少和细胞内的发酵（将一部分糖分转化成酒精*）。这一首要步骤持续几个小时到几天的时间，在相对较高的温度条件下（30～32℃）进行。随后，酿酒师将自流酒*和压榨酒*分别在低温下（20℃）进行短暂的二次发酵。得益于这种方法，压榨酒的品质比自流酒要高。这种方法用于酿造适合新鲜饮用的佳美葡萄酒，如博若莱新酒。

MACÉRATION PELLICULAIRE（或PRÉFERMENTAIRE） 浸皮（或称发酵前浸渍） 当酿造白葡萄酒时*，会在发酵前对葡萄果粒进行压榨*。果皮内含有很多香气物质（各种香气*和前质），这些芳香物质对酿制过程不会产生任何影响。浸皮指的是让葡萄果汁和果皮一起浸泡一段时间再后进行压榨，浸泡持续时间通常是几个小时。

MADÉRISÉ 马德拉味 指葡萄酒有马德拉（Madère）酒的味道。是由于白葡萄酒在陈酿过程中氧化*的结果，通常酒液呈深琥珀色。

MAÎTRE DE CHAI 酒窖主管 主管酒窖内酿造*和培育*过程中各种操作和工序的负责人。

MALADIES CRYPTOGAMIQUES 真菌病 由真菌引起的各种葡萄树疾病。最知名的是白粉病*、霜霉病*、黑腐病、霉点病和灰霉病*等。

MARC 皮渣 经压榨后，人们便获得了由葡萄果粒中的固体物质组成的“饼”，即皮渣。人们可以通过蒸馏器来对皮渣进行蒸馏，从而获得皮渣蒸馏酒（eau-de-vie）。

MARQUE（VIN DE） 品牌（葡萄酒） 通常指用于大规模商业销售的葡萄酒，由于保持了品质的特点和一致性，因此酒标提升了品牌的价值。这种商标可以是新奇的名字，也可以是公司名称。这种品牌葡萄酒可以是由精选的日常餐酒*和一小部分较高品质的单一品种葡萄酒混酿*而成；或者是由产自不同园地的葡萄酒混酿*而来，失去标注原法定产区的权利而标注品牌名称，但符合很多消费者的口味；也可以是地区或者村庄级产区出产的大批量葡萄酒，这种情况下在品牌名称后面通常可附注产区的名字。

MAS 酒庄 通常指在法国西南地区确定原产地，拥有自己的园地和生产设备的独立经营的酒庄（农场）。

MATURATION 成熟 葡萄植株的生长阶段，葡萄果粒开始转色*并逐渐成熟*。在这一阶段，葡萄果粒的大小不再增长很多。人们观察到的更多的是糖分的积累和酸度的减少。当这两种现象趋于稳定，我们称葡萄达到生理成熟。超过这一阶段会导致葡萄过度成熟*：有时葡萄果粒会有风干*的现象或遭受贵腐菌*的侵袭。

MATURITÉ 成熟（度） 葡萄果粒的生理阶段。人们确定葡萄果粒的生理成熟度，往往是葡萄籽接近发芽的阶段。这一成熟度在技术干预成熟度之前，是葡萄果农最期待的。葡萄的最佳成熟度取决于葡萄品种和要酿造的葡萄酒的风格。

MERCAPTAN 硫醇 这个词由mercurium和captans两个词缩合而来。指的是酒精*和硫化氢化合的结果，通常散发着强烈的令人不快的臭味，像臭鸡蛋味。

MICROCLIMAT 局部小气候 这一术语用在葡萄种植方面，指的是一个气候条件长期稳定不变的局部小区域。其气候条件和整个地区的总体气候条件略有不同，也为优质园地*或部分优质园地创造了得天独厚的优势。

MÉTHODE CHAMPENOISE 香槟酿造法 一种起泡酒*的酿造方法，即泡沫通过在酒瓶中的二次发酵产生。这种酿造香槟的方法不仅在香槟地区使用（这也是该名称的来历），同时也在其它酿酒地区采用，在其它地区人们称之为传统酿造法*。

MÉTHODE RURALE 乡村酿造法 在酒精发酵*未结束前装瓶的生产汽酒*的方法。

MÉTHODE TRADITIONNELLE

传统酿造法 被（香槟地区）授权用于称呼采用香槟酿造法*酿造的起泡酒，应用于香槟地区之外出产的起泡酒。

同义词：metodo classico（意大利语），metodo tradizionale（意大利语）。

MÉTIS 杂交品种 两种酿酒品种*Vitis vinifera*之间的杂交品种，最著名的是müller-thurgau，在德国广泛种植。

MILDIOU 霜霉病 由来源于美国的寄生真菌侵袭葡萄树的绿色器官而引起的霉菌。以前人们用硫酸铜盐溶液（波尔多液*）来治理，今天则采用化学合成产品。

MILLÉSIME 年份 酿造葡萄酒的葡萄的收成年份。一个年份的好坏取决于所有的气候因素，它决定了葡萄酒的品质和陈年潜力。不同年份之间出产的葡萄酒有很大的差异，批发商将不同年份的酒液混酿，以获得酒体更平衡的葡萄酒。

MISE EN BOUTEILLES 装瓶 将葡萄酒装到酒瓶内的过程。"在酒庄内装瓶"（mis en bouteille au château）和"在原产地装瓶"（mise d'origine）是法定产区*（AOC）葡萄酒允许的标注。地区餐酒可以标注"在产业内装瓶"（mis en bouteilles à la propriété）或"在酿酒产业内装瓶"（mis au domaine）。所有这样的标注都表明葡萄酒从生产到装瓶一直都在产业内进行。有的法定产区葡萄酒标注"在产区内装瓶"（mis en bouteille dans la région de production），表明葡萄酒通常在法律允许的产区空间内装瓶。

MISTELLE 密斯特拉酒 称为mistelle（西班牙语为mistela）的葡萄酒是采用在发酵前往葡萄汁内加入酒精*的方法酿制而成的。

MOELLEUX 半甜型葡萄酒 指的是半甜型的白葡萄酒（含糖量在12～45克/升），其糖分含量在干白葡萄酒和甜白葡萄酒*之间。

MONOCÉPAGE 单一品种 指的是某处葡萄园地只种植了单一的葡萄品种或者一款葡萄酒只酿自单一的葡萄品种。

MOUSSEUX 起泡酒 酿造起泡酒*有多种方法：传统酿造法*（又称香槟酿造法*），采用二次发酵的"乡村酿造法*"（Gaillac、Die等产区），以及起泡作用在二次发酵过程中产生，并在密闭酒罐内进行以避免移动和除渣*操作的Charmat*法（密封酒罐法）。

MOÛT 葡萄浆液 经过对葡萄果粒进行破皮*或压榨*得来的浆液。

MUTAGE 酒精强化 用加入纯酒精的方法来"固定"酒精发酵*的操作，是酿造波特酒和天然甜葡萄酒*的重要步骤。

NÉGOCIANT 酒商 购买葡萄酒然后进行分销的商家。以前的葡萄酒酒商兼酿酒商，承担一部分的酿酒工作，特别是混酿*、澄清*和装瓶*工作。香槟地区的多功能批发商买进葡萄果粒、葡萄浆液或基础葡萄酒浆来进行香槟起泡酒的酿制。

NOBLE（CÉPAGE ET VIN）"名贵"（葡萄品种和葡萄酒） 用来形容优质葡萄品种*和优质园地*葡萄酒的词。在根瘤蚜虫害过后，与用常见葡萄品种酿造的日常餐酒*和用全面推广的杂交品种酿制的葡萄酒形成反面对比。

NUIT（VIN D'UNE）"一夜"酒 通过短暂的浸渍*皮渣*的过程（12～24小时）酿成的深色桃红葡萄酒。

OÏDIUM 白粉病 起源于美洲的因真菌侵袭而导致的葡萄疾病。真菌侵袭葡萄的花、叶和果粒，导致果粒干缩，上面覆盖着一层白色粉状物。人们用硫磺制剂来治理。

ORGANOLEPTIQUE 感官刺激 葡萄酒的香气、颜色和口感一起组成了感官的感受和体验，称之为"感官刺激"。

OUILLAGE 填桶 随着挥发作用，盛装葡萄酒的容器会出现一些空间，填桶工程就是用同样的葡萄酒填满容器的空隙，避免葡萄酒液和空气中的氧气接触产生氧化作用。

OXYDATION 氧化作用 当空气中的氧气和葡萄酒接触时，会发生氧化作用从而改变葡萄酒的颜色和味道。

PALISSAGE 绑枝 现代葡萄园中的葡萄枝条通常是被绑缚的，也就是说，将葡萄枝条绑缚在小柱和垂直的细绳上。

PASSERILLAGE 风干 葡萄过度成熟*时采摘，使葡萄干缩，糖分凝集：这也与麦秸晾干型葡萄酒*、某些麝香葡萄酒和瑞朗松产区的半甜葡萄酒的酿造方式相同，但是不要与贵腐（菌）*甜白葡萄酒的酿造方式相混淆。

PASSETOUTGRAIN 勃艮第混酿酒 一种勃艮第地区出产的容易饮用的葡萄酒。是在发酵之前将黑佳美和黑皮诺的无色酒液混合在酒罐里一起酿造的，其中黑皮诺的酒液至少要占到三分之一的比例。

PASSITO（意大利语） 酿自风干葡萄的意大利葡萄酒。

PERLANT 微起泡酒 含有一点微型气泡的葡萄酒，气泡没有气泡酒*多。

PERSISTANCE 持久力 又见234页葡萄酒品评词汇的解释。

PÉTILLANT 低压起泡酒 由在酒瓶中二次发酵的方法（传统方法*）酿造而成的起泡酒*，但是气压要少于常见起泡酒的一半。这种汽酒是某些产区的传统产品，尤其是在卢瓦河谷地区的蒙路易产区和乌乌黑产区。

PHYLLOXÉRA 根瘤蚜虫 叮咬葡萄树根部的蚜虫，名字为phylloxéra，不经意间从美国带到欧洲。这场根瘤蚜灾害在1860—1880年摧毁了欧洲大部分的葡萄园。

PIGEAGE 压帽 红葡萄酒酿造*过程中的操作，就是将酒罐*中漂浮在表面的酒帽*压入到酒液中。压帽能够使葡萄浆液*更好地接触到葡萄皮，有利于萃取颜色物质花青素*和丹宁*。这种操作也避免了"酒帽"孔的出现，因此也避免了让酒液与空气长期接触。以前的压帽是由人工操作的，现在已经可以由机械代替，甚至配有自动装置，这样的酒罐*称为“配有压帽装置的酒槽”。

PIGMENTS 色素 植物含有的颜色物质。在葡萄果粒中，这种色素物质通常是花青素*。

POLYPHÉNOLS 多酚 多种酚类物质的化合物，如丹宁*、花青素*和酚酸等，这类化合物的组合决定了葡萄酒的香气*、颜色和结构特点。

PORTE-GREFFE 嫁接用砧木 嫁接果树后留在土中的部分。在根瘤蚜虫的灾害过后，欧洲葡萄品种的枝条被嫁接在能够抵御根瘤蚜虫侵害的美国葡萄品种砧木上而得以存活。

POURRITURE GRISE 灰霉菌 由和形成“贵腐菌*”同样的真菌引起的疾病。贵腐菌*（*Botrytis cinerea*）可以侵袭滋生在被冰雹损坏或被虫子叮咬过的果串上。潮湿度可以促进这种真菌的滋生。灰霉病会影响葡萄的品质，也会影响葡萄的产量。

POURRITURE NOBLE 贵腐菌 如果天气条件有利，降雨和阳光交替出现以及适宜的晚秋气候，葡萄受到贵腐菌*的侵袭后会干缩，果粒中的果汁和糖分凝集，可酿出著名的波尔多苏玳甜白葡萄酒。

PRESSURAGE 压榨/压榨汁

1. 将采收的葡萄在压榨桶内挤压获得果汁的操作。

2. 压榨汁。有两种方式获得压榨汁：对于白葡萄酒和桃红葡萄酒，是在发酵之前压榨新鲜葡萄所得的液汁以及压榨葡萄浆液所得的汁液；对于红葡萄酒，是在发酵结束之后对出罐*后的皮渣进行压榨所获得的汁液。

VENTE EN PRI-MEUR 期酒交易 波尔多地区品级名酒的交易方式，通常在采收结束5～6个月后进行。买入的期酒继续保存在酒窖内进行培育，直到装瓶。某些酒庄2～3年以后装瓶。

VIN DE PRI-MEUR 新酒 葡萄采收酿造之后最早上市的葡萄酒。最好的例子是博若莱新酒，在每年的11月中旬上市。

Q-R

QbA（Qualitätswein eines bestimmten Anbaugebietes） 德国的优质餐酒其酿酒过程允许采用加糖强化酒精法*。

QmP（Qualitätswein mit Prädikat） 德国特级优良葡萄酒其酿造过程不允许采用加糖强化酒精法*。

QUINTA（葡萄牙语） 酒庄相当于葡萄牙的酒庄。标注酒庄的葡萄酒通常可以由来自其它指定酒庄的葡萄酿制。

RAFLE 果梗 葡萄果串的骨架。果梗内的木本组织含有丰富的酚类化合物，该酚类化合物被认为是给葡萄酒带来植物青草气息的物质。

RAMEAU 树枝葡萄树当年滋生抽出的枝条。

RANCIO 味 一种特殊的味道（西梅干等）。通过在加强型葡萄酒的酒罐或橡木桶内通入空气使葡萄酒氧化*所得到的味道。

RATAFIA 酒香槟地区和勃艮第地区出产的一种用作开胃酒的利口酒*。方法是在由新鲜葡萄酿造的浆液中加入皮渣蒸馏酒进行强化得来。强化混酿比例约为三分之二的酒浆和三分之一的蒸馏酒。

RECIOTO 酒 意大利出产的一种甜红葡萄酒。方法是将葡萄晾在支架上（或者悬空垂挂），使果汁浓缩，从而酿出浓郁的甜红葡萄酒。这种葡萄酒通常是甜品用酒*。

RÉCOLTANT-MANIPULANT 自产自酿庄园主 这是香槟地区的用词，指的是用自有园地出产的葡萄酿造香槟酒的庄园主。

RÉDUCTION 还原 与氧化*对立或相反的物理-化学现象，且常常与氧化相关联。在葡萄酒中，还原是由持续缺氧引起的，酒是天然的还原剂。还原对葡萄酒的储存*没有什么不利影响，但是它会形成一些难闻的动物性气味和多种硫化物气味，并且会或多或少地掩盖葡萄酒的其它酒香束*。所幸，这些缺陷在饮用前经过短暂的醒酒过程后便会很快消散。

REFERMENTATION 再次发酵 再次引发的酒精发酵*。这种现象在不稳定的甜型葡萄酒的酿造过程中容易发生。

REMONTAGE 倒罐 红葡萄酒的酿造*步骤，通过酒泵将酒罐*底部的葡萄浆液抽取至酒罐顶部重新淋入酒罐中，将皮渣*中的“酒帽*”尽力压入酒浆，以萃取颜色。

REMUAGE 转瓶 香槟酒酿造的一个步骤，即让酵母*残渣汇聚到瓶口部位，以便进行随后的除渣工序。

RENDEMENT DE BASE 上限产量 法定产区命名*法规要求的每公顷葡萄的最大出产量或相当于每公顷所酿出的葡萄酒的产量。用每公顷出产的葡萄的公斤数或百升数来表示。后者包含酒渣*和酒泥*。由于天气变化等因素，国家葡萄酒和蒸馏酒委员会可以决定降低葡萄的上限产量。根据收获的质量和数量，委员会还可以划定一个比上限产量高一点的产量上限，但必须低于法定产区质量标准规定的最大产量。

RESERVA（西班牙语） 珍酿在酒窖*中陈酿3年的红葡萄酒，其中至少有1年陈酿在橡木桶内。对于白葡萄酒和桃红葡萄酒来讲，陈酿时间为2年，在橡木桶内陈酿时间为6个月。

RIMAGE 酒 即年份Banyuls葡萄酒。该葡萄酒酿制后尽快装瓶以避免氧化作用和尽可能地保留葡萄酒的果味和新鲜度。在加泰罗尼亚（catalan）语中，这个珍酿词的意思是“葡萄的年龄”。

RESERVA（意大利语） 珍酿意大利法定产区（DOC*或DOCG*）出产的在橡木桶或酒瓶内陈酿多年的葡萄酒。

ROGNAGE 剪枝 将葡萄枝条剪短避免由于新生嫩枝导致树液养分流失的工序。开花期*如果不进行剪枝工序，会引起落花落果现象*，导致产量减少。

ROSADO（西班牙语），ROSATO（意大利语） 指的是桃红葡萄酒。

ROSÉ（VIN） 桃红葡萄酒 呈或浅或深桃红色的葡萄酒，通过对红葡萄品种*直接压榨*，或在压榨前葡萄破皮*后低温浸渍*几个小时，或浸渍很短时间以及部分通过压榨得来。浸渍方式酿成的桃红葡萄酒比直接压榨酿成的桃红葡萄酒果味更浓郁，但没有其优雅柔美。

RÔTI　酱香　甜白葡萄酒*的香气特征，是由贵腐菌*形成的干缩葡萄的香气*。

ROUGE（VIN）　红葡萄酒　通过浸渍*含有葡萄固体物质（葡萄皮和葡萄粒）的葡萄浆液*，充分提取颜色、香气*和丹宁*的葡萄酒。通常进行去梗*的工序。浸渍过程可以持续几天到几个星期。酒液颜色取决于葡萄品种*、气候条件和土质构成等因素。

S

SABLE（VIN DE）　沙土葡萄酒　产自海边沙土质园地上的葡萄酒。

SARMENT　葡萄枝条　葡萄树的木质化枝条。指的是葡萄基座抽出的当年的葡萄枝条，而不是老龄的树桩分叉。

SAIGNÉE　自流法　在红葡萄酒在酒罐*的发酵过程中通过自动流出的方式获得一部分酒液的工序。这是浅红葡萄酒和某些桃红葡萄酒*的酿造工序。

SEC　干型酒　没有甜润感的葡萄酒。事实上，葡萄酒的残糖*量不能超过9克/升。至于干型起泡酒*，这种残糖量可以达到15～35克/升。

SECO（西班牙语或葡萄牙语），SECCO（意大利语）　通常指干型葡萄酒。

SECOND VIN　副牌酒　波尔多的酒庄中没有被选中参与正牌酒*混酿的葡萄酒。

SÉLECTION CLONALE　葡萄品系选育　对葡萄性征的严格挑选，对葡萄植株的抗病能力、早熟能力和产量特性的选择。

SÉLECTION MASSALE　多种品系选择　选择不同的葡萄品系，以便在同一片种植园地中保持品质的多样性。

SÉLECTION DE GRAINS NOBLES　名贵葡萄颗粒精选　指的是精选出受贵腐菌侵袭或风干的葡萄果粒，以此酿出的优质甜葡萄酒。

SIN CRIANZA（西班牙语）　一种未经过在橡木桶中培育或者在橡木桶中培育时间少于crianza*酒规定时间的西班牙葡萄酒。

SOLAR（葡萄牙语）　葡萄牙的酒庄或庄园主。

SOLERA（西班牙语）　一种陈酿系统，尤其应用在雪莉酒的陈酿上，即将多个年份的雪莉酒按次序存放在数层堆放的橡木桶中陈酿。

SOUTIRAGE　换桶　将葡萄酒从一个容器倒到另一个容器同时除去酒渣*的操作。

SPÄTLESE（德语）　德国出产的用延迟采摘方式酿造的甜葡萄酒。

SPUMANTE（意大利语）　意大利的起泡酒。

STABILISATION　稳定工序　人们在培育*过程中对葡萄酒的稳定工序，其目的是为了在运输或在瓶中储存*的过程中避免葡萄酒发生沉淀、化学降解反应或滋生微生物。

SUCRES RÉSIDUELS　残糖*　葡萄酒酿造过程中经过酒精发酵*后留在酒液中的糖分。

SULFATAGE　硫酸盐处理　一种抵御葡萄树真菌病*的处理方式，通过对葡萄叶片喷洒硫酸铜溶液（波尔多液*）来实现。如今硫酸铜已经被许多化学合成产品代替。

SULFITAGE　加硫/含硫量

1. 在严格法规条件下对葡萄酒加入二氧化硫*以稳定其微生物或化学变化。

2. 加硫后，葡萄酒中二氧化硫*的含量。

SUPERIORE（意大利语）高级　酒精度比法定产区*（DOC）葡萄酒要高（或可陈酿时间更长）的葡萄酒。

SUR LIES　带酒渣培育　用来形容理论上不经过换桶*除渣工序培育的葡萄酒（如麝香葡萄酒）。

SURMATURITÉ　过度成熟　指葡萄果粒的生理状态超出了正常的成熟（度）*。它可以表现为感染了贵腐菌*或风干*。过度成熟的白葡萄可以用来酿制半甜型葡萄酒*或甜白葡萄酒*。

T

TAFELWEIN（德语）　德国的日常餐酒。

TAILLE　剪枝　剪枝主要是剪除当年生长的枝条，只留下一个或几个枝型良好的枝丫，其目的是为了留下较多强壮的芽苞，来年可结出果实。葡萄果实结在前一年“芽眼”处抽发的枝条上。杯状（短剪）的修剪方式让葡萄树能够足够强壮而适应炎热地区的环境（风、干旱）；居由式的修剪方式是在枝干上保留1个或2个枝丫，这种修剪方式比较适合温带气候。

TANIN OU TANNIN　丹宁　葡萄果梗*、葡萄果皮以及葡萄籽中都含有的物质。葡萄酒中的丹宁来自入罐*和压榨*过程；这种有机物带给葡萄酒丰富的香气*和口感，同时有助于葡萄酒的陈年潜力。

TARTRE　酒石结晶　出现在酒罐*内壁、橡木桶内壁或葡萄酒瓶底部的透明晶体。酒垢的主要成分是酒石酸*，几乎没有任何香气和味道。

TASTEVIN　试酒碟　一种葡萄酒专业人士使用的器具，是一种金属制的浅盘，用来观察葡萄酒的颜色和清澈度，以便了解它的个性，进而进行下一步操作和处理。至于酒窖中的散酒，用试酒碟来品评葡萄酒是下一步操作的依据。

TENUTA（意大利语）　意大利的酒庄。

TERROIR　风土　指园地的土质结构、朝向和自然环境等综合因素，它们决定着葡萄酒的特性和品质。

TINTO（西班牙语或葡萄牙语）　西班牙语和葡萄牙语中红葡萄酒的叫法。

TIRAGE　换桶　在酒窖中倒空酒罐*，将葡萄酒导入另外的容器（橡木桶或葡萄酒瓶）中的一种操作。

TITRE ALCOOMÉTRIQUE **酒精含量** 又见“酒精度”的解释。

TONNEAU **大木桶** 在波尔多地区，大型橡木桶*的容量相当于4个一般橡木桶的容积，为900升。

TRANQUILLE（VIN） **静态葡萄酒** 与起泡酒*（effervescent）正好相反的词汇。指的是不含有二氧化碳气泡的葡萄酒。

TRIES OU TRIS **筛拣** 指的是对逐次采摘的干缩葡萄或者感染了成熟贵腐菌*的葡萄进行筛拣。

TROCKEN（**德语**） 干。

TROCKENBEERENAUSLESE（**德语**）**贵腐精选葡萄酒** 德国出产的一种非常甜的高级优质餐酒*（Qmp），是同一种类葡萄酒中的上品。

V

VDN 参照“天然甜型葡萄酒”的解释。

VECCHIO（**意大利语**） 酒在橡木桶或在瓶中陈酿时间比普通葡萄酒更长的一种意大利葡萄酒。

VENDANGES VERTES **绿色采摘** 指在7月摘去一部分青绿色的葡萄果实，目的是为了减少未来的果实收获产量，以提高葡萄果粒的品质。

VENDANGES TAR（DIVES） **延迟采收** 延迟采摘过度成熟*的葡萄果粒。目的是为了获得糖分含量更高和香气*更加凝聚的果粒。

VÉRAISON **转色期** 指葡萄果粒着色的时期。

VIEILLSSEMENT **陈酿** 葡萄酒随时间的变化不断醇化的过程。

VIGNA（**意大利语**） 意大利语中的葡萄园。

VIGNETO（**意大利语**） 意大利语中的葡萄园。

VIN DE CÉPAGE **单一品种葡萄酒** 只酿自某一个葡萄品种的葡萄酒。在法国，单一葡萄品种葡萄酒应该100%来自同一品种；但在其它许多国家没有如此严格的规定，甚至没有规定。

VIN DE GOUTTE **自流酒** 红葡萄酒酿造过程中入罐*完成后自由流出酒槽的酒液。与之对应的是压榨酒*，即对酿（造）*酒后的皮渣*出罐*后再进行压榨*而得到的酒液。

VIN DE PAILLE **麦秸晾干型葡萄酒** 用风干葡萄酿制的甜白葡萄酒*。酿酒用的葡萄果粒晾晒在麦秸上或悬挂起来晾晒，葡萄果粒失去水分而变得干缩。果粒中糖分凝集而酸度的提高不如糖分。这种葡萄酒的酒精度超过14% vol，其保存时间可以很长。在法国，这样的葡萄酒主要产自汝拉和罗纳河谷地区。

VIN DE PAYS **地区餐酒** 有规定的日常餐酒。这种葡萄酒的生产有葡萄品种种植结构*、成熟度*及质量的规定和限制，在销售经营时标注出产的省份名称或者受保护的出产区域名称。欧洲法律规定中，它属于地理区域保护监控命名（IGP）产品。它不允许与其它来源不同的葡萄酒液混酿*。

VIN DE PRESSE **压榨酒** 通过压榨*得到的红葡萄酒。发酵过程结束后，流出自流酒*，将酒浆中的固体物质清出酒罐进行压榨。又见“出罐”的解释。

VIN DE RÉSERVE **储备酒** 指果农或者酒商*预定保留的酒液，用来进行随后的混酿*。这样的葡萄酒不能标注年份。在香槟地区，储备酒用来混酿没有年份标注的香槟酒。

VIN DE TABLE **日常餐酒** 即没有地理区域标注（SIG）的葡萄酒。是日常饮用的葡萄酒，没有任何品级划分。

VIN DOUX NATUREL（VDN） **天然甜型葡萄酒** 这种葡萄酒的糖分含量很高，至少要达到252克/升。酿造时，人们在酒精发酵*过程中加入酒精进行强化。

VINIFICATION **酿造** 葡萄酒的制造工艺。指的是从葡萄采摘后一直到酒精发酵*结束之间的过程和操作。

VIN JAUNE **黄葡萄酒** 汝拉地区出产的一种白葡萄酒，由于酒液与酵母层在培育过程中长期接触而受到适度氧化而形成。

VIN SANTO（**意大利语**） 意大利出产的属于风干*类型（Passito）的葡萄酒。

VINO DE CRIANZA（**西班牙语**） 指西班牙品质出色的葡萄酒。这种标注的红葡萄酒在上市之前需经过至少2年的陈酿时间；白葡萄酒或桃红葡萄酒需要1年的陈酿时间，其中在橡木桶中需6个月的陈酿时间。

VITIS LABRUSCA 美国葡萄种属（拉丁文名称）。

VITIS VINIFERA 欧洲葡萄种属（拉丁文名称）。

索引

B

G

H

K

Q

R

V

W

Z

致谢

本书的出版非常感谢以下酒庄为我们敞开大门，提供给我们拍摄的素材：

宝尚父子酒庄（Bouchard Père & fils），Château de Beaune，21200 博纳
哥塞香槟（Champagne Gosset）69，rue Jules Blondeau，51160 阿伊（Ay）
库克香槟（Champagne Krug）5，rue Coquebert，51100 兰斯
路易王妃香槟（Champagne Louis Roederer）21，boulevard Lundy，51100 兰斯
克利芒庄园（Château Climens）33720 巴萨克
伊甘酒庄（Château d’Yquem）33210 苏玳
力士金庄园（Château Lascombes）1，cours de Verdun，33460 玛歌村
拉图酒庄（Château Latour）Saint-Lambert 33250 波亚克村
邦巴斯德酒庄（Château Le Bon Pasteur）《Maillet》，33500 波美侯
蒙肯图酒庄（Château Moncontour）37210 乌乌黑
波玛酒庄（Château de Pommard）15，rue Marrey Monge，21630 波玛
夏莫瓦兹庄园（Domaine de la Charmoise）Henry et Jean-Sébastien Marionnet，41230 Soings-en Sologne
库勒・瑟兰庄园（Domaine de la Coulee de Serrant）Château de la Roche aux Moines，49170 Savennières
珍・莫里斯拉夫尔特酒庄（Domaine Jean-Maurice Raffault）74，rue du Bourg，37420 Savigny-en-Véron
苔丝美人庄（Domaine Marcel Deiss）15，route du Vin，68750 Bergheim
米殊珠叶奥酒庄（Domaine Michel Juillot）59，Grande Rue，71640 Mercurey
罗曼尼・康帝庄园（Domaine de La Romanée-Conti）1，rue Derrière-le-Four，21700 Vosne-Romanée
丹尼斯・杜博迪酒庄（Domaines Denis Dubourdieu），Château Reynon，33410 Beguey
雨果父子酒庄（Domaines Hugel & Fils）3，rue de la Première Armée，68340 Riquewihr
斯伦贝谢酒庄（Domaines Schlumberger）100，rue Théodore Deck，68501 Guebwiller
婷芭克世家酒庄（Maison Trimbach）15，route de Bergheim，68150 Riveauvillé

同时也感谢靓茨伯庄园（Château Lynch Bages），稀雅丝酒庄（Château Rayas），作品一号，山脊庄园，桑塞尔的约瑟夫・梅洛庄园（Joseph Mellot），网站www.VotreCave.com和文森・达纳尤（Vincent Darnajou）橡木桶厂，Lieu-dit Goujon，33570 Montagne。

本书的出版也感谢以下人士提供的帮助：

大卫・阿兰（David Allan）（他收集的开瓶器给我们提供了素材），安东尼・卡伦（Antoine Caron），艾蒂安・匈雅提（Etienne Hunyady），艾瑞克・安格蕾丝（Eric Inglessis）（他收集的酒标给我们提供了素材），扬・利乌斯（Yann Lioux）（南部世界的葡萄酒），艾兰・马纳（Alain Marnat），克里斯托弗・维达（Christophe Vidal）（托比亚克（Tolbiac）酒窖45，Rue de Tolbiac，75013巴黎）和拉维器皿（La Vaissellerie），85，rue de Rennes，75006 巴黎。

法文版原著编辑出版信息

编辑设计：Aude Mantoux
编辑：Ewa Lochet, Élisabeth Andreani, Guillaume d’Oléac d’Ourche
图表设计及艺术指导：Emmanuel Chaspoul, 助理 Anna Bardon, Sylvie Sénéchal
美术编辑：Natacha Marmouget
信息编辑：Marie-Noëlle Tilliette, Philippe Cazabet
校对：Chantal Pagès, 助理 Madeleine Biaujeaud, Nathalie Kristy, Joëlle Narjollet, Sylvie Porté
索引：Rupert Hasterok
插图：Valérie Perrin, 助理 Josiane Martin
葡萄园地图修改：Laurent Blondel
摄影作品：参见541页摄影作品版权
拉鲁斯能顺利出版，感谢Camille Durette, Julie-Fleur Colomer, Véronique Jean, Magali Marquet以及Adèle Rosenfeld的大力帮助。

图片版权

16 Ph. © Erich Lessing/AKG, 17 Ph. Coll. Archives Larbor, 18 ht g Ph. Coll. Archives Larbor, 18 m g Ph. © Heritage Images/Leemage, 18m d Ph. Coll. Archives Larbor, 18 bas Ph. Coll. Archives Larbor, 19 ht g Ph. Coll. Archives Larbor, 19 ht d Ph. Coll. Archives LArbor, 19 bas g Ph. © Photo Josse/Leemage, 19 bas d Ph. Coll. Archives Larbor, 20 Ph. © Hervé Lewandowski/RMN, 21 Ph. © Adoc-photos, 22 Ph. © K. J. Historical/Corbis, 23 ht Ph. © Library of Congress, Washington, 23 bas Ph. © Alamy/Photo 12. Com, 28 Ph. © Philippe S. Giraud/Terres du Sud/Sygma/ Corbis, 30 ht g Ph. © J. L. Barde/Scope, 30 m g Ph. © Domaines Denis Dubourdieu, 30 m d Ph. © P. Othoniel/JDD/Gamma/Eyedea Presse, 31 ht d Ph. © Charles O'Rear/Corbis, 31 m d Ph. © Joseph Lago/AFP, 31 m g Ph. © Ridge Wineyards, 34 Ph. © J. Guillard/Scope, 36 bas d Ph. © Jack K. Clark/AgStock Images/Corbis, 37 bas g Ph. © J. Guillard/Scope, 37 bas d Ph. © S. Matthews/Scope, 38 ht Ph. © Alamy/Photo 12.com, 38 m Ph. © J. Guillard/Scope, 39 bas g Ph. © Alamy/Photo 12.com, 39 bas m Ph. © Alamy/Photo 12.com, 40 bas g Ph. © David Gubernick/AgStock Images/Corbis, 40 bas m Ph. © J. Guillard/Scope, 40 bas d Ph. © J. Guillard/Scope, 41 bas g Ph. © J. Guillard/Scope, 41 bas m Ph. © J. L. Barde/Scope, 41 bas d Ph. © Martin Rugner/Age Fotostock/Hoa-Qui/Eyedea Presse, 42 ht Ph. © Alamy/Photo 12. Com, 44 Ph. © P. Roy/Hemis.fr, 45 ht Ph. © J. Guillard/Scope, 45 bas Ph. © John Frumm/Hemis.fr, 48 d Ph © Catherine Corbeau-Mellot (Vignobles Joseph Mellot, Sancerre), 55 Ph. © P. Roy/Hoa-Qui/Eyedea Presse, 59 ht Ph © Dom. De la Coulée de Serrant, 74 Porto Sandeman. Ph. © D. Bartruff/ Encyclopedia/Corbis, 75 ht g Ph. © Alamy/Photo 12.com, 75 Ph. © Alamy/Photo 12.com, 75 Ph. © J.L. Barde/Scope, 96 Ph. © Emilio Suetone/Hemis.fr, 97 Ph. © Alamy/Photo 12.com, 98 Ph; © J. Guillard/Scope, 100 Ph. © Alamy/Photo 12.com, 101 Ph. © Alamy/Photo 12.com, 102 Ph. © S. Matthews/Scope, 103 Ph. © Alamy/Photo 12.com, 116 ht g Ph. © Hulton Archive/ Getty Images, 116 ht d Ph. © Costa/Leemage, 125 Ph. © Derrick Ceyrac/AFP, 126 Ph. © Jeff Pachoud/AFP, 127 Ph. © Michael John Kielty/Corbis, 128 g Ph. © Château Lynch-Bages, 129 ht d Ph. © J. Guillard/Scope, 129 m d Ph. © Scope, 130 Ph. © Getty Images/AFP, 131 Ph. © Jeff Pachoud/AFP, 134 Ph © VotreCave.com, 136 Ph. © J. Guillard/Scope, 137 Ph. © J.L. Barde/ Scope, 141 bas d Chai à barriques du Château l'Angélus, Saint-Emilion. Ph. © P. Roy/ Hemis.fr, 142 Ph. © Masterfile-Royalty Free, 143 Ph. © J. Guillard/Scope, 147 Ph. © F. Cateloy/Hoa-Qui/ Eyedea Presse, 151 Ph. © Philippe Petit/Paris-Match/Scoop, 152 Ph. © Ryman Cabannes/Corbis, 164 ht d Ph. © J.L. Barde/Scope, 164 bd Ph. © Château Rayas, 165 ht g Ph. © J. L. Barde/ Scope, 165 ht d Ph. © J. Guillard/Scope, 165 m g Ph. © J. Guillard/Scope, 169 Ph. © Redcover.com/Getty Images, 170 Ph. © Mallet/Photocusine/Corbis, 171 Ph. © D. Japy, 173 ht Ph. © P. Roy/Hemis.fr, 173 bas Ph. © J. D. Sudres/Hemis. Fr, 188-189 b Ph. © Larousse/Diaf Studiaphot/Hervé Geyssels, 195 h Ph. © D. Japy, 196 Ph. © B. Hechler/Fotolia.com, 197 Ph. © J.C. Cuvelier/Fotolia.com, 198-201 g et ht d Ph. © D. Japy. 204 Ph. © Sébastien Montier/Fotolia.com, 208 Ph. © Alamy/Photo12.com, 214 Ph. © D. Japy, 242 Clos de Vougeot. Ph. © Boisvieux/ Hua-Qui/Eyedea Presse, 244 Château de Monbadon et son vignoble, AOC Côte de Castillon. Ph. © P. Roy/Hemis.fr, 252 Ph. © P. Roy/Hemis.fr, 253 Ph. © J.L. Barbe/scope, 254 m Ph. © J. D. Sudres/Hemis.fr, 255 Cos d'Estournel, Saint-Estèphe. Ph. © Alamy/Photo12.com, 256 ht Château Pichon-Longueville. Ph. © A. Chicurel/Hemis.fr, 257 Ph. © P. Roy/Hemis.fr, 260 ht Ph. © P. Roy/Hemis.fr, 261 Ph. © P. Roy/Hemis.fr, 263 Ph. © Ph. Roy/Hemis.fr, 267 bas Ph. © P. Roy/Hemis.fr, 268 ht Ph. © P. Jacques/Hemis.fr, 268 m Ph. © Alamy/Photo12.com, 270 Ph. © P. Roy/Hemis.fr, 272 Ph. © S. Grandadam/Huo-Qui/Eyedea Presse, 273 Ph. © F. Jalain/Explorer/Hoa-Qui/Eyedea Presse, 275 Ph. © H. Hughes/Hemis.fr, 280 ht Ph. © Alamy/Photo12.com, 280 m Maison Deliance, Dracy-le-Fort. Ph. © J.L. Barde/Scope, 281 Ph. © J. Guillard/Scope, 282 Ph. © Alamy/Photo12.com, 283 Ph. © Alamy/Photo12.com, 285 ht Domaine du Château Gris, Nuits-Saint-Georges, Ph. © C. Boisvieux/Hoa-Qui/Eyedea Presse, 285 bas Ph. © Alamy/Photo12.com, 286 Ph. © J. Guillard/Scope, 287 Ph. © Alamy/Photo12.com, 290 ht Château de Meursault, Ph. © Alamy/Photo12.com, 290 bas Ph. © Alamay/Photo12.com, 292 Château de Rully. Ph. © Alamy/Photo12.com, 194 ht Ph. © H. Hughes/Hemis.fr, 294 bas Ph. © J.L. Barde/ Scope, 306 Château d'Arlay. Ph. © J. Guillard/Scope, 310 Domaine Macle, Château-Chalon. Ph. © J. Guillard/Scope, 314 Ph. © M. Guillard/Scope, 316 bas Ph. © M. Rougemont/Top/Eyedea Presse, 318 Ph. © P. Blondel/Scope, 319 Ph. © P. Body/Hemis.fr, 321 Ph. © M. Plassart/Scope, 322 Ph. © J. Guillard/Scope, 324 Ph. © E. Labadie, 325 Ph. © J. Guillard/Scope, 326 Ph. © J. Guillard/Scope, 328 Ph. © E. Labadie, 329 Domaine Auguste Clape, Cornas. Ph. © J. Guillard/Scope, 330 Ph. © B. Rieger/Hemis.fr, 332 Ph © J.D. Sudres/Top/Eyedea Presse, ,334 Ph. © J.L. Barde/Scope. 335 ht Clos Uroulat. Ph. © J.L. Barde/Scope, 337 Ph. © Jean-Loius Pieux avec Création, 338 Coopérative de Buzet. Ph. © J.L Barde/Scope, 339 Dégustation Xavier Martin, Irouleguy. Ph. © J. L. Barde/Scope, 340 Ph. © Chris Hellier/Corbis, 342 Abbaye de Lagrasse. Ph. © R. Nourry/Scope, 344 Ph. © Dom. La Coume du Roy, 345 Ph. © Owen Franken/Corbis, 347 Ph. © J. Guillard/Scope, 348 Ph. © C. Moirenc/Hemis.fr, 349 Domaine Ott, Domaine de Trevallon, Château Sainte Roseline et Château d'Esclans, Ph. © J. Guillard/Scop[e, 350 Ph. © C. Goupi/Scope, 351 Domaine Torracia, Lecci. Ph. © Colonel Mario/Scope, 352 Ph. © Alamy/Photo12.com, 354 Ph. © Cuboimages/Leemage, 355 Ph. © Guenter Rossenbach/Corbis, 357 ht Ph. © R. Mattes/Hemis.fr, 357 b DR, 358 Ph. © Alamy/Photo12.com, 359 Ph. © Stefano Amantini/Atlantide Phototravel/Corbis, 360 ht Ph. © C. Vaisse/Hua-qui/Eyedea Presse, 360 m Ph. © Alamy/Photo12.com, 361 ht Ph. © Alamy/Photo12.com, 361 b Ph. © Pierrick Bourgault, 362 Ph. © Alamy/Photo12.com, 365 Ph. © Cuboimages/Leemage, 366 Ph. © Stefano Amantini/ Atlantide Phototravel/Corbis, 367 Ph. © Alamy/Photo12.com, 368 et 369 d Ph. © Etienne Hunday, 369 g Mario Incisa della Rochetta. Ph. © Farabola/Leemage, 371 Ph. © Pierrick Bourgault, 372 Ph. © P. Renault/Hemis.fr, 374 Ph. © Jose Barea/Tmn/Hoa-Qui/Eyedea Presse, 376 Ph. © Alamy/Photo12.com,377 Ph. © Alamy/Photo12.com, 378 Ph. © Alamy/Photo12.com, 379 Ph. © Alamy/Photo12.com, 380 ht Ph. © Alamy/ Photo12.com, 380 bas Ph. © Alamy/Photo12.com, 381 Ph. © Alamy/Photo12.com, 382 Ph. © Alamy/Photo12.com, 383 Ph. © Alamy/Photo12.com, 384 ht g Ph. © J. Guillard/Scope, 384 ht d Ph. © Charles O'Rear/Corbis, 385 ht g Ph. © J. Guillard/Scope, 385 ht d Ph. © J. Guillard/Scope, 386 Ph. © Alamy/ Photo12.com, 388 Ph. © J.L. Barde/Scope, 389 Ph. © Alamy/Photo12.com, 390 Ph. © Alamy/Photo12.com, 392 Ph. © Alamy/Photo12.com, 393 Ph. © J. Guillard/Scope, 394 Ph. © Alamy/Photo12.com, 395 Ph. © J. Guillard/Scope, 396 ht Ph. © Alamy/Photo12.com,396 bas Ph. © Alamy/Photo12.com, 397 ht Ph. © Alamy/Photo12.com, 398 Ph. © G. Monica/ White Star/age Fotostock, 399 ht Ph. © R. Mattes/Hemis.fr, 400 Ph. © Alamy/Photo12.com, 402 Ph. © Alamy/Photo12.com, 403 Ph. © Alamy/Photo12.com, 404 ht Ph. © M. Rugnier/Age Fotostock/Hoa-Qui/Eyedea Presse, 404 m Ph. © Alamy/Photo12.com, 405 Ph. © Imagebroker/Hemis.fr, 406 ht Ph. © Alamy/Photo12.com, 406 bas Ph. © Alamy/Photo12. com, 407 Ph. © Alamy/Photo12.com, 408 ht Ph. © Doug Pearson/JAI/Corbis, 409 ht Ph. © J. Guillard/Scope, 409 bas Ph. © Alamy/Photo12.com, 410 Ph. © Alamy/Photo12.com, 411 m Ph. © Alamy/Photo12.com, 412 Ph. © J. Guillard/Scope, 415 Ph. © J. Guillard/Scope, 416 Ph. © J. Guillard/Scope, 417 Ph. © Alamy/Photo12.com, 418 Ph. © Alamy/ Photo12.com, 419 Ph. © Anthony Blake/Age Fotostock, 420 Ph. © Richard Nebesky/Lonely Planet Images, 421 Ph. © G. Rigoulet/Hemis.fr, 422 Ph. © J. -D. Sudres/Top/Eyedea Presse, 423 Ph. © Alamy/Photo12.com, 424 Ph. © John Sims/age Fotostock, 426 Ph. © P. De Wilde/Hoa-Qui/Eyedea Presse, 427 Ph. © Yiergos Ventouris-IML/Hemis.fr, 428 Ph. © M. Dozier/ Hemis.fr, 429 Ph. © C. Bowman/Scope, 430 Ph. © Alamy/Photo12.com, 431 m Ph. © Alamy/Photo12.com, 432 Ph. © Alamy/Photo12.com, 434 Ph. © Alamy/Photo12.com, 435 Ph. © Alamy/Photo12.com, 437 Ph. © Alamy/Photo12.com, 438 Ph. © Alamy/Photo12.com, 439 Ph. © Alamy/Photo12.com, 440 Ph. © Alamy/Photo12.com, 441 m Ph. © Fetzer Vineyards, 441 bas Ph. © Alamy/Photo12.com, 442 Ph. © Alamy/Photo12.com, 443 ht Ph. © Alamy/Photo12.com, 443 b Ph. © Clos du Val Winery, 444 h Ph. © Opus One Winery, 444 m Ph. © El Kashi/Corbis, 447 Ph. © David Gubernick/Corbis, 448 Ph. © Alamy/Photo12.com, 449 Ph. © B. Rondel/Corbis, 450 Ph. © S. Matthews/Scope, 452 Ph. © Kactus/ Scope, 453 Ph. © S. Matthews/Scope, 454 ht Ph. © S. Matthews/Scope, 455 m d Ph. © Kactus/Scope, 456 Ph. © Eduardo Longoni/Corbis, 458 Ph. © C. Heeb/Hemis.fr, 459 Ph. © Eduardo Longoni/Corbi, 460 Ph. © Jefferson Bernardes/Getty Images, 461 Ph. © Alamy/Photo12.com, 462 ht Ph. © C. Heeb/Hemis.fr, 462 m Ph. © Alamy/Photo12.com, 462 bas Ph. © Michael Lewis/Corbis, 463 Catena Zapata Winery Ph. © Michael Lewis/Corbis, 464 Ph. © Alamy/Photo12.com, 466 Ph. © Alamy/Photo12.com, 467 Ph. © Alamy/Photo12. Com, 468 ht Ph. © Alamy/Photo12.com, 468 bas Ph. © P. Narayan/Age Fotostock/Hoa-Qui/Eyedea Presse, 469 Ph. © C. Heeb/Hemis.fr, 470Ph. © D. Dutay/Scope, 472 Ph. © Russell Mountford/Lonely Planet Images, 473 Ph. © Neale Clarke/Robert Harding World Imagery/Corbis, 474 Ph. © Shoot/Age Fotostock/Hoa-Qui/Eyedea Presse, 475 Ph. © J. Du Cange/Top/ Eyedea Presse, 476 ht Ph. © Alamy/Photo12.com, 476 m Ph. © J.L. Barde/Scope, 477 Domaine Chandon, Yarra VAlley. Ph. © E. Valentin/Hoa-Qui/Eyedea Presse, 478 Ph. © D. Dutay/ Scope, 479 Ph. © B. Gardel/Hemis.fr, 480 Ph. © Alamy/Photo12.com, 481 Ph. © Alamy/Photo12.com, 482 Ph. © Nick Servian/Scope, 484 Ph. © Alamy/Photo12.com, 485 Ph. © Alamy/Photo12.com, 486 ht Ph. © Alamy/Photo12.com, 486 bas Ph. © Nick Servian/Scope, 488 Ph. © Redlink/Corbis, 490 Ph. © Morales/Age Fotostock, 491 Ph. © Indranil Mukherjee/AFP

Ph. Olivier Ploton © Archives Larousse: 1, 4, 7, 12-13, 14 (Château Reynon), 27, 32, 35, 36 g et m, 37 m, 39 d, 42 bas, 43, 46, 48 g et m, 49-54, 56-58, 59 bas, 60-61, 62-63, 67-71, 72-73 (Maison Krug), 76-81, 82-83 (Tonnellerie Darnajou), 84-89, 90-91 (Bouchard Père & Fils), 92, 94-95, 104-108, 118 (Cave Tolbiac), 120-121, 124 (Cave de Tolbiac), 128 d (Château de Pommard), 129 g, 132 (Château d'Yquem), 135 (Bouchard Père & Fils), 140, 141 (Sauf bas d), 142 d, 146 (Bouchard Père & Fils), 150 (Chateau Latour), 154-161, 164 g, 166-167 (Cave Tolbiac), 172, 177, 181, 186, 189 ht, 190 (en haut: tire-bouchons anciens. Coll. David Allan, Paris), 191, 192-194, 195 bas, 201 bas d, 203-207, 209-213, 217 (Cave Tolbiac), 218-219, 226-227 (Bouchard Père & Fils), 228, 233, 236-237, 241, 247-249, 258-259, 264-266, 267 ht, 276, 277 (Bouchard Père & Fils), 279, 288-289, 296, 298-299 (Maison Louis Roederer), 300-305, 308 bas, 313, 316 ht, 320, 336 bas, 479 bas, 492-493 (Dom. Michel Juillot).

Photographies des pages de garde (dont celle du fond: Dom, Michel Juillot): Olivier Ploton © Archives Larousse.

Photogravure Nord Compo, Villeneuve d'Ascq

Imprimé en Chine

Dépôt légal: octobre 2010-302265/01-11007365 juin 2010

译者介绍

法国品酒师
加龙酒业创始人

* 波尔多葡萄与葡萄酒研究学院D.U.A.D专业品酒师
* 世界葡萄酒组织管理硕士（O.I.V. Msc）
* 法国克莱蒙费朗大学管理专业硕士学位
* 中山大学EMBA
* 暨南大学商务英语学士
*《葡萄酒杂志》金樽奖大赛评委

邓欣雨（Crystal Deng），原名邓志红，留法硕士，精通英法两国外语，法国专业品酒师。国内最早一批从事葡萄酒进出口贸易的先行者之一，在从业十余年中为中国消费者引进了大批法国精品葡萄酒。她是法国波尔多顶级品酒俱乐部（D.U.A.D.）以及法国工商会会员，近十几年穿梭于中法两国，在中法文化交流及推广上不遗余力，搭建了葡萄酒文化交流平台，并拓展了中法两国葡萄酒的贸易渠道，从而让更多的中国人享受到美酒的欢乐与激情。

2001年，邓欣雨从暨南大学商务英语专业毕业，在国内从事外贸工作两年后留学法国。留学期间因机缘巧合，在一次朋友聚会上对葡萄酒一见钟情，从此对葡萄酒开始了不懈追求。2006年回国后，开始创办加龙酒业，用十年磨一剑的精神，在这一行兢兢业业十余载。在2016年《葡萄酒》杂志举办的“金樽奖”评选中，加龙酒业参赛的5款葡萄酒全部获得奖项，可见邓欣雨领导的团队在选酒上的能力。与此同时，邓欣雨也被《葡萄酒》杂志联合法国领事馆推出的新锐榜单评选为2016年葡萄酒界的年度人物。

在葡萄酒探索之路上，邓欣雨从未停止脚步。2006年她就读于法国专业葡萄酒培训机构Prodégustation，系统地学习葡萄酒知识；2007年申请就读波尔多葡萄酒学校（Ecole du vin），走访法国多个重要葡萄酒产区，并拜访诸如拉图、玛歌、柏图斯等众多列级名庄。从2011到2014年期间，邓欣雨再次向更高更专业的葡萄酒知识发起挑战，先后就读于法国波尔多葡萄与葡萄酒研究学院（I.S.V.V），主攻品酒学（D.U.A.D）以及世界葡萄与葡萄酒组织（OIV）的葡萄酒管理硕士课程，并将脚步迈向更远的葡萄酒世界。她先后参观拜访了法国、意大利、西班牙、葡萄牙、瑞士、新西兰、澳大利亚、美国、南非等十几个葡萄酒生产国，对世界葡萄酒从理论和实践上有了更全面、更深入的了解。

2009年，邓欣雨与巴黎葡萄酒培训机构（Prodégustation）的创始人托马斯（Thomas）合作，将专业系统的品酒课程带进中国，在全国开展葡萄酒培训课程。同时组织策划了多场私人或公开的葡萄酒讲座，向葡萄酒爱好者讲授葡萄酒知识和品味葡萄酒的方法。2012年，她邀请在法国波尔多葡萄与葡萄酒研究学院攻读品酒学期间的香气训练导师，享有“酒鼻子”之称，在闻香、调香方面的大师级人物亚历山大（Alexander SCHMITT）亲临中国讲授“闻香识酒”的课程，这个系列课程在全国多个城市举办，得到了众多葡萄酒专业人士的报读和认可。

2010年，内容更详实、更丰富、涵盖世界各地葡萄酒产区的《拉鲁斯世界葡萄酒百科全书》在法国出版。这本书由原来的《拉鲁斯世界葡萄酒小百科全书》变成一部内容详实的大百科全书。邓欣雨感恩于曾经的“小百科全书”带领她进入葡萄酒的世界，欣喜于更全面的百科全书的出版，以及荣幸于受邀翻译百科全书的中文版。历时近6年的匠心独运，百科全书的中文译著终于跟国内朋友见面，中国葡萄酒爱好者从此有了一本全面且必备的参考工具书。

2017年是一个历史的纪念，也是一个新的开始。邓欣雨的葡萄酒事业又有了更高的方向，她扬帆起航，倾情打造“加龙葡萄酒艺术俱乐部”，与更多的葡萄酒爱好者分享葡萄酒与艺术的魅力。

除了葡萄酒，邓欣雨还喜欢插花、旅行、骑马，生活在她的眼中永远是美丽的、精致的、值得分享和品味的。

“在生活中，我喜欢不断地冒险，不断地尝试新鲜的东西。感谢上天让我遇到葡萄酒，能与之相知、相惜！它可以让我足不出户，领略到大自然的美妙与人类艺术的完美结合。看葡萄酒里的色彩，闻葡萄酒里的芬芳，品葡萄酒里的味道，已成为我生命中不可或缺的一部分。”

——邓欣雨

广州市加龙酒业有限公司

电话：020-83490328
传真：020-83493098
邮箱：contact@winelovers.com.cn
网址：www.winelovers.com.cn
地址：广州市天河区五山街大丰路18号E栋二楼
（汇景新城绿房子营区内）

法国 · 加龙
Chateau Garonne S.A.S
Add：16 Rue Binaud 33300 Bordeaux France
Tel：00 33-5 40 71 42 76　Fax：00 33-5 40 71 42 76
Email：chateaugaronne@yahoo.fr

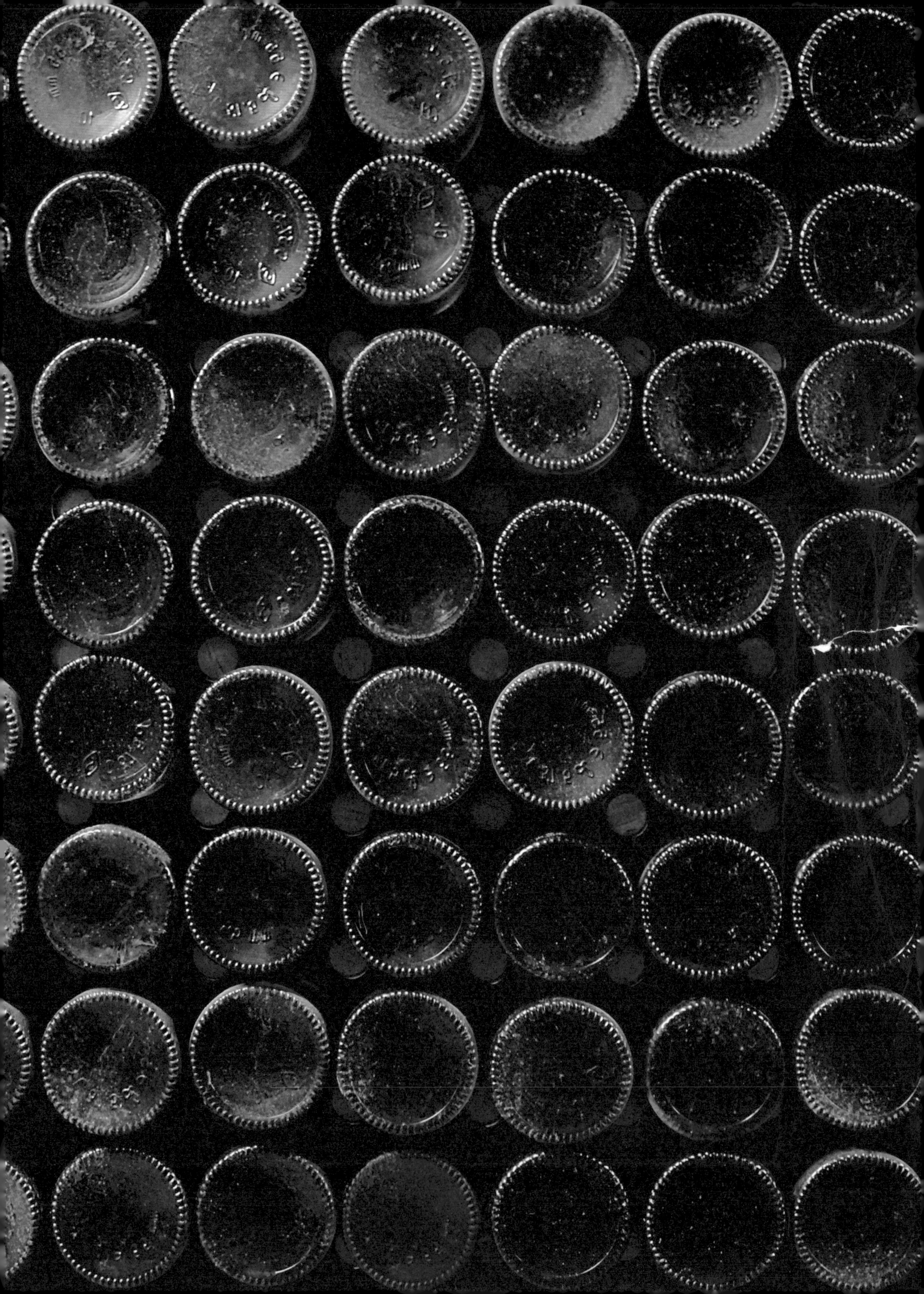